罗非鱼综合加工技术

李来好　杨贤庆　吴燕燕　主编

中国农业出版社

编校人员名单

主　　编：李来好　杨贤庆　吴燕燕

编写人员：李来好　杨贤庆　吴燕燕

郝淑贤　陈胜军　岑剑伟

马海霞　黄　卉　胡　晓

赵永强　周婉君　戚　勃

魏　涯　邓建朝　林婉玲

杨少玲　王锦旭　荣　辉

校　　正：丁彦文

前 言

Foreword

我国罗非鱼产业发展迅速，产量稳居世界首位，是我国最具国际竞争力的品种，也是最具产业化发展条件的品种。当前广东、海南、广西等地罗非鱼养殖业发展势头迅猛，并带动了种苗、饲料、加工和贸易等相关产业的发展。除鲜食外，我国罗非鱼的加工业近年来也得到了较快的发展，产品出口量迅速增长。但是，罗非鱼产品主要是冻鱼片和冻全鱼，加工水平较低，品种单一，附加值不高，且在加工过程中产生50%～60%的下脚料没有得到充分利用。因此，有必要提高罗非鱼的精深加工水平和综合利用能力，开发品种多样的罗非鱼系列产品，开拓国内外罗非鱼消费市场，提高罗非鱼产业的经济效益。

为此，作者自2002年以来，分别承担了现代农业产业技术体系建设专项《国家罗非鱼产业技术体系专项》（编号：CARS-49）、国家自然科学基金项目《罗非鱼片一氧化碳发色机理及其产品安全性研究》（编号：30671631）、国家自然科学基金项目《罗非鱼片减菌化处理中自由基作用机理及产品品质与安全性研究》（31271957）、国家自然科学基金青年科学基金项目《罗非鱼矿物元素结合肽的抗氧化特性与构效关系研究》（31301454）、农业结构调整重大技术研究专项《罗非鱼、对虾加工技术与质量控制的研究》（编号：2003-08-03A）、农业部“948”引进项目《罗非鱼高值化加工关键技术的引进、创新与示范》（编号：2006-G40）、广东省重点科技计划项目《罗非鱼零废弃加工新技术集成研究》（编号：2004B20401006）、粤港招标项目《罗非鱼下脚料深加工技术研究与产业化》等研究项目，对冻罗非鱼片、冰温气调罗非鱼片、液熏罗非鱼片、罗非鱼罐头、腊制罗非鱼和罗非鱼鱼糜制品的加工关键技术以及罗非鱼加工副产物的高值化利用技术进行了系统研究。本书是作者十多年来在罗非鱼加工技术领域研究成果的系统总结，既有精深的理论探讨，又有切实可行的实际应用。本书所有数据和图表，除了特别注明外，均是作者及其团队的研究结果，具有原始资料的价值。

全书共分九章。第一章讲述了罗非鱼的养殖、加工现状；第二章讲述了罗非鱼原料特性，包括罗非鱼的肌肉组成、营养成分、鲜度、腥味物质和品质；第三章讲述了冻罗非鱼片的加工技术，包括保活贮运技术、加工工艺、发色技术、减菌化处理以及品质改良技术；第四章讲述了冰温气调保鲜罗非鱼片加工技术，包括鲜罗非鱼片冰温气调包装工艺、保鲜过程中优势腐败菌菌相分析、对罗非鱼片品质的影响；第五章讲述液熏罗非鱼片加工技术，包括加工工艺、熏制罗非鱼片生化特性变化、不同贮藏条件下的品质变化、加工过程微生物群落分析；第六章讲述罗非鱼罐头加工技术；第七章讲述罗非鱼干制品和腊制品的加工工艺技术；第八章讲述罗非鱼鱼糜和鱼糜制品的加工技术；第九章讲述罗非鱼加工副产物的高值化利用技术，包括罗非鱼加工副产物中低值蛋白制备功能蛋白粉、抗氧化活性肽、海鲜调味品、鱼露等的技术，鱼油的制备及其微胶化技术，鱼皮、鱼鳞生产胶原蛋白、胶原蛋白降血压肽、抗氧化肽、明胶和休闲食品的技术，鱼骨制备活性钙的技术，内脏中内源蛋白酶、超氧化物歧化酶、辅酶 Q_{10} 等的提取技术，鱼血中超氧化特歧化酶和血红素的制备技术，鱼眼提取透明质酸的技术等。通过技术集成和创新，形成了具有自主知识产权的罗非鱼产品成套加工技术，开发出罗非鱼加工副产物的高值化利用系列产品，并形成相关产品标准和生产操作规范，部分成果已经在广东、海南、广西等省、自治区的罗非鱼加工企业进行推广应用，取得了较好的经济效益和社会效益。

围绕罗非鱼加工前、加工中和加工后各阶段的加工工艺和新产品开发技术，开发了酶制剂、功能肽、氨基酸等多种产品，促进了罗非鱼加工产品的多元化发展，提高了罗非鱼资源的利用率，减少对环境的污染，开拓了罗非鱼加工“零废弃”的渠道。罗非鱼综合加工相关技术的研究与示范推广，使罗非鱼加工产品多元化，调整了罗非鱼加工产品的结构，对整个罗非鱼产业的发展和国际贸易具有极其重大的意义，确保了罗非鱼产业的健康、稳定、可持续发展。

参加本书编写的人员均为中国水产科学研究院南海水产研究所食品工程与质量安全研究室的科研人员，其中，李来好研究员为国家罗非鱼技术产业体系岗位科学家。书中概述、第五章、第九章第七节由李来好、陈胜军编写；第二章第一节，第二节的一、二由邓建朝编写；第二章第二节的三、四，第九章第二节由黄卉、魏涯编写；第三章第一节、第二节，第九章第六节由岑剑伟编写；第三章第三节由郝淑贤编写；第三章第四节由赵永强编写；第三章第五节由戚勃编写；第四章由杨贤庆、马海霞编写；第六章由吴燕燕、周婉君编写；第七章，第九章第一节的七、八、九由王锦旭编写；第八章由荣辉编写；第九章第一节的一、二、三、六，第三节的二、三，第五节由吴燕燕编写；第九章第一节的四、五，第三节的四由胡晓编写；第九章第三节的一、五、六由林婉玲编写；第九章第四节由杨少玲编写；附录由马海霞和杨贤庆编写。全书由王锦旭汇总，吴燕燕补充和完善，由李来好统稿和修改。

本书可供食品科学、水产品加工、功能食品等领域科研、生产单位从业人员参考使用，也可作为高等院校食品科学与工程、水产品加工及贮藏工程等专业的参考教材。

限于我们的知识水平，书中存在的错误和不当之处，恳请广大读者批评指正。

李来好

2015 年 3 月

目　录
Contents

第一章　概　　述

第一节　罗非鱼养殖生产情况

罗非鱼（Tilapia）隶属硬骨鱼纲、鲈形目、鲈形亚目、鲡鱼科，有 100 多种。罗非鱼原产非洲，是一种热带中小型鱼类，其生命力强，适宜于淡水、海水的网箱和流水高密度集约化等养殖方式。

我国的罗非鱼养殖业发展迅速，产量从 2003 年的 89.2 万 t 增加到 2013 年的 165.8 万 t，年均增长率为 8.6%，稳居世界首位，是我国最具国际竞争力的品种，也是最具产业化发展条件的品种（农业部渔业局，2004—2013；农业部渔业渔政管理局，2014）。目前，广东、广西、海南、福建、云南等地罗非鱼养殖业发展势头迅猛，并带动了种苗、饲料、加工、贸易等相关产业的发展。除了鲜食外，我国罗非鱼的加工业近年来也得到了较快的发展，罗非鱼产品出口量迅速增长。但罗非鱼产品主要是冻鱼片和冻全鱼，这些产品的加工水平较低，品种单一，附加值不高；而且罗非鱼在加工过程中产生 50%～60%的下脚料没有得到充分利用，其中，鱼鳞、鱼皮占 5%～6%，鱼排占 10%～13%，鱼头占 16%～18%，鱼下巴占 12%～14%，内脏占 7%～9%。因此，有必要提高罗非鱼的精深加工水平和综合利用能力，开发品种多样的罗非鱼系列产品，开拓国内外罗非鱼消费市场，提高罗非鱼产业的经济效益。

1997 年，罗非鱼成为继我国内地传统养殖种类鲢（*Hypophthalmichthys molitrix*）、草鱼（*Ctenopharyngodon idellus*）、鳙（*Aristichthys nobilis*）、鲤（*Cyprinus carpio*）、鲫（*Carassius auratu*）之后、排第六位的主要淡水养殖鱼类。自 20 世纪 90 年代中期以来，我国罗非鱼产量逐年增长，尤其是进入 21 世纪以来，我国罗非鱼养殖迅猛发展。2003—2013 年我国罗非鱼产量见图 1-1（农业部渔业局，2004—2013；农业部渔业渔政管理局，2014）。

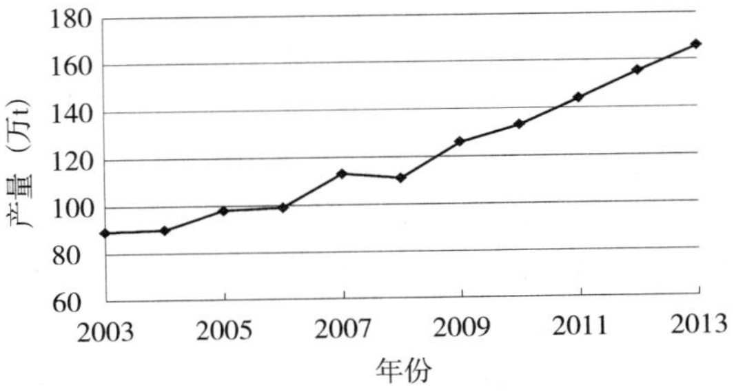

图 1-1　2003—2013 年我国内地罗非鱼产量增长趋势

罗非鱼在我国内地的养殖主要分布在广东、广西、海南、福建、云南等省（自治区），2013 年我国各地区罗非鱼养殖产量见表 1-1。2013 年罗非鱼主要产区的产量占全国罗非鱼总产量的百分比分别为：广东 42.2%，广西 17.3%，海南 21.4%，福建 7.7%，云南 7.4%，5 个主要产区的罗非鱼产量占全国总产量的 96.0%。

表 1-1 2013 年全国各地区罗非鱼养殖产量（t）

（农业部渔业渔政管理局，2014）

省份	产量	省份	产量	省份	产量	省份	产量	省份	产量
全国	1 657 717	山东	8 608	浙江	1994	河南	1 110	黑龙江	26
广东	700 219	河北	14 301	四川	3 824	北京	1 493	上海	31
广西	286 046	江西	6 844	湖北	3 960	天津	598	甘肃	26
海南	354 582	安徽	5 265	湖南	1 706	贵州	4 364	内蒙古	89
福建	126 844	重庆	3 508	山西	1 034	新疆	670		
云南	123 356	江苏	4 189	辽宁	2 523	陕西	505		
宁夏	—	西藏	—	青海	—	吉林	2		

第二节 罗非鱼的加工现状

罗非鱼肉呈白色，具有易于切片、刺少、无腥味、味道纯美、适合不同方式烹调等许多优点，越来越为欧美等高值鱼类消费群体所青睐。目前，罗非鱼加工产品主要为冻罗非鱼片，其贮藏期长，食用方便，非常适合欧美市场的需求，利润也比条冻罗非鱼高。2005 年起，我国冻罗非鱼片出口量超过了条冻罗非鱼出口量，标志着我国罗非鱼出口产品结构和价位的提升。冻罗非鱼片的加工工艺为：原料鱼→暂养→宰杀→放血→剖片→去皮→磨皮→修整→杀菌→冻结→冻罗非鱼片成品。鲜、冷罗非鱼片的价值远高于冻品，而且减少了冷藏保管费和速冻加工费，具有显著的经济效益，因此，近年来在保证鲜、冷罗非鱼片品质方面也做了较多研究。李来好等通过研究罗非鱼片贮藏过程中气味、肌肉弹性、色差、菌落总数及嗜冷菌、pH、总挥发性盐基氮（TVB-N）、液汁流失率等指标的变化情况，分析比较了冰温气调技术与其他保鲜方法对罗非鱼片质量影响的差异。研究结果表明，冰温与气调包装在贮藏过程中起到了协同保鲜的作用，比单独采用冰温或气调保鲜方法分别延长了 3d 和 6d 的货架期，比传统空气冷藏保鲜方法延长了约 4 倍时间的货架期。李杉等研究了在冰温条件下，不同充气比率的气调包装对贮藏期和品质的影响，气体组成均为 70%二氧化碳（CO_2）和 30%氮气（N_2），充气体积（V）与鱼片质量（m）比率为（3～4）：1 能明显抑制微生物的生长繁殖，保持鱼片的新鲜度，且对样品的感官色泽影响程度最小，并有效延长了鲜罗非鱼片的货架期。

我国罗非鱼出口产品按海关编码划分，有活罗非鱼（03019991），鲜、冷罗非鱼（03026940），冻罗非鱼（03037940），冻罗非鱼片（03042910），盐腌及盐渍的罗非鱼（03056940）和制作或保藏的罗非鱼，整条或切块（16041920）等出口产品品种，我国出口罗非鱼产品及其海关编码见表 1-2。

表 1-2 我国罗非鱼产品的海关编码

商品编码	商品名（中文）	商品名（英文）	产品描述
03019991	活罗非鱼	live tilapia	以鲜活产品的形式直接在市场上销售
03037940	冻罗非鱼	frozen tilapia	去鳞去内脏后清洗，整条单冻的罗非鱼产品
03042910	冻罗非鱼片	frozen tilapia fillets	罗非鱼去皮（浅去皮、深去皮）、去骨、CO 处理或不经 CO 处理、单冻、真空包装或不经真空包装的罗非鱼产品
03026940	鲜、冷罗非鱼	fresh，chilled tilapia	冰鲜罗非鱼片，保藏时间短，附加值高的产品
03056940	盐腌及盐渍的罗非鱼	tilapia，salted or in brine	盐水腌渍或干盐的罗非鱼产品
16041920	制作或保藏的罗非鱼，整条或切块	tilapia whole or in pieces，prepared or preserved	一种加面包屑、柠檬、胡椒、香草或其他调料的罗非鱼加工产品，又称“罗非鱼脯”

资料来源：《中国海关统计年鉴》（2000—2014）。

我国罗非鱼工厂化加工始于 20 世纪 90 年代末，在 20 世纪中期以后快速发展，近十年来我国罗非鱼加工出口进入快速发展期，罗非鱼加工产业得到了长足的发展。罗非鱼加工是一个拉动性很强的产业，不仅能促进罗非鱼生产从原料的初级生产向工业制成品转化，还可促进罗非鱼产业化发展，让渔民增产增收。近年来，随着我国罗非鱼产业的快速发展，产量逐年增长，加之国际市场对罗非鱼需求量的不断扩大，一批中小型专门加工罗非鱼的企业也迅速发展起来，激发了我国罗非鱼加工业迅速发展，罗非鱼加工企业数量、产量和产值不断增加，推动了我国罗非鱼加工业的快速发展，推进了我国的渔业经济结构战略调整，增强了罗非鱼在国际市场的竞争力。

第三节 罗非鱼加工产业发展趋势

20 世纪 90 年代以来，世界水产品加工技术进步很快，自动化程度进一步提高，发达国家水产品加工率达 70%，产品附加值高。随着科技的不断创新和人类认知程度的不断深入，加工领域由单一食品功能向医学、保健、卫生、饲料、工业用途扩展，利用水产品开发功能性食品以满足大众的需要，将是未来发展的趋势之一。

一、罗非鱼加工产品趋向于高质化、多样化

为满足 21 世纪人们对健康关注程度加大、生活节奏加快、消费层次多样化和个性化发展的要求，根据罗非鱼加工副产物的资源现状，可开展多层次、多系列的水产食品，提高产品的档次和质量，来满足不同层次、品味消费者的需求。

近年来，随着加工规模的扩大，罗非鱼加工业产能超过实际需求，大规格商品鱼比例低，产品收购价格与品质脱节。因此，要明确质量分级方法，推进罗非鱼分级制，充分体现质高价优。未来罗非鱼加工业的发展方向应以优化产品结构，使罗非鱼产品实现高质化、多元化、系列化，以提高罗非鱼的加工附加值。

随着人们生活水平的提高和生活节奏的加快，国内市场对于冷冻调理食品、鱼糜制品以及方便即食食品的需求逐渐增加。罗非鱼的精深加工应以市场为导向，不断开发出适合人们需要的产品，使罗非鱼产品在色泽、口味、风味方面更加丰富。目前，我国的罗非鱼出口产品仍以冻罗非鱼片和冻全鱼为主，国内以鲜活或冰鲜销售为主。虽然开发了种类繁多的罗非鱼加工制品的加工技术，如液熏罗非鱼片、罗非鱼罐头、腊罗非鱼制品、冰温气调保鲜罗非鱼、罗非鱼鱼丸、烤罗非鱼、罗非鱼松、罗非鱼排、罗非鱼糕、罗非鱼饼、熏制罗非鱼、调理冷冻食品、休闲即食食品等系列产品的加工技术，但在实际应用上还比较少。随着技术的发展和市场需求的增加，高质、多样化罗非鱼加工产品将逐步走向市场。

二、罗非鱼内销产品逐渐扩大

国内罗非鱼市场潜力非常大，罗非鱼未来的市场将在国内。部分罗非鱼加工企业已经认识到了这一点，开始研究国内市场对罗非鱼的需求，并研发生产罗非鱼在国内市场的销售产品。罗非鱼产业的发展必须以市场需求为导向，罗非鱼的内销市场将进一步向家庭速食、快餐店、西餐店等方向发展。内销市场开发的关键是推出更多的产品形式，注重加工生产出适合国内消费的罗非鱼产品。

我国每年养殖生产的罗非鱼一半都在国内消费，国内市场的罗非鱼消费潜力巨大。随着罗非鱼加工产品的多样化，我国国内的罗非鱼市场将进一步拓展。同时，由于西部地区劳动力大量进入沿海地区，适应了东部的饮食习惯，也将使罗非鱼消费量逐步增加。

三、罗非鱼加工副产物的综合利用

罗非鱼在加工的过程产生的副产物（包括头、尾、骨、皮、鳞、内脏及残留鱼肉），大多未进行有效利用，不仅污染环境，而且会浪费资源。通过以现代生物工程技术、酶工程技术等为主的高值化加工处理技术，对罗非鱼下脚料进行高效综合利用，包括从鱼皮、鱼鳞中提取胶原蛋白和制备胶原多肽，从内脏中提取精炼鱼油以及鱼肝膏，以鱼骨钙为原料开发新型活性钙制品，进行水发鱼皮加工和鱼鳞休闲食品开发等，可提高罗非鱼资源的利用率，减少对环境的污染，开拓了罗非鱼加工“零废弃”的途径。

近年来，随着罗非鱼产业的快速发展，罗非鱼加工副产物精深加工技术越来越受到行业的关注，国内已有部分罗非鱼加工企业认识到，单纯依靠粗加工罗非鱼片的传统模式已不能满足竞争愈发激烈的国际市场的需求，许多科研院所、高校和企业纷纷开始探索罗非鱼加工副产物的精深加工技术和开发高值化产品。除了利用罗非鱼加工副产物加工鱼油、鱼粉外，还充分利用罗非鱼鱼皮、鱼骨、内脏等副产物进一步精深加工，开发高附加值的明胶、胶原蛋白、胶原肽、功能活性肽、调味料、生物酶类、活性钙等产品。

四、高新技术在罗非鱼加工中的应用

随着科学的发展，在罗非鱼加工中逐步运用液熏技术、冰温气调技术、生物酶工程技术、膜分离技术、微胶囊技术、超高压技术、冷杀菌技术、无菌包装技术、微波能及辐照技术、超微粉碎和真空技术等高新技术对罗非鱼进行深度加工开发，充分利用罗非鱼资源，将加工原料进行二次利用，坚持开发节约并重、注重资源综合利用，完善再生资源回收利用体系，才能全面推行清洁生产，形成低投入、低消耗、低排放和高效率的节约型增长方式，为罗非鱼功能性食品的开发提供更多、更有效的资源。使罗非鱼精深加工的水平和技术不断提高，同时对罗非鱼加工副产物进行综合利用的速度也大大加快，使从罗非鱼加工副产物提取制备功能性活性成分成为提高企业市场竞争力、推动罗非鱼产业健康持续发展的有力保证。

在罗非鱼加工和副产物高值化开发过程中，要特别注重控制生产过程中产生的能源和资源排放，将其减少到零；将那些不得已排放出的能源、资源充分再利用，包括废水的处理，加工残渣的无害化处理及二次利用等，最终做到全鱼无废弃的加工方式。

参　考　文　献

陈胜军，李来好，杨贤庆，等.2007. 我国罗非鱼产业现状分析及提高罗非鱼出口竞争力的措施［J］. 南方水产，3（1）：75-80.

刁石强，李来好，杨贤庆，等.2005. 冻罗非鱼片加工技术工艺研究［J］. 制冷，24（3）：6-10.

李来好，彭城宇，岑剑伟，等.2009. 冰温气调贮藏对罗非鱼片品质的影响［J］. 食品科学，30（24）：439-443.

李杉，岑剑伟，李来好，等.2010. 充气比率对罗非鱼片冰温气调贮藏期间品质的影响［J］. 南方水产，6（1）：42-48.

农业部渔业局.2004—2013. 中国渔业统计年鉴（2004—2013）［M］. 北京：中国农业出版社.

农业部渔业渔政管理局.2014. 中国渔业统计年鉴（2014）［M］. 北京：中国农业出版社.

潘炯华，梁淡茹.1989. 罗非鱼的养殖［M］. 广州：广东科技出版社.

第二章　罗非鱼原料特性

第一节　罗非鱼的肌肉组成和营养成分

一、罗非鱼的肌肉结构

1. 鱼体结构

罗非鱼鱼体通常由头、躯干、尾和鳍四部分组成。精细分割则可将鱼体分成鱼鳞、鱼皮、鱼肉、鱼骨、鱼鳍和内脏等部分（图 2-1）。

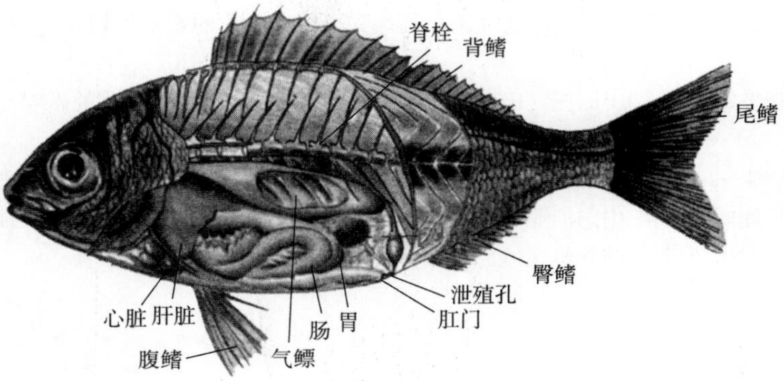

图 2-1　罗非鱼鱼体结构示意图

鱼皮有数层上皮细胞组成，最外层覆盖有薄的胶原层；鱼鳞则从表皮下面的真皮层长出，鱼鳞主要由胶原蛋白和磷酸钙构成，起着保护鱼体的作用；鱼骨骼主要成分有胶原蛋白、骨黏蛋白、骨硬蛋白以及磷酸钙等。鱼鳍按照所处部位，则分为背鳍、腹鳍、胸鳍、尾鳍和臀鳍。罗非鱼内脏包括胃、肝、胆、肾、胰脏和鱼鳔，鱼鳔含有大量的胶原蛋白，可作为生产鱼肚或鱼胶的原料。罗非鱼组织中，鱼肉一般占鱼体质量的 40%～50%；鱼头、鱼骨、鱼皮和鱼鳞占鱼体质量的 30%～40%；鱼内脏和鳃占鱼体质量的 18%～20%。肌肉部分是罗非鱼最重要的可食用和被加工部分；鱼骨、鱼鳞、内脏、鳃等部分一般不被食用，但可以被利用。

2. 肌肉组织

脊椎动物的肌肉一般分为横纹肌和平滑肌，横纹肌又分为骨骼肌和心肌。罗非鱼肌肉属于横纹肌中的骨骼肌，附着在脊椎骨的两侧，其横断面呈同心圆排列（图 2-2），根据肌肉色泽的差异，罗非鱼肌肉可分为普通肉和暗色肉。罗非鱼肌肉是由许多被肌隔膜分开的肌节重叠而成，而肌节是由肌纤维构成。暗色肉是鱼类特有的肌肉组织，存在于体侧线的表面及背侧部和腹侧部之间。

暗色肉含有丰富的肌红蛋白和少量血红蛋白而呈暗红色，因此又称为红色肉或血合肉。暗色肉除含有较多的色素蛋白之外，还含有较多的脂质、糖原、维生素和活力很强的酶等，其 pH 为 5.8～6.0，比普通肉的 pH 低，肌纤维较细；而普通肉则含有较多的盐溶性蛋白和水分。在保鲜过程中，暗色肉比普通的白色肉变质快，在食用价值和加工贮藏性能方面，暗色肉低于白色肉。

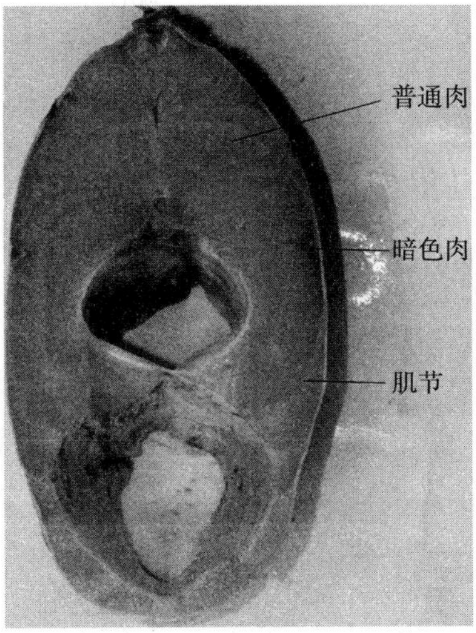

图 2-2　罗非鱼鱼体的中部横断面

二、肌肉的化学组成

罗非鱼肌肉一般化学成分，通常包括水分、蛋白质、脂肪、碳水化合物、灰分和维生素等，由于受种类、季节、产卵和年龄等因素的影响，其含量变动范围较大。在同一种类中，也因个体部位、性别、成长度、季节、生息水域和饵料等多种因素的不同，其化学成分的含量而有所差异。

1. 水分

罗非鱼肌肉的含水量较高，一般占鱼体质量的 75%～80%。鱼肉中水分为自由水和结合水。自由水占总水含量的 75%～85%，能溶解水溶性物质，并以游离状态存在于肌原纤维和结缔组织的网络结构中，参与维持电解质平衡和调节渗透压；自由水能被微生物所利用，在干燥时易蒸发脱除；在冷冻时易冻结而形成冰晶，导致肌肉细胞破损，造成汁液流失和组织变软。结合水占总水分含量的 15%～25%，因与蛋白质及碳水化合物中的羧基、羟基、氨基等形成氢键，而难以被蒸发和冻结，也不能被微生物所利用。肌肉中水分含量及存在状态，不仅影响蛋白质等高分子的结构、行为功能，而且影响肌肉中的生化变化和微生物的生长。

2. 蛋白质

蛋白质是组成肌肉组织的主要成分，罗非鱼肌肉中的粗蛋白质含量一般在 15%～22%。按蛋白的溶解性，通常分为水溶性蛋白、盐溶性蛋白和水不溶性蛋白三大类，即可溶于水和稀盐溶液（$I=0.05\sim0.15$）的肌浆蛋白、可溶于中性盐溶液（$I\geqslant0.5$）的肌原纤维蛋白和不溶于水和盐溶液的肌基质蛋白。

（1）肌浆蛋白　存在于肌肉细胞肌浆中的水溶性（或稀盐类溶液中可溶解的）各种蛋白的总称，种类复杂，其中很多是与代谢有关的酶蛋白。各种肌浆蛋白的相对分子质量一般在 $1.0\times10^4\sim3.0\times10^4$。在低温贮藏和加热处理中，较肌原纤维蛋白稳定，热凝温度较高。此外，色素蛋白的肌红蛋白亦存在于肌浆中，用于区分暗色肌和白色肌。

（2）肌原纤维蛋白　由肌球蛋白、肌动蛋白以及称为调节蛋白的原肌球蛋白与肌钙蛋白所组成。肌球蛋白和肌动蛋白是构成肌原纤维粗丝与细丝的主要成分。两者在 ATP 的存在下形成肌动球蛋白，与肌肉的收缩和死后僵硬有关。肌球蛋白的相对分子质量约为 5.0×10^5，肌动蛋白约为 4.5×10^5，是肌原纤维蛋白的主要成分。肌球蛋白分子由重链与轻链两个部分所组成，每一肌球蛋白分子上有 3 根或 2 根（白色肉为 3 根，暗色肉为 2 根）分子量不同的轻链。当两种蛋白在冻藏、加热过程中产生变性时，会导致 ATP 酶活性的降低或消失。同时，肌球蛋白在盐类溶液中的溶解度降低。这两种性质是用于判断肌肉蛋白变性的重要指标。在鱼糜制品加工过程中加 2.5%～3.0%的食盐进行擂溃的作用，主要是利用氯化钠溶液从被擂溃破坏的肌原纤维细胞溶解出肌动球蛋白使之形成弹性凝胶。

（3）肌基质蛋白 包括胶原蛋白和弹性蛋白，是构成结缔组织的主要成分。两者均不溶于水和盐类溶液。胶原是由多条原胶原分子组成的纤维状物质，当胶原纤维在水中加热至 70℃以上温度时，构成原胶原分子的 3 条多肽链之间的交链结构被破坏而成为溶解于水的明胶。在肉类的加热或鳞皮等熬胶的过程中，胶原被溶出的同时，肌肉结缔组织也被破坏，使肌肉组织变软烂和易于咀嚼。

3. 脂质

脂质是动物肌肉组织中含量较高的另一类化合物。脂质含量也会因组织、营养状态、年龄、季节和水域环境等不同而发生显著变化。脂类包括的范围很广，在化学组成和化学结构上也有很大差异，但它们的共同特性是不溶于水，而溶于乙醚、石油醚和氯仿等有机溶剂。鱼类脂质大致可分为非极性脂质和极性脂质，其中，甘油三酸酯、固醇、固醇酯、蜡酯、二酰基甘油醚和烃类等为非极性脂质；卵磷脂、磷脂酰乙醇胺、磷酸酰丝氨酸和鞘磷脂等为极性脂质。

4. 糖类

罗非鱼肌肉中糖类含量较少，含量一般在 1%以下，但对煮熟后鱼肉的滋味有明显影响。鱼体中最常见的糖类是糖原和黏多糖。鱼类的糖原贮存在肌肉和肝脏中，是鱼体贮藏的一种重要来源，其含量因鱼生长阶段、营养状态、饵料组成等不同而异。鱼类致死方式影响其肌肉中的糖原含量，活杀时其含量为 0.3%～1.0%；但如挣扎疲劳致死的鱼类，因体内糖原的大量消耗而使其含量降低。黏多糖是鱼类中含量较多的另一种多糖，广泛分布于鱼类的软骨、皮中。它在生物体内一般与蛋白质结合形成糖蛋白质，具有许多生物活性，如抗微生物活性、抗肿瘤活性、免疫增强作用、抗凝血活性、促进组织修复及止血作用等。

5. 矿物质

罗非鱼鱼体中的矿物质是以化合物和盐溶液的形式存在，其种类很多，主要有钾、钠、钙、磷、铁、锌、铜、硒、碘、氟等人体需要的大量元素和微量元素，含量一般较畜肉高。罗非鱼中的钙含量为 120mg/kg，铁含量为 9mg/kg，锌含量为 8.7mg/kg。因此，罗非鱼是人类重要的矿物质来源。

6. 维生素

罗非鱼的可食部分含有多种人体营养所需的维生素，包括脂溶性维生素 A、维生素 D、维生素 E 和水溶性 B 族维生素及维生素 C 等。

（1）脂溶性维生素 维生素 A 一般在肝脏中含量多，可作为鱼肝油制剂。维生素 D

是水产品中另一类重要的维生素，也主要存在于鱼类肝脏中，在肌肉中含量少。维生素 E 是一种天然强抗氧化剂，能有效防止脂肪氧化，保护细胞免受不饱和脂肪酸氧化产生毒性物质的危害。

（2）水溶性维生素　维生素 B_1 又称硫胺素，有嘧啶环和噻唑环结合而成的一种 B 族维生素，罗非鱼中维生素 B_1 含量在 0.001～0.004mg/g。维生素 B_2 又称核黄素，是机体中许多重要辅酶的组成部分，广泛参与体内各种氧化还原反应，一般肝脏、暗色肉高出普通肉 5～20 倍。维生素 B_5 又称烟酸，罗非鱼普通肉中的含量要高于暗色肉和肝脏。吡哆醇、吡哆醛、吡哆胺及其磷酸酯统称为维生素 B_6，罗非鱼肝脏中维生素 B_6 含量高于肌肉。维生素 C 又称抗坏血酸，在罗非鱼肌肉和肝脏中含量低，在卵巢和脑中维生素 C 含量较高。

三、罗非鱼肌肉的营养价值

罗非鱼肌肉中含有丰富的蛋白质、脂肪、维生素和矿物质等营养成分。与陆生动物相比，鱼肉中的脂肪含量少，而蛋白质含量则相对较高，是一类高蛋白、低脂肪的食物和食品。

1. 罗非鱼肌肉中营养成分的含量

5 种罗非鱼肌肉蛋白质的含量基本接近（表 2-1），平均为 16.85%，高于鸡蛋（12.80%）；粗脂肪平均含量 2.25%，低于黄鳝（3.5%）而高于对虾（0.80%）。其中，奥里亚罗非鱼含量最高，为 2.65%，尼罗罗非鱼最低，为 1.75%，其他 3 种基本相当，为 2.26%～2.34%。5 种罗非鱼中灰分约为 1%。

表 2-1　不同罗非鱼中营养成分（%，n=5）

种类	水分	粗蛋白质	粗脂肪	灰分
尼罗罗非鱼	80.85 ± 0.29^{c}	15.38 ± 0.46^{b}	1.75 ± 0.01^{c}	1.07 ± 0.03
奥里亚罗非鱼	78.53 ± 0.23^{a}	18.01 ± 1.68^{a}	2.26 ± 0.09^{b}	1.19 ± 0.07
红罗非鱼	78.48 ± 0.16^{a}	17.68 ± 0.11^{a}	2.34 ± 0.04^{b}	1.08 ± 0.02
吉富罗非鱼	79.05 ± 0.41^{b}	17.03 ± 0.34^{ab}	2.27 ± 0.10^{b}	1.12 ± 0.01
奥尼罗非鱼	79.51 ± 0.17^{b}	16.15 ± 1.61^{ab}	2.65 ± 0.02^{a}	1.00 ± 0.02

注：以鲜鱼计，在同一列相同的字母表示无显著差异。

2. 罗非鱼肌肉中氨基酸组成及含量

（1）氨基酸组成　从表 2-2 可以看出，5 种罗非鱼肌肉蛋白质中的氨基酸组成基本一致，总量为 14.41%～17.07%，含量最高的均为谷氨酸，最低的为色氨酸，这一结果与虹鳟等淡水鱼肌肉氨基酸组成类似。其中氨基酸总量及必需氨基酸含量最高的为红罗非鱼，含量最低的为奥尼罗非鱼。必需氨基酸与总氨基酸的比值是 50.45%～51.57%，风味氨基酸与总氨基酸的比值是 36.03%～37.06%，彼此差异不大，与其他报道的淡水鱼的相关氨基酸组分非常接近。

表 2-2　不同罗非鱼肌肉中氨基酸组成及含量（%）

氨基酸	尼罗罗非鱼	奥里亚罗非鱼	红罗非鱼	吉富罗非鱼	奥尼罗非鱼
Ile	0.73	0.73	0.77	0.70	0.64
Leu	1.29	1.29	1.38	1.25	1.13
Thr	0.70	0.70	0.75	0.69	0.62
Val	0.94	0.91	0.96	0.91	0.81
Met	0.62	0.61	0.66	0.59	0.54
His	0.34	0.42	0.46	0.42	0.37
Arg	1.04	1.06	1.16	1.08	0.96
Phe	0.72	0.68	0.74	0.69	0.62
Lys	1.53	1.50	1.61	1.47	1.33
Trp	0.11	0.16	0.15	0.12	0.09
EAA	8.02	8.20	8.77	8.02	7.27
Asp *	1.61	1.61	1.61	1.61	1.61
Ser	0.57	0.57	0.62	0.57	0.51
Glu *	2.41	2.38	2.58	2.33	2.11
Pro	0.46	0.50	0.57	0.54	0.46
Gly *	0.73	0.80	0.91	0.92	0.74
Ala *	0.94	0.96	1.05	0.98	0.87
Cys	0.38	0.38	0.42	0.40	0.37
Tyr	0.56	0.51	0.54	0.51	0.46
NEAA	7.66	7.70	8.30	7.86	7.14
TAA	15.68	15.90	17.07	15.88	14.41
FAA	5.86	5.74	6.15	5.84	5.34
F/T	36.22	36.10	36.03	36.78	37.06
E/T	51.15	51.57	51.38	50.50	50.45

注：以鲜鱼计；NEAA 为非必需氨基酸；TAA 为总氨基酸；FAA 为风味氨基酸；F/T 为风味氨基酸/总氨基酸；E/T 为必需氨基酸/总氨基酸；* 为风味氨基酸。

（2）罗非鱼必需氨基酸组成　从表 2-3 可以看出，5 种罗非鱼第一限制性氨基酸均为色氨酸，其氨基酸分值为0.55～0.88，低于 AAS 标准值，除奥利亚罗非鱼的苏氨酸（0.97）及奥尼罗非鱼的亮氨酸（0.99），异亮氨酸（0.99）以及苏氨酸（0.95）的含量略低于 AAS 的标准值外，其他 3 种必需氨基酸 AAS（除色氨酸）均大于 1，说明罗非鱼肌肉必需氨基酸组成相对平衡且含量丰富，属于优质蛋白。

表 2-3　不同罗非鱼必需氨基酸组成（%）

AAS	Ile	Leu	Thr	Val	Met+Cys	Phe+Tys	Lys	Trp
FAO/WHO 模式	250	440	250	210	220	380	340	63
尼罗罗非鱼	296	523	283	384	410	520	621	44.70
AAS	1.18	1.19	1.13	1.83	1.86	1.37	1.83	0.71
红罗非鱼	253	447	242	316	341	414	522	55.52
AAS	1.01	1.02	0.97	1.50	1.55	1.09	1.54	0.88
吉富罗非鱼	258	458	252	334	364	440	540	44.04
AAS	1.03	1.04	1.01	1.59	1.65	1.167	1.59	0.70
奥尼罗非鱼	248	437	238	313	353	421	514	34.83
AAS	0.99	0.99	0.95	1.49	1.60	1.10	1.51	0.55
成人需求模式	81	119	56	81	106	119	100	31

注：以鲜鱼计，AAS 为试验蛋白质氨基酸含量（mg/g N）与 FAO/WHO 评分标准模式氨基酸含量（mg/g N）的比值。

（3）罗非鱼肌肉中牛磺酸含量　经测定尼罗罗非鱼和奥尼罗非鱼中牛磺酸含量最高，分别为 2 200mg/kg 和 2 100mg/kg；奥利亚罗非鱼和红罗非鱼含量次之，分别为1 900 mg/kg 和 1 800mg/kg；吉富罗非鱼含量最低，仅为 1 100mg/kg；罗非鱼鱼肉中牛磺酸含量与竹筴鱼（2 060mg/kg）、多线鱼（2 160mg/kg）等鱼类基本相当，但高于鲱(1 060mg/kg)。

3. 罗非鱼肌肉中脂肪酸种类及含量分析

从表 2-4 可以看出，5 种罗非鱼肌肉中脂肪酸种类不大，不饱和脂肪酸含量为 53.6%～57.9%，明显高于饱和脂肪酸含量。饱和脂肪酸（SFA）与多不饱和脂肪酸（PUFA）的总量接近，均大于单不饱和脂肪酸（MUFA）的总量。在 SFA 中含量较高的为 16∶0，其次为 18∶0；MUFA 中 18∶1 的含量明显高于其他脂肪酸，PUFA 中以 18∶2 含量最高，它是合成花生四烯酸的前体，直接影响动物的生长和繁殖能力，在 5 种罗非鱼以尼罗罗非鱼中含量最高，为脂肪总量的 17.5%；红罗非鱼、吉富罗非鱼及奥尼罗非鱼中含量基本相当，为 14.8%～15.4%；奥利亚罗非鱼鱼肉中含量最低 11.5%。此外，几种罗非鱼肌肉中还含有大量 DHA 等。

表 2-4　不同罗非鱼肌肉中脂肪酸种类及含量分析

脂肪酸	尼罗罗非鱼	奥利亚罗非鱼	红罗非鱼	吉富罗非鱼	奥尼罗非鱼
14∶0	1.8	1.3	2.4	1.7	1.5
16∶0	23.9	23.5	20.3	24.3	24.5
18∶0	8.6	8.7	6.1	5.6	6.6
20∶0	—	1.1	3.1	1.5	1.0
21∶0	0.9	1.0	1.2	0.8	0.9
24∶0	1.7	1.6	2.1	2.0	1.7
饱和脂肪酸	36.9	37.2	35.2	35.9	36.2

（续）

脂肪酸	尼罗罗非鱼	奥利亚罗非鱼	红罗非鱼	吉富罗非鱼	奥尼罗非鱼
16∶1	2.8	2.5	5.7	3.6	2.6
18∶1	12.9	11.8	17.9	13.9	14.1
24∶1	2.3	3.5	1.9	3.3	3.3
单不饱和脂肪酸	18.0	17.8	25.5	20.8	20.0
18∶2	17.5	11.5	14.8	15.4	14.7
18∶3	—	—	1.6	2.2	1.8
20∶3	1.5	1.9	1.6	2.2	1.8
20∶4	7.8	8.6	4.2	7.5	5.9
20∶5（EPA）	1.2	2.4	1.9	2.0	1.7
22∶6（DHA）	10.3	11.4	5.9	10.0	11.1
多不饱和脂肪酸	38.3	35.8	30.0	37.1	35.2
其他	6.8	9.2	9.3	6.2	8.6

第二节　罗非鱼鲜度与品质

一、罗非鱼鲜度

罗非鱼鲜度实际上就是指罗非鱼的新鲜程度，包括渔获后罗非鱼的外观形态、物理化学特性、安全性以及适口性变化等多种含义。

鲜度是水产品的一个综合指标。评价水产品鲜度的方法较多，根据渔获后水产品外观形态、风味特点、物理化学性质、安全性以及适口性等变化情况，可采用感官检验、化学检验、物理检验以及微生物检验等方法进行评价。

1. 感官检测法

利用人的视觉、味觉、嗅觉、触觉来鉴别水产品品质优劣的一种检验方法。通常从鱼类眼球、鳃部、肌肉、体表、腹部以及水煮试验等方面进行评价，一般认为，新鲜的鱼具有以下特征：眼球饱满、明亮，角膜透明清晰，无血液浸润；鳃部色泽鲜红，黏液透明无异味，鳃丝清晰，鳃盖紧闭；肌肉坚实有弹性，以手指压后凹陷立即消失，肌肉的横断面有光泽，无异味；体表有透明黏液，鳞片鲜明有光泽，牢固地固着在鱼体表面，不易剥落；腹部无膨胀现象，肛门凹陷无污染，无内容物外泄；水煮试验鱼汤透明，有油亮光泽和良好气味。

2. 物理检验法

主要是根据鱼体僵硬情况及体表的物理化学、光学的变化来评价水产品鲜度的一类方法。目前，常用的有僵硬指数法和激光照眼法。僵硬指数法适用于鱼体僵硬初期到僵硬期再到解僵期过程的鱼体鲜度评价，在解僵后则不适用。激光照眼法是日本长崎水产公司研制出的一种评价鱼类鲜度的方法，其原理是根据鱼眼对激光反射光线的强度和频率来测定鱼的新鲜程度，鱼的鲜度越高，鱼眼反射光的强度越高、频率越高。

3. 化学检验法

根据水产品在保鲜过程中所发生的生物化学变化来评价其鲜度的一类方法，也是一类相对可靠、应用最多的水产品鲜度评价方法，可通过测定水产品 K 值、挥发性盐基氮（TVB-N）和三甲胺（TMA-N）等的含量来评价水产品的鲜度。K 值是评价僵硬以前及僵硬及解僵过程的鱼类、贝类鲜度的良好指标，K 值越小鲜度越高，一般新鲜鱼的 K 值小于 10%。挥发性盐基氮不能反映出鱼类死亡后的早期鲜度，但用于评价从解僵自溶至腐败过程的水产品的鲜度变化，挥发性盐基氮含量越低，产品新鲜度越高。三甲胺含量则可用于水产品的风味及可接受评价。

4. 微生物学法

通过贮藏保鲜过程中细菌总数来评价水产品鲜度的一种方法。鱼体在死后僵直阶段细菌繁殖缓慢，而到自溶阶段后期因含氮物质分解增多，细菌繁殖很快，因此测出的细菌数多少，大致反映了鱼体的新鲜度。一般细菌总数小于 10^4 cfu/g 的可判为新鲜鱼，大于 10^6 cfu/g 则表明腐败开始，介于两者之间的为次新鲜鱼。

5. 其他测定法

除上述方法外，目前已经开发出一些通过仪器设备快速测定水产品鲜度的方法，如气味浓度测量仪法、传感器测量法（K 值传感器、微生物传感器、胺类传感器），这类方法具有用样量少、简便、快捷、灵敏度高等优点。

二、鲜度对加工品质的影响

罗非鱼产品的鲜度，反映了其肌肉状态、组织结构、化学成分以及感官品质等方面的变化。随着淡水鱼产品鲜度的下降，其肌肉质地变软、小分子可溶性化合物含量增加，肌原纤维蛋白的凝胶形成能力、持水性、乳化性以及黏结能力下降。因此，罗非鱼的鲜度会对其加工品质产生显著影响。

1. 鲜度对鱼糜凝胶形成能力的影响

原料鱼的鲜度，对鱼糜制品的凝胶形成能力及凝胶强度有明显影响。如果将处于僵直前、僵直中和僵直后的鱼肉冻结后贮藏，每隔一段时间取其一部分制成鱼糜并测定其 Ca^{2+}-ATP 酶活性和凝胶形成能力，结果发现，随着冷藏时间延长，鱼糜凝胶形成能力下降；用僵直前的鱼肉加工成的鱼糜，其 Ca^{2+}-ATP 酶活性和凝胶形成能力下降幅度小，而用僵直后鱼肉加工成鱼糜的 Ca^{2+}-ATP 酶活性和凝胶形成能力下降幅度大。将鲢糜冷藏 0～9d，并每隔 24h 取样采用 85℃一段加热或 30℃与 85℃两段加热法测定鱼糜的凝胶形成能力，结果也表明，随着贮藏时间延长，鱼糜鲜度下降，其凝胶形成能力和凝胶强度也随之降低。

2. 鲜度对罗非鱼冷冻解冻和加热失重率的影响

持水性是鱼类肌肉品质的重要评价指标之一。冷冻贮藏是罗非鱼最常用的保藏方法，冻藏鱼在解冻后其肌肉中的汁液会渗出，一般鱼体鲜度越低，解冻后汁液渗出越多，解冻后的失重率越高。加热处理是罗非鱼最常用的烹饪或者加工方法，当加热使肌肉温度升高到 65℃左右时，其开始收缩、硬度增大，所含可溶性成分随水分一起析出，从而导致肌肉重量损失。鱼肉在加热过程中的失重率，受鱼体大小和新鲜度的影响。水产品鲜度高时，鱼体大小，对加热失重率的影响不大，但随着鱼体鲜度下降，鱼体越小，其加热失重率越高。就同一大小的鱼体而言，鱼体新鲜度越低，其加热失重率越高。

3. 鲜度对鱼产品质地和口感的影响

鱼产品的鲜度对其加工制品的质地和口感有非常明显的影响。鱼体越新鲜，其组织结构越完整，采用新鲜度高的鱼加工成的风干制品的质地和口感越硬实；反之，鱼加工品质地和口感会变松软。将鱼肉加热至50℃时其硬度增加，而持续加热一定时间后，因肌肉中胶原蛋白和弹性蛋白在60℃以上水中逐渐溶解，其肌肉组织又会变软。僵直前和僵直期的鱼肉加热后组织收缩、硬度增大较明显，而解僵的鱼肉加热后尽管发生收缩，但其质地变得软烂。

三、罗非鱼肉土腥味物质

腥味物质指的不是一种物质，它是多种物质的一个总称。腥味物质的组成比较复杂，在不同的水产品或者同一种水产品不同部位的分布都有可能是不同的。研究表明，一般情况下，鱼类往往比虾类含有较多的腥味物质，高脂肪含量鱼类比低脂肪鱼类含有更多的腥味物质，鱼皮和内脏比鱼肉中含有的腥味物质多。造成这些结果的原因是多方的，鱼类与虾类的区别可能主要是与生活环境和自身结构有关；脂肪高的鱼类含有多的腥味物质，这主要与脂肪分解后会产生短链的醛、酮等腥味物质有关；鱼皮和内脏被认为含有较多的微生物和酶类，会将碱性氨基酸等腥气特征化合物前体物质分解，产生短链的腥气成分，而土臭素等土腥味物质也是先进入内脏，再进入鱼肉组织，所以相比较于鱼皮和鱼内脏，鱼肉含有的腥味物质相对较少。

腥味物质组成虽然较复杂，且会因水产品品种的不同而有所区别，但还是有一些共同点。新鲜活鱼和生鱼片具有令人愉快的清新味，这类新鲜气味物质主要是C_6、C_8、C_9的羰基化合物和醇类，如反，顺-2，6-壬二烯醛（tran，cis-2，6-nonadienal）、3，6-壬二烯醇（3，6-nonadien-1-ol）等。对于水产品中那些令人难以接受的气味物质，主要是一些低分子量的C_4～C_7类醛、醇、酮类物质，如丁醛（butylaldehyde）、1-戊烯-3-酮（1-penten-3-one）、己醛（n-hexanal）、反-4-庚醛（trans，4-heptenal）和顺-3-己醇（cis，3-hexenol）等。

醛类、酮类等物质会产生腥味，淡水鱼的土臭味或者说是土霉味的关键物质就是土臭素和2-甲基异莰醇。土臭素（geosmin，GSM）和2-甲基异莰醇（2-methylisoborneol，MIB）是水体中常见的两种产生不良气味的物质，具有较强的泥土味和土臭味，在水体除臭的研究中成为重点检测对象。它们一般是水体中放线菌和蓝藻的产物。在养殖的过程中，养殖的水产品常常会吸附土臭素和二甲基异莰醇，从而加重腥臭味。水产品中的挥发性物质主要包括醇类、醛类、酮类、烃类、土腥味类物质（多见于淡水水产品中）及少量的呋喃、硫醚、萘类等物质，这些化合物一起构成了水产品的腥味。

1. 罗非鱼肉挥发性物质

（1）感官评价 经过10名特殊培训的感官评定员对新鲜罗非鱼进行感官评定，得出其风味轮廓如图 2-3 所示。可以看出，罗非鱼具有较重的鱼腥味、泥土味和青草味；相对而言，金属味、油脂味和蘑菇味相对较轻。

（2）气相色谱-质谱分析　采用固相微萃取-气相色谱-质谱方法对罗非鱼挥发性成分进行分析，优化的分析条件为：转子搅拌 1 050r/min，45℃萃取 30min，气相色谱自动进样口解析 10min。用 DB-5MS 毛细管色谱柱分析，NIST05 数据库确认定性，通过面积归一化法定量得到各化学成分的相对百分含量。罗非鱼背部肉中挥发性物质化合物组成如图 2-4 和表 2-5 所示。

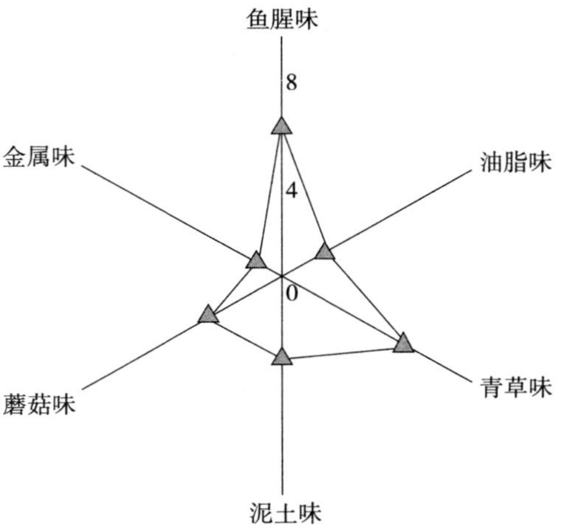

图 2-3　新鲜罗非鱼风味轮廓

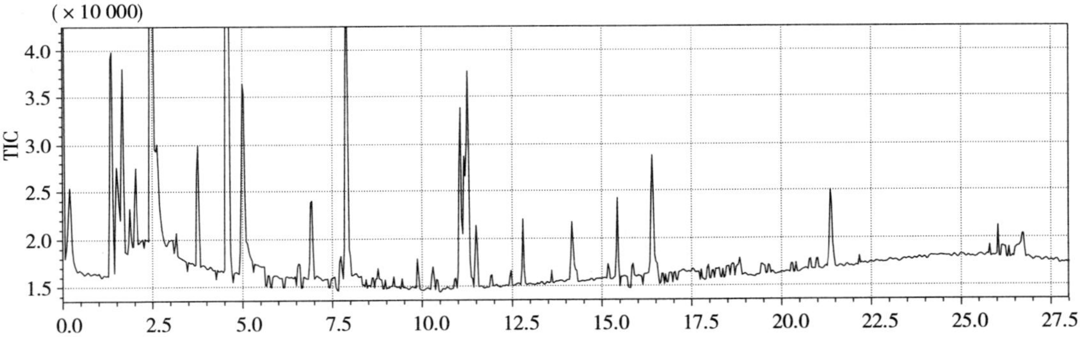

图 2-4　DB-5MS 检测的罗非鱼挥发性物质总离子流色谱图

表 2-5　DB-5MS 检测罗非鱼挥发性物质

序号	保留时间（min）	化合物	中文名称	相似度（%）
1	3.539	benzene，methyl	甲苯	85
2	4.01	hexanal	己醛	95
3	5.04	4，6-octadiyn-3-one，2-methyl-	2-甲基-4，6-辛二炔-3-酮	82
4	5.13	1-hexanol	己醇	93
5	5.195	benzene，1，2-dimethyl-	1，2-二甲基苯	59
6	5.584	benzenepropanoic acid	苯丙酸	73
7	5.731	heptanal	庚醛	88
8	5.821	3-pentanone	3-戊酮	82
9	6.42	2-phenylindolizine	2-苯基吲哚嗪	67
10	6.805	ethanone，1-phenyl-	1-丙基-乙酮	61

（续）

序号	保留时间（min）	化合物	中文名称	相似度（%）
11	6.817	2，2-dimethylcycl0butanone	2，2-二甲基环丁酮	77
12	6.917	benzene，1，2，3-trimethyl-	1，2，3-三甲基苯	78
13	7.052	1-octanol	辛醇	96
14	7.189	2，3-octanedione	2，3-辛二酮	84
15	7.301	pentane，2，2，4，4-tetramethyl-	2，2，4，4-四甲基戊烷	82
16	7.398	benzene，1-ethyl-2-methyl-	1-乙基-2-甲基-苯	87
17	7.528	octanal	辛醛	84
18	7.876	hexanophenone	苯己酮	83
19	7.934	1-hexanol，2-ethyl-	2-乙基-1-己醇	95
20	8.018	cyclobutane，1，2-dipropenyl	1，2-联苯烯基环丁烷	78
21	8.127	indane	二氢化茚	77
22	8.383	3-hexanone，2，4-dimethyl-	2，4-二甲基-3-己酮	83
23	8.557	1-penten-3-ol	1-戊烯-3-醇	73
24	8.791	2-octanamine	二辛胺	69
25	9.065	oxalic acid，cyclobutyl hexyl ester	草酸环丁基己酯	74
26	9.146	3-hexanone	3-己酮	83
27	9.007	decamethylcy	硅烷	68
28	9.472	4-methyl-1-pentanone	4-甲基-1-戊酮	84
29	9.883	octane，4，5-dimethyl-	4，5-二甲基辛烷	79
30	10.65	unknown	未知	83
31	10.736	decane，6-ethyl-2-methyl	6-乙基-2 甲基-癸烷	85
32	10.845	oxalic acid，butylpropyl ester	丁基丙酯	79
33	11.13	3，4-difluorobenzonitrile	二氟苯腈	60
34	12.214	3-hexanone，2，4-dimethyl-	2，4-二甲基-3-己酮	85
35	14.57	isooctyl acohol	异辛醇	87
36	14.908	propylene carbonate	碳酸丙烯酯	82
37	14.993	phenonl	苯酚	90
38	16.029	1，2-benzenedicarboxylic acid	1，2 苯二羧酸	95
39	19.362	ethanone	乙酮	76
40	26.957	phthalic acid，butyl hexyl ester	邻苯二甲酸丁己酯	73

（3）罗非鱼不同部位挥发性物质色谱图 罗非鱼皮、罗非鱼鳃部、罗非鱼内脏等不同部位的挥发性物质离子流色谱图如图 2-5 至图 2-7 所示。

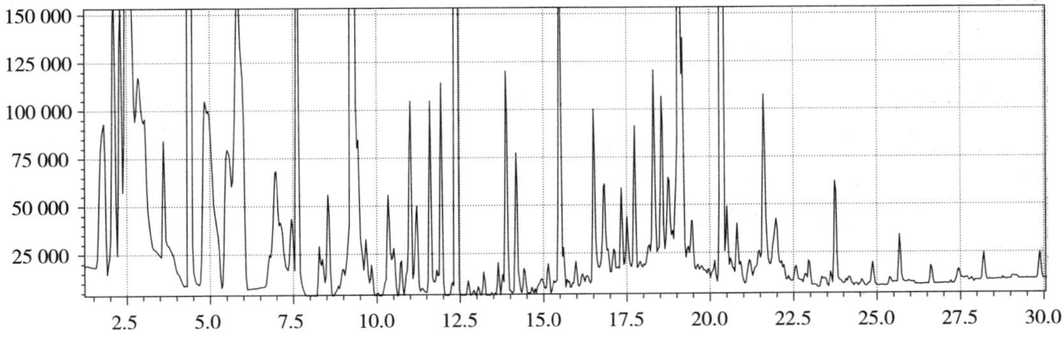

图 2-5　罗非鱼皮挥发性物质色谱图

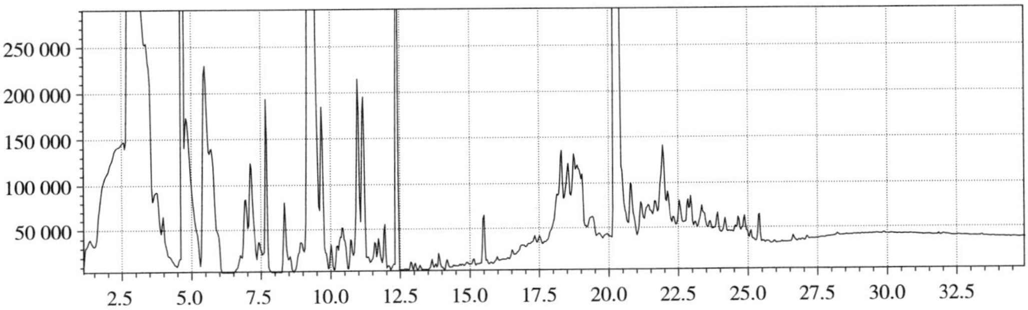

图 2-6　罗非鱼鳃挥发性物质色谱图

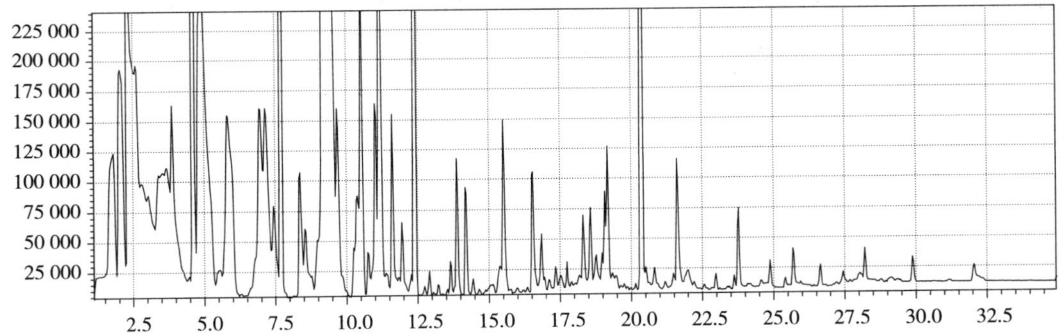

图 2-7　罗非鱼内脏挥发性物质色谱图

在罗非鱼鱼皮、鱼鳃、鱼内脏和鱼肉四者之间，罗非鱼内脏的挥发性物质含量高，且种类多，其次是罗非鱼鱼皮和鱼鳃，鱼肉的挥发性物质相对少一些。因此，一般情况下，罗非鱼内脏的腥味值高于罗非鱼鱼皮和鱼鳃，腥味值最低的是罗非鱼鱼肉。

罗非鱼内脏挥发性物质共检测到 63 种、罗非鱼鳃部和鱼皮分别检测到 54 种和 50 种、罗非鱼鱼肉中挥发性物质为 40 种。罗非鱼内脏作为腥味较重的部位，其中，1-辛烯-3 醇、壬醛、2-辛烯-1-醇、辛醛等典型性腥味物质的含量都较另外 3 个部位高。

2. 罗非鱼鱼肉中典型性土腥味物质含量的测定

土腥味物质属于半挥发性物质，在鱼肉中含量极低，并且其提取与富集的实现都十分困难，其含量的测定通常要通过提取、富集、测定三个步骤实现。

采用了微波蒸馏-固相微萃取-气相色谱-质谱技术，制定了土臭素和 2-甲基异莰醇标准曲线，实现了高效测定罗非鱼鱼肉中土臭素和 2-甲基异莰醇的含量。

(1) 微波蒸馏功率 随着微波功率的不断增加，蒸馏萃取物的峰面积也随之升高，GSM 和 MIB 的萃取物峰面积分别在额定微波功率的 60%和 40%时达到最大值（图 2-8），当采取 60%加热方式时，会有黄色的油状物产生，这时的萃取产物中杂质很多，会对 GSM 和 MIB 的分析产生影响；所以最终采取额定功率的 40%（360W）作为微波蒸馏功率条件。

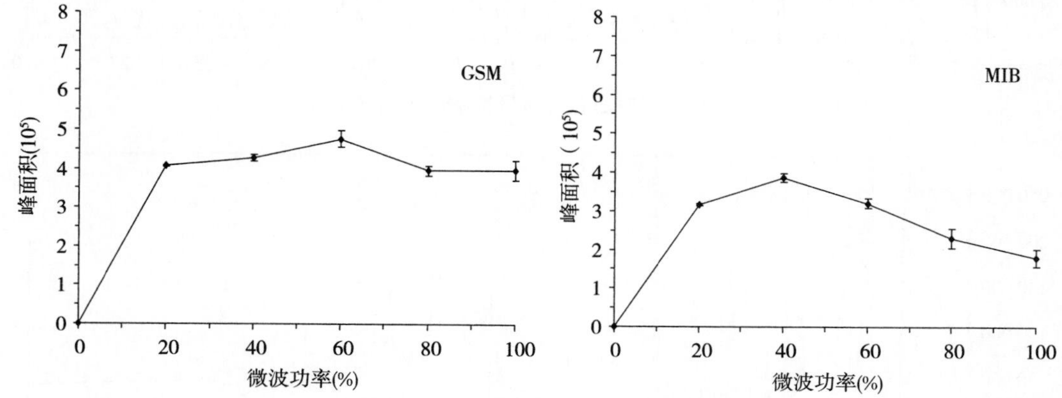

图 2-8 微波功率对土腥味物质萃取量的影响

(2) 微波蒸馏时间 目标物峰面积在 2～6min 之间会随着微波时间的延长而增加，而在 6～8min 时间段则会下降，目标物的回收率降低（图 2-9）。其原因有可能是随着微波时间的延长，微波萃取瓶中样品的水分已实现完全蒸馏，继续加热造成样品变黑变黄，进而影响最终收集的蒸馏产物，干扰了 SPME 的萃取，所以最终采取微波时间 6min。

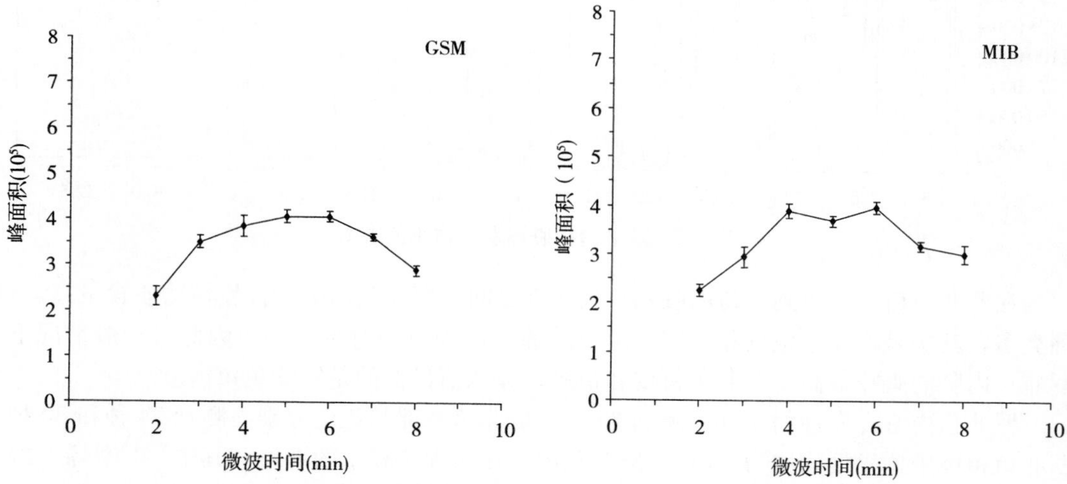

图 2-9 微波时间对土腥味物质萃取量的影响

根据优化的条件，对所购罗非鱼肉中的土臭素和 2-甲基异莰醇进行检测，其色谱图如图 2-10 所示，最后测得样品中土臭素和 2-甲基异莰醇的平均含量分别为 4.97μg/kg、

1.21μg/kg。微波蒸馏-固相微萃取-气相色谱质谱法对土臭素和2-甲基异莰醇的加标回收率RSD≤5%。

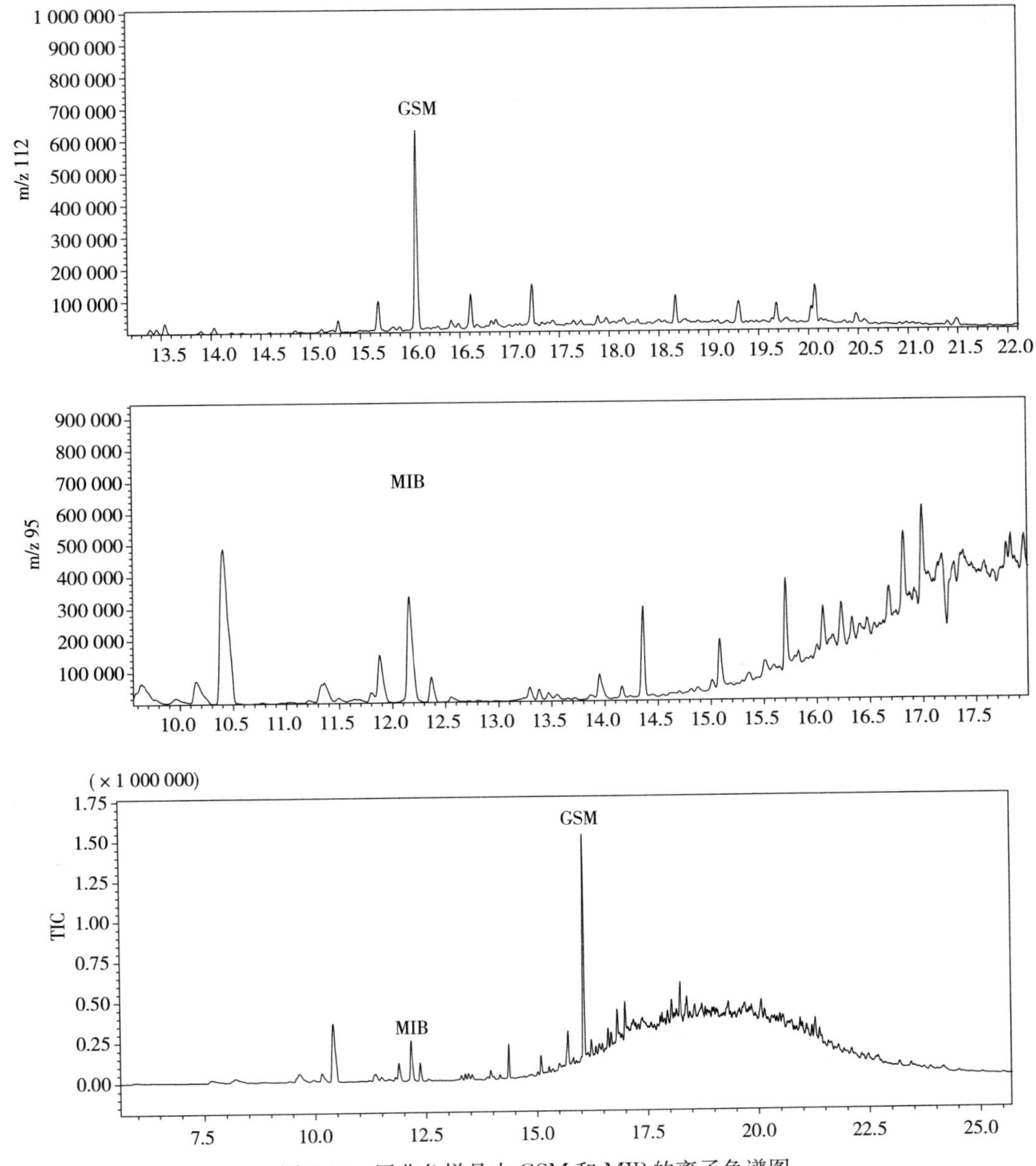

图2-10　罗非鱼样品中GSM和MIB的离子色谱图

3. 脂肪氧化酶对罗非鱼腥味物质形成的影响

罗非鱼腥味物质组成复杂，但主要是一些醛类、醇类和酮类物质，这些醛酮类物质主要的来源是不饱和脂肪酸的氧化。此类氧化反应是自由基链式反应，需要自由基引发，而自由基则需催化才能产生。肉中能催化自由基产生的催化剂主要有血红蛋白、脂肪氧化酶(lipoxygenase，LOX)、金属离子等。LOX在鱼肉脂肪氧化和风味形成中有重要作用，与新鲜特征风味相关的醇类和羰基类化合物大多与LOX相关。而且有学者认为，不同种类的鱼的特征风味主要由鱼肉中的LOX决定。

（1）罗非鱼肌肉不饱和脂肪酸的含量 罗非鱼摄食的食物原料中含有亚麻酸、DHA和EPA等物质，经过代谢转成罗非鱼体内的亚油酸、DHA和EPA等。不同种的罗非鱼所含有的不饱和脂肪酸的种类和含量区别都较大（表2-6）。

表2-6 奥尼和吉富罗非鱼肌肉脂肪酸对比

罗非鱼肌肉组织脂肪酸	奥尼罗非鱼脂肪酸含量（%）	吉富罗非鱼脂肪酸含量（%）
十五酸	0.37	0.64
棕榈酸	23.78	0.12
硬脂酸	7.68	12.24
花生酸	0.47	0.32
油酸	35.25	—
亚油酸	13.38	16.81
花生四烯酸	1.09	2.11
EPA	1.20	2.67
DHA	4.02	10.53
不饱和脂肪酸	65.40	70.50
必需脂肪酸	13.38	16.81

奥尼和吉富罗非鱼不饱和脂肪酸的含量分别达到了65.40%和70.50%，亚油酸含量分别达到13.38%和16.81%，DHA和EPA的含量之和也分别达到了5.22%和13.2%，与一些海水鱼的含量接近。而草鱼、鲤等肌肉中基本是不含有DHA和EPA的，所以罗非鱼在这方面的营养价值比草鱼、鲤高。不过，不饱和脂肪酸在冷冻贮藏过程中极易氧化，造成不饱和脂肪酸的损失。

（2）羟基磷灰石柱提取罗非鱼肉中LOX 罗非鱼肉中LOX粗提液经羟基磷灰石柱层析分离后，其洗脱曲线见图2-11所示，在NaCl浓度接近于0.25mol/L时，得到了一个单一的活性峰，酶的比活力大大提高。

（3）罗非鱼肌肉中LOX底物特异性 催化肉中脂肪酸氧化的催化剂有LOX、金属离子和血红蛋白等，在冷冻贮藏过程中，脂肪氧化酶对鱼肉的氧化更为严重。在对经过羟基磷灰石柱纯化的LOX进行底物特异性测试时发现，亚油酸、亚麻酸和DHA均能被LOX氧化，其结果如表2-7所示。

表2-7 罗非鱼LOX底物特异性

脂肪酸	催化氧化速度（%）
亚油酸	42.9
亚麻酸	100
DHA	88.6
花生四烯酸	53.4

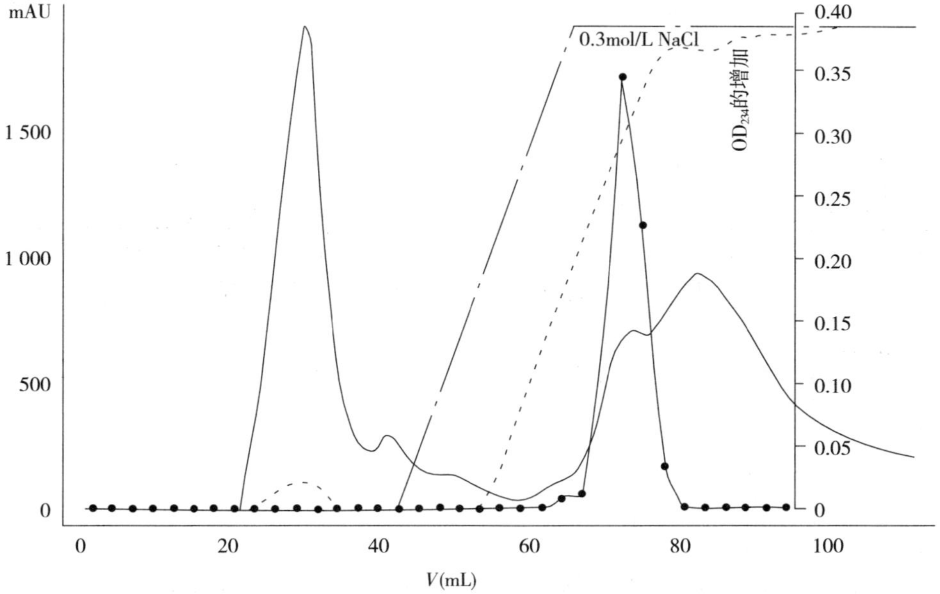

图 2-11　羟基磷灰石柱层析分离罗非鱼肉中 LOX

——蛋白质（OD_{280}）　- - - -电导百分率（%）　— — NaCl 浓度　—●—酶活

罗非鱼肉中 LOX 的最适底物是亚麻酸。不同来源的 LOX 的底物特异性是不同的，哺乳动物 LOX 的最适底物多数情况下是花生四烯酸，植物 LOX 的最适底物一般认为是亚油酸；鱼类 LOX 的最适底物变化范围比较大，鲢的最适底物为亚麻酸，而鲑 LOX 的最适底物为 DHA。

（4）LOX、血红蛋白、Fe^{3+} 对罗非鱼模型鱼肉的氧化产生的挥发性物质　采用 SPME-GC-MS 方法检测 LOX、血红蛋白、Fe^{3+} 氧化罗非鱼模型鱼肉所产生的挥发性物质。3 种物质氧化后所得挥发性物质如图 2-12 至图 2-14 所示。

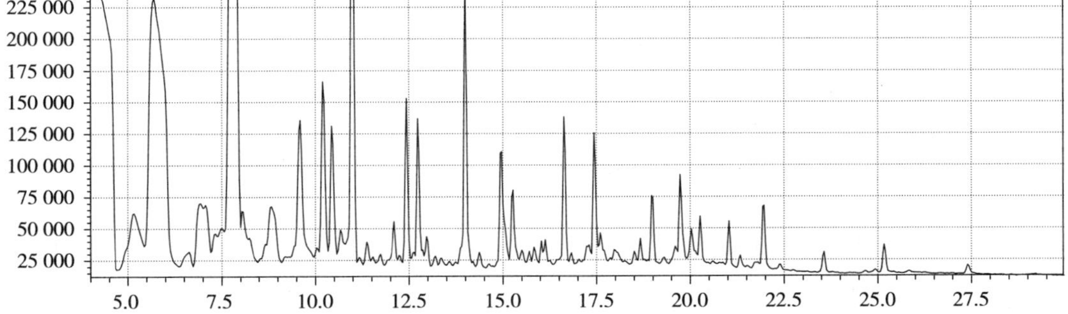

图 2-12　脂肪氧化酶氧化模拟鱼肉后所得挥发性物质

由表 2-8、表 2-9 和表 2-10 的结果对比来看，脂肪氧化酶能催化模型鱼肉产生 21 种化合物，而血红蛋白和 Fe^{3+} 则分别能催化产生 13 种和 9 种化合物，脂肪氧化酶催化模型鱼肉能产生更多的挥发性物质，这可能与罗非鱼肉中含有大量不饱和脂肪酸有较大关系。

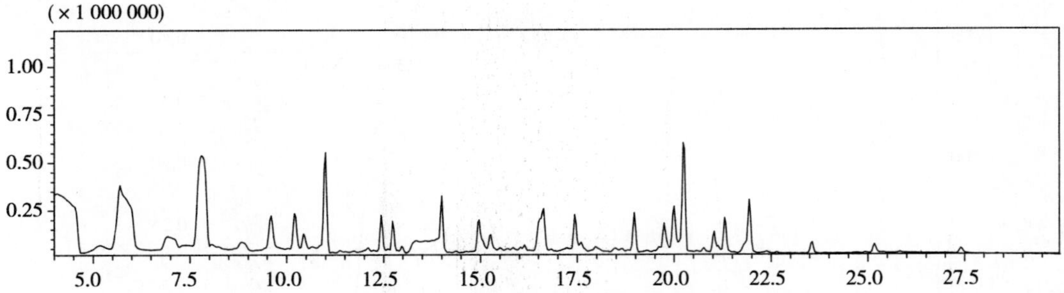

图 2-13 血红蛋白氧化模型鱼肉所得挥发性物质

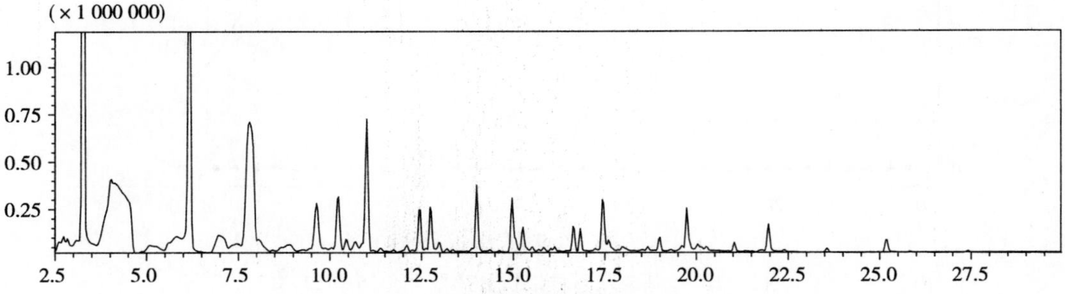

图 2-14 Fe^{3+} 氧化模型鱼肉所得挥发性物质

而血红蛋白催化模型鱼肉后产生物质多为烷烃类，Fe^{3+} 催化产生的物质主要为醇醛类，但其数量较少。而脂肪氧化酶能催化模型鱼肉产生较多醇、醛、酮类等一些典型的腥味物质，表明脂肪氧化酶很可能在罗非鱼腥味物质的形成过程中发挥着重要的作用。

表 2-8 LOX 氧化模型鱼肉产生的挥发性物质

序号	保留时间（min）	化合物	中文名称	相似度（%）
1	5.156	benzene，1，2-dimethyl-	1，2-二甲苯	88
2	5.696	1-octen-3-one	1-辛烯-3-酮	90
3	7.333	benzene，(1-methylethyl) -	1-甲乙基苯	88
4	8.825	1-hexanol	己醇	87
5	9.2	hexanal	己醛	73
6	10.042	(E，E) -2，4-heptadienal	反 2，反 4-庚二烯醛	89
7	10.443	nonanal	壬醛	97
8	11.172	ethanol	乙醇	89
9	11.373	2，3-octanedione	2，3-辛二酮	74
10	11.53	2-nonenal，(E) -	反，2-壬醛	80
11	11.727	1-undecanol	十一醇	88
12	12.097	azulene	甘菊环烃	95
13	13.567	methoxyacetic acid，2-tetradecyl ester	甲氧基乙酸甲酯	77
14	15.702	pentadecane	十五烷	89

（续）

序号	保留时间（min）	化合物	中文名称	相似度（%）
15	16.829	（E）-2-decenal	反-2-癸醛	89
16	17.031	1-octen-3-ol	1-辛烯-3-醇	81
17	17.29	phenol	苯酚	76
18	18.505	1-hexanol，2-ethyl	2-乙基-己醇	83
19	18.667	hexadecane	十六烷	95
20	19.292	eicosane	廿烷	85
21	20.032	heptadecane	十七烷	78

表 2-9　血红蛋白氧化模型鱼肉产生的挥发性物质

序号	保留时间（min）	化合物	中文名称	相似度（%）
1	3.067	toluene	甲苯	83
2	5.093	heptane	庚烷	78
3	6.613	4-benzoic acid	4-笨酸	83
4	7.454	benzene，1，3，5-trimethyl-	1，3，5-三甲苯	71
5	8.889	2-nonanal	2-壬醛	85
6	10.445	nonanal	壬醛	95
7	11.735	1-nonanol	壬醇	89
8	12.099	naphthalene	萘	95
9	16.834	1-dodecanol	十二醇	96
10	17.236	pentadecane	十五烷	95
11	18.667	octadecane	十八烷	95
12	19.737	heptadecane	十七烷	87
13	20.600	octadecane	十八烷	70

表 2-10　$FeCl_3$ 氧化模型鱼肉产生的挥发性物质

序号	保留时间（min）	化合物	中文名称	相似度（%）
1	5.173	benzene，1，2-dimethyl	1，2-二甲苯	86
2	8.058	benzene，1，2，4-trimethyl-	1，2，4-三甲苯	90
3	8.835	1-hexanol，2-ethyl	2-乙基己醇	87
4	10.442	nonanal	壬醛	97
5	11.523	octanal	辛醛	80
6	11.730	1-nonanol	壬醇	85
7	12.094	naphthalene	萘	74
8	15.697	pentadecane	十五烷	82
9	18.648	octadecane	十八烷	92

4. 臭氧水脱除罗非鱼腥味物质

(1) 0℃臭氧水脱除罗非鱼腥味的方法 人们把含有一定浓度臭氧的水称为臭氧水。臭氧在水中不稳定，其原理是发生氧化还原反应后生成性质活泼的羟基和单原子氧等，从而可以破坏水中的有机物和微生物等。影响臭氧溶解性质的因素很多，如水质、温度、光照、pH、臭氧气体的流量、水容积等。臭氧水作为安全的食品加工辅助方法，0℃臭氧水是可以与食品直接接触的。目前，食品加工中臭氧的利用状态主要是臭氧冰、臭氧水和臭氧气体等，接触方式多为直接接触，利用目的主要为消除异味和杀菌消毒等。

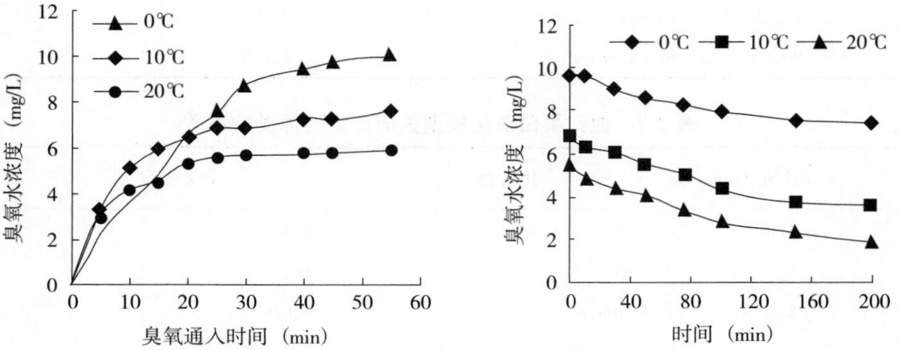

图 2-15 温度对臭氧在水中溶解性质的影响

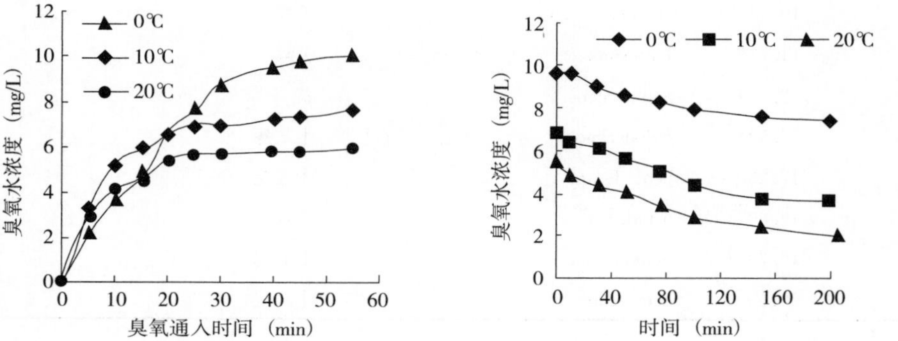

图 2-16 温度对臭氧在水中分解性质的影响

臭氧溶解在不同温度的水中时，在刚开始的 10min，10℃与 20℃水的溶解能力较强，且两者相差不大；不过之后在 10～60min 的过程中，10℃水的臭氧溶解能力要大于 20℃水。0℃水的溶解能力在 10min 之前较为滞后，但在 20min 之后，其溶解能力要大于前两者（图 2-15）。在三者的降解速度中，0℃臭氧水的降解速度最慢（图 2-16）。臭氧在水中的分解近似服从一级反应规律，即臭氧水浓度 $\ln C_t$ 与分解时间 T 呈直线关系，函数关系为：

$$\ln C_t = K \cdot T \cdot \ln C_0$$

式中 K——分解速率常数；

C_t——放置 T 时间的浓度；

C_0——起始的浓度。

因此，0℃臭氧水处理法脱除罗非鱼土腥味物质的操作方式为：

罗非鱼→采肉→8mg/L 的 0℃臭氧水漂洗 20min→清水漂洗→测定腥味物质

(2) 臭氧水处理对罗非鱼肉土腥味物质的脱除效果　根据优化的 0℃臭氧水处理方法，检测处理前后的罗非鱼肉中土臭素和 2-甲基异莰醇的含量，考察 0 ℃臭氧水对罗非鱼肉土腥味物质的脱除效果。检测方法仍采用微波蒸馏-固相微萃取-气相色谱质谱方法，气相色谱质谱扫描方式为 SIM 模式。处理前后，罗非鱼肉中土臭素和 2-甲基异莰醇的含量如图 2-17 至图 2-20 所示。

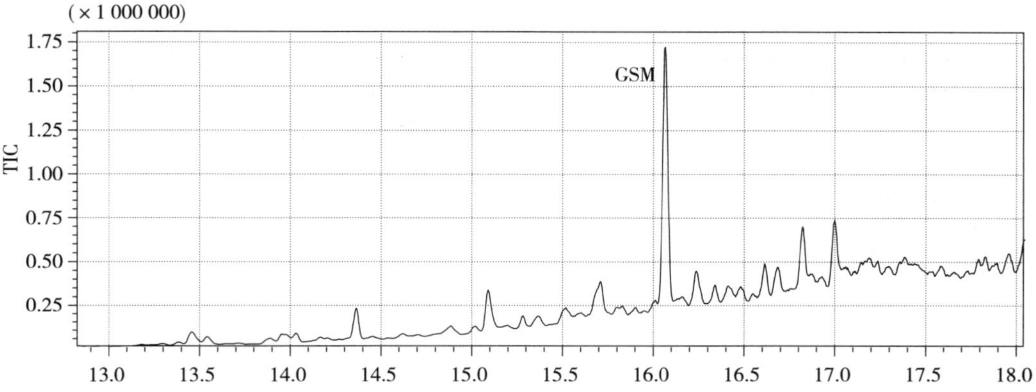

图 2-17　罗非鱼肉臭氧水处理前 GSM 含量色谱图

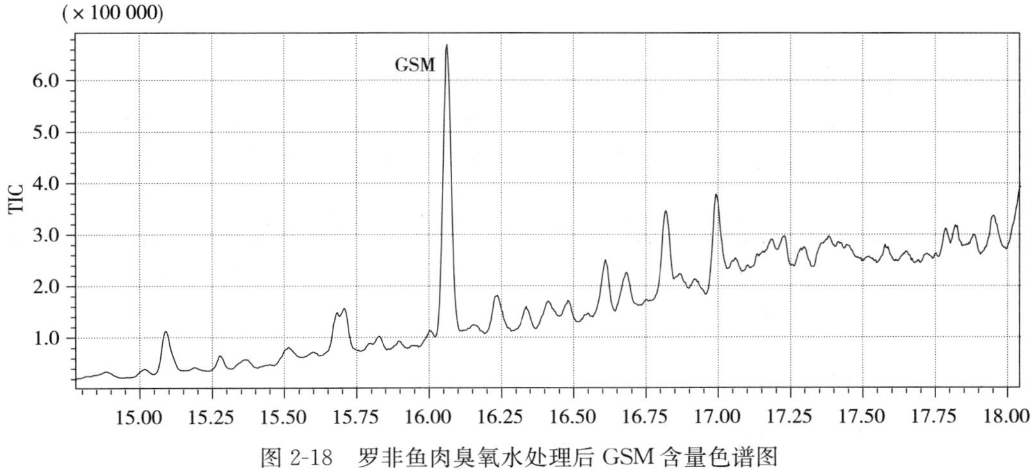

图 2-18　罗非鱼肉臭氧水处理后 GSM 含量色谱图

臭氧水处理罗非鱼肉前后土臭素和 2-甲基异莰醇的脱除率如表 2-11 所示：0 ℃臭氧水漂洗的方式，可以脱除罗非鱼肉中 30.5%～39.7%的土臭素和 25.1%～30.6%的 2-甲基异莰醇。经过试验对比证明，在臭氧水的漂洗时间由 10 min 升至 30 min 时，其对两种土腥味物质的脱除率却只分别提高了 9.2%和 5.5%，推测产生此效果的原因是臭氧不能与鱼肉内部的两种土腥味物质相互作用。

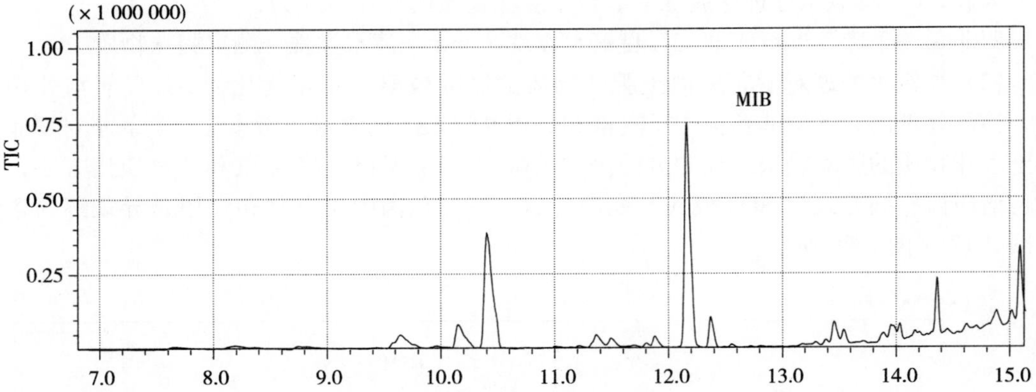

图 2-19 罗非鱼肉臭氧水处理前 MIB 含量色谱图

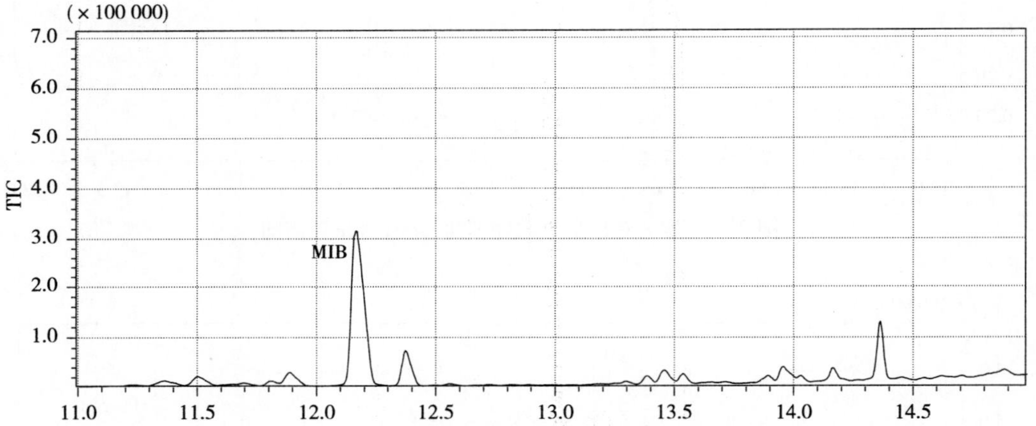

图 2-20 罗非鱼肉臭氧水处理后 MIB 含量色谱图

表 2-11 臭氧水处理法对罗非鱼腥味物质脱除效果

处理方式	样品	GSM 峰面积	脱除率（%）	2-MIB 峰面积	脱除率（%）
空白对照	罗非鱼肉	1 136 472	—	200 501	—
0℃臭氧水漂洗（3mg/L）10min	罗非鱼肉	789 848	30.5	150 175	25.1
0℃臭氧水漂洗（3mg/L）20min	罗非鱼肉	692 111	39.1	139 548	30.4
0℃臭氧水漂洗（3mg/L）30min	罗非鱼肉	685 292	39.7	139 147	30.6

0 ℃臭氧水漂洗罗非鱼肉 20 min 后能够有效脱除罗非鱼肉中的土臭素和 2-甲基异莰醇，两者的含量分别降低 39.1%和 30.4%，漂洗后两者的浓度分别降至 2.98 μg/kg 和 0.84 μg/kg，极大程度了降低了其腥味值。

0 ℃臭氧水处理罗非鱼肉挥发性物质的总离子流色谱图如图 2-21 所示，挥发性物质如表 2-12 所示。

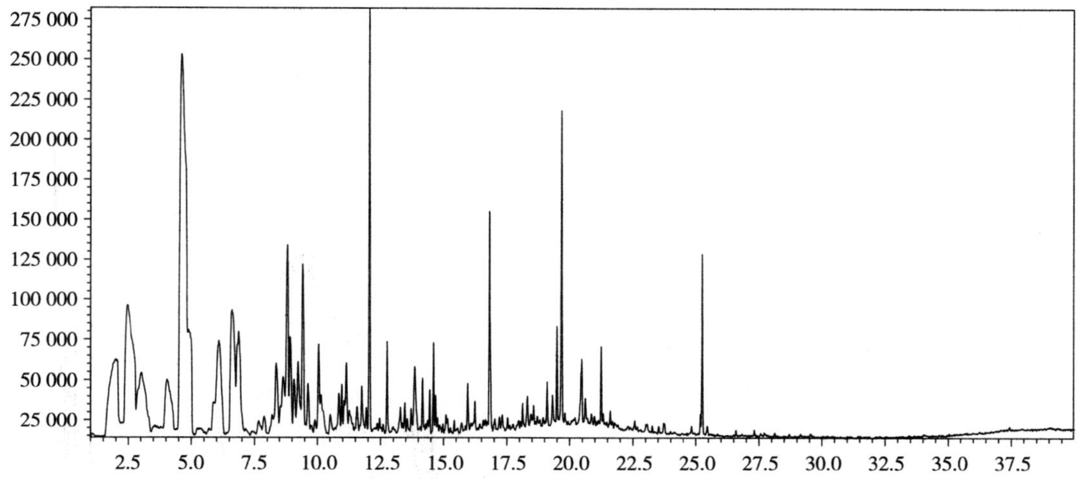

图 2-21　罗非鱼挥发性物质离子流色谱图

表 2-12　挥发性化合物质

序号	保留时间（min）	化合物	相似度（%）	相对含量	气味描述
1	3.031	3-pentanone，2-methyl-	83	9.05	
2	4.035	toluene	82	7.36	腐味
3	4.612	hexanal	88	23.02	青草味
4	6.088	benzene，1，2-dimethyl-	81	8.63	
5	6.611	1-benzotriazole，4-methyl-	80	6.12	
6	6.865	heptanal	89	4.18	焦臭味
7	8.2	2-octen-1-ol，(Z) -	82	1.4	
8	8.366	benzaldehyde	91	2.63	
9	8.525	heptanal	78	0.39	焦臭味
10	8.639	2-hepten-1-ol，(E) -	80	2.19	
11	8.92	2，5-octanedione	90	1.54	
12	9.07	2-octen-1-ol，(E) -	80	0.9	
13	9.234	4-ethylcyclohexanol	77	1.54	
14	9.415	octanal	94	2.83	油脂味
15	9.626	2，4-heptadienal，(E，E) -	94	0.39	
16	9.901	1-decanone，1-phenyl-	72	1.17	
17	10.046	1-hexanol，2-ethyl-	87	1.36	
18	10.508	phthalan	73	0.97	
19	10.845	2-octenal，(E) -	75	0.42	泥土味
20	11.14	2-nonen-1-ol	83	2.65	
21	11.751	3-decen-2-ol	64	0.64	

（续）

序号	保留时间（min）	化合物	相似度（%）	相对含量	气味描述
22	11.931	decanal	80	0.18	鱼腥味
23	12.053	nonanal	96	2.66	植物味
24	12.754	2，3-octanedione	92	0.78	酸败味
25	13.455	2-nanenal，(E) -	81	1.3	
26	13.561	hexadecane，1-chloro-	72	0.18	
27	13.718	dodecanal	79	0.31	
28	13.811	nonanal	80	1.37	植物味
29	14.169	naphthalene	95	0.52	
30	14.455	dodecane	94	0.33	
31	14.604	dodecanal	94	0.33	
32	15.955	2-decenal，(E) -	87	0.71	
33	16.239	1-octanol，2-butyl-	80	2.48	
34	17.027	2-endecen-1-ol，(E) -	78	0.15	
35	17.211	naphthalene，1-methyl-	70	0.19	
36	17.325	1-octanol，2-butyl-	74	0.4	
37	18.558	nonane，5- (1-methylpropyl) -	73	0.32	
38	19.108	pentadecane	92	1.64	
39	19.32	dodecanal	77	2.6	
40	20.475	1，6-nonadien-3-ol	62	0.9	
41	21.246	pentadecane	95	1.58	
42	25.252	unknown	91	1.69	

臭氧水漂洗处理后的罗非鱼挥发性物质色谱图如图 2-22 所示。对比漂洗前后，罗非鱼挥发性物质种类的含量及种类，发现一些典型的腥味物质含量减少（表 2-13）。

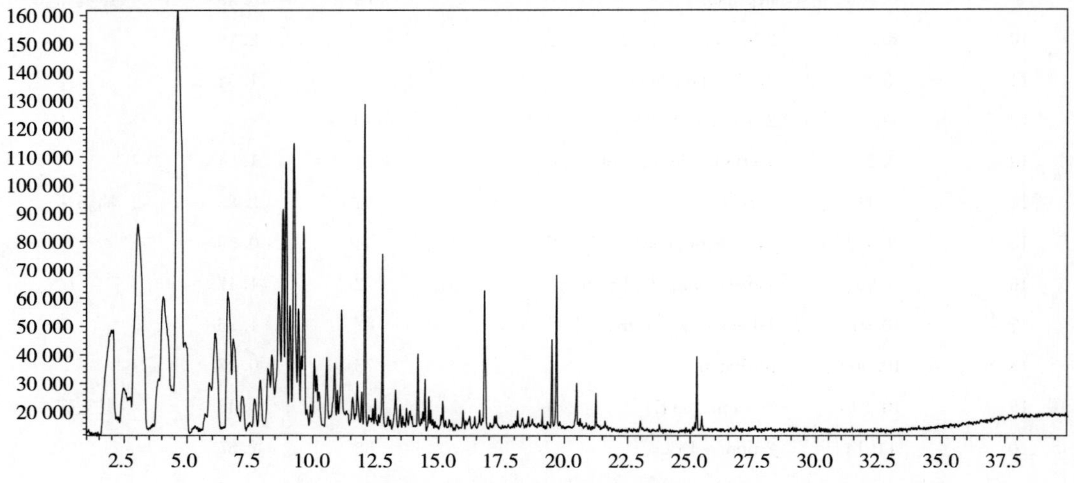

图 2-22　臭氧水漂洗处理后罗非鱼挥发性物质色谱图

表 2-13　漂洗前后变化明显的挥发性物质

保留时间（min）	化合物	中文注释
4.035	toluene	甲苯
4.612	hexanal	己醛
6.865	heptanal	庚醛
9.415	octanal	辛醛
11.931	decanal	癸醛
12.053	nonanal	壬醛
12.754	2，3-octanedione	2，3-辛二酮

同时，对漂洗前后罗非鱼肉的营养成分及质构进行检测，其结果如表 2-14、表 2-15 所示。经过臭氧水处理后，罗非鱼肉的各营养成分如蛋白质、脂肪、灰分、水分等含量变化不大，说明臭氧水处理脱腥方法对罗非鱼营养成分损失较小。罗非鱼肉的质构 TPA 参数硬度、弹性、凝聚力稍微有所降低，而黏附性则稍微有所增加，但整体变化不大（图 2-23）。说明臭氧水处理方法具有可行性。

表 2-14　脱腥处理后罗非鱼肉各成分含量指标

类别	空白	臭氧水处理
水分（%）	78.6±0.7	77.8±0.4
粗蛋白质（%）	15.6±0.6	14.1±1.0
粗灰分（%）	1.27±0.02	1.21±0.03
粗脂肪（%）	0.80±0.1	0.72±0.06

表 2-15　脱腥处理后鱼肉质构测定结果

样品	硬度（g）	弹性（mm）	凝聚力	黏附性（g·s）
空白	107.00	1.24	0.79	83.13
0℃臭氧水漂洗处理 20min	105.00	1.04	0.77	85.82

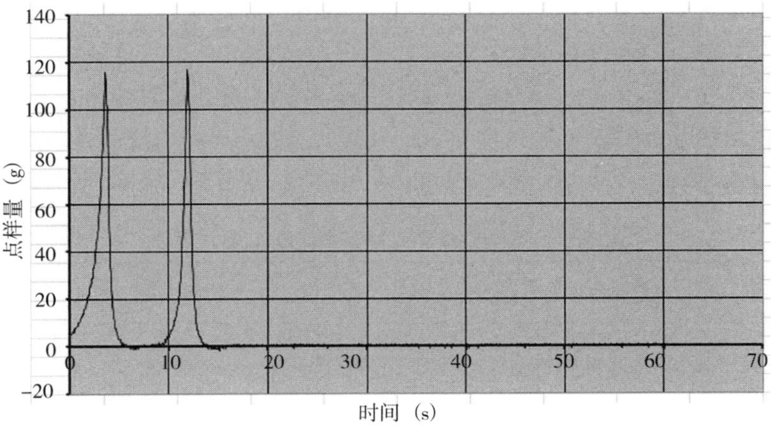

图 2-23　罗非鱼 TPA 模式质构测试典型图谱

四、不同养殖模式的罗非鱼品质差异

罗非鱼的养殖领域由原来在淡水池塘和小水库养殖拓宽到山塘和海水等水域养殖。养殖方式由原来的粗养、套养为主，转向以精养为主，混养、立体养殖等多种养殖模式并存。目前，罗非鱼养殖有单养、混养与立体养殖。单养，即纯粹罗非鱼的养殖，全程投喂饲料，分级标苗，每年可以养殖2～3造；混养，即将其他鱼和虾等同罗非鱼混养在一起，也是全程投喂饲料，在年底干塘；立体养殖则是在前两种模式的基础上，加上鱼塘上养殖鸡、鸭、猪，在养殖前期不投料，当鱼体规格达到0.15～0.30kg后开始投料，1年可以养殖1造。

目前南方主要有鱼猪混养、鱼鸭混养、鱼菜共生、纯投料四种模式。不同养殖模式由于水质、饲料等差异导致罗非鱼产品在营养成分、肌肉物理特性等方面会有差异（表2-16）。

表 2-16　不同养殖模式罗非鱼肉常规营养成分占鲜重百分比比较（%）

营养成分	鱼猪混养	鱼鸭混养	鱼菜共生	纯投料
水分	76.86	75.88	77.06	74.43
粗蛋白质	18.07	18.94	17.90	19.13
粗脂肪	4.33	3.17	3.54	4.02
粗灰分	0.98	1.45	1.73	1.99
总糖	0.39	0.50	0.51	0.51

各种养殖模式的罗非鱼肉水分含量有差异，鱼菜共生模式的罗非鱼肉水分含量最高，纯投料模式的罗非鱼肉水分含量最低，相差2.63%；纯投料模式的罗非鱼肉粗蛋白质含量最高，鱼菜共生模式的罗非鱼肉最低，两者相差1.23%，差别不大；鱼猪混养模式的罗非鱼肉粗脂肪含量最高，鱼鸭混养模式的罗非鱼肉最低，两者相差1.16%，差别不大；纯投料模式的罗非鱼肉粗灰分含量最高，鱼猪混养模式的罗非鱼肉最低，两者相差1.01%，差别较大；鱼猪混养模式的罗非鱼肉总糖含量最低为0.39%，而其他三者没有太大区别。

4种养殖模式中，鱼猪混养模式的罗非鱼肉鲜味、口感、嫩度评价值最高，而其他3组中都有某个指标值是所有试验组中最低的。因此，鱼猪混养模式的罗非鱼肉可接受度值也是最高的（表2-17）。

表 2-17　不同养殖模式罗非鱼肉质主观评定

评定项目	鱼猪混养	鱼鸭混养	鱼菜共生	纯投料
鲜味	4.80	4.57	4.23	4.33
口感	4.73	4.33	4.40	4.27
嫩度	4.83	4.23	4.50	4.27
可接受度	14.36	13.13	13.13	12.87

硬度相对其他组较高的是纯投料模式的罗非鱼肉，较低的是鱼猪混养模式的罗非鱼肉；弹性和黏附性虽有差别，但差别不大。但是由于各平行组所测得的硬度的变化范围较大，因此也可以认为各组间的硬度波动范围差别不明显（表 2-18）。

表 2-18　不同养殖模式罗非鱼肉质分析

质构指标	鱼猪混养	鱼鸭混养	鱼菜共生	纯投料
硬度（g）	178±22	197±58	202±44	297±62
弹性（mm）	3.05	2.95	3.00	2.82
黏附性（g·s）	−16.57	−13.98	−21.11	−20.25

各组中 pH_1、pH_u最大的是鱼猪混养模式的罗非鱼肉，最小的是纯投料模式的罗非鱼肉，两者相差仅 0.3%，差异不大，并且各组的 pH_1、pH_u之间的差值微小。熟肉率最高的是鱼鸭混养模式的罗非鱼肉，最低的是鱼菜共生模式的罗非鱼肉，两者相差 6.98%，差异较大，同时也可以得出蒸煮损失的差异也较大。失水率和贮存损失最高的是鱼菜共生模式的罗非鱼肉，最低的是纯投料模式的罗非鱼肉，差异较大。肌原纤维断裂指数最高的为鱼猪混养模式的罗非鱼肉，最低的为纯投料模式的罗非鱼肉，两者之间相差 50，差异较大（表 2-19）。

表 2-19　不同养殖模式罗非鱼肉理化特性比较

理化指标	鱼猪混养	鱼鸭混养	鱼菜共生	纯投料
pH_1	6.42	6.28	6.21	6.11
pH_u	6.48	6.26	6.17	6.14
熟肉率（%）	81.35	87.91	80.93	82.37
蒸煮损失（%）	18.65	12.09	19.07	17.63
滴水损失法测失水率（%）	6.05	5.64	9.32	4.36
贮存损失（%）	3.70	3.13	6.07	1.31
肌内脂肪（%）	3.77	2.04	1.41	3.44
肌纤维断裂指数	98	80	62	48

肌红蛋白含量最高的是鱼鸭混养模式的罗非鱼肉，最低的是鱼菜共生模式的罗非鱼肉，两者相差 12.03 mg/kg，差异较大。各个组中 3 种相关色素的比例虽有变化，但差别不大（表 2-20）。

表 2-20　不同养殖模式罗非鱼肉肌红蛋白及相关色素比较

色素	鱼猪混养	鱼鸭混养	鱼菜共生	纯投料
肌红蛋白（mg/kg）	28.44	31.92	19.89	26.38
脱氧肌红蛋白（%）	26	28	27	28
氧合肌红蛋白（%）	22	22	23	21
高铁肌红蛋白（%）	52	50	50	53

醛类、酯类和烃类是这 4 种养殖模式的罗非鱼肌肉的主要风味物质，其总的相对含量分别占鱼猪混养、鱼鸭混养、鱼菜共生以及纯投料养殖模式罗非鱼挥发性风味成分的 80.47%、82.12%、89.04%以及 92.90%，并且在这几种养殖模式的罗非鱼的风味成分中己醛所占的百分含量是最高的。这 4 种养殖模式的罗非鱼肉中的共有风味成分有 30 种，共有成分总得相对含量分别占这 4 种模式风味成分的 83.07%、80.68%、83.05%和 62.57%（表 2-21）。另外，从对这 4 种养殖模式的罗非鱼的挥发性成分的分析来看，他们之间存在显著差异，分别用“脂肪味-青草味”“杏仁香”“柑橘香”“酒香-醚香”“鱼腥味”“黄瓜香”“花果香”“鸡肉香”“蜡香”“桃子香”“紫罗兰香”来表征，这些物质的量的差异是造成不同养殖模式罗非鱼不同风味的重要原因。

表 2-21 不同养殖模式罗非鱼肉挥发性成分及其百分含量

化合物名称	鱼猪混养		鱼鸭混养		鱼菜共生		纯投料		感觉阈值（μg/kg）	气味描述
	保留时间（min）	峰面积（%）	保留时间（min）	峰面积（%）	保留时间（min）	峰面积（%）	保留时间（min）	峰面积（%）		
己醛*	6.022	22.83	6.031	19.53	6.028	31.73	6.036	22.56	4.5	青草味-脂肪味
庚醛*	8.725	4.86	8.724	3.21	8.725	3.62	8.712	1.88	3	鱼腥味
2-庚烯醛*	10.282	0.77	10.284	0.52	10.282	0.57	10.268	0.56		青草香、刺激臭
苯甲醛*	10.529	0.89	10.543	0.78	10.548	1.02	10.519	0.45	350-3500	杏仁味、坚果味
2，4-十二碳二烯醛	—	—	—	—	11.417	1.51	—	—		
辛醛*	11.549	4.28	11.549	2.46	11.548	3.28	11.534	1.79	0.7	青草味-脂肪味
2，4-庚二烯醛*	11.850	2.04	11.852	0.71	11.852	1.32	11.839	0.52		醛香、鸡肉香
2-辛烯醛*	13.089	2.12	13.091	1.81	13.083	1.49	13.074	1.08		脂肪香、鸡肉香
壬醛*	14.300	19.13	14.300	9.02	14.298	13.74	14.287	6.44	1	青草味-脂肪味
2-壬烯醛*	15.774	1.14	15.771	0.45	15.771	0.64	15.755	0.36		脂肪香、黄瓜香
癸醛*	16.911	2.18	16.909	1.78	16.908	2.28	16.894	1.20		甜香、柑橘香
2，4-壬二烯醛*	17.244	0.15	17.239	0.15	17.237	0.12	17.226	0.13		脂肪香、花果香
2-癸烯醛	18.324	0.45	—	—	—	—	18.308	0.30		橙子香、肉香味
十一醛	—	—	19.37	0.53	19.369	0.49	19.358	0.39		脂蜡气、橙子香
2，4-癸二烯醛	—	—	—	—	—	—	19.703	0.38		鸡肉香
2-十一烯醛*	20.720	0.23	18.318	0.25	18.313	0.22	20.715	0.21		醛香、柑橘香、脂肪香
十二醛*	21.689	0.26	21.689	0.35	21.682	0.20	21.674	0.28		柑橘香、紫罗兰花香
十三醛	23.874	0.20	23.876	0.13	—	—	—	—		
十五醛	—	—	—	—	—	—	25.927	0.06		
十四醛	25.943	0.18	25.951	0.16	—	—	25.933	0.16		桃子香、杏仁香
十六醛	—	—	27.923	0.93	—	—	—	—		花香、蜡香
正戊醇	—	—	5.37	1.12	—	—	5.421	0.86	120	酒香、醚香
4-乙基环己醇	—	—	11.415	1.20	—	—	—	—		

（续）

化合物名称	鱼猪混养		鱼鸭混养		鱼菜共生		纯投料		感觉阈值（μg/kg）	气味描述
	保留时间（min）	峰面积（%）	保留时间（min）	峰面积（%）	保留时间（min）	峰面积（%）	保留时间（min）	峰面积（%）		
3，4-二甲基环乙醇	—	—	14.081	1.16	14.069	1.85	14.061	1.00		
4-辛炔-3，6-二醇	14.083	1.73	—	—	—	—	—	—		
反式 2-癸烯醇*	15.996	0.33	15.997	0.21	15.994	0.42	15.98	0.18		
2-乙基-1-癸醇	—	—	—	—	—	—	23.416	0.08		
1-十六醇	—	—	28.96	0.55	28.952	0.43	—	—		
乙烯基戊酮*	10.841	0.64	10.842	0.50	10.839	0.39	10.813	0.39		
2-十一酮	18.986	0.40	18.998	0.48	18.985	0.34	—	—		
己酸乙烯酯*	11.055	6.14	11.056	5.20	11.053	5.90	11.044	3.92		
2-乙基-1-己酸己酯	—	—	15.317	0.08	15.311	0.46	—	—		
二氯乙酸-4-十六酯	—	—	—	—	25.194	0.23	25.184	0.17		
丙酸-2-甲基-1，3 二丙酯	—	—	25.364	0.69	25.359	0.65	25.351	0.66		
邻苯二甲酸二乙酯*	25.536	1.43	25.531	18.38	25.521	3.41	25.511	11.46		芳香味
邻苯二甲酸二异丁基酯	—	—	30.845	0.33	30.843	0.21	30.835	0.65		
1，2-二异丙烯基环丁烷	12.28	0.97	12.289	0.51	12.285	0.85	—	—		
3-乙基-3-甲基庚烷*	12.842	0.47	12.845	0.22	12.841	0.43	12.835	0.29		
5-异丁基壬烷	—	—	12.846	0.46	—	—	—	—		
5-甲基-5-丙基壬烷*	18.444	0.35	18.446	0.28	18.444	0.37	18.431	0.16		
十五烷	19.102	0.49	19.096	0.74	19.099	0.62	—	—		
4，6-二甲基十二烷	—	—	19.551	0.19	19.55	0.27	19.543	0.14		
十四烷*	21.391	0.54	21.39	0.52	21.387	0.45	21.378	0.36		
十六烷	—	—	22.668	0.16	—	—	22.662	0.04		
2，6，10-三甲基十二烷	22.677	0.16	—	—	22.668	0.19	—	—		
2-溴代十二烷	—	—	—	—	—	—	22.764	0.03		
1，1，2-三甲基-3-亚甲基环丙烷	—	—	—	—	19.703	0.61	—	—		
2，6，11-三甲基十二烷	—	—	—	—	—	—	24.183	0.22		
5-丙基癸烷	—	—	—	—	—	—	24.492	0.14		
4-环己基十三烷	—	—	—	—	—	—	24.724	0.18		

（续）

化合物名称	鱼猪混养		鱼鸭混养		鱼菜共生		纯投料		感觉阈值（μg/kg）	气味描述
	保留时间（min）	峰面积（%）	保留时间（min）	峰面积（%）	保留时间（min）	峰面积（%）	保留时间（min）	峰面积（%）		
十七烷	—	—	24.86	0.29	24.855	0.14	24.847	0.39		
2，6，10，14-四甲基十六烷	—	—	—	—	—	—	24.995	0.28		
十八烷	—	—	26.486	0.39	26.486	0.35	26.482	1.94		
二十烷	—	—	26.835	0.07	—	—	26.823	0.78		
8-庚基十五烷	—	—	—	—	—	—	26.967	0.65		
2，6，10，15-四甲基十七烷	—	—	—	—	27.554	1.40	27.551	4.51		
二十一烷	—	—	—	—	—	—	28.289	1.42		
二十四烷	—	—	—	—	—	—	28.692	0.62		
十四烷基环氧乙烷	29.871	0.15	29.87	0.39	—	—	29.851	0.18		
八甲基环四聚硅氧烷*	10.682	1.52	10.67	1.19	10.672	1.40	10.668	0.75		
十二甲基环己硅氧烷*	18.815	1.27	18.813	1.36	18.81	1.36	18.801	1.22		
十四甲基环庚硅氧烷	—	—	22.503	6.57	22.501	3.52	22.494	12.71		
3-异丙氧基-1，1，1，7，7，7-六甲基-3，5，5-三羟甲基甲烷四硅氧烷	25.799	0.86	—	—	—	—	25.786	7.00		
1，1，1，3，5，7，9，11，11，11-十甲基-5-三甲基硅氧基六硅氧烷*	28.632	0.27	28.629	0.66	28.626	1.46	28.618	2.11		
3，5-辛二烯-2-one	13.405	1.47	—	—	13.402	1.68	—	—		
石竹烯	22.048	0.31	22.049	0.23	22.047	0.23	—	—		辛香、木香、柑橘香、樟脑香、丁香
9-十八烯*	23.199	0.53	23.198	0.44	23.208	0.62	23.197	0.26		
9-二十碳烯	27.143	0.30	—	—	—	—	—	—		
9-二十三烯	28.958	0.58	—	—	—	—	28.946	0.91		
1，6-环己甲醇［10］环轮烯	19.767	0.95	—	—	—	—	—	—		
3-环己烯-1-甲腈*	12.057	1.71	12.061	1.17	12.052	1.44	12.049	1.13		
辛腈	—	—	16.352	0.07	—	—	—	—		

（续）

化合物名称	鱼猪混养		鱼鸭混养		鱼菜共生		纯投料		感觉阈值（μg/kg）	气味描述
	保留时间（min）	峰面积（%）	保留时间（min）	峰面积（%）	保留时间（min）	峰面积（%）	保留时间（min）	峰面积（%）		
十一腈	—	—	21.224	0.15	—	—	—	—		
癸腈	—	—	23.436	0.16	—	—	—	—		
十四腈*	29.489	3.42	29.492	6.17	29.497	2.27	29.472	1.28		
十六腈	31.849	0.56	31.835	1.14	—	—	—	—		
十七腈*	33.989	1.86	33.983	0.90	33.991	0.82	33.983	0.69		
乙苯	7.637	0.17	7.669	0.42	7.656	0.61	—	—		芳香味
邻二甲苯*	7.91	1.03	7.932	1.78	7.885	1.18	7.883	0.44		臭味
丁烃甲苯	—	—	—	—	23.781	0.33	—	—		
2-甲氧基-1，3，4-三甲基苯	17.526	0.36	—	—	—	—	—	—		
萘	16.661	5.28	—	—	—	—	—	—		香樟木味
1-甲基萘	19.391	1.36	—	—	—	—	—	—		香樟木味
N，N-二丁基甲酰胺*	19.226	0.32	19.214	0.23	19.21	0.46	19.192	0.24		
十氢-4，8，8-三甲基-9-亚甲基-1，4-环己甲醇甘菊蓝*	21.877	0.36	21.874	0.45	21.87	0.44	21.862	0.23		
癸醚	—	—	—	—	—	—	23.217	0.57		

注：* 表示 4 种养殖模式罗非鱼的共有成分；—表示未检出。

罗非鱼中游离氨基酸的组成丰富，其中甜味氨基酸和苦味氨基酸占的比重较大。非呈味氨基酸中牛磺酸的含量最高，它具有促进婴幼儿脑组织和智力发育，提高神经传导和视觉技能，防止心血管病等生理功能，是人体健康必不可少的一种营养素。从表中也可以看出，不同养殖模式的罗非鱼氨基酸的组成并不相同，鱼猪混养模式的罗非鱼肉缺乏谷氨酸和肌氨酸，鱼鸭混养模式的罗非鱼肉缺乏谷氨酸，鱼菜共生模式的罗非鱼肉和纯投料模式的罗非鱼肉缺少亮氨酸，且某些氨基酸在不同养殖模式的罗非鱼中的含量有明显差异（表 2-22）。

表 2-22　不同养殖模式罗非鱼肉中主要游离氨基酸组成及含量（μg/g，湿基）

游离氨基酸 FAA	鱼猪混养	鱼鸭混养	鱼菜共生	纯投料
L-天冬氨酸 Asp	78.66	86.87	105.18	34.91
L-谷氨酸 Glu	0	0	159.67	112.66
∑UAA	78.66	86.87	264.85	147.57
L-丝氨酸 Ser	145.72	51.44	41.77	30.95
L-谷酰胺 Gln	370.67	197.62	509.28	243.96
甘氨酸 Gly	1 308.45	897.49	658.12	689.89

（续）

游离氨基酸 FAA	鱼猪混养	鱼鸭混养	鱼菜共生	纯投料
L-苏氨酸 Thr	172.21	112.82	110.89	73.47
L-丙氨酸 ALA	21.49	20.38	21.67	136.38
L-脯氨酸 Pro	149.60	134.16	226.59	76.47
L-羟脯氨酸 Hyp	47.52	46.89	65.47	60.27
L-缬氨酸 Val	71.43	45.47	49.25	55.08
L-肌氨酸 Sar	0	26.33	37.19	30.51
∑SAA	2 287.09	1 532.6	1 720.23	1 396.98
L-组氨酸 His	76.01	167.49	192.35	117.55
L-精氨酸 Arg	108.47	261.33	171.83	114.44
L-酪氨酸 Tyr	33.36	33.92	61.15	44.15
L-色氨酸 Trp	210.91	31.70	36.39	39.54
L-蛋氨酸 Met	113.22	91.85	27.14	31.88
L-苯丙氨酸 Phe	40.31	39.78	55.53	51.12
L-异亮氨酸 Ile	42.34	29.45	81.29	84.00
L-亮氨酸 Leu	80.94	68.13	0	0
L-赖氨酸 Lys	152.44	84.12	86.07	77.09
∑BAA	858.00	807.77	711.75	559.77
L-瓜氨酸 Cit	11.60	27.65	13.64	10.96
L-牛磺酸 Taurine	1948.28	2287.31	2640.06	2536.69
L-胱氨酸 Cys	345.18	285.22	158.71	202.02
L-正缬氨酸 Nva	21.51	24.86	144.25	118.99
L-天冬酰胺 Asn	25.95	24.16	33.55	18.06
∑OAA	2352.50	2649.20	2990.21	2886.72

各种养殖模式罗非鱼肉脂肪酸种类并不完全相同，相对含量较高的脂肪酸为：C16：0、C18：2、C18：1、C18：0、C20：4、C22：6。鱼猪混养模式的罗非鱼肉和鱼鸭混养模式的罗非鱼肉的饱和脂肪酸总量明显高于鱼菜共生和纯投料模式的罗非鱼肉。纯投料模式的罗非鱼肉单不饱和脂肪酸总量较低，而其他 3 种养殖模式较高且差别不大。纯投料模式的罗非鱼肉多不饱和脂肪酸总量最高，而鱼猪混养和鱼鸭混养模式的罗非鱼肉的较低，且后面二者的差别不大（表 2-23）。

表 2-23　不同养殖模式罗非鱼肉中游离脂肪酸组成及相对百分含量（%）

脂肪酸	鱼猪混养	鱼鸭混养	鱼菜共生	纯投料
C14：0	0.83	1.61	1.21	0.94
C15：0	0.62	0.23	0.26	0.25
C16：1	2.05	4.37	2.7	2.5

（续）

脂肪酸	鱼猪混养	鱼鸭混养	鱼菜共生	纯投料
C16：0	23.79	23.19	19.38	18.79
C17：0	0.91	0.98	0	0.46
C18：3	0	0.6	0.66	0.63
C18：2	6.57	8.13	11.85	12.02
C18：1	22.95	20.98	20.84	19.27
C18：0	11.58	11.49	10.63	10.32
C19：0	0	0	0.41	0.66
C20：5	0	2.72	0	3.14
C20：4	5.82	4.89	11.04	10.35
C20：3	4.57	4.76	4.36	4.67
C20：2	1.03	1.34	1.33	1.14
C20：1	0	0	1.5	0
C20：0	0	0	0.52	0.91
C22：6	14.51	9.91	11.19	11.31
C22：5	4.77	4.81	2.12	2.62
SFA	37.73	37.5	32.41	32.33
MUFA	25.00	25.35	25.04	21.77
PUFA	37.27	37.16	42.55	45.88

罗非鱼中的饱和脂肪酸以C16：0、C18：0为主，单不饱和脂肪酸以C18：1、C16：1为主，多不饱和脂肪酸以C18：2、C20：4、C22：6为主。

五、不同致死方式对罗非鱼片品质的影响

动物在处于一种有意识的状态进行致死时，会产生激烈的应激反应和剧烈的运动，这不仅不利于动物福利，并且会对产品品质产生影响，还会给致死操作过程带来困难。鱼肉含有较高的水分、丰富的蛋白质、不饱和脂肪酸等特点导致鱼肉易腐，不易长时间保存。影响鱼肉质量的因素很多：养殖、捕捞、致死、加工和贮藏等。致死方式处理是鱼类福利的一个重要部分，鱼肉产品的品质与鱼屠宰应激状态密切相关。众所周知，鱼死后鱼肉会发生僵硬、解僵和自溶等一系列的变化，而鱼在致死前的状态，会对这一过程造成影响。研究表明，鱼类致死时的应激反应会导致肌肉的鱼片组织软化，多孔，会使死后僵直开始的更早，并且导致鱼肉更低的pH。鱼肉中孔隙的增加是由剧烈的肌肉收缩导致的，鱼的致死前应激还会促使僵硬程度的加强。为了获得更高质量的鱼肉，越来越多的人致力于改善养殖鱼类的质量，这其中就包括收获前以及宰杀的最佳处理条件，尽量减小或消除应激反应带来不良影响。根据研究的结果及实践证明，很多措施可以减缓鱼类的应激，比如避免高温，尽量缩短操作的时间，对鱼进行麻醉处理等。致死方法研究的目的就是减小鱼类的宰前应激以及屠宰过程中的痛苦，使鱼在真正死亡之前，减少对外界刺激的敏感程度。

许多研究已经证实，不同的致死方式所造成的应激反应有所差异。

致死方法大致分为两类：化学麻醉法和物理击晕或致死法。化学麻醉法就是使用化学的药物，使鱼失去意识，处于昏迷状态，因此，减少鱼在运输以及屠宰过程中的应激反应，减少了死亡时的痛苦，保证了动物福利，同时有利于最终的鱼肉产品质量。使用的化学药品有丁香油（clove oil）、2-苯氧乙醇（2-phenoxyethanol）、异丁香酚（iso-eugenol）等近 30 种。化学药物对于进行麻醉，即可以满足道德要求，又不会对最终的鱼肉质量造成坏的影响，但是使用化学药品会对消费者产生潜在的危险。因此，此类麻醉通常是用于试验需要对鱼进行麻醉。物理击晕法就是利用物理的手段，使鱼达到昏迷或死亡的目的。物理致死方式很多都是传统的宰杀方式，主要有：窒息法、冰激法、机械击晕、CO_2麻醉法、去鳃放血法、电击晕法、N_2致死、盐浴等。

不同的致死方法对保鲜起着重要的作用，因此对比不同致死方式对品质的影响，选择较好的致死方式对罗非鱼的保鲜具有重要的意义。

罗非鱼常用的 4 种致死方式包括：Ⅰ. 鳃部放血，去鳃后放入冰水混合物中 20min；Ⅱ. 冰水致死，将活鱼放入冰水中 20min；Ⅲ. 敲击头部致死；Ⅳ. 敲击头部，鳃部放血，置于水中（室温）20min。

致死方式对罗非鱼片挥发性盐基氮（TVB-N）的影响（图 2-24）：TVB-N 是细菌繁殖和蛋白质分解产生的氨和胺类等碱性含氮的挥发性物质，通常作为鱼类的一项鲜度指标。在致死后 4 ℃冰藏的 0～6d 中，Ⅱ组和Ⅲ组的 TVB-N 值显著低于Ⅰ组和Ⅳ组（$P<0.05$），整个贮藏期中，Ⅳ组的 TVB-N 值的水平显著高于其他各组（$P<0.05$）。通过 4 个组的 TVB-N 值的变化可以看出，冰水致死和敲击头部致死两种宰杀方法优于鳃部放血和敲击头部后放血。

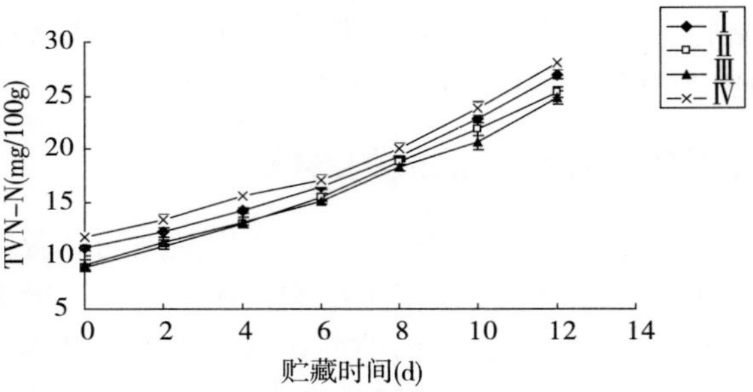

图 2-24　不同致死方式罗非鱼片挥发性盐基氮的差异

致死方式对罗非鱼片 Ca^{2+}-ATP 酶活性的影响（图 2-25）：肌动球蛋白具有 ATP 酶活性，肌动球蛋白的变性，不仅会导致其盐溶性的下降，还会使 ATP 酶活性显著下降。Ca^{2+}-ATP 酶的活性中心位于肌球蛋白的球状头部，Ca^{2+}-ATP 酶 活性是评价肌球蛋白分子完整性的良好指标。4 组致死方式得到的新鲜鱼片的 Ca^{2+}-ATP 酶活性具有差异，Ⅲ组的 Ca^{2+}-ATP 酶活性最高，Ⅰ组的 Ca^{2+}-ATP 酶活性最低，Ⅲ组的 Ca^{2+}-ATP 酶活性显著高于Ⅰ组和Ⅱ组（$P<0.05$）。在 2～10d 内，Ⅰ组的 Ca^{2+}-ATP 酶活性显著低于其他 3 组，在致死后 4 ℃冰藏的 2～6d，Ⅱ组的 ATP 酶活性显著低于Ⅲ组和Ⅳ组 2 个组。通过 4 个组的 Ca^{2+}-ATP 酶活性的变化可以看出，敲击头部致死宰杀方法优于鳃部放血和敲击头部后放血。

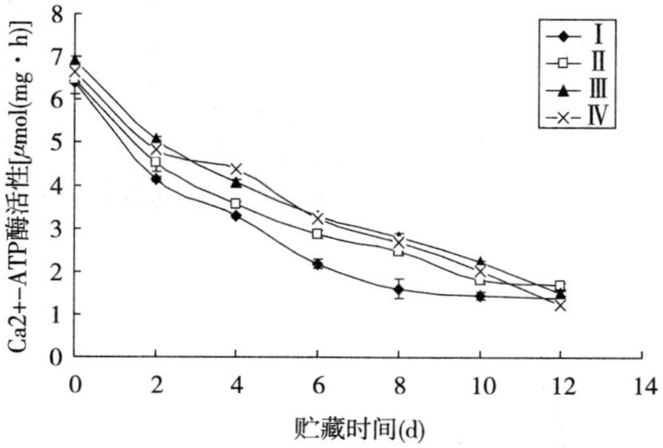

图 2-25　不同致死方式罗非鱼片 Ca^{2+}-ATP 酶活性差异

致死方式对罗非鱼片色泽的影响（图 2-26）：因为Ⅰ组和Ⅳ组 2 组的宰杀方式包含了放血处理，所以促使这两组的鱼片更加苍白。Ⅰ组和Ⅳ组的亮度值（L^* 值）显著高于Ⅱ组和Ⅲ组的 L^* 值（$P<0.05$）。Ⅱ组和Ⅲ组之间的差异不显著（$P>0.05$）。Ⅰ组的红绿色值（a^* 值）最低，显著低于其他各组，其次为Ⅳ组；Ⅱ组和Ⅲ组的 a^* 值较高，Ⅱ组 a^* 值显著高于Ⅰ组，Ⅲ组的 a^* 值也显著高于Ⅳ组。Ⅰ、Ⅱ、Ⅲ和Ⅳ 4 个组之间的黄度值差异很小，达不到显著水平（$P>0.05$）。通过 4 个组的色泽变化可以看出，冰水致死和敲击头部致死两种致死方法优于鳃部放血和敲击头部后放血。

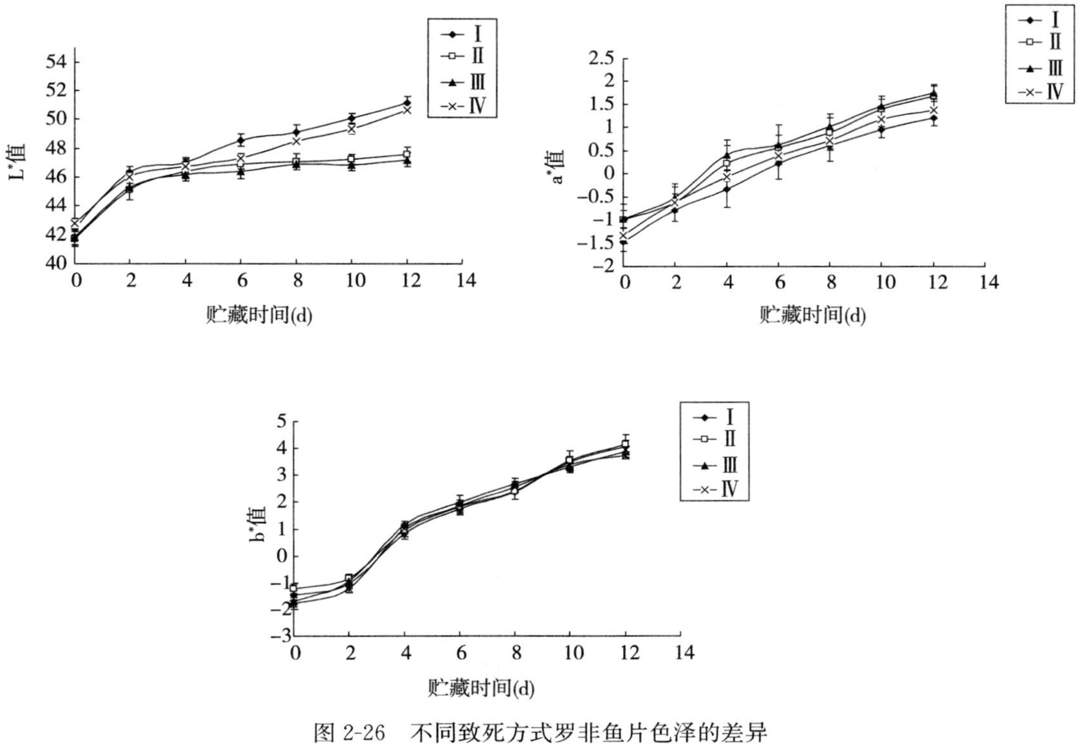

图 2-26　不同致死方式罗非鱼片色泽的差异

致死方式对罗非鱼片质构的影响（图 2-27）：4 个组的弹性和凝聚性都没有明显的变化趋势（$P>0.05$），相互之间的弹性和凝聚性的差异不显著。新鲜鱼片的硬度值Ⅰ组和Ⅲ组显著高于Ⅱ组和Ⅳ组（$P<0.05$）。在致死后冰藏的 2～6d，Ⅲ组的硬度值显著高于Ⅱ组和Ⅳ组（$P<0.05$）。6d 后，各组之间的差异不显著。咀嚼性和胶着性都是与硬度密切相关，其变化趋势，基本与硬度值的变化一致。通过 4 个组的质构指标变化可以看出，敲击头部致死组宰杀方法优于其余组。

通过研究 4 种致死方式对罗非鱼片品质的影响，可以认为敲击头部致死法最有利于罗非鱼片的保鲜，其次为冰水致死法。

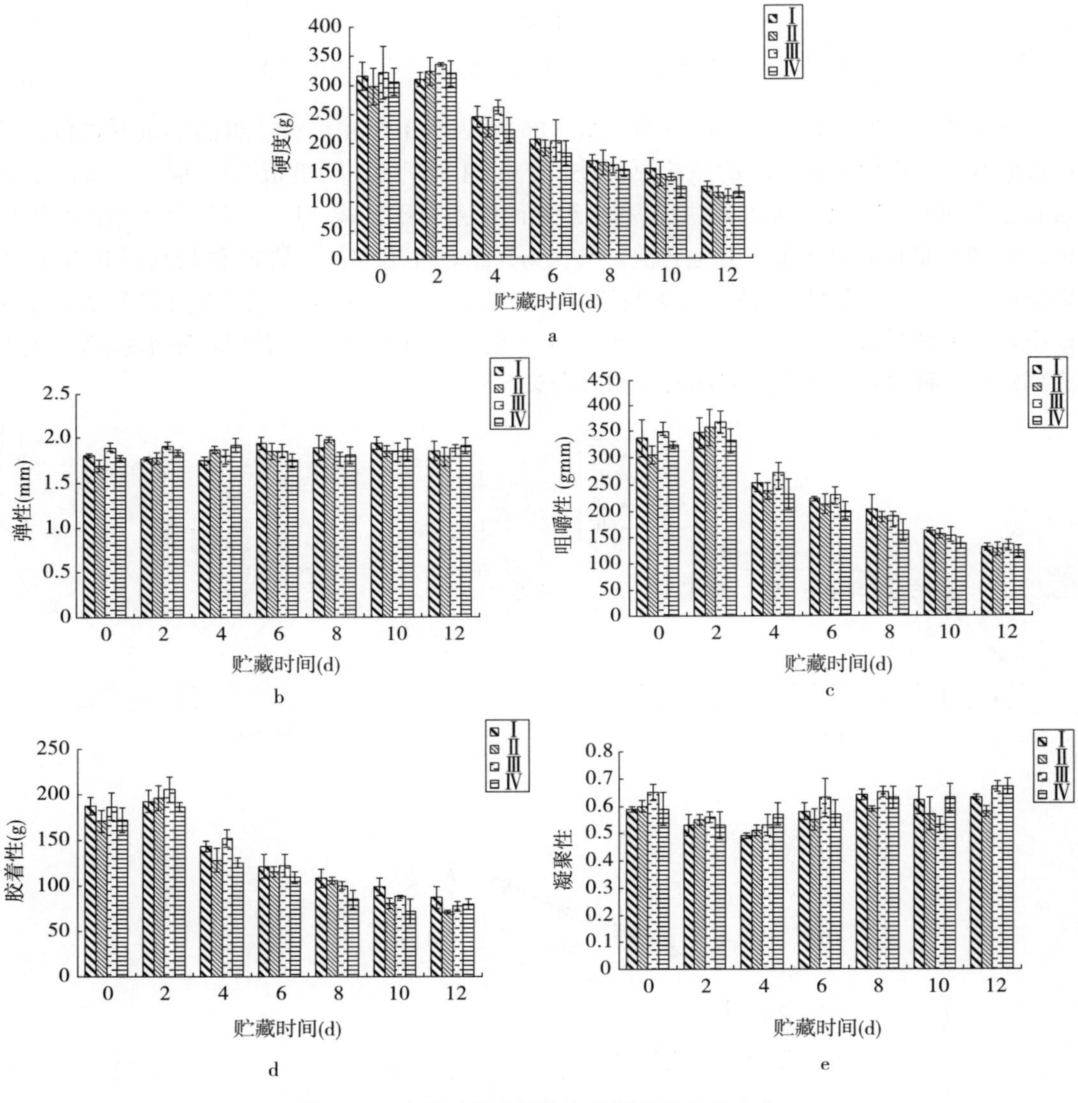

图 2-27　冰藏过程中罗非鱼片质构指标的变化

六、罗非鱼片贮藏过程中品质变化及货架期预测模型

1. 罗非鱼片贮藏过程中品质变化

目前罗非鱼贸易除部分在国内以鲜活产品形式销售外，大部分以冷藏、冷冻鱼片的形式出口。低温冷藏能有效地抑制鱼体自身酶的活力，同时抑制多种微生物的生长和繁殖，延长罗非鱼片的保存时间，但冷藏期间罗非鱼片仍然会发生一系列的变化，包括糖原分解、蛋白质变性分解、脂肪氧化酸败等，可通过 pH、K 值、TVB-N 值、Ca^{2+}-ATP 酶活性及 TBA 值等指标的变化指示，感官值可从总体上反映产品的品质变化。

罗非鱼片感官评价评分标准（表 2-24）：罗非鱼片的感官评定分为色泽、气味、组织形态和肌肉弹性 4 个部分，鱼片的综合分值在 17～20 分为新鲜，9～16 分为品质良好，8 分以下为品质发生明显劣变。

表 2-24　罗非鱼片的感官评价标准

分值	色泽	气味	组织形态	肌肉弹性
5	色泽正常，肌肉切面富有光泽	具有鱼特有的风味，无异味	肌肉组织致密完整，纹理清晰	肌肉坚实富有弹性，手指压后凹陷立即消失
4	色泽正常，肌肉切面有光泽	具有鱼特有的风味，无明显异味	肌肉组织紧密，纹理较清晰	肌肉坚实有弹性，手指压后凹陷消失较快
3	色泽稍暗淡，肌肉切面稍有光泽	略有鱼腥味	肌肉组织略有松散	肌肉较有弹性，手指压后凹陷消失稍慢
2	色泽较暗淡，肌肉切面无光泽	有明显鱼腥味	局部肌肉组织松散	肌肉稍有弹性，手指压后凹陷消失很慢
1	色泽暗淡，肌肉切面无光泽	有强烈腥臭味或氨味	肌肉组织松散	肌肉无弹性，手指压后凹陷明显

罗非鱼片感官分值在贮藏期间的变化（图 2-28）：随着贮藏时间的延长，鱼片的感官值有明显的变化，呈下降趋势。鱼片在贮藏的前 4d 处在良好的品质状态；在贮藏的 5～11d，鱼片品质随着贮藏时间的延长有明显的下降，表现为色泽逐渐变为暗淡，肌肉弹性变差，有异味产生，总体评价处于次级的品质状态；在贮藏的 12～15d，罗非鱼片色泽暗沉，肉质松软，稍有发甜的异味。

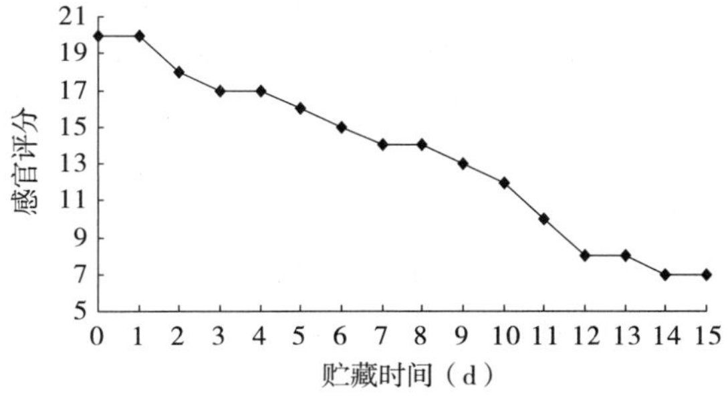

图 2-28　贮藏过程中罗非鱼片感官值的变化

罗非鱼片 pH 在贮藏期间的变化（图 2-29）：随着贮藏时间的延长，鱼片的 pH 呈先下降后上升的变化趋势。贮藏的前 3d pH 下降较快，由初始的 6.98 下降至 6.58，之后缓慢下降，到 8d 时达到最低值 6.30，随后缓慢上升，15d 上升到 6.76。

罗非鱼片 TVB-N 值在贮藏期间的变化（图 2-30）：随着贮藏时间的延长，鱼片的 TVB-N 值呈持续上升趋势。在贮藏期 1～6d，TVB-N 值增长缓慢，平均每天增长幅度为 1.0130 mg/（100 g・d）。在贮藏期 6～12d，TVB-N 值增长加快，平均每天增长幅度为

2.40 mg/（100 g·d）。

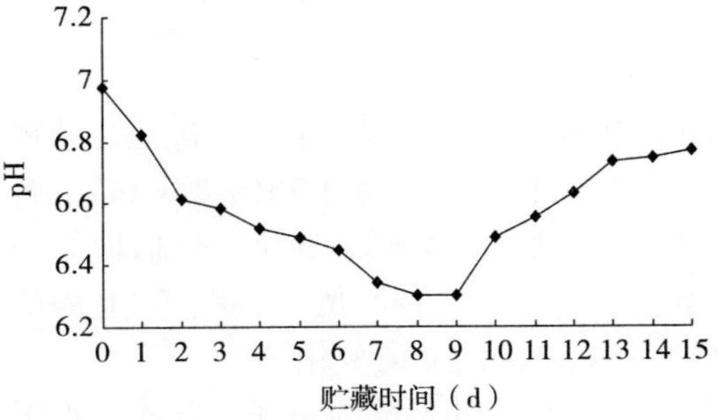

图 2-29 贮藏过程中罗非鱼片 pH 的变化

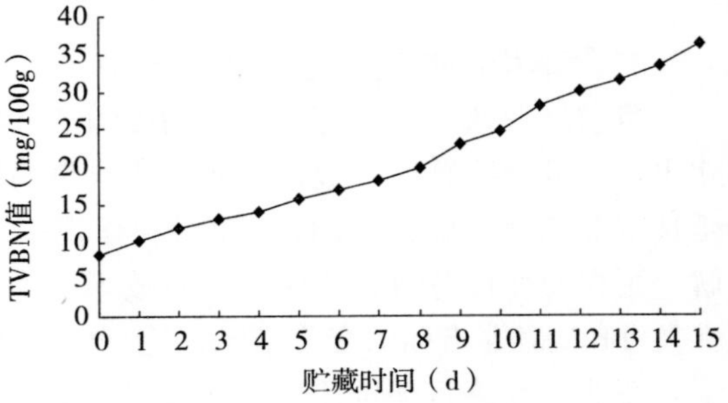

图 2-30 贮藏过程中罗非鱼片 TVB-N 值的变化

罗非鱼片 K 值在贮藏期间的变化（图 2-31）：鱼片在贮藏过程中 K 值的变化呈上升趋势，新鲜鱼片 K 值为 6.5%，贮藏 2d 后 K 值到达为 17.5%，均处在一级鲜度的状态；在贮藏的 3～9d 后，K 值达到升至 40.5%，鱼片处在二级鲜度阶段状态；贮藏 13d 后 K 值到达 65%，鱼片进入初期腐败阶段。

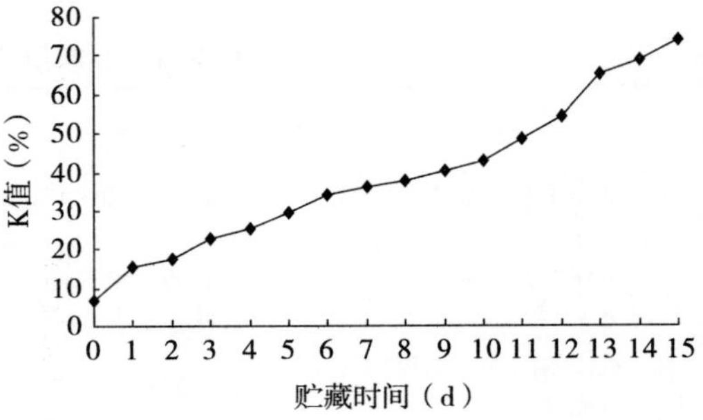

图 2-31 贮藏过程中罗非鱼片 K 值的变化

罗非鱼片 Ca^{2+}-ATP 酶活性在贮藏期间的变化（图 2-32）：随着贮藏时间的延长，罗非鱼片肌原纤维中 Ca^{2+}-ATP 酶活性呈下降趋势。在贮藏期 1～2d 内，Ca^{2+}-ATP 酶活性降低幅度较大，贮藏期第 2 天，Ca^{2+}-ATP 酶活性降低了 22.61%，达到 1.847μmol/（mg·h），平均每天降低 11.30%；在贮藏后期 13～23d 内，Ca^{2+}-ATP 酶活性降低幅度减缓，贮藏期第 13d，Ca^{2+}-ATP 酶活性降低了 55.74%，达到 1.056 μmol/（mg·h），平均每天降低 5.06%。

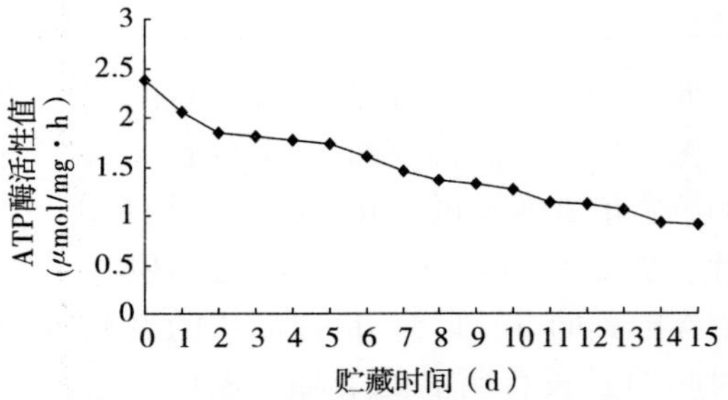

图 2-32 贮藏过程中罗非鱼片 Ca^{2+}-ATP 酶活性值的变化

罗非鱼片 TBA 值在贮藏期间的变化（图 2-33）：随着冷藏时间的延长，鱼肉中的 TBA 值逐渐上升，冷藏 15d 后 TBA 值为 0.267 mg/100 g。罗非鱼的脂肪含量低，因此，在贮藏过程中 TBA 值的变化幅度小，脂肪氧化速率较慢。

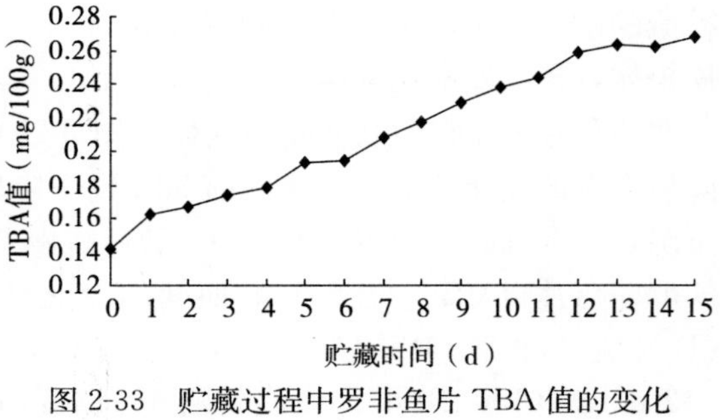

图 2-33 贮藏过程中罗非鱼片 TBA 值的变化

罗非鱼片在冷藏条件下其感官值、

pH、TVB-N 值、K 值、Ca^{2+}-ATP 酶活性、TBA 值均随贮藏时间的延长呈规律性变化。其中，TVB-N 值、K 值和 TBA 值均随着贮藏时间的延长呈缓慢上升趋势，感官指标、Ca^{2+}-ATP 酶活性值随着贮藏时间的延长而降低，pH 则是在贮藏过程中先降低后上升。TVB-N 值、K 值、Ca^{2+}-ATP 酶活性都与感官值有较好的相关性，可以较好地反应罗非鱼片在冷藏期间肉质的变化情况；pH、TBA 值需要与以上指标结合才能反映指示罗非鱼片的品质变化。

在冷藏过程中，罗非鱼片的 TVB-N 值在呈上升趋势，可较好地指示罗非鱼片的品质随贮藏时间的变化。TVB-N 值与蛋白质分解和细菌的繁殖密切相关，一直被公认为鲜度评价的重要指标。低温贮藏可以有效地抑制 TVB-N 值的增长，表现为贮藏前期该值增长缓慢，但随着贮藏时间的加长，TVB-N 值快速增加。K 值较 TVB-N 值能更好地反映鱼肉早期的鲜度变化。多数研究表明，刚宰杀的鱼 K 值在 5％左右，满足生食的鱼体 K 值应小于 20％，K 值在 20％～40％范围内为二级鲜度，60％～80％为初期腐败鱼，即丧失商品价值。对鱼肉品质要求较高的国家，如日本等国现在多用 K 值来作为判定鱼品鲜度的指标。Ca^{2+}-ATP 酶活性是用来衡量肌球蛋白分子完整性的参数，通过其可反映鱼肉蛋白变性的情况，间接反映贮藏时间的长短。肌原纤维蛋白质中的肌球蛋白具有 ATP 酶活性，在鱼肉的贮藏过程中，Ca^{2+}-ATP 酶活性发生改变的原因有很多观点，有的研究者认为肌动球蛋白的变性会引起 Ca^{2+}-ATP 酶活性发生改变，尤其是肌动球蛋白球状头部区域的变性；有的研究者认为巯基氧化形成二硫键导致分子聚合是 ATP 酶活性下降的主要原因；有的认为是由于冰晶的机械作用引起的。

罗非鱼片的 pH 在贮藏过程中呈现先下降后上升的趋势。一般认为，贮藏前期 pH 的下降是糖原在缺氧环境下酵解产生乳酸引起的，后期 pH 的上升是由于大量的微生物繁殖，导致鱼肉中蛋白质分解产生游离氨基酸、肽、蛋白胨等物质。多数研究认为，pH 的变化受到较多因素的影响，pH 的变化不稳定，难以找到具体的临界值来区分鱼片的鲜度，故单独用其判定品质变化不妥，需要结合其他品质判定方法做出判断。TBA 在整个冷藏过程中，含量很低，变化很小，同样需要结合其他品质判定方法做出判断。

罗非鱼片在冷藏条件下的品质变化受一系列因素影响，单一指标不能准确的反映其品质的变化，可采用感官及理化指标来综合判定罗非鱼片在冷藏条件下的品质的变化。

2. 罗非鱼片贮藏货架期预测模型

目前，在食品贮藏过程中，食品动力学特性的研究是预测食品在贮藏过程中品质变化的基础。鱼肉在加工、贮存和运输过程中，由于外界环境、微生物和酶等因素的作用，鱼肉腐败变质，品质下降。为了预测、控制鱼肉品质变化的程度，人们就需要了解鱼肉品质变化的动力学特性。在掌握了鱼肉品质变化的动力学规律，人们就可用该规律对加工生产过程进行监控，对鱼肉品质的变化进行预测，也可提前采取措施对猪肉的品质变化进行控制。鱼肉保存过程中在细菌和酶等因素的作用下，蛋白质分解产生胺类等碱性含氮物质，此类物质具有挥发性，称为挥发性盐基氮。通过测定鱼肉中挥发性盐基氮的含量、细菌总数就可反映鱼肉鲜度的变化，从而建立其随贮藏温度和时间变化的动力学模型，总结出罗非鱼片的品质变化趋势。

罗非鱼片在贮藏过程中，TVB-N 和菌落总数不断增加，TVB-N 和菌落总数的变化规律分别符合零级反应和一级反应动力学模型，贮藏温度越高，反应速率越大（图 2-34，图 2-35）。罗非鱼片贮藏过程中 TVB-N 和菌落总数的反应速率常数可用阿仑尼乌斯方程描述，有很高的拟合精度。

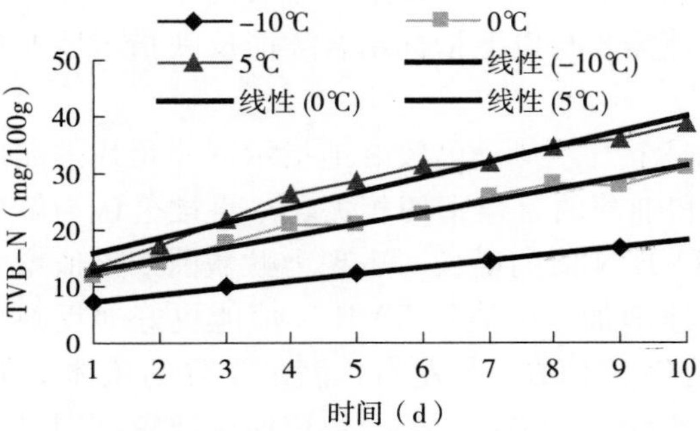

图 2-34　TVB-N 与贮藏时间的关系

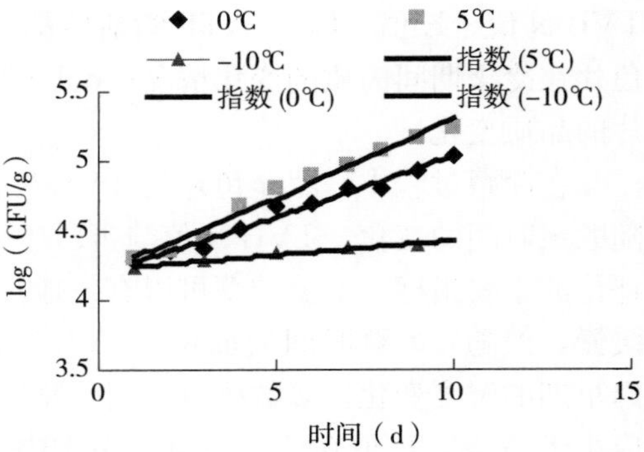

图 2-35　菌落总数与贮藏时间的关系

根据罗非鱼片在贮藏过程中 TVB-N 的变化可得罗非鱼片贮藏过程中 TVB-N 变化的动力学模型：

$$t=(\ln A_t-\ln A_0)/(2.05\times10^{11}\times e^{-64960/RT})$$

式中 A_0 为罗非鱼片的初始 TVB-N 值，A_t 为罗非鱼片贮藏 t 时间后的 TVB-N 值。

根据罗非鱼片在贮藏过程中菌落总数的变化，同理可得罗非鱼片贮藏过程中菌落总数变化的动力学模型：

$$t=(\ln A_t-\ln A_0)/(6.88\times10^{12}\times e^{-71580/RT})$$

式中 A_0 为罗非鱼片的初始细菌总数，A_t 为罗非鱼片贮藏 t 时间后的细菌总数。

两个模型皆可根据需要用于预测不同贮藏温度下罗非鱼片的贮藏期。

参　考　文　献

蔡慧农，陈发河，吴光斌，等．2003. 罗非鱼冷藏期间新鲜度变化及控制的研究［J］．中国食品学报（4)：46-50.

陈胜军，李来好，杨贤庆，等．2007. 我国罗非鱼产业现状分析及提高罗非鱼出口竞争力的措施［J］．南方水产，3（1)：75-80.

方静，黄卉，李来好，等．2013. 不同致死方式对罗非鱼鱼片品质的影响［J］．南方水产科学，9（5)：13-18

郝淑贤，李来好，杨贤庆，等．2008.5 种罗非鱼营养成分分析及评价［J］．营养学报，29（6)：614-615.

黄卉，李来好，杨贤庆，等．2011. 罗非鱼片贮藏过程中品质变化动力学模型［J］．南方水产科学，7（3)：20-23.

李来好，叶鸽，郝淑贤，等．2013.2 种养殖模式罗非鱼品质的比较［J］．南方水产科学，9（5)：1-6

李乃胜，薛长湖，等．2010. 中国海洋水产品现代加工技术与质量安全［M］．北京：海洋出版社．

李莎，李来好，杨贤庆，等．2010. 罗非鱼片在冷藏过程中的品质变化研究［J］．食品科学，31（20)：444-447

农业部渔业局．2010.2010 中国渔业年鉴［M］．北京：中国农业出版社：9-10.

宋益贞 . 2012. 不同脂肪源对罗非鱼生长特性和肌肉品质的影响［D］. 无锡：江南大学 .
王国超，李来好，郝淑贤，等 . 2012. 罗非鱼肉中土臭素和 2-甲基异莰醇的检测［J］. 食品科学，32（22）：188-191.
夏文水，罗永康，熊善柏，等 . 2014. 大宗淡水鱼贮存保鲜与加工技术［M］. 北京：中国农业出版社 .
熊善柏 . 2007. 水产品保鲜储运与检验［M］. 北京：化学工业出版社 .
叶鸽，郝淑贤，李来好，等 . 2014. 不同养殖模式罗非鱼品质的比较［J］. 食品科学，35（2）：196-200.
周少明 . 2011 暂养水条件对保持罗非鱼片新鲜度的研究［D］. 海口：海南大学：5-8.
Alasalvar C，Taylor K，Zubcov E，et al. 2002. Differentiation of cultured and wild sea bass（*Dicentrarchus labrax*）：total lipid content，fatty acid and trace mineral composition［J］. Food chemistry，79（2）：145-150.
Capilas R，Moral C，Morales A，et al. 2002. The effect of frozen storage on the functional properties of the muscle of volador *Ille coindtu*［J］. Food Chemistry，78：149-156.
Duun A S，Rustad T. 2007. Quality changes during superchilled storage of cod（*Gadus morhua*）fillets［J］. Food Chemistry，105（3）：1067-1075.
Erikson U，Lambooij B，Digre H，et al. 2012. Conditions for instant electrical stunning of farmed Atlantic cod after de-watering，maintenance of unconsciousness，effects of stress，and fillet quality—A comparison with AQUI-S™［J］. Aquaculture，324 – 325：135-144.
Hultmann L，Phu T M，Tobiassen T，et al. 2012. Effects of pre-slaughter stress on proteolytic enzyme activities and muscle quality of farmed Atlantic cod（Gadus morhua）［J］. Food Chemistry，134（3）：1399-1408.
Sompongse W，Itohy，Obatakea. 1996. Effect of cryoprotectants and a reducing reagent on the stability of actomyosin during ice storage［J］. Fisheries Science，62（1）：73-79.
Zhang Z M，Li G K，Luo L，et al. 2010. Study on seafood volatile profile characteristics during storage and its potential use for freshness evaluation by headspace solid phase microextraction coupled with gas chromatography – mass spectrometry［J］. Analytica Chimica Acta，(659)：151-158.

第三章　冻罗非鱼片加工技术

第一节　罗非鱼保活贮运技术

国内外水产品市场上，鲜活水产品的价格要比冻品高出几倍甚至十几倍。但是，由于地域条件的限制和现有运输状况的制约，产区卖鱼难、销区吃鱼难的问题仍然存在，鲜活水产品的长距离运输显得尤为必要。目前，活体水产品运输技术主要是采用带水运输、增氧保活、低温麻醉等方法对运输条件下的水环境管理，如水质净化与监测、控温、控氧等关键技术的研究与应用尚待深入。

一、捕捞环节的控制

活鱼长距离运输，鱼的体质至关重要。应尽量减少捕捞时对鱼体的机械损伤和起网密集时鱼体相互刺伤，采用尼龙网具，全程带水，严格按捕捞规范操作，以减少鱼体损伤，并且从捕捞的鱼中挑选健康活泼、规格一致的罗非鱼。

二、暂养期间关键因子的控制

捕捞与短途转运环节中，或多或少都会刺激到鱼体，使罗非鱼产生应激反应，包括体表黏液分泌增多，鳞片部分脱落、鳃内污物堵塞、肠道内的食物排泄增加等。同时还会污染水体，不利于后续长距离运输。而通过暂养，可以将状况不佳的鱼剔除。同时，由于活体运输一般是在低温条件下进行，因此，暂养可以对暖水性鱼类进行低温驯化，使其适应后期运输中的低温环境。暂养期间应停止喂养，使活鱼肠道排空，防止在后续运输途中产生排泄物而污染水质。

1. 短途转运环节的控制

挑选罗非鱼经由可折叠集装式鱼箱和鱼袋装运，在转运至暂养场的过程中严格控制运输密度、温度和溶解氧。建议夏季水温可控制在 25 ℃左右，冬季自然温度即可；鱼水比夏季为 1∶9，冬季为 1∶5；溶氧量 3～7 mg/L。

（1）饥饿处理　罗非鱼要经过一段时间的饥饿处理，在保证较低的肠道充塞度的情况下（0～Ⅰ级）才可运输。田标等的研究表明，黑鲷活运前暂养 2 d 的存活率大大高于不暂养的。饥饿处理结果发现暂养 40 h 左右，其肠道充塞度可降至Ⅰ级以下。

（2）控温处理　温度不同，罗非鱼耗氧率、排氨率、游离 CO_2 排放率、水体 pH 和鱼体呼吸频率等都存在差异。适宜的水温能降低鱼体基础代谢水平，减少水体中有毒物质的积累，保证长距离运输中水质各项理化因子稳定。夏季要求水温控制在 20℃左右，冬季则维持自然水温即可。

三、长距离运输过程中的水质调控

长距离运输指暂养结束后开始运输，至到达目的地后逐步升温前的过程。暂养结束后将罗非鱼分装，从经济利益和实际保活条件考虑，维持运输鱼水比在 1∶4。运输期间，各水质控制因子（T、DO、pH、NH_3-N、NO_2^--N、浊度以及 CO_2）是相互关联和影响的，只有保证各因子都处在适宜水平，才能保证长距离运输的可行性。

1. 温度（T）

水温过低，鱼体肌肉僵硬，活动减弱，免疫能力减弱，不耐存活；水温过高，鱼体活跃，黏液及代谢物排泄增多，影响水质，同样不适宜长距离运输。何琳等自行研制的冷藏集装箱通过设定制冷出口温度即可控制长距离运输温度在 20 ℃左右，既实现了缓慢降温，又使温度更具恒定性。

2. 溶解氧（DO）

溶解氧是活体水产品赖以生存和活动的必要条件。溶氧量不足，鱼体烦躁不安，出现浮头症状，严重时甚至窒息死亡；溶氧量过高又会导致气泡病的发生，同样不利于存活。罗非鱼能够耐低氧环境，其窒息点为 0.07～0.23 mg/L，但长距离运输建议控制溶氧量在 3～7mg/L。

3. 氨氮（NH_3-N）

氨和尿素是鱼类的主要排泄物，其过量积累会使鱼体受到损伤，严重时甚至导致中毒死亡。一般认为，氨氮中毒主要是非离子氨（UIA-N）的毒性作用。试验中，虽然测定的氨氮含量高至 94.20 mg/L，但由于运输水体 pH 近中性，且水温较低，其非离子氮最高为 1.51 mg/L，所以罗非鱼存活率依然能得到保证。因此，在温度、pH 得到有效控制的条件下，罗非鱼长距离运输中氨氮含量控制在 100 mg/L 以内是相对安全的。

4. 亚硝酸盐氮（NO_2^--N）

亚硝酸盐氮是三态氮中不稳定的中间形式，溶解氧充足时，在硝化菌的作用下可转化为无毒的硝态氮；缺氧时，在反硝化菌的作用下，又可能转化为毒性更强的氨氮。其本身毒性是通过氧的运输，重要化合物的氧化及损坏器官来表现的。试验中溶氧量一直控制在 3～7 mg/L，亚硝酸盐氮则在 0.5 mg/L 以下，未对罗非鱼显示毒性作用。

5. pH

pH 的大小直接影响到鱼体的生命状态。其偏高会腐蚀鳃部组织，最终因失去呼吸能力而死亡；同时也会增加分子态氨的毒性，加大对鱼体的危害。pH 偏低会降低血液载氧能力，造成自身生理缺氧，新陈代谢、免疫功能下降，进而导致疾病，死亡率增加。罗非鱼在 pH5.0～10.0 能够存活，长距离运输装备可稳定控制 pH 在 6.9 左右，处于罗非鱼的最适 pH 范围内。

6. 游离 CO_2

游离 CO_2 偏高对活体水产品有麻痹和毒害作用，可降低血液 pH，减弱血液对氧的亲和力，机体表现出呼吸困难、昏迷或侧卧现象，严重时致死。张扬宗对鲢、鳙、青鱼幼鱼试验的结果表明，即使水中溶氧量充足，当游离 CO_2 超过 80 mg/L 时，试验鱼表现呼吸困难；超过 100 mg/L 时发生昏迷或仰卧现象；超过 200 mg/L 时引起死亡。试验中，长距离运输装备可控制游离 CO_2 含量低于 70 mg/L。

7. 浊度

水体浊度主要由于鱼体分泌及排泄物引起。随着运输时间的延长，水体中黏液、剥离组织碎片、有机物等悬浊物上升，悬浊物附着于鱼体鳃部，影响气体交换，最终致使鱼体呼吸困难。因此，浊度的控制与长距离运输的成败密切相关，试验中浊度控制低于400度。

四、暂养水温调控

罗非鱼长距离运输结束，到站卸车后暂养，鱼箱内经长距离运输的水环境采用逐步换水的方式进行改善；同时适量地加水进行梯度调温。夏季水温维持 25℃左右为宜，冬季水温应调整到不低于 18℃。从试验数据分析，长距离运输结束升温过程中，换水比不换水效果好。试验组不论是 NH_3-N、NO_2^--N 还是游离 CO_2 等各项水化指标，还是鱼体活动能力、体色等情况，均明显好于对照组。因此，为保证较高存活率，罗非鱼长距离运输结束后，升温待售过程须逐步换水，减少新的应激，并将其视为运输管理的重要操作技术手段之一。

第二节　冻罗非鱼片加工工艺技术

一、冻罗非鱼片生产工艺流程

鲜活原料鱼暂养→去鳞→去鳃放血→清洗消毒→剖片→剥皮→磨皮→整形→挑刺修补→冻前检查→CO 发色→浸液漂洗→臭氧（O_3）杀菌→分级→称重→装盘→速冻→脱盘→镀冰衣→包装→金属探测→成品冷藏。

二、冻罗非鱼片生产工艺操作条件

1. 暂养时间、暂养池温度和暂养时鱼水比例的确定

暂养池在进鱼前，应先对暂养池进行清洁消毒，然后放进所需的水量，水温应控制在 25 ℃以下，进鱼时，应将来自不同产区（或养殖场）的鱼货分池暂养，不应互混；在标志牌上注明该批原料的产地（或养殖场）、规格、数量。暂养的鱼量按鱼水质量比 1∶3 以上投放，投鱼后应及时调节水位。暂养的进鱼量按鱼水比 1∶3 以上投放，暂养时间应在 3 h 以上，以确保去除鱼体的附着物和泥腥味。在暂养过程必须不断充氧和用循环水泵喷淋曝气，以防止鱼缺氧死亡，确保鱼的活力。温度过高时容易造成鱼的死亡，所以暂养池的水温应控制在 25 ℃以下，并及时清除喷淋曝气时产生泡沫，确保水质良好。

2. 原料分选

将暂养后的鱼捞起，分拣出不宜加工鱼片的小规格鱼和已经死亡的鱼另行处理，将符合规格的鱼送到放血台。

3. 鱼体放血

进行放血时，在操作台上用左手按紧鱼头，右手握尖刀在两边鱼鳃和鱼身之间的底腹

部斜插切一刀至心脏位置，然后将鱼投入在有长流水的放血槽中，并不时搅动，让鱼血尽量流滴干净。放血时间应控制在 20～40 min，时间太短则放不干净，时间太长则发生鱼死后进入僵硬现象，造成剖片困难。

4. 鱼体清洗和消毒

根据实际生产中的消毒效果，用 50～100mg/L 次氯酸钠消毒水或用臭氧浓度高于 5 mg/L的臭氧水消毒 5 min，能取得较好的消毒效果。

5. 剖片工序操作要点

手工剖片时，双手应戴经消毒的手套，左手捉紧鱼头，将鱼体压紧在操作台上，右手握刀，下刀准确，刀口从鱼尾部贴着中骨向鳃部剖切，将背腹肌肉沿鳃边割下，然后反转再剖切另一边。剖鱼片时，要把刀磨好，避免切豁、切碎而降低出成率。剖切下的鱼片应及时放在底部盛有碎冰的容器中，用于在在加工时存放鱼片的容器，大小应满足在 15 min 之内就能被装满。装满鱼片后在上面并覆盖少量的碎冰，然后送进去皮工序。

6. 去皮工序操作要点

用去皮机去皮时，用手拿住鱼片的尾部，将鱼片有皮的一面小心轻放在去皮机的刃口上，并注意鱼片的去皮方向。用手工去皮操作时，应戴好手套，掌握好刀片刃口的锋利程度，刀片太快易割断鱼皮，刀片太钝则剥皮困难。

7. 磨皮工序操作要点

将去皮鱼片的一面放在磨板上，一边流放少量的长流水，用手轻压鱼片在磨板上回旋磨光，磨去去皮时留下白色或黑色的鱼皮残痕，将磨皮后的鱼片置于塑料网筐中，用低于 15 ℃流水将鱼片上血污冲洗干净。然后应及时放在盛有碎冰的容器中，上面并覆盖少量的碎冰，送进下一整形工序。

8. 整形工序操作要点

整形目的是切去鱼片上残存的鱼皮、鱼鳍、内膜、血斑、残脏等影响外观的多余部分，用流动水冲洗干净鱼片，去除鱼鳞、血斑等残迹。鱼皮、内膜残痕超过 0.5 cm^2 以上属不合格。整形时应注意产品的出成率。

9. 去骨刺、挑刺、灯检、修补工序操作要点

鱼片前端中线处常有较多的骨刺，应用刀切去带有骨刺的肉块。

挑刺时用手指轻摸鱼片切口处，挑出鱼片上残存的鱼刺，并对整形工序的遗漏部分进行修整。对于包装注明无鱼刺的鱼片每千克鱼片不超过一根鱼刺，且长度小于 10 mm 或直径小于 1 mm；若一根鱼刺的长度不超过 5 mm，且直径不超过 2 mm，则可认为不存在瑕疵。

在灯检台上进行逐片灯光检查，光照度应为 1 500 lx 以上。灯检时，对光检查挑检出寄生虫。虫囊的直径大于 3mm 或寄生虫的长度大于 10 mm 的应挑除。

10. 鱼片浸液漂洗工序操作要点

可根据客户的要求，用添加食品添加剂的溶液进行浸液漂洗，以防止鱼肉蛋白质的冷冻变性，对提高鱼片的持水性和改善产品的风味和口感是较为有效的。所用食品添加剂的品种和用量应符合 GB 2760 的规定。浸液漂洗的温度掌握在 5 ℃左右，超过 5 ℃时需加冰降温。漂洗时间一般控制在5～10 min比较好。

11. 分级工序操作要点

按鱼片重量的大小进行规格分级，此工序须由熟练的工人操作，在分级过程中，同时去除掉不合格的鱼片。

12. 臭氧消毒杀菌工序操作要点

根据实际生产中的消毒效果，用臭氧浓度高于5 mg/L的臭氧水对鱼片进行消毒杀菌处理5 min以上能取得较好的消毒效果。臭氧水的制备是用臭氧发生器制出的臭氧用水气混合泵与低温水混合溶解，因水中臭氧浓度衰减速率较快，所以应随制随用，臭氧水必须随制随用，水温须控制在5℃以下，才能保证取得相应的臭氧浓度。

13. 速冻、镀冰衣工序操作要点

采用IQF冻结时鱼片须均匀、整齐摆放在冻结输送带上，不能过密或搭叠，以免影响冻结。进冻前应先将冻结隧道的温度降至－35 ℃以下，冻结过程的冻结室内温度应低于－35 ℃，冻结时间控制在50 min以内，鱼片中心的冻结终温应低于－18 ℃。

镀冰衣时将冻块放入冰水中或用冰水喷淋3～5 s，使其表面包有适量而均匀透明的冰衣。用于镀冰衣的水的应经预冷或加冰冷却至不超过4 ℃。

14. 金属探测工序操作要点

装箱后的冻品，必须经过金属探测器进行金属成分探测，若探测到金属，则须挑出有问题的冻块另行处理。

15. 生产记录操作要点

每批进厂的原料应有产地（或养殖场）、规格、数量和检验验收的记录。加工过程中的质量、卫生关键控制点的监控记录、纠正活动记录和验证记录、监控仪器校正记录、成品及半成品的检验记录应保持有原始记录。按批量出具合格证明，不合格产品不得出厂。产品出厂应有销售记录。应建立完整的质量管理档案，设有档案柜和档案管理人员，各种记录分类按月装订、归档，保留时间应在2年以上。

第三节　罗非鱼发色技术

一、罗非鱼发色工艺

1. CO发色的历史

应用CO对肉制品进行发色的渊源可以追溯到远古时期，当时的人们偶然将鲜肉置于火炉边发现炉火的烟可以使肉制品保持良好的色泽，尽管当时还不了解其中的原理，但这个习惯却因此延续下来，最终发展成为用冷烟工艺赋予肉制品良好的色泽。至20世纪60年代气调包装的引入，研究人员才发现包装气体中混入少量的CO可使肉类产生鲜亮的颜色，且色泽相对比较稳定。1985年，美国申请世界首例运用CO发色技术处理鲜肉、禽类、鱼类等制品的专利；1996年，Yawalski等发明了烟过滤技术以浓缩烟中的风味成分及CO气体；1999年，Kowalski将一种无味烟用于冷冻水产品发色处理，其中的主要成分也是CO。自此，CO在肉制品及水产品中的应用开始受到人们的重视。最初CO发色技术多用于畜肉等暗色肉类颜色的保持，现在该项技术已扩展到水产品加工领域，应用范围从传统的捕捞品种扩展到养殖品种。

2. 发色工艺条件选择

罗非鱼片加工、运输、贮存及销售过程中颜色的保持成为影响鱼片贸易量的关键。通常人们观察到肌肉的不同颜色与氧合肌红蛋白（鲜红色）、肌红蛋白（暗红色）和氧化肌红蛋白（灰棕色）3 种蛋白的比例有关。肉颜色的稳定性是由 Fe^{2+} 的肌红蛋白的保持程度所决定的。CO 能导致肉颜色的改变，通常情况下，CO 处理后肉红色会增加，且红色保持时间相对延长。烟熏技术保持肉质颜色即是利用 CO 来起到发色护色的目的的；气调贮藏过程中充入 5%的 CO 可以明显提高肌肉的 a^* 值，且肌肉红色色泽保持长久，这种变化是由于 CO 与肌红蛋白的结合能力较 O_2 高出近 200 倍，且能保持 Fe^{2+} 的稳定性。将 CO 气体用于鱼类、禽类发色的研究早有报道，尤其是在金枪鱼中应用较多，但将 CO 用于罗非鱼片发色的研究报道却极为少见。目前，我国大多数企业生产罗非鱼片仍然采用传统的袋装发色技术，该操作不仅不利于操作人员安全，而且 CO 用量大，鱼片发色不均匀，易二次感染微生物；而国外则采用密集型的小针将 CO 打进鱼片中，即不会污染空气，又节省 CO 的用量，但该项技术成本过高。为此，研究适合我国罗非鱼片加工的发色技术是迫切需要解决的问题。

（1）活体发色工艺　预冷暂养：将水槽内注水，调节水温至 13～15 ℃，将鲜活罗非鱼按鱼水比（W：W）约为 1：2 的比例放入水槽中，暂养 3～5 min，控制水温使之保持在 13～15 ℃。发色：将 CO 通入到冷却水槽中，使气水充分混合，通气时间约为 5～20min，停止通入 CO 气体，转通空气 3～5 min 后，整个过程尽可能保持鱼的鲜活状态，结束发色过程。将鲜活罗非鱼取出，刺喉放血，剖片制成罗非鱼片。

（2）不同通气量及通气时间对鱼片色泽的影响　取鲜活罗非鱼置于水槽中，水槽容量为 57 L，水温控制在 16～18 ℃，分别以 50 mL/min、80 mL/min、120 mL/min、160 mL/min 的气流量将 CO 气体通入到水槽中，每隔 5 min 取样一次，每次取鱼 6～8 条，测定不同通气量及通气时间对鱼片发色效果的影响，结果见图 3-1 至图 3-4。

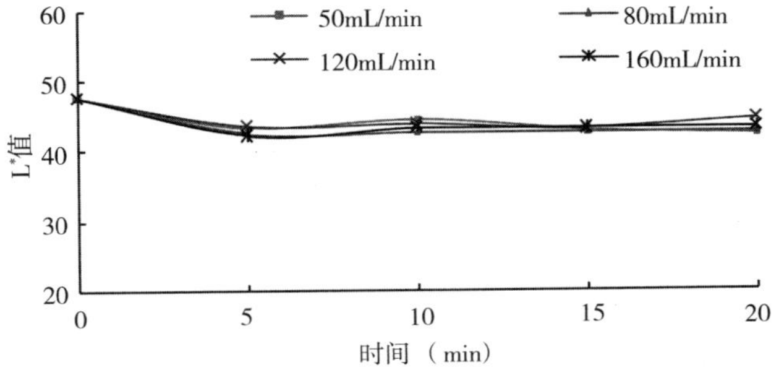

图 3-1　通气量对亮度（L^* 值）的影响

由图 3-1、图 3-2 可见，通入 CO 气体后鱼片的 L^* 值和 b^* 值均较通气前略有下降，此后随通气量的增加，鱼片 L^* 值和 b^* 值变化不明显。由图 3-3、图 3-4 可见，通入 CO 气体后鱼片的 a^* 值及色差角变化则比较显著，当通气量为 80 mL/min 时，a^* 值最大，色差角最小，当通气量大于 80 mL/min 时，a^* 值下降，色差角则有所增加。在通气量一定

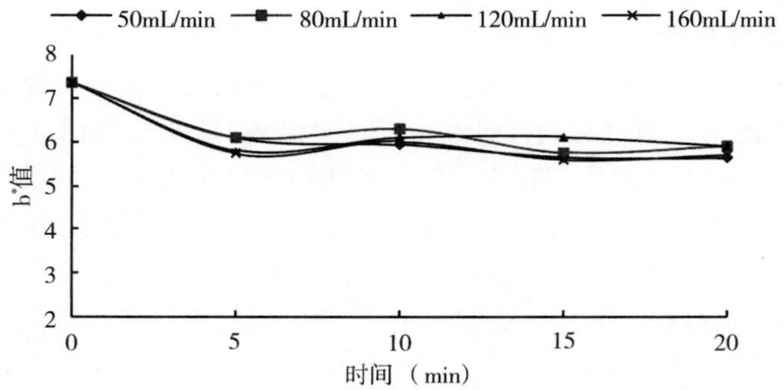

图 3-2　通气量对黄蓝色值（b* 值）的影响

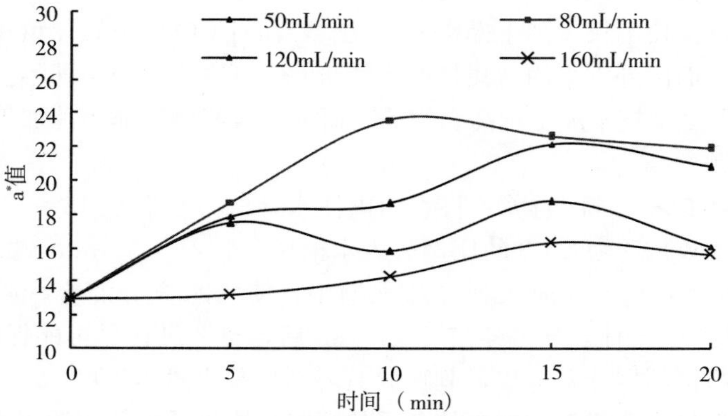

图 3-3　通气量对红绿色值（a* 值）的影响

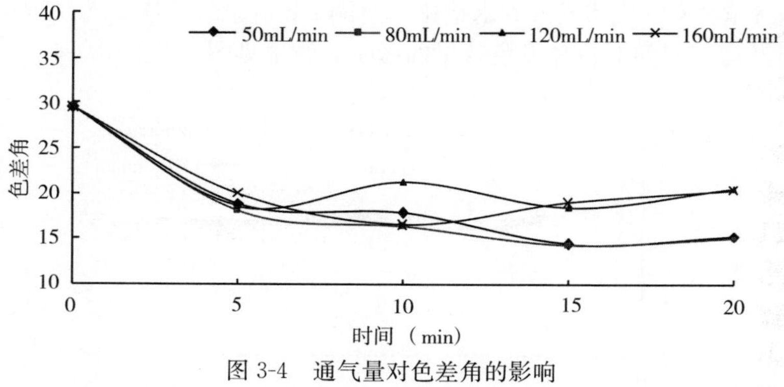

图 3-4　通气量对色差角的影响

的情况下，鱼片 L* 值和 b* 值在通气 5 min 内略有下降，此后变化幅度不大；a* 值则随通气时间的延长呈明显的上升趋势，通气 15 min 以后呈现下降现象；色差角则随通气时间延长呈下降趋势。通过色差分析可知，通气量为 80 mL/min，通气时间为 10 min 时，鱼片的 a* 值最高，平均值为 23.59。通气量小于 80 mL/min，通气时间 15 min 时，鱼片的 a* 值比较接近，但均略低于通气量 80 mL/min，通气时间 10 min 所得 a* 值，由此可见通气量 80 mL/min，通气时间 10 min 为最佳的活体发色条件，此条件下制得的鱼片中线红色肉部分色泽呈亮红色或红色，白色肉部分为亮白色，产品合格率高达83.3%，不合格产品不会出现肉色发暗的现象，可以通过袋装发色进一步提高产品外观。通气量小于50 mL/min时，发色时间要相对延长，且发色结果不稳定，这是因为通气量过低，气水混合不均匀，从而导致鱼体吸入CO量的差异。通气量为120 mL/min时，鱼片中线红色肉部分颜色多呈暗红色，白色肉部分色泽发暗，产品发色效果可修复性差，这是因为通气量过高，短期内使鱼体吸入大量的CO气体，造成鱼的休克及部分死亡，导致鱼体放血不充分，从而影响肉质的颜色。

(3) 发色温度及通气方式对发色效果的影响 取鲜活罗非鱼置于水槽中，以80 mL/min的气流量将CO气体通入到水槽中，通CO气体10 min后，取样后改充空气5 min，取样，测定鱼片的色差值，并对产品色泽进行感官评定，同时比较水温对发色效果的影响，结果见表3-1。

由表3-1可知，发色温度（15～18 ℃，28～29 ℃）可以使鱼片的a^*值略有提高，但对其他指标的影响不显著。通气方式对鱼片的a^*值、色差角及感官评定结果存在显著性影响（$P<0.05$），对鱼片的L^*值及b^*值的影响均不显著。

表3-1 通气方式及水温对鱼片色差及感官影响

温度（℃）	通气方式	L^*值	a^*值	b^*值	色差角	感官评定
15～18	A	43.16±0.96	17.91±1.77	5.37±0.65	19.82±2.79	4.0±0.0
	B	43.67±1.79	19.44±0.83	5.53±0.74	16.84±2.50	5.0±0.0
28～29	A	44.56±1.57	16.36±1.67	5.36±1.42	18.33±2.61	3.5±0.3
	B	45.14±1.27	18.69±0.79	5.32±0.97	15.85±2.71	4.5±0.2

注：A通入CO气体10 min后，取样测定色差值；B通入CO气体10 min后，再通入空气5 min，取样测定色差值。

表3-2为通气方式及发色温度对鱼片色差值的影响，通气方式A制得的鱼片a^*值均低于通气方式B制得的鱼片a^*值。通气方式B制得的鱼片具有较高的a^*值（18.69～19.44），低色差角值（15.85～16.84），色泽处于红色到亮红色之间，感官评定值为（4.5～5.0）。同种发色方式，不同发色温度比较表明温度15～18 ℃之间发色鱼片的a^*值略好于28～29 ℃的结果，但其他指标的差异不明显。

表3-2 通气方式及温度对发色效果分析（$P<0.05$）

影响	n	L^*值	a^*值	b^*值	色差角	感官评定
温度	32℃	无显著差异	显著差异	无显著差异	无显著差异	显著差异
通气方式	56	无显著差异	显著差异	无显著差异	显著差异	显著差异

(4) 鱼水比例对发色效果的影响 取鲜活罗非鱼置于水槽中，以80 mL/min的气流量将CO气体通入到水槽中，鱼水比例分别为1∶3、1∶1.5，通CO气10 min后，取样测定鱼片的色差值，并对产品色泽进行感官评定，结果见表3-3。

表 3-3 鱼水比例对发色效果的影响

鱼水质量比	L^* 值	a^* 值	b^* 值	色差角	感官评定
1：3	43.67±1.79	19.44±0.83	5.53±0.74	15.88±2.50	5.0 ± 0.0
1：1.5	43.64±0.64	15.98±1.50	5.36±0.98	16.44±1.15	2.3 ± 0.4
差异显著性	NS	*	NS	NS	*

注：NS 表示无显著性差异；* 表示差异显著。

由表 3-3 可知，鱼水比例对鱼片的 a^* 值及感官评定结果存在显著性影响（$P<0.05$），对发色鱼片的 L^* 值、b^* 值及色差角的影响均不显著。当鱼水比例为 1：3 时，其 a^* 值和感官评定值较高（19.44，5.0），鱼片红色肉部分颜色为亮红色，白色肉部分色泽白亮，鱼片卖相明显好于鱼水比例为 1：1.5 发色所得鱼片。鱼水比例为 1：1.5 时，水的流动不畅，使气水混合泵附近 CO 气体浓度增大，加之鱼的密度较高，鱼与鱼之间的游动性差，近泵处的鱼吸收 CO 量较高，致使部分鱼休克，放血不完全，导致鱼肉色泽暗淡，而远处的鱼吸收 CO 量较低，发色不透彻，尤其是鱼中线红色肉部分色呈暗红色。

3. 与传统发色技术的比较

由表 3-4 可知，通过发色技术处理的鱼片 a^* 值显著提高（$P<0.05$），色差角显著降低；活体发色与袋装发色制得的鱼片之间 a^* 值差异也极为显著（$P<0.05$），但其色差角相差不明显。两种发色方式对产品的 L^* 值及 b^* 值不存在显著影响，其值分别为44.55～46.78 和 4.21～8.85。由表 3-5 可知活体发色技术使整个工序生产时间降低30～45 min，杀菌次数减为 1 次，细菌总数减少 35.6%，CO 耗费量大大降低，细菌总数及挥发性盐基氮明显低于传统袋装发色结果。

表 3-4 活体发色与传统发色方法对产品色差值比较

影响	L^* 值	a^* 值	b^* 值	色差角	色泽
活体发色	45.68±2.33	23.07±1.46	8.85±3.51	20.98±3.32	亮红
袋装发色	46.78±2.61	17.46±3.79	6.44±3.28	20.15±4.98	红
未发色	47.55±1.35	9.16±1.20	4.21±1.43	24.16±5.55	暗褐

表 3-5 活体发色与传统发色方法对产品质量影响比较

发色方法	发色时间（min）	耗气量（mL/kg）	细菌总数（$\times10^2$）	挥发性盐基氮（mg/100g）
活体发色	10～15	41.67	56.33±10.02	17.04±2.03
袋装发色	40～60	1018	82.33±5.03	24.97±3.44
未发色	0	无	51.67±16.17	18.65±3.14

二、罗非鱼片 CO 发色机理

动物体内红色素主要有肌红蛋白和血红蛋白两种，其中肌肉中以肌红蛋白为主，主要负责接收毛细血管中的氧并将之扩散到细胞组织。肌红蛋白由1个球蛋白分子和含铁血红素分子组成，其存在形式有脱氧肌红蛋白（Mb，deoxymyoglobin）、氧合肌红蛋白（MbO_2，oxymyoglobin）和高铁肌红蛋白（MetMb，metmyoglobin），其中肌肉色泽的变化主要由肌红蛋白含量和肌红蛋白存在形式决定。动物体内肌红蛋白的变化形式如图3-5所示。

在动物生存时，肌肉中的肌红蛋白以两种形式存在：与氧结合形成鲜红色的氧合型肌红蛋白，不与氧结合时成暗红色脱氧合肌红蛋白。动物死后，肌红蛋白自动氧化生成暗褐色的高铁肌红蛋白。动物死后如何保持肉中肌红蛋白的存在形式，避免肌红蛋白氧化生成褐色的高铁肌红蛋白是控制鱼片色泽的关键。因CO与肉中肌红蛋白具有极强的亲和能力，通常其亲和力高出氧近200倍，且与肌红蛋白结合的稳定性极高，防止肌红蛋白中Fe^{2+}向Fe^{3+}转化，从而达到较长时间保持肉质良好色泽的目的。肌红蛋白的变化形式与肉质颜色变化的关系如图3-6所示。从发色机理分析，CO与鱼肉肌红蛋白的结合并不会改变肌红蛋白的结构，并且反应是一个可逆过程，同肌红蛋白与氧的结合类似，CO只是作为一种气体被肌红蛋白运送到肌肉组织。

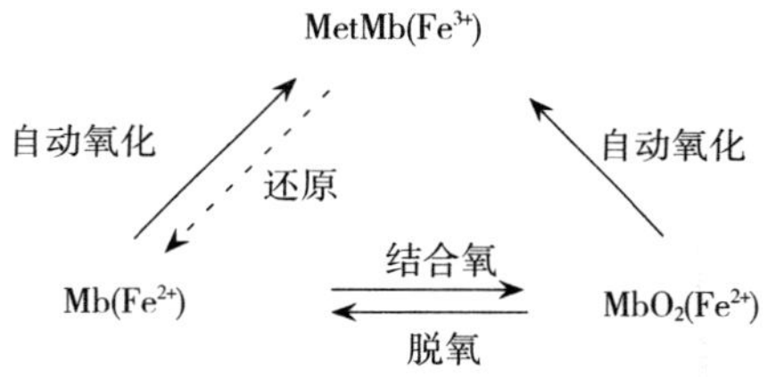

图3-5　肌红蛋白的Mb、MbO_2和MetMb三种形式的相互变化

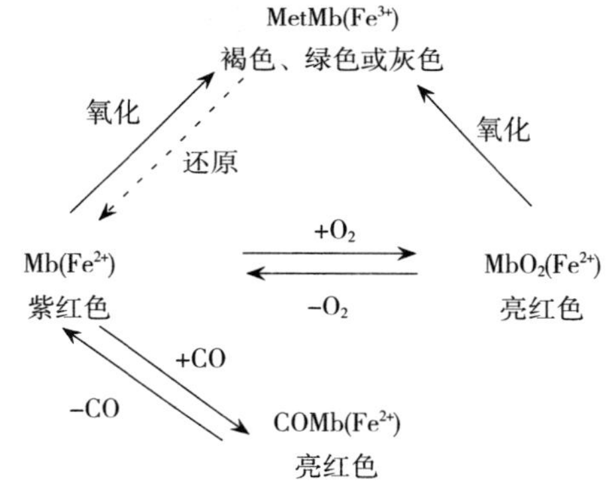

图3-6　肌红蛋白变化形式与肉质色泽的关系

三、发色过程中鱼肉色泽的变化

1. 暗色肉色泽的变化

颜色是衡量发色罗非鱼片产品质量的重要指标之一，试验采用CIE $L^*a^*b^*$系统测定发色鱼片的色泽，辅以色差角和饱和度（C值）及感官评价共同衡量发色效果。结果分别见表3-6、表3-7。

由表3-6可知，活体发色可以使罗非鱼片暗色肉的a^*值显著增加（12.09→22.46），但L^*值、b^*值变化不明显。同样反映产品颜色的色差角随发色时间的延长而降低（32.69→20.33），变化趋势与a^*值相反，但其显著变化的时间范围与a^*值一致，均是在15 min前变化显著（$P<0.05$），15 min后变化不明显（$P>0.05$）。饱和度随发色时间的延长呈增加趋势（14.47→23.86），在0～15 min内差异显著（$P<0.05$），在发色15 min

后渐趋稳定（23.84→23.86）（$P>0.05$）。上述结果表明通气量为 80 mL/min 时，发色 15 min 效果较好，这一结果与感官评定结果相一致，感官评定结果最高为 4.8，此时，罗非鱼片暗色肉呈红色或亮红色，腹内普通肉部分呈亮白色。

表 3-6　活体发色过程中暗色肉色泽的变化

时间（min）	L* 值	a* 值	b* 值	色差角	饱和度	感官评定
0	37.45±1.33	12.09±0.60[d]	7.82±1.66	32.69±2.88[a]	14.47±0.87[d]	2.1±0.2[d]
5	38.46±1.65	14.92±0.70[c]	7.11±0.61	25.47±1.39[b]	16.54±0.93[c]	3.0±0.1[c]
10	38.58±1.18	17.35±0.48[b]	7.38±1.48	22.55±2.01[bc]	18.79±0.48[b]	3.8±0.3[b]
15	38.35±2.82	22.14±1.04[a]	7.39±1.84	18.10±2.42[c]	23.84±1.08[a]	4.7±0.3[a]
20	38.82±1.01	22.46±0.92[a]	7.13±1.57	17.43±1.19[c]	23.81±1.08[a]	4.8±0.2[a]
25	39.72±2.24	22.41±1.09[a]	7.48±1.92	18.30±1.24[c]	23.86±1.18[a]	4.8±0.1[a]

注：表中不同字母（a、b、c）表示该列样品间差异显著（$P<0.05$）。

传统发色（表 3-7）同样可以明显增大罗非鱼片暗色肉的 a* 值，减小其色差角，增加其饱和度，对暗色肉的 L* 值、b* 值影响不明显。与活体发色相比，传统发色时间相对较长，a* 值、色差角及色饱和度变化显著区域集中在 40 min 以前，40 min 后上述指标的变化差异不明显（$P>0.05$）。除发色时间长于活体发色外，传统发色的各项评价指标也略逊于活体发色，其中活体发色 15 min 后 a* 值为 22.14，而传统发色需 40 min 才达到 19.19。色差角大于活体发色，饱和度小于活体发色。传统发色时间大于 40 min 后，罗非鱼片暗色肉呈红色或亮红色，腹内普通肉部分呈亮白色，感官评定结果最高为 4.6。

表 3-7　传统发色过程中暗色肉色泽变化

时间（min）	L* 值	a* 值	b* 值	色差角	饱和度	感官评定
0	37.45±1.33	12.09±0.60[d]	7.82±1.66	32.69±2.88[a]	14.47±0.87[d]	2.1±0.2[d]
10	39.36±1.67	16.51±0.80[c]	6.87±1.30	22.50±2.27[b]	17.91±1.05[c]	3.5±0.3[c]
20	37.70±0.78	18.29±0.87[b]	7.30±1.31	22.44±3.06[b]	19.81±1.00[b]	4.2±0.2[b]
40	39.12±0.66	19.19±0.77[a]	7.10±0.30	20.33±1.20[c]	20.47±0.80[a]	4.5±0.1[a]
60	38.70±1.05	19.37±0.41[a]	7.64±0.50	21.54±1.67[c]	20.83±0.33[a]	4.6±0.3[a]
80	39.25±2.23	19.31±1.02[a]	7.53±0.26	21.34±0.97[c]	20.73±1.10[a]	4.6±0.1[a]

注：表中不同字母（a、b、c）表示该列样品间差异显著（$P<0.05$）。

2. 普通肉色泽的变化

罗非鱼背部暗色肉呈条纹状间隔分布，腹部肉则为普通肉，研究进一步探讨了发色对罗非鱼普通肉的影响，结果见表 3-8、表 3-9。结果表明无论是活体发色还是传统发色对罗非鱼普通肉部分均无明显影响（$P>0.05$）。这是因为发色过程 CO 作用的主要对象是鱼肉中的肌红蛋白，而该成分多分布在暗色肉中，普通肉中含量比较少。部分个体可能会存在普通肉变暗的现象，其原因是由于放血不充分，导致部分血液残留在鱼肉中，从而造成其色泽变暗。

表 3-8　活体发色过程中普通肉的色泽变化

时间（min）	L* 值	a* 值	b* 值	色差角	饱和度	感官评定
0	44.83±1.15	−2.12±0.33	−1.89±0.48	41.85±2.80	2.84±0.27	4.0±0.2
5	45.50±0.90	−1.89±0.25	−2.06±0.76	45.86±3.08	2.83±0.68	4.1±0.2
10	45.22±0.59	−2.12±0.40	−2.50±0.92	48.15±2.00	3.34±0.78	4.3±0.2
15	44.44±1.91	−1.75±0.34	−1.69±0.61	43.57±2.84	2.49±0.48	4.4±0.1
20	44.17±0.85	−1.87±0.45	−1.83±0.80	49.87±2.83	2.98±0.88	4.4±0.2
25	46.31±1.16	−1.88±0.34	−2.02±1.11	44.14±2.38	2.99±0.47	4.3±0.1

表 3-9　传统发色过程中普通肉的色泽变化

时间（min）	L* 值	a* 值	b* 值	色差角	饱和度	感官评定
0	44.83±1.15	−2.12±0.33	−1.89±0.48	41.25±2.80	2.84±0.27	4.0±0.2
10	44.25±0.48	−2.16±0.53	−2.17±0.61	45.29±1.91	3.06±0.34	4.1±0.2
20	44.92±0.55	−1.84±0.28	−1.88±1.34	45.86±3.03	2.63±0.55	4.2±0.1
40	45.62±3.72	−1.86±0.24	−2.21±1.65	49.87±2.42	2.89±1.24	4.3±0.2
60	44.98±1.39	−1.84±0.64	−1.94±1.08	46.43±1.86	2.67±0.77	4.2±0.3
80	46.82±2.48	−1.79±0.48	−2.04±1.71	48.73±2.06	2.72±1.54	4.3±0.2

3. 可提取总肌红蛋白含量的变化

分析表明罗非鱼暗色肉中可提取总 Mb 含量明显高于普通肉（$P<0.05$）（图 3-7、图 3-8）。发色过程可使暗色肉可提取总 Mb 含量升高，如活体发色由 3.77 mg/g 增加到 5.29 mg/g，传统发色由 3.77 mg/g 增加到 7.66 mg/g，但发色方式对普通肉中可提取总 Mb 含量影响不明显。活体发色过程中暗色肉可提取总 Mb 含量呈逐渐增加的趋势，在发色 15 min 时可提取总 Mb 含量达到最大值；而后随时间延长，可提取总 Mb 含量变化不明显。当发色完成后，暗色肉中可提取总 Mb 含量与沙丁鱼可提取总 Mb 含量接近，高于鲭的可提取总 Mb 含量；但普通肉中可提取总 Mb 含量远低于沙丁鱼和鲭可提取总 Mb 含量。

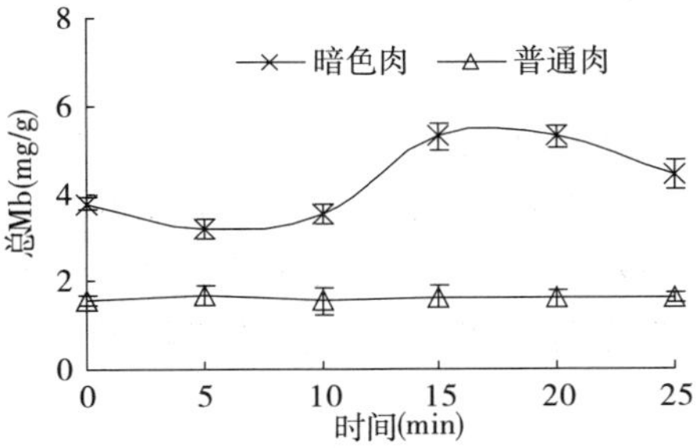

图 3-7　活体发色过程中总 Mb 含量变化

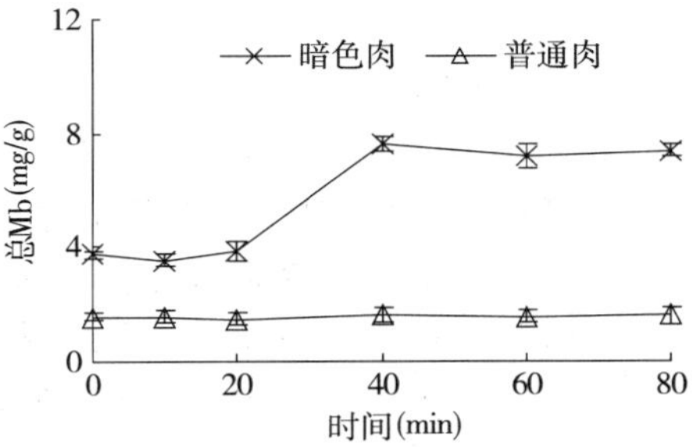

图 3-8　传统发色过程中总 Mb 含量变化

暗色肉和普通肉中 MetMb 含量的变化分别见图 3-9 和图 3-10。结果表明，活体发色和传统发色均可不同程度降低暗色肉中的 MetMb 含量。对活体发色来讲，发色处理 5

min 后，暗色肉的 MetMb 含量开始下降，10 min 后下降趋势不明显（$P>0.05$），而传统发色 10 min 内 MetMb 含量变化比较明显（$P<0.05$），而后变化不显著（$P>0.05$）。

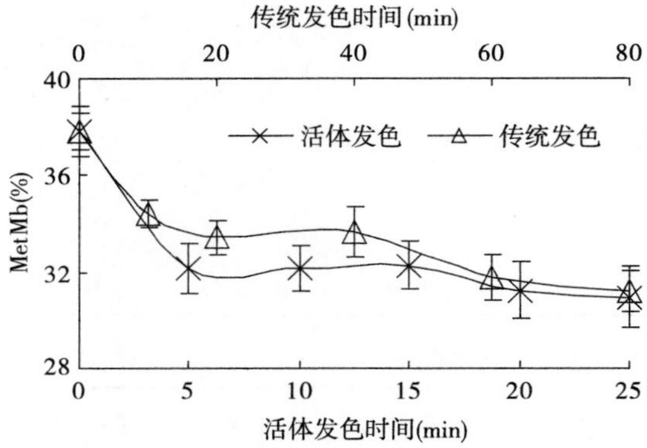

图 3-9　暗色肉中 MetMb 含量变化

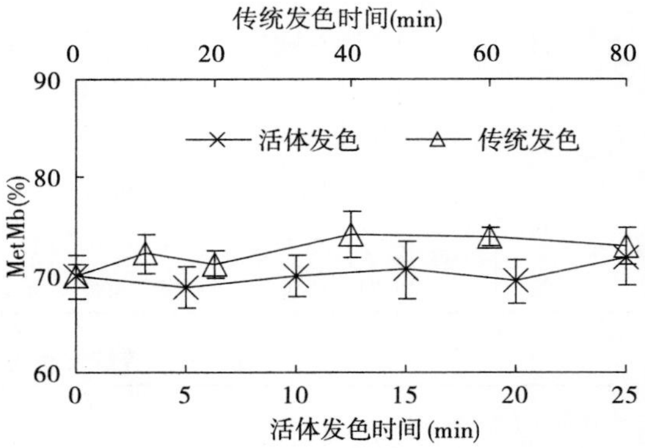

图 3-10　普通肉 MetMb 含量变化

4. CO 含量的变化

罗非鱼片在活体发色和传统发色过程中 CO 含量的变化情况见图 3-11。结果表明，两种发色方式随着发色时间的延长，暗色肉中 CO 含量逐渐增多，活体发色 15 min 后增加渐缓并趋于稳定，传统发色 40 min 后趋于稳定。

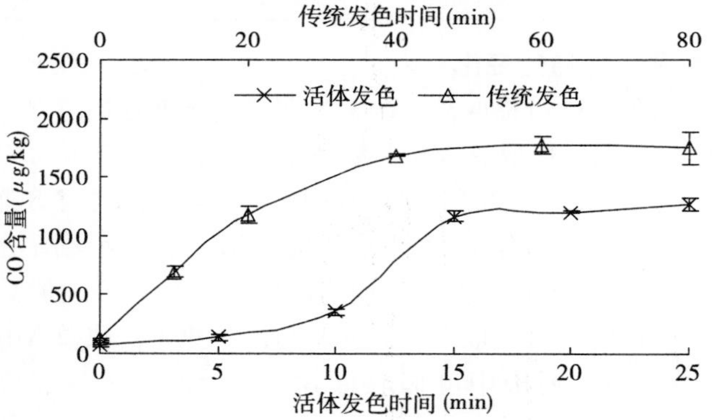

图 3-11　暗色肉中 CO 含量的变化

5. 波谱扫描

图 3-12 结果显示鱼片经 CO 发色后暗色肉和普通肉的吸收峰在 400～500 nm 波段都有不同程度的红移，其中未发色暗色肉 Mb 粗提液的吸收峰为 410 nm，经 CO 发色后红移至 415 nm，未发色罗非鱼片普通肉 Mb 粗提液的吸收峰位于 405 nm 处，经 CO 发色后，吸收峰红移至 408 nm。以上结果表明通过 CO 发色处理确实使鱼肉的肌红蛋白存在形式发生了变化。在 480～700 nm 波段，暗色肉与普通肉 Mb 粗提液的吸收峰形式存在明显不同，其中暗色肉在 530～580 nm 存在两个明显的吸收峰，而普通肉的峰形不明显，暗色肉和普通肉经 CO 发色处理后其吸收峰值都略有提高。

6. 色泽与各指标的相关性分析

鱼片发色过程中产品色泽变化与 a* 值紧密相关，因此，研究进一步对总 Mb、

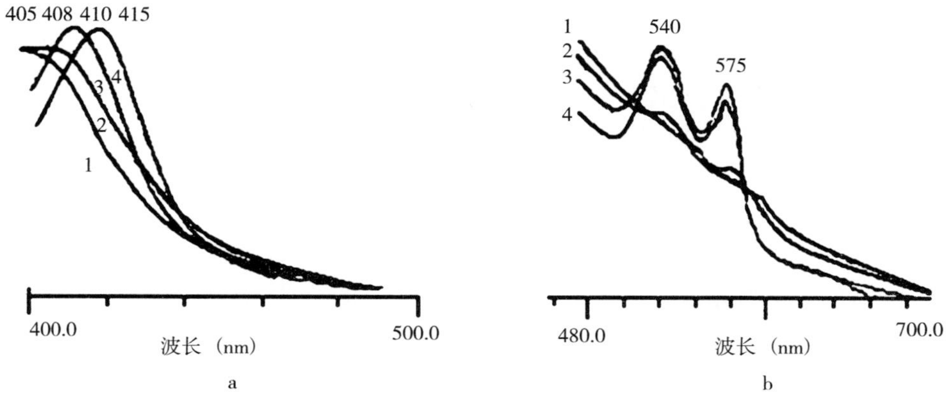

图 3-12　罗非鱼片 Mb 粗提液吸收光谱变化情况

1. 未发色普通肉　2. CO 发色普通肉　3. 未发色暗色肉　4. CO 发色暗色肉

MetMb 及 CO 含量与产品颜色 a* 值的相关性进行分析。结果表明（表 3-10），活体发色和传统发色的鱼片暗色肉可提取总 Mb、MetMb 及 CO 含量与 a* 值呈显著相关。其中活体发色的可提取总肌红蛋白和 CO 含量与 a* 值呈极显著正相关（$P<0.01$），MetMb 含量与 a* 值呈显著负相关（$P<0.05$）。传统发色鱼片可提取总肌红蛋白和 CO 含量与 a* 值呈极显著正相关（$P<0.01$），MetMb 含量与 a* 值呈极显著负相关（$P<0.01$）。

表 3-10　暗色肉各影响因素与 a* 值的相关系数

	总 Mb	MetMb	CO
活体发色 a* 值	0.801**	−0.509*	0.951**
传统发色 a* 值	0.666**	−0.746**	0.923**

注：**表示 1 %的显著水平（双尾检测）；* 表示 5 %的显著水平（双尾检测）。

四、发色方式对罗非鱼片的质量影响

目前，应用 CO 处理水产品的方法主要有 3 种，分别为传统袋装发色方法、针式发色方法和活体发色方法。传统方法是最早应用 CO 处理肉制品的技术，该法是由气调包装技术演变而来，最初的操作方法较为简单和原始，直接往装有肉品的塑料袋通入一定量的 CO，待颜色稳定后将残留的气体排放出去，这种方法在金枪鱼及大多数畜禽类产品加工领域应用。针式发色方法是由咸猪肉生产技术发展而来，CO 过滤烟通过盐水注射机密排的针头直接打入肉品中，针式发色技术需要配备盐水注射机，在西方国家较为盛行，因其设备昂贵，且处理后会在肉片上留下小孔而影响外观，故在国内尚未采用。活体发色技术是近年发展起来一项新技术，其主要原理是将活鱼置于已预混好的 CO 汽水混合槽中暂养，活鱼通过呼吸作用吸入一定量的 CO，经血液循环将 CO 运往全身各处，并与肌肉中肌红蛋白结合达到发色目的。虽然 CO 发色技术已在全世界范围内越来越广泛的使用，特别是罗非鱼加工领域应用越来越成熟，但关于 CO 发色处理对罗非鱼产品质量的影响方面的研究尚未见有关报道。因此，该研究分析 CO 处理后的罗非鱼片产品贮藏过程中的质量变化规律，详细阐明了 CO 发色处理对罗非鱼片产品质量的影响。

1. 贮藏过程中 L* 值的变化趋势

图 3-13（a）为罗非鱼片冷藏过程中 L* 值的变化情况。由结果可知，三种方式所得鱼片的初始 L* 值不同，其中未发色鱼片和传统发色鱼片的 L* 值略高于活体发色鱼片；冷藏过程中，随着冷藏时间的延长，三种处理方式所得鱼片暗色肉的 L* 值均缓慢升高，但 L* 值的增长幅度不尽相同，其中未发色和传统发色鱼片冷藏期间 L* 值上升幅度明显高于及活体发色鱼片。

图 3-13（b）为罗非鱼片冻藏过程中 L* 值的变化情况。由结果可知，冻藏期间三种罗非鱼片 L* 值变化趋势基本一致，均呈先升高后降低的趋势，冻藏 3 个月时，L* 值最高。贮藏过程中 L* 值的变化在一定程度上可能与肌球蛋白变性和肌肉失水情况有关。

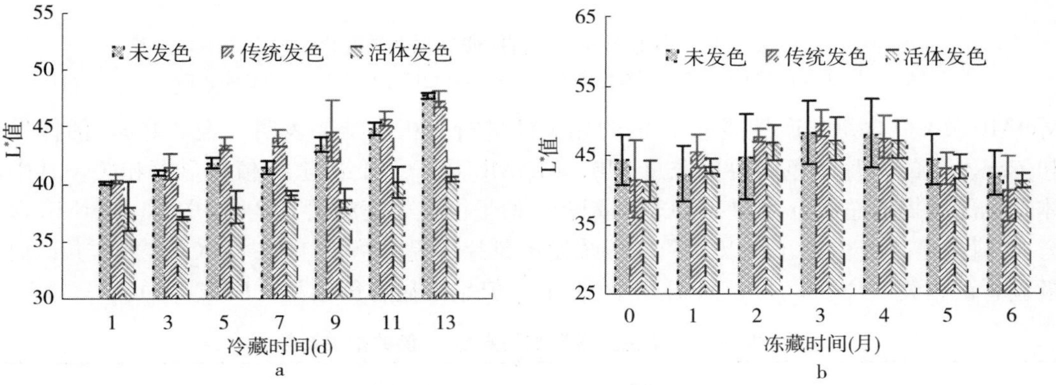

图 3-13　贮藏过程中暗色肉 L* 值的变化

2. 贮藏过程中 a* 值的变化趋势

三种处理方式所得鱼片的初始 a* 值差异显著（$P<0.05$），其中活体发色鱼片 a* 值最高，以下顺次为传统发色和未发色鱼片。未经发色处理的鱼片 a* 值在冷藏过程中略有降低，经发色处理的鱼片冷藏第 3 天 a* 值明显升高（$P<0.05$），此后呈下降趋势［图 3-14（a）］。与冷藏方式略有不同，冻藏期间未经发色处理的鱼片 a* 值在 4 个月贮藏期内基本不变，而后略有下降；经发色处理的鱼片在冻藏 1 个月内略有下降，而后下降趋势不明显［图 3-14（b）］。

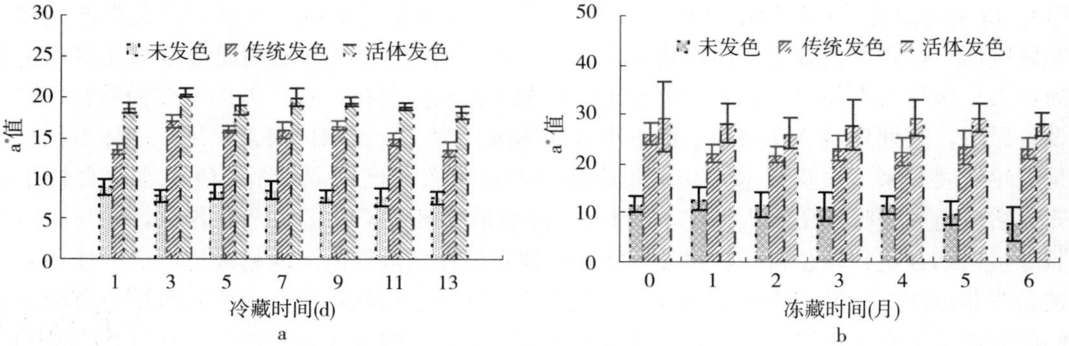

图 3-14　贮藏过程中暗色肉 a* 值的变化

3. 贮藏过程中 b* 值的变化趋势

由图 3-15（a）可知，未经发色处理的鱼片 b* 值在冷藏 5d 内基本保持不变，7d 后略有升高；经发色处理的鱼片在冷藏过程中 b* 值基本保持不变（$P>0.05$）。由图 3-15（b）可知，三种处理方式所得鱼片在 1 个月的冻藏期内 b* 值略有升高，而后随冻藏时间延长，b* 值下降；其中三种处理方式所得鱼片的初始 b* 值基本相当，但随冻藏时间的延长，未发色鱼片的 b* 值略高于传统发色和活体发色样品，从统计学意义来讲，发色与否对样品 b* 值变化影响不显著（$P>0.05$）。

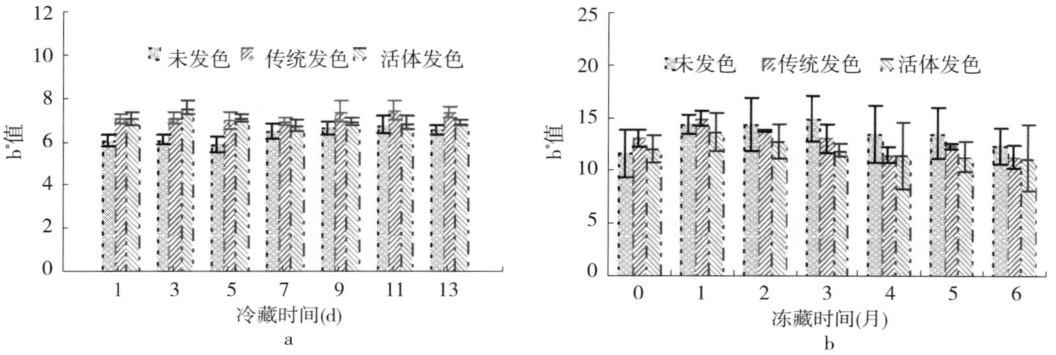

图 3-15　贮藏过程中暗色肉 b* 值的变化

4. 贮藏过程中罗非鱼片暗色肉 CO 含量变化

经 CO 发色处理后的罗非鱼片贮藏过程中暗色肉 CO 含量变化情况如图 3-16 所示。由结果可知，发色处理鱼片经冷藏 3～5d 暗色肉中 CO 含量均高于冷藏初期，冷藏 5d 后 CO 含量基本稳定。冻藏期间，传统发色和活体发色处理的鱼片 CO 含量略有下降，但是下降幅度不显著（$P>0.05$）。

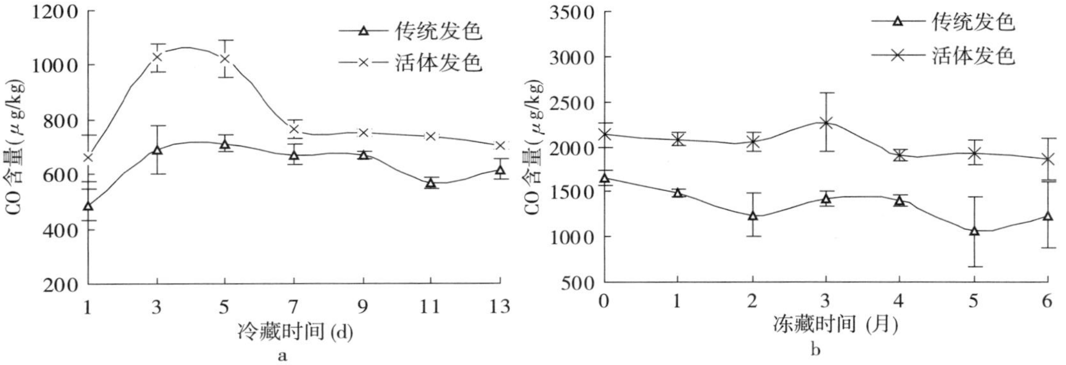

图 3-16　贮藏过程中暗色肉结合 CO 含量的变化

5. 贮藏过程中罗非鱼片暗色肉可提取 Mb 含量的变化

图 3-17（a）表明，三种发色处理所得鱼片在冷藏过程中暗色肉可提取 Mb 含量呈先上升再下降的趋势，未发色鱼片和传统发色鱼片在冷藏 7d 内呈上升趋势，活体发色鱼片在冷藏 9d 内呈上升趋势。冻藏过程中三种处理方式所得鱼片可提取 Mb 含量变化趋势基

本相同，均在冻藏1个月内可提取Mb含量升高，之后随冻藏时间延长，可提取Mb含量下降［图3-17（b）］。经发色处理的鱼片贮藏过程中可提取Mb含量要高于未发色鱼片。

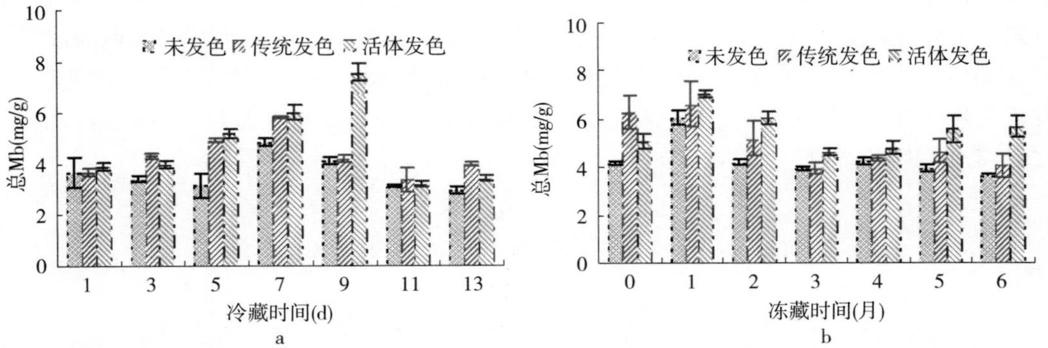

图3-17　贮藏过程中暗色肉可提取Mb的变化

6. 贮藏过程中罗非鱼片暗色肉MetMb含量的变化

贮藏过程中鱼片暗色肉MetMb含量变化情况见图3-18。由结果可知，不同处理方式所得鱼片初始MetMb含量略有不同，其中未发色鱼片暗色肉MetMb含量最高，传统发色鱼片次之，活体发色鱼片最低。冷藏期间三种鱼片暗色肉MetMb含量呈上升趋势，其中活体发色鱼片暗色肉MetMb含量上升速度略逊于其他两种鱼片，且冷藏13d后，活体发色处理所得鱼片的MetMb含量保持平稳，但另外两种方式所得鱼片的MetMb含量则有所下降［图3-18（a）］。冻藏期间，未发色鱼片和传统发色鱼片暗色肉在冻藏前2个月MetMb含量有所升高，而后呈下降趋势，活体发色鱼片MetMb含量上升幅度相对比较缓慢，4个月后MetMb含量才缓慢下降［图3-18（b）］。

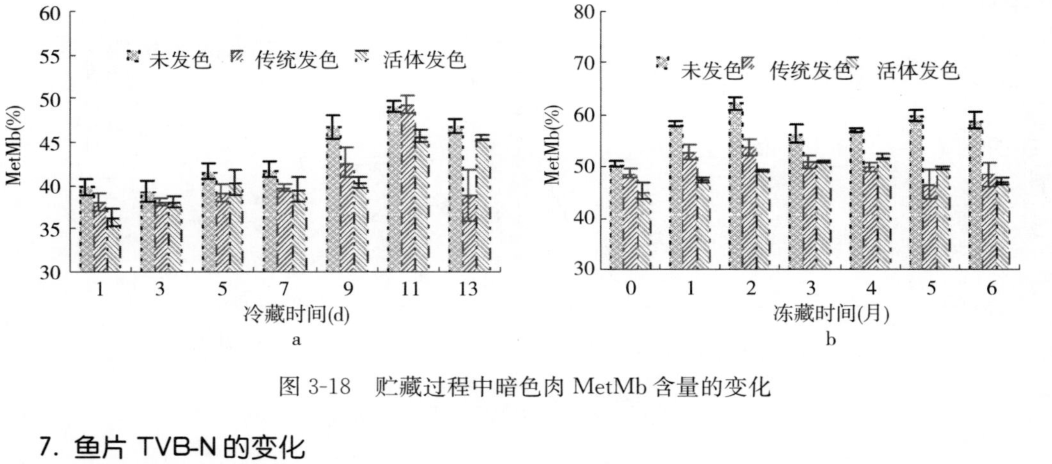

图3-18　贮藏过程中暗色肉MetMb含量的变化

7. 鱼片TVB-N的变化

图3-19为三种处理方式所得罗非鱼片贮藏过程中TVB-N含量变化情况。由结果可知，冷藏期间发色罗非鱼片5d内TVB-N值基本保持不变（$P>0.05$），但未发色罗非鱼片TVB-N值在3d后即明显增加，在5～7d内三种鱼片的TVB-N值均呈快速增长的趋势（$P<0.05$），而后上升趋缓［图3-19（a）］。冻藏期间三种罗非鱼片TVB-N值均呈缓慢上

升的趋势，4 个月后活体发色鱼片 TVB-N 值增长速度加快，未发色和传统发色鱼片在 3 个月后即呈快速增加趋势［图 3-19（b）］。

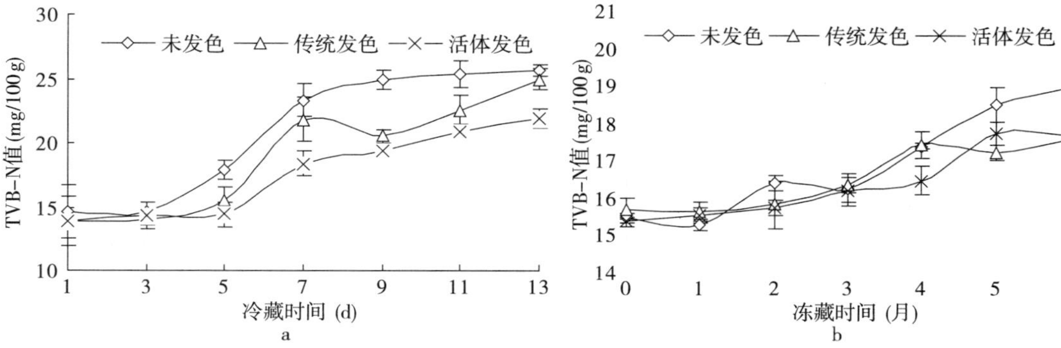

图 3-19　鱼肉贮藏过程中的变化情况

8. 罗非鱼片质构的变化

质构与食品的外观、风味、营养一起构成食品的四大品质要素，是决定食品总体品质的一个重要因素。试验从硬度、黏性、咀嚼性和弹性四个方面来描述，不同处理方式所得鱼片在不同贮藏条件下的质构的变化情况，结果见表 3-11。由结果可知，在 0～4 ℃条件下贮藏时，三种处理方式所得鱼片弹性值变化不明显，但硬度、黏性、咀嚼性三项指标随贮藏时间的延长呈逐渐下降的趋势。不同处理方式所得鱼片的变化趋势有差异。其中未发色和活体发色样品在贮藏 5d 后，硬度、黏性、咀嚼性才出现明显下降的趋势（$P<0.05$），但传统发色样品在 1d 以后检测值就明显下降（$P<0.05$）。在贮藏试验结束后期传统发色产品的硬度、黏性和咀嚼性等指标明显低于未发色和活体发色样品。冻藏对鱼片弹性指标变化影响不显著（$P>0.05$）；但会使鱼片硬度逐渐下降，黏度和咀嚼性呈先上升再下降的趋势；不同处理方式对产品质构状况的影响差异不显著（$P>0.05$）。

9. 冻藏过程中鱼片 K 值的变化

图 3-20 为三种处理方式所得罗非鱼片冻藏过程中 K 值的变化情况。由结果可知，冻藏期间三种处理方式所得罗非鱼片中以传统发色鱼片 K 值最高，但在 6 个月冻藏期内三种鱼片 K 值均不高于 20%，符合生鱼片的鲜度指标。传统发色鱼片 K 值冻藏 1 个月后开始上升；未发色鱼片 K 值冻藏 1 个月后开始上升，3 个月后下降；活体发色鱼片冻藏 3 个月后 K 值开始上升。K 值越小表示鲜度越好。一般认为即杀鱼 K 值在 10%以下，作为生鱼片的新鲜鱼 K 值大约在 20%以下，20%～40%为二级鲜度，60%～80%为初期腐败鱼，而该研究所用鱼片在冻藏 6 个月后，K 值最高是传统发色鱼片，约为 12%，仍符合生鱼片的新鲜鱼要求。

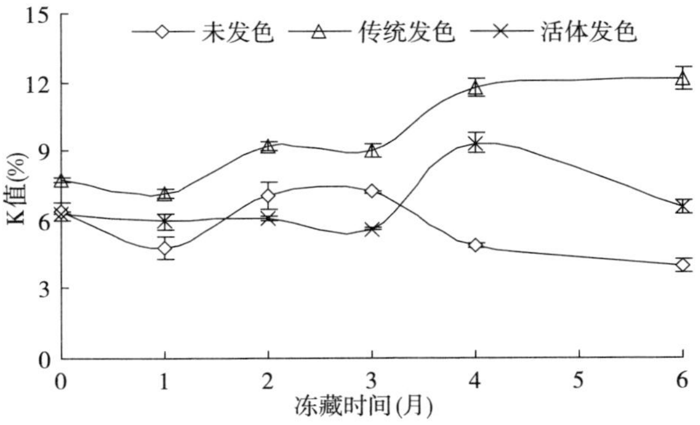

图 3-20　冻藏过程中鱼片 K 值的变化

表 3-11　冷藏过程中鱼片质构变化

冷藏时间（d）	硬度（g）			黏性（g）			咀嚼性（gmm）			弹性（mm）		
	未发色	传统发色	活体发色	未发色	传统发色	活体发色	未发色	传统发色	活体发色	未发色	传统发色	活体发色
1	1 997.67±195.41^{a}	1 877.25±340.93^{a}	2 067.11±289.33^{a}	484.62±82.14^{a}	545.71±231.42^{a}	454.49±90.96^{a}	2 563.34±28.14^{a}	2 571.41±83.08^{a}	2 514.27±88.76^{a}	5.92±0.17	5.14±0.17	4.99±0.55
3	1 898.75±249.21^{a}	1 549.66±48.521b	1 820.66±240.79^{a}	406.18±123.61^{a}	353.72±77.45b	430.88±85.17^{a}	2 422.07±87.25^{a}	2 082.36±34.70b	2 375.01±123.35^{a}	4.77±0.49	5.63±0.59	5.43±0.46
5	1 930.83±114.59^{a}	1 530.62±140.53b	1 854.40±211.36^{a}	401.95±24.77^{a}	341.84±113.00b	413.51±26.08^{a}	2 750.15±56.76^{a}	1 819.40±110.19b	2 061.65±74.39^{a}	4.84±0.23	4.97±1.00	4.14±0.22
7	1 660.19±122.15^{b}	1 530.37±57.03^{b}	1 683.67±171.69^{b}	364.94±38.15^{b}	343.13±31.82^{b}	323.23±33.87^{b}	1 896.56±196.95^{b}	1 705.16±162.78^{b}	1 697.37±55.58^{c}	5.39±0.30	5.03±0.92	4.98±0.34
9	1 677.59±106.87^{b}	1 654.08±209.66^{b}	1 462.02±66.90^{c}	362.93±28.14^{b}	377.77±127.31^{b}	319.90±11.48^{b}	1 924.24±19.67^{b}	1 703.52±265.49^{b}	1 804.85±33.49^{ab}	5.32±0.19	5.31±0.46	5.11±0.27
11	1 589.34±175.67^{b}	1 739.61±239.35^{b}	1 570.63±204.20^{c}	378.28±20.95^{b}	373.16±113.34^{b}	367.85±69.78^{ab}	2 020.04±131.62^{b}	1 704.19±63.73^{b}	1911.77±97.11^{ab}	5.37±0.26	5.54±0.35	5.06±0.30
13	1 317.67±213.48^{c}	1 366.25±103.32^{c}	1 570.41±103.16^{c}	282.11±47.99^{c}	246.52±35.10^{c}	291.82±16.81^{b}	1 314.07±219.70^{c}	1 099.64±205.10^{c}	1 796.47±48.73^{c}	4.65±0.57	4.48±0.74	4.86±0.35
0	628.67±66.38^{a}	608.00±135.54^{a}	676.33±67.50^{a}	239.91±50.10^{b}	249.28±17.88^{b}	237.68±5.44^{b}	775.08±91.93^{b}	836.84±24.41^{b}	835.40±17.80^{b}	2.73±0.24	2.71±0.28	2.67±0.05
1	641.00±86.27^{a}	655.33±142.13^{a}	603.67±71.06^{a}	324.57±99.67^{a}	293.20±54.69^{b}	214.93±28.35^{b}	853.18±203.96^{a}	893.70±151.51^{a}	910.91±80.68^{b}	2.90±0.26	2.85±0.08	2.84±0.10
2	624.00±15.66^{a}	721.33±78.80^{a}	639.33±30.11^{a}	339.91±71.58^{a}	337.54±34.61^{a}	381.25±44.62^{a}	947.59±249.67^{a}	1017.31±119.24^{a}	1038.47±487.26^{a}	2.77±0.14	2.78±0.08	2.92±0.20
3	609.50±24.75^{a}	521.00±104.37^{b}	602.00±33.94^{a}	387.57±97.87^{a}	347.08±56.07^{a}	357.58±56.14^{b}	1 076.31±188.79^{a}	984.12±147.28^{a}	938.34±167.13^{a}	2.81±0.20	2.77±0.03	2.86±0.02
4	658.00±72.38^{a}	536.33±183.85^{b}	496.50±12.02^{b}	351.72±33.20^{a}	319.24±92.15^{b}	345.75±26.03^{b}	972.76±89.24^{b}	906.01±267.63^{a}	916.50±369.48^{a}	2.77±0.18	2.83±0.06	2.91±0.10
5	464.33±61.81^{b}	499.00±163.64^{b}	425.67±47.18^{c}	268.33±35.40^{b}	272.28±82.83^{b}	233.63±33.06^{c}	783.64±105.81^{b}	744.60±132.32^{b}	669.35±106.34^{c}	2.92±0.05	2.73±0.03	2.75±0.11
6	421.13±29.12^{b}	463.05±64.46^{b}	402.13±27.32^{c}	238.03±39.01^{b}	292.12±42.19^{b}	263.32±41.55^{c}	652.21±65.74^{c}	780.22±52.44^{b}	709.02±43.88^{c}	2.7 2±0.13	2.70±0.06	2.63±0.05

注：表中不同字母（a、b、c）表示该列样品间差异显著（$P<0.05$）。

10. 贮藏过程中鱼片微生物的变化

（1）贮藏过程中鱼片菌落总数的变化　图 3-21 为三种处理方式所得罗非鱼片贮藏过程中菌落总数的变化情况。由结果可知，冷藏初期三种处理方式所得罗非鱼片菌落总数快速增长，9d 后基本稳定［图 3-21（a）］。冻藏期间三种罗非鱼片菌落总数略有升高，总体变化差异不显著（$P>0.05$）［图 3-21（b）］。三种处理方式所得鱼片的初始菌落总数存在明显差异，其中以传统袋装发色样品菌落总数最高，未发色鱼片与活体发色鱼片初始菌落总数基本相当。但在冷藏过程中，经发色处理的鱼片菌落总数增长略慢于未发色鱼片，冻藏过程中这种趋势表现不显著。

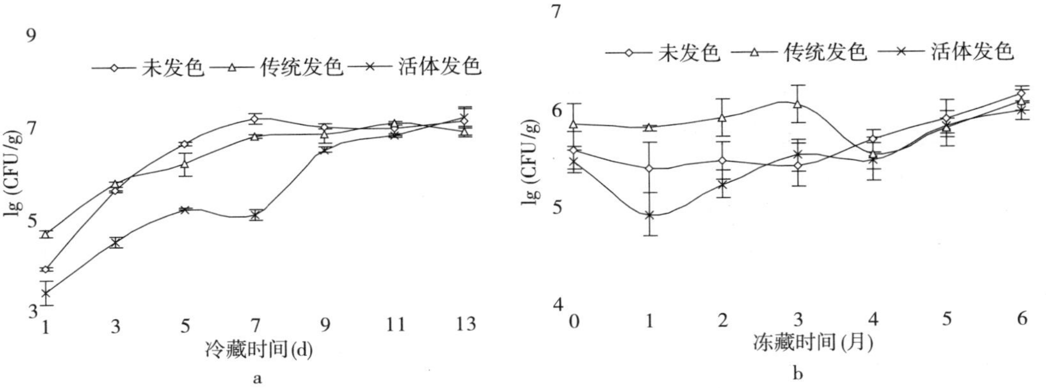

图 3-21　贮藏过程中鱼片菌落总数的变化

（2）贮藏过程中鱼片大肠菌群数的变化　图 3-22 为三种处理方式所得罗非鱼片贮藏过程中大肠菌群数的变化情况。由结果可知，冷藏初期三种处理方式所得罗非鱼片大肠菌群数略有增加，后期变化不显著（$P>0.05$）［图 3-22（a）］。冻藏期间三种罗非鱼片大肠菌群数 3 个月内略有升高趋势，但变化差异不显著（$P>0.05$）［图 3-22（b）］。

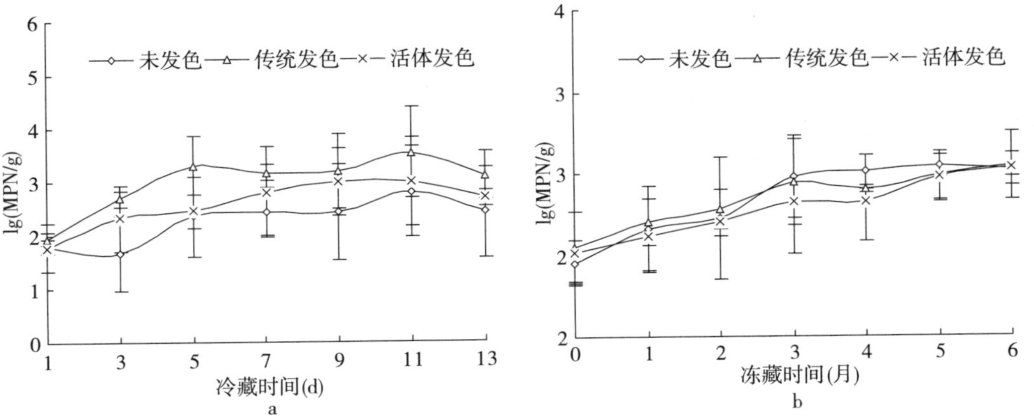

图 3-22　贮藏过程中鱼片大肠菌群数的变化

五、罗非鱼发色产品安全性评价

1. 动物毒理试验

为了观察发色罗非鱼片的毒性，在预试验中，大致估计发色罗非鱼片的0%死亡率（Dn）和100%死亡率（Dm）的致死量范围，先用少量小鼠试验。结果表明，发色罗非鱼片灌胃剂量达小鼠最大耐受剂量15 000 mg/kg时，小鼠无一死亡或中毒症状。再用大量小鼠重复试验，观察结果与预试验相同，结果描述见表3-12。结果表明，在给药1h后，受试小鼠未见异常反应。连续观察14d，观察期内受试小鼠未出现死亡，动物的排泄物和尿液均未见异常，正常进食和饮水，体重正常增长，未见异常反应。

表3-12　发色罗非鱼片急性毒性试验结果（$\bar{x}\pm s$，g）

组别	剂量（g/kg）	N	基础体重	第7天体重	第14天体重	存活率（%）
对照组	—	20	21.4±0.8	26.5±1.6	33.1±2.2	100
给药组	26.4	20	21.0±0.94	27.9±1.6	32.6±1.9	100

2. 发色罗非鱼片的遗传毒性试验

（1）Ames试验　发色罗非鱼片的Ames试验结果见表3-13。结果显示：发色罗非鱼片的各种TA回变菌株数与阴性和阳性对照组作统计学检验，各剂量组均极显著小于阳性对照组（$P<0.01$），与阴性对照组比较，无显著性差异（$P>0.05$），并且各剂量组间也无剂量反应关系。

表3-13　鼠伤寒沙门氏菌的回变结果

发色罗非鱼肉	剂量（μg/皿）	菌株				
		TA 1535	TA 1537	TA 1538	TA 98	TA 100
剂量组	50	15±3.2	22±1.3	29±4.7	56±3.8	163±9.3
	500	23±5.7	26±2.5	36±2.7	69±3.6	149±5.6
	5000	17±6.2	29±3.9	42±4.1	62±4.5	165±7.2
阴性对照	—	23	23	45	62	159
阳性对照	—	1328*	1273*	1098*	1538*	1871*

注：与剂量组和阴性对照组比较，*表示 $P<0.01$。

（2）小鼠骨髓嗜多染红细胞微核试验　发色罗非鱼片对小鼠骨髓细胞微核率试验结果见表3-14。由结果可见，经泊松分布检验，各剂量组微核率均在正常范围内，微核率与阴性对照组比较均无显著性差异（$P>0.05$），但远小于阳性对照组微核率，与阳性对照组比较差异极显著（$P<0.01$）。

表3-14　发色罗非鱼片对NIH小鼠骨髓微核形成的影响（$\bar{x}\pm s$）

组别	N	剂量（g/kg）	死亡率（%）	微核率（‰）
对照组	10	—	0	0.3±0.5
环磷酰胺组	10	0.04	0	18.3±2.9**
低剂量组	10	3.3	0	0.5±0.7
中剂量组	10	6.6	0	0.3±0.5
高剂量组	10	13.2	0	1.0±0.5

注：与对照组比较，*表示 $P<0.05$，**表示 $P<0.01$。

（3）小鼠睾丸染色体畸变试验　发色罗非鱼片的小鼠睾丸染色体畸变试验分析结果

见表3-15。试验结果表明，丝裂霉素组小鼠的畸变细胞率、染色体结构畸变率与对照组比较，具有显著性差异（$P<0.01$）；发色罗非鱼片各剂量（低、中、高）组小鼠的畸变细胞率、染色体结构畸变率与对照组比较，无显著性差异（$P>0.05$），组别之间未见剂量依赖关系。

表 3-15 小鼠染色体畸变精子率和断裂均数（$\bar{x}\pm s$）

组别	剂量（g/kg）	N	观察细胞数	畸变细胞数	结构畸变数	畸变细胞率（%）	染色体结构畸变率（%）
对照组	—	10	1 000	28	48	2.8±0.9	4.8±2.9
丝裂霉素组	0.002	10	1 000	105	176	10.5±1.9**	17.6±1.8**
低剂量组	3.3	10	1 000	34	49	3.4±1.2	4.9±1.2
中剂量组	6.6	10	1 000	35	59	3.5±1.1	5.9±1.6
高剂量组	13.2	10	1 000	40	55	3.6±1.4	5.5±2.6

注：与对照组比较，* 表示 $P<0.05$，**表示 $P<0.01$。

3. 传统致畸试验

（1）发色罗非鱼片对孕鼠体重的影响 各组孕鼠20d内体重变化情况如表3-16。由结果可见，各组孕鼠培养期间，体重均呈增长趋势，但阴性对照组与剂量组在试验的第7天、第12天、第16天和第20天的体重增长量明显高于阳性对照组（$P<0.05$），但与阴性对照组相比无显著差异（$P>0.05$），各组间也无统计学差异（$P>0.05$）。

表 3-16 发色罗非鱼片对孕鼠体重的影响

分组	n	0d	7d	12d	16d	20d
Ⅰ	14	216.4±2.7	237.3±2.3	258.3±6.3	284.1±6.1	321.3±3.6
Ⅱ	14	209.6±5.1	235.2±4.3	260.3±3.7	291.2±4.9	324.6±6.8
Ⅲ	14	205.6±3.6	237.34±5.8	254.7±4.1	285.3±4.6	328.2±5.0
Ⅳ	12	211.3±2.8	229.43±2.8*	238.1±3.0*	243.8±6.2*	293.1±3.3*

注：n 为孕鼠数，与各剂量组和阴性对照组比较，* 表示 $P<0.05$。

（2）发色罗非鱼片对胚胎形成的影响 发色罗非鱼片对胚胎形成的影响结果见表3-17。由结果可见，阴性对照组和各剂量组分别与阳性对照组比较，死胎数（率）和总致畸率均极显著低于阳性对照组（$P<0.01$），各剂量组与阴性对照组之间均无统计学差异($P>0.05$)。

表 3-17 发色罗非鱼片对胚胎形成的影响

分组	胎鼠数（只）	活胎数（只）	死胎数（只）	死胎率（%）	吸收胎数（只）	吸收胎率（%）	致畸率（%）
Ⅰ	110	110	0	0.0	1	0.9	1.0
Ⅱ	102	102	0	0.0	0	0.0	0.0
Ⅲ	107	107	0	0.0	0	0.0	0.0
Ⅳ	64	57	7	10.9*	3	4.7*	15.6*

注：与各剂量组和阴性对照组比较，* 表示 $P<0.01$。

(3) 发色罗非鱼片对胎鼠发育的影响 试验末期对剖解取出的胎鼠做体重、体长和骨骼固定检查，结果如表 3-18 所示，各剂量组胎鼠体重和身长极显著地大于阳性对照组（$P<0.01$），各剂量组和阴性对照组胎鼠骨骼和内脏异常率极显著的低于阳性对照组（$P<0.01$）。各剂量组和阴性对照组动物骨骼异常仅出现在第 V 肋骨发育不良，但其缺失程度均在自然发生率范围内，因此可认为发色罗非鱼片对胎鼠发育无不良影响。

表 3-18 发色罗非鱼片对胎鼠发育的影响

分组	n	体重（g）	体长（cm）	尾长（cm）	骨骼异常率（%）	内脏异常率（%）
Ⅰ	110	4.03±0.16	4.05±0.32	1.14±0.13	0.32	0.0
Ⅱ	102	4.12±0.28	4.19±0.48	1.17±0.22	0.28	0.0
Ⅲ	107	4.06±0.21	4.13±0.81	1.13±0.18	0.33	0.0
Ⅳ	64	3.29±0.71*	3.41±0.36*	1.10±0.14	2.68*	19.78*

注：n 为胎鼠数，与各剂量组和阴性对照组比较，* 表示 $P<0.01$。

4. 30d 喂养试验

(1) 发色罗非鱼片 30d 喂养对 SD 大鼠一般状况的影响 在该试验条件下，发色罗非鱼片 30d 喂养试验动物无一死亡。SD 大鼠外观体征未见异常改变，行为活动正常；发色罗非鱼片各剂量组和对照组动物毛色均有光泽且紧贴身体，口、眼、耳、鼻均未见异常分泌物；呼吸规则，粪便成形无黏液，无稀烂，尿液澄清透明。该试验结果表明，发色罗非鱼片连续灌胃 30d 未见 SD 大鼠出现异常反应。

(2) 发色罗非鱼片 30d 喂养对 SD 大鼠体重、饮食量、食物利用率的影响 表 3-19、表 3-20 为大鼠 30d 喂养期间体重变化情况。结果表明：发色罗非鱼片各剂量组雄性大鼠和雌性大鼠的体重在 30d 喂养期间均呈不断增长的趋势，但剂量组在各个测定时间点与对照组比较，体重均无显著性差异（$P>0.05$）。30d 喂养过程中，对照组与剂量组的雄鼠体重均较雌鼠增长更快。大鼠体重增长情况不存在明显的剂量关系。

表 3-19 发色罗非鱼片 30d 喂养对 SD 雄性大鼠体重的影响（$\bar{x}\pm s$，g）

检测时间	对照组	低剂量组	中剂量组	高剂量组
剂量（g/kg）	6.6	1.65	3.3	6.6
n	10	10	10	10
基础值	83.9±7.2	83.7±7.5	86.3±5.7	87.2±6.2
第 0 天	113.3±10.2	114.4±8.7	116.9±7.0	119.4±7.2
第 7 天	178.0±14.3	178.2±9.5	183.9±12.7	183.2±8.9
第 14 天	247.3±18.2	249.0±11.7	251.5±15.3	253.7±16.4
第 21 天	280.0±23.0	286.0±16.4	297.1±19.0	291.0±17.7
第 30 天	323.0±26.2	332.8±16.3	338.0±18.7	338.8±20.9

表 3-20　发色罗非鱼片 30d 喂养对雌性大鼠体重的影响（$\bar{x} \pm s$，g）

检测时间	对照组	低剂量组	中剂量组	高剂量组
剂量（g/kg）	6.6	1.65	3.3	6.6
n	10	10	10	10
基础值	85.5±4.2	85.2±4.7	84.6±5.8	81.0±5.1
第 0 天	110.9±4.5	112.8±5.8	112.0±6.4	106.4±4.7
第 7 天	157.2±10.1	158.8±8.6	163.7±6.9	157.6±13.2
第 14 天	185.4±7.8	192.5±13.7	192.0±8.4	188.3±13.5
第 21 天	210.0±9.8	217.8±18.0	217.5±11.3	211.5±14.5
第 30 天	232.5±9.5	239.4±21.2	238.3±9.3	232.3±16.8

表 3-21、3-22 为 30d 喂养期间大鼠摄食量和饮水量的变化情况。结果表明：30d 喂养期间，大鼠摄食量和饮水量呈无规律变化，发色罗非鱼各剂量组大鼠的摄食量和饮水量与对照组比较，无显著性差异（$P>0.05$）。

表 3-21　30d 喂养对 SD 大鼠摄食量的影响（$\bar{x} \pm s$，g）

检测时间	对照组	低剂量组	中剂量组	高剂量组
剂量（g/kg）	6.6	1.65	3.3	6.6
n	20	20	20	20
第 2 天	23.3±3.8	26.0±3.2	25.6±4.7	25.4±3.4
第 3 天	20.4±2.4	21.6±3.5	20.6±3.6	18.7±3.4
第 7 天	27.4±4.1	29.3±4.8	29.9±5.2	27.1±5.5
第 8 天	22.1±5.6	25.1±4.0	24.4±4.7	24.8±4.9
第 12 天	31.0±5.9	31.9±6.6	30.1±6.7	29.4±6.4
第 15 天	29.0±6.6	31.9±5.6	30.9±7.4	27.9±6.4
第 19 天	28.2±4.9	29.0±6.7	29.4±5.5	29.2±6.8
第 22 天	29.9±4.9	31.2±5.4	34.5±9.7	33.4±6.8
第 27 天	27.0±5.3	28.0±5.3	27.6±6.2	27.5±8.1

表 3-22　30d 喂养对 SD 大鼠饮水量的影响（$\bar{x} \pm s$，mL）

检测时间	对照组	受试物低剂量组	受试物中剂量组	受试物高剂量组
剂量（g/kg）	6.6	1.65	3.3	6.6
n	20	20	20	20
第 2 天	40.5±13.7	47.2±6.8	44.3±13.0	48.6±8.7
第 3 天	51.7±22.2	43.7±8.2	43.2±6.5	40.2±14.6
第 7 天	57.0±14.1	59.0±13.9	55.3±12.0	54.0±14.2
第 8 天	50.4±10.5	48.3±12.7	48.1±12.5	41.0±10.8

（续）

检测时间	对照组	受试物低剂量组	受试物中剂量组	受试物高剂量组
第 12 天	42.8±13.8	42.5±10.2	42.0±16.2	41.0±10.8
第 15 天	43.8±13.3	50.5±9.6	45.3±12.0	44.5±10.4
第 19 天	46.0±12.4	46.5±16.6	51.1±20.7	40.4±12.1
第 22 天	69.0±14.9	62.8±13.8	65.3±12.6	58.0±16.1
第 27 天	66.9±14.9	57.2±15.6	60.6±20.7	60.3±23.1

表 3-23、表 3-24 为 30d 喂养期间大鼠食物利用率的变化情况。结果表明：发色罗非鱼片剂量组及对照组雄性大鼠头两周食物利用率显著高于后两周，雌性大鼠在第 1 周的食物利用率高于其他 3 个试验周。各剂量组雄性大鼠在各周的食物利用率与对照组比较无显著性差异（$P>0.05$），且各剂组大鼠食物利用率之间不存在剂量关系。发色罗非鱼片中剂量组雄性大鼠的总食物利用率与对照组比较无显著性差异（$P>0.05$）。

表 3-23　30d 喂养对雄性大鼠食物利用率的影响（$\bar{x}\pm s$，$n=20$）

检测时间	对照组	低剂量组	中剂量组	高剂量组
剂量（g/kg）	6.6	1.65	3.3	6.6
n	20	20	20	20
第 1 周（%）	41.7±7.3	38.1±5.4	37.5±5.7	39.5±3.0
第 2 周（%）	36.7±3.6	34.5±4.2	34.7±5.2	35.4±7.6
第 3 周（%）	14.0±3.6	14.4±2.1	16.2±3.2	15.9±2.6
第 4 周（%）	19.2±19.0	20.5±3.1	18.0±3.0	19.2±4.5
总利用率（%）	26.0±2.0	25.3±1.8	25.3±2.5	25.8±2.3

表 3-24　30d 喂养对雌性大鼠食物利用率的影响（$\bar{x}\pm s$，$n=10$）

检测时间	对照组	低剂量组	中剂量组	高剂量组
剂量（g/kg）	6.6	1.65	3.3	6.6
n	10	10	10	10
第 1 周（%）	32.2±8.2	28.3±3.4	36.6±5.4	34.8±5.1
第 2 周（%）	19.0±7.1	19.6±5.2	18.1±5.1	18.9±3.0
第 3 周（%）	14.2±5.7	13.4±4.6	14.4±4.1	14.3±4.8
第 4 周（%）	12.5±3.2	11.6±3.5	10.2±5.5	11.4±5.7
总利用率（%）	18.6±1.4	17.8±3.2	18.0±1.0	19.1±1.7

（3）发色罗非鱼片 30d 喂养对大鼠血常规的影响　表 3-25 和表 3-26 是 30d 喂养期间大鼠血常规指标的变化情况。结果表明：发色罗非鱼片高剂量组雄性大鼠血液中 EO 略高于对照组，中剂量组雌性大鼠血液中 EO 略高于对照组，但各剂量组对雄性大鼠血液中 EO 的影响无明显的剂量关系，也未见动物出现过敏反应和皮肤异常情况，因此该现象并

无病理学意义。其余各剂量组大鼠的各血常规指标与对照组比较，无显著性差异（$P>0.05$）。

表 3-25 发色罗非鱼片 30d 喂养对雄性 SD 大鼠血常规的影响（$\bar{x}\pm s$，$n=10$）

检测项目	对照组	低剂量组	中剂量组	高剂量组
剂量（g/kg）	6.6	1.65	3.3	6.6
WBC（$\times10^9$/L）	10.7±3.1	9.3±1.8	9.9±2.8	10.5±2.5
NE（$\times10^9$/L）	0.9±1.7	0.4±0.2	0.3±0.2	0.9±0.5
LY（$\times10^9$/L）	8.8±1.8	7.9±1.5	8.1±2.0	8.2±2.0
MO（$\times10^9$/L）	0.1±0.2	0.1±0.1	0.1±0.0	0.1±0.1
EO（$\times10^9$/L）	1.0±0.4	1.0±0.4	1.0±1.1	1.2±0.4
BA（$\times10^9$/L）	0.1±0.1	0.0±0.0	0.0±0.1	0.0±0.0
RBC（$\times10^{12}$/L）	7.5±0.6	7.3±0.5	7.7±0.4	7.8±0.9
HGB（g/L）	162.9±11.7	156.4±19.2	160.1±9.7	176.3±23.8
PLT（$\times10^9$/L）	910.4±72.6	857.0±91.9	824.3±113.3	907.8±145.2
RET（$\times10^9$/L）	150.9±15.0	151.4±15.7	158.6±12.3	172.9±20.3

表 3-26 30d 喂养对雌性 SD 大鼠血常规的影响（$\bar{x}\pm s$，$n=10$）

检测项目	对照组	低剂量组	中剂量组	高剂量组
剂量（g/kg）	6.6	1.65	3.3	6.6
WBC（$\times10^9$/L）	7.8±2.4	8.7±1.7	7.8±0.6	8.6±1.5
NE（$\times10^9$/L）	0.6±0.4	0.3±0.2	0.2±0.1	0.7±0.3
LY（$\times10^9$/L）	6.5±1.8	7.4±1.5	6.5±0.8	6.8±1.5
MO（$\times10^9$/L）	0.1±0.2	0.1±0.1	0.1±0.1	0.1±0.1
EO（$\times10^9$/L）	0.9±0.5	0.9±0.2	1.0±0.2	0.9±0.6
BA（$\times10^9$/L）	0.0±0.1	0.0±0.0	0.0±0.0	0.1±0.1
RBC（$\times10^{12}$/L）	7.5±0.6	7.2±0.5	7.3±0.3	7.3±0.3
HGB（g/L）	161.4±12.4	158.5±10.1	159.8±6.1	167.3±6.3
LT（$\times10^9$/L）	939.7±80.4	948.8±72.4	882.0±72.9	1021.1±121.3
RET（$\times10^9$/L）	213.8±23.0	219.4±22.2	221.5±21.8	222.7±20.1

（4）发色罗非鱼片 30d 喂养对大鼠血液生化的影响 表 3-27 和表 3-28 为 30d 喂养过程中大鼠血液生化指标的变化情况。结果表明，发色罗非鱼片各剂量组雌性大鼠血液中 ALB 略高于对照组，其中，高剂量组差异显著（$P<0.01$），其他两组 $P<0.05$；雄性大鼠血液中剂量组的 CR 则略低于对照组（$P<0.05$），但这两个指标与喂食罗非鱼不存在明显的剂量依赖关系，亦未见肾脏的脏器指数、大体解剖和病理检查出现病变情况，且这两个指标均在正常范围值内，无病理学意义。其余发色罗非鱼片各剂量组雄性大鼠血液中的各个指标与对照组比较，无显著性差异（$P>0.05$）。

表 3-27 30d 喂养对雄性 SD 大鼠血液生化的影响（$\bar{x}\pm s$）

检验项目	对照组	低剂量组	中剂量组	高剂量组
剂量（g/kg）	6.6	1.65	3.3	6.6
n	10	10	10	10
ALT（g/L）	34.3±5.4	33.2±3.7	34.3±5.8	33.2±3.8
AST（g/L）	150.4±19.8	145.0±18.6	157.8±16.4	141.6±12.9
BUN（mmol/L）	6.29±1.08	5.92±0.92	5.73±0.78	6.45±0.68
CR（μmol/L）	99.7±16.4	110.6±13.5	84.9±3.3*	91.2±7.3
GLU（mmol/L）	5.13±0.50	4.67±0.63	5.84±1.11	5.44±0.84
ALB（U/L）	31.0±1.1	32.4±1.8	32.5±1.2	32.0±1.3
TP（μmol//L）	64.5±2.6	63.2±3.5	62.6±1.8	62.1±2.6
TC（mmol/L）	2.49±0.24	2.61±0.20	2.39±0.10	2.32±0.24
TG（U/L）	1.13±0.17	1.10±0.30	1.15±0.30	1.11±0.27

注：与对照组比较，* 表示 $P<0.05$。

表 3-28 发色罗非鱼片 30d 喂养对雌性 SD 大鼠血生化的影响（$\bar{x}\pm s$）

检验项目	对照组	受试物低剂量组	受试物中剂量组	受试物高剂量组
剂量（g/kg）	6.6	1.65	3.3	6.6
n	10	10	10	10
ALT（g/L）	29.5±4.1	30.7±4.0	33.0±4.6	32.8±3.2
AST（g/L）	142.1±17.3	139.7±9.2	143.2±11.9	145.2±18.3
BUN（mmol/L）	7.29±1.13	7.21±0.66	7.78±1.56	6.60±1.10
CR（μmol/L）	99.6±13.0	98.6±14.6	85.4±7.3*	89.3±7.7
GL（mmol/L）	5.08±1.04	5.89±0.67	5.61±0.56	5.47±0.71
ALB（U/L）	31.6±1.1	33.8±1.9*	33.1±1.6*	34.3±1.7**
TP（μmol/L）	63.7±2.0	64.7±2.2	61.5±2.8	63.4±2.7
TC（mmol/L）	2.46±0.30	2.69±0.31	2.69±0.23	2.82±0.32*
TG（U/L）	0.92±0.27	0.92±0.28	1.13±0.31	1.09±0.33

注：与对照组比较，* 表示 $P<0.05$，**表示 $P<0.01$。

（5）发色罗非鱼片 30d 喂养对大鼠大体解剖和脏器系数的影响

①大体解剖：在该试验条件下，大体解剖观察 SD 大鼠脏器，受试物各剂量组主要脏器大小正常，表面光滑，未见肿胀、出血点、异常分泌物，弹性良好，未见包块、结节等；胃肠黏膜未见糜烂、缺损等改变；与对照组比较，未见明显差异。

②脏器系数：表 3-29 和 3-30 为 30d 喂养期间大鼠脏器系数的变化情况。结果表明，发色罗非鱼片各剂量组大鼠的各个脏器指数与对照组比较，无显著性差异（$P>0.05$）。

表 3-29　发色罗非鱼片 30d 喂养对雄性 SD 大鼠脏器系数的影响（$\bar{x} \pm s$）

检测项目	对照组	低剂量组	中剂量组	高剂量组
剂量（g/kg）	6.6	1.65	3.3	6.6
n	10	10	10	10
心（%）	0.36±0.05	0.35±0.03	0.35±0.04	0.33±0.03
肝（%）	2.88±0.36	2.76±0.15	3.00±0.33	2.81±0.12
脾（%）	0.20±0.02	0.21±0.02	0.22±0.03	0.19±0.02
肺（%）	0.53±0.06	0.50±0.06	0.49±0.05	0.49±0.06
肾（%）	0.72±0.07	0.70±0.04	0.76±0.09	0.70±0.05
肾上腺（%）	0.016±0.004	0.016±0.004	0.015±0.004	0.015±0.004
胸腺（%）	0.16±0.03	0.15±0.02	0.15±0.02	0.16±0.03
脑（%）	0.58±0.05	0.57±0.03	0.55±0.03	0.55±0.04
附睾（%）	1.01±0.10	1.01±0.08	1.02±0.10	1.00±0.07
睾丸（%）	0.27±0.04	0.24±0.03	0.25±0.04	0.27±0.02

表 3-30　发色罗非鱼片 30d 喂养对雌性 SD 大鼠脏器系数的影响（$\bar{x} \pm s$）

检测项目	对照组	低剂量组	中剂量组	高剂量组
剂量（g/kg）	6.6	1.65	3.3	6.6
n	10	10	10	10
心（%）	0.36±0.06	0.37±0.04	0.34±0.03	0.37±0.04
肝（%）	2.86±0.21	3.01±0.15	2.88±0.09	2.96±0.15
脾（%）	0.21±0.02	0.22±0.04	0.21±0.01	0.22±0.02
肺（%）	0.56±0.06	0.55±0.04	0.55±0.05	0.54±0.04
肾（%）	0.66±0.04	0.68±0.05	0.67±0.06	0.71±0.06
肾上腺（%）	0.027±0.006	0.028±0.004	0.027±0.004	0.025±0.005
胸腺（%）	0.19±0.04	0.21±0.02	0.20±0.03	0.21±0.05
脑（%）	0.76±0.03	0.74±0.07	0.74±0.03	0.74±0.07
子宫（%）	0.25±0.11	0.25±0.08	0.31±0.12	0.24±0.09
卵巢（%）	0.059±0.010	0.067±0.010	0.064±0.012	0.056±0.007

(6) 发色罗非鱼片 30d 喂养对大鼠组织病理学检查结果的影响

①发色罗非鱼片 30d 喂养对大鼠心脏的影响。对照组、高剂量组心脏各 20 例，大体检查一致：心脏大小、形状均正常，外膜光滑，未见渗出物，表面及切面未见出血点及坏死灶。荧光成像系统显微镜下放大 100 倍检查两组心肌组织排列结构未见异常，细胞未见萎缩、肥大、变性及坏死，间质未见出血、纤维增生及炎细胞浸润（图 3-23）。高剂量组心脏与对照组比较未见明显差异。

②发色罗非鱼片 30d 喂养对大鼠肝脏的影响。对照组、高剂量组肝脏各 20 例。大体检查一致：肝脏大小、形状正常，表面光滑，质软，色暗红或淡黄，未见渗出物，未见出血点、脓肿及坏死灶。荧光成像系统显微镜下放大 100 倍检查两组肝组织内肝小叶结构正常，中央静脉居中，管壁未见病变，周围肝细胞索呈放射状排列，未见出血、坏死、炎细胞浸润及纤维组织增生等现象（图 3-24）。两组样本中均有个别肝组织可见肝细胞内小脂

肪空泡（图 3-25）。高剂量组肝脏与对照组比较未见明显差异。

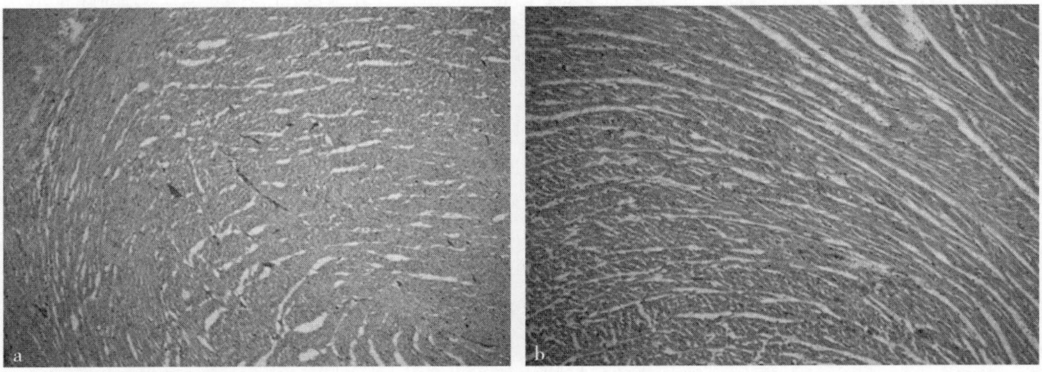

图 3-23　心脏对照组（a）和高剂量组（b）

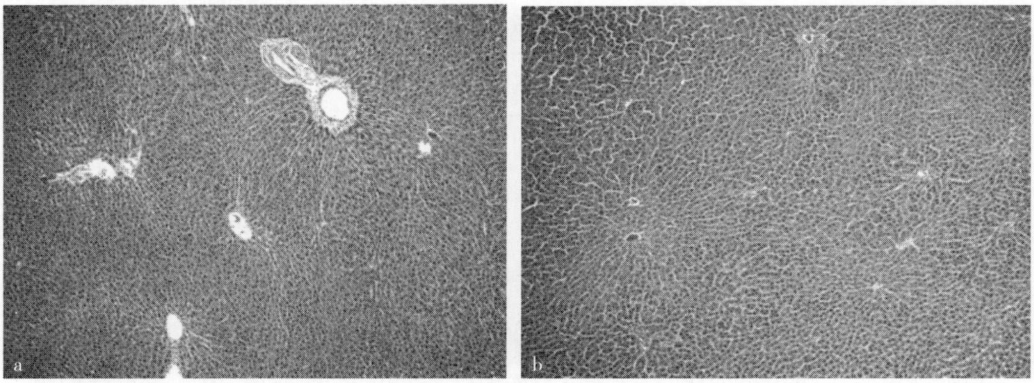

图 3-24　肝脏对照组（a）和高剂量组（b）

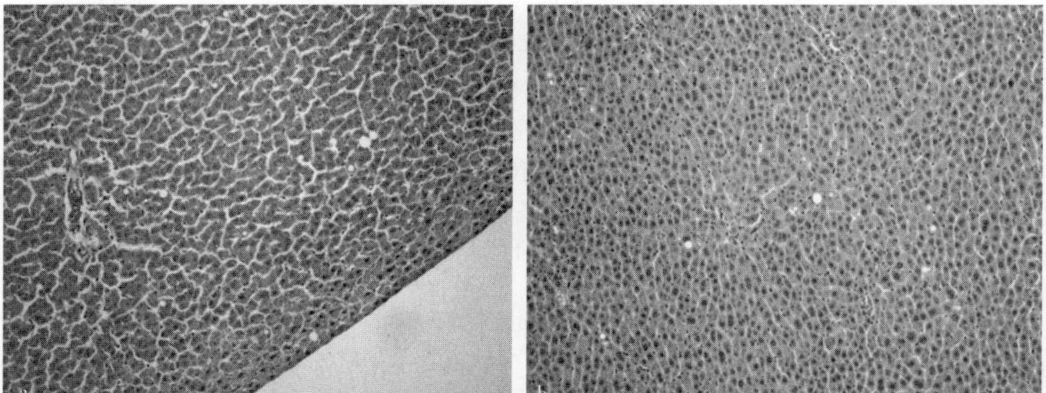

图 3-25　脂肪空泡对照组（a）和高剂量组（b）

③发色罗非鱼片 30d 喂养对大鼠脾脏的影响。对照组、高剂量组脾脏各 20 例，大体检查一致：脾脏大小、形状均正常，色暗红，质软脆，表面光滑，切面红白髓相间。荧光成像系统显微镜下放大 100 倍检查两组脾组织内脾小体分布、结构正常，红、白髓结构清晰。中央动脉壁未见病变，未见充血水肿及变性坏死，未见含铁血黄素沉积（图 3-26）。高剂量组脾脏与对照组比较未见明显差异。

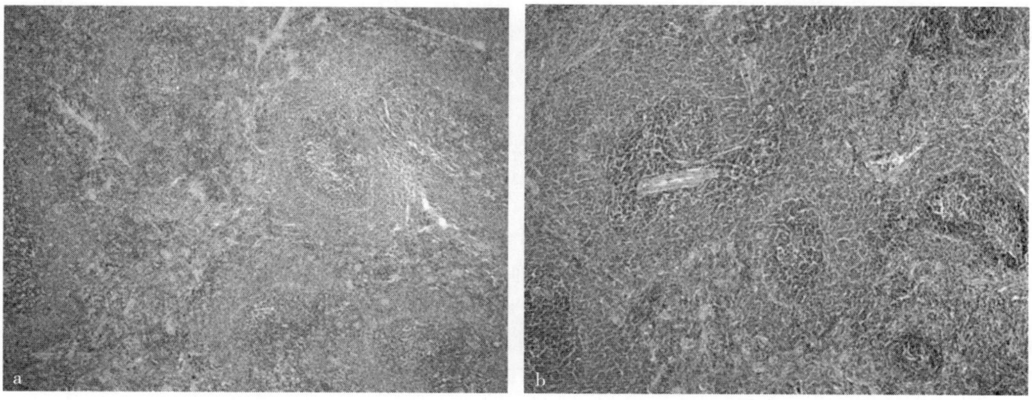

图 3-26　脾脏对照组（a）和高剂量组（b）

④发色罗非鱼片 30d 喂养对大鼠肺脏的影响。对照组、高剂量组肺脏各 20 例，大体见肺组织大小、形状均正常，未见充血、气肿或水肿。荧光成像系统显微镜下放大 100 倍检查两组肺组织结构相似，肺泡上皮细胞无肥大、无增生、无脱落，肺泡无气肿或肺不张。支气管黏膜上皮细胞无变性坏死，无鳞状上皮化生（图 3-27）。两组样本各有少部分支气管周围见少量炎细胞浸润（图 3-28）。高剂量组肺脏与对照组比较未见明显差异。

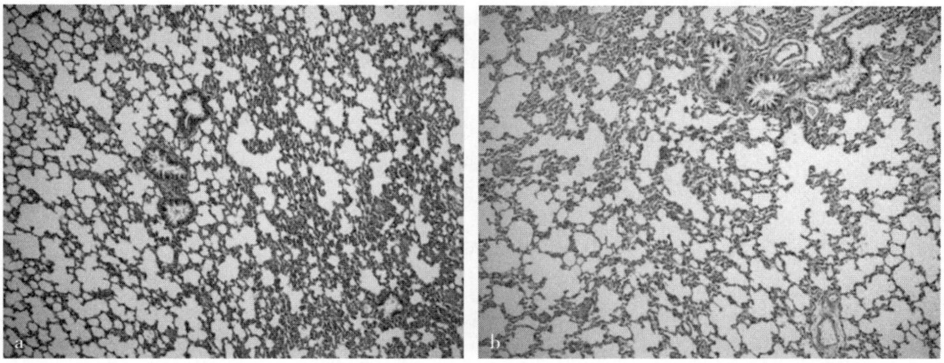

图 3-27　肺对照组（a）和高剂量组（b）

⑤发色罗非鱼片 30d 喂养对大鼠肾脏的影响。对照组、高剂量组肾脏各 20 例，大体见各组肾脏大小、形状均正常，表面光滑，包膜菲薄易剥离，未见充血、出血，切面皮质与髓质纹理清楚，肾盂部位未见渗出物。荧光成像系统显微镜下放大 100 倍检查两组肾组织内肾小球正常，未见增大及萎缩，球囊壁层上皮细胞无增生及纤维化表现，肾小管上皮

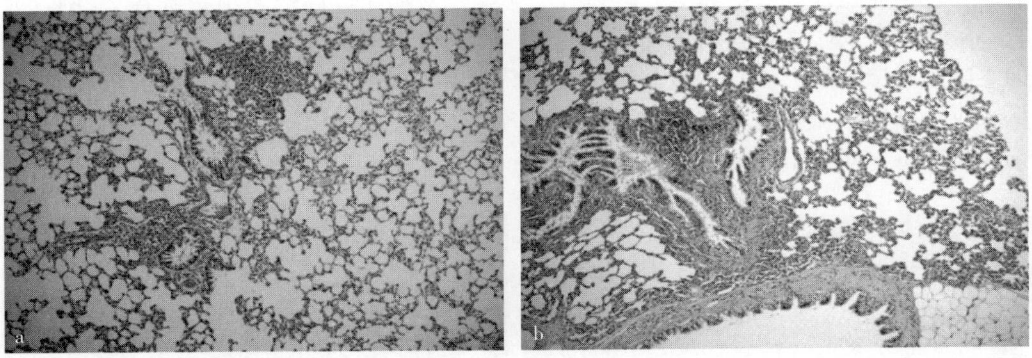

图 3-28　支气管炎细胞浸润对照组（a）和高剂量组（b）

无变性坏死脱落（图 3-29）。两组均有个别肾组织的部分肾小管管腔内见少量蛋白性物质（图 3-30）。高剂量组肾脏与对照组比较未见明显差异。

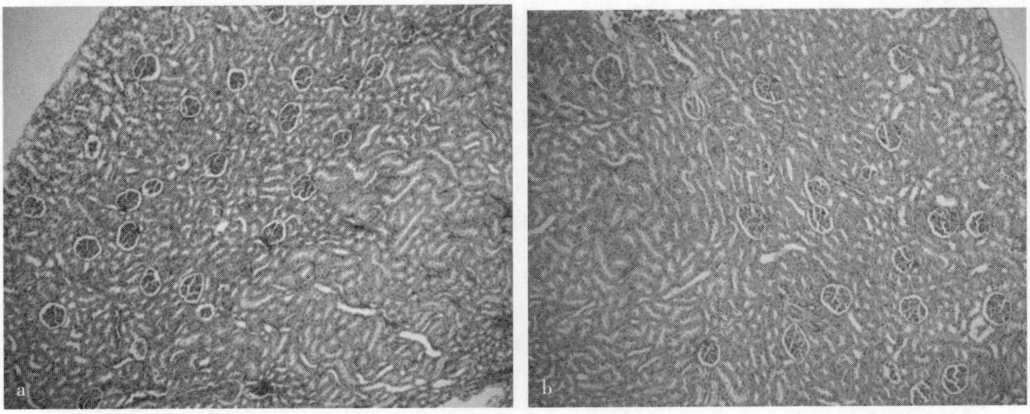

图 3-29　肾对照组（a）和高剂量组（b）

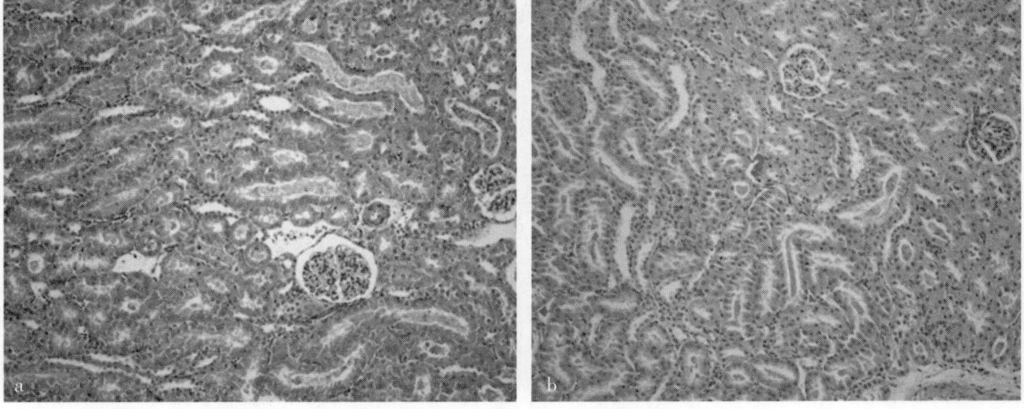

图 3-30　肾小管内蛋白性物质对照组（a）和高剂量组（b）

⑥发色罗非鱼片30d喂养对大鼠胃的影响。对照组、高剂量组胃各20例，均沿大弯侧剪开，胃内可见正常黏膜皱襞，未见溃疡及糜烂，未见出血点，未见肿物。荧光成像系统显微镜下放大100倍检查两组胃黏膜上皮均完整，腺体排列整齐，极向好，黏膜下层可见少量单核细胞及嗜酸性粒细胞浸润，未见溃疡、坏死等病变（图3-31）。高剂量组胃与对照组比较未见明显差异。

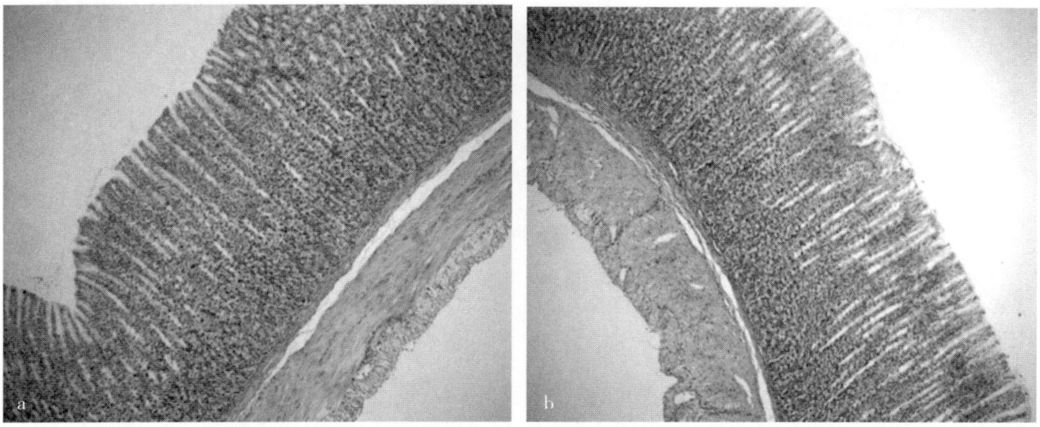

图3-31　胃对照组（a）和高剂量组（b）

⑦发色罗非鱼片30d喂养对大鼠小肠的影响。对照组、高剂量组小肠组织各20例，荧光成像系统显微镜下放大100倍检查两组小肠肠黏膜上皮完整，腺体排列整齐，极向好，黏膜下层可见数量不等的浆细胞及嗜酸性粒细胞浸润，未见溃疡、坏死等病变（图3-32，图3-33）。高剂量组小肠与对照组比较未见明显差异。

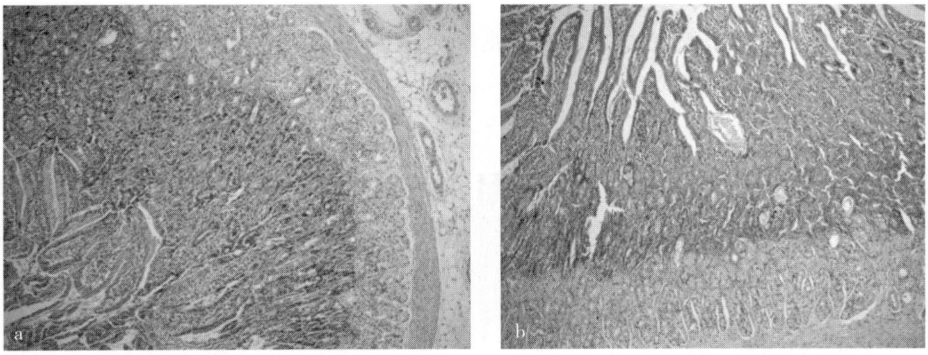

图3-32　十二指肠对照组（a）和高剂量组（b）

⑧发色罗非鱼片30d喂养对大鼠结肠的影响。对照组、高剂量组结肠组织各20例，荧光成像系统显微镜下放大100倍检查可见两组结肠黏膜上皮完整，黏膜腺体未见异常，固有层未见出血、坏死，可见少量散状分布的单核、淋巴细胞（图3-34）。高剂量组结肠与对照组比较未见明显差异。

⑨发色罗非鱼片30d喂养对大鼠睾丸的影响。对照组、高剂量组睾丸组织各10例，

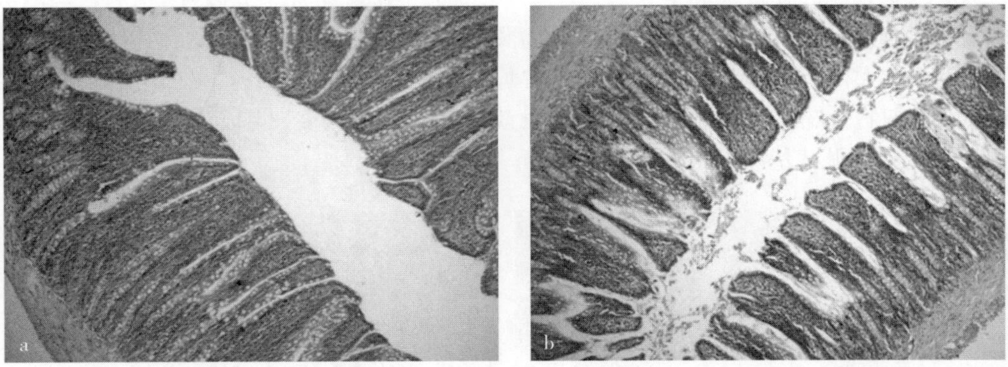

图 3-33　回肠对照组（a）和高剂量组（b）

图 3-34　结肠对照组（a）和高剂量组（b）

乳白色，质软，切面呈海绵状。荧光成像系统显微镜下放大 100 倍检查可见曲细精管，可见各级造精细胞、精子及间质细胞，组织内未见出血、坏死及纤维化（图 3-35）。高剂量组睾丸与对照组比较未见明显差异。

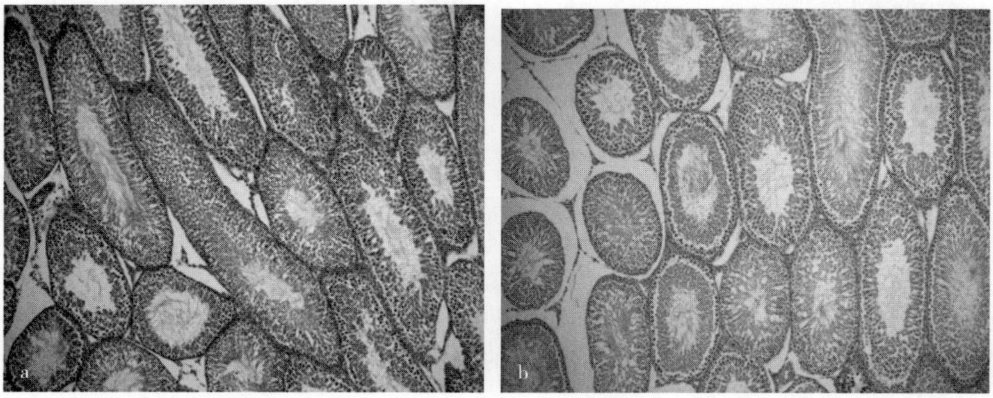

图 3-35　睾丸对照组（a）和高剂量组（b）

⑩发色罗非鱼片 30d 喂养对大鼠卵巢的影响。对照组、高剂量组卵巢组织各 10 例，橘黄色黄豆大组织。荧光成像系统显微镜下放大 100 倍检查可见各级卵泡及黄体，未见囊肿及肿物（图 3-36）。高剂量组卵巢与对照组比较未见明显差异。

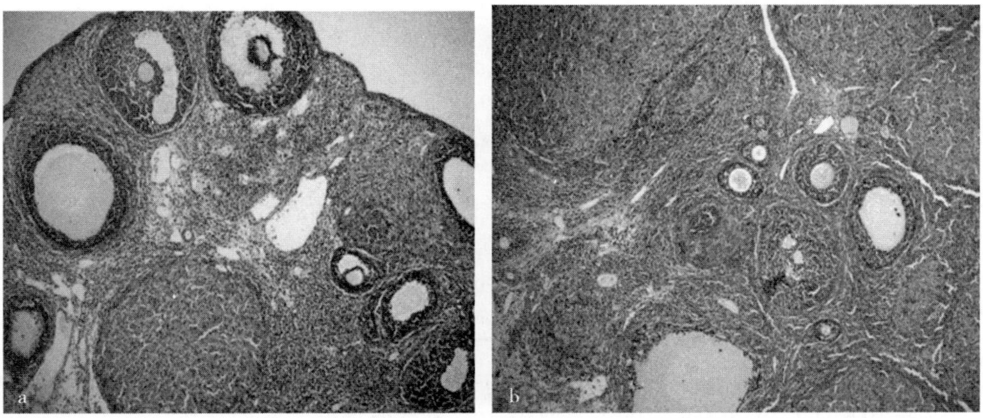

图 3-36　卵巢对照组（a）和高剂量组（b）

上述试验，包括器官显微组织观察是在广东省医学实验动物中心钟志勇副研究员的大力指导下完成的。

5. 危险评估

（1）危害识别　CO 是一种无色、无嗅、无味的气体，能与红细胞中的血红蛋白结合形成碳氧血红蛋白，从而使血红蛋白失去运输氧气的功能，血红蛋白对 CO 的亲和力约为对氧气亲和力的 240 倍。碳氧血红蛋白在血液中的浓度常被称为碳氧血红蛋白百分比，它与空气中 CO 的浓度、暴露时间等因素有关，CO 中毒者血液呈樱红色，具有流动性，不易腐败。

目前，为保持肉制品暗色肉的鲜艳色泽，国内外越来越多地采用 CO 对肉制品进行发色处理，但尚未见有关发色肉制品 CO 残留对人体安全性影响的研究报道。该研究通过动物毒理学试验分析表明，发色罗非鱼片对小鼠半数致死剂量（LD_{50}）远大于 15 000 mg/kg，属于无毒级，在最大剂量范围内未产生明显的毒副作用，且无剂量反应关系，未观察到遗传毒性，也未显示致畸和致突变性。

（2）危害描述　危害描述是指 CO 残留对宿主健康的负面影响。血液中的 COHb 饱和度常作为判断 CO 中毒严重程度的一个主要指标，COHb 饱和度越高，中毒越严重。一般来讲，健康的成年人 COHb 的浓度小于 5%时，并不会造成身体不适。正常人因吸烟等原因血液中也可含有少量的 COHb。当空气中 CO 浓度达到一定比例时，人因吸入 CO 而产生的中毒症状与其血液中 COHb 饱和度之间的关系见表 3-31。

表 3-31　CO 在空气中的浓度、吸入时间与中毒症状

空气中 CO 浓度（%）	吸入时间（min）	血中 COHb 饱和度（%）	中毒症状
0.02	120～180	10～20	轻微前额头痛
	60～120		前额头痛、恶心

（续）

空气中 CO 浓度（%）	吸入时间（min）	血中 COHb 饱和度（%）	中毒症状
0.04	150～210	20～30	枕部头痛
	<45		头痛、恶心、呕吐、眩晕乏力
0.08	120	30～40	虚脱、神志不清
	<20		头痛、眩晕、恶心
0.16	120	40～50	虚脱、神志不清或死亡
	5～10		头痛、眩晕、呼吸脉搏加速、昏迷
0.32	<30	50～60	可能死亡
	1～2		除上述症状外，呼吸脉搏减弱
0.64	10～15	60～70	死亡
1.28	1～3	75～80	立即发生中毒症状昏迷而死亡

（3）暴露评估 迄今为止，研究报道关于 CO 发色罗非鱼片暴露剂量的信息非常少。但却有详细报道对人体 CO 吸入量作了限定。由于血红蛋白的分解，机体自身可产生少量的 CO，不吸烟人体内 COHb 的浓度 1.2%～1.5%，吸烟者体内 COHb 的浓度可达 3%～4%。只有那些对 CO 高度敏感的病人，在 COHb 浓度约为 2.5%时才可能出现心脏功能异常、缺氧及胸痛等现象。考虑到社会上高敏感病人的特殊情况，有关专家根据不同人群推荐了其允许接触的 CO 时间及最大 CO 浓度（表 3-32），以确保人体内的 COHb 含量低于 1.5%，其中已包含了机体内源性 CO 的形成。

表 3-32 空气中 CO 含量及接触时间推荐表

接触时间	空气中 CO 浓度（mg/m^3）		
	休息状态	中等体力劳动	重体力劳动
15min	170	80	52
30min	86	42	29
1h	48	24	18
8h	11.5	9.2	9.2

发色罗非鱼片 CO 残留量数据来源为两个方面，一是日本发色罗非鱼片 CO 残留状况的资料报道，二是我国多家罗非鱼片生产企业 CO 残留量。由表 3-33 可知，大部分发色罗非鱼片 CO 残留量在 50～200 μg/kg 之间，只有日本少数产品检出 CO 含量超过 200 μg/kg，国内只有 1 家罗非鱼生产企业的产品略高于 200 μg/kg。

表 3-33 发色罗非鱼片 CO 残留状况（μg/kg）

范围	800～1 000	600～800	400～600	200～400	50～200
日本	957±41	722±4	489±31	250±10	106±40
数量	1	2	1	1	11
中国	124±13	210±29	165±21	198±15	109±23
厂家	厂家 1	厂家 2	厂家 3	厂家 4	厂家 5

根据表3-35的要求，结合水产品发色产品市场调查结果，分析比较人体摄入CO的量的安全性。一个成年人24 h吸入空气10～20 m^3，相当于0.42～0.84 m^3/h。为防止血液中COHb最高浓度超过1.5%，中等体力劳动强度的人，30 min内工作空间最大允许CO浓度为42 mg/m^3，期间吸入气体量为8.82～17.60 mg。根据日本及我国部分罗非鱼片生产企业发色罗非鱼片的调查结果中显示罗非鱼体内的CO含量最高为957 μg/kg，根据这一结果进行计算，人体1d需食用9.22～18.39 kg的发色鱼片才可能达到上述允许摄入量范围。而按实际人日均消费发色罗非鱼225 g计算，每天摄入的CO含量仅为26.5～239.3 μg，远低于单位时间内人体允许吸入气体量。

（4）风险特征描述 因目前尚未有关于发色处理肉制中CO摄食量的有关规定，也未见有关摄食发色罗非鱼片发生中毒的案例发生，该研究分析采用人体工作环境允许的CO吸入量为衡量指标，经计算每天摄食经发色处理的罗非鱼片225 g，体内理论吸收CO含量远低于允许吸入量，因此认为发色罗非鱼片CO残留量对人体健康不良效果的可能性理论上为零。但经发色处理的鱼片可以长时间保持其鲜亮色泽，特别是经真空包装后的产品，在一定程度上可以掩盖产品的腐败，常被一些不法商人利用，销售过期的产品，其中的微生物及新鲜度指标严重超标，对消费者的身体健康造成危害。

（5）预防措施 针对发色罗非鱼片可能产生的过期销售问题，各有关部门应严格加强对发色产品的监管，控制不合格产品在市场上的流通，确保肉制品市场的顺畅有序。

第四节 非热杀菌技术在罗非鱼加工中的应用

一、水产品非热杀菌技术研究进展

水产品味道鲜美，营养价值高，是人类动物蛋白质的重要来源之一。水产品的腐败变质通常是由微生物引起的，微生物在适宜的环境条件下快速生长繁殖，分解利用水产品的蛋白质、氨基酸及一些含氮物产生氨和三甲胺等一系列腐败产物。传统的热杀菌方式虽可杀灭微生物，但是在杀菌过程中也会导致水产品中营养成分的流失，并且会使其风味、色泽和口感等特性发生变化。与传统的杀菌方式比较，超高压杀菌等非热杀菌技术不仅可以杀死微生物，而且较好保持了水产品原有的营养成分、风味、色泽、口感和新鲜度，具有明显优势。

国外对非热杀菌技术的应用研究由来已久，如超高压在食品工业上的应用是由日本京都大学林立丸教授于1986年提出的。许多国家也都对一些非热杀菌技术的原理、方法、技术细节及应用前景进行了广泛的研究，并且研究的深度和广度正在不断扩大。我国对非热杀菌技术的研究起步较晚，但凭借着科技的进步以及非热杀菌处理食品的显著优点，近年来非热杀菌技术在水产品领域的应用得到了迅速发展。水产品加工中研究比较集中的非热杀菌技术主要有以下6种。

1. 超高压杀菌技术

超高压杀菌技术（ultra-high pressure processing，UHP）是指将食品物料经软包装后放入液体介质（如水等）中，使用100～1 000MPa压力在常温或低温条件下作用一段时间，从而达到杀菌的目的。超高压杀菌技术的杀菌机理是高压会影响细胞形态，导致菌体细胞壁和细胞膜的破裂，进而造成菌体内成分泄露。同时，超高压会使微生物内部蛋白质非共价键断裂，从而导致蛋白质变性，致使微生物内部组织被破坏。此外，超高压还会导致酶全部或部分失活。这些因素综合作用导致了微生物的死亡。超高压杀菌技术对几乎所有的细菌、霉菌和酵母菌均具有杀灭作用。

大量研究结果表明超高压杀菌技术可显著延长水产品货架期，保持并改善水产品品质，具有广阔的开发利用前景。超高压处理液体介质时是个瞬间过程且仅针对性破坏分子中的非共价键，在此过程中高压对肽段和蛋白质等高分子物质以及维生素、色素和风味物质等低分子物质的共价键无任何影响，可较好保持水产品原有的营养价值、色泽和风味。此外，超高压杀菌还具有高效、无污染和灭菌均匀等优点；而过高的压力使得能耗增加，且对设备要求过高，导致该技术成本提高，一定程度上影响了其推广。

2. 臭氧杀菌技术

臭氧是一种广谱高效的抗菌剂，可以抑制细菌、真菌及其孢子、病毒和原生生物等绝大多数微生物的生长。臭氧本身就具有较强的氧化性，此外，臭氧在水中可发生氧化还原反应，生成具有较高反应活性的羟基自由基（·OH）、超氧阴离子自由基（$\cdot O_2^-$）及氢化臭氧自由基（HO_3^-）等，臭氧的主要抗菌机理正是这些自由基氧化破坏微生物细胞的细胞壁、细胞膜、线粒体及细胞核等重要组成部分，从而导致微生物裂解死亡。此外，一些学者认为细胞内主要酶类的失活和 DNA、RNA 被破坏也是臭氧杀菌的主要机理。

臭氧可以在短时间内杀死绝大多数微生物，并且杀菌后多余的臭氧最终会被还原为氧气，不会造成残留及污染，相比于其他化学消毒剂（如次氯酸钠水等）优势显著。大量研究表明，臭氧处理可显著降低食品中微生物菌群的种类及数量，延长产品货架期。由于臭氧水处理通常采用喷雾和浸泡的方式进行，便于加工过程中的连续化操作，因此，臭氧作为一种安全和有效的抗菌剂已广泛应用于水产品工业中。此外，臭氧在水产品加工应用中除了具有杀菌作用外，还具有漂白和去异味等辅助功能。

3. 酸性电解水杀菌技术

酸性电解离子水（acidic electrolyzed water）是一种新型机能水，它是通过电解水生成装置电解含 HCl 或 HCl 和 NaCl 混合液的电解质而生成的具有杀菌功效的功能水。目前，对于酸性电解水的杀菌机理方面的研究较多，有关酸性电解水的主导杀菌因素主要包括 pH、氧化还原电位（oxidation reduction potential，ORP）、活性氧和有效氯杀菌等。近年来人们普遍认为其杀菌能力是以有效氯杀菌为主，其他各个杀菌因素（pH、ORP 及活性氧）协同作用的结果。另外，一些学者认为微生物的细胞壁和细胞膜被破坏也是酸性电解水杀菌的主要机理之一，有关电解水杀菌的具体机理尚无定论，有待于进一步研究与探讨。

酸性电解水作为新型的安全环保消毒剂，适合用于生鲜水产品的杀菌保鲜。酸性电解水杀菌技术具有广谱高效、安全环保、电解水生成装置结构比较简单及生产成本相对较低的优点。酸性电解水作为一种新型杀菌剂，具有广阔的应用前景。目前，酸性电解水在国内正在得到推广和使用，但主要还是处于实验研究阶段，全面推广和使用尚需时日。

4. 辐照杀菌技术

辐照杀菌通常是指利用一定剂量波长极短的电离射线对食品进行照射杀菌。在食品杀菌中常用的射线有 χ-射线、γ-射线和电子射线。其中，γ-射线的穿透力很强，适合于完整食品及各种包装食品的内部杀菌处理，水产品的加工中通常采用 γ-射线进行辐照处理。辐照杀菌机理主要有辐照产生的直接和间接效应两个方面。直接效应是指微生物细胞的细胞质受到高能射线照射后发生了电离和化学作用，使细胞内的物质形成了离子、激发态或分子碎片。间接效应是水分在受到高能射线辐射后，电离产生了各种游离基和过氧化氢，这些物质再与细胞内其他物质相互反应，生成了与细胞内原始物质不同的化合物。这两种效应共同作用阻碍了微生物细胞内的一切生命活动，导致细胞死亡，从而达到杀菌目的。

对水产品进行辐照杀菌的杀菌剂量要在安全剂量范围内，否则会对消费者的身体健康造成威胁。我国冷冻水产品辐照杀菌工艺的农业行业标准（NY T1256—2006）规定了冷冻水产品的辐照工艺剂量为 4～7 kGy。辐照杀菌技术具有穿透力强、杀菌效果好、无残留和易操控等特点，但放射线同样对人体有害，这就要求操作人员在杀菌处理过程中做好防护措施。

5. 高密度 CO_2 杀菌技术

高密度 CO_2 技术（dense phase carbon dioxide，DPCD）是指在压力小于 50 MPa 的条件下，利用高密度 CO_2 的分子效应达到杀菌和钝化酶的作用，该技术是一种新型的非热杀菌技术。目前 DPCD 杀菌技术的作用机理尚未明确，现有研究认为高密度 CO_2 产生的分子效应会导致以下几个方面的影响：降低食物的 pH；CO_2 分子和碳酸氢盐离子对微生物细胞具有抑制作用；对细胞膜的物理性破坏；改变细胞膜通透性；钝化酶和孢子活性等，这些因素的综合作用达到杀菌的效果。

基于 DPCD 技术的以上特点，目前其主要应用于牛奶、果蔬汁和全蛋液等液态食品的杀菌。DPCD 技术应用于水产品的研究仍然相对较少，目前主要集中在对于贝类和虾的杀菌研究。DPCD 技术具有可以保持食品原有品质、无污染和杀菌效果好等优点。但该技术在固态食品中的应用还存在较多问题，如持续化操作受限、CO_2 的扩散率较差和处理后的包装问题等。

6. 生物杀菌技术

生物杀菌技术是指利用生物保鲜剂的抗菌作用来延长食品货架期的杀菌保鲜技术。生物保鲜剂是指从动植物、微生物中提取的天然的或利用生物工程技术改造而获得的对人体安全的保鲜剂。

不同特性的生物保鲜剂对水产品作用时的杀菌保鲜机理也并不是完全相同的。总结起来可以概括为以下几类：茶多酚和鱼精蛋白等生物保鲜剂含有抗菌活性物质，具有抗菌作用；有些生物保鲜剂如乳酸链球菌素和葡萄糖氧化酶等具有抗氧化作用；茶多酚和植酸等生物保鲜剂具有抑制酶活的功效；还有一类生物保鲜剂比如蜂胶和壳聚糖等可以在食品的表面形成一层保护膜，阻碍腐败微生物的侵入，达到保鲜目的。生物保鲜剂通常是多种杀菌机理同时作用达到保鲜目的。

目前，生物杀菌技术在水产品上的应用已经得到了广泛研究。在水产品杀菌中应用较多的生物保鲜剂有茶多酚、溶菌酶、乳酸链球菌素和壳聚糖等。为解决单一生物保鲜剂不能够达到预期保鲜效果的问题，可将不同功能特性生物保鲜剂按一定比例混合成复合型生物保鲜剂，通过相互之间的协同作用提高水产品的保鲜效果。生物杀菌具有低剂量、强杀菌、安全无毒和药效持久等优点，生物保鲜剂的使用，消除了使用化学防腐剂带来的安全隐患。随着人们对食品安全意识的不断增强，使用生物保鲜剂代替传统化学防腐剂将是发展的趋势。生物保鲜剂的开发成本较高，这在一定程度上影响了其推广应用。

除上述杀菌技术之外，还有一些其他的非热杀菌技术应用于水产品加工工业，如高压脉冲电场杀菌技术、微波杀菌技术、脉冲强光杀菌技术、紫外线杀菌技术和栅栏技术等。综合比较以上几种非热杀菌技术，臭氧杀菌技术凭借其便于连续化操作和广谱高效的特点在水产品加工中应用较为广泛；超高压杀菌技术可以瞬间杀菌且灭菌均匀，较为广谱高效；生物杀菌技术采用生物保鲜剂代替了传统的化学防腐剂，较为安全。

与传统的热杀菌方式相比较，上述非热杀菌技术优势明显。不仅克服了传统热杀菌无法保持水产品原有品质的不足，而且杀菌处理过后无化学物质残留，安全卫生，更好地满足了消费者对于水产品的需求。非热杀菌技术在水产品加工贮藏领域展现出了非常广阔的前景。虽然非热杀菌技术优势明显，但在应用推广过程中存在着诸多问题。首先，就我国当前的研究现状而言，多数研究尚处于试验研究阶段，大规模的推广应用极少，有些技术（如酸性电解水杀菌和高密度 CO_2技术等）杀菌机理尚不明确，这些都限制了它们的推广应用；其次，有些非热杀菌技术成本高、对设备要求高，限制了该技术的推广。因此，为解决非热杀菌技术在推广过程中遇到的困难，笔者认为今后研究应注重以下几点：要加强基础理论研究，特别是杀菌机理、适用条件和影响因素的研究；合理运用基础理论，研发新设备，尽可能地降低生产成本；进行多种技术复合杀菌研究，提高杀菌效果；探索研究更多的非热杀菌技术，开拓非热杀菌技术在水产品加工贮藏领域的应用。随着科学技术的不断发展，非热杀菌技术将在水产品加工过程中得到越来越多的应用。

二、罗非鱼加工过程减菌化处理技术

1. 食品级过氧化氢对染菌罗非鱼片的杀菌效果

（1）过氧化氢的稳定性

①温度对过氧化氢溶液稳定性的影响。分别将试验用氧化氢稀释成样品浓度为 6%和 1%的待测样，于不同温度下放置 5 min 后测定溶液中过氧化氢含量，结果见图 3-37。

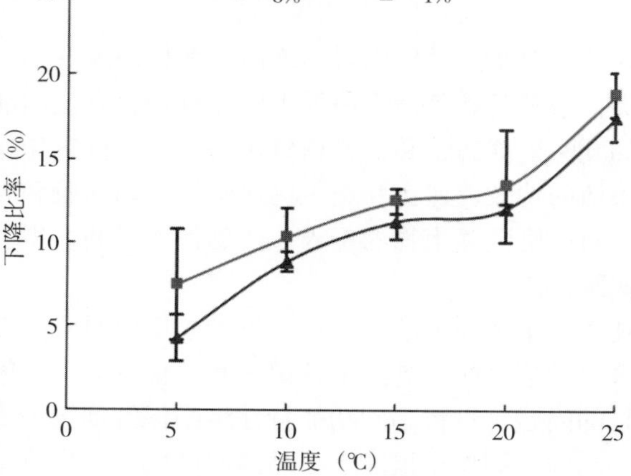

图 3-37 温度对过氧化氢溶液稳定性影响

过氧化氢是一种具有强氧化作用的物质，其稳定性受浓度、温度等多种因素影响。由图 3-37 可知，随温度的升高，溶液中过氧化氢浓度均有下降，5℃放置 5 min，浓度 6%和 1%的待测样品中过氧化氢含量分别下降 7.47%和 4.23%，随放置温度的升高，过氧化氢浓度下降幅度加快，25℃放置 5 min，浓度 6%和 1%的待测样品中过氧化氢含量分别下降 18.80%和 17.45%，说明该过氧化氢溶液受温度影响较大。因此，加工过程中施用宜在低温条件下操作。

②时间对过氧化氢溶液稳定性的影响。将试验用氧化氢稀释成样品浓度为 4%的待测样，于 5 ℃温度下放置不同时间后测定溶液中过氧化氢含量，结果见图 3-38。

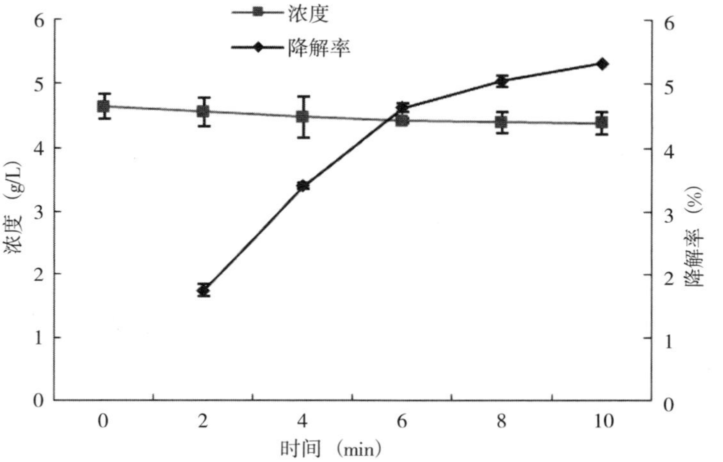

图 3-38　放置时间对过氧化氢溶液稳定性影响

由图 3-38 可见，过氧化氢溶液随放置时间的延长浓度略有下降，但影响幅度较小，5℃放置 10 min 后下降幅度仅为 5.32%。通常情况下 H_2O_2 在水溶液中稳定性较低，但该试验样品中由于加入特殊的载体物质，防止过氧化氢过速分解，保证产品中过氧化氢浓度的稳定性。

（2）过氧化氢溶液对染菌罗非鱼片杀灭效果的影响

①作用时间对染菌鱼片细菌杀灭效果的影响。将染菌后的鱼片置于有效过氧化氢浓度为 2.54 g/L 的溶液中，料液比例为 1∶2，分别于 0min、2min、4min、6min、8min、10 min 取样，测定浸泡液中过氧化氢浓度及样品中细菌含量，计算杀菌率，结果见图3-39。

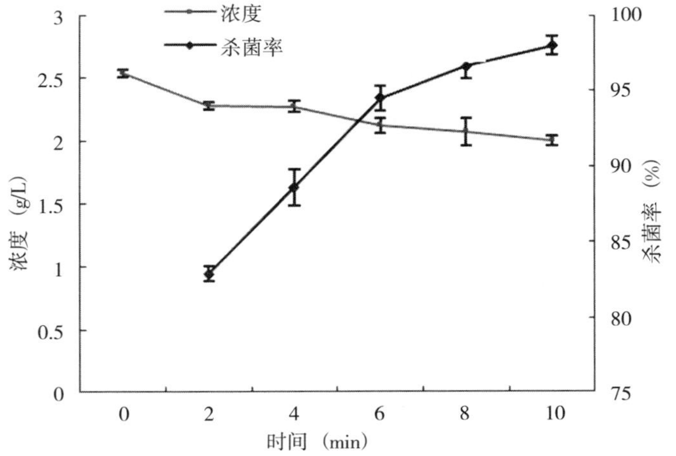

图 3-39　作用时间对鱼片杀菌效果的影响

由试验结果可知，在整个

浸泡过程中，过氧化氢浓度不断下降，在 2 min 内，浸泡液中过氧化氢浓度下降幅度最小，仅下降 10.32%，但对细菌的杀菌效率已达到比较高的水平，为 82.9%，此后杀菌率上升幅度不大，6 min 时杀菌率达 90%以上，细菌总数减为 5.51×10^4 个/g，符合食品卫生相关标准要求。

②浸泡液浓度对染菌鱼片细菌杀灭效果的影响。将染菌后的鱼片经不同浓度的过氧化氢溶液处理，料液比例为 1∶2，浸渍时间为 6 min，鱼片取出后测定浸泡液中过氧化氢浓度及样品中细菌含量，计算杀菌率，结果见图 3-40。

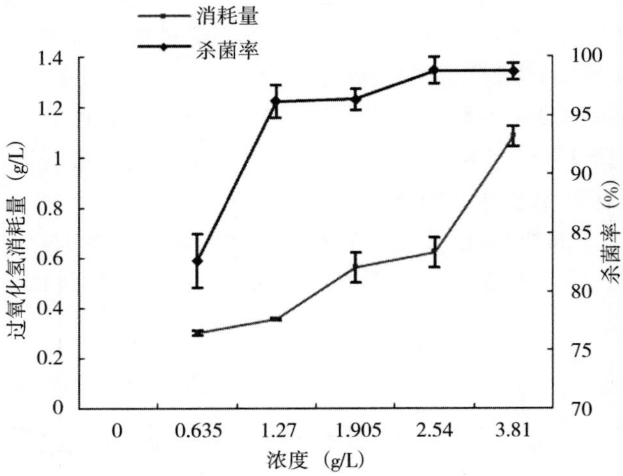

图 3-40　浸泡液浓度对鱼片杀菌效果的影响

由图 3-40 可知，过氧化氢原始浓度越高，溶液的杀菌能力越强，过氧化氢耗费量越大，当过氧化氢浓度小于 1.27 g/L 时，杀菌率为 96.24%，浓度高于 1.27 g/L 后，对鱼片的杀菌率影响不大，但过氧化氢消耗量却明显增加。这是因为过氧化氢在杀灭细菌、霉菌类微生物时，首先作用于细胞膜，使细胞膜的结构受到损伤，阻碍其正常的新陈代谢功能，继而破坏膜内组织，直至菌体死亡，也就是说过氧化氢通过作用菌体细胞的有机质达到杀菌的作用，但水产品本身也是由有机质构成，不可避免成为过氧化氢的作用对象，因此，过氧化氢溶液浓度越高其有效杀菌成分消耗越多。

③浸泡液比例对染菌鱼片细菌杀灭效果的影响。将染菌后的罗非鱼片经不同液料比的过氧化氢溶液处理，过氧化氢样品原始浓度为 2.54 g/L，浸渍时间为 6 min，样品取出后测定浸泡液中过氧化氢浓度及样品中细菌含量，计算杀菌率，结果见图 3-41。

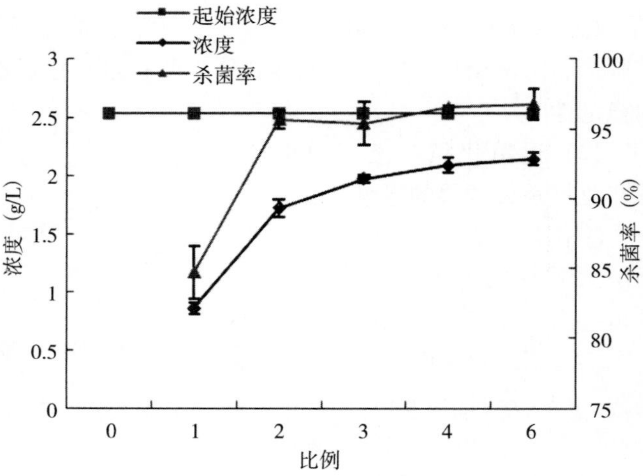

图 3-41　液料比例对鱼片杀菌效果的影响

由图 3-41 可见，浸泡液与原料比为 1∶1 时，浸泡液的浓度下降最大，此时的杀菌效率不及 85%，当浸泡液与原料比例超过 2∶1 时，杀菌率超过 95%，随浸泡液比例的增加，浸泡液浓度下降趋缓，但并未明显提高染菌鱼片的杀菌率，且过氧化氢实际消耗量提高。这是因为浸泡液比例过低，无法浸没鱼片表面，从而影响溶液的杀菌效率，而浸泡液充足的情况下，其中的过氧化氢在杀菌的同时也作用于肌肉组织，从而造成过氧化氢的过度消耗。

(3) 处理条件对过氧化氢残留量的影响　将染菌后的鱼片经不同浓度的过氧化氢溶液处理不同时间后，取出样品，用等量的无菌水冲洗，分别测定每次冲洗后过氧化氢的含量，近似看成鱼肉中过氧化氢的残留量，结果见表 3-34。

表 3-34　不同处理条件对过氧化氢残留量的影响

杀菌时间（min）	原始浓度（g/L）	杀菌后溶液浓度（g/L）	残留量（mg/kg）	一次水洗残留量（mg/kg）	二次水洗残留量（mg/kg）
2	2.54	2.27	203.60	41.04	未检出
6	2.54	2.16	277.29	65.94	3.31
10	2.54	2.07	307.21	85.76	20.34
20	7.65	6.82	622.20	90.66	20.18

由表 3-36 可见，过氧化氢处理时间越长，处理液浓度越大，过氧化氢残留量越高；但样品经适度的水洗可以去除大量残留在表面的过氧化氢含量。由于过氧化氢本身并不稳定，在搅动、加热或光照后容易分解成水和氧气，我国和国际组织均未制定固体食品中过氧化氢的测定方法，因此，该法近似将冲洗液中过氧化氢的含量作为样品中过氧化氢的残留量存在一定的不足，还有待进一步研究。

2. 鲜罗非鱼片减菌化预处理方法

(1) 不同减菌方法对罗非鱼片菌落总数的影响　图 3-42 可以看出，3 种不同浓度 H_2O_2 处理鱼片 1 min 后，鱼片的菌落总数均大幅减少，随着时间的延长，菌落总数的减少趋缓。同时由图 3-42 可知，随着 H_2O_2 浓度的变大，菌落总数相应变小。对采用 H_2O_2 进行减菌处理的结果进行方差分析可知，处理时间对结果的影响极显著（$F=21>F_{0.01}$），浓度的对结果的影响也极显著（$F=76>F_{0.01}$），首先考虑 H_2O_2 浓度对减菌效果的影响，从结果来看，0.1%和 0.3% 浓度的 H_2O_2 减菌效果相差不大，故从经济角度考虑 0.1%比较合适，使用 0.1% H_2O_2 处理 5 min 时，效果最好，较 1 min 及 3 min 分别高出 7.89%及 6.58%，故采用 H_2O_2 处理时宜采用浓度为 0.1%的溶液处理 5 min。

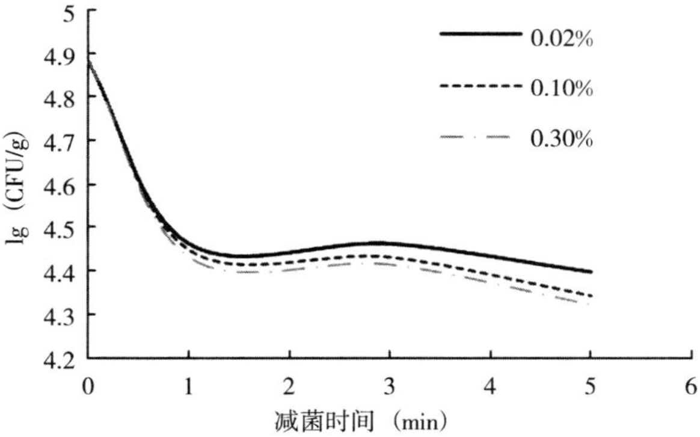

图 3-42　H_2O_2 处理对菌落总数的影响

图 3-43 中显示，采用 100 mg/kg 及 150 mg/kg 浓度的 NaClO 溶液处理 2min 时，罗非鱼片的菌落总数迅速减少到 1.6×10^4 CFU/g 以下，但随着处理时间的延长菌落总数的减少不明显。而 50 mg/kg NaClO 溶液的减菌效果是随着时间的延长越好。对 NaClO

溶液处理后罗非鱼片的菌落总数结果进行方差分析的结果显示，其浓度的影响显著（$F_{0.05}<F=15.5<F_{0.01}$），处理时间的影响不显著（$F=1.6<F_{0.05}$）。考虑减菌处理的试剂成本，减菌液浓度越小越好，故采用 100 mg/kg，从处理时间对结果的影响的差异来看，2 min 后，各浓度处理罗非鱼片的菌落总数曲线的斜率均变小，浓度为 100 mg/kg及 150 mg/kg 时曲线的斜率为 0，即菌落总数随处理时间的延长没有持续减少，这主要是由于 NaClO 的光敏性，它见光后会迅速分解，即处理时长达到一定时间，NaClO 便失去了减菌的效用，故从效率角度，处理 2 min 较为适宜。

采用 ClO_2 处理时，溶液的浓度及处时理时间的影响都极为显著（$F_{浓度}=21.5>F_{0.01}$，$F_{时间}=51.5>F_{0.01}$），从图 3-44 可看出，处理时间对减菌效果影响较大，3 种浓度在 0～10min 时曲线斜率较大，说明 ClO_2 在 10 min 之内有比较稳定的减菌效果，10 min 以后，各浓度 ClO_2 溶液处理后鱼片的菌落总数基本稳定，即 ClO_2 溶液基本不再有灭菌效用，故减菌时间宜采用 10 min。从各浓度 ClO_2 溶液的处理效果来看，当 ClO_2 的浓度为 50 mg/kg 时，随处理时间的不同，减菌率在51.3%～68.4%；当浓度为 100 mg/kg 时，减菌率在 65.7%～75%；而当浓度达到 150 mg/kg，处理时间达到 10 min 以上时，减菌效果可以达到 90.7%，减菌效果最好。

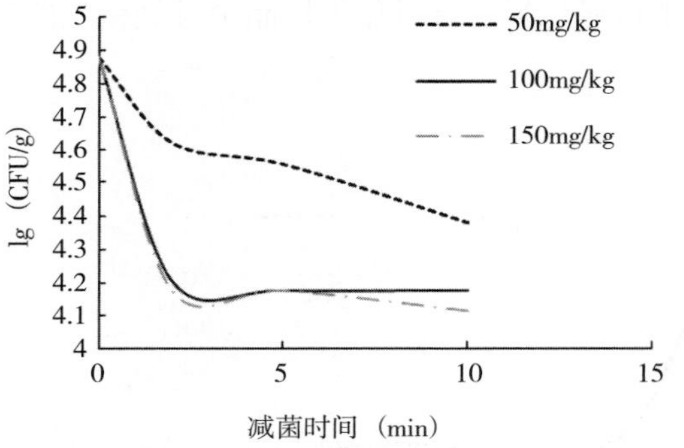

图 3-43　NaClO 处理对菌落总数的影响

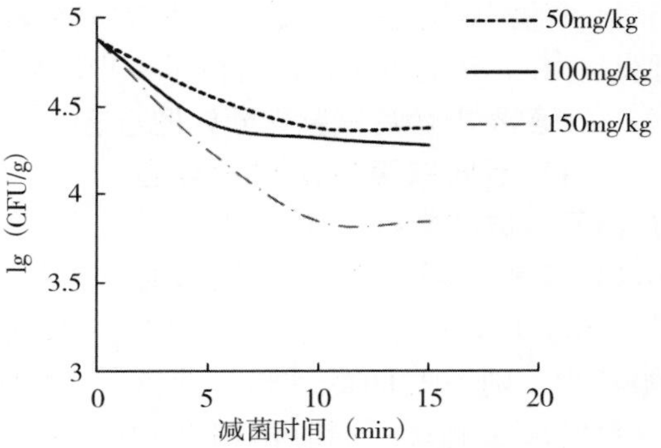

图 3-44　ClO_2 处理对菌落总数的影响

如图 3-45 所示，采用壳聚糖具有良好的减菌效果，各浓度处理 2 min 后，菌落总数均减至 1.0×10^4 CFU/g 以下，之后随着时间的延长，由 3 条曲线的斜率可以看出菌落总数减少变缓，同时由方差分析可得，其浓度和处理时间对减菌效果的影响都不显著（$F_{浓度}=5.2<F_{0.05}$，$F_{时间}=3.8<F_{0.05}$）。从减菌率来看，均在 88%以上，甚至高达 97.4%。结果表明，当壳聚糖浓度为 2 g/L 和 3 g/L，处理时长达 5 min 以上时，对菌落总数的影响效果基本相当，所以，采用壳聚糖处理鱼片时，2 g/L 浓度处理 5 min 比较合适。

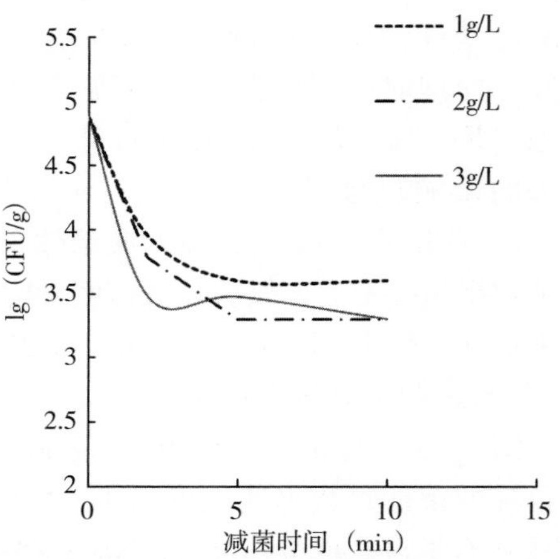

图 3-45　壳聚糖处理对菌落总数的影响

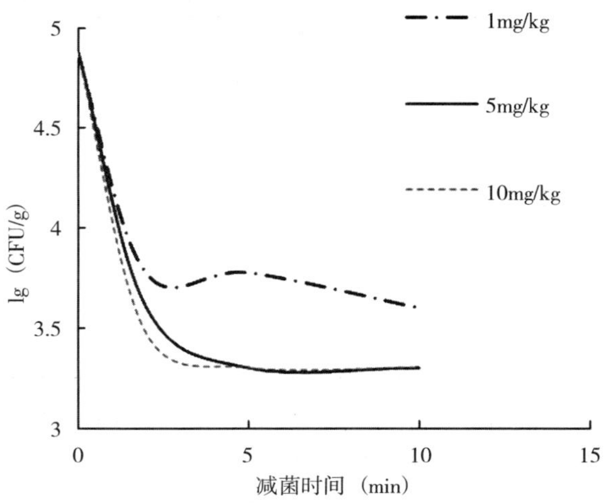

图 3-46　O_3溶液处理对菌落总数的影响

臭氧由于强氧化性，其减菌效果明显优于其他减菌剂，减菌率均超过 90%，由图 3-46 看出，在0～2 min 时间段内减菌效果明显，5 min之后趋平，由曲线看各浓度的减菌效果可知，5 min 后，浓度为 5 mg/kg 和 10 mg/kg 时鱼片的菌落总数约为 1 mg/kg 处理时的一半，浓度继续增大时鱼片的菌落总数基本没有变化，表明 O_3浓度为 5 mg/kg 时即可达到良好的减菌效果。通过方差分析结果可知 O_3 浓度对鱼肉的菌落总数无显著影响（$F=3.8<F_{0.05}$），而处理时间的影响极显著（$F=18.25>F_{0.01}$），考虑工艺及最终处理效果，选取 O_3浓度 5 mg/kg，处理 5 min。

（2）不同减菌溶液处理对罗非鱼肉色差的影响　根据上文的试验结果，用 5 种减菌剂的最佳处理工艺对罗非鱼片进行处理，并对比其对罗非鱼肉色差的影响。处理的工艺及结果分别见表 3-35、表 3-36。

表 3-35　减菌处理工艺参数

试剂	浓度	处理时间（min）
H_2O_2	0.1%	5
NaClO	100 mg/kg	2
ClO_2	150 mg/kg	10
壳聚糖	2g/L	5
臭氧水	5 mg/kg	5

由表 3-36 结果可以看出，经过不同的减菌方法处理后，鱼肉的 L^* 值都有所增加，同时 a 值都有不同程度的减小，b^* 值变化不明显对结果分析的意义不大。分析其原因，由于采用的减菌剂除壳聚糖外均有一定的漂白作用，色差的测定是根据肉的反光而分析得出的结果，经过一定的漂白后在结果上表现为亮度的增加。所测得 a^* 值表明鱼肉的红色都有降低，从结果同时可以看出，经 H_2O_2、ClO_2、O_3以及壳聚糖处理后的鱼肉较 NaClO 处理后的肉色要鲜亮，可能是因为前 3 种试剂具有氧化作用，在处理时分解释放出 O_2，一定程度上增加了鱼肉表面的氧分压，促进了氧合肌红蛋白的生成，使肉色显得鲜红；而壳聚糖可以在肉的表面形成一种保护膜对肉色起了一定的保护作用，但由于为酸溶液，降低了肌肉的 pH，促进了氧合肌红蛋白的氧化而转变为高铁肌红蛋白，使肉色有所降低。

表 3-36　不同灭菌处理后鱼肉色差测定结果

序号	L* 值	a* 值	b* 值	H* 值	C* 值
对照	40.2	17.2	8.2	0.48	19.05
H_2O_2	42.7	15.0	7.9	0.53	16.95
NaClO	45.9	12.3	7.5	0.61	14.41
ClO_2	43.0	14.1	7.3	0.52	15.88
壳聚糖	42.4	15.6	6.6	0.42	16.94
臭氧水	41.7	16.6	8.1	0.50	18.47

分析可知，用壳聚糖处理后鱼肉色度值（H* 值）变小，肉色鲜亮，臭氧处理后变化不大，而其他方法处理后，H* 值增幅较高，肉色偏黄。饱和度（C* 值）结果表明，经过处理后肉色都有所变浅，臭氧处理的变化最小，这也与以上 L* 值及 a* 值的分析结果一致。

（3）不同减菌溶液处理对罗非鱼肉感官品质的影响　从表 3-37 的数据分析显示，除 NaClO 对感官色泽影响较为明显外，其他灭菌剂的影响不明显，但气味差别加大，H_2O_2、ClO_2、NaClO 处理后有明显的试剂的味道，而壳聚糖由于是醋酸溶液，鱼肉经过处理后有明显的酸味。放置 1h 后，各样品的色泽变化不一，H_2O_2、ClO_2 处理的样品颜色较刚处理后稍有变淡，可能是由于其继续对鱼肉漂白作用的结果，壳聚糖处理后的鱼肉红白间变得模糊，表面有一层薄薄的透明膜状物，可能是由于壳聚糖继续吸水膨胀后，其在鱼肉表面形成的保护膜增厚的原因。由于处理后随着时间的增长，各减菌剂分解、挥发，残留的气味渐淡，产品的气味略有改善。综合样品的色泽和气味结果，采用臭氧处理的样品前后都变化甚微，可能是由于其稳定性差，很快会自行分解，其持续作用的时间短，对鱼肉感官影响有限。

表 3-37　不同灭菌处理后鱼肉的感官评定结果

		对照	H_2O_2	NaClO	ClO_2	壳聚糖	臭氧水
处理后	色泽	5.0	4.5	3.5	4.5	4.6	4.8
	气味	5.0	3.0	3.0	3.0	1.5	4.5
放置 1h	色泽	5.0	4.0	3.5	4.0	4.0	4.8
	气味	5.0	4.0	3.8	4.0	2.5	4.8

研究结果表明，采用 H_2O_2 处理时宜采用浓度为 0.1%的溶液处理 5 min；而 NaClO 溶液最适宜处理条件是 100 mg/kg 处理 2 min；采用壳聚糖处理时，2 g/L 浓度处理 5 min 比较合适；ClO_2 浓度达到 150 mg/kg 处理时间达到 10 min 时减菌效果可以达到 90.7%，此时是其最好效果。和各减菌剂的减菌效果比较，O_3 水的效果最好，处理后菌落总数即降至 0.6×10^4 CFU/g 以下，用浓度为 5 mg/kg 的 O_3 水处理鲜罗非鱼片 5 min，有较佳的保鲜效果，能明显地延长产品感官质量，具有显著的杀菌和抑菌作用，菌落总数比对照组

减少 90%以上。这是因为 O_3 气体属强氧化剂，具有广谱杀微生物作用，其杀菌速度比氯快 300～600 倍，O_3 在水中的溶解度为氧的 10 倍，因此，其水溶液（O_3 水）亦有良好的杀菌作用。同时 O_3 的浓度和处理时间对减菌效果影响不显著，说明处理后 O_3 对产品没有持续影响作用，可以保证鱼肉品质，色差及感官分析结果可以印证此点，这是因为 O_3 稳定性差，很快会自行分解为氧气，不存在有毒残留物，所以，O_3 是一种无污染的消毒剂，与其他灭菌剂（H_2O_2、ClO_2、NaClO）相比，更能保证罗非鱼肉的食用安全性。从对鲜罗非鱼片实际灭菌效果及感官影响，经济实用，使用方便等方面考虑，采用 5 mg/kg 的 O_3 水，处理 5 min 来对罗非鱼片进行减菌处理最佳。虽然壳聚糖的减菌效果与 O_3 相比差异不显著，而且其作为一种高分子的糖类聚合物对人体无毒无副作用，还具有一定的生理活性，然而由于其中一种大分子的聚合物使用后容易在产品的表面形成一层薄膜，在一定程度上会影响产品的感官品质，一旦此问题解决，其作为一种新型的灭菌剂，具有十分广阔的利用前景。

三、罗非鱼片臭氧减菌化技术

1. 臭氧冰在罗非鱼片保鲜中的应用

（1）感官质量评分　罗非鱼片的感官评分如图 3-47 所示。从该图中可以看出，用臭氧冰 1、臭氧冰 2 和对照组的感官评分均随贮藏时间的延长而下降；3 d 后，臭氧冰 1 和臭氧冰 2 保藏的感官评分分别为 9.6 分和 9.4 分，已明显高于对照组的 8.6 分，之后的变化也均高于对照组；如果以 6 分为鲜度良好的界限，臭氧冰 1 保藏在约 12 d 达到此界限，臭氧冰 2 的保藏在约 10 d 达到此界限，而对照组则约在 8 d 后就开始低于 6 分。因此，就感官评分而言，用臭氧冰 1 保藏明显地改善了罗非鱼片的感官质量，能使罗非鱼片的保鲜期延长了约 4 d。

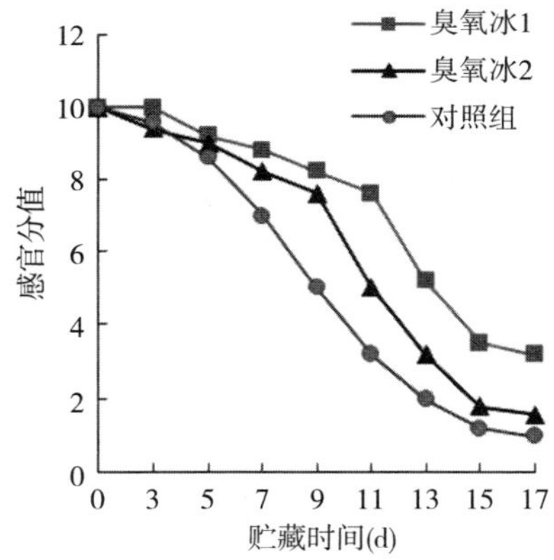

图 3-47　鲜罗非鱼片冷藏过程的感官质量变化评分

从感官观察结果可以看出，用臭氧浓度为 5 mg/kg 的臭氧冰 1 保藏效果最好，用臭氧浓度为 15mg/kg 的臭氧冰 2 保藏效果次之，而用对照组保藏的效果最差。臭氧冰 2 比臭氧冰 1 的保藏效果差，主要是因为臭氧冰 2 的臭氧浓度过高使其产品氧化较强，造成产品色泽和肌肉组织变差，因此，应避免使用过高的臭氧浓度。

（2）TVB-N 值的变化　罗非鱼片在保藏过程中，TVB-N 值是反映鲜度变化的重要指标，由图 3-48 可看出，经过 8d，对照组保藏的鱼片，其 TVB-N 值达到 20.65 mg/100 g，已超过国家标准规定的 20 mg/100 g；到第 11 天，臭氧冰 2 保藏的鱼片其 TVB-N 值达才达到 19.85 mg/100 g；到第 13 天，臭氧冰 2 保藏的鱼片其 TVB-N 值达才达到 20.7 mg/100 g，这表明臭氧冰在一定程度上能够较好地控制罗非鱼片 TVB-N 值的产生，使保鲜期延长 3～4d。

（3）pH 的变化 由图 3-49 可看出用臭氧冰 2 保藏的鱼片，经过 3d 的保藏后 pH 急剧下降，而用臭氧冰 1 和对照组保藏的鱼片 pH 在整个试验中都只有较轻微的下降，其中用臭氧冰 1 保藏的鱼片的 pH 下降幅度略大于普通冰处理的鱼片。因为臭氧分解而生成的过氧化氢具有一定的酸性；臭氧冰 2 是在制冰时经调酸至 pH4 而制成的，酸性会更大，所以用臭氧冰 2 保藏的鱼片的 pH 在保藏时急剧下降。从鱼片的感官质量评价可知，鱼片的外观和风味、肌肉弹性等都受到影响，降低了鱼片的质量，所以臭氧冰的浓度不宜太高，采用臭氧浓度为 5 mg/kg 的臭氧冰 1 保藏鱼片具有较佳的效果。

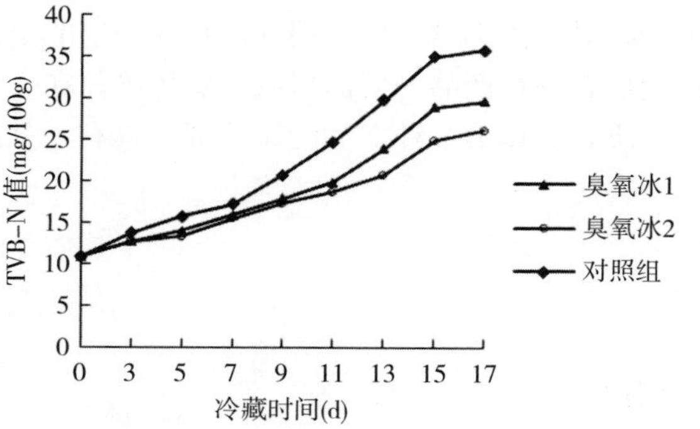

图 3-48 鲜罗非鱼片冷藏过程的挥发性盐基氮（TVB-N）的变化

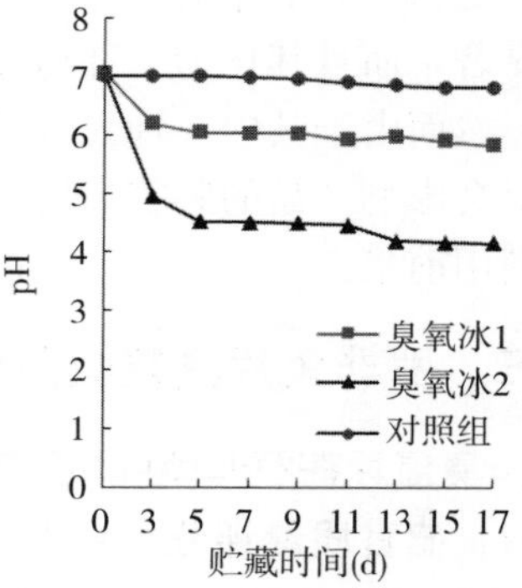

图 3-49 鲜罗非鱼片冷藏过程 pH 的变化

（4）水分含量的变化 由图 3-50 可看出，鲜罗非鱼片在保藏期过程中，臭氧冰 1、臭氧冰 2 和对照组水分含量均逐渐下降，趋势亦较相同，这说明用臭氧冰保藏罗非鱼片对水分含量的变化影响不大。

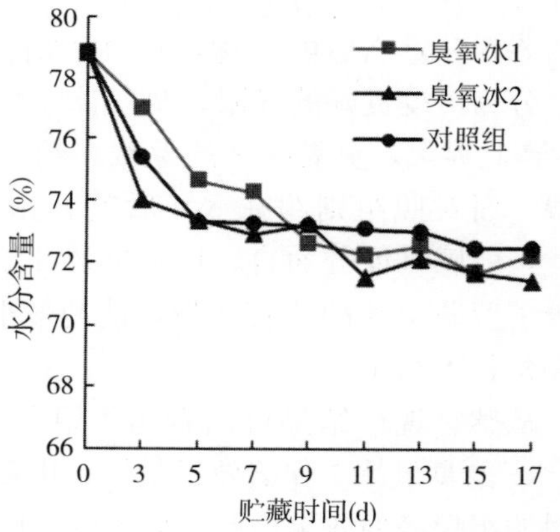

图 3-50 鲜罗非鱼片冷藏过程水分的变化

（5）细菌菌落总数的变化 鲜罗非鱼片在冷藏过程中细菌菌落总数的变化见图 3-51，从该图可看出，对照组保藏的鲜罗非鱼片，菌落总数随着贮藏时间的延长而逐渐增加，且在第 9 天之后现菌落总数出现快速增长的现象，用臭氧冰保藏的鲜罗非鱼片，其菌落总数明显比对照组要低得多。而且随着臭氧浓度的提高，对微生物的抑制作用也有所加强，臭氧冰 1 和臭氧冰 2 的菌落总数随着贮藏时间的延长略有增长，但变化不明显。

由此可见，臭氧冰具有显著的杀菌和抑制作用，鲜罗非鱼片保藏 17d 时，臭氧冰 1 和臭氧冰 2 的菌落总数分别为 2.4×10^5CFU/g 和 1.0×10^5CFU/g，而对照组达到 6.6×10^6 CFU/g，比对照组分别减少了 82%、97%，从而有效地保证了罗非鱼片安全质量，明显地延长了产品的货架保鲜期。

臭氧冰能明显地改善鲜罗非鱼片的产品感官质量，使鲜罗非鱼片感官质量的保鲜期延长了约 4 d。但臭氧冰的臭氧浓度含量过高时会使产品造成色泽和肌肉组织变差，因此应避免使用过高臭氧浓度的臭氧冰；臭氧冰保藏鲜罗非鱼片，能有效降低水产品 TVB-N 的产生，使产品保鲜期延长 3～4 d；臭氧冰对产品的 pH 会有较轻微的下降，高浓度的臭氧冰会影响鱼片的外观、风味和肌肉弹性，降低了鱼片的质量，所以臭氧冰的浓度不宜太高。试验表明采用臭氧浓度为 5 mg/kg 的臭氧冰保藏鱼片具有较佳的效果；臭氧冰保藏鲜罗非鱼片对产品的水分含量变化影响不大；臭氧冰具有显著的杀菌和抑制作用，能显著地延长产品的货架保鲜期。当臭氧冰融化成水，臭氧就氧化分解为氧气，不会残留任何有害物质，并不会破坏食品原有的营养成分，是一种非常安全的食品消毒保鲜剂。可以预料，随着该领域研究的深入开展，臭氧冰保鲜将成为水产品保鲜的一条重要途径。

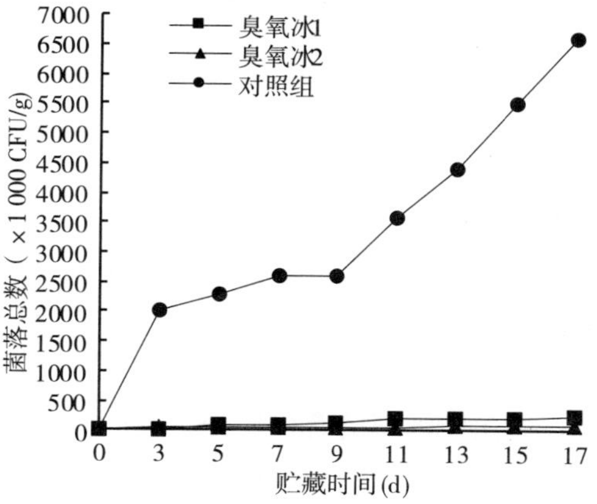

图 3-51　鲜罗非鱼片冷藏过程菌落总数的变化

2. 臭氧水对罗非鱼中微生物的杀菌效果

（1）臭氧水稳定性的测定　打开臭氧发生器一段时间后，关闭机器，测定臭氧浓度的降解情况，时间间隔为 10 min，试验重复 3 次，取平均值，结果见表 3-38。

表 3-38　臭氧浓度的降解规律

时间（min）	臭氧浓度（mg/L）	降解率（%）	时间（min）	臭氧浓度（mg/L）	降解率（%）
0	9.95		40	2.73	72.56
10	5.81	41.61	50	2.39	75.98
20	4.70	52.76	60	2.05	79.40
30	3.58	64.02	70	1.71	82.81

臭氧是一种具有强氧化作用的物质，但不稳定，在水中的浓度受多种因素影响，随着时间的推移，臭氧浓度下降。在纯水中臭氧水浓度越高，其降解除速度越快。由表 3-38 可知，于 10 ℃放置，在测试范围内，臭氧浓度约为 10 mg/L 时，经过 20 min，降解程度超过 50%；而臭氧浓度为 3.58 mg/L 时，降解 50%所需的时间则超过 40 min；此外，有报道表明温度也会影响臭氧的溶解性，通常情况下温度越低，其溶解臭氧的能力越强。因此，加工操作时应尽可能保持低温，且臭氧应现配现用，才可以更好地发挥其杀菌作用。

（2）臭氧对罗非鱼中细菌的杀灭效果　将鱼片以 1∶6 的比例置于不同浓度的臭氧水中，作用时间为 10 min，测定其对鱼片的杀菌效果，试验重复 3 次，取平均值，结果见表 3-39。

表 3-39 水产品加工过程中臭氧杀菌效果

臭氧浓度（mg/L）	0	0.55	1.14	1.78	3.87	6.13
细菌总数（10^3）	29.5	34.4	15.8	13.2	11.9	9.25
杀菌率（%）	—	—	46.44	55.25	59.66	68.64

根据试验结果可知，随臭氧浓度增加，其杀菌能力增强，但与臭氧单独作用于菌体溶液的杀菌效果存在较大差异，分析其原因，与臭氧的灭菌机制有关。在杀灭细菌、霉菌类微生物时，臭氧首先作用于细胞膜，使细胞膜的构成受到损伤，导致新陈代谢障碍并抑制其生长，臭氧继续渗透破坏膜内组织，直至菌体死亡。也就是说臭氧必须和菌体细胞充分接触，使菌体细胞的有机质分解进而死亡。而在罗非鱼加工过程中，对于外来污染菌，且依附于产品表层的，臭氧可以充分发挥其杀菌优势。但罗非鱼本身也是由有机质构成，不可避免成为臭氧的分解对象，因此臭氧杀菌技术对于水产品本身或内部潜藏的菌体的杀菌效果未必同样有效。

（3）臭氧作用时间对细菌的杀灭效果 为确定臭氧作用时间对杀菌效果的影响，将鱼片于不同浓度下浸渍不同时间，试验重复 3 次，取平均值。

试验结果可知用一定浓度的臭氧浸泡鱼片，随浸泡时间的延长，并不能使臭氧的灭菌效果明显增加，经过进一步验证发现，如果采用静水浸泡，臭氧的消耗极快，浓度约为 5 mg/L 的臭氧浸泡鱼片，数分钟后其臭氧就已基本耗尽。随着水溶液的浊度的增加，消耗在有机物分解方面的臭氧明显增加，这就出现两个值得注意的问题：其一，臭氧水浓度必须达到一定值，否则难以保证杀菌效果；其二，臭氧水必须是流动的，或采用喷淋方式，或使用机械化专用浸泡槽，能使产品从低浓度向高浓度移动，又有足够的处理时间，以保证产品的杀菌效果。

表 3-40 臭氧作用时间对细菌杀灭效果的影响

鱼片	臭氧浓度（mg/L）	11.46		35.4	
	原始菌数（10^3个/g）	10.6		14.0	
	作用时间（min）	5	10	2	5
	杀菌后菌数（10^3个/g）	3.05	1.51	3.3	0.44
	杀菌率（%）	71.22	85.75	76.42	96.85

（4）与传统的杀菌方式比较 比较浓度为 18.8 mg/L 的臭氧水与 100mg/L 的次氯酸钠对水产品中细菌的杀灭效果，作用时间为 15 min，结果见表 3-41。

由表 3-41 可见，臭氧消毒方式在效果上明显好于传统的氯法消毒，周向阳等人也通过试验证实了这一点。此外，在传统氯消毒过程中，多采用浸泡的方式，有效氯作用消失快，只在短时间内维持杀菌作用力，要想维持一定的杀菌力，必须提高消毒剂的浓度，而这样会使产品产生浓重的氯臭味道。如果按照臭氧水一样以流动水的方式进行消毒，大量的排放水必然造成严重的环境污染。而用喷淋或流动的臭氧水消毒，排放的臭氧水一方面会以很快的速度降解，另一方面在一定程度上也能对周围的环境起到净化作用。

表 3-41　臭氧水与次氯酸钠杀菌效果比较

杀菌剂	原菌数（个/g）	残留量（个/g）	灭菌率（%）
臭氧	4.88×10^4	2.10×10^3	95.7
氯法	5.05×10^4	1.64×10^4	67.5

四、臭氧水处理对鱼肉品质的影响

大量研究表明，水产品在臭氧减菌化处理后，可达到货架期延长的效果，但臭氧的强氧化作用会对罗非鱼片产品品质造成一定影响。臭氧溶于水后可降解产生羟基自由基和超氧阴离子自由基，这些自由基极不稳定，具有较强的化学活性，自由基的强氧化性可以造成鱼肉中蛋白质变性，并可能加速鱼肉在贮藏过程中的冷冻变性，导致鱼肉因肌原纤维蛋白相关特性发生改变，从而影响罗非鱼片质构。另外，自由基还可造成鱼肉中多不饱和脂肪酸的氧化与脂质酸败，脂肪氧化生成各种羰基化合物、三甲胺和丙二醛（MDA）等物质，会引起风味劣化，影响罗非鱼片产品品质。

水产品品质评价技术随水产品加工业的发展而逐步发展完善，目前应用的主要方法有：感官评价、物理与化学指标评价及微生物指标评价 3 大类。其中感官评价是对水产品品质进行直接的主观性的分析，优点是评价结果易被消费者接受，但也存在评价结果不稳定、不客观的缺点；水产品品质评价的物理指标主要有水产品的质构性质、水产品的色差分析、光谱分析及核磁共振波谱分析等；化学指标主要包括水产品 pH、挥发性成分分析、ATP 及其关联物分析以及以鲜度指标分析（K 值）等；而微生物指标主要是通过分析水产品中微生物菌落总数来完成的。

1. 罗非鱼肉 pH 的变化

按照上述方法测定臭氧减菌化处理前后罗非鱼片在冻藏过程中 pH 变化结果如图 3-52 所示。

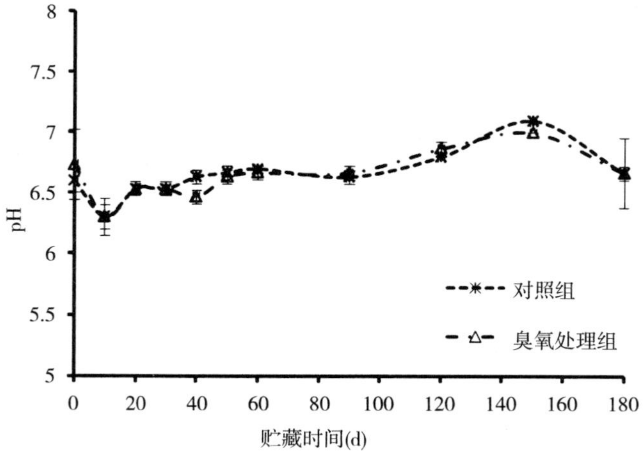

图 3-52　−20℃冻藏过程中罗非鱼片 pH 变化规律

由图 3-52 可知，臭氧处理组与对照组罗非鱼片 pH 的变化范围是：（6.3±0.1）～（7.1±0.0）。罗非鱼肉贮藏前 10 d，臭氧处理组与对照组罗非鱼片 pH 分别由（6.7±0.3）、（6.6±0.1）下降到（6.3±0.2）、（6.3±0.1），贮藏初期，pH 的下降主要与鱼肉中 ATP 降解、在无氧条件下肌肉中糖原酵解后产生乳酸及鱼肉中游离氨基酸组分与含量变化有关；其中臭氧水处理组的下降幅度稍大于未处理组，这可能是由于臭氧分解产生的过氧化氢具有一定的酸性引起的。有研究表明，鱼肉中腐败菌作用产生的氨及三甲胺等挥发性成分引起鱼肉在贮藏后期 pH 升高。该研究中两组罗非鱼片在贮藏 10 d 后 pH 升高，表明鱼肉机体已进入自溶阶段，鱼肉组织中的蛋白质分解为精氨酸、赖氨酸和组氨酸等碱性物质导致 pH 升高；另外，随着贮藏时间的延迟，鱼肉中的腐败菌促使鱼肉蛋白质、氨基酸及其他一些含氮物质分解为氨及胺类等挥发性腐败物，导致了 pH 的升高，在贮藏 150 d 时 pH 达到最大值，对照组为（7.1±0.0），臭氧水处理组为（7.0±0.0）；Olley 与 Lover 早期研究了不同贮藏温度下鳕中磷脂质的酶促水解作用，结果表明，贮藏温度越高，由磷脂质水解产生游离脂肪酸的速度越快，当贮藏温度为－22 ℃时，鳕贮藏 25 周后，肌肉中游离脂肪酸含量由 10%增加到 20%，该研究在－20 ℃贮藏第 180 天时，两组鱼肉的 pH 较第 150 天有显著降低（$P<0.05$），这可能是由于罗非鱼肉肌肉中磷脂质因酶促水解作用产生游离脂肪酸引起的。因此，总体来看，臭氧水处理组与对照组鱼肉 pH 在冻藏过程中变化趋势无显著性差异（$P>0.05$）。

2. 罗非鱼肉丙二醛（MDA）的变化

按照上述方法测定臭氧减菌化处理前后罗非鱼片在冻藏过程中 MDA 含量变化，结果如图 3-53 所示。

由图 3-53 可以看出，在贮藏过程中，臭氧水处理组 MDA 含量由（0.83±0.06）nmol/mg 升高到（26.16±0.53）nmol/mg，对照组 MDA 含量由（1.19±0.31）nmol/mg 升高到（19.35±0.18）nmol/mg，臭氧处理组 MDA 含量与对照组具有显著性差异（$P<0.05$）。贮藏过程中，脂质氧化产物 MDA 含量总体呈上升趋势。在贮藏 120 d 时 MDA 含量增加速度变大，随后 MDA 含量随贮藏时间继续升高；经臭氧水处理后 B 组罗非鱼片中 MDA 的含量明显比对照组高（$P<0.05$），由于臭氧水减菌化处理过程中产生了具有较高氧化还原电势的羟基自由基和超氧阴离子自由基，O_2^-·在水溶液中可与 H^+ 结合生成 HO_2·，作为氧化剂或还原剂，HO_2·的化学活性高于 O_2^-·，HO_2·的产生可以引起鱼肉脂质过氧化，HO_2·与鱼肉脂质发生反应后，按照化学平衡原理，O_2^-·可以继续与 H^+ 反应生成 HO_2·，维持一定的反应；另外，早期研究表明，随着 O_2^-·浓度的增加，可导致 H_2O_2、OH、$^1O_2$ 及脂质过氧化产物生成量的增多。因此，臭氧处理组罗非鱼片中由于过量的 O_2^-·的存在导致了脂质过氧化产物 MDA 含量高于对照组，因此可得出结论，臭氧处理过程中产生的羟自由基及超氧阴离子自由基衍生物，可出促进鱼肉中脂质氧化。

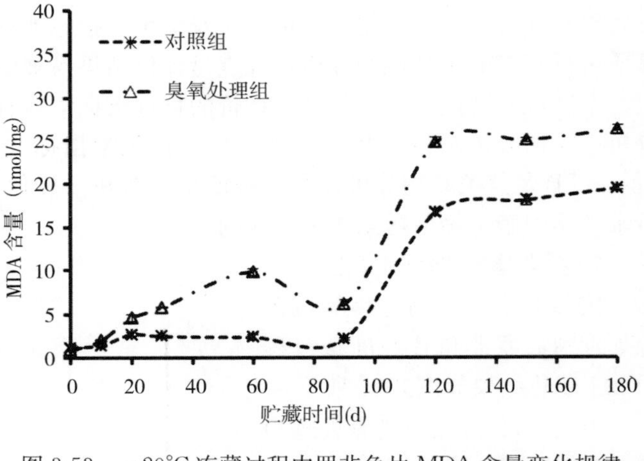

图 3-53　－20℃冻藏过程中罗非鱼片 MDA 含量变化规律

3. 罗非鱼肉 K 值的变化

按照上述方法测定臭氧减菌化处理前后罗非鱼片在冻藏过程中 pH 变化，结果如图 3-

54 所示。

由图 3-54 可知，对照组鱼肉K值由（7.80%±0.17）%降低至（4.28±0.06）%，当贮藏180 d时K值增加到（55.35±1.85）%；臭氧处理组鱼肉的K值由（14.22± 1.11）%降低至（11.19±0.09）%，当贮藏 180 d 时 K 值增加到（39.01 ± 2.15）%，A、B两组鱼肉K值随贮藏时间的增加均呈上升趋势。这是由于水产动物死后初期，肌细胞中饥浆蛋白质网内 Ca^{2+} 吸附能力下降，使 Ca^{2+} 大量释放到细胞液中，促使肌原纤维内钙浓度增加，而 Ca^{2+} 具有激活 Mg^{2+}-ATP 酶活性的作用，使 ATP 含量因 ATP 酶催化水解迅速下降。在冻藏前 60 d，对照组的K值变化幅度较小（<10%），这是由于贮藏条件的低温钝化了磷酸酶和核苷水解酶的活性，引起 ATP 降解中间产物 IMP 降解速度变缓，而经过臭氧水处理的罗非鱼片在冻藏期前 90 d，K值却大于对照组，但仍维持在一级鲜度（K值≤20%），这可能是由于臭氧减菌化处理的罗非鱼片中因残留臭氧及自由基的强氧化作用导致鱼肉 ATP 发生降解反应，导致关联物中 HxR 与 Hx 含量升高，从而使K值在前 90 d 的时间内要高于对照组。随着贮藏时间的延长，贮藏 90 d 后，对照组组鱼肉K值超过二级鲜度（K值≥40%）这可能是由于对照组罗非鱼片K值不断增大，此过程中由于部分嗜冷腐败菌对鲜度的影响作用变大，而经臭氧水处理过的鱼片保持在二级鲜度范围内，这主要是由于臭氧处理后罗非鱼片表面微生物含量降低，由于初始微生物数量较低，因而臭氧减菌化处理后的罗非鱼片在贮藏 90 d 以后K值增加较对照组低，因此，对照组因微生物中嗜冷菌及特征腐败菌引起的鱼肉K值升高作用比臭氧处理组要大，通过臭氧减菌化处理可有效提高罗非鱼片在贮藏过程中的鲜度。

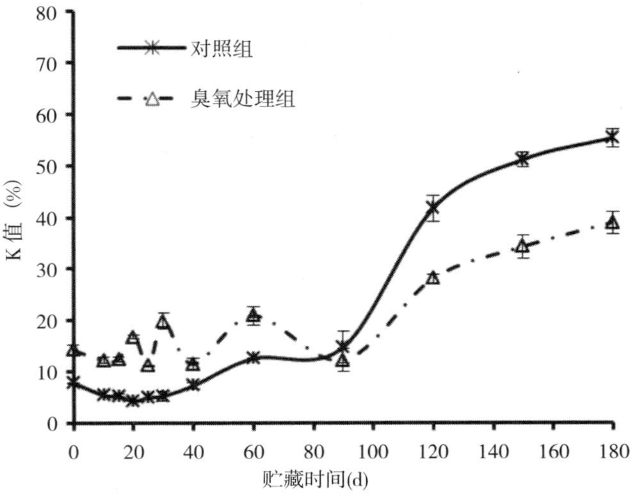

图 3-54　−20°C 冻藏过程中罗非鱼片K值变化规律

4. 罗非鱼肉色差的变化

按照上述方法测定臭氧减菌化处理前后罗非鱼片在冻藏过程中鱼肉色差变化结果如表 3-42 及图 3-55、图 3-56 所示。

由表 3-42 可知，臭氧水处理后罗非鱼肉的L值较对照组大（$P<0.05$），这是由于臭氧水具有的漂白作用使鱼肉亮度提升，并随冻藏时间的延长而发生显著性变化。在冻藏期前 10 d，两组鱼肉的L值均呈上升趋势，可能是由于冻藏过程中罗非鱼肌肉内冰晶体的生成导致肉质持水性发生改变，鱼肉表面的游离水增多，在色差测定时增强了对光的反射，测得L值变大。李来好等研究了罗非鱼片 CO 活体发色技术，研究表明经发色后的罗非鱼片明显变红，且可显著降低罗非鱼片菌落总数，如前所述，鲜活罗非鱼分割切片之前

未经过发色处理且进行了放血操作，选定测定色差的鱼肉位于罗非鱼肉的接近鱼尾的腹部，所测得 a<0，因此，试验中罗非鱼片不显示红色。经臭氧减菌化处理后的罗非鱼片所测得的 b* 值较对照组稍低，因此，对照组较处理组发黄，这是臭氧对罗非鱼片的漂白作用造成的。

表 3-42　−20℃ 冻藏过程中罗非鱼片 L* 值、a* 值、b* 值分析结果

贮藏时间	L* 值		a* 值		b* 值	
	对照组	处理组	对照组	处理组	对照组	处理组
0	36.79±2.53[a]	45.17±2.53[a]	−3.08±2.06[a]	−1.78±2.18[a]	0.17±1.59[a]	−2.87±0.93[a]
5	48.07±1.69[bg]	48.86±2.13[b]	−1.86±1.61[abc]	−1.31±1.72[a]	0.60±1.36[ab]	−0.33±1.25[b]
10	52.89±1.72[cde]	53.85±1.40[c]	−1.79±0.91[abc]	−2.32±1.17[a]	1.60±0.69[abc]	1.11±0.53[cd]
15	54.00±1.27[de]	54.32±1.16[c]	−2.05±0.96[ab]	−2.10±1.75[a]	1.71±0.98[abc]	0.74±1.00[bcd]
20	54.70±3.64[e]	54.48±1.01[c]	−1.87±1.18[abc]	−1.47±1.75[a]	1.22±0.71[abc]	0.47±0.69[bc]
25	53.55±1.59[de]	55.15±1.68[c]	−1.60±1.09[abc]	−1.33±1.30[a]	1.12±0.88[abc]	0.58±1.01[bc]
30	51.51±2.00[cdf]	54.33±1.71[c]	−1.39±1.23[bc]	−1.74±0.62[a]	2.25±1.24[c]	1.80±0.83[cd]
40	50.54±3.00[cfg]	54.62±0.88[c]	−1.44±0.46[bc]	−0.51±1.07[a]	1.63±1.77[abc]	1.69±1.67[cd]
50	49.78±1.63[fg]	50.89±1.73[d]	−0.48±0.18[bc]	−1.91±1.74[a]	1.88±1.01[bc]	1.99±0.95[d]
60	45.96±1.18[b]	48.69±1.79[b]	−0.43±1.19[c]	0.35±4.36[a]	2.55±1.09[c]	1.68±0.81[d]
r	0.140	0.129	0.912	0.632	0.794	0.748

注：表中数值由 $\bar{x}\pm s$ 表示（$n=6$）；同一列中数字上标字母不同表示数据间有显著性差异（$P<0.05$）；r 为相关系数。

由图 3-55 与图 3-56 可以看出，在贮藏初期，臭氧水处理组的鱼肉 HW 值较对照组大，而 C_{ab}^* 值较对照组小，说明在贮藏过程中鱼肉色泽变黄、变淡，原因是鱼肉中肌红蛋白为水溶性蛋白，在罗非鱼在臭氧水处理过程中，部分肌红蛋白溶于水，造成鱼肉中肌红蛋白数量减少，因而使鱼肉的色泽变淡；在贮藏后期，臭氧处理组与对照组鱼肉的颜色均变深，原因可能是高铁肌红蛋白在贮藏过程中的产生使鱼肉颜色变深，而臭氧水处理组鱼肉表现更为明显，这是由于臭氧的强氧化性将部分不饱和肌红蛋白氧化成高铁肌红蛋白从而使鱼肉颜色变深。

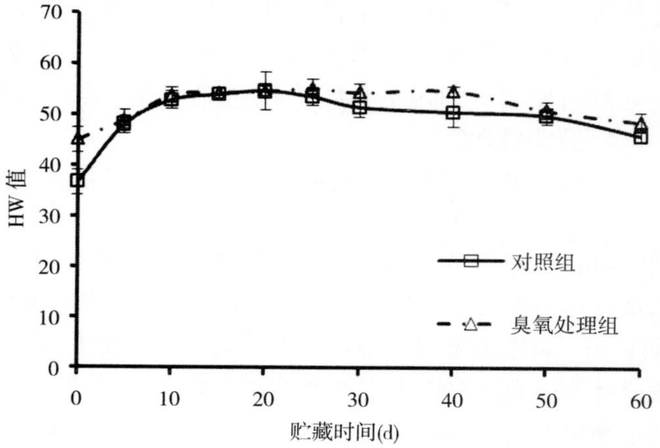

图 3-55　−20℃ 冻藏过程中罗非鱼片 HW 值变化规律

5. 罗非鱼肉质构的分析

鱼肉的质构特性是鱼肉与鱼肉制品质量品质一项重要指标。

鱼肉中的各项质构参数的变化主要是由鱼肉中酶反应及化学反应引起的，主要表现在肉质软化、鱼肉弹性改变及鱼肉韧性黏性等的变化。鱼肉中肌原纤维蛋白质变化一起鱼肉中肌肉纤维结构的改变，是导致鱼肉质构变化的最主要因素，有研究表明：鱼肉加工过程中，肌肉纤维变粗可以导致鱼肉坚硬程度降低并可使鱼肉肌肉表面粗糙程度变大。按照上述方法测定臭氧减菌化处理前后罗非鱼片在冻藏过程中鱼肉质构变化结果如表 3-43 所示。

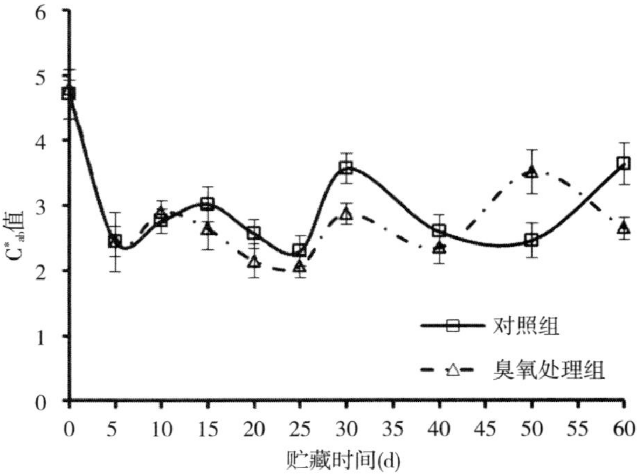

图 3-56 −20℃冻藏过程中罗非鱼片 C^*_{ab} 值变化规律

由表 3-43 可知，臭氧处理后罗非鱼片与对照组鱼肉在−20℃冻藏过程中，随着贮藏时间的延长，鱼肉的硬度、胶着性与咀嚼性变化极显著（$P<0.01$）；而黏合性、黏聚性、弹性（B 组）与黏附力随贮藏时间的变化较显著（$P<0.05$）；A 组弹性变化不显著（$P>0.05$）。

(1) 罗非鱼肉硬度变化 质构仪所测硬度是指待测测样品达到一定变形程度时所必需的力，仪器记录的第一次穿冲样品时的压力峰值即为硬度值。臭氧减菌化处理前后罗非鱼片在冻藏过程中鱼肉硬度变化见图 3-57。

由图 3-57 可知臭氧处理组与对照组罗非鱼片的硬度值随贮藏时间的延长总体呈下降趋势，分别由（139.50 ± 36.51）与（107.50 ± 22.10）下降到（45.33 ± 7.63）与（29.58 ± 9.21）。由图 3-57 中 A 可知，在冻藏前 10 d 内肌肉硬度下降速度较快，这是由于试验在杀死鲜活罗非鱼后所得罗非鱼片在鱼体死后僵硬之前即直接进行冻结，使其僵直开始时间及持续时间延长。鱼体进入僵直期的迟早与僵直持续时间的长短主要是由鱼的种类、致死方式、致死前生理状态及贮藏温度等因素影响的。对照组鱼肉在 10～20d 时间段内，鱼肉硬度略有提升，这是由于进行质构测定时，罗非鱼肉在室温解冻后流出较多汁液，即解冻僵硬现象，此时肌肉中糖原在无氧条件下短时间内发生糖酵解作用，产生的能量促使 ADP 在肌酸激酶的催化下生产 ATP，导致僵硬程度较高。对照组鱼肉在贮藏后期，由于鱼肉组织中酶类和微生物的作用蛋白分子结构改变，肌细胞蛋白和细胞外基质结构发生改变使得肌原纤

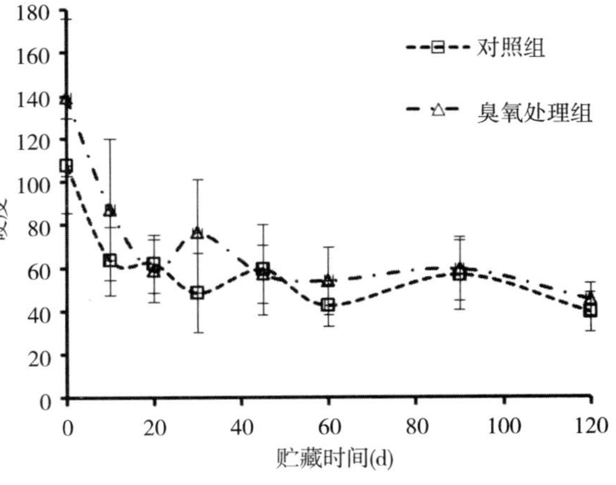

图 3-57 −20℃冻藏过程中罗非鱼片硬度变化规律

表 3-43　−20℃冻藏过程中罗非鱼片质构分析结果（$\bar{x}\pm s$）

贮藏时间(d)		0	10	20	30	45	60	90	120
硬度	A	107.50 ± 22.10^{a}	63.50 ± 15.92^{b}	62.08 ± 13.49^{bc}	48.50 ± 18.41^{cd}	59.33 ± 20.89^{bc}	42.75 ± 9.53^{d}	56.83 ± 16.10^{bc}	39.58 ± 9.21^{d}
	B	139.50 ± 36.51^{a}	87.17 ± 32.70^{b}	58.67 ± 14.34^{cd}	76.25 ± 24.94^{bd}	56.92 ± 13.44^{cd}	54.08 ± 15.49^{c}	59.50 ± 14.58^{cd}	45.33 ± 7.63^{c}
胶着性	A	75.75 ± 11.52^{a}	46.61 ± 9.04^{b}	45.98 ± 10.77^{b}	37.76 ± 11.98^{bcd}	41.02 ± 14.18^{bc}	32.82 ± 7.00^{cd}	38.24 ± 9.83^{bcd}	31.17 ± 9.17^{d}
	B	94.78 ± 24.00^{a}	63.29 ± 21.65^{b}	43.03 ± 7.98^{cd}	55.51 ± 17.32^{bd}	42.58 ± 10.26^{cd}	40.76 ± 12.64^{cd}	53.64 ± 34.90^{bd}	35.16 ± 6.09^{c}
黏合性	A	-0.74 ± 1.41^{ab}	-0.20 ± 0.26^{ab}	-0.20 ± 0.18^{ab}	-0.29 ± 0.31^{ab}	-0.15 ± 0.24^{b}	-0.52 ± 0.63^{ab}	-0.27 ± 0.30^{ab}	-0.84 ± 1.04^{a}
	B	-1.03 ± 0.88^{a}	-0.30 ± 0.36^{b}	-0.11 ± 0.08^{b}	-0.17 ± 0.15^{b}	-0.25 ± 0.24^{b}	-0.23 ± 0.26^{b}	-0.19 ± 0.20^{b}	-0.85 ± 1.09^{a}
黏聚性	A	0.69 ± 0.04^{a}	0.75 ± 0.04^{b}	0.72 ± 0.04^{ab}	0.75 ± 0.04^{b}	0.73 ± 0.04^{ab}	0.73 ± 0.04^{ab}	0.72 ± 0.07^{ab}	0.75 ± 0.05^{b}
	B	0.68 ± 0.03^{a}	0.73 ± 0.04^{b}	0.74 ± 0.05^{b}	0.73 ± 0.03^{b}	0.75 ± 0.03^{b}	0.75 ± 0.05^{b}	0.76 ± 0.08^{b}	0.78 ± 0.46^{b}
咀嚼性	A	136.14 ± 26.98^{a}	86.88 ± 24.08^{b}	86.75 ± 24.08^{b}	71.07 ± 25.28^{bcd}	84.82 ± 25.03^{b}	60.86 ± 15.34^{cd}	79.23 ± 16.38^{bc}	57.44 ± 23.83^{d}
	B	183.07 ± 52.90^{a}	127.35 ± 44.93^{b}	85.94 ± 14.30^{cd}	113.61 ± 35.39^{bc}	86.76 ± 21.91^{cd}	83.53 ± 28.39^{d}	96.14 ± 28.14^{cd}	69.33 ± 12.27^{d}
弹性	A	1.84 ± 0.11^{a}	1.84 ± 0.32^{ab}	1.94 ± 0.08^{ac}	1.97 ± 0.06^{abc}	2.00 ± 0.08^{c}	1.94 ± 0.13^{abc}	1.99 ± 0.09^{bc}	1.87 ± 0.21^{abc}
	B	1.92 ± 0.09^{a}	2.01 ± 0.13^{bc}	2.00 ± 0.95^{bc}	2.05 ± 0.08^{bc}	2.03 ± 0.75^{bc}	2.03 ± 0.13^{bc}	2.08 ± 0.84^{c}	1.97 ± 0.10^{ab}
黏附力	A	-1.42 ± 0.99^{ac}	-0.67 ± 0.65^{b}	-0.92 ± 0.29^{bc}	-0.83 ± 0.39^{bc}	-0.58 ± 0.5^{1b}	-1.17 ± 0.72^{abc}	-0.75 ± 0.45^{b}	-1.75 ± 1.06^{a}
	B	-1.50 ± 0.90^{a}	-0.92 ± 0.67^{abc}	-0.83 ± 0.39^{bc}	-0.75 ± 0.45^{c}	-0.83 ± 0.58^{bc}	-0.67 ± 0.65^{c}	-0.67 ± 0.49^{c}	-1.42 ± 1.08^{abc}

注：表中数值由 $\bar{x}\pm s$ 表示（$n=12$）；同一行中数字上标字母不同表示数据间有显著性差异（$P<0.05$）；A 为对照组，B 为臭氧水处理组。

维间隙增大、微观结构改变及肌原纤维间结构变得比较疏松，从而导致罗非鱼肌肉质地软化；另外，随着冻藏时间的延长鱼肉解冻失水率逐渐升高亦可导致鱼肉硬度下降。由图3-57中B可知，经过臭氧减菌化处理的罗非鱼片硬度比对照组的略高，且鱼肉硬度在20～30 d之间略有升高，此现象较对照组有所推迟。导致臭氧处理组罗非鱼片硬度较对照组高的原因，主要有两个方面：第一，臭氧处理后，罗非鱼片表面微生物含量较对照组明显降低，因而由微生物导致鱼肉软化的作用下降；第二，臭氧具有的强氧化性使处理后的罗非鱼肌肉蛋白发生变性失水作用，导致肌肉蛋白网络结构聚集从而使硬度上升，另外，由于臭氧处理过程中产生的超氧阴离子自由基与残留的臭氧，可以抑制鱼肉中糖原酵解作用，从而使鱼肉硬度降低速度变缓。

(2) 罗非鱼肉胶着性变化　物料的胶着性可模拟表示将半固体的样品破裂成吞咽时的稳定状态所需的能量。臭氧减菌化处理前后罗非鱼片在冻藏过程中鱼肉胶着性变化见图3-58。

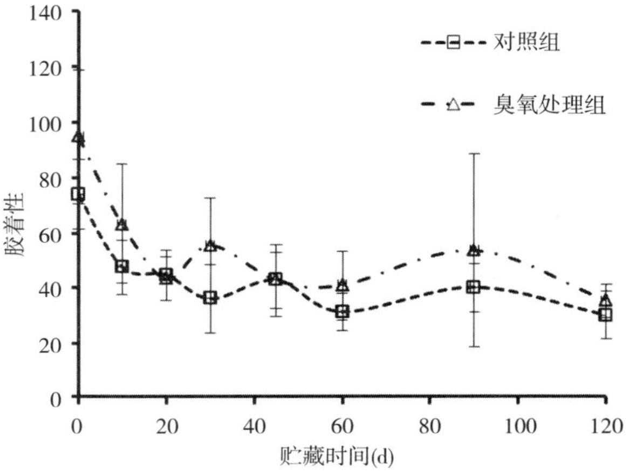

图3-58　−20℃冻藏过程中罗非鱼片胶着性变化规律

由图3-58可知，臭氧处理组与对照组罗非鱼片胶着性前60 d随贮藏时间的延长呈显著下降趋势，对照组罗非鱼片胶着性由（75.75±11.52）下降到（32.82±7.00），下降了56.67%，但第90天时胶着性较第60天升高了16.49%；臭氧处理组胶着性由（94.78±24.00）下降到（40.76±12.64），下降了57.00%，第90天时胶着性较第60天升高了31.60%，整体来说，臭氧处理组胶着性比对照组高（$P<0.05$）。第90天时鱼肉胶着性变大的原因有待探明。

(3) 罗非鱼肉黏合性变化　物料的黏合性是指在质构测定特质曲线中，第一次压缩曲线达到零点与第二次压缩曲线开始间曲线的负面积。臭氧减菌化处理前后罗非鱼片在冻藏过程中鱼肉黏合性变化见图3-59。

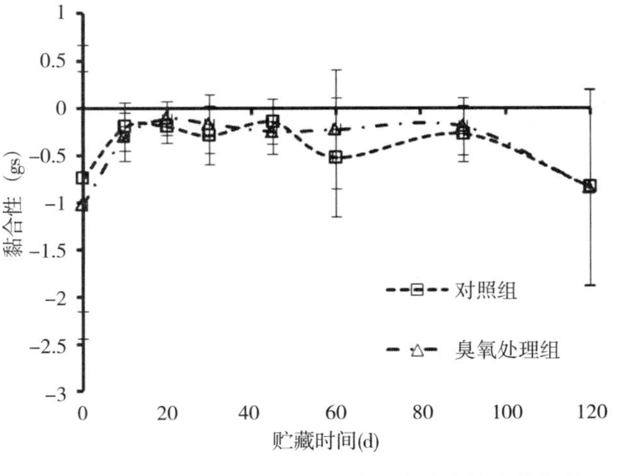

图3-59　−20℃冻藏过程中罗非鱼片黏合性变化规律

由图3-59可知，臭氧处理组与对照组罗非鱼片的黏合性在贮藏前10 d呈上升趋势，分别由（−1.03±0.88）与

（－0.74±1.41）升高到（－0.30±0.36）与（－0.20±0.26）；在第10～90天贮藏期内，两组罗非鱼片黏合性变化不显著（$P>0.05$）；随后罗非鱼片黏合性随贮藏时间的延长而显著下降（$P<0.05$）。罗非鱼肉在冻藏中，由于蛋白质分子的聚集、降解及疏水性基团的暴露，都会改变鱼肉中蛋白的黏度，另外，蛋白质的黏度还受到蛋白质浓度、pH及离子强度等因素影响，鱼肉蛋白质黏度的改变导致了鱼肉黏合性发生改变。

（4）罗非鱼肉黏聚性变化 物料的黏聚性值可模拟表示样品内部黏合力，其量度是第二次穿冲的做功面积除以第一次的做功面积的商（面积2/面积1）。臭氧减菌化处理前后罗非鱼片在冻藏过程中鱼肉黏聚性变化见图3-60。

由图3-60可知，臭氧处理组与对照组罗非鱼片在贮藏过程第10～120天期间，其黏聚性随时间变化均不显著（$P>0.05$），且臭氧处理组罗非鱼片黏聚性与对照组间无显著性差异，因此臭氧减菌化处理罗非鱼片不会对罗非鱼肉黏聚性产生影响，且贮藏时间也不会对其黏聚性产生影响（20～120 d）。

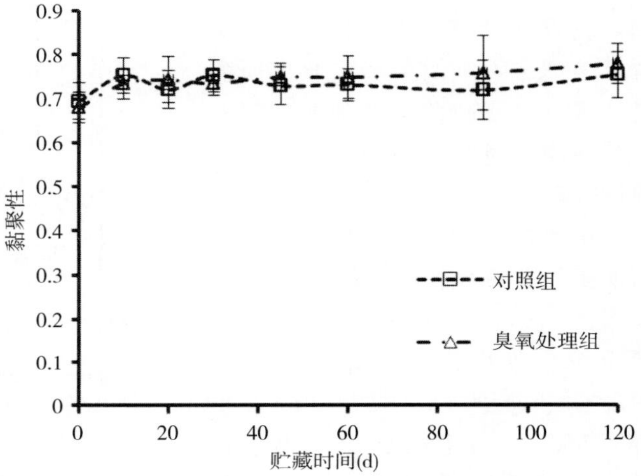

图3-60 －20℃冻藏过程中罗非鱼片黏聚性变化规律

（5）罗非鱼肉弹性变化 弹性是一种样品在应力作用下发生形变，待应力撤销后又恢复到原来的形状需要的高度、时间或体积的比率，形变的大小称为应变。质构仪中的弹性的量度是第二次穿冲的测量高度同第一次测量的高度比值（长度2/长度1）。臭氧减菌化处理前后罗非鱼片在冻藏过程中鱼肉弹性变化见图3-61。

由图3-61可知，对照组罗非鱼片的弹性在贮藏过程中随时间变化不显著（$P>0.05$），臭氧处理组弹性在贮藏过程中随时间变化显著（$P<0.05$）；且臭氧处理组罗非鱼片弹性高于对照组，且样本间具有显著性差异（$P<0.05$）。由图3-61可知，对照组罗非鱼片在贮藏第20～120天期间，其弹性随时间无显著性变化（$P>0.05$）；而臭氧处理后罗非鱼片在第20～90天期间，弹性随时间无显著性变化（$P>0.05$）。因此－20℃冻藏过程中罗非鱼肉弹性变化不大。臭氧处理后使罗非鱼片弹性略高于对照组，可能是由臭氧氧化作

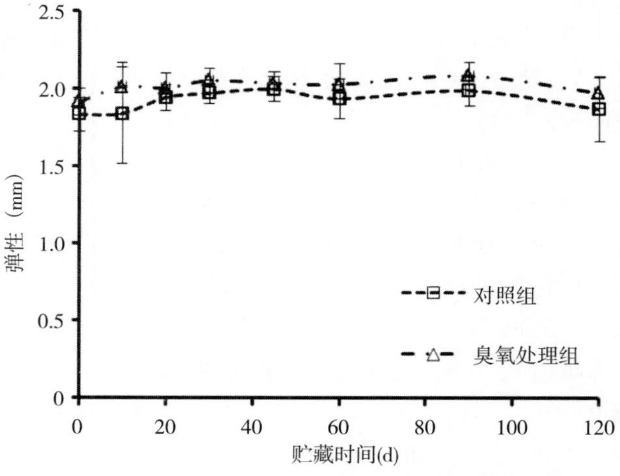

图3-61 －20℃冻藏过程中罗非鱼片弹性变化规律

用引起的鱼肉蛋白质变性导致的。

（6）罗非鱼肉咀嚼性变化　物料的咀嚼性只用于描述固态样品，其数值以胶着性与弹性的乘积表示。臭氧减菌化处理前后罗非鱼片在冻藏过程中鱼肉咀嚼性变化见图 3-62。

由图 3-62 可知，臭氧处理组与对照组罗非鱼片咀嚼性在贮藏过程中随贮藏时间的延长而显著下降（$P<0.05$），分别由（183.07±52.90）与（136.14±26.98）下降到（69.33±12.27）与（57.44±23.83）；臭氧处理组与对照组间咀嚼性差异显著（$P<0.05$）。由于咀嚼性值是由胶着性与弹性的乘积表示，如前所述，臭氧处理组罗非鱼片胶着性与弹性均大于对照组，因此其咀嚼性亦比对照组大（$P<0.05$）。

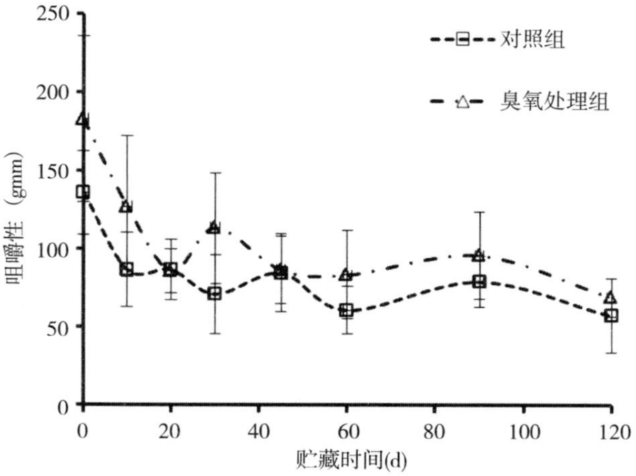

图 3-62　−20℃冻藏过程中罗非鱼片咀嚼性变化规律

（7）罗非鱼黏附力变化　黏附力是指在质构测试试验中，仪器探头与样品表面之间分离时所需要的力，即待测样品表面对仪器探头的黏附作用力，又称为黏着性。臭氧减菌化处理前后罗非鱼片在冻藏过程中鱼肉黏附力变化见图 3-63。

由图 3-63 可知，臭氧处理组与对照组罗非鱼片肌肉黏附力在贮藏期间随贮藏时间变化较显著（$P<0.05$）。采用配对样本 T 检验分析对照组与臭氧组黏附力数据，结果表明，两组数据均值无显著性差异（$P>0.05$）。

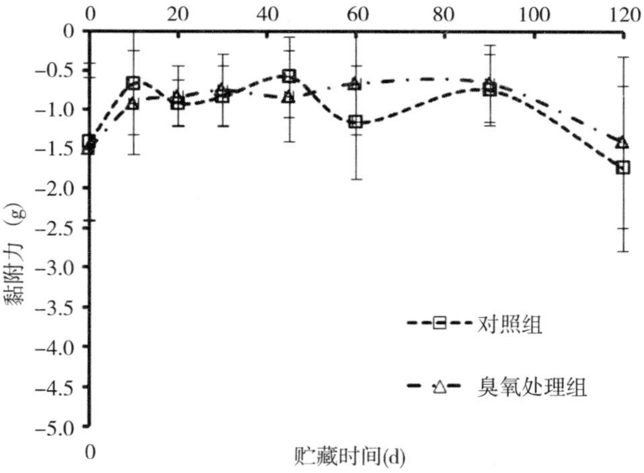

图 3-63　−20℃冻藏过程中罗非鱼片黏附力变化规律

6. 罗非鱼肉菌落总数分析

按照上述方法测定臭氧减菌化处理前后罗非鱼片在冻藏过程中鱼肉菌落总数变化，结果如图 3-64 所示。

由图 3-64 可以看出，臭氧处理组与对照组在−20℃贮藏 10 d 后，菌落总数均分别由（4.81±0.35）lgCFU 与（5.14±0.21）lgCFU 下降到（4.12±0.23）lgCFU 与（4.25±0.80）lgCFU，其原因是鱼肉冻藏初期，由于鱼肉组织中及鱼片中微生物的自由水与结合水因低温冷冻形成冰晶，冰晶的形成抑制了微生物的生长与繁殖，导致部分非嗜冷或非耐冷微生物死亡。当贮藏时间超过 10 d 后，菌落总数开始增加，这是由于罗非鱼片中嗜冷

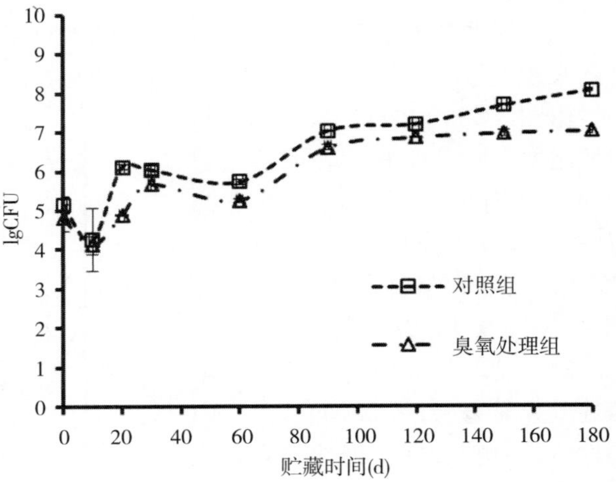

图 3-64　−20℃冻藏过程中罗非鱼片菌落总数变化规律

微生物或耐冷微生物开始生长、繁殖；而臭氧处理的罗非鱼片菌落总数增加较对照组慢，且菌落数小于对照组，这是由于臭氧水处理罗非鱼片后，罗非鱼片表面微生物由于臭氧的强氧化作用破坏微生物细胞结构，达到减菌效果，处理组罗非鱼片微生物基数低于对照组，因此，在冻藏 10 d 后，菌落总数小于对照组且增长速度较对照组慢。罗非鱼肉冻藏 20 d 后，对照组的菌落总数超过二级鲜度指标（$\geqslant 10^6$ CFU/g），而经臭氧处理的罗非鱼片在贮藏了 90 d 的时候菌落总数才接近 10^6 CFU/g。随着冻藏时间的延长，对照组细菌总数快速上升，菌落总数达到 10^8 CFU/g，已超过三级鲜度（$\geqslant 10^7$ CFU/g），臭氧水的强氧化及抑菌能力很好地抑制了微生物的生长，延长了水产品的货架期。

7. 臭氧减菌化处理后罗非鱼片品质变化的自由基作用机理分析

臭氧的氧化作用可导致不饱和有机分子的破裂，使臭氧分子结合在有机分子的双键上，生成臭氧化物。臭氧漂白作用的机理就是基于其氧化破坏双键反应作用的；此外，张涛等进行了水合氧化铁催化臭氧氧化去除水中痕量硝基苯的研究，结果表明，当加入自由基抑制剂叔丁醇后，抑制了臭氧在水溶溶液中·OH 的生成，从而显著影响了硝基苯的氧化去除，因此，叔丁醇的存在有效抑制了臭氧水中·OH 的生成和它对硝基苯的氧化反应，这也间接证明了臭氧催化氧化过程为·OH 反应的机理。该研究中臭氧处理对罗非鱼肉的漂白作用，可认为是臭氧水中生成的强氧化性的·OH 及 O_2^-·对鱼肉中具有不饱和键的显色物质（如肌红蛋白）破坏作用引起的；另外，臭氧处理组 MDA 含量及 K 值与对照组间存在显著性差异，可以认为是臭氧减菌化处理过程中产生的自由基参与鱼肉生物大分子物质氧化作用，而生成各种不同性质的氧化产物导致的；臭氧处理后罗非鱼肉质构的变化，多数是由于鱼肉蛋白质结构变化引起的，臭氧具有的强氧化性使处理后的罗非鱼肌肉蛋白发生变性失水作用，导致肌肉蛋白网络结构聚集从而使硬度上升，臭氧处理过程中产生的·OH 与 O_2^-·与残留的臭氧，可以抑制鱼肉中糖原酵解作用，从而抑制鱼肉硬度降低速度。大量研究表明，臭氧具有显著的抑菌作用，其抑菌机理可认为是臭氧处理中产生的活性氧对腐败微生物中生物分子的损伤作用，活性氧作用于腐败微生物可破坏其 DNA 碱基与糖基，使 DNA 发生断链与交联作用；另外，活性氧作用于腐败微生物中生物膜的主要成分——磷脂，由于磷脂中富含多不饱和脂肪酸（PUFA），PUFA 在自由基的存在下发生脂质过氧化反应及其链式反应，从而导致腐败微生物生物膜受到损伤；再次，臭氧水产生具有强氧化性的自由基可破坏某些腐败微生物的细胞壁及孢子，从而达到抑菌的作用。

五、臭氧水处理对鱼肉安全性评价

食品毒理学的很多研究工作需要通过动物试验来进行。使用实验动物进行科研的优点是花费人力、物力较少，时间短，易发现单因素与结果的关系，能提供大量有价值的可与人类生命活动现象相类比的资料。急性毒性试验（acute toxicity test）是研究动物一次或24h内多次给予受试物后，一定时间内所产生的毒性反应，是毒理学研究工作的基础；遗传毒性试验（genetic toxicity test）主要是为了评定外源物质对生殖细胞及体细胞的致突变性以及初步评价遗传危害性，预测致癌可能性。

1. SD大鼠急性经口毒性试验

急性经口毒性试验是指一次或24 h内多次染毒的试验，主要测定受试物的半数致死量或浓度，并观察试验动物的中毒表现。该试验中，罗非鱼片组、溶剂对照组各20只SD大鼠在给予受试物过程及14 d观察期内，大鼠表观行为、活动状况、呼吸、姿势等均未见异常，无大鼠死亡。动物解剖后，肉眼观察大鼠的心脏、肝脏、脾、胃、肠、肾及生殖腺等脏器外形、颜色、大小与比例，均未见任何异常，大鼠脏器未发生病变。大鼠体质量正常增长，罗非鱼片组大鼠体质量在各测定时间点与溶剂对照组比较均无显著性差异（$P>0.05$）（表3-44），因此，在该试验条件下，经4.5 mg/L浓度的臭氧水处理30 min后的罗非鱼片对SD大鼠经口最大耐受剂量（MTD）高于15g/kg，毒性分级为无毒。

表3-44　SD大鼠急性经口毒性试验体重结果（g，$\bar{x}\pm s$）

组别	性别	n	测定时间				
			0d	1d	3d	7d	14d
①组	雄性	10	205.9 ± 7.8^a	224.8 ± 7.0^a	244.9 ± 9.5^a	270.5 ± 9.9^a	304.1 ± 10.7^a
	雌性	10	184.7 ± 4.5^b	197.6 ± 7.8^b	204.9 ± 9.3^b	209.5 ± 10.8^b	218.7 ± 10.2^b
②组	雄性	10	207.6 ± 6.9^a	223.7 ± 8.1^a	243.4 ± 8.3^a	271.7 ± 8.5^a	307.7 ± 10.7^a
	雌性	10	186.9 ± 5.1^b	196.9 ± 5.1^b	207.5 ± 6.6^b	213.4 ± 6.6^b	222.0 ± 6.9^b

注：①组为罗非鱼片组，②组为对照组；同一列中数字上标字母相同表示数据间无显著性差异。

2. KM小鼠遗传毒性试验

（1）Ames试验　Ames试验是检测基因突变最常用方法之一，其原理是鼠伤寒沙门杆菌的突变菌株在有组氨酸的培基上可以正常生长，当培养基中无组氨酸时除少数自发回变菌落生长外不能正常生长，且当有能引起该菌因移码突变或碱基置换的致突变剂存在时，突变型会回复突变为组氨酸非缺陷型野生型，使细菌生长增多。当激活某些致突变剂后会引起沙门氏菌突变型发生回复突变，由S9混合液进行受试物的代谢激活作用并测定致突变物质引起的复归突然变异频度作为检出突变性，即可检查受试物是否为致突变物质。该试验中选用的组氨酸缺陷型鼠伤寒沙门氏菌株为TA97、TA98、TA100和TA102 4种。一般观察：各组各皿均未见细菌毒性表现及沉淀；当无S9活化系统时，100 μg/皿剂量的诱变剂Dexon引起TA97、TA98及TA102菌株的回变菌落数分别为（1 856±80）

表 3-45　臭氧处理罗非鱼片对细菌回复突变菌落数的影响

组别	剂量（μg/皿）	平均回复突变菌落数（个/皿，$\bar{x}\pm s$）							
		TA97		TA98		TA100		TA102	
		$+S_9$	$-S_9$	$+S_9$	$-S_9$	$+S_9$	$-S_9$	$+S_9$	$-S_9$
溶剂对照组	—	124±2	125±2	33±3	35±2	175±10	153±7	252±11	263±15
Dexon 阳性对照组	100	—	1 856±80**	—	1 965±60**	—	—	—	1 899±35**
SA 阳性对照组	5	—	—	—	—	—	1 944±44**	—	—
2-AF 阳性对照组	100	1 931±73**	—	1 843±60**	—	1 809±105**	—	1 913±49**	—
罗非鱼片组	5 000	119±6	117±4	27±2	26±3	157±8	155±6	154±14	147±8
	1 000	114±8	122±4	25±2	29±1	151±8	150±8	155±8	148±11
	200	126±10	126±16	23±1	23±2	148±14	151±13	150±12	148±13
	40	135±8	146±17	24±2	24±2	147±8	150±12	150±12	148±11
	8	109±4	112±7	23±1	24±2	144±8	149±9	147±3	152±14

注：**表示与溶剂对照组比较，$P<0.01$。

表 3-46　臭氧处理罗非鱼片对细菌回复突变菌落数的影响（重复试验）

组别	剂量（μg/皿）	平均回复突变菌落数（个/皿，$\bar{x}\pm s$）							
		TA97		TA98		TA100		TA102	
		$+S_9$	$-S_9$	$+S_9$	$-S_9$	$+S_9$	$-S_9$	$+S_9$	$-S_9$
溶剂对照组	—	124±4	122±4	33±2	30±2	176±9	156±12	242±9	257±22
Dexon 阳性对照组	100	—	1876±70**	—	1997±114**	—	—	—	1837±58**
SA 阳性对照组	5	—	—	—	—	—	2012±25**	—	—
2—AF 阳性对照组	100	1938±29**	—	1878±47**	—	1773±83**	—	1873±83**	—
罗非鱼片组	5 000	120±4	116±5	24±2	26±1	156±10	155±3	151±11	152±3
	1 000	120±6	120±4	27±1	26±2	149±3	152±6	152±4	154±15
	200	121±2	137±13	24±2	24±1	159±9	151±2	151±11	150±11
	40	127±15	153±9	23±1	23±2	146±6	150±15	150±11	148±11
	8	116±3	115±4	25±2	24±1	143±5	150±2	145±5	152±11

注：**表示与溶剂对照组比较，$P<0.01$。

个、(1 965±60) 个及 (1 899±35) 个，5 μg/皿剂量的诱变剂 SA 引起 TA100 菌株的回变菌落数为 (1 944±44) 个，均显著高于溶剂对照组的 2 倍 ($P<0.01$)；当有 S9 活化系统时，100 μg/皿剂量的诱变剂 2-AF 引起 TA97、TA98、T100 及 TA102 菌株的回变菌落数分别为 (1 931±73) 个、(1 843±60) 个、(1 809±105) 个及 (1 913±49) 个，显著高于溶剂对照组的 2 倍 ($P<0.01$) (表 3-45)。而罗非鱼片 5 个剂量组 TA97、TA98、TA100 和 TA102 的回变菌落数，无论有无 S9 活化系统，均未超过溶剂对照组回变菌落数的 2 倍，且与重复试验结果一致 (表 3-46)。表明受试罗非鱼片 5 个剂量组样品对 TA97、TA98、TA100 和 TA1024 种菌株未见明显的抑菌作用，也没有能引起菌株的基因移码突变或碱基置换的突变剂存在，上述 4 种菌株均未发生回复突变。因此，在该试验条件下，经 4.5 mg/L 浓度的臭氧水处理 30 min 后的罗非鱼片 Ames 试验结果为阴性。

(2) 骨髓微核试验　骨髓微核试验 (micronucleus test) 是以诱发小鼠骨髓红细胞微核为指标来推断受试物染色体或有丝分裂器损伤的一种遗传毒性试验，常用于预测受试物的致癌潜力。根据细胞中纺锤体受损而丢失的染色体或胞内无着丝粒染色体片段在细胞分裂后期仍存留于子细胞细胞质中形成的微核，来判断受试物引起染色体异常作用的一种哺乳动物体内试验。

阳性对照组雌性动物的微核率显著高于溶剂对照组 ($P<0.01$)，罗非鱼片高、中、低剂量雌性动物的微核率分别为 0.40、0.6、0.8，与溶剂对照组比较无显著性差异 ($P>0.05$)；阳性对照组雄性动物的微核率显著高于溶剂对照组 ($P<0.01$)，罗非鱼片高、中、低剂量雄性动物的微核率分别为 0.40、0.80、0.60，与溶剂对照组比较无显著性差异 ($P>0.05$) (表 3-47)。臭氧处理后罗非鱼片未对 KM 小鼠的骨髓细胞微核率产生具有统计学差异的影响，也无任何剂量反应关系，未影响细胞分裂时染色体的变化，对染色体也无明显断裂效应。在该试验条件下，经 4.5 mg/L 浓度的臭氧水处理 30 min 后的罗非鱼片骨髓细胞微核试验结果为阴性。

表 3-47　臭氧处理罗非鱼片对 KM 小鼠骨髓细胞微核形成的影响 ($\bar{x}\pm s$)

组别	性别	n	剂量	死亡率 (%)	微核率
溶剂对照组	雌性	5	—	0	1.20 ±1.29
	雄性	5		0	0.40±0.89
阳性对照组	雌性	5	40 mg/kg	0	34.70±2.00**
	雄性	5		0	33.00±3.36**
罗非鱼片高剂组	雌性	5	10g/ kg	0	0.40 ±0.88
	雄性	5		0	0.40±0.83
罗非鱼片中剂组	雌性	5	5g/ kg	0	0.60 ±0.89
	雄性	5		0	0.80±1.29
罗非鱼片低剂组	雌性	5	2.5g/ kg	0	0.80 ±1.09
	雄性	5		0	0.60±0.89

注：**表示与溶剂对照组比较，$P<0.01$。

(3) 睾丸染色体畸变试验　染色体畸变是反映生殖细胞 DNA 损伤的敏感指标，试验通过光镜直接观察染色体的数目和形态的变化（如断裂、易位、缺失及裂隙等），亦可称为细胞遗传学试验（cytogenetic assay）。小鼠睾丸染色体畸变试验属体内染色体畸变试验。

一般来说，由于不同周期的雄性生殖细胞对化学物质具有不同的敏感性，化学诱变剂诱发染色体畸变必须经过 DNA 复制期，因此，该研究在细线期（leptotene stage）前进行诱变处理，第 14 天采样，观察在诱变剂细线期前引起的精母细胞染色体效应。阅片观察后发现阳性对照组小鼠的睾丸染色体出现断裂、环状、微小体和多着丝点染色体的细胞数分别为 26、68、5 和 4，畸变总数为 103，总畸变率为 10.3%，与溶剂对照（0.2%）相比显著升高（$P<0.01$）；罗非鱼片高、中、低剂量睾丸染色体畸变率分别为 0.2%、0.2%，0.1%，与溶剂对照组相比均无显著差异（$P>0.05$）（表 3-48）。有文献报道，通过体外细胞染毒试验发现 O_3 对分裂中期人体口腔表皮癌细胞（human KB cell）染色体断裂率较对照组显著增加；Gooch PC 等研究表明，高浓度 O_3 通入含有外源凝集素（phytohaemagglutinin，PHA）刺激后 S 期人外周血白细胞的 HBSS 液（Hanks′ balanced salt solution）90 min 以上，发现当剂量为 14.46 mg/（m^3 • h）与 15.90 mg/（m^3 • h）时有丝分裂时细胞染色单体缺失率显著增加，而在相同的条件下，G1 期细胞染色体则未受明显影响。该研究中，臭氧处理后罗非鱼片残留 O_3 浓度较上述研究 O_3 暴露值低，在小鼠生殖细胞减数分裂细线期前以各剂量组罗非鱼片作为诱变剂引起的小鼠睾丸染色体畸变率显著低于阳性对照组。因此，在该试验条件下，经 4.5 mg/L 浓度的臭氧水处理 30 min 后的罗非鱼片睾丸染色体畸变试验结果为阴性。

表 3-48　臭氧处理罗非鱼片小鼠睾丸染色体畸变试验结果

组别	Ⅰ	Ⅱ	Ⅲ	Ⅳ	Ⅴ
剂量（mg/kg）	—	40	10 000	5 000	2 500
细胞数	1 000	1 000	1 000	1 000	1 000
断裂	1	26	1	1	0
断片	0	0	0	0	0
易位	0	0	0	0	0
缺失	0	0	0	0	0
环状	1	68	0	1	1
微小体	0	5	1	0	0
姐妹单体交换	0	0	0	0	0
多着丝点染色体	0	4	0	0	0
裂隙	0	0	0	0	0
畸变总数	2	103	2	2	1
总畸变率（%）	0.2	10.3**	0.2	0.2	0.1

注：Ⅰ～Ⅳ组与Ⅴ组分别为溶剂对照组、阳性对照组、罗非鱼片高剂量组、罗非鱼片中剂量组与罗非鱼片低剂量组；**表示与溶剂对照组比较有极显著差异（$P<0.01$）。

急性经口毒性试验是毒性研究的第一步，可初步估计受试物的毒害危险性；Ames 试验是目前被世界各国广为采用的致突变性检测方法，可推测受试物的致癌性；小鼠骨髓细胞微核可反映体细胞接触致突变物和致癌物的遗传毒性的敏感指标；如前文所述，小鼠睾丸染色体畸变可反映生殖细胞 DNA 损伤的敏感度。该研究发现，经 4.5 mg/L 浓度的臭氧水处理 30 min 后的罗非鱼片对 SD 大鼠经口最大耐受剂量 MTD>15 g/kg，毒性分级为无毒。Ames 试验发现臭氧处理后的罗非鱼片各剂量组未引起 4 种受试菌株发生回复突变，可判定 Ames 试验结果为阴性，这与陈文品等采用同样的 Ames 试验条件研究普洱茶遗传毒性时的判断原则一致。有学者研究表明微核试验与染色体畸变试验具有良好的相关性，该研究中，经臭氧处理后罗非鱼片骨髓细胞微核试验与睾丸染色体畸变试验的结果均为阴性，未表现有遗传毒性。近年来，食品质量安全问题越来越受到政府部门、食品生产企业及消费者的重视，由于水产食品富含蛋白质且具有多种内源酶，较其他食品易腐败变质，因此，在开展水产品的减菌化处理方法及贮藏条件研究的同时应重视其产品安全性，尤其是抑菌剂的残留及相关反应产物可能引起的产品质量安全问题。经调研，目前罗非鱼片生产企业减菌化处理使用的 O_3 浓度远低于 4.5 mg/L，因此，从急性毒性与遗传毒性的角度来看，经臭氧减菌化处理后的罗非鱼片具有较高的食用安全性。

第五节 罗非鱼片品质改良技术

目前，罗非鱼的加工方式主要以冷冻罗非鱼片为主，冷冻罗非鱼片也是我国重要的水产加工品和对外贸易产品。但是，冷冻罗非鱼片在冷冻贮藏过程中容易造成蛋白质变性，持水性降低，肌肉组织变差，外观色泽变差，从而使产品品质下降，经济效益受到很大的影响。这些问题一直以来成为冷冻罗非鱼片乃至冷冻水产品加工过程中的技术难题。

为了获得高品质的冷冻水产品，需要采用现代技术手段在加工过程中进行品质改良，提高产品质量。因此，冷冻水产品品质改良剂的开发和应用技术成为冷冻水产品加工行业的研究热点之一。

一、加工条件对罗非鱼肌原纤维 Ca^{2+}-ATP 酶稳定性的影响

鱼类肌肉在冻藏过程中发生很多复杂的变化，其中对鱼类肌肉质地影响最大的是蛋白质冻结变性。在冻藏过程中鱼类肌肉蛋白质比陆上动物肌肉蛋白质更容易发生变性，从而导致肌肉质地变差。鱼类肌肉蛋白质冷冻变性主要表现在肌原纤维蛋白的空间结构、溶解性、ATP 酶活性、巯基含量、疏水性 5 方面的改变，其中肌原纤维蛋白的 Ca^{2+}-ATP 酶活性是最能有效评价肌动球蛋白完整性的指标。大量研究表明，在冻藏过程中，大多数鱼类肌原纤维蛋白的 Ca^{2+}-ATP 酶活性会随冻藏温度和 pH 的下降而降低，同时也与鱼类的品种、新鲜程度有关，冻藏前新鲜程度越低，冻藏过程中 Ca^{2+}-ATP 酶活性下降越快。因此，Ca^{2+}-ATP 酶活性的变化成为淡水鱼类加工品质评价的重要指标。下面介绍加工条件对 3 种淡水鱼 Ca^{2+}-ATP 酶稳定性的影响，可为淡水鱼的加工条件提供参考。

1. 加工温度对 3 种淡水鱼 Ca^{2+}-ATP 酶活性的影响

将 3 种鲜活淡水鱼宰杀后取背部肌肉，分别置于不同温度下放置 10 min 后，提取肌

原纤维蛋白酶，并测定其 Ca^{2+}-ATP 酶活性，结果见图 3-65。

鱼肌肉中肌球蛋白（myosin）的头部具有 ATP 酶的活性，并执行肌球蛋白与肌动蛋白相连接而产生收缩运动的功能，当蛋白质发生变性时，ATP 酶的活性就下降。因此，肌原纤维蛋白质的变性程度可用 ATP 酶活性为指标来表示。不同温度处理后的鱼糜蛋白质 Ca^{2+}-ATP 酶活性的变化直接反映了加工中鱼肉蛋白质的变性程度。由图 3-65 可见草鱼和罗非鱼的肌原纤维 Ca^{2+}-ATP 酶活性在温度为 10 ℃时，开始急剧下降，温度达到 25 ℃时 Ca^{2+}-ATP 酶活性下降趋于平缓；而鲮的 Ca^{2+}-ATP 酶活性在温度达到 20 ℃仍保持一定的稳定性，这与鱼类的栖息环境密切相关。通常情况下，鱼类栖息水域温度越高，蛋白质的热稳定性越好，淡水鱼的栖息水域温度高于海水鱼，从理论上其蛋白质的热稳定性也较好，故而其加工温度可以略高于海水鱼的加工温度。其中，草鱼 Ca^{2+}-ATP 酶活性受温度影响不大，在 20 ℃处理一段时间后酶的失活现象不明显，在实际生产中可以考虑适当提高加工温度，减少能源耗费。而罗非鱼和鲮在 5～10 ℃时，活性才基本保持稳定，故应在生产中将温度控制在 10℃以下，才可能很好地保持产品固有的质量。

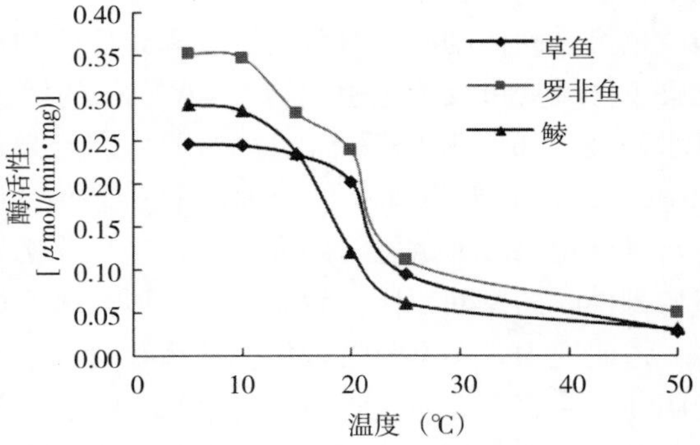

图 3-65　温度对 Ca^{2+}-ATP 酶活性的影响

2. pH 对 Ca^{2+}-ATP 酶活性的影响

将鱼背部肌肉于 5℃条件下，分别用 pH5.0、pH6.0、pH7.0、pH 8.0、pH9.0 的高离子强度盐溶液提取肌原纤维蛋白酶，然后测定其 Ca^{2+}-ATP 酶活性，结果见图 3-66。

图 3-66 可知，pH 对 3 种鱼的 Ca^{2+}-ATP 酶活性的变化影响很大，当 pH 为 6～7 时，3 种鱼肉的 Ca^{2+}-ATP 酶活性均处于较高水平，当 pH 小于 6 或大于 7 都会引起 Ca^{2+}-ATP 酶活力迅速下降，这说明鱼肉的 pH 一旦远离中性条件，Ca^{2+}-ATP 酶变性明显加快。

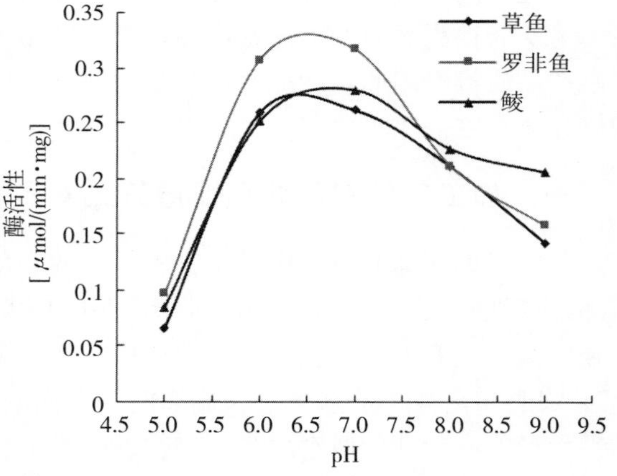

图 3-66　pH 对 Ca^{2+}-ATP 酶活性的影响

3. 原料鱼存放过程中鱼肉 pH 及 Ca^{2+}-ATP 酶活性的变化

将鱼背部肌肉置于 5 ℃、20 ℃环境下，定期取样，测定其 Ca^{2+}-ATP 酶活性和 pH 的变化情况，结果见图 3-67 至图 3-70。

由图 3-67 可见，现场宰杀的活鱼肌肉 pH 接近中性，在 5 ℃保藏过程中，存放 6 h

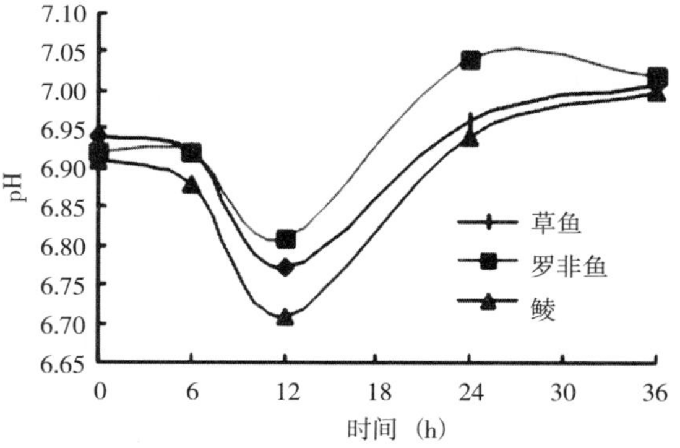

图 3-67　3 种鱼在 5 ℃下 pH 变化

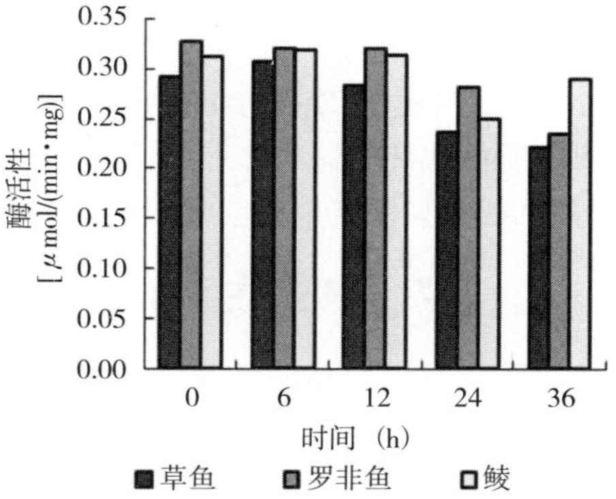

图 3-68　3 种鱼在 5 ℃下 Ca^{2+}-ATP 酶活性变化

内，pH 基本维持在原有水平；随后，其 pH 迅速下降，在 12 h 后降至最低点 6.7 附近。经过一段时间的保藏，pH 又开始上升。在此温度下 Ca^{2+}-ATP 酶活性虽然略有变化，但始终处于较高的水平（图 3-68）。

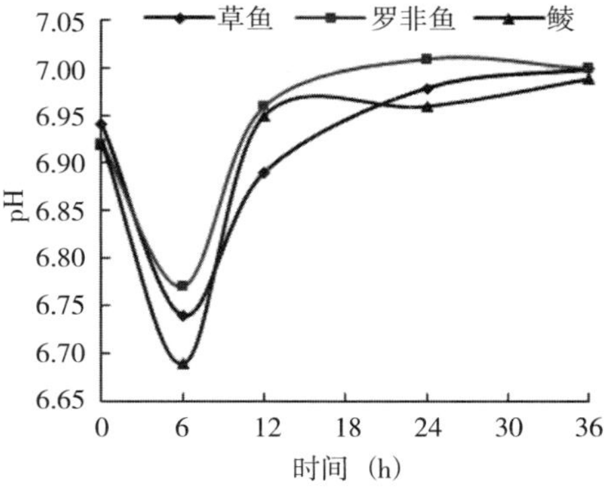

图 3-69　3 种鱼在 20 ℃下 pH 变化

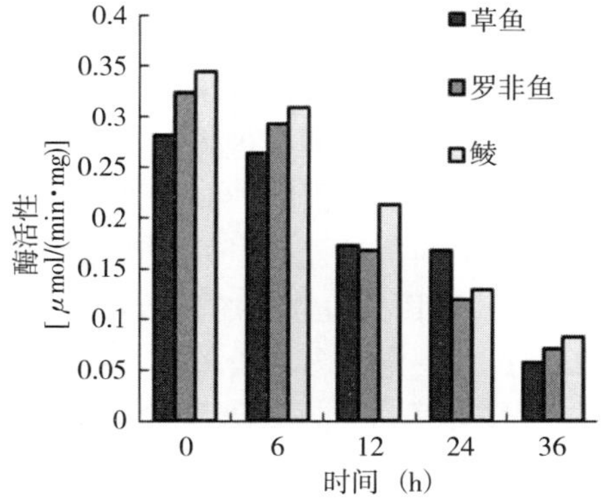

图 3-70　3 种鱼在 20 ℃下 Ca^{2+}-ATP 酶活性变化

由图 3-69 和图 3-70 可见，鱼肌肉存放在 20 ℃环境下，pH 虽然也呈现先降后升的现象，但较 5 ℃相比，pH 降到最低点的时间明显缩短，仅为 6 h。其 Ca^{2+}-ATP 酶活性在整个存放过程中，则呈现明显的下降趋势。肌原纤维 Ca^{2+}-ATP 酶是鱼肉肌原纤维蛋变性的重要指标之一，对鱼肌肉的 Ca^{2+}-ATP 酶活性的测定结果表明：几种鱼死后，在一段时间内仍可以保持较高的活性但随着贮藏温度的提高和贮藏时间的延长，其 Ca^{2+}-ATP 酶活性均存在缓慢下降的趋势。鱼肉 pH 下降初期，其 Ca^{2+}-ATP 酶活性变化不大，但在 pH 回升期间，Ca^{2+}-ATP 酶活性并不随之增加反而呈现加速下降的趋势，说明在鱼肉 pH 变化的同时，其肉质已经开始改变，部分蛋白质变性。相比较之下，5 ℃时鱼肉在相当长一段时间内具有较高的 Ca^{2+}-ATP 酶活性，20 ℃时鱼肉在 6 h 内即发生明显改变。这是因为随着温度的提高，鱼肉组织进入解僵、自溶的时间相对缩短。保藏初期，由于糖酵解反应生成乳酸和 ATP，产生 H^+，导致 pH 降低。保藏后期由于氨基酸等含氮物质分解，产生挥发性碱性含氮物使 pH 又上升，致使鱼肉蛋白质变性，从而影响鱼肉质量。此外，在鱼肉存放过程中也发现随存放时间的延长，部分的水分会从鱼肉中析出，这说明 pH 低，使肌蛋白质保水能力降低。从以上分析看出，对捕获后的鱼类抑制其 pH 的降低，或在 pH 即将降低时迅速冷冻，是使鱼肉保持良好鲜度的有效方法。

二、多聚磷酸盐在罗非鱼片中的扩散规律

磷酸盐作为食品品质改良剂广泛地应用于肉、禽和水产加工业。磷酸盐主要有 3 方面的化学性质：缓冲作用控制 pH，络合金属离子提高离子强度，充当阴离子提高 pH。这些性质在食品应用中起着重要的作用，如保水、抗氧化、抑制微生物、改善风味和品质结构，起到乳化、护色、稳定等作用。多聚磷酸盐与其他磷酸盐如天然存在的正磷酸盐相比，具有显著的多离子特性，易于吸附蛋白质的活性位点而提高蛋白的可溶性和保水性。因此，对肉品质起改良作用的主要取决于所使用磷酸盐的类型。在各种类型的多聚磷酸盐中，三聚磷酸钠（STP）在肉制品工业中使用得最为普遍。

STP 在肉及其相关食品中，有多种使用方法，如注射、喷洒、混合和浸泡等，其中浸泡法因不需特殊设备，操作简单，分散均匀的优点而被企业广泛使用。大多学者都认为在浸泡过程中，分子扩散是其最主要的机理，但是对磷酸盐在产品中，尤其是水产品如鱼片中的扩散过程及规律并未见详细地研究，众多文献仅从统计信息对此进行推测。因此，也无法预测多聚磷酸盐进入产品的数量，这可能会造成磷酸盐添加过量、感官品质低劣和潜在的经济浪费。因此，用罗非鱼片为原料，在不同浓度的 STP 溶液中浸泡，然后定时测定鱼肉中的磷酸盐含量，可以反映多聚磷酸盐在罗非鱼片中的扩散过程及规律。这将有助于预测 STP 在鱼片中的残留量，这对罗非鱼片加工过程中多聚磷酸盐的使用规范和安全限量具有一定的参考价值。

1. 罗非鱼片中多聚磷酸盐含量与浸泡时间的关系

由图 3-71 可见，浸泡前的肉样（0 min）磷酸盐含量为 3.72 g/kg。浸泡于 2%、4%、6% STP 溶液中的肉样，其磷酸盐含量先降低，再升高，最后趋于平衡；蒸馏水和 0.5% 浸泡的肉样一直下降，最后趋于平衡。鱼片中磷酸盐含量下降到最低时，6%浸泡的鱼片为 3.50 g/kg、4%的为 3.31 g/kg、2%的为 2.99 g/kg；60 min 后，鱼片中磷酸盐含量基本达到平衡，此时在 0%、0.5%、2%、4%和 6%溶液中浸泡的鱼片，其磷酸盐含量分别为：1.79 g/kg、2.37 g/kg、4.51 g/kg、4.99 g/kg 和 6.20 g/kg。

扩散作用是多聚磷酸盐进入产品的基本机理。富含蛋白的食品如肉、家禽和水产品中，存在以核苷酸、磷脂等形式的天然磷。此外，这些肉类组织中也存在天然产生的正磷酸盐。因此，当产品浸泡于 STP 溶液时，STP 开始向肉中扩散，肉中的正磷酸盐也同时向溶液中扩散，这种双向扩散可能是由于肉与溶液之间的磷酸盐浓度梯度所引起。在浸泡过程中，STP 与鱼肉中的蛋白质和水作用，在肉的表面会逐渐形成水-蛋白质-STP 的凝胶蛋白复合物薄膜，从而影响磷酸盐的扩散作用。从图 3-71 可见，2%、4%和 6%浸泡的肉样，在初始阶段磷酸盐含量不断下降，这是因为肉自身含有大量的磷酸盐（3.72 g/kg）而与溶液之间形成浓度梯度，其次，正磷酸盐相对分子质量（136.09）约为 STP 相对分

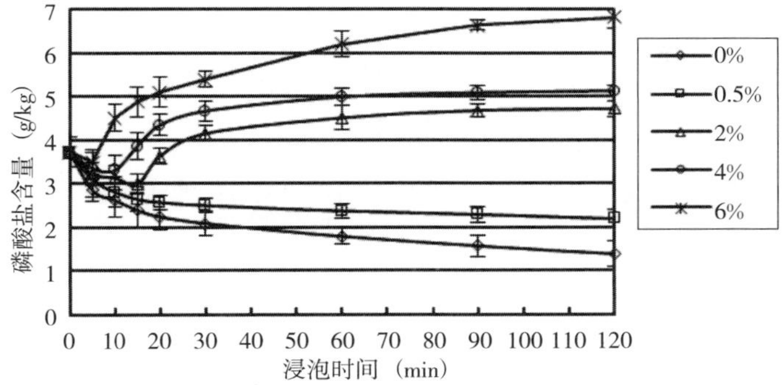

图 3-71　肉中磷酸盐含量与浸泡时间的关系

子质量（367.86）的 1/3，因此，肉中的正磷酸盐向溶液中扩散的速率也大于 STP 向肉中的扩散速率。在鱼肉表面凝胶复合物薄膜完全形成时（6%约为 5 min，4%约为 10 min，2%约为 15 min），肉中的磷酸盐含量达到最低值。随后肉中的磷酸盐向溶液中扩散的速率小于 STP 向肉中的扩散速率，肉中的磷酸盐含量开始增加，最后达到平衡。0.5%和蒸馏水浸泡的肉样，其磷酸盐含量一直下降，这可能是由于 STP 浓度梯度太低或无 STP 浓度梯度，肉的表面难以形成凝胶蛋白薄膜，鱼肉相对于浸泡液一直呈负向（向溶液中扩散）扩散。

2. 浸泡初始阶段和最后阶段肉中磷酸盐扩散速率的变化

鱼片中磷酸盐的扩散速率可以用磷酸盐含量对浸泡时间的变化率（斜率 k）来表示，鱼片表面凝胶蛋白膜形成前后的磷酸盐扩散速率变化关系见图 3-72 和图 3-73。

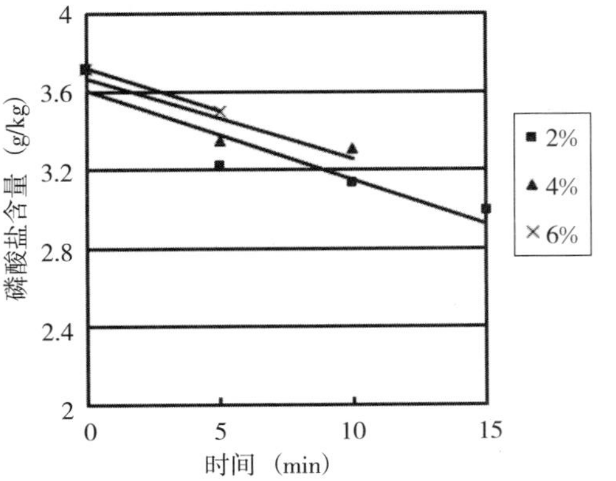

图 3-72　浸泡初始阶段肉中磷酸盐的扩散速率

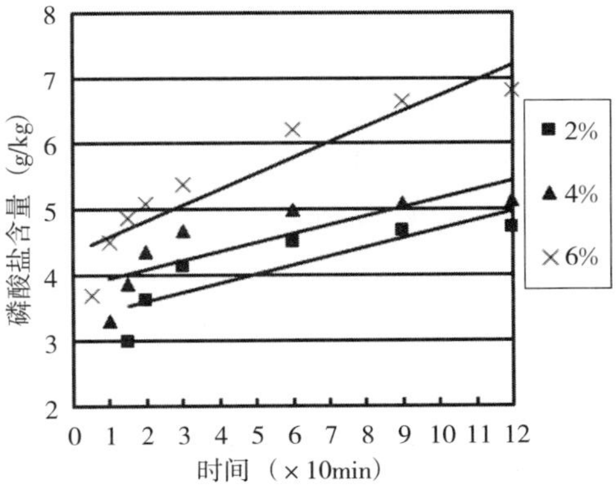

图 3-73　阶段肉中磷酸盐扩散速率

由图 3-72 和图 3-73 可见，鱼片中磷酸盐在膜形成之前的下降阶段，其扩散速率高于形成之后的增长阶段。并且浸泡浓度不同，在浸泡的初始和最后阶段磷酸盐的扩散速率也不同（表 3-49）。在初始阶段（凝胶蛋白膜形成之前）肉中的磷酸盐向溶液中的扩散速率大于 STP 向肉中的扩散速率，表现为肉中磷酸盐下降，但随着 STP 与水溶性蛋白和水发生作用，在鱼片表面形成凝胶蛋白膜之后，它就会像墙一样阻碍肉中正磷酸盐向溶液中的扩散。因此，在浸泡的最后阶段 STP 从溶液向鱼片中的扩散比较明显，并且浓度越高，扩散也越快（表 3-49）。因而随浸泡时间的延长、凝胶蛋白膜厚度的增加、STP 从溶液向鱼片的不断扩散，肉样中磷酸盐含量便开始增长，这很大程度是由于肉中正磷酸盐扩散率下降和鱼片与溶液之间磷酸盐浓度差所引起的。

表 3-49　浸泡初始和最后阶段鱼肉中磷酸盐扩散速率值（k）

STP 浓度（%）	k（起始阶段）	k（最后阶段）
2	−0.046	+0.013
4	−0.041	+0.024
6	−0.014	+0.034

注：−表示磷酸盐向溶液中扩散；+表示溶液中磷酸盐向肉中扩散。

三、几种添加剂对冷冻罗非鱼片持水性的影响

近年来，随着水产养殖技术的不断进步，我国水产品产量急剧上升，鱼、虾成为其中的两大主要板块。若以鲜食作为消费的主流，必将影响产品的流通范围，限制水产品的发展的力度。因此，将之加工成冷冻小包装食品成为现代食品加工企业普遍采用的方式之一。然而多数水产品在冻藏过程中，由于冰晶的损伤作用及蛋白质冷冻变性，持水力下降，解冻时易产生失重、外观色泽变暗和肉易碎等问题，而产品的滋味、质地、多汁性和气味等是消费者选择时的重要衡量指标，也决定着肉的烹调和加工产品的最终感官质量。肌肉保水性能的高低直接关系到肉制品的质地、嫩度、切片性、弹性、口感、出品率等项质量指标和经济指标。而决定肌肉保水性能的物质是肌肉中的结构蛋白质，根据有关文献报道，某些盐溶液和化合物可以抑制肌肉纤维蛋白 Ca^{2+}-ATP 酶活性下降和蛋白质的冷冻变性。

1. 单一品种添加剂对冷冻罗非鱼片持水性的影响

（1）NaCl 对冷冻罗非鱼片　分别以不同浓度的 NaCl 溶液浸渍待测样，称量浸渍前后及解冻后样品的重量，计算样品的浸渍吸水率及解冻后持水能力的变化比例，结果见表 3-50。

从浸渍增重的角度来讲，加 NaCl 的样品浸渍增重率均小于空白样，且随 NaCl 浓度的增加，鱼片的浸渍吸水率下降；浓度高于 6%，样品解冻后持水力高于对照样。

表 3-50　NaCl 对冷冻罗非鱼片持水性的影响（%）

NaCl	0	2	4	6	8	10
浸渍后	2.81	2.56	1.82	1.70	1.41	1.07
解冻后	−1.87	0.03	−1.37	−2.14	−2.26	−2.70

（2）焦磷酸钠对冷冻罗非鱼片持水性的影响　分别以不同浓度的焦磷酸钠溶液浸渍待测样，称量浸渍前后及解冻后样品的重量，计算样品的浸渍吸水率及解冻后持水能力的变化比例。试验重复 3 次，取平均值，结果见表 3-51。

表 3-51　焦磷酸钠对冷冻罗非鱼片持水性的影响（%）

焦磷酸钠	0	0.2	0.4	0.6	0.8	1
浸渍后	2.81	2.91	2.93	2.79	2.81	2.77
解冻后	−1.87	−0.84	1.41	1.28	1.23	0.89

由表 3-53 可知，焦磷酸钠基本不会影响样品的浸渍吸水率，但可以明显提高样品解冻后的持水能力。随焦磷酸钠增加，解冻后持水力值不断增加，但当浓度高于 0.4%后，其持水力增长幅度平缓，有的甚至存在下降的趋势。试验结果显示，焦磷酸钠浓度为 0.4%时，罗非鱼片样品的指标均处于较好的水平，鱼片冻后的持水力增加量为 1.41%。

(3) 三聚磷酸钠对冷冻罗非鱼片持水性的影响　以不同浓度的三聚磷酸钠溶液浸渍待测样，称量浸渍前后及解冻后样品的重量，计算样品的浸渍吸水率及解冻后持水能力的变化比例，结果见表 3-52。

三聚磷酸钠的变化趋势与焦磷酸钠相似，随着浸渍液浓度的增加，样品的浸渍吸水率变化不大，持水力上升。当添加量超过 0.4%时，持水力值上升幅度趋于平缓，甚至略有下降。

表 3-52　三聚磷酸钠对冷冻罗非鱼片持水性的影响（%）

三聚磷酸钠	0.00	0.20	0.40	0.60	0.80	1.00
浸渍后	2.81	2.97	2.87	2.77	2.78	3.04
解冻后	−1.87	0.31	0.99	0.76	0.88	0.87

2. 复合添加剂对冷冻罗非鱼片持水性的影响

在单一品种添加剂对冷冻水产品持水性影响的基础上，经过进一步的筛选，按照 NaCl：焦磷酸钠：三聚磷酸钠＝1：0.4：0.4 的比例进行复配成复合添加剂，按照该配比，在不同条件下浸泡鱼片后，研究其冷冻后的持水性。

(1) 不同浓度复合添加剂溶液对罗非鱼片持水性的影响　将复合添加剂配成不同质量百分比浓度的溶液，再将新鲜原料与溶液按 1：10 的比例投入浸泡，称量浸渍前及解冻后样品的重量，计算样品解冻后持水能力的变化情况，结果见图 3-74。

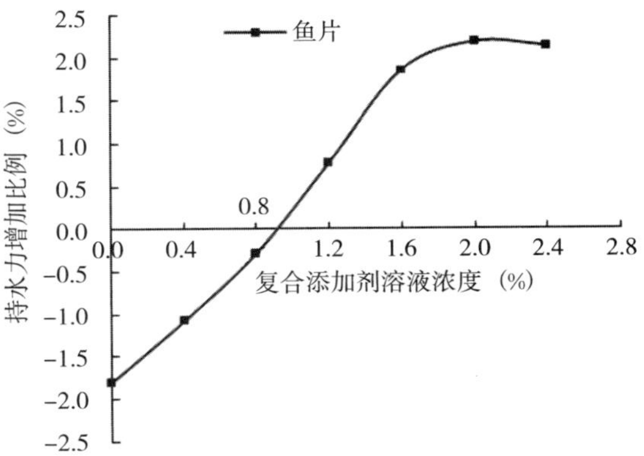

图 3-74　混合盐浓度对样品持水力的影响

从图 3-74 可以看出，复合添加剂溶液的浓度越大，持水力越高，也就是对鱼片保水性的正面作用越大，其最佳作用浓度为 1.6%，浓度继续增加，持水力值的上升势态趋缓。同时考虑到磷酸盐含量过多会影响肉的味道，且不利于人体健康，因此，复合添加剂溶液的浓度不宜过高。

(2) 浸渍时间对鱼片保水性的影响

鱼片在其最佳浓度下进行浸泡，确定合理

的浸泡时间，结果见图 3-75。

从图 3-75 可以看出，随浸渍时间的延长，鱼片的持水力值不断上升，其最高值为 2.28%。浸渍约 20 min 后，趋于平缓。

综合上述盐类对冷冻罗非鱼片持水效果来看，盐的加入可以提高冷冻罗非鱼片的持水性，减少解冻过程水分损失。但各种盐的作用效果却不尽相同，其中磷酸盐在较低的浓度下即可达到较好的提高肌肉持水效果，而 NaCl 的浓度则要提高到数倍以上才具有保水效果。这是因为 3 种盐提供的离子强度不尽相同，焦磷酸钠或三聚磷酸钠均具有高价阴离子，在一定浓度范围内带电荷数较多，离子强度也相应增大，因此，可以在极小的浓度下，形成较高的离子强度，促进肌肉组织持水能力增加。

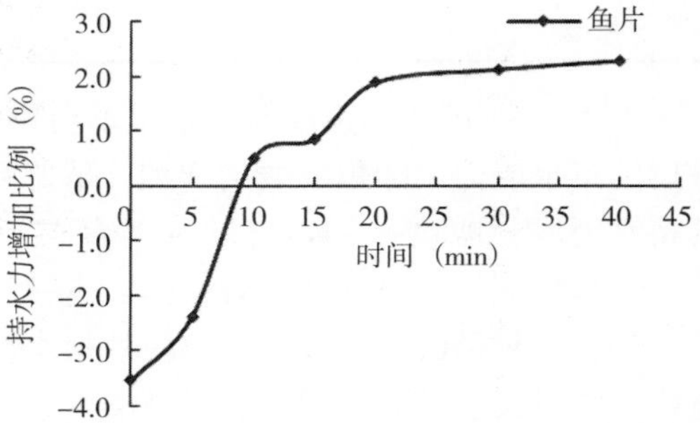

图 3-75　浸渍时间对鱼片持水性的影响

四、无磷品质改良剂在罗非鱼加工中的应用

多聚磷酸盐是一类重要的食品品质改良剂，传统的水产品保水剂，可以有效减少水产品在加工、运输和贮藏过程中水分及营养成分的流失，保持制品嫩度，提高出品率，但过多使用磷酸盐有害肉制品风味，磷酸盐在高浓度下（0.4%～0.5%），会产生令人不愉快的金属涩味，用量过大会导致产品风味恶化，组织结构粗糙。而在低于某个限度内，会发现磷酸盐在乳化产品中有不愉快的后味。此外，在肉制品中三聚磷酸盐水解可以转化为正磷酸盐，产生沉淀作用，在肉制品的贮藏期间，其表面或切面处会出现透明或半透明的晶体，导致了肉制品表面出现了“雪花”或“晶化”现象。更严重的是膳食中磷酸盐含量长期过多会在肠道中与钙结合成难溶于水的正磷酸盐，从而降低人体对钙的吸收。长期食用钙磷比不合理的食品，尤其是儿童，影响维生素 D 的吸收，造成发育迟缓，骨骼畸形，骨和齿质量不好。若消费者食用添加过量多聚磷酸盐的水产品会引起血液凝结，其降解产物磷酸盐也可能增大摄入者心脑血管疾病发生的可能性。长期大量摄入磷酸盐可导致甲状腺肿大，钙化性肾机能不全，低钙血症等疾病，从而严重危害身体健康。同时，对磷过敏人群也不适宜食用含过多磷酸盐的肉制品。但目前仍有一些不法商贩为获取高额利润，利用多聚磷酸盐的保水特性，在水产品中过量加入多聚磷酸盐，以提高出品率，大大危害了消费者的利益。在国际贸易中，因我国部分水产品过多使用磷酸盐而被退货，甚至被欧盟实施禁止进口、退运等处理，这大大阻碍了我国水产品的出口量，降低了贸易出口额。因此，必须使用经济实用的无磷保水剂代替磷酸盐，并同样达到提高冷冻水产品品质的效果。

1. 海藻糖对罗非鱼片保水效果

罗非鱼片在冷冻和冷藏的过程中，解冻后因脱水而影响产品品质。海藻糖［D-glucopyranosyl-α（1→1）-D-glucopyranoside］为非还原性的二糖，广泛存在于生物界，既是一种贮藏性糖类，又是应激代谢的重要产物。它具有保护生物细胞和生物活性物质在脱水、干旱、高温、冷冻、高渗透压及有毒试剂等不良环境条件下免遭破坏的功能。海藻糖还可以作为蛋白稳定剂，其效果与多元醇，蔗糖、氨基酸等蛋白稳定剂相似或更好。海藻糖化学性质非常稳定，不会发生焦糖化，热量和甜度低，有着广阔的应用前景。目前，海藻糖的制备工艺已基本成熟，而且 Tabuchi 等利用酶处理，可以把淀粉转化成海藻糖，从而大大降低了海藻糖的价格，为海藻糖的广泛应用奠定了基础，其应用范围正在日益扩大。

（1）海藻糖对冻罗非鱼片水分的影响　由表 3-53 可见，经过海藻糖溶液处理后的冷冻罗非鱼片解冻后鱼片的水分损失明显低于空白对照组，持水能力得到大的改善。比较了不同浓度的海藻糖处理后的效果，结果表明，海藻糖浓度越大越好。海藻糖作为一种对水产品的低温保护剂特别有效，当海藻糖在蛋白质、水界面绝对抑制水的官能度时使水产品的硬度、伸缩性及凝胶力增加；另外，海藻糖的微甜性质也提高了水产品的口感质量。

表 3-53　冻罗非鱼片的水分损失率（%）

	海藻糖浓度								
	0	0.25	0.50	1.00	1.50	2.00	4.00	6.00	8.00
解冻后水分损失率	10.3	6.4	5.4	4.7	5.2	5.0	4.5	3.7	3.6

（2）海藻糖对蒸煮鱼片水分的影响　由表 3-54 可见，经过海藻糖溶液处理后的冷冻罗非鱼片经过蒸煮，鱼片水分损失明显低于空白对照组，说明海藻糖能很好地改善鱼片的持水能力。通过比较不同浓度的海藻糖处理后的效果，结果表明，海藻糖浓度在 1%～2%效果最好。由此可见，海藻糖能有效地减少冷冻罗非鱼片冻藏过程中的液滴损失，在减少自由液滴上的效果优于加热液滴损失。鱼片冻藏过程中的液滴损失，一方面由于形成的冰晶体对鱼体的肌肉组织产生机械损伤引起的，另一方面是由于蛋白质分子与结合水的结合状态被破坏引起。因此，可以认为液滴损失也是蛋白质变性的一个指标。

表 3-54　罗非鱼片蒸煮后的水分损失率（%）

	海藻糖浓度								
	0	0.25	0.50	1.00	1.50	2.00	4.00	6.00	8.00
蒸煮后水分损失率	45.3	39.0	42.1	33.8	32.5	32.1	38.2	36.0	36.2

（3）海藻糖对冷冻罗非鱼片肌原纤维蛋白的影响　在罗非鱼片肌原纤维蛋白溶液中加入 2%（W/V）海藻糖，分装，－18 ℃冻藏 30 d，在冻藏的不同阶段取样测定各项指标。

①海藻糖对冷冻罗非鱼片肌原纤维蛋白盐溶性变化的影响。罗非鱼片肌原纤维蛋白在冻藏过程中盐溶性变化情况如图 3-76 所示。随着冻藏时间的延长，样品中盐溶性蛋白含量逐渐下降。对照组在冻藏开始阶段迅速下降，冻藏 3 d 后，盐溶性蛋白含量下降到 66.1%，之后下降速度减缓，直到冻藏 30 d（50.4%），表现为较明显的两段变性模式。海藻糖有效抑制了蛋白溶解度的迅速下降，冻藏 3 d 后，添加海藻糖样品中的盐溶性蛋白含量为 93%。

②海藻糖对冷冻罗非鱼片肌原纤维蛋白 Ca-ATP 酶活性的影响。图 3-77 所示为冻藏

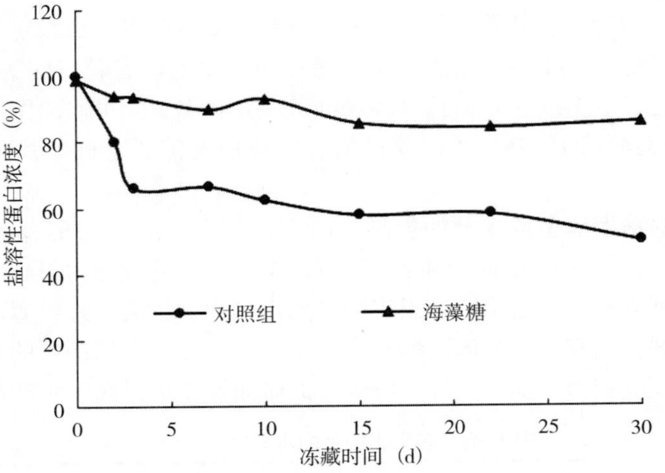

图 3-76　冻藏过程中盐溶性蛋白含量变化曲线

过程中蛋白 Ca-ATP 酶活性的变化。冻藏开始时，对照组酶活快速下降，冻藏 2 d 后，酶活由 0.31 μmol（mg·min）下降到 0.21 μmol（mg·min），下降了约 30%，在第 3～15 天的冻藏中，酶活降低速度也较快，冻藏 15 d 时，降低到初始值的 50%。添加海藻糖样品的 Ca-ATP 酶活性降低速度受到抑制，酶活性比同期对照组高，第 10 天时，海藻糖样品的酶活为初始值的 82%。

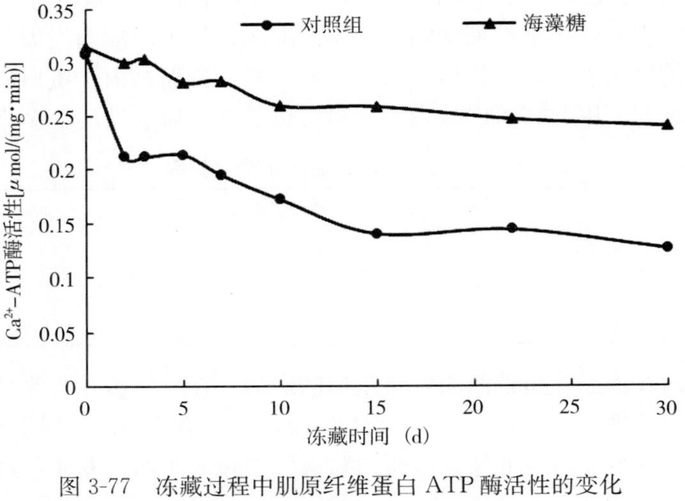

图 3-77　冻藏过程中肌原纤维蛋白 ATP 酶活性的变化

③海藻糖对冷冻罗非鱼片肌原纤维蛋白巯基含量变化的影响。对照组肌原纤维蛋白活性巯基和总巯基含量变化和抗冻剂组有很大差异（图 3-78）。冻藏 7 d 时，各样品总巯基含量变化很小，在随后 7～15 d 的冻藏期间，对照组总巯基含量明显下降，从 8.94 mol/105 g 降低到 7.4 mol/105 g，而含有抗冻剂的样品下降不明显，在冻藏 30d 时空白和海藻糖样品的总巯基含量分别为 7.2 mol/105 g、8.3 mol/105 g。

贮藏过程中蛋白活性巯基含量的变化趋势和总巯基相似，在 30 d 的冻藏期内，含抗冻剂样品的活性巯基含量缓慢下降，海藻糖样品活性巯基含量分别从 5.8 mol/105 g 降低到 5.5 mol/105 g。对照组样品在冻藏 10 d 时，活性巯基含量和海藻糖相似，变化不显著，随后出现较快下降，冻藏 30 d 时，活性巯基含量下降为 4.1 mol/105 g。这些结果表明，海藻糖的加入抑制了冻藏过程中蛋白质中巯基的氧化和二硫键的形成。

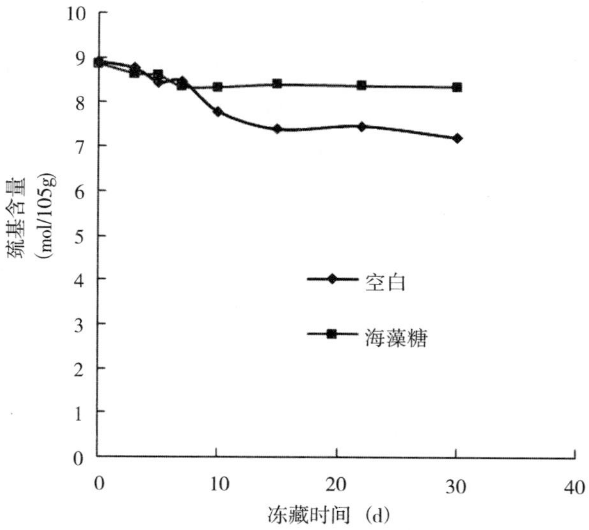

图 3-78　冻藏过程中肌原纤维蛋白巯基含量变化

④海藻糖对冷冻罗非鱼片肌原纤维蛋白表面疏水性变化的影响。罗非鱼肌原纤维蛋白表面疏水性在冻藏过程变化如图 3-79 所示。对照组蛋白表面疏水性在冻藏过程中呈不断上升趋势，从冻藏前的 135 上升到冻藏结束时的 226。含有抗冻剂的样品在冻藏过程也呈上升趋势，但蔗糖山梨醇样品上升较快，冻藏 30 d 时表面疏水性值为 189。而海藻糖比蔗糖山梨醇有更显著的抑制效果，在整个冻藏期内表面疏水性上升不明显，冻藏 30 d 时，表面疏水性值为 149，说明海藻糖能有效的延缓了冻藏过程中蛋白构型变化从而起到保水作用。

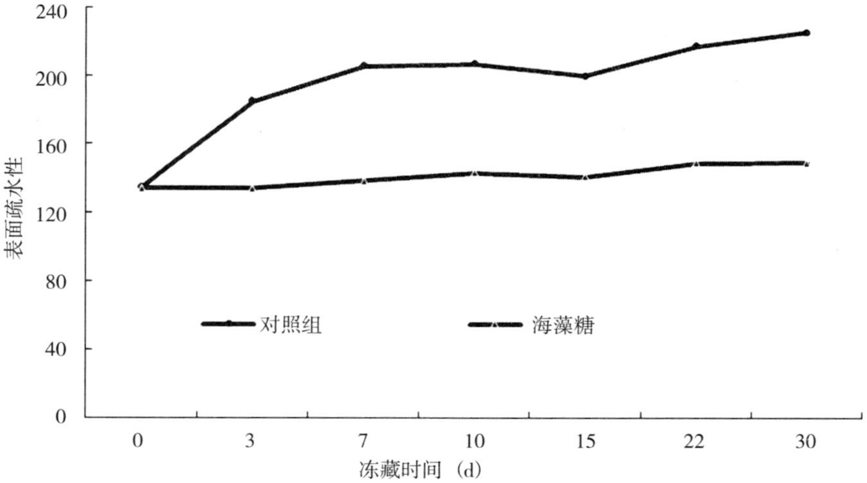

图 3-79　冻藏过程中肌原纤维蛋白表面疏水性的变化

2. 罗非鱼鱼排酶解物（小分子肽）的抗冻效果

商业上常用的抗冻变性剂是 4%蔗糖和 4%山梨醇混合物。这种复合抗冻剂虽然有较好的抗冻变性效果，但是因为甜味和热量过高，难以满足现代人对于食品口味和健康的要求。因此，寻找高效、低糖低热量，甚至无糖无热量的抗冻变性剂一直是水产品加工领域的一个重要课题。

迄今为止，研究人员研究了氨基酸、羧酸、磷酸盐等各种化合物的抗冷冻变性作用。但是由于安全性、价格和感官性质等原因，这些物质大多不能在实际生产中应用。水产品加工副产物含有丰富的蛋白，通过蛋白酶降解是一个有效的回收蛋白方法，而这些酶解产物又是极有应用潜力的天然功能性物质。目前，一些文献报道了磷虾和鱿鱼水解产物的抗冷冻变性作用，所以利用罗非鱼加工副产物（鱼排）制备酶解产物用于鱼肉抗冷冻变性的研究值得关注。罗非鱼是我国南方主要的养殖品种，加工产生的鱼排占鱼体的30%，在加工中产生大量鱼排，这些鱼排中的蛋白质资源目前尚为得到有效的利用，造成了巨大的浪费。

利用罗非鱼和3种蛋白酶制备了性质不同的鱼排水解产物，对酶解物的成分进行分析，通过测定鱼排酶解物对冷冻鱼肉肌原纤维蛋白 Ca^{2+}-ATP 酶活性的影响，我们研究了鱼排酶解物对冷冻罗非鱼片的抗冻效果。

（1）罗非鱼鱼排酶解物制备 1 000克鱼排切碎，加入1∶2（W/V）蒸馏水，90 ℃加热30 min，使用1 mol/L的NaOH调节pH至pH8.0（碱性蛋白酶）或pH7.0（木瓜蛋白酶），加入0.2%（W/W）蛋白酶，30 ℃（碱性蛋白酶）或50 ℃（木瓜蛋白酶）水浴中水解5 h，水解结束后于90 ℃加热30 min。水解液4 000g离心15 min，去除不溶物。上清液用纱布过滤，90 ℃加热10 min，去除漂浮的油脂，使用1 mol/L HCl调节pH7.0。水解液通过截留相对分子质量为30 000的微孔滤膜过滤，钠滤装置脱盐，冷冻干燥，得到粉末状的木瓜蛋白酶酶解物（PPH）和碱性蛋白酶酶解物（APH）。

（2）鱼排酶解物基本化学成分 罗非鱼鱼排水解物基本化学成分分析结果如表3-55所示，两种罗非鱼鱼排酶解物的基本化学成分相似，主要成分是含氮化合物，含量分别为81.30%和82.49%。灰分含量也较高，分别为8.21%和8.75%。粗脂肪含量低，含量在0.36%～0.28%之间。

表3-55 罗非鱼鱼排酶解物的化学成分（g/100g）

成分	罗非鱼 PPH（木瓜蛋白酶）	罗非鱼 APH（碱性蛋白酶）
含氮成分	81.30	82.49
灰分	8.21	8.75
粗脂肪	0.36	0.28
水分	1.04	1.28

（3）小分子肽对罗非鱼肌原纤维蛋白 Ca^{2+}-ATP 酶活性的影响 添加不同小分子肽的鱼肉在−20 ℃冻藏过程中肌原纤维蛋白 Ca^{2+}-ATP 酶活性变化情况如图3-80所示。在冻藏2周以后，所有样品中肌原纤维蛋白 Ca^{2+}-ATP 酶活性显著降低，添加不同抗冻剂样品的 Ca^{2+}-ATP 酶活性无显著差异（$P>0.05$）。但在随后的2～12周的冻藏过程中，小分子肽都在一定程度上抑制了样品的冷冻变性，添加PPH的样品具有最高的 Ca^{2+}-ATP 酶活性，然后是添加APH的样品。在冻藏12周时，添加了PPH和APH的样品 Ca^{2+}-

ATP 酶活性与蔗糖/山梨醇样品相近。说明小分子肽具有很好的抗冻效果。

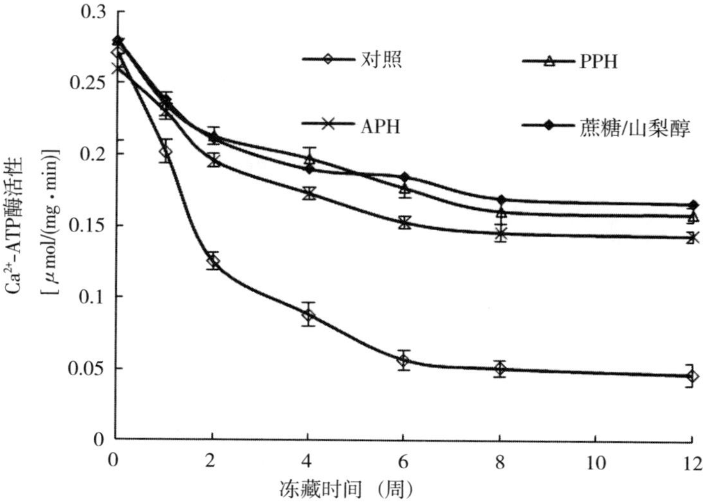

图 3-80　小分子肽对罗非鱼鱼肉肌原纤维蛋白 Ca-ATP 酶活性的影响

参考文献

刁石强，李来好，岑剑伟，等 . 2011. 冰温臭氧水对鳀保鲜效果的研究［J］. 南方水产科学，7（3）：8-13.

郝淑贤，李来好，杨贤庆，等 . 2004. 几种添加剂对冷冻水产品持水性的影响［J］. 制冷（4）：11-14.

郝淑贤，吴燕燕，李来好，等 . 2005. 加工条件对淡水鱼肌原纤维 Ca^{2+}-ATPase 稳定性的影响［J］. 食品科学（10）：79-82.

何琳，江敏，马允 . 2011. 罗非鱼在保活运输中关键因子调控技术研究［J］. 湖南农业科学，（13）：151-154.

胡应高，伍森艳 . 2003. 鱼类的应激反应［J］. 铜仁职业技术学院学报，1（2）：54-57.

黄海，苑德顺，张宝欣，等 . 2009. 水产品保活运输技术研究进展［J］. 河北渔业（9）：45-47.

李来好，郝淑贤，刁石强，等 . 2006. 一种罗非鱼鱼片加工的发色方法 . 中国，1836575［P］. 2006-09-27.

李利，江敏，马允，等 . 2010. 温度对吉富罗非鱼呼吸的影响［J］. 上海海洋大学学报，19（6）：763-767.

刘孝华 . 2007. 罗非鱼的生物学特性及养殖技术［J］. 湖北农业科学，46（1）：115-116.

田朝阳 . 2003. 大力推广海水鱼闭式循环保活运输技术［J］. 渔业现代化（2）：35.

汪之和，张饮江，李勇军 . 2001. 水产品保活运输技术［J］. 渔业现代化（2）：31-37.

杨贤庆，李来好，戚勃，等 . 2007. 多聚磷酸盐在罗非鱼片中扩散规律的研究［J］. 食品与发酵工业（7）：14-17.

曾明勇 . 2005. 几种主要淡水经济鱼类肌肉蛋白质冻结变性机理的研究［D］. 青岛：中国海洋大学 .

赵永强 . 2013. 罗非鱼片臭氧减菌化处理中自由基的产生及其对产品品质与安全性的影响［D］. 青岛：中国海洋大学 .

赵永强，李来好，杨贤庆，等 . 2013. 臭氧在水产品加工中应用综述［J］. 南方水产科学（5）：149-154.

Abrevaya X C, Carballo M A, Mudry M D. 2007. The bone marrow micronucleus test and metronidazole genotoxicity in different strains of mice (Mus musculus) [J]. Genetics and Molecular Biology, 30 (4): 1139-1143.

Crapo C, Himelbloom B, Vitt S, et al. 2004. Ozone efficacy as a bactericide in seafood processing [J]. Journal of aquatic food product technology, 13 (1): 111-123.

Crowe K M, Skonberg D, Bushway A, et al. 2012. Application of ozone sprays as a strategy to improve the microbial safety and quality of salmon fillets [J]. Food Control, 25 (2): 464-468.

Damar S, Balaban M O. 2006. Review of dense phase CO_2 technology: microbial and enzyme inactivation, and effects on food quality [J]. Journal of food science, 71 (1): R1-R11.

Fetner R H. 1962. Ozone-induced chromosome breakage in human cell cultures [J]. Nature, 194: 793-794.

Gooch P C, Creasia D A and Brewen J G. 1976. The cytogenetic effects of ozone: Inhalation and in vitro exposures [J]. Environmental Research, 12: 188-195.

Kaur B P, Kaushik N, Rao P S, et al. 2013. Effect of high-pressure processing on physical, biochemical, and microbiological characteristics of black tiger shrimp (Penaeus monodon) [J]. Food and Bioprocess Technology, 6 (6): 1390-1400.

Leon J S, Kingsley D H, Montes J S, et al. 2011. Randomized, Double-Blinded Clinical Trial for Human Norovirus Inactivation in Oysters by High Hydrostatic Pressure Processing [J]. Applied and environmental Microbiology: 5476-5482.

Li L H, Hao S X, Diao S Q, et al. 2008. Proposed new color retention method for tilapia fillets (O. NILOTICUS♀×O. AUREUS ♂) by euthanatizing with reduced carbon monoxide [J]. Journal of Food Processing and Preservation, 32 (5): 729-739.

Miller B, Albertini S, Locher F, et al. 1997. Comparative evaluation of the in vitro micronucleus test and the in vitro chromosome aberration test: industrial experience [J]. Mutation Research/Genetic Toxicology and Environmental Mutagenesis, 392 (1-2): 45-59, 187-208.

Mohr J, Jain B, Sutter A, et al. 2010. A maximum common subgraph kernel method for predicting the chromosome aberration test [J]. Journal of Chemical Information and Modeling, 50 (10): 1821-1838.

Phuvasate S, Su Y. 2010. Effects of electrolyzed oxidizing water and ice treatments on reducing histamine-producing bacteria on fish skin and food contact surface [J]. Food Control, 21 (3): 286-291.

Sato S, Tomita I. 2001. Short-term screening method for the prediction of carcinogenicity of chemical substances: current status and problems of an in vivo rodent micronucleus assay [J]. Journal of Health Science, 47 (1): 1-8.

Wang J J, Lin T, Li J B, et al. 2014. Effect of acidic electrolyzed water ice on quality of shrimp in dark condition [J]. Food Control, 35 (1): 207-212.

第四章　冰温气调保鲜罗非片加工技术

目前，罗非鱼在国际市场销售的品种主要有三种：冻全鱼、冻鱼片和鲜鱼片。美国是我国罗非鱼最大出口国，出口品种主要为冻鱼片和冻全鱼。鲜罗非鱼片的价格远高于冻品，而我国出口鱼片价格、冻品价格要比鲜品低约 49%。近几年来，美国鲜罗非鱼片的进口一直呈增长趋势，但我国鲜罗非鱼片出口所占的比例却非常低，这主要与鲜罗非鱼片货架寿命短有关。鲜罗非鱼片在冷藏或冰藏条件下，货架期一般在 7～10 d，不能适应流通销售的需要，因此，采用适宜的保鲜方式保持鲜罗非鱼片的鲜度和品质，延长其货架期就显得极为重要。

"冰温"的概念首先由日本在 20 世纪 70 年代提出。冰温保鲜是将食品贮藏在 0℃以下至其冰点（也称为冻结点）的范围内，是属于非冻结保存。冰温保鲜可以克服冻结导致的食品蛋白质变性、质构损伤和解冻时汁液流失等品质下降问题，最大限度地保持产品品质，而且相对于冷藏可明显延长食品的货架期，因而越来越受到人们的重视。随着罗非鱼养殖在世界范围的普及，国内外学者开展了关于罗非鱼的保鲜研究，我国的研究报道主要集中在冻藏、冷藏、冰藏和微冻方面，而对于冰温结合气调的保鲜研究较少见诸报道。通过研究鲜罗非鱼片冰温气调包装工艺技术，分析、探讨鲜罗非鱼片冰温气调过程中微生物的变化，分析冰温气调对鲜罗非鱼片品质的影响，旨在为进一步完善鲜罗非鱼片冰温气调保鲜技术提供参考。

第一节　鲜罗非鱼片冰温气调包装工艺

一、包装材料的选择与鱼片前处理

1. 包装材料的选择

CO_2是最主要的实验气体，因此主要通过包装材料对 CO_2的阻隔性来选择适合的包装材料，从表 4-1 可知，C、D 包装材料对 CO_2 的透过率较低，即对 CO_2的阻隔性较好，同时考虑成本，最终选择 C 包装材料。

表 4-1　检测结果

试样名称	CO_2 透过量［cm^3/（m^2·24 h·0.1MPa)］	单价（元/个）
A	112.835	0.3
B	41.138	0.68
C	14.165	0.5

（续）

试样名称	CO_2 透过量［cm^3/（m^2 · 24 h · 0.1MPa）］	单价（元/个）
D	8.631	0.61

注：A、B、C、D测试温度为 23 ℃。

A：PA/TIE/PE/TIE/PA/TIE/PE（7层），厚度 78 μm；B：PET/NY/EVOH/PE（4层），厚度 41 μm；C：PA/TIE/PE/TIE/EVOH/TIE/PE/TIE/PE（9层），厚度 90 μm；D：PA/TIE/PE/TIE/EVOH/TIE/PE/TIE/PE（9层），厚度 98 μm。

2. 鱼片的前处理

鲜罗非鱼片减菌化方法采用臭氧水处理，即采用浓度为 5 mg/kg 的 O_3 水处理 5 min（详见本书第三章第四节）。

二、冰温贮藏条件

从图 4-1 中可以看到罗非鱼片的冻结曲线分三个阶段：第一阶段冻结曲线较陡，样品放出显热，温度迅速下降到刚好低于 0℃；第二阶段鱼片样品中大部分水分开始结晶，冰晶形成时放出大量潜热，温度下降速度极其缓慢，曲线平缓，此时温度即为鱼片的冰点；最后阶段罗非鱼片温度从－5 ℃左右继续下降至终温，温度下降显著，冻结曲线也比较陡。

根据图 4-1 所示冻结曲线，知罗非鱼的冰点在－0.7～0.6 ℃，因此将冰温贮藏温度控制在－0.7～0 ℃范围内。

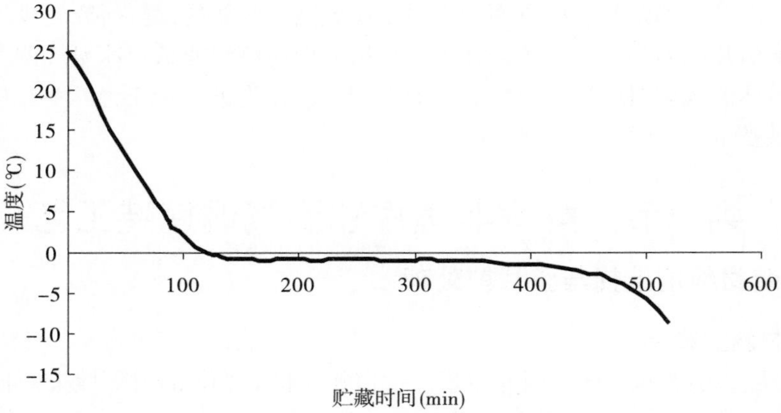

图 4-1　罗非鱼片冻结曲线

三、气调包装中气体组成成分与比例的选择

1. 肉汁渗出率的变化

肌肉中的水分，一部分与蛋白质、糖类的羧基、羟基、氨基等紧密结合而存在，称为结合水，另一部分存在于肌原纤维与结缔组织间的网络结构中，称为自由水。罗非鱼片在冰温气调贮藏过程中，肉汁渗出率随着肌肉中蛋白质的降解而增加。它也是一项重要的肉质性状，可直接影响到肉的滋味、香气、多汁性、营养成分等食用品质，具有重要的经济

意义。

将鲜罗非鱼片用臭氧水预处理后，气调包装，各组的充气体积与样品重量比为 3∶1，气体组成见表 4-2，然后置于（－0.7～0 ℃）贮藏。

表 4-2　试验设计与分组（%）

样品组别	CO_2	N_2	O_2
Ⅰ	100		
Ⅱ	70	30	
Ⅲ	60	30	10
Ⅳ	60	40	
Ⅴ	50	50	
Ⅵ	30	70	

由图 4-2 可看出，第Ⅰ组和第Ⅱ组、第Ⅲ组和第Ⅳ组间肉汁渗透率无明显差异，而第Ⅰ组、第Ⅲ组、第Ⅴ组和第Ⅵ组的结果的差异显著（$P<0.05$）。贮藏期间各组的肉汁渗出率都有所升高，这一变化主要是由于鱼体死后的 pH 变化直接影响肌肉的持水力。一方面鱼体失活后，血液停止循环，肌肉组织细胞供氧中断，有氧呼吸转为缺氧呼吸，即肌糖原沿糖酵解途径（EMP）最终变为乳酸，使肌肉 pH 降低，从而使肌肉蛋白质静电荷的相互作用减弱，肌球蛋白纤丝和肌动蛋白纤丝之间的间隙缩小，导致肌肉的持水性能降低。发生僵硬时，肌球蛋白和肌动蛋白形成肌动球蛋白复合体而使肌肉持水力变得最低。另一方面对于富含水分的水产品而言，高浓度 CO_2 的使用会带来不理想的效果，这是由于 CO_2 溶于鲜鱼肌肉表面使 pH 下降，从而降低了蛋白质的持水能力，因而在贮藏后期，包装内会有大量的渗出液出现。从图 4-2 中还可以看出，CO_2 浓度越高，肉汁渗出率的增长越快，6 组的平均斜率依次为：0.92、0.74、0.61、0.60、0.50、0.46，在第 19 天气调第Ⅰ、第Ⅱ、第Ⅲ、第Ⅳ、第Ⅴ和第Ⅵ组的肉汁渗出率分别为 6.81%、5.1%、4.85%、

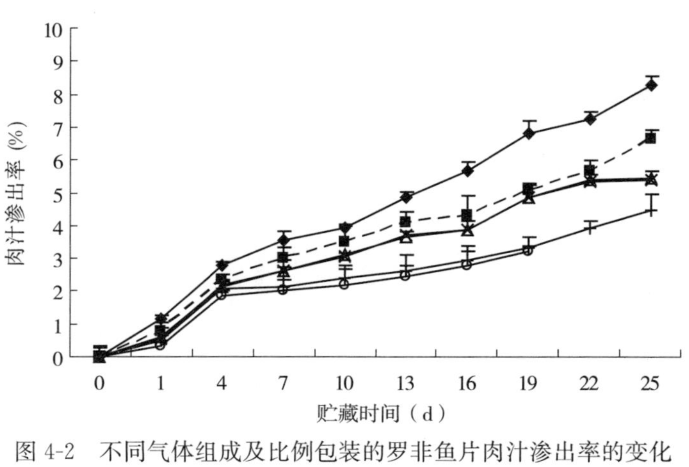

图 4-2　不同气体组成及比例包装的罗非鱼片肉汁渗出率的变化

4.88%、3.35%、3.2%，由此可见，CO_2浓度和肌肉的持水性有十分明显的关系，高浓度CO_2的气调包装不利于罗非鱼片肌肉持水性的保持，尤其当CO_2含量高于70%。研究结果表明，最佳气体比例为60%CO_2，这与英国Torry研究所对海水鱼MAP的研究结果一致，他们认为混合气体中CO_2浓度应不超过70%。

2. 色泽的变化

试验中6组样品的L^*值在整个贮藏过程中均呈现不同程度的上升趋势，彼此之间存在明显差异（$P<0.05$）（表4-3）。6组样品的H^*值均有所增加，其中第Ⅰ组肉色变黄的速度最快，与其他5组差异最大（$P<0.05$），第10天以后依次为第Ⅰ组>第Ⅲ组>第Ⅱ组>第Ⅳ组≈第Ⅴ组>第Ⅵ组，可见CO_2含量小于70%在贮藏后期对罗非鱼片红肉褐变的影响程度较小；第Ⅲ组在10d前比其他5组的红色变化缓慢，而10d后肉色褐变速率加快，这表明在贮藏初期肌肉中肌红蛋白与氧分子结合后形成氧和肌红蛋白而呈现鲜红色，说明O_2有助于保持肉色鲜红，但在贮藏后期会加速脂肪氧化，使肉色加速褐变。随着贮藏时间的延长，6组样品的C^*值均降低。由于肌红蛋白是水溶性，随着肉汁渗出液的增加，肌红蛋白也随之流出，使得肉色变淡，第Ⅲ组在10d前肉色明显红于其他5组（$P<0.05$），之后肉色淡化迅速，与第Ⅰ组相似，整个贮藏期间，第Ⅳ组、第Ⅴ组、第Ⅵ组3组无明显差异。

3. pH的变化

pH测定的是溶液中氢离子（H^+）的浓度，反映的是已离解酸的浓度。生鲜水产品在贮藏过程中，由于自身所含水解酶和细菌的作用，在导致水产品鲜度下降的同时，还会引起水产品组织pH的变化。表4-4是不同气体组成及比例的气调包装对罗非鱼片冰温贮藏期间pH的影响的试验结果。由表4-4可以看出，在整个贮藏期间，pH的变化趋势为先下降再上升，但到贮藏末期pH仍小于初始值。在贮藏的第10天各组的pH都达到最低，说明该组试验的罗非鱼片冰温贮藏到第10天达到僵直高峰。从第10天开始，pH开始缓慢上升，因为僵硬期过后，蛋白质及其他含氮物质在组织蛋白酶类和微生物的作用下逐渐分解产生氨基酸、氨及胺类等碱性物质，使pH升高。但气调包装中CO_2比例越高，其pH在贮藏后期上升越慢，原因是CO_2可以抑制微生物的生长繁殖，鱼体肌肉蛋白质没有被大量分解。数据分析表明，第Ⅲ组、第Ⅳ组和第Ⅴ组差异不显著，第Ⅰ组、第Ⅵ组与其他4组比较，差异显著（$P<0.05$）。

4. TVB-N值的变化

TVB-N一般作为鱼类初期腐败的评定指标，我国和欧洲委员会都对不同水产品设定了严格的TVB-N安全限量。参照国标《鲜、冻动物性水产品卫生标准》（GB 2733—2005），将20 mg/100 g设为TVB-N的安全限量。鱼体死后初期，TVB-N的增加主要是由腺苷酸（AMP）的脱氨反应产生的氨引起的结果，由于各处理组的鲜罗非鱼片中AMP的浓度几乎相似，因此各组间TVB-N变化不大。在贮藏后期，鱼肉在细菌作用下会产生的三甲胺（TMA）和二甲胺（DMA）等低级胺类化合物，磷脂中的胆碱也会转变为三甲胺。氨基酸等含氮化合物会分解产生氨和各种胺类化合物，使得TVB-N逐渐积累增多。

表 4-3　不同气体组成及比例包装的罗非鱼片色差的变化

项目	组别	1d	4d	7d	10d	13d	16d	19d	22d	25d
L*	Ⅰ	44.74±0.47[a]	46.70±0.26[a]	46.68±0.21[a]	46.79±0.41[a]	46.95±0.51[b]	47.69±0.31[b]	48.88±0.27[a]	49.63±0.26[a]	50.19±0.21[a]
	Ⅱ	43.56±0.35[b]	45.32±0.28[b]	45.82±0.43[b]	46.60±0.81[a]	47.70±0.28[a]	48.51±0.46[a]	48.77±0.33[a]	49.10±0.45[b]	49.08±0.44[b]
	Ⅲ	43.69±0.62[b]	42.58±1.24[e]	43.35±0.46[d]	44.28±1.07[c]	45.16±0.68[e]	44.24±0.58[e]	45.98±0.67[c]	46.09±0.35[e]	47.01±0.74[e]
	Ⅳ	43.38±0.31[b]	43.50±0.60[d]	44.79±0.75[c]	45.73±0.86[b]	46.13±0.76[c]	45.68±0.32[d]	45.51±0.59[d]	46.46±0.42[d]	47.31±0.80[c]
	Ⅴ	42.74±0.15[e]	43.17±0.60[c]	44.76±0.29[c]	43.29±0.90[d]	45.85±0.39[d]	46.10±0.78[c]	45.92±0.96[c]	47.93±0.83[c]	46.25±0.46[d]
	Ⅵ	42.67±0.23[e]	43.96±0.37[c]	44.40±0.26[d]	45.44±0.42[b]	45.12±0.25[e]	46.25±0.29[c]	46.39±0.33[b]	Ne	Ne
H*	Ⅰ	0.45±0.26[a]	0.78±0.45[a]	1.12±0.67[a]	1.36±0.55[a]	1.74±0.54[a]	2.05±0.46[a]	2.60±0.63[a]	2.92±0.98[a]	3.31±0.59[a]
	Ⅱ	0.40±0.13[b]	0.53±0.43[b]	0.70±0.90[b]	0.81±0.36[bc]	1.07±0.34[c]	1.32±0.52[b]	1.45±0.24[b]	1.63±0.54[c]	1.94±0.57[c]
	Ⅲ	0.39±0.26[b]	0.47±1.24[c]	0.59±1.16[c]	0.78±0.90[c]	1.31±0.57[b]	1.38±0.43[b]	1.42±0.65[bc]	1.92±0.76[b]	2.17±0.37[b]
	Ⅳ	0.37±0.36[be]	0.51±0.72[b]	0.67±0.46[b]	0.85±0.37[b]	0.95±0.36[d]	1.20±0.42[c]	1.38±0.57[c]	1.51±0.54[c]	1.74±0.37[d]
	Ⅴ	0.33±0.19[d]	0.46±0.49[cd]	0.54±0.75[c]	0.79±0.37[c]	0.91±0.57[de]	1.07±0.35[d]	1.28±0.58[d]	1.40±0.76[d]	1.69±0.80[d]
	Ⅵ	0.36±0.21[e]	0.44±0.90[d]	0.56±0.46[c]	0.76±1.24[c]	0.89±0.52[e]	1.05±0.28[d]	1.25±0.65[d]	Ne	Ne
C*	Ⅰ	11.65±0.17[d]	11.52±0.43[d]	11.46±0.77[e]	11.32±0.46[e]	9.98±0.45[e]	9.70±0.37[d]	9.45±0.63[c]	8.13±0.55[c]	7.74±0.46[c]
	Ⅱ	12.16±0.25[c]	11.95±0.36[d]	11.62±0.42[d]	11.58±0.78[d]	10.95±0.84[d]	10.69±0.48[b]	10.47±0.84[b]	9.88±0.84[b]	9.16±0.84[b]
	Ⅲ	12.62±0.11[a]	13.23±0.43[a]	13.18±0.55[a]	11.89±0.35[a]	11.47±0.52[b]	9.96±0.43[c]	9.46±0.26[c]	8.39±0.74[c]	7.78±0.54[c]
	Ⅳ	12.57±0.34[b]	12.08±0.75[c]	11.73±0.54[c]	11.61±0.90[cd]	11.03±0.25[c]	10.73±0.63[b]	10.54±0.37[b]	9.99±0.29[ab]	9.21±0.34[b]
	Ⅴ	12.66±0.22[a]	12.21±0.24[bc]	11.87±0.23[b]	11.65±0.24[c]	11.60±0.12[a]	11.08±0.34[a]	10.63±0.41[a]	10.10±0.24[a]	9.53±0.53[a]
	Ⅵ	12.61±0.20[a]	12.30±0.37[b]	11.91±0.46[b]	11.72±0.78[b]	11.63±0.31[a]	11.17±0.44[a]	10.78±0.37[a]	Ne	Ne

注：表中数据为平均值±标准差（$n=3$）；同行标注不同字母的平均值之间差异显著（$P<0.05$）；Ne 表示由于样品腐败故未测定。

表 4-4　不同气体组成及比例包装的罗非鱼片在贮藏过程中 pH 的变化

	1	4	7	10	13	16	19	22	25
Ⅰ	6.49 ± 0.01^{b}	6.35 ± 0.10^{c}	6.29 ± 0.02^{b}	6.16 ± 0.05^{d}	6.23 ± 0.11^{b}	6.27 ± 0.20^{c}	6.31 ± 0.03^{b}	6.35 ± 0.05^{c}	6.41 ± 0.01^{b}
Ⅱ	6.49 ± 0.05^{b}	6.37 ± 0.08^{c}	6.30 ± 0.02^{b}	6.24 ± 0.01^{c}	6.29 ± 0.05^{b}	6.32 ± 0.06^{bc}	6.35 ± 0.10^{b}	6.39 ± 0.07^{b}	6.42 ± 0.02^{b}
Ⅲ	6.50 ± 0.04^{b}	6.46 ± 0.02^{b}	6.41 ± 0.03^{a}	6.29 ± 0.10^{bc}	6.38 ± 0.04^{a}	6.35 ± 0.05^{b}	6.39 ± 0.10^{ab}	6.40 ± 0.08^{b}	6.43 ± 0.06^{b}
Ⅳ	6.54 ± 0.02^{ab}	6.45 ± 0.07^{b}	6.42 ± 0.06^{a}	6.32 ± 0.01^{b}	6.40 ± 0.11^{a}	6.41 ± 0.05^{a}	6.43 ± 0.07^{a}	6.44 ± 0.04^{a}	6.44 ± 0.06^{ab}
Ⅴ	6.57 ± 0.01^{a}	6.52 ± 0.05^{a}	6.44 ± 0.06^{a}	6.38 ± 0.10^{a}	6.40 ± 0.05^{a}	6.42 ± 0.05^{a}	6.44 ± 0.07^{a}	$6.45\pm.0.03^{a}$	6.47 ± 0.03^{a}
Ⅵ	6.59 ± 0.02^{a}	6.54 ± 0.05^{a}	6.45 ± 0.11^{a}	6.40 ± 0.05^{a}	6.43 ± 0.03^{a}	6.43 ± 0.02^{a}	6.46 ± 0.10^{a}	6.47 ± 0.12^{a}	6.49 ± 0.06^{a}

注：表中数据为平均值±标准差（$n=3$）；同列标注不同字母的平均值之间差异显著（$P<0.05$）。

由图 4-3 可知，在贮藏前期各组之间 TVB-N 值相差不大，但第Ⅵ组略高于其他组，原因是在高 CO_2 气调环境下，脱氨进程缓慢。在贮藏后期，各处理组的 TVB-N 值都加快增加。样品的初始 TVB-N 值为 11.20 mg/100 g，前 8d 的增长较缓慢，说明开始阶段鱼样的鲜度变化很小，这也是贮藏初期推荐以 K 值为鲜度指标的原因，只有在贮藏中后期用 TVB-N 值来衡量鲜度才有意义。低浓度 CO_2 第Ⅵ组贮藏 7 d 后上升的趋势明显加快，至第 16 天时已增为 18.59 mg/100 g，第 19 天已经达 20.18 mg/100 g，超出了可接受限值 20.00 mg/100 g。CO_2 含量大于 60%的各组间无明显差异，第 16 天后与 50% CO_2 组相比有明显差异（$P<0.05$），而第 13 天后与第Ⅵ组有极其显著的差异（$P<0.01$）。从图 4-3 中也可看出，CO_2 含量大于 50%组的增长速率与低浓度对照组有着明显的区别。气调第Ⅰ～Ⅴ组，在贮藏 19 天时 TVB-N 在 19～20 mg/100 g，小于 20.00 mg/100 g，鲜度仍可以接受，到第 22 天时 CO_2 含量大于 60%的前 4 组和第 5 组的 TVB-N 值分别为 20.10 mg/100 g 左右和 20.43 mg/100 g，略微超过了可接受限值。对第 22 天的 TVB-N 值进行方差分析，前 5 组与第Ⅵ组差异十分显著（$P<0.01$），说明 CO_2 含量对于 TVB-N 值的变化影响十分显著，且当 $CO_2 \geqslant 50\%$ 时 TVB-N 值增加缓慢，鲜度保持的时间较长。另外，还可以看出当 CO_2 为 60%时，有无氧气对于 TVB-N 值几乎不产生影响，上述结果与细菌总数的变化趋势相似。Banks 等报道，在 4℃下贮藏 5 d，气调包装鲑的 TVB-N 值约为 15 mg/100 g，他们认为气调包装样品在贮藏期间较低的 TVB-值是由于细菌生长受到抑制，或者由于细菌的非蛋白氮物质氧化脱氨能力下降的结果。试验的结果与上述研究结果相似，CO_2 气调包装能有效抑制 TVB-N 值的增加。

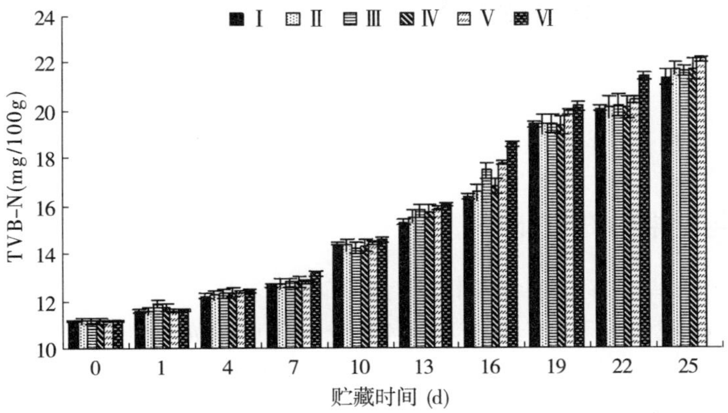

图 4-3 不同气体组成及比例包装的罗非鱼片 TVB-N 的变化

5. 细菌总数的变化

水产品腐败主要表现在某些微生物生长和代谢生成氨、硫化物、醇、醛、酮和有机酸等，产生不良气味和异味，使产品变得在感官上不可接受，而气调包装可延缓微生物的生长繁殖，延长食品的货架期。图 4-4 为不同气体配比下细菌总数的变化，冰温和 CO_2 气调包装可明显抑制鱼肉中细菌的生长。在整个贮藏过程中，6 组鱼样细菌总数的变化趋势大致都是先略有降低然后一直增长。贮藏的前 4 d，细菌总数从初始的 4.7×10^3 CFU/g 降低到（2.1～2.5）$\times10^3$ CFU/g，原因可能是某些微生物在从常温环境突然转到－0.5℃左右的冰温环境中，生长繁殖受到了一定程度的抑制，从而使细菌总数减少。贮藏 4 d 以后，各组都逐渐增加，是由于蛋白质、糖类、脂类逐渐降解为小分子物质，加上鱼体液变为碱性，一部分已适应不良环境的微生物利用小分子物质作为营养来源，不断繁殖，最后导致鱼腐败变质。低 CO_2浓度第Ⅵ组增加幅度较为明显，在第 25 天时达 5.4×10^5CFU/g，比初始增加了约 114 倍，仍没有超过可接受限值（10^6CFU/g）。高 CO_2浓度第Ⅰ组的细菌总数增长最缓慢，第 25 天时才达 2.1×10^5CFU/g，表明高浓度 CO_2对细菌的生长繁殖起到了明显抑制作用，是由于引起鱼类腐败的革兰氏阴性菌对 CO_2具有高度敏感性。由图 4-4 也可看出随着 CO_2浓度的增加，细菌总数的增长越缓慢，对第 25 天的数据进行方差分析，CO_2浓度大于 50%的 5 组细菌总数增长无明显差异。原因可能是高浓度 CO_2有利于革兰氏阳性菌的生长，主要有乳酸菌等，它们通常与腐败菌竞争性的生长，从而 CO_2浓度与抑制细菌的能力并不是一直呈正比。

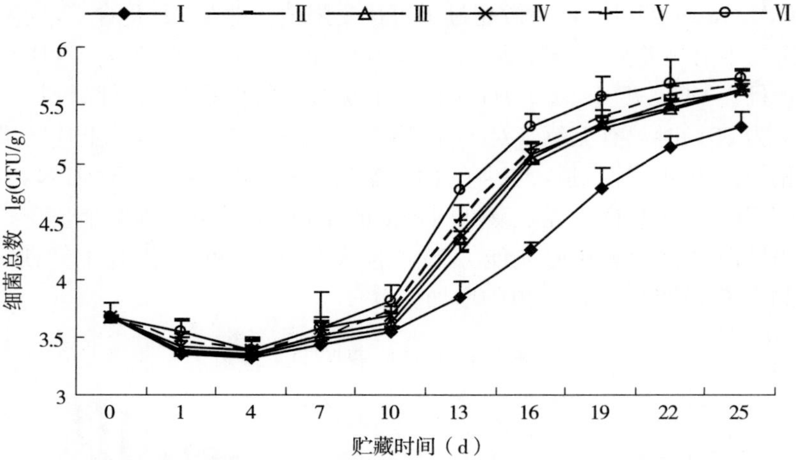

图 4-4 不同气体组成及比例包装的罗非鱼片细菌总数的变化

四、气调包装中的充气比率

充气比率是指气调包装袋中气体体积与样品质量（W）之比，在下面的试验中，将鲜罗非鱼片用臭氧水预处理后，气调包装，各组的充气比率如下：A 为 2∶1；B 为 3∶1；C 为 4∶1；D 为 5∶1。样品包装后置于（−0.7～0 ℃）贮藏。

1. 肉汁渗出率的变化

由图 4-5 可知，在冰温贮藏过程中，5 组样品的肉汁渗出率随贮藏时间的延长均有不同程度升高，对照组的肉汁渗出率从第 4 天开始一直低于气调包装样品的，而且从第 10 天开始显著低于其余 4 组样品的肉汁渗出率（$P<0.05$）。冰温贮藏至第 25 天，对照组样品肉汁渗出率为 3.76%，而 A 组、B 组、C 组和 D 组样品均超过 4.4%。在贮藏期间 A 组、B 组和 C 组 3 组的肉汁渗出率差异不明显，但与 D 组样品的肉汁渗出率相比差异显著，且在第 13 天以后，D 组的肉汁渗出率极显著于 A 组、B 组和 C 组（$P<0.05$）。这表明充气比率在 2∶1～4∶1 时，对罗非鱼片的肉汁渗出率的影响不显著。国内外研究报道显示，在冷藏或微冻贮藏过程中气调包装鲜鱼类肉汁渗出率与在空气中相比会增加。因为

水产品的肉汁渗出率与CO_2含量和浓度有关，溶解于鱼肉中的CO_2能减弱肌肉的持水力，因而在贮藏过程中，气调包装产品的肉汁渗出率高于空气包装组。而且随着充气比率的增大肉汁渗出率也增多，当充气比率为 5：1 时，肉汁渗出率明显高于其他 4 组。

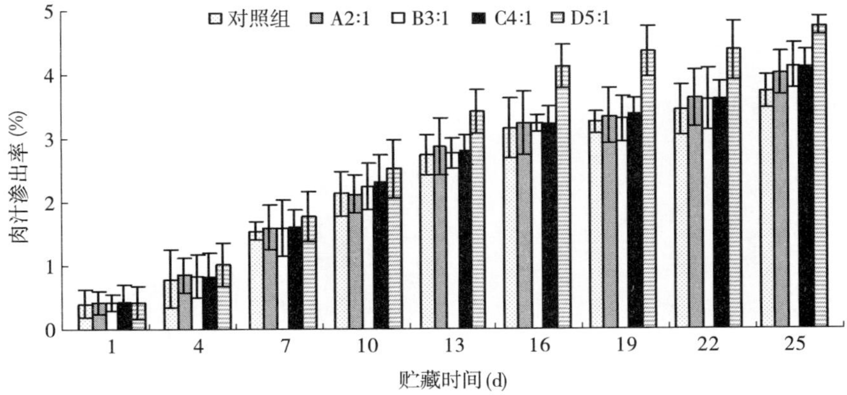

图 4-5　不同充气比率下罗非鱼片肉汁渗出率的变化

2. 色泽的变化

由表 4-5 可知，该试验 5 组样品的 L^* 值在整个贮藏过程中均呈现不同程度的上升趋势，彼此之间存在明显差异（$P<0.05$）。5 组样品的 H^* 值贮藏期间呈现不同程度的增加，4 组不同充气比率的气调包装都与对照组存在明显差异（$P<0.05$），第 16 天以后，依次为对照组＞D 组＞A 组＞B 组≈C 组，可见 B 和 C 组在贮藏后期对罗非鱼片红肉褐变的影响程度最小，试验发现在第 22 天以后，对照（空气）组的肉出现绿色，原因是腐败肉中的细菌代谢产生的硫化氢与肌红但白结合生成绿色的硫代肌红蛋白，使肉色变绿，这种肉已不可食用。随着贮藏时间的延长，5 组样品的 C^* 值均降低，说明随着肉汁渗出液的增加，肌红蛋白也随之流失，使得肉色变淡。此研究过程中观察发现贮藏约 12 d 以后，充气比率在（3～4）：1 时的气调包装虽能明显延长鲜罗非鱼片的鲜度品质，但是红肉色泽开始褐变，而且肉汁渗出率也比普通的空气包装高。虽然气调包装能明显延长罗非鱼片的鲜度品质，但色泽改变和肉汁渗出率增多都将影响产品的商品价。

3. pH 的变化

5 种不同包装处理的罗非鱼片在冰温贮藏过程中 pH 的变化结果见表 4-6。5 种处理的样品在整个贮藏期间 pH 均在 6.25～6.60，因此包装方式对产品 pH 的影响并不明显，但是 5 组的 pH 随着贮藏时间的延长基本呈先下降而后上升的趋势。该试验结论与 Rosnes 研究结论相似，但与吕凯波等冰温气调贮藏黄鳝片的 pH 的变化有区别。

该研究中 5 组样品的 pH 呈下降趋势，是因为：①包装中CO_2在样品表面的溶解；②细菌分解糖类产生的有机酸类物质后又因分解蛋白质产生的胺类等碱性物质又有所上升。总的来说，4 组不同充气比率的气调包装产品在贮藏期间的 pH 差异不明显。

表 4-5　不同充气比率下罗非鱼片色泽测定结果

	组别	1 d	4 d	7 d	10 d	13 d	16 d	19 d	22 d	25 d
L*	对照	44.61±1.13^{b}	46.01±1.10^{a}	49.23±0.18^{a}	49.92±0.76^{a}	51.21±0.91^{a}	52.60±0.18^{a}	52.97±0.67^{a}	53.51±0.30^{a}	54.19±0.66^{a}
	A	43.69±0.62^{d}	42.58±1.24^{d}	43.35±0.46^{d}	44.28±1.07^{c}	45.16±0.68^{e}	44.24±0.58^{d}	45.98±0.67^{c}	46.09±0.35^{e}	47.01±0.74^{d}
	B	45.38±0.31^{a}	41.50±0.61^{e}	44.79±0.75^{b}	45.73±0.86^{b}	46.13±0.76^{c}	45.68±0.32^{c}	45.51±0.59^{d}	46.46±0.42^{d}	47.31±0.80^{c}
	C	42.74±0.15^{e}	43.17±0.61^{c}	44.76±0.29^{b}	43.29±0.90^{d}	45.85±0.39^{d}	46.10±0.78^{b}	45.92±0.96^{c}	47.93±0.83^{b}	46.25±0.46^{e}
	D	44.16±0.46^{c}	45.73±0.41^{b}	44.39±0.79^{c}	43.19±0.34^{e}	46.54±0.48^{b}	44.51±0.61^{e}	46.76±0.53^{b}	47.13±0.54^{c}	48.37±0.51^{b}
H*	对照	0.85±0.13^{b}	0.90±0.41^{b}	0.95±0.32^{a}	1.06±0.13^{c}	1.08±0.12^{b}	2.89±1.44^{a}	2.77±0.82^{a}	3.06±1.46^{a}	4.34±0.76^{a}
	A	0.92±0.23^{a}	0.96±0.22^{a}	0.98±0.65^{a}	1.18±0.53^{a}	1.22±0.55^{a}	1.39±0.34^{c}	1.99±0.19^{c}	2.17±0.76^{c}	2.59±0.88^{b}
	B	0.55±0.07^{d}	0.81±0.17^{c}	0.74±0.11^{c}	0.96±0.12^{d}	1.10±0.34^{b}	1.26±0.61^{d}	1.17±0.58^{e}	1.37±0.51^{e}	1.59±0.17^{d}
	C	0.65±0.22^{c}	0.49±0.21^{d}	0.57±0.09^{d}	0.77±0.45^{e}	1.13±0.26^{b}	1.21±0.49^{e}	1.35±0.66^{d}	1.43±0.42^{d}	1.63±0.51^{d}
	D	0.84±0.79^{b}	0.93±0.33^{ab}	0.89±0.35^{b}	1.12±0.43^{b}	1.23±0.68^{a}	1.59±0.29^{b}	2.08±0.36^{b}	2.34±0.52^{b}	2.47±0.97^{c}
C*	对照	13.72±1.11^{c}	12.56±0.75^{c}	11.81±0.98^{c}	11.17±0.14^{c}	11.60±0.58^{a}	10.57±1.48^{c}	9.49±0.59^{c}	8.67±0.59^{d}	8.04±0.41^{d}
	A	12.54±0.98^{e}	12.09±0.16^{d}	11.80±1.28^{c}	10.8±1.75^{d}	8.80±1.61^{a}	10.89±1.95^{b}	9.50±0.92^{c}	9.82±1.35^{b}	9.04±0.56^{b}
	B	15.13±0.93^{b}	14.57±0.82^{b}	13.68±0.74^{a}	12.65±1.14^{a}	11.58±1.50^{a}	10.10±0.54^{d}	10.76±0.83^{a}	10.05±0.49^{a}	9.64±0.47^{a}
	C	15.31±2.11^{a}	14.73±1.97^{a}	12.71±0.99^{b}	11.60±1.24^{b}	11.63±1.41^{a}	11.22±1.09^{a}	10.22±1.40^{b}	9.97±0.17^{a}	9.49±0.16^{a}
	D	13.26±0.49^{d}	12.12±0.43^{d}	11.73±0.83^{d}	11.38±0.57^{bc}	10.06±0.46^{b}	9.98±0.27^{d}	10.15±0.62^{b}	9.03±0.64^{c}	8.79±0.38^{c}

注：表中为平均±SD（$n=3$）；同一列中具不同字母标记的数表示差异显著（$P<0.05$）。

表 4-6　不同充气比率下罗非鱼片 pH 的变化

	1 d	4 d	7 d	10 d	13 d	16 d	19 d	22 d	25 d
对照	6.44±0.05^{a}	6.50±0.04^{a}	6.42±0.01^{a}	6.45±0.05^{a}	6.44±0.03^{a}	6.51±0.08^{a}	6.57±0.06^{a}	6.57±0.02^{b}	6.53±0.06^{a}
A	6.43±0.02^{a}	6.37±0.01^{a}	6.31±0.07^{a}	6.33±0.12^{a}	6.34±0.05^{a}	6.34±0.07^{ab}	6.35±0.04^{b}	6.35±0.03^{a}	6.37±0.05^{ab}
B	6.44±0.11^{a}	6.36±0.05^{a}	6.30±0.03^{a}	6.32±0.06^{a}	6.33±0.08^{ab}	6.35±0.01^{ab}	6.36±0.02^{bc}	6.39±0.07^{ab}	6.37±0.02^{ab}
C	6.48±0.06^{a}	6.33±0.03^{a}	6.28±0.04^{a}	6.30±0.03^{a}	6.33±0.10^{b}	6.32±0.05^{ab}	6.34±0.11^{bc}	6.35±0.01^{b}	6.36±0.14^{ab}
D	6.48±0.07^{a}	6.31±0.10^{a}	6.27±0.08^{a}	6.31±0.05^{a}	6.32±0.07^{b}	6.35±0.06^{b}	6.35±0.09^{c}	6.36±0.05^{c}	6.36±0.03^{b}

注：表中数据为平均值±标准差（$n=3$）；同列标注不同字母的平均值之间差异显著（$P<0.05$）。

4. TBA 值的变化

脂肪氧化降解产物丙二醛（MAD）与 TBA 反应生成稳定的红色复合物，在国际上已被广泛用于测定含脂类食品，特别是肉类制品的氧化酸败程度。据 Alasalvar 的研究，TBA 值可以评价所有鱼类在贮藏过程中的质量变化情况。TBA 值以样品中不饱和脂肪酸氧化产生的丙二醛的含量表示。由于鱼肉组织中含有多不饱和脂肪酸和大量的促氧化剂，所以既可作为鱼片的脂肪氧化指标，也可以反映鱼片鲜度变化。但不同样品因脂肪含量及脂肪中不饱和脂肪酸含量不同，其反映鲜度水平的标准也不同。

如图 4-6 显示，可能是由于罗非鱼属于低脂鱼，5 种处理的鲜罗非鱼片的初始 TBA 值都非常小，从第 5 天开始，对照组与其余 4 组差异显著（$P<0.05$），在整个贮藏过程中 4 组不同充气比率的样品之间差异不明显，在第 19 天之前冰温气调贮藏过程中 TBA 值变化较缓慢，这表明鲜罗非鱼片在第 19 天之前脂肪几乎没有氧化酸败，在第 25 天时对照组的 TBA 值达到 0.57 mg/kg，其余 4 组约为 0.45 mg/kg，说明不同充气比率的气调包装均对脂肪氧化酸败有减缓作用，但没有显著差异。

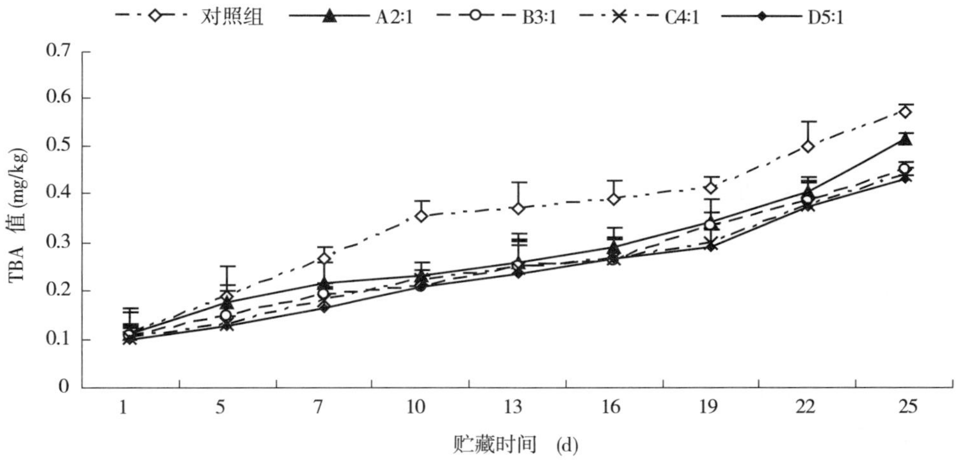

图 4-6　不同充气比率下罗非鱼片冰温贮藏期间 TBA 值的变化

5. TVB-N 值的变化

由图 4-7 可以看出，在冰温贮藏期间，5 组样品的 TVB-N 值均有不同程度上升。贮藏期间对照组样品的 TVB-N 值一直高于 A 组、B 组、C 组和 D 组，贮藏至第 4 天时，对照组与 B 组、C 组和 D 组 3 组气调包装样品的 TVB-N 值差异比较明显（$P<0.05$），在贮藏 19 d 后 TVB-N 值已达到 20.23 mg/100 g；A 组在贮藏期间，TVB-N 值一直略高于其他 3 种气调包装样品，到第 19 天时 TVB-N 值达到 20.47 mg/100 g，而充气比率≥3∶1 的 3 组气调包装的 TVB-N 值增长缓慢，第 19 天时均大约为 19.30 mg/100 g。根据 GB 2733—2055 中的规定（TVB-N≤20 mg/100 g），得出对照空气包装样品的货架期约为 16 d，充气比率≥3∶1 的 3 种气调包装样品的货架期可达 19～22 d。

6. 菌落总数和嗜冷菌数的变化

观察菌落总数和嗜冷菌的变化来评价不同充气比率对冰温贮藏的罗非鱼片中微生物生

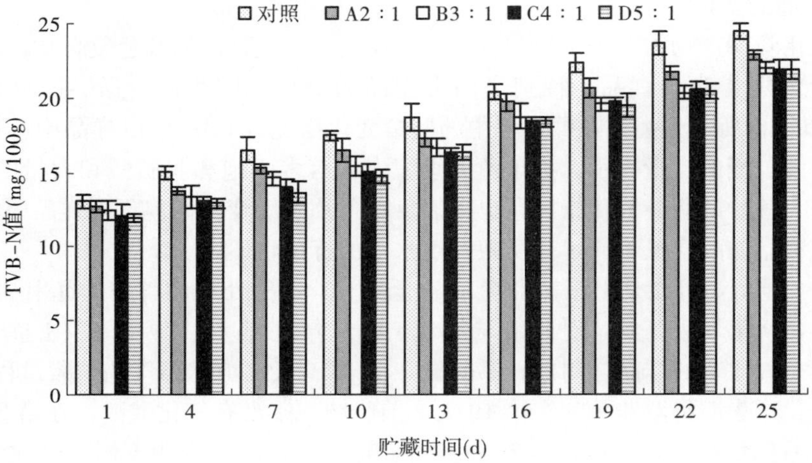

图 4-7 不同充气比率下罗非鱼片 TVB-N 值的变化

长的抑制效果。由图 4-8 和图 4-9 可看出，在冰温条件下不同充气比率的气调包装的保鲜优势在贮藏中后期越来越明显，能明显抑制微生物的生长繁殖。贮藏第 1 天时，5 组处理样品的细菌菌落总数和嗜冷菌数均没有显著差异。4 组气调包装样品在整个贮藏期间的嗜冷菌随贮藏时间的延长而增加，与菌落总数变化有所差异。A 组在前 7 d 的细菌总数减少，之后开始增加，到第 22 天时细菌菌落总数和嗜冷菌数分别为 4.7×10^6 和 9.4×10^5 CFU/g。B 组、C 组和 D 组气调包装处理的细菌总数第 13 天前有所减少，之后开始缓慢增加，并且从第 7 天开始，这 3 组处理菌落总数和嗜冷菌与对照相比差异显著（$P<0.05$）。在整个贮藏期间，对照产品中的菌落总数和嗜冷菌数都随着贮藏时间的延长而增长，至第 16 天菌落总数和嗜冷菌数分别达到 2.1×10^6 CFU/g 和 1.9×10^6 CFU/g；而 B 组、C 组和 D 组气调包装样品在整个贮藏期间细菌菌落总数和嗜冷菌数均未超过高品质水产品可接受的限 10^6 CFU/g，表明当充气比率≥3：1 时抑菌效果无显著差异。

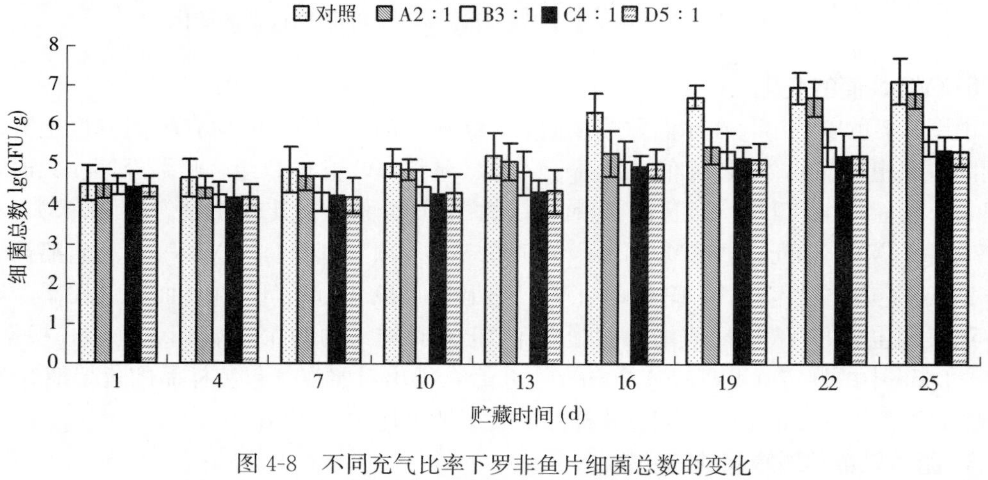

图 4-8 不同充气比率下罗非鱼片细菌总数的变化

（气体组成为 60% CO_2+40% N_2，以下同）

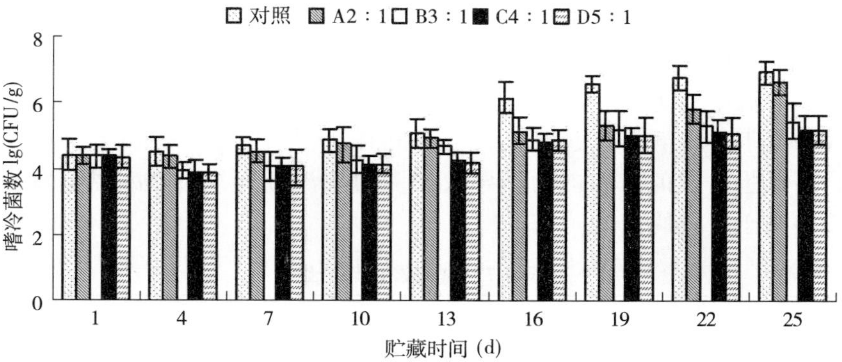

图 4-9　不同充气比率下罗非鱼片嗜冷菌的变化

试验中不同充气比率的气调包装样品中的细菌总数在开始时有所减少之后又增加，是因为冰温可有效抑制微生物的生长，冰温条件下，水分子呈有序状态排布，可供微生物利用的自由水含量大大降低。同时 CO_2 通过延长腐败细菌生长阶段中的滞后期和传代时间来抑制水产品中需氧菌的活性，从而降低生长速度，达到延缓腐败的效果，使得在罗非鱼养殖环境中优势菌的生长繁殖在冰温以及高浓度的 CO_2（≥50%）贮藏环境下得到抑制。在贮藏过程中，气调包装袋内的 CO_2 气体可抑制在空气中生长的腐败细菌如假单胞菌（*Pseudomonas*）和希瓦式菌（*Shewanella putrefaciens*）的生长，而 CO_2 耐受菌如乳杆菌（*Lactobacillus* spp.）、明亮发光杆菌（*PHotobacterium phosphoreum*）、热杀索丝菌（*Brochothrix thermosphacta*）以及嗜冷菌如李斯特菌、变形杆菌等则成为优势腐败菌。国外学者研究指出，细菌数达到 10^7 CFU/g 或更高时有难闻的气味和味道产生，即鱼类已腐败变质。以细菌菌落总数 10^6 CFU/g 作为人们消费高品质鱼类可接受的限制指标，对照产品的货架期约为 16 d，充气比率≥3∶1 的气调包装产品则远超过 25 d。研究结果与 Sivertsvik 等研究大西洋鲑鱼片气调保鲜技术中的微生物数量变化的结果相似。

五、气调包装的顶隙气体 CO_2 的变化

1. 不同温度下不同 CO_2 比例的包装中 CO_2 浓度与鱼肉 pH 的动态变化

测定 3 种不同气体配比的罗非鱼片气调包装在 4 ℃和（−0.5±0.2）℃贮藏期间，袋内顶隙气体和鱼肉 pH 的动态变化（试验设计与分组见表 4-7）。测定结果见图 4-10 和图 4-11。由图 4-10 看出，冷藏对照组 1 的 CO_2 浓度到第 9 天时由 0 升到了 15.8%，说明微生物生长活跃，冰温的对照组 2 到第 12 天时才升至 14.07%，说明冰温比冷藏更好抑制微生物的生长。6 组气调包装的 CO_2 在贮藏的最初 6～9 d 都快速下降，到第 9 天时，ⅰ组和Ⅰ组比初始下降了约 28.52%，ⅱ组和Ⅱ组下降了约 26.67%，ⅲ组和Ⅲ组下降约 25.98%，随后下降开始缓慢，达到相对平稳。这是由于罗非鱼肌肉中含有 80%的水分，CO_2 在水中有较大的溶解度，贮藏初期 CO_2 被鱼体表面迅速吸收，导致袋中 CO_2 浓度快速下降。而后，鱼体表面对 CO_2 的吸收减少并趋于饱和，使袋中 CO_2 的浓度下降缓慢，趋于平稳。这也说明浓度越大下降速率稍快。从图 4-10 也可以看出，在

冰温下初始 CO_2 为 60%的包装袋内第 20 天时浓度降至 37.43%，而冷藏的才降至 41.38%，冰温下初始浓度为 50%到第 20 天降至 31.52%，冷藏的降至 34.34%，同一浓度的包装在冰温中 CO_2 下降的要比冷藏的稍快，因为随着温度的降低 CO_2 溶解度会增大，所以在冰温下 CO_2 下降得更快。Parkin 等的试验表明，过高含量的 CO_2 溶于鲜鱼肌肉表面，会降低蛋白质的持水能力，导致较多的液汁流失，因此冰温下罗非鱼片的肉汁渗出率要略高于冷藏的。

表 4-7　试验设计与分组

样品	气体组分	温度（℃）
对照 1	空气	4
Ⅰ	70% CO_2+30% N_2	4
Ⅱ	60% CO_2+40% N_2	4
Ⅲ	50% CO_2+50% N_2	4
对照 2	空气	−0.7～0
ⅰ	70% CO_2+30% N_2	−0.7～0
ⅱ	60% CO_2+40% N_2	−0.7～0
ⅲ	50% CO_2+50% N_2	−0.7～0

注：气体体积（V）与鱼片重量（W）之比为 3∶1。

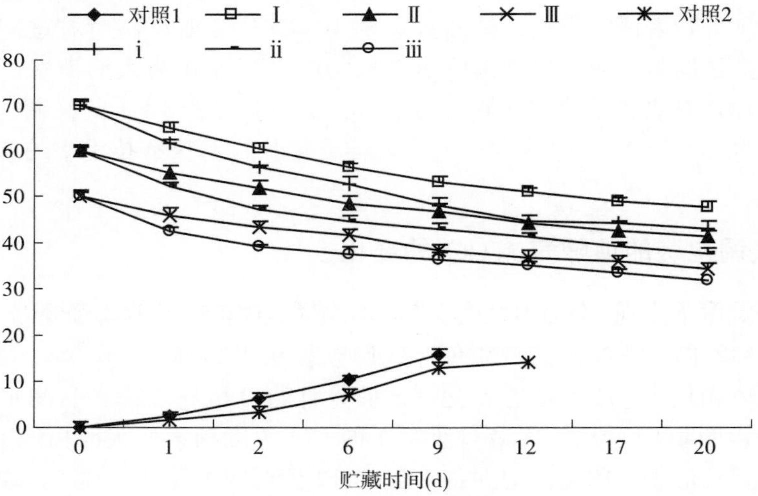

图 4-10　不同包装方式及温度下罗非鱼贮藏期间袋内 CO_2 的变化

Pedrosa-Menadrito 和 Regenstein 认为，40%～60% CO_2 气体能有效地保持鱼的新鲜度。Stammen 和 Gerdes 研究表明，CO_2 浓度至少保持在 25%以上，才能有效抑制水产品中微生物的活动。试验也发现，CO_2 浓度为 70%的贮藏罗非鱼片无论从外观色泽，还是从液汁损失来看，都不及 60%和 50%的理想。CO_2 浓度为 50%或 60%时，在贮藏期间始终保持在25%以上，有较好的抑菌效果。因此，罗非鱼片宜采用50%～60% CO_2作为气调包装的CO_2比例，验证了前述关于气调包装中的充气比率的结论的可行性。

从图4-11中看出，同一浓度CO_2包装的鱼片在冰温下贮藏的pH要比冷藏增长缓慢，CO_2浓度越高pH增长也越慢，除了对照1组，其他7组在贮藏最初的2d内，肌肉pH有不同程度下降，到第2天时，冷藏气调包装的3组鱼肉pH从最初的6.56下降为6.45左右，随后pH开始增加。而冰温气调包装的3组鱼肉在第6天时才降到最低值6.39左右，然后缓慢上升。试验所得出的CO_2气体的动态变化结果也显示了CO_2气体组分比例在贮藏的最初4～6 d迅速下降，与pH在贮藏的最初几天显示迅速下降的趋势一致。一方面是因为鱼死后，肌肉糖原开始无氧酵解，随着糖原酵解，肌肉pH下降，因为糖原酵解反应所产生的是乳酸离子和ATP，ATP在ATP酶的作用下分解产生的H^+使pH下降。另一方面说明了CO_2在贮藏的最初2d内被鱼体迅速吸收，而且鱼体肌肉表面吸收得更多。CO_2被鱼体表面吸收后，水解生成碳酸，酸化肌肉，导致pH下降。2d后pH开始逐渐有所上升，这是由于蛋白质分解及细菌逐渐开始活动，产生了碱性物质。由于CO_2在鱼体中的溶解是一个由表面向体内逐步渗透的过程，鱼体表面吸收了更多的CO_2，抑制了微生物的生长和某些革兰氏阴性需氧菌的繁殖，减少了由于腐败而产生的碱性物质。因此，在整个贮藏期间，冰温比冷藏更有利于抑制微生物的生长，同一温度下不同CO_2浓度的组别pH差异不明显。

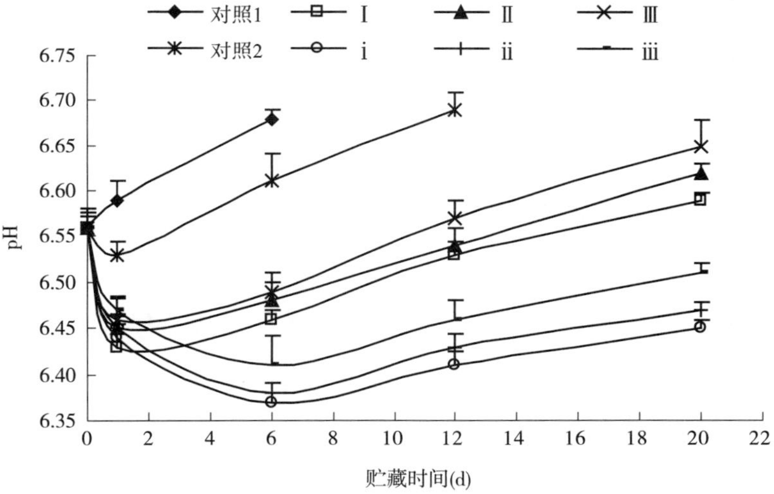

图4-11 不同包装方式及温度下罗非鱼贮藏期间pH的变化

2. 不同温度下不同充气比率的包装中CO_2浓度与鱼肉pH的动态变化

采用气体体积：鱼片重量（V：W）为2：1、3：1、4：1的比例，贮藏温度为4 ℃和（−0.5±0.2）℃，试验设计与分组见表4-8。鱼体对CO_2的吸收量与鱼体的表面积有关，而吸收量的大小对气调包装内样品的贮藏效果有直接的影响。Laura等建议气调包装鱼肉时，V：W以（2～3）：1为宜，至少为2：1。试验测定了罗非鱼片气调包装（60% CO_2＋40% N_2）在贮藏期间CO_2的动态变化，并以空气包装样品为对照。测定结果如图4-12、图4-13所示。

表 4-8　试验设计与分组

样品	充气比率（V∶W）	气体组分	温度（℃）
对照 1		空气	4
Ⅳ	2∶1	60% CO_2+40%N_2	4
Ⅴ	3∶1	60% CO_2+40%N_2	4
Ⅵ	4∶1	60% CO_2+40%N_2	4
对照 2		空气	−0.7～0
ⅳ	2∶1	60% CO_2+40%N_2	−0.7～0
ⅴ	3∶1	60% CO_2+40%N_2	−0.7～0
ⅵ	4∶1	60% CO_2+40%N_2	−0.7～0

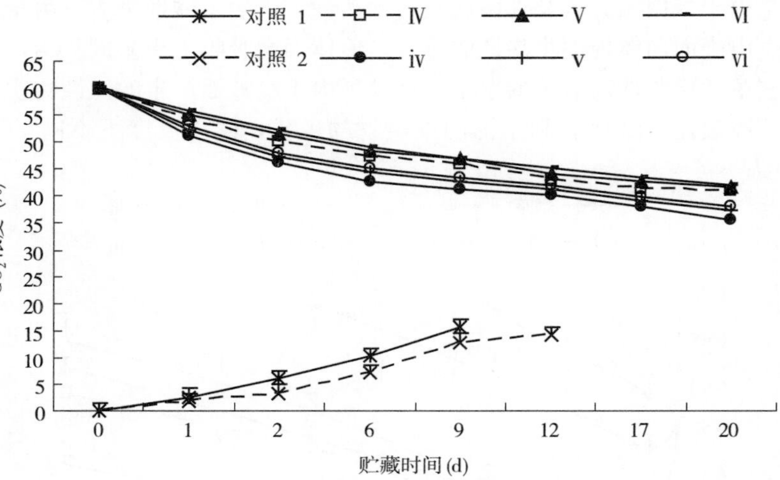

图 4-12　不同充气比率和温度下罗非鱼在贮藏期间袋内 CO_2 的变化

由图 4-12 看出，冷藏气调包装袋内的 CO_2 在贮藏的最初 2d 内快速下降至 50%左右，随后下降变缓，达到相对平稳，在贮藏期间始终保持在 40%以上；冰温气调包装袋内的 CO_2 在贮藏的最初 6 d 内快速下降至 44%左右，随后下降开始缓慢，达到相对平稳，在贮藏期间始终保持在 35%以上。有人认为 CO_2 气体在 40%～60%能有效地保持鱼的新鲜度。也有研究表明，CO_2 浓度在贮藏期间至少应保持在 25%以上，才能有效抑制水产品中微生物的活动。试验中 CO_2 浓度在贮藏期间始终在 35%以上，说明当 CO_2 浓度为 60%时气体比率在 2∶1 以上可抑制某些微生物的生长，有较好的贮藏效果。而空气对照组在冰温贮藏期间，CO_2 浓度从最初期的 0 上升至 15%左右，说明微生物生长活跃。

从图 4-13 看出，冷藏对照组 1 的 pH 基本没有下降，冰温对照组前 2d 有所下降随后上升，这是由于蛋白质分解及细菌逐渐开始活动，产生了碱性物质，说明冰温能有效抑制微生物繁殖。同一温度下，不同气体比率之间的鱼肉 pH 无明显差异，但同一充气比率下，冰温组与冷藏组存在明显差异（$P<0.05$），气体比率 V/W 为（2～4）∶1 时在贮藏

期间都能保证 CO_2 浓度在 25%以上，这与上一个试验中结论相似，即冰温比冷藏更有利于抑制微生物的生长，同一温度下不同 CO_2 浓度组的鱼肉 pH 差异不明显。

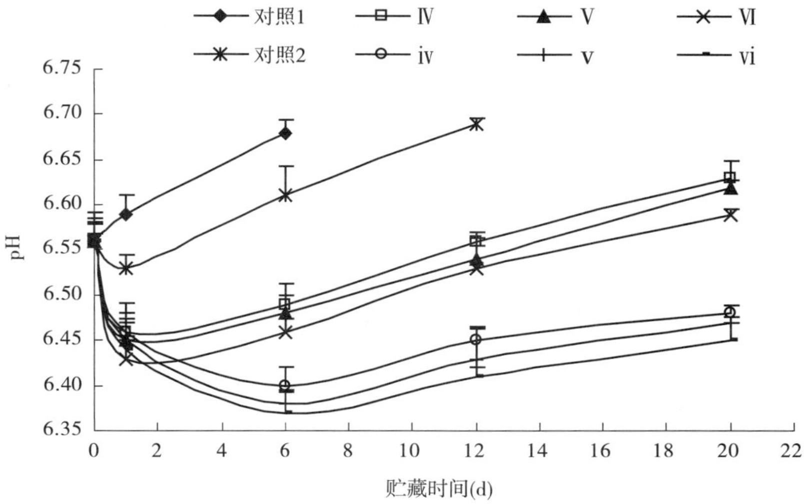

图 4-13 不同充气比率及温度下罗非鱼贮藏期间 pH 的变化

六、护色处理技术

色泽是人们用来衡量食品品质的重要因素之一，对肉制品来讲，肌肉中的肌红蛋白以两种形式存在：与氧结合形成鲜红色的氧合型肌红蛋白，不与氧结合时成暗红色脱氧合肌红蛋白，当肌肉组织暴露于空气中以后，肌红蛋白自动氧化生成暗褐色的高铁肌红蛋白(MetMb)。肌红蛋白血红素辅基中的 Fe^{3+} 会催化肉组织中脂肪的氧化，而脂肪氧化过程中产生的自由基中间产物会破坏肌红蛋白，致使鱼肉发生表面褐变。为了抑制鱼肉的脂肪氧化和表面褐变，一般可采取两种措施：一是抑制肉中亚铁型肌红蛋白向 MetMb 转化，阻止脂肪氧化的催化剂 Fe^{3+} 的产生；二是使用抗氧化剂对鱼肉进行处理，通过抑制脂肪氧化来减少自由基的生成，使受自由基破坏而生成的 MetMb 量减少。

鲜罗非鱼片分别采用 6 种护色处理方式，如表 4-9 所示，所有包装样品均放置在低温培养箱中贮藏，温度为−0.7～0 ℃，试找出合适的护色方案。

表 4-9 试验设计与分组

组别	Ⅰ	Ⅱ	Ⅲ	Ⅳ	Ⅴ	对照
包装气体	60% CO_2 39% N_2	60% CO_2 30% N_2	60% CO_2 40% N_2			
护色处理	1% CO	10% O_2	0.6 g/kg 植酸	0.8 g/kg 异 V_C 钠	0.3 g/kg 植酸+ 0.8 g/kg 异 V_C 钠	无

1. pH

如图 4-14 所示，在贮藏的前 4 d，各组样品的 pH 都下降，这可能由于鱼体死后，肌糖原开始无氧酵解形成乳酸以及其他生化途径产生酸类物质，使 pH 逐步下降。从第 4 天开始，所有包装组样品的 pH 逐步回升，这是由于细菌活动产生碱性物质的结果。从图中也可看出Ⅰ组、Ⅱ组的 pH 与对照组在整个贮藏期间无明显差异（$P>0.05$），说明充入 CO 或 O_2对 pH 影响不大。Ⅳ组的 pH 比其他 5 组略高，可能是因为异 VC 钠偏碱性，使得鱼片浸泡后 pH 升高。Ⅲ组、Ⅴ组的鱼肉 pH 比其他 3 组低，这可能是因为植酸是强酸性的，与异 VC 钠混合后仍偏酸性，使得鱼肉 pH 降低，因此，Ⅰ组、Ⅱ组对鱼肉 pH 影响相对较少。

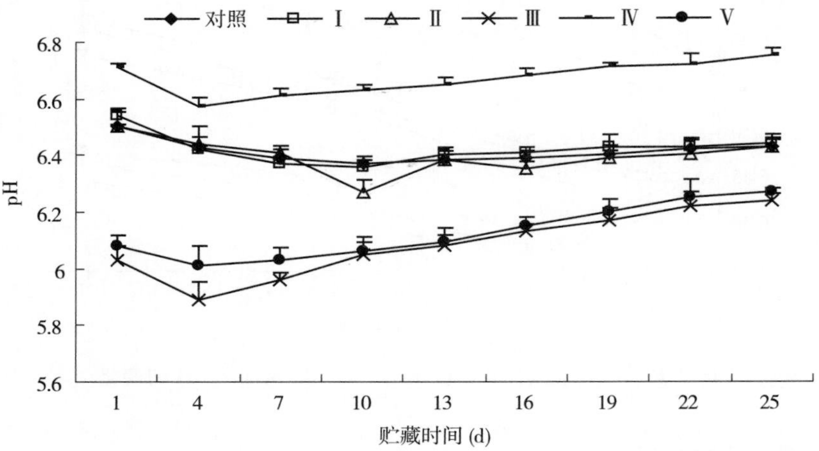

图 4-14　不同处理下罗非鱼 pH 的变化

2. 色差值

由表 4-10 可知，对照组的 a* 值和 C* 值在前 7 d 下降较缓慢，但随后迅速下降，H* 值在前 7d 上升较缓慢，之后迅速增加，可能是有一部分 CO_2溶解于鱼肉中形成碳酸，使 pH 下降造成肉表面的一些肌原纤维变性，汁液损失增大所致；Ⅰ组的色泽整个贮藏期内均保持鲜红，a* 值和 C* 值始终保持在较高水平，在后期还有所上升，H* 值保持较低水平，在后期略有下降，因为 CO 与肌红蛋白（Mb）结合形成非常稳定的樱桃红色的一氧化碳肌红蛋白（COMb），不易再被氧化，所以整个贮藏期间鱼片可保持鲜红色。Ⅱ组的罗非鱼片在前 7 d 色泽红润，因为 Mb 被氧化为氧合肌红蛋白（MbO_2）。MbO_2有较好的亮红色，但随着贮藏时间的延长，特别是到了第 19 天，其 a* 值、H* 值和 C* 值急剧劣变，这是由于肌红蛋白中 Fe^{2+} 向 Fe^{3+} 转化，Fe^{3+} 会催化肉组织中脂肪的氧化，使肌红蛋白几乎全部被氧化成 MetMb，而 MetMb 是暗红或者浅红色的；第Ⅲ组、第Ⅳ组、第Ⅴ组在整个贮藏期内 a* 值、H* 值和 C* 值无明显差异，说明这 3 组的护色效果相似，在前 9d 与对照组无明显差异，第 10 天以后 a* 值略高于对照组。在初期第Ⅰ组、第Ⅱ组护色效果都可以，但在贮藏中后期，第Ⅰ组明显好于第Ⅱ组，因 CO 与 Mb 具有强结合能力，其结合产物 COMb 较 MbO_2更难氧化，故低浓度的 CO 即可赋予肉制品鲜亮的红色，通常空气中含有 CO 浓度为 1%～5%即可明显减少肉制品中 MetMb 的含量。在贮藏期结束时，6 组罗非鱼片的 a* 值和 C* 值从大到小依次为第Ⅰ组>第Ⅲ组、第Ⅳ组、第Ⅴ组>对照组>第Ⅱ组；H* 值从小到大依次为第Ⅰ组<第Ⅲ组、第Ⅳ组、第Ⅴ组<对照组<第Ⅱ组。因此，5 种处理方法中，气调包装时充入 1% CO 的护色效果最好。

表 4-10　不同处理对罗非鱼肉色泽测定结果

项目	组别	1d	4d	7d	10d	13d	16d	19d	22d	25d
a*	对照	11.13±0.03^{c}	10.53±0.02^{b}	9.4±0.06^{d}	7.04±0.05^{d}	6.83±0.05^{c}	6.39±0.02^{c}	6.32±0.01^{b}	5.54±0.04^{b}	4.69±0.06^{c}
	Ⅰ	11.85±0.01^{a}	12.06±0.13^{a}	12.43±0.05^{a}	12.51±0.14^{a}	12.64±0.05^{a}	12.59±0.04^{a}	12.76±0.24^{a}	13.06±0.20^{a}	12.89±0.12^{a}
	Ⅱ	11.98±0.05^{a}	11.79±0.31^{a}	11.16±0.05^{b}	9.03±0.03^{b}	8.49±0.04^{b}	7.96±0.05^{b}	6.31±0.07^{b}	4.83±0.12^{c}	4..30±0.26^{d}
	Ⅲ	11.23±0.03^{b}	10.13±0.05^{c}	9.03±0.12^{c}	8.34±0.35^{c}	7.06±0.26^{c}	5.86±0.05^{d}	5.64±0.18^{c}	5.24±0.17^{b}	5.03±0.12^{b}
	Ⅳ	11.23±0.03^{b}	10.08±0.32^{c}	9.05±0.04^{c}	8.62±0.09^{c}	6.99±0.22^{c}	5.85±0.16^{d}	5.73±0.02^{c}	5.31±0.05^{b}	5.12±0.07^{b}
	Ⅴ	11.20±0.06^{b}	10.23±0.05^{b}	9.13±0.25^{c}	8.31±0.46^{c}	7.11±0.33^{c}	6.04±0.23^{d}	5.75±0.19^{c}	5.41±0.22^{b}	5.23±0.29^{b}
H*	对照	0.37±0.01^{a}	0.51±0.02^{c}	0.67±0.01^{c}	0.85±0.13^{d}	0.95±0.02^{c}	1.12±0.05^{b}	1.43±0.04^{b}	1.58±0.03^{bc}	1.84±0.04^{c}
	Ⅰ	0.37±0.33^{a}	0.35±0.21^{a}	0.35±0.02^{a}	0.32±0.21^{a}	0.31±0.03^{a}	0.30±0.24^{a}	0.32±0.12^{a}	0.34±0.04^{a}	0.35±0.03^{a}
	Ⅱ	0.39±0.05^{a}	0.40±0.11^{b}	0.42±0.05^{b}	0.76±0.13^{b}	1.31±0.06^{d}	1.38±0.23^{c}	1.42±0.18^{b}	1.62±0.14^{c}	1.93±0.21
	Ⅲ	0.38±0.01^{a}	0.49±0.10^{c}	0.64±0.06^{c}	0.79±0.18^{c}	0.90±0.23^{b}	1.10±0.24^{b}	1.42±0.13^{b}	1.53±0.18^{b}	1.72±0.21^{b}
	Ⅳ	0.37±0.05^{a}	0.48±0.09^{c}	0.65±0.11^{c}	0.8±0.06^{c}	0.89±0.07^{b}	1.10±0.05^{b}	1.41±0.04^{b}	1.56±0.12^{b}	1.74±0.06^{b}
	Ⅴ	0.39±0.03^{a}	0.49±0.04^{c}	0.65±0.16^{c}	0.79±0.13^{c}	0.91±0.21^{b}	1.11±0.13^{b}	1.39±0.18^{b}	1.54±0.07^{b}	1.73±0.03^{b}
C*	对照	12.57±0.15^{a}	12.08±0.09^{a}	11.83±0.11^{a}	11.11±0.10^{a}	11.03±0.17^{a}	10.73±0.13^{b}	10.54±0.08^{b}	9.99±0.11^{b}	9.21±0.09^{b}
	Ⅰ	12.49±0.12^{a}	12.62±0.14^{b}	12.68±0.15^{b}	12.77±0.11^{d}	12.79±0.10^{c}	12.83±0.09^{d}	12.80±0.13^{c}	12.77±0.15^{c}	12.75±0.11^{d}
	Ⅱ	12.62±0.08^{a}	13.23±0.01^{c}	13.18±0.06^{c}	11.89±0.16^{b}	11.47±0.08^{b}	9.96±0.14^{a}	8.56±0.11^{a}	8.39±0.08^{a}	7.78±0.02^{a}
	Ⅲ	12.52±0.13^{a}	12.19±0.05^{a}	12.01±0.04^{a}	11.87±0.10^{bc}	11.43±0.29^{b}	11.03±0.16^{c}	10.36±0.07^{b}	10.03±0.01^{b}	9.76±0.05^{c}
	Ⅳ	12.49±0.03^{a}	12.18±0.04^{a}	11.99±0.05^{a}	11.80±0.03^{b}	11.44±0.07^{b}	10.99±0.11^{c}	10.41±0.22^{b}	10.08±0.19^{b}	9.72±0.08^{c}
	Ⅴ	12.51±0.11^{a}	12.21±0.08^{a}	12.04±0.14^{a}	11.83±0.06^{b}	11.45±0.13^{b}	11.02±0.09^{c}	10.38±0.10^{b}	10.06±0.05^{b}	9.75±0.06^{c}

注：表中数据为平均值±标准差（$n=3$）；同列标注不同字母的平均值之间差异显著（$P<0.05$）。

表 4-11 不同处理的罗非鱼片在贮藏过程中的感官评分

项目	组别	0d	4d	7d	10d	13d	16d	19d	22d	25d
气味	对照	10	9.9±0.21	9.3±0.02	8.8±0.03	8.6±0.16	8.3±0.25	8±0.36	7.8±0.12	7.5±0.25
	Ⅰ	10	9.9±0.06	9.4±0.15	8.9±0.21	8.5±0.08	8.2±0.16	8±0.15	7.7±0.26	7.4±0.25
	Ⅱ	10	9.9±0.26	9.3±0.25	8.7±0.15	8.4±0.36	8±0.24	7.4±0.26	6.8±0.18	6.3±0.02
	Ⅲ	10	9.3±0.13	9.1±0.15	8.7±0.26	8.6±0.14	8.2±0.14	7.9±0.16	7.7±0.11	7.4±0.31
	Ⅳ	10	9.7±0.33	9.5±0.22	8.8±0.16	8.7±0.24	8.4±0.16	8.1±0.23	7.8±0.16	7.5±0.18
	Ⅴ	10	9.5±0.11	9.3±0.16	8.6±0.22	8.5±0.14	8.3±0.25	8±0.14	7.8±0.11	7.3±0.06
色泽	对照	10	9.9±0.24	9±0.16	8.4±0.25	8±0.14	7.4±0.14	6.5±0.11	5.6±0.23	4.8±0.28
	Ⅰ	10	10±0.13	9.8±0.26	9.6±0.42	9.6±0.35	9.4±0.17	9±0.42	8.5±0.14	7.8±0.19
	Ⅱ	10	10±0.17	9.8±0.13	9.5±0.22	8.4±0.24	7.2±0.10	6.1±0.20	5.3±0.17	4.3±0.34
	Ⅲ	10	9.7±0.31	9.3±0.09	8.5±0.28	8.2±0.21	7.7±0.14	6.3±0.26	5.3±0.18	4.7±0.31
	Ⅳ	10	9.8±0.24	9.4±0.23	8.7±0.16	8.3±0.26	7.6±0.33	6.4±0.28	5.4±0.19	4.6±0.31
	Ⅴ	10	9.6±0.17	9.4±0.19	8.6±0.21	8.3±0.31	7.5±0.37	6.2±0.24	5.2±0.16	4.6±0.22
弹性	对照	10	9.9±0.18	9±0.17	8±0.24	7.2±0.16	6.5±0.24	6±0.16	5.5±0.27	5.1±0.61
	Ⅰ	10	9.9±0.13	9.1±0.14	8.2±0.13	7.3±0.24	6.6±0.32	6±0.26	5.6±0.24	5.1±0.13
	Ⅱ	10	9.9±0.24	9.1±0.23	8±0.14	7.2±0.21	6.6±0.27	6.1±0.11	5.5±0.21	5.1±0.05
	Ⅲ	10	9.9±0.17	9.2±0.21	8.1±0.12	7±0.16	6.4±0.12	5.8±0.25	5.3±0.21	4.7±0.15
	Ⅳ	10	9.9±0.22	9.2±0.24	8.3±0.23	7.3±0.24	6.6±0.15	6±0.10	5.5±0.46	5.1±0.13
	Ⅴ	10	9.9±0.13	9±0.31	8.2±0.26	7±0.41	6.4±0.52	5.9±0.23	5.2±0.22	4.9±0.13

注：表中数据为平均值±标准差（$n=3$）。

3. 感官评定

从表 4-11 中可知，色泽的评分基本与色差值的规律一致，第Ⅰ组、第Ⅱ组在前 10 d 色泽鲜红，无明显差异，之后第Ⅰ组仍色泽鲜亮，但第Ⅱ组肉色迅速褐变与其他 4 组无差异；6 组的弹性在整个贮藏期间无明显差异（$P>0.05$），但是第Ⅲ组、第Ⅴ组的鱼肉在 13 d 后略差于其他 4 组，可能是 pH 低于其他组，使得肌肉纤维结构发生变化；在前 4 d，第Ⅲ～Ⅴ组的气味与其他 3 组差异明显（$P<0.05$），可能是因为异 Vc 钠、植酸特殊的气味造成，之后，对照组与第Ⅰ组、第Ⅲ组、第Ⅳ组、第Ⅴ组无明显差异；而第Ⅱ组自第 13 天后与其他 5 组有明显差异（$P<0.05$），可能是贮藏后期包装中的 O_2 加速了鱼肉发生氧化酸败。根据 pH、色差值、感官评定的综合比较，充入 1% CO 的护色效果最稳定，并且操作方便。

第二节 鲜罗非鱼片在冰温气调保鲜过程中优势腐败菌菌相分析

鱼类等水产品腐败主要是微生物生长活动的结果。近来相关研究表明，大多数情况下鱼体所含微生物中只有部分微生物能耐受该保藏条件并参与腐败过程，这些适合生存和繁殖并产生腐败臭味和异味代谢产物的微生物，就是该产品的特定腐败菌（specific spoilage organisms，SSO）。因此，鉴定并分析产品的 SSO 对鱼类贮藏过程中品质变化以及货架期预测有重要的关系。

不论水产品初始微生物如何分布，不论在贮藏过程中其动态变化有多么复杂，只要贮藏内外环境条件确定了，通过分析鉴定出接近腐败终点时所蓄积的优势腐败菌便可快速地推知适应该种保鲜条件下产品的微生物种类，同时也减轻了工作量。然而目前对水产品腐败微生物菌相组成鉴定的方法大多是采用形态学、选择性培养基或者传统生理生化试验来进行分析。传统的鉴定方法烦琐且重现性不高，容易出现误判的情况，具有一定的局限性与盲目性，不一定能真实反映样品实际微生物多样性。鉴于此，研究采用一种新型 PCR-DGGE 技术分离不同微生物 16*S* rDNA 序列，探讨冰温气调贮藏罗非鱼片腐败终点微生物多样性分布，以期为研究水产品贮藏过程微生物群落分布提供新的解决思路与方法，从而更好地为预测冰温气调包装罗非鱼片货架期奠定基础。

一、腐败样品生化指标

将样品装入气调包装袋中充气包装后置于冰温（−0.7～0 ℃）下贮藏。每隔数天取样观察，通过感官（气味、色泽、弹性）、菌落总数及 TVB-N 值判定样品腐败终点。接近或达到腐败终点后，3 组样品每组各取 2 个重复进行后续试验，编号为：A1、A2、B1、B2、C1、C2。

虽然试验各组样品为不同批次产品，由于来自相同的养殖场所与加工步骤，初始菌落及 TVB-N 值差别不大。根据相关标准与研究文献，淡水鱼菌落总数及 TVB-N 值的可接受限值分别为 10^6 CFU/g、20 mg/100 g，从表 4-12 中可知，第 30 天时各样品菌落总数与

TVB-N 值均超过规定限值，可认定已达到腐败终点。

表 4-12　初始样品与腐败终点样品部分理化指标对比

样品分组	测定指标			
	初始（0 d）		腐败终点（30 d）	
	菌落总数（ln CFU/g）	TVB-N 值（mg/100 g）	菌落总数（ln CFU/g）	TVB-N 值（mg/100 g）
A1	4.02±0.14	9.99±1.06	6.86±0.33	25.96±2.06
A2	4.17±0.67	10.41±0.32	6.52±0.11	27.86±2.52
B1	3.89±0.34	10.78±1.76	6.38±0.35	24.36±2.99
B2	3.97±0.16	9.61±0.33	7.14±0.13	24.18±3.77
C1	4.24±0.10	10.75±1.17	7.32±0.50	31.54±3.51
C2	4.20±0.10	11.65±0.53	6.41±0.39	24.52±3.64

二、细菌 16*S* rDNA V6-V8 区 PCR 扩增结果

冰温气调贮藏罗非鱼片腐败末期表层肌肉细菌总 DNA 经通用引物 GC968F/1401R 扩增后，产物经 1.5%琼脂糖凝胶电泳检测，获得 450bp 左右的特异性扩增片段（图 4-15），各组样品均有较亮的条带，扩增产量大，且无明显副带或拖带，说明各样品总 DNA 提取成功且 PCR 扩增条件是合适的，产物可用于后续的 DGGE 电泳分析。

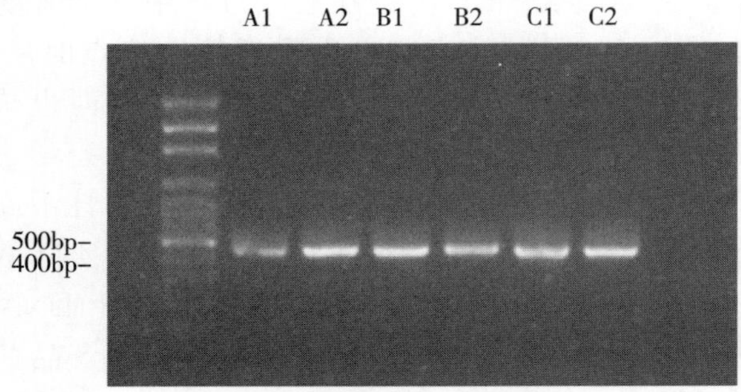

图 4-15　样品总细菌 16S rDNA 的 V6～V8 可变区 PCR 扩增结果

三、DGGE 指纹图谱分析

各组样品 PCR 产物经 DGGE 后的指纹图谱及电泳模式图见图 4-16。图谱中不同位置的条带代表序列可能存在差异的微生物，条带越亮代表该种微生物在样品中所占的比例越大。由图 4-16 中可以看出，该试验 PCR 产物经 DGGE 后共分离出 37 条清晰、可切割的条带（A_1-1～C_2-8）。从电泳模式图看到，各样品微生物群落总体上差别大不，但还是存在一些不同。条带 1、2、3 在 C1 样品中基本未见，在 C2 样品中含量很少；条带 4 在 A1 和 C2 中未见；条带 5 和 6 在 C2 样品中基本未见，而条带 7 则除了在 B2、C1 样品中存

在，其余各样品都不是很清晰；条带 8 在各样品中均存在，且在图谱中的亮度远大于其他条带，为优势条带。

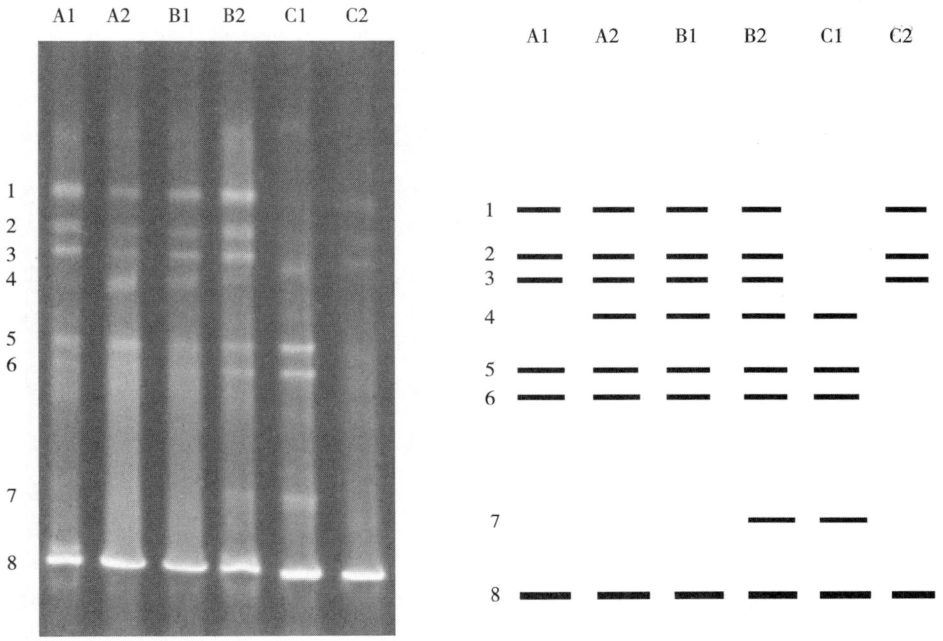

图 4-16　不同批次样品 PCR 产物 DGGE 电泳图谱（a）和电泳模式图（b）

条带数据经 MVSP 软件分析后，得出 UPGMA 聚类图（图 4-17）。可以看到，样品 C1 单独聚为一簇，与其他 5 组样品相似性仅为 58%左右；样品 C2 与 B2、B1、A2、A1 聚为一簇，相似性为 72%左右；A1 与 B2、B1、A2 相似性接近 90%，说明这 4 组样品微生物组成较为相似，而 B2、B1、A2 三组样品又聚为一类，相似性达到 94%，其中 A2 与 B1 相似性高达 100%，说明这两组样品在微生物组成上基本相同。因此，第一、第二批

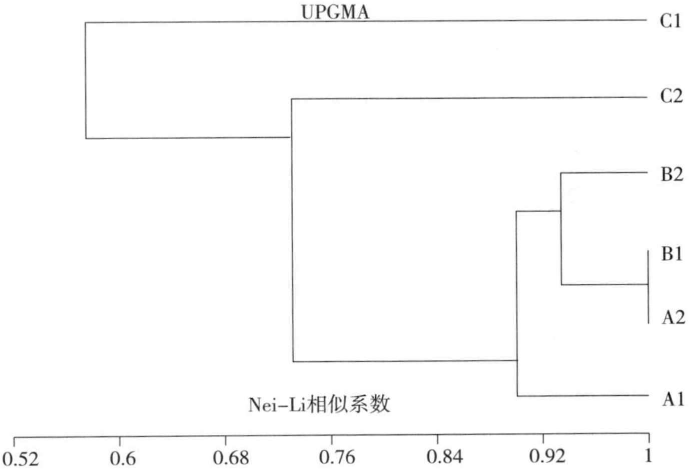

图 4-17　各组样品微生物群落组成的 UPGMA 聚类分析

次样品 A 与 B 罗非鱼片在冰温气调贮藏条件下腐败终点的腐败菌相组成相似性较高，第三批次样品 C 则与前两组样品存在较大差异，可能是由于贮藏条件变化等试验误差所致，但不同批次样品均分离得到亮带 8，进一步说明条带 8 所对应的微生物在贮藏过程中具有较强的低温及 CO_2 的耐受性，生长繁殖速率远大于其他不同种属微生物，在贮藏过程中累积成为腐败终点时优势度最大的腐败菌。

四、DGGE 主要条带切割克隆及酶切 PCR 鉴定结果

选取共 9 条清晰可见的条带进行切割回收，切割的条带编号如下：B2-1、B2-2、A1-3、A2-4、B1-4、C1-5、C1-6，C1-7、C1-8。回收片段经扩增、连接及克隆后，克隆产物在含有 X-Gal 和 IPTG 的氨苄青霉素（AMP）LB 平板生长情况见图 4-18（图示为条带 C1-8 的克隆产物）。根据蓝白斑筛选原理，图中蓝色菌落表示目的片段连接未成功的细菌，而白色菌落则表示包含有目的片段质粒的细菌。

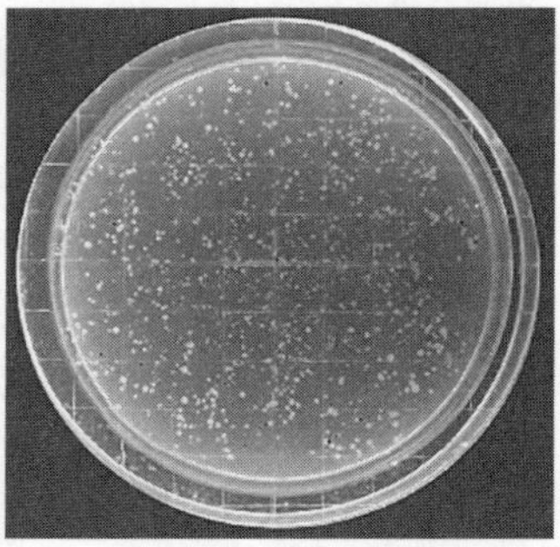

图 4-18　目的条带经 pMD-18 载体转化至大肠杆菌后的生长情况

克隆产物所提质粒经 *E. coli* Ⅰ外切酶单酶切后，使用 968F/1401R 重扩增的 PCR 鉴定结果见图 4-19。所切割的 9 条条带均有亮带产生，且大小为 450 bp 左右，与初始片段大小一致，因此判定 9 条条带所对应的克隆产物均为阳性克隆。

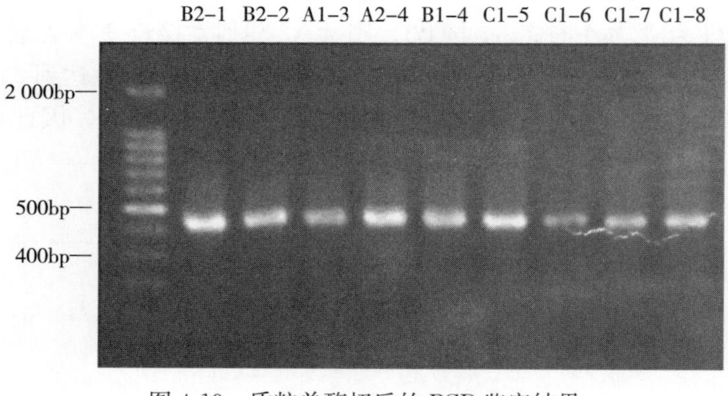

图 4-19　质粒单酶切后的 PCR 鉴定结果

五、测序及序列比对结果分析

将上述含有目的片段的质粒递交测序，最终有 7 条条带测序成功（A2-4、B1-4 测序未成功，原因是测序出现双峰，可能是混合克隆所致）。表 4-13 为上述 7 条 DGGE 条带测序结果。

表 4-13　细菌 DGGE 指纹图谱上条带的序列

条带	序列
1	AACGCGAAGAACCTTACCTAGACTTGATATCTCCTGAATTACTCTTAATCGAGGGAGTCCCTTCGGG GACAGGAAGACAGGTGGTGCATGGTTGTCGTCAGCTCGTGTCGTGAGATGTTGGGTTAAGTCCCGC AACGAGCGCAACCCTTATTGTTAGTTGCTACCATTAAGTTGAGCACTCTAGCGAGACTGCCCGGGTT AACCGGGAGGAAGGTGGGGATGACGTCAAATCATCATGCCCCTTATGTCTAGGGCTACACACGTGCT ACAATGGCAAGTACAAAGAGAAGCAAGACCGAGAGGTGGAGCAAAACTCAAAAACTTGTCTCAGTT CGGATTGTAGGCTGAAACTCGCCTACATGAAGCCGGAGTTGCTAGTAATCGCGAATCAGCATGTCGC GGTGAATACGTTCCCGGGTCTTGTACACACCG
2	CGGTGTGTACAAGACCCGGGAACGTATTCACCGCGGCGTTCTGATCCGCGATTACTAGCGATTCCGG CTTCATGTAGGCGAGTTGCAGCCTACAATCCGAACTGAGAATGGCTTTAAGAGATTAGCTTGGCCTC ACGACTTCGCGACTCGTTGTACCATCCATTGTAGCACGTGTGTAGCCCAGGTCATAAGGGGCATGAT GATTTGACGTCATCCCCACCTTCCTCCGGTTTGTCACCGGCAGTCTCACTAGAGTGCCCAACTAAATG CTGGCAACTAGTAATAAGGGTTGCGCTCGTTGCGGGACTTAACCCAACATCTCACGACACGAGCTGA CGACAACCATGCACCACCTGTCACTTTGTCCCCGAAGGGAAAGCTCTATCTCTAGAGTGGTCAAAGG ATGTCAAGACCTGGTAAGGTTCTTCGCGTT
3	CGGTGTGTACAAGACCCGGGAACGTATTCACCGCGGCGTGCTGATCCGCGATTACTAGCGATTCCGG CTTCATGTAGGCGAGTTGCAGCCTACAATCCGAACTGAGAATGGTTTTAAGAGATTAGCTAAACCT CGCGGTCTCGCAACTCGTTGTACCATCCATTGTAGCACGTGTGTAGCCCAGGTCATAAGGGGCATGA TGATTTGACGTCGTCCCCACCTTCCTCCGGTTTGTCACCGGCAGTCTCACTAGAGTGCCCAACTTAAT GCTGGCAACTAGTAATAAGGGTTGCGCTCGTTGCGGGACTTAACCCAACATCTCACGACACGAGCTG ACGACAACCATGCACCACCTGTCACTTTGTCCCCGAAGGGAAAGCTCTATCTCTAGAGTGGTCGAAG GATGTCAAGACCTGGTAAGGTTCTTCGCGTT
4	AACGCGAAGAACCTTACCAGGTCTTGACATACTCGTGCTATTCCTAGAGATAGGAAGTTCCTTCGGG ACACGGGATACAGGTGGTGCATGGTTGTCGTCAGCTCGTGTCGTGAGATGTTGGGTTAAGTCCCGCA ACGAGCGCAACCCCTATTGTTAGTTGCCATCATTAAGTTGGGCACTCTAGCGAGACTGCCGGTAATA AACCGGAGGAAGGTGGGGATGACGTCAAATCATCATGCCCCTTATGACCTGGGCTACACACGTGCTA CAATAGTTGGTACAACGAGTCGCAAGGCAGTGATGTCAAGCTAATCTCTTAAAGCCAATCTCAGTT CGGATTGTAGGCTGCAACTCGCCTACATGAAGTCGGAATCGCTAGTAATCGCGGATCAGCACGCCGC GGTGAATACGTTCCCGGGTCTTGTACACACCG
5	AACGCGAAGAACCTTACCAGGTCTTGACATCCTTTGACCACTCGAGAGATCGAGCTTTCCCTTCGGG GACAAAGTGACAGGTGGTGCATGGTTGTCGTCAGCTCGTGTCGTGAGATGTTGGGTTAAGTCCCGC AACGAGCGCAACCCTTATTACTAGTTGCCAGCATTCAGTTGGGCACTCTAGTGAGACTGCCGGTGAC AAACCGGAGGAAGGTGGGGATGACGTCAAATCATCATGCCCCTTATGACCTGGGCTACACACGTGCT ACAATGGATGGTACAACGAGTCGCGAAGTCGTGAGGCCAAGCTAATCTCTTAAAGCCATTCTCAGT GCGGATTGTAGGCTGCAACTCGCCCACATGAAGCCGGAATCGCTAGTAATCGCGGATCAGAACGCCG CGGTGAATACGTTCCCGGGTCTTGTACACACCG
6	AACGCGAAGAACCTTACTAGAGAtAGATTGGTGCCTTCGGGAACATTGAGACAGGTGCTGCATGGCT GTCGTCAGCTCGTGTCGTGAGATGTTGGGTTAAGTCCCGTAACGAGCGCAACCCTTGTCCTTAGTTA CCAGCACGTAATGGTGGGCACTCTAAGGAGACTGCCGGTGACAAACCGGAGGAAGGTGGGGATGAC GTCAAGTCATCATGGCCCTTACGGCCTGGGCTACACACGTGCTACAATGGTCGGTACAGAGGGTTGC CAAGCCGCGAGGTGGAGCTAATCCCATAAAACCGATCGTAGTCCGGATCGCAGTCTGCAACTCGACT GCGTGAAGTCGGAATCGCTAGTAATCGCGAATCAGAATGTCGCGGTGAATACGTTCCCGGGTCTGA AACCGCGCCGACGGTGTGTACAAGACCC

（续）

条带	序列
7	AACGCGAAGAACCTTACCAGGTCTTGACATCCTTTGACCACTCGAGAGATCGAGCTTTCCCTTCGGG GACAAAGTGACAGGTGGTGCATGGTTGTCGTCAGCTCGTGTCGTGAGATGTTGGGTTAAGTCCCGC AACGAGCGCAACCCTTATTACTAGTTGCCAGCATTCAGTTGGGCACTCTAGTGAGACTGCCGGTGAC AAACCGGAGGAAGGTGGGGATGACGTCAAATCATCATGCCCCTTATGACCTGGGCTACACACGTGCT ACAATGGATGGTACAACGAGTCGCGAAGTCGTGAGGCCAAGCTAATCTCTTAAAGCCATTCTCAGT TCGGATTGTAGGCTGCAACTCGCCTACATGAAGCCGGAATCGCTAGTAATCGCGGATCAGAACGCCG CGGTGAATACGTTCCCGGGTCTTGTACACACCG

7条测序成功的条带经 Blast 比对后，在 Genbank 中的共挑选出 15 种相似的菌种（表 4-14），其相似度达到 97%～100%。将这 22 条序列用 ClustalX 进行同源性比对后，经 Mega 软件构建的 NJ 发育树见图 4-20。可以看到条带 1～8 所代表的微生物主要来自于厚壁菌门（Firmicutes），其次是变形菌门（Proteobacteria），其中厚壁菌门（Firmicutes）细菌占到 85%以上。与 7 个序列最为相似的序列分别来自以下几个属：梭菌属（*Clostridium*）、链球菌属（*Streptococcus*）、乳杆菌属（*Lactobacillus*）、乳球菌属（*Lactococcus*）、假单胞菌属（*Pseudomonas*）以及肉食杆菌属（*Carnobacterium*）。

表 4-14 冰温气调贮藏罗非鱼片细菌 DGGE 指纹图谱上条带的序列分析

条带编号	Genbank 数据库中最相似菌种名称（登录号）	相似度（%）
B2-1	Uncultured bacterium clone p-4581-4Wb3（AF371839.1）	98
	Uncultured Clostridium sp. clone GI8-sp-J09（GQ129976.1）	97
B2-2	Uncultured Streptococcus sp. clone OTUN2（EU826671.1）	99
	Uncultured Streptococcus sp. clone OTUM14（EU826665.1）	99
	Carnobacterium maltaromaticum strain MMF-32（GQ304940.1）	99
A1-3	Lactobacillus sakei strain WCP904（FJ480210.1）	99
	Lactobacillus sakei gene for 16S rRNA（AB362607.1）	99
A2-4	Ne	
B1-4	Ne	
C1-5	Lactococcus raffinolactis strain DSM 20443（EF694030.1）	99
	Lactococcus sp. G22（EF204368.1）	99
C1-6	Uncultured Carnobacterium sp. clone OTUN4（EU826673.1）	99
	Uncultured bacterium clone PB1 _ aai28e03（EU460424.1）	99
	Uncultured Streptococcus sp. clone OTUN2（EU826671.1）	98
C1-7	Pseudomonas fluorescens strain LMG 14571（GU198119.1）	99
	Pseudomonas synxantha strain IHB B 1322（GU186110.1）	99
C1-8	Carnobacterium maltaromaticum strain MMF-23（GQ304931.1）	100
	Uncultured Carnobacterium sp. clone OTUN4（EU826673.1）	100
	Rainbow trout intestinal bacterium D35（AY374117.1）	98

注：Ne 表示测序未成功的条带。

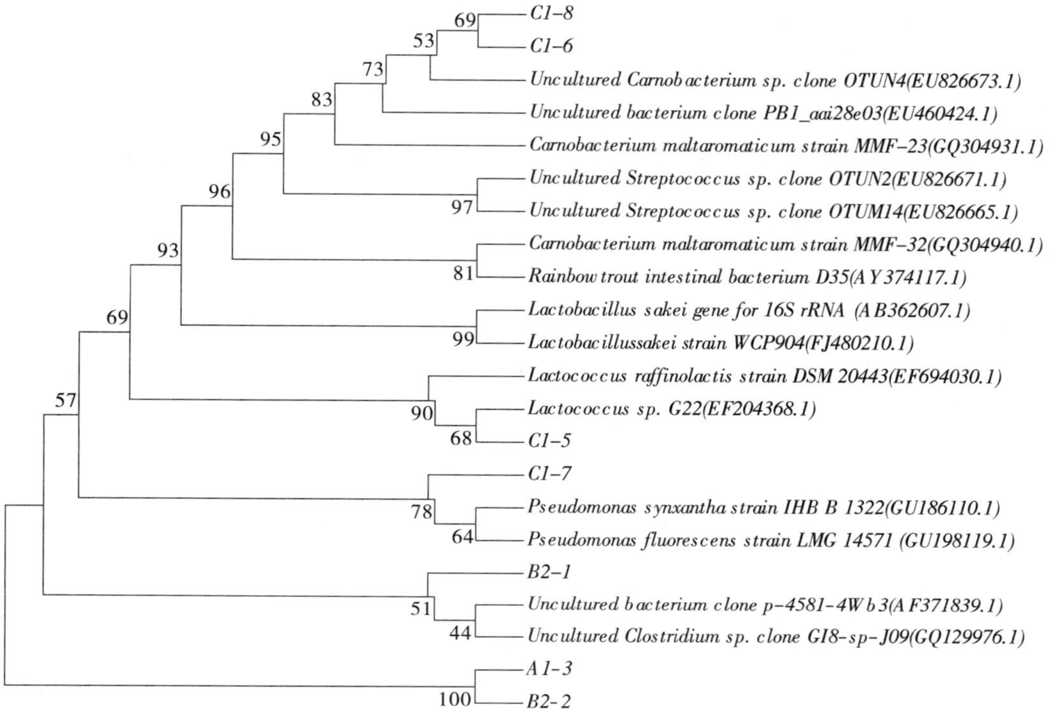

图 4-20 7 条主要序列与一些相似序列以 Neibor-Joining 方法构建的系统发育树

乳酸菌（lactic acid bacteria LAB）是一类能从可发酵碳水化合物（主要指葡萄糖）产生大量乳酸的细菌的统称，目前已发现的这一类菌在细菌分类学上至少包括 18 个属，主要有：乳酸杆菌属、肉食杆菌属、双歧杆菌属（*Bifidobacterium*）、链球菌属、明串珠球菌属、肠球菌属（*Enterococcus*）、乳球菌属、奇异菌属（*Atopobium*）、片球菌属（*Pediococcus*）、气球菌属（*Aerococcus*）、漫游球菌属（*Vagococcus*）、李斯特菌属（*Listeria*）、芽孢乳杆菌属（*Sporolactobacilus*）、芽孢杆菌属（*Bacillus*）中的少数种、环丝菌属（*Brochothrix*）、丹毒丝菌属（*Erysipelothrix*）、孪生菌属（*Gemella*）和糖球菌属（*Saccharococcus*）。可以看到，冰温气调贮藏罗非鱼片腐败终点的微生物群落比较单一，绝大部分为乳酸菌群，仅 B2 与 C1 两组样品出现假单胞菌，假单胞菌作为一种严格好氧微生物，可能是部分样品在包装过程中混入空气所致。通过图 4-20 发育树可以看到，冰温气调贮藏罗非鱼片腐败终点的最主要的微生物是乳酸菌，而肉食杆菌（*Carnobacterium*）是腐败菌群中优势度最大的种属。

Collins 等于 1987 年按生理生化性状的分类标准，将某些非典型的乳杆菌——歧异乳杆菌（*L. divergens*）和鱼乳杆菌（*L. piscicola*）（它们是已知的食品腐败因子和鱼的致病菌），连同另外 2 个新种——鸡肉食杆菌（*C. gallinarum*）和游动肉食杆菌（*C. mobile*）建立了一个新属，即肉食杆菌属（*Carnobacterium*）。这些肉食杆菌在表型上相似，形成一类群，与乳杆菌属可鉴别开，然而它们在系统发育上与乳杆菌属的关系在建立新属时尚不明确。肉食杆菌属的主要特征：革兰氏阳性无芽孢的杆菌，运动或不运动。接触酶阴性，从葡萄糖中主要产 L（+）乳酸。大多数菌株可在 0 ℃生长，不在乙酸盐的琼脂或培养液以及 8%NaCl 浓度的培养基中生长，在 pH 9.0 的改良 MRS 培养液中生长。DNA 的 G+C 含量摩尔分数为 33.0%～37.2%。

第三节　冰温气调保鲜对罗非鱼片品质的影响

冰温气调具有良好的保鲜效果，究其原因有以下三点：①大多数微生物体系的温度系数（Q10）在 1.5～2.5，在合适的温度区域内，温度每升高 10 ℃，生长速率提高 2 倍。而在 0～10℃温度区域内生长的微生物的温度系数一般为 5，因此，冰温的贮藏性是冷藏的 2～2.5 倍，冰温贮藏可显著降低能够引起水产品在冷藏条件下腐败的耐冷菌的生长速率；②一定浓度的 CO_2 对微生物起到抑制作用，主要表现为延长微生物细胞生长的延迟期和降低其在对数生长期的生长速率；③微生物与微生物之间共同生存于同一个环境，共同利用和竞争相同的营养源，彼此之间存在一定的关系，一种微生物的代谢产物会抑制另一种微生物的生长（如乳酸菌产酸），而气调包装条件下，能够生长的腐败菌大多为乳杆菌和乳球菌，因此，这些细菌的生长也在一定程度上抑制了其他细菌的生长。而细菌是导致鱼肉腐败的主要原因，低温和气调同时抑制了细菌的生长，因此，冰温气调更有利于保鲜。

生鲜鱼类制品的贮藏稳定性主要以其在贮藏过程中的肉汁渗出率、TVB-N 等物理化学指标、微生物指标、蛋白质的降解以及色泽、气味等感官指标为依据来判断。以下分别以空气包装，两种不同气体的气调包装以及真空包装为 4 组对比样，研究评价鲜罗非鱼片在冰温气调保鲜过程中的品质变化。

一、理化指标的变化

1. 肉汁渗出率的变化

冰温贮藏过程中鱼肉汁液流失率变化如图 4-21 所示。在贮藏的第 1 周，B、C 两组的

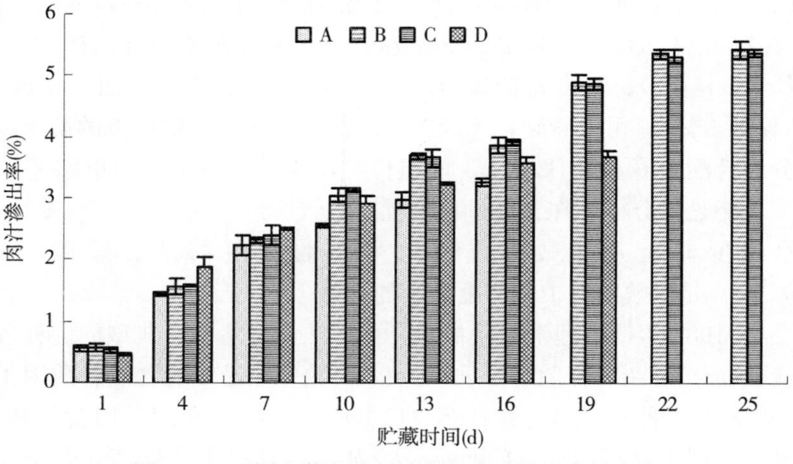

图 4-21　不同包装方式下罗非鱼肉汁渗出率的变化

A. 空气包装　B. 60%CO_2+40%N_2　C. 60%CO_2+39%N_2+1%CO　D. 真空包装

（以下同）

表 4-15　不同包装方式下的鱼肉色差测定结果

项目	组别	1d	4d	7d	10d	13d	16d	19d	22d	25d
L^*	A	44.25±0.23[b]	43.26±0.31[a]	44.61±0.24[b]	44.92±0.28[a]	45.65±0.41[b]	46.28±0.29[c]	Ne	Ne	Ne
	B	43.38±0.31[a]	43.50±0.61[a]	44.79±0.75[b]	45.73±0.86[b]	46.21±0.25[c]	46.30±0.38[c]	46.51±0.73[c]	47.12±0.26[b]	47.52±0.49[a]
	C	44.02±0.26[b]	44.34±0.34[b]	44.92±0.28[b]	45.69±0.41[b]	46.13±0.76[c]	45.68±0.32[b]	45.51±0.59[b]	46.46±0.42[a]	47.31±0.80[a]
	D	44.31±0.33[b]	44.26±0.55[b]	43.96±0.42[a]	44.59±0.24[a]	44.35±0.35[a]	44.81±0.42[a]	44.86±0.32[a]	Ne	Ne
H^*	A	0.38±0.002[a]	0.39±0.005[b]	0.51±0.003[d]	0.89±0.001[c]	0.97±0.004[c]	1.20±0.006[d]	Ne	Ne	Ne
	B	0.37±0.001[a]	0.51±0.002[c]	0.67±0.001[c]	0.85±0.003[c]	0.95±0.002[c]	1.12±0.005[c]	1.38±0.004[c]	1.51±0.003[b]	1.74±0.004[b]
	C	0.37±0.003[a]	0.35±0.001[a]	0.35±0.002[a]	0.32±0.001[a]	0.31±0.003[a]	0.30±0.004[a]	0.32±0.002[a]	0.34±0.004[a]	0.35±0.003[a]
	D	0.36±0.003[a]	0.40±0.002[b]	0.41±0.004[b]	0.42±0.005[b]	0.44±0.007[b]	0.46±0.006[b]	0.45±0.002[b]	Ne	Ne
C^*	A	12.55±0.13[a]	12.23±0.21[b]	11.83±0.08[b]	11.68±0.14[c]	11.25±0.11[b]	10.87±0.09[b]	Ne	Ne	Ne
	B	12.50±0.15[a]	12.12±0.09[a]	11.73±0.11[a]	11.61±0.10[bc]	11.03±0.17[a]	10.73±0.13[a]	10.54±0.08[a]	9.99±0.11[a]	9.21±0.09[a]
	C	12.49±0.12[a]	12.62±0.14[c]	12.68±0.15[c]	12.77±0.11[d]	12.79±0.10[d]	12.83±0.09[d]	12.80±0.13[c]	12.77±0.15[b]	12.75±0.11[b]
	D	12.52±0.08[a]	12.08±0.12[a]	11.79±0.08[ab]	11.54±0.15[a]	11.52±0.21[c]	11.49±0.15[c]	11.44±0.27[b]	Ne	Ne

注：同列不同字母标记的数值表示差异显著（$P<0.05$）；Ne 表示由于样品腐败故未测定。

肉汁渗出率与A组差不多，而D组高于A、B、C 3个组，可能是抽真空时对鱼肉有物理挤压，使得鱼肉初始的肉汁渗出量较多。从图4-21中还可以发现，随着贮藏时间的推移，B组、C组样品在贮藏前期肉汁渗出率增幅较大，第19天后变化幅度减小并趋于稳定，达到腐败期后其汁液流失变化较小。经多重比较分析，第10天以后B组、C组样品的肉汁渗出率明显高于其他两组（$P>0.05$），说明气调组对肌肉持水性影响十分显著。

2. 色泽的变化

从表4-15中知，在整个贮藏期间，A、B、C、D 4个组的白 L^* 值均有所增加，肉色发白，可能是因为肌红蛋白的随汁液流失，使得肉色发白。A组在第1周色泽鲜红，但随着贮藏时间的延长，特别是10 d以后，其色泽急剧劣变（表现为 H^* 值增长迅速，C^* 值下降加快）；根据多重比较分析B组 H^* 值的增加，C^* 值的减少都比其他3组显著（$P<0.05$），说明B组肉色变化较快；而C组在整个储存期间，色泽一直保持鲜亮红色，色泽相当稳定，而且到贮藏后期 H^* 还有所下降，说明肉色越来越红，这和感官评分的结果一致，说明1%CO具有非常好的护色效果；D组在前7 d色泽劣变程度和B组无明显差异，但之后一直呈暗红，变化不明显，这与肉汁渗出率的变化一致。在A组贮藏期结束时，第16天4个组罗非鱼肉的色泽（以 H^* 值表示）有显著差异（$P<0.05$），H^* 值从小到大依次为C组<D组<B组<A组。

3. pH的变化

如图4-22所示，随着贮藏时间的延长，罗非鱼片pH总体变化呈现先降低后上升的趋势。A组和D组的pH在前两天略微下降后第4天开始上升，而B组和C组的pH在第7天后才开始缓慢上升，保藏初期，pH的变化主要与ATP降解、糖原分解产生乳酸和蛋白质的变化以及 CO_2 溶解在肉汁中有关，而保藏后期pH的变化主要与细菌的生长，产生碱性物质的多少有关。从图4-22中可以看出，B、C两组的差异不明显，在后期pH虽有所升高但增幅较小，说明冰温气调能有效抑制细菌的生长，细菌生长产生的碱性物质使pH上升，但涨幅不大。

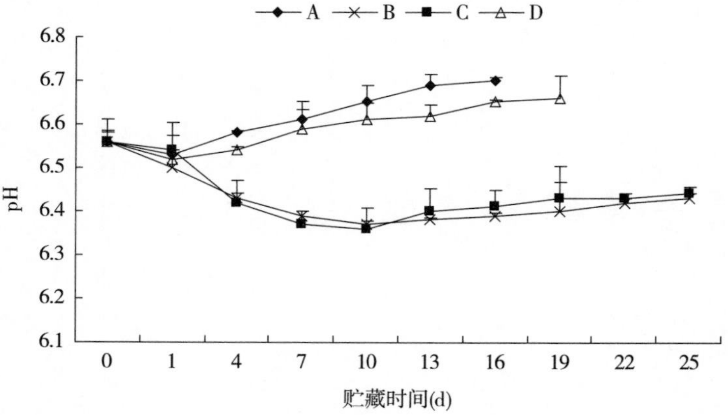

图4-22 不同包装方式下罗非鱼pH的变化

4. TBA值的变化

TBA值的变化如图4-23所示，A组的TBA值随时间的变化增长较快，到第7天时，由初始的0.094mg/kg增加了95.74%，之后增长更快，到第16天时增长了123.91%达到0.412mg/kg，根据方差分析，A组与其他3组自第4天开始有明显差异（$P<0.05$），可能是因为空气包装中的O_2加速了鱼肉的酸败。D组在前16 d与B组、C气调组无明显差异，之后增长加快。B组、C组在第19天前TBA值缓慢上升，从0.095mg/kg上升至0.275～0.281mg/kg，而到第25天时TBA值达到0.435～0.446mg/kg，19d后鱼肉的脂肪氧化速度才加快，说明冰温气调的协同作用可以有效延长TBA值达到最大值的时间。

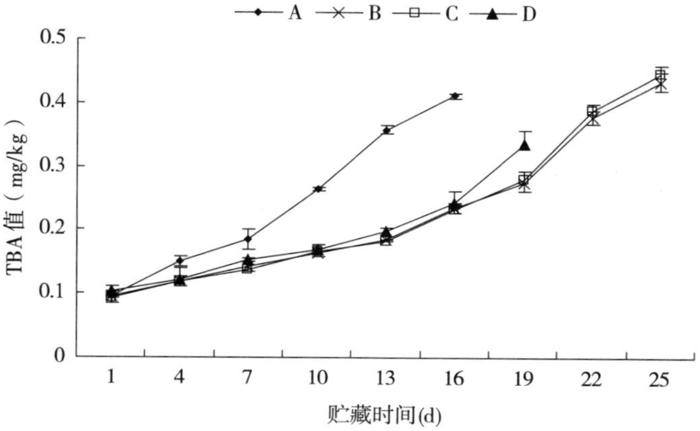

图4-23　不同包装方式下罗非鱼TBA值的变化

5. TVB-N值的变化

从图4-24可知，TVB-N值随贮藏时间延长而逐渐增大。在冰温条件下贮藏时，A组的TVB-N值较其他组增长快速（$P<0.05$），第16天时已达到20.43mg/100g，超过了20mg/100g，D组比B组和C组的TVB-N值增长稍快，在第19天时超过20mg/100g，而B、C两组随贮藏期的延长均呈缓慢上升趋势，这说明气调包装可显著抑制蛋白质分解和细菌生长。到第22天时B、C两组的TVB-N值才超过20mg/100g，两组无明显差异，可见冰温保藏和CO_2气调包装均能有效抑制TVB-N的产生。

CO_2气调包装可抑制细菌的生长，从而抑制TVB-N值的增加。Banks等也认为气调包装

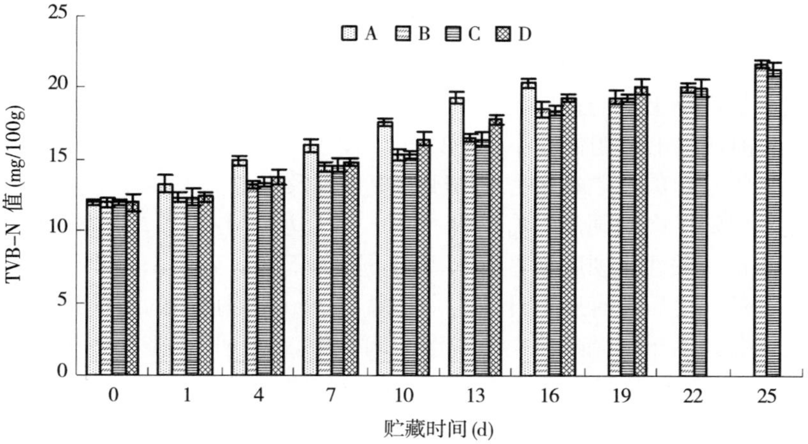

图4-24　不同包装方式下罗非鱼TVB-N值变化

样品在贮藏期间较低的 TVB-N 值是由于细菌生长受到抑制，或是由于细菌的非蛋白氮氧化脱氨能力下降的结果，另一方面，在贮藏的过程中，蛋白质分解产物低分子含氮物（碱性）与后期微生物发酵产酸相中和也是 CO_2 气调保鲜过程中 TVB-N 值较低的一个原因。

6. 感官品质的变化

如表 4-16 所示，罗非鱼在贮藏过程中，感官评分均随时间的延长而下降。初始样品具有特殊的鱼鲜味，白肉、红肉对比明显，体表有透明黏液，肌肉组织质地紧密、弹性好。鱼类在贮藏过程中不良气味的产生主要与细菌的代谢作用和鱼肉自身的分解密切相关，其体表产生的浑浊、污秽的黏状物，是微生物繁殖后形成的菌落。B 组和 C 组的气味和弹性的变化相似，到第 25 天时，鱼肉的气味仍可接受，无哈喇味和腥味，这可能是因为较高浓度 CO_2 可以较好抑制微生物的生长繁殖；A 组从第 7 天以后气味变化较其他 3 组显著（$P<0.05$），有明显鱼腥味，到第 16 天时有较明显的哈喇味；D 组第 13 天以后开始有轻微鱼腥味，第 16 天时各组气味的评分由好到差依次为 B≈C>D>A；肌肉弹性指标方面，B、C 两组的鱼肉从第 16 天开始变得松软、无弹性，第 25 天时体表覆盖一薄层黏液，这可能是由于气调包装中高浓度 CO_2 使肌肉酸化所致，A 组的鱼肉弹性略微好于 B、C 两组，D 组的鱼肉弹性变化最小，明显好于其他 3 组（$P<0.05$）；从色泽方面看，A 组只在贮藏前几天色泽鲜红，从第 7 天以后迅速变差，主要是由于肌肉组织被氧化以及微生物活动所引起，D 组在最初的 4 d 色泽会变暗，之后变化不明显，一直呈暗紫色，B 组在第 16 天后开始发黄，肉色变淡，而 C 组在混合气体中添加低浓度 1.0% CO，明显延长鱼肉色泽稳定的时间，使鱼肉在整个贮存期中都保持鲜艳的红色，但在 22 d 后整个肉色会越来越红，色泽不自然。这是因为 CO 与肌红蛋白结合生成一氧化碳肌红蛋白 COMb，COMb 对光线的反射特性非常接近鲜红色的氧合肌红蛋白 MbO_2，而且 CO 与 Mb 血红素辅基上的呋啉环结合能力很强，通常其亲和力高出 O_2 近 240 倍，且与肌红蛋白结合的稳定性极高，从而达到长时间保持肉质良好色泽的目的。

7. 质构的变化

（1）硬度　硬度表现为人体的触觉为柔软或坚硬，即使食品达到一定变形所需要的力，食品保持形状的内部结合力。由图 4-25 可知，A、B、C、D 4 组随着贮藏时间的增加，鱼肉的硬度有不同程度的减小，结合微生物、pH 以及肉汁渗出率等考虑，A 组硬度的降低主要可能是由于肌肉组织蛋白质受微生物的分解作用导致腐败，因为大多数微生物都是在蛋白质分解产物上才能迅速生长。D 组的硬度变化最小，可能是因为在冰温真空状态下，其 pH 及肉汁渗出率变化较小，所以鱼肉硬度劣变不明显。B、C 两组硬度变化显著，主要原因可能是鱼肉在贮藏过程中 pH 的变化以及水分流失导致干耗，使得鱼肉的保水性发生变化，影响了肉的硬度。有研究指出，当含水率小于 21.5%时硬度和肉的含水率之间有一定的正相关性，硬度随着含水率的下降而下降。到第 19 天时，B、C 两组鱼肉的硬度下降至最低，之后又有所上升，这个结果与 Maria 等得出的结论相近，指出可能是与蛋白质变性有关，由于气调贮藏中 CO_2 溶于肉汁中，使鱼肉间隙的体积膨胀，产生的内压会使肌肉纤维变形甚至局部断裂，内侧的一些疏水基团暴露在外侧，相对降低了蛋白质表面的有效电荷，也就是降低了蛋白质的亲水性与盐溶性，肌肉纤维的变形与蛋白质的凝聚促使肌肉蛋白丝从 Z 线与 M 线上脱离，从而造成肌肉硬度的下降。

表 4-16　不同包装方式下罗非鱼片的感官评分

组别	项目	0d	1d	4d	7d	10d	13d	16d	19d	22d	25d
气味	A	10	9.9±0.03	8±0.06	6.8±0.02^{b}	6±0.84^{c}	5±0.13^{c}	3.5±0.03^{c}	Ne	Ne	Ne
	B	10	9.9±0.02	9.3±0.13	8.8±0.06^{a}	8.6±0.25^{a}	8.3±0.25^{a}	8±0.41^{a}	7.8±0.04^{a}	7.5±0.44	6.9±0.34
	C	10	9.9±0.05	9.4±0.28	8.9±0.04^{a}	8.5±0.26^{a}	8.2±0.40^{a}	8±0.63^{a}	7.7±0.13^{a}	7.4±0.26	6.8±0.37
	D	10	9.9±0.06	9.5±0.24	9±0.18^{a}	8±0.16^{b}	7±0.34^{b}	6±0.26^{b}	5±0.06^{b}	Ne	Ne
色泽	A	10	9.9±0.08	8.5±0.19	7.3±0.31^{c}	6.2±0.55^{c}	5.6±0.41^{c}	4.9±0.34^{d}	Ne	Ne	Ne
	B	10	9.9±0.11	9±0.22	8.4±0.42^{b}	8±0.41^{b}	7.4±0.15^{b}	6.5±0.05^{c}	5.6±0.31	4.8±0.16	3.3±0.16
	C	10	10±0.01	9.8±0.23	9.6±0.81^{a}	9.6±0.15^{a}	9.4±0.24^{a}	9±0.40^{a}	8.5±0.24	7.8±0.33	7±0.43
	D	10	9.9±0.06	9±0.28	8.6±0.16^{b}	8±0.28^{b}	7.7±0.31^{b}	7.2±0.16^{b}	6.8±0.41	Ne	Ne
弹性	A	10	9.9±0.05	9.2±0.43	8.5±1.03^{b}	7.6±0.11^{b}	6.8±0.41^{b}	6±0.33^{b}	Ne	Ne	Ne
	B	10	9.9±0.04	9±0.26	8.1±0.52^{c}	7.2±0.26^{c}	6.5±0.25^{b}	6±0.13^{b}	5.5±0.36	5.1±0.46	4.6±0.23
	C	10	9.9±0.07	9.1±0.44	8.2±0.26^{c}	7.3±0.25^{c}	6.6±0.14^{b}	6±0.14^{b}	5.6±0.77	5.1±0.34	4.5±0.11
	D	10	9.9±0.08	9.6±0.36	9.4±0.76^{a}	9±0.16^{a}	8.7±0.64^{a}	8.5±0.42^{a}	8.1±0.42	Ne	Ne

注：同列不同字母标记的数值表示差异显著（$P<0.05$）；Ne 表示由于样品腐败故未测定。

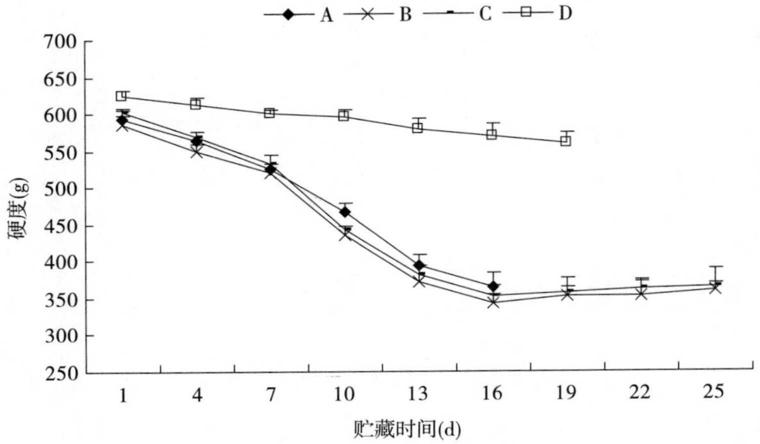

图 4-25　不同包装方式下罗非鱼硬度的变化

(2) 黏着性　黏着性是下压一次后将探头从试样中拔出所需能量的大小，反映了在咀嚼鱼肉时，食品表面与其物体（舌、齿、腭）粘在一起的力。黏着性参数能够反映鱼肉细胞间结合力大小，细胞间结合力减小，则黏着性值增大。从图 4-26 看出，随着贮藏时间的增加，黏着性没有明显的规律，总体比较持平，可能是因为随着贮藏时间的增加，微生物分解蛋白质形成的多肽与水形成黏液，附在肉的表面。在试验过程中，探头上提时，黏液对探头下拉的作用影响了肉本身的黏着力。所以鱼肉在贮藏过程中，黏着力没有显著变化的趋势。Mohammad 等对肉的研究表明，黏着力在贮藏过程中，随肉的含水率的降低没有显著的变化。该试验结果与上述文献的结论相近。

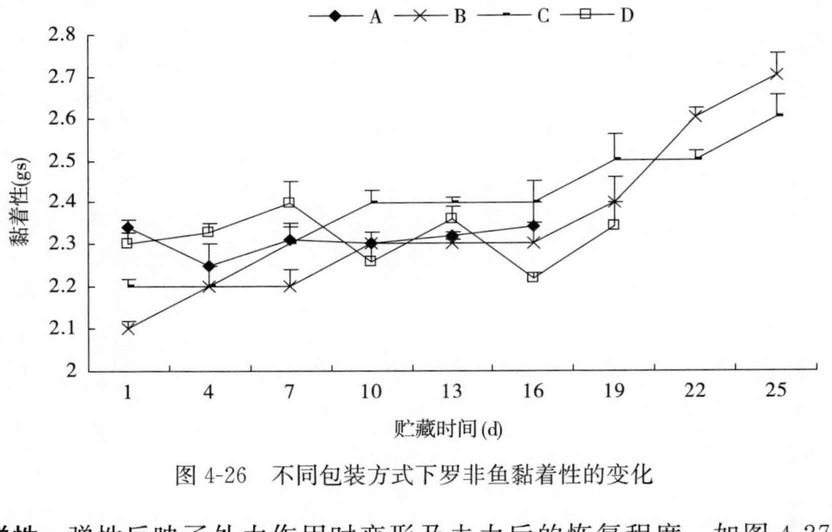

图 4-26　不同包装方式下罗非鱼黏着性的变化

(3) 弹性　弹性反映了外力作用时变形及去力后的恢复程度。如图 4-27 所示，在贮藏第 1～19 天时，随着贮藏时间的增加，鱼肉的弹性下降较快，之后变化开始变缓。可能是鱼肉在贮藏过程中肉汁渗出导致干耗，使得鱼肉的保水性发生变化，影响肉的弹性。图 4-27 显示，到第 19 天时，弹性下降至最低，之后弹性又有所上升，这个变化趋势和硬度的变化规律一致，可能也是由于蛋白质变性，ATP 酶活性的降低引起。由图 4-27 也可看出，第 10 天后，C 组的弹性比 B 组稍好，可能是因为 C 组的鱼肉的含水率比 B 组高，这个与肉汁渗出率的规律基本一致；D 组的弹性明显好于 A、B、C 3 个组（$P<0.05$）。

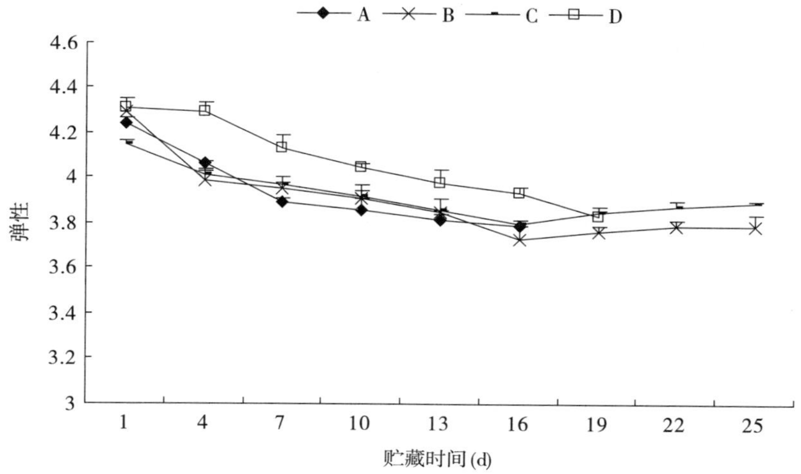

图 4-27　不同包装方式下罗非鱼弹性的变化

（4）凝聚性　凝聚性反映了咀嚼鱼肉时，肉纤维抵抗受损并紧密连接使肉保持完整的性质，它同样反映了细胞间合力的大小，但与黏着性反映的鱼肉性质恰好相反。如图4-28 所示，4 个组的罗非鱼肉在贮藏时间内凝聚性都在变小，A、B、C 3 个组的凝聚性无明显差异（$P>0.05$），但都比 A 组凝聚性低，可以推断，A、B、C 3 个组细胞间结合力随贮藏时间的延长下降，以致肌肉组织变的疏松。另一方面可能是蛋白质发生了变性，暴露出较多的非极性疏水基团，从而导致凝聚性的下降。贮藏中 D 组的凝聚性始终比其他 3 组好。

（5）胶性　胶性反映了将鱼肉嚼碎到可吞咽时需做的功，用于描述半固态的测试样品

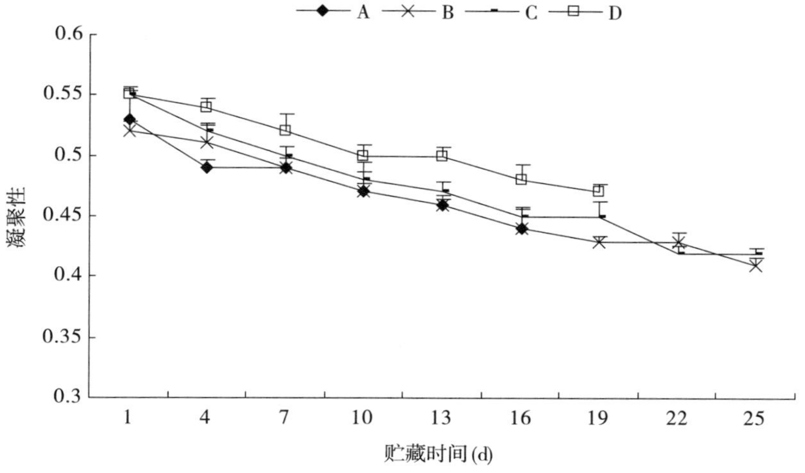

图 4-28　不同包装方式下罗非鱼凝聚性的变化

的黏性特性，数值上用硬度和凝聚性的乘积表示。由图 4-29 可知，D 组的胶性减小的较缓慢，而 A、B、C 3 个组的胶性随着贮藏时间的增加而迅速减少。屠康等以干酪为对象进行了研究，结果表明，干酪的胶性随着含水率的降低而降低，试验结果与屠康等的研究结果接近。也可能是由于随着贮藏时间的增加鱼肉中的肌原纤维蛋白发生了降解，微生物对蛋白分解，通常是先形成蛋白质的水解初步产物——多肽，再水解成氨基酸。因此，鱼肉嚼碎到可吞咽时需做的功也将减少，胶性随时间的增加逐渐减小。

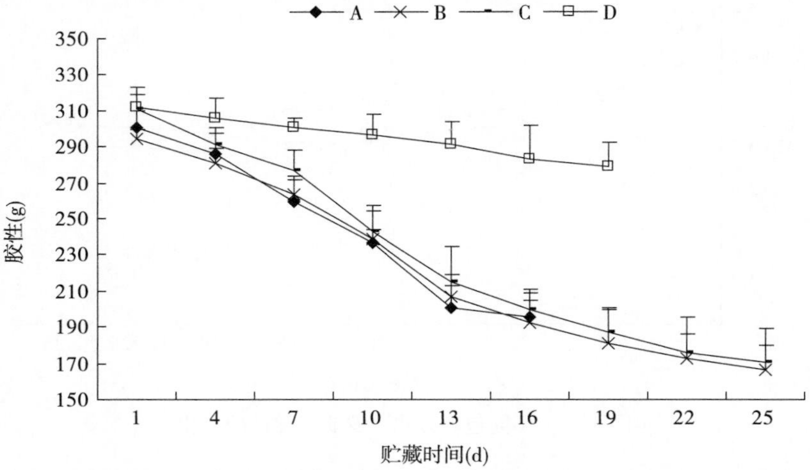

图 4-29　不同包装方式下罗非鱼胶性的变化

(6) 咀嚼性　咀嚼性就是所说的咬劲，是一项质地综合评价参数，它是肌肉硬度降低，细胞间凝聚力降低，弹性减小等综合作用的结果。如图 4-30 所示，在贮藏第 1～19 天时，随着贮藏时间的增加，4 组鱼肉的咀嚼性均不同程度的减小，A 组和 B 组无明显差异。Mohammad 等指出当含水率小于 21.5％时硬度和肉的含水之间的有一定的正相关性，咀嚼性随着含水率的下降而下降。Maria 等对猪肉的研究表明，酶解肌球蛋白、肌钙蛋白以及原肌球蛋白水解，酶水解蛋白导致非蛋白氮的堆积，并且在对肌肉微观结构的观察验

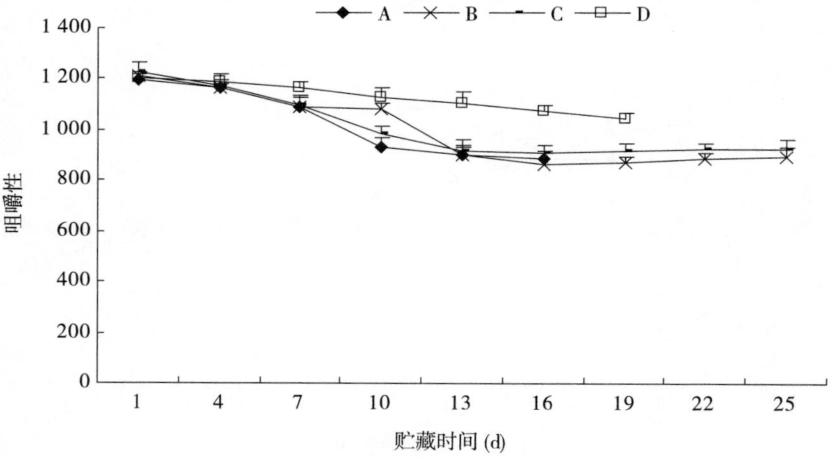

图 4-30　包装方式下罗非鱼咀嚼性的变化

证了其化学的变化，因此，咀嚼性可能是由生化变化所引起的。到第 19 天时，A、B 两组的咀嚼性下降至最低，之后又有所上升，这可能与蛋白质变性有关。咀嚼性的变化趋势与硬度的变化趋势相近。在该试验的冰温条件下，第 19 天时蛋白质发生变化足以引起鱼肉的质地参数的变化。

二、细菌总数的变化

由图 4-31 可知，随贮藏时间延长，细菌总数的变化规律总体是缓慢上升的。在细菌总数变化曲线上可观察到两个明显的阶段。开始阶段（1～10 d），细菌总数有所下降。这是因为新的贮藏环境如冰温（－0.7～0℃）状态，较高浓度的 CO_2，抑制了鱼肉自身所带微生物的生长繁殖，这些微生物自身不断进行自我调整以适应新的环境，有的微生物则直接被淘汰掉，细菌生长和繁殖缓慢或停止，表现为细菌总数的缓慢减小。第二阶段（10～25 d），细菌总数增加较快。这是因为经过一段时间的自我调整，微生物已经适应新的环境，不断利用肉制品的各种营养物质，进行自我生长和繁殖。B 组和 C 组在整个贮藏过程中细菌总数先减少后有缓慢增长，但都维持在较低水平，即使到第 25 天，细菌总数对数值仍未超过 6 lg(CFU/g)，而 A、D 两个冰温组细菌总数均有较大增长，在第 19 天时，A 组细菌总数对数值为 6.04 lg(CFU/g)，第 22 天时 D 组为 6.11 lg(CFU/g)，可见较高浓度的 CO_2 对细菌有较好的抑制效果，有利于罗非鱼片的保鲜。如果以水产品高品质指标 10^6 CFU/g 为评定腐败的标准，则 A、D 两组的货架期分别为 18～19 d 和 21～22 d（这与感官评定的结果相一致），而气调 B 组和 C 组到第 25 天仍未达到此水平，通过试验发现，B、C 两组到第 30 天时其细菌总数才刚刚达到 10^6 CFU/g。但是，到第 19 天时，B 组感官上变得难以接受，主要是因为鱼肉感官上的变化不仅是细菌的作用，还有其自溶分解作用以及高浓度 CO_2 的影响。B、C 两组的细菌总数虽无明显差异（$P>0.05$），但 C 组的细菌总数要略低于 B 组，这可能是因为当气调包装袋中混有少量的 CO 时影响某些微生物的生长繁殖。有研究表明，气调包装中混入 0.5%～10%CO 可以减慢嗜热微生物的生长速度，在 0～10℃下存放可以延长产品的保质期。如牛肉于 5℃存放，在 1%CO＋99%N_2 环境下变味时限为 24 d，在 100%N_2 变味时限为 18 d，在空气中仅为 5 d。

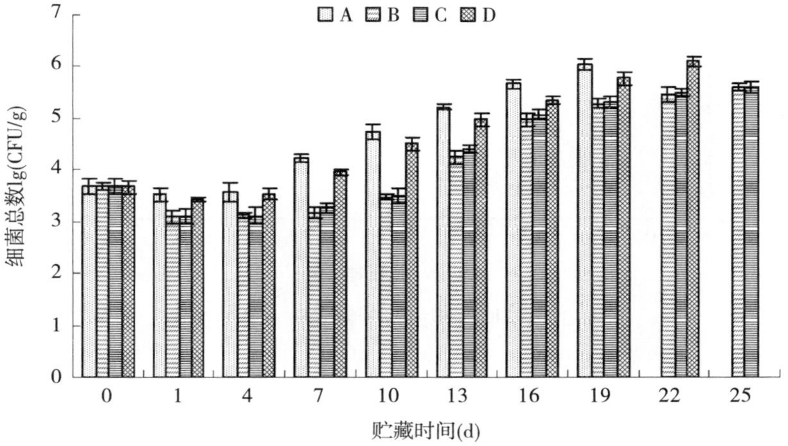

图 4-31 不同包装方式下罗非鱼片细菌总数变化

三、营养成分的影响

1. 粗蛋白质的变化

从图 4-32 可看出，A、B、C、D 4 个组的蛋白质含量均有略微下降，蛋白质含量由初始 19.40%到各组的贮藏结束期平均下降约 0.61%，组间没有明显差异（$P>0.05$），说明不同的包装方式对罗非鱼的蛋白含量无显著影响。

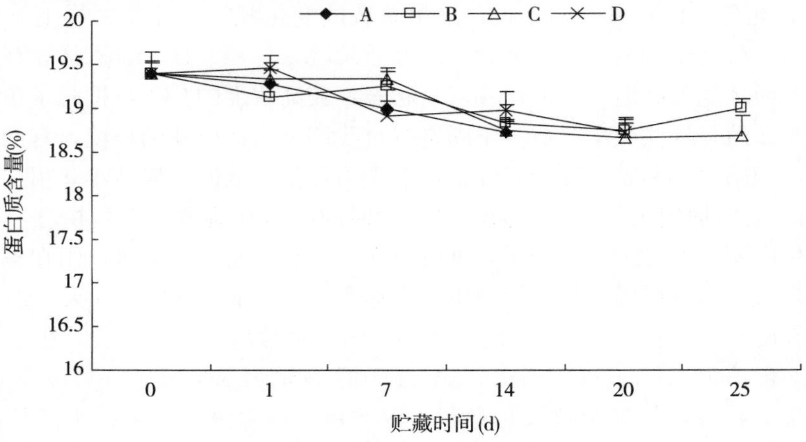

图 4-32　不同包装方式下蛋白质含量的变化

2. 粗脂肪的变化

如图 4-33 所示，在整个贮藏期间 B、C、D 3 个组的粗脂肪含量基本没变，对各组贮藏结束期的数值进行多重比较分析，A 组与其他 3 组存在明显差异（$P<0.05$），由初始的 2.52%下降到 2.44%，原因可能是空气中的 O_2 使鱼肉发生了部分脂肪氧化。

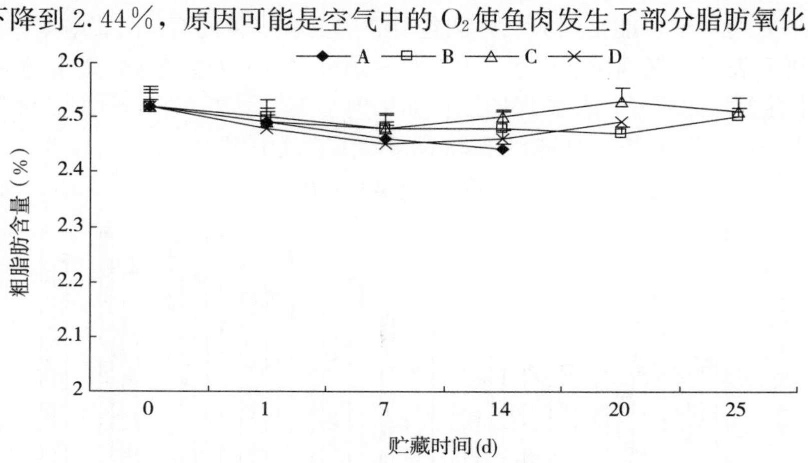

图 4-33　不同包装方式下粗脂肪含量的变化

3. 水分的变化

从图 4-34 中看出，A、B、C、D 4 个组在贮藏期间水分均有所下降，在各组贮藏期的最后一天，A 组下降了 0.92%，B 组下降了 2.84%，C 组下降了 1.88%，D 组下降了

1.63%，这个结果与肉汁渗出率的规律一致，气调组的鱼肉液汁流失相对较多。

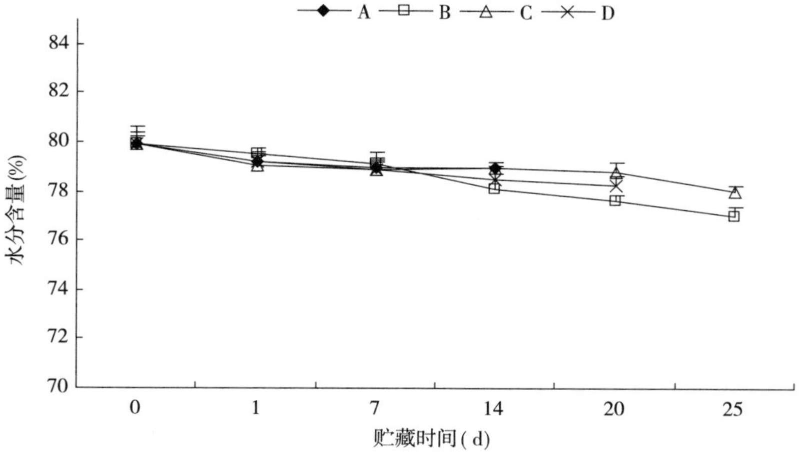

图 4-34　不同包装方式下水分含量的变化

4. 灰分的变化

如图 4-35 所示，贮藏期间各组灰分有不同程度的上升，但无明显差异，这可能是因为鱼肉体液损失增加，从而使无机物与相对重量之比增大。

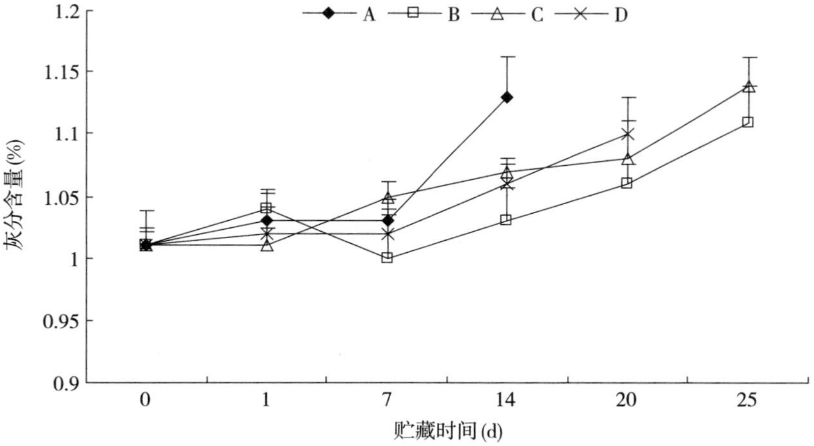

图 4-35　不同包装方式下灰分含量的变化

5. 游离脂肪酸组成与含量的变化

表 4-17 是不同包装下罗非鱼贮藏过程中游离脂肪酸组成变化，从表 4-17 中可以看出，鲜鱼肉中游离脂肪酸主要有棕榈酸（16∶0）、硬脂酸（18∶0）、油酸（18∶1）、棕榈油酸（16∶1）、亚油酸（18∶2）、亚麻酸（18∶3），其中油酸含量最高约占总量的29.25%，其次是棕榈酸、亚油酸、棕榈油酸和硬脂酸，分别为 24.99%、12.31%、6.97%、5.48%，这些游离脂肪酸的产生主要是罗非鱼宰杀之前和宰杀时产生应激导致肾上腺素的释放影响脂肪水解酶的释放，最终影响脂肪的水解和游离脂肪酸的含量。

表 4-17 不同包装方式下罗非鱼游离脂肪酸组成及含量的变化

脂肪酸种类	相对含量（%）						
	0d	15d				26d	
	新鲜	A	B	C	D	B	C
C11：0	0.016±0.01	0.002±0.01	0.007±0.02	0.008±0.03	0.004±0.01	—	—
C12：0	0.077±0.05	0.051±0.06	0.073±0.11	0.062±0.06	0.063±0.02	0.067±0.05	0.045±0.06
C13：0	0.078±0.03	0.052±0.05	0.072±0.04	0.054±0.03	0.063±0.08	0.068±0.03	0.037±0.11
C14：0	2.87±0.23	2.31±0.05	2.52±0.16	2.49±0.19	2.42±0.08	2.25±0.06	2.25±0.08
C15：0	1.49±0.36	1.11±0.05	1.22±0.13	1.16±0.09	1.23±0.16	1.3±0.23	0.8±0.52
C16：0	24.99±0.08	22.74±1.13	23.28±0.26	23.03±0.29	21.52±0.61	21.08±0.04	21.89±1.06
C17：0	1.52±0.03	1.5±0.03	1.58±0.02	1.53±0.11	1.51±0.06	1.51±0.07	1.48±0.04
C18：0	5.48±0.11	7.56±0.24	7.02±0.08	6.53±0.09	7.65±0.46	8.77±0.78	7.52±0.91
C19：0	0.81±0.02	0.82±0.03	0.8±0.03	0.81±0.35	0.78±0.04	0.79±0.04	0.8±0.54
C20：0	0.31±0.05	0.46±0.08	0.37±0.01	0.38±0.65	0.39±0.02	0.43±0.06	0.42±0.06
C22：0	0.15±0.09	0.18±0.23	0.16±0.04	0.15±0.02	0.16±0.01	0.16±0.01	0.17±0.05
SPF	37.79±1.31	36.78±0.40	37.12±1.48	36.24±0.56	35.79±1.55	36.42±0.85	35.42±0.46
C14：1	0.15±0.03	0.083±0.32	0.092±0.02	0.11±0.45	0.091±0.03	0.071±0.01	0.092±0.06
C16：1	6.97±0.09	3.94±0.05	5.83±0.97	5.79±0.95	4.57±0.16	4.9±0.03	4.39±0.03
C17：1	0.54±0.02	0.29±0.09	0.45±0.14	0.34±0.06	0.34±0.06	0.33±0.05	0.23±0.02
C18：1	29.25±0.91	32.75±0.94	31.75±1.13	31.01±0.86	32.82±0.63	33.65±0.97	33.9±0.89
C20：1	1.41±0.06	1.79±0.04	1.62±0.08	1.73±0.04	1.72±0.15	1.87±0.08	1.91±0.42
C22：1	0.4±0.01	0.38±0.01	0.4±0.03	0.39±0.03	0.39±0.05	0.33±0.05	0.36±0.05
MUFA	38.72±1.43	39.23±0.04	40.14±1.63	39.37±0.94	39.93±0.35	41.15±1.46	40.88±0.96
C16：2	0.68±0.11	0.12±0.04	0.43±0.03	0.39±0.07	0.06±0.01	—	—
C16：3	0.31±0.09	0.05±0.02	0.21±0.04	0.25±0.05	0.03±0.02	—	—
C18：2	12.31±0.87	13.72±0.88	12.76±0.95	13.84±0.06	14.53±0.99	13.69±0.06	14.93±0.63
C18：3	3.2±0.76	1.82±0.74	2.71±0.54	2.05±0.47	1.94±0.25	2.27±0.30	1.81±0.06
C18：4	0.28±0.02	0.27±0.03	0.27±0.02	0.29±0.06	0.28±0.05	0.25±0.63	0.28±0.01
C20：2	0.9±0.05	1.13±0.29	0.94±0.07	0.97±0.02	0.92±0.07	1.05±0.83	1.09±0.07
C20：3	1.09±0.07	1.14±0.32	1.11±0.71	1.1±0.08	1.12±0.10	1.13±0.96	1.11±0.02
C20：4	1.24±0.88	0.82±0.04	1.13±0.12	1.06±0.35	0.86±0.03	0.88±0.87	0.85±0.01
C20：5	0.32±0.04	0.21±0.01	0.25±0.13	0.21±0.06	0.26±0.06	0.2±0.05	0.12±0.04
C22：3	0.2±0.01	0.53±0.12	0.43±0.06	0.34±0.03	0.47±0.02	0.6±0.32	0.45±0.01
C22：4	0.46±0.04	0.33±0.21	0.37±0.17	0.31±0.05	0.29±0.05	0.3±0.06	0.2±0.03
C22：5	1.14±0.07	1.01±0.09	1.08±0.04	1.06±0.03	1.05±0.06	1.02±0.85	0.98±0.10
C22：6	1.36±0.05	1.11±0.03	1.15±0.08	1.12±0.26	1.05±0.03	1.01±0.46	1.02±0.06
PUFA	23.49±1.43	22.26±0.87	22.84±1.61	22.99±0.58	22.86±1.06	22.4±0.93	22.84±0.74

注："—"表示未检出或含量极少。

各组在贮藏结束时，不饱和脂肪酸的含量略微增加，而饱和脂肪酸、多不饱和脂肪酸含量有所减少，但是在不饱和脂肪酸中主要是油酸和亚油酸含量的增加，大多数不饱和脂肪酸含量是降低的，说明在冰温贮藏过程中大多数不饱和脂肪酸氧化产生了挥发性物质，由于不饱和脂肪酸易氧化，而多不饱和脂肪酸比单不饱和脂肪酸更易受到自由基的攻击，因此，多不饱和脂肪酸更容易氧化，其含量减少较明显。饱和脂肪酸中除了硬脂酸、花生酸、二十二酸有所增加，其他饱和脂肪酸含量均减少，可能是脂质的分解速度大于氧化速度。鲜肉中游离脂肪酸含量比较高，在贮藏一段时间后，由于肉汁流失，各组的游离脂肪酸随着水分的流失而散失。其中空气包装 A 组的饱和脂肪酸含量减少量最小，多不饱和脂肪酸减少量最大，也可能是因为包装中的氧气使得鱼肉不饱和脂肪酸的氧化加剧，故其饱和脂肪酸含量相对较高。B、C 两组在第 15 天时其游离脂肪酸的变化比较缓慢，到第 26 天时才有明显变化，可能是因为贮藏后期细菌的生长繁殖加快了脂质的分解，同时后期的肉汁渗出率迅速上升。

6. 水解氨基酸的变化

由表 4-18 可知，鲜罗非鱼肌肉氨基酸总量（TAA）为 16.71 g/100 g；必需氨基酸（EAA）含量为 7.04 g/100 g，占氨基酸总量的 42.09%；对 TAA、EAA2 个值分别进行多重比较分析，发现第 15 天时 B 组和 C 组这两个值都有所下降但与鲜鱼肉的差异没有 A 组明显，说明气调包装对鱼肉有一定的保鲜效果，但到第 26 天时，B、C 两个组的 TAA 和 EAA 值有明显降低（$P<0.05$），C 组比 B 组更显著，可能是 CO 引起的，具体还有待研究。

表 4-18　不同包装方式下罗非鱼的水解氨基酸组成及含量的变化

氨基酸种类	水解氨基酸相对含量（g/100g）						
	0d	15d				26d	
	新鲜	A	B	C	D	B	C
Asp	1.702±0.06	1.5485±0.12	1.6343±0.23	1.6228±0.21	1.5751±0.16	1.5841±0.24	1.5559±0.26
Thr	0.6931±0.25	0.6145±0.25	0.6428±0.13	0.6471±0.17	0.6234±0.26	0.6039±0.28	0.6077±0.16
Ser	0.5127±0.28	0.4218±0.18	0.4518±0.17	0.4626±0.51	0.4318±0.29	0.4139±0.71	0.4292±0.16
Glu	2.6274±0.24	2.4266±0.13	2.5145±0.15	2.5234±0.21	2.4413±0.25	2.4393±0.13	2.4077±0.25
Pro	0.5202±0.24	0.5423±0.13	0.5289±0.26	0.5344±0.24	0.5314±0.52	0.5338±0.63	0.5548±1.03
Gly	1.0755±0.75	1.0605±0.26	1.0624±0.24	1.0856±0.29	1.0723±0.54	1.0414±0.25	1.1022±0.63
Ala	1.1218±0.52	1.1234±0.16	1.1235±0.29	1.1228±0.21	1.1246±0.19	1.1226±0.81	1.129±0.24
Cys	0.1042±0.24	0.1057±0.28	0.1056±0.24	0.1043±0.21	0.1053±0.61	0.1109±0.35	0.1048±0.27
Val	0.7637±0.26	0.7235±0.51	0.7453±0.22	0.7341±0.55	0.7315±0.24	0.7201±0.34	0.7094±0.72
Met	0.4071±0.24	0.4015±0.36	0.4035±0.56	0.4026±0.71	0.4029±0.33	0.4014±0.21	0.3973±0.34
Ile	0.8213±0.16	0.7435±0.26	0.7824±0.24	0.7645±0.23	0.7613±0.18	0.7524±0.81	0.7343±0.71
Leu	1.4153±0.25	1.3624±0.41	1.3958±0.36	1.3713±0.77	1.3713±0.65	1.3731±0.21	1.3402±0.26
Tyr	0.5348±0.39	0.5326±0.28	0.5319±0.24	0.5304±0.32	0.5346±0.44	0.5394±0.16	0.5249±0.88
PHe	0.6716±0.86	0.6618±0.46	0.6711±0.29	0.6724±0.34	0.6737±0.28	0.6769±0.34	0.6584±0.69

（续）

氨基酸种类	水解氨基酸相对含量（g/100g）						
	0d	15d				26d	
	新鲜	A	B	C	D	B	C
Lys	1.6241±0.34	0.5134±0.41	1.5634±0.33	1.5548±0.43	1.5168±0.26	1.509±0.22	1.4813±0.19
NH_3	0.3147±0.25	0.3036±0.63	0.3084±0.42	0.3054±0.52	0.3042±0.18	0.3004±0.52	0.2948±0.42
His	0.4362±0.15	0.4068±0.25	0.4153±0.21	0.4128±0.11	0.4051±0.09	0.3904±0.34	0.3856±0.27
Arg	1.0951±0.13	1.0387±0.24	1.0562±0.34	1.0642±0.19	1.0384±0.72	1.029±0.18	1.032±0.34
Tau	0.2727±0.27	0.2543±0.18	0.2684±0.34	0.2574±0.27	0.2614±0.43	0.2632±0.27	0.2452±0.49
EEA	7.0352±0.46[a]	6.6589±0.25[d]	6.8418±0.34[b]	6.7815±0.11[bc]	6.7208±0.18[bc]	6.6871±0.72[c]	6.5583±0.27[e]
TAA	16.7135±0.33[a]	15.7854±0.22[d]	16.2055±0.19[b]	16.1729±0.22[b]	15.9064±0.41[c]	15.805±0.17[d]	15.6947±0.42[e]
E/T	42.09	42.18	42.22	41.93	42.25	42.31	41.79

注：同行不同字母标记的数值表示差异显著（$P<0.05$）。

根据FAO/WHO理想模式，质量较好的蛋白质，必需氨基酸（EAA）占氨基酸总量（TAA）的40%左右，但该贮藏试验不能以此判断罗非鱼蛋白质品质是否变化，因为EAA、TAA都在贮藏中同时减少，所以其比值没有明显变化。食物蛋白质营养价值的高低主要取决于所含必需氨基酸的种类、数量和组成比例。将罗非鱼中氨基酸组成情况与FAO/WHO制订的蛋白质评价的氨基酸标准模式和鸡蛋蛋白标准模式进行比较，计算出它们的氨基酸评分（AAS）、化学评分（CS），结果见表4-19。由表4-19可知，根据氨基酸评分（AAS），鲜罗非鱼各种氨基酸评分除苏氨酸、缬氨酸、蛋氨酸+半胱氨酸外，均大于1，化学评分（CS）除蛋氨酸+半胱氨酸均在0.6以上，这说明鲜罗非鱼肌肉必需氨基酸含量较为丰富。第15天时，各组7种AAS值和CS值都有不同程度降低，A组降低的最显著（$P<0.05$），D组次之，整个贮藏过程中，各组的苏氨酸、异亮氨酸和赖氨酸的AAS/CS减少的较明显，其他4种没有明显变化。

表4-19　不同包装下罗非鱼在贮藏过程中肌肉必需氨基酸组成评价

			苏氨酸	缬氨酸	蛋氨酸+半胱氨酸	异亮氨酸	亮氨酸	苯丙氨酸+酪氨酸	赖氨酸
试验蛋白质氨基酸含量（mg/g）	0d	新鲜	223	246	165	265	456	389	523
	15d	A	205	241	169	248	455	398	505
		B	213	247	169	260	463	399	519
		C	216	245	169	255	457	401	518
		D	205	241	167	251	452	398	500
	26d	B	199	237	169	248	452	400	497
		C	201	234	166	243	443	391	489
FAO评分模式（mg/g）			250	310	220	250	440	380	340

（续）

			苏氨酸	缬氨酸	蛋氨酸+半胱氨酸	异亮氨酸	亮氨酸	苯丙氨酸+酪氨酸	赖氨酸
AAS	0d	新鲜	0.89	0.79	0.75	1.06	1.04	1.02	1.54
	15d	A	0.82	0.78	0.77	0.99	1.03	1.05	1.49
		B	0.85	0.80	0.77	1.04	1.05	1.05	1.53
		C	0.86	0.79	0.77	1.02	1.04	1.06	1.52
		D	0.82	0.78	0.76	1.00	1.03	1.05	1.47
	26d	B	0.80	0.76	0.77	0.99	1.03	1.05	1.46
		C	0.80	0.75	0.75	0.97	1.01	1.03	1.44
鸡蛋蛋白模式（mg/g）			292	411	386	331	534	565	441
CS	0d	新鲜	0.76	0.60	0.43	0.80	0.85	0.69	1.19
	15d	A	0.70	0.59	0.44	0.75	0.85	0.70	1.15
		B	0.73	0.60	0.44	0.79	0.87	0.71	1.18
		C	0.74	0.60	0.44	0.77	0.86	0.71	1.17
		D	0.70	0.59	0.43	0.76	0.85	0.70	1.13
	26d	B	0.68	0.58	0.44	0.75	0.85	0.71	1.13
		C	0.69	0.57	0.43	0.73	0.83	0.69	1.11

7. 游离氨基酸的变化

由表 4-20 可知，各组的游离氨基酸总量有不同程度的降低，对其进行多重比较分析，第 15 天时，B、C、D3 个组与 A 组存在明显差异（$P<0.05$），B、C 两组的游离氨基酸总量略大于 D 组，但不显著。鱼肉的风味主要取决于鱼肉中鲜味氨基酸的含量，鱼肉鲜味氨基酸包括谷氨酸（Glu）、天冬氨酸（Asp）、甘氨酸（Gly）和丙氨酸（Ala）。其中谷氨酸、天冬氨酸为呈鲜味的氨基酸，甘氨酸和丙氨酸为呈甘味的氨基酸。在 B 组和 C 组整个贮藏期间，减少最明显的是谷氨酸、甘氨酸、天冬氨酸、苏氨酸、脯氨酸。第 15 天时，A、B、C、D 4 个组的 DAA 值由初始的 0.225 3 g/100 g 分别降低到 0.195 3g/100g、0.206 4g/100g、0.218 7g/100g、0.204 4 g/100 g，说明随着贮藏时间延长，罗非鱼的鲜味有所降低。

表 4-20　不同包装方式下罗非鱼的游离氨基酸组成及含量的变化

氨基酸种类	游离氨基酸相对含量（g/100g）						
	0d	15d				26d	
	新鲜	A	B	C	D	B	C
天冬氨酸*	0.008 4	0.004 3	0.006 4	0.006 2	0.004 8	0.004	0.005 1
苏氨酸	0.024 7	0.021 3	0.022 4	0.022 3	0.022	0.019 5	0.020 7
丝氨酸	0.009 5	0.009 1	0.009 3	0.009 2	0.009 3	0.008 9	0.009 4
谷氨酸*	0.018 1	0.012 4	0.014 2	0.016 3	0.013 1	0.010 5	0.014 9
脯氨酸	0.017 5	0.005 3	0.010 4	0.012 8	0.006 4	0.004	0.009 2

（续）

氨基酸种类	游离氨基酸相对含量（g/100g）						
	0d	15d				26d	
	新鲜	A	B	C	D	B	C
甘氨酸*	0.170 2	0.154 3	0.159 4	0.168 3	0.162 4	0.156 8	0.165 8
丙氨酸*	0.028 6	0.024 3	0.026 4	0.027 9	0.024 1	0.023	0.025 6
半胱氨酸	0.011 1	0.010 2	0.010 8	0.010 6	0.010 6	0.010 5	0.010 4
缬氨酸	0.017 2	0.015 6	0.015 9	0.015 7	0.015 5	0.014 2	0.014 3
蛋氨酸	0.026 5	0.025 3	0.025 9	0.025 5	0.025 7	0.025 4	0.025
异亮氨酸	0.007 2	0.007 1	0.007	0.007 2	0.006 9	0.006 9	0.007
亮氨酸	0.007 5	0.007 1	0.006 8	0.006 8	0.007 2	0.006	0.007 4
酪氨酸	0.010 1	0.004 6	0.008 7	0.005 9	0.005 3	0.006 2	0.003 3
苯丙氨酸	0.003 6	0.003 4	0.004 1	0.003 4	0.004 2	0.004 5	0.003 3
赖氨酸	0.024 3	0.022 4	0.023 6	0.023 4	0.023 1	0.022 8	0.022 9
NH_3	0.020 4	0.014 3	0.019 2	0.019 4	0.017 4	0.018	0.015 8
组氨酸	0.010 2	0.011 4	0.010 7	0.010 4	0.011	0.011 7	0.010 1
精氨酸	0.010 7	0.007 6	0.009 1	0.009 7	0.008 4	0.007 8	0.007 6
Tau	0.255 9	0.242 6	0.249 2	0.249 7	0.245 2	0.241 2	0.244 3
DAA	0.225 3	0.195 3	0.206 4	0.218 7	0.204 4	0.194 3	0.214 4
TAA	0.681 7^{a}	0.602 6^{c}	0.639 5^{b}	0.650 7^{b}	0.622 6^{bc}	0.601 8^{c}	0.623 0^{bc}

注：同行不同字母标记的数值表示差异显著（$P<0.05$）；带 * 为呈味氨基酸。

参 考 文 献

李杉．2010. 鲜罗非鱼片冰温气调保鲜技术及其品质特征变化的研究［D］．湛江：广东海洋大学．

马海霞，李来好，杨贤庆，等．2010. 不同 CO_2 比例气调包装对冰温贮藏鲜罗非鱼片品质的影响［J］．食品工业科技．31（1）：323-326.

彭城宇．2010. 罗非鱼片冰温气调保鲜工艺及其货架期预测模型研究［D］．青岛：中国海洋大学．

第五章　液熏罗非鱼片的加工技术

第一节　罗非鱼片液熏工艺技术

采用喷雾烟熏与浸渍烟熏相结合熏制罗非鱼片的方法。液熏法与传统烟熏法相比，具有诸多优点：①去除了 Bap 等多环芳烃类有害物质，熏制出的产品质量稳定，安全可靠，而且无环境污染问题；②烟熏液的使用，可以减少用盐量，通过熏制产生的有效成分起到防腐和抗氧化作用；③使用简单、自然、方便，能实现机械化、电气化连续生产作业，劳动强度低、熏制速度快、效率高。采用烟熏液进行熏制的常用方法有淋洒法、喷雾法、浸渍法、注射法、置入法等，根据实际情况，有时也采用几种方式相结合的方法进行熏制，以得到最佳风味和色泽效果。

一、液熏方法

1. 淋洒法、喷雾法

将烟熏液以一定的流量通过离子雾化系统喷出雾化成小液滴，在气流和重力的作用下，均匀地淋洒或喷雾在鱼片，鱼块表面积，当把烟熏液喷洒完成后，再按工艺制成成品。

2. 浸渍法

将定量的烟熏液与其他香料配成香料浸渍液，然后将处理好的鱼片、鱼块等浸入其中。经过一定时间浸渍后即可，然后再按工艺制成成品。浸渍过程中要经常观察鱼体，熟练掌握浸渍程度。对个体较大的鲹、鲐等，需经腹开或背开之后再浸渍，对金枪鱼、大马哈鱼等大型鱼类，要预先切块，再用浓熏液短时间浸渍。

3. 注射法

对于大块的鱼片，其质地较硬，因而烟熏液不易在短时间内浸入食品，所以用注射法为好。具体方法是将定量的烟熏液，用注射器注入大块肉中，并要求各个部位都要注射到，还要求边注射边滚揉，使烟熏液分布均匀，当把烟熏液注射完以后，再按工艺制成成品。

4. 置入法

将定量的烟熏液注入已装罐的罐内，然后按工艺封口杀菌，通过热杀菌能使烟熏液自行分布均匀，此法对于罐头食品烟熏风味是最适宜的，但对于罐头内固形物的色泽、质地等，仍要按原工艺保证。适用于烟熏罐头食品品种，如油浸烟熏秋刀鱼、油浸烟熏长鳍金枪鱼、油浸液熏鳕、油浸液熏章鱼、油浸液熏沙丁鱼等，也可以油浸液熏牡蛎、五香烟熏牡蛎等。

二、罗非鱼片喷雾烟熏工艺

1. 感官评价方法

感官评价时按 0～7 分对液熏罗非鱼片的色泽、烟熏味、咸味、酸味、组织及后味 6 项评分指标进行评价。其中 7 分为最好，0 分为最差。感官等级评价标准见表 5-1。

表 5-1 熏制罗非鱼片的感官评价标准

类别	评分标准（分）			
	7～6	5～4	3～2	1～0
色泽	金黄，色泽好	稍深（浅），无光泽	深（浅），无光泽	焦黑，无烟熏色泽
烟熏味	浓郁	较淡	很淡	无烟熏味
咸味	适宜	稍重（淡）	较重（淡）	重（无盐味）
酸味	无	稍酸	较酸	重
组织	咬劲合适	咬劲稍强（软）	咬劲过强（软）	糜烂
后味	悠长	较长	短	无后味
总分	总分＝色泽＋烟熏味＋咸味＋酸味＋组织＋后味			

2. 正交试验确定液熏工艺条件

以盐水浓度（A）、腌渍时间（B）、喷雾熏制时间（C）、干燥时间（D）4 个因素选取 3 个水平，采用 L_9（3^4）进行正交试验。确定烟熏液烟熏液 L-SMOKE1 流量为 6 L/h。正交表设计 9 组试验如表 5-2 所示，正交试验结果见表 5-3。

由表 5-3 可知，根据感官评价，4 个因素的重要性关系依次为：C（喷雾熏制时间）＞B（腌渍时间）＞D（干燥时间）＞A（盐水浓度）。因此，确定选取的最佳条件为：$A_3B_2C_2D_3$，即盐水浓度 15%，腌渍时间 60 min，喷雾熏制时间 20 min，干燥时间 60 min。

表 5-2 正交试验因素水平表

水平	因素			
	A（%）	B（min）	C（min）	D（min）
1	5	30	10	20
2	10	60	20	40
3	15	90	30	60

表 5-3 正交试验分析表

序号	因素				色泽	总分
	A	B	C	D		
1	1	1	1	1	0.5	16.5
2	1	2	2	2	3.5	31
3	1	3	3	3	4	32.5

（续）

序号	因素				色泽	总分
	A	B	C	D		
4	2	1	2	3	4.5	28.5
5	2	2	3	1	3	28.5
6	2	3	1	2	1	24.5
7	3	1	3	2	3.5	27.5
8	3	2	1	3	1	30.5
9	3	3	2	1	4	30.5
K_1	26.7	24.2	23.8	25.2		
K_2	27.2	30.0	30.0	27.7		
K_3	29.5	29.2	29.5	30.5		
级差 R	2.8	5.8	6.2	5.3		
最优水平	A3	B2	C2	D3		

三、罗非鱼片喷雾烟熏工艺的优化

1. 产品色泽的优化

烟熏产品独特的烟熏色泽是引起消费者食欲的重要特征，根据表 5-4 色泽评分指标分析结果，产品色泽尚不能令人满意。在后续试验中，采用以着色为主的 L-SMOKE2 烟熏液来进行优化。将腌渍后的罗非鱼片在 L-SMOKE2 烟熏中进行浸渍烟熏，然后再进行喷雾烟熏。选择烟熏液浓度（A）和浸渍时间（B）为试验因素确定 3 个水平，烟熏罗非鱼片产品以色泽作为评价指标。其他条件采用喷雾烟熏确定的条件。按 L_9（3^2）正交表进行试验，色泽优化因素与水平如表 5-4 所示，各因素对色泽影响效果如表 5-5。

从表 5-5 可见，根据色泽评分结果，两个因素的重要性关系为：A>B。因此，最优组合为 A_2B_2，即烟熏液浓度为 25%，浸渍时间 5min。

表 5-4　色泽优化试验正交试验因素水平表

水平	因素	
	A（%）	B（min）
1	12.5	2
2	25.0	5
3	37.5	8

表 5-5　正交试验分析表

试验序号	因素		色泽
	A	B	
1	1	1	3
2	1	2	4.5

（续）

试验序号	因素		色泽
	A	B	
3	1	3	5.0
4	2	1	4.0
5	2	2	7.0
6	2	3	6.0
7	3	1	6.0
8	3	2	4.0
9	3	3	3.0
K_1	4.2	4.3	
K_2	5.7	5.2	
K_3	4.3	4.7	
级差 R	1.5	0.9	

2. 产品风味的优化

烟熏液 L-SMOKE1 主要成分为木醋液，pH 为 2.2～3.2，产品酸味较为明显，烟熏液 L-SMOKE1 以赋予产品烟熏味为主，烟熏液 L-SMOKE2 以着色为主。在后续研究中，通过调节烟熏液的流量来优化产品的风味。烟熏液 L-SMOKE1 按 2 L/h、4 L/h 和 6 L/h 3 个流量进行单因素试验。感官评价结果见表 5-6。

从表 5-6 可见，流量为 2 L/h 时，产品烟熏味较淡，色泽较好；流量为 4 L/h 时，产品色泽、烟熏味及酸味等评分均较高；流量为 6 L/h 时，产品烟熏味浓郁，但色泽偏暗，酸味较重。因此，确定喷雾烟熏时熏液流量为 4 L/h。

表 5-6 烟熏液喷雾流量对产品品质的影响

流量（L/h）	色泽	烟熏味	咸味	酸味	组织	后味	总分
2	7.0	4.5	5.5	7.0	5.5	5.0	34.5
4	7.0	6.0	6.0	6.0	6.0	6.0	37.0
6	5.0	7.0	5.5	4.5	5.5	5.0	32.5

第二节 熏制罗非鱼片生化特性变化

水产品在加工过程中其理化指标会发生变化，研究通过测定由烟熏液 L-SMOKE1 喷雾和 L-SMOKE2 浸渍相结合生产的产品水分含量、粗蛋白质、粗脂肪、盐分、pH、挥发性盐基氮（TVB-N）、硫代巴比妥酸值（TBA）和过氧化值（POV）等常规理化指标及烟熏产品的主要特征指标：风味物质、质构、色泽、微生物指标及苯并（α）芘的检测分析，以确定产品的品质。在液熏罗非鱼片的生产中，主要是通过感官评价来确定产品的优劣，虽然感官评价方法简单方便，但主观性强，影响因素较多，不能客观地反映产品的实际品质。目前，尚无客观评价烟熏水产品的方法，本节内容通过将理化指标与感官评价相结合，建立液熏罗非鱼片的评价方法，为评价产品的质量和工业化生产提供理论依据。

一、常规理化指标分析

对原料及产品的水分含量、粗蛋白质、粗脂肪、盐分、有效酸碱度（pH）、TVB-N值及TBA值进行测定，结果见表5-7。

表5-7　理化指标测定结果

理化指标	原料	产品
蛋白质含量（w/w,%）	16.15±1.61	19.20±1.05
脂肪含量（w/w,%）	2.65±0.12	3.25±0.17
水分含量（w/w,%）	79.42±0.13	72.10±0.15
盐分（w/w,%）	0.12±0.04	2.34±0.11
有效酸碱度（pH）	6.61±0.05	5.72±0.04
TVB-N值（mg/100g）	10.62±0.42	13.19±0.12
TBA值（mg/kg）	0.58±0.11	0.70±0.18

由表5-7可以看出，除盐分和pH外，产品的蛋白质含量、水分含量和脂肪含量与原料基本保持一致，TVB-N值变化不大，仍在我国水产品标准GB 2733—2005规定的20 mg/100 g以下。由最佳工艺生产的产品盐分为2.34%，pH为5.72，与传统的冷熏即食三文鱼相近，其盐分含量在2%～4%，pH为5.8～6.3。产品的水分含量为72.10%，属于高水分半干食品，正好满足现代消费者对于保持原料原有特性的要求。

与脂肪氧化酸败有关的指标TBA值变化从原料的0.58 mg/kg增加至成品的0.70 mg/kg，变化比较小，但POV值测定时溶液没有颜色变化，表明液熏罗非鱼片表现出良好的油脂稳定性，对于原料和产品，可以忽略脂肪氧化酸败引起的变质。其原因在于罗非鱼片本身脂肪含量低，原料为2.65%，液熏罗非鱼片为3.25%；此外，烟熏液成分中存在防止氧化作用的愈创木酚等酚类物质起到了阻止脂肪氧化的作用。

二、风味成分分析

烟熏味是利用木材不完全燃烧产生的烟气或烟熏液熏制食品而产生的一种混合风味。食品在获得烟熏味的同时，可以去除或掩盖其他异味，同时烟熏成分起到杀菌和抗氧化作用，延长产品的保质期。经GC-MS检测得到的风味成分离子流色谱图如图5-1和图5-2所示，通过将挥发性成分的质谱数据与气质联用仪的质谱数据进行分析，所得到的液熏罗非鱼片产品和传统木粒烟熏罗非鱼片产品的风味物质分析结果如表5-8所示。

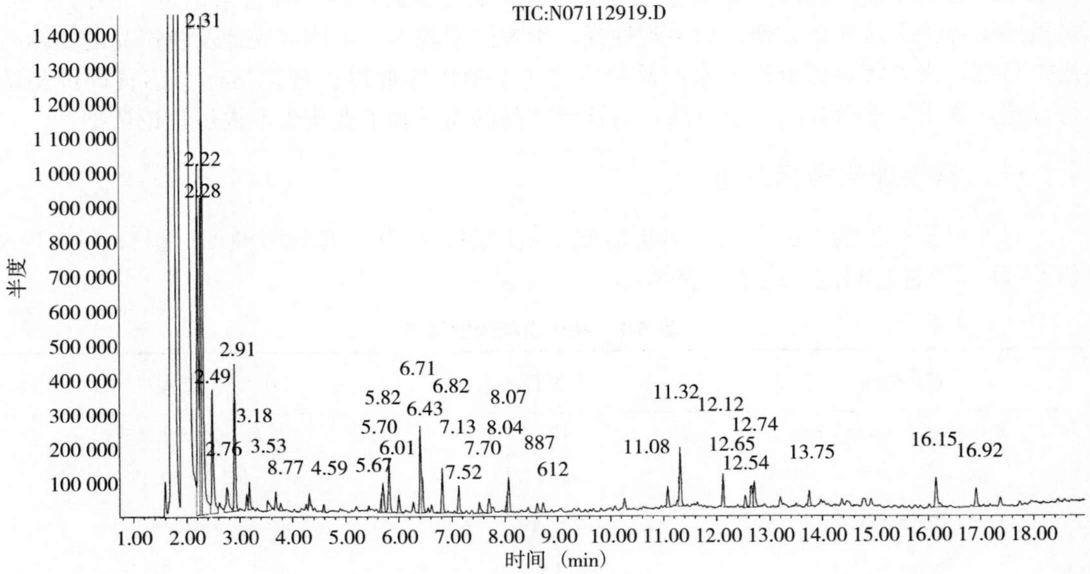

图 5-1　液熏罗非鱼片挥发性成分总离子流色谱图

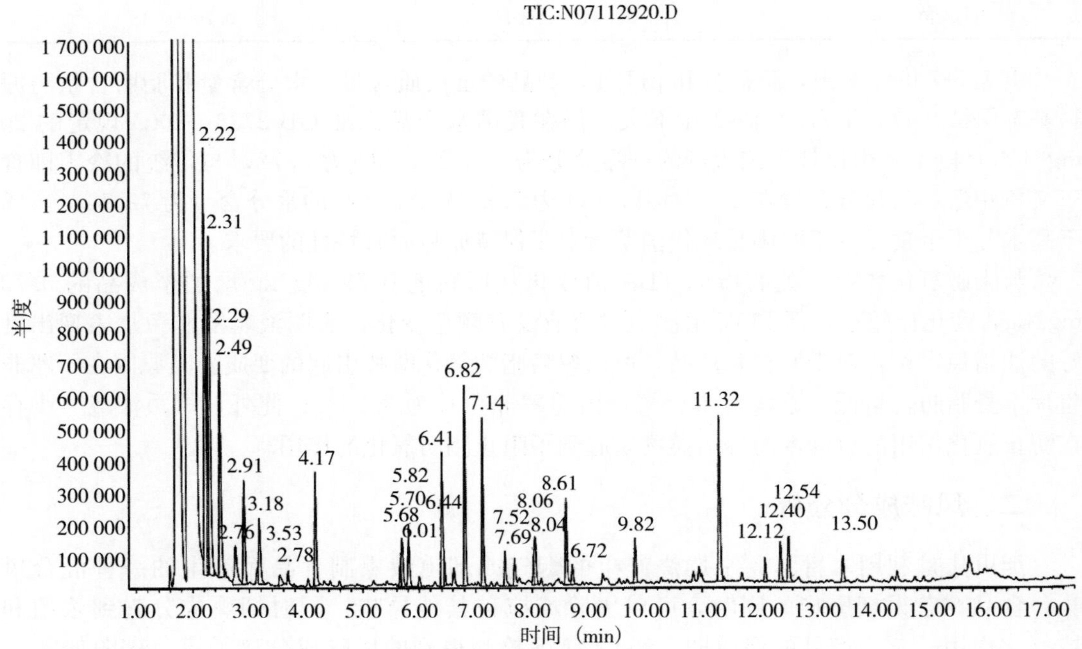

图 5-2　传统烟熏罗非鱼片挥发性成分总离子流色谱图

表 5-8　液熏罗非鱼片和传统木粒烟熏罗非鱼片的挥发性风味物质分析结果

保留时间（min）	挥发性化合物	相对峰面积（%）	
		液熏	烟熏
2.22	乙酸	15.67	13.99
2.28	丙酸乙酯	11.02	6.83
2.31	乙酸丙酯	24.32	14.28
2.49	1-羟基-2-丙酮	6.50	7.86
2.76	丙酸	2.14	2.23
2.91	乙酸丁酯	5.88	3.75
3.18	3-羟基-2-丁酮	1.21	2.54
3.53	丁酸	0.82	0.57
3.77	糠醛	0.41	0.11
4.17	2-呋喃甲醇	ND	3.71
4.59	乙酰基呋喃	0.35	ND
5.67	3-甲基-2-环戊烯-1-酮	0.38	0.90
5.70	丁内酯	1.57	1.73
5.82	2（5H）-呋喃酮	2.60	2.23
6.01	5-甲基-2（3H）-呋喃酮	0.88	0.39
6.41	2-羟基-3-甲基-2-环戊烯-1-酮	3.45	4.71
6.43	3-甲基-2（5H）-呋喃酮	1.63	0.91
6.82	苯酚	1.96	6.34
7.13	2-甲氧基苯酚（愈创木酚）	1.41	5.42
7.52	2-甲基苯酚	0.65	1.28
7.70	3-乙基-2-羟基-2-环戊烯-1-酮	0.95	1.12
8.04	4-甲基苯酚	0.34	0.70
8.06	3-甲基苯酚	1.74	1.75
8.61	2-甲氧基-4-甲基苯酚	0.51	3.13
8.72	2，4-二甲基苯酚	0.52	0.73
9.82	4-乙基-2-甲氧基苯酚	ND	1.52
11.08	5-羟甲基糠醛	1.07	0
11.32	2，6-二甲氧基苯酚	2.92	5.96
12.12	2，6-二叔丁基对甲酚	1.43	0.79
12.40	丁子香酚	ND	1.53
12.54	3-羟基-4-甲氧基苯甲酸	0.62	2.02
12.65	1，4-对苯二酚	1.36	ND
12.71	香兰素	1.53	0
13.50	5-叔-丁基焦酚	ND	0.96
13.75	香草乙酮	0.92	ND
16.15	4-羟基-3，5-二甲氧基苯甲醛	2.09	ND
16.92	乙酰丁香酮	1.18	ND
合计		100	100

注：ND 表示未检出。

从表5-8可见，液熏罗非鱼片检出风味成分分别为33种，传统烟熏罗非鱼片检出风味成分30种，在这些呈味成分中有26种是共有的，所占比例分别为91.53%和92.27%。其中，液熏罗非鱼片检测到10个酚类化合物，总相对含量为12.84%；4个酯类化合物，总相对含量为42.79%，二者总和达到55.63%；7个脂肪族酮类，总相对含量为14.59%；4个酸类化合物，总相对含量为19.25%。传统烟熏罗非鱼片检测到12个酚类化合物，总相对含量为30.50%；4个酯类化合物，总相对含量为26.59%，二者总和达到57.09%；4个酸类化合物，总相对含量为18.81%。其余化合物为醛和呋喃类。通过比较，在风味成分的种类和含量方面，液熏罗非鱼片与传统烟熏罗非鱼片相近。

在熏烤鲣的风味成分分析研究中，共检测到17种酚类、13种酸类、2种内酯类、11种烃类、16种羰基化合物、8种含氮化合物、15种醇类、2种硫化物、5种酚醚类及呋喃类等化合物。其中2，6-二甲氧基苯酚、4-甲（乙）基-2，6-二甲氧基苯酚、2-甲基庚醇、3，4二甲氧基甲苯、全顺式-1，5，8-十一碳三烯-3-醇、2，5-辛二烯-3-醇、3-甲基2-环戊烯酮、2，3-二甲基-2-十一酮、2-（或3-）甲基巴豆酸-γ-内酯等都是熏烤鲣的重要香气成分。

在烟熏中起主要作用的熏烟成分是酚类、醇类、酸类、烃类及羰基化合物类，是烟熏味的主要呈味成分，其中酚类物质及其衍生物主要有愈创木酚、4-甲基愈创木酚、4-己基愈创木酚、2，6-二甲氧基苯酚等，熏烟中的羰基化合物如酮类、醛类等不仅提供烟熏风味，而且与烟熏制品的氨基起褐变反应形成熏制品的色泽。

三、质构指标分析

采用质构仪检测了原料及产品的质构特性，以研究液熏罗非鱼片产品的质构变化情况，有关特性见表5-9。

表5-9 质构指标测定结果

质构参数	原料	产品
硬度（g）	458±62.69	823.50±161.62
弹性（mm）	2.41±0.04	2.70±0.10
黏聚性	1.74±1.13	0.85±0.02
粘牙性（g）	533.90±269.31	842.94±279.32
咀嚼性（gmm）	963.83±431.53	2242.58±509.92

罗非鱼片原料和烟熏产品的质构指标结果如表5-9所示，烟熏产品的硬度、弹性、粘牙性、咀嚼性指标值均高于原料，与液熏三文鱼质构变化表现出相同的趋势。在烟熏加工过程中，盐腌后食盐向鱼体内渗透，使得鱼体脱水，在烟熏阶段，烟熏液也会逐渐向鱼肉组织渗透，蛋白质结构发生变化，鱼肉组织变得紧密，产品更有嚼劲。

四、色泽指标分析

肉类食品色泽的评价目前主要有三种方法：①采用标准比色板法，主要用于调查；

②色差计测定法，测定结果用 L* 值、a* 值和 b* 值表示，色差计因其具有方便和客观的特点而被广泛应用；③计算机数值图像处理技术，主要用于在线分级。研究采用色差计来测定液熏产品的色泽，结果如表 5-10 所示。

由表 5-10 可知，由于罗非鱼是白肉鱼种，其原料的 L* 值很高，为 55.94，a* 值和 b* 值分别为 0.86 和 8.03，产品的 L* 值、a* 值和 b* 值分别为 48.49、9.77 和 26.43，这是因为液熏后，随着烟熏色泽的产生，L* 值下降，而 a* 值和 b* 值显著增加，呈现出产品的烟熏色泽。

表 5-10　色泽指标测定结果

色泽	原料	产品
L* 值	55.94±1.43	48.49±1.76
a* 值	0.86±2.92	9.77±2.31
b* 值	8.03±1.17	26.43±1.75

五、微生物指标分析

罗非鱼片原料和液熏罗非鱼片产品的细菌总数、金黄色葡萄球菌和单核细胞增生李斯特菌的存在情况如表 5-11 所示。

由表 5-11 可知，原料的细菌总数为 2.15×10^4CFU/g，产品的细菌总数 1.67×10^3 CFU/g；原料金黄色葡萄球菌<100 CFU/g，产品中未检出；单核细胞增生李斯特菌在原料和产品中均未检出。液熏加工过程中，原料鱼中的微生物随着清洗、腌渍、液熏、干燥等加工过程的进行，微生物呈现出逐渐减少的趋势。烟熏液中各种有机酸、酚类、醛类及其衍生物等具有杀菌能力，起到杀菌防腐作用。

表 5-11　微生物指标测定结果

微生物	罗非鱼片原料	液熏罗非鱼片产品
细菌总数（CFU/g）	2.15×10^4	1.67×10^3
金黄色葡萄球菌（CFU/g）	<100	ND
单核细胞增生李斯特菌	ND	ND

注：ND 为未检出。

六、苯并（α）芘含量的分析

为了进行对比，测定了两种液体烟熏液 L-SMOKE1 和 L-SMOKE2，液熏罗非鱼片产品和传统木粒烟熏罗非鱼片产品中苯并（α）芘的含量，结果见表 5-12。

表 5-12　苯并（α）芘含量的测定结果

样品名称	检测值（μg/kg）
L-SMOKE1	0.41±0.05
L-SMOKE2	0.52±0.05
液熏罗非鱼片	0.39±0.08
传统木粒烟熏罗非鱼片	3.67±0.16

由表5-12可知，烟熏液L-SMOKE1、L-SMOKE2和液熏罗非鱼片产品的苯并（α）芘含量分别为0.41 μg/kg、0.52 μg/kg和0.39 μg/kg，传统木粒烟熏罗非鱼片苯并（α）芘含量为3.67 μg/kg。研究结果表明，烟熏液L-SMOKE1、L-SMOKE2和液熏罗非鱼片产品及传统木粒烟熏罗非鱼片的苯并（α）芘含量低于我国国家标准限量。但传统木粒烟熏产品因加工工艺过程复杂，难以实现精确控制而存在质量不稳定的问题；而液熏产品和烟熏液中苯并（α）芘含量低，生产的产品质量稳定，易于实现机械化控制和工业化生产。

七、液熏罗非鱼片产品品质评价方法

按液熏工艺通过调整工艺参数生产得到的液熏罗非鱼片产品，测定产品的水分含量（WC）、脂肪含量（FC）、灰分（AC）、蛋白质含量（PC）、盐度（NC）和pH等主要成分含量和理化指标，并对色泽（CL）、烟熏味（SK）、酸味（SR）、咸味（ST）、组织（TT）和总分（TS）进行感官评价，结果见表5-13。

表5-13　液熏罗非鱼片产品主要成分含量和感官品质评分

试验序号	水分含量	蛋白质含量	脂肪含量	含盐量	灰分	pH	色泽	烟熏味	酸味	咸味	组织	总分
1	72.77	16.76	3.35	2.74	3.36	5.00	5.4	3.9	5.3	5.0	4.5	24.1
2	72.97	16.5	3.74	2.34	2.65	5.22	5.8	5.4	4.8	5.9	5.3	27.2
3	77.72	11.8	1.77	1.59	2.13	5.15	5.0	5.7	5.3	5.6	5.6	27.2
4	76.31	14.02	1.73	2.6	3.13	5.29	6.5	5.4	5.7	5.4	5.6	28.6
5	73.53	14.6	4	2.53	3.12	5.19	4.1	4.8	5.0	5.6	4.7	24.2
6	74.52	14.14	3	2.85	3.34	5.38	5.0	4.7	5.4	5.4	5.8	26.3
7	75.18	15.76	2.27	2.5	2.85	5.22	4.8	4.6	4.4	4.4	5.0	23.2
8	72.06	15.76	2.37	3.2	3.84	5.50	6.4	5.0	6.0	5.4	5.6	28.4
9	75.57	15.07	1.65	3.7	4.24	5.30	4.2	5.0	4.6	4.0	4.2	22.0

将主观感官评价结果与客观理化指标结果相结合，通过对数据采用SPSS进行分析，确定了感官评价指标与理化指标的相关性，如表5-14所示。

表5-14　熏罗非鱼片主要成分含量与感官品质的相关性（r/p）

主要成分	色泽	烟熏味	酸味	咸味	组织	总分
水分含量	−0.678	−0.362	−0.847	−0.781	−0.740	−0.894
	0.045	0.338	0.004	0.013	0.022	0.001
脂肪含量	0.429	−0.402	0.574	−0.091	0.007	0.169
	0.249	0.283	0.106	0.815	0.986	0.663
灰分	−0.147	0.205	0.297	0.099	0.601	0.229
	0.707	0.598	0.438	0.801	0.087	0.554
蛋白质含量	0.363	0.009	0.493	0.600	0.117	0.425
	0.337	0.981	0.178	0.088	0.765	0.255
盐度	−0.336	0.200	0.034	0.019	0.483	0.053
	0.377	0.606	0.930	0.960	0.188	0.893
pH	0.586	−0.586	0.433	−0.168	−0.038	0.123
	0.097	0.097	0.244	0.665	0.923	0.752

注：$P\leqslant0.1$表示相关，$P\leqslant0.05$表示显著相关，$P\leqslant0.01$表示极显著相关。

液熏罗非鱼片的主要成分与感官评分回归分析如表 5-15 所示。由表 5-15 可以看出，色泽、烟熏味、组织和总分的回归方程达到显著相关水平，表明方程能较好地反映与液熏罗非鱼片产品相关的色泽、烟熏味、组织方面的感官评价；酸味和咸味是理化指标的函数，但没有表现出相关性。

表 5-15　熏罗非鱼片主要成分含量与感官品质的回归分析

风味指标	回归方程	方程显著性（F/a）
色泽	CL=28.607−0.318WC−1.385FC+3.200AC−1.7PC−4.296NC+1.802pH	161.871/0.016
烟熏味	SK=0.322+0.229WC−2.489FC+8.823AC+0.034PC−9.877NC−0.962pH	57.059/0.022
酸味	SR=18.822−0.156WC+0.373FC+0.001AC+0.054PC+0.064NC−0.775 pH	1.013/0.647
咸味	ST=67.213−0.710WC+1.851FC−7.955AC−0.107PC+8.197NC−2.293 pH	12.551/0.214
组织	TT=33.940−0.461WC−0.222FC−1.590AC−0.226PC+1.906NC+1.449 pH	380.752/0.039
总分	TS=148.905−1.415WC−1.873FC+2.480AC−0.415PC−4.006NC−7.80 pH	24.466/0.034

第三节　液熏罗非鱼片在不同贮藏条件下的品质变化

一、感官的变化

液熏罗非鱼片在贮藏期间的感官会随保存时间的延长而变化，主要在色泽、气味、质地、外观等方面，这是由于微生物及化学变化引起的。按照感官评定标准表，等级在 4 分及 4 分以上为感官评定终点，即产品变质。评定结果见表 5-16。

表 5-16　液熏罗非鱼片在不同贮藏条件下的保质期

	25℃		15℃		5℃	
保质期（d）	普通	真空	普通	真空	普通	真空
	4	11	20	32	150	>150
变质特点	腐败，表面长有霉菌	腐败	略有腐败气味，表面长有霉菌	略有腐败气味	略有腐败气味	未变质

由表 5-16 所示结果可知，液熏罗非鱼片腐败的发生受贮藏温度的影响较大，5 ℃下贮藏较 25 ℃明显变慢。包装方式对腐败的发生也有一定的影响，如真空包装可推迟腐败，其产品的货架期为普通包装产品的 1.5～3.0 倍，这与 Gram 等的研究结果一致。液熏罗非鱼片在 15 ℃及 25 ℃贮藏下，普通包装达到感官评定终点时间分别为 20 d 和 4 d，真空包装达到感官评定终点时间分别 32 d 和 11 d，其中普通包装产品在贮藏后期易长霉菌，如 25 ℃普通包装产品放置 3 d 表面出现白斑，15 ℃普通包装产品 12 d 后表面长有小白点，这是因为空气中的霉菌孢子无处不在，特别是阴暗潮湿的地方，因此，生产车间的杀菌消毒对产品质量的影响是很大的。液熏罗非鱼片在 5 ℃贮藏时变质速度缓慢，真空包装产品存放 5 个月除色泽加深外未见有任何变质迹象，而普通包装产品存放 5 个月也只略有腐败味。这不仅与鲜罗非鱼在 0℃、5℃、10℃、15 ℃贮藏货架期分别为 20d、9.5d、5d 和 2.5 d 相比，液熏罗非鱼片的货架期延长了 7～60 倍，而且与已见报道的热熏、液熏或

冷熏真空包装三文鱼冷藏货架期不超过 50 d 相比，液熏罗非鱼片的货架期也延长了 3 倍，这一方面与腌制、冷藏及真空包装有效地抑制了大部分微生物的生长，从而降低了产品的腐败速度有关，另一方面熏制过程本身对鱼体油脂水解影响很小，可减缓油脂的氧化有关，但考虑到 5 ℃时真空包装液熏罗非鱼片在贮藏过程中色泽、光泽及质地的变化，建议其保存期定为 60 d。

二、TVB-N 值的变化

TVB-N 指标是鉴定鱼鲜度的经典指标。液熏罗非鱼片在 25 ℃、15 ℃及 5 ℃贮藏条件下 TVB-N 值的变化如图 5-3 所示。

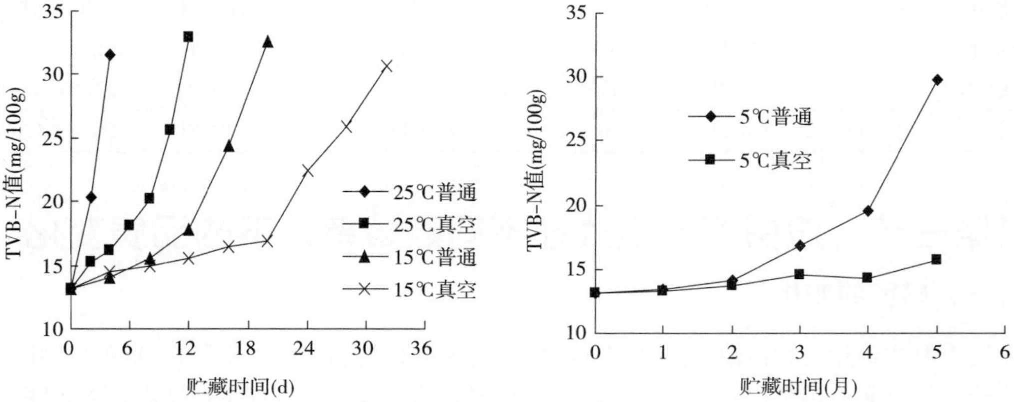

图 5-3　液熏罗非鱼片在不同贮藏条件下 TVB-N 值的变化

由图可见，在 25 ℃贮藏下，无论是普通包装还是真空包装，TVB-N 值的变化均较快，几乎成直线上升。而 15 ℃贮藏的产品，TVB-N 值的变化相对较慢，在 8 d 以内，无论何种包装 TVB-N 值均保持在 15 mg/100 g 左右的较低水平，8 d 后普通包装产品才开始明显上升，而真空包装产品 20 d 后才迅速增长。在 5 ℃贮藏条件下，5 个月的保藏过程中，普通包装与真空包装产品的 TVB-N 值变化均缓慢，其中普通包装产品在贮藏 4 个月后 TVB-N 值才变化较快，5 个月时 TVB-N 值已接近初期腐败点 30 mg/100 g，而真空包装产品 TVB-N 值在整个试验过程中变化不大，试验结束时 TVB-N 值为 15.7 mg/100 g，仅比贮藏 0 d 时的 13.19 mg/100 g 上升 2.51 mg/100 g。在 25 ℃、15 ℃及 5 ℃贮藏条件下，无论何种包装，TVB-N 值达到初期腐败值的天数与感官评定所得的天数基本一致。鱼片贮藏过程中，TVB-N 值增大是因为鱼肉中酶和微生物共同作用分解蛋白质，不断产生氨及胺类等碱性含氮物质所致。

三、细菌总数的变化

食品在贮藏过程中，微生物是造成食品腐败变质的最主要因素，其次是食品中的内源酶引起的腐败变质。液体烟熏液的主要成分是有机酸、酚、醛和酮等有机化合物，可有效地抑制腐败微生物的增长及有关的酶促反应。图 5-4 是液熏罗非鱼片在 25 ℃、15 ℃及 5 ℃贮藏条件下细菌总数的变化趋势。

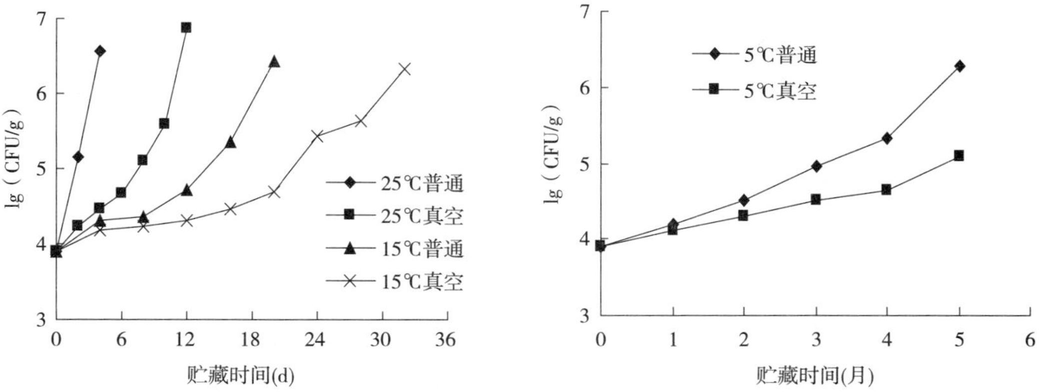

图 5-4　液熏罗非鱼片在不同贮藏条件下细菌总数的变化

由图 5-4 可知，产品在贮藏期间细菌总数随保藏时间的延长总体呈上升趋势，温度越高，细菌总数的增加越迅速。包装方式对细菌总数的变化也有一定影响，真空包装产品比普通包装产品上升慢，温度越低，这种作用越明显。

产品存放初期，细菌总数增长较缓慢，这是因为液体烟熏液的主要成分是有机酸、酚、醛和酮等有机化合物，具有抑制微生物生长、增强制品贮藏性的作用，产品在放置过程中，随着液体烟熏液的缓慢渗透，鱼肉表面及肌肉内部的微生物逐渐被抑制，甚至被杀灭，但产品烟熏时间短，所吸收的烟熏液量较少，温度越高，抑菌效果越差，所以随着时间的推移，细菌总数仍会继续增长。由图 5-4 也可得出，25 ℃和 15 ℃普通包装、真空包装及 5 ℃普通包装产品到达初期腐败时得到的菌落总数基本一致，均达到 10^6～10^7CFU/g，而 5 ℃真空包装产品在整个试验过程中细菌总数没有太大的变化，基本维持在 10^4～10^5CFU/g，但这与 Sernapesca 及 Truelstrup 等的研究结果有所不同，Sernapesca 的研究表明细菌总数在 1×10^5～5×10^5CFU/g 时产品质量不可接受，而 Truelstrup 等发现冷熏三文鱼的细菌总数高达 10^8CFU/g 时仍没有腐败。不过 Gibson 及 Rorvik 等发现，细菌总数作为考查产品品质的一个指标，却与产品感官质量和货架期没有相关性（$P>0.05$）。另外，由于鱼肉中所含的液体烟熏液浓度低，不足以长时间抑制霉菌的生长，也导致了 25 ℃和 15 ℃普通包装产品腐败的加速。

四、pH 的变化

一般活鱼肌肉的 pH 为 7.2～7.4，鱼死后随着酵解反应的进行，pH 逐渐下降，白肉鱼 pH 最低可降到 6.0，罗非鱼片属于白肉鱼，试验测得罗非鱼片原料 pH 为 6.5，而产品在贮藏过程中 pH 的变化如图 5-5 所示。

图 5-5 显示了液熏罗非鱼片在不同贮藏条件下 pH 的变化。罗非鱼片经过加工后测定，pH 为 5.6，与原料相比下降了 0.9。这是因为盐腌后鱼片细胞内部溶液电离强度增强，并且试验所选用的液体烟熏液 pH 为 2～3，才导致产品的 pH 急剧下降。贮藏过程中，由图 5-5 可以看出，在 25 ℃、15 ℃及 5 ℃3 种贮藏温度下，普通包装和真空包装产品的 pH 变化趋势相似，先高后低再上升，然后变化趋于平缓的过程。这是由于在贮藏初

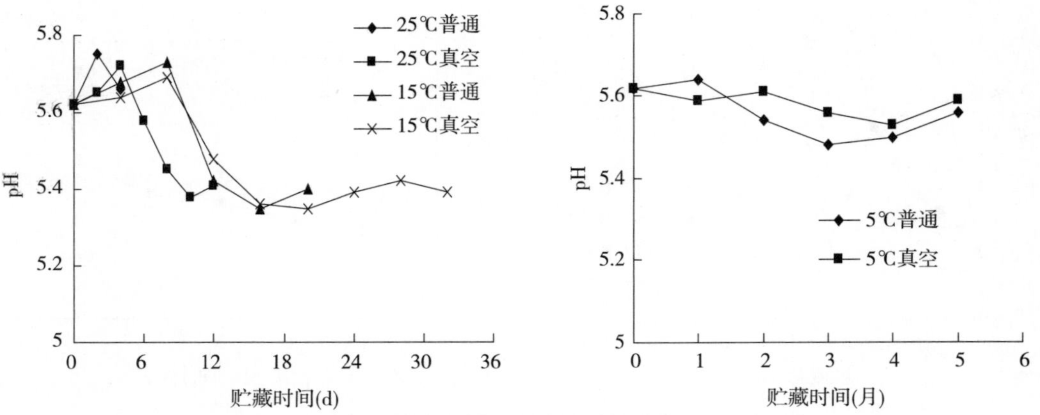

图 5-5 液熏罗非鱼片在不同贮藏条件下 pH 的变化

期，肉的腐败变质主要是因为肉表面的腐败性细菌将蛋白质分解为氨、三甲胺等挥发性物质，从而引起 pH 的增长。大多数微生物的最适生长 pH 在 5.5～8.5，而随着贮藏时间的延长，乳酸菌开始缓慢增长并产生乳酸使 pH 降低，从而抑制了其他微生物的繁殖，乳酸菌也逐渐成为贮藏过程中的优势菌，并使产品的 pH 基本维持稳定。

五、色泽的变化

对于消费者来说，烟熏制品的色泽对刺激消费者购买欲望的影响甚至超过了产品本身质量的好坏，因为色泽不仅说明产品具有满意的外观，更说明产品的这种外观是独特的。在加工过程中，许多因素会影响最终产品的色泽，如原料脂肪的含量、肌肉中虾青素及角黄素的含量、腌渍方法、烟熏温度、烟熏液浓度、pH 等，而在贮藏过程中，贮藏温度及包装方式则对产品的色泽有很大的影响，因为当烟熏液与食品接触一定时间后，色泽不会马上达到最佳水平，必须使食品与空气（氧）之间有足够的接触时间，氧化反应才能完全，食品脱水到一定程度，才能产生良好的烟熏色泽，所以在贮藏初期，温度越高，氧化反应越快，产品达到良好色泽的时间就越短。另外，普通包装含氧量高，其产品比真空包装产品色泽好，又由于真空包装比普通包装出水率高，使得真空包装产品的色泽变暗速度较普通包装快。

1. L^* 值的变化趋势及其与贮藏时间（T）的关系

由图 5-6 可以看出，在 5 ℃、15 ℃和 25 ℃贮藏条件下，普通包装产品 L^* 值的变化趋势均为先上升，稳定一段时间后再下降，然后又趋于平缓，其达到最佳色泽的时间分别为 30 d、4 d 和 2 d，色泽稳定时间分别为 90 d、12 d 和 4 d，最佳色泽 L^* 值范围为 46～49；而真空包装产品 L^* 值的变化趋势为先平缓下降，贮藏一段时间后迅速下降，之后变化不明显，其中平缓下降时间段分别为 60 d、12 d 和 6 d。在同一贮藏时间及贮藏温度下，真空包装比普通包装 L^* 值下降快，且 L^* 值变化显著相关（$P<0.05$）；在相同贮藏温度和相同包装条件但不同贮藏时间下 L^* 值的变化也显著相关（$P<0.05$）。随着贮藏时间的延长，氧化反应达到饱和，其对色泽的影响将小于产品因脱水而引起的色泽加深，因此，在试验终点时，25 ℃普通及真空包装产品的 L^* 值高于 5 ℃及 15 ℃，15 ℃普通及真

空包装产品的 L* 值高于 5 ℃。5 ℃真空包装产品的 L* 值在贮藏 5 个月后降到 36.08，色泽为深棕褐色，因此，单纯从色泽来看，会大大降低消费者的购买需求。

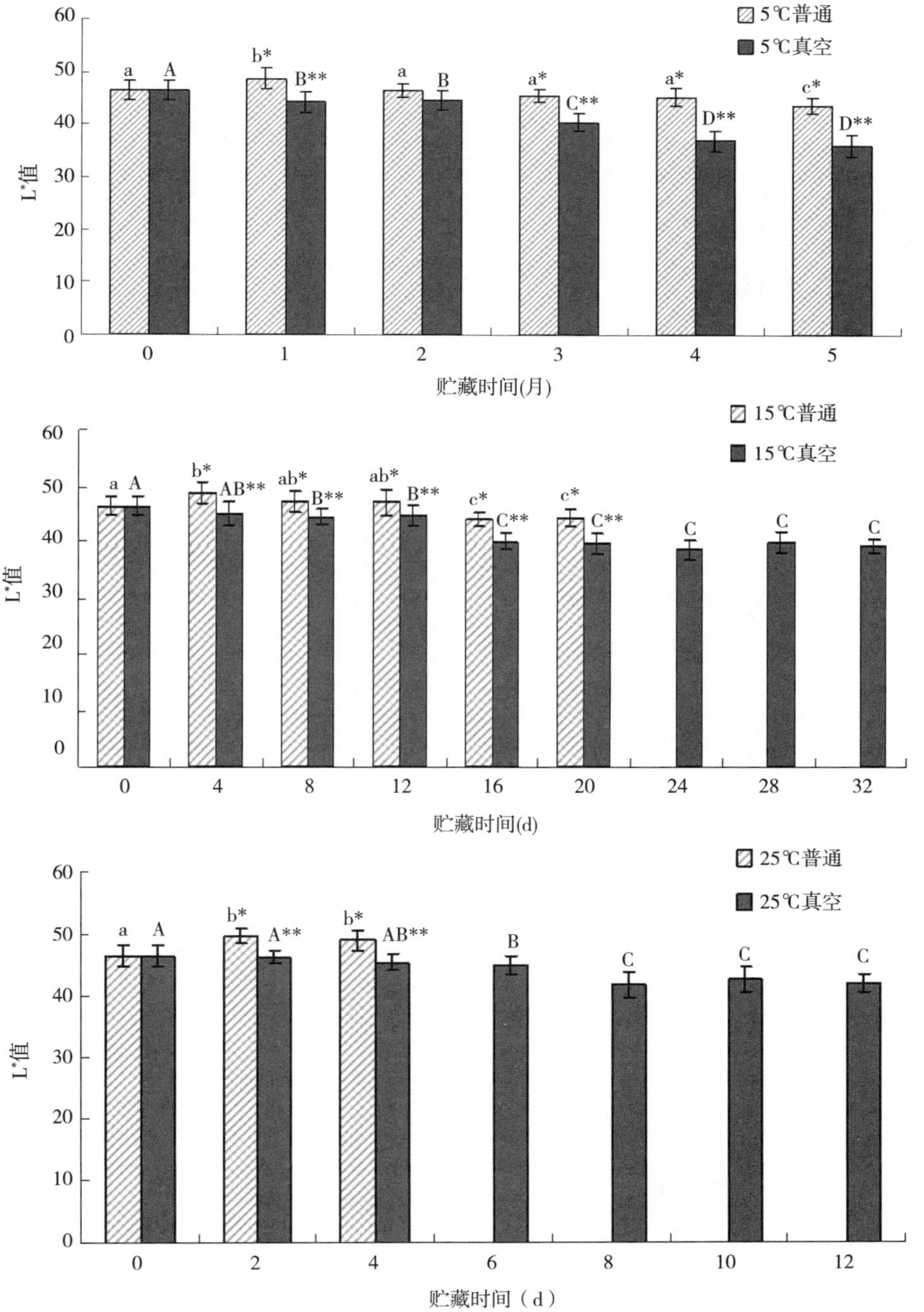

图 5-6　液熏罗非鱼片在不同贮藏条件下 L* 值的变化

不同小写字母表示差异显著（$P<0.05$）；不同大写字母表示差异显著（$P<0.05$）；

相同 x 轴不同 * 表示差异显著（$P<0.05$）

对 L^* 值与产品贮藏时间（T）进行逐步回归分析，采用 Stepwise 变量筛选方法：进入概率小于 0.05，移出概率大于 0.1。按照此标准，分析 5 ℃、15 ℃和 25 ℃贮藏条件下 L^* 值与产品贮藏时间（T）之间的关系（图 5-7）。回归分析结果表明，虽然相关分析中 3 种贮藏温度下普通及真空包装 L^* 值变化都呈显著相关，但只有真空包装产品的 L^* 值符合上述条件，可进入线性模型。5 ℃、15 ℃和 25 ℃贮藏条件下真空包装产品 L^* 值与贮

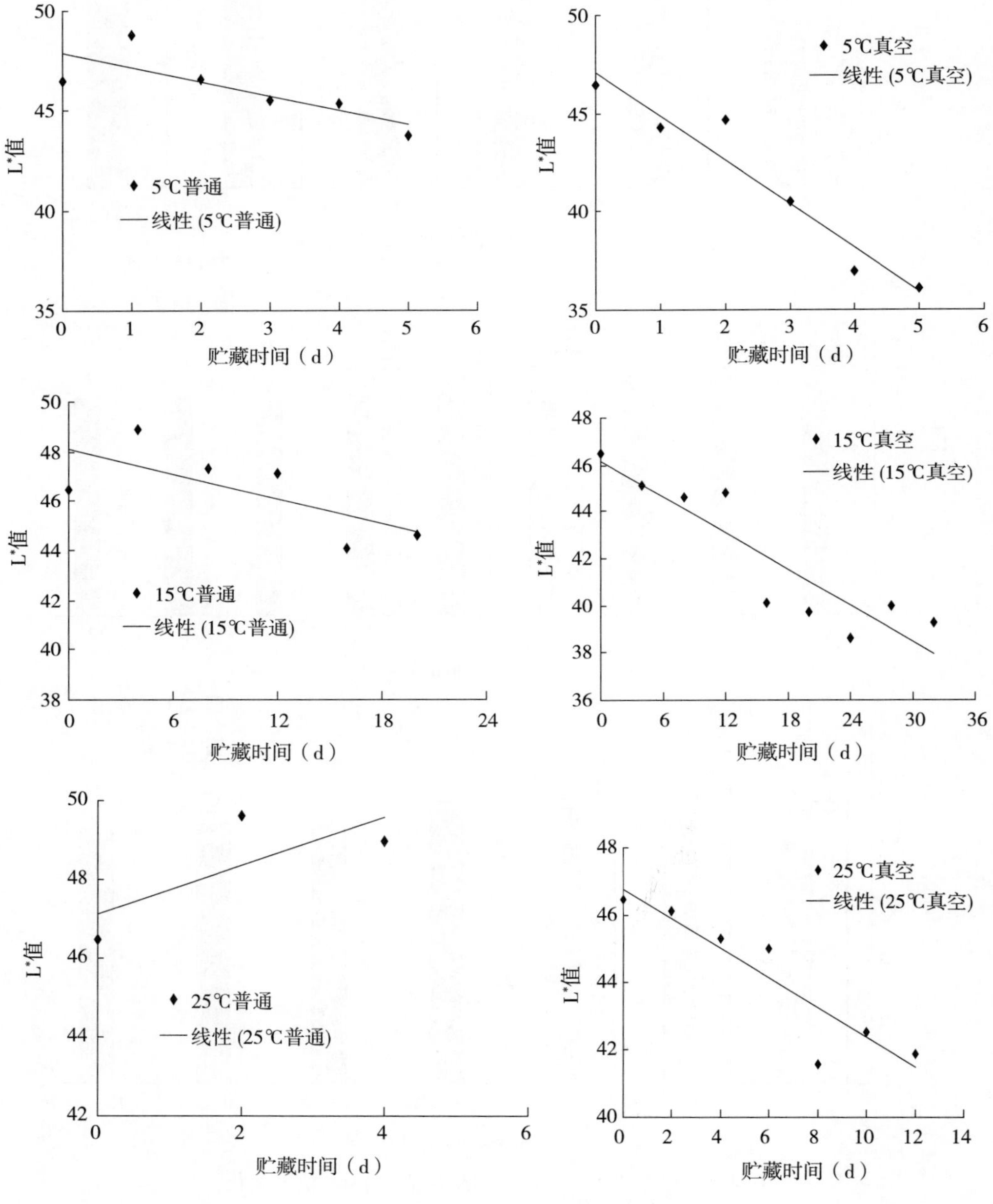

图 5-7　L^*-T 散点图与回归直线

藏时间（T）之间的线性关系分别为：$L_5^* = -2.234T + 47.086$，$P < 0.01$；$L_{15}^* = -0.257T + 46.181$，$P < 0.01$；$L_{25}^* = -0.442T + 46.775$，$P < 0.01$。因此认为，只有在真空包装条件下产品的 L^* 值与贮藏时间（T）有较好的线性拟合度，能较好地反映产品的 L^* 值随时间的变化趋势。

2. a^* 值的变化趋势及其与其贮藏时间（T）的关系

由图 5-8 可知，从总体上来看，液熏罗非鱼片在贮藏期间，不同贮藏温度及不同包装方式下，其 a^* 值的变化虽无规律但基本维持在一定的范围内（$a^* = 8 \sim 11$）。罗非鱼属于白肉鱼，鱼片自身的 a^* 值很低，接近 0，因此，对产品的 a^* 值影响很小，产品的 a^* 值大小完全由烟熏液在鱼片表面的着色情况来决定，鱼片表面着色均匀且烟熏液吸收较多者，a^* 值较高，相反则较低。试验表明，对于同一批次产品来说，a^* 值相差不大，而且在贮藏过程中，由于氧化反应和脱水作用，L^* 值和 b^* 值均明显下降，但 a^* 值下降不明显；另外，统计分析结果也表明，同一贮藏温度下，普通包装与真空包装无相关性（$P > 0.05$）。

对 a^* 值与产品贮藏时间（T）进行逐步回归分析，采用 Stepwise 变量筛选方法。回归分析结果表明，a^* 值与产品贮藏时间（T）无相关性关系。

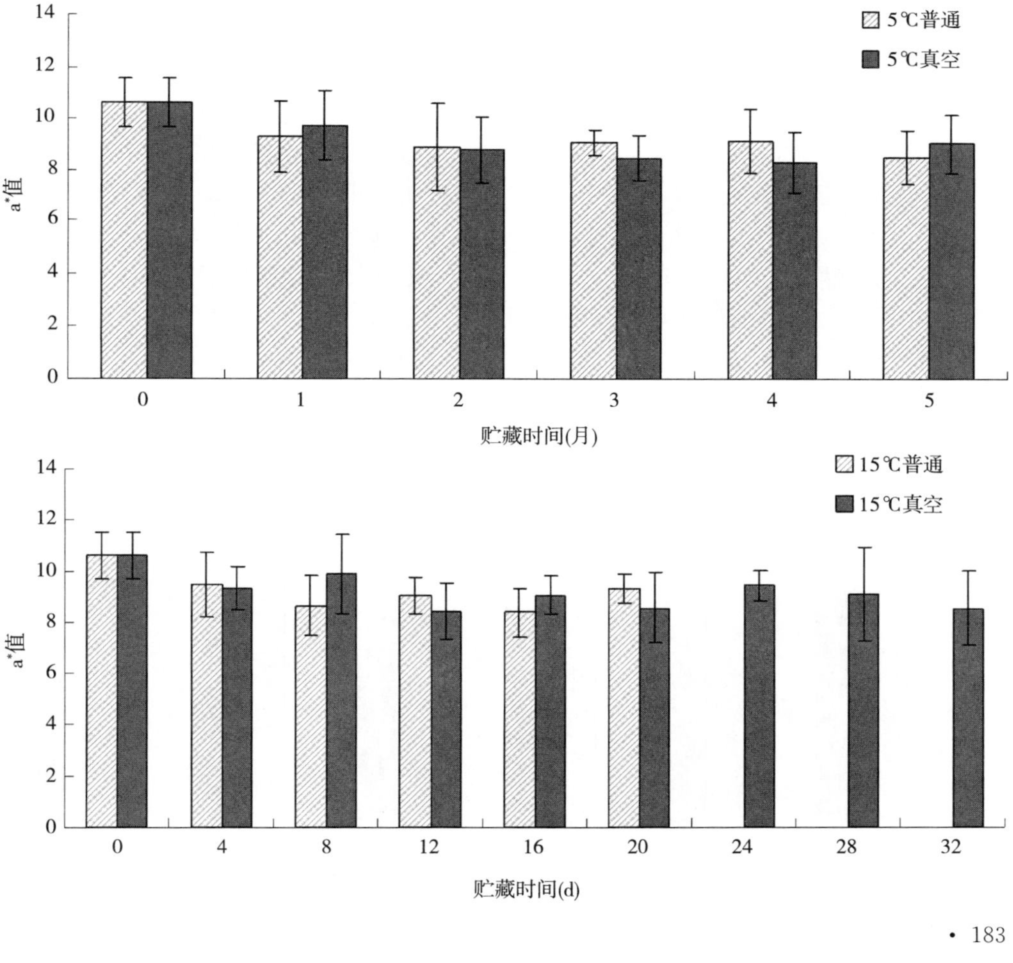

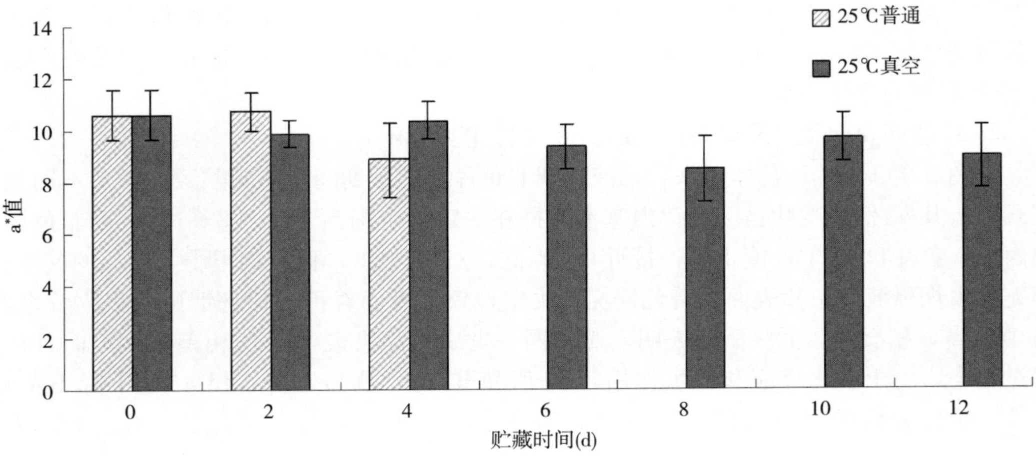

图 5-8 液熏罗非鱼片在不同贮藏条件下 a* 值的变化

3. b* 值的变化趋势及与贮藏时间（T）的关系

由图 5-9 可知，不同贮藏温度及不同包装方式下，液熏罗非鱼片在贮藏期间其 b* 值的变化规律与 L* 值基本一致，也是先上升，稳定一段时间后再下降，然后又趋于平缓。在同一贮藏时间及贮藏温度下，真空包装比普通包装 b* 值下降快，且 b* 值显著相关（$P<0.05$）；而在相同贮藏温度及相同包装条件下，b* 值的变化也显著相关（$P<0.05$）。

对 b* 值与产品贮藏时间（T）进行逐步回归分析，采用 Stepwise 变量筛选方法。回归分析结果表明，与 L* 值的结果一样，也只有真空包装产品的 b* 值与产品贮藏时间（T）有较好的线性拟合度（图 5-10）。5 ℃、15 ℃和 25 ℃贮藏条件下真空包装产品 b* 值与贮藏时间（T）之间的线性关系分别为：$b_5^*=-2.589T+24.592$，$P<0.01$；$b_{15}^*=-0.338T+25.145$，$P<0.01$；$b_{25}^*=-0.770T+26.264$，$P<0.01$。

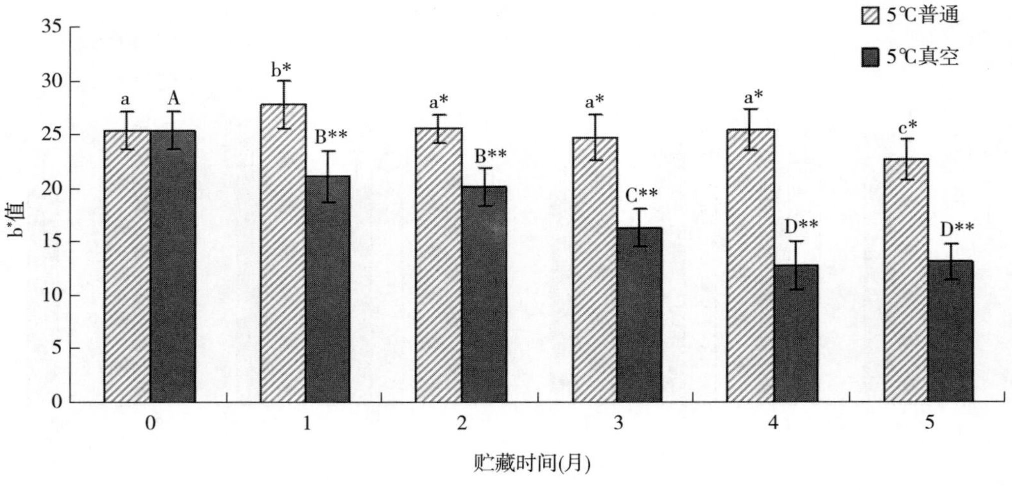

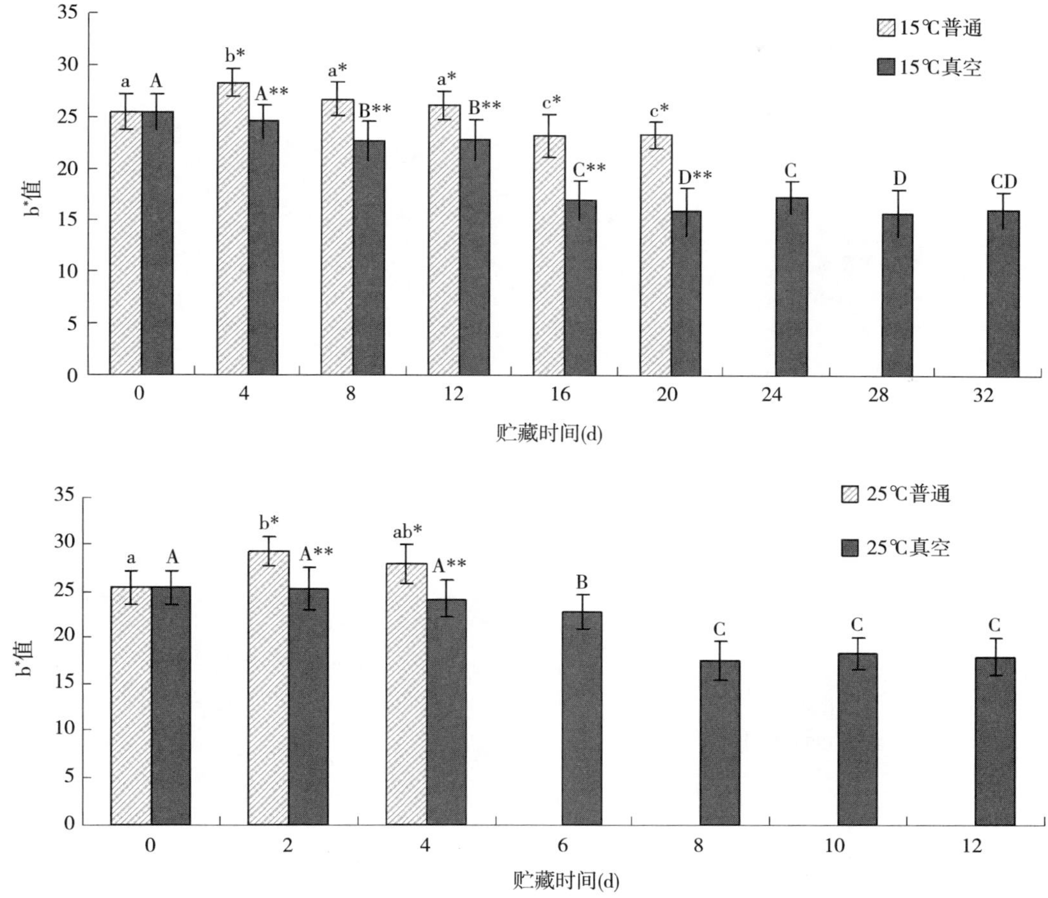

图 5-9　液熏罗非鱼片在不同贮藏条件下 b* 值的变化

不同小写字母表示差异显著（$P<0.05$）；不同大写字母表示差异显著（$P<0.05$）；相同 x 轴不同 * 表示差异显著（$P<0.05$）

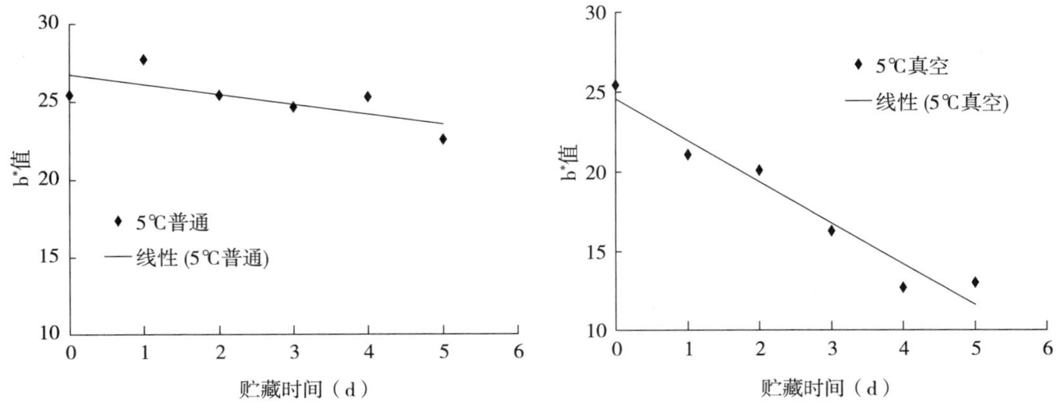

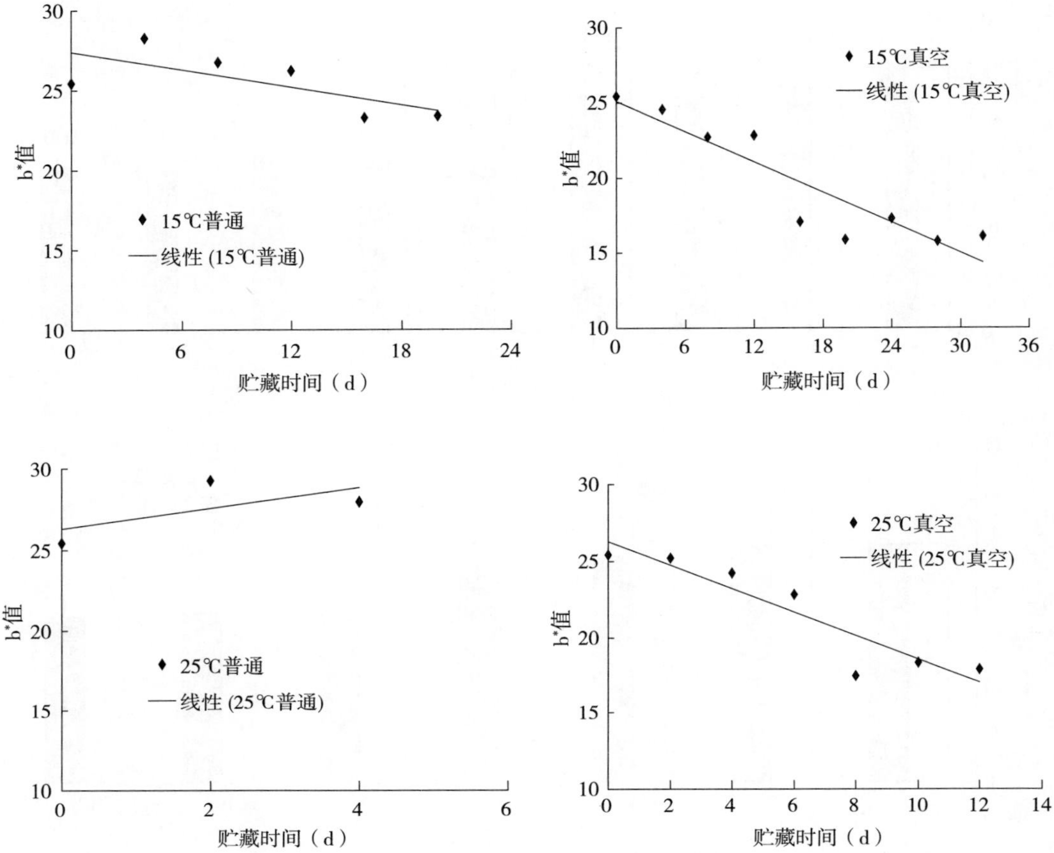

图 5-10 b* -T 散点图与回归直线

六、质构的变化

质构与食品的外观、风味、营养，一起构成食品的四大品质要素，是决定食品总体可接受性的一个重要因素。以下从硬度、粘牙性、咀嚼性、黏聚性、弹性五个方面来描述液熏罗非鱼片在不同贮藏条件下质构的变化。表 5-17 至表 5-19 显示了液熏罗非鱼片在5 ℃、15 ℃和 25 ℃贮藏条件下质构的变化。

由表 5-17 可知，在 5℃贮藏时，普通包装产品的硬度、粘牙性、咀嚼性的变化趋势表现为前 2 个月迅速上升（$P<0.05$），维持一段时间后（第 3 个月）开始缓慢下降（$P>0.05$）；弹性总体趋势上升，但变化不明显（$P>0.05$）；黏聚性在试验后期才变化显著（$P<0.05$）。真空包装产品在前 2 个月时硬度、粘牙性、咀嚼性、黏聚性的变化趋势与普通包装一致，也是迅速上升（$P<0.05$），之后 3 个月各参数数值稍有下降，但基本维持稳定（$P>0.05$），弹性则先下降再上升，但变化均不明显（$P>0.05$）。在贮藏试验结束后期，普通包装与真空包装产品的咀嚼、黏聚性显著相关（$P<0.05$），而粘牙性、硬度

和弹性没有相关性（$P>0.05$）。

表 5-17　液熏罗非鱼片在 5℃贮藏条件下质构的变化

时间/月	硬度		粘牙性		咀嚼性		黏聚性		弹性	
	普通	真空	普通	真空	普通	真空	普通	真空	普通	真空
0	620.14±45.36a	620.14±45.36a	360.61±20.13a	360.61±20.13a	1 485.54±104.36a	1 485.54±104.36a	0.58±0.02a	0.58±0.02a	4.12±0.27	4.12±0.27
1	752.06±95.08ab	871.25±72.31b	421.12±53.11ab	498.45±25.85ab	1 672.58±75.69ac*	2 011.39±65.23b**	0.56±0.05a	0.57±0.03a	3.98±0.45	4.04±0.30
2	954.17±89.16b	959.05±38.17b	560.82±30.97b	592.58±17.51b	2 275.43±86.45b	2 420.88±94.67c	0.59±0.05a	0.62±0.01b	4.05±0.38	4.08±0.42
3	891.36±58.12b	855.42±75.54b	505.33±67.23ab	528.12±59.54b	2 095.47±123.56bc	2 091.19±109.58b	0.57±0.04a*	0.62±0.04b**	4.14±0.32	3.96±0.26
4	840.19±123.67b	985.67±55.64b	447.65±133.47ab	571.36±79.32b	1 880.52±264.57c*	2 375.32±167.18c**	0.53±0.03ab*	0.58±0.03a**	4.21±0.46	4.17±0.34
5	756.65±105.49ab	840.49±94.78b	386.20±107.79a	473.54±67.49ab	1 635.34±326.63ac*	1 959.16±142.35b**	0.51±0.05b*	0.56±0.05a**	4.27±0.35	4.15±0.21

注：同一列不同字母表示差异显著（$P<0.05$）；同一行不同＊表示差异显著（$P<0.05$）。

由表 5-18 可知，在 15 ℃贮藏时，普通包装与真空包装产品的硬度、粘牙性、咀嚼性、黏聚性变化趋势均先上升后下降，变化较显著（$P<0.05$），弹性总体趋势上升，变化不明显（$P>0.05$）。其中普通包装产品的硬度、粘牙性、咀嚼性、黏聚性在贮藏后期与相同贮藏时间真空包装产品显著相关（$P<0.05$），而弹性没有相关性（$P>0.05$）。

表 5-18　液熏罗非鱼片在 15 ℃贮藏条件下质构的变化

时间（d）	硬度		粘牙性		咀嚼性		黏聚性		弹性	
	普通	真空	普通	真空	普通	真空	普通	真空	普通	真空
0	620.14±45.36a	620.14±45.36a	360.61±20.13a	360.61±20.13a	1485.54±104.36a	1485.54±104.36a	0.58±0.02ab	0.58±0.02a	4.12±0.27	4.12±0.27
8	898.19±78.23b	844.23±53.27b	540.34±42.36b	533.72±33.45b	2190.29±96.35b	2082.93±75.69b	0.60±0.03a	0.62±0.01b	4.06±0.35	3.97±0.43
16	680.64±97.16a*	993.57±34.65b**	377.62±74.18a*	574.05±29.38b**	1572.49±64.52a*	2398.31±83.46b**	0.56±0.05b	0.59±0.02ab	4.15±0.40	4.11±0.29
24	494.9±113.48c*	728.73±86.25ab**	234.18±87.52a	410.28±45.67ab	985.34±127.62c*	1686.82±107.53a**	0.47±0.04c*	0.55±0.04a**	4.23±0.36	4.18±0.38
32		546.47±94.31c		272.16±92.17a		1115.65±145.26c		0.48±0.05d		4.25±0.54

注：同一列不同字母表示差异显著（$P<0.05$）；同一行不同＊表示差异显著（$P<0.05$）。

由表 5-19 可知，在 25 ℃贮藏时，普通包装产品只有咀嚼性、黏聚性在腐败初期时显著下降（$P<0.05$），弹性缓慢上升（$P>0.05$），而硬度、粘牙性几乎无变化。真空包装产品的硬度、粘牙性、咀嚼性先上升再下降，变化显著（$P<0.05$），黏聚性在贮藏 6 d 后开始显著下降（$P<0.05$），弹性总体趋势缓慢上升（$P>0.05$）。其中普通包装产品的硬度、粘牙性、咀嚼性、黏聚性在贮藏 3 d 后与相同贮藏时间真空包装产品显著相关（$P<0.05$），而弹性没有相关性（$P>0.05$）。

表 5-19 液熏罗非鱼片在 25 ℃贮藏条件下质构的变化

时间 (d)	硬度		粘牙性		咀嚼性		黏聚性		弹性	
	普通	真空	普通	真空	普通	真空	普通	真空	普通	真空
0	620.14±45.36^{a}	620.14±45.36^{a}	360.61±20.13^{a}	360.61±20.13^{a}	1485.54±104.36^{a}	1485.54±104.36^{a}	0.58±0.02^{a}	0.58±0.02^{a}	4.12±0.27	4.12±0.27
2	575.32±97.35^{a*}	862.54±78.65^{b**}	325.70±41.69^{a*}	515.58±59.87^{b**}	1 345.45±123.12^{a*}	2085.01±95.62^{b**}	0.56±0.05^{a*}	0.60±0.03^{a**}	4.17±0.34	4.03±0.45
4	465.56±156.7^{a*}	783.70±114.32^{ab**}	238.11±88.26^{a*}	458.65±37.24^{ab**}	1012.16±254.62^{b*}	1851.42±116.35^{c**}	0.51±0.05^{b*}	0.58±0.01^{a**}	4.26±0.21	4.09±0.29
9		599.64±138.56^{ac}		327.68±78.24^{a}		1348.87±79.58^{a}		0.54±0.04^{b}		4.18±0.33
12		492.45±84.51^{c}		241.24±47.16^{a}		1018.64±97.51^{d}		0.48±0.02^{c}		4.27±0.54

注：同一列不同字母表示差异显著（$P<0.05$）；同一行不同 * 表示差异显著（$P<0.05$）。

液熏罗非鱼片在相同温度下贮藏时，真空包装产品的质构指标优于普通包装产品，这与真空包装产品的出水率高、腐败变质慢有关。在相同包装方式下贮藏时，温度越低，产品变质速度越慢，贮藏时间越长，烟熏液在鱼片肌肉内渗透越充分、均匀，其低酸性可抑制鱼肉中破坏结缔组织自溶酶的活性，使得产品的质构维持在可接受范围内的时间越长。

对质构参数（硬度、粘牙性、咀嚼性、黏聚性）与产品贮藏时间（T）进行逐步回归分析，采用 Stepwise 变量筛选方法。回归分析结果表明，虽然差异显著相关性分析中 3 种贮藏温度下普通（25 ℃普通包装除外）及真空包装的硬度、粘牙性、咀嚼性、黏聚性等变化都呈显著相关，但没有哪一项质构参数与贮藏时间的拟合度好，其 P 值均大于0.05，均不可建立模型。由此可见，没有某一个质构参数能够单独反应产品质量的变化，所有的质构参数均有贡献。

第四节　液熏罗非鱼片加工过程微生物群落的 PCR-DGGE 分析

一、熏制加工主要环节的鱼片 pH、TVB-N 值及细菌总数变化

如表 5-20 所示，pH 在着色后和熏制后都突然下降，细菌总数也在着色后骤减，因为着色液和烟熏液都呈强酸性，对细菌的生长影响很大。进一步的分析也表明着色不仅影响微生物的数量，还影响其多样性。TVB-N 值在整个过程并没有太大的变化。TVB-N 是指示鱼类鲜度的指标，由此看来液熏加工不会使鱼的鲜度发生太大的改变。

表 5-20 液熏加工主要环节罗非鱼片的 pH、TVB-N 值以及细菌总数的变化

样品编号	pH±SD	TVB-N 值±SD (mg/100g)	PCA±SD (lnCFU/g)
Ⅰ（原料鱼片）	6.50±0.02	11.61±0.35	5.59±0.22

（续）

样品编号	pH±SD	TVB-N 值±SD（mg/100g）	PCA±SD（lnCFU/g）
Ⅱ（腌渍后样品）	6.28±0.02	11.44±0.04	5.20±0.02
Ⅲ（着色后样品）	5.41±0.02	11.53±0.16	2.97±0.36
Ⅳ（干燥后样品）	5.38±0.03	11.38±0.08	2.93±0.08
Ⅴ（熏制后样品）	5.07±0.04	12.01±0.07	2.81±0.12
Ⅵ（成品）	5.10±0.14	12.18±0.20	2.63±0.52

二、DGGE 图谱的分析

1. 细菌 16*S* rDNA 的 V6-V8 可变区的 PCR 结果

提取样品（Ⅰ～Ⅵ）的细菌总 DNA，经 1%琼脂糖凝胶电泳检测后见图 5-11（a），用 16*S* rDNA 的 V6～V8 可变区引物（带 GC 夹子）进行 PCR 扩增，扩增产物经 1%琼脂糖凝胶电泳检测，获得约 430 bp 左右的特异性扩增条带［图 5-11（b）］，由图 5-11（a）可看出，样品Ⅰ和Ⅱ得到的细菌的总 DNA 能聚集成带，其他样品不能，说明Ⅰ和Ⅱ的菌量明显比其他样品多，这与上述结果符合，但从图中可看出所有样品的 DNA 的提取都是成功的，细菌总 DNA 片段在 15 kb 以上。从图 5-11（b）可看出，该试验的 PCR 扩增条件是合适的，可用于后续的 DGGE 电泳分析。

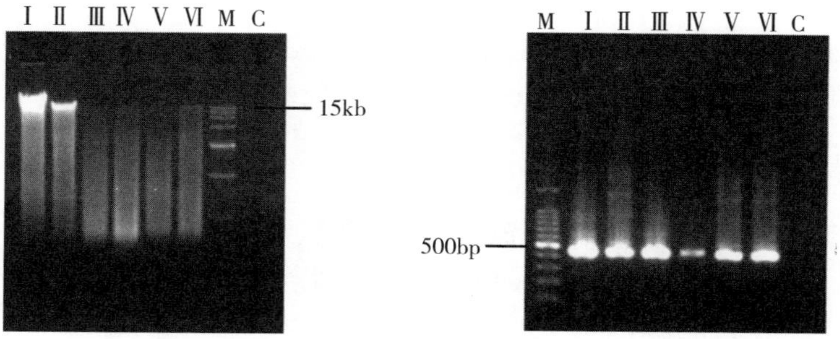

图 5-11　样品中细菌总 DNA 提取电泳图（a）和 16SrDNA 的 V6-V8 可变区 PCR 扩增产物电泳图（b）

Ⅰ～Ⅵ. 样品　M. DNA marker　C. 阴性对照

2. 液熏各环节样品 DGGE 图谱的条带分析

各样品 PCR 产物经 DGGE 后的指纹图谱见图 5-12。样品Ⅰ、Ⅱ、Ⅲ、Ⅳ、Ⅴ和Ⅵ分别在 DGGE 图谱上产生 8 条、7 条、5 条、6 条、4 条、6 条可以鉴别的条带，条带的位置如图 5-12 所示。DGGE 图谱上不同条带代表不同的微生物种类；条带的亮度代表微生物的数量，条带越亮则微生物的数量越多。由图 5-12 可知，原料样品Ⅰ形成的条带最多，腌渍后样品Ⅱ形成的条带和Ⅰ的条带种类和亮度都基本一致，而着色以后，大部分条带都明显暗淡甚至消失，只有一些以优势条带的形式出现，说明着色对微生物的抑制作用强于腌渍。从前面的结果还可看出，着色和熏制使样品的细菌总数骤减，与 pH 的降低有很大的关系。着色液和烟熏液都为强酸性物质，大多数细菌生长的最适 pH 范围在 7.0 左右，

pH 向 7 两端偏移时，微生物生长和繁殖能力减弱，种类减少。另外，由于着色液和烟熏液含有的杀（抑）菌成分，包括多酚类化合物，有机酸、羰基化合物等也影响微生物的生长。

DGGE 图谱显示一些条带如 3 和 8 存在于液熏罗非鱼片从原料到成品的整个加工过程。而一些条带只存在于加工过程的前几个环节，却随着加工的进行而彻底消失，说明该加工环节对这些菌种有强烈的抑制作用，如腌渍使条带 2 代表的菌种消失、而着色使条带 7 代表的菌种消失。还有条带 1、4、5、8、9、10 呈间断性出现，这可能是这些条带代表的菌种更耐受加工，作为非优势种其实在出现之前也存在，只是浓度达不到 DGGE 的检测范围，所以不能形成可观察条带。在某个加工环节使一些优势菌种消失以后，整个微生物群落的菌种间的比例发生改变，优势菌种发生了更迭，于是这些菌种能在后续加工环节的条带上显示出来，甚至形成了亮度较亮的优势条带，充分说明液熏加工使微生物群落产生了动态的变化。成品所形成的条带有 1、3、4、5、8、9，这些菌种是能耐受整个加工过程而存活下来的，它们中有些菌种将可能形成特定腐败菌（SSO）而对产品的货架期造成影响。

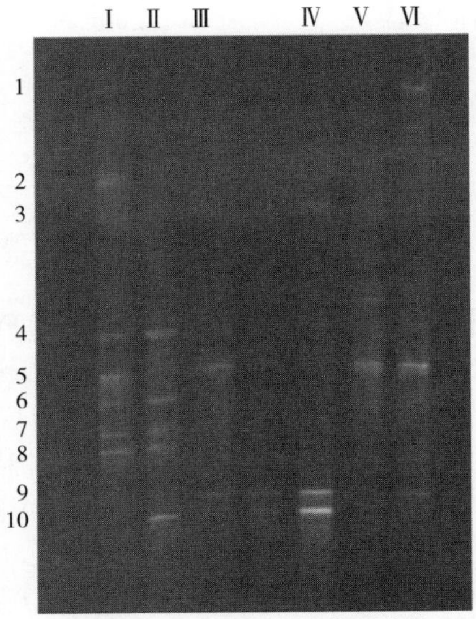

图 5-12　液熏罗非鱼片在生产各环节细菌的 DGGE 图谱
Ⅰ～Ⅵ. 样品　1～10. 条带位置

3. 液熏各环节罗非鱼片 DGGE 图谱的条带半定量分析

通过 LabImage 软件对 16S rDNA-DGGE 指纹图谱各条带光密度进行分析，液熏各环节罗非鱼片泳道优势条带相对丰度见表 5-21。由表 5-21 可知，各泳道中均不存在明显的主带与次带之分，条带 5 为大部分样品的优势条带。

表 5-21　PCR-DGGE 指纹图谱中液熏各环节罗非鱼片细菌优势条带相对丰度

条带名称	条带相对丰度（%）					
	Ⅰ	Ⅱ	Ⅲ	Ⅳ	Ⅴ	Ⅵ
1	13.2	0	0	0	0	26.0
2	12.4	0	0	0	0	0
3	12.5	15.8	20.0	22.5	22.5	15.3
4	11.7	14.5	0	19.5	23.3	15.4
5	13.8	14.6	19.2	0	29.8	20.5
6	12.0	14.5	19.4	13.9	0	0
7	13.4	13.6	0	0	0	0

（续）

条带名称	条带相对丰度（%）					
	Ⅰ	Ⅱ	Ⅲ	Ⅳ	Ⅴ	Ⅵ
8	11.1	14.3	21.9	13.9	24.4	16.2
9	0	0	19.4	14.1	0	17.2
10	0	12.7	0	16.1	0	0

4. **液熏各环节罗非鱼片菌群 16*S* rDNA-DGGE 指纹图谱的聚类分析**

细菌 16*S* rDNA 的 V6～V8 区片段的 DGGE 指纹图谱数据经 MVSP 软件分析后，得出的 UPMGA 聚类分析图见图 5-13。由图 5-13 可知，所有样品的细菌群落总体结构相似性仅为 64%。Ⅰ和Ⅱ，Ⅲ和Ⅳ，Ⅴ和Ⅵ分别聚成一簇，显示这些样品的微生物群落较为相似，但其中相似度最高也仅达到 80%，说明相邻加工环节中的微生物种类有一定的相似性但并不完全一致，然而随着进一步加工的进行，细菌群落结构产生了更大的差异。

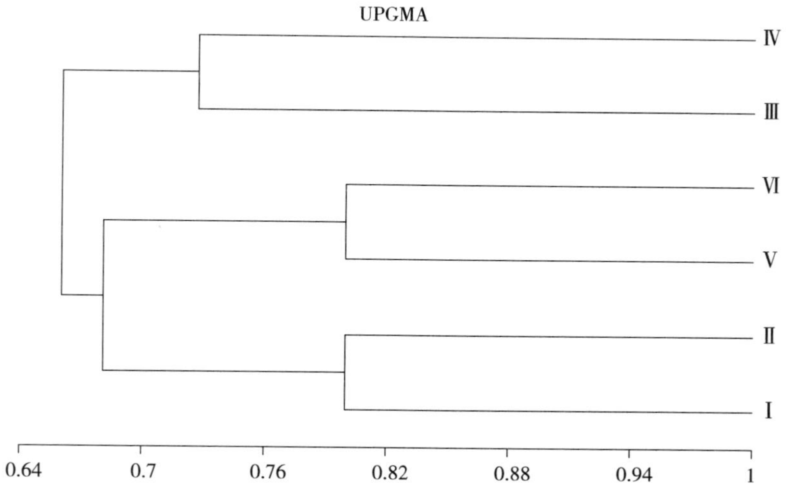

图 5-13　液熏加工各环节罗非鱼片细菌 16*S* rDNA 的 PCR-DGGE 指纹图谱 UPMGA 聚类分析图

三、DGGE 主要条带的克隆测序及序列比对结果分析

从 DGGE 凝胶上切下 10 个主要条带，经过克隆后测序，得到 10 个条带的主要序列经 Genbank 比对后的结果列于表 5-22，10 个序列及相关序列构建的种系发生树见图 5-14。从种系发生树上可知，所获得的序列及相关序列分属于 4 个门，分别是变形菌门（Proteobacteria）、硬壁菌门（Firmicutes）、疣微菌门（Verrucomicrobia），放线菌门（Actinobacteria），其中变形菌门细菌占 70%，是液熏罗非鱼片中最主要的细菌种类。与 10 个序列最为相似的序列的科属如下：其中变形菌门的细菌主要包括肠杆菌目细菌（Enterobacteriales）和其下的若干属：肠道细菌属（*Enterobacter*）布特菌属（*Buttiauxella*）和 *Aranicola* sp.，此外，还有假单胞菌属（*Pseudomonas*）、弧菌属

(*Vibrio*)。硬壁菌门的细菌主要包括巨型球菌属（*Macrococus*），还包括放线菌门的微球菌属（*Micrococcu*）和疣微菌门的突柄杆菌属（*Prosthecobacter*）。根据比对和构建发生树的结果显示，属肠杆菌科的有条带 1，4，5，6，9 代表的菌种，其中条带 1 只能确定为肠杆菌科细菌，5 为布特菌属，6 和 9 为肠道细菌属，而 4 为 *Aranicola* sp. 。此外，7 为弧菌属细菌，8 为假单胞菌属细菌，2 则为疣微菌门的突柄杆菌属，3 可能为巨型球菌属，而 10 可能为微球菌属，据此可知，液熏罗非鱼片中存在着丰富的微生物多样性。

表 5-22 DGGE 图谱优势条带的序列比对结果

割胶条带编号	序列长度（bp）	Genebank 数据库中最相似菌种名称（登录号）	相似性（%）
1	435	*Enterobacter* sp. RP1P（EF585402.1） Uncultured bacterium clone SY13（GQ128404）	98 98
2	438	*Prosthecobacter fusiformis* strain FC4（NR _ 026024） Uncultured bacterium clone D44 58（EU580497） Uncultured Verrucomicrobia bacterium（EF377475）	95 95 95
3	434	*Macrococcus caseolyticus* strain HT6（FJ263452） Bacterium DM1（EU520330） *Macrococcus caseolyticus*（D83359）	100 100 100
4	435	*Aranicola* sp.（AM398227） Uncultured marine bacterium clone BM1-8-31（FJ826019）	99 99
5	434	*Enterobacter* sp. 6B _ 8（AY689046） *Buttiauxella* sp. GC21（EU159562）	98 98
6	436	*Enterobacter* sp.（AM184305）	94
7	434	*Vibrio agarivorans*（AJ310648） *Vibrio agarivorans*（AJ310647）	94 94
8	435	*Pseudomonas oryzihabitans* strain KCB005（FJ824120） *Pseudomonas* sp. BWDY（DQ200853）	97 97
9	436	Enterobacteriaceae bacterium 552-2（FN298290） Uncultured prokaryote（FJ770448）	94 94
10	434	Uncultured *Micrococcus* sp.（FJ580991） *Macrococcus caseolyticus*（D83359）	99 99

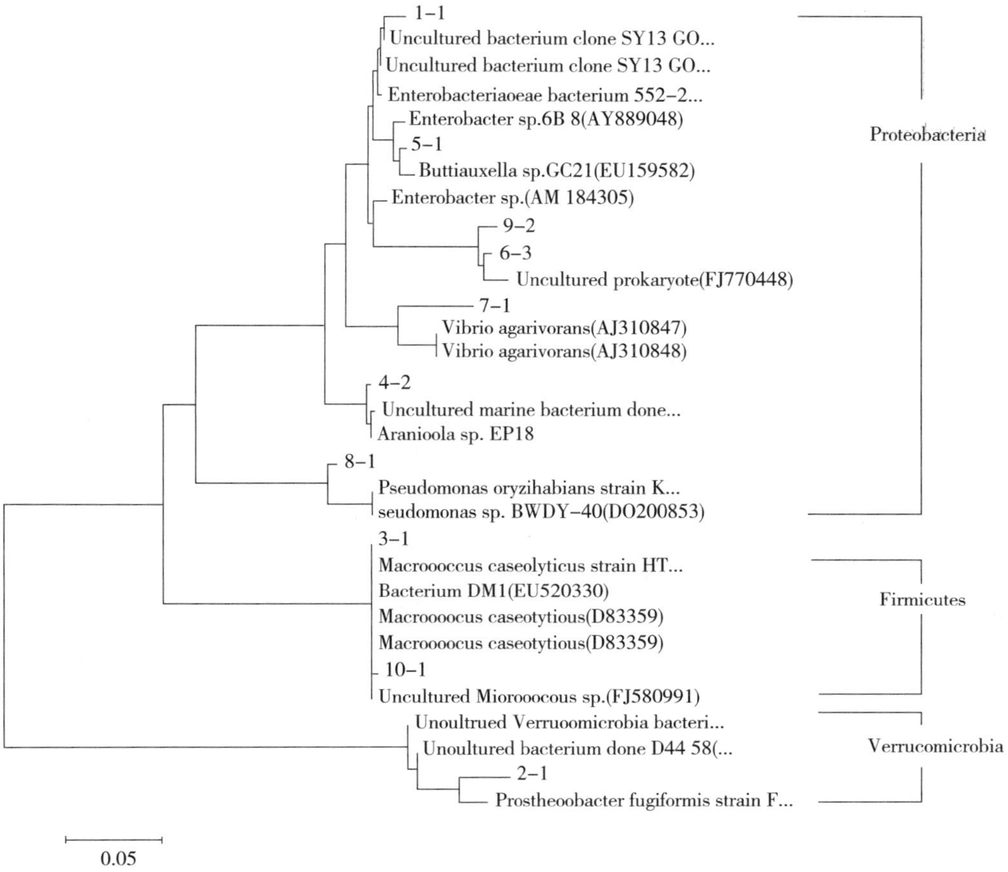

图 5-14　10 个主序列与一些相似序列与 Neiborjoining 方法构建的种系发生树

第五节　液熏罗非鱼片在贮藏过程中菌相变化分析

罗非鱼片经过液熏后，初始污染的微生物种类和数量与成品各不相同，构成了液熏罗非鱼片微生物的菌相。在液熏罗非鱼片的加工过程中，腌渍、烟熏液浸渍、干燥和喷雾烟熏均会影响微生物菌落的变化，残存下来的菌种将可能在贮藏的过程中，在适宜的环境条件下，迅速生长和繁殖。在贮藏过程中，随着环境的变化，一种或几种微生物适应环境的生长并大量繁殖，发展成为优势菌群，最终可能导致液熏罗非鱼片的腐败，而其他种类则处于较低的数量，甚至在相互竞争中逐渐消亡。

一、液熏罗非鱼片在贮藏过程中微生物生长情况

1. 液熏罗非鱼片贮藏与微生物培养

罗非鱼片进行液熏加工，抽真空包装后，在 25℃条件下进行贮藏试验，取样时间为第 0～7 天及第 9 天，样品分别记为 D0、D1、D2、D3、D4、D6、D7、D9。

按《食品卫生微生物学检验标准》(GB/T 4789—2003)操作方法进行。各种培养基的培养条件见表 5-23。

表 5-23　各种菌培养条件

种类	培养基	培养条件
细菌总数	营养琼脂(PCA)	37℃/48h
乳酸细菌	MRS 琼脂	30℃/48h
假单胞菌属	Pseudomonades 琼脂	30℃/48h
肠杆菌科	VRBGA 琼脂	37℃/48h

2. 液熏罗非鱼片在贮藏过程中微生物生长情况分析

液熏罗非鱼片经真空包装在 25 ℃贮藏下，在选择性培养基上的生长变化情况如图 5-15 所示。产品经过液熏加工处理及真空包装后，仍有部分的微生物存活下来，产品的初始细菌总数为 10^2～10^3 CFU/g，初始时，乳酸菌的数量很少，肠杆菌的数量与细菌总数相当，还有少部分的假单胞菌。0～1 d，各种菌的增长都很缓慢，贮藏期的第二阶段（2～6 d），细菌总数开始急剧增加，各种菌都渐渐进入对数增长期，但各种菌的生长情况开始表现出差异。乳酸菌的增长速度最快，到第 4 天就达到了 2.40×10^7 CFU/g，甚至超过了总菌落数，这是因为培养条件的差异，有些菌在其适合生长的选择性培养基上比在普通营养琼脂培养基上生长得更好，而且可看出乳酸菌为整个贮藏期的优势菌，因为其增长情况和数量都与细菌总数接近。从细菌总数，乳酸菌总数的变化表明，乳酸球菌适合在液熏罗非鱼片中生长，是其中的优势菌。

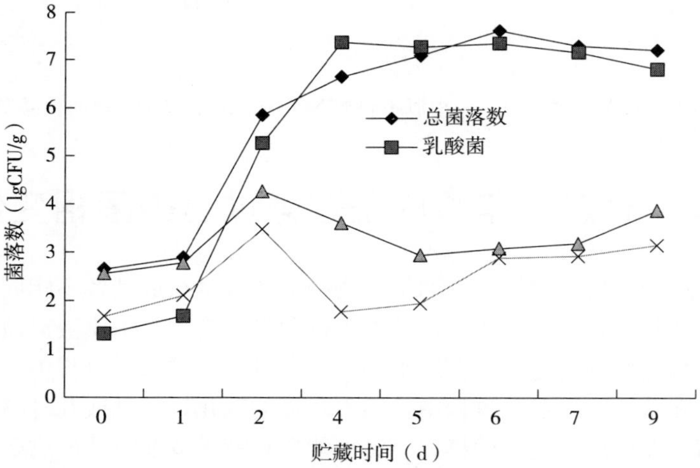

图 5-15　25 ℃贮藏过程中各种菌群在选择性培养基的数量变化

肠杆菌在 1d 以后也有所增长，到第 2 天达到了最大值，但最大值也只有 10^4 CFU/g 左右，随后就处于下降状态。肠杆菌科的细菌优先利用肉中葡萄糖、糖元等化合物，待碳水化合物被消耗殆尽的时候，才利用蛋白质等含氮化合物。液熏罗非鱼片中微生物之间相互抑制和竞争，影响了肠杆菌科细菌的生长。假单胞菌的增长和肠杆菌类似，但数量却一直很少，因为假单胞菌本身是好氧菌，在缺氧情况下很难生长，且生长也受到了其他细菌的抑制。到了第三阶段（6～9 d），细菌总数和乳酸菌总数都开始趋于平稳甚至缓慢下降，这是因为微生物的大量生长和繁殖，营养物质也被快速地消耗，一部分不适宜环境的微生物开始衰亡。而这个阶段，肠杆菌和假单胞菌数量反而会有所上升，可能是由于乳酸菌的数量开始下降，对它们的抑制能力减弱，这些菌群又重新获得了生长的空间。

二、液熏罗非鱼片变性凝胶电泳图谱分析

1. 细菌 16*S* rDNA 的 V6～V8 可变区 PCR 扩增结果

各样品的细菌总 DNA 经 PCR 后的琼脂糖电泳图见图 5-16。通用引物对 968F/1401R 对各样品中的微生物 16*S* rRNA 基因均产生了较好的扩增。由图 5-16 可见，各组样品均有较亮的带，扩增产量大，且无明显副带或拖带，说明各样品总 DNA 提取成功且 PCR 扩增条件是合适的。

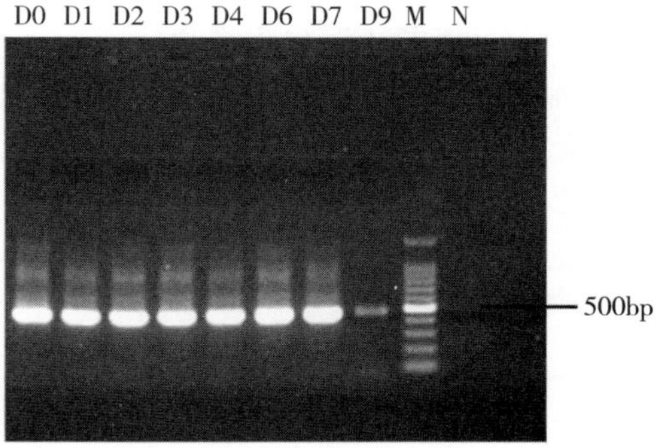

图 5-16　样品中细菌 16*S* rDNA 的 V6～V8 可变区的 PCR 扩增产物电泳图

D0～D9. 样品　M. 100bp DNA ladder Marker　N. 阴性对照

2. 液熏罗非鱼片变性凝胶电泳图谱分析

(1) 贮藏过程中样品 DGGE 图谱的条带分析　PCR 产物经 DGGE 后形成的指纹图谱见图 5-17，共产生 13 个条带，8 个样品在 DGGE 图谱上分别产生 9 条、10 条、7 条、5 条、7 条、6 条、8 条和 7 条可鉴别的条带。从图 5-17 可以看出，条带 1～3 只在贮藏的早期和末期出现，而在中期几乎不出现，条带 4 和 5 也呈现了类似的变化，只不过在末期也几乎观察不到，只在早期呈现了比较清晰地条带，而这 5 条条带除了在早期比较明显外，其他时期都比较微弱甚至观察不到，可见这 5 条条带代表的菌种在贮藏期间逐渐被抑制。条带 6～8 出现在贮藏的任何时期，其中条带 7 和 8 在早期的亮度很弱，其余时期都处于较亮的状态，

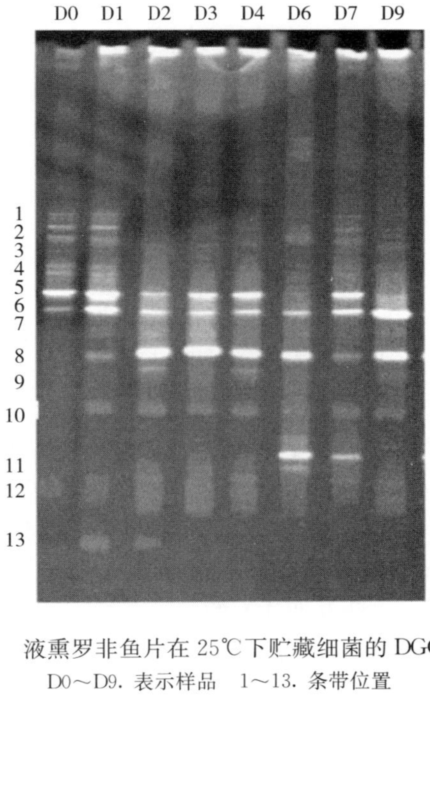

图 5-17　液熏罗非鱼片在 25℃下贮藏细菌的 DGGE 图谱

D0～D9. 表示样品　1～13. 条带位置

说明了这2条带代表的菌种可能是贮藏过程中的优势菌，也可能是导致鱼片腐败变质的SSO。优势腐败菌初始可能只占总群落很少部分，但后期却能以极快的速度生长繁殖而导致产品的腐败。而条带6则一直处于较亮的状态，也可能是优势菌之一。而条带6和8在末期时，有时会出现条带间断性减弱的现象，这个原因可能是末期那些没完全被抑制住的菌种又重新获得生长空间，使菌群的比例发生了改变而导致。条带10也一直存在于贮藏期的所有时期，只不过亮度很暗而且亮度变化不明显，表明它是一种非优势菌但它的生长不受其他优势菌的影响。条带11只在贮藏的末期出现，条带13只出现在早期，而条带12则呈间断性出现，可能是由于贮藏期的菌相变化是个复杂的过程，菌群间的种类和比例随着贮藏时间的延长不断发生变化。

（2）各加工工序DGGE指纹图谱的聚类分析 根据PCR产物经DGGE后形成的指纹图谱见图5-18，以“1”和“0”记录条带的有无。得到用于指纹图谱聚类图分析的电泳模式见表5-24。

表5-24 贮藏过程中细菌DGGE电泳模式图

	D0	D1	D2	D3	D4	D6	D7	D9
1	1	1	0	0	0	0	1	1
2	1	1	0	0	1	1	1	1
3	1	1	0	0	0	0	1	1
4	1	1	0	0	0	0	0	0
5	1	1	0	0	0	0	0	0
6	1	1	1	1	1	1	1	1
7	1	1	1	1	1	1	1	1
8	1	1	1	1	1	1	1	1
9	0	0	1	0	1	1	0	0
10	1	0	1	1	1	1	1	1
11	0	0	0	1	0	0	1	0
12	0	0	1	0	1	1	0	0
13	0	1	1	0	0	0	0	0
条带数	9	10	7	5	7	6	8	7

注：D0～D9表示样品，1～13表示条带位置。

条带数据经MVSP软件分析后，得到的UPMGA聚类分析见图5-8所示。由图5-18可知，样品按相似性分类主要聚成两簇，代表贮藏前期的D0和D1以及末期的D6、D7和D9聚成了一簇，而中期的D2、D3、D4聚成一簇，由条带的数目可以知道，整个贮藏期微生物的多样性呈现由多到少再到多的变化过程，这与细菌总数的趋势恰好相反，中期的菌相变得单一，这是因为微生物在特定环境中生长存在相互拮抗的过程，一些能耐受环境的变化而逐渐发展壮大的细菌会抑制住其他细菌，这些菌往往能导致食品的腐败，有些成为食品的特定腐败菌SSO，但到了贮藏末期，由于优势菌的逐渐衰退，那些被抑制住的菌群又重新获得了生长空间，从而使末期的菌相又重新变得复杂起来。Leroi于1998年

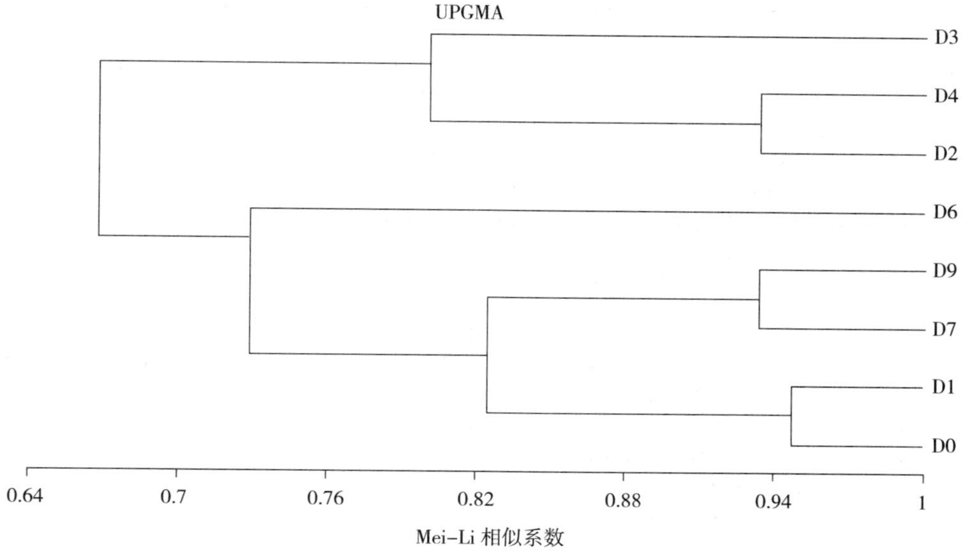

图 5-18　液熏罗非鱼片在 25 ℃下贮藏细菌 16S rDNA 的 PCR-DGGE 指纹图谱 UPMGA 聚类分析图

研究冷熏三文鱼菌相变化表明，在贮藏早期为革兰氏阴性杆菌，如肠杆菌，贮藏中期以肉食杆菌为主，而贮藏末期菌相复杂，为多种乳酸菌的混合。

（3）DGGE 主要条带的克隆测序及鉴定结果分析　从 DGGE 图谱上选取 13 条清晰可见条带进行切割回收，回收片段经扩增、连接及克隆后测序，得到 13 个条带的主要序列，条带序列如表 5-25 所示，经 Blast 比对后，在 Genbank 中共挑取 25 种相似的菌种（表 5-26）。

表 5-25　细菌 DGGE 指纹图谱上优势条带的序列

条带编号	条带序列
1	CTTGACATCCAGAGAACTTAGCAGAGATGCTTTGGTGCCTTCGGGAACTCTGAGACAGGTGCTG CATGGCTGTCGTCAGCTCGTGTTGTGAAATGTTGGGTTAGGTCCCGCAACGAGCGCAACCCTTA TCCTTTGTTGCCAGCGGTTCGGCCGGGAACTCAAAGGAGACTGCCAGTGATAAACTGGAGGAA GGTGGGGATGACGTCAAGTCATCATGGCCCTTACGAGTAGGGCCACGCATGTGCTACAATGGCG CGGACAAAGAGAAGCGACCTCGCGAGAGCAAGCGGACCTCATAAAGTGCGTCGTAGTCCGGAT GGGGTCTGCAACTCGACTCCATGAAGTCGGAATCGCTGGTAATCGTAGATCAGAATGCTAC GGTGAATACGTTCCCGGGTCTTGTAC
2	TACTCTTGACATCCACGGAATTTGGCAGAGATGCCTTAGTGCCTTCGGGAACCGTGAGACAGGT GCTGCATGGCTGTCGTCAGCTCGTGTTGTGAAATGTTGGGTTAAGTCCCGCAACGAGCGCAACC CTTATCCTTTGTTGCCAGCGGTCCGGCCGGGAACTCAAAGGAGACTGCCAGTGATAAACTGGAG GAAGGTGGGGATGACGTCAAGTCATCATGGCCCTTACGAGTAGGGCTACACACGTGCTACAAT GGCGCATACAAAGAGAAGCGACCTCGCGAGAGCAAGCGGACCTCATAAAGTGCGTCGTAGTCC GGATTGGAGTCTGCAACTCGACTCCATGAAGTCGGAATCGCTAGTAATCGTAGATCAGAATGC TACGGTGAATACGTTCCCGGG

（续）

条带编号	条带序列
3	TGGATCAGAATGCCACGGTGAATACGTTCCCGGGTCTTGTACACACCAAGGTCCAGTACTTGTC GAACTTACTTTGGTTCCTTCCGGACTCTGATACAAGTGTTGCATGGTTGTCGTCAGCTCGTGTC GTGAAATGTTGGGTTAAGTCCCGCAACGAGCGCAACCCTTATCGTTTGTTGCCATCGTTTCGGT CGGGAACTCAAAGGAAACGGCCGGTGATAAACTGGAGGAAGGGGGAATGACTTCAATTCTTC TGGCCCCTTACAACTGGGGTTACCCCCTTGCTACATGGGCGTATACAAAAAGAACCGACCTCTG GAGAGCAAGCGAACCTCATAAAGTATGTCGTATTCCGGATTGGAGTCTGCAACTCGACTCCATG AATTCGGAATCGCTAGTAATCG
4	CGACTTCATGATACTCTTAATCGAGGAAGTCCCTTCGGGGACAGGAAGACAGGTGGTGCATGG TTGTCGTCAGCTCGTGTCGTGAGATGTTGGGTTAAGTCCCGCAACGAGCGCAACCCTTATTGT TAGTTGCTACCATTAAGTTGAGCACTCTAGCAAGACTGCCCGGGTTAACCGGGAGGAAGGTGG GGATGACGTCAAATCATCATGCCCCTTATGTCTAGGGCTACACACGTGCTACAATGGCAAGTAC AAAGAGAAGCAATACCGCGAGGTGGAGCAAAACTCAAAAACTTGTCTCAGTTCGGATTGTAGG CTGAAACTCGCCTACATGAAGCTGGAGTTGCTAGTAATCGCGAATCAGCATGTCGCGGTGAAT ACGTTCCCGGGTCTGTTACACACCGAA
5	AGGCGGCGTGCTGATCCGCGATTACTAGCGATTCCGACTTCATGTAGGCGAGTTGCAGCCTACA ATCCGAACTGAGAATGGTTTTAAGAGATTAGCTAAACATCACTGTCTCGCGACTCGTTGTACCA TCCATTGTAGCACGTGTGTAGCCCAGGTCATAAGGGGCATGATGATTTGACGTCATCCCCACCT TCCTCCGGTTTATCACCGGCAGTCTCGTTAGAGTGCCCAACTTAATGATGGCAACTAACAATAG GGGTTGCGCTCGTTGCGGGACTTAACCCAACATCTCACGACACGAGCTGACGACAACCATGCAC CACCTGTATCCCGTGTCCCGAAGGAACTTCCTATCTCTAGGAATAGCACGAGTATGTCAAGACC TGGTAAGGTTCTTCGCGTT
6	GGGCCATAAGCTCTGAGATTTCCGGGTTTTGTTCCGGGAAGAATGACAAGTGGTGCATGGTTG TCGTCAGCTCGTGTCGTGAGATGTTGGGTTAAGTCCCGCAACGAGCGCAACCCTTATTACTAGT TGCCAGCATTAAGTTGGGCACTCTAGTGAGACTGCCGGTGACAAACCGGAGGAAGGTGGGGACG ACGTCAAATCATCATGCCCCTTATGACCTGGGCTACACACGTGCTACAATGGATGGTACAACGA GTCGCGAGACCGCGAGGTTAAGCTAATCTCTTAAAACCATTCTCAGTTCGGACTGTAGGCTGCA ACTCGCCTACACGAAGTCGGAATCGCTAGTAATCGCGGATCAGCATGCCGCGGTGAATACGTTC CCGGGTCTTGTACACACCGAAC
7	TCCCCGTAACTGGGGAAGTTCCTTCGGGAACAGGAAGACAGGTGGTGCATGGTTGTCGTCAGCT CGTGTCGTGAGATGTTGGGTTAAGTCCCGCAACGAGCGCAACCCTTATTGTTAGTTGCTACCAT TAAGTTGAGCACTCTAGCGAGACTGCCCGGGTTAACCGGGAGGAAGGTGGGGATGACGTCAAA TCATCATGCCCCTTATGTCTAGGGCTACACACGTGCTACAATGGCAAGTACAAAGAGAAGCAA GACCGAGAGGTGGAGCAAAACTCAAAAACTTGTCTCAGTTCGGATTGTAGGCTGAAACTCGCCT ACATGAAGCCGGAGTTGCTAGTAATCGCGAATCAGCATGTCGCGGTGAATACGTTCCCGGGTCT TGTACACACCGAA
8	GGACTGATGCTTAGTAACTTACAGGAGTTCCTTCCGGACACGGGATACAAGTGGTGCATGGTTG TCGTCAGCTCGTGTCGTGAGATGTTGGGTTAAGTCCCGCAACGAGCGCAACCCTTATTACTAGT TGCCATCATTAAGTTGGGCACTCTAGTGAGACTGCCGGTGATAAACCGGAGGAAGGTGGGGAT GACGTCAAATCATCATGCCCCTTATGACCTGGGCTACACACGTGCTACAATGGATGGTACAACG AGTCGCCAACCCGCGAGGGTGCGCTAATCTCTTAAAACCATTCTCAGTTCGGATTGCAGGCTGC AACTCGCCTGCATGAAGTCGGAATCGCTAGTAATCGCGGATCAGCACGCCGCGGTGAATACGTT CCCGGGTCTTGTACACACCAAA

（续）

条带编号	条带序列
9	GGACTAGTACTACTCGAACTTGCTTTGGTTCGTTCCGGCCCTCGGATACAAGTGGTGCATGGTTGTCGTCAGCTCGTGTCGTGAAATGTTGGGTTAAGTCCCGCAACGAGCGCAACCCTTATCGTTTGTTGCCAGCGGTACGTTGGGGAACTCAAAGGAAACGGCCGGTGTTAAACTGAAGAAAGGGGGGAAGAACTCCAATCCTCCTGGCCCCTAAGAAGTGGGGTTACCCCCTGGCTACATGGGCGCAAACAAAAAAAACCGACCTCGCGAGAGCAAGCGGACCTCATAAAGTGTGTCGTATTCCGGATTGGAGTCTGCAACTCCACTCCATGAAGTCGGAATCGCTAGTAATCGTGGATCAAAATGCCGCGGTGAATACGTTCCCGGGTCTTGTACACACCA
10	GGGAATGTAAAGCTTCTAGCTTACCGGTGTCTCGCTTCGGAGACAAAGTGACAGGTGGTGCAGGGTCTGCGTCACCTCGTGTCGTGAGATGTTGGGTTAAGTCCCGCAACGAGCGCAACCCTTATTGTTAGTTGCCAGCATTCAGTTGGGCACTCTAGCGAGACTGCCGGTGACAAACCGGAGGAAGGCGGGGACGACGTCAGATCATCATGCCCCTTATGACCTGGGCTACACACGTGCTACAATGGCGTATACAACGAGTTGCCAACCCGCGAGGGTGAGCTAATCTCTTAAAGTACGTCTCAGTTCGGACTGCAGTCTGCAACTCGACTGCACGAAGTCGGAATCGCTAGTAATCGCGGATCAGCACGCCGCGGTGAATACGTTCCCGGGTCTTGTACACACAAAAC
11	GGACTGTAGTGTCGTACTTACCGGGGTTCGTTCCGGCCAGGGATACAAGTGGTGCATGGTTGTCGTCAGCTCGTGTCGTGAAATGTTGGGTTAAGTCCCGCAACGAGCGCAACCCTTATTGTTAGTTGCCACCATTAAGTTGGGCACTCTAACGAGACTGCCCGGGATAAACCGGAAGAAGGTGGGGATGACGTCCAATCATCATGCCCCTTATGACCTGGGCTACACACGTGCTACAATGGCTGGTACAAAGAGAAACCAACCCGTGATGTGGAGCCAAACTCCAAAAATTGTTTCCAATTCGGAATGGAAGCTGGCATCTCCCTACCTGAAGTCGAGAATCTCTAATAATCGAATATCAAAGTGCCGCGGTGAATACTTTCCCGGGTCTTGGTACACACAAAA
12	GGGCTCTAACCTCTGAATTACCGGGTTTTGTTCCGGCAAGACGACAAGTGGTGCATGGTTGTCGTCAGCTCGTGTCGTGAAATGTTGGGTTAAGTCCCGCAACGAGCGCAACCCTTATTACTAGTTGCCAGCATTAAGTTGGGCACTCTAGTGAGACTGCCGGTGACAAACCGGAGGAAGGTGGGGACGACGTCAAATCATCATGCCCCTTATGACCTGGGCTACACACGTGCTACAATGGATGGTACAACGAGTCGCGAGACCGCGAGGTTAAGCTAATCTCTTAAAACCATTCTCAGTTCGGACTGTAGGCTGCAACTCGCCTACACGAAGTCGGAATCGCTAGTAATCGCGGATCAGCATGCCGCGGTGAATACGTTCCCGGGTCTTGTACACACCA
13	CCTACTCTTGACATCCAGAGAATTCGCTAGAGATAGCTTAGTGCCTTCGGGAACTCAGACACAGGTGCTGCATGGCTGTCGTCAGCTCGTGTCGTGAGATGTTGGGTTAAGTCCCGTAACGAGCGCAACCCTTGTCCTTAGTTACCAGCACGTTATGGTGGGAACTCTAAGGAGACTGCCGGTGACAAACCGGAGGAAGGTGGGGATGACGTCAAGTCATCATGGCCCTTACGGCCAGGGCTACACACGTGCTACAATGGTCGGTACAAAGGGTTGCCAAGCCGCGAGGTGGAGCTAATCCCATAAAACCGATCGTAGTCCGGATCGCAGCCTGCAACTCGACTGCGTGAAGTCGGAATCGCTAGTAATCGTGGATCAGAATGTCACGGTGAATACGTTCCCGGGT

表 5-26　细菌 DGGE 指纹图谱上优势条带的序列分析

条带编号	序列长度（bp）	Genebank 数据库中最相似菌种名称（登录号）	最大相似性（%）
1	406	*Enterobacter* sp. *RP1P*（*EF*585402.1）	98
		Enterobacter sp. *pp9c*（*GQ*360072.1）	98
2	403	*Enterobacter* sp. 6*B*_8（*AY*689046）	98
		Enterobacter sp.（*DQ*334871.1）	98
3	405	*Citrobacter freundii* strain：*JCM* 24064（*AB*548829.1）	89
		Citrobacter freundii strain：*JCM* 24066（*AB*548831.1）	89

（续）

条带编号	序列长度（bp）	Genebank 数据库中最相似菌种名称（登录号）	最大相似性（%）
4	406	*Clostridium sartagoforme* strain *BG-C*95（*FJ*384380.1）	97
5	405	*Lactococcus lactis* subsp. *lactis* bv. *diacetylactis* strain4001C2（*GU*344708.1） *Lactococcuslactis* subsp.（*AB*494727.1）	100 100
6	405	*Pediococcus pentosaceus isolate N*2*a*17（*FM*163360.1） *Pediococcus pentosaceus*（*AB*494722.1）	99 99
7	395	*Clostridium* sp. *SH-C*1（*FJ*424472.1） *Clostridium* sp. *BG-C*151（*FJ*384390.1）	98 98
8	405	*Lactococcus garvieae* strain *FM*1-1（*GU*299084.1） *Lactococcus garvieae* strain *IMAU*50094（*FJ*915634.1）	99 99
9	405	*Enterobacter* sp. *TSSAS*2-48（*GQ*284539.1） *Enterobacter hormaechei* strain *A*20（*GQ*900611.1）	86 86
10	410	*Leuconostoc lactis* strain *IMAU*80137（*GU*125559.1） *Leuconostoc* sp. *DIT* 23（*GU*071211.1）	98 98
11	405	*Lactococcus* sp. 2*V*2*C*（*EU*693546.1） *Lactococcus* sp. 2*V*3*B*（*EU*693545.1）	86 86
12	400	*Pediococcus pentosaceus isolate N*2*a*17（*FM*163360.1） *Pediococcus pentosaceus*（*AB*494722.1）	99 99
13	406	*Pseudomonas* sp. 12*jan*05（*FJ*976053.1） *Pseudomonas* sp. 14*jan*04（*FJ*976052.1）	97 97

由于条带 3、9 和 11 在 Blast 上比对得到的相应序列的最大相似性较低（<90%），结果不可靠，最后选取除这 3 个序列以外的 10 个序列及相关序列构建种系进化树，用 ClustalX 进行同源性比对后，经 Mega 软件构建的种系进化树如图 5-19 所示。

由图 5-19 可以看出，条带 6 和 12 聚合在一起，它们又同时和戊糖片球菌（*Pediococcus pentosaceus*）相似，条带 10 与明串珠菌（*Leuconostoc*）相聚，而条带 8 则与乳球菌属下的两个种：乳酸乳球菌乳酸亚种（*Lactococcus lactis* subsp. *lactis*）和格氏乳球菌（*Lactococcus garvieae*）都相似，故只能确定为乳酸球菌属。上述几种条带代表的菌种都与厚壁菌门下的乳酸杆菌目的细菌相似，戊糖片球菌（*Pediococcus pentosaceus*）属于乳杆菌科，乳酸乳球菌乳酸亚种（*Lactococcus lactis* subsp. *lactis*）和格氏乳球菌（*Lactococcus garvieae*）属于链球菌科，而 *Leuconostoc* 则属于明串珠菌属，这些菌通常统称为乳酸菌（LAB），但其实是很多种菌的综合，LAB 常常出现于各种真空包装的食品中。条带 4 和条带 7 皆与梭菌（*Clostridium*）相似，梭菌也是厚壁菌门（Firmicutes）的细菌。所以这些条带所代表的菌种在进化树都聚属厚壁菌门（Firmicutes）的细菌。

条带 1 与肠杆菌属细菌（*Enterobacter* sp.）聚成一簇，条带 2 也与肠杆菌属（*Enterobacter* sp.）相似。条带 13 则与假单胞菌属（*Pseudomonas*）相似，肠杆菌属（*Enterobacter*）和假单胞菌属（*Pseudomonas*）都属于变形菌门（Proteobacteria），所以在进化树上聚成一簇。

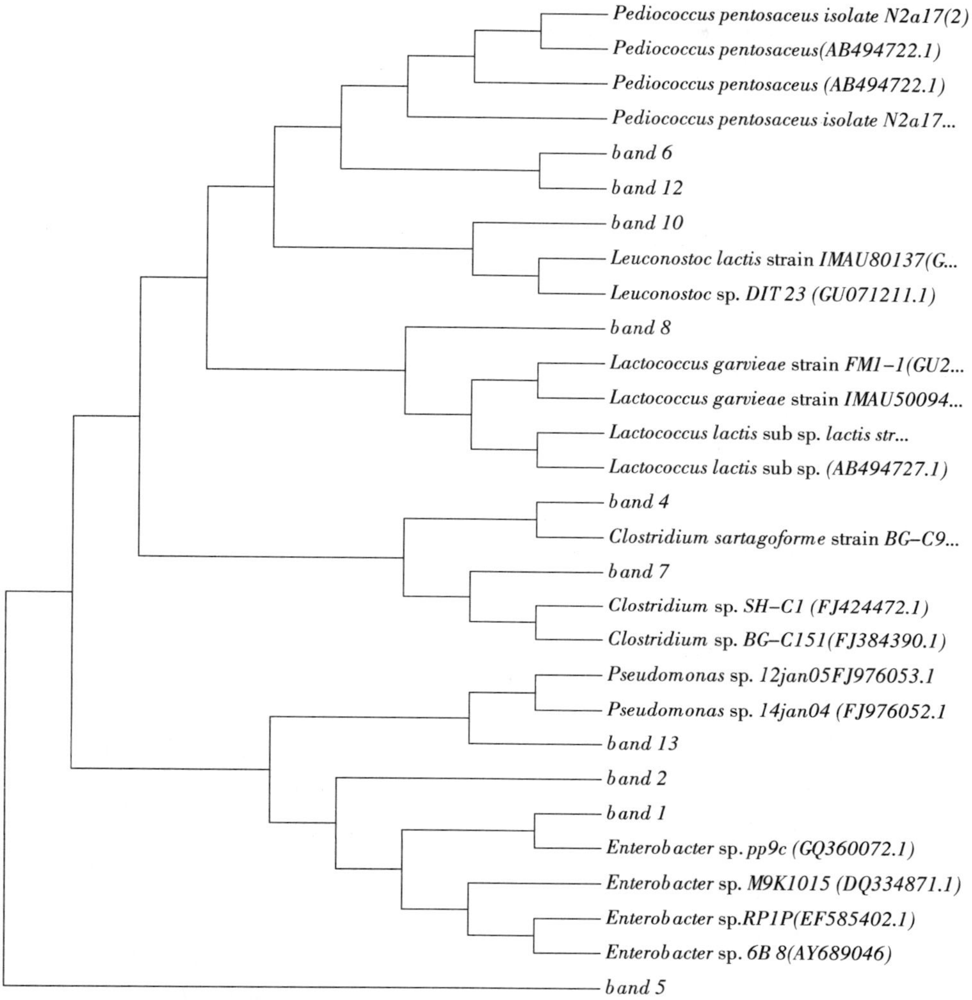

图 5-19　10 个主序列与一些相似序列与 Neibor-joining 方法构建的种系进化树

DGGE 法是种比较客观的分析微生物群落的方法，从图谱中可以直观地根据条带的明暗而区分出优势菌和非优势菌，并且菌相的组成变化也可以直接根据图谱看出。从上面的分析可知，优势菌种有条带 6 代表的戊糖片球菌（*Pediococcus pentosaceus*），条带 7 代表的梭菌（*Clostridium*）以及条带 8 代表的乳酸球菌（*Lactococcus*），其中 *Pediococcus pentosaceus* 和 *Lactococcus* 都属于乳酸菌（LAB）。这些条带在图谱上除了贮藏的早期和末期稍暗外，在中期一直是属于亮条带。条带 1 和 2 代表的肠杆菌属在图谱上则表现出了由亮到暗再到稍亮的变化，乳酸菌和肠杆菌在图谱上的变化与其在选择性培养基上的数量呈现的变化相类似。但是梭菌在加工过程中的分析没有出现，此时却一开始就呈现出亮条带，一方面可能是因为梭菌是专性厌氧菌，因为生产过程是充分暴露于空气中，这不利于梭菌的存在，其量未达到 DGGE 的检测范围，因此无法检测到，乳酸球菌也可能因为同样的原因而在生产过程中没有检测到，生产过程中检测到的菌均是好氧菌如肠杆菌、巨型球菌、假单胞菌等；另一方面，加工过程中未被检出的菌出现在贮藏过程中的DGGE谱带中，可能是由于DGGE的共迁移现象引起的，即不同的DNA条带在DGGE胶中可以迁移到同一位置。因此，单一的DGGE条带可能含有不止一种序列。有些时候，即便是序列差异较大的片段，它们的解链行为和迁移位置也相似，无法在DGGE胶上得到有效分离。

第六节　液熏罗非鱼片优势菌的分离、鉴定及其性质

一、优势菌的分离

从贮藏末期选择性培养基中，选取菌落数为70的营养琼脂平板（一般选取生长有30～100个的平板），观察其菌落形态、革兰氏染色后显微镜下观察细胞形态，分出接近乳酸球菌形态特征的34株，每株菌平板画线接种到MRS固体培养基上纯化3次，挑取纯化好的菌株接种到MRS肉汤中，28℃下培养24h，挑取菌液接种到MRS琼脂斜面培养基上。

二、优势菌 16*S*rDNA 的扩增

选择通用引物968F/1401R对编号为A、B、C、D、E、F的6株菌株DNA进行扩增，如图5-20所示，各组样品均有较亮的条带，扩增量大，无明显副带或拖带，说明各样品DNA提取和扩增是成功，可以进行克隆和测试。

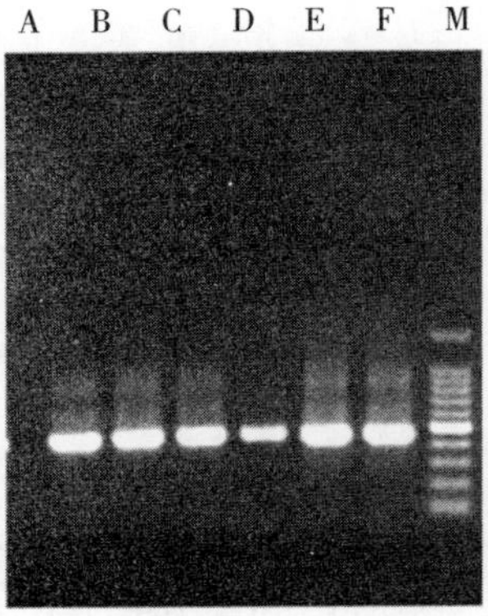

图5-20　优势菌株DNA的PCR反应结果
A～F. 优势菌株的PCR产物　M. 100 bp DNA Ladder

三、优势菌株的鉴定

优势菌株的DNA测序及Blast部分比对结果列于表5-27和表5-28。从表5-27可看出，6株菌与*Lactococcus lactis* subsp. 的相似度都达到了98%以上，可以确定这6株菌均为乳酸乳球菌亚种（*Lactococcus lactis* subsp.），鉴定结果表明乳酸乳球菌是真空包装液熏罗非鱼片中的优势菌。

表5-27　优势菌株的序列

菌株编号	DNA部分序列
A	GGGTATCGATGCTTTCTAGAGATAGGAAGTTCCTTCGGGACACGGGATACAGGTGGTGCATGG TTGTCGTCAGCTCGTGTCGTGAGATGTTGGGTTAAGTCCCGCAACGAGCGCAACCCCTATTGTT AGTTGCCATCATTAAGTTGGGCACTCTAACGAGACTGCCGGTGATAAACCGGAGGAAGGTGGG GATGACGTCAAATCATCATGCCCCTTATGACCTGGGCTACACACGTGCTACAATGGATGGTACA ACGAGTCGCGAGACAGTGATGTTTAGCTAATCTCTTAAAACCATTCTCAGTTCGGATTGTAGGC TGCAACTCGCCTACATGAAGTCGGAATCGCTAGTAATCGCGGATCAGCACGCCGCGGTGAATAC GTTCCCGGGTCTTGGAACACACCGA

（续）

菌株编号	DNA部分序列
B	GGAATTCGATGCTTTCTAGAGATAGGAAGTTCCTTCGGGACACGGGATACAGGTGGTGCATGGTTGTCGTCAGCTCGTGTCGTGAGATGTTGGGTTAAGTCCCGCAACGAGCGCAACCCCTATTGTTAGTTGCCATCATTAAGTTGGGCACTCTAACGAGACTGCCGGTGATAAACCGGAGGAAGGTGGGGATGACGTCAAATCATCATGCCCCTTATGACCTGGGCTACACACGTGCTACAATGGATGGTACAACGAGTCGCGAGACAGTGATGTTTAGCTAATCTCTTAAAACCATTCTCAGTTCGGATTGTAGGCTGCAACTCGCCTACATGAAGTCGGAATCGCTAGTAATCGCGGATCAGCACGCCGCGGTGAATACGTTCCCGGGTCTGGAAAAACACCGA
C	GGGGAATCGAGCTTTCTAGAGAAGGAAGTTCCTTCGGGACACGGGATACAGGTGGTGCATGGTTGTCGTCAGCTCGTGTCGTGAGATGTTGGGTTAAGTCCCGCAACGAGCGCAACCCCTATTGTTAGTTGCCATCATTAAGTTGGGCACTCTAACGAGACTGCCGGTGATAAACCGGAGGAAGGTGGGGATGACGTCAAATCATCATGCCCCTTATGACCTGGGCTACACACGTGCTACAATGGATGGTACAACGAGTCGCGAGACAGTGATGTTTAGCTAATCTCTTAAAACCATTCTCAGTTCGGATTGTAGGCTGCAACTCGCCTACATGAAGTCGGAATCGCTAGTAATCGCGGATCAGCACGCCGCGGTGAATACGTTCCCGGGTCTGGACCACACCGA
D	GGGTCTCCGTGCTATTCTAGAGAAGGAAGTTCCTTCGGGACACGGGATACAGGTGGTGCATGGTTGTCGTCAGCTCGTGTCGTGAGATGTTGGGTTAAGTCCCGCAACGAGCGCAACCCCTATTGTTAGTTGCCATCATTAAGTTGGGCACTCTAACGAGACTGCCGGTGATAAACCGGAGGAAGGTGGGGATGACGTCAAATCATCATGCCCCTTATGACCTGGGCTACACACGTGCTACAATGGATGGTACAACGAGTCGCGAGACAGTGATGTTTAGCTAATCTCTTAAAACCATTCTCAGTTCGGATTGTAGGCTGCAACTCGCCTACATGAAGTCGGAATCGCTAGTAATCGCGGATCAGCACGCCGCGGTGAATACGTTCCCGGGTCTTGTACACACCGAACG
E	TTTCGAGCATTCCTAGAGAAGGAAGTTCCTTCGGGACACGGGATACAGGTGGTGCATGGTTGTCGTCAGCTCGTGTCGTGAGATGTTGGGTTAAGTCCCGCAACGAGCGCAACCCCTATTGTTAGTTGCCATCATTAAGTTGGGCACTCTAACGAGACTGCCGGTGATAAACCGGAGGAAGGTGGGGATGACGTCAAATCATCATGCCCCTTATGACCTGGGCTACACACGTGCTACAATGGATGGTACAACGAGTCGCGAGACAGTGATGTTTAGCTAATCTCTTAAAACCATTCTCAGTTCGGATTGTAGGCTGCAACTCGCCTACATGAAGTCGGAATCGCTAGTAATCGCGGATCAGCACGCCGCGGTGAATACGTTCCCGGGTCTGAAC
F	GGGAATCTCGAGGCTTTCCTAGAGATAGGAAGTTCCTTCGGGACACGGGATACAGGTGGTGCATGGTTGTCGTCAGCTCGTGTCGTGAGATGTTGGGTTAAGTCCCGCAACGAGCGCAACCCCTATTGTTAGTTGCCATCATTAAGTTGGGCACTCTAACGAGACTGCCGGTGATAAACCGGAGGAAGGTGGGATGACGTCAAATCATCATGCCCCTTATGACCTGGGCTACACACGTGCTACAATGGATGGTACAACGAGTCGCGAGACAGTGATGTTTAGCTAATCTCTTAAAACCATTCTCAGTTCGGATTGTAGGCTGCAACTCGCCTACATGAAGTCGGAATCGCTAGTAATCGCGGATCAGCACGCCGCGGTGAATACGTTCCCGGGTCTTGTACACACCGAA

表 5-28 优势菌株的 Blast 比对结果

菌株编号	序列长度（bp）	Genebank 数据库中最相似菌种名称（登录号）	最大相似性（%）
A	407	*Lactococcus lactis* subsp. （FJ915724）	99
		Lactococcus lactis subsp. （AB494727.1）	98
B	407	*Lactococcus lactis* subsp. *lactis strain IMAU*10068 （FJ915724.1）	100
		Lactococcus lactis subsp. （AB494727.1）	98

（续）

菌株编号	序列长度(bp)	Genebank 数据库中最相似菌种名称（登录号）	最大相似性(%)
C	407	*Lactococcus lactis* subsp. *lactis* strain *IMAU*10068（FJ915724.1）	98
		Lactococcus lactis subsp. *Lactis*（AB494727.1）	98
D	409	*Lactococcus lactis* subsp. *Lactis*（AB494727.1）	99
		Lactococcus lactis subsp. *lactis bv*. *diacetylactis*（GU344708.1）	99
E	394	*Lactococcus lactis* subsp. *Lactis*（AB494727.1）	99
		Lactococcus lactis subsp. *lactis* bv. *diacetylactis*（GU344708.1）	99
F	410	*Lactococcus lactis* subsp. *Lactis*（AB494727.1）	99
		Lactococcus lactis subsp. *lactis* bv. *diacetylactis*（GU344708.1）	99

将这 6 株菌株型 DNA 序列与已经鉴定出的乳酸球菌（图 5-19 中的条带 8）序列用 Mega 软件进行比对并构建聚类图（图 5-21），从图 5-21 中可以看出，在 6 株菌中，菌株 A 和菌株 D 与条带 8 的关系最近，故选择菌株 A 和菌株 D 进一步生理生化鉴定和其他试验，并将菌株 A 和 D 命名为 Lac A 和 Lac D。

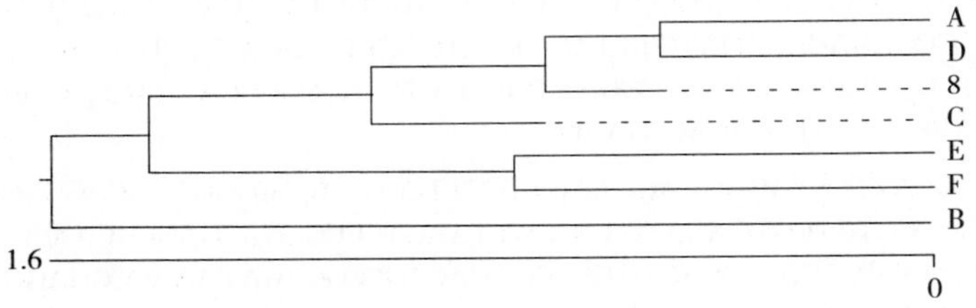

图 5-21　6 株菌 DNA 序列与条带 8 序列的进化树图

四、优势菌株生理生化反应结果分析

优势菌株 Lac A 和 Lac D 的生理生化反应结果列于表 5-29，优势菌株为革兰氏阳性球菌，Lac A 和 Lac D 的显微镜下细胞形态为形状呈椭圆形，成对或成链状排列。细胞形态和生理生化鉴定的结果，与文献对乳酸球菌的描述一致，所以可以确定两株菌为乳酸球菌。

表 5-29　优势菌株的生理生化反应结果

细菌的特点	菌株 Lac A	菌株 Lac D
菌落形态	圆形，灰白色扁平状	圆形，灰白色扁平状
革兰氏染色	G+	G+
镜下形态	卵圆形，成对或成呈链状排列	卵圆形，成对或成呈链状排列
氧化酶	+	+
触酶	−	−

（续）

细菌的特点	菌株 Lac A	菌株 Lac D
运动性	−	−
发酵葡萄糖产气	产酸不产气	产酸不产气
明胶液化	−	−
精氨酸双水解	+	+
硝酸盐	−	−
靛基质	−	−
硫化氢	−	−
水杨素	+	+
七叶苷	+	+
阿拉伯糖	+	+
甘露糖	+	+
乳糖	+	+
半乳糖	+	+
蔗糖	+	+
蜜二糖	−	−
棉籽糖	−	−
核糖	+	+
麦芽糖	+	+
松三糖	−	−
山梨醇	−	−
苯丙氨酸	−	−

注："＋"表示阳性，"－"表示阴性。

五、优势菌的生长盐度与 pH

1. 最适生长盐度

优势菌在不同盐度的培养基中生长，培养后测定细菌的 OD630 列于表 5-30。由表 5-30 可看出，两株菌在盐度为 0.5%的 NaCl 中不生长，在 4%的 NaCl 中可生长，符合乳酸球菌的特点，最适生长盐度为 1.5%～2.0%。

表 5-30　培养基盐度对优势菌生长试验的吸光度值结果

菌株编号	0.5%	1%	1.5%	2%	3%	4%	5%
LacA	0.000	0.987	1.024	1.156	0.949	0.756	0.000
LacD	0.000	1.133	1.277	1.298	0.944	0.599	0.000

2. 最适生长 pH

优势菌在不同 pH 的培养基中生长情况见表 5-31，由于 pH8.0 以后的 MRS 肉汤颜色改变，所以以目测法来表示优势菌的生长情况，由表 5-31 可知，优势菌在 pH9.0 时能生长，符合乳酸球菌的特点，最适生长的 pH 为 6.0～8.0。

表 5-31　培养基 pH 对优势菌生长试验的目测法结果

菌株编号	pH4.0	pH5.0	pH6.0	pH7.0	pH8.0	pH9.0	pH10.0	pH11.0	pH12.0
LacA	+	++	+++	++++	+++	++	++	+	−
LacD	+	++	+++	++++	+++	++	++	+	−

注："+"表示生长，数量越多表示生长越好；"−"表示不生长。

3. 优势菌的生长曲线

两株菌 LacA 和 LacD 在 28 ℃及 37 ℃下由吸光度值 OD630 表示的生长曲线如图 5-22 和图 5-23 所示。由图中可知，两株菌的不同温度下都表现出了典型的生长曲线，即迟缓期—对数生长期—稳定期—衰亡期，两株菌在 37 ℃下比在 28 ℃下生长更早进入生长的对数期，约提早 2 h，但也更早地进入衰亡期，说明此菌更适合在 37 ℃下生长。

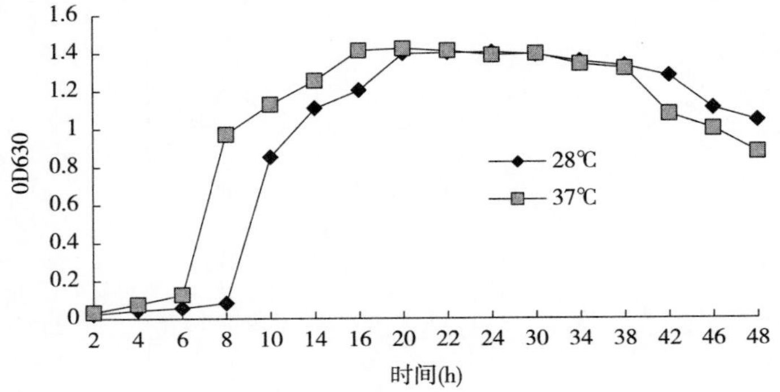

图 5-22　Lac A 在不同温度下的生长曲线图

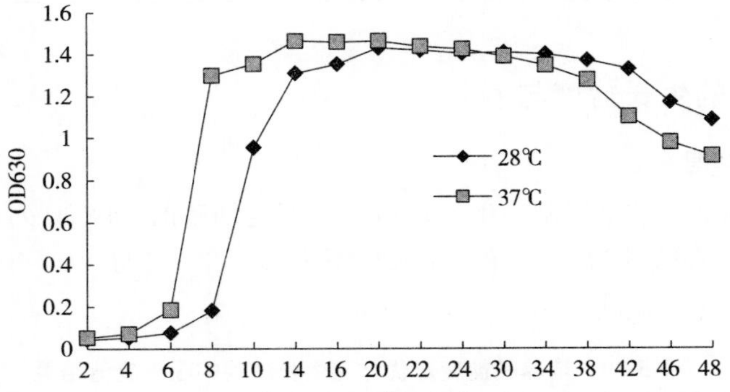

图 5-23　Lac D 在不同温度下的生长曲线图

第七节　液熏罗非鱼片产品的质量控制

一、加工各阶段微生物消长情况分析

1. 环境、加工用水

加工人员、环境、车间及设施、生产设备及生产过程的质量管理与产品质量安全控制应符合《食品安全管理体系水产品加工企业要求》(GB/T 27304) 和《水产品加工企业卫生管理规范》(GB/T 23871) 的规定。加工用水及制冰用水水质应符合《生活饮用水卫生标准》(GB 5749) 要求，细菌总数<100 CFU/mL。

2. 原料及各加工阶段中的微生物消长规律

罗非鱼熏制过程中各个操作步骤的细菌总数如表 5-32 所示。从表中可知，细菌总数总体呈下降趋势，从原料的 2.2×10^4 CFU/g 减少到工艺结束时的 1.7×10^3 CFU/g，减少率为 92.3%，其中腌渍、烟熏液浸渍、干燥和喷雾烟熏对细菌总数影响比较大，减少率分别为：50.7%，13.3%，23.9%和 19.9%。由此可看出，腌渍及烟熏加工具有很强的杀菌作用，其中烟熏液的抑菌作用主要在干燥过程中体现，因为干燥过程也是烟熏液的渗透过程。

表 5-32　罗非鱼熏制过程中各个操作步骤的细菌总数变化

步骤	细菌总数 (CFU/g)
原料	2.2×10^4
腌渍	1.1×10^4
烟熏液浸渍	9.2×10^3
干燥	7.0×10^3
喷雾熏制	5.6×10^3
成品	1.7×10^3

二、烟熏罗非鱼片 HACCP 体系的建立

1. 烟熏罗非鱼片生产过程危害分析和预防措施

通过对烟熏罗非鱼片加工过程的各工艺步骤进行危害分析，并结合现行的法规性文件《水产食品加工企业良好操作规范》(GB/T 20941)、《食品安全管理体系水产品加工企业要求》(GB/T 27304) 及《水产品加工企业卫生管理规范》(GB/T 23871)，列出潜在危害，并提出预防措施，确定关键控制点。

通过对烟熏罗非鱼片加工过程的危害分析，确定了原料接收、辅料接收、腌渍、烟熏和成品保存 5 个工序为关键控制点。烟熏罗非鱼片生产过程危害分析和预防措施见表 5-33。

表 5-33　烟熏罗非鱼片生产过程危害分析和预防措施

加工步骤	确定潜在的危害		潜在危害是否显著	对潜在危害是否显著的判断理由	采取什么预防措施	是否为关键控制点
1 (a). 活罗非鱼原料接收	生物危害	致病菌、寄生虫	是	可能存在致病菌、寄生虫	原料检测	否
	化学危害	化学污染物、药物残留	是	养殖水域可能受到化学污染物、农药污染； 养殖和运输过程中可能滥用药物	要求供应商提供无使用药物的相关证明文件	是
	物理危害	金属及碎石等异物	是	捕捞过程中可能混入金属及碎石等异物	后续加工、检验中可控制	否

（续）

加工步骤	确定潜在的危害		潜在危害是否显著	对潜在危害是否显著的判断理由	采取什么预防措施	是否为关键控制点
1（b）．冷冻原料接收	生物危害	致病菌、寄生虫	是	可能存在致病菌、寄生虫	原料检测	否
	化学危害	化学污染物、药物残留	是	可能存在养殖药物的危害	要求供应商提供无使用药物相关证明文件	是
	物理危害	无	否			否
1（c）．辅料接收	生物危害	无	否	盐和烟熏液中无生物危害	SSOP 控制	否
	化学危害	烟熏液带入其他化学成分	是	烟熏液不符合要求	要求供应商提检测分析报告	是
	物理危害	金属及碎石等异物	否	盐、烟熏液体可能混入金属及碎石等异物	腌渍和脱盐等工序可除去	否
2．清洗	生物危害	致病菌污染致病菌生长	否	温度低、时间短致病菌生长不显著	SSOP 控制	否
	化学危害	无	否		SSOP 控制	否
	物理危害	无	否			否
3．腌渍	生物危害	肉毒杆菌在最终成品中生长产毒	是	盐分低于 3.5%，肉毒杆菌将在最终成品中生长产毒	盐分高于 3.5%	是
	化学危害	无	否			否
	物理危害	金属及碎石等异物	否	食盐中可能混入金属及碎石等异物	脱盐等工序可除去	否
4．脱盐	生物危害	致病菌污染	否	连续操作，时间短，用流动水清洗，不会发生	SSOP 控制	否
	化学危害	无	否			否
	物理危害	无	否			否
5．烟熏	生物危害	微生物生长	是	烟熏过程中保持低温	控制烟熏机内温度	是
	化学危害	无	否			否
	物理危害	无	否			否

（续）

加工步骤	确定潜在的危害		潜在危害是否显著	对潜在危害是否显著的判断理由	采取什么预防措施	是否为关键控制点
6. 冷却	生物危害	致病菌生长	否	温度低、时间短致病菌生长不显著	SSOP 控制	否
	化学危害	无				否
	物理危害	产品上形成冷凝水		由于温差在熏制品表面形成冷凝水		否
7. 称量/包装	生物危害	致病菌污染	否	防止因包装材料或包装过程中引起的二次污染	控制称量、包装操作时间、SSOP 控制	否
	化学危害	无				否
	物理危害	引入异物	否		包装材料应当干净、牢固、耐用	否
8. 贴标签	生物危害	无				否
	化学危害	无				否
	物理危害	无				否
9. 成品保存	生物危害	微生物生长	是	贮运过程中温度波动	低温控制，保持冷链	是
	化学危害	无				否
	物理危害	无				否

2. 烟熏罗非鱼片产品 HACCP 计划表

通过对表 5-33 危害分析中所确定的关键控制点进行重点监控，列出控制对象和关键限值，并提出相应的监控方法、频度、纠偏措施、记录及验证，得到烟熏罗非片产品 HACCP 计划表（表 5-34）。

3. 烟熏罗非鱼片 HACCP 的监控记录

烟熏罗非鱼片生产过程中的监控记录主要有：HACCP 规范计划及用于制订计划的支持性文件，如原辅料验收记录、腌制温度和时间记录、烟熏温度和时间记录、成品检验记录以及人员、环境、工器具和设备消毒记录等，通过这些记录来实现对生产的控制与管理。

HACCP 体系是国际公认的食品安全中最有效的管理体系，但它不是一个独立的程序，必须以通过建立良好生产规范（GMP）和卫生标准操作程序（SSOP）为基础，通过有效实施这两个程序确保生产环境的卫生控制，然后通过 HACCP 对可能存在或产生的食品危害和不可接受的危害实施控制。

表 5-34 烟熏罗非鱼片 HACCP 计划表

关键控制点	显著危害	关键限量	监控				纠偏措施	记录	验证
			内容	方法	频率	监控者			
原料接收	药物残留	证明文件证实没有使用任何药物	接受检查的证明文件	每批原料检查供应商所提供的文件	每次进货时	质量控制人员	封存该批原料，直至供应商提供相应的文件；如果无法提供相应的证明文件，则予以退货	原料验收报告	审核书面证明材料和检验报告。半年或 1 年抽样送检
辅料接收	烟熏液带入其他化学成分	证明文件证实没有使用任何药物	接受检查的证明文件	每批原料检查供应商所提供的文件	每次进货时	质量控制人员	封存该批原料，直至供应商提供相应的文件；如果无法提供相应的证明文件，则予以退货	原料验收报告	审核书面证明材料和检验报告。半年或 1 年抽样送检。
腌渍	在终产品中肉毒杆菌生长产毒	在最终产品中盐分含量不低于 3.5%	最终产品的盐分含量	抽取最终产品	每批	质量控制人员	销毁产品	盐分检测报告	审核记录表，并进行行检测
烟熏	在终产品中肉毒杆菌生长产毒	烟熏时的温度不高于 32℃	烟熏机内的温度记录仪	温度记录仪	持续	质量控制人员	调整/维修烟熏冷藏库，封存产品，评价产品风险	自动温度记录表	审核记录表
成品保存	在终产品中肉毒杆菌生长产毒	不高于 4℃	冷藏库的温度	温度计录仪	持续	质量控制人员	调整或维修冷库，原料封存，评价产品风险	日常温度检查和记录表	对温度记录仪进行校准审核记录表

参 考 文 献

蔡秋杏.2010. 液熏罗非鱼片菌相变化分析及其优势菌的特性研究［D］. 湛江：广东海洋大学.

陈胜军.2011. 罗非鱼片熏制工艺与贮藏过程中品质变化及菌相分析研究［D］. 青岛：中国海洋大学.

陈胜军，蔡秋杏，李来好，等.2014. 应用PCR-DGGE研究液熏罗非鱼片贮藏过程中的菌相变化［J］. 现代食品科技，30（9）：49-54.

陈胜军，李来好，薛长湖，等.2010. 液熏罗非鱼片的加工工艺［J］. 食品与发酵工业，36（5）：64-67.

陈胜军，李来好，杨贤庆，等.2013. 烟熏罗非鱼片产品HACCP质量安全控制体系的建立［J］. 中国渔业质量与标准，3（1）：14-18.

陈胜军，王剑河，李来好，等.2007. 液熏技术在水产品加工中的应用［J］. 食品科学，28（7）：569-591.

黄靖芬.2008. 罗非鱼片液熏加工工艺及其产品保藏特性的研究［D］. 青岛：中国海洋大学.

Chen Shengjun，Li Laihao，Xue Changhu，et al. 2011. Effects of storage conditions on the shelf life of liquid-smoked tilapia (*Oreochromis niloticus*) fillets［J］. Advanced Materials Research，394：717-723.

第六章　罗非鱼罐头加工技术

第一节　番茄汁罗非鱼硬罐头加工技术

以小规格罗非鱼为原料，研究了番茄汁罗非鱼硬罐头的加工技术，包括腌渍、油炸、回软、调味料配方、油炸适宜条件和杀菌条件，并对产品的保质期进行了研究。

一、罗非鱼块的腌渍方法及最佳腌渍条件

1. 腌渍方法的确定

将小规格罗非鱼按大小分类，将个体较大的罗非鱼切成45～55g的鱼块，然后采用干渍法和湿渍法两种方式进行腌渍，结果如表6-1所示。由表6-1可以看出，要达到罗非鱼块含盐量为2.0%的要求，干渍法时间明显长于湿渍法，且干渍法脱水较湿渍法严重；从外观上看，湿渍法使食盐能均匀渗透，更能保护鱼块新鲜的颜色，干渍法影响鱼块外观；鱼块长期与空气接触便会出现“油烧”现象，湿渍法更能避免这种现象的发生。综合来说，湿渍法较干渍法效果好。因此，腌渍方法选择湿渍法（盐水浸渍法）。

表6-1　不同腌渍方法对产品理化和感官影响

腌渍方法	盐浓度（%）	时间（min）	脱水率（%）	含盐量（%）	外观	“油烧”现象
湿渍法	12	9	4.5	2.073	新鲜，有光泽，食盐均匀渗透	没出现
	15	9	5.7	2.424	新鲜，有光泽，食盐均匀渗透	没出现
干渍法	—	240	8.8	1.874	稍微皱缩，食盐渗透不均	没出现
	—	300	12.5	2.233	皱缩，食盐渗透不均	轻度

2. 盐水浸渍法最佳腌渍条件的确定

以水分含量、盐含量及成品得率为指标，试验对盐水浓度和腌渍时间进行了确定。试验结果如图6-1、图6-2和表6-2所示。由图6-1可见，盐水浓度对水分含量的影响呈现先升高后下降的趋势，而盐含量则随盐水浓度的增加而增加。腌渍工艺要求有初步少量脱水的效果，而腌渍鱼块含盐量在2%比较合适。因此，盐水浓度为12%比较合适，此时腌渍罗非鱼块的水分和盐含量分别为74.8%、2.11%。由6-2图可知，当盐水浓度为12%时，随着腌渍时间延长，鱼块的水分含量不断下降，而盐含量则不断增加。根据腌渍工艺对脱水效果及盐含量的要求，9min为合适的腌渍时间，既能达到初步脱水的要求，盐含量也

比较合适，为 2.18%。

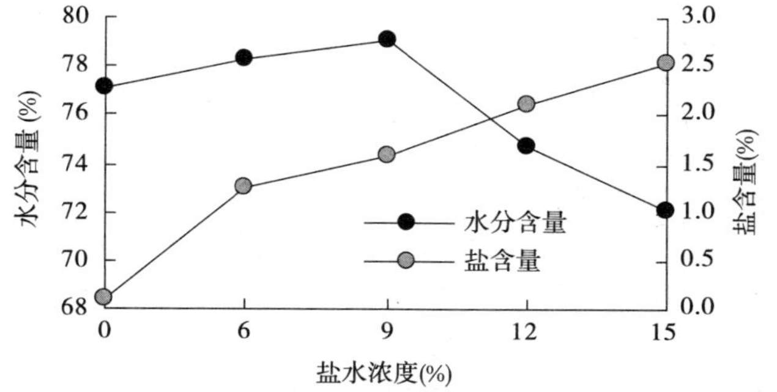

图 6-1 盐水浓度对罗非鱼块水分和盐含量的影响（腌渍时间 9min）

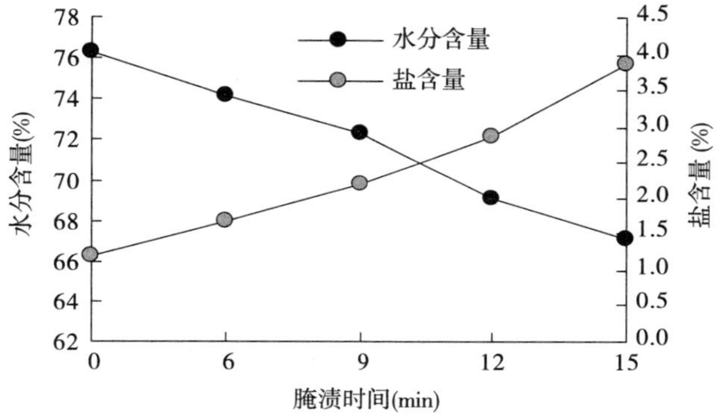

图 6-2 腌渍时间对罗非鱼块水分和盐含量的影响（盐水浓度 12%）

由表 6-2 可知，腌渍得率随盐水浓度、腌渍时间的增加而减少；而一般腌渍脱水越严重，油炸和成品得率相应也越高。以成品得率为主要考察指标，盐水浓度为 12%、腌渍时间为 9～10min 或盐水浓度为 13%、腌渍时间为 8～9min 都可获得较高的成品得率，但 13%盐浓度腌渍 8～9min，成品咸味较重。最后确定盐水最佳浓度为 12%，腌渍时间为 9min，此时成品得率高达 60.8%。

表 6-2 盐水浓度和腌渍时间对成品得率的影响

盐水浓度（%）	腌渍时间（min）	腌渍得率（%）	油炸得率（%）	成品得率（%）
11	9	98.9	48.6	48.0
11	10	98.2	51.2	50.2
12	8	96.9	57.6	55.8
12	9	95.0	64.0	60.8
12	10	94.1	64.0	60.2
13	8	94.6	63.3	59.8
13	9	93.2	64.3	59.9

二、罗非鱼块油炸工艺条件

罗非鱼块经12%盐水腌渍9min后，以水分含量、盐含量及产品品质和油炸得率为指标，确定罗非鱼块的油炸工艺。结果如图6-3、图6-4和表6-3所示。由图6-3可知，同一油炸温度条件下，随着油炸时间的延长，鱼块水分损失量逐渐增加；同一油炸时间条件下，随着油炸温度的上升，水分损失也不断增加。而图6-4表明，在同一油炸温度条件下，随着油炸时间的延长，含盐量整体呈上升趋势；而在同一油炸时间条件下，随着油炸温度的上升，含盐量也不断增加。实际生产中，产品水分含量为40%～50%、盐含量为2.5%～3.0%较合适。因此，综合油炸对产品水分和盐含量的影响，180℃、5min和200℃、4min的油炸条件较合适，产品对应的水分含量分别为50.6%、46.1%，盐含量分别为2.77%、2.72%。

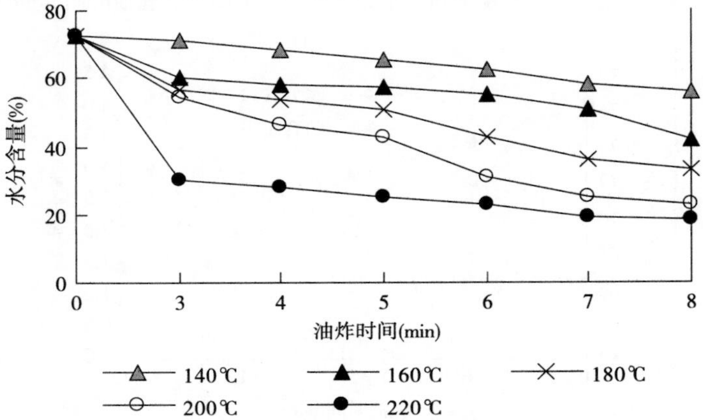

图6-3　油炸对罗非鱼块水分含量的影响

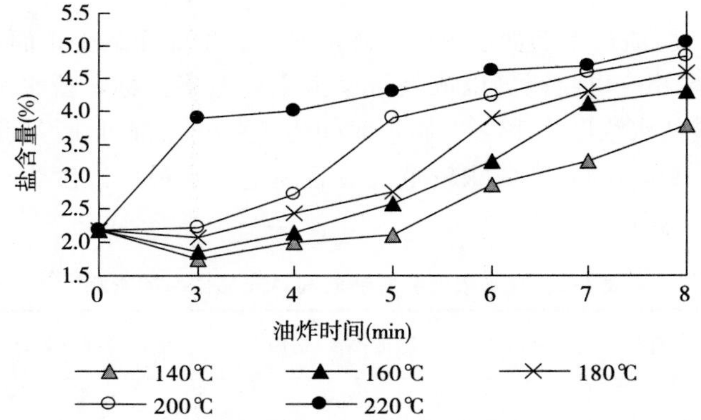

图6-4　油炸对罗非鱼块盐含量的影响

由表6-3可知，当油炸条件为160℃、6min时，产品的色泽、香味达不到油炸产品应有的效果，而且炸后的鱼肉肉质较软、皮黏、骨酥性差；随着油炸温度和时间的提高，产品色泽逐渐加深，由金黄色到深褐色，口感由软到硬，味感由鱼香味变苦味，骨质变酥。当油炸条件为180℃、5min时，产品品质最好，呈现漂亮的金黄色，鱼香味突出、皮脆、骨酥性较好；其次为200℃、4min，产品各方面的品质也较好。从产品得率看，油炸温度越高、时间越长，得率越低，其中 180℃、5min 和 200℃、4min 仍能获得较理想的得率。因此，进一步确定油炸最适温度为 180～200℃，油炸时间为 4～5min。对应的产品如图 6-5 所示。

表 6-3　油炸温度和时间对产品品质和得率的影响

温度（℃）	时间（min）	得率（%）	感官评定								
			口感	评分	色泽	评分	味感	评分	骨酥性	评分	平均分
160	6	67.8	软、皮黏	7.0	淡黄	7.0	味淡	7.0	较硬	4.0	6.3
180	5	60.2	软、皮脆	8.5	金黄	9.5	适中，很香	9.0	微酥	5.0	8.0
180	6	53.0	硬、皮脆	7.5	褐黄	8.0	过咸，微苦	7.0	较酥	6.0	7.1
200	4	57.3	软、皮脆	8.5	金黄	9.0	适中，较香	8.0	微酥	5.0	6.0
200	5	53.3	硬、皮酥	7.5	深褐黄	6.5	过咸，苦味重	6.0	较酥	6.0	6.5

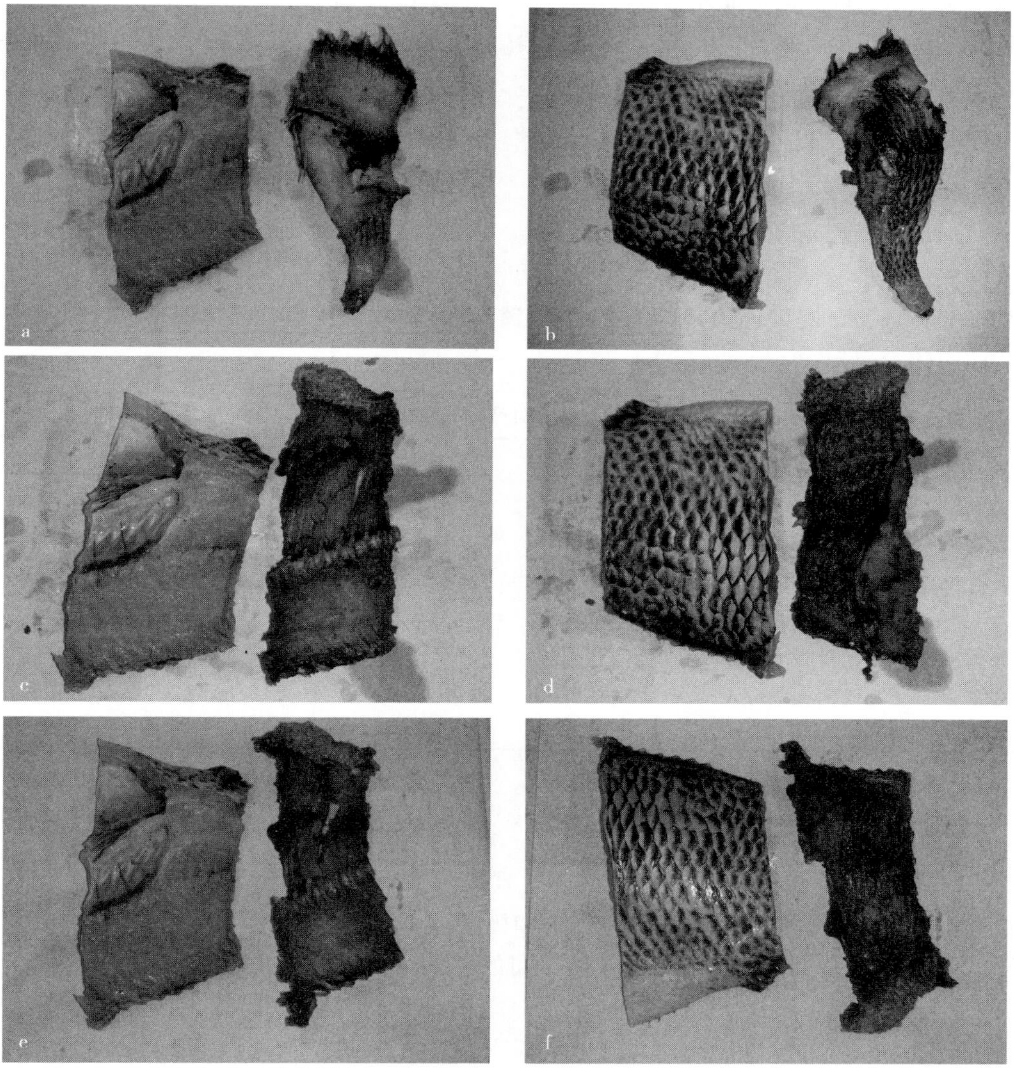

图 6-5　不同油炸条件下的产品外观图

a. 160℃、6min　b. 160℃、6min　c. 180℃、5min　d. 180℃、5min　e. 200℃、4min　f. 200℃、4min

三、罗非鱼块回软工艺条件

罗非鱼块经12%盐水腌渍9min并经180℃、5min油炸后，放入预先调配好并已冷却到室温的香料水（香料水制法为：100mL水加入五香粉1.5g、姜粉1.0g、氯化钠3g，加热搅拌沸腾，冷却待用）中进行回软处理，以水分含量、盐含量及产品的品质为指标，确定回软工艺，结果如图6-6和表6-4所示。图6-6表明，回软对产品的水分和盐含量有影响；随回软时间的延长，水分含量依次增加，40s前增加趋势平缓，40s后增加幅度增大；盐含量则呈现先增加后下降的趋势，并在30s达最高值，为3.07%。回软处理对产品品质也有明显影响，未经回软处理的产品品质明显比回软处理的产品差（表6-4）。鱼块经油炸脱水后，肉干易产生带渣的口感，且比较油腻，回软处理能明显改善带渣和油腻现象，使鱼肉恢复紧密、细致、清爽的口感；回软还可增加产品的骨酥性。但回软时间过短，则效果不明显，过长则导致鱼肉吸水过多，造成口感糜烂，味道偏淡。因此，综合考虑产品水分含量、盐含量要求及品质，确定最佳回软时间为30s。

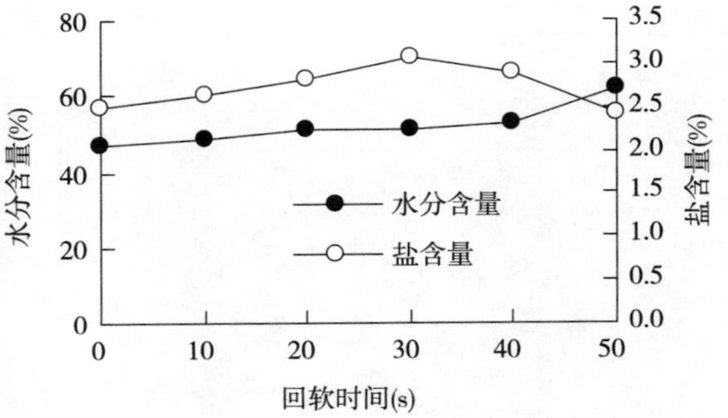

图6-6 回软时间对鱼块水分含量和盐含量的影响

表6-4 回软对产品品质的影响

时间（s）	口感	评分	味感	评分	骨酥性	评分	平均分
0	皮干，肉硬，很油腻	5.0	淡	6.0	较硬	4.0	5.0
10	皮脆，肉干，较油腻	7.0	偏淡	7.0	微酥	5.0	6.3
20	皮酥，肉较干，稍油腻	8.5	适中	9.0	微酥	5.5	7.7
30	皮酥，肉嫩，入口清爽	9.5	适中	9.0	较酥	6.5	8.3
40	皮酥，肉嫩，较湿	8.5	偏淡	8.0	较酥	7.0	7.8
50	皮烂，肉糊	7.5	淡	6.0	较酥	7.0	6.8

四、调味料配方

在预试验基础上，选取番茄汁、白醋、食盐和辅料组合为影响因素采用L_{16}（4^5）正交试验确定调味料的最佳配比，试验结果和极差分析见表6-5。由极差分析可知，4个因素对产品品质的影响次序是：A（蕃茄沙司的用量）＞C（食盐用量）＞B（白醋用量）＞D（辅料组合量），最佳组合为$A_2B_2C_4D_4$。由于正交试验所得的最佳组合未在正交表的16个试验中，因此，进行追加试验以确定调味料的最终配方，结果表明，最佳组合试验所得产品的综合评分明显高于正交表中分数最高的第7号试验所得产品的综合评分，因此，正交试验所确定的最佳组合即为调味料的最佳配方，具体为（100mL水中添加的量)：65g 番茄沙司、3g 食盐、2.0mL 白醋、10g 白砂糖、0.6g 胡椒粉、0.6g 味精、10mL 黄酒、10mL 香料水。

表 6-5 调味料正交试验结果及极差分析结果（100mL 水）

试验号	A 番茄沙司（g）	B 白醋（mL）	C 食盐（g）	D* 辅料组合	E 对照	综合评分
1	1（55）	1（0.5）	1（0.0）	1（a）	1	5.00
2	1	2（2.0）	2（1.0）	2（b）	2	6.50
3	1	3（3.5）	3（2.0）	3（c）	3	7.25
4	1	4（5.0）	4（3.0）	4（d）	4	7.50
5	2（65）	1	2	3	4	8.25
6	2	2	1	4	3	8.75
7	2	3	4	1	2	10.00
8	2	4	3	2	1	9.50
9	3（75）	1	3	4	2	8.50
10	3	2	4	3	1	9.25
11	3	3	1	2	4	8.00
12	3	4	2	1	3	8.25
13	4（85）	1	4	2	3	7.25
14	4	2	3	1	4	7.75
15	4	3	2	4	1	6.75
16	4	4	1	3	2	5.50
K_1	6.563	7.250	6.813	7.750	7.625	
K_2	9.125	8.063	7.438	7.813	7.625	
K_3	8.500	8.000	8.250	7.563	7.875	
K_4	6.813	7.688	8.500	7.875	7.875	
最优水平	A_2	B_2	C_4	D_4		
R	2.562	0.813	1.687	0.312	0.250	

注：* 表示辅料组合，a 为 7g 白砂糖、0.3g 胡椒粉、0.3g 味精、5mL 黄酒、8mL 香料水；b 为 8g 白砂糖、0.4g 胡椒粉、0.4g 味精、8mL 黄酒、8mL 香料水；c 为 9g 白砂糖、0.5g 胡椒粉、0.5g 味精、8mL 黄酒、10mL 香料水；d 为 10g 白砂糖、0.6g 胡椒粉、0.6g 味精、10mL 黄酒、10mL 香料水。

五、杀菌工艺条件

1. 不同杀菌条件商业无菌检验及杀菌条件对产品品质的影响

采用高温高压杀菌方法，在不同温度（118℃、121℃）杀菌处理不同时间（20min、25min、30min、35min、40min）后，将产品置于（36±1)℃恒温培养 10d，每天观察，10d 后统一开罐，进行感官、镜检和培养检验，结果见表 6-6。由表 6-6 可知，除了杀菌条件 118℃、20min，118℃、25min，121℃、20min 不符合罐头食品商业无菌要求外，其余杀菌条件都满足罐头食品商业无菌要求，且感官检验正常。

杀菌条件对产品色泽、口感、骨酥性等品质的影响见表 6-7。由表 6-7 可知，杀菌条件会明显影响产品的色泽、口感和骨酥性；产品颜色随杀菌温度、时间的增加而加深；杀菌时间对产品口感影响较大，一般杀菌时间超过 30min，则口感较差；骨酥性受杀菌时间影响也很大，一般随杀菌时间的延长更为理想，时间临界点为 30min，其后骨质太酥。综合考虑表 6-6 和表 6-7 的结果，选择 118℃、30min，121℃、25min 和 121℃、30min 的杀菌条件，采用 ELLAB 杀菌过程评估与检测温度 F0 值记录系统检测其 F 值，从节能的角度进一步确定最佳杀菌条件。

表 6-6　不同杀菌条件商业无菌检验结果

杀菌条件		感官检查				镜检	培养检验
温度（℃）	时间(min)	胖听	泄漏	异味	变黑	细菌数量（CFU/g）	生长状况
118	20	有	无	有	有	13	不生长
118	25	无	无	有	无	＜10	不生长
118	30	无	无	无	无	无	不生长
118	35	无	无	无	无	无	不生长
118	40	无	无	无	无	无	不生长
121	20	无	无	无	无	＜10	不生长
121	25	无	无	无	无	无	不生长
121	30	无	无	无	无	无	不生长
121	35	无	无	无	无	无	不生长
121	40	无	无	无	无	无	不生长

表 6-7　不同杀菌条件对产品品质的影响

杀菌温度（℃）	杀菌时间（min）	色泽	口感	骨酥性	平均分
118	20	黄色	肉嫩，结实，细腻	微酥	8.0
118	25	深黄色	肉嫩，结实，细腻	较酥	8.5
118	30	深黄色	肉嫩，松软，细腻	酥	9.5
118	35	褐色	松软，微粗糙	很酥	8.0
118	40	褐色	松软，粗糙	很酥	7.5
121	20	黄色	肉嫩，结实，细腻	微酥	8.0
121	25	深黄色	肉嫩，结实，细腻	较酥	9.0
121	30	褐色	肉嫩，松软，细腻	酥	8.5
121	35	深褐色	松软，粗糙	很酥	7.0
121	40	深褐色	很粗糙，入口干硬	很酥	6.5

2. 不同杀菌条件 F 值的测定

采用 ELLAB 杀菌过程评估与检测温度 F0 值记录系统，测定罐头中心温度并计算 F 值，结果如图 6-7 至图 6-9 及表 6-8 所示。罐头内部中心温度随杀菌温度和杀菌时间的增加而增加；同一杀菌温度条件下，杀菌时间越长，F 值越大。鉴于节能的要求，同时考虑商业无菌要求和感官品质，最终选择杀菌条件为 118℃、30min。

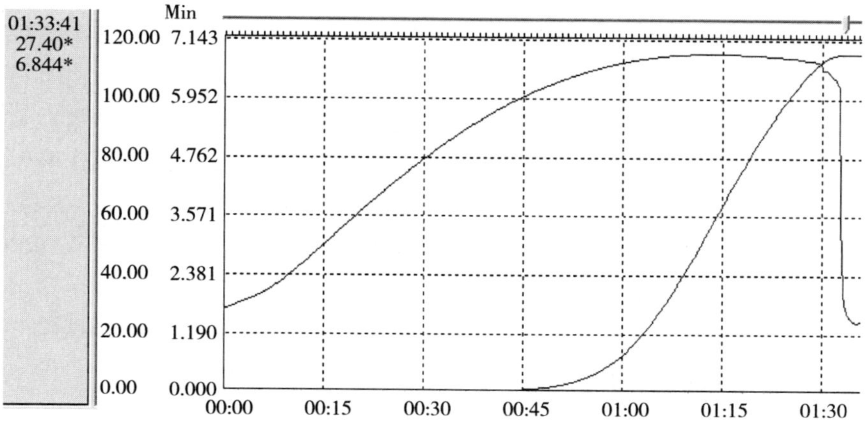

图 6-7　118℃、30min 杀菌罐头中心温度变化图

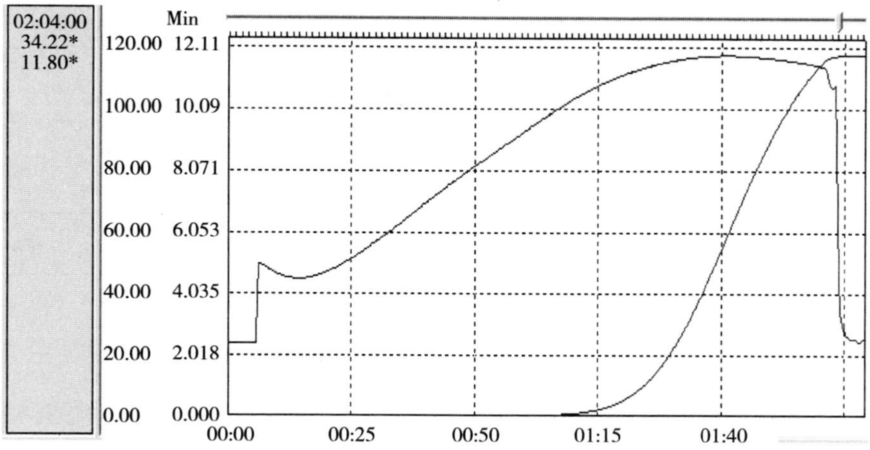

图 6-8　121℃、25min 杀菌罐头中心温度变化图

表 6-8　不同杀菌条件最高中心温度和 F 值

杀菌条件	118℃、30min	121℃、25min	121℃、30min
最高温度（℃）	114	117	118
F 值（min）	6.844	11.80	15.47

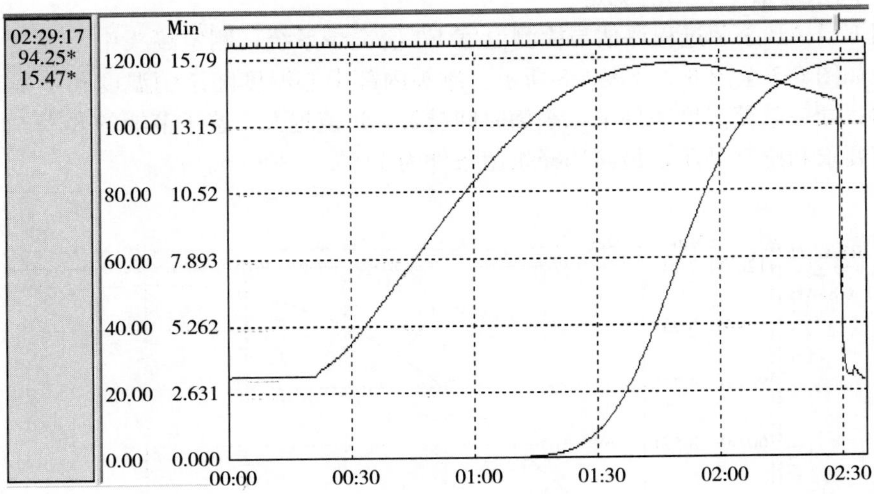

图 6-9 121℃、30min 杀菌罐头中心温度变化图

六、罗非鱼硬罐头保质期

产品采用 118℃、30min 杀菌后冷却取出于常温下保存 90d，进行微生物、感官、油脂氧化跟踪试验，结果如表 6-9、表 6-10 和图 6-10、图 6-11 所示。杀菌后经常温保存 90d，微生物检验未检出细菌，大肠菌群和致病菌检验合格；感官检验也未出现异常现象；油脂过氧化值前 50d 呈递增趋势，50d 后逐渐缓和，维持在 0.20g/100g 水平，符合国家相应标准；酸价前 70d 也呈现递增趋势，前 25d 递增缓慢，25～65d 递增较快，其后保持为 0.17mg/g 水平，也符合国家相应标准。由此可知产品在常温至少有 90d 的保质期。

表 6-9 罐头 90d 微生物检验结果

时间（d）	菌落总数（CFU/g）	大肠菌群（MPN/100g）	致病菌
2	—	—	—
4	—	—	—
6	—	—	—
8	—	—	—
10	—	—	—
15	—	—	—
30	—	—	—
60	—	—	—
90	—	—	—

注：“—”表示未检出。

表 6-10　罐头 90d 感官评定结果

时间（d）	胀罐	变黑	异味	长霉	黏液
10	—	—	—	—	—
20	—	—	—	—	—
30	—	—	—	—	—
40	—	—	—	—	—
50	—	—	—	—	—
60	—	—	—	—	—
90	—	—	—	—	—

注：“—”表示未检出。

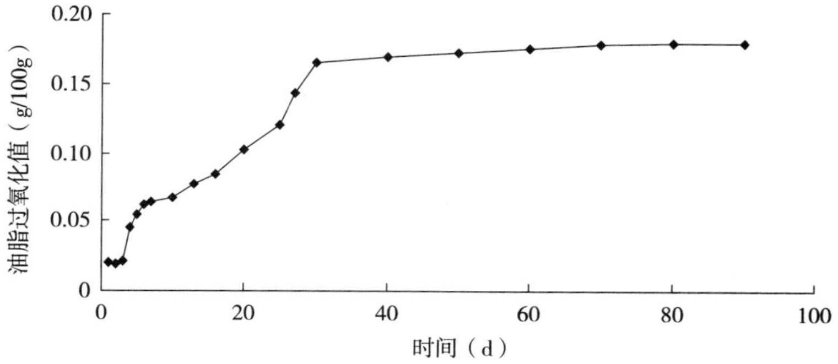

图 6-10　油脂过氧化值变化图

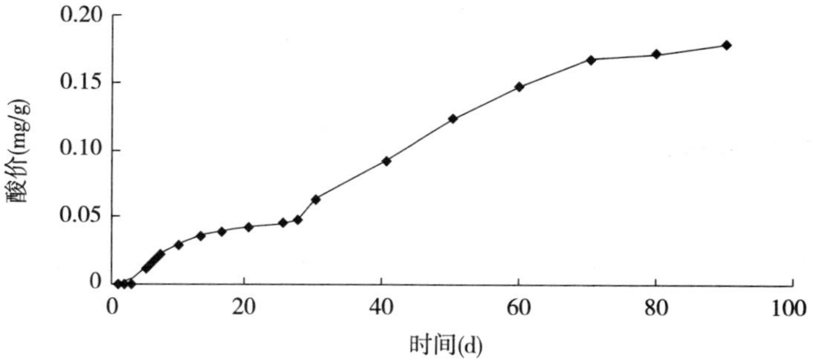

图 6-11　油脂酸价变化图

在上述保质期跟踪试验的基础上，通过作油脂过氧化值和酸价趋势分析，得到回归方程，预测产品保质期，结果如图 6-12 和图 6-13 所示。采用对数曲线拟合方法得油脂过氧化值相应的回归方程为 $y=0.044\ 8\ln(x)-0.0155$，$R^2=0.929\ 6$，决定系数 R^2 接近 1.0，拟合度高可使用，代入数据 x（保存时间）=360d，得 y（油脂过氧化值）=0.248g/100g，符合国家相应标准；采用多项式曲线拟合方法得到油脂酸价相应的回归方程为 $y=-5\times10^{-6}x^2+0.002\ 6x-0.001\ 7$，$R^2=0.981$，决定系数 R^2 接近 1.0，拟合度高可使用，代入数据 x（保存时间）=360d，得 y（油脂酸价）=0.286 3mg/g，也符合国家相应标准。由此可预测产品保质期可达 1 年。

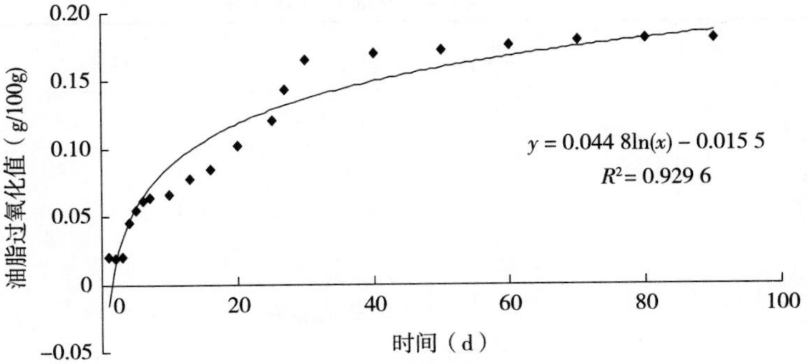

图 6-12　油脂过氧化值变化趋势图

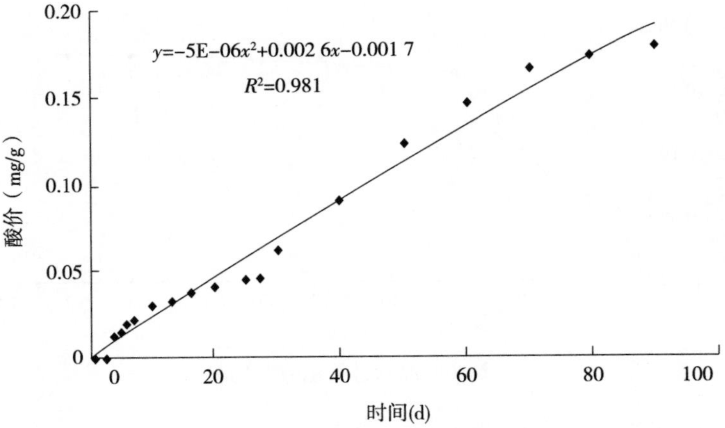

图 6-13　油脂酸价变化趋势图

七、罗非鱼硬罐头加工工艺流程及操作要点

1. 工艺流程

在上述试验的基础上，研究出了罗非鱼硬罐头的加工工艺流程，如下所示：

加调味液 ↓（装罐）

原料验收→原料处理→腌渍→沥干→油炸→回软→装罐→封罐→杀菌→冷却→保温试验→成品

2. 工艺操作要点

（1）原料验收　采用新鲜罗非鱼，原料鱼质量必须符合国家农业行业标准（NY 5053—2005）《无公害食品　普通淡水鱼》的要求。

（2）原料处理　鲜鱼以清水洗净，刮净鱼鳞，除去鱼头、尾、鳍和内脏；用流水洗净鱼体表面黏液和杂质，洗净腹腔内血污、内脏和黑膜，按要求切成适当大小（45～55g）的鱼块，沥干表面水分。

（3）腌渍、沥干　采用盐水浸渍法腌渍，盐水浓度为12%，腌制9min。腌渍结束后捞起沥干。

（4）油炸　腌渍罗非鱼块沥干水分后采用180℃、5min或200℃、4min的条件进行油炸，油炸过程中，炸至鱼块上浮时，轻轻翻动，防止鱼块黏结和破皮。

（5）回软　罗非鱼块经油炸后，捞起放置在香料水中回软30s。香料水制法为：100mL水加入五香粉1.5g、姜粉1.0g、氯化钠3g，加热搅拌沸腾，冷却待用。

（6）调味液的制备　按配方称取一定量的蕃茄沙司、食盐、黄酒、白醋、香料水、白糖、胡椒粉、味精，加入100mL水中加热搅拌溶解，冷却备用。调味液的配方为（100mL水中添加的量）：65g番茄沙司、3g食盐、2.0mL白醋、10g白砂糖、0.6g胡椒粉、0.6g味精、10mL黄酒、10mL香料水。

（7）装罐　每罐罐头装300g鱼块，允许10%偏差，鱼块不低于净含量的73%，加入最佳配方调味料40g，允许10%偏差。

（8）封罐　产品罐装后于96～100℃下排气20min，中心温度达95℃，马上封罐。

（9）杀菌　采用高温高压杀菌，将封装好的样品在118℃、30min条件下进行杀菌。

（10）冷却　样品杀菌后冷却至室温取出，擦干，贴标签，保存。

第二节　风干罗非鱼软包装罐头加工技术

以小规格罗非鱼为原料，研究风干罗非鱼软包装罐头的加工技术，包括罗非鱼的腌渍、脱水、回软、调味料配方和杀菌条件，并对产品的保质期进行了研究。

一、腌渍工艺条件

将罗非鱼按大小分类，将个体较大的罗非鱼切成45～55g的鱼块，采用湿腌法进行腌渍。试验通过测定鱼体盐渍脱水率、得率、含盐量、水分含量及品质等指标，对盐水浓度和腌渍时间进行了确定，结果如表6-11所示。随着盐渍浓度的增加，鱼体的脱水率增大、得率逐渐减少；水分含量减少，含盐量增大。腌渍工艺要求有初步少量脱水的效果，腌渍鱼块含盐量在2%比较合适。因此，盐水浓度为7%比较合适，此时腌渍罗非鱼块的脱水率适中，得率较理想，水分和盐含量分别为70.2%、2.019%。

表6-11　盐渍浓度对鱼块脱水率、得率、含盐量和水分含量的影响（腌渍时间9min，%）

盐水浓度	腌渍得率	脱水率	含盐量	水分含量
0	100	0	0.081	77.1
3	99.96	0.178	1.078	71.4
5	99.75	0.239	1.617	70.9
7	99.23	0.754	2.019	70.2
9	99.22	0.791	2.263	69.7
11	99.13	0.887	2.51	69.1

将鱼块于不同盐水浓度腌渍9min，于70℃热风烘6h，经回软工艺后沥干水分，添加适当调味油后，经121℃、20min杀菌，隔天后进行感官评定，结果见表6-12。随着盐水

浓度的增加，产品感官评分先增大后减小，且当盐水浓度为7%时，产品的各项评分都达到最高，综合评分为8.4分。进一步确定最佳盐水浓度为7%。

表6-12 盐渍浓度对罗非鱼块品质的影响（腌渍时间9min）

盐水浓度（%）	味感	骨酥性	色泽	组织	综合评分
0	5.0	6.0	7.0	6.0	6.0
3	6.0	7.0	7.0	6.5	6.6
5	8.0	7.5	7.5	7.0	7.5
7	9.0	8.0	8.0	8.5	8.4
9	8.0	8.0	8.0	8.0	8.0
11	6.0	8.0	7.0	7.0	7.0

在浓度7%盐水中，将鱼块腌渍不同时间，其对鱼块各个指标的影响如表6-13所示。在相同盐渍浓度盐渍过程中，随着盐渍时间的增加，鱼体脱水率上升，得率逐渐降低，水分含量下降，盐含量则不断增加。根据腌渍工艺对脱水效果及盐含量的要求，9min为合适的腌渍时间，能达到初步脱水的效果，得率也较高，此时盐含量为2.104%，水分含量为70.2%。

表6-13 盐渍时间对罗非鱼块脱水率、得率、含盐量和水分含量的影响

盐浸时间（min）	腌渍得率（%）	脱水率（%）	含盐量（%）	水分含量（%）
3	99.53	0.468	1.037	74.6
6	99.42	0.584	1.642	72.1
9	99.24	0.759	2.104	70.2
12	99.03	0.974	2.752	69.2
15	98.78	1.225	3.951	68.1

将鱼块置于7%盐水浓度下腌渍不同时间，在70℃热风烘箱中烘6h，经过回软并添加适当调味油后，121℃、20min灭菌，隔天进行感官评定，结果如表6-14所示。随着盐渍时间的延长，产品的感官评分呈现先增大后减小的趋势，且当腌渍时间为9min时，产品的味感、骨酥性、色泽、组织结构均为最佳，产品的综合评分为最高分8.3分。进一步确定9min为最佳腌渍时间。

表6-14 腌渍时间对产品品质的影响

盐渍时间（min）	味感	骨酥性	色泽	组织	综合评分
3	6.0	7.5	7.0	6.0	6.6
6	6.5	8.0	7.5	6.5	7.1
9	8.0	8.5	8.0	8.5	8.3
12	7.0	8.5	8.0	8.0	7.9
15	6.5	8.0	7.5	7.0	7.3

综上所述，盐水最佳浓度为7%，腌渍时间为9min，此时罗非鱼块的含盐量为2.104%，得率较高，品质最好。

二、脱水工艺条件

1. 热风干燥脱水工艺的确定

罗非鱼块经7%盐水腌渍9min后，于不同温度进行热风干燥，通过测定脱水率、得率、水分含量、盐含量并结合其品质来确定最佳干燥条件，结果如图6-14和图6-15所示。随着温度升高，时间延长，脱水率逐渐增加；烘干得率逐渐下降；而由图6-16、图6-17可知，随着温度上升，时间延长，水分含量减小，含盐量上升。适当的干燥能使鱼体脱除部分水分，使鱼肉蛋白凝固，鱼体组织间出现间隙，便于调味液和油充分渗入鱼体；但如果干燥温度太高、时间太长，则鱼体脱水严重，呈现干瘪（严重失水）的状态。图6-18表明，热风干燥温度和时间对罗非鱼块的综合品质（包括味感、骨酥性、口感和组织）影响较大，其中70℃、6h可获得最好感品质。

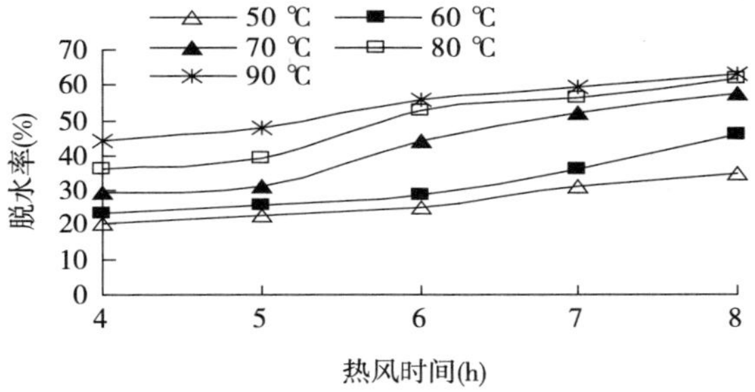

图6-14　热风干燥对罗非鱼块脱水率的影响

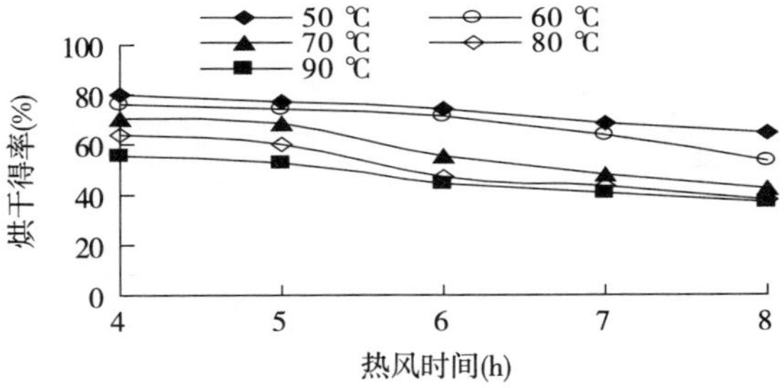

图6-15　热风干燥对罗非鱼块烘干得率的影响

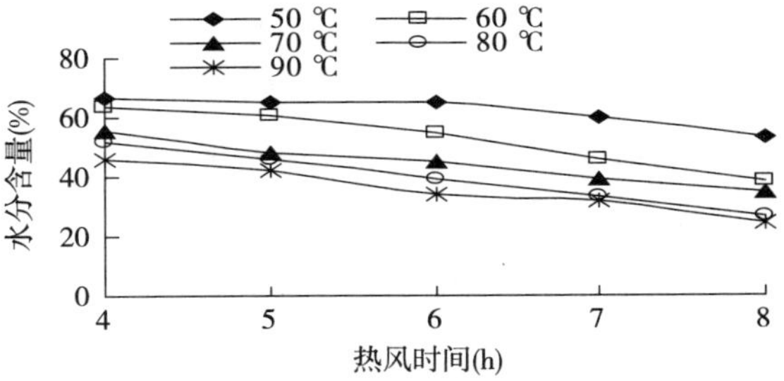

图6-16　热风干燥对罗非鱼块水分含量的影响

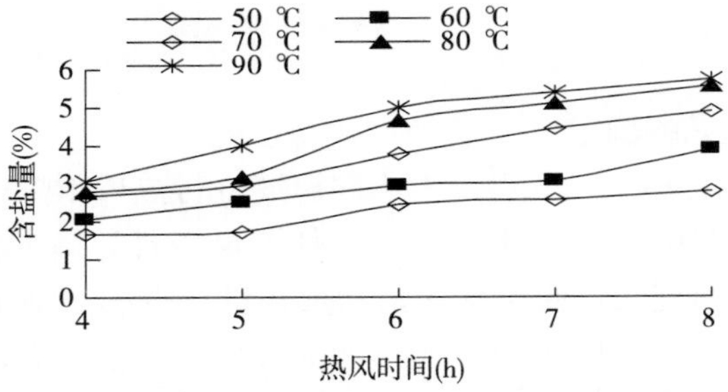

图 6-17　热风干燥对罗非鱼块盐含量的影响

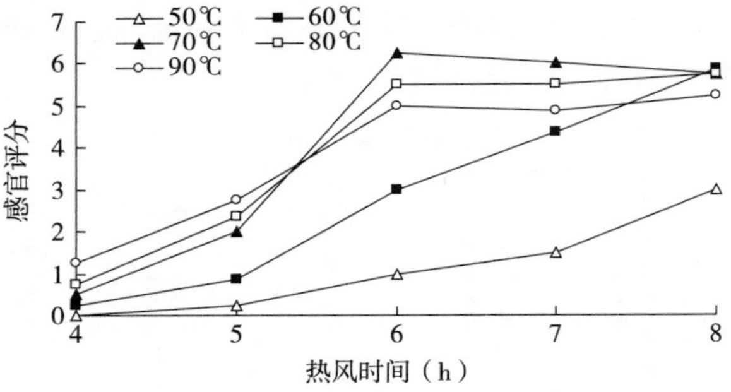

图 6-18　热风干燥对罗非鱼块综合品质的影响

因此，根据感官质量，并结合成品水分含量（50%～57%）的要求，确定热风干燥最佳条件为 70℃、6h，此时鱼块脱水率适中，得率较高，鱼体含水量为 45.3%，含盐量为 3.752%，较适中。图 6-19 所示为最佳干燥条件下的产品。

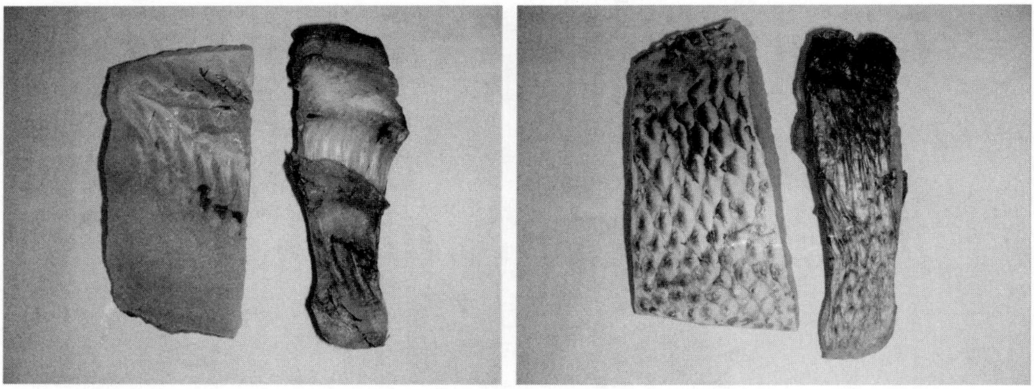

图 6-19　最佳干燥条件下的产品形态

2. 蒸煮脱水工艺的确定

将盐渍好的鱼体沥干，放进已经沸腾的锅内进行蒸煮脱水，设定不同蒸煮脱水时间，考察蒸煮时间对脱水率、得率、水分含量和盐含量的影响。将所有经过蒸煮脱水后的鱼块进行装袋、杀菌等后续工艺后，进一步考察蒸煮时间对产品品质的影响，结果如图 6-20、图 6-21 和表 6-15 所示。由图 6-22 可知，在相同蒸煮温度的蒸煮脱水过程中，随着蒸煮时间增加，鱼体的脱水率增大；但是整体的脱水率较热风烘干脱水率小得多。图 6-23 表明，随着蒸煮时间的增加，鱼体的蒸煮得率则相应地降低，但是整体的得率均很高。综合图 6-20 至图 6-23 可知，在蒸煮脱水工艺中，随着蒸煮时间的增加，鱼体的水分含量则相应地降低，但整体的水分含量较高；而盐含量则随蒸煮时间的增加而增大，且在后期变化不太明显。

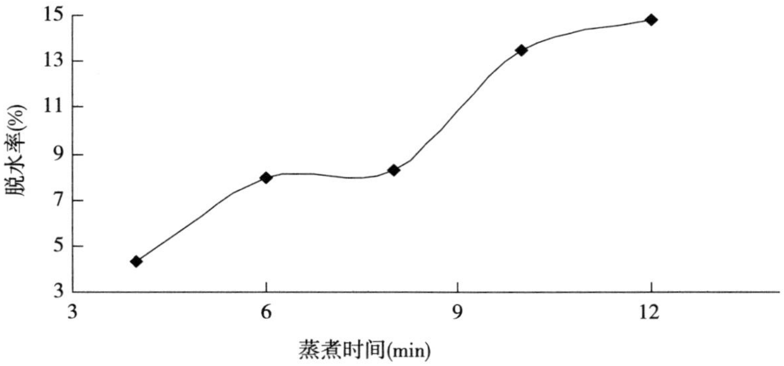

图 6-20　蒸煮时间对鱼体脱水率的影响

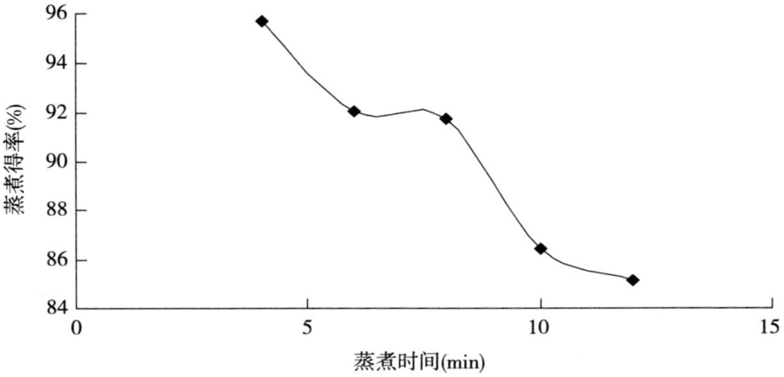

图 6-21　蒸煮时间对鱼体蒸煮得率的影响

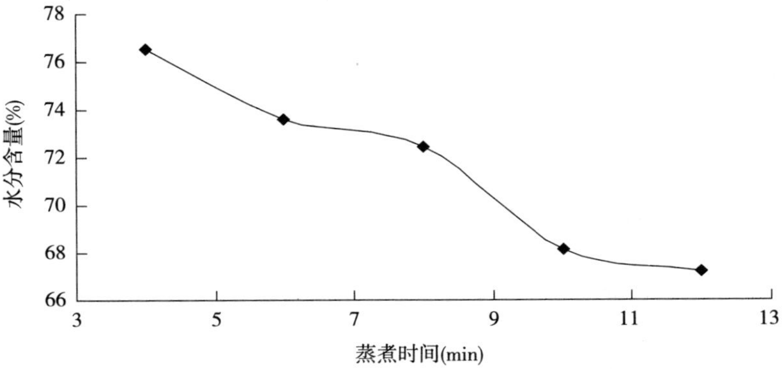

图 6-22　蒸煮时间对鱼体水分含量的影响

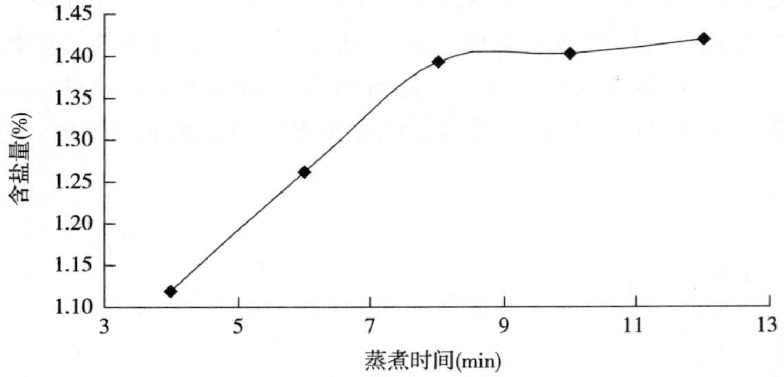

图 6-23 蒸煮时间对鱼体盐含量的影响

表 6-15 可以看出，在蒸煮脱水工艺中，随着蒸煮时间的增加，产品感官评分呈现先增加后减少的趋势，但是整体的产品中骨酥性均较差，感官评分也不高，其中蒸煮 8min 的感官评分最高。

表 6-15 蒸煮时间对产品品质的影响

时间（min）	4	6	8	10	12
口感	2.5	5.0	5.0	4.0	3.0
骨酥性	3.0	3.0	3.0	3.0	3.0
味感	5.0	7.0	7.5	6.6	6.0
颜色	6.0	7.0	8.0	7.5	6.5
综合评分	4.1	5.5	5.9	5.3	4.6

对比两种脱水方式可以发现，蒸煮脱水的脱水效果较差，即使经最佳时间 8min 的脱水，产品的水分含量仍高达 72.5%，不能达到含水量 50%～57%的要求。另外，通过蒸煮脱水所获得的产品的骨酥性也很差；虽然经过杀菌工艺后其骨酥性有所改善，但同时鱼肉品质都变得很松散，整体品质都不佳，也不如热风干燥脱水的产品。因此，确定最佳脱水方式为热风干燥脱水，且热风干燥脱水的最佳条件为 70℃、6h。

三、回软工艺条件

由于热风干燥会使鱼体表面较为僵硬和较为致密，为了成品制成后能够更好地吸收调味油，使得鱼体的感官较为均匀，所以进行回软工艺。鱼块经 7%盐水腌渍 9min 并经 70℃、6h 热风干燥后进行回软处理，其对鱼块各个指标的影响如表 6-16 所示，随回软时间的延长，水分含量不断增加，盐含量逐渐下降；得率和吸水率升高。回软对产品品质也有明显影响，经回软工艺可使鱼肉恢复细致、清爽的口感，但鱼体回软时间过长，容易破碎，造成口感糜烂；吸水不足则成品风味不佳。因此，综合考虑产品水分含量、盐含量、得率及产品品质，确定最佳回软时间为 30s，此时鱼块吸水适中，得率较高，水分含量为 50.9%，含盐量为 3.684%，综合评分最高，为 7.5 分。

表 6-16　回软对产品水分含量、盐含量、得率、吸水率及品质的影响

时间（s）	水分含量（%）	盐含量（%）	得率（%）	吸水率（%）	产品品质				
					口感	味感	骨酥性	颜色	综合评分
10	42.9	3.741	101.4	1.35	6.8	7.2	6.4	6.5	6.7
20	45.5	3.728	101.5	1.50	7.2	7.7	6.6	6.3	6.9
30	50.9	3.684	101.7	1.72	7.2	7.9	7.0	7.0	7.5
40	53.3	3.607	102.3	2.25	7.0	7.9	7.1	7.0	7.3
50	58.5	3.492	102.9	2.94	6.0	7.4	8.0	7.3	7.2

四、调味油配方和配比

在预试验基础上，选取酱油、调和油、花椒油、食盐、黄酒、胡椒粉、姜粉为影响因素，采用 L_{18}（3^7）正交试验确定调味油的最佳配方，试验结果和极差分析见表 6-17。由极差分析可知，7 个因素对产品品质的影响次序是：B（植物油）＞C（花椒油）＞A（酱油）＞D（黄酒）＞G（盐）＞E（胡椒粉）＞F（姜粉），且最佳调味油配方组合为 $A_2B_2C_2D_1E_2F_2G_2$，即：酱油 30mL、植物油 9mL、花椒油 5mL、黄酒 4mL、胡椒粉 1.5g、姜粉 1.5g、盐 1g。由于正交试验所得的最佳组合未在正交表的 18 个试验中，因此进行追加试验以确定调味料的最终配方。结果表明，最佳组合试验所得产品的综合评分明显高于正交表中分数最高的第 5 号试验所得产品的综合评分。因此，正交试验所确定的最佳组合即为调味料的最佳配方。换算成百分数表示最佳配方即为：酱油 62.50%、植物油 18.75%、花椒油 10.42%、黄酒 8.33%、胡椒粉 2.88%、姜粉 2.88%、盐 1.22%

表 6-17　调味油正交试验结果及极差分析结果

试验号	A 酱油（mL）	B 植物油（mL）	C 花椒油（mL）	D 黄酒（mL）	E 胡椒粉（g）	F 姜粉（g）	G 盐（g）	综合评分
1	1（20）	1（6）	1（3）	1（4）	1（1）	1（1）	1（0.5）	6.3
2	1	2（9）	2（5）	2（6）	2（1.5）	2（1.5）	2（1）	7.0
3	1	3（12）	3（7）	3（8）	3（2）	3（2）	3（1.5）	5.2
4	2（30）	1	1	2	2	3	3	7.2
5	2	2	2	3	3	1	1	8.1
6	2	3	3	1	1	2	2	6.8
7	3（40）	1	1	1	3	2	3	7.0
8	3	2	2	2	1	3	1	6.7
9	3	3	3	3	2	1	2	6.5
10	1	1	1	3	2	2	1	6.4
11	1	2	2	1	3	3	2	7.0
12	1	3	3	2	1	1	3	4.3
13	2	1	1	3	1	3	2	7.5

（续）

试验号	A 酱油（mL）	B 植物油（mL）	C 花椒油（mL）	D 黄酒（mL）	E 胡椒粉（g）	F 姜粉（g）	G 盐（g）	综合评分
14	2	2	2	1	2	1	3	7.7
15	2	3	3	2	3	2	1	6.3
16	3	1	1	2	3	1	2	7.0
17	3	2	2	3	1	2	3	7.8
18	3	3	3	1	2	3	1	7.1
K_1	6.4	5.88	6.9	6.98	6.57	6.65	6.83	
K_2	7.27	7.38	7.38	6.42	6.98	6.88	6.97	
K_3	7.02	6.03	6.03	6.92	6.77	6.78	6.53	
D_J	0.87	1.5	1.35	0.58	0.41	0.23	0.44	
最优水平	A_2	B_2	C_2	D_1	E_2	F_2	G_2	

调味油与罗非鱼块的配比（W/W）对产品品质的影响见表 6-18、表 6-19，调味油的配比不同，鱼块呈现出不同的感官结果，调味油过多不仅浪费而且会对封袋造成影响；太少则会导致产品感官降低、产生油料与鱼块混合不均匀等问题。对于高温高压杀菌产品，在调味油配比为 1∶10 时，配料量适中，不影响封袋，同时感官最佳，综合评分达到最高分 8.0 分。而对于微波杀菌产品，由于微波杀菌的时候失水性较为严重，所以配料需要相应的增加，从表 6-19 中可见 1∶8 的配料是最佳的。

表 6-18　调味油与罗非鱼块配比对高温高压杀菌产品品质的影响（W/W）

调味油∶罗非鱼块	产品品质				
	口感	味感	骨酥性	颜色	综合评分
1∶6	6.5	7.0	6.0	6.5	6.5
1∶8	8.0	7.5	7.5	7.0	7.5
1∶10	8.5	7.5	8.0	8.0	8.0
1∶12	8.0	7.5	7.5	7.5	7.7
1∶14	7.0	7.0	6.5	7.0	6.9

表 6-19　调味油与罗非鱼块配比对微波杀菌产品品质的影响（W/W）

调味油∶罗非鱼块	1∶6	1∶8	1∶10	1∶12	1∶14
口感	7.5	8.0	7.5	7.0	5.5
骨酥性	6.0	7.5	7.5	7.5	7.0
味感	7.5	8.0	7.5	7.0	5.5
颜色	7.5	8.0	7.0	6.0	5.0
综合评分	7.1	7.9	7.4	6.9	5.8

五、杀菌工艺条件

1. 高温高压杀菌和微波杀菌的品质对比

按上述最佳条件加工好罗非鱼软罐头后，将其放在不同条件下进行高温高压杀菌和微波杀菌，以产品品质为指标确定合适杀菌方法，结果见表 6-20 和表 6-21。由表 6-20 可知，利用高温高压灭菌工艺，所得产品整体品质较高；产品虽在热风干燥后骨酥性不佳，但经高温高压杀菌后，骨酥性大大得到提高，其中综合品质最高的杀菌工艺是 121℃、20min，其次为 118℃、30min 和 121℃、15min。由表 6-21 可以看出，微波杀菌条件对产品的品质影响也较大，其中品质最好的杀菌条件为 60W、2min，其次是 480W、3min。对比最佳杀菌条件可以发现，高温高压杀菌所获得的产品的品质比微波杀菌要好一些，尤其在骨酥性方面。鱼罐头的骨酥性是产品品质很重要的一个指标，因此最后确定高温高压杀菌为最适合的杀菌方法。

表 6-20　高温高压杀菌条件对产品品质的影响

灭菌温度（℃）	灭菌时间（min）	颜色	口感	味感	骨酥性	综合评分
118	10	6.0	6.5	7.0	7.0	6.6
	15	7.5	6.5	7.5	7.5	7.3
	20	8.0	7.0	8.0	8.0	7.8
	25	7.0	7.5	8.0	8.5	7.8
	30	8.0	8.5	8.5	8.5	8.4
121	10	6.5	7.0	7.5	7.5	7.1
	15	8.0	8.0	8.5	8.5	8.3
	20	8.5	8.0	9.0	9.0	8.6
	25	6.5	7.5	8.0	8.0	7.5
	30	6.0	6.5	7.0	7.0	6.6

表 6-21　微波杀菌条件对产品品质的影响

灭菌功率（W）	灭菌时间（min）	颜色	口感	味感	骨酥性	综合评分
120	2	6.0	7.0	7.0	2.0	5.5
	3	7.0	7.0	8.5	2.5	6.3
	4	7.0	7.5	7.0	2.5	6.0
	5	7.0	8.0	8.0	3.0	6.5
	6	7.5	7.0	7.0	3.0	6.1
240	2	9.0	8.0	9.0	3.0	7.3
	3	8.5	8.0	9.5	4.0	7.5
	4	8.0	8.5	8.0	4.0	7.1
	5	7.0	9.0	9.0	4.0	7.3
	6	7.5	8.5	8.0	4.5	7.1

（续）

灭菌功率（W）	灭菌时间（min）	颜色	口感	味感	骨酥性	综合评分
360	2	9.0	9.0	9.0	5.0	8.0
	3	8.0	8.0	8.5	5.0	7.4
	4	7.0	9.0	9.0	5.0	7.5
	5	7.0	8.5	9.0	5.0	7.4
	6	5.0	7.0	8.0	6.0	6.5
480	2	9.0	8.0	8.5	6.0	7.9
	3	8.0	9.5	9.0	7.0	8.4
	4	4.0	5.0	5.0	7.0	5.3
	5	3.0	5.0	5.0	7.5	5.1
	6	3.0	4.5	5.0	8.0	5.1
600	2	9.5	9.0	9.5	6.0	8.5
	3	4.0	5.0	5.0	7.0	5.3
	4	4.0	5.0	3.0	7.5	4.9
	5	3.5	4.0	2.0	8.0	4.4
	6	3.0	4.0	2.0	8.5	4.4

2. 高温高压杀菌条件的确定

通过感官评定方法已初步确定了高温高压的杀菌条件，为了达到产品商业无菌的要求，还需进一步考察不同杀菌条件所获得的产品的商业无菌情况，结果见表 6-22。118℃、30min 和 121℃、20～30min 的杀菌条件可以达到商业无菌的要求，而 121℃、15min 的杀菌条件不能达到商业无菌要求。因此，结合产品品质和商业无菌要求，最后确定 121℃、20min 为最佳杀菌条件。

表 6-22　软罐头不同杀菌条件商业无菌检验结果

杀菌条件		理化检验		感官检验		培养检验
温度（℃）	时间（min）	胖听	泄露	异味	颜色	生长情况
118	10	无	无	无	正常	＋
	15	无	无	无	正常	＋
	20	无	无	无	正常	＋
	25	无	无	无	正常	＋
	30	无	无	无	正常	—
121	10	无	无	无	正常	＋
	15	无	无	无	正常	＋
	20	无	无	无	正常	—
	25	无	无	无	正常	—
	30	无	无	无	正常	—

注：“＋”表示生长，“—”表示不生长。

六、产品保质期预测

选择最佳盐渍、热风干燥脱水、回软等工艺加工罗非鱼软罐头，产品采用 121℃、20min 杀菌后冷却取出于常温下保存 90d，进行微生物、油脂氧化跟踪试验，结果见表 6-23 和图 6-24、图 6-25。由表 6-23 可以看出，产品贮存 90d 后，细菌总数、大肠菌群、致病菌（包括副溶血性弧菌、沙门菌）均未检出。

由图 6-24、图 6-25 可知，随着贮藏时间的增加，产品的过氧化值和酸值均不断增加，但即使在贮藏的第 90 天，产品的过氧化值和酸值均在国家标准之内。由微生物和过氧化值及酸值可知，产品经 121℃、20min 杀菌后，在常温至少有 90d 的保质期。

在上述保质期跟踪试验的基础上，通过作油脂过氧化值和酸价趋势分析，采用 SPSS 软件得到回归方程，预测产品保质期，结果如图 6-24、图 6-25 所示。其中过氧化值与时间的关系函数为：$Y=0.0164\ln X-0.0152$，$R^2=0.815$，决定系数 R^2 接近 1，拟合度高；$P=0.000$，满足 $P<0.05$，方程是显著的。用该函数预测产品的过氧化值，当 $X=270$d 时，$Y=0.076614$g/100g，仍在国家标准之内。酸值与时间的关系函数为：$Y=0.0261\ln X-0.0317$，$R^2=0.864$，决定系数 R^2 接近 1，拟合度高；$P=0.000$，满足 $P<0.05$，方程是显著的。用该函数预测产品的酸值，当 $X=270$d 时，$Y=0.114419$mg/g，仍在国家标准之内。由此可预测罗非鱼软罐头产品保质期可达 9 个月。罗非鱼软罐头产品见图 6-26。

表 6-23　不同杀菌条件微生物检验结果（常温贮存）

菌种	杀菌温度（℃）	杀菌时间（min）	贮存时间（d）						
			1	7	10	15	30	50	90
细菌总数	121	15	—	—	—	—	—	—	—
		20	—	—	—	—	—	—	—
大肠埃氏希菌	121	15	—	—	—	—	—	—	—
		20	—	—	—	—	—	—	—
致病菌	121	15	—	—	—	—	—	—	—
		20	—	—	—	—	—	—	—
副溶血性弧菌	121	15	—	—	—	—	—	—	—
		20	—	—	—	—	—	—	—
沙门氏菌	121	15	—	—	—	—	—	—	—
		20	—	—	—	—	—	—	—

注：“—”表示未检出。

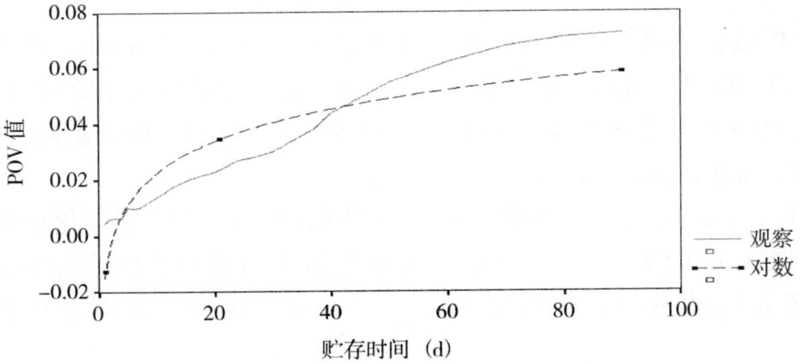

图 6-24　贮存过程 POV 值的测定结果及 SPSS 程序运行结果

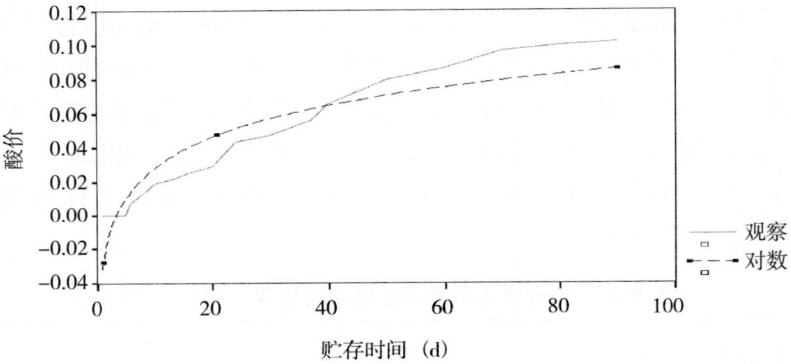

图 6-25　贮存过程酸价的测定结果及 SPSS 程序运行结果

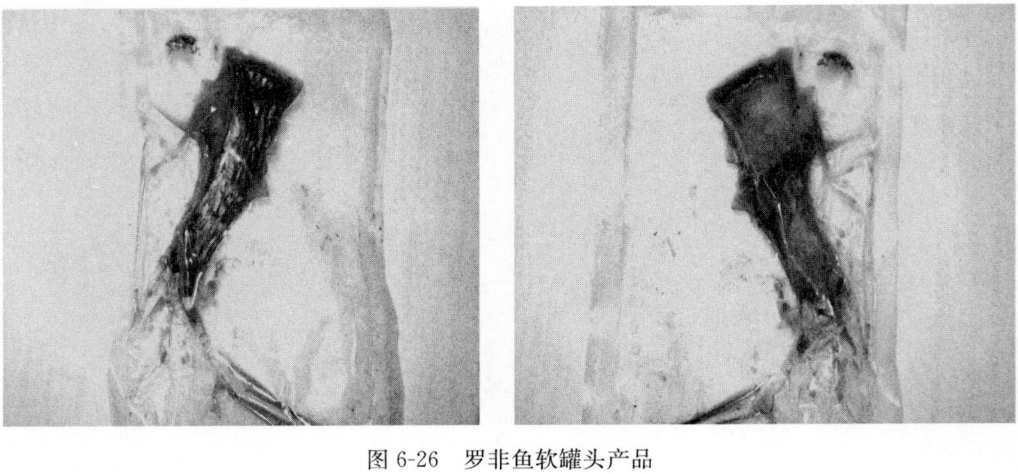

图 6-26　罗非鱼软罐头产品

七、风干罗非鱼软罐头加工工艺流程及操作要点

1. 工艺流程

在上述试验的基础上，研究出了罗非鱼硬罐头的加工工艺流程，如下所示：

加调味油 ↓

原料验收→原料处理→盐渍→沥干→热风干燥脱水→回软→装袋→真空封袋→高压高温杀菌→冷却→保温试验→成品。

2. 工艺操作要点

(1) 原料验收 同罗非鱼硬罐头原料验收。

(2) 原料处理 同罗非鱼硬罐头原料处理。

(3) 腌渍 采用盐水浸渍法腌渍，其中盐水浓度为7%，腌渍时间为9min。腌渍后将鱼块捞起沥干。

(4) 热风干燥脱水 腌渍罗非鱼块沥干水分后采用热风干燥方式进行脱水，干燥条件为70℃、6h。

(5) 回软 罗非鱼块经热风干燥脱水后，放置在香料水中回软30s。香料水制法为：1 500mL水加入五香粉2g、姜粉1.0g、食盐10g，加热搅拌沸腾，冷却待用。

(6) 调味油的制备 按配方称取一定量的胡椒粉、黄酒、酱油、花椒油、姜粉、食盐、加入植物油中加热沸腾，冷却至80～90℃入袋。调味油配方为：酱油30mL、植物油9mL、花椒油5mL、黄酒4mL、胡椒粉1.5g、姜粉1.5g、盐1g；换算成百分数表示为：酱油62.50%、植物油18.75%、花椒油10.42%、黄酒8.33%、胡椒粉2.88%、姜粉2.88%、盐1.22%。

(7) 装袋 每袋罐头装入适量鱼块，加入合适配比的最佳配方调味油。调味油温度应不低于70℃，以使汁液更好的渗入鱼体的同时防止油汁分离。

(8) 真空封袋 在最佳真空封袋条件（热封时间约28s、真空度约为0.05MPa、充气时间约1.9s）下进行封袋。注意封口处切勿被油污染，以免影响封口质量。

(9) 杀菌 将封装好的样品采用高温高压杀菌方法进行杀菌，杀菌条件为121℃、20min。

(10) 冷却 样品杀菌后冷却至室温取出，擦干，贴标签，保存。

第三节 特色罗非鱼罐头加工技术

本节以鲜的中等规格罗非鱼为原料，主要研究了特色风味罗非鱼经腌制、调味、真空包装和杀菌等制成软包装罐头的加工技术。通过试验，确定了产品最适宜的工艺条件，研制出肉质致密，食用方便的产品，为罗非鱼的开发利用开辟了新途径。

一、盐渍条件的筛选

1. 盐水浓度对罗非鱼制品的水分含量和盐含量的影响

由图6-27可知，随着盐渍浓度的增加，其对鱼制品的水分含量呈现出不断下降的

趋势，而盐含量却随着盐渍的浓度增加而增加。腌渍工艺要求有初步少量脱水效果，腌渍鱼制品盐含量在2%比较适宜，腌渍过程水分损失越小，产品的得率就越高，测定其水分含量和盐含量分别为70.5%、2.03%，结果表明：确定最佳的盐渍浓度为8%。

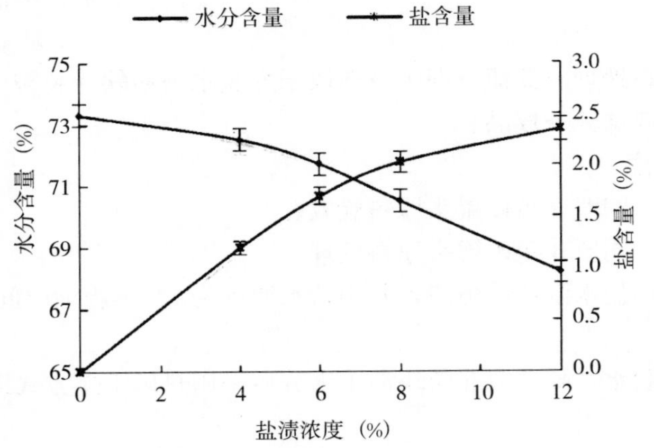

图 6-27　盐渍时间对产品水分含量和盐含量的影响

2. 盐渍时间对罗非鱼制品水分含量和盐含量的影响

在8%盐渍浓度中，将罗非鱼制品浸渍于不同的时间（0min、5min、10min、15min、20min），测定其水分和盐含量指标，结果见图6-28。

由图6-28可知，随着盐渍时间延长，鱼制品的水分含量呈现出不断下降的趋势，而盐含量却随着时间的延长而增加。根据腌渍工艺对脱水效果及盐含量的要求，确定15min为最佳的盐水浸渍时间，其水分能达到脱水效果，此时盐含量为2.15%，其水分和盐含量也符合腌渍工艺对脱水效果的要求。

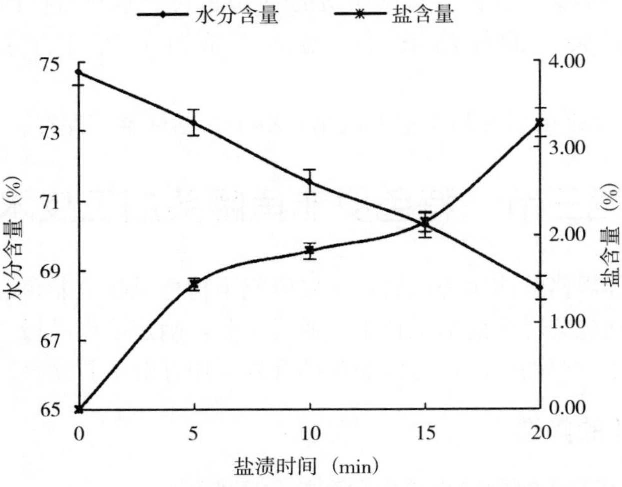

图 6-28　盐渍时间对产品水分含量和盐含量的影响

二、3种风味特色罗非鱼的感官评价

试验研究了3种风味（辣香味、五香味和豆豉味）特色罗非鱼，并通过12位专业人员的评价试验对产品的风味、口感和色泽进行评分。按照好（9～10分），良好（8～9分），一般（7～8分）差（7分以下）四个等级评分，结果见表6-24（平均得分）。

由表6-24可以看出，通过比较，表明了特色罗非鱼A组感官综合评分为9.8分，即鱼体形态完整，有鱼香味和腊味香味的风味，鱼肉嫩滑，咀嚼性好，弹性好；其次是B组感官综合评分为8.5分，这是因为B组是五香味，使鱼香味稍被冲淡，口感较硬；C组为豆豉味，综合评分为7.7分，因为豆豉掩盖了鱼的香味，感官上不及A组和B组。结果表明A组无论在口感还是在风味方面都是最佳的。

表6-24　3种风味特色罗非鱼感官评价

编号	感官（分）	风味（分）	口感（分）	综合评分（分）
A	9.8	9.8	9.8	9.8
B	8.3	8.8	8.5	8.5
C	7.8	7.8	7.5	7.7

三、热风烘干条件

热风烘干的目的是使鱼体脱除部分水，使鱼肉蛋白质凝固，鱼肉组织紧密，具有一定的硬度，防止鱼体组织碎散。鱼制品经调味液浸渍后于不同温度下热风烘干一定时间后，测定其水分含量，结果见图6-29。

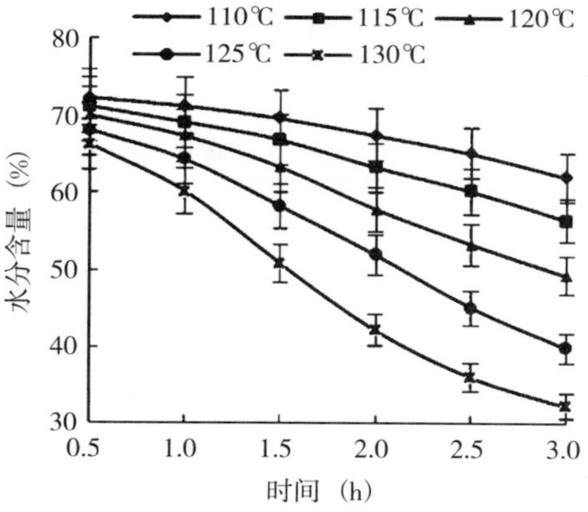

图6-29　热风烘干对鱼制品水分含量的影响

由图6-29可见，温度较低，时间较长，对鱼制品热风烘干效果不显著。随着温度升高，热风时间的延长，水分含量减小，鱼制品的水分含量变化相对较大，根据鱼体水分含量（50%～57%）的要求，从图6-29可知，水分含量符合以上要求的可选择热风烘干条件为125℃、2h，此时鱼制品的脱水率较为适中，其水分含量为52.02%。

四、杀菌温度及时间对产品品质的影响

在保证质量安全的前提下，对于软包装罐头而言，杀菌技术的控制是极为关键的工艺步骤。经以上最佳条件配比好的鱼产品用真空包装好后，在不同的条件下进行杀菌，分别采用高压温度121℃、125℃，时间10min、15min、20min、25min对鱼制品进行灭菌，以确定最佳高压杀菌工艺条件。因此，分别对不同高压杀菌条件进行了研究，结果见图6-30。

由图 6-30 可见，随着高压杀菌温度的提高，产品的综合评分呈上升趋势，在 125℃、15min 时评分达到最大值，而后评分逐渐下降，在相同时间下不同高压杀菌温度，产品的评分也不相同，这是因为高压温度较低对产品未能骨质软化，较硬、难咬断，肉质松软口感不理想，而高压杀菌温度升高到 125℃ 时，在时间 15min 产品的骨质达到脆软，肉质紧密口感理想的效果，综合评分为 8.8 分。综合以上因素确定软包装罗非鱼罐头的高压杀菌条件为 125℃、15min。

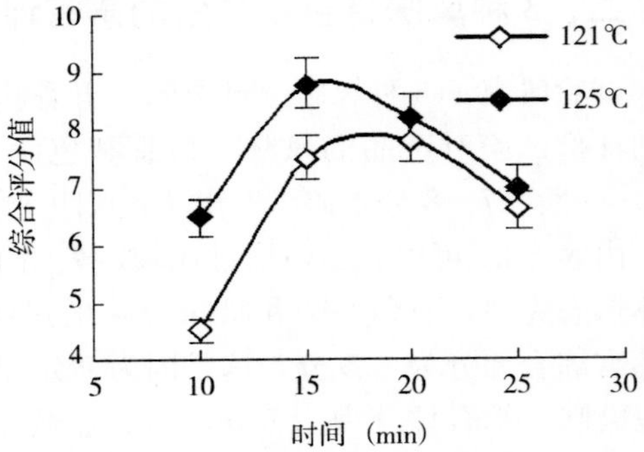

图 6-30　杀菌温度及时间对产品综合评分的影响

五、产品的保质期

为了保证水产食品的卫生安全，将真空包装后的罗非鱼成品于 25℃室内常温下贮存，在 7d、30d、60d、90d 分别进行了相关微生物检测，按照国家标准方法对产品抽样检测微生物变化情况，结果见表 6-25。

由表 6-25 可知，成品在 25℃的环境下保存 90d 后，其细菌总数、大肠埃希菌、沙门菌、副溶血性弧菌均未检出，即产品合格，因此，产品质量符合国家食品卫生标准的规定。

表 6-25　产品在不同贮存期的微生物的检测结果

检测项目	标准参照值	7d	30d	60d	90d
菌落总数（CFU/g）	$\leqslant 1\times10^4$	未检出	未检出	未检出	未检出
大肠埃希菌（MPN/100g）	$\leqslant 30$	未检出	未检出	未检出	未检出
沙门菌	不得检出	未检出	未检出	未检出	未检出
副溶血性弧菌	不得检出	未检出	未检出	未检出	未检出

参　考　文　献

龚翠，周爱梅，李来好，等 . 2008. 新型风干罗非鱼软包装罐头加工技术研究［J］. 现代食品科技，24（12）：1254-1258.

郝淑贤，石红，李来好，等 . 2006. 茄汁罗非鱼软包装罐头加工技术研究［J］. 南方水产，2（6）：49-54.

周爱梅，李来好，梁嘉雯，等 . 2008. 罗非鱼硬罐头加工技术研究［J］. 食品科学，29：703-707.

周婉君，杨贤庆，吴燕燕，等 . 2012. 特色罗非鱼罐头加工技术研究［J］. 食品工业科技，23（33）：211-213，217.

第七章 罗非鱼干制品和腊制品加工技术

第一节 罗非鱼干制品加工技术

食品干制保藏是一种古老的食品保存方法，早在人类进入文明时代之前，就存在着利用食品自然晒干或风干等现象，但人工控制的食品干燥方法，只能追溯到18世纪，而了解干制的原理距今还只有100多年。干燥是指在自然条件或人工控制的条件下促使食品中水分蒸发的工艺过程，而脱水是指为保证食品品质变化最小，在人工控制条件下促使食品水分蒸发的工艺过程，实际上脱水即为人工干燥。

目前常用的水产品干燥方法包括自然干燥、热风干燥、真空冷冻干燥、真空微波干燥、热泵干燥、超临界CO_2干燥、热风（泵）-微波联合干燥等。自然干燥是传统的水产品干燥方法之一，因不需特殊的设备，成本低，操作简便，但由于完全依赖自然环境条件，故不能根据不同水产品的特性人为控制干燥条件，且用时较长，具有局限性。

一、罗非鱼的热风干燥技术

热风干燥是以热空气为介质，使水产品中的水分蒸发而达到干燥目的，设备投资较少，易于人为控制条件，适应性强。由于热风干燥是由表及里加热水产品，故热风温度是影响热风干燥速度的主要因素。但热风作用仍然存在局限性，一方面取决于干燥物料的种类、规格等因素的影响；另一方面，过高的温度会导致水产品营养成分遭到破坏，还会引起脂肪氧化和美拉德褐变，降低产品品质。

段振华等研究了罗非鱼鱼片在40℃、50℃和60℃等不同热风温度下的干燥速度变化和热风干燥对鱼片的主要成分含量的影响。结果表明，当比较相同时间段所对应曲线的切线斜率时，3mm厚的鱼片的曲线斜率最大，5mm厚鱼片的曲线斜率次之，而10mm厚鱼片的最小（图7-1～图7-3）。这说明了在一定干燥温度下，鱼片的干燥速度明显受其厚度的影响，鱼片越薄，干燥越快；相反，越厚则干燥越慢。从干燥起始至达到平衡状态所需的时间，可以具体反映厚度的不同对干燥速度的影响程度，如40℃时，3mm、5mm和10mm 3种厚度的鱼片所用的时间分别为20h、27h和37h，互相之间相差几个小时到十几个小时。对于较薄的鱼片，甚至在温度低的条件下得到的速度比温度高条件下得到的速度快，如3mm厚的鱼片在50℃温度干燥达到平衡状态所需的时间（15h），比10mm厚的鱼片在60℃温度干燥达到平衡状态所需的时间（19h）短；又如3mm厚的鱼片在40℃温度下干燥达到平衡状态所需的时间，比10mm厚的鱼片在50℃温度干燥的时间（25h）短。

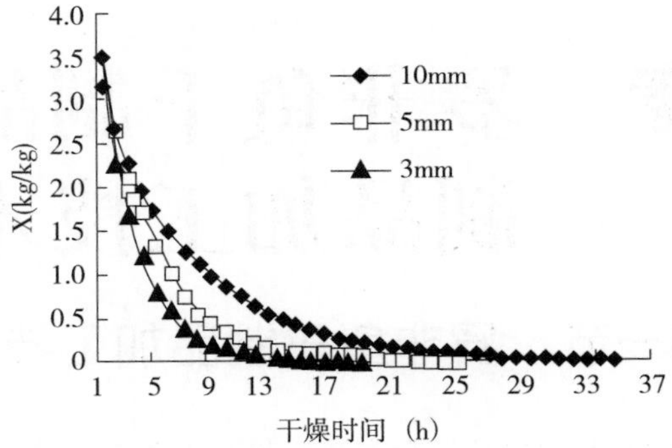

图 7-1 40℃干燥条件下不同厚度鱼片的干燥曲线

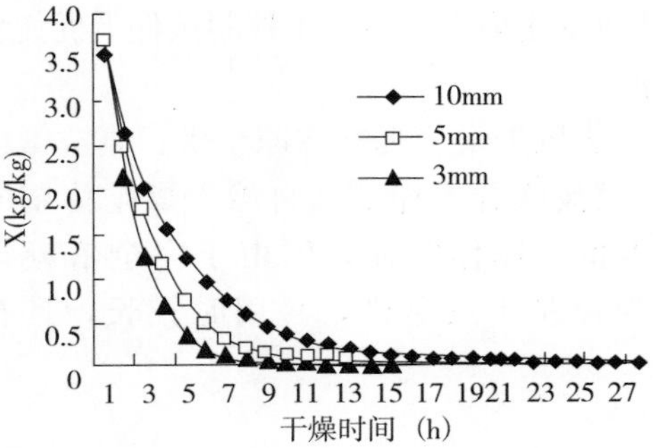

图 7-2 50℃干燥条件下不同厚度鱼片的干燥曲线

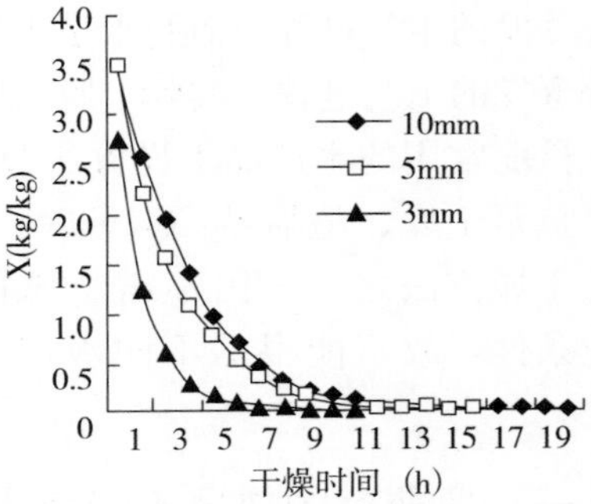

图 7-3 60℃干燥条件下不同厚度鱼片的干燥曲线

而当鱼片厚度一定时，温度越高干燥速度越快，例如，3mm 厚的鱼片，在 50℃温度条件下达到平衡所需的时间与 40℃相比缩短了 5h 左右，而在 60℃条件下的干燥时间比 50℃缩短了 6h；又如，5mm 厚的鱼片，在 50℃温度条件下达到平衡所需的时间与 40℃相比缩短了 6h，而在 60℃条件下的干燥时间比 50℃缩短了 5h；同样 10mm 厚的鱼片在较高温度下的干燥时间要比较低温度下的干燥时间少几个小时到十几个小时。根据 Trabert 理论，温度升高可以加快水分蒸发，从而提高物料的干燥速率。

对于给定厚度的罗非鱼鱼片，在干燥温度恒定的条件下，鱼片中的粗蛋白质含量随着干燥时间的延长而有所下降，而粗脂肪含量的变化基本不大。

二、罗非鱼片的热泵干燥技术

热泵的工作原理是从低温热源吸收热量，在较高温度下将有效热能加以利用，与普通的热风干燥相比，热泵干燥能耗低，节能，易于控制干燥参数，避免了水产品中不饱和脂肪酸的氧化和表面发黄，减少了蛋白质受热变性、物料变形、变色和呈味类物质的损失。

1. 干燥前预处理对罗非鱼片热泵干燥的影响

郑蔓等以罗非鱼为原料，探讨了干燥前预处理对罗非鱼片热泵干燥的影响，筛选出几种糖醇类和盐类预处理添加剂，利用响应面进行优化分析，探讨不同干燥温度下优化出的预处理方法对干制罗非鱼片蛋白质变性、复水性、色泽、质构等干燥品质的影响。首先从预处理对复水率、水分活度和 Ca^{2+}-ATP 酶活性等重要指标的影响出发，筛选出几种糖醇类和盐类做预处理添加剂，如图 7-4～图 7-9，表明低盐处理罗非鱼片，干浸和湿浸两种处理方法都能降低干制鱼片复水率和水分活度，提高 Ca^{2+}-ATP 酶活性，且两种浸渍方法的效果差别不大。

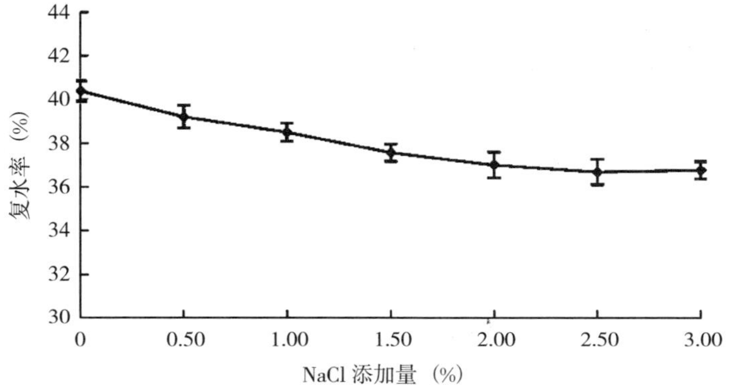

图 7-4 NaCl 浸渍预处理（干浸）对干燥罗非鱼片复水率的影响

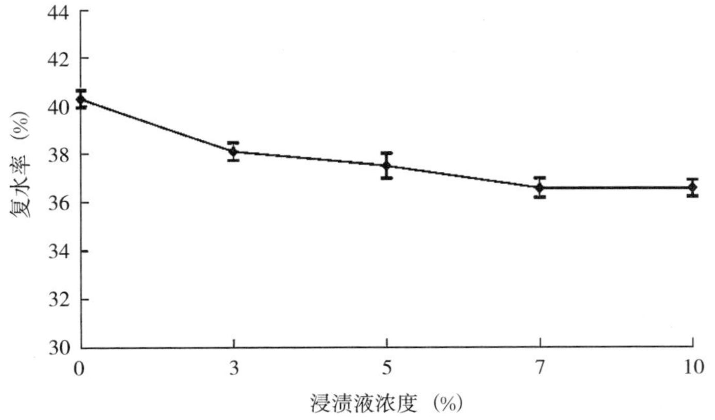

图 7-5 NaCl 浸渍预处理（湿浸）对干燥罗非鱼片复水率的影响

如图 7-10～图 7-12 所示，糖醇类处理中，单独添加丙二醇、丙三醇和山梨醇都能提高干制鱼片的复水率，降低水分活度；添加丙二醇、丙三醇和蔗糖能提高干制鱼片 Ca^{2+}-ATP 酶活性，而添加山梨醇效果不明显。如图 7-13～图 7-15 所示，单独添加焦磷酸钠（SPP）、六偏磷酸钠（SHMP）能提高干制鱼片的复水率，而添加三聚磷酸钠（STP）其复水率稍有降低，其作用效果不显著。单独添加 3 种磷酸盐均能不同程度的降低干制鱼片的水分活度、提高 Ca^{2+}-ATP 酶活性。通过对比几种不同配比的复合磷酸盐对复水率、水分活度、Ca^{2+}-ATP 酶活性的影响，筛选出最优的复合磷酸盐配比 SPP∶STP∶SHMP=5∶5∶4。

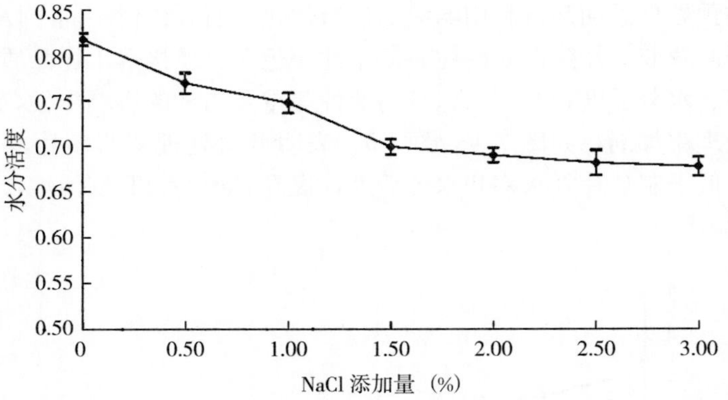

图 7-6　NaCl 浸渍预处理（干浸）对干燥罗非鱼片水分活度的影响

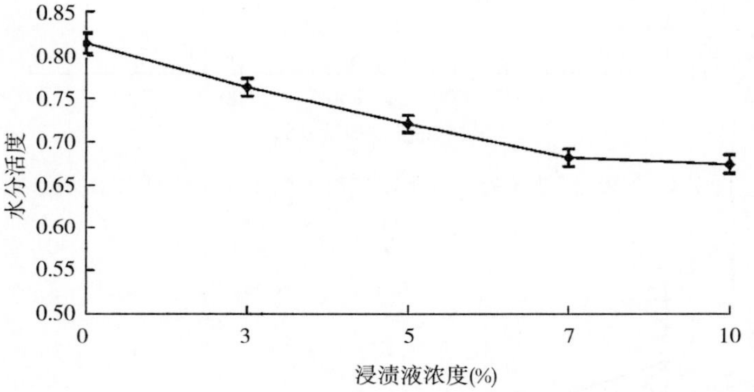

图 7-7　NaCl 浸渍预处理（湿浸）对干燥罗非鱼片水分活度的影响

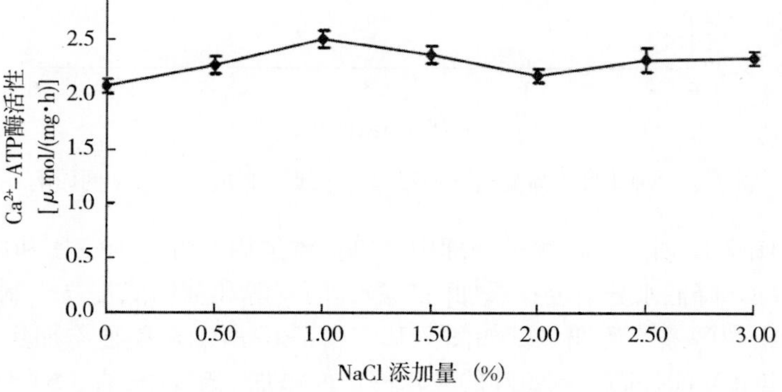

图 7-8　NaCl 浸渍预处理（干浸）对干燥罗非鱼片 Ca^{2+}-ATP 酶活性的影响

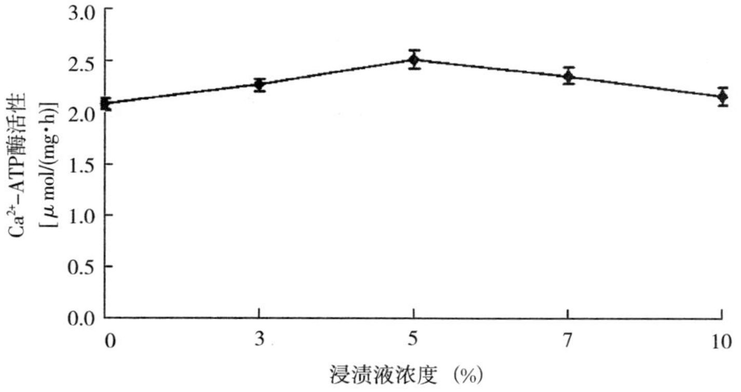

图 7-9　NaCl 浸渍预处理（湿浸）对干燥罗非鱼片 Ca^{2+}-ATP 酶的影响

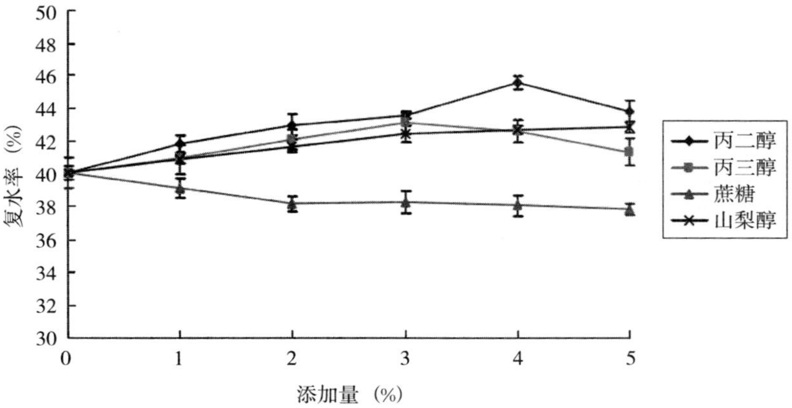

图 7-10　糖醇浸渍预处理对干燥罗非鱼片复水率的影响

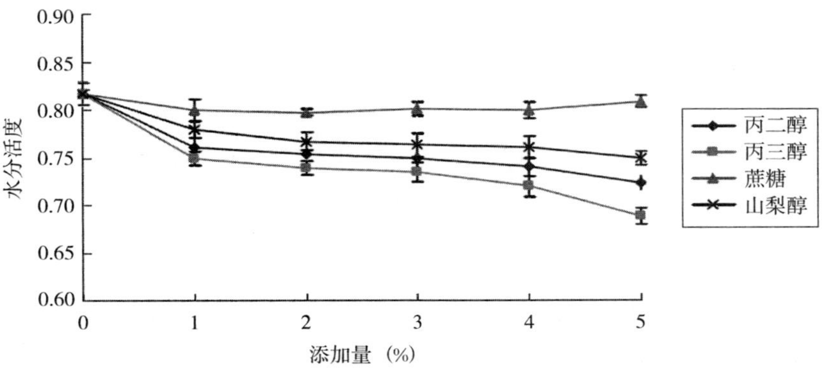

图 7-11　糖醇浸渍预处理对干燥罗非鱼片水分活度的影响

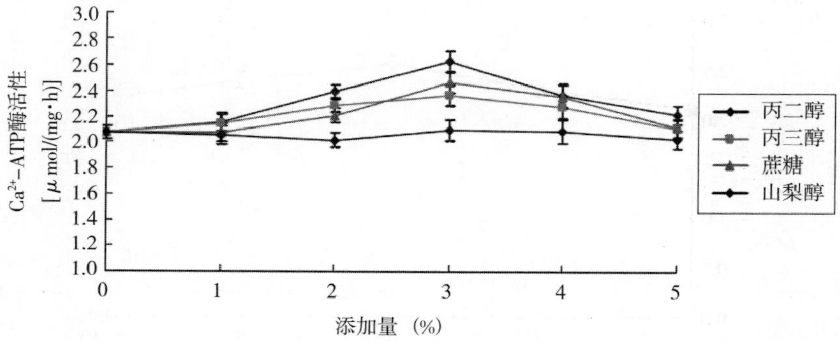

图 7-12　糖醇浸渍预处理对干燥罗非鱼片 Ca^{2+}-ATP 酶活性的影响

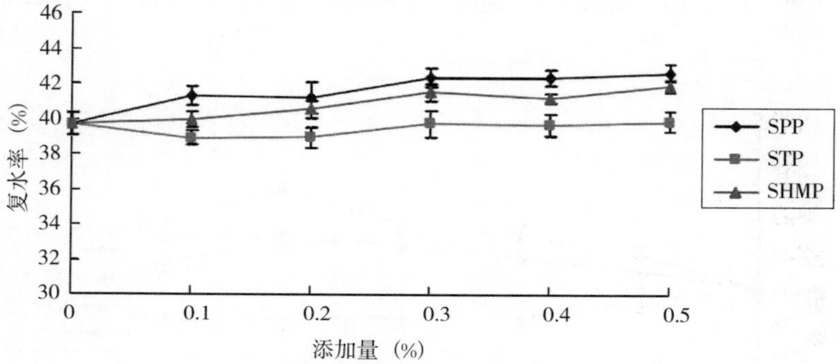

图 7-13　磷酸盐浸渍预处理对干燥罗非鱼片复水率的影响

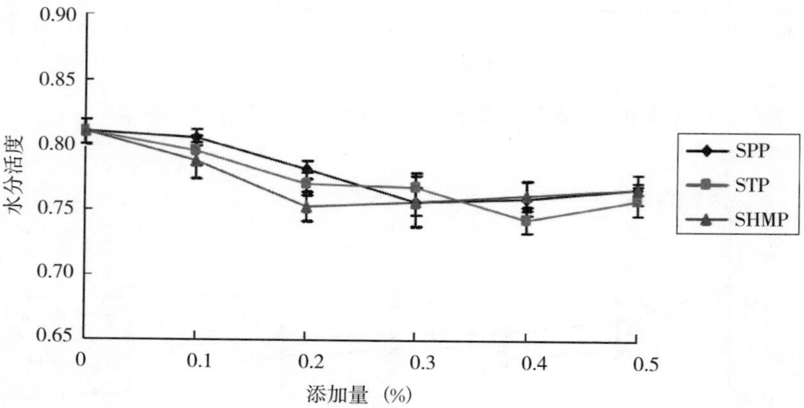

图 7-14　磷酸盐浸渍预处理对干燥罗非鱼片水分活度的影响

随后在单因素试验和预试验的基础上，以水分活度和 Ca^{2+}-ATP 酶活性为指标，利用响应面分析优化出两组预处理方案，预处理①（添加量）：丙二醇 2%＋丙三醇 3%＋NaCl1%；预处理②（浸渍液浓度）：蔗糖 2.1%＋山梨醇 3.15%＋复合磷酸盐 1.00%，均能有效降低干制鱼片水分活度，提高 Ca^{2+}-ATP 酶活性。将优化得到的两组预处理方案

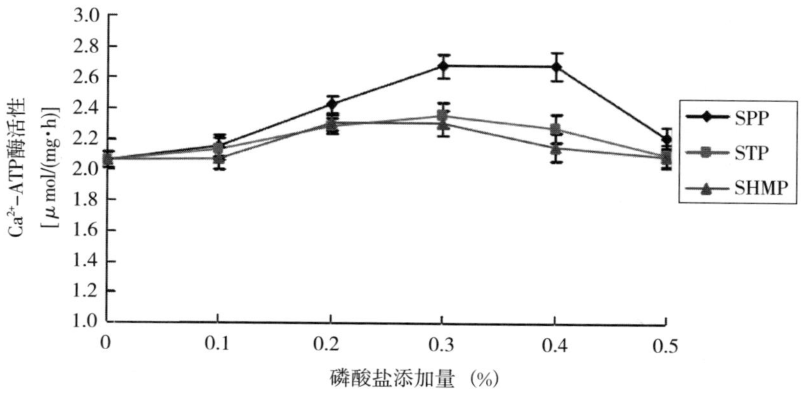

图 7-15　磷酸盐浸渍预处理对干燥罗非鱼片 Ca^{2+}-ATP 酶活性的影响

和对照组分别在 30℃、45℃、60℃3 个温度条件下进行干燥，对干制鱼片的 Ca^{2+}-ATP 酶活性、盐溶性蛋白溶解度、pH 和组织切片 4 个指标进行检测对比，探讨不同干燥温度下预处理对罗非鱼热泵干燥过程蛋白质热变性的影响，表明 3 个干燥温度下，预处理①和预处理②均能显著提高干制罗非鱼片的 Ca^{2+}-ATP 酶活性和盐溶性蛋白溶解度，有效防止鱼片蛋白质变性，改善干鱼片品质。在 45℃和 60℃干燥温度下，预处理②提高 Ca^{2+}-ATP 酶活性的效果优于预处理①。在 45℃和 60℃干燥温度下，预处理①和预处理②均能显著提高干制鱼片的 pH，且预处理②的作用效果优于预处理①，30℃时，预处理②效果显著，预处理①效果不显著。两种预处理方式均能有效减少肌肉组织的机械损伤，有效保护细胞的完整性和肌纤维排列的有序性，减少鱼片组织结构的变形，改善干制品品质，而两种预处理方法之间，观察不出明显的效果差异。经过相同的预处理，干燥温度对罗非鱼片的 Ca^{2+}-ATP 酶活性、盐溶性蛋白溶解度及组织结构有显著影响，干燥温度越高，鱼片 Ca^{2+}-ATP 酶活性和盐溶性蛋白溶解度越小，组织结构破坏程度越严重。

最后从干燥曲线、复水率、水分活度、色泽分析、质构分析、感官评价等方面，探讨不同干燥温度下预处理对罗非鱼热泵干燥过程和干制品品质的影响。结果表明，干燥温度对复水率、水分活度、色泽、硬度和弹性等指标有较大影响。相同预处理条件下，随着干燥温度升高，干制鱼片的复水率、水分活度和弹性都呈减小趋势，硬度则呈增大趋势。较高的干燥温度下，鱼片颜色变深，甚至出现变焦变黄的情况，对于色泽保持不利。如图 7-16～图 7-18 所示，在 3 个干燥温度下，预处理①和预处理②两种预处理方式均不同程度地提高了罗非鱼片的干燥速率，同时显著提高干制鱼片的复水率，且在 45℃和 60℃干燥温度下，预处理①的效果明显优于预处理②。两种预处理方法均能显著降低干制鱼片的水分活度，且两者的效果没有显著性差异。两种预处理方法对干制鱼片的色泽影响不大。45℃和 60℃干燥温度下，两种预处理均有效降低了干制鱼片的硬度，且预处理①效果更显著。45℃和 60℃时预处理①对干制鱼片弹性的影响不显著，预处理②对其影响显著。干燥温度对干制鱼片的感官评分有较大影响，30℃和 45℃干燥温度条件下鱼片的口感较好，两种预处理方式对鱼片的感官评价影响不大。干燥温度为 60℃时，干制鱼片的口感明显变差变硬，预处理①和预处理②得到的干制鱼片硬度小于对照组，与质构分析的结果一致。

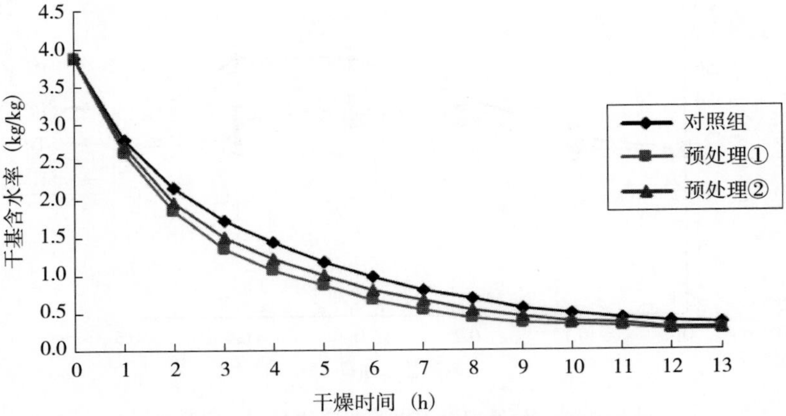

图 7-16　30℃干燥温度时罗非鱼热泵干燥曲线

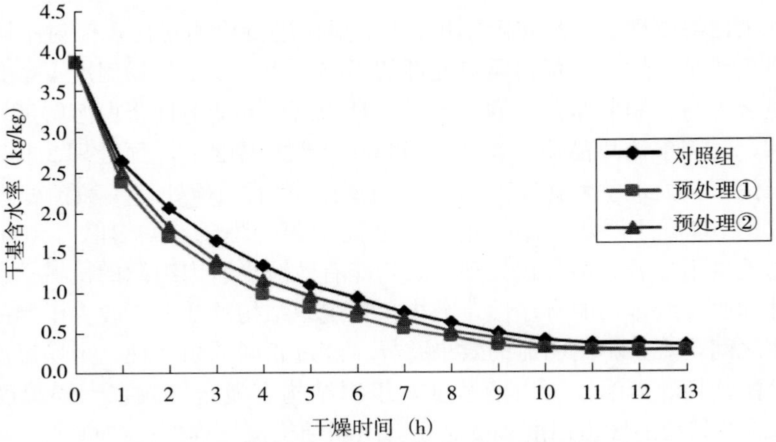

图 7-17　45℃干燥温度时罗非鱼热泵干燥曲线

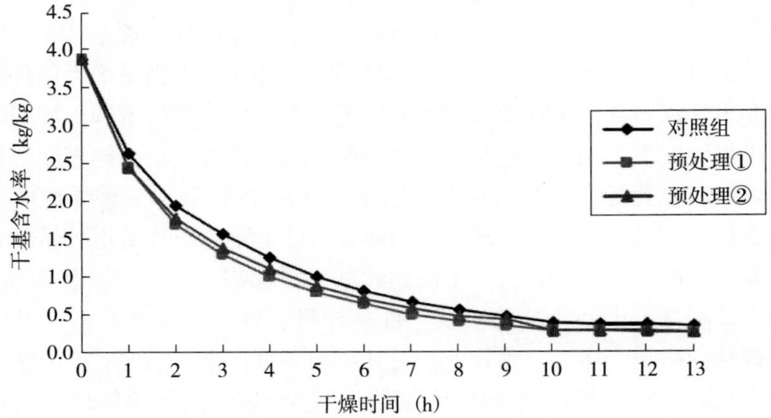

图 7-18　60℃干燥温度时罗非鱼热泵干燥曲线

2. 罗非鱼片的热泵干燥工艺

刘兰等利用不同干燥条件研究了罗非鱼片的热泵干燥工艺，流程如下：新鲜罗非鱼→预处理（去头、内脏、鱼鳞）→取鱼片→去皮→整形→淡盐水腌渍→沥水→摆网→干制→成品及包装。通过热泵干燥罗非鱼片的试验，如图 7-19～图 7-24 所示，得出了干燥过程的温度条件、吹风速度及鱼片的厚度等单因素对罗非鱼片热泵干燥时间和品质的影响以及罗非鱼片干燥加工曲线和干燥速度曲线。同时研究表明，利用同一台装置的在设定条件下的变温干燥比恒温干燥在相同的时间内可获得更低的含水率，风速越高，干燥时间越短，其品质越好。

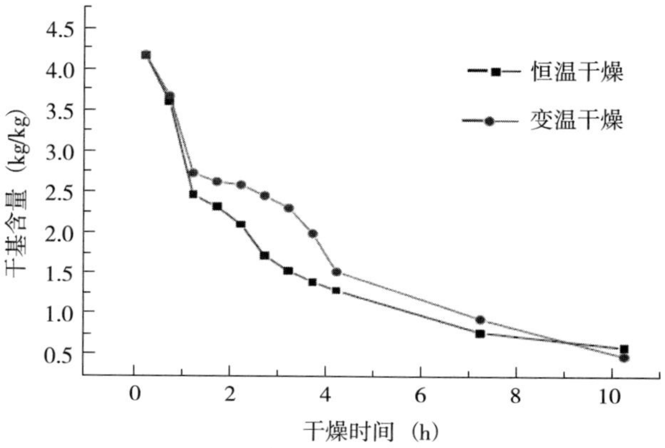

图 7-19　热泵干燥温度对罗非鱼片干燥曲线的影响

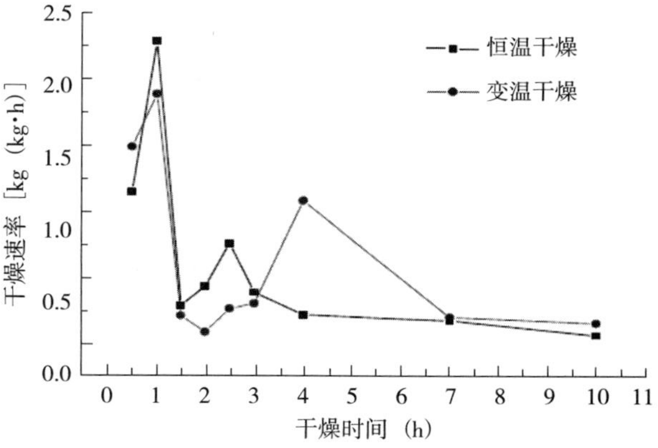

图 7-20　热泵干燥对罗非鱼干燥速率的影响

在不同干燥温度条件下干燥的物品其复水率是不一样的，试验表明，罗非鱼片干燥过程中温度太高和太低都不合适，在干燥温度 35℃，风速 1.6m/s，厚度 0.4～0.5cm 的工艺条件下，产品的干燥速度较快，在复水时间 50min 时复水率最高。

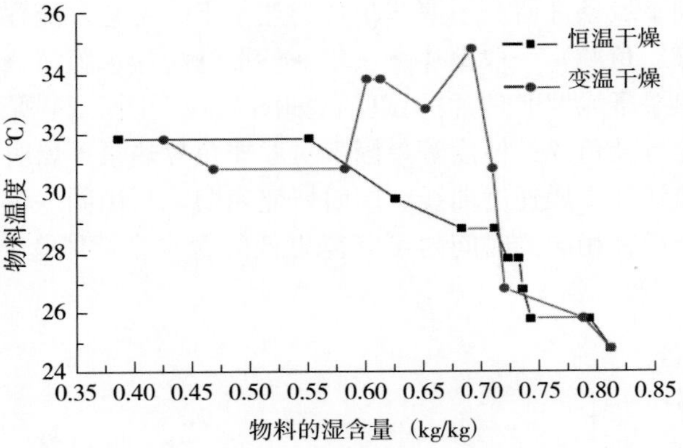

图 7-21　热泵干燥对物料温度的影响

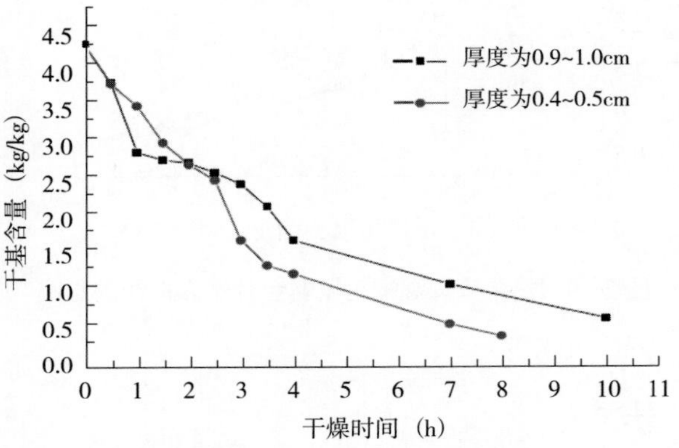

图 7-22　不同厚度对罗非鱼片干燥曲线的影响

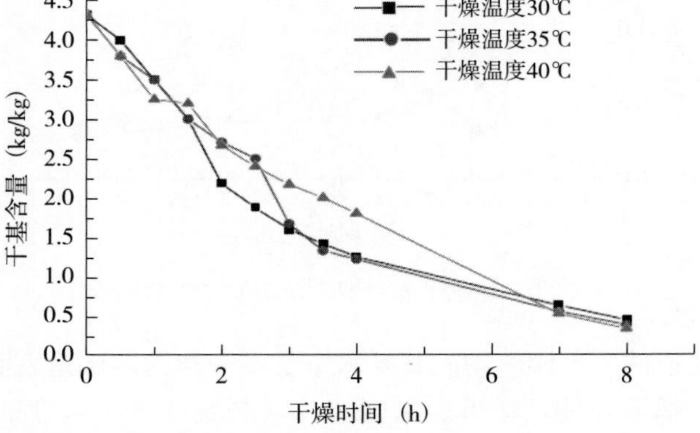

图 7-23　不同干燥温度对罗非鱼片干燥曲线的影响

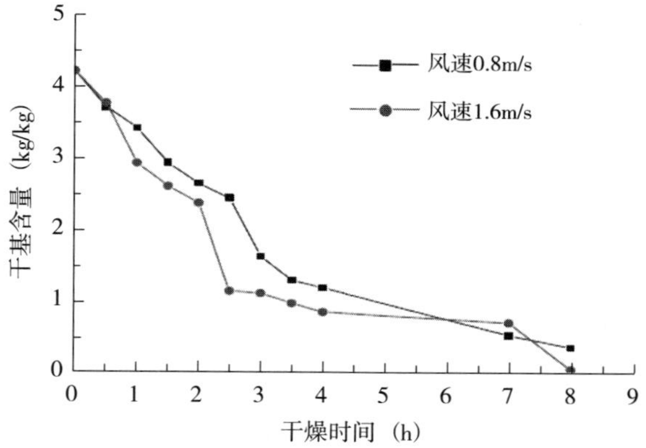

图 7-24 不同风速对罗非鱼片干燥曲线的影响

三、罗非鱼片的真空冷冻干燥技术

真空冷冻干燥是利用真空泵使箱体内维持较低的真空度，使物料中的水分由固态冰直接升华成气态水蒸气，达到降低物料水分含量的目的。对水产品生制品原料进行冻干加工，能够最大限度地保留食品的色、香、味，保持原有的形状和色泽，提高产品的质量，延长产品的货架期。

1. 不同真空压力对罗非鱼品质的影响

庞文燕等以罗非鱼为材料，分别在 700～800Pa、1 300～1 400Pa 和 1 900～2 000Pa 的真空压力条件下进行冰温干燥的试验研究，通过干燥速率、复水率、色泽、鲜度指标 K 值、游离氨基酸等指标的变化情况分析冰温干燥不同真空压力对罗非鱼品质的影响。结果如图 7-25～图 7-27 所示：700～800 Pa 真空压力下干燥的罗非鱼片干燥速率最快，干燥 24h 后的残余含水率仅为 20.8%，其复水率（43.27%）也最高；1 900～2 000Pa 真空压力下的游离氨基酸总量最高，1 300～1 400Pa、700～800 Pa 条件下依次递减；此外，3 种不同真空压力测得的罗非鱼干制品 K 值较为接近，均处于一级鲜度以内，对其影响较小。

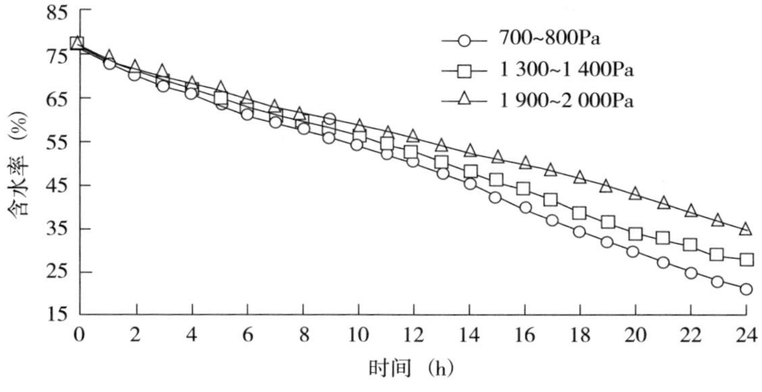

图 7-25 不同真空压力下罗非鱼的干燥曲线

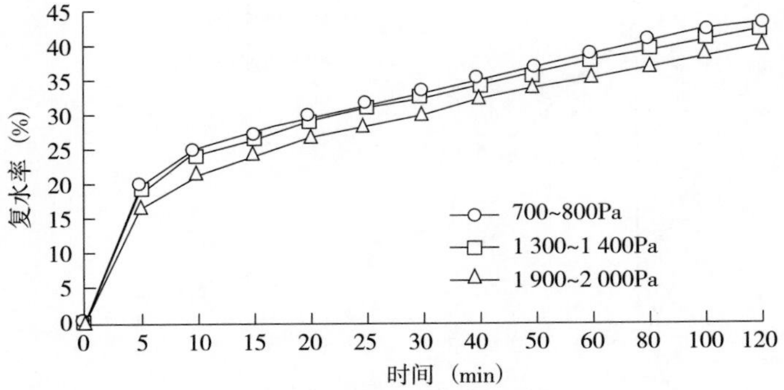

图 7-26　不同真空压力对罗非鱼复水率的影响

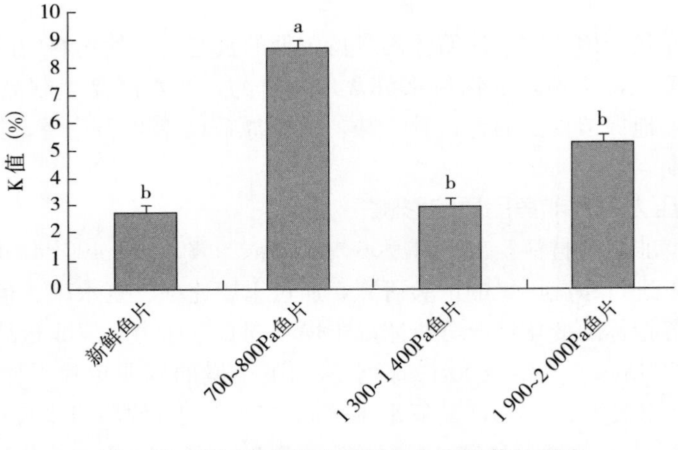

图 7-27　不同真空压力对罗非鱼片 K 值的影响

2. 真空冷藏干燥主要过程参数对罗非鱼片冻干时间及除水率的影响

叶彪等通过四因数三水平正交试验，研究了真空冷藏干燥主要过程参数——鱼片厚度、预冻温度、加热板温度、真空室压力对罗非鱼片冻干时间及其除水率的影响。结果如图 7-28～图 7-30 所示：单一过程参数对罗非鱼片单位厚度冻干时间的影响为鱼片厚度越厚，冻干时间越长；预冻温度越高，冻干时间越长；加热板温度越低，冻干时间越长；真空冷冻干燥过程参数对罗非鱼片单位厚度升华冻干时间及其除水率影响的主次因数依次为：鱼片厚度＞真空室压力＞加热板温度＞预冻温度；得到了物料厚度为 10mm，预冻温度为－18℃，加热板温度为 40℃，真空度为 160Pa 时，单位厚度升华干燥的耗时最小，此时单位厚度耗时约为 0.43h；鱼片在经过真空冷冻干燥后，形状变化很小，但鱼片含水量大大减少，干燥程度得以提高，有利于保存和运输。

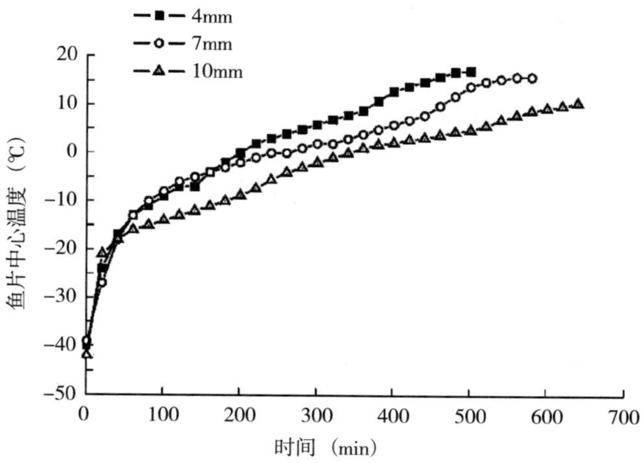

图 7-28　鱼片厚度对冻干时间的影响

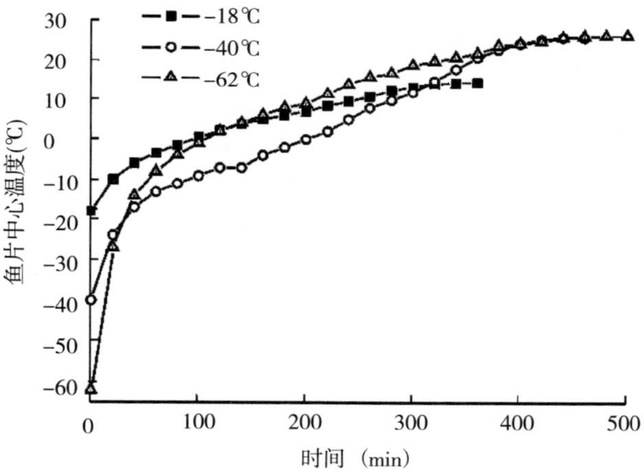

图 7-29　预冻温度对冻干时间的影响

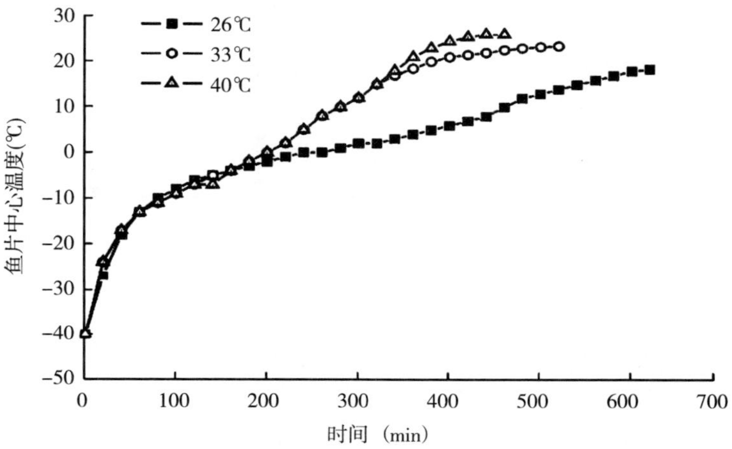

图 7-30　加热板温度对冻干时间的影响

四、罗非鱼片的真空微波干燥技术

微波干燥由于其独特的介电加热特性，能够深入原料内部，具有加热速度快、加热均匀、节能高效、安全无害、易瞬时控制、选择性和穿透性好等特点，在食品工业中越来越受到重视。

杨毅等通过热风、微波、真空微波、冷冻干燥 4 种不同方式对罗非鱼片进行干燥，比较不同干燥方式对罗非鱼片白度、收缩率、复水率、复原率、气味差异、微观结构等方面的差异，发现真空微波是一种能与冷冻干燥相媲美的干燥方式，明显优于热风和微波干燥。研究了 3mm 罗非鱼片在真空度 0.03MPa、0.06MPa、0.09MPa 和微波功率 100W、200W、300W 下进行了真空微波干燥试验的水分比与时间关系，结果如图 7-31～图 7-33 所示：增大微波功率能提高干燥速率；提高真空度能降低最终的水分含量；在高真空度下，微波功率对干燥速率的影响不明显。

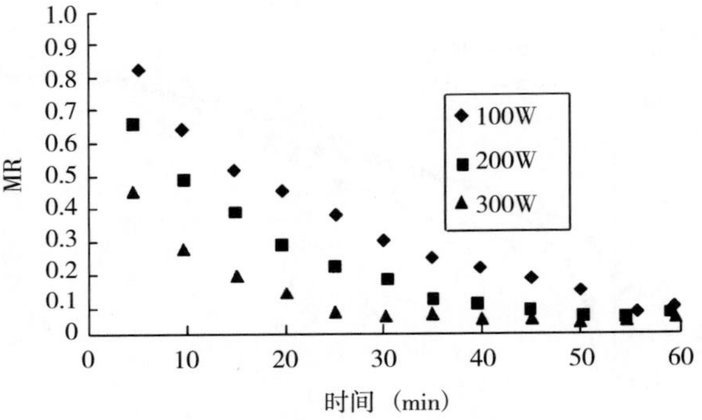

图 7-31　0.03MPa 下 MR-t 关系图

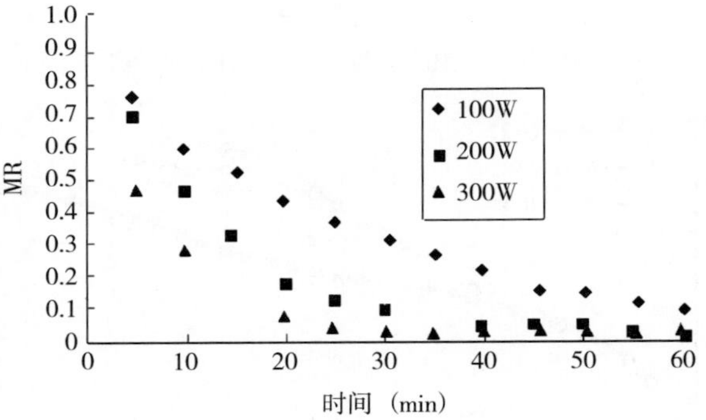

图 7-32　0.06MPa 下 MR-t 关系图

此外，通过试验数据建立罗非鱼真空微波干燥模型，发现 Page 模型最适合于拟合微波真空干燥薄层罗非鱼片，并用拟合的模型曲线与真实值进行验证，证明 Page 模型具有良好的效果。进一步对真空微波干燥罗非鱼片品质进行研究，以真空度、微波功率密度和切片大小作为因素，以白度、收缩率、复水率和复原率作为指标，用 Box-Behnken 响应

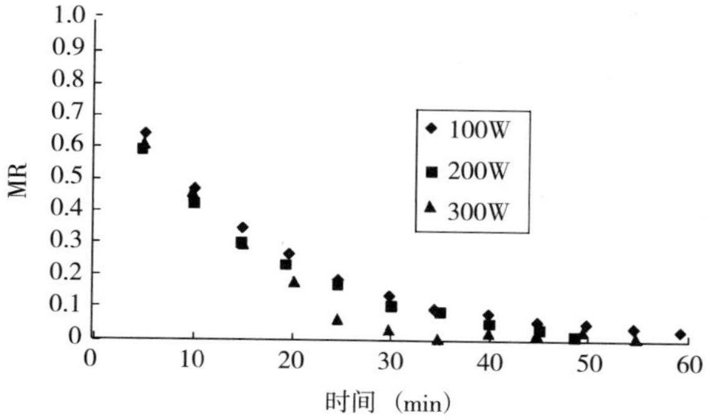

图 7-33　0.09MPa 下 MR-t 关系图

面法优化加工工艺，得到二次回归方程模型，响应面二次回归分析得出：当功率密度为 9.55W/g，真空度为 0.09MPa，切片大小为 478.26mm²时，罗非鱼片的品质最佳，各指标与方程预测结果相似（图 7-34）。

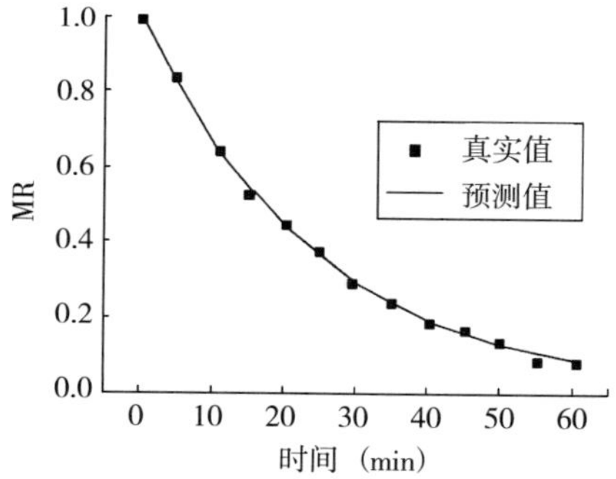

图 7-34　试验值与预测值的比较

第二节　罗非鱼腊制品加工技术

腌腊是一种古老的防腐保藏方法，原意是指在农历腊月腌制并进行风干或烘干脱水借以长期保藏食品。如今，腌腊已不单单是一种防腐保藏的加工手段，它已发展成为为了改善风味和色泽的独特加工工艺，深受广大消费者的喜爱。鱼肉中的大量蛋白质和脂肪，其鲜味要在一定浓度的咸味下才能表现出来。腌制和风干是最常用的鱼类保藏方法。在很多发展中国家，腌干鱼类是日常饮食中重要的廉价蛋白质来源。

腊鱼制品是中国传统的饮食文化的重要组成部分，具有风味独特、易保藏等特点，深受消费者欢迎。随着人们消费水平的提高，传统的作坊式的生产和加工工艺已不能满足市场的需求。同时，我国传统的腌腊制品存在高盐、加工周期长、品质不稳定、卫生安全有隐患等问题。因此，急需将新的加工技术应用和推广到传统腌腊制品的加工中。西式发酵肉制品在过去的几十年里得到了长足的发展，研究人员通过分离筛选传统发酵香肠、火腿中的具有功能性的优势发酵菌株，制成商业发酵剂应用于传统发酵肉制品的生产，极大地缩短了发酵成熟时间并保证了产品的风味、安全性及稳定性。我国传统的腌腊制品中存在广泛的优良野生菌株。借鉴西式发酵肉制品加工的经验，应用到中国传统腌腊肉制品的加工技术改革中，具有广阔的应用前景。

一、罗非鱼腌制工艺条件的优化

目前，已有很多关于鱼类腌制方法和腌制过程中品质变化的相关研究，响应面法优化腌制工艺的应用也较为广泛。湿腌法是将鱼品浸渍于预先配制成一定浓度的食盐水中浸渍一定时间。湿腌法具有食盐渗透较为均匀，鱼体不与空气接触，不易产生油脂氧化，腌制过程便于生产控制等优点，但腌制过程中会伴随大量营养成分的溶出和流失。均匀设计是只考虑试验点在试验范围内均匀分布的一种试验设计方法，由于不考虑整齐可比性，试验点具有更好的均匀分散性。同时，对于多因素多水平的试验，均匀设计可以有效地减少试验次数。该研究以鲜活罗非鱼为原料，通过均匀设计研究腌制条件鱼肉中氯化钠含量和盐卤中氨基酸态氮含量的影响，优化腌制工艺，获得感官品质好、营养流失少的腌制罗非鱼。

1. 腌制时间对鱼肉含盐量和盐卤中氨基酸态氮含量的影响

将已处理的新鲜罗非鱼，在15%的盐水中15℃下腌制24h。每4h测定鱼肉中氯化钠含量和盐卤中氨基酸态氮含量，鱼肉中含盐量和盐卤中氨基酸态氮含量随时间的变化情况见图7-35。

由图7-35可以看出，随着腌制时间的增加，鱼肉的含盐量逐渐增大，在0～4h内食盐的渗透速率最大，鱼肉的含盐量增加最快，在4h时，含盐量已达到2.67%，之后含盐量增加变缓。同时，随着腌制时间的增加，鱼体肌肉中的可溶性蛋白质和氨基酸等成分逐渐溶出，使盐卤中氨基酸态氮的含量逐渐增大。

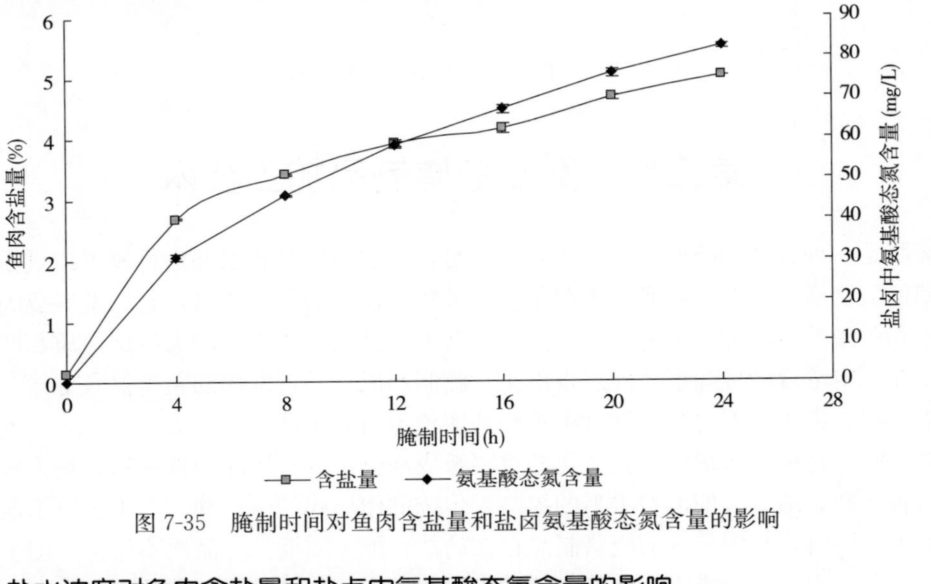

图7-35 腌制时间对鱼肉含盐量和盐卤氨基酸态氮含量的影响

2. 盐水浓度对鱼肉含盐量和盐卤中氨基酸态氮含量的影响

将已处理的新鲜罗非鱼，在15℃下，食盐浓度分别10%、15%、20%、25%的盐水中腌制 4h，测定鱼肉含盐量和盐卤中氨基酸态氮含量，试验结果见图 7-36。

由图 7-36 可以看出，在 15℃下腌制 4h，增大盐水浓度，鱼肉中含盐量增加，而盐卤中的氨基酸态氮含量减少。这是由于盐水浓度越大，食盐渗透的速度越快，渗透量越大，同时盐浓度越高，细菌的生长受到抑制，同时也抑制了鱼肉中自溶酶的作用，甚至使酶失活，从而抑制了鱼肉成分的溶出。因此，适当的增加盐水浓度能够有效缩短腌制时间，提高腌制效率，减少营养成分的损失，但盐水浓度过高可能导致腌制过程不易控制，鱼体失水过多，对鱼体的外形和质构等产生负面影响。

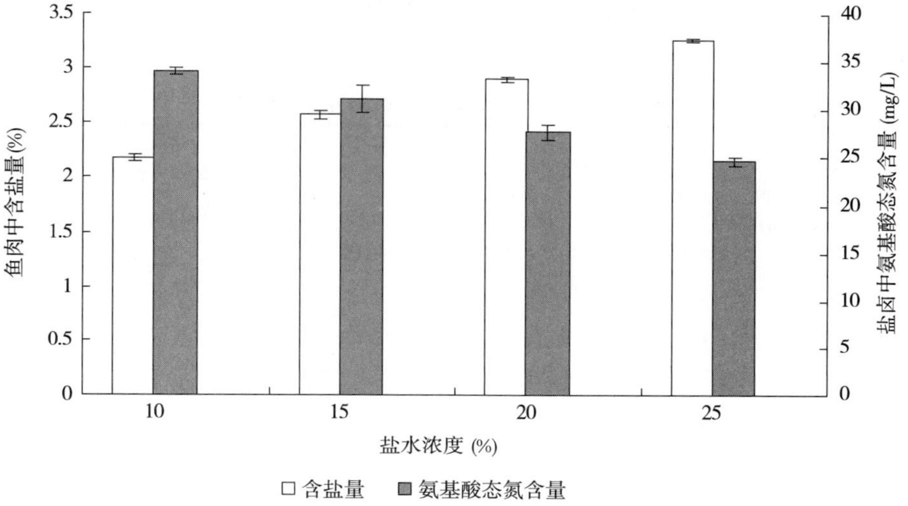

图 7-36　盐水浓度对鱼肉含盐量和盐卤氨基酸态氮含量的影响

3. 腌制温度对鱼肉中氯化钠含量和盐卤中氨基酸态氮含量的影响

将已处理的新鲜罗非鱼，分别在 5℃、15℃、25℃下用 15%的盐水腌制 4h，测定鱼肉含盐量和盐卤中氨基酸态氮含量，试验结果见图 7-37。

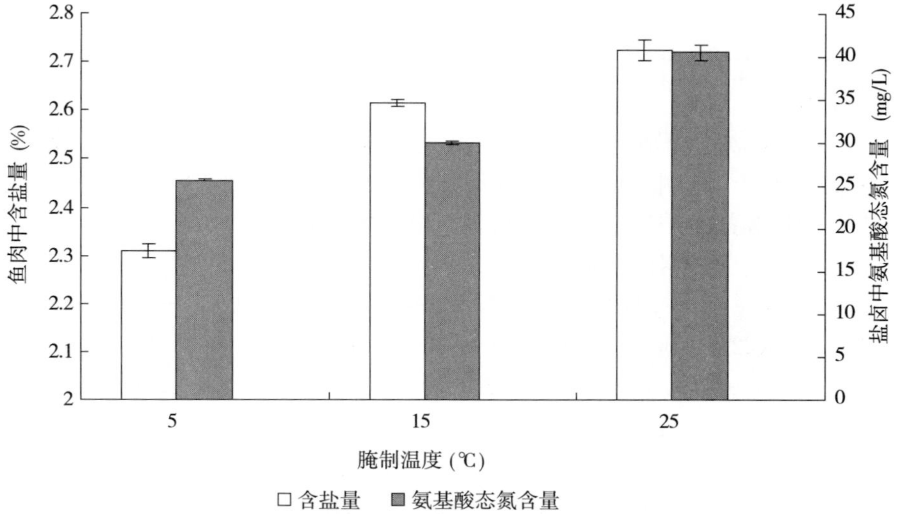

图 7-37　腌制温度对鱼肉中含盐量和盐卤中氨基酸态氮含量

由图 7-37 可以看出，随着腌制温度的升高，腌制温度越高，鱼肉中的含盐量越大，这是由于温度越高，食盐扩散的活化分子数目增加，食盐的渗透速度随着温度的升高而加快。同时，随着温度的升高，微生物的生长和肌肉中自溶酶活性的提高，使得肌肉成分溶出增加，盐卤中氨基酸态氮含量随之增加。

4. 均匀试验设计

根据单因素试验结果，以鱼肉中含盐量和盐卤中氨基酸态氮含量为指标，做混合水平的均匀试验。为了考虑试验均匀性因素间的相互作用，试验次数应大于 9 次，优先选择 U12* （12×4×3）混合水平均匀设计表，通过拟水平将混合水平设计表的因素 1 作为腌制时间，拟为 6 个水平，试验设计见表 7-1。

表 7-1　U12* (12×4×3) 均匀设计与结果

试验号	因素			鱼肉含盐量 Y1（%）	盐卤氨基酸态氮含量 Y2（mg/L）	感官评分
	腌制时间 X1（h）	盐水浓度 X2（%）	腌制温度 X3（℃）			
1	4	10	5	1.08	25.81	7.14
2	4	15	15	2.74	31.18	7.55
3	6	20	25	3.76	45.01	6.95
4	6	25	5	3.31	33.84	8.18
5	8	10	15	2.32	49.30	6.6
6	8	15	25	3.28	58.13	8.08
7	10	20	5	3.79	49.25	8.05
8	10	25	15	4.24	50.76	7.99
9	12	10	25	3.02	71.98	5.83
10	12	15	5	3.23	54.98	7.93
11	14	20	15	4.74	65.62	7.34
12	14	25	25	5.36	68.64	6.43

5. 回归分析

通过 DPS 7.05 软件分别建立鱼肉中含盐量和盐卤中氨基酸态氮含量与腌制时间、盐水浓度、腌制温度 3 个腌制条件间的多元回归模型，采用二次多项式逐步回归分析，分别获得鱼肉中含盐量和盐卤中氨基酸态氮与各因素间的回归方程。

鱼肉中含盐量与各因素间的回归方程为：

$Y1=-3.169\,987\,75+0.113\,884\,803\,92X1+0.446\,745\,098\,0X2+0.066\,549\,019\,61X3-0.009\,133\,333\,333X22-0.001\,775\,000\,000\,0X32+0.002\,375\,000\,000\,0X1X3$ ………… （Ⅰ）

相关系数 $R=0.9\,919$，F 值$=113.27>F0.01$（6，5），P 值$=0.000\,1$，剩余标准差 $S=0.142\,1$，说明该方程回归极显著。

盐卤中氨基酸态氮含量与各因素间的回归方程为：

$Y2=6.504\,772\,99+4.081\,322\,362X1-0.176\,278\,244\,63X2+1.132\,814\,192\,3X3-0.083\,571\,428\,57X12+0.023\,903\,571\,429X32+0.075\,142\,857\,14X1X2-0.025\,392\,857$

143X1X3－0.055 6571 428 6X2X3 ……………………………………………………（Ⅱ）

相关系数 R＝0.998 5，F 值＝469.64＞F0.01（6，5），P 值＝0.000 1，剩余标准差 S＝0.797 4，说明该方程回归极显著。

将试验结果采用 DPS7.05 软件进行两次多项式逐步回归分析，回归方程（Ⅰ）、（Ⅱ）中各因素的显著性检验分别见表 7-2、表 7-3。

从表 7-2 各变量显著性检验 P 值的大小，通过比较可知对鱼肉中含盐量的影响大小为 X2＞X22＞X1＞X3＞X32＞X1X3。X2 对鱼肉中含盐影响最大，为极显著影响因素，X1 对鱼肉中含盐量影响显著，X3 对鱼肉中含盐量影响不显著，各因素间的相互作用较弱，腌制时间和腌制温度间存在交互作用，但影响不显著。腌制过程中应注意控制盐水浓度和腌制时间来控制鱼肉中的含盐量。

表 7-2　方程（Ⅰ）中各因素显著性分析

因素	偏相关	t-检验	显著水平 P
X1	0.787 8	2.860 1	0.028 8
X2	0.909 8	4.901 5	0.002 7
X3	0.697 3	2.175 2	0.072 5
X22	－0.844 1	3.519 6	0.012 5
X32	－0.659 0	1.959 3	0.097 8
X1X3	0.389 4	0.945 2	0.381 0

从表 7-3 各变量显著性检验 P 值的大小，通过比较可知对盐卤中氨基酸态氮含量的影响大小为 X1＞X3＞X2X3＞X32＞X12＞X1X2＞X1X3＞X2。X1 对盐卤中氨基酸态氮含量影响极显著，X3、X2X3 和 X32 对盐卤中氨基酸态氮含量影响显著。交互作用 X1X2 和 X1X3 对盐卤中氨基酸态氮含量影响较弱。

表 7-3　方程（Ⅱ）中各因素显著性分析

因素	偏相关	t-检验	显著水平 P
X1	0.956 4	5.670 6	0.004 8
X2	－0.514 9	1.040 3	0.356 9
X3	0.931 9	4.448 7	0.011 3
X12	－0.834 1	2.619 4	0.058 8
X32	0.913 1	3.879 3	0.017 9
X1X2	0.790 0	2.232 0	0.089 4
X1X3	－0.730 3	1.851 9	0.137 7
X2X3	－0.931 4	4.433 2	0.011 4

6. 感官结果分析

由于均匀试验设计的点分布均匀，直接对试验所得到的结果进行对比分析从中挑选出试验指标最好的试验点，这样找到的试验点一般离最佳试验点也不会很远，所以直接分析法是一个非常有效的方法。按照感官评分表对 12 个试验产品进行感官评分，由表 7-1 中感官评分结果可知试验 4、6 和 7 的腌制罗非鱼感官评分都高于 8 分，其中 4 号样品的感官得分最高，为 8.18 分，同时盐卤中氨基酸态氮含量较低，为 33.84mg/L，从控制营养损失的角考虑，4 号试验产品的品质优于其他产品。因此，综合考虑，最佳腌制工艺为 25%的食盐水 5℃腌制 6h。

7. 结论

①运用 DPS 7.05 软件设计均匀试验，研究了腌制时间、盐水浓度和腌制温度对鱼肉中氯化钠含量和盐卤中氨基酸态氮含量的影响，建立各腌制因素分别与鱼肉中氯化钠含量（Y1）和盐卤中氨基酸态氮含量（Y2）的二次多项式逐步回归模型：

$Y1=-3.169\,987\,75+0.113\,884\,803\,92X1+0.446\,745\,098\,0X2+0.066\,549\,019\,61X3-0.009\,133\,333\,333X22-0.001\,775\,000\,000\,0X32+0.002\,375\,000\,000\,0X1X3$

$Y2=6.504\,772\,99+4.081\,322\,362X1-0.176\,278\,244\,63X2+1.132\,814\,192\,3X3-0.083\,571\,428\,57X12+0.023\,903\,571\,429X32+0.075\,142\,857\,14X1X2-0.025\,392\,857\,143X1X3-0.055\,657\,142\,86X2X3$

分析得出，腌制时间对鱼肉中氯化钠含量影响显著、对盐卤中氨基酸态氮含量影响极显著；盐水浓度对鱼肉中氯化钠含量影响极显著、对盐卤中氨基酸态氮含量影响不显著；腌制温度对鱼肉中氯化钠含量影响不显著、对盐卤中氨基酸态氮含量影响显著。交互作用 X2X3 对盐卤中氨基酸态氮含量影响显著外，其他各因素间交互作用对鱼肉中氯化钠含量和盐卤中氨基酸态氮含量的影响相对较弱。

②由于均匀试验设计的均匀性，直接对均匀试验的结果进行分析，得到理论最佳腌制工艺为：25%的食盐水 5℃腌制 6h，在此腌制条件下，鱼肉含盐量为 3.31%，盐卤中氨基酸态氮含量为 33.84mg/L，感官得分为 8.18 分。

二、腊鱼中优势发酵微生物的分离筛选及鉴定

传统肉制品（如火腿、香肠、腊鱼、腊肉等）中广泛存在着优良的自然菌株，是分离筛选优良野生菌株的重要来源。因此，从传统腌腊制品中筛选优势发酵菌株用于中式发酵肉制品的加工具有广阔的前景。该研究通过对风味品质优良的湖北腊鱼中优良自然野生菌株的分离、筛选和鉴定，旨在获得具有优良发酵特性的乳酸菌、葡萄球菌和产香酵母菌，以期用于腊鱼的加工。

1. 乳酸菌、葡萄球菌和酵母分离纯化

从腊鱼样品中初步分离得到 92 株具有明显溶钙圈的菌株，再经革兰氏染色和接触酶试验后得到 36 株革兰氏阳性、接触酶阴性乳酸菌，43 株革兰氏阳性、接触酶阳性球菌和 8 株产香酵母菌。

2. 乳酸菌、葡萄球菌和酵母菌的筛选

（1）乳酸菌初筛　将分离得到的乳酸菌经紫色牛乳试验，选择 24h 内能凝乳且培养基变黄的菌株 42，其液体培养发酵产物经乳酸定性试验，共有 14 株乳酸菌培养液中有组分与乳酸标准液的比移值相同，初步确定该 14 株菌为乳酸菌。

（2）葡萄球菌初筛　将分离得到的 43 株革兰氏阳性、接触酶阳性球菌进行呋喃唑酮、

溶葡萄球菌素和杆菌肽敏感性试验，呋喃唑酮和溶葡萄球菌素敏感，杆菌肽不敏感的菌株判定为葡萄球菌，共筛选得到 32 株葡萄球菌。

(3) 发酵特性试验 研究初筛得到的 14 株乳酸菌、32 株葡萄球菌和 8 株产香酵母菌的发酵特性，试验结果见表 7-4。

表 7-4　各菌株发酵特性试验结果

特性		菌株数目（株）		
		乳酸菌	葡萄球菌	酵母
不产黏性物质		14	28	7
不产 H_2S		14	26	8
不产气		14	27	7
不产氨		11	12	6
无氨基酸脱羧酶活性		10	15	6
有蛋白酶活性		ND	5	ND
有脂肪酶活性		ND	8	ND
抑制大肠杆菌		13	ND	ND
抑制金黄色葡萄球菌		12	ND	ND
耐盐性	4%	14	28	8
	6%	7	28	6
耐酸性（pH4.5）		13	4	3
耐亚硝酸盐（150mg/kg）		12	24	7

注：ND 表示未检测。

根据表 7-4 中各菌株的发酵特性试验结果可看出，大部分菌株都不产黏性物质、不产 H_2S、不产气、不产氨。分离的乳酸菌中有 13 株能抑制大肠杆菌，12 株能抑制金黄色葡萄球菌。分离的葡萄球菌中只有少部分具有蛋白酶活性和脂肪酶活性，其中有 5 株有蛋白酶活性，8 株有脂肪酶活性。绝大部分的菌株都能耐受 4%的盐，所有的葡萄球菌都能耐受 6%的盐，但 6%的盐抑制了部分乳酸菌和酵母菌的生长。大部分分离的乳酸菌能在 pH4.5 的酸性环境下生长，只有少数酵母菌能在该酸性环境中生长。大部分分离菌株对亚硝酸盐的耐受性较好。考虑到乳酸菌的产酸能力和产酸速度对保证发酵肉制品的安全性至关重要，根据发酵特性试验结果进一步筛选出一株产酸最快的乳酸菌 L3，综合考虑符合筛选条件的各菌株的蛋白酶和脂肪酶活性、耐盐性、耐酸性和亚硝酸盐耐受性，筛选出一株葡萄球菌 S12，一株酵母菌 Y11。

3. 安全性试验

筛选获得葡萄球菌 S12，经血平板和耐热核酸酶试验，结果表明，该菌株不溶血且耐热核酸酶检测阴性，初步判断该菌株无毒。

4. 拮抗试验

将分离筛选到的乳酸菌 L3、葡萄球菌 S12 和酵母菌 Y11 进行拮抗性试验，菌株间无明显拮抗作用。

5. 乳酸菌、葡萄球菌和酵母菌的鉴定

(1) 乳酸菌、葡萄球菌和酵母菌形态观察 将筛选得到的菌株在平板上画线分离得到单菌落，观察菌落形态，乳酸菌和葡萄球菌经革兰氏染色、酵母菌经碘液染色后镜检，各菌株菌落形态和菌体形态见表7-5，同时观察酵母菌的生殖方式及液体培养特征。

表7-5 各菌株形态学观察

菌株	L3	S12	Y11
形状	圆形	圆形	圆形
色泽	乳白色、略有光泽	微黄、略有光泽	白色、略有光泽
表面形态	凸起	中间凸起	表面隆起
边缘状况	整齐	整齐	整齐
菌体形态	短杆	球形	球形或椭球形
芽殖	ND	ND	有
假菌丝	ND	ND	有
子囊孢子	ND	ND	无
掷孢子	ND	ND	无
液体培养	ND	ND	浑浊有沉淀、无醭

注：ND表示未检测。

(2) 乳酸菌、葡萄球菌和酵母菌的生理生化鉴定

①乳酸菌和葡萄球菌的生理生化鉴定。根据表7-5菌落形态特征观察和表7-6中菌株生理生化反应特征，参考《乳酸细菌分类鉴定及实验方法》《常见细菌系统鉴定手册》和《伯杰细菌鉴定手册》，初步判定L3为戊糖乳杆菌、S12为木糖葡萄球菌。

表7-6 乳酸菌和葡萄球菌的生理生化鉴定结果

生理生化反应	L3	S12
苦杏仁苷	+	ND
阿拉伯糖	+	+
纤维二糖	+	—
七叶苷	+	ND
果糖	+	+
半乳糖	+	—
葡萄糖	+	+
乳糖	+	W
麦芽糖	+	+
甘露醇	+	+
甘露糖	+	+
松三糖	W	—
蜜二糖	—	—

（续）

生理生化反应	L3	S12
棉籽糖	+	—
鼠李糖	—	ND
核糖	+	W
水杨苷	+	+
山梨糖	+	ND
蔗糖	+	+
海藻糖	+	+
木糖	+	+
硝酸盐还原	ND	+

注：+表示阳性；—表示阴性；w 表示弱阳性；ND 表示未检测。

②酵母菌的生理生化鉴定。根据酵母菌的碳源同化作用，对其进行编码鉴定。将酵母菌 Y11 接种于 14 种生化管中，碳源同化试验结果见表 7-7。

根据表 7-7 中同化试验结果，使用杭州天和微生物试剂有限公司的《酵母样真菌生化鉴定编码册》，进行编码鉴定，同时根据表 7-5 中酵母 Y11 形态特征参考《酵母菌的特征与鉴定手册》，初步将酵母 Y11 鉴定为近平滑假丝酵母。

表 7-7　酵母 Y11 碳源同化试验

试验	产菌丝	蔗糖	木醇	松二糖	蕈糖	麦芽糖	阿拉伯糖	卫矛醇	棉子糖	肌醇	乙酰葡胺	乳糖	纤维二糖	半乳糖	山梨醇
结果	+	+	—	+	+	+	+	+	—	—	+	—	—	+	+

注：+表示阳性；—表示阴性。

（3）乳酸菌、葡萄球菌和酵母菌的分子生物学鉴定　对筛选得到的菌株进一步进行分子生物学鉴定，分析菌株 L3 和 S12 的 16*S* rDNA 进行测序分析及菌株 Y11 的 26*S* rDNA D1/D2 区序列，测序结果经数据库比对结果见表 7-8。

表 7-8　乳酸菌、葡萄球菌、酵母菌分子生物学鉴定

菌株	序列长度（bp）	比较菌株登录号	同源性（%）	鉴定结果
L3	1 062	D9211	98.77	戊糖乳杆菌（*Lactobacillus pentosus*）
S12	1 063	D83374	99.15	木糖葡萄球菌（*Staphylococcus xylosus*）
Y11	617	CABE01000013	98.37	近平滑假丝酵母（*Candida parapsilosis*）

6. 产香酵母发酵液挥发性风味成分分析

产香酵母菌 Y11 接种于麦芽汁液体培养基 28℃摇床培养 1d，静置培养 2d 后，麦芽汁发酵液经固相微萃取和 GC-MS 分析挥发性成分，其发酵液挥发性成分总离子流色谱见图 7-38。

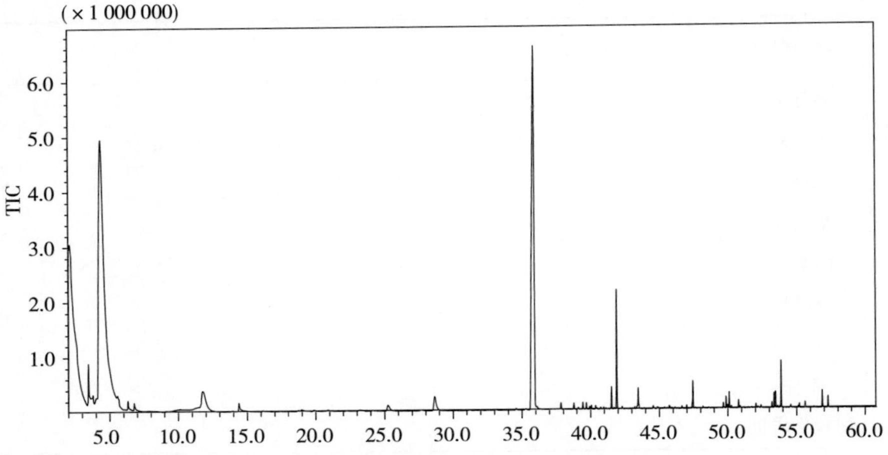

图 7-38　酵母 Y11 麦芽汁发酵液挥发性成分总离子流色谱图

同时以麦芽汁液体培养基做空白试验，各组分质谱经计算机 NIST05. LIB 谱库检索及相关资料分析，用峰面积归一化法，计算各组分相对百分含量，并分析各组分的气味，将挥发性成分按照保留时间先后顺序统计，见表 7-9。

由表 7-9 分析可得，酵母 Y11 麦芽汁发酵液共分离出 17 种挥发性成分，主要是醇类和酯类物质，主体风味物质是酯类，产香酵母 Y11 发酵液中挥发性成分含有大量不同的酯类，且大多数具有令人愉悦的香气，因而赋予该菌株发酵液浓郁的酯香。另外，发酵液中存在大量的高级脂肪酸酯类，包括饱和脂肪酸酯（十二酸乙酯、十四酸乙酯和十六酸乙酯等）和不饱和脂肪酸酯（3，6-十二碳二烯酸甲酯、反式-4-癸烯酸乙酯和 9-十六碳烯酸乙酯等），由此可以推测酵母 Y11 可能是一株产油脂的酵母菌，其细胞裂解后将代谢产生的脂肪酸释放到发酵液中，并与发酵液中的低级醇形成脂肪酸酯，有研究表明酵母是具有很大产油潜力的微生物。

表 7-9　产香酵母 Y11 麦芽汁发酵液挥发性成分相对峰面积及气味

物质名称	保留时间（min）		相对峰面积（%）		气味
	Y11	麦芽汁	Y11	麦芽汁	
乙酸乙酯	2.099		24.16		有强烈的醚似的气味，清灵、微带果香的酒香
异戊醇	4.356	4.358	42.94	32.18	苹果白兰地香气和辛辣味
庚醇		5.066		2.72	有花香气味
异丁酸	5.575		0.20		
醋酸叔丁酯	6.310		0.14		
2，3-丁二醇	6.766		0.16		
糠醛		6.929		2.16	有杏仁样的气味
乙酸异戊酯	11.753	10.919	1.77	19.58	有类似香蕉的气味
苯乙醛	28.666	27.249	0.86	7.66	有浓郁的玉簪花香气

（续）

物质名称	保留时间（min）		相对峰面积（%）		气味
	Y11	麦芽汁	Y11	麦芽汁	
丁酸异戊酯					具有强烈的香蕉、洋梨芳香气味
苯乙醇	35.916	34.21	23.12	0.53	具有新鲜面包香、清甜的玫瑰样花香
苯甲酸乙酯	38.786		0.12		稍有果香，略似依兰油香气
苯乙酸乙酯	41.523		0.32		具有浓烈而甜的蜂蜜香气
乙酸苯乙酯	41.905		1.78		甜的，玫瑰花香，带有粉香的蜂蜜样香气，类似苹果样的果香，并带有可可和威士忌样的香韵
3，6-十二碳二烯酸甲酯	47.435		0.43		
十二酸乙酯（月桂酸乙酯）	50.096		0.21		轻微的果香或花香，带花生香
反式-4-癸烯酸乙酯	53.358		0.19		
十四酸乙酯（肉豆蔻酸乙酯）	53.869		0.59		具极温和的鸢尾香气
9-十六碳烯酸乙酯（棕榈油酸乙酯）	56.855		0.24		
十六酸乙酯（棕榈酸乙酯）	57.274		0.15		呈微弱蜡香、果爵和奶油香气

三、复合乳酸菌发酵腊罗非鱼的工艺技术

传统的腊鱼在自然条件下，依靠天然发酵微生物的作用，经过长期的发酵成熟，获得风味独特的腊鱼产品。但传统腊鱼的加工生产存在周期长，杂菌污染较多，风味品质不稳定，生产加工受自然条件的限制等问题。利用人工强化接种发酵特性优良的微生物，有利于腊鱼风味品质的快速形成，有望克服传统加工工艺的不足。

1. 发酵菌种最佳配比筛选试验

嗜酸乳杆菌和植物乳杆菌发酵温度控制在30℃时对生长繁殖都有利，并能抑制腐败菌和致病菌的生长。乳杆菌发酵剂不同菌种的比例组合，腊鱼发酵产酸速度及产品品质不同，组合菌种比单一菌种更能使发酵产品产生独特的风味。La和Lp按照1∶1、1∶2、2∶1三个不同菌种组合配比进行发酵腊鱼试验。工艺条件：发酵温度30℃、发酵时间30h，测定不同时间发酵产品的pH变化及通过感官评定最佳配比组合，结果见表7-10。

从表7-10可知，采用La和Lp以1∶1的组合比作为发酵剂发酵腊鱼，样品肉质柔软，色泽鲜，酸味柔和，经30℃条件下发酵24h，pH可达5.20以下；1∶2、2∶1的品质不及1∶1的品质好，酸味较浓，肉质硬，无光泽。因此，筛选出La和Lp以1∶1为最佳的比例组合。

表 7-10 La 和 Lp 不同比例组合发酵 pH 变化和感官评价

La：Lp	pH 变化							感官评价
	0h	3h	6h	12h	18h	24h	30h	
1：1	5.98	5.93	5.82	5.56	5.42	5.18	4.90	酸味柔和，肉质柔软，色泽鲜，有腥味，无异味
1：2	5.89	5.78	5.65	5.35	4.90	4.75	4.63	酸味稍重，肉质稍硬，色泽暗，腥味重，稍有异味
2：1	5.85	5.82	5.76	5.68	5.38	4.66	4.87	酸味浓，肉质稍硬腥味重，色泽灰暗稍有异味

2. 发酵菌种接种量与发酵时间的选择

乳酸菌具有很强的产酸能力和丰富的酶系统，使用发酵剂的目的是保证乳酸菌整个发酵和成熟过程中占有绝对优势，抑制有害菌的生长。研究采用 La 和 Lp 两种菌为发酵剂，以 1：1 组合配比，按鱼体重接入发酵菌种，接种量分别为 0%、1%、2%、3%、4%，30℃发酵 30h，通过测定不同发酵时间下鱼体酸度，从中筛选出最佳接种量。接种量和发酵时间对鱼体的产酸影响见图 7-39。

由图 7-39 可知，不同接种量对腊鱼产酸有一定的影响，随着接种量的增大，发酵时间延长，鱼体产酸速度增加，产酸过快造成肌肉纤维收缩，而产酸慢杂菌会大量繁殖，所以选择产酸较为平均，发酵时间相符的接种量，接种量超过 3%时，鱼体色泽呈暗灰色，酸味浓，而接种量 2%时，发酵时间 24h，鱼体酸度适中，综上所述故选择 2%接种量为宜。

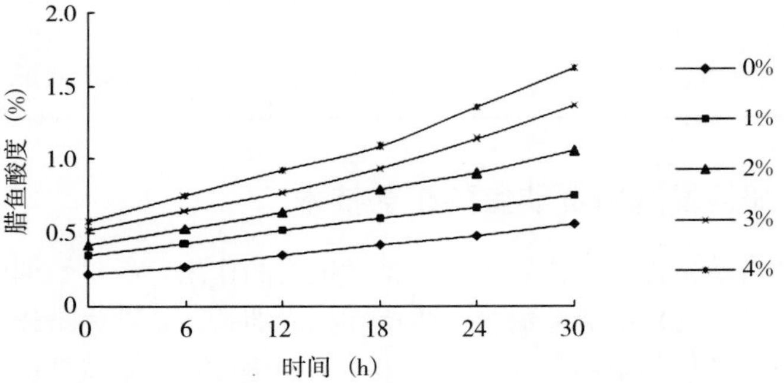

图 7-39 La 和 Lp 不同接种量和发酵时间对腊鱼产酸的影响

3. 发酵温度的选择

发酵温度对发酵的影响，La 和 Lp 以 1：1 的组合发酵剂发酵腊鱼，分别采用 3 组发酵温度：20℃、30℃、40℃，接种量为鱼重的 2%接种，测定其样品的 pH，结果见图 7-40。

由图 7-40 可知，当 La 和 Lp 的 1：1 组合发酵温度 20℃时，在发酵 24h 时后产酸速度才开始上升，因为在低温下生长缓慢，产酸的性能较低所致；当发酵 30℃时，在发酵 6h 后产酸速度呈上升趋势，24h 时后，pH 下降比 20℃和 40℃时快；当发酵 40℃时，产酸速度与 30℃pH 相差不大，但是 40℃时，由于发酵温度较高，容易引起其他杂菌生长。因此确定最合理的发酵为 30℃。

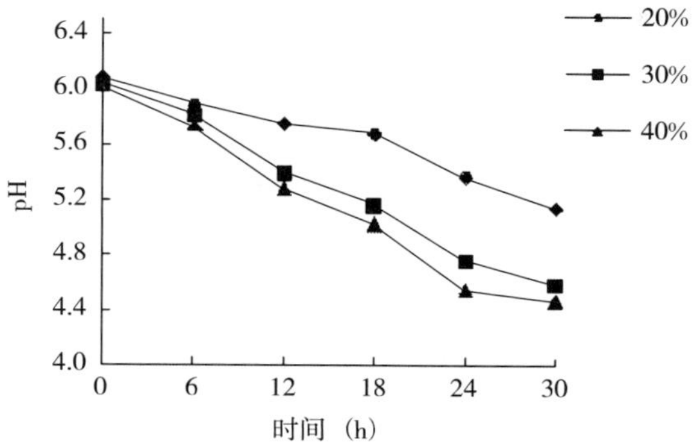

图 7-40　不同发酵温度对腊鱼产酸的影响

4. 发酵过程乳酸菌数的变化

发酵前后乳酸菌数的变化见图 7-41，随着发酵时间的延长，试验组在 6h 后乳酸菌呈繁殖趋势，在发酵 12h 时乳酸菌数上升至 10^7CFU/g，18h 后增长缓减；对照组乳酸菌数初始为 10^2CFU/g，发酵 12h 前上升缓慢，30h 时乳酸菌数为 10^5CFU/g。结果表明，以 La 和 Lp 组合制成发酵剂发酵腊鱼，能改善产品风味，提高产品安全性和质量稳定性。

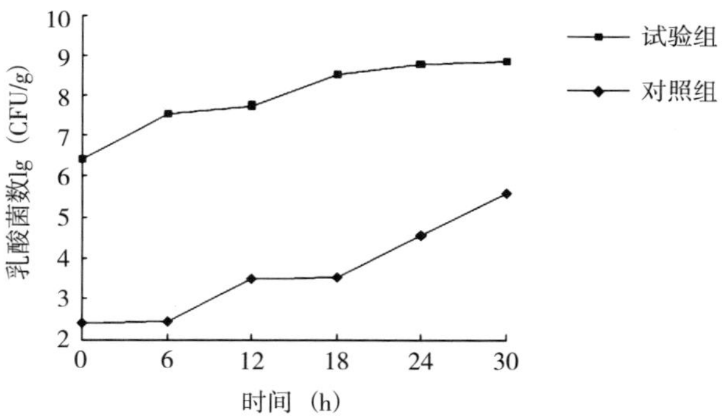

图 7-41　腊鱼发酵过程中乳酸菌数的变化

5. 腊鱼 TVB-N 值的变化

由图 7-42 可知，试验组在发酵 6h 时，TVB-N 上升速度较快，6h 后上升速度减缓。而对照组随着发酵时间的延长而呈上升趋势，24h 时已达到 7.65mg/100g。根据文献指出，在发酵过程中生成的 CO_2、有机酸、过氧化氢、细菌素等均对腐败菌有抑制作用。

6. 腊鱼烘干过程中水分活度的变化

在烘干腊鱼过程中，试验组和对照组经烘干条件 35～38℃，不超过 40℃，水分活度变化结果见图 7-43。试验组和对照组水分活度均呈显著下降趋势，12h 前水分活度下降较快，而后期下降速度较为缓慢。从试验组和对照组的水分活度变化没有显著差异，结果表明，乳酸菌发酵过程对烘干速度没有明显的影响。

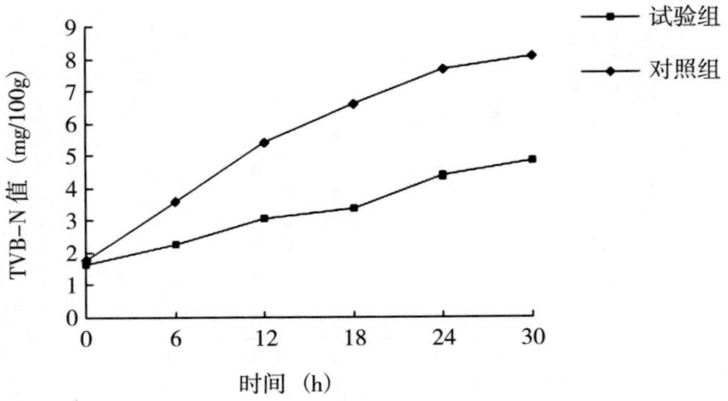

图 7-42　样品 TVB-N 值的变化

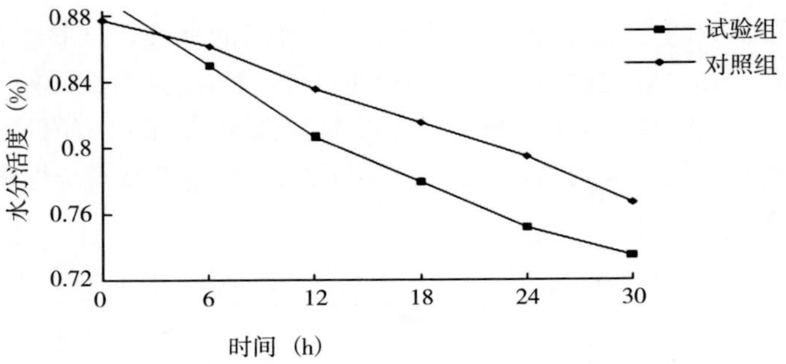

图 7-43　样品发酵过程中水分活度的变化

7. 发酵腊鱼的理化分析

对鲜罗非鱼接种复合乳酸菌发酵腊鱼，通过采用混合菌种对腊鱼发酵，在最佳组合比例发酵工艺条件下，得到的腊鱼肉质柔软，色泽鲜艳，口感柔和。腊鱼质量的理化指标见表 7-11。

表 7-11　发酵腊鱼理化分析结果

水分（%）	蛋白质（%）	过氧化值（g/100g）	酸价（mg/g）	pH
24.85	42.50	3.20	35.60	5.18

四、腊罗非鱼快速发酵生产工艺条件的优化

1. 接种比例的确定

人工接种腊鱼加工工艺：

鲜活罗非鱼→腌制→人工接种→烘烤（70℃，2h）→45℃烘干至水分含量 35%～40%

↑

菌种活化、扩大培养、配比

湖北腊鱼样品乳酸菌、葡萄球菌和酵母菌计数结果见表 7-12。

由表 7-12 可知，该湖北腊鱼样品中的乳酸菌、葡萄球菌、酵母菌的比例接近于 4∶1∶2，因此，在人工接种过程中模拟该腊鱼样品中的菌种比例接种。

表 7-12　湖北腊鱼样品中乳酸菌、葡萄球菌和酵母菌含量

菌种	含菌量（CFU/g）	
	1 号样	2 号样
乳酸菌	7.8×10^7	4.0×10^7
葡萄球菌	2.15×10^7	1.03×10^7
酵母菌	3.8×10^7	2.14×10^7

2. 发酵温度的确定

将筛选得到的乳酸菌 L3，葡萄球菌 S12，酵母菌 Y11，接种于液体培养基中，于 20℃、25℃、30℃、35℃、40℃下 160r/min 摇床培养 24h 后，600nm 下测定 OD 值，各菌株的生长状况见图 7-44。

由图 7-44 可知，乳酸菌 L3 的最适生长温度为 35℃，葡萄球菌 S12 的最适生长温度为 30℃，酵母菌 Y11 的最适生长温度也为 30℃，在 25～35℃范围内，3 种菌的生长状况良好，发酵温度应在 30℃附近选择。

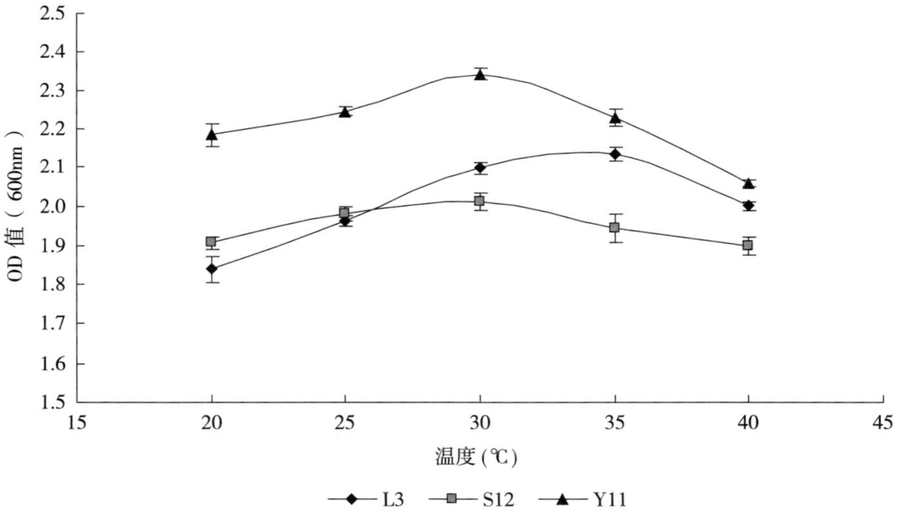

图 7-44　各菌株在不同温度下的生长情况

3. 发酵时间的确定

将添加 2%的蔗糖腌制的罗非鱼，按 4∶1∶2 的比例接种乳酸菌、葡萄球菌和酵母菌，在 30℃下发酵，每 4h 测定鱼肉 pH。试验结果见图 7-45。

由图 7-45 可以看出，接种后，随着发酵时间的增加，鱼肉 pH 逐渐降低，这是由于发酵初期以乳酸菌利用碳源产酸为主，使鱼肉的 pH 下降，到 16h 时鱼肉的 pH 接近最低，然后逐渐回升，可能是由于内源酶和微生物作用导致的蛋白质分解产生一些碱性氨基酸或氨等。

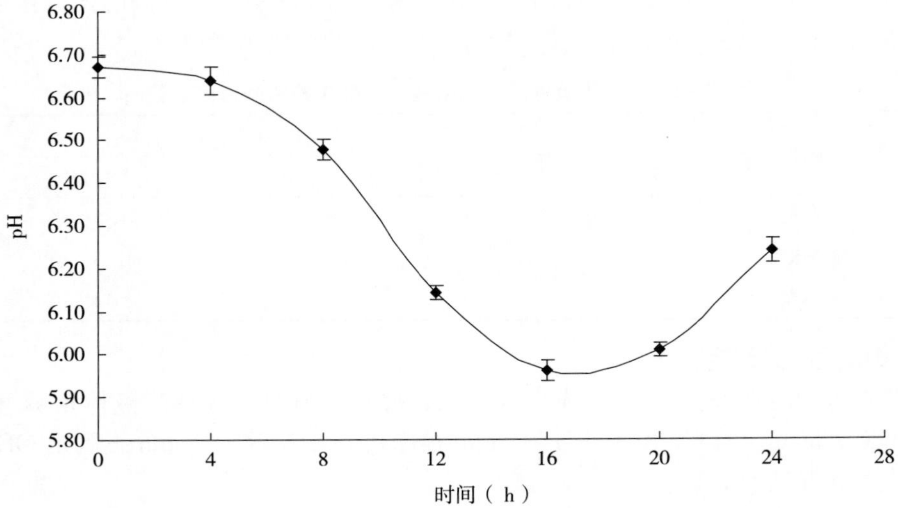

图 7-45　鱼肉 pH 随时间的变化

4. 正交试验设计及感官结果分析

根据前期试验，按 4∶1∶2 的比例接种乳酸菌、葡萄球菌和酵母菌，选择各因素水平，设计 L_9（3^4）正交试验（表 7-13）。

表 7-13　人工接种腊鱼 L_9（3^4）正交设计

水平	因素			
	发酵温度（℃）	发酵时间（h）	接种量（CFU/g）	糖添加量（%）
1	25	12	10^6	1
2	30	16	10^7	2
3	35	20	10^8	3

食品的感官特性如外观、气味、滋味、组织状态等的评价难以用精确的数据来表达，且易受主观因素的影响，并且只能用模糊语言进行描述，从而影响了客观评价食品感官质量的准确性。应用模糊数学评判理论评价食品感官质量的方法可行、方便、快捷且较为准确，能够更加明确地区分食品感官质量间的差别。因此，按照表 7-13 正交设计做 9 个试验，并按照表 7-14 对 9 个样品评分标准进行模糊感官评定。9 个试验样品的评分结果见表 7-14。

表 7-14　各试验样品感官评定结果

试验号	因素	评分				
		好（5）	较好（4）	一般（3）	较差（2）	差（1）
1	滋味	0	8	2	0	0
	气味	1	7	2	0	0
	组织质地	2	4	2	0	0
	色泽	2	4	1	1	0

（续）

试验号	因素	评分				
		好（5）	较好（4）	一般（3）	较差（2）	差（1）
2	滋味	1	8	1	0	0
	气味	1	8	1	0	0
	组织质地	2	7	1	0	0
	色泽	3	5	1	1	0
3	滋味	1	6	2	1	0
	气味	3	4	3	0	0
	组织质地	3	5	2	0	0
	色泽	1	5	3	1	0
4	滋味	2	6	1	0	0
	气味	1	7	2	0	0
	组织质地	0	9	1	0	0
	色泽	1	5	3	1	0
5	滋味	1	7	2	0	0
	气味	1	8	1	0	0
	组织质地	1	6	2	1	0
	色泽	2	6	1	1	0
6	滋味	0	6	2	2	0
	气味	0	7	2	1	0
	组织质地	0	4	3	3	0
	色泽	0	7	2	1	0
7	滋味	0	8	1	1	0
	气味	0	7	2	1	0
	组织质地	0	7	1	2	0
	色泽	1	6	3	0	0
8	滋味	0	5	3	2	0
	气味	0	5	3	1	1
	组织质地	0	5	2	2	1
	色泽	0	4	2	3	1
9	滋味	0	1	6	2	1
	气味	0	1	4	4	1
	组织质地	0	0	5	3	2
	色泽	0	1	6	2	1

根据感官评分表可以确定评判因素集 U＝｛滋味，气味，组织质地，色泽｝，感官评语集 V＝｛好，较好，一般，较差，差｝，与 U 各项指标对应的权重向量 A＝（0.3，

0.3，0.3，0.1)。由表 7-14 感官评分统计结果得到各试验样品感官综合评判模糊矩阵为：

$$R_1=\begin{bmatrix}0.0&0.8&0.2&0.0&0.0\\0.1&0.7&0.2&0.0&0.0\\0.2&0.4&0.2&0.0&0.0\\0.2&0.4&0.1&0.1&0.0\end{bmatrix},\quad R_2=\begin{bmatrix}0.1&0.8&0.1&0.0&0.0\\0.1&0.8&0.1&0.0&0.0\\0.2&0.7&0.1&0.0&0.0\\0.3&0.5&0.1&0.1&0.0\end{bmatrix},$$

$$R_3=\begin{bmatrix}0.1&0.6&0.2&0.1&0.0\\0.3&0.4&0.3&0.0&0.0\\0.3&0.5&0.2&0.0&0.0\\0.1&0.5&0.3&0.1&0.0\end{bmatrix},\quad R_4=\begin{bmatrix}0.2&0.6&0.1&0.0&0.0\\0.1&0.7&0.2&0.0&0.0\\0.0&0.9&0.1&0.0&0.0\\0.1&0.5&0.3&0.1&0.0\end{bmatrix},$$

$$R_5=\begin{bmatrix}0.1&0.7&0.2&0.0&0.0\\0.1&0.8&0.1&0.0&0.0\\0.1&0.6&0.2&0.1&0.0\\0.2&0.6&0.1&0.1&0.0\end{bmatrix},\quad R_6=\begin{bmatrix}0.0&0.6&0.2&0.2&0.0\\0.0&0.7&0.2&0.1&0.0\\0.0&0.4&0.3&0.3&0.0\\0.0&0.7&0.2&0.1&0.0\end{bmatrix},$$

$$R_7=\begin{bmatrix}0.0&0.8&0.1&0.1&0.0\\0.0&0.7&0.2&0.1&0.0\\0.0&0.7&0.1&0.2&0.0\\0.1&0.6&0.3&0.0&0.0\end{bmatrix},\quad R_8=\begin{bmatrix}0.0&0.5&0.3&0.2&0.0\\0.0&0.5&0.3&0.1&0.1\\0.0&0.5&0.2&0.2&0.1\\0.0&0.4&0.2&0.3&0.1\end{bmatrix},$$

$$R_9=\begin{bmatrix}0.0&0.1&0.6&0.2&0.1\\0.0&0.1&0.4&0.4&0.1\\0.0&0.0&0.5&0.3&0.2\\0.0&0.1&0.6&0.2&0.1\end{bmatrix}。$$

由矩阵的乘法计算各样品对应评定等级的综合隶属度 B＝A・R，因此，可以得到 B_1＝(0.11，0.61，0.19，0.01，0.00)，B_2＝(0.15，0.74，0.10，0.01，0.00)，B_3＝(0.22，0.50，0.24，0.04，0.00)，B_4＝(0.10，0.71，0.15，0.01，0.00)，B_5＝(0.11，0.69，0.16，0.04，0.00)，B_6＝(0.00，0.58，0.23，0.19，0.00)，B_7＝(0.01，0.72，0.15，0.12，0.00)，B_8＝(0.00，0.49，0.26，0.18，0.07)，B_9＝(0.00，0.07，0.51，0.29，0.13)。

根据综合评分公式 $H=\sum_{j=1}^{n} jb_j$，$H_1=5\times0.11+4\times0.61+3\times0.19+2\times0.01+1\times0.00=3.58$，同理可得其他各样品的感官评分，结果见表 7-15。

表 7-15 正交试验结果

试验号	因素				感官评分
	A	B	C	D	
1	1 (25℃)	1 (12h)	1 (10^6)	1 (1%)	3.58
2	1 (25℃)	2 (16h)	2 (10^7)	2 (2%)	4.03
3	1 (25℃)	3 (20h)	3 (10^8)	3 (3%)	3.90

（续）

试验号	因素				感官评分
	A	B	C	D	
4	2（30℃）	1（12h）	2（10^7）	3（3%）	3.81
5	2（30℃）	2（16h）	3（10^8）	1（1%）	3.87
6	2（30℃）	3（20h）	1（10^6）	2（2%）	3.39
7	3（35℃）	1（12h）	3（10^8）	2（2%）	3.62
8	3（35℃）	2（16h）	1（10^6）	3（3%）	3.17
9	3（35℃）	3（20h）	2（10^7）	1（1%）	2.52
K_1	3.837	3.670	3.380	3.323	
K_2	3.690	3.690	3.453	3.680	
K_3	3.103	3.270	3.797	3.627	
R	0.734	0.420	0.417	0.357	

由表7-15极差分析可知，发酵温度对感官的影响最大，其次是发酵时间、接种量和糖添加量。感官评分最高的组合为$A_1B_2C_3D_2$，因此，在接种比例为4∶1∶2时，最佳人工接种发酵工艺为添加2%的蔗糖，接种为10^8，25℃发酵16h。

5. 人工接种对游离氨基酸的影响

比较腌制后接种发酵前鱼肉和接种后的鱼肉中游离氨基酸的变化。试验结果见表7-16。

表7-16　接种前和接种后鱼肉游离氨基酸的变化

氨基酸种类	接种前氨基酸含量（mg/100g）	接种后氨基酸含量（mg/100g）
Asp（天冬氨酸）	4.59	9.79
Glu（谷氨酸）	29.00	29.88
Asn（天冬酰胺）	3.73	4.53
Ser（丝氨酸）	7.56	8.39
Gln（谷氨酰胺）	27.98	41.82
His（组氨酸）	31.94	41.11
Gly（甘氨酸）	4.32	4.43
Thr（苏氨酸）	225.35	234.83
Arg（精氨酸）	33.03	47.81
Ala（丙氨酸）	65.16	67.54
Try（酪氨酸）	6.30	8.62
Cys（半胱氨酸）	144.7	300.22
Hyp（羟脯氨酸）	15.47	15.20
Met（蛋氨酸）	4.52	8.26
Trp（色氨酸）	3.69	6.91

（续）

氨基酸种类	接种前氨基酸含量（mg/100g）	接种后氨基酸含量（mg/100g）
Val（缬氨酸）	8.89	11.22
Phe（苯丙氨酸）	6.83	9.01
Sar（色氨酸）	5.46	6.37
Ile（异亮氨酸）	5.53	7.25
Pro（脯氨酸）	49.12	47.10
Leu（亮氨酸）	9.83	13.23
Lys（赖氨酸）	25.56	23.19
牛磺酸	245.54	284.87
总量	964.12	1 231.62

由表 7-16 统计分析可以看出，经人工接种，鱼肉中游离氨基酸的总量为1 231.62mg/100g，比接种前增加了 21.72%。经统计，接种前必需氨基酸的含量为 290.20mg/100g，接种后必需氨基酸的含量为 313.90mg/100g，接种后必需氨基酸含量提高约 7.55%。苏氨酸、半胱氨酸和牛磺酸是接种前后鱼肉中最主要的游离氨基酸。其中，接种后半胱氨酸含量约为接种前的 2 倍。天冬氨酸是一种呈鲜味的氨基酸，接种后增加了 53.12%，为 9.79 mg/100g 鱼肉。

6. 人工接种对游离脂肪酸的影响

比较腌制后接种发酵前鱼肉和接种后的鱼肉中游离脂肪酸的变化。试验结果见表 7-17。

表 7-17 统计了接种前和接种后主要游离脂肪酸的种类和含量。由表 7-17 可以看出接种后，游离脂肪酸的总量增加。接种前和接种后鱼肉中饱和脂肪酸主要有肉豆蔻酸（$C_{14:0}$）、十五酸（$C_{15:0}$）、棕榈酸（$C_{16:0}$）、硬脂酸（$C_{18:0}$）；单不饱和脂肪酸主要有棕榈油酸（$C_{16:1}$）、油酸（$C_{18:1}$）、二十碳一烯酸（$C_{20:1}$）；多不饱和脂肪酸主要有油酸（$C_{18:2}$）、花生四烯酸（$C_{20:4}$）和二十二碳六烯酸（$C_{22:6}$）。腌制后鱼肉中含量最高的游离脂肪酸为油酸（$C_{18:1}$），其次为棕榈酸（$C_{16:0}$），接种后含量最高的两种游离脂肪酸仍然是油酸（$C_{18:1}$）和棕榈酸（$C_{16:0}$），且含量基本无变化。接种后，二十二碳六烯酸（$C_{22:6}$）含量的变化最为明显，较腌制后增加了 58.11%。这可能与接种微生物代谢所产脂肪酶的作用有关。

表 7-17 接种前和接种后鱼肉游离脂肪酸的变化

游离脂肪酸种类		接种前（mg/100g）	接种后（mg/100g）
SFA	$C_{14:0}$	227.02	253.49
	$C_{15:0}$	78.74	78.98
	$C_{16:0}$	1 587.34	1 583.53
	$C_{18:0}$	629.13	662.5

（续）

游离脂肪酸种类		接种前（mg/100g）	接种后（mg/100g）
MUFA	$C_{16:1}$	25.20	26.40
	$C_{18:1}$	3 437.96	3 503.92
	$C_{20:1}$	731.34	691.41
PUFA	$C_{18:2}$	60.26	66.22
	$C_{20:4}$	66.00	72.85
	$C_{22:6}$	287.24	685.64
总量		7 130.23	7 624.94

图 7-46 表示了接种前和接种后饱和脂肪酸（SFA）、单不饱和脂肪酸（MUFA）和多不饱和脂肪酸（PUFA）含量的变化。接种前和接种后鱼肉中的主要游离脂肪酸都是单不饱和脂肪酸。经过人工接种后，饱和脂肪酸和单不饱和脂肪酸的含量变化不明显，多不饱和脂肪酸含量的变化较大，约为接种前的 2 倍。人工接种的菌株促进了鱼肉多不饱和脂肪酸的释放。

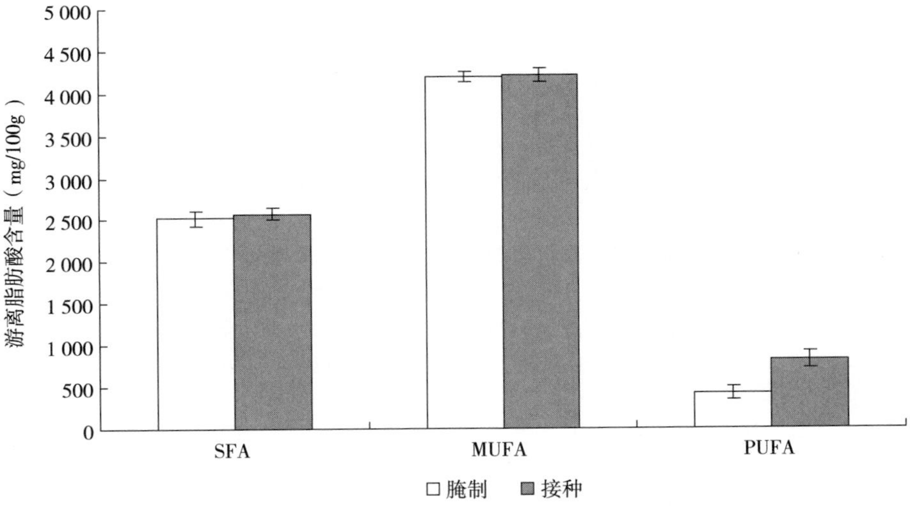

图 7-46　腌制和接种后不同种类脂肪酸的比较

7. 人工接种腊鱼产品的理化和微生物指标分析

将按照最佳腌制和人工接种发酵制成的腊鱼产品进行理化指标和微生物指标的检测，测定结果见表 7-18。

表 7-18 人工接种腊鱼理化和微生物指标

测定指标		检测结果
理化指标	pH	6.34
	水分含量（%）	37.88
	含盐量（%）	6.72%
	酸价（mg/g）	0.246
微生物指标	细菌总数（CFU/g）	7.6×10^{7}
	大肠菌群（MPN/100g）	28
	金黄色葡萄球菌	未检出
	李斯特菌	未检出
	沙门菌	未检出

人工接种腊鱼产品经理化检测和微生物检测，无致病菌检出，符合相关产品的卫生标准《盐渍鱼卫生标准》（GB 10138—2005）。

参 考 文 献

巴尼特 J A，佩恩 R W，等．1991. 酵母菌的特征与鉴定手册［M］．青岛：青岛海洋大学出版社．

布坎南 R E，吉本斯 N E，等．1984. 伯杰细菌鉴定手册［M］．北京：科学出版社．

戴瑞彤．2008. 腌腊制品生产［M］．北京：化学工业出版社．

东秀珠，蔡妙英．2011. 常见细菌系统鉴定手册［M］．北京：科学出版社．

段振华，尚军，徐松，等．2006. 罗非鱼的热风干燥特性及其主要成分含量变化研究［J］．食品科学，27（12）：479-482.

段振华，汪菊兰．2007. 微波干燥技术在食品工业中的应用研究［J］．食品研究与开发，28（1）：155-158.

霍红．2004. 模糊数学在食品感官评价质量控制方法中的应用［J］．食品科学，25（6）：185-188.

李敏，蒋小强，叶彪．2008. 罗非鱼真空冷冻干燥过程及其能耗实验［J］．农业机械学报，39（8）：301-303.

梁慧，马海霞，李来好．2011. 腊鱼产香酵母菌的筛选及其发酵产香特性初步研究［J］．食品工业科技，32（12）：213-216.

凌代文，东秀珠．1999. 乳酸细菌分类鉴定及实验方法［M］．北京：中国轻工业出版社．

刘兰，关志强，李敏．2008. 罗非鱼片热泵干燥时间及品质影响因素的初步研究［J］．食品科学，29（9）：307-310.

庞文燕，万金庆，姚志勇，等．2013. 不同真空压力对冰温干燥罗非鱼片品质的影响［J］．食品科学，34（21）：5-9.

尚军，段振华，冯爱国．2007. 低盐处理对罗非鱼片热风干燥的影响［J］．食品科技，（4）：111-114.

谭汝成，刘敬科，等．2006. 应用固相微萃取与 GS-MS 分析腊鱼中的挥发性成分［J］．食品研究与开发，27（6）：118-119.

谭汝成，熊善柏，等．2006. 加工工艺对腌腊鱼中挥发性成分的影响［J］．华中农业大学学报，25（2）：203-207.

谭汝成，曾令彬，熊善柏，等．2007. 外源脂肪酶对腌腊鱼品质的影响［J］．食品与发酵工业，33（5）：

68-77.
谭汝成．2004. 腌腊鱼制品生产工艺优化及其对风味影响的研究［D］．武汉：华中农业大学．
吴燕燕，任中阳，杨贤庆，等．2012. 水产品干燥动力学的研究进展［J］．食品工业科技，33（24）：430-433.
吴燕燕，游刚，李来好，等．2014. 低盐乳酸菌法与传统法腌干鱼制品的风味比较［J］．水产学报，（4）：019.
熊德国，鲜学福．2003. 模糊综合评价方法的改进［J］．重庆大学学报，26（6）：93-95.
熊善柏．2007. 水产品保鲜贮运与检验［M］．北京：化学工业出版社．
杨毅，段振华，徐成发．2010. 罗非鱼片真空微波干燥特性及其动力学研究［J］．食品科技，35（11）：101-104.
叶彪，蒋小强，李敏，等．2008. 真空冷冻干燥过程参数对罗非鱼片冻干时间及其除水率的影响［J］．大连水产学院学报，23（1）：47-51.
游刚，吴燕燕，李来好，等．2014. 分离自传统腌制鱼类的乳酸菌株发酵特性研究［J］．食品工业科技，35（10）：220-223.
游刚，吴燕燕，李来好，等．2015. 接种乳酸菌对腌干鱼总脂肪及游离脂肪酸的影响［J］．食品工业科技，36（11）：292-295，340.
张常松．2011. 罗非鱼片的超临界 CO_2 干燥特性研究［D］．湛江：广东海洋大学．
张国琛，毛志怀．2004. 水产品干燥技术的研究进展［J］．农业工程学报，20（4）：297-300.
张婷，吴燕燕，李来好．2011. 腌制鱼类品质研究的现状与发展趋势［J］．食品科学，32（1）：149-155.
章银良，郑坚强．2009. 腌腊制品主要成分与风味品质相关性分析［J］．中国调味品，12：46-48.
章银良．2009. 基于响应面分析法优化腌鱼工艺研究［J］．安徽农业科学，37（7）：3234-3236.
郑曼．2013. 不同预处理对罗非鱼片热泵干燥品质的影响［D］．湛江：广东海洋大学．
中华人民共和国国家质量监督检验检疫总局，中国国家标准化管理委员会．2005. GB 10138—2005　盐渍鱼卫生标准［S］．
中华人民共和国国家质量监督检验检疫总局，中国国家标准化管理委员会．2008. GB/T 12457—2008　食品中氯化钠的测定［S］．
周婉君，吴燕燕，李来好，等．2009. 利用复合乳酸菌发酵腊罗非鱼的工艺研究［J］．食品科学，23：242-245.
Manat Chaijan. 2011. Physicochemical changes of tilapia（Oreochromis niloticus）muscle during salting［J］. Food Chemistry，129：1201-1210.

第八章　罗非鱼鱼糜及鱼糜制品加工技术

鱼糜（surimi）是原料鱼经采肉、漂洗、精滤、脱水等加工工序后制成的糜状制品。刚精滤出的鱼糜叫新鲜鱼糜（fresh surimi）。由于新鲜鱼糜中的肌原纤维蛋白在冻藏中易发生变性而降低甚至丧失其功能特性，若将其与防止蛋白质冷冻变性的抗冻剂混合，再在低温下冻藏即为冷冻鱼糜（frozen surimi）。冷冻鱼糜一般具有较长的货架期，此外，冷冻鱼糜一般被加工成紧凑的块状，能方便和经济地运输、贮藏及处理，因而成了鱼糜的主要加工处理形式。因此，现在所说的鱼糜一般是指冷冻鱼糜。以鱼糜为主要原料，添加淀粉、调味料等加工成一定形状后，进行水煮、油炸、焙烤、烘干等加热或干燥处理而制成的具有一定弹性的水产食品，称为鱼糜制品（surimi-based products），包括鱼丸、鱼糕、鱼面、烤鱼卷、鱼肉香肠、模拟虾蟹肉、模拟扇贝柱等。

目前鱼糜及鱼糜制品加工的原料鱼主要为海水鱼，但由于以往过大的海洋捕捞强度以及环境污染等原因，近年来，主要海洋经济鱼类已严重枯竭，海洋捕捞量连年下降。与海洋渔业资源逐渐衰退相反，世界淡水鱼的养殖产量不断增加，目前世界水产养殖总产量中淡水鱼约占50%以上。因此，今后淡水鱼糜及鱼糜制品的加工将成为世界鱼糜及鱼糜制品加工业的一个重要发展方向。我国是世界上淡水鱼养殖产量最大的国家，在我国淡水鱼中，罗非鱼的产量近年来发展迅猛，目前居世界首位。罗非鱼已成为我国最具有竞争力的优势出口水产品品种之一。因此，罗非鱼鱼糜及鱼糜制品加工技术的研究越来越受到重视。

第一节　罗非鱼鱼糜加工技术

20 世纪 50 年代末冷冻鱼糜的出现，推动了鱼糜制品加工业的快速发展。为了生产出高质量的冷冻鱼糜为鱼糜制品加工业服务，国内外研究者对冷冻鱼糜的加工技术、质量影响因素、蛋白质冷冻变性特点及变性的防止等进行了广泛的研究。

一、罗非鱼鱼糜加工工艺

总的工艺流程：原料验收→原料处理→采肉→漂洗→脱水→精滤→斩拌→包装→冻结→成品→冷藏。

1. 原料验收

①采用新鲜或冰鲜罗非鱼，鱼体完整，眼球平净，角膜明亮，鳃呈红色，鱼鳞坚实附于鱼体上，肌肉富有弹性，骨肉紧密连接，鲜度应符合一级鲜度。

②原料鱼条重 250 g 以上。

2. 原料处理

①原料鱼用清水洗净鱼体，除去鱼头、尾、鳍和内脏，刮净鱼鳞。

②用流水洗净鱼体表面黏液和杂质，洗净腹腔内血污、内脏和黑膜，水温不超过 15 ℃。

③在处理过程中，应将鲜度差和机械损伤等不符合质量要求的原料剔除。

3. 采肉

①原料处理后，进入采肉机采肉，将鱼肉和皮、骨分离。采肉机的种类较多，有滚筒式、履带式和压榨式等几种，目前国内外普遍采用滚筒式采肉机。具体操作通过滚筒孔径选择、橡胶带压力调整及底部刮皮、骨的刀的调整来控制。采肉滚筒的孔径一般在 3～6mm。孔径过小，采肉能力差，得率低；孔径过大，则易混入皮、骨、腹膜等，制品质量较差。

②采肉操作中，要调节压力。压力太小，采肉得率低；压力太大，鱼肉中混入的骨和皮较多，影响产品质量。因此，应根据生产的实际情况，适当调节，尽量使鱼肉中少混入骨和皮。同时，要防止操作中肉温上升，以免影响产品质量。操作中鱼肉温升不得超过 3 ℃。

③采肉得率应控制在 60%左右。

④采肉工序直接影响产品质量和得率，应仔细操作。

4. 漂洗

（1）漂洗的目的　除去脂肪、血液和腥味，使鱼肉增白，同时除去影响鱼糜弹性的水溶性蛋白质，提高产品的质量。

（2）漂洗的方法　采肉后的碎鱼肉，放于漂洗槽中，加入 5 倍量的水，慢速搅拌漂洗。反复漂洗 3～5 次。根据原料鱼鲜度，确定漂洗次数，一般来说，鲜度高的鱼可少洗。鲜度差的鱼应多洗。漂洗时间为 15～20min。

（3）漂洗条件的控制　①漂洗水的温度应控制在 5～10 ℃。②漂洗水的 pH 应控制在 6.8～7.0。③漂洗过程中应尽量减少 Ca^{2+} 及 Mg^{2+} 等离子的影响。④最后一次漂洗时，可加入 0.2%的食盐，以利脱水。

5. 脱水

漂洗以后的鱼肉，经过回转筛进行预备脱水，预备脱水筛的孔径是 0.5 mm，预备脱水后的鱼肉浆，进入螺旋压榨脱水机脱水。脱水与制品的水分含量、得率和弹性都有关。脱水后的鱼肉含水量应控制在 80%～85%。

6. 精滤

①脱水后的鱼肉，进人精滤机，除去小骨刺、皮、腹膜等，精滤机的孔径为 1.5～2.0mm。

②在精滤过程中，应根据质量要求，选择孔径大小和调节进料的快慢。

③在精滤过程中，鱼肉的温度会上升 2～3 ℃。在该操作过程中，鱼肉温度应控制在 10℃以下，最高不得超过 15 ℃。必要时，应在机外冰槽中加冰降温。

7. 斩拌

①精滤以后，便在斩拌机中斩拌，斩拌时间为 5～10 min。

②为防止鱼肉蛋白冷冻变性，在斩拌过程中应加入白砂糖、山梨糖醇、多聚磷酸盐等添加物。

③在斩拌过程中，鱼糜的温度应控制在 10 ℃以下，最高不得超过 15 ℃，以防温度升

高影响产品质量。

④生产调味冷冻鱼糜时，则在斩拌过程中应同时加入食盐和各种辅助调味料。

8. 包装

斩拌后的鱼糜，定量装入聚乙烯袋中，每袋 10 kg，然后装盘。

9. 冻结

装盘后，立即送入－35 ℃的平板冻结机中冻结，在－35℃下冻结 2～3 h，中心温度达－20 ℃以下时，取出，装于纸板箱中。

10. 成品贮藏

①成品应贮藏于－25～－20 ℃的冷库中。

②产品贮藏期为 8 个月。

二、鱼糜质量影响因素

影响鱼糜质量的因素可分为内部因素（生物学因素）和外部因素（加工条件）两种。内部因素主要是包括鱼的鲜度、性别及成熟程度。外部因素主要包括鱼的处理条件、漂洗条件（如水的温度、硬度、pH、盐度及漂洗次数和水的用量等）、加工时间和温度等。

1. 鱼的鲜度对鱼糜质量的影响

鱼的鲜度对鱼糜的质量有显著的影响。鲜度不好的鱼，即使采用最好的加工技术，也难以加工出质量好的鱼糜。鱼体在僵直期发生的生物化学和生物物理的变化会对其肌肉蛋白的功能特性产生显著的影响。一般要求鱼体在进入僵鱼期后尽可能快的进行鱼糜加工。在僵直前，鱼体的鱼糜加工特性一般较差。Park 等研究发现罗非鱼在僵直前进行加工，则其鱼糜的蛋白质含量要比僵直后高得多，而且鱼糜的产率和凝胶能力都得到提高。为了更好地保持捕获鱼的鲜度，一般鱼在捕获后，必须尽可能快地进行处理。在捕获的鱼未进行加工处理前，必须采用制冷系统保持鱼的鲜度。

2. 漂洗条件对鱼糜质量的影响

漂洗是鱼糜加工中的一道重要工序。漂洗是指用水和水溶液对所采得的碎鱼肉进行洗涤。其目的有两个：一是除去血液、尿素、色素、脂肪、水溶性蛋白质、酶和一些含氮化合物，以改良鱼糜的色泽、气味及组织特性，提高制品的耐冻结性能；二是浓缩肌原纤维蛋白，以提高肌原纤维蛋白的浓度，使鱼糜具有较高的凝胶形成能力。漂洗还可洗去肉中 Fe^{3+}、Cu^{2+}、Mg^{2+}、Ca^{2+} 等离子成分，防止这些离子在冻藏中由于水的冻结使鱼肉的盐浓度升高而促进蛋白质变性。鱼肉蛋白质中含有 20％～35％（占肌肉总蛋白质含量）的水溶性蛋白质，它的存在会影响鱼糜凝胶特性。Okada 指出通过水洗可以除去大部分水溶性蛋白质，使肌原纤维蛋白浓度相对提高，使鱼肉弹性增加。

鱼糜的质量与漂洗次数、时间、pH、漂洗水量及质量等密切相关（图 8-1～图 8-4）。此外，漂洗在提高鱼糜的质量及保藏性能的同时，也带来了一些缺陷，如增加成本、浪费水源、对环境易造成污染等。因此，在进行漂洗时应综合其优缺点选择合适的漂洗条件。钱娟等以低盐罗非鱼鱼糜为原料，研究了不同漂洗方式对鱼糜凝胶特性的影响。结果表明：漂洗对低盐罗非鱼鱼糜的品质有较大影响。传统漂洗方式下的鱼糜凝胶具有最大凝胶强度，碱盐水洗和未漂洗鱼糜凝胶的强度分别次之，TCA 可溶性肽的含量和鱼糜凝胶的蛋白溶解率则依次增大。

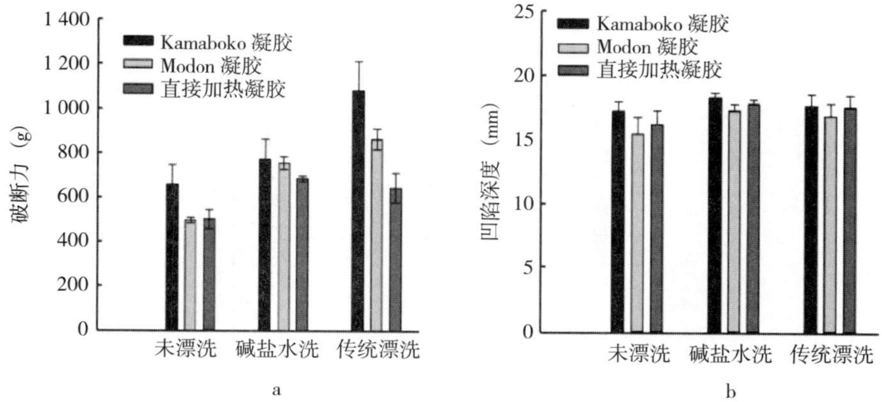

图 8-1 不同漂洗方式下低盐罗非鱼鱼糜凝胶的破断强度（a）和凹陷深度（b）

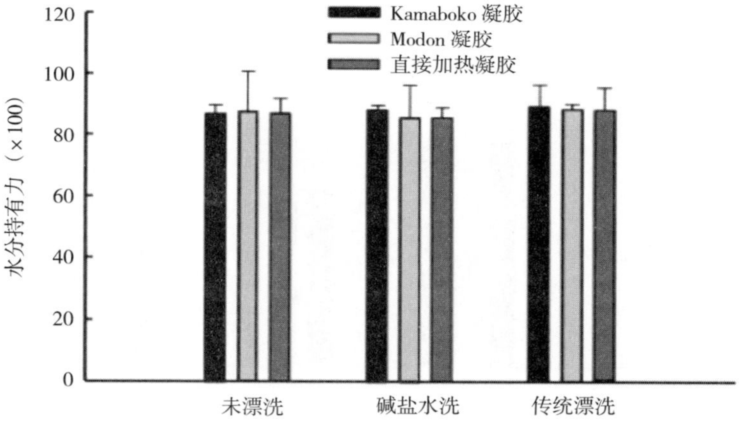

图 8-2 不同加热和漂洗方式下低盐罗非鱼鱼糜凝胶的水分持有力

3. 冻结温度、速度及解冻条件的影响

冻结温度、速度会影响所形成的冰晶的大小及分布，冻结速度还会影响所浓缩的盐离子的分布，从而影响冷冻鱼糜的质量。冻结时形成大冰晶，易导致蛋白质冷冻变性。研究发现，鱼肉蛋白在－5～－1 ℃停留时间过长易形成大冰晶，而冻结温度越低、速度越快可避免大冰晶的形成，从而提高鱼肉蛋白的低温储存性。解冻条件如解冻方法、冷冻、解冻循环次数是影响鱼糜蛋白冷冻变性的另一重要因素。李德宝等以罗非鱼鱼肠为对象，研究了不同冻结速率（3.40 cm/h、2.73 cm/h、0.73 cm/h、0.23cm/h）对罗非鱼鱼肠冻结曲线及品质的影响（图 8-5～图 8-7）。结果表明，罗非鱼鱼肠的冻结点为（－1.4±0.1）℃，随着冻结速率的增加，汁液流失率减少，白度下降；与未冻结的鱼肠相比，4 种冻结速率下的冻结都会使罗非鱼鱼肠的破断力、破断距离以及凝胶强度下降。

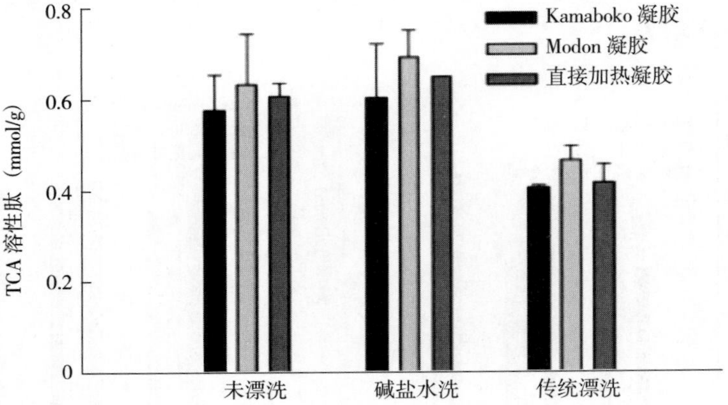

图 8-3　漂洗方式对低盐鱼糜凝胶中 TCA-可溶性肽的影响

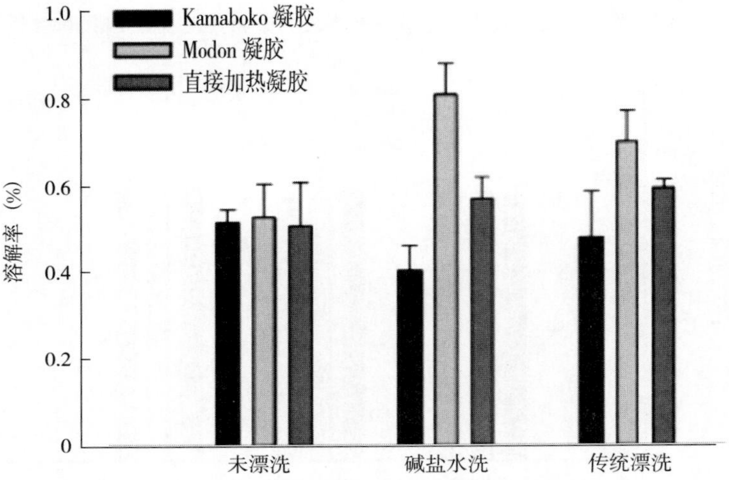

图 8-4　漂洗方式对低盐鱼糜凝胶蛋白溶解率的影响

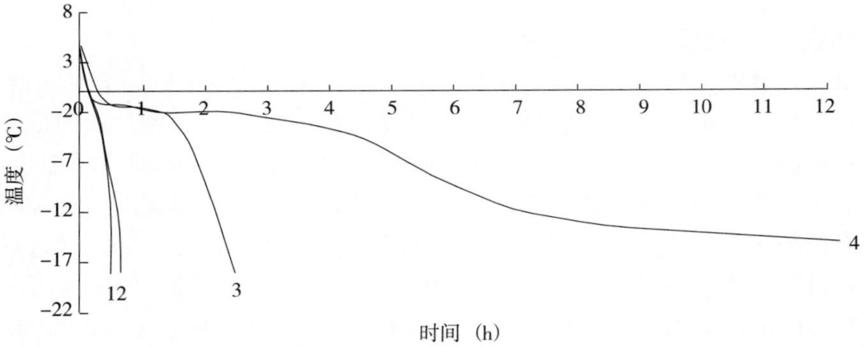

图 8-5　不同冻结速率下罗非鱼鱼肠中心部位冻结曲线

1. 速冻机鼓风冻结（风速 80cm/s）　2. 速冻机鼓风冻结（风速 40cm/s）

3. －38℃低温保藏箱静置冻结　4. －18℃冰柜静置冻结

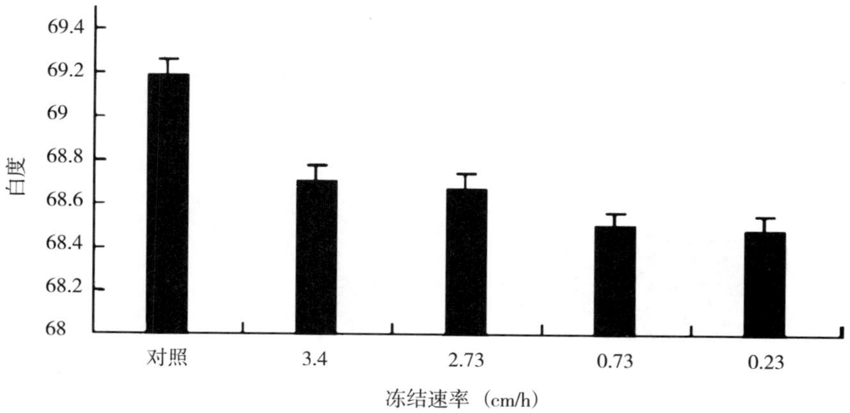

图 8-6　冻结速率对罗非鱼鱼肠白度的影响

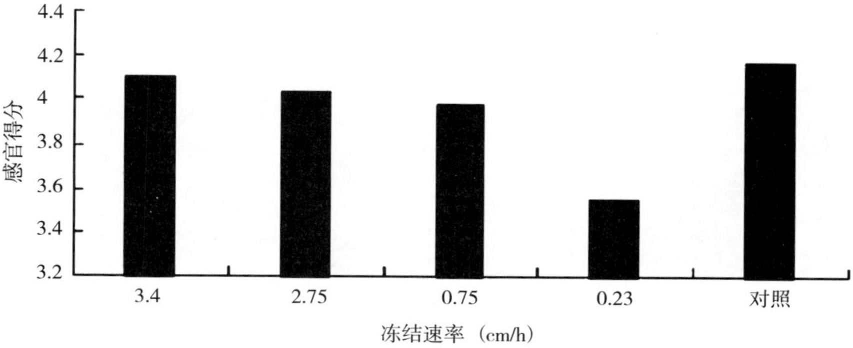

图 8-7　冻结速率对罗非鱼鱼肠感官品质的影响

三、鱼糜在冻藏中的变性特点

由于鱼糜的主要成分是肌原纤维蛋白（水分除外），因而鱼糜在冻藏过程中易发生蛋白质变性而导致其物化特性发生改变，从而使加工出的鱼糜制品质量下降。因此，在前期加工中采用最佳工艺获得鱼糜后，必须在后期的鱼糜冻藏过程中采用有效方法来维持鱼糜蛋白的功能特性。为此，国内外对鱼糜蛋白在冻藏过程中的冷冻变性特点及影响因素进行了较多的研究。

鱼肉蛋白质一般由水溶性的肌浆蛋白、盐溶性的肌原纤维蛋白和不溶性的基质蛋白组成。肌原纤维蛋白是冷冻鱼糜的主要成分，因此，冷冻鱼糜蛋白在冻藏中也易变性而影响其加工性能。有关蛋白质冷冻变性的机理主要有三种学说：一是结合水的脱离学说，该学说认为蛋白质的冷冻变性是由于水分子的冻结引起的；二是细胞液浓缩学说，认为冻结导致细胞液的离子浓度上升，pH 发生变化而引起蛋白质的盐析变性；三是水和水合水的相互作用引起蛋白质变性的水化作用学说，认为在冻结时，由于冰晶的形成引起结合水和蛋白质分子的结合状态被破坏，使蛋白质分子内部有些键发生变化，有些键又重新结合。这种旧键的断裂和新键的形成必然会涉及蛋白质的内部结构，从而导致蛋白质变性。目前，较为受到认可的是第三种说法。

国外有学者研究认为，由于冰晶的形成，鱼肉蛋白质在冻藏过程中主要会发生两种变性，一是蛋白质分子的聚集（aggregation），二是蛋白质多肽链的展开（unfolding），图 8-8 和图 8-9 为相应的变化模型。

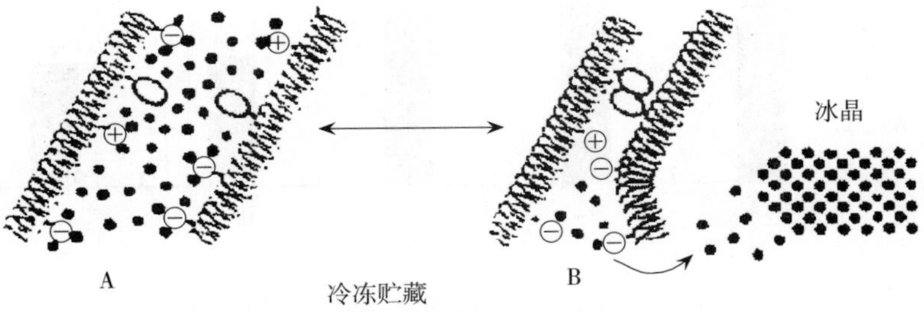

图 8-8　具有螺旋结构的蛋白质在冻藏中的变性（聚集）模型

—⊕. 阳离子侧链　—⊖. 阴离子侧链　—○. 非极性侧链　●. 水分子

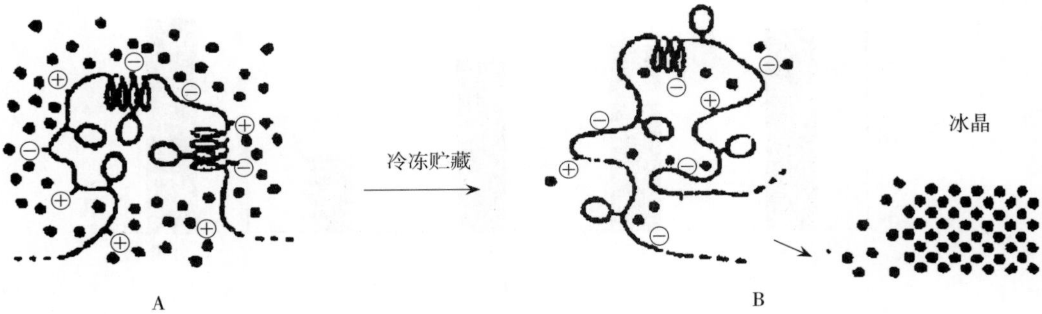

图 8-9　非螺旋结构（球形结构）蛋白质在冻藏中的变性（开链）模型

—⊕. 阳离子侧链　—⊖. 阴离子侧链　—○. 非极性侧链　●. 水分子

鱼糜或鱼肉蛋白质在冻藏过程中的变性会导致自身一些重要的物化特性发生改变（劣化），这些变化与鱼的种类有关；而物化特性的劣化最终导致其形成凝胶的能力下降。因此，通过检测这些物化特性和凝胶特性的变化，可了解某种鱼糜或鱼肉蛋白的冻藏稳定性及其冷冻变性特点。周爱梅等研究了罗非鱼鱼糜和鳙鱼糜蛋白在－18 ℃冻藏过程中的生化变化和凝胶性能的变化（图 8-10）。结果表明：随着冻藏时间的延长，2 种淡水鱼鱼糜蛋白的盐溶性、Ca^{2+}-ATP 酶活性及巯基含量均下降，而二硫键含量及表面疏水性却增加；冻藏还导致 2 种鱼糜蛋白凝胶性能的下降，冻藏 63d 后，罗非鱼鱼糜和鳙鱼糜的凝胶强度依次降低了 65.1％和 62.3％。

影响冷冻鱼糜蛋白变性的因素有很多，可将其归为两类：一是物理化学因素，包括鱼的种类、鲜度、pH、漂洗条件及冷冻温度、速度和解冻条件等；二是化学因素，主要指能防止鱼糜蛋白冷冻变性的各种抗冻剂。米顺利等研究了商业抗冻剂（蔗糖/山梨醇）和海藻糖在罗非鱼鱼糜冻藏过程中对蛋白质变性的影响。结果表明：添加 8％海藻糖比 8％商业抗冻剂更能有效抑制罗非鱼鱼糜在冻藏过程中的蛋白质变性，减缓凝胶强度的降低，提高鱼糜制品的质量（图 8-11～图 8-13）。

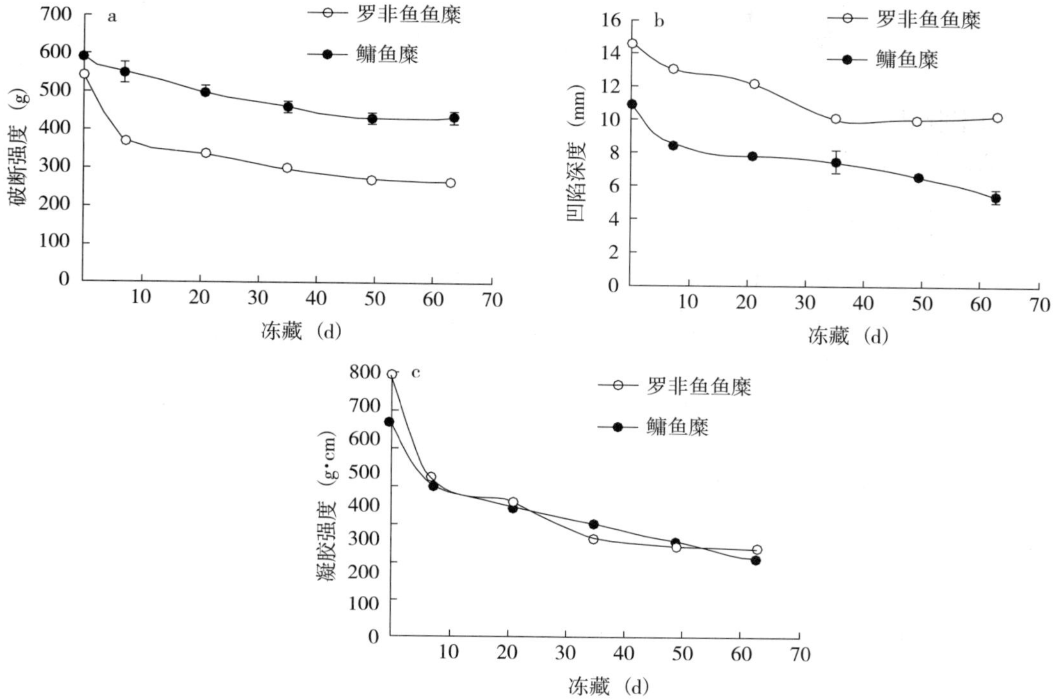

图 8-10　罗非鱼糜和鲔鱼糜在－18℃冻藏过程中凝胶特性的变化

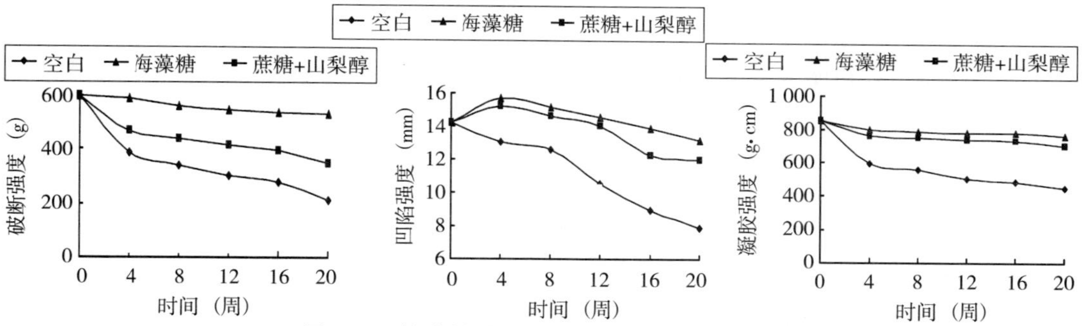

图 8-11　抗冻剂对罗非鱼鱼糜凝胶特性的影响

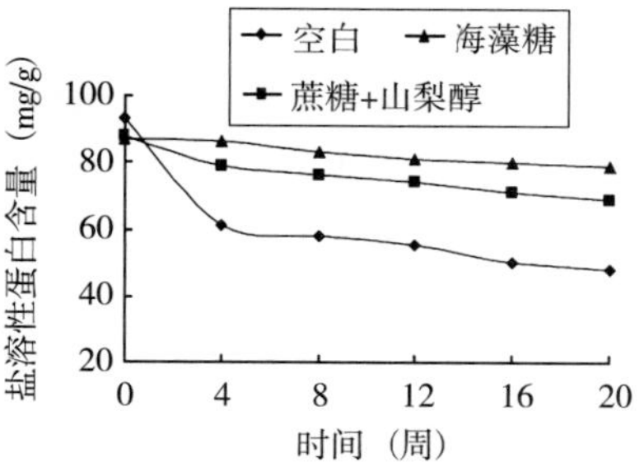

图 8-12　抗冻剂对罗非鱼鱼糜盐溶性蛋白含量的影响

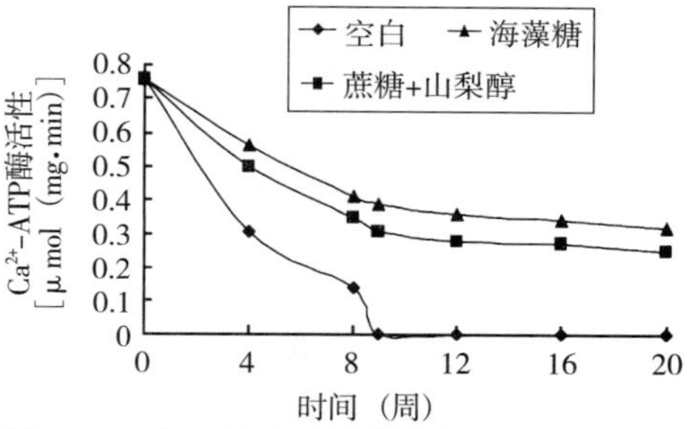

图 8-13　抗冻剂对罗非鱼鱼糜肌原纤维蛋白 Ca^{2+}-ATP 酶活性的影响

第二节　罗非鱼鱼糜制品加工技术

鱼糜制品是以冷冻鱼糜为原料或直接以新鲜鱼肉制取的新鲜鱼糜为原料，加入调味剂等辅助材料所制成的具有弹性的凝胶食品的总称。

一、鱼糜制品的加工工艺

以新鲜鱼肉为原料时的加工工艺流程为：原料鱼→前处理→采肉→漂洗→脱水→精滤→擂溃（斩拌）→成型→加热→冷却→鱼糜制品。

以冷冻鱼糜为原料，则冷冻鱼糜需先解冻，然后再擂溃、成型、加热、冷却，即制成鱼糜制品。

以新鲜鱼肉为原料的加工工艺在制成鱼糜之前的工艺与本章第一节所述相同，下面主要介绍以冷冻鱼糜为原料的鱼糜制品主要加工工艺。

1. 解冻

冷冻鱼糜的解冻方法主要有空气解冻（静止空气解冻即自然解冻和流动空气解冻）、水解冻（温水解冻和流水解冻）、高频电磁波加热解冻、蒸汽喷射解冻等。冷冻鱼糜是否解冻及其解冻程度，对鱼糜制品质量尤其是加工工艺有明显影响，如对凝胶形成能来说，解冻后的冷冻鱼糜比未解冻的鱼糜凝胶化容易形成。冷冻鱼糜解冻至半解冻后，可进行加盐擂溃。

2. 擂溃

擂溃是鱼糜制品生产中很重要的一个工序，一般分为空擂、盐擂和调味擂三个阶段。空擂是直接将新鲜鱼糜或半解冻的冷冻鱼糜放入擂溃机内擂溃或斩拌机内斩拌，进一步破坏鱼肉组织。空擂几分钟后，再加入鱼肉量1%～3%的食盐继续擂溃15～20 min，使鱼肉中的盐溶性蛋白质充分溶出变成黏性很强的溶胶，此过程叫盐擂。然后再加入调味料和辅料等与鱼肉充分搅拌均匀，此过程叫调味擂。擂溃过程中可适当加冰或间歇擂溃以降低鱼肉温度。擂溃所用的设备有擂溃机、斩拌机和真空斩拌机。

3. 加热

加热是鱼糜制品加工的一个重要工艺。不同加热温度和时间对鱼糜的凝胶能力影响很大。擂溃成型后的鱼糜一般在0～40 ℃放置一定时间，然后再进行高温加热，比单纯的高温加热更能增加鱼糜制品的弹性和保水性。国外把这个低温放置过程叫“setting”，国内一般叫它凝胶化阶段或静置，同时把这种加热方式叫两段加热。目前采用的静置方法有三种：一是低温静置，即在0～4 ℃保持12 h；二是中温静置，即在25 ℃保持3 h；三是高温静置，即在40 ℃保持30 min。鱼糜制品的加热方法很多，常用的有蒸煮、焙烤、水煮、油炸等，此外，还有远红外照射、高频加热等。

二、鱼糜制品质量影响因素

鱼糜制品要求有良好的质构、风味、色泽，其中最主要的是质构。鱼糜制品的质构包括硬度、弹性、黏性等，主要取决于鱼糜蛋白的凝胶情况。鱼糜的主要化学成分为肌原纤维蛋白，包括肌球蛋白、肌动蛋白。此外，鱼糜还含有少量的基质蛋白、水溶性蛋白（肌红蛋白、血红蛋白）、酶、脂肪等。在这些成分中，肌原纤维蛋白是形成凝胶的主要成分。尽管目前国外对鱼糜凝胶的形成过程有多种解释，但都肯定了在肌原纤维蛋白中，肌球蛋白（包括肌动球蛋白中的肌球蛋白部分）是形成凝胶的关键蛋白质。而且，现在普遍认为，参与凝胶的主要化学键包括氢键、离子键、疏水作用及共价键。在共价键中，参与凝胶网络形成的主要为二硫键及非二硫共价键。因此，凡是能影响这些键形成的因素将影响鱼糜的凝胶能力。这些因素可分为内部和外部因素两类。内部因素主要是指鱼糜蛋白的化学组成及其特性等；外部条件主要是指漂洗、擂溃、加热及各种添加剂的影响。

1. 擂溃对鱼糜凝胶能力的影响

擂溃的意义即破坏鱼类的肌肉组织，擂溃的时间和温度会显著影响鱼糜制品的凝胶能力。擂溃不充分，则鱼糜中的肌原纤维蛋白溶解不充分，即鱼糜黏性不足，加热后制品的弹性就差；但是过度的擂溃，会由于鱼糜温度的升高易使蛋白质变性而失去亲水能力，也会引起制品弹性下降。所以在实际生产中，常以鱼糜产生较强的黏性为准，根据原料性质及擂溃条件的不同将擂溃时间控制在 20～30 min。为了防止擂溃过程中鱼糜蛋白的变性，擂溃温度一般控制在 0～10 ℃。在此温度范围内，鱼肉蛋白的热变性很小，否则，温度升高容易造成鱼糜蛋白变性而影响最终制品的弹性。张崟等研究了擂溃时间对罗非鱼鱼糜凝胶强度的影响，结果显示：擂溃 6.5 min 的处理对鱼糜凝胶的强度提高最大（图 8-14）。

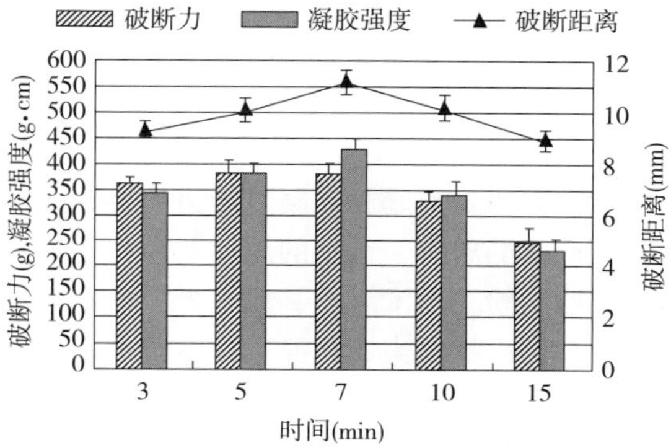

图 8-14　无盐擂溃时间对鱼糜凝胶特性的影响

2. 加热条件对鱼糜凝胶能力的影响

不同加热温度和时间对鱼糜的凝胶能力影响很大。通过加热能使很黏稠的鱼糜形成具有弹性的凝胶，即制成鱼糜制品。另外，加热能致死一部分鱼肉中存在的致病菌、腐败菌等以达到安全卫生的目的。加热速度也会影响鱼糜制品的凝胶状况。周爱梅的研究表明，罗非鱼糜经过一定温度和时间的凝胶化过程后，其凝胶特性显著高于直接加热所获得的凝胶特性，综合凝胶硬度、弹性看，40℃是其最佳凝胶温度，而 40℃、1h 为其最佳凝胶化条件，此时对应的破断强度、凹陷深度和凝胶强度依次为 758.7 g、13.57mm 和 1 029.5 g·cm（图 8-15）。

3. 添加成分对鱼糜凝胶能力的影响

鱼糜制品在加工过程中往往要添加水分、淀粉、磷酸盐、食盐等辅料。这些辅料对鱼糜制品的质量和凝胶特性有很大的影响。

（1）水分对鱼糜凝胶能力的影响　在鱼糜制品中添加水分主要是维持制品的合适的质构及降低原材料的成本，但水分加入过多会对鱼糜制品的凝胶能力造成不良的影响。

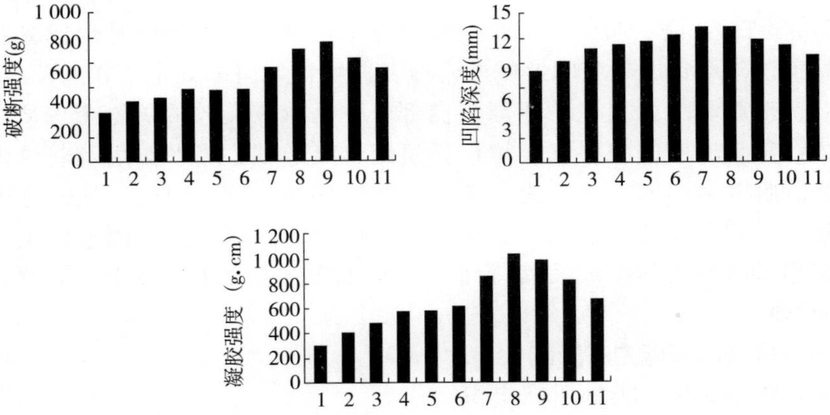

图 8-15　不同凝胶化温度和时间对罗非鱼糜凝胶特性的影响
1. 对照样　2～6. －25℃凝胶化 1h、2h、3h、4h、5h
7～11. －40℃凝胶化 0.5h、1h、1.5h、2h、2.5h

(2) 淀粉对鱼糜制品凝胶能力的影响　在鱼糜制品加工中通常要添加一定量的淀粉，以降低产品的成本。适量的淀粉还可在一定程度上提高鱼糜的凝胶能力。周蕊等探讨了不同种类的淀粉（玉米淀粉、糯玉米淀粉、羟丙基淀粉和交联淀粉）对罗非鱼鱼糜制品凝胶性能、弹性、持水力、色泽以及感官的影响。结果发现：在添加量 5%时，4 种淀粉均可

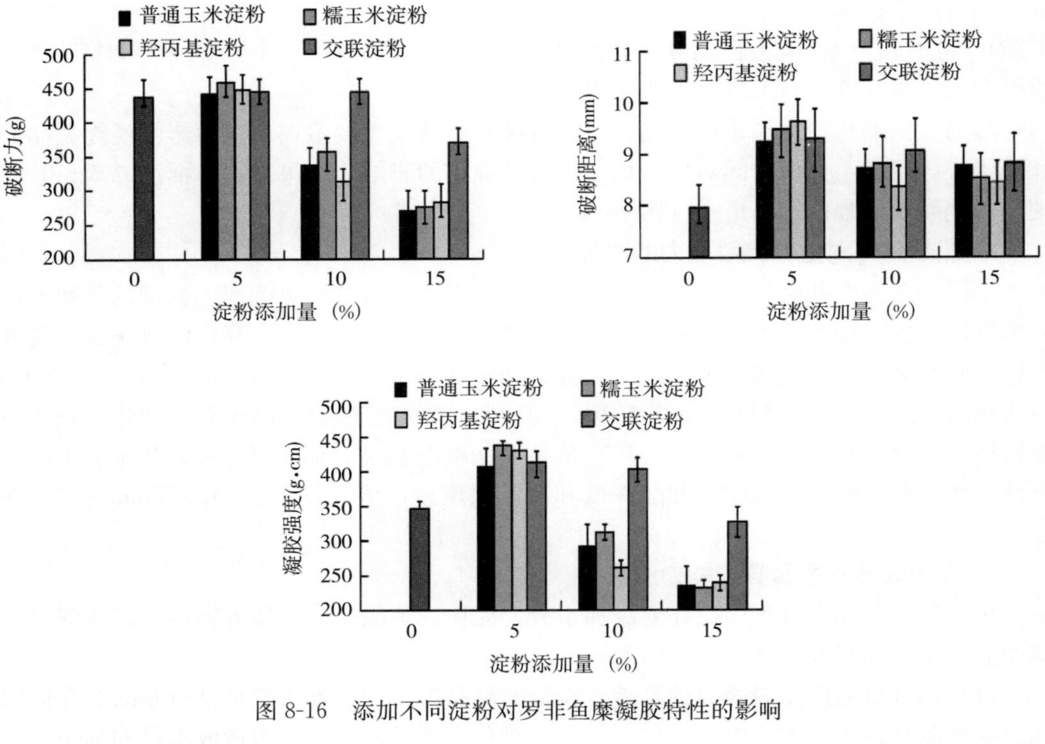

图 8-16　添加不同淀粉对罗非鱼糜凝胶特性的影响

改善罗非鱼鱼糜凝胶性能，但随着添加量的增加则会降低其凝胶性能。较高添加量时（>5%），交联淀粉对罗非鱼鱼糜凝胶性能影响效果最好。4 种淀粉都可以不同程度的提高罗非鱼鱼糜的白度和持水力。对添加 5%的 4 种淀粉的罗非鱼鱼糜凝胶进行感官评价，发现添加交联淀粉后的罗非鱼鱼糜的感官得分最高。

（3）盐对鱼糜制品凝胶能力的影响 食盐的加入除了有调味作用外，在擂溃中添加食盐还具有使盐溶性蛋白充分溶出形成溶胶，随之加热后赋予制品弹性的功能。复合磷酸盐加入可提高鱼糜的 pH，使 pH 远离鱼肉蛋白的等电点，向中性或偏碱性方向移动，从而提高鱼糜制品的保水性和弹性。张崟等的研究发现，添加柠檬酸钠显著提高了新鲜或冻藏鱼糜的凝胶强度（$P<0.05$），但柠檬酸钠对鱼糜凝胶的白度无显著影响（$P>0.05$）；添加柠檬酸钙显著提高了新鲜或冷冻鱼糜凝胶的白度（$P<0.05$），但柠檬酸钙对鱼糜凝胶的强度无显著提高（$P>0.05$）。综合凝胶强度和白度，柠檬酸钠和柠檬酸钙复合添加效果较好。

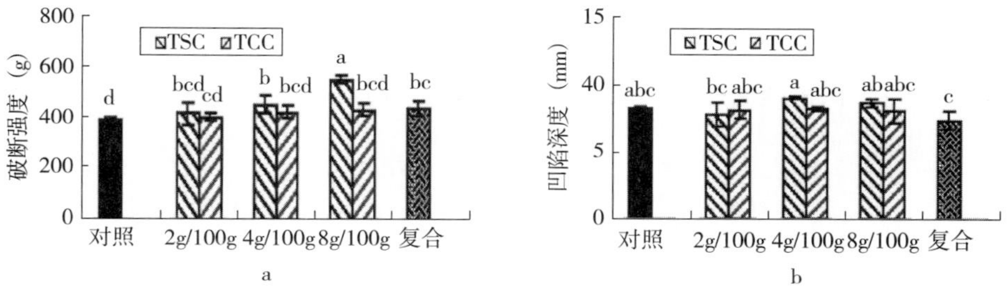

图 8-17 添加柠檬酸盐对罗非鱼鱼糜凝胶破断强度和凹陷深度的影响

三、鱼糜制品品质改良剂

在鱼糜制品加工技术和理论方面，国内外，尤其是国外，做了大量的研究报道。众多研究表明，影响鱼糜制品凝胶能力的因素有很多，不仅与原料鱼的组成与特性有关，还与加工工艺及所添加的成分有关。有些鱼种，其化学组成及特性决定了其鱼糜能力差，即使在最佳加工工艺条件下，所加工的鱼糜制品的质量仍达不到要求，因而在鱼糜制品加工中，往往要加入一些添加剂（品质改良剂），这些添加剂的加入不仅能提高鱼糜制品的凝胶特性，而且也能降低生产成本。因此可以说，通过添加品质改良剂来提高鱼糜制品的凝胶特性是一种简便、经济、有效的方法。

目前研究较多的鱼糜制品品质改良剂主要有以下几类：一是非肌肉蛋白类，如大豆分离蛋白、大豆组织蛋白、乳清浓缩蛋白、鸡蛋清蛋白、猪血浆蛋白和牛血浆蛋白等；二是钙化合物，如乳酸钙、柠檬酸钙等；三是还原剂，如抗坏血酸、半胱氨酸等；四是亲水胶体类，如果胶、黄原胶、刺槐豆胶等；五是转谷氨酰胺酶。这些物质对鱼糜的凝胶作用和机理都不相同。张崟等探讨了干法及湿法添加大豆分离蛋白（SPI）对罗非鱼鱼糜凝胶性能的影响，发现湿法添加 2%的 SPI 提高了鱼糜凝胶的强度，而干法添加 SPI 降低了鱼糜凝胶的强度，而且随着 SPI 添加量的增加而降低（图 8-18）。

赖燕娜等通过检测鱼糜凝胶的质构和感官特性，探讨了咸鸭蛋蛋清对罗非鱼鱼糜凝胶品质的影响。结果表明，在鱼糜制品中添加咸鸭蛋蛋清一方面能有效改善产品的色泽，另

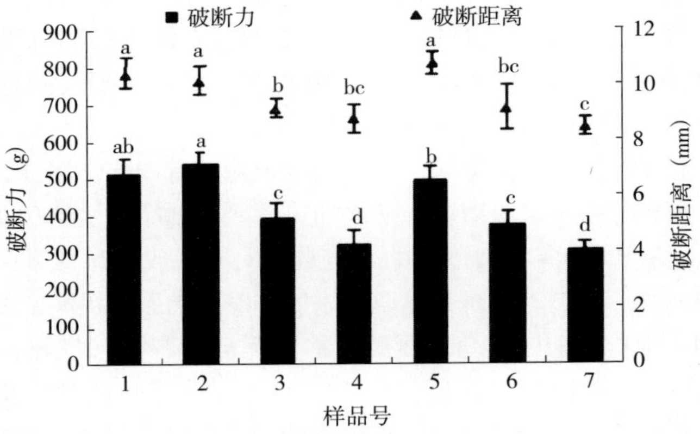

图 8-18 干法及湿法添加大豆分离蛋白对罗非鱼糜凝胶特性的影响

1. 对照样 2～4. 号样分别添加了 2%、5%、10%的湿 SPI 5～7 号样分别添加了 2%、5%、10%的干 SPI 图中字母表示样品间差异的显著性（$P<0.05$）

一方面却会稍微降低鱼糜凝胶的凝胶强度和保水性，但对罗非鱼鱼糜凝胶品质无明显劣化影响（图 8-19）。

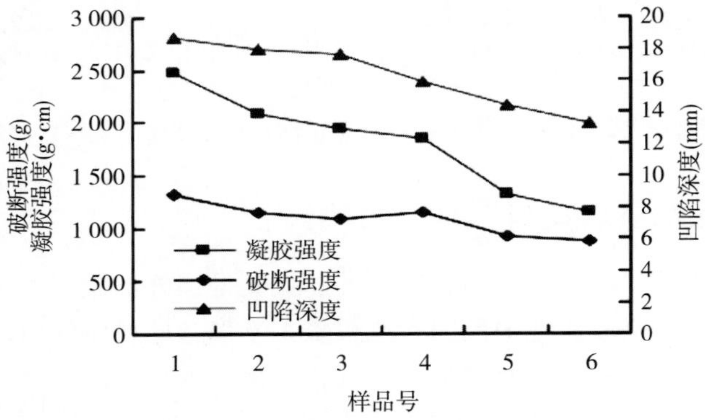

图 8-19 咸蛋清对罗非鱼鱼糜凝胶特性的影响

参 考 文 献

安新强 . 1993. 调味鱼糜罐头加工技术［J］. 山东肉类科技（2）：15.

赖燕娜，傅亮，赖雄伟，等 . 2012 咸鸭蛋蛋清对罗非鱼鱼糜凝胶品质的影响［J］. 食品工业科技，33（1）：82-85.

李德宝，肖宏艳，曾庆孝 . 2010. 冻结速率对罗非鱼鱼肠品质的影响［J］. 食品工业科技，31（5）：117-120.

钱娟，王继宏，田鑫，等 . 2013. 漂洗方式对低盐罗非鱼鱼糜凝胶性能的影响［J］. 上海海洋大学学报，22（3）：466-473.

汪之和 . 2002. 水产品加工与利用［M］. 北京：化学工业出版社 .

王锡昌，汪之和. 1997. 鱼糜制品加工技术［M］. 北京：中国轻工业出版社 .

魏丕恒．1998. 鱼糜制品加工技术及设备［J］．农机与食品机械（2）：31.

阚欲晓．2000. 冷冻鱼糜生产工艺技术及质量控制［J］．食品科技（4）：36-40.

张垒，赵占西，朱天宇．2001. 鱼糜擂溃（斩拌）过程浅析［J］．粮油加工与食品机械，29（9）：29-31.

张崟，曾庆孝，张佳敏，等．2010. 超声和斩拌对罗非鱼鱼糜凝胶强度的影响［J］．食品研究与开发，31（10）：63-67.

张崟，曾庆孝，朱志伟，等．2009. 柠檬酸盐对罗非鱼鱼糜的凝胶性及抗冻性的影响［J］．陕西科技大学学报，25（1）：14-19.

张崟，张浩，蒋妍，等．2009. 大豆分离蛋白的添加方式对罗非鱼鱼糜凝胶性能的影响［J］．河南工业大学学报：自然科学版，30（6）：9-12.

周爱梅，龚杰，邢彩云，等．2005. 罗非鱼与鳙鱼鱼糜蛋白在冻藏中的生化及凝胶特性变化［J］．华南农业大学学报．26（3）：103-107.

周爱梅．2005. 淡水鱼糜抗冻性能及凝胶特性改良的研究［D］．广州：华南理工大学．

周蕊，曾庆孝，朱志伟，等．2008. 淀粉对罗非鱼鱼糜凝胶品质的影响［J］．现代食品科技，24（8）：759-762.

Lanier T C，Lee C M. 1992. Surimi Technology [M]. New York ：Marcel Dekker INC.

Lanier T C，Lin T S，Liu Y M，et al. 1982. Heat gelation properties of actomyosin and surimi prepared from Atlantic croaker［J］．Journal of Food Science，47（6）：1921-1925.

Niwa E，Nakajima O. 1975. Diffcrence in protein structure between elastic kamoboko and brittle one［J］．Nippon Suisan Gakkaishi，41：579.

Okada M. 1964. Effect ofwashing onjelly forming ability offish meat [J]. Bulletin of the Japanese Society Of Scientific Fishery，30：225-261.

Park J W，Korhonen R W，Lanier T C. 1990. Effect of rigor mortis on gel-forming properties of surimi and unwashed mince prepared from tilapia [J]．Journal of Food Science，55（2）：353-355.

Park J W. 2000. Surimi and Surimi Seafood [M]．New York ：Marcel DekkerInc.

第九章　罗非鱼加工副产物高值化利用技术

第一节　罗非鱼加工副产物中低值蛋白的高值化利用技术

目前，我国养殖的罗非鱼主要出口到欧美等市场。消费形式以罗非鱼片为主，加工下脚料大部分低价卖给饲料厂，蛋白质利用率低。罗非鱼的下脚料含有丰富的蛋白质、氨基酸和微量元素等。为了更好地利用这些蛋白质资源，国内外开展了大量提取鱼蛋白的研究，主要的提取方法包括酶解法、加热浸提法、酸溶解-等电点沉淀法、碱溶解-等电点沉淀法。其中加热浸提法和酶解法是较为传统的方法，水解鱼蛋白将大部分降解为小分子蛋白、多肽及氨基酸等混合物。

一、罗非鱼鱼头蛋白质的提取及性质

刘慧清等以罗非鱼鱼头为原料，采用加热浸提、酶法水解、酸溶解-等电点沉淀法、碱溶解-等电点沉淀法提取鱼蛋白，冷冻干燥得到 4 种鱼蛋白粉，分别记为热提鱼蛋白（HFP）、酶解鱼蛋白（EFP）、酸溶鱼蛋白（AFP）和碱溶鱼蛋白（ALFP），并探讨了 4 种鱼蛋白的营养特性、溶解性和乳化性。

1. 罗非鱼鱼头蛋白质的制备及基本成分分析

分别采用上述 4 种方法提取，冷冻干燥制备鱼蛋白粉，对其营养成分和回收率进行分析，结果见表 9-1。由表 9-1 可得，采用酸溶解-等电点沉淀法、碱溶解-等电点沉淀法回收鱼蛋白粉的蛋白质回收率分别为 57.45％和 55.59％，远高于热水提取（31.51％）和酶法水解（29.81％），由此表明，酸（碱）溶解-等电点沉淀法可以有效回收罗非鱼鱼头蛋白。加热浸提和酶法水解回收的大部分是水溶性的肌浆蛋白，且热处理过程中蛋白变性，使溶解度下降，沉淀后离心被除去，导致了鱼蛋白的回收率低；酸（碱）溶解-等电点沉淀法在极端酸（碱）条件下溶解并回收了大部分的肌原纤维蛋白和肌浆蛋白，只有一小部分结缔组织蛋白和膜结构蛋白没有被利用，故蛋白质回收率显著提高。

4 种方法提取所得的蛋白粉样品的粗蛋白质含量为 76.02％～89. 97％，其中，热提鱼蛋白和酶解鱼蛋白的蛋白质含量低于 80％，脂肪和灰分含量均较高，而酸提蛋白和碱提蛋白的蛋白质含量均高于 85％，且蛋白质含量差异显著（$P<0.05$）。酸（碱）溶解-等电点沉淀法也可以有效去除脂肪和灰分，主要原因是提取全过程在低温下进行，脂肪在低温下易凝固，高速冷冻离心并过滤可以除去绝大部分的中性脂质、膜脂和灰分，因而 AFP 和 ALFP 的纯度较高。总体分析，酸（碱）溶解-沉淀法具有较高的回收率，蛋白质含量高，能有效去除脂肪和不溶性杂质，降低蛋白的氧化。

表 9-1 罗非鱼鱼头及其蛋白粉的一般营养成分（%）

名称	水分	粗蛋白	灰分	粗脂肪	回收率
TH	72.47±0.26	13.72±0.07	4.84±0.11	6.07±0.12	—
HFP	4.26±0.22[a]	76.02±0.02[a]	8.39±0.02[a]	11.07±0.05[a]	31.51±1.91[a]
EFP	3.69±0.11[bc]	80.23±0.21[b]	7.09±0.23[b]	8.95±0.09[b]	29.81±5.77[a]
AFP	3.85±0.10[b]	85.87±0.32[c]	3.76±0.001[c]	6.28±0.08[c]	57.45±7.07[b]
ALFP	3.59±0.04[c]	89.97±0.34[d]	1.91±0.07[d]	3.80±0.14[d]	55.59±3.16[b]

注：TH 为罗非鱼头；HFP 为热提鱼蛋白；EFP 为酶解鱼蛋白；AFP 为酸溶鱼蛋白；ALFP 为碱溶鱼蛋白。

2. 罗非鱼鱼头蛋白粉的氨基酸组成分析

表 9-2 列出了罗非鱼鱼头及其蛋白粉的氨基酸组成，共 17 种氨基酸，其中 9 种必需氨基酸（组氨酸为婴儿必需氨基酸）。与罗非鱼鱼头原料相比，热水浸提后降低了大部分氨基酸的含量，因为加热浸提法浸出物成分复杂，其中主要是一些含氮浸出物、游离的氨基酸、小肽、肽的衍生物、嘌呤碱等。同时氨基酸在加热过程中与糖类化合物发生美拉德反应生成挥发性的风味物质，以气体的形式损失。而 Pro、Gly、Ala 的含量增加；酶法水解是一种温和的水解蛋白质的方法，与原料蛋白质的氨基酸组成相比，氨基酸含量有轻微下降，但较好地保持了氨基酸的完整性；原料中的氨基酸是以大分子蛋白质形式存在，而酶解物的氨基酸是以游离氨基酸分子形式和肽分子形式存在的。酸（碱）溶解-等电点沉淀法降低了 Gly、Ala 和 Pro 的含量，特别是 Gly 的含量大幅下降，因为提取过程中去掉了大部分胶原蛋白，而胶原蛋白中含有丰富的 Gly 和 Pro；另外，可能因为部分甘氨酸是游离氨基酸，在蛋白质沉淀回收过程中部分被除去，酸溶蛋白和碱溶蛋白的 Ile、Leu、Lys 含量得到提高，其余氨基酸含量与原料基本保持一致。总体分析，4 种提取方法中，加热浸提法氨基酸含量降低幅度最大，酶法水解下降程度较小，但加热浸提和酶法水解提取的必需氨基酸占总氨基酸的比例均低于 40%，必需氨基酸与非必需氨基酸的比例未达到 60%，未达到优质蛋白的范畴，故酸（碱）溶解-等电点沉淀法能较好地保持氨基酸的完整性，氨基酸平衡效果较好。

表 9-2 罗非鱼鱼头及其蛋白粉的氨基酸组成及含量（mg/g）

氨基酸	TH	HFP	EFP	AFP	ALFP	FAO/WHO/UNU 成人（婴儿）
异亮氨酸（Ile*）	38.63	20.78	33.40	46.00	44.01	13（46）
亮氨酸（Leu*）	67.78	42.49	61.70	80.12	75.47	19（93）
赖氨酸（Lys*）	72.89	48.80	64.32	86.29	80.58	16（66）
蛋氨酸+半胱氨酸（Met+Cys*）	29.15	20.13	26.17	29.35	31.57	17（42）
苯丙氨酸+酪氨酸（Phe+Tyr*）	72.16	38.28	58.71	72.55	72.80	19（72）

（续）

氨基酸	TH	HFP	EFP	AFP	ALFP	FAO/WHO/UNU 成人（婴儿）
苏氨酸（Thr*）	40.09	26.57	36.77	40.76	39.01	9（43）
缬氨酸（Val*）	42.27	26.18	37.39	46.12	45.68	13（55）
组氨酸（His*）	19.68	15.39	17.82	21.08	20.12	16（26）
色氨酸（Trp*）	6.20	3.16	5.48	10.60	9.45	5（17）
天冬氨酸（Asp）	86.73	59.85	80.77	91.42	85.25	
丝氨酸（Ser）	36.44	29.33	36.40	36.33	33.79	
谷氨酸（Glu）	134.84	102.08	138.98	147.20	138.94	
脯氨酸（Pro）	47.38	69.06	60.08	28.65	26.56	
甘氨酸（Gly）	87.6	135.75	109.68	37.85	31.79	
丙氨酸（Ala）	69.24	78.66	77.65	56.71	50.91	
精氨酸（Arg）	64.87	60.38	69.30	59.04	56.13	
TEAA	388.85	241.78	341.77	432.86	418.70	
TNEAA	526.97	535.12	572.85	457.21	423.36	
TAA	915.82	776.90	914.62	890.07	842.06	
TEAA/TAA（%）	42.46	31.12	37.37	48.63	49.72	
TEAA/TNEAA（%）	73.79	45.18	59.66	94.67	98.90	

注：*表示必需氨基酸；TEAA 表示总必需氨基酸量；TNEAA 表示总非必需氨基酸量；TAA 表示总氨基酸量。

3. 罗非鱼鱼头蛋白粉的必需氨基酸评价

根据 FAO/WHO/UNU 1985 年提出的蛋白质模式，对罗非鱼鱼头蛋白质必需氨基酸进行评价，氨基酸评分（AAS）和化学评分（CS）见表 9-3，从表中可以看出，除 HFP 外，TH、EFP、AFP 和 ALFP 的 AAS 均大于 1，符合成人对氨基酸的需求。按照婴儿模式，原料及其 4 种蛋白粉的第一限制性氨基酸都为色氨酸，第二限制性氨基酸组氨酸、异亮氨酸、蛋氨酸+半胱氨酸。按照化学评分，除 HFP 两种限制性氨基酸是色氨酸和亮氨酸以外，TH、EFP、AFP 和 ALFP 都为色氨酸和蛋氨酸+半胱氨酸。相似的是，评分最高的都是赖氨酸。比较 4 种蛋白的评分，TH 评分高于 HFP 和 EFP，而低于 AFP 和 ALFP，故可认为酸（碱）溶解-等电点沉淀法提取的蛋白优于加热浸提、酶法水解提取的蛋白。

表 9-3 罗非鱼头及其蛋白粉的必需氨基酸评价

必需氨基酸(EAA)	TH		HFP		EFP		AFP		ALFP	
	AAS	CS	AAS	CS	AAS	CS	AAS	CS	AAS	CS
Ile	2.97（0.84）	0.61	1.60（0.45）	0.33	2.57（0.73）	0.53	3.54（1.00）	0.73	3.39（0.96）	0.70
Leu	3.57（0.73）	0.77	2.24（0.46）	0.48	3.25（0.66）	0.70	4.22（0.86）	0.91	3.97（0.81）	0.86

（续）

必需氨基酸(EAA)	TH		HFP		EFP		AFP		ALFP	
	AAS	CS	AAS	CS	AAS	CS	AAS	CS	AAS	CS
Lys	4.56 (1.10)	1.04	3.05 (0.74)	0.70	4.02 (0.97)	0.92	5.39 (1.31)	1.23	5.04 (1.22)	1.15
Met+Cys	1.71 (0.69)	0.52	1.18 (0.48)	0.36	1.54 (0.62)	0.47	1.73 (0.70)	0.52	1.86 (0.75)	0.56
Phe+Tyr	3.80 (1.00)	0.74	2.01 (0.53)	0.39	3.09 (0.82)	0.60	3.82 (1.01)	0.74	3.83 (1.01)	0.74
Thr	4.45 (0.93)	0.82	2.95 (0.62)	0.54	4.09 (0.86)	0.75	4.53 (0.95)	0.83	4.33 (0.91)	0.80
Trp	1.24 (0.36)	0.39	0.63 (0.19)	0.20	1.10 (0.32)	0.34	2.12 (0.62)	0.66	1.89 (0.56)	0.59
Val	3.25 (0.77)	0.59	2.01 (0.48)	0.36	2.88 (0.68)	0.52	3.55 (0.84)	0.64	3.51 (0.83)	0.63
His	1.23 (0.76)	0.82	0.96 (0.59)	0.64	1.11 (0.69)	0.74	1.32 (0.81)	0.88	1.26 (0.77)	0.84

4. 罗非鱼鱼头蛋白粉的色差分析

罗非鱼鱼头蛋白颜色分析如表 9-4 所示。总体来看，4 种蛋白粉的白度值都较低，主要原因是鱼头中含有较多的色素物质：肌红蛋白、血红蛋白和鱼皮黑色素等。与 AFP 和 ALFP 相比，EFP 和 HFP 具有较高的 L^* 值和较低的 a^* 值和 b^* 值，因此，酶解法和加热浸提法制得的蛋白质白度值显著高于酸（碱）溶-等电点沉淀法的（$P<0.05$）。主要原因是热提蛋白和酶解蛋白时肌红蛋白和血红蛋白的变性引起，蛋白质在加热过程中肌红蛋白变性生成变性珠蛋白高铁血色原，从而变为灰白色，白度值增加。酸（碱）溶解-等电点沉淀法回收了绝大部分蛋白，色素物质也可能随着蛋白质的提取而被提取出来，AFP 和 ALFP 的 a^* 值较高是由残留的未变性的血红蛋白引起，另一方面，血红蛋白在极端 pH 环境中发生氧化，故 b^* 值较高是由变性和氧化的血红蛋白和肌红蛋白引起，同时脂肪氧化也会使蛋白质颜色偏黄。故 4 种提取方法中，加热浸提和酶法水解得到的蛋白质色泽较好，而酸（碱）溶解-等电点沉淀法提取的蛋白质色泽相对较差。

表 9-4 罗非鱼鱼头蛋白粉的色差

	L^*	a^*	b^*	白度
HFP	54.41 ± 0.08^a	3.58 ± 0.24^a	11.33 ± 0.65^a	52.89 ± 0.25^a
EFP	68.53 ± 0.05^b	3.55 ± 0.05^a	7.62 ± 0.08^b	67.43 ± 0.04^b
AFP	46.92 ± 0.21^c	6.94 ± 0.38^b	12.50 ± 0.22^c	45.02 ± 0.15^c
ALFP	54.10 ± 0.09^d	10.05 ± 0.92^c	14.28 ± 0.24^d	50.89 ± 0.32^d

注：同列标注不同字母，表示差异显著（$P<0.05$）。

5. 罗非鱼鱼头蛋白粉的溶解性分析

pH 对罗非鱼鱼头蛋白粉溶解性的影响如图 9-1 所示。由图 9-1 可知，4 种蛋白溶解度随 pH 的变化曲线呈两种不同的趋势。在试验 pH 范围内，热提蛋白和酶解蛋白的溶解性较好，其溶解度均高于 93%，由此也进一步表明，这两种方法回收的蛋白质以水溶性成分为主，因此蛋白质回收率较低，溶解性较好。经过酸（碱）溶解-等电点沉淀法提取的蛋白质溶解度呈 U 形曲线，在 pH 4.0～6.0 内，蛋白质的溶解性最差，偏离此 pH 范围溶解度大大增强。由此进一步表明酸（碱）溶解-等电点沉淀提取的蛋白质包括盐溶性、水溶性和部分不溶性蛋白质组分，蛋白质回收率也较高。比较而言，ALFP 的溶解性较

AFP好，可能与酸性条件下蛋白质的变性和聚集程度更大有关。总体分析，热水浸提和酶法水解提取的蛋白质在pH 2.0～10.0内溶解性均较好，而酸（碱）溶解-等电点沉淀法提取的蛋白质在接近等电点pH时溶解性较差，偏离等电点范围蛋白质溶解度增强，由此推断，ALFP和AFP的等电点很可能在pH 4.0～6.0内。

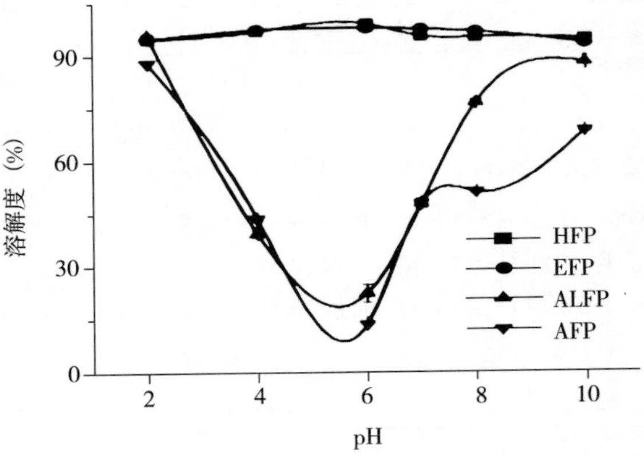

图 9-1　pH对罗非鱼鱼头蛋白粉溶解性的影响

6. 罗非鱼鱼头蛋白粉的乳化性分析

pH对罗非鱼蛋白质乳化活性和乳化稳定性的影响如图9-2所示。

①在试验范围内，EAI和ESI值随pH的变化趋势相同，呈现先下降后上升，在pH 4.0～6.0内，蛋白质的乳化活性和乳化稳定性最差。而当pH偏离等电点范围时，蛋白质溶解度提高，蛋白质迅速扩散并在表面吸收。乳化性能随之增加。在等电点pH附近，溶解性最差，蛋白质在油-水界面上的吸附也最少，导致乳化活性和乳化稳定性最差。

②4种方法提取的蛋白质比较，AFP和ALFP的蛋白质乳化性显著高于HFP和EFP，原因是酸（碱）溶解-等电点沉淀法提取的组分主要有肌浆蛋白和肌原纤维蛋白，肌原纤维蛋白的两亲性可以有效降低油-水界面的张力，且在提取过程中降解的蛋白质暴露了疏水基团，大分子蛋白和疏水基团越多，体系的乳化性越好。加热浸提和酶法水解蛋白质的大分子降解为小分子，故体系的乳化性能相对较差。

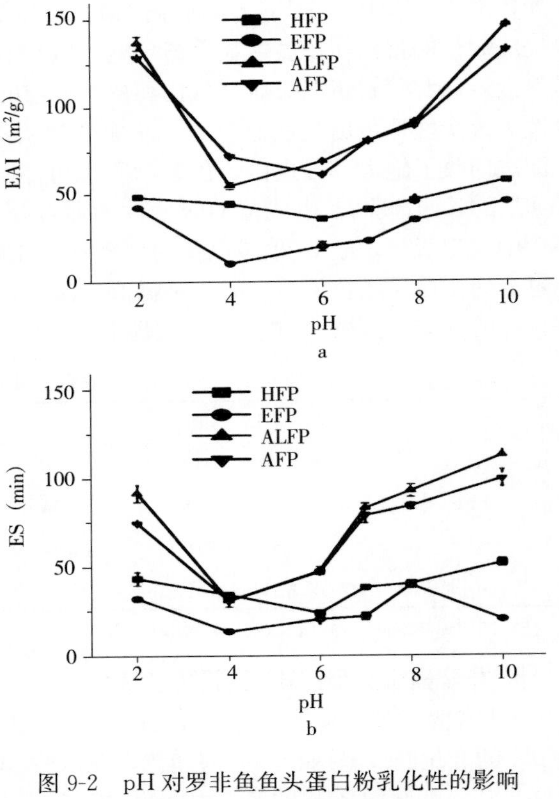

图 9-2　pH对罗非鱼鱼头蛋白粉乳化性的影响

a. 乳化活性　b. 乳化稳定性

③碱溶蛋白质的乳化性较酸溶蛋白质好，也进一步表明碱溶蛋白质提取过程中的变性程度相对酸溶蛋白质要较。总体分析，酸（碱）溶解-等电点沉淀法制备的蛋白质乳化性显著高于加热浸提法和酶解法提取的蛋白质，但酸（碱）溶蛋白质在接近等电点pH时乳化性较差，偏离等电点范围蛋白质乳化

性较好。

二、罗非鱼鱼排蛋白质的制备及其性质

刘诗长等采用酸碱法（pH-shifting）提取罗非鱼鱼排蛋白质，主要探讨提取的pH对提取蛋白质的得率、分离蛋白质的基本成分、溶解性、乳化性和相对分子质量分布的影响。

1. 提取条件对罗非鱼鱼排分离蛋白质得率的影响

图9-3所示为4种偏离等电点的pH条件下低温提取罗非鱼鱼排蛋白质的得率。由图9-3可知，在4种偏离鱼蛋白等电点的pH条件下，提取所得上清液蛋白得率均超过60%，由此表明，鱼蛋白在极端酸性（pH<2）和碱性（pH>10.5）条件下的溶解性较好。比较而言，pH 2.0条件下罗非鱼鱼排蛋白的溶解性最好，提取蛋白的得率最高，达68%左右。蛋白质的溶解性主要与蛋白质分子大小和表面电荷有关，在偏离等电点的极端酸性（pH<2）和碱性（pH>10.5）条件下，蛋白质分子表面分别带正电荷和负电荷，分子趋于解离，因此，在极端酸性和碱性pH条件下，蛋白质的溶解性较大，且蛋白质分子表面电荷数会随着pH进一步偏离而增大，因此，pH 2.0条件下蛋白质的提取率比pH 3.0时的提取率高。

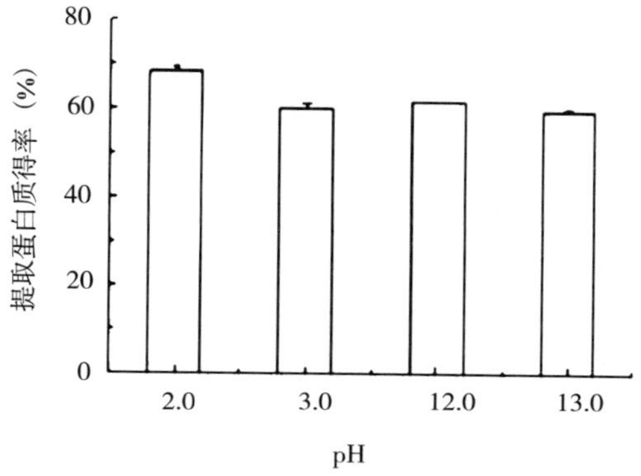

图9-3　不同pH条件下提取鱼排蛋白质的得率

在不同pH条件下提取可溶性蛋白质，分别在pH5.5条件下沉淀，图9-4所示为沉淀过程的蛋白质得率。由图9-4可知，在pH 2.0、pH 3.0和pH 12.0条件下提取的蛋白液在相同的沉淀条件下，沉淀蛋白质的得率差别不大，均为85%左右，而当提取pH条件为13.0时，沉淀蛋白质的得率最高，超过95%，这种差别很可能与酸（碱）提取过程中蛋白质分子结构的变化有关，推测很可能在pH 13.0条件下，蛋白质分子变性比较明显，更易沉淀。

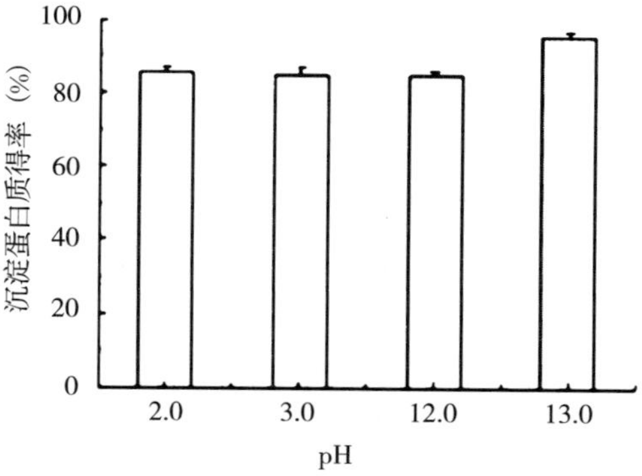

图9-4　不同pH条件下提取可溶性蛋白质的得率

整个酸碱法回收蛋白质的得率如图9-5所示。由图9-5可知，酸碱转换法提取罗非鱼下脚料蛋白质得率在52%以上。总的趋势是，在极端酸性条件下，提取蛋白得率较碱性提取条件下蛋白质得率高。与酸碱法提取罗非鱼白肉蛋白质的得率（56%～68%）要低，很可能与罗非鱼鱼排中脂肪及杂质含量高有关。

2. 罗非鱼鱼排蛋白质的成分分析

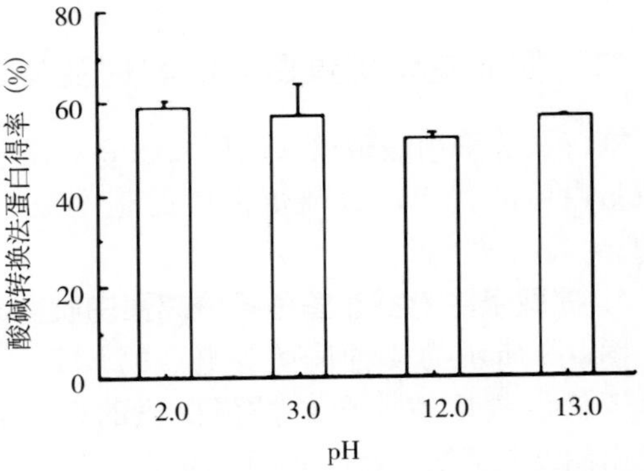

图 9-5　酸碱转换法提取罗非鱼鱼排蛋白质的得率

分别在 4 种 pH 条件下提取罗非鱼鱼排蛋白质，然后在 pH 5.5 条件下沉淀，经冷冻干燥得到淡黄色的罗非鱼鱼排蛋白粉，具有淡淡的鱼香味，首先对其一般营养成分进行分析，结果见表 9-5。由表 9-5 可知，在分离蛋白粉中粗蛋白质的含量均高于 85%（干基），碱性条件下蛋白质含量要比酸性条件下高，pH 13.0 条件下提取的蛋白质含量最高，接近 90%。低温提取制备分离蛋白的过程中，经过酸（碱）溶解-等电点沉淀可以有效除去油脂；各组蛋白样品的灰分含量均低于 4.5%，由此表明酸（碱）提取和等电点沉淀过程可以有效除去罗非鱼下脚料中含有 Ca、K 等的盐类及其他不溶性杂质，碱性提取条件下灰分含量明显比酸性条件下提取的灰分含量低。比较而言，不同 pH 条件下提取所得的分离蛋白质中粗蛋白质的含量也有差别，在 pH 2.0 和 pH 13.0 条件下提取所制备的样品蛋白质含量较高，由此进一步表明，在极端酸性和碱性 pH 条件下，蛋白质分子表面经电荷增加，蛋白质的溶解性增强，提取率增加，提取所得蛋白质的纯度也因此提高。

表 9-5　罗非鱼鱼排蛋白粉的一般营养成分

溶解-沉淀 pH	粗蛋白质	粗脂肪	灰分
2.0～5.5	85.62	8.97	4.42
3.0～5.5	85.06	10.85	3.87
12.0～5.5	88.21	9.76	0.92
13.0～5.5	89.55	7.88	1.48

3. 鱼排分离蛋白质的溶解性

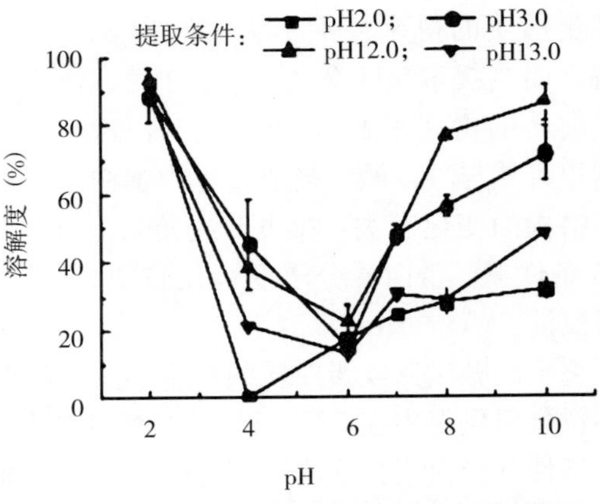

图 9-6　pH 对罗非鱼鱼排蛋白质溶解性的影响

罗非鱼鱼排分离蛋白质的溶解性随 pH 的变化见图 9-6。pH 对蛋白溶解性的影响比较明显，且各样品的溶解度随 pH 的变化趋势基本相同，在 pH 6.0 左右，蛋白粉的溶解性最低，在 pH 2.0 和 10.0 时，溶解性较高。

不同 pH 条件下提取的分离蛋白的溶解性各不相同，比较而言，pH 12.0 条件下提取制得的分离蛋白粉溶解性最好，而 pH 2.0 条件下提取制得的分离蛋白粉溶解性较差，分析可能在酸性提取条件下蛋白质的变性和聚集比较明显，蛋白质的溶解性随之下降。

蛋白质的溶解性受 pH 的影响较大。当 pH 高于或低于等电点时，蛋白质带负电荷或正电荷，水分子能同这些电荷相互作用并起稳定作用，从而增加了蛋白质的溶解性；当 pH 接近等电点时，蛋白质分子同水的作用比较弱，使得肽键能相互靠拢，有时能形成聚集体而导致蛋白质沉淀，所以，鱼排分离蛋白质的等电点可能在 pH 4.0～6.0。

4. 分离蛋白质的乳化性

pH 对罗非鱼鱼排分离蛋白质乳化活性的影响见图 9-7。pH 对分离蛋白质乳化活性的影响比较明显，且乳化活性随 pH 的变化趋势基本相同，在 pH 4.0～6.0 范围内，蛋白粉的乳化活性最低，而在偏酸和偏碱的条件下，样品的乳化性较好。不同 pH 条件下提取的分离蛋白质的乳化活性各不相同，比较而言，pH 12.0 条件下提取制得的分离蛋白质乳化活性最好，而 pH 2.0 条件下提取制得的分离蛋白质乳化活较差。这是由于蛋白质分子表面的结构和带电荷性决定的。

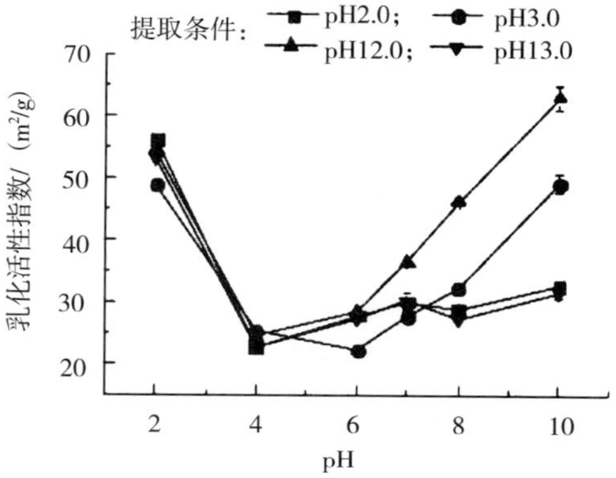

图 9-7　pH 对罗非鱼鱼排分离蛋白质乳化活性的影响

蛋白质的乳化性与溶解性密切相关。在 pH 偏离蛋白质等电点的酸性和碱性条件下，蛋白的溶解性较好，其乳化活性也随之增大，由此也可进一步推测罗非鱼鱼排分离蛋白质的等电点很可能在 pH 4.0～6.0 范围内。

5. 分离蛋白质的 SDS-PAGE 分析

图 9-8 所示为罗非鱼鱼排分离蛋白质的 SDS-PAGE 电泳图谱。在不同条件下提取制备的罗非鱼鱼排分离蛋白质的相对分子质量分布基本类似，都是连续分布，表明体系组分复杂，其相对分子质量范围在14 300～200 000，且在相对分子质量200 000、44 300和14 300均出现比较明显的蛋白条带。肌原纤维蛋白由肌球蛋白重链（MHC）、轻链、肌动蛋白和 α-辅肌动蛋白等构成，在图 9-8 中200 000 处为肌球蛋白重链，而在 44 300附近处则为肌动蛋白，符合典型的鱼蛋白电泳图谱，且小分子分布在14 300处，属于水溶性肌浆蛋白。此外，碱性条件下提取的蛋白质与酸性条件下提取的蛋白质相比，其电泳图谱在44 300～66 400处明显不同。因此，推测在44 300～66 400处酸提蛋白质比碱提蛋白质少一条带是由于在酸提法过程中这一小部分蛋白质被水解。

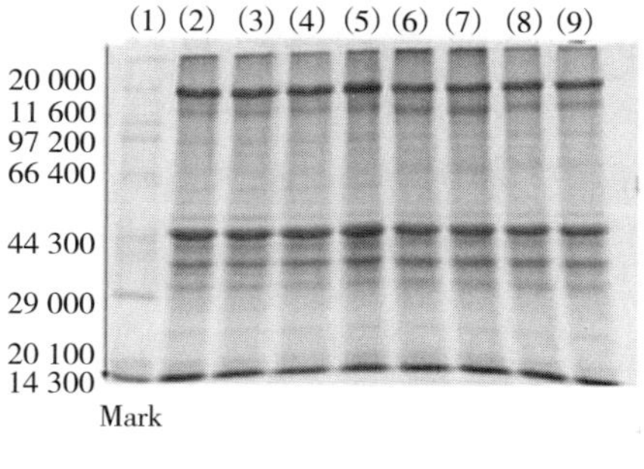

图 9-8　罗非鱼鱼排分离蛋白质的 SDS-PAGE 电泳图谱

三、罗非鱼加工副产物制备类蛋白的工艺技术

类蛋白反应又称合成类蛋白反应，它是指在合适的条件下，浓缩蛋白质水解物或低聚肽经蛋白酶作用形成胶状蛋白类物质的过程，所形成的胶状物质被称为类蛋白，这与蛋白质的生物合成是完全不同的两个概念。类蛋白反应已经应用到大豆蛋白、乳蛋白等，对改善蛋白质水解物的风味和氨基酸组成，提高营养价值，提高食物蛋白的功能特性等方面具有较好的效果。

周春霞等以罗非鱼加工副产物为原料，采用 Alcalase 蛋白酶对其进行控制酶解，制备水解度为 40%的罗非鱼加工下脚料酶解蛋白，进一步研究添加胃蛋白酶制备类蛋白的工艺技术。

制备类蛋白的工艺流程如下：

罗非鱼加工下脚料→清洗、沥干、绞碎→加水（料：水=1：1）→预热到 60℃，调 pH 到 8.0→加 Alcalase 蛋白酶→用 NaOH 调 pH 保持在 8.0→反应达水解度 40%后灭酶（沸水浴 15min）→过滤→酶解液真空浓缩→调到所需 pH，加入胃蛋白酶→37℃恒温振荡水浴→反应结束后按 1：1 加入 12.5%TCA 灭酶→离心→类蛋白

1. 底物水解度对合成类蛋白产率的影响

在底物浓度 40%、加酶量 3%、pH 5.0 的条件下反应 24 h，试验底物水解度对合成类蛋白产率的影响，结果见图 9-9。随着底物水解度的增加，合成类蛋白产率增大，类蛋白反应明显增强；当水解度低于 10%时，类蛋白产率为负值，表明没有发生合成反应，甚至出现了微弱的水解；当水解度在 20%～40%时，合成类蛋白产率随水解度的增加而增得比较明显，当水解度为 40%时，类蛋白产率达 6.97%。另外，在试验条件下，Alcalase 蛋白酶酶解罗非鱼加工副产物的过程中，水解度达到 40%左右后随水解时间的延长，水解进程非常缓慢，综合考虑水解进程和类蛋白产率，选定水解度为 40%的罗非鱼加工副产物水解蛋白作为制备类蛋白的底物。

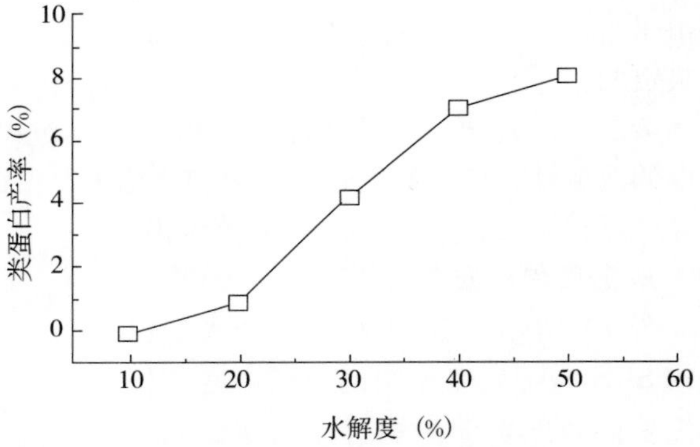

图 9-9 底物水解度对类蛋白产率的影响

2. 加酶量对制备类蛋白产率的影响

在底物水解度 40%、底物浓度 40%、pH 5.0 的条件下反应 24 h，试验加酶量对类蛋白产率的影响，结果见图 9-10。由图 9-10 可知，加酶

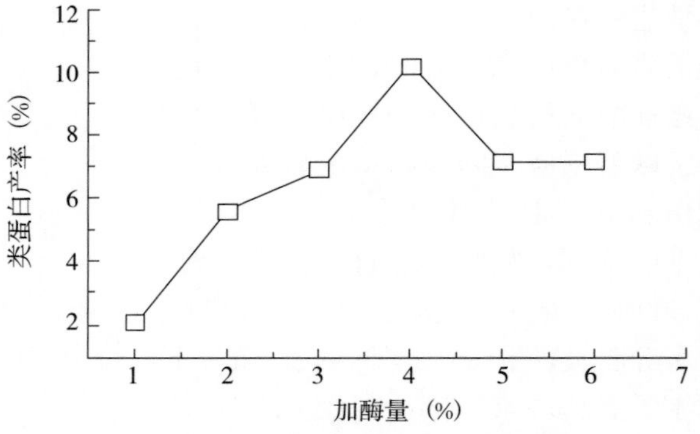

图 9-10 加酶量对类蛋白产率的影响

量对类蛋白反应的影响非常明显。当加酶量在 1%～4%，随着加酶量的增加，类蛋白产率增大；但当加酶量超过 4%时，类蛋白产率有所下降。由此进一步表明，反应过程中水解和合成同步进行，因此，确定进一步试验的加酶量范围为 3%～5%。

3. 底物浓度对类蛋白产率的影响

在底物水解度 40%、加酶量 4%、pH 5.0 条件下反应时间 24 h，试验底物浓度对类蛋白产率的影响。由图 9-11 可知，在试验范围内，当底物浓度从 10%上升到 40%时，类蛋白产率也迅速增加。当底物浓度为 40%时，制备类蛋白产率最高，达 10.03%，此后，随着底物浓度的升高，类蛋白的产率反而下降，由此确定进一步试验的底物浓度范围为 30%～50%。

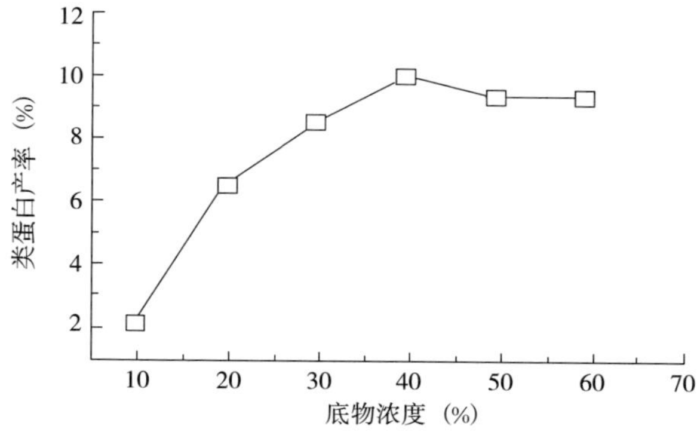

图 9-11　底物浓度对类蛋白产率的影响

4. pH 对类蛋白产率的影响

在水解度 40%、底物浓度 40%、加酶量 4%条件下反应 24 h，试验 pH 对制备类蛋白产率的影响，其结果见图 9-12。在 pH 2.0 左右，类蛋白产率为负值，由此表明，在胃蛋白酶水解反应的最适 pH 附近，出现了轻微的水解；而在 pH 5.0 左右，即偏离胃蛋白酶最适水解条件的 pH 范围内，类蛋白产率较高，由此确定进一步试验的 pH 范围为4.0～6.0。

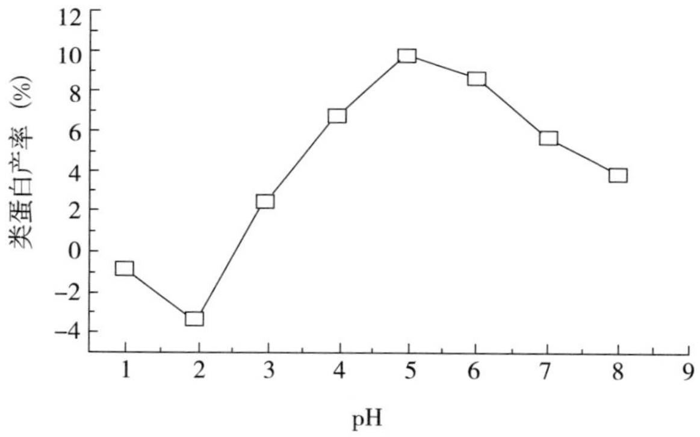

图 9-12　pH 对类蛋白产率的影响

5. 反应时间对类蛋白产率的影响

在水解度 40%、底物浓度 40%、加酶量 4%、pH 5.0 时试验反应时间对类蛋白产率的影响。由图 9-13 可知，随着反应时间的延长，类蛋白产率增加，在试验范围内，反应 24 h 后类蛋白的产率达到最大值 10.11%，此后随着时间的延长，类蛋白产率增加不明显，进一步保温到 36 h，类蛋白产率开始降低。因此，选定进一步试验的反应时间为 24 h。

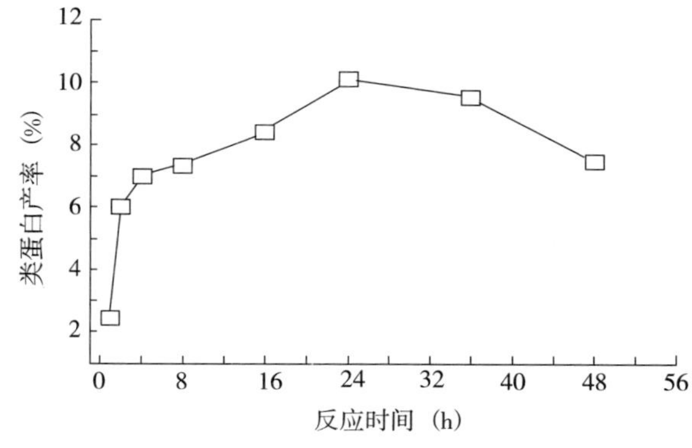

图 9-13　反应时间对类蛋白产率的影响

6. 响应面试验设计、分析及工艺优化

综合水解度、底物浓度、加酶量、pH 和反应时间对类蛋白产率的影响，确定水解度为 40%、反应温度 37℃、反应时间 24 h，选取底物浓度（20%～40%）、加酶量（3%～5%）、pH（4.0～6.0）3 个因素进行响应面试验，以合成类蛋白产率为指标，采用统计分析软件 Export design 7.0 中关于响应面分析的部分对试验进行设计、分析和工艺优化。

以类蛋白产率为响应值，通过 RSM 软件对其进行方差分析可知，模型 F 值为 13.69，$F>F0.01\ (9,\ 10)=4.95$，模型显著水平远小于 0.05，表明二次回归模型高度显著；并且回归模型的 F-检验显示，实测值与预测值的相关系数 R^2 为 0.959 6，说明模型的预测值和试验值拟合较好，自变量与响应值之间线性关系显著。综合各参数，说明该试验方法可靠，各因素水平区间设计较合理，因此可用该回归模型预测类蛋白反应的产率。

回归模型各项的方差分析结果还表明，模型的一次项、二次项和交互项均具有显著性，各试验因子对响应值的影响不是简单的线形关系，且底物浓度对类蛋白合成的影响最明显；其次是加酶量和 pH。各因素经回归拟合后得到二次多项回归方程如下：类蛋白产率 $Y=8.96+0.56A+0.39B+0.37C-0.32AB-0.40AC-0.53BC-0.59A^2-0.89B^2-0.86C^2$，分别表达了类蛋白产率与底物浓度、加酶量和 pH 之间的变化规律。

根据回归分析结果，在 3 个因素中固定一个变量（取 0 水平，即加酶量 3%，底物浓度 40%，pH 5.0）进行降维分析，做出相应的三维响应曲面图和二维等高线图（图 9-14～图 9-16）。由图中可知，三维响应曲面图均呈抛物面开口向下的圆顶丘状，随着响应值的增加而形成一个顶点，表明回归方程在所选水平范围内存在极大值。而二维等高线图都呈椭圆型，表明底物浓度、加酶量和 pH 两两之间的交互作用显著，这与方差分析的结果一致。且当加酶量、底物浓度和 pH 趋近 0 水平时，类蛋白产率越高。

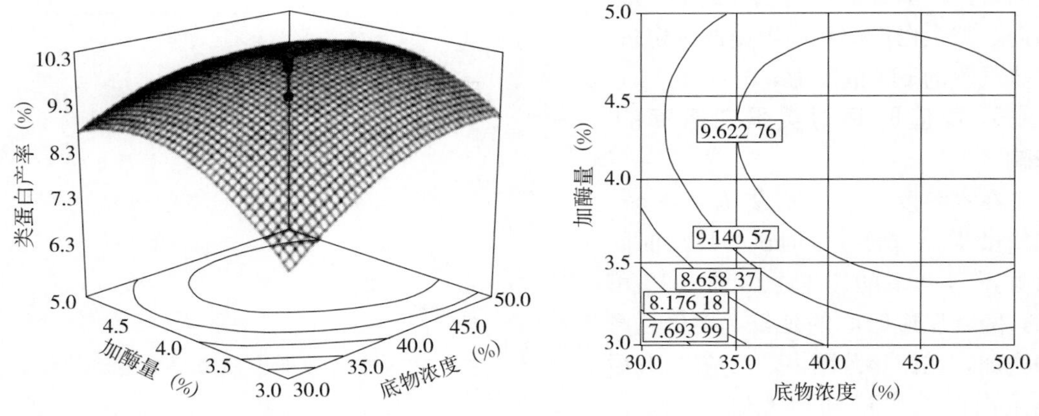

图 9-14 加酶量、底物浓度及其交互作用对合成类蛋白产率影响的响应面

为了确定最佳反应条件，对响应面试验结果利用 RSM 软件进一步进行优化，在试验因素水平范围内，以类蛋白产率最高为指标，得出底物浓度、加酶量和 pH 3 个因素的最

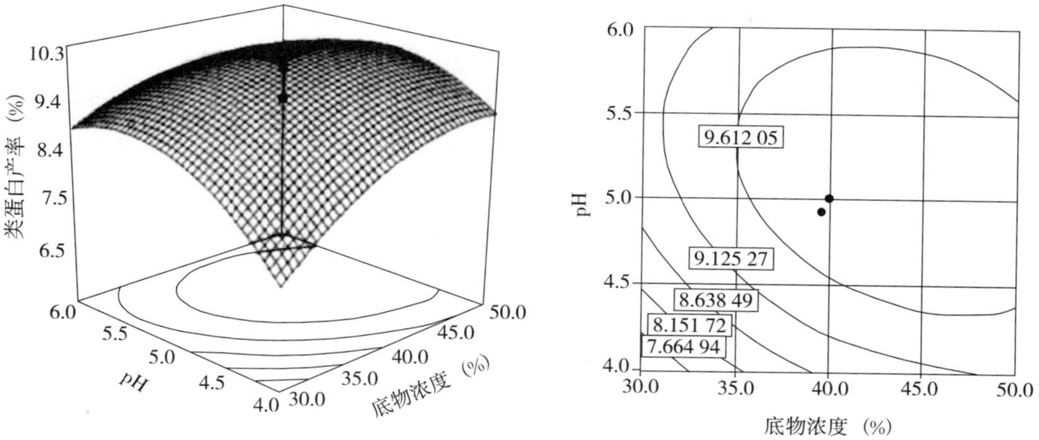

图 9-15　pH、底物浓度及其交互作用对类蛋白产率影响的响应面

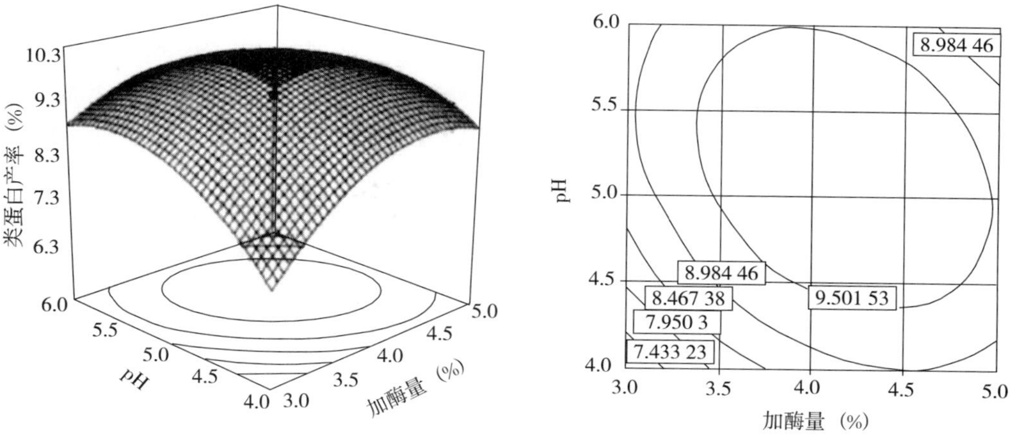

图 9-16　pH、加酶量及其交互作用对类蛋白产率影响的响应面

佳组合为：底物浓度 31.76%、酶添加量 2.92%、pH 4.95，相应的响应面二次模型预测类蛋白产率极大值为 8.99%。进一步对优化组合条件下的类蛋白合成反应进行 5 次重复试验，类蛋白产率为（8.96±0.11）%。最后，通过 Origin 7.0 软件进行单样本 t-检验分析，实际值与预测值的标准误差为 1.32%，低于 5%；自由度为 4，P 值为 0.101 04，与模型预测值无显著差异，表明试验优化的工艺参数可行。

综上研究，得到罗非鱼加工副产物制备类蛋白的工艺技术为：先用 Alcalase 蛋白酶酶解罗非鱼加工副产物，当水解度达到 40%左右，以其作为底物，加入胃蛋白酶，酶添加量 2.92%，底物浓度 31.76%，pH 4.95，反应温度 37℃，反应时间 24 h，获得类蛋白的产率为 8.96%。通过 SDS 尿素 PAGE 和 HPLC 分析表明，合成类蛋白的蛋白相对分子质量增大，小分子多肽和氨基酸发生了缩合反应生成了分子量较大的类蛋白，是一种无风味的特殊蛋白质，拓展了其进一步开发利用。

四、罗非鱼鱼肉蛋白质酶解物的制备及其抗氧化活性

生物活性肽是指对生物机体的生命活动有益或具有特定生理作用的肽类化合物，其对保健食品及生化药物的开发具有极其重要的作用。目前，海洋与淡水水产资源已成为获取及制备生物活性肽的重要来源，一方面是由于水产品种类丰富，来源广泛，其本身存在许多功能特异、结构新颖的天然活性肽，可通过相关提取工艺获得；另一方面是由于水产蛋白的肽链中普遍蕴含着功能区，即氨基酸以特定序列通过肽键连接而成的肽段，该肽段为生物活性肽的前体物质，经释放后可具有特殊的生物活性。近年来，研究人员已从水产品及其加工副产物中分离鉴定出具有不同功能活性的生物活性肽。随着人们保健意识的不断提高，现在已深刻认识到生物活性肽对促进机体健康、降低疾病风险的重要性，对相关保健产品的需求也日益增大。

抗氧化肽是一种具有抗氧化功效的生物活性肽，其抗氧化活性可能主要源于①可作为供氢体或供电子体清除自由基以及抑制脂肪氧化；②具有螯合金属离子的能力进而可抑制以金属离子为辅酶或辅基的脂质过氧化反应；③能促进过氧化物的分解。

目前抗氧化肽的制备技术可主要分为溶剂提取法、合成法以及酶解法。其中，溶剂提取法是指利用化学试剂从水产品中直接提取其本身固有的各种天然生物活性肽。由于生物体内天然生物活性肽含量甚微，同时该法的选择性与提取率较低，且较易导致溶剂残留与环境污染等问题，因而其应用受到了较大的限制；合成法是指利用化学方法或重组 DNA 技术等对生物活性肽进行定向合成，当前该法的成熟度仅限于合成结构较为简单且相对分子质量较小的肽类化合物，同时也存在投资大、成本高等问题；酶解法是指利用蛋白酶对水产蛋白肽链的剪切作用，促使其蕴含的具有潜在功能性的肽段得以释放，从而获得具有特定活性的功能肽。与溶剂提取法、合成法相比，酶解法具有安全、高效、无污染、生产成本较低等诸多优点，更受人们青睐。我国在研究及开发水产抗氧化肽的领域中主要采用控制酶解技术，利用胰蛋白酶、胃蛋白酶、木瓜蛋白酶、风味蛋白酶、复合蛋白酶等蛋白酶制剂从水产品中已经制备出具有抗氧化活性的肽类物质。

罗非鱼因其肉质细嫩、营养丰富、无肌间刺、腥味较少、生长较快等特点，已成为世界性的重要养殖鱼类之一。我国罗非鱼产量居世界首位，其加工产品主要以冻罗非鱼片为主，在加工过程中会产生大量的碎鱼肉，大多当作废弃物处理，蛋白质资源的高值化利用水平较低。近年来研究表明，罗非鱼鱼肉蛋白酶解物具有较好的抗氧化活性，因此，利用生物酶法技术从罗非鱼蛋白中制备抗氧化肽，可为罗非鱼精深加工及其加工副产物高值化利用水平的提高提供方法与指导。

1. 罗非鱼蛋白酶解物抗氧化活性的常用评价方法

目前评定水产蛋白酶解物的抗氧化活性一般是通过评定其自由基清除能力、还原力、抑制脂质过氧化能力、金属离子螯合能力等指标来进行综合考察的。

①自由基的清除能力。人体的衰老都是因为机体不能够及时完全清除自由基，例如，超氧阴离子（$O_2^- \cdot$）、过氧化氢（H_2O_2）、羟基自由基（·OH）等，这些自由基具有极不稳定性和较高的反应性。因此，一种高抗氧化能力的生物活性肽需要具备高效清除上述自由基的能力。

②还原力也是评价一种物质抗氧化能力的一个重要指标，当加入抗氧化物质时，铁氰化钾的 Fe^{3+} 被还原为 Fe^{2+}，Fe^{2+} 带有浅绿在 700nm 处有强的吸收值，吸光度值的大小反映了 Fe^{2+} 的浓度，因此，吸光值越高表明其抗氧化活性越好。

③抑制脂质过氧化能力。食品中的不饱和脂肪酸由于很容易氧化生成过氧化脂质，再通过一系列的分解、聚合反应会产生腐败甚至毒性物质。脂肪的氧化也会导致癌症的发生以及衰老。目前检测抗氧化剂的材料一般采用亚油酸。亚油酸通过吸收空气中的氧进行自动氧化反应，产生脂肪酸氢过氧化物。加入抗氧化剂后，水油混合体系中的氢过氧化物的含量与空白中的过氧化物质做比较，进而评估抑制脂类自氧化的效果。

④金属离子螯合能力也用来评定其抗氧化指标，由于过渡态金属离子如 Fe^{2+}、Cu^{2+} 和 Zn^{2+} 能催化不饱和脂质氧化过程中自由基的形成。当抗氧化活性肽存在时，其能够为过渡金属离子提供孤对电子并通过形成配位键与之共价结合，因此，也可作为评价抗氧化能力的一个指标。

2. 罗非鱼鱼肉蛋白水解酶的筛选

（1）水解罗非鱼鱼肉制备抗氧化肽的蛋白酶 胰蛋白酶、复合蛋白酶、风味蛋白酶、木瓜蛋白酶、菠萝蛋白酶是酶解鱼肉蛋白质的常用商业蛋白酶制剂，罗非鱼胃蛋白酶和肠蛋白酶为从罗非鱼胃、肠中提取得到的内源性蛋白酶。各种酶活力均按照国标 SB/T 10317—1999 测定出来，加酶量是按照各自实际酶活力进行添加。由表 9-6 可知，提取获得的罗非鱼胃蛋白酶、肠蛋白酶具有较好的活性，与一些商业蛋白酶活性相比相差不大。

表 9-6 蛋白酶的酶活力及试验条件

蛋白酶	实际酶活力（$\times10^5$U/g）	最适 pH	最适温度℃	加酶量（U/g）
胰蛋白酶	2.21	7.0	50	800
复合蛋白酶	1.87	7.0	50	800
风味蛋白酶	1.65	7.0	50	800
木瓜蛋白酶	2.64	7.0	50	800
菠萝蛋白酶	1.79	7.0	50	800
罗非鱼胃蛋白酶	1.71	2.0	45	800
罗非鱼肠蛋白酶	1.03	8.0	40	800

（2）水解度和蛋白利用率的比较 由图 9-17 可知，对外源酶而言，木瓜蛋白酶、胰蛋白酶、风味蛋白酶水解罗非鱼鱼肉蛋白后的蛋白质回收率相对较高，其值分别为 79.65%、77.2%、76.8%，而复合蛋白酶与菠萝蛋白酶相对较低。对内源酶而言，罗非鱼胃蛋白酶水解罗非鱼鱼肉蛋白后的蛋白质回收率比肠蛋白酶要好，其值分别为 65.11%、59.76%。

水解度可反映酶水解底物蛋白的效果。由图 9-18 可知，与其他酶相比，木瓜蛋白酶和风味蛋白酶水解罗非鱼鱼肉蛋白质的效果较好，其中罗非鱼木瓜蛋白酶酶解物的水解度为 20.85%，略高于风味蛋白酶（20.6%）；对内源酶而言，罗非鱼胃蛋白酶的水解效果比肠蛋白酶的水解效果好，其水解度分别为 17.03%、15.52%。从底物蛋白质的水解程度来讲，木瓜蛋白酶是较为适合的酶类。

（3）酶解物清除 DPPH 自由基的活性比较 抗氧化物质与自由基反应不仅能够终止

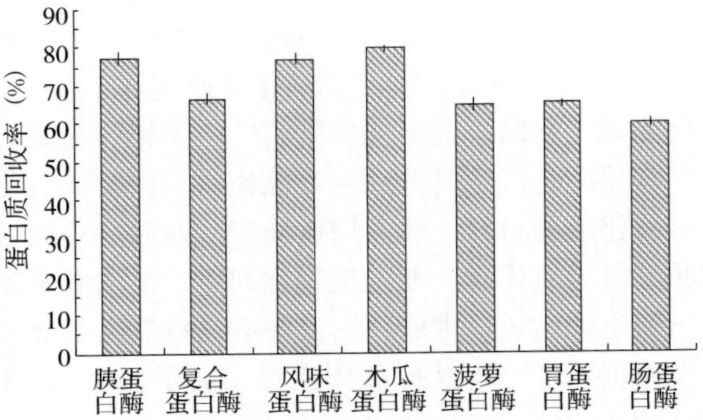

图 9-17　罗非鱼鱼肉蛋白质经不同酶水解后的蛋白质回收率比较

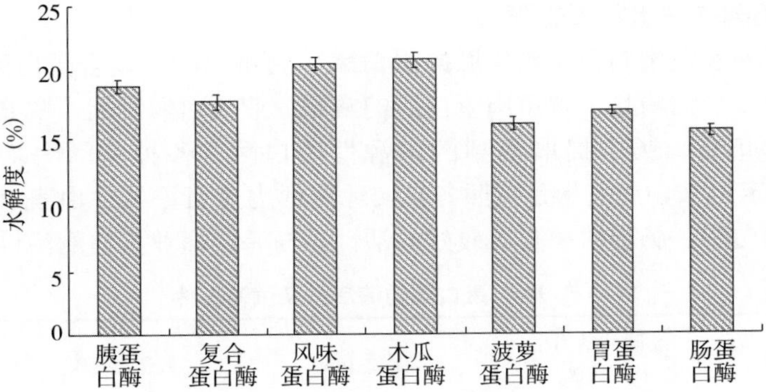

图 9-18　不同蛋白酶的水解度比较

自由基的氧化反应，而且还能产生稳定的化学物质。DPPH 是一种很稳定的以氮为中心的自由基，如一种物质能够清除 DPPH 自由基则可以推断该物质具有降低羟基自由基、烷基自由基或过氧自由基的能力。DPPH 自由基在可见光区的最大吸收峰波长为 517nm，其遇到能够提供质子的物质就会被清除，吸光值也随着下降。不同蛋白酶酶解产物清除 DPPH 自由基能力见图 9-19。

由图 9-19 可知，木瓜蛋白酶酶解物的 DPPH 自由基清除率最好，其清除率为 75.74%；其次是胃蛋白酶酶解物与胰蛋白酶酶解物，其值分别为 73.61%、71.53%。罗非鱼鱼肉蛋白质虽经风味蛋白酶水解后具有较高的蛋白质回收率与水解度，但其产物的 DPPH 自由基清除率较低，其值为 59.87%，这可能是风味蛋白酶易将罗非鱼鱼肉蛋白质水解成游离的氨基酸，从而影响了产物的抗氧化活性。

内源酶方面，罗非鱼胃蛋白酶和肠蛋白酶酶解产物对 DPPH 自由基的清除率分别为 73.61%、52.45%，其中罗非鱼胃蛋白酶的酶解产物的 DPPH 自由基清除率略低于木瓜蛋白酶。

(4) 酶解物清除羟基自由基（·OH）活性的比较　机体一旦出现应激或疾病时，氧自由基就会过量产生，从而对人体造成危害。羟基自由基是目前所知活性氧中对生物体毒

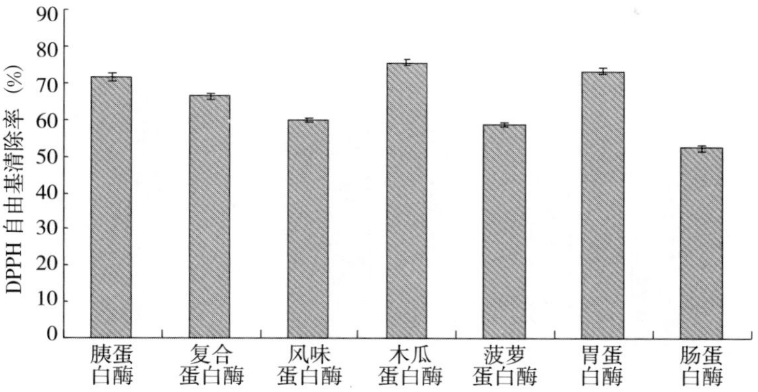

图 9-19 不同蛋白酶酶解产物清除 DPPH 自由基能力的比较

性与危害最大的一种自由基，它容易与体内的氨基酸、蛋白质以及 DNA 等生物分子发生反应，易导致疾病的发生。提供氢质子的物质能够与羟基自由基发生反应，生成稳定的化合物，并终止自身的氧化性。如图 9-20 所示，胰蛋白酶的酶解产物清除羟基自由基的能力较好，清除率为 59.56%；木瓜蛋白酶酶解物对羟基自由基的清除率略微低于胰蛋白酶酶解物，其清除率为 57.03%；风味蛋白酶酶解物对羟基的清除率在外源酶酶解物中最低，为 43.86%；内源酶酶解物中，罗非鱼胃蛋白酶的酶解物清除羟基自由基的能力比外源酶的酶解物高，其清除率为 60.51%，且明显高于罗非鱼肠蛋白酶的酶解物(40.27%)。因此，罗非鱼胃蛋白酶是酶解罗非鱼鱼肉蛋白质获得具有强清除羟基自由基能力酶解物的较适酶源。

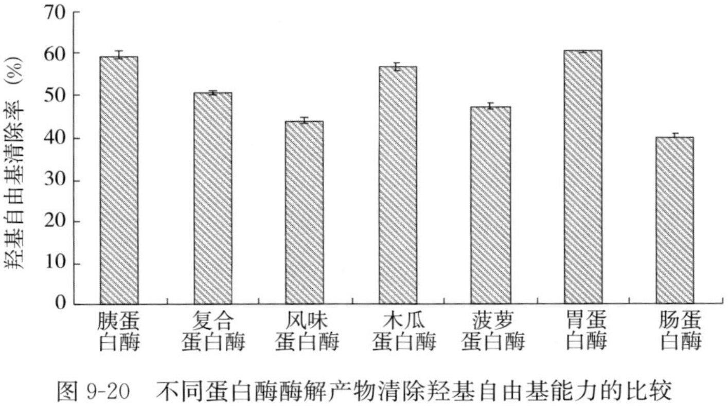

图 9-20 不同蛋白酶酶解产物清除羟基自由基能力的比较

(5) 酶解物清除超氧阴离子 (O_2^- ·) 效果的比较 超氧阴离子是其他氧自由基的起源，因此，清除体内超氧阴离子是防止机体快速衰老的重要途径。由图 9-21 可知，木瓜蛋白酶酶解物清除超氧阴离子能力最好，其清除率为 34.35%；胰蛋白酶和风味蛋白酶酶解物的超氧阴离子清除率略微低于木瓜蛋白酶酶解物的清除率，分别为 32.06%、31.73% 。外源酶中，菠萝蛋白酶酶解产物的清除能力最差，清除率为 26.58%；内源酶中，罗非鱼肠蛋白酶酶解物的超氧阴离子自由基清除率最低，为 26.23%。

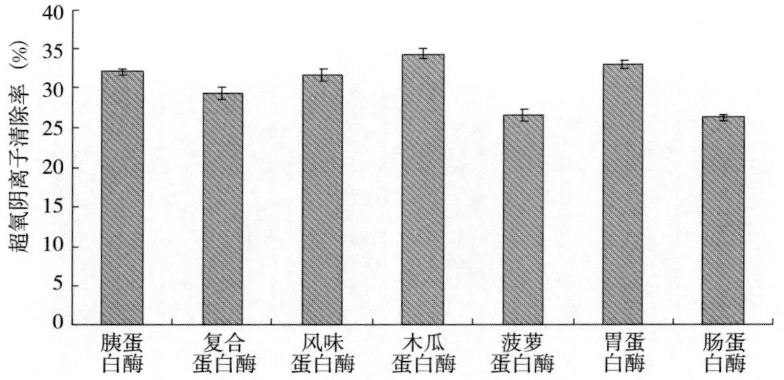

图 9-21　不同蛋白酶酶解产物清除超氧阴离子自由基能力的比较

（6）酶解物还原力效果的比较　还原力大小能够反映出抗氧化剂供电子能力的强弱。酶解产物中的抗氧化物质能够提供电子将铁氰化钾中 Fe^{3+} 还原成 Fe^{2+}，Fe^{2+} 在 700 nm 下有最大的吸光值。因此，吸光值较大的样品，还原能力较好，具有较高的抗氧化性。由图 9-22 可知，木瓜蛋白酶酶解物与罗非鱼胃蛋白酶酶解物的还原力最好，其吸光值分别为 0.628、0.653；菠萝蛋白酶酶解物与罗非鱼肠蛋白酶酶解物的还原力较差，其吸光值分别为 0.489、0.524，抗氧化性能较低。同时也发现，酶解物清除 DPPH 自由基能力与还原力的结果相一致。

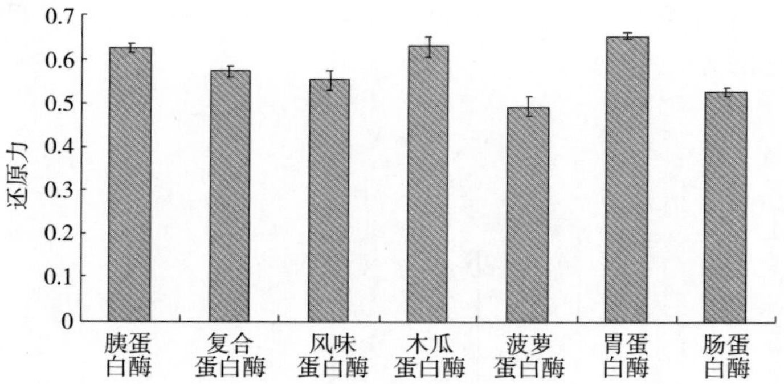

图 9-22　不同蛋白酶酶解产物还原力的比较

通过对比罗非鱼鱼肉蛋白质经不同酶水解后其蛋白质回收率与水解度指标发现，木瓜蛋白酶酶解物的蛋白质回收率为 79.65%、水解度为 20.85%，均高于其他蛋白酶酶解物，是水解罗非鱼鱼肉蛋白质效果最好的酶，这可能与木瓜蛋白酶作用位点具有广泛特异性有关。

对不同酶解物的自由基清除率及还原力进行对比发现，7 种酶的酶解产物皆显示了一定的抗氧化性。其中木瓜蛋白酶酶解产物清除 DPPH 自由基、超氧阴离子能力均高于其他蛋白酶酶解物；罗非鱼胃蛋白酶酶解物对羟基自由基的清除率及其还原力较好。因此，木瓜蛋白酶酶解物与罗非鱼胃蛋白酶酶解物相对具有较好的抗氧化活性。从酶的水解效果、罗非鱼鱼肉蛋白质回收率以及酶解物的抗氧化活性方面予以综合考虑，选用木瓜蛋白酶水解罗非鱼鱼肉蛋白质较为适宜。

3. 水解度对罗非鱼酶解物抗氧化活性的影响

（1）罗非鱼鱼肉蛋白质水解度的变化　由图 9-23 可知，随着酶解时间的增加，罗非鱼鱼肉蛋白质的水解度逐渐升高，其水解度由 14.2%（1 h）快速升至 27.1%（6 h），而当继续延长酶解时间至 8 h 时，水解度缓慢增至 29.3%。这一先快后缓的变化趋势与蛋白酶在水解豆类蛋白与乳蛋白时的水解度的变化趋势相一致。

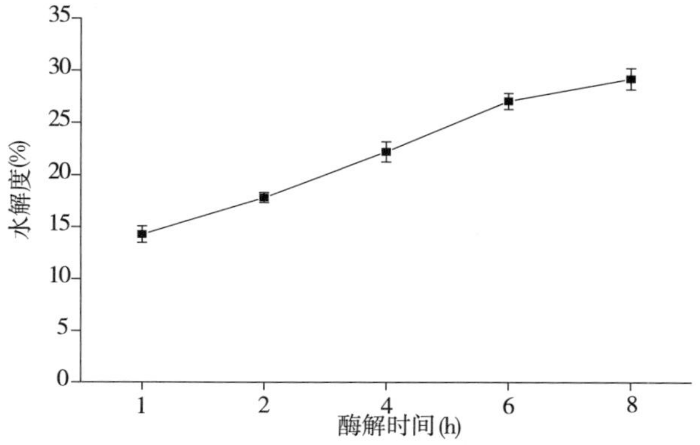

图 9-23　罗非鱼鱼肉蛋白质水解度的变化

（2）水解度对酶解物清除 DPPH 自由基能力的影响　从图 9-24 中可以看出，当水解度从 14.2%(1h)增加到 22.3%(4h) 时，酶解物的 DPPH 自由基半清除率 IC_{50} 由 7.1 mg/mL 降至 4.8 mg/mL，表明其清除 DPPH 自由基能力提高。而当水解度继续增大时，其清除 DPPH 自由基能力反而有所下降。这可能是由于水解程度低不利于从罗非鱼鱼肉蛋白质将抗氧化活性肽段释放出来，而水解程度过高会使抗氧化活性肽段继续降解成游离氨基酸而导致活性下降。

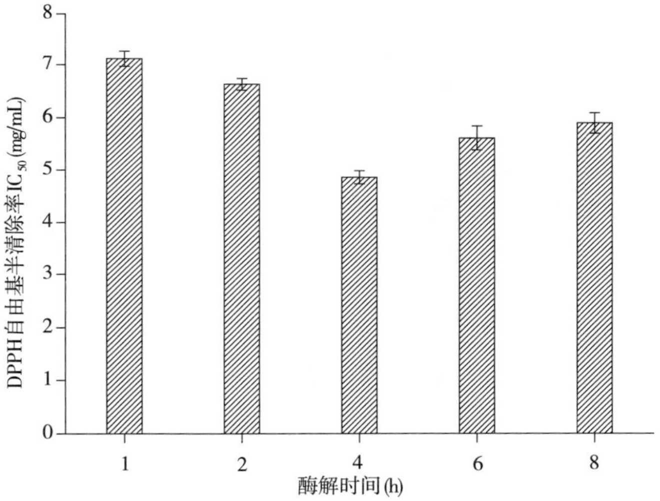

图 9-24　水解度对酶解物清除 DPPH 自由基能力的影响

（3）水解度对酶解物在亚油酸体系中抑制脂质氧化能力的影响　罗非鱼鱼肉蛋白质经木瓜蛋白酶酶解后的产物在亚油酸体系中抑制脂质氧化的能力如图 9-25 所示。

从图 9-25 中可知，添加罗非鱼酶解物的亚油酸体系在 7d 内均发生了不同程度的氧化（吸光值逐渐升高），但 4 h 酶解物对抑制亚油酸氧化的效果比其他酶解物要好，6 h 酶解物与 8 h 酶解物的抑制效果次之，1 h 酶解物与 2 h 酶解物抑制效果较差，这可能与不同水解度的酶解产物在分子量及氨基酸组成上存在差异性有关。结果表明，水解度与酶解物在油脂中的抗氧化效果存在相关性。

综上所述，罗非鱼鱼肉蛋白质水解产物的抗氧化活性与水解度密切相关。当水解度增加至 22.3%时，酶解物具有较好的清除 DPPH 自由基与抑制脂质过氧化的能力，过低或过高的水解度均会导致酶解物抗氧化活性的下降。

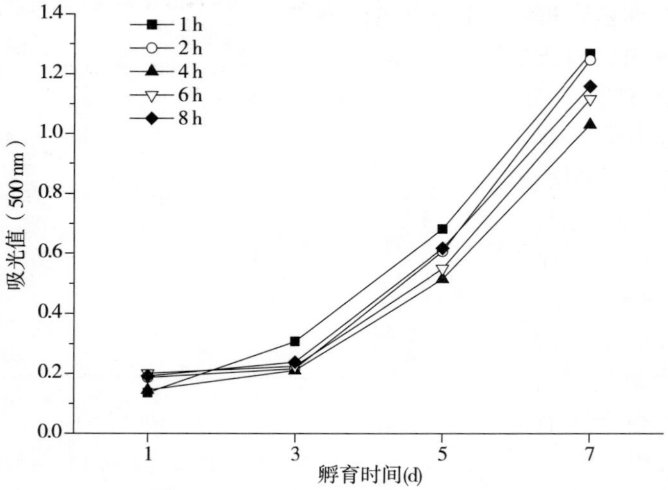

图 9-25 水解度对酶解物在亚油酸体系中抑制脂质氧化能力的影响

4. 罗非鱼鱼肉组分蛋白酶解物的抗氧化特性

（1）不同组分蛋白酶解物的蛋白质回收率和水解度 提取罗非鱼鱼肉 3 种组分蛋白（基质蛋白、肌浆蛋白、肌原纤维蛋白），经酶解后得到酶解物的蛋白质回收率。其中基质蛋白酶解物的蛋白质回收率最高，为 89.8%，肌原纤维蛋白次之，为 68.2%，肌浆蛋白最低，为 40.1%。从蛋白质的角度来看，基质蛋白组分在酶解中对蛋白质回收率的影响最大。

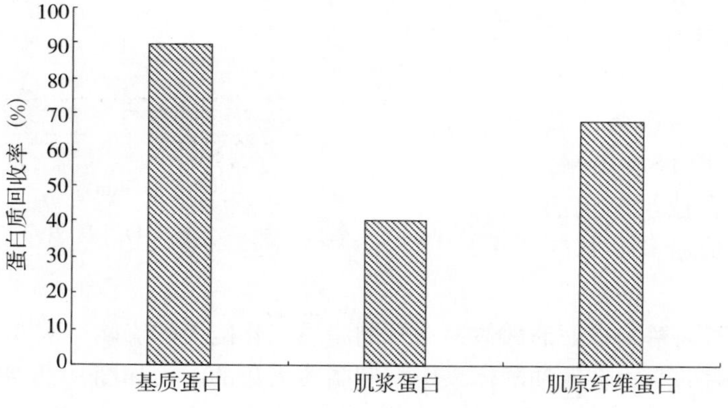

图 9-26 不同组分蛋白质回收率比较

从图 9-27 可以看出，3 种分离的组分蛋白中，肌原纤维蛋白酶解物的水解度最高，为 10.1%，基质蛋白酶解物的水解度为 8.3%，肌浆蛋白水解度最低，为 4.7%。组分蛋白的水解度偏低可能与蛋白分离提取时使用的盐提取、酸沉淀导致蛋白结构改变、部分变性有关；从水解度的角度来看，肌原纤维蛋白组分在酶解中对水解度的影响最大。

（2）不同组分蛋白酶解物羟基自由基的 IC_{50} 由图 9-28 可知，3 种组分蛋白中，肌浆

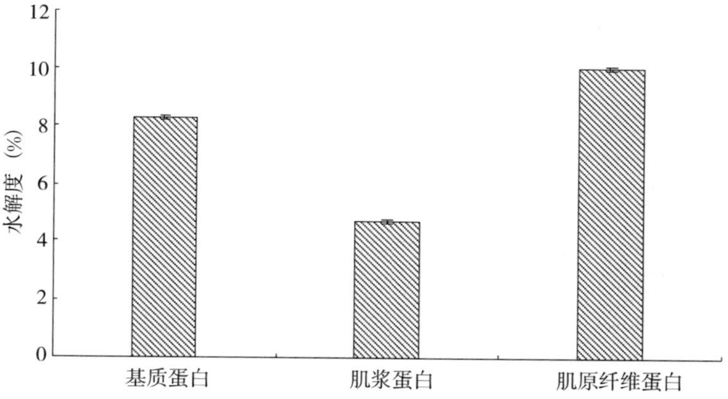

图 9-27 不同组分蛋白的水解度比较

蛋白酶解物清除羟基自由基的能力最强，IC_{50}为 12.352 mg/mL，其次为基质蛋白酶解物，IC_{50}为 14.986 mg/mL，肌原纤维蛋白酶解物清除羟自由基的效果最差，IC_{50}为 16.626 mg/mL；这可能是由于肌原纤维蛋白分子比肌浆蛋白分子大，所以较肌浆蛋白组分来说比较难以深度酶解，基质蛋白中的胶原蛋白分子有 3 条相互缠绕的多肽链，结构十分稳定也较难被酶解；由图 9-28 中可以判断出，酶解罗非鱼鱼肉蛋白质时，肌浆蛋白组分是完整鱼肉蛋白质中清除羟基自由基最好的组分。

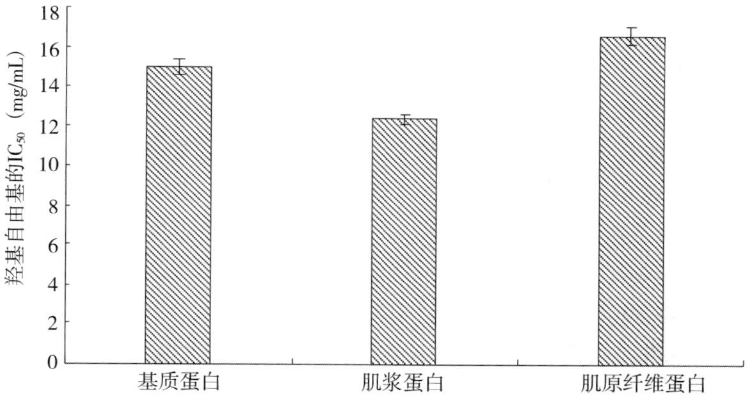

图 9-28 不同组分蛋白酶解物清除羟基自由基能力的比较

(3) 不同蛋白组分酶解物 DPPH 自由基的 IC_{50} 对比各种不同蛋白组分酶解物 DPPH 自由基的 IC_{50}可以看出，肌浆蛋白组分清除 DPPH 自由基的能力最强，IC_{50}为 3.554 mg/mL，远低于基质蛋白、肌原纤维蛋白酶解物的 IC_{50}；可以得知，罗非鱼肉蛋白在中性蛋白酶酶解 4h 时，完整鱼肉蛋白中清除 DPPH 自由基最好的组分是肌浆蛋白组分。

由以上可知，在罗非鱼 3 种组分蛋白中，基质蛋白的蛋白质回收率最高，为 89.8%，肌原纤维蛋白的水解度最高，为 10.1%，肌浆蛋白清除羟基自由基和 DPPH 自由基的能力最好，IC_{50}分别为 12.352 mg/mL、3.554 mg/mL；可以得出在酶解罗非鱼鱼肉蛋白质过程中，对蛋白质回收率、水解度、清除羟基自由基和 DPPH 自由基能力影响最大的组分依次为基质蛋白、肌原纤维蛋白、肌浆蛋白。

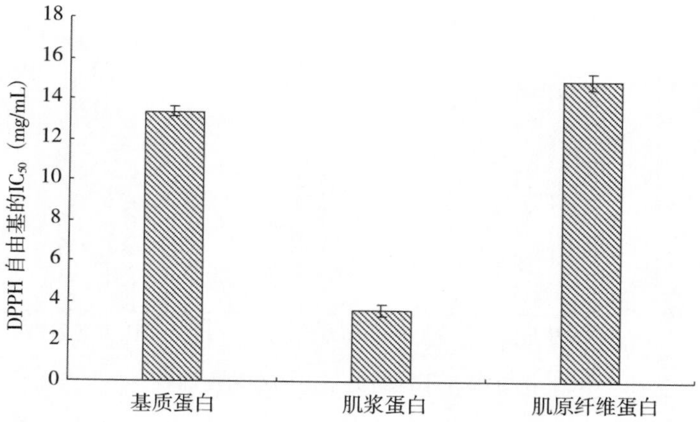

图 9-29 不同组分蛋白酶解物清除 DPPH 自由基能力的比较

五、罗非鱼肽-矿物离子螯合物的制备技术、抗氧化活性及结构特征

肽-矿物离子螯合物是由矿物离子与肽通过螯合反应制备而得的，其能够借助肽类在机体内的吸收机制提高矿物离子的生物利用率，具备无机态矿物离子所没有的生理生化特性。钙、铁、铜等矿物离子皆为生物机体必需的微量元素，其缺乏会引起骨骼疏松、贫血等疾病。具有抗氧化活性的肽类物质能抑制由金属离子引起的氧化反应，因此一般都具有螯合矿物离子的能力。

目前，以人体必需的微量元素（如 Ca^{2+}、Fe^{2+}、Cu^{2+} 等）与肽螯合后制得的螯合物已成为一种新型矿物离子补充剂，越来越受到人们的重视。此外，研究发现将具有抗氧化等活性的不同来源的蛋白质水解物与一些矿物离子螯合后可以增强其生物活性。因此，肽-矿物离子螯合物不仅具有促进矿物离子吸收的活性，还可能具备较高的抗氧化等生物活性，具有很大的研发价值。

1. 罗非鱼肽-矿物离子螯合物的制备技术

肽-矿物离子螯合物一种具有环状结构的有机化合物，它是由矿物离子按一定的摩尔比以共价键同肽类结合而成的。影响矿物离子与肽进行螯合反应的因素有物料的质量比、pH、温度和反应时间等，不同的螯合工艺所得的螯合产物的螯合率和理化性质有所差异。矿物离子螯合肽的制备工艺目前已相对成熟，一般制备流程是以一些天然动植物蛋白为原料，用酶解法获取蛋白肽，然后选取人体必需的微量元素等以一定的质量比与蛋白肽在一定的温度和 pH 条件下水浴进行螯合反应制备螯合物。

在罗非鱼肽-矿物离子螯合物的制备方面，将罗非鱼酶解物溶解后配成溶液（pH 7.2），然后按照酶解物与矿物盐（$CaCl_2$、$FeCl_2$、$CuCl_2$）的质量比为 5∶1、10∶1、20∶1 的条件下进行螯合（温度为 37 ℃，时间为 40 min），反应结束后，将混合物置于透析袋中（截留相对分子质量为 100）进行透析，去除掉游离态的矿物离子，然后将透析液冻干后分别制备得到矿物离子螯合物 I、螯合物 II 和螯合物 III。

2. 罗非鱼酶解物对矿物离子（Ca^{2+}、Fe^{2+}、Cu^{2+}）的螯合能力

矿物离子螯合率见图 9-30。由图 9-30 可知，随着酶解物与矿物盐质量比的升高（5∶1 至 20∶1），Ca^{2+}、Fe^{2+}、Cu^{2+}的螯合率均有不同程度的提高，从而表明增加配体数量有利于其与受体及中心离子的结合。从图 9-30 还可看出，在酶解物与矿物盐质量比为 5∶1 的条件下，酶解物螯合铜离子的螯合率最高，为 59.7%，亚铁离子螯合率最低，为 44.8%，同时结合酶解物与矿物盐质量比提高时螯合率的变化趋势可知，罗非鱼酶解物对不同矿物离子的螯合能力存在一定的差异性，其大小依次为：铜离子＞钙离子＞亚铁离子。蛋白酶解物具有较好的螯合矿物离子的活性也被其他相关文献所报道。

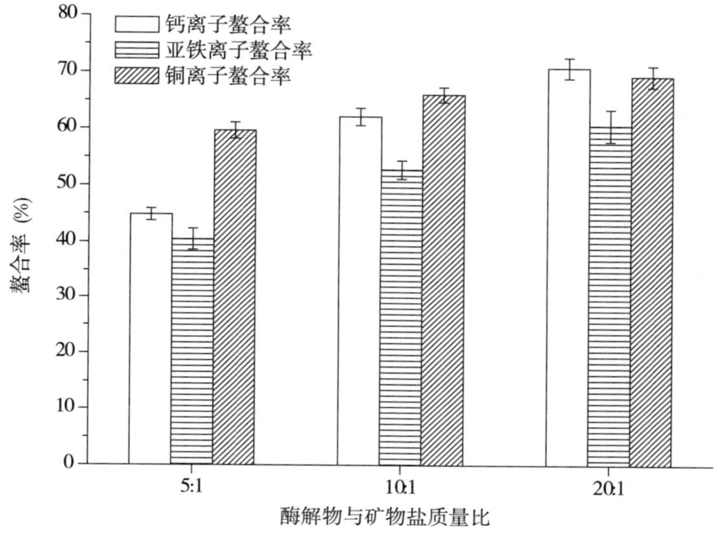

图 9-30 罗非鱼酶解物螯合矿物离子的能力

3. 矿物离子螯合物的抗氧化活性

（1）螯合物清除 DPPH 自由基能力分析 从图 9-31 可知，相比亚铁离子螯合物与铜离子螯合物，钙离子螯合物Ⅰ（5∶1）、螯合物Ⅱ（10∶1）、螯合物Ⅲ（20∶1）清除 DPPH 自由基的能力相对较好，其次为亚铁离子螯合物与铜离子螯合物。与罗非鱼酶解物清除 DPPH 自由基的能力相比，钙离子螯合物Ⅱ（10∶1）、螯合物Ⅲ（20∶1）以及铜离子螯合物Ⅲ（20∶1）在 DPPH 自由基清除率上不存在显著性差异（$P > 0.05$）。而铜离子螯合物在 DPPH 自由基清除能力上均低于罗非鱼酶解物。相关研究发现，含有某种特定氨基酸的多肽具有显著的抗氧化能力，如甘氨酸、脯氨酸、赖氨酸、谷氨酰胺、组氨酸、亮氨酸、酪氨酸等。当多肽中的这些氨基酸的键与矿物离子发生反应后，就减少了氨基酸接受自由基的能力，即减小了抗氧化肽的抗氧化能力，因此，需控制矿物离子的添加量。研究结果表明，不同离子螯合物在 DPPH 自由基清除能力上存在较大的差异性，同时通过采用合适的螯合条件可使螯合物获得较好的 DPPH 自由基清除能力。

（2）还原力分析 矿物离子螯合物的还原力见图 9-32。从图 9-32 中可以看出，钙离子螯合物的还原力明显高于亚铁离子螯合物与铜离子螯合物，且增加配体含量后获得的钙离子螯合物（Ⅱ、Ⅲ）其还原力高于酶解物，而亚铁离子螯合物与铜离子螯合物的还原力

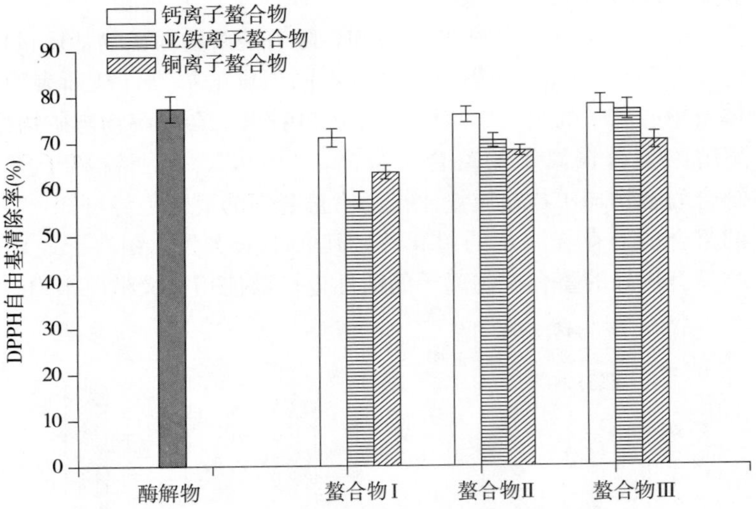

图 9-31　矿物离子螯合物清除 DPPH 自由基的能力

则明显低于罗非鱼酶解物。这可能是螯合钙离子后使得肽空间结构发生了有利的改变，更易将 Fe^{3+} 转变为 Fe^{2+} 。

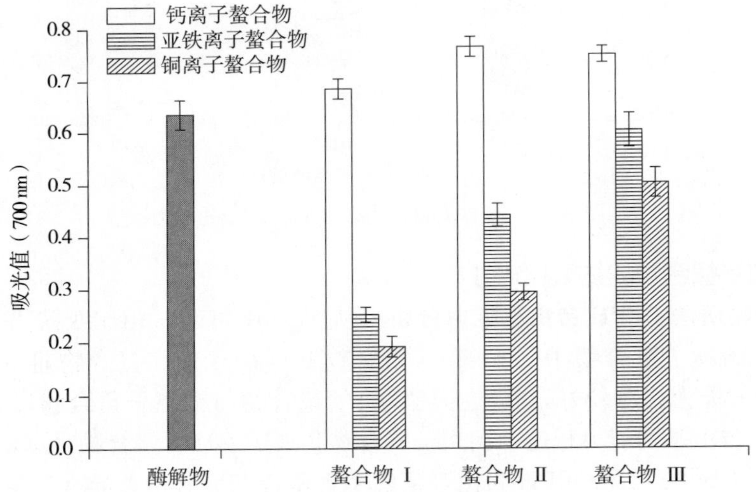

图 9-32　矿物离子螯合物的还原力

（3）脂质过氧化抑制率分析　为了进一步评价矿物离子螯合物的抗氧化性，对产物在亚油酸体系中的抑制脂质氧化能力进行了研究。不同螯合物的脂质过氧化抑制率见图 9-33。由图 9-33 可知，钙离子螯合物与铜离子螯合物的脂质过氧化抑制能力明显高于亚铁离子螯合物。酶解物螯合钙离子、铜离子后其脂质过氧化抑制能力较大幅度提高。螯合物抑制脂质过氧化的能力高于酶解物的现象，国内学者在研究其他鱼类蛋白酶解物-矿物离子螯合物的活性时也有类似报道，这可能是抗氧化肽中的疏水性肽能够通过增加抗氧化肽在油脂里面的溶解能力提高其对脂质的抑制率，矿物离子螯合物抑制脂质氧化的能力高于未螯合的酶解物可能是增加了酶解物中疏水性多肽的暴露程度。

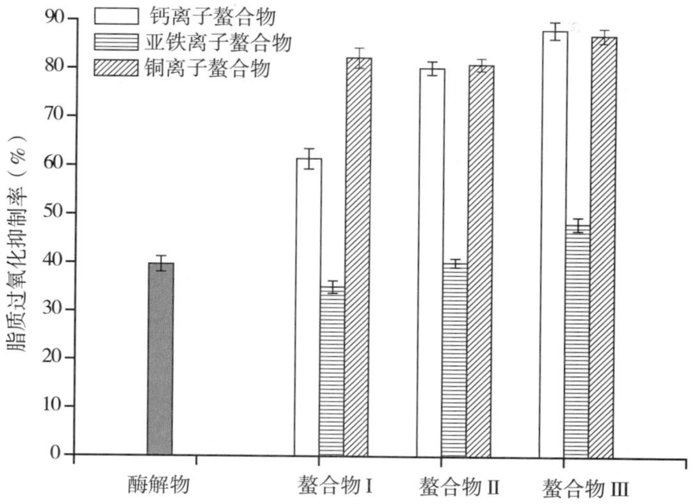

图 9-33　矿物离子螯合物抑制脂质过氧化的能力

4. 螯合物的微观结构

罗非鱼酶解物螯合矿物离子前后其微观结构的变化见图 9-34。由图 9-34 可知，罗非鱼酶解物［图 9-34（A)］呈形状不规则的小块状，小碎块结构较多，这可能是罗非鱼鱼肉蛋白质经酶解作用后形成小分子肽所致。当罗非鱼酶解物分别与钙离子、亚铁离子、铜离子螯合后，其螯合物［图 9-34（B～D)］的微观结构发生了明显的变化，原先存在于酶

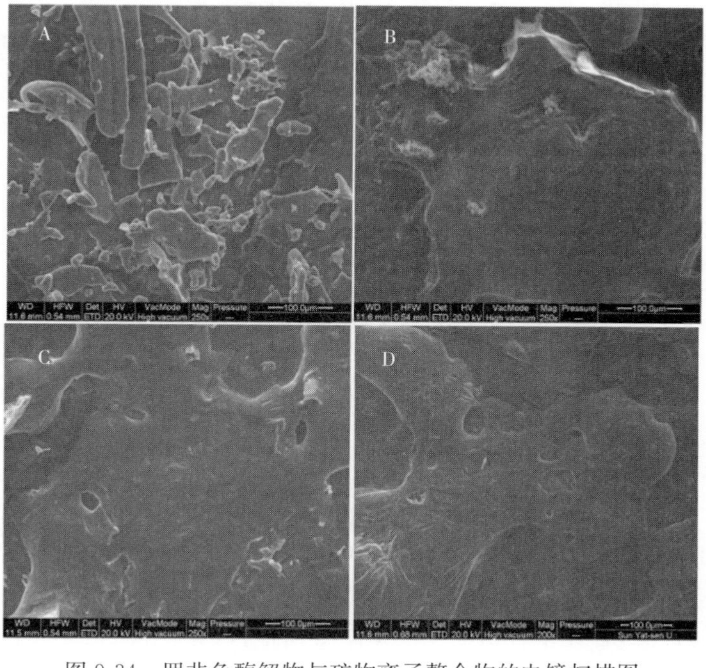

图 9-34　罗非鱼酶解物与矿物离子螯合物的电镜扫描图

A. 罗非鱼肉蛋白酶解物　B. 钙离子螯合物　C. 亚铁离子螯合物　D. 铜离子螯合物

解物中的小碎块结构消失了，呈现的是大块状结构，同时在大块状结构中可明显看到有白色的小斑点镶入其中，由此可以推知，罗非鱼酶解物与矿物离子通过配位键进行了结合，螯合后其相对分子质量有所增大，形成了图 9-34 中所示的大块状结构。

5. 罗非鱼酶解物与矿物离子螯合物的红外光谱分析

罗非鱼酶解物及其矿物离子螯合物的红外光谱见图 9-35。对罗非鱼酶解物而言，位于 1 650cm^{-1}与 1 554cm^{-1}的吸收峰可归结为酰胺Ⅰ带（C=O）和酰胺Ⅱ带（N-H 与 C-N）的振动。当酶解物螯合钙离子、亚铁离子、铜离子后，酰胺Ⅰ带的吸收峰从1 650cm^{-1}分别移至 1 653cm^{-1}、1 652cm^{-1}、1 653cm^{-1}，这可能是由肽链上的羰基（C=O）伸缩振动所引起。同时从图 9-35 中可知，当酶解物螯合钙离子、亚铁离子、铜离子后，位于3 290cm^{-1}的吸收峰分别移动至3 279cm^{-1}、3 288cm^{-1}、3 295cm^{-1}，这是由 N-H 的伸缩所引起，引起伸缩的原因可能是 N-H 被 Ca-N、Fe-N、Cu-N 所取代。此外，螯合后，位于1 395cm^{-1}吸收峰（与 COO^- 相关）分别移动至1 403cm^{-1}、1 390cm^{-1}、1 398cm^{-1}。以上变化可表明，罗非鱼酶解物是通过羧基氧原子和氨基氮原子与钙离子、亚铁离子、铜离子进行结合，从而生成矿物离子螯合物。红外光谱的类似变化也在乳蛋白酶解物螯合铁离子时被报道。

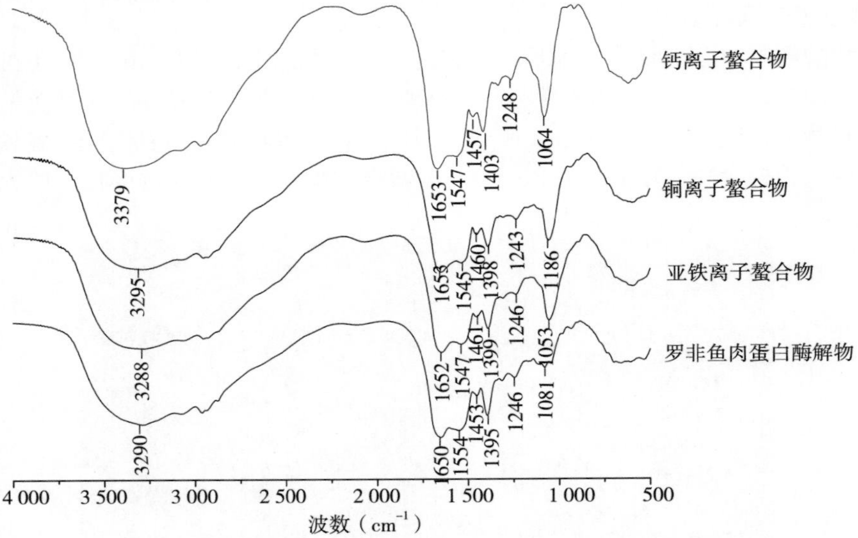

图 9-35 罗非鱼酶解物与矿物离子螯合物的红外光谱扫描

综上所述，罗非鱼肉蛋白酶解产物具有较好的螯合矿物离子钙离子、亚铁离子、铜离子的能力，但在其螯合能力上存在较大的差异性，按螯合能力的大小依次为：铜离子＞钙离子＞亚铁离子。

罗非鱼酶解物螯合钙离子、亚铁离子、铜离子后其产物的抗氧化活性存在较大的差异性，综合 DPPH 自由基清除率、还原力、脂质过氧化抑制率来予以评价，罗非鱼酶解物-钙离子螯合物具有较好的抗氧化活性。

通过电镜扫描与红外光谱分析，罗非鱼酶解物螯合钙离子、亚铁离子、铜离子后其微观结构均发生明显的变化，有大块状结构形成；罗非鱼酶解物螯合钙离子、亚铁离子、铜离子的活性位点可能是氨基氮原子与羧基氧原子。

六、罗非鱼加工副产物制备调味基料的技术

1. 不同蛋白酶对罗非鱼加工副产物的水解效果

分别选用木瓜蛋白酶碱性蛋白酶（Alcalase）、中性蛋白酶（Neutrase）、复合蛋白酶（Protamex）、风味酶（Flavourzyme）、菠萝蛋白酶对罗非鱼加工副产物进行水解，以游离氨基酸态氮含量和风味为评价指标，固液比（下脚料与去离子水质量比）为1∶1，酶的加量为2 000U/g，在各种酶相应的最适作用条件下水解4 h，其最适作用条件根据文献和初步试验确定，加热灭酶5min，4 200r/min离心15min，取上清液分别进行氨基酸态氮含量测定和风味评价，结果见表9-7。

由表9-7可知，在同样的水解时间下，菠萝蛋白酶的水解液中游离氨基酸的含量最高，效果较好；从风味来说，木瓜蛋白酶的口感最差，有难闻的木瓜与鱼腥相混合的异味，菠萝蛋白酶的口感有菠萝的清香味，伴有淡的鱼腥味，风味酶水解后风味最好。由于菠萝蛋白酶易获得，价格适中，综合以上结果认为，采用单酶水解，以菠萝蛋白酶较适宜，但水解风味需改善。

表9-7 几种蛋白酶对罗非鱼加工副产物的水解效果

酶种	pH	温度（℃）	氨基酸态氮（mg/mL）	风味
菠萝蛋白酶	6.5	50	453	菠萝风味，鱼腥味
木瓜蛋白酶	6.5	50	400	难闻异味
中性蛋白酶	7.0	45	343	鱼腥味
碱性蛋白酶	8.0	55	428	淡鱼腥味
复合蛋白酶	7.0	55	433	淡鱼腥味
风味酶	6.5	50	420	风味好

2. 几种双酶复合水解效果分析

由于风味酶包含内切肽酶和外切肽酶两种活性，可以脱除低水解度底物苦味蛋白水解液的苦味。根据文献报道，该酶能改善鸡肉水解物的风味，水解液无苦味，这在单酶水解条件下也得以证实，故从改变酶解液风味和增加水解度考虑，将风味酶与其他酶混合水解，水解结果见表9-8。由菠萝蛋白酶与风味酶混合水解的效果比其他酶与风味酶混合水解的效果好，而菠萝蛋白酶先加入水解一段时间再加入风味酶继续水解，结果比这两种酶同时加入水解效果更好，所以采用先加入菠萝蛋白酶，后加入风味酶的混合酶水解效果好。

表9-8 几种双酶水解效果比较

序号	酶种及组合	氨基酸态氮（mg/mL）	风味
1	菠萝蛋白酶+风味酶①	733	鲜，淡鱼腥味
2	菠萝蛋白酶+风味酶②	720	鲜，淡鱼腥味
3	复合蛋白酶+风味酶①	598	鲜，淡鱼腥味
4	中性蛋白酶+风味酶①	521	鲜，淡鱼腥味
5	碱性蛋白酶+风味酶①	675	鲜，淡鱼腥味

注：①先后加入；②同时加入。

3. 双酶复合水解最适条件的确定

在确定的双酶水解条件下，在其他水解条件相同时，改变底物浓度，固液比分别以2∶1，1∶1，1∶2进行试验，测得水解液中的游离氨基酸含量分别为699mg/mL²、756mg/mL²、578mg/mL²，结果表明底物浓度以固液比1∶1效果最好。在此底物浓度下，采用正交试验 $L_9(3)^4$，安排了菠萝蛋白酶与风味酶复合酶的处理方案，考察了加酶量（菠萝蛋白酶+风味酶）(A)、温度 (B)、水解时间 (C) 和 pH (D) 4个因素对下脚料水解的影响，试验中，先加入菠萝蛋白酶进行水解，后加入风味酶进行水解，以水解过程产生的游离氨基氮为指标，正交试验的结果见表9-9、表9-10。

由表9-9和表9-10可见，加酶量是影响酶水解效果的主要因素，其次是温度、水解时间，而pH的影响最小，$L_9(3)^4$ 正交试验结果显示复合酶水解的最佳工艺条件是 $A_2B_2C_3D_3$，即在水解底物的自然pH，50℃下，菠萝蛋白酶加入量为2 250U/g，水解4h，再加入风味酶750U/g，在同样条件下继续水解2 h。由于水解时间不是主要影响因素，而水解时间太短，酶解不充分，水解时间太长，影响水解液风味，综合考虑之后，总的水解时间确定为5h。我们以确定的优化条件进行重复试验，其中水解时间以菠萝蛋白酶水解3h，风味酶水解2h，结果水解液游离氨基酸态氮达到1.42%，水解度为80%，水解效果好。

表9-9 双酶复合水解的因素水平表

水平	因素			
	加酶量A (U/g)	酶解温度B (℃)	时间C (h)	pH (D)
1	1 500/500	45	2/2	6.0
2	2 250/750	50	3/2	7.0
3	3 000/1000	55	4/2	自然pH

表9-10 双酶复合水解正交试验结果

编号NO	A	B	C	D	氨基酸态氮 (%)
1	1	1	1	1	1.18
2	1	2	2	2	1.23
3	1	3	3	3	1.20
4	2	1	3	2	1.39
5	2	2	1	3	1.42
6	2	3	2	1	1.29
7	3	1	2	3	1.15
8	3	2	3	1	1.27
9	3	3	1	2	1.13
*K*1/3	1.20	1.24	1.25	1.25	
*K*2/3	1.37	1.31	1.22	1.25	
*K*3/3	1.18	1.20	1.29	1.26	
R	0.19	0.11	0.07	0.01	

4. 调味液的调配试验

将浓缩酶解液与辅料（食盐、老抽酱油、白砂糖、料酒、乳化制、姜和甘草汁等）进行调配，试验显示酶解液添加量、乳化制和酱油（老抽）对产品的风味、色泽、形态影响较大，其中黄原胶与淀粉比例合适时能显著改变制品的黏稠度。对酶解液添加量（A）、淀粉（B）、酱油（老抽）（C）和黄原胶（D）4 因素各先取 3 水平进行 $L_9(3)^4$ 正交试验，以色泽、风味、稳定性、形态进行感官评价，得出综合评分，试验结果见表 9-11。结果表明，以淀粉和黄原胶为主要因素，最佳组合水平为 $A_2B_2C_3D_2$，即酶解液 30%、淀粉 6.5%、黄原胶 0.2%、酱油（老抽）8%。按此比例添加产品具有鱼香味，稠度适中，不易分层，酱油（老抽）的加入可不用添加焦糖色素，产品红亮褐色。我们知道，抽提型调味料如鸡精的成本就要 8 元/kg，相比之下，采用罗非鱼加工废弃物为原料，价格低廉，酶水解浓缩之后，制成酶解型调味料，浓缩酶解液添加量为 30%时，产品具有多层次、圆润的味道，后味甘香，而传统的味精等的化学调味料虽然味道强烈，但味道单调，不圆滑，后味较差，有的会引起口干等不适症。

表 9-11　调味液主要成分 $L_9(3)^4$ 正交试验结果

编号	A（%）	B（%）	C（%）	D（%）	综合评分
1	20	4.5	4	0.10	80
2	20	5.5	6	0.15	82
3	20	6.5	8	0.20	92
4	30	4.5	6	0.20	84
5	30	5.5	8	0.10	81
6	30	6.5	4	0.15	90
7	50	4.5	8	0.15	85
8	50	5.5	4	0.20	79
9	50	6.5	6	0.10	80
*K*1/3	84.6	83	83	80.3	
*K*2/3	85	80.6	82	85.7	
*K*3/3	81.3	87.3	86	85.0	
R	3.7	6.7	4	5.2	

5. 调味料的氨基酸分析

水产调味料的营养价值和呈风味的含氮营养物质密不可分的，例如氨基酸、肽和核苷酸等营养物质。罗非鱼加工废弃物经过酶解后，蛋白质水解为小肽和游离氨基酸，对调味料进行氨基酸分析，结果见表 9-12。

由表 9-12 可知，调味料营养丰富均衡，含有 18 种氨基酸，种类齐全。氨基酸总量为 2.73%，必需氨基酸占 39.6%，氨基酸组成与 FAO/WHO 推荐的氨基酸组成较接近，这些氨基酸对人体有重要的营养价值。各种氨基酸中，谷氨酸含量最高，是主要的呈鲜味氨基酸，与核苷酸相辅相成，使产品鲜味更佳。另外，脯氨酸、天冬氨酸、丙氨酸、精氨酸和甘氨酸这些呈味氨基酸的含量也较高，并且含有少量牛磺酸，它们的存在使调味料呈现圆润柔和的甜味及鲜味，水产调味料的独特风味正源于此。

表 9-12 调味料氨基酸成分含量

氨基酸	调味料中含量（%）	氨基酸	调味料中含量（%）
Gly	0.24	Asp	0.27
Ala	0.21	Glu	0.38
Val	0.16	Tyr	0.06
Leu	0.22	Phe	0.12
Ile	0.14	Pro	0.14
Ser	0.07	Trp	0.02
Thr	0.10	Arg	0.18
Met	0.08	Lys	0.23
Cys	0.002	His	0.06
Tau	0.05		

6. 产品质量检验

感官指标检验：对成品进行感官指标检验的标准包括外观、色泽、风味等指标。组织形态均一，无沉淀及分层现象，半透明、黏稠的可流动体；亮的红褐色或棕褐色；具有浓郁海鲜风味，鲜美适口，细腻无颗粒感，无异味。

理化指标检验：按照国家酱油标准进行理化指标检验。结果表明，该海鲜酱调味料各项指标均达到国家标准（GB2717—2003），其中总酸及氨基酸态氮含量比国家标准更优越，结果见表 9-13。

表 9-13 海鲜酱理化指标

项目	产品指标	国家指标
氨基酸态氮（%）	0.5	≥0.4
食盐（以 NaCl 计）	15g/100mL	≥15g/100mL
总酸（以乳酸计）	1.5g/100mL	≤2.5g/100mL
铅（以 Pb 计）	≤1mg/kg	≤1mg/kg
食品添加剂（%）	0.1	0.1

七、罗非鱼碎肉制备肉味香精工艺技术

杨建延等利用蛋白酶水解罗非鱼碎肉得到蛋白酶解液前体物制取肉味香精。根据风味蛋白酶和其他蛋白酶的最佳酶解条件，通过木瓜蛋白酶、中性蛋白酶、复合蛋白酶分别与风味蛋白酶组合水解罗非鱼碎肉来探讨组合方式对肉味香精前体物的影响。

1. 组合酶解对游离氨基酸的影响

通过液相色谱对水解液的游离氨基酸进行检测分析，结果见表 9-14。从表 9-14 可知，

木瓜蛋白酶与风味蛋白酶组合的水解液氨基酸总量、含硫氨基酸、鲜味氨基酸、亲水性氨基酸以及疏水性氨基酸都明显高于其余两组。

表 9-14　组合酶解蛋白水解液的游离氨基酸含量

名称	木瓜蛋白酶＋风味蛋白酶（mg/mL）	中性蛋白酶＋风味蛋白酶（mg/mL）	复合蛋白酶＋风味蛋白酶（mg/mL）
天冬氨酸	0.392 1	0.264 5	0.312 7
谷氨酸	1.719 8	0.870 6	1.091 7
丝氨酸	0.044 3	0.037 3	0.033 3
组氨酸	0.379 0	0.297 8	0.294 7
甘氨酸	0.507 9	0.391 2	0.425 9
色氨酸	0.776 8	0.601 3	0.638 6
精氨酸	1.341 2	1.022 8	1.051 3
丙氨酸	1.124 1	0.815 4	0.825 0
酪氨酸	0.629 8	0.539 9	0.539 0
半胱氨酸	0.045 2	0.037 7	0.063 6
缬氨酸	0.911 8	0.725 4	0.733 8
蛋氨酸	0.584 7	0.463 6	0.496 9
苯丙氨酸	0.914 0	0.720 6	0.782 9
异亮氨酸	0.896 9	0.756 6	0.759 7
亮氨酸	1.681 6	1.443 0	1.431 6
赖氨酸	1.556 2	1.121 5	1.247 8
脯氨酸	0.093 4	0.068 4	0.094 7
天冬氨酸	0.392 1	0.264 5	0.312 7
谷氨酸	1.337 7	0.870 6	1.091 7
游离氨基酸总量	13.217 6	10.133 9	10.823 3
含硫氨基酸[a]	1.726 8	1.483 3	1.495 2
鲜味氨基酸[b]	1.729 8	1.135 1	1.404 4
亲水性氨基酸[c]	6.233 4	4.583 4	5.060 1
疏水性氨基酸[d]	6.984 3	5.550 5	5.763 2

注：a 为蛋氨酸和半胱氨酸；b 为谷氨酸和天冬氨酸；c 为天冬氨酸、谷氨酸、丝氨酸、甘氨酸、组氨酸、精氨酸、苏氨酸、酪氨酸、半胱氨酸、赖氨酸；d 为丙氨酸、亮氨酸、异亮氨酸、缬氨酸、脯氨酸、苯丙氨酸、色氨酸、蛋氨酸。

氨基酸与还原糖的美拉德反应在香精中起到了重要的作用，它们对挥发性物质的生成有很大贡献。各单个的氨基酸与还原糖的反应产生不同的气味。目前检测到的挥发性物质包括吡嗪（煮熟的，烧烤的，烘焙谷物的气味）、烷基吡嗪（坚果的，烤的）、烷基吡啶（青草味的，涩的，苦味的）、吡咯（谷物味）、酰基吡啶（饼干味）、呋喃和呋喃酮（芳香味，烧焦味，辛辣味，焦糖味）、苯酚类（青草味，坚果味，芳香味）、噻吩（肉味）。

含硫氨基酸在美拉德反应中生成含硫化合物产生肉味，含硫氨基酸包括蛋氨酸和半胱氨酸，在美拉德反应过程中半胱氨酸非常活跃。半胱氨酸在美拉德反应过程中通过施特雷克法降解会形成硫化氢、氨和乙醛，它们又和美拉德反应过程中产生的羰基中间产物进一步反应，从而形成多种重要的风味化合物，如呋喃、吡嗪、吡咯、噻唑以及其他杂环化合物，对肉味风味具有重要贡献。风味蛋白酶与木瓜蛋白酶组合酶解得到的罗非鱼蛋白水解液的含硫氨基酸高达 13.06%，是一种很好的制备肉味香精的前体物；鲜味氨基酸在调味品中起到增强鲜味的作用，它们与核苷酸共同作用构成香精的鲜味，它们在美拉德反应前后的变化很小，可能因为它们是亲水性氨基酸的缘故。

综上所述，利用风味蛋白酶与木瓜蛋白酶组合水解得到的蛋白水解液得到更多的含硫氨基酸、鲜味氨基酸以及疏水性氨基酸，所以它是一种更好的肉味香精前体。

2. 组合酶解对相对分子质量分布的影响

通过液相色谱对水解液的相对分子质量分布进行检测分析，结果见表 9-15。由表 9-15 可知，3 组水解液的肽相对分子质量分布大体相似，差别不明显。它们的相对分子质量范围 97%以上的肽段相对分子质量小于1 000，相对分子质量在 77%左右的肽段小于 500，相对分子质量小于2 000的占到总体的 99.5%左右。通过组合酶解制备的鱼肉水解液区别于很多的畜禽水解液和植物蛋白水解液，可能是跟鱼肉本身的蛋白种类和氨基酸组成有关系。

表 9-15　组合酶解水解液的相对分子质量分布情况

相对分子质量范围	木瓜蛋白酶＋风味蛋白酶（%）	中性蛋白酶＋风味蛋白酶（%）	复合蛋白酶＋风味蛋白酶（%）
>2 000	0.59	0.60	0.56
1 000～2 000	2.37	2.08	1.80
500～1 000	7.74	7.58	6.87
180～500	77.00	77.28	76.58
<180	12.30	12.46	14.18

八、鱼露的制备工艺技术

1. 罗非鱼鱼露的酶法制备技术

熊俊娟等以罗非鱼为原料，采用生物酶解技术加工传统产品鱼露，提高产品质量，缩短加工时间，并通过对自由基的清除作用研究其抗氧化作用。

(1) 酶解加酶量对罗非鱼蛋白酶解液多肽含量的影响　研究结果表明，酶解液中的多肽含量随着加酶量的增加而增加，但加酶量在 0.5 L/g 以上时，多肽含量增加的程度不明显（图 9-36），

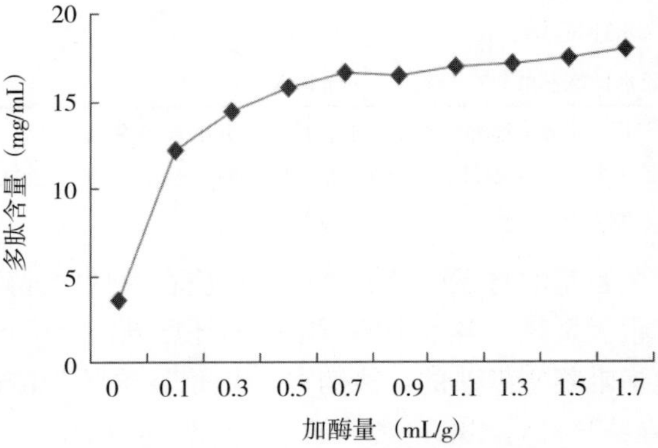

图 9-36　加酶量对酶解液多肽含量的影响

这是由于酶量继续增加，导致多肽进一步水解成氨基酸，从而降低多肽含量。

当风味酶添加量保持不变，改变碱性蛋白酶（E1）的添加量，且其他条件不变时，酶解液中多肽含量差异比较大。由图 9-37、图 9-38 可知，在风味酶（E2）添加量为 0.5mL/g 时，酶解后所得多肽含量，随着 E1 添加量的增加而增加，这是由于碱性蛋白酶酶解生成的短肽含量较高且较稳定，并且碱性蛋白酶能将罗非鱼鱼肉深度水解，而风味酶对罗非鱼鱼肉的水解程度较浅。在研究中，考虑到酶解效果与生产成本之间的关系，E_1、E_2 添加量分别为：5mL/kg、0.5g/kg（E1 与 E2 按原酶计算）。

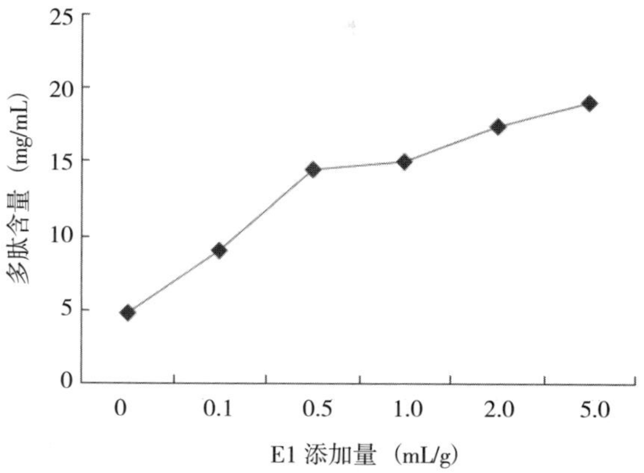

图 9-37 碱性蛋白酶添加量对酶解液多肽含量的影响

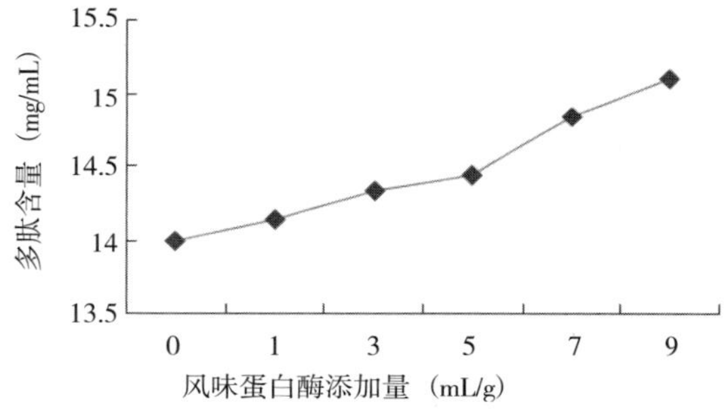

图 9-38 风味蛋白酶添加量对酶解液多肽含量的影响

（2）酶解液与鱼糜含氮成分的比较 表 9-16 可知，酶解液的多肽含量为 18.42mg/mL，比酶解前多肽含量（2.94mg/mL）增加了 6 倍多，提高了酶解液的营养价值。

表 9-16 酶解液与鱼糜含氮成分的比较

指标	可溶性蛋白质（mg/mL）	氨基氮（g/100 mL）	多肽（mg/mL）	水分（%）
酶解液	2.653 6±0.175	0.175 1±0.018	18.420 7±0.137	92.65±0.659
鱼糜	19.160 7±0.223	0.065 2±0.003	2.935 8±0.273	76.75±1.061

（3）鱼露对自由基的清除作用 分别对自制鱼露、商品鱼露对羟基自由基、超氧阴离子进行清除试验。图 9-39 表明，自制鱼露对自由基的清除率明显高于商品鱼露，说明自制鱼露有更好的抗氧化功能。

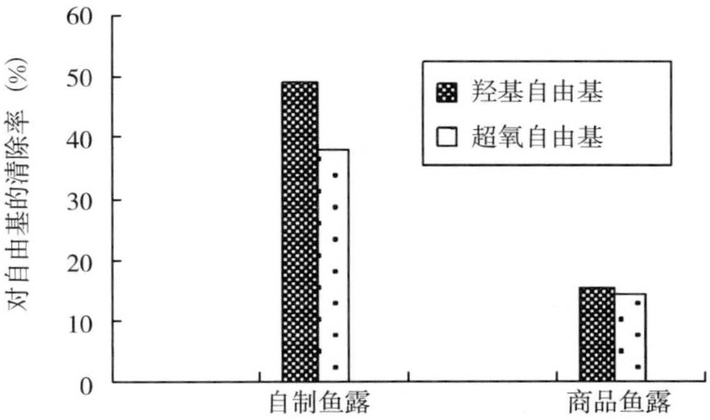

图 9-39 2 种鱼露对羟基自由基的清除效果

（4）自制鱼露与商品鱼露的感官评价及成分分析 由表 9-17 可见，自制鱼露跟商品鱼露比较，其风味、色泽、口感等感官基本相同。比较两者的营养价值，自制鱼露多肽含量略高，氨基酸态氮接近商品鱼露，总氮含量为商品鱼露的 2.5 倍，且自制鱼露食盐含量较低，咸度适中，适合消费者的口感。传统的鱼露生产工艺采用自然发酵法生产，生产周期很长，难以进行自动化连续生产，生产规模小。采用酶技术制成鱼露，生产周期大大缩短。

表 9-17　2 种鱼露的成分比较

各项指标	商品鱼露	自制鱼露
感官评析	94±8.036	92±7.270
pH	5.49±0.051	5.84±0.045
氨基酸态氮（g/100mL）	0.135 6±0.044	0.112 5±0.034
总氮（g/100mL）	0.259 3±0.008	0.645 7±0.010
多肽含量（mg/mL）	10.234 5±0.692	10.904 7±0.109
相对密度（28℃）	1.173 5±0.001 9	1.053 8±0.004
食盐（g/100mL）	29.040±0.125	6.100±0.171
总酸度	0.451 9±0.092	0.715 0±0.005
水分（%）	73.90±0.013	87.40±0.035
还原糖（g/100mL）	1.736±0.532	3.480±0.011
红色指数	3.191±0.057	1.787±0.036

2. 鱼露发酵工艺技术

薛佳等针对传统鱼露含盐量高、发酵周期长这两个弊端进行了鱼露发酵工艺的优化。采用酶法及微生物发酵方法联用对罗非鱼加工下脚料进行低盐发酵，在实现低值废弃物高值化利用的同时，大大缩短了鱼露发酵周期并改善了鱼露风味。

（1）复合酶解结果　将解冻好的下脚料浆加水、调 pH、加酶进行摇床酶解。首先进行单酶水解试验，选用水解罗非鱼常用的 3 种酶，即胰蛋白酶、木瓜蛋白酶、风味蛋白酶，以料液比、pH、酶用量、温度及时间作为因素分别进行五因素四水平的正交试验，之后在单酶水解的基础上进行复合酶解，确定最佳水解条件。

试验组合 $A_3B_2C_4D_3E_1$ 氨基氮含量最高达到 3.220mg/mL，明显高于单酶水解的结果，而且从 K 值也可看出，复合酶的整体水平明显高于单酶。由于酶配比对于酶解效果影响很弱，考虑到经济因素，选取了分析最佳组合，即酶配比为 1.5%胰蛋白酶＋2.0%风味酶，固液比 1∶2，pH 8.5，水解时间 4h＋4h，温度 50℃。

（2）发酵过程　水解度对发酵结果的影响见图 9-40。水解度 3（胰蛋白酶∶风味蛋白酶为 1∶2，即 80min∶160min）的氨基酸态氮含量整体高于

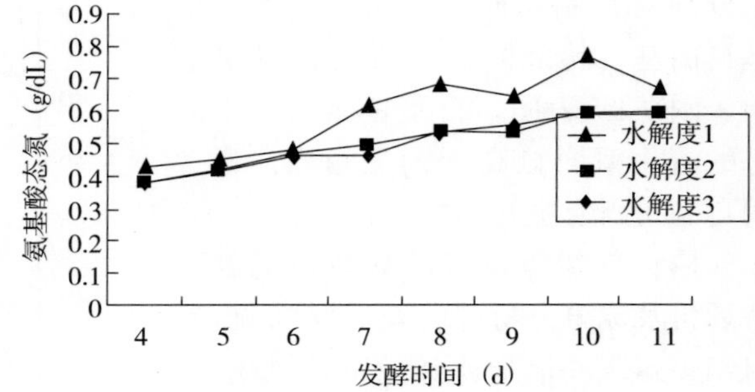

图 9-40　水解度对氨基态氮含量的影响

水解度 1 及水解度 2，这可能是由于水解度 1 的水解度过高不利于发酵，而水解度 3 在水解过程中产生大量小肽段更有利于发酵造成的。总酸含量反映了其他微生物感染程度，同时总酸对于鱼露的风味形成具有一定贡献，所以总酸含量不应过高或过低。由图 9-41 可知，水解度 3 的总酸含量整体水平较稳定且含量居中，可作为选择对象。

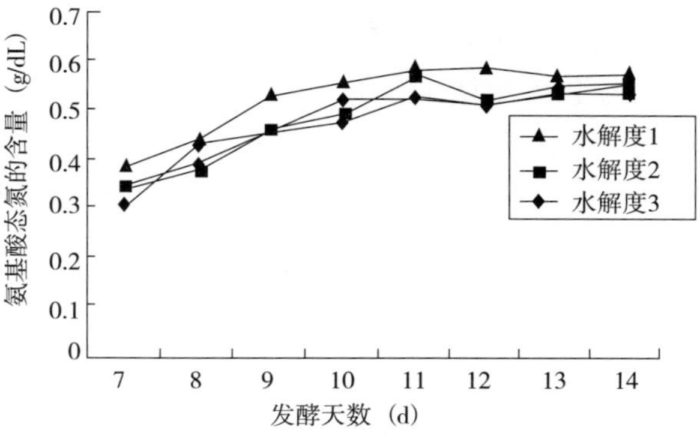

图 9-41　水解度对总酸含量的影响

加盐量对发酵的影响：传统鱼露在加工过程中会加入大量的盐（20%～30%）进行发酵（抑菌作用），但含盐量高影响鱼露的口感，而且随着人们健康意识的提高，低盐成为新的发展趋势。该试验中选择 5%、10%、15%、20% 4 个梯度水平。在水解度 3 的基础上接入驯化好的种曲在 28℃下进行加盐量对发酵的影响试验，结果见图 9-42、图 9-43。

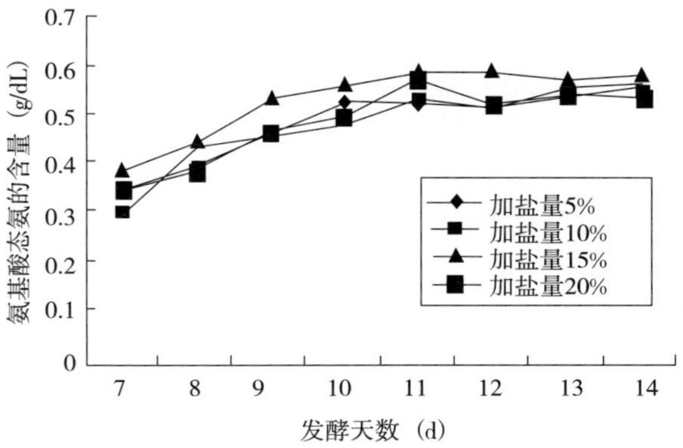

图 9-42　加盐量对氨基态氮的影响

由图 9-42 可知，加盐量对氨基态氮的影响总体不大。由图 9-43 可知，随着发酵的进行总酸总体呈下降趋势，这可能是由于固态发酵物料利用不完全，导致后期微生物分解代谢大于合成代谢，从而引起总酸下降。酱油的国家标准 GB 2717—2003 中要求总酸（以乳酸计）含量应≤2.5 g/dL，由此可见，所有加盐量水平均处于正常范围之内。综合考虑，10%的加盐量对于改善鱼露的口感更有利且对氨基态氮无显著性影响。

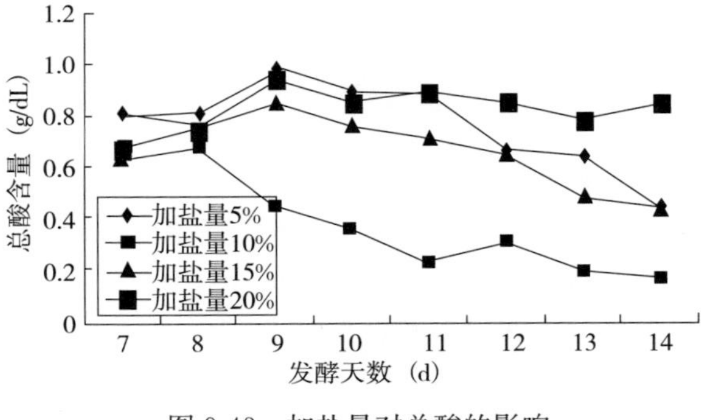

图 9-43　加盐量对总酸的影响

温度对发酵的影响：在低盐的条件下适当升高温度进行低盐保温发酵，不仅有利于发酵的快速进行，同时也能在一定程度上抑制杂菌的污染。该试验选用 4 个温度梯度，即 28℃、32℃、36℃、40℃。试验结果见图 9-44、图 9-45。

由图 9-44 和图 9-45 可知，在不同温度下氨基态氮的增长趋势基本相同，发酵初期快速增长，达到一定峰值后又急速下降，设想原因可能为固态发酵物料利用率较低，导致后期微生物分解代谢大于合成代谢，氨基态氮含量及总酸含量都急剧下降。综合考虑32℃温度下的氨基态氮含量要略高于其他组，总酸含量居中，因此，设想温度为32℃。

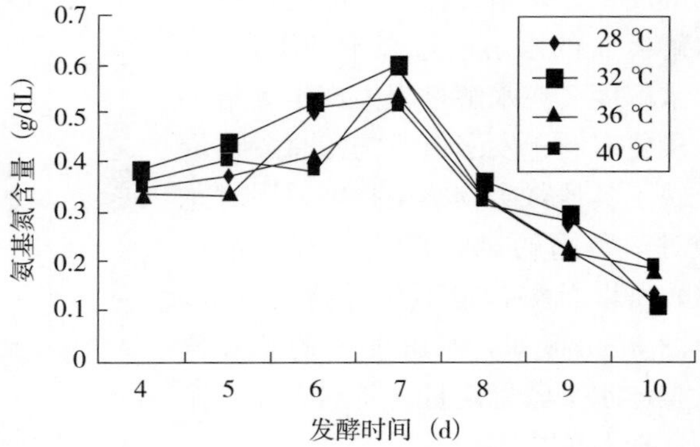

图9-44　温度对氨基态氮的影响

种曲添加量对发酵的影响：种曲添加量的大小会直接对发酵造成影响，若种曲添加量过小，菌种繁殖缓慢造成总发酵周期延长；若种曲添加量过大造成能源浪费，经济上不合算。因此，选择4个种曲添加量梯度进行优化选择，即0.05%、0.1%、0.2%、0.4%。试验结果见图9-46、图9-47。

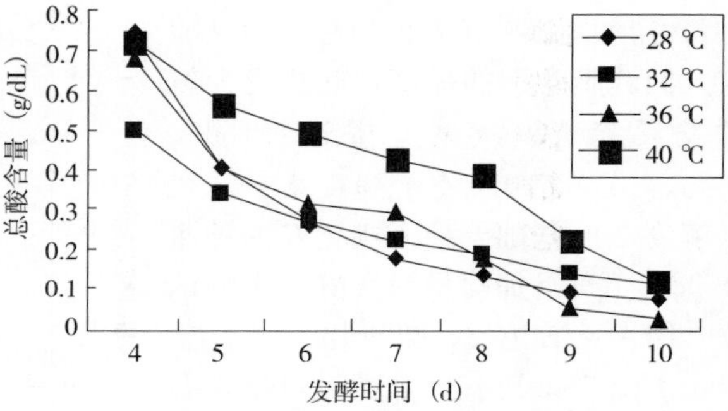

图9-45　温度对总酸的影响

由图9-46和图9-47可知，种曲添加量对于氨基态氮含量影响较小，氨基态氮含量的增长趋势也基本相同，总的来说种曲添加量为0.2%组氨基态氮含量较高，选择其为最佳种曲添加量。

(3) 发酵各因素间的交互作用　通过多因素方差分析，得出发酵各因素间的交互作用从而确定响应面优化因子，由组内差异可看出，水解度为20%时与水解度为28%、25%具有显著性差异；加盐量10%与其他3个水平均无显著性差异；温度32℃与40℃无显著性差异，28℃与36℃具有显著性差异；种曲添加量0.2%与其余3个水平均有显著性差异。只有水解度与温度具有交互作用，其余各组间无交互作用。发酵过程在氨基态氮最高的时候即为发酵终点，即物料利用率最高点，在响应面优化过程中需要确定这一因素，即发酵时间。因此，响应面优化因子选择水解度、温度及发酵时间。

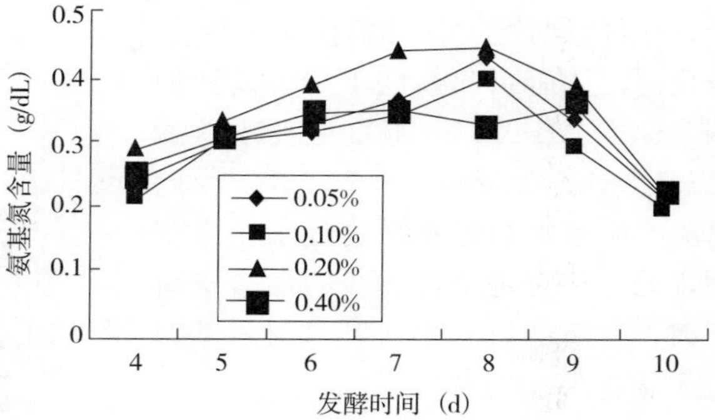

图9-46　种曲添加量对氨基态氮的影响

(4) 响应面优化试验结果　以氨基态氮为指标进行二次正交旋转响应面进行优化试验，对试验数据进行多元回归拟合，可得温度（*X*1）、水解度（*X*2）及发酵时间（*X*3）

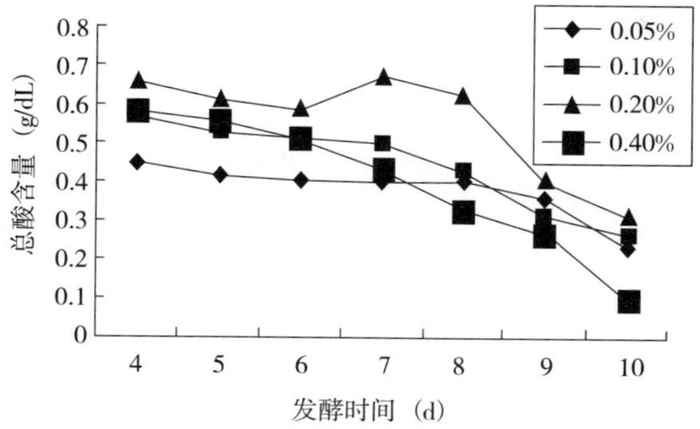

图 9-47　种曲添加量对总酸的影响

与氨基态氮（Y）间的二次多项回归方程：

$$Y=-9.5277+0.27018125X_1+0.27665X_2+1.198675X_3-0.004029688X_1^2-0.061725X_2^2-0.066975X_3^2-0.004125X_1X_2+0.0115X_2X_3-0.0004375X_1X_3$$

由回归方程所做的响应曲面图及其等高线图见图 9-48、图 9-49。通过图 9-48 和图 9-49 即可对任何两因素交互影响氨基态氮的效应进行分析与评价，并从中得出最佳因素水平范围。

对回归方程求一阶偏导数，当响应值 Y 最大时可求的各因素的水平：X1＝32.0048，X2＝2.0115（20.115％），X3＝9.0168，在此条件下发酵初液的氨基态氮含量达到 0.4782g/dL。

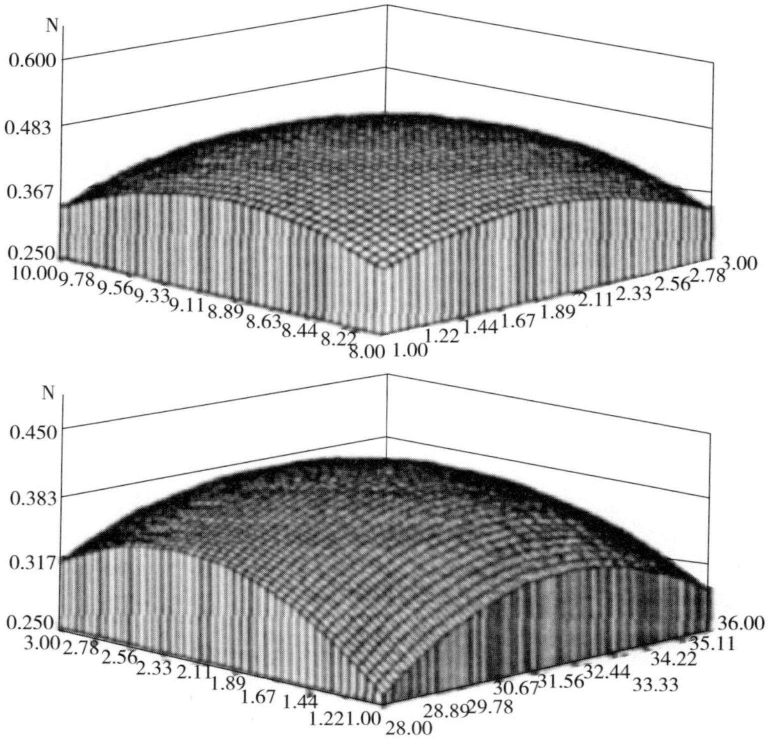

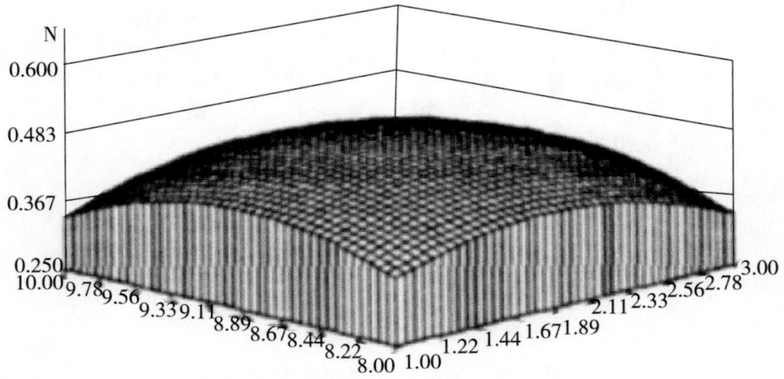

图 9-48 交互项响应曲面图

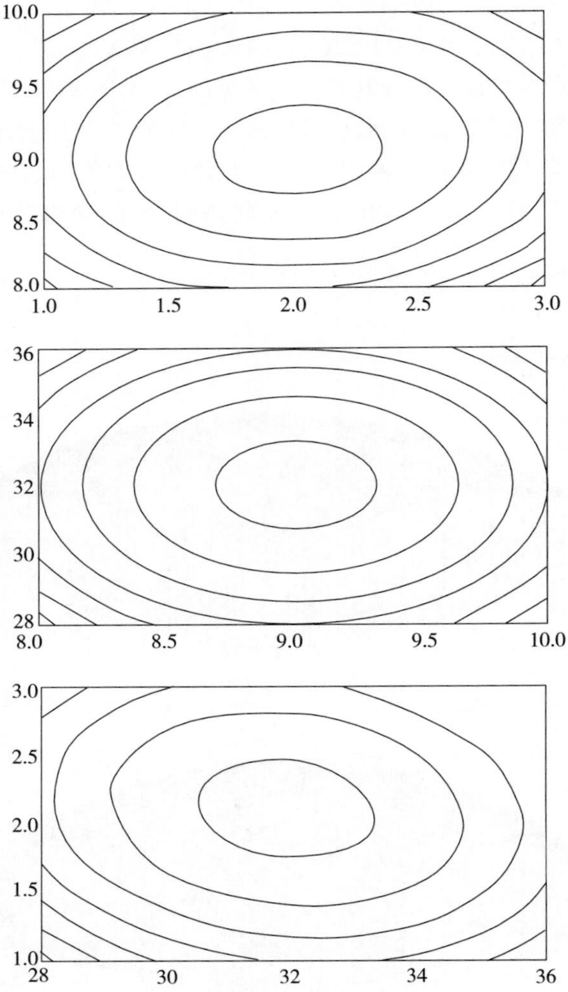

图 9-49 交互项等高线图

九、罗非鱼骨肉酱制备工艺技术

(1) 工艺流程

汁液————————————→汁液

↑　　　　　　　　　　　　　　↓

鱼排清洗→剁碎→醋酸高压蒸煮→固液分离→骨块→绞肉机→固液混合，加水调稠→胶体磨粉碎→高压微射流处理→蒸发浓缩→调味→包装杀菌。

(2) 工艺操作要点

①鱼排的储运：在鱼排工厂加工产生的新鲜鱼排立即进行冰鲜，于 2d 内运输至加工地点进行低温冻藏（−18℃）待用。

②鱼排解冻、清洗和剁碎：将鱼排置于清水中解冻。清洗时注意洗去腹腔内中椎骨处的血膜和黑物。将鱼排剁成 1～2cm 小块。

③醋酸高压蒸煮：称取鱼排于容器中，按料液比 2∶1 加入质量浓度 3%的醋酸溶液，并确保物料完全浸入醋酸溶液当中，放入杀菌锅中进行蒸煮。热处理程序为，前 30min 为升温时间，温度升至 126℃（0.15 MPa），然后进行 90min 蒸煮处理，最后 10min 为降温时间。

④胶体磨粉碎处理：蒸煮软化处理后，将物料固液分离，固体骨肉块先经绞肉机进行粉碎，然后与前分离汁液搅拌均匀，并加入一定的清水调节浆液稠度，再进行胶体磨处理。经过多次试验，确定按软化后固液物料总质量的 50%左右加水稀释，使浆料固形物含量达到 13%～17%，能得到适合胶体磨处理要求的浆料稠度。胶体磨循环时间为 5min。测得浆料在胶体磨中质量流通量为 150g/s。

⑤高压微射流处理：将物料进行脱气处理后用 M-110EH 高压微射流纳米均质机，以均质压力为 120 MPa 进行处理，处理 3 次，得到鱼骨肉浆。

⑥蒸发浓缩：将物料进行常压或减压蒸发浓缩，使物料变稠，并控制浆料最终水分含量为 60.3%。

⑦调味、包装、杀菌：将浓缩后浆料置于搅拌器中，加入糖和盐并搅拌均匀。经过试验，确定添加 5%砂糖和 0.5%的食盐得到的感官品质较好。将调味后酱体进行蒸煮袋真空包装，置于 100℃沸水下杀菌 30min。杀菌后冷却。因罗非鱼骨肉酱含有 2%～3%的总酸度，故杀菌后可室温保存。

(3) 醋酸高压蒸煮处理对胶体磨处理后浆体粒度分布和口感的影响　在固定胶体磨间隙（约 20μm）进行粉碎处理时，浆体粒度分布与硬度的变化相似，都随软化程度的增加而减少。蒸煮时间从 20min 增大至 180min，粒度分布峰高出现频率由 1.4%增大至 1.6%（图 9-50）；浆体平均粒径随蒸煮时间的延长而减少；醋酸处理浓度也对粒度分布有影响，并随蒸煮时间延长，其影响越显著，如在蒸煮时间为 90min 下，3%醋酸浓度处理组平均粒径比非醋酸处理组（0%）减少 14.2%。用胶体磨粉碎能使浆体粒径最低达到 15μm，但其口感仍粗糙，有颗粒感，不能达到较理想的状态。鱼肉对照组中不含鱼骨，浆体经过胶体磨碎后，平均粒径为 17.2μm。限制产品粉碎程度的因素主要是胶体磨的粉碎能力。胶体磨的粉碎能力与粉碎腔定子与转子间的间隙、转子直径、转子转速有关。在设备选型已定的情况下，胶体磨转子直径与转速都已确定，研磨间隙可调节。该试验已将胶体磨粉碎间隙调节至 20μm，若间隙再减小，则会使地定子和转子间产生摩擦，对设备造成损害。因此，进一步细化浆体需要寻找其他湿法粉碎设备。

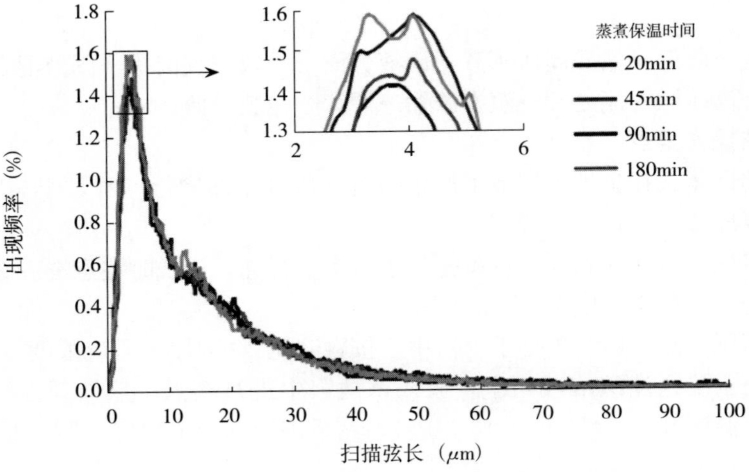

图 9-50　不同蒸煮时间对鱼骨粒度分布的影响

（4）高压微射流均质处理对浆体粒度分布和口感的影响　对胶体磨粉碎后的浆体再进行高压微射流均质处理可有效进一步降低浆体的粒度。高压均质处理能增加使扫描弦长在 0～10μm 范围内颗粒数百分比增加 10%～22%，并使在 10～40μm 范围内的颗粒数百分比减少 9%～17%（图 9-51）。另外，醋酸高压蒸煮软化处理条件对均质处理后的骨浆粒度也有影响。对 60MPa 均质后骨浆，3%、90min 蒸煮处理的平均粒度小于 0%、90min 蒸煮处理组，前者的 0～10μm 范围内颗粒数百分比比后者增加 5.3%，10～40μm 范围内颗粒数百分比比后者少 8.4%。对 120MPa 均质后浆体，3%、90min 蒸煮处理的平均粒度也小于 0%、90min 蒸煮处理组，前者的 0～10μm 范围内颗粒数百分比比后者增加 7.8%，10～40μm 范围内颗粒数百分比比后者少 10.9%。在 10～40μm 范围内，高压均质处理的粒度分布曲线显得更加平滑。经过高压均质处理的样品口感明显有了改善，3%、90min 蒸煮处理、120 MPa 均质压力均质处理可使骨浆口感显著变得细化，颗粒感已不明显，并接近无骨鱼肉浆的细化口感。高压微射流处理后样品在 10～40μm 范围的颗粒数减少使其在口腔的颗粒感减弱。

（5）涂抹性的表征及罗非鱼骨肉酱流变特性测定　涂抹性是涂抹酱体类食品一个重要的指标。它是指酱体被涂抹的过程中由于受剪切作用而黏度变小，以使涂抹过程顺畅进行，涂抹结束后酱体黏度回升并能稳定附着在被涂抹食品物料上不流动的一种特性。在食品流变学中可采用触变性的概念反映涂抹酱体的涂抹性。为客观反映罗非鱼骨肉酱的触变性，使用哈克流变仪 RS600 进行测定测定：探头为 C35/1°Ti。将少量样品置于锥板之间。在（25±1)℃下进行测定。剪切率范围为 0～637s^{-1}，剪切率从 0 增大到 637s^{-1}，剪切时间为 1min，然后以相同的剪切时间使剪切率慢慢减少到 0，即完成一个循环共需 2min。一般循环 4 次，样品的触变性完全消失。即向上流动曲线和向下流动曲线完全重合。每个

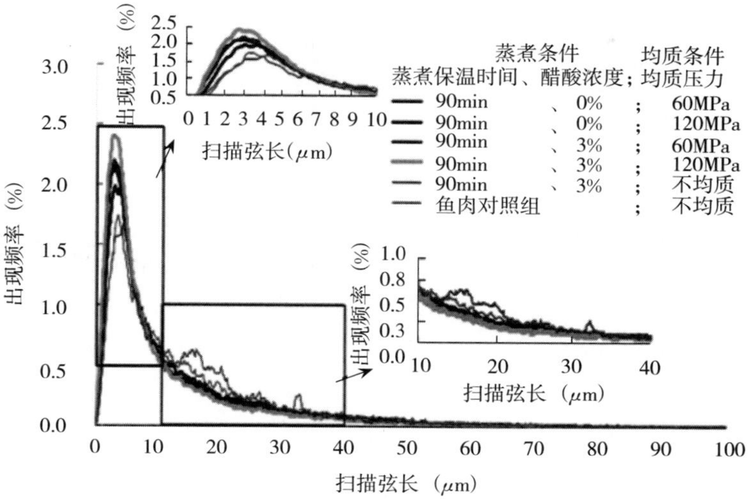

图 9-51　不同蒸煮条件和均质压力对骨肉浆粒度分布的影响

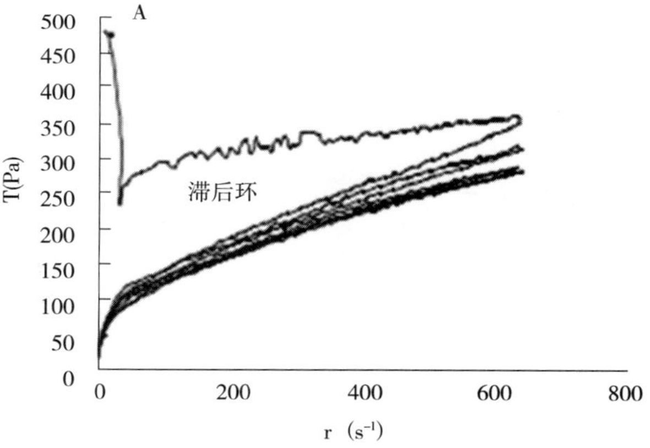

图 9-52　罗非鱼骨肉酱的流变特性图

样品重复测定 3 次。如图 9-52 所示，剪切应力达到最大值的 A 点为静态屈服值（SYV）。向下流动曲线和向下流动曲线构成了一个滞后环，滞后环的总面积表示了触变性的大小，触变性越大，则酱体的涂抹性越好。通过测定滞后环面积和 A 点对应的表观黏度，可客观反映酱体的涂抹性。

（6）浓缩程度对骨肉酱涂抹性的影响　涂抹性是骨肉酱重要的性能指标。它是指酱体能在涂抹过程中黏度降低，便于涂抹，涂抹结束后，酱体黏度又能回升以保持形态的一种性能。流变学中研究的流体触变性能较好的反应酱体的这种涂抹性能。通过测定罗非鱼骨肉酱的流动曲线，发现其在低浓缩程度下（水分质量分数≥68.3%）趋于牛顿流体，而当浓缩程度不断增大（水分质量分数≤68.3%），骨肉酱逐渐形成触变性流体（图 9-53）。通过计算滞后环面积发现，随着浓缩程度的提高，鱼骨肉酱的静态屈服值下的表观黏度和触变性逐渐接近色拉酱。当浓缩至水分质量分数为 60.3%时，鱼骨肉酱的表观黏度 17.25Pa·s，是色拉酱的 97%，鱼骨肉酱滞后环总面积为 5.370×10^4Pa/s，以接近色拉酱水平（5.360×10^4Pa/s）。面包倾侧试验结果（图 9-54）反映了当浓缩后的水分质量分数为 60.3%时，骨肉酱能完全黏附在食品上，并且涂抹后不流动，已表现出与色拉酱相似的涂抹特性。

（7）产品质量指标　以软化处理蒸煮时间 90min，醋酸处理浓度 3%，胶体磨循环时间 5min，高压微射流均质压力为 120MPa，浆体浓缩至水分质量浓度 60.3%后进行调味、

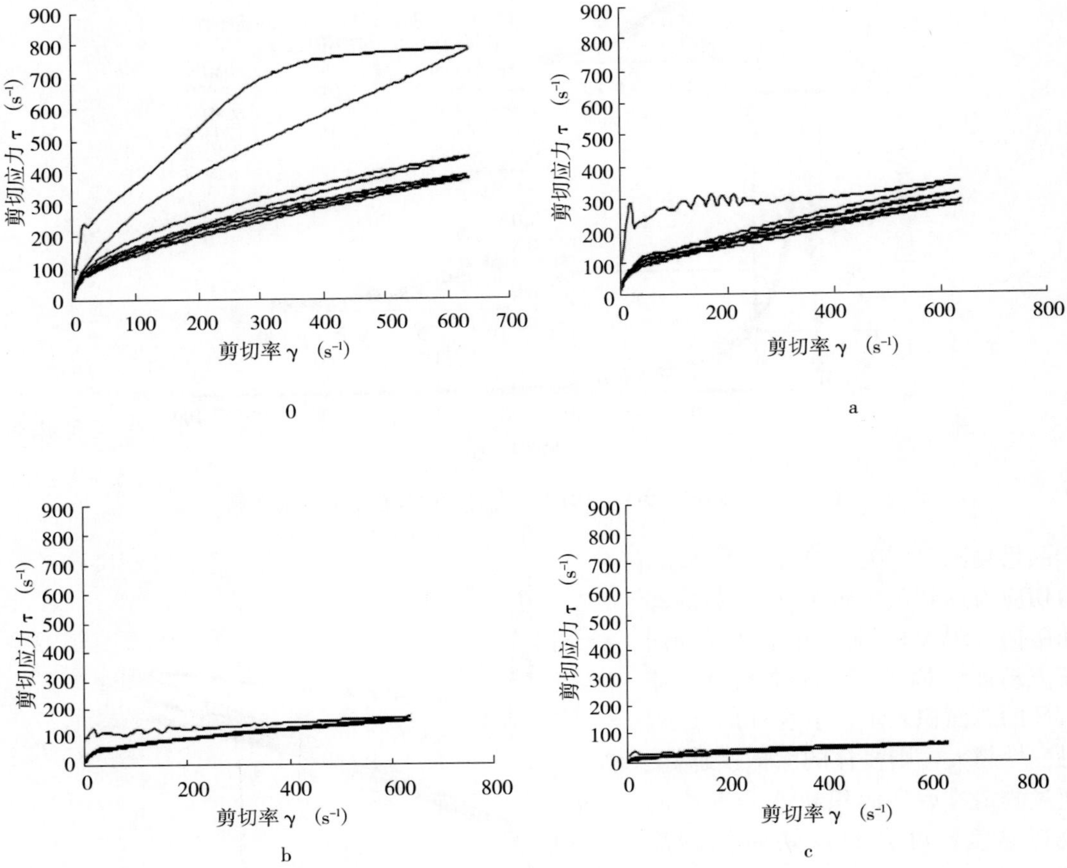

图 9-53　不同浓缩程度下调味罗非鱼骨肉酱的流动曲线

图 9-54　不同浓缩水分含量下调味罗非鱼骨肉酱面包倾侧试验结果（酱体厚度 3mm）
a. 倾侧前　b. 倾侧后

包装、杀菌处理制备的罗非鱼骨肉酱具有相对较好的口感和涂抹性。产品外观如图 9-54 所示。骨肉酱的水分含量为 56.9%，总氮肥为 3.8%，脂肪为 4.4%，灰分为 8.1%，酸为 4.7%，糖 0.55，盐为 0.2%，氨基酸态氮肥为 2.7%，钙含量为 1.4%。罗非鱼骨肉酱蛋白质和矿物质比较丰富，分别占 22%（以蛋白质换算系数 5.9 计算）和 8.1%，钙磷比为 1.9。《中国居民膳食营养素参考摄入量》（2013 版）指年成人、少年儿童钙推荐摄入量

(recommended nutrient intake，RNIs) 为 800～1 000mg，孕妇为1 000～1 200mg，老年人为1 000mg。按骨肉酱的成分计算，每日摄入骨肉酱 30～40g，即可达到人的钙营养需求。

从骨肉酱的感官评价看，醋酸不仅能增强热软化处理效果，还能掩盖鱼土腥味。产品为淡黄色，无土腥味，酸甜可口，咸度适中，具有鱼肉特有的滋味，酱体细腻柔滑，无明显颗粒感，入口即化，酱体具有较好的涂抹性，能完全黏附在食品上，涂抹后不流动。

第二节 罗非鱼鱼油的制备及其微胶化技术

鱼油是从鱼体内提取的油类物质的统称，主要包括从鱼肉内提取的油脂及从内脏特别是肝脏中提取的油脂。据统计，罗非鱼内脏含有 20%左右的脂肪，是研制开发罗非鱼鱼油的良好来源。鱼油中富含二十碳五烯酸（EPA）、二十二碳五烯酸（DPA）和二十二碳六烯酸（DHA）等多不饱和脂肪酸，是人体代谢过程中不可缺少的重要物质之一。俗称“脑黄金”的 DHA，主要存在于人体大脑的灰质部，它能有效活化脑细胞，提高脑神经信息传送速度，增强记忆力，延缓衰老。另一种被称为心血管“清道夫”的 EPA，对降低血脂血压、防止心脑动脉硬化、保护大脑和心脏都具有神奇的功效。因此，鱼油越来越多地受到人们的关注。

鱼油的提取分离，多采用酶解或蒸煮、萃取、纯化、浓缩等工艺，可得到富含不饱和脂肪酸的鱼油制品。精制鱼油在贮藏时由于不饱和脂肪酸含量较高，极易受到光照、温度、空气等的影响而发生氧化，从而产生致癌物质，所以防止鱼油氧化十分重要，通常在鱼油中加入维生素 E、茶多酚、特丁基对苯二酚（TBHQ）等抗氧化剂，能达到良好的抗氧化效果。

一、罗非鱼内脏鱼油的制备技术

罗非鱼加工下脚料→生物处理→提油→脱腥→纯化→抗氧化处理→微胶囊化→包装→成品。

从罗非鱼内脏中提取鱼油的方法有冷冻法、乙醇溶剂萃取法和蒸煮法等几种方法，我国鱼油厂普遍采用淡碱水解法，但提取过程产生的废液中钠盐含量高，不能进一步利用，而形成新的废弃物。罗非鱼鱼油的提取借鉴蒸煮法，采用加钾盐盐析的蒸煮方法提取粗鱼油。

1. 鱼油提取和精制

取罗非鱼内脏捣碎，放于容器内，加入水，通入氮气，于水浴锅中水浴升温至 45～50℃，用 40g/dL 的 KOH 水溶液调节 pH 为 8；在最佳的水解工艺条件下水解：水解温70～80℃，水解时间 40min，KNO_3用量为 6g/dL，盐析时间 10min，水解过程中需搅拌；冷却至室温时分离上层油层，离心（3 000～4 000r/min）除去杂质得粗鱼油。粗鱼油经磷酸脱胶后，根据鱼油的酸价，升温至 40～60℃，加入体积分数为 2 %的 70g/dL 的 NaOH 溶液，搅拌 15min ，静置分层，吸取上清层 ，然后水洗至中性；加入混合脱色剂（高岭土：活性炭为 1：1），在 60℃下脱色 30min，经抽滤得精制罗非鱼内脏油。

所得鱼油的各项指标均达到鱼油质量标准，且质量较好，工艺稳定（表 9-18）。工艺中所用的盐为钾盐，它是传统农业肥料，而提取鱼油后的废水、废渣含有大量的氨基酸、蛋白质，所以内脏制取鱼油后的废弃物，经处理就可以作为优质绿色肥料的原料，进一步利用，达到了废弃物综合利用的目的。

表 9-18 罗非鱼内脏鱼油指标分析

	提取率（%）	酸价（mg/g）	过氧化值（meq/kg）	碘价（g/100g）	∑FA	∑PUFA
罗非鱼鱼油	21.4	1.25	2.79	121.35	84.7	30.9
标准指标		≤15,8,2.0，1.0	≤10，6，5	≥120		

注：FA 为脂肪酸，PUFA 为多不饱和脂肪酸。

2. 多不饱和脂肪酸的纯化

罗非鱼油多不饱和脂肪酸的纯化可采用低温-钾盐乙醇法和尿素包埋法两种方法进行，选用−20℃作为低温处理温度，这与工厂低温冷库温度相适。从鱼油多不饱和脂肪酸的纯化收率上来讲，低温-钾盐乙醇法不如尿素包埋法；采用低温-钾盐乙醇法纯化后的鱼油多不饱和脂肪酸总和为 58.9%，EPA 和 DHA 之和从粗鱼油 16.0%提高为 31.6%，而采用尿素包埋法纯化后的鱼油多不饱和脂肪酸总和为 60.6%，EPA 和 DHA 之和从粗鱼油的 16.0% 提高为 32.3%，故从试验结果来看，是以尿素包埋法对鱼油多不饱和脂肪酸的纯化略为佳。但是，尿素包埋法的抽滤、除石油醚、干燥等操作十分麻烦、费时；而低温-钾盐乙醇法具有工艺简单易行，成本低，易于分离等优点。在生产应用当中要综合考虑产品得率、人力、物力、回收等方面的因素，所以采用低温-钾盐乙醇法进行纯化多不饱和脂肪酸。

鱼油混合脂肪酸制备：取一份罗非鱼粗鱼油，加入 1.5 倍体积的乙醇和体积分数 5% 的水，加 2.5 g/dL KOH，在沸水浴中充氮气回流皂化 30 min ，冷却至室温后，加入适量水和石油醚，除去胆固醇和非皂化物，分除去石油醚层，用体积分数为 30%的硫酸溶液酸化，pH 为 2～3，搅拌，静置分层，取上层油液，水洗几次，即得鱼油混合脂肪酸。

低温-钾盐乙醇法：将氢氧化钾溶于体积分数为 95%的乙醇中，加入鱼油混合脂肪酸，充分搅拌 20min，静置；溶液中析出饱和脂肪酸钾盐结晶，过滤，滤液放在−20℃中 24h，过滤；滤液在旋转式薄膜蒸发器上减压回收部分乙醇，浓缩液加入其体积 1 倍的水，然后用硫酸溶液进行酸化，分离上层油液，即为纯化了的多不饱和脂肪酸。

低温-钾盐乙醇法得到的浓缩多不饱和脂肪酸总和得率为 58.9% ，而 EPA 和 DHA 之和从粗鱼油的得率 16.0%提高到 31.6%。

此法所得鱼油容易分离，条件温和，质量较好，操作简便，不易产生新的废弃物，达到了综合利用的目的，而且该法优于传统的淡碱水解提油法。

鱼油产品技术指标为符合国家食品卫生标准 SC/T 3502—2000，粗鱼油黄色，稍有混浊，具有鱼油的腥味；精制鱼油浅黄色，具有鱼油特有的微腥味，无酸败味。

二、罗非鱼鱼油氧化防止技术

精制鱼油在贮藏时由于不饱和脂肪酸含量较高，极易受光照、温度、空气等的影响而发生氧化，从而产生致癌物质，所以防止鱼油氧化十分重要。

当罗非鱼油在 65℃贮藏时，若不添加抗氧化剂，鱼油的过氧化值（POV）和硫代巴比妥酸反应物值（TBARS）随贮藏时间的延长而增加，而放置 60 h 后就达不到鱼油的食用标准。因此，通过在鱼油中分别添加 3 种不同类型的抗氧化剂（TBHQ、V_E、茶多酚），对其抗氧化效果进行了研究（表 9-19），添加量都是 0.02%。添加 V_E 的鱼油，在 65℃贮藏 60h 时，POV 值的增加相对对照组较慢，但贮藏 120h 时，不加抗氧化剂的鱼油 POV 值为 123.34meq/kg，TBARS 值为 18.9μmol/g，添加了 V_E 的鱼油 POV 值为 95.56meq/kg，TBARS 值为 13.86μmol/g，抗氧化效果不理想。TBHQ 和茶多酚在鱼油中的抗氧化效果较好，在 60h，添加 TBHQ 的鱼油 POV 值为 8.84meq/kg，TBARS 值为 5.55μmol/g，而添加茶多酚的鱼油 POV 值为 8.97meq/kg，TBARS 值为 6.04μmol/g，鱼油仍是新鲜的，而此时不加抗氧化剂的鱼油已氧化了，远远超过食用油标准。TBHQ 和茶多酚在鱼油中的抗氧化效果相近，TBHQ 略好一些，但 TBHQ 为合成抗氧化剂，茶多酚为天然抗氧化剂，TBHQ 仍未被欧洲、日本、加拿大等国批准在食品上应用，而且价格也较贵，所以综合考虑，采用茶多酚作为鱼油的抗氧化剂比较合适。

表 9-19　在 65℃条件下不同抗氧化剂对鱼油 POV 和 TBARS 的影响

贮藏时间（h）	POV（meq/kg）				TBARS（μmol/g）			
	不加抗氧化剂	TBHQ 0.02%	V_E 0.02%	茶多酚 0.02%	不加抗氧化剂	TBHQ 0.02%	V_E 0.02%	茶多酚 0.02%
0	2.82	2.81	2.82	2.82	4.11	4.12	4.14	4.16
24	19.21	7.25	16.40	7.23	7.84	4.14	6.88	4.23
60	67.43	8.84	36.87	8.97	12.3	5.55	10.20	6.04
120	123.34	28.51	95.56	30.70	18.9	7.13	13.86	8.85
168	251.22	58.20	187.58	64.21	24.7	10.20	22.14	13.56

三、罗非鱼油微胶囊化技术

1. 微胶囊鱼油的壁材

鱼油中的不饱和脂肪酸易在贮藏过程中氧化变质，而采用微胶囊技术可以有效防止鱼油制品的氧化。使鱼油从液体变成固体粉末，提高制品流动性、混合性，便于食品加工与保存。目前，微胶囊技术在油类制品中已有应用，大多是采用阿拉伯胶、糊精、变性淀粉等作为壁材，近年来黄原胶等本身具有抗氧化性的壁材也用于微胶囊中，对提高微胶囊鱼油的氧化稳定性十分重要。

用于制取微胶囊的壁材应具有高水溶性、乳化性、成膜性，且不易吸潮，还要求高浓度壁材溶液具有较低黏度。食品工业中喷雾干燥微胶囊化所使用壁材主要有以阿拉伯胶为代表的植物胶、碳水化合物（主要指糊精、水解多糖、变性淀粉）和蛋白质。

阿拉伯胶是一种天然的植物胶，作为壁材具有良好的附着力和成膜性，常用于微胶囊壁材中。但喷雾干燥过程中高温受热会使得胶体分子降解，乳化性能下降，导致包埋率降低，阿拉伯胶价格也相对较贵，成本较高。在阿拉伯胶的基础上加入明胶后，可使微胶囊产品包埋率明显上升，说明一定量的明胶可以明显提高鱼油乳化液的稳定性及鱼油的包埋率。采用明胶、黄原胶与蔗糖复配，形成的鱼油乳化液不分层，乳化稳定性好，不易发生液滴的聚集和破乳，使微胶囊鱼油达到较高的包埋率，且氧化稳定性较好，是最适宜的壁材组成。

明胶来源于广泛存在于动物皮、筋、骨髓中的胶原蛋白质，易溶于温水，具有良好的成膜性。蛋白质乳化能力和易成膜性对脂类物质保留率有很大作用，碳水化合物有利于壁材中多功能基质形成，将蛋白质和碳水化合物按一定比例混合则可满足对壁材多功能性的要求。因此，将蛋白质和碳水化合物复配用于鱼油微胶囊制备可得到较好的效果。

黄原胶是一种高分子高糖物质，易溶于冷水和热水，它在很低的浓度下仍具有较高的黏度，如1%浓度的黏度相当于明胶的100倍左右，增稠效果显著。通常添加于微胶囊化过程中以增强乳化液的稳定性。由于黄原胶与蛋白质有协同作用，将它们复配后可以提高乳液的稳定性，从而可以提高微胶囊化的包埋率和质量。将黄原胶添加到壁材中，壁材溶液的乳化稳定性明显得到提高。黄原胶稳定的双螺旋结构还使其具有极强的抗氧化能力，用于鱼油微胶囊中可有效防止鱼油的酸败。

碳水化合物类壁材（糖类壁材），在食品工业中最常见的有淀粉、麦芽糊精、玉米糖浆、蔗糖和海藻糖等。它们具有黏度低、固液浓度高、溶解性能好等特点，是一类应用广泛的微胶囊壁材。但同时，由于糖类壁材的界面特性不稳定，易造成微胶囊化效率低，玻璃化转变温度低，通常需要通过对其做一定的化学改性修饰，或者与一些蛋白类或植物水溶性胶类壁材联合使用。

在罗非鱼鱼油微胶囊的制备中，壁材对微胶囊化罗非鱼油包埋率的影响效果为：明胶与蔗糖比例对微胶囊包埋率的影响最大，其次是鱼油与壁材比例，黄原胶含量的影响最小。采用响应面优化得到的微胶囊化罗非鱼油的最佳壁材组合为：蔗糖13.5%，明胶5.1%，黄原胶含量为0.31%，鱼油6.5%。所得产品的包埋率为89.16%。

2. 微胶囊鱼油的喷雾干燥

喷雾干燥过程中，进风温度对产品质量的影响最为显著。产品结构致密程度、芯材是否被破坏和产品水分含量等都与进风温度有关。进风温度过高，会导致产品粒子表面开裂，引起效率、产率显著下降。降低进风温度，可防止心材的挥发损失，保持粒子结构完整。然而，进风温度过低，由于产品水分含量高，喷雾干燥时粘壁现象严重；同时，过高的水分也不利于产品的保存。适当提高进风温度，可较快的在粒子表面形成一层硬壳（玻璃态的壁），有利于阻止鱼油的损失和防止鱼油的氧化。

微胶囊产品的包埋率和产品产率在进风温度为115℃时达到最大，进风温度对产品的水分含量影响不大，在115℃以上时水分含量保持较低水平。综合3个指标选择115℃作为罗非鱼微胶囊鱼油的喷雾干燥的进风温度（图9-55～图9-57）。出风温度为75℃，喷雾压力100kPa。在以上条件下得到的鱼油微胶囊产品色泽洁白，外观较好，可有效包埋芯材，还具有抗氧化的作用，可提高产品的保质期。

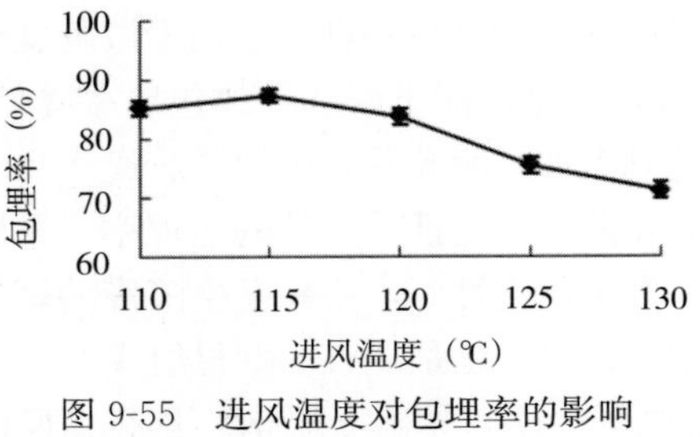

图9-55　进风温度对包埋率的影响

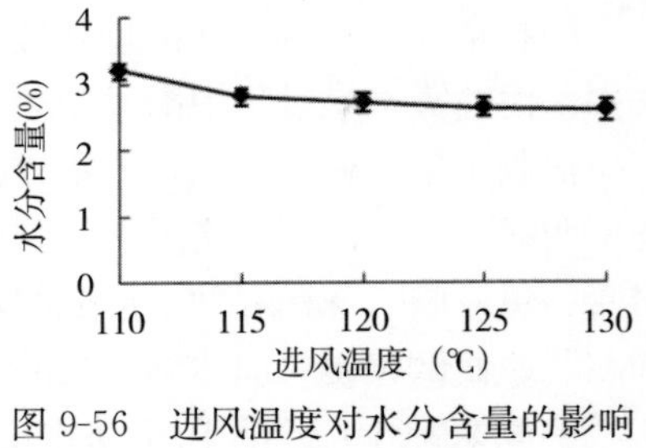

图9-56　进风温度对水分含量的影响

3. 微胶囊鱼油产品

鱼油微胶囊化能明显降低鱼油的氧化速度，加速氧化 15d 后，未微胶囊化鱼油的 POV 值从初始的 3.13meq/kg 上升到 45.49meq/kg，而微胶囊鱼油的 POV 值为 19.26meq/kg，仅为未微胶囊化鱼油的 1/2，抗氧化效果显著（图 9-58）。微胶囊化鱼油产品指标见表 9-20。

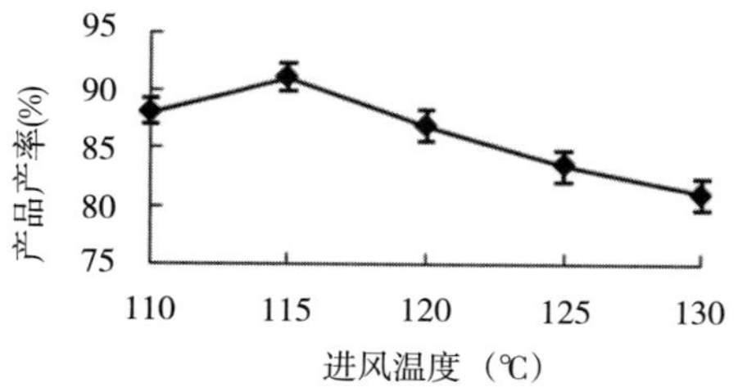

图 9-57　进风温度对产品产率的影响

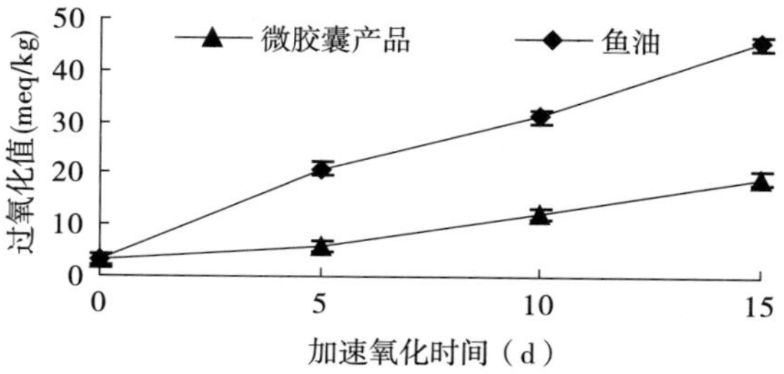

图 9-58　微胶囊产品的氧化稳定性分析

表 9-20　微胶囊化鱼油产品指标

指标	包埋率（%）	水分含量（%）	色泽	溶解后形态	溶解后气味
产品	89.16	2.47	洁白	溶解性好，呈牛奶状	较好鱼油味

微胶囊化罗非鱼油产品具有较低的水分含量，色泽和溶解性较好，呈现较好的产品状态。产品具有明显的抗氧化性，水分含量低，色泽洁白，溶解性好，溶解后呈牛奶状，有较好的鱼油味。鱼油酸价≤8mg/kg，过氧化值≤6mmol/kg。

第三节　罗非鱼鱼皮和鱼鳞的利用

一、罗非鱼鱼皮和鱼鳞的化学组成

1. 常规营养成分

罗非鱼鱼皮和鱼鳞是罗非鱼生产过程中产生废弃物中主要的成分之一，鱼皮和鱼鳞分别占废弃物总量的约 5% 和 4%。罗非鱼鱼皮、鱼鳞含有大量有价值的有机和无机成分，是一种大量的优良胶原蛋白资源。罗非鱼皮、鱼鳞的水分、灰分、粗蛋白质、总糖等常规成分的含量见表 9-21。表 9-21 的数据表明，鱼皮中含有丰富的蛋白质，粗蛋白质含量占干物质的 94.7%。鱼鳞中含有丰富的粗蛋白质和灰分，分别占干物质的 53.5% 和 44.1%，脂肪含量最少。

表 9-21　罗非鱼皮和鱼鳞的常规营养成分分析（%）

	水分	灰分	粗蛋白	粗脂肪	总糖
鱼皮	65.01	1.17	33.14	1.56	0.05
鱼鳞	58.73	18.21	22.08	微量	—

2. 氨基酸含量

氨基酸是组成蛋白质的基本单位，蛋白质中不同种类、不同比例的氨基酸组成，均对蛋白质的结构、物理性能、生理活性等方面产生影响。鱼皮和鱼鳞的主要成分为蛋白质。表 9-22 的数据表明，在罗非鱼鱼皮和鱼鳞蛋白质的氨基酸组成中，必需氨基酸分别占氨基酸总量的 22.81%和 22.42%，显然鱼皮和鱼鳞不是优质蛋白质。但两者均含有丰富的甘氨酸、脯氨酸和丙氨酸，是胶原蛋白的特征氨基酸。

表 9-22　罗非鱼皮和鱼鳞蛋白质中氨基酸含量分析（%）

氨基酸名称	罗非鱼皮	罗非鱼鳞
天冬氨酸	2.16	0.43
苏氨酸	0.93	0.86
丝氨酸	0.93	0.79
谷氨酸	3.35	1.33
脯氨酸	3.74	2.08
甘氨酸	7.21	3.87
丙氨酸	3.15	1.63
半胱氨酸	0.30	0.01
缬氨酸	1.13	0.46
甲硫氨酸	0.82	0.15
异亮氨酸	0.86	0.3
亮氨酸	1.37	0.54
酪氨酸	0.34	0.31
苯丙氨酸	1.04	0.47
赖氨酸	1.51	0.74
组氨酸	0.37	1.16
精氨酸	2.72	1.81
色氨酸	0.06	1.29
羟脯氨酸	1.86	3.22
总氨基酸	33.85	21.45
必需氨基酸	7.72	4.81

3. 胶原蛋白

胶原蛋白是罗非鱼鱼皮和鱼鳞蛋白质的主要组成，其中，罗非鱼鱼皮胶原蛋白的含量为 20%～28%，鱼鳞胶原蛋白的含量在 50%左右。罗非鱼鱼皮和鱼鳞的胶原蛋白为Ⅰ型胶原蛋白，且较完整保存着的Ⅰ型胶原蛋白的 3 股螺旋构型，并且两者的胶原蛋白的溶解性好，吸水率低，可作为很好的保水剂，是提取胶原蛋白的良好来源。

二、罗非鱼鱼皮提取胶原蛋白的工艺技术

罗非鱼鱼皮和鱼鳞中胶原蛋白的提取方法有水提法、碱提法、酸提法、酶提法和复合提取法等。随着提取方法的改进，鱼皮鱼鳞中的胶原蛋白提取的纯度越来越高，越有用于

提高胶原蛋白的利用价值。

1. 提取工艺

鱼皮、鱼鳞清洗→前处理→提取→过滤→精制→干燥→胶原蛋白。

2. 操作要点

（1）鱼皮胶原蛋白的提取

①清洗：新鲜鱼皮用清水清洗干净，去除脂肪等杂物，晾干水分后备用；冻结鱼皮解冻后漂洗干净，晾干水分后备用。

②前处理：在前处理过的鱼皮加入 NaCl 溶液，使 NaCl 的最终质量浓度为 6%，浸泡 12h，不停搅拌（重复 1 次），然后沥干，并用水洗至中性。然后加入 2 倍体积的盐酸于 4℃条件下浸泡 30min，沥干并水洗至中性。

③提取和干燥：在酸处理后的鱼皮中加入一定量的去离子水，65℃水浴提胶 4h，真空抽滤后4 000r/min 离心 5min，取上清液浓缩，干燥粗胶原蛋白。

④精制：在粗提液加入 NaCl，使其终浓度达到 0.9mol/L，盐析过夜，5 000r/min 离心 20min，弃去上清液，沉淀用 10 倍体积 0.5mol/L 的乙酸溶解，5 000r/min 离心 20min 去除杂质，上清液再次重复盐析、离心、溶解操作，最后用蒸馏水透析 3d，每天更换透析液，冻干即得胶原精制品。

（2）鱼鳞胶原蛋白的提取

①清洗：将鱼鳞清洗干净，自然晾干表面水分，备用。

②前处理：在清洗干净的鱼鳞中加入一定量的脱钙液浸泡一段时间，用清水清洗干净，再以物料比为 1∶20（W/V）的 NaOH 或 NaCl 溶液浸泡 12h 后用蒸馏水冲洗至中性。

③提取和干燥：在脱钙后的鱼鳞中加入一定体积的酸提取液（提取液中含有 1% 胃蛋白酶）提取一段时间，5 000r/min 离心 20min，收集上清液，即得到胶原蛋白粗提液。

④精制：在粗提液加入 NaCl，使其终浓度达到 0.9mol/L，盐析过夜，5 000r/min 离心 20min，弃去上清液，沉淀用 10 倍体积 0.5mol/L 的乙酸溶解，5 000r/min 离心 20min 去除杂质，上清液再次重复盐析、离心、溶解操作，最后用蒸馏水透析 3d，每天更换透析液，冻干即得胶原蛋白精制品。

3. 响应面优化试验结果

Box-Benhnken 的四因素五水平试验中共有 27 个试验点，其中试验 1～24 是分析因子试验、试验 25～27 是零点试验，胶原蛋白含量（Y）为响应值。采用 SAS 9.0 软件对胶原蛋白含量试验数据进行多元回归分析，可知方程的一次项、二次项的影响都是极显著的，交互项不显著，方程的决定系数为 97.98%，说明响应值有 97.98%来源于所选变量，回归方程可以较好地描述各因素与响应值之间的真实关系。根据分析结果，去掉非显著项得到胶原蛋白含量对盐酸浓度（*X*1）、盐酸浸泡时间（*X*2）、提取温度（*X*3）和提取时间（*X*4）的二次回归模型，该方程表达了提取所得胶原蛋白含量（*Y*）与各因素之间的变化规律。

响应曲面和等值线可以直观地看到各因素间的交互情况，其中等值线的形状可以反映出因素间交互效应的强弱，圆形表示两因素间的交互作用不显著，而椭圆形则表示显著，结果见图 9-59。

由图 9-59 可知，盐酸浓度和酸浸泡时间两因素间的相互影响不大。在编码值中间区域，胶原蛋白含量最高，当酸浓度过低或过高、酸浸泡时间过短或过长时胶原蛋白含量下降。该试验选用盐酸来除去原料中的杂蛋白，可以破坏分子间盐键和希夫碱引起胶原纤维膨胀，为下一步热水提取胶原蛋白起了促进作用。

由图 9-60 可知，提取时间和提取温度两因素间的相互影响显著。随着提取温度升高，提取时间延长，胶原蛋白含量升高，而且响应曲面显示坡度较陡。在编码值中间偏上区域，胶原蛋白含量最高，当温度过高提取时间较长时胶原蛋白含量略有下降。

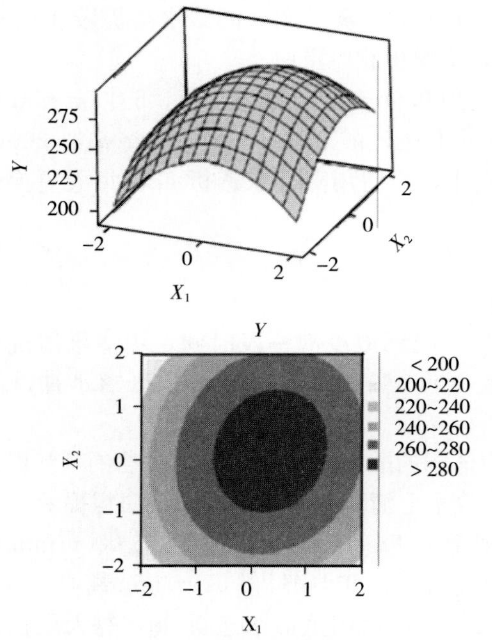

图 9-59　盐酸浓度和盐酸浸泡时间交互作用的响应面和等值线图

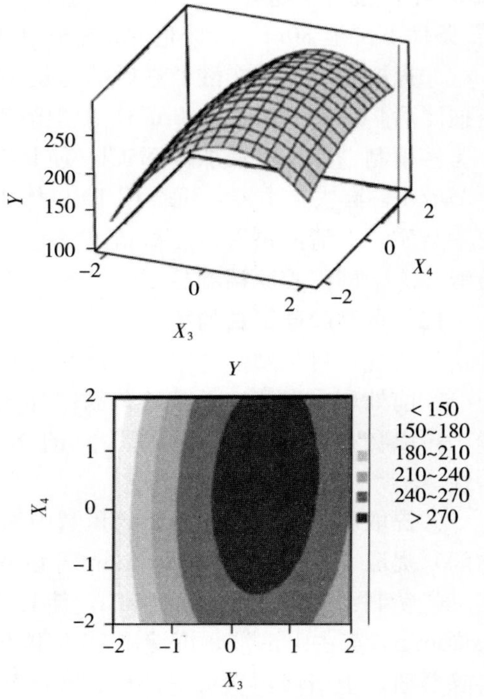

图 9-60　提取温度和提取时间交互作的响应面和等值线图

利用 SAS 软件分析得到 $X1$、$X2$、$X3$、$X4$ 的代码值分别为0.172 646、0.082 245、0.269 64、0.309 204，经换算得出相应的实际值为盐酸0.212 948mol/L、盐酸浸泡时间为20.616 84min、提取温度为42.696 4℃、提取时间为12.618 4h，此条件下胶原蛋白含量（Y）的理论值为296.069 263 mg/g。为检验响应曲面法所得结果的可靠性，采用上述优化的提取条件，考虑到实际操作的情况和温度越高胶原蛋白越易变性，将工艺参数修正为酸浓度 0.213mol/L、酸浸泡时间 21min、提取温度 42℃、提取时间 12.6h，实际测得的胶原蛋白含量（Y）为 293.018mg/g。试验值与理论值的相对误差为 1.03%，证明该模型得出的胶原蛋白的参数是可行的。

4. 胶原蛋白性质研究

(1) 胶原蛋白的紫外光谱分析　由图 9-61 可知，胶原蛋白溶液的最大吸收峰在

232nm。该法所得胶原蛋白在这 3 个区域吸收强度较弱，说明在胶原蛋白的一级结构中色氨酸、酪氨酸和苯丙氨酸含量很低，符合Ⅰ型胶原蛋白特征。

(2) 氨基酸组成　经检测，胶原蛋白特征氨基酸羟脯氨酸、脯氨酸含量为 17.64%，酪氨酸和苯丙氨酸的含量均很低，符合胶原蛋白特征。

(3) 胶原蛋白的 SDS-PAGE 分析　由图 9-62 可知，罗非鱼鱼皮胶原蛋白含两条 α 链（α1 和 α2）和它们的聚合链 β，说明罗非鱼鱼皮中的胶原蛋白是Ⅰ型胶原蛋白。α1 链的相对分子质量约为 125000，α2 链相对分子质量约为 111000，β 链相对分子质量约为 202000。由于胶原蛋白变性温度为 40～41℃，该试验采用 40℃ 提取鱼皮胶原蛋白，可能导致小部分蛋白变性，相对分子质量降低，因此，可见部分相对分子质量低于 116000 的蛋白带出现在图谱中。

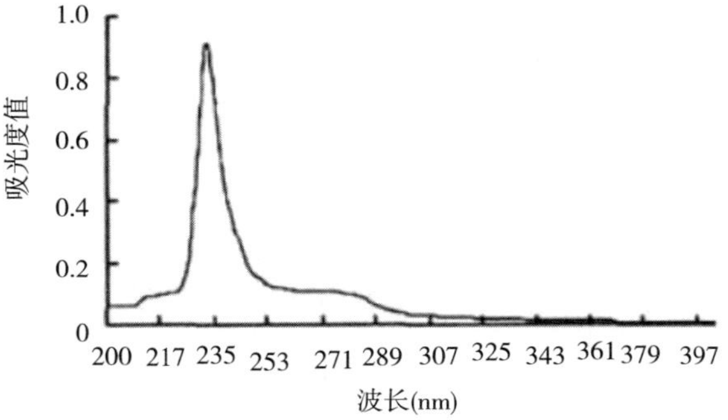

图 9-61　胶原蛋白溶液的紫外光谱图

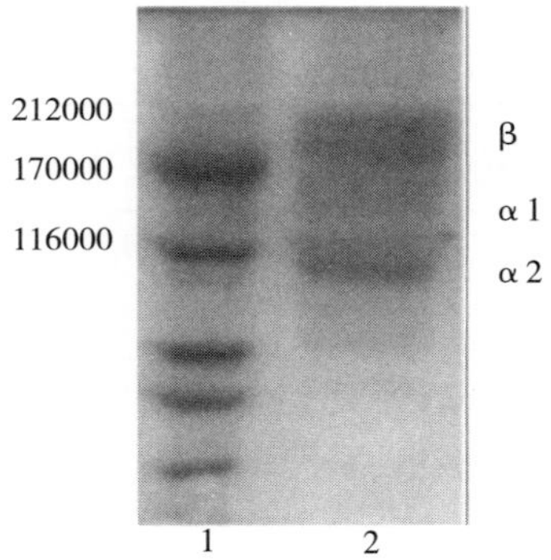

图 9-62　罗非鱼鱼皮胶原蛋白的 SDS-PAGE 图谱

1. 标准蛋白　2. 热水法提取的胶原蛋白

(4) 凝胶强度　6.67%胶原蛋白溶液的凝胶强度为 682.00g，胶原的凝胶强度与其所含的亚氨基酸量有关，主要是羟脯氨酸，可见羟脯氨酸在胶原蛋白溶液中的含量很高。

(5) 特性黏度　由图 9-63 可知，胶原蛋白浓度越大，黏度越高。热水提取的胶原蛋白特性黏度为 1.461dL/g，比用酸法（0.5mol/L 醋酸，4℃，浸提 48h）提取的罗非鱼皮胶原蛋白特性黏度 13.129dL/g 低，这是由于酸法提取过程中，胶原蛋白疏水性氨基酸组成发生了改变。当含有较多的疏水性氨基酸时，黏度较低，当胶原蛋白中含有较多的羟脯氨酸时，黏度增高。

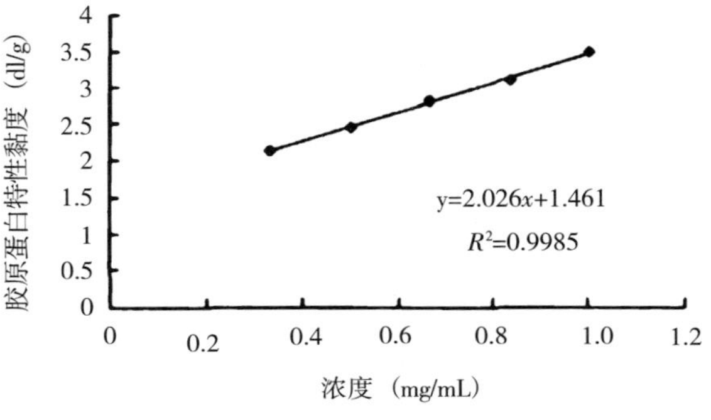

图 9-63　胶原蛋白的特性黏度

三、罗非鱼鱼皮胶原蛋白降血压酶解液的制备与活性

1. 罗非鱼鱼皮胶原蛋白降血压酶解液的水解工艺条件

(1) 单酶水解正交试验　根据单酶水解的预备试验结果，选定 Alcalase 2.4L 碱性蛋

白酶和菠萝蛋白酶作为目标酶，选择温度（A）、pH（B）、酶/底物（C）、时间（D）、底物浓度（E）为因素，每个因素确定4个水平，按L16（4^5）正交表进行正交试验。两种酶正交试验的因素及其水平分别见表9-23、表9-24。

表9-23　Alcalase 2.4L碱性蛋白酶的正交试验因素与水平

水平	温度（℃）	pH	酶/底物（U/g）	时间（h）	底物浓度（%）
1	45	7.0	2 000	2	2
2	50	7.5	4 000	4	4
3	55	8.0	6 000	6	6
4	60	8.5	8 000	8	8

表9-24　菠萝蛋白酶的正交试验因素与水平

水平	温度（℃）	pH	酶/底物（U/g）	时间（h）	底物浓度（%）
1	37	4.0	2 000	2	2
2	40	4.5	4 000	4	4
3	45	5.0	6 000	6	6
4	50	5.5	8 000	8	8

（2）复合酶水解试验　由Alcalase 2.4L碱性蛋白酶和菠萝蛋白酶组成复合酶，对罗非鱼皮胶原蛋白进行复合水解。试验方法和条件见表9-25。

表9-25　复合酶水解试验

实验组别	水解方法	酶种类	温度（℃）	pH	酶/底物（U/g）	时间（h）
1	单酶水解	A	55	7.5	6 000	2
2	单酶水解	B	45	4.5	4 000	4
3	混合水解	A+B	50	7.5	6 000+4 000	3
4	混合水解	B+ A	50	4.5	4 000+6 000	3
5	先后水解	A/B	55/45	7.5/4.5	6 000/4 000	2/4
6	先后水解	B/A	45/55	4.5/7.5	4 000/6 000	4/2

注：A为Alcalase 2.4L碱性蛋白酶；B为菠萝蛋白酶。

（3）Alcalase 2.4L碱性蛋白酶最适水解工艺条件　Alcalase 2.4L碱性蛋白酶正交试验结果见表9-26。对表9-26的正交试验结果进行分析，结果见表9-27。由表9-27可知，5个影响因素对水解反应的影响由大到小依次为：反应温度＞pH＞底物浓度＞加酶量＞反应时间，最适水解条件为：55℃，pH 7.5，6 000U/g，2h，底物浓度4%。

表 9-26　Alcalase 2.4L 碱性蛋白酶正交试验结果

试验序号	吸光度值	抑制率（%）	试验序号	吸光度值	抑制率（%）
空白	0	100	8	0.529	34.0
对照	0.801	0	9	0.357	55.4
1	0.567	29.2	10	0.403	49.7
2	0.530	33.8	11	0.577	28.0
3	0.742	9.6	12	0.553	31.0
4	0.686	14.4	13	0.767	4.2
5	0.582	27.3	14	0.410	48.8
6	0.620	22.6	15	0.721	10.0
7	0.572	28.6	16	0.663	17.2

表 9-27　Alcalase 2.4L 碱性蛋白酶正交试验结果分析

	温度（℃）	pH	酶/底物（U/g）	时间（h）	底物浓度（%）
$K1$	87.0	116.2	97.0	137.6	122.9
$K2$	112.5	155.0	102.1	100.0	135
$K3$	164.0	76.2	147.8	103.9	67.4
$K4$	80.3	96.5	96.9	102.4	118.5
R	83.7	78.8	50.9	37.6	67.6

（4）菠萝蛋白酶最适水解工艺条件　对表 9-28 的正交试验结果进行分析，结果见表 9-29。从表 9-29 可以看出，5 个影响因素对菠萝蛋白酶水解反应的影响顺序依次为：pH＞反应温度＞加酶量＞反应时间＞底物浓度，最适水解条件为：45℃，pH 4.5，4 000 U/g，4h，6%。

表 9-28　菠萝蛋白酶正交试验结果

试验序号	吸光度值	抑制率（%）	试验序号	吸光度值	抑制率（%）
空白	0	100	8	0.623	19.8
对照	0.776	0	9	0.652	16.0
1	0.687	11.5	10	0.573	26.2
2	0.553	28.7	11	0.622	19.8
3	0.630	18.8	12	0.646	16.8
4	0.677	12.7	13	0.671	13.5
5	0.597	23.1	14	0.662	14.7
6	0.594	23.5	15	0.683	12.0
7	0.721	7.1	16	0.711	8.4

表 9-29 菠萝蛋白酶正交试验结果分析

	温度（℃）	pH	酶/底物（U/g）	时间（h）	底物浓度（%）
$K1$	71.1	64.1	63.2	51.8	69.5
$K2$	73.5	92.5	80.0	81.2	69.6
$K3$	78.8	57.7	69.3	76.5	72.6
$K4$	48.6	57.7	61.2	64.1	70.3
R 值	30.2	34.8	18.8	17.1	3.1

（5）复合酶解试验工艺的确定 4 种不同复合酶和 2 种单酶水解产物的水解度及 ACE 抑制率的测定结果见表 9-30。从表 9-30 中可知，所有复合酶的酶解产物的 ACE 抑制率均超过了 50%，与单酶水解产物的 ACE 抑制率之间存在显著差异（$P<0.05$）。

表 9-30 复合酶酶解产物的水解度及其 ACE 抑制活性

试验组别	1	2	3	4	5	6
水解度	24.55	20.3	23.5	24.21	25.62	30.43
ACE 抑制率（%）	48.4[b]	36.3[a]	52.6[c]	53.6[c]	57.2[d]	68.6[e]

注：右上角所标字母相同，表示相互间无显著差异；右上角所标字母不同，则表示相互间存在显著差异。

2. 酶解物的分离纯化

采用上海沪西 BSZ-100 自动部分收集器在波长为 220nm 处进行检测收集，在原液 Sephadex G-25 的分离中，出现 3 个峰，如图 9-64 所示。分别收集高活力峰管，浓缩作活性测定。水解原液，柱层析 3 个峰的半抑制浓度 IC50 分别为 2.82mg/mL、3.50mg/mL、2.12mg/mL。取活力最高的第 3 峰（乙酸洗脱液凝胶制备峰）作进一步分析，简称为 ACF。根据出峰时间及标准蛋白质相对分子质量，求出相对分子质量标准曲线方程为：$\log MW = -0.2256\ T + 5.7179$（$R^2 = 0.9935$）。由 HPLC 图计算超滤水解液相对分子质量约为 350。

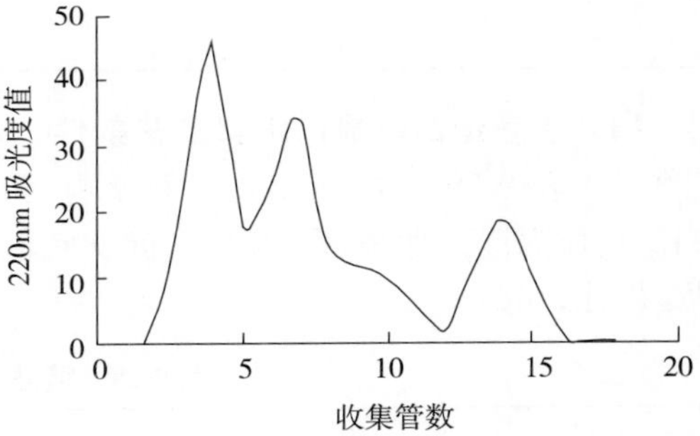

图 9-64 水解液凝胶色谱图

四、罗非鱼鱼皮制备抗氧化肽的工艺技术

1. 8 种蛋白酶的水解罗非鱼皮的效果比较

由图 9-65 和图 9-66 可知，罗非鱼皮在经 8 种不同酶酶解后的蛋白质提取率相差不大但均低于 30%，提取率较低。水解度差异较大，其中酸性蛋白酶水解罗非鱼皮的效果较差，水解度仅有 6.64%，Alcalase 水解罗非鱼鱼皮的效果较其他酶稍好，水解度为 13.04%，这可能是由于 Alcalase 能够专一性水解蛋白质终端的疏水性氨基酸且其作用位点相对广泛。

2. 罗非鱼鱼皮酶解液的抗氧化活性比较

以还原性谷胱甘肽作参比，将8种酶水解罗非鱼皮得到的酶解液作梯度稀释，测定各酶解液对DPPH自由基的半抑制浓度（IC_{50}）以表征其清除DPPH自由基的能力，试验结果见图9-67。各蛋白酶水解罗非鱼皮得到的酶解液对DPPH均表现出一定的清除活性，其中酸性蛋白酶、中性蛋白酶和胰蛋白酶的酶解产物的IC_{50}较高，意味着这3种酶解产物清除DPPH自由基的活性较其他酶解产物要差。而碱性蛋白酶和Alcalase的酶解产物的IC_{50}分别为6.34mg/mL和6.11mg/mL，低于其他酶解产物，说明其相对于其他酶解产物对DPPH自由基清除活性要好，但远高于谷胱甘肽的IC_{50}（0.04mg/mL），说明其活性较谷胱甘肽差。罗非鱼皮酶解液对DPPH自由基的清除能力与其浓度呈明显的量效关系，随着浓度增大，酶解液清除DPPH自由基的活性显著增强。

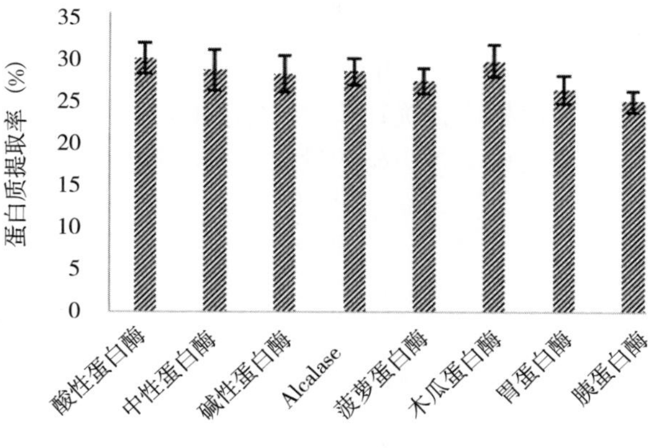

图9-65　罗非鱼鱼皮酶解液的蛋白质提取率

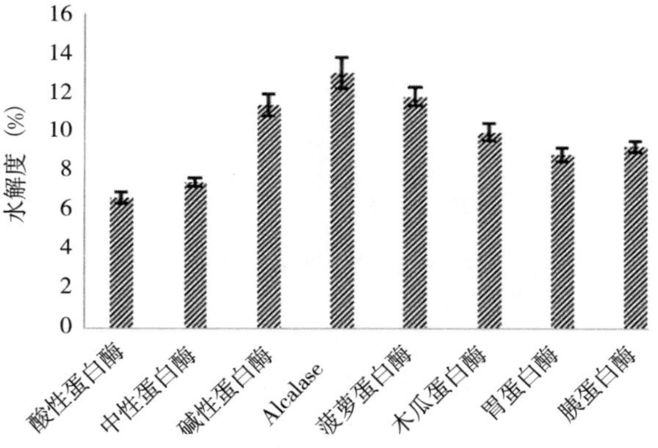

图9-66　8种酶水解罗非鱼鱼皮的水解度

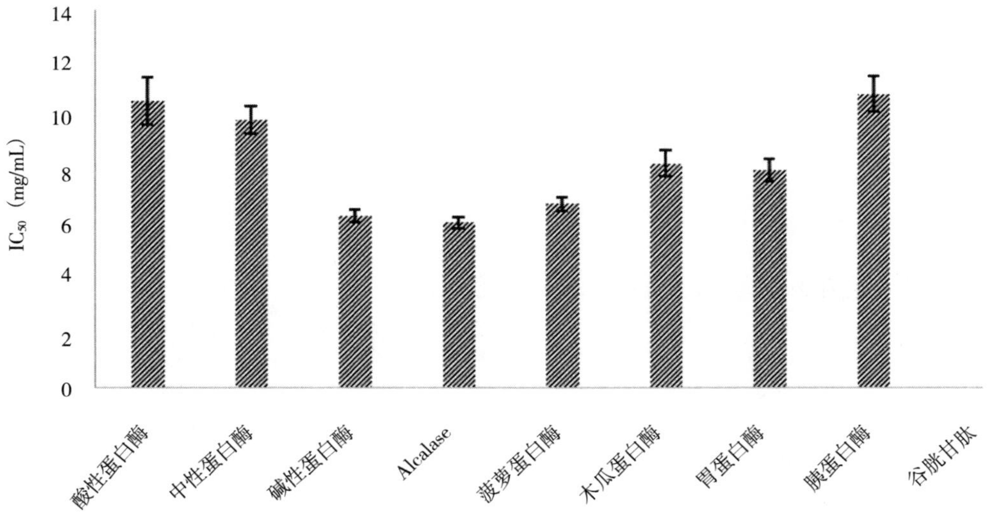

图9-67　8种酶水解罗非鱼鱼皮酶解液的DPPH自由基半抑制浓度（IC_{50}）

如图 9-68 所示，碱性蛋白酶及 Alcalase 的酶解液对·OH 的 IC_{50} 相对较低，分别为 11.13mg/mL 和 12.42mg/mL，其余各酶解液的 IC_{50} 均大于 15mg/mL，而谷胱甘肽的 IC_{50} 为 0.6mg/mL，可见碱性蛋白酶和 Alcalase 虽较其他各酶的酶解液对·OH 的清除活性要高，但相比谷胱甘肽对·OH 的清除活性较差。罗非鱼鱼皮酶解液对·OH 的清除能力与其浓度也呈较明显的量效关系，随着浓度增大，酶解液清除·OH 的活性增强。

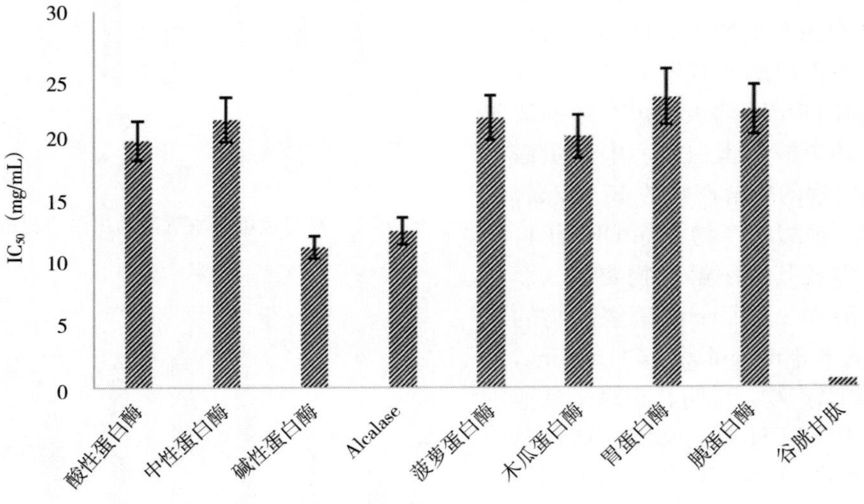

图 9-68　8 种酶水解罗非鱼鱼皮酶解液的·OH 半抑制浓度（IC_{50}）

由图 9-69 可见，各酶解液中，酸性蛋白酶和胃蛋白酶酶解液的还原力较差，碱性蛋白酶和 Alcalase 的酶解物的还原力较其他酶解液强，其中碱性蛋白酶酶解物的吸光度值为 0.892，高于 Alcalase 酶解物的 0.657。王强等采用木瓜蛋白酶酶解罗非鱼鱼肉蛋白质，得到酶解液的浓度为 5mg/mL 时还原力为 0.970 6，稍高于罗非鱼鱼皮碱性蛋白酶水解物。

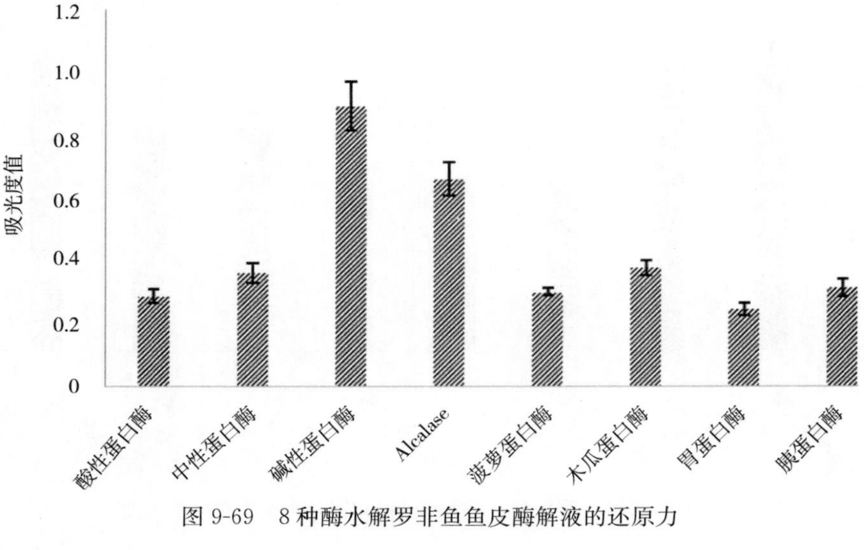

图 9-69　8 种酶水解罗非鱼鱼皮酶解液的还原力

在8种酶解液中，碱性蛋白酶酶解液对·OH的清除能力和还原力均最强，Alcalase酶解液清除DPPH自由基的能力强于碱性蛋白酶酶解液，但其对·OH的清除能力及还原力不及碱性蛋白酶酶解液。由于Alcalase也是碱性蛋白酶的一种，由此可见，在各酶的最适条件下，碱性蛋白酶水解罗非鱼鱼皮制备抗氧化活性肽的效果最佳。这很可能是因为碱性蛋白酶在水解天然蛋白质时较其他酶有更广泛的酶切位点，其水解出来的短肽序列以及终端氨基酸与许多生物活性相关，其中包括抗氧化活性。目前已经见诸报道的大多数抗氧化活性肽的相对分子质量都低于10 000，但这并不意味着酶解产物的水解度越高、分子量越小，其抗氧化活性就越强，如杨萍等研究大眼金枪鱼蛋白质酶解物，李雪等研究草鱼鱼肉蛋白质酶解物时，均发现随着水解度增加，产物的还原力反而下降。这是因为肽类的氨基酸组成种类、数量及其排列顺序都对其抗氧化活性有重要影响。因此，根据以上试验结果，选定碱性蛋白酶作为试验用酶并对酶解工艺进行优化设计。

3. 碱性蛋白酶酶解罗非鱼鱼皮条件的响应面优化设计及结果

响应面中心组合设计试验因素编码值见表9-31，试验安排及结果见表9-32。

表9-31 BBD响应面分析各因素编码值和实际值

试验因素	代码	编码水平		
		−1	0	1
pH	$X1$	8.0	10.0	12.0
时间（h）	$X2$	3	4	5
温度（℃）	$X3$	40	45	50
料液比（V/W）	$X4$	0.25	0.38	0.50

表9-32 BBD响应面试验安排及结果

试验号	变量编码水平				还原力
	$X1$	$X2$	$X3$	$X4$	
1	1	0	0	−1	0.631±0.043
2	1	0	−1	0	0.512±0.021
3	0	1	1	0	0.429±0.030
4	0	0	0	0	0.913±0.012
5	0	−1	−1	0	0.614±0.008
6	−1	0	−1	0	0.637±0.010
7	−1	−1	0	0	0.891±0.009
8	0	−1	0	−1	0.452±0.011
9	1	1	0	0	0.63±0.010
10	1	0	0	1	0.525±0.014
11	−1	0	0	1	0.446±0.013
12	0	1	0	1	0.196±0.011
13	0	−1	1	0	0.812±0.080

（续）

试验号	变量编码水平				还原力
	X1	X2	X3	X4	
14	0	0	1	1	0.416±0.008
15	−1	1	0	0	0.486±0.013
16	0	0	0	0	0.916±0.012
17	0	1	0	−1	0.556±0.020
18	0	−1	0	1	0.635±0.012
19	−1	0	0	−1	0.453±0.015
20	0	0	0	0	0.957±0.012
21	0	0	1	−1	0.574±0.012
22	0	1	−1	0	0.483±0.016
23	1	0	1	0	0.857±0.033
24	1	−1	0	0	0.651±0.043
25	−1	0	1	0	0.528±0.039
26	0	0	−1	1	0.419±0.026
27	0	0	−1	−1	0.433±0.019

注：表中还原力用3次测定平均值±标准差表示（$n=3$）。

根据表9-32的试验结果计算二次回归方程中的各级回归系数，得到二次回归方程（1）：

$$Y=-19.77296-0.094375X1+1.68967X2+0.60733X3+22.022X4+0.048X1X2$$
$$+0.01135X1X3-0.099X1X4-0.0126X2X3-1.086X2X4-0.0576X3X4$$
$$-0.027802X12-0.16271X22-0.00711333X32-19.20533X42 \quad (1)$$

其中X1、X2、X3、X4分别代表pH、时间、温度、料液比的各编码值。通过回归方程（1）反映出各因子与响应值之间的关系，具体方差分析结果见表9-33。

表9-33　BBD响应面试验结果方差分析

来源	平方和	自由度	平均平方值	F值	P值
模型	0.9	14	0.064	29.05	<0.000 1
X_1	0.011	1	0.011	5	0.045 1
X_2	0.14	1	0.14	61.02	<0.000 1
X_3	0.022	1	0.022	10.07	0.008
X_4	0.018	1	0.018	8.01	0.015 2
X_1X_2	0.037	1	0.037	16.61	0.001 5
X_1X_3	0.052	1	0.052	23.21	0.000 4
X_1X_4	0.002 45	1	0.002 45	1.1	0.314 2
X_2X_3	0.016	1	0.016	7.15	0.020 3

（续）

来源	平方和	自由度	平均平方值	F 值	P 值
X_2X_4	0.074	1	0.074	33.2	<0.000 1
X_3X_4	0.005 184	1	0.005 184	2.34	0.152 4
X_1^2	0.066	1	0.066	29.71	0.000 1
X_2^2	0.14	1	0.14	63.6	< 0.000 1
X_3^2	0.17	1	0.17	75.97	< 0.000 1
X_4^2	0.48	1	0.48	216.33	< 0.000 1
残差	0.027	12	0.002 22		
失拟项	0.025	10	0.002 543	4.208 204 633	0.207 2
误差值	0.001 209	2	0.000 604 3		
总和	0.93	26			

注：R^2=0.971 3，AdjR^2=0.937 9。

由表 9-33 方差分析结果得知，模型显著性检验 P<0.000 1表示该模型具有统计学意义，模型失拟项 P 值为0.207 2>0.05 表示模型无失拟因素存在。其中 $X1$、$X2$、$X3$、$X4$、$X1X2$、$X1X3$、$X2X3$、$X2X4$、$X12$、$X22$、$X32$、$X42$ 对响应值均有显著影响（P<0.05），其余项不显著。此外，模型决定系数 R^2=0.971 3说明响应值有 97.13%取决于所选取的变量，模型校正决定系数 AdjR^2=0.937 9，变异系数 CV=7.93%，说明该模型只有 6.21%的变异，其回归方程的拟合程度较好，预测值和实测值之间的相关性较高，可以用来对碱性蛋白酶酶解罗非鱼鱼皮制备具有抗氧化活性肽的工艺进行初步分析和预测。

根据回归方程（2），绘制出三维响应面分析图和二维等高线，详见图 9-70 至图 9-75。

图 9-70 显示，当 pH 一定时，响应值随酶解时间的延长而下降。反应体系的 pH 在酶解过程中不断变化，反应时间过长可能使体系 pH 超出蛋白酶的最适范围而影响其活性，同时已被水解出来的目标产物可能被微生物降解，反而造成目标产物得率降低，使酶解液的还原力下降。反应时间一定时，反应体系 pH 的改变对响应值影响不大，这可能是因为一定时间内，在蛋白酶的最适 pH 范围改变反应体系的 pH 对酶的活性影响不大。

由图 9-71 可见 pH 和温度的交互作用良好，pH 和温度的变化对响应值影响较大，过高或过低的 pH 及温度都对酶解产物的还原力不利。这是可能是由于较为剧烈的水解条件影响了蛋白酶的活力，从而使目标物的产量降低。

由图 9-72 可见，当 pH 一定时，响应值随料液比的增大先增大再减小，这是由于当料液比低即加水量大，这意味着溶液中酶的浓度下降，作用于底物的有效酶活降低，从而影响到产物的生成；而浓度高时即加水量小，此时溶液较为黏稠，对反应体系中 pH 的调节和酶的溶解及均匀混合产生不利影响，因而也造成目标产物的得率下降，从而使响应值降低。

图 9-73 显示了酶解时间和温度的交互作用。由图 9-73 可知，时间一定时，响应值随温度升高先增大后减小，表明了过高或过低的温度均影响到酶的活性而不利于其水解底物

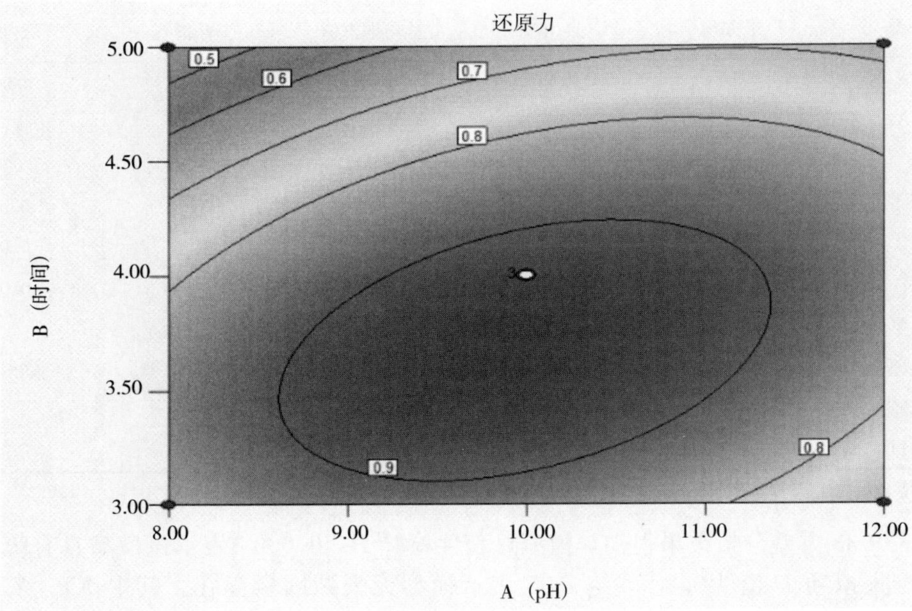

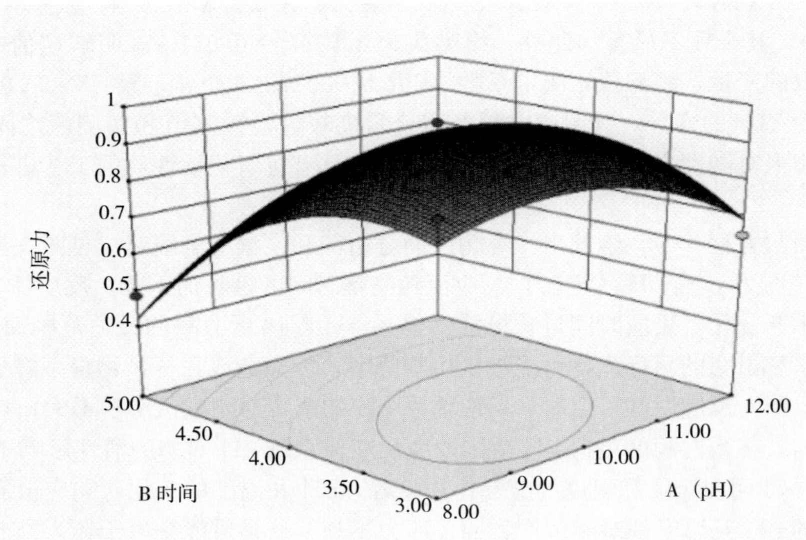

图 9-70　pH 和酶解时间对响应值的影响

产生目标物；一定的温度下，响应值与酶解时间呈相同趋势。

图 9-74 的曲面弧度较平缓，从图中可见，当料液比一定时，改变酶解时间对响应值的影响较小，而当酶解时间一定时，改变料液比对响应值的影响较大，说明在这两个交互因素中料液比比酶解时间对响应值的影响更显著。

从图 9-75 中可以看出，当温度一定时，料液比的改变对响应值的影响较大。对温度和料液比交互的方差分析结果为不显著，但由图中可知，其等高线呈椭圆形，表明料液比

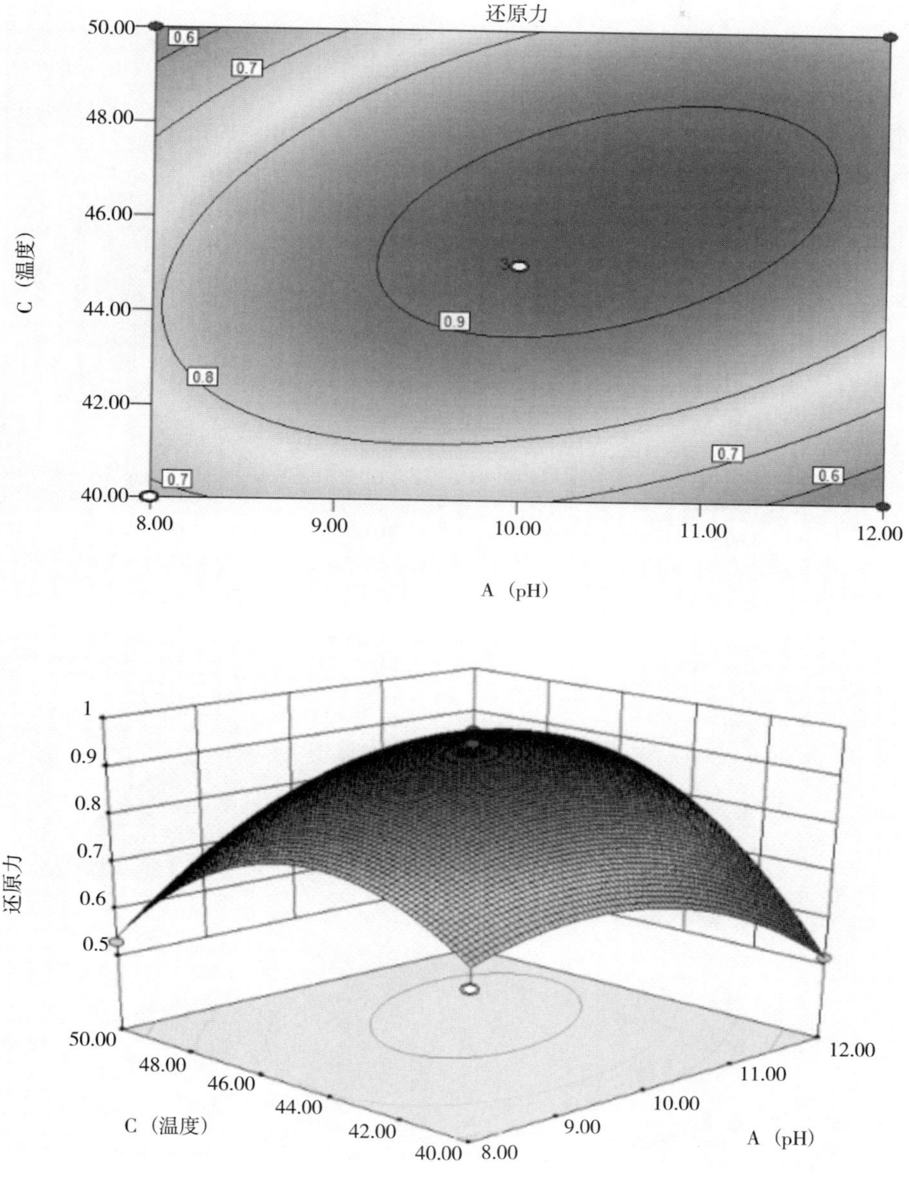

图 9-71 pH 和温度对响应值的影响

和温度间仍存在一定的交互作用。

根据 Design Expert Software（version 8.0.5）软件分析得到碱性蛋白酶水解罗非鱼鱼皮制备抗氧化活性肽的最佳酶解反应条件为：pH 10.0、反应时间 4 h、温度 40 ℃、料液比 0.38，所得酶解液的还原力最高，为 1.000。在最优水解条件下，进行了 3 组重复性试验，测得优化后的罗非鱼鱼皮蛋白质抗氧化活性肽的还原力为（1.054±0.057），与模型预测值并无显著性差异（$P>0.05$），表明试验确定的模型条件可以用

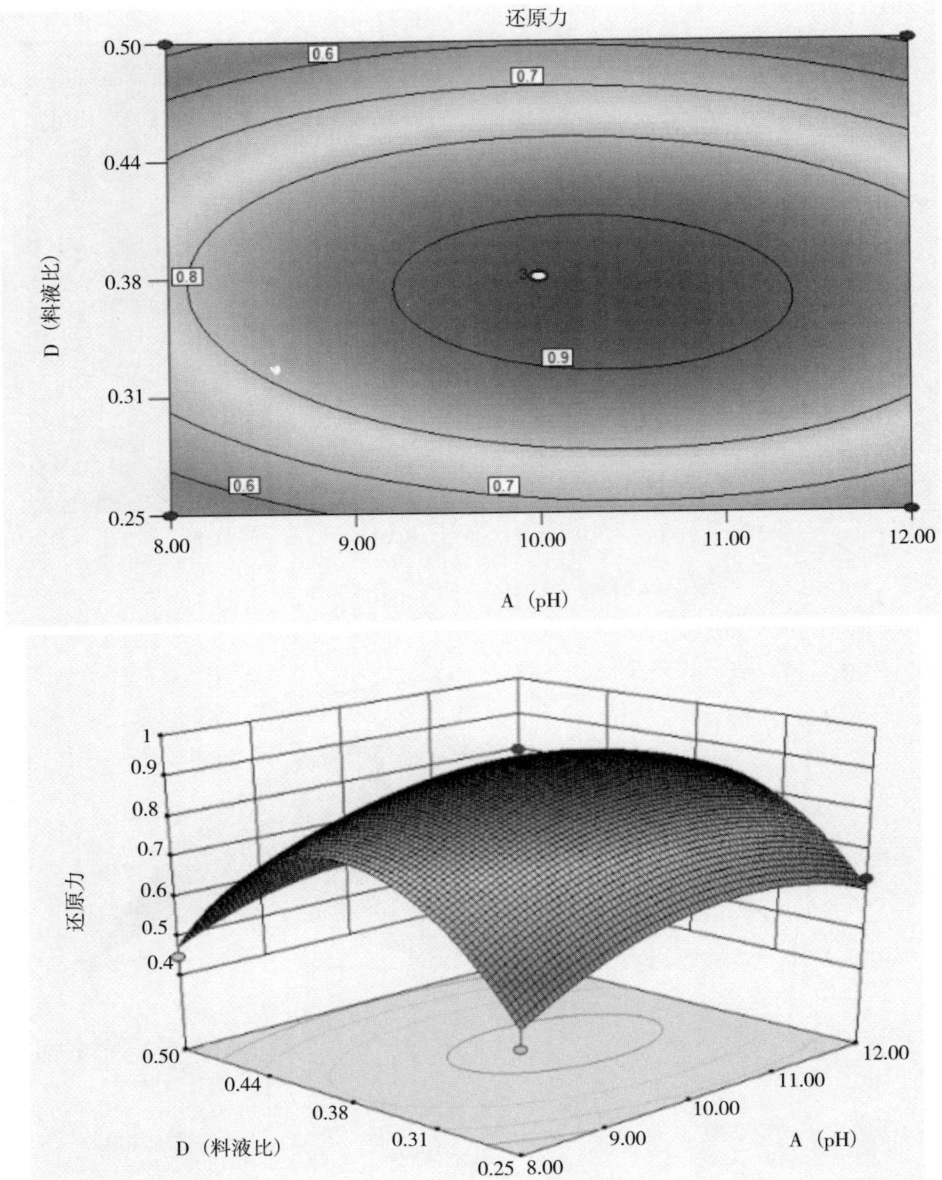

图 9-72　pH 和料液比对响应值的影响

于预测实际值。

4. 超滤分离及其产物抗氧化活性分析

将 TSH 依次通过截留相对分子质量为 100 000、50 000、10 000、5 000 的超滤膜后得到 5 个组分：大于 100 000、50 000～100 000、10 000～50 000、5 000 ～10 000、小于 5 000，测定各组分 DPPH 自由基和 · OH IC_{50} 以及还原力，并与未经超滤的 TSH 对比，结果见图 9-76、图 9-77。

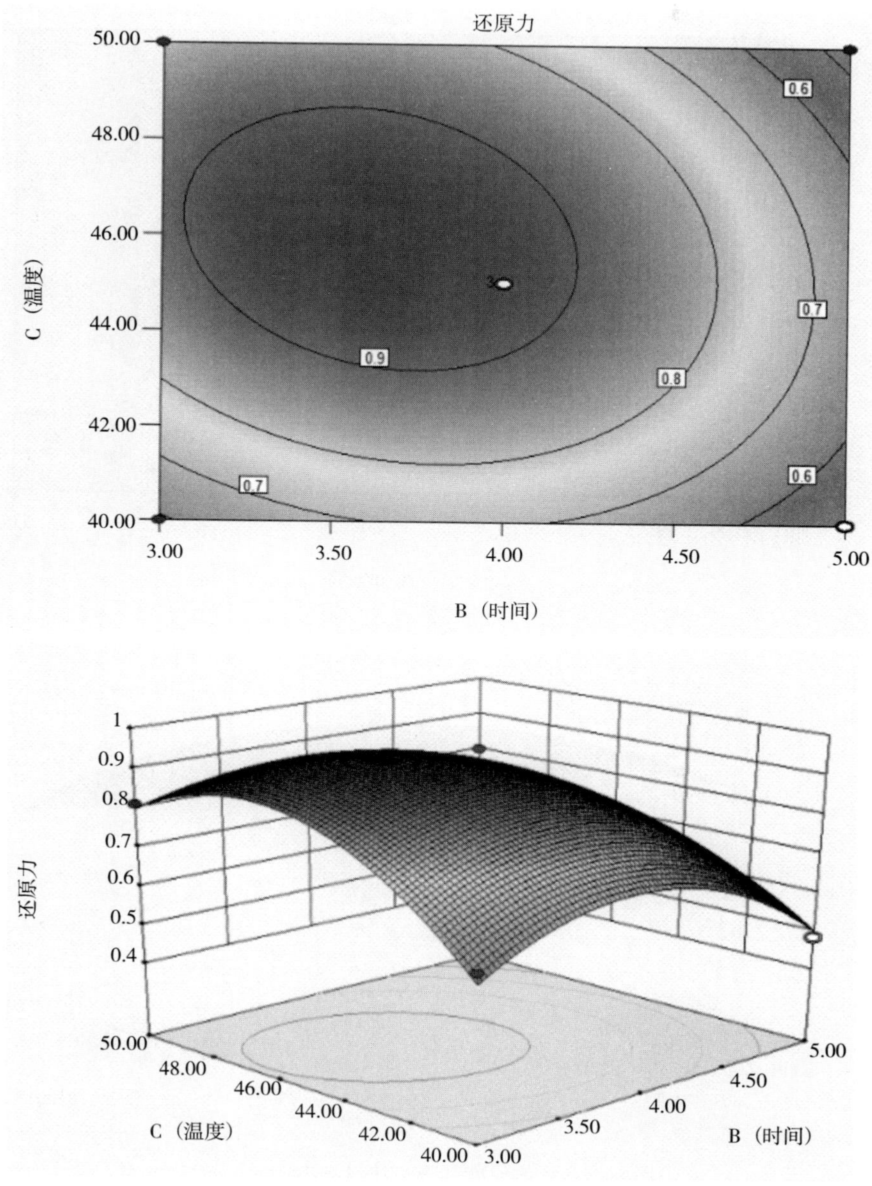

图 9-73　酶解时间和温度对响应值的影响

由图 9-76 可知，在各超滤分离的组分中，相对分子质量小于 5 000 的组分对 DPPH 自由基的清除活性最好，其 IC_{50} 为 2.77 mg/mL，相对分子质量大于 50 000 的 2 个组分 IC_{50} 较高，TSH 的 IC_{50} 为 5.52 mg/mL，介于大分子多肽（大于 5 000）和小分子多肽（小于 5 000）之间。辛建美在酶解金枪鱼碎肉后对水解液进行超滤分离，得到相对分子质量大于 10 000、5 000～10 000、小于 5 000 的组分对 DPPH 自由基的 IC_{50} 分别为0.766 2 mg/mL、0.647 0 mg/mL、0.654 1 mg/mL，可见其抗氧化效果强于该研究中 TSH 的超

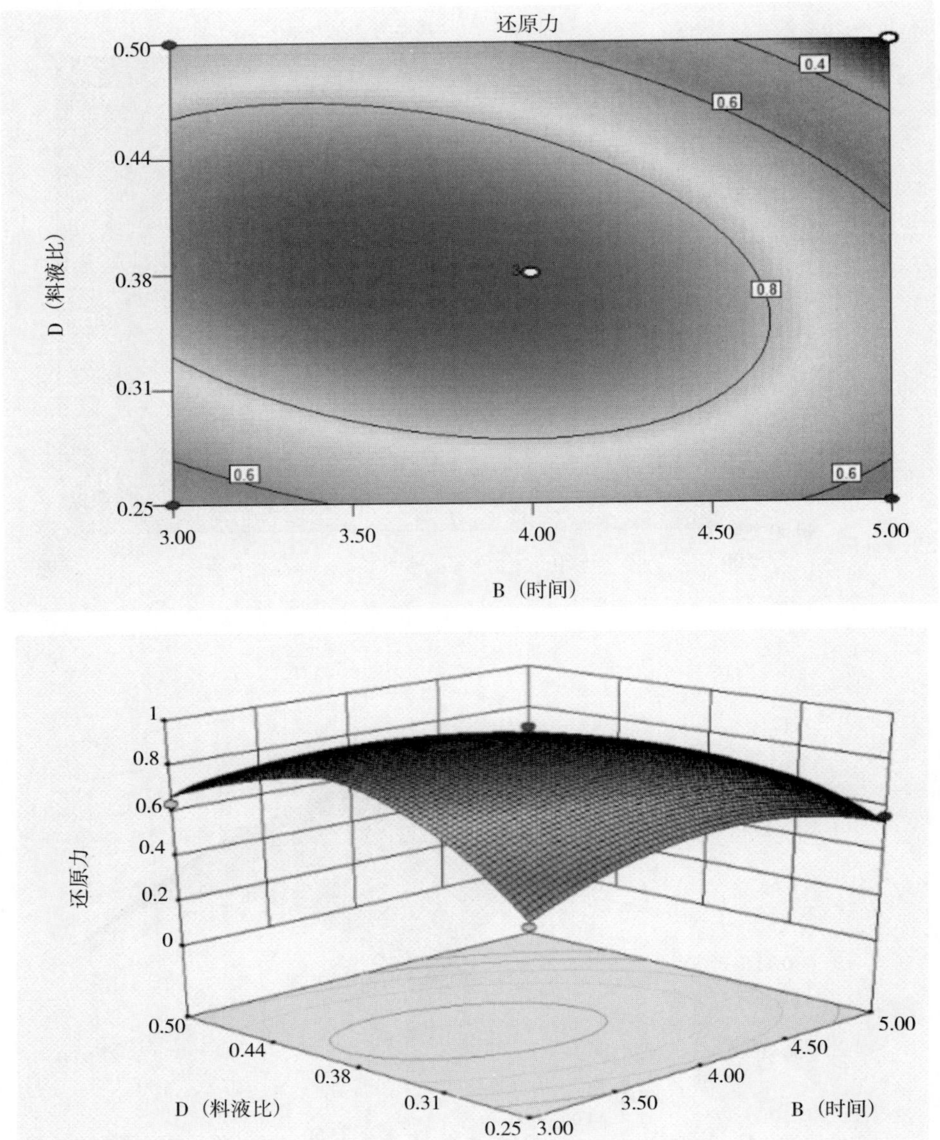

图 9-74　酶解时间和料液比对响应值的影响

滤组分。总体来看，在 TSH 的超滤组分中，其清除 DPPH 自由基的活性随相对分子质量的增大而下降，小分子多肽较大分子的多肽抗氧化活性好。

图 9-77 显示，各超滤组分对·OH 的清除活性随相对分子质量的增大也呈下降趋势，相对分子质量小于 5 000 的组分活性最强，其 IC_{50} 为 5.48 mg/mL，大分子多肽（大于 5 000）的活性相对较差，2 个组分的 IC_{50} 均大于 10 mg/mL，而 TSH 的 IC_{50} 则介于小分子多肽和大分子多肽之间，为 8.28 mg/mL。

将超滤所得各组分稀释到浓度为 5 mg/mL 的溶液以测试其还原力。图 9-78 显示

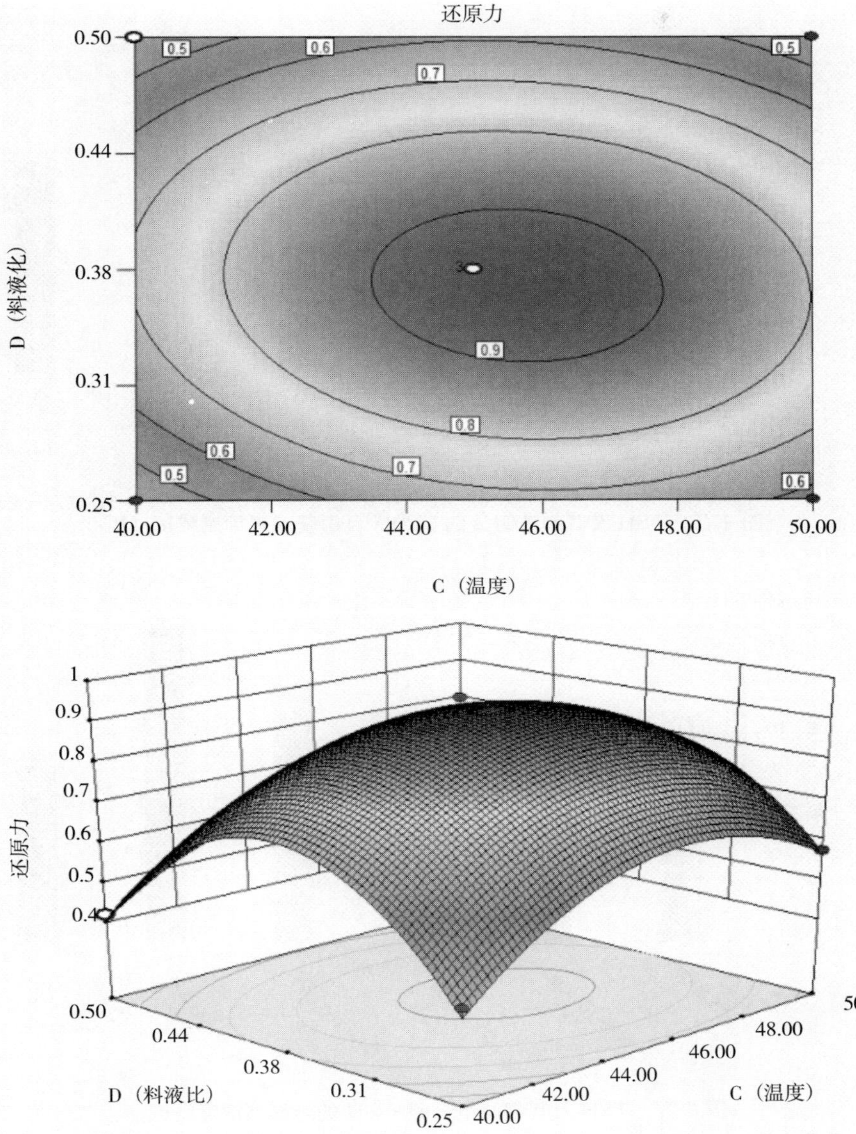

图 9-75　温度和料液比对响应值的影响

了各超滤组分的还原力，由图 9-78 可知，大于 100 000 的组分还原力最差，仅为 0.444，而小于 5 000 的组分在各超滤组分中还原力最好，其吸光度值为 1.301，较 TSH 的还原力 1.054 高，其余组分的还原力随分子量增大呈下降趋势，均低于 TSH 的还原力。当样品浓度介于 2.5～10 mg/mL 之间时，超滤液还原力强于酶解液，而当样品浓度介于 1.25～2.5 mg/mL 之间时，超滤液的还原力弱于酶解液。这可能是由于酶解产物的还原力与水解后暴露出来的氨基酸残基相关，它们可能含有侧链-OH 或能提供电子。

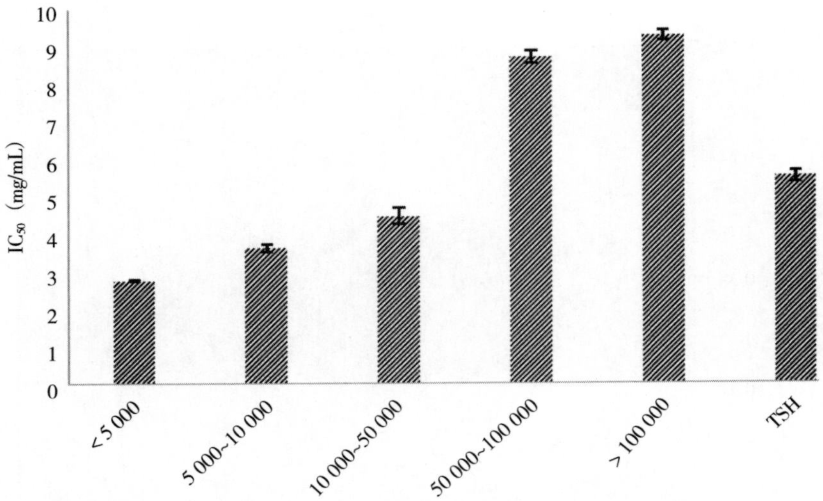

图 9-76　TSH 及其超滤组分的 DPPH 自由基的半抑制浓度（IC_{50}）

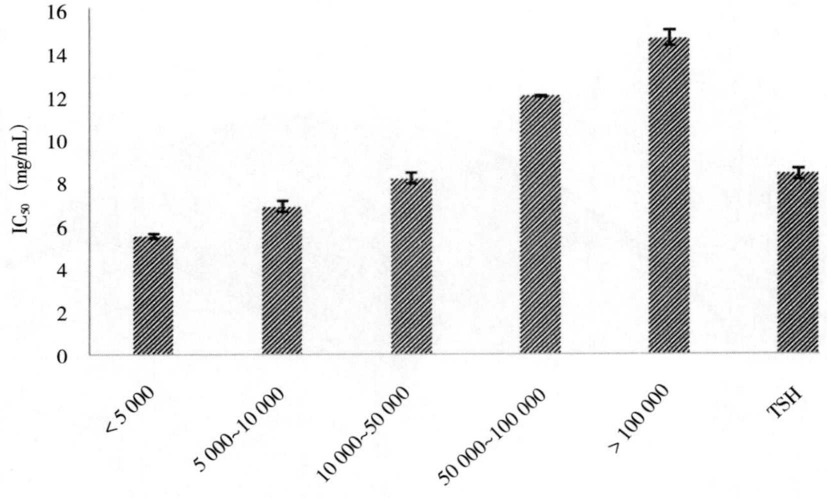

图 9-77　TSH 及其超滤组分的·OH 的半抑制浓度（IC_{50}）

TSH 在经超滤分离后得到相对分子质量范围不同的组分，各组分间的抗氧化活性存在较大差异且随相对分子质量的增大而下降，其中小于 5 000 的组分抗氧化活性最强。TSH 的抗氧化活性低于相对分子质量小于 5 000 的组分但高于相对分子质量大于 50 000 的组分，说明在 TSH 中，小于 5 000 的组分是其表现抗氧化活性主要成分。因此，选择小于 5 000 的组分进行下一步分离纯化，并记为 TSH-1。

5. Sephadex G-25 凝胶柱层析分离

TSH-1 经 Sephadex G-25 凝胶柱分离得到 6 个分离峰，见图 9-79。由于 Sephadex G-25 的分离范围为 1 000～5 000，相对分子质量大于 5 000 的组分一般在洗脱体积小于一个柱床体积时出峰，相对分子质量小于 1 000 的组分由于在凝胶介质中停留时

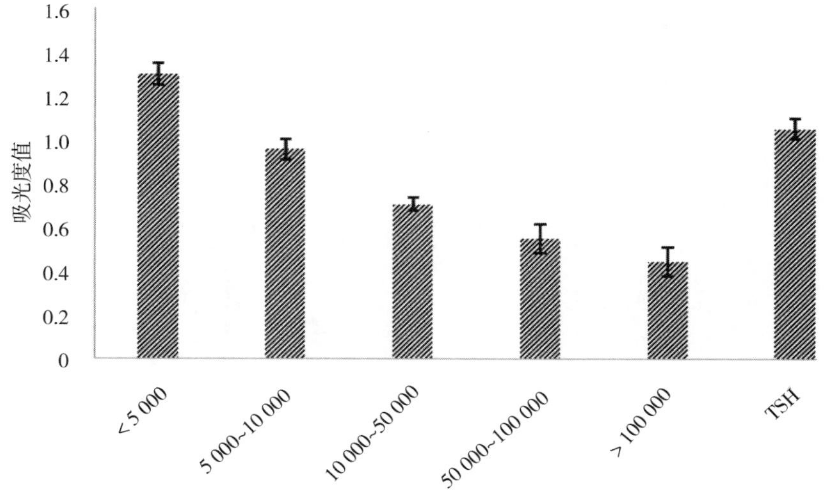

图 9-78　TSH 及其超滤组分的还原能力

间长，通常洗脱液体积要至少大于 1 倍柱体积时才能被洗脱下来。从图 9-79 凝胶分离结果可以初步判定色谱峰 1 的相对分子质量应大于 5 000，峰 5、峰 6 的相对分子质量在 1 000 附近或小于 1 000，峰 2～4 的相对分子质量介于 1 000～5 000 之间。从峰型来看，分离得到的 6 个峰中，峰 1～4 的峰宽相对窄，峰 5 和峰 6 的峰型较宽，说明是一类分子量较为接近的混合物。各峰的 DPPH 自由基清除率、还原力及 ORAC 值见图 9-80～图 9-82。

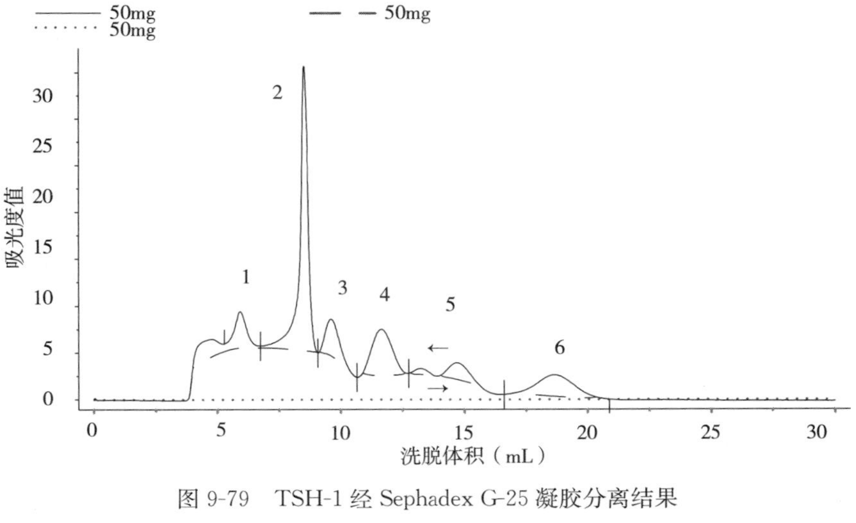

图 9-79　TSH-1 经 Sephadex G-25 凝胶分离结果

图 9-80 显示了各峰对 DPPH 自由基的半抑制浓度，其中峰 3、峰 4 和峰 6 的 IC_{50} 相对其他峰较低，分别为 0.66 mg/mL、0.72 mg/mL 和 0.57 mg/mL。峰 1、峰 2 的 IC_{50} 相对较高，分别为 1.18 mg/mL 和 1.20 mg/mL。测得 TSH-1 的 DPPH 自由基半抑制浓度 2.77 mg/mL，分析各峰的抗氧化活性较 TSH-1 均有所提高，其中峰 6 的活性最强，

较 TSH-1 的活性提高了 5 倍。相关研究中，Fan 等用 Sephadex G-25 纯化罗非鱼骨架蛋白酶解物中相对分子质量小于 1 000 的组分得到 4 个分离峰，其中峰 4 的分子量最小但抗氧化活性最差，峰 3 的活性最强，其较纯化前粗分的活性提高了 1.7 倍，纯化效率较高。

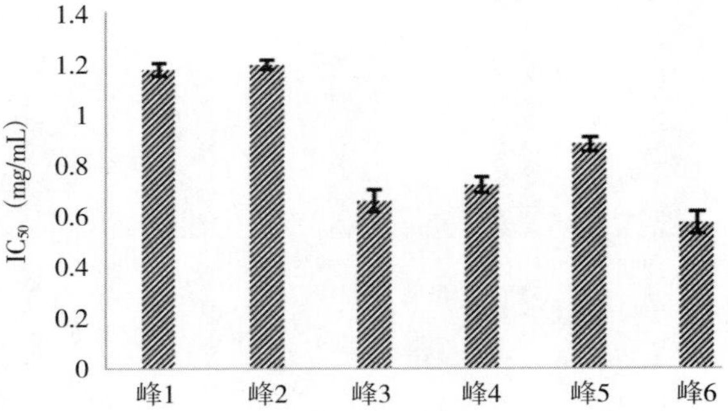

图 9-80　TSH-1 Sephadex G-25 凝胶层析各峰的 DPPH 自由基的半抑制浓度（IC_{50}）

将凝胶层析所得各峰冷冻干燥，取适量干粉重新溶解并配置成浓度为 1 mg/mL 的溶液以测试其还原力。由图 9-81 可见，峰 6 的还原能力为各峰中最强，其吸光度值为（0.407±0.017）。峰 1、峰 2 峰还原力较差，其吸光度值分别为（0.223±0.020）和（0.220±0.008）。

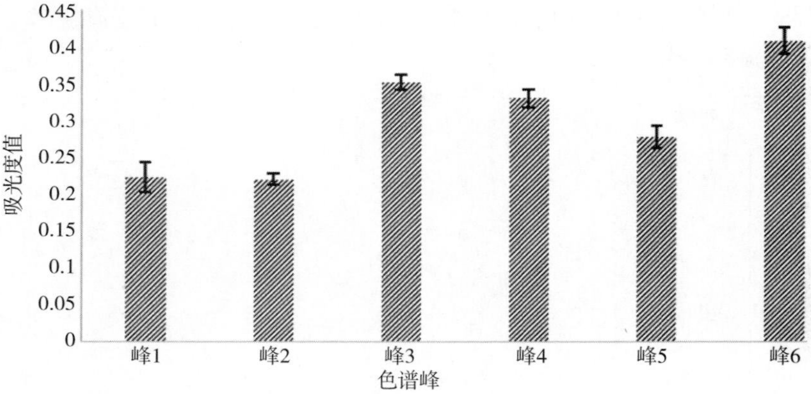

图 9-81　TSH-1 Sephadex G-25 凝胶层析各峰的还原力

从图 9-82 可见各峰的抗氧化活性，峰 6 的抗氧化活性最高，其 ORAC 值为（1 219.65±147.63）μmol t/g（以 Trolox 当量表示）或（650.07±78.69）mg t/g（以谷胱甘肽当量表示），均高于其他各峰。综上所述，经 Sephadex G-25 分离纯化后所得组分较 TSH-1 的抗氧化性均有所提高。

6. 反相高效液相色谱（RP-HPLC）分离纯化

TSH-2 经分析型反相高效液相色谱分离，分离结果及各分离峰的抗氧化活性（ORAC）分别见图 9-83 和图 9-84。各峰出峰时间、峰面积及峰高见表 9-34。

TSH-2 经 RP-HPLC 分离纯化后得到 8 个主要的峰，峰 1 和峰 3 的峰型尖窄，信号较

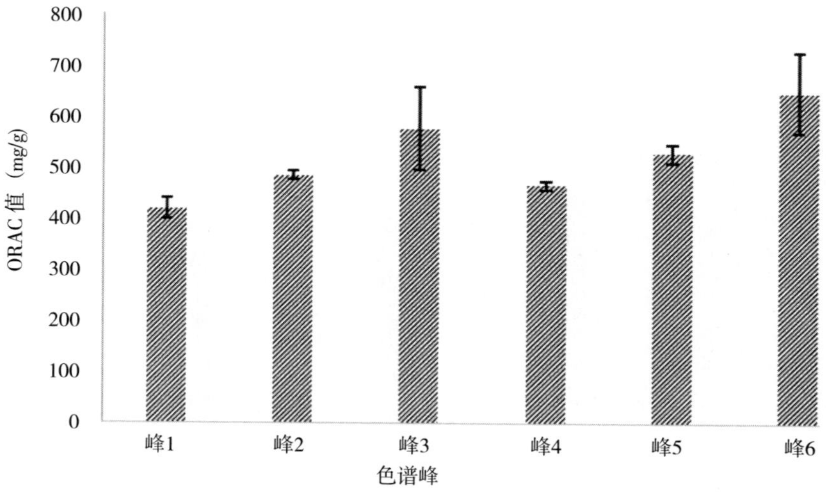

图 9-82　TSH-1 Sephadex G-25 凝胶层析各峰以谷胱甘肽当量表示的 ORAC 值

强但保留时间较短，峰 6 和峰 7 则未完全分开，各峰的 ORAC 测试结果见图 9-84 及图 9-85。对收集到的 8 个峰进行 ORAC 测试，从结果来看，峰 7 抗氧化性极差，除峰 5 和峰 7 的 ORAC 值低于 TSH-2 外，峰 1 的 ORAC 值与 TSH-2 接近，其余各峰的 ORAC 值均高于 TSH-2，说明在纯化的过程中得到了抗氧化活性高于原料的组分，但同时也有活性较差的组分被分离出来。峰 6 的 ORAC 值最高，水溶性维生素 E（2 276.05±102.96）μmol/g，谷胱甘肽（1 213.84±54.91）mg，峰 8 的抗氧化性也较强，其 ORAC 值为，水溶性维生素 E（2 179.68±31.79）μmol/g，谷胱甘肽（1 162.50±16.95）mg/g。

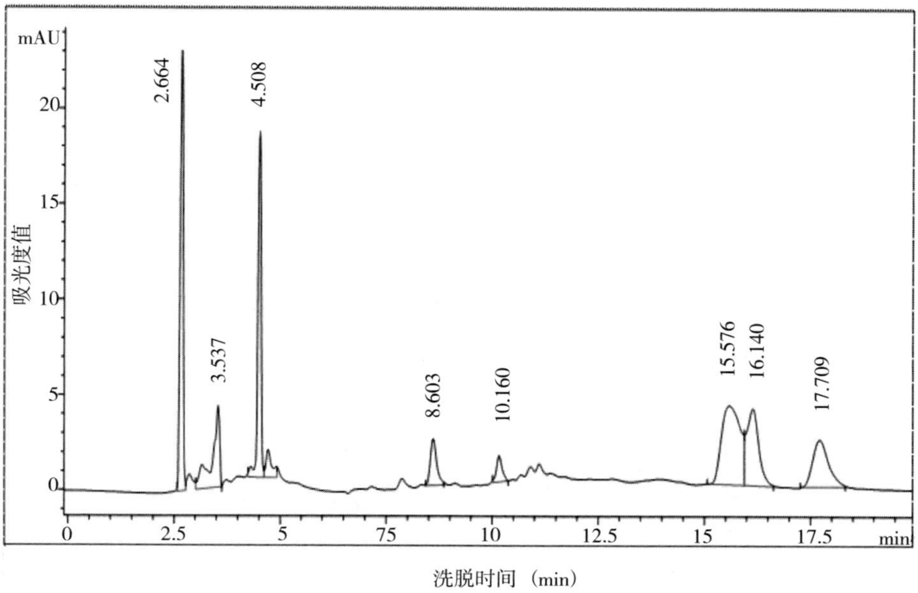

图 9-83　TSH-2 经 RP-HPLC 分离色谱图

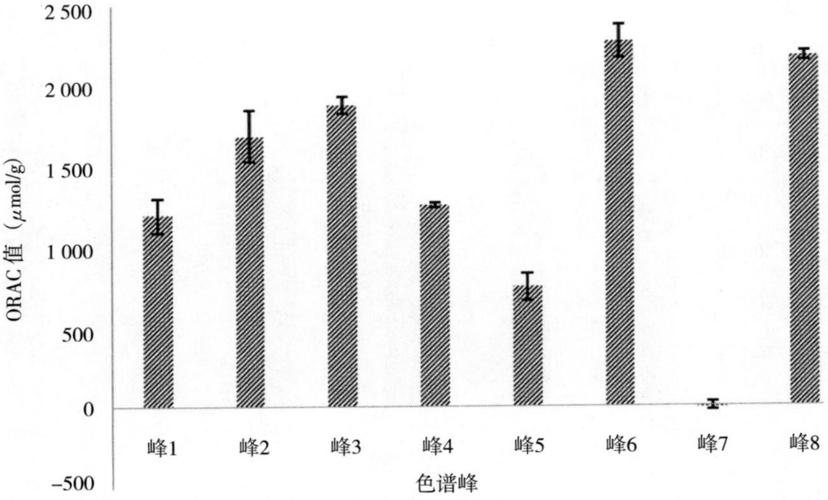

图 9-84　TSH-2 RP-HPLC 各峰以 Trolox 当量表示的 ORAC 值

表 9-34　TSH-2 经 RP-HPLC 分离的出峰时间、峰面积及峰高

峰	出峰时间（min）	峰面积	峰高
1	2.664	120.159 9	23.367 9
2	3.537	54.682 96	4.309 574
3	4.508	98.435 78	18.208 78
4	8.603	25.688 12	2.473 004
5	10.160	12.942 69	1.395 491
6	15.576	128.920 4	4.167 378
7	16.140	80.447 4	4.071 243
8	17.709	64.928 99	2.496 477

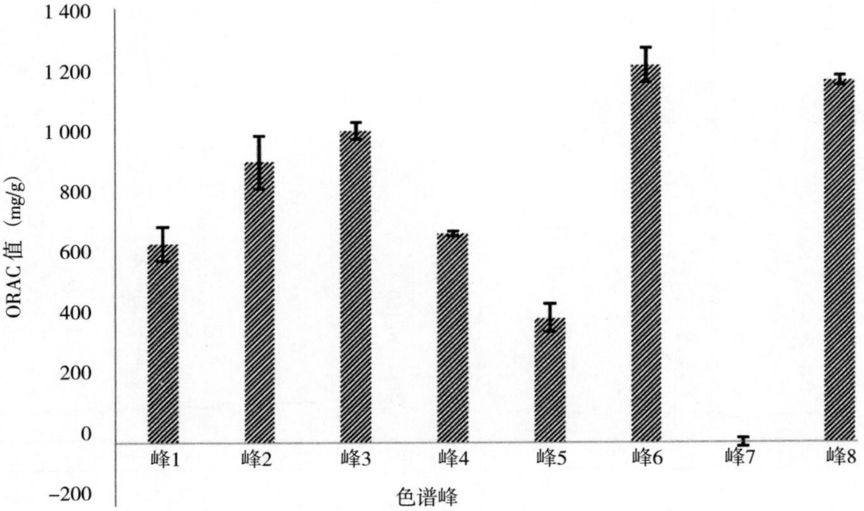

图 9-85　TSH-2 RP-HPLC 各峰以谷胱甘肽当量表示的 ORAC 值

五、罗非鱼鱼皮和鱼鳞制备明胶的工艺技术

明胶是胶原部分水解而得到的一类蛋白质，是一种亲水性的凝胶物质，与胶原蛋白一样由 18 种氨基酸组成。明胶具有极其优良的物理性质，如胶冻力、亲和力、高度分散性、低黏度、分散稳定性、持水性、被覆性、韧性及可逆性等。因此，明胶被广泛应用于食品、医药、感光材料、化工及其他工业上。目前，用鱼皮、鱼鳞等水产品加工下脚料的胶原蛋白进行降解与纯化，既可以解决环境污染问题，又能增加水产品加工的附加值，扩大明胶的来源。目前国内外生产明胶的方法主要有减法、酸法、酶法、酸盐法和盐碱法。

1. 罗非鱼鱼皮明胶的提取工艺

（1）工艺流程　冻罗非鱼皮→解冻→漂洗→NaOH 溶液浸泡→漂洗至中性→稀盐酸浸泡→漂洗至中性→熬胶→过滤→干燥→成品。

（2）鱼皮预处理　解冻鱼皮，晾干剪碎按一定比例浸泡于 NaOH 溶液中，期间不时搅拌，然后浸泡于稀 HCl 溶液中，不断加快搅拌，使黑膜基本脱净，然后漂洗至中性，沥干。

以明胶得率及凝胶强度为指标，选择浸碱的浓度（A）、浸碱时间（B）及熬胶温度（C）3 个因素，每个因素 3 个水平，按 L_9（3^3）正交表进行试验。正交试验因素水平见表 9-35。由正交试验结果（表 9-36）及方差分析（表 9-37、表 9-38）可以得出罗非鱼皮提取明胶的最佳条件：在 2.5% NaOH 浸泡 3.5 h，然后用 0.02% HCl 处理 3 h，去尽黑膜，再在 55 ℃下熬胶提取明胶。

表 9-35　正交试验因素水平表

因素	NaOH 浓度（%）	处理时间（h）	熬胶温度（℃）
	A	B	C
1	2.0	3.5	55
2	2.5	4.0	65
3	3.0	4.5	75

表 9-36　正交设计及结果

	A	B	C	得率（%）	凝胶强度（g）
1	1	1	1	26.2	679
2	1	2	2	24.83	603
3	1	3	3	23.41	558
4	2	1	2	19.07	627
5	2	2	3	23.45	609
6	2	3	1	21.24	669
7	3	1	3	14.06	547
8	3	2	1	16.28	524
9	3	3	2	17.59	474

（续）

	A	B	C	得率（%）	凝胶强度（g）
得率（%）					
K_1	74.46	59.35	63.74		
K_2	63.76	64.56	61.49		
K_3	47.93	62.24	60.92		
	24.82	19.78	21.25		
	21.25	21.52	20.50		
R	15.98	20.76	20.31		
	8.84	1.74	0.94		
凝胶强度（g）					
K_1	1 840	1 853	1 872		
K_2	1 905	1 736	1 704		
K_3	1 845	1 701	1 714		
	613	618	624		
	635	579	568		
	515	567	571		
R	120	51	56		

表 9-37　得率的方差分析

变异来源	SS	DF	MS	F	F0.05
A	118.768	2	59.384	8.554	19.00
B	4.542	2	2.271	<1	19.00
C	1.482	2	0.741	<1	19.00
误差	13.884	2	6.942		
总变异	138.678	8			

表 9-38　凝胶强度的方差分析

变异来源	SS	DF	MS	F	F0.05
A	24 538.89	2	12 269.45	1 216	19.00
B	4 224.23	2	2 112.12	209	19.00
C	5 920.89	2	2 960.45	293	19.00
误差	2 017.56	2	1 008.78		
总变异	36 701.56	8			

（3）成品制作　将经前处理过的鱼皮，按鱼皮质量的 113 倍加入水，恒温条件下熬胶，然后用 200 目筛过滤得澄清胶液，置于鼓风干燥箱内干燥，得到成品。该方法的明胶

提取率为 26.5%，所得明胶的粗蛋白质含量为 82.46%，凝胶强度高达 468 g。

2. 罗非鱼鱼鳞制备明胶的工艺技术

（1）工艺流程　冷冻罗非鱼鱼鳞→洗涤→切碎→前处理→漂洗→浸酸→漂洗至 pH 5～6→熬胶→合并胶液→真空浓缩→60 ℃干燥→粉碎→成品。

（2）操作要点

①原材料的预处理。将购买的带鳞鱼皮解冻，人工刮鳞，将鱼鳞进行清洗、称重、分装、冷冻，备用。

②前处理方法。分别进行碱法（石灰）、酸法（盐酸）、酸盐法（盐酸与硫酸钠）、盐碱法（氢氧化钠与硫酸钠）、酶法（酸性蛋白酶）处理的 L_9（3^3）正交试验（表 9-39 至表 9-43），以得率、黏度及凝胶强度为指标，通过直观分析和综合平衡法得出各方法的优化工艺。

所用水量为鱼鳞的 3 倍。为了对前处理方法进行比较，前处理后的提胶工艺 pH 均为 6，并按上述 pH 单因素试验规定的提胶温度、时间和次数进行提胶。

由正交试验得出各种前处理方法的最佳提取条件：

碱法：用 3 倍 1%的石灰溶液，在温度 10 ℃下浸渍鱼鳞 4 d，其间在第 2 d 时更换 1 次同含量的石灰溶液。

酸法：用 3 倍浓度为 3.5%的 HCl 溶液，在温度 20 ℃下浸渍鱼鳞 8 h。

酸盐法：用 3 倍 2.5% HCl 与 5 g/L Na_2SO_4的混合溶液在常温下（23 ℃左右）浸渍鱼鳞 12 h。

盐碱法：用 3 倍 40 g/L NaOH 与 100 g/L Na_2SO_4的混合溶液，在温度 20 ℃下，浸渍鱼鳞 8 h。

酶法：用 3 倍 0.2%的酸性蛋白酶溶液，调 pH 至 3.5，于 35 ℃水浴中酶解鱼鳞 1 h。

表 9-39　碱法处理正交试验结果及直观分析

组别	石灰量（%）	温度（℃）	时间（h）	得率（%）	黏度（mPa·s）	凝胶强度（g/cm²）
$A_1B_1C_1$	1（0.4）	1（10）	1（4）	12.86	10.2	831.5
$A_1B_2C_2$	1（0.4）	2（20）	2（5.5）	11.86	10	697.3
$A_1B_3C_3$	1（0.4）	3（30）	3（7）	11.1	10.8	769
$A_2B_1C_2$	2（0.7）	1（10）	2（5.5）	10.57	10.9	884.3
$A_2B_2C_3$	2（0.7）	2（20）	3（7）	10.28	6.6	477
$A_2B_3C_1$	2（0.7）	3（30）	1（4）	9.72	10.2	1117
$A_3B_1C_3$	3（1）	1（10）	3（7）	7.23	11.9	1178.7
$A_3B_2C_1$	3（1）	2（20）	1（4）	9.83	10.7	1126.7
$A_3B_3C_2$	3（1）	3（30）	2（5.5）	9.66	9.2	687.7
K_1	11.94	10.22	10.8			
K_2	10.19	10.66	10.7			
K_3	8.91	10.16	9.54			

（续）

组别	石灰量（%）	温度（℃）	时间（h）	得率（%）	黏度（mPa·s）	凝胶强度（g/cm²）
得率 R_1	3.03	0.5	1.26			
因素主次		ACB				
最优方案		$A_1B_2C_1$				
K_1	10.33	11	10.37			
K_2	9.23	9.1	10.03			
K_3	10.6	10.07	9.77			
黏度 R_2	1.37	1.9	0.6			
因素主次		BCA				
最优方案		$A_3B_1C_1$				
K_1	765.93	964.83	1025.07			
K_2	826.1	767	756.43			
K_3	997.7	857.9	808.23			
凝胶强度 R_3	231.77	197.83	268.64			
因素主次		CAB				
最优方案		$A_3B_1C_1$				

表 9-40　酸法处理正交试验结果及直观分析

组别	HCl 浓度（%）	时间（d）	温度（℃）	得率（%）	黏度（mPa·s）	凝胶强度（g/cm²）
$A_1B_1C_1$	1（0.4）	1（10）	1（4）	12.86	10.2	831.5
$A_1B_2C_2$	1（0.4）	2（20）	2（5.5）	11.86	10	697.3
$A_1B_3C_3$	1（0.4）	3（30）	3（7）	11.1	10.8	769
$A_2B_1C_2$	2（0.7）	1（10）	2（5.5）	10.57	10.9	884.3
$A_2B_2C_3$	2（0.7）	2（20）	3（7）	10.28	6.6	477
$A_2B_3C_1$	2（0.7）	3（30）	1（4）	9.72	10.2	1117
$A_3B_1C_3$	3（1）	1（10）	3（7）	7.23	11.9	1178.7
$A_3B_2C_1$	3（1）	2（20）	1（4）	9.83	10.7	1126.7
$A_3B_3C_2$	3（1）	3（30）	2（5.5）	9.66	9.2	687.7
K_1	11.94	10.22	10.8			
K_2	10.19	10.66	10.7			
K_3	8.91	10.16	9.54			
得率 R_1	3.03	0.5	1.26			
因素主次		ACB				
最优方案		$A_1B_2C_1$				

（续）

组别	HCl 浓度（%）	时间（d）	温度（℃）	得率（%）	黏度（mPa·s）	凝胶强度（g/cm^2）
K_1	10.33	11	10.37			
K_2	9.23	9.1	10.03			
K_3	10.6	10.07	9.77			
黏度 R_2	1.37	1.9	0.6			
因素主次		BCA				
最优方案		$A_3B_1C_1$				
K_1	765.93	964.83	1025.07			
K_2	826.1	767	756.43			
K_3	997.7	857.9	808.23			
凝胶强度 R_3	231.77	197.83	268.64			
因素主次		CAB				
最优方案		$A_3B_1C_1$				

表 9-41　酸盐法处理正交试验结果及直观分析

组别	HCl（%）	时间（h）	Na_2SO_4（g/L）	得率（%）	黏度（mPa·s）	凝胶强度（g/cm^2）
$A_1B_1C_1$	1（2.5）	1（4）	1（0）	12.30	9.10	762.3
$A_1B_2C_2$	1（2.5）	2（8）	2（5）	15.75	10.80	1093.0
$A_1B_3C_3$	1（2.5）	3（12）	3（10）	16.27	11.40	1051.3
$A_2B_1C_2$	2（3.5）	1（4）	2（5）	15.73	11.20	723.0
$A_2B_2C_3$	2（3.5）	2（8）	3（10）	16.79	11.00	806.0
$A_2B_3C_1$	2（3.5）	3（12）	1（0）	10.29	9.85	1091.0
$A_3B_1C_3$	3（4.5）	1（4）	3（10）	16.70	10.40	721.7
$A_3B_2C_1$	3（4.5）	2（8）	1（0）	9.76	9.25	1159.3
$A_3B_3C_2$	3（4.5）	3（12）	2（5）	13.91	11.40	1014.7
$K1$	14.77	14.91	10.78			
$K2$	14.27	14.10	15.13			
$K3$	13.46	13.49	16.59			
得率 R_1	1.31	1.42	5.81			
因素主次		CBA				
最优方案		$A_1B_1C_3$				
K_1	10.43	10.23	9.4			
K_2	10.68	10.35	11.13			
K_3	10.35	10.88	10.93			
黏度 R_2	0.33	0.65	1.73			

（续）

组别	HCl（%）	时间（h）	Na_2SO_4（g/L）	得率（%）	黏度（mPa·s）	凝胶强度（g/cm^2）
因素主次		CBA				
最优方案		$A_2B_3C_2$				
K_1	968.87	735.67	1004.20			
K_2	873.33	1019.43	943.57			
K_3	965.23	1 052.33	859.67			
凝胶强度 R_3	95.54	316.66	144.53			
因素主次		BCA				
优方案		$A_1B_3C_1$				

表 9-42　盐碱法处理正交试验结果及直观分析

组别	$NaOH+Na_2SO_4$	时间（h）	温度（℃）	得率（%）	黏度（mPa·s）	凝胶强度（g/cm^2）
$A_1B_1C_1$	1（20+100）	1（8）	1（10）	6.975	11.7	930.3
$A_1B_2C_2$	1（20+100）	2（16）	2（20）	9.705	10.4	837
$A_1B_3C_3$	1（20+100）	3（24）	3（30）	9.02	9.2	666
$A_2B_1C_2$	2（30+100）	1（8）	2（20）	9.215	11.5	1079.3
$A_2B_2C_3$	2（30+100）	2（16）	3（30）	10.22	12.5	787.7
$A_2B_3C_1$	2（30+100）	3（24）	1（10）	8.555	9.9	752.7
$A_3B_1C_3$	3（40+100）	1（8）	3（30）	10.315	9.9	997.3
$A_3B_2C_1$	3（40+100）	2（16）	1（10）	11.2	10.2	1131.7
$A_3B_3C_2$	3（40+100）	3（24）	2（20）	10.415	9.5	898.3
K_1	8.57	8.84	8.91			
K_2	9.33	10.38	9.78			
K_3	10.64	9.33	9.85			
得率 R_1	2.07	1.54	0.94			
因素主次		ABC				
最优方案		$A_3B_2C_3$				
K_1	10.43	11.03	10.60			
K_2	11.30	11.03	10.47			
K_3	9.87	9.53	10.53			
黏度 R_2	1.43	1.5	0.13			
因素主次		BAC				
最优方案		$A_2B_1C_1$或 $A_2B_2C_1$				
K_1	811.10	1002.30	938.23			
K_2	873.23	918.80	938.20			

（续）

组别	$NaOH+Na_2SO_4$	时间（h）	温度（℃）	得率（%）	黏度（mPa·s）	凝胶强度（g/cm^2）
K_3	1009.10	772.33	817.00			
凝胶强度 R_3	198	229.97	121.23			
因素主次		BAC				
最优方案		$A_3B_1C_1$				

表 9-43　酸性蛋白酶法处理正交试验结果及直观分析

组别	酶量（%）	温度（℃）	时间（h）	得率（%）	黏度（mPa·s）	凝胶强度（g/cm^2）
$A_1B_1C_1$	1（0.2）	1（30）	1（1）	11.435	11.6	1120
$A_1B_2C_2$	1（0.2）	2（35）	2（1.5）	11.315	10.3	908.3
$A_1B_3C_3$	1（0.2）	3（40）	3（2）	10.97	10.0	1118.7
$A_2B_1C_2$	2（0.35）	1（30）	2（1.5）	11.65	10.2	814.7
$A_2B_2C_3$	2（0.35）	2（35）	3（2）	12.55	10.6	952.7
$A_2B_3C_1$	2（0.35）	3（40）	1（1）	11.255	10.0	911.7
$A_3B_1C_3$	3（0.5）	1（30）	3（2）	11.895	9.9	677.7
$A_3B_2C_1$	3（0.5）	2（35）	1（1）	11.235	10.4	799.3
$A_3B_3C_2$	3（0.5）	3（40）	2（1.5）	10.9	10.8	1070.7
K_1	11.24	11.66	11.31			
K_2	11.82	11.70	11.29			
K_3	11.34	11.04	11.81			
得率 R_1	0.58	0.66	0.52			
因素主次		BAC				
最优方案		$A_2B_2C_3$				
K_1	10.63	10.57	10.67			
K_2	10.27	10.43	10.43			
K_3	10.37	10.27	10.17			
黏度 R_2	0.36	0.3	0.5			
因素主次		CAB				
优方案		$A_1B_1C_1$				
K_1	1049.00	870.80	943.67			
K_2	893.03	886.77	931.23			
K_3	849.23	1033.70	916.37			
凝胶强度 R_3	199.77	162.9	27.3			
因素主次		ABC				
最优方案		$A_1B_3C_1$				

（3）鱼鳞最佳的前处理工艺条件 分别采用以上 5 种前处理的最优工艺参数对鱼鳞进行前处理，最后以明胶得率、黏度和凝胶强度为指标进行相对比较（表 9-44），但从环保方面考虑，以酶法为最佳，条件为：0.2%的酶溶液，调 pH 至 3.5，于 35 ℃水浴中酶解 1 h。

表 9-44 鱼鳞提胶 5 种前处理方法比较

得率	黏度（mPa·s）	凝胶强度（g/cm^2）	
1（碱法）	12.25	9.9	899.7
2（酸法）	10.48	8.6	793.7
3（酸盐法）	11.61	8.7	845.3
4（酶法）	12.22	10	987
5（盐碱法）	12.36	9.3	1 086

（4）熬胶

1）单因素试验

以较优的前处理方法处理后，经浸酸漂洗后的鱼鳞分别放置在 pH 为 4、5、6、7 的热蒸馏水（水量以浸没原料为准）中提胶 3 次，并分别测定其胶的得率、黏度和凝胶强度。其提取温度、时间如下：第 1 次提胶温度为 60℃，时间为 2 h，过滤分离胶液；第 2 次提胶温度为 65℃，时间为 2 h，过滤分离胶液；第 3 次提胶温度为 70℃，时间为 3 h，过滤，合并 3 次提取所得胶液。根据表 9-45 及图 9-86 的结果，最终确定熬胶 pH 控制在 pH 5～6。

表 9-45 鱼鳞熬胶 pH 单因素试验

组别	得率（%）	黏度（mPa·s）	凝胶强度（g/cm^2）
PH4	11.31	9.9	945.3
PH5	12.15	10.1	958.3
PH6	11.91	10.2	1032
PH7	9.67	9.4	858.3

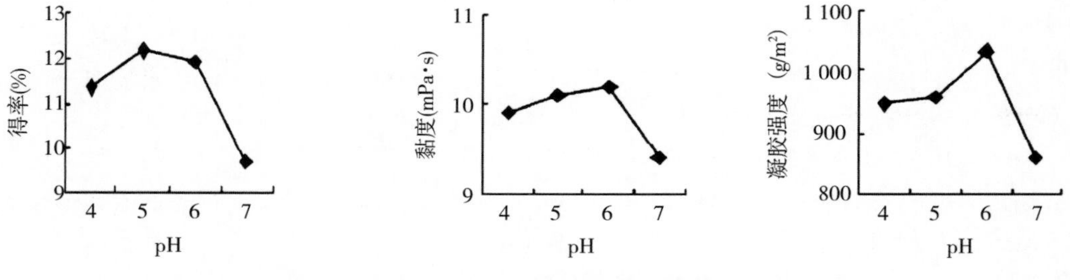

图 9-86 明胶得率、黏度、凝胶强度随提胶 pH 变化的趋势

2）温度和时间组合优化试验

在 pH 5～6 热蒸馏水中提胶，其温度和时间组合分别如下：提胶时间共 10 h，水量 2.5 倍，分为 5 组。

1 组：65 ℃加热 10 h，一次提胶；2 组：75℃加热 10 h，一次提胶；3 组：65℃、75℃各加热 5 h，共分 2 次提胶；4 组：65℃加热 3 h，70℃、75℃各加热 3.5 h，共分 3 次提胶；5 组：60℃、65℃、70℃、75℃各加热 2.5 h，共分 4 次提胶。根据表 9-46 和图 9-87 的结果，最优的温度和时间条件为 65℃加热 3 h，70℃、75℃各加热 3.5 h，共分 3 次提胶。

表 9-46 鱼鳞熬胶温度、时间的组合优化试验

组别	得率（%）	黏度（mPa・s）	凝胶强度（g/cm²）
1	11.59	9.6	911
2	10.96	9.2	892.3
3	11.89	10.3	953.3
4	12.18	10.4	985.3
5	11.43	11.2	998

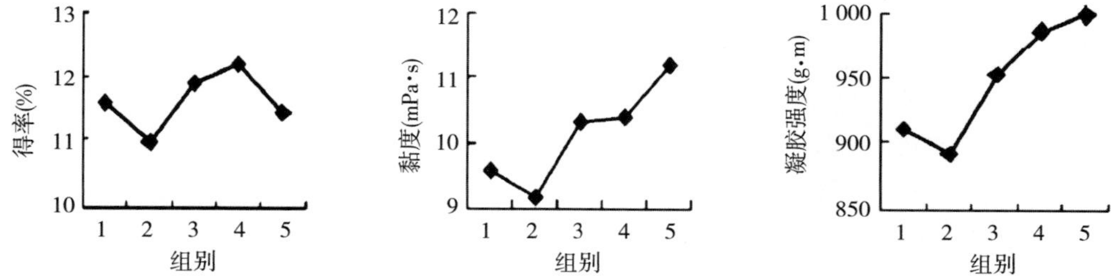

图 9-87 明胶得率、黏度、凝胶强度随提胶温度、时间变化的趋势

（5）真空浓缩、干燥、粉碎 采用旋转蒸发器，在真空度不低于 500 mm 汞柱，温度不超过 60 ℃的情况下浓缩，将合并胶液浓缩至 20%左右，然后在 60 ℃的鼓风干燥箱干燥至明胶含水量 14%以下，经粉碎机粉碎，即可得成品明胶。

六、即食型罗非鱼皮休闲食品加工技术

1. 水发鱼皮加工工艺技术

（1）工艺流程 罗非鱼鱼皮→刮去鱼鳞和残留鱼肉→清洗→沥水→碱液浸泡→烫漂→冰水浸泡→冷藏（调味或备用）。

（2）操作要点

①前处理：对罗非鱼鱼皮原料进行整理，将鱼皮上的鱼鳞刮掉、残留鱼肉切掉，然后将鱼皮表面的黏液、血渍等清洗干净，置阴凉处沥水。

②碱液浸泡：将沥干水的鱼皮放进已配好的不同浓度的碱液中浸泡 4～6 h，取出，用清水冲洗多次。

③烫漂：将清水煮沸后，降至 90 ℃恒温，鱼皮浸入水中 30 s 后捞出。

④冰水浸泡：将烫漂好的鱼皮迅速放入无菌冰水中浸泡 30 min，浸泡过程中多次替换无菌冰水至溶液 pH 为 7。

⑤冷藏：把沥干水的鱼皮冷藏于－20 ℃备用。

(3) 碱处理条件的筛选 水发后的鱼皮产品应充分膨胀，并能保持鱼皮特有的本色。传统的加工工艺多采用甲醛和高浓度碱液达到这一目的，但该种处理方法多会危及消费者的身体健康，因此，该试验尝试在不使用甲醛的情况下尽可能降低碱液浓度，通过工艺改进使鱼皮达到较好的水发效果。经正交试验，碱处理的最佳组合为 A1B3C3，即最优碱处理条件为浸泡温度 25 ℃，浸泡时间 6 h，碱液浓度 0.022 5 g/L。以最佳工艺重复试验结果表明，其水发率为 232%。

(4) 烫煮温度及时间对产品的影响 在保证质量安全的前提下，产品组织形态、气味、弹性和爽脆度是水发罗非鱼皮品质评定的主要指标，影响产品上述指标的主要因素包括烫煮方式和冷却工艺。因此，该研究分别对烫煮条件和冷却方式进行了研究，结果见图 9-88、图 9-89。

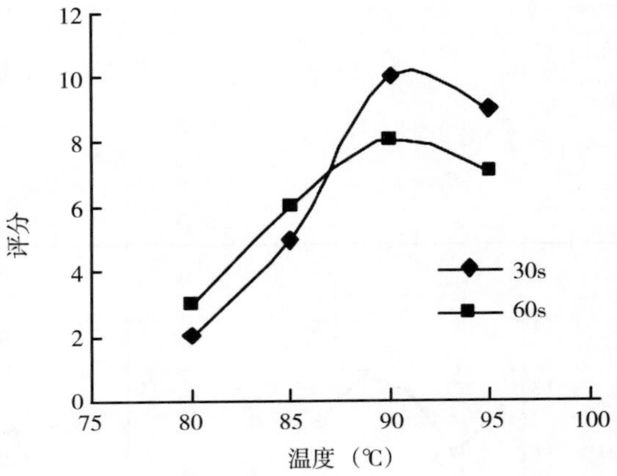

图 9-88 烫煮温度及时间对产品综合评分的影响

由图 9-88 可见，随烫煮温度的提高，产品的综合评分呈上升趋势，在 90 ℃时评分达到最大值，而后评分逐渐下降；在相同温度下烫煮不同时间，产品的评分也不尽相同，当温度低于 85 ℃时，烫煮 60 s 后产品的综合评分略高，当温度达到并超过 90 ℃，烫煮 60 s 后产品的综合评分反而低于 30 s 的结果。这是因为温度低时，加热时间过短无法将产品熟化，鱼皮卷曲效果差，鱼皮口感较硬，温度升高到 90 ℃时，可以在较短的时间（30 s）将产品熟化，鱼皮脆爽有弹性，鱼皮充分卷曲，但温度继续升高，鱼皮在很短时间里会熟化过度，软烂。因此，确定最合理的烫煮温度为 90 ℃，烫煮时间为 30 s。

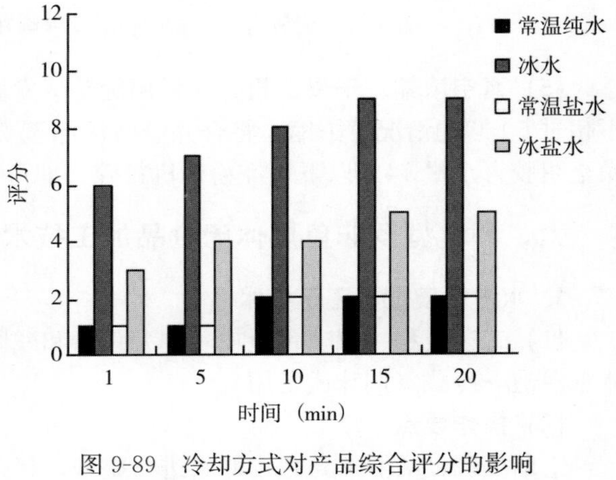

图 9-89 冷却方式对产品综合评分的影响

罗非鱼皮具爽脆有弹性的特点，采用低浓度的碱液浸泡及烫煮后，在冰水中浸泡的时间要控制好，若浸泡时间不够，则弹性不够好。由图 9-89 可见，4 种冷却方式中以冰水冷却效果最好，可以较好的保证产品的卷曲状态，在一定程度上增加产品的脆爽度；常温水和常温盐水的冷却效果最差，冷却后的产品变软，无法保持鱼皮烫煮后的卷曲状态。这是由于鱼皮的主要成分是胶原蛋白，其特点是冷却会形成凝胶，从而利于烫煮后鱼皮形状的保持，浸泡时间过短产品未能完全冷却，致使产品弹性差。从图 9-86 可知，冰水浸泡 20 min 的效果最好。经上述工艺处理后的产品基本保持其原有的形态；鱼味正常、无异味、有弹性、不糜烂、不僵硬。

（5）储存时间对产品保质期的影响　为了保证水产食品的卫生安全，将水发罗非鱼皮成品于 4 ℃储存在 1 d、5 d、15 d、30 d 分别测定其菌落总数、大肠杆菌群、致病菌。结果表明，成品在 4 ℃的环境下保存 30 d，其微生物细菌总数仍低于国家食品卫生标准规定指标，大肠菌群和致病菌未检出，因此，产品质量符合食品卫生标准。

（6）最佳水发鱼皮工艺条件　经过试验筛选出最佳工艺条件为：鱼皮在 25 ℃下，浓度为 0.022 5 g/L 的碱液中浸泡 6 h，达到最佳水发效果，然后在 90 ℃恒温烫漂 30 s，最后用无菌冰水浸泡至 pH7，于 4 ℃下贮藏在 30 d。在此工艺条件下生产的水发罗非鱼皮，口感爽脆，质量最佳。

2. 油炸鱼皮

（1）工艺流程　原料处理→清洗→沥水→切块→添加调味料→浸泡→油炸→沥油、冷却→称重、包装→成品→贮藏。

（2）操作要点　①原料处理。对罗非鱼鱼皮原料进行整理，将鱼皮边上残留的鱼鳞、残留鱼肉刮掉，然后将鱼皮表面的黏液、血渍等清洗干净。取出后置阴凉处沥水。② 把沥干水的鱼皮切块，每块大小规格约为 5 cm×8 cm 的小段。③把鱼皮分成 3 组，每组约重 0.25 kg，分别添加 3 种糊状混合调味料，然后浸泡。④把浸泡后的鱼皮放进沸油中，炸至鱼皮呈金黄色，出锅沥油，在常温下自然冷却。⑤将冷却后的鱼皮称重，每袋为 50 g，装入复合薄膜袋，用 0.08～0.10 MPa 真空封口机封口，即为成品，放在常温下保藏。

第四节　罗非鱼鱼骨制备活性钙的加工技术

目前，我国罗非鱼的加工产品主要是冻罗非鱼片、面包罗非鱼和冻全鱼，罗非鱼在加工过程中会产生大量的鱼头、鱼排等加工下脚料，以往这些下脚料多作为饲料原料廉价处理或者被扔掉，附加值很低。但研究表明，鱼骨中除含有蛋白质、多种氨基酸、脂肪等营养元素以外，还含有大量的维生素（维生素 A、维生素 B_1、维生素 B_2 等）、矿物质（Ca、Fe、Zn、Mg、P 等）以及骨胶原、硫酸软骨素等成分，其中，硫酸软骨素（chondroitin sulfate）是一种天然酸性黏多糖，具有抗凝血、降血脂、抗病毒和抗肿瘤、保护眼角膜以及保湿等功能。因此，充分利用罗非鱼骨下脚料不可避免地成为罗非鱼综合加工利用过程中亟待解决的重要问题。

以前，鱼骨大多被直接加工成骨粉作为饲料或者肥料的添加成分，但这种加工方式附加价值较低。近年来，随着市场需求的不断变化，罗非鱼骨的开发利用形式逐渐增多。目前，研究人员已利用罗非鱼骨下脚料开发出了多种补钙保健产品、鱼骨风味休闲食品、鱼骨调味料、鱼骨饮品、鱼骨饼干等多种高附加值产品。此外，也有用罗非鱼骨下脚料来提取胶原蛋白、活性肽和硫酸软骨素等多种成分的，具有广阔的深加工前景。其中，以罗非鱼骨为原料开发骨源补钙产品是众多研究中的热点。研究表明，经过高压蒸煮、酸解、酶解或发酵等处理后的罗非鱼鱼骨不仅含有丰富的水溶性营养物质如多肽、氨基酸等，还含有大量的可溶性钙，可以被人体直接吸收，是开发骨源补钙产品的良好资源。

一、罗非鱼鱼骨制备鱼骨粉的方法

罗非鱼鱼骨下脚料经过蒸煮、脱脂、干燥、粉碎后即可成为骨粉。但鱼骨中的钙主要以羟磷灰石结晶形式存在，溶解度极低，采用简单的物理方法不能有效地溶出骨中的钙。为了提高钙的提取率并改善产品的风味，石红等采用蒸煮、高压处理、酶解等方法对加工过程进行了不同的改进。

1. 脱肉方法比较

原料鱼骨含有大量鱼肉，直接干燥制成的骨粉产品腥味重，蛋白质及脂肪含量高，不符合食品级骨粉的质量要求。因此，石红等比较了沸水浴蒸煮 20 min、1%（W/W）枯草蛋白酶 50 ℃水解 6 h、120 ℃高压蒸煮处理 30 min 以及 1%（W/W）枯草蛋白酶 50 ℃水解 6 h 后 120 ℃高压蒸煮处理 30 min 对鱼骨原料中肉质的去除效果，结果显示（表 9-47）：鱼骨下脚料经煮沸或高压蒸煮处理后可以去除大部分鱼肉，但鱼骨表面及鱼骨之间仍残留有部分鱼肉，不利于鱼骨的净化，经此工艺处理制得的鱼骨粉颜色呈黄色或黄褐色，两种处理方法均存在较重的鱼腥味；下脚料经酶解处理后，鱼肉去除效果较好，但鱼脊骨部分仍存在胶质样物质，这些物质在一定程度上仍会影响鱼骨粉产品的颜色和腥味；进一步采用高压处理可使这些胶质样物质与骨分离，使骨变得洁白，腥味明显降低。高压处理可以将鱼骨中的蛋白质和脂肪含量由酶解后的 32.2% 和 3.24% 降低到 15.0% 和 1.76%，蛋白质和脂肪的去除率接近一半。

表 9-47　几种脱肉方法的效果比较

方法	煮沸 40min	高压 40min	酶解	酶解后高压
脱肉状况	脊骨粘连，上附少量肉	脊骨粘连，上附少量肉	无肉，少量脊骨粘连	无肉，脊骨完全分离
颜色	黄色	黄褐色	淡黄色	白色
腥味	极重	重	略有腥味	腥味较淡
蛋白质（%）	—	—	32.2±2.17[a]	15.0±2.59[b]
脂肪（%）	—	—	3.24±1.59[a]	1.76±0.75[b]

注：同行数据上标字母不同者之间存在显著差异（$P<0.05$）。

2. 水解度对鱼骨粉质量影响

研究表明，水解对鱼骨中肉的去除状况影响较大，为确定合理的水解时间，石红等以鱼骨为原料，加入 1%（W/W）枯草蛋白酶 50 ℃水解不同时间，将水解后的鱼骨干燥、制粉，并测定骨粉蛋白质含量及产品色泽，以分析水解度对这些指标的影响，结果见表 9-48。由表 9-48 可知，水解前 6 h，随水解时间的延长，原料水解度增加，制得的骨粉蛋白质含量降低；6 h 时原料水解度约为 15%，此时大部分鱼骨彼此分开，有少量鱼排仍粘连在一起，骨粉蛋白质含量约为 29.20%；水解时间大于 6 h，原料水解度及蛋白质含量变化差异不明显（$P<0.05$）。水解时间对产品干燥后的色差 L^* 影响不大，但对其 a^* 值、b^* 影响则比较明显，总体趋势为初期随水解时间延长，骨粉的 a^* 值、b^* 值降低，水解 6

h 以后 a* 值、b* 降低程度差异不明显（$P<0.05$）。分析结果表明，骨粉的颜色变化与其蛋白质含量呈正相关，蛋白质含量越高，骨粉颜色越深，反之亦然。

表 9-48 水解对鱼骨粉质量的影响

时间（h）		2	4	6	8	10
水解度（%）		10.28±1.20[a]	14.55±0.97[b]	15.48±1.17[c]	15.53±2.31[c]	15.64±1.53[c]
蛋白质（%）		36.83±1.50[a]	33.30±1.72[b]	29.20±1.17[c]	30.76±0.94[c]	28.86±1.57[c]
干燥后颜色	L* 值	68.8±0.20[a]	67.42±0.4[a]	67.49±1.03[a]	67.84±0.55[a]	66.78±2.75[a]
	a* 值	0.58±0.01[a]	0.54±0.31[a]	0.32±0.05[b]	0.34±0.10[b]	0.29±0.03[b]
	b* 值	3.02±0.02[a]	3.68±0.85[a]	2.72±0.16[b]	3.13±0.72[b]	2.92±0.25[b]

注：同行数据上标字母不同者之间存在显著差异（$P<0.05$）。

3. 高压处理的作用

（1）高压处理对产品质量的影响 高压蒸煮不但可以进一步去除水解后残留的蛋白质和脂肪，改善产品的颜色，还可以使骨酥化，有利于骨的粉碎。为确定合理的高压蒸煮条件，石红等将 1%（W/W）枯草蛋白酶 50 ℃水解 6 h 后的鱼骨样品于 120 ℃进行高压蒸煮、干燥、粉碎后制粉。结果表明（表 9-49）：随高压蒸煮时间的延长，脂肪和蛋白质含量呈下降趋势，其中高压蒸煮 10 min 产品脂肪和蛋白质含量约减少一半，20 min 后蛋白质和脂肪降低的趋势减弱，至 30 min 产品脂肪和蛋白质含量降低程度差异不明显（$P<0.05$）。高压可以赋予产品良好的色泽，但高压处理时间对颜色的影响不明显，由表可知产品经高压处理后 L* 值明显增加，产品 b* 值及 a* 值均下降，产品由淡黄色转为白色。高压处理时间过短时（<10 min），干燥后的鱼骨骨质较硬，不易折断，而处理 20 min 以后的骨质脆易折断。

表 9-49 高压处理时间对产品品质的影响

时间（min）	脂肪（%）	蛋白质（%）	颜色			干燥后骨质
			L* 值	a* 值	b* 值	
0	3.04±0.35[a]	25.9±2.34[a]	60.64±0.53[a]	1.87±0.37[a]	12.77±1.17[a]	骨硬
10	1.47±0.19[b]	19.4±2.07[b]	69.08±1.36[b]	0.99±0.52[b]	3.01±0.85[b]	骨硬
20	1.21±0.31[c]	14.5±1.35[c]	67.15±1.79[b]	0.92±0.08[b]	3.13±0.54[b]	骨较脆易折断
30	0.97±0.26[d]	9.8±0.89[d]	69.57±2.01[b]	0.91±0.16[b]	3.25±0.67[b]	骨脆易折断
40	1.08±0.12[d]	9.0±1.26[d]	68.94±1.85[b]	0.83±0.24[b]	3.24±0.27[b]	骨脆易折断

注：同列数据上标字母不同者之间存在显著差异（$P<0.05$）。

（2）高压处理对粉碎效果的影响 高压可以改变骨质的脆性，势必对产品的粉碎效果产生一定的影响。为探讨高压处理对鱼骨粉碎效果的影响，将 80 目、100 目、140 目、180 目、200 目的筛网由上到下依次叠放，取上述不同高压处理时间制得的鱼骨 100 g，于相同条件下粉碎相同时间后过筛，收集通过各筛网的骨粉样品，称重后计算其所占比例。结果表明（图 9-90）：所有鱼骨样品粉碎粒度分配趋势相同，即 80 目、100 目及 200 目收集的样品较多，而 140 目及 180 目收集的样品较少。但随高压蒸煮时间的延长，鱼骨粉碎细度增加，80 目及 100 目收集的样品比例随高压处理时间的延长而降低，200 目收集的样品比例则随高压处理时间的延长而升高，说明高压处理有利于鱼骨的细化过程。但高压处理时间超过 30 min，不会再明显增加产品的粉碎细度，因此，选择将酶解后的样品于 120 ℃下进行高压处理 30 min。

(3) 高压处理对骨粉 Ca 含量及 Ca 溶解度的影响 由图 9-91 可知，鱼骨经高压处理后制得的骨粉 Ca 含量略有升高，这是因为高压可以去除部分残留蛋白质及脂肪，而且随着高压处理时间的延长，鱼骨粉产品在 HCl 溶液（pH 4）中的钙溶解度增加（图 9-92）。其中，高压 20 min 样品中钙的溶解度为 40.3 mg/L，高压 30 min 后样品的溶解度增加至 46.6 mg/L，继续增加高压处理时间，钙溶解度的增加趋势变缓，40 min 后样品的溶解度增加至 48.4 mg/L。钙溶解度增加的原因可能是高压处理使骨粉的细度增加，从而促进其中钙的溶解，这一现象进一步说明高压有利于骨的粉碎过程。因 40 min 高压对钙的溶解度、骨的粉碎情况等指标的影响差异不明显，结合经济原因，选择 30 min 高压作为合理的处理时间。

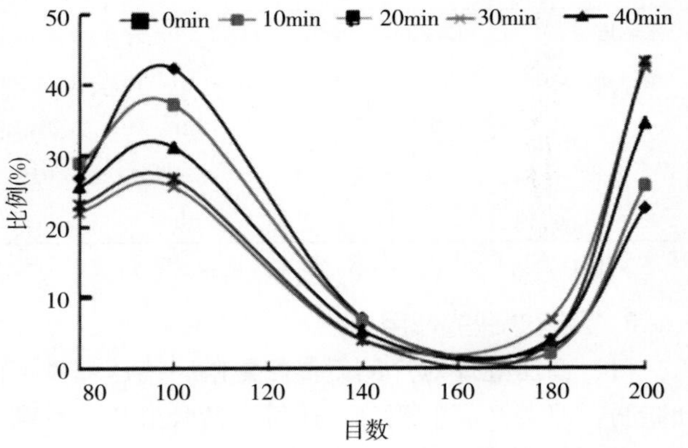

图 9-90 高压处理对的影响产品粉碎效果

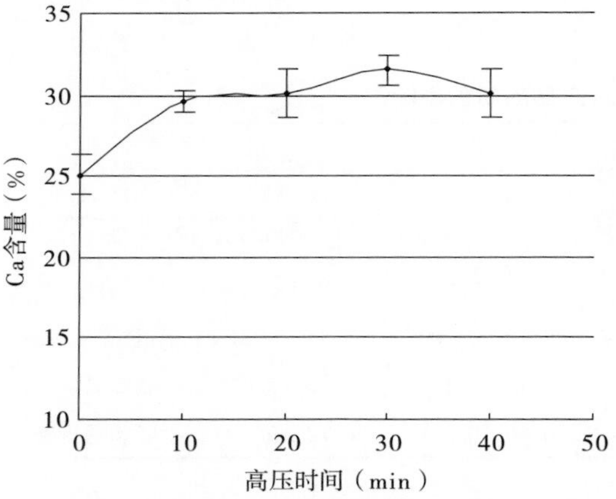

图 9-91 高压对鱼骨粉钙含量的影响

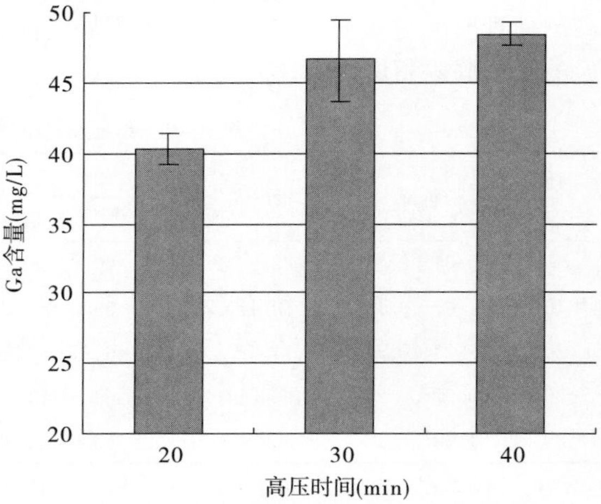

图 9-92 高压对鱼骨粉 HCl 溶解度的影响

4. 鱼骨粉产品质量指标

根据上述研究确定鱼骨粉制备的最佳试验条件为：将鱼骨经 1%（W/W）枯草蛋白酶 50 ℃水解 6 h，120 ℃高压蒸煮 30 min，微细粉碎后过 200 目筛网。测定所得产品的质量指标，结果见表 9-50。可见，该法制得的鱼骨粉钙含量为 31.5%，磷含量为 15.8%，二者的比例约为 2∶1，粗蛋白质和脂肪含量相对较低，分别为 11.88%和 0.89%，产品细度小于200目。

表 9-50　鱼骨粉产品质量指标

总钙（%）	总磷（%）	脂肪（%）	蛋白质（%）	灰分（%）	200目筛余物（≤%）
31.5	15.8	0.89	11.88	72.80	0

二、罗非鱼骨制备有机活性钙技术

钙是人体的必需元素，它不仅是构成骨骼组织的重要物质，而且在机体各种生理和生物化学过程中起着重要作用。钙离子是凝血因子，参与凝血过程；能直接与肌钙蛋白结合引起肌肉收缩；参与激素的合成和分泌、神经递质的合成与释放；对维持细胞的生存和功能起着重要作用。充足的钙的摄入可以减少患慢性病的风险，如骨质疏松症、高血压和肠癌以及大量的其他身体机能的失调。补钙不仅要保证一定钙含量的摄入，还要保证钙的有效利用。动物骨经适当处理后可溶性钙含量增大，有利于肠道对钙的吸收，能大大提高钙的生物利用率。人们把以离子态被人体吸收的钙元素称为活性钙。目前，钙资源的挖掘与开发已日益受到社会的关注，活性钙的研究也日益受到科技工作者的重视。

目前，从动物骨头、贝壳、蛋壳中提取钙制剂常用的方法是采用煅烧法，主要产品是碳酸钙。由于 Bourgoin 等证明常用的牡蛎壳制剂中铝和铅的污染明显，在煅烧过程铝的化学结构发生变化，而氧化铝是不能被生物利用的，铅含量也偏高，而且经高温煅烧的活性钙，碱性强，对胃肠刺激大，所以更提倡采用有机酸提取或螯合的方法来制备活性钙。

吴燕燕等采用柠檬酸和苹果酸混合酸对罗非鱼骨粉进行 CMC 钙（citrc acid、malic acid、calcium）的制备工艺研究，并以 Wistar 大白鼠为模型，对该产品的生物利用率进行了评价。结果表明：以柠檬酸和苹果酸按 3∶2 的浓度比混合，在 121 ℃的高温下提取罗非鱼骨粉 1 h，取上清液调 pH 中性，然后进行浓缩烘干，钙提取率为 92.1%，产品在热水中溶解度达 88%。动物代谢试验显示，与试验对照组比较，CMC 活性钙组无论是在血钙、骨钙和存留率方面均有不同程度的增加，比碳酸钙更易被机体吸收利用。

1. 罗非鱼骨中提取钙的正交试验

通过正交试验，由表 9-51 可以看出温度的因素极差最大，在 121 ℃高温下提取率最高，而柠檬酸和苹果酸的比例是第二大影响因素，以两者之比为 3∶2 最好，时间的影响较小，其中在 1 h 的提取效果较好。综合上述分析最佳的提取条件是 $A_3B_2C_3$，即将罗非鱼骨粉放在柠檬酸和苹果酸（3∶2）混合溶液中，在 121 ℃的高温下提取 1 h，经重复试验表明，在最佳条件下钙的提取率达到 92.1%。

表 9-51　罗非鱼骨中钙提取的正交试验

编号	温度（℃）	时间（h）	浓度比	钙提取率（%）
1	1 (110)	1 (0.5)	1 (1∶1)	37.25
2	1 (110)	2 (1.0)	2 (2∶1)	40.51
3	1 (110)	3 (1.5)	3 (3∶2)	47.56

（续）

编号	温度（℃）	时间（h）	浓度比	钙提取率（%）
4	2（115）	1（0.5）	2（2∶1）	45.35
5	2（115）	2（1.0）	3（3∶2）	62.32
6	2（115）	3（1.5）	1（1∶1）	66.86
7	3（121）	1（0.5）	3（3∶2）	77.10
8	3（121）	2（1.0）	1（1∶1）	81.20
9	3（121）	3（1.5）	2（2∶1）	52.44
K_1	41.77	53.23	61.77	
K_2	58.18	61.34	46.10	
K_3	70.25	55.62	62.33	
极差	28.48	8.11	16.23	

采用该法从鱼骨中提取钙比薛长湖教授等采用的乳酸和盐酸混合提取鳕骨钙的钙提取率高，而且风味好，有柠檬酸和苹果酸的清香风味，鱼腥味较淡，而采用乳酸和盐酸提取的产品有不愉快气味。

2. 两种钙剂在不同条件下的溶解度比较

从表9-52可见，当pH为中性时，碳酸钙的溶解度均远远小于CMC活性钙，而当pH为4时，CMC活性钙迅速全部溶解，而碳酸钙只是部分溶解。CMC活性钙在煮沸的水中基本溶解，其溶解度为88%。由于钙盐的溶解性同钙的吸收率有关，钙以离子状态吸收，在机体内也以离子状态参与生命活动，因此，以有机酸制取的活性钙比用无机酸制取的钙溶解度大，人体对钙的吸收相应高了一些。CMC活性钙的溶解性明显优于碳酸钙，可见其吸收率亦较好。

表9-52　钙剂的溶解度比较

条件	溶解度（mg/100mL）	
	CMC活性钙	碳酸钙
蒸馏水（pH为7）	54	1.0
煮沸水（pH为7）	88	2.5
盐酸液（pH为4）	100	44

3. CMC活性钙粉的生物利用

（1）CMC活性钙剂对大鼠增重的影响　采用相同成分和含量、仅钙剂来源不同的人工合成饲料饲喂大鼠，喂养28 d，对大鼠增重的影响和饲料利用率的测定结果见表9-53。低钙对照A组的大鼠体重增长和饲料利用率均显著低于各补钙组，而且表现出脱毛、易受惊、四肢无力等特征，提示缺钙是影响机体正常生长的重要因素。喂养CMC活性钙的B组体重增长和饲料利用率与喂养碳酸钙的C组无显著性差异（$P>0.05$），这两组大白鼠的体重呈稳定增长趋势，皮毛光滑柔顺，精力旺盛。测定结果表明CMC活性钙的生物效价略高于碳酸钙。

表 9-53　试验大鼠体重增加与饲料利用率的关系

组别	增加体重（g）	饲料利用率（%）
A 组（对照）	75.50	25.8
B 组（CMC 钙）	118.65	28.6
C 组（碳酸钙）	109.70	27.9

（2）CMC 活性钙剂对大鼠钙代谢的影响　不同来源钙剂对大鼠钙代谢的结果列于表 9-54。由此可看出，低钙对照 A 组与其他两组相比，有显著的差异。喂养 CMC 活性钙的 B 组无论在吸收率、存留率或股骨钙含量上均高于喂养碳酸钙的 C 组，表明补钙可有效改善大鼠骨质的钙化状况，维持血钙在正常的范围之内。说明 CMC 活性钙在体内可被良好的吸收，这与 Miller 等报道健康青春期受试者对柠檬酸苹果酸钙的平均吸收率高于碳酸钙相吻合。

表 9-54　大白鼠钙代谢测定结果

组别	摄钙量［mg/（d·只）］	粪钙［mg/（d·只）］	尿钙［mg/（d·只）］	血钙（mmol/L）	股骨钙（mg/g）	吸收率（%）	存留率（%）
A 组	6.2	6.9	0.05	2.29	30.5	−11.3	−12.2
B 组	52.5	14.8	1.54	3.62	38.5	71.6	68.9
C 组	48.8	16.5	1.61	3.15	34.7	66.2	62.9

三、罗非鱼鱼骨制备氨基酸螯合钙技术

氨基酸螯合钙是一类金属螯合物，与磷酸钙、碳酸钙、葡萄糖酸钙、醋酸钙、乳酸钙等相比，易于被人体吸收、副作用小、生物利用率高，而且在补钙的同时又可补充人体必需的氨基酸，是一种较理想的补钙产品。

国内关于氨基酸螯合钙合成工艺的文献报道很多，主要表现在两方面：①由单一氨基酸与某一钙盐反应的制备工艺；②复合氨基酸螯合钙的制备工艺，其复合氨基酸和钙源分别来自鸡羽毛水解物和文蛤壳、米渣蛋白水解物、豆粕水解物和动物骨骼或骨渣（生产骨胶的废弃物）、低值鱼蛋白酶解物等。而以鱼类加工废弃物鱼头、鱼排酶解物为复合氨基酸来源、鱼骨为钙源开发复合氨基酸螯合钙产品较少报道。马海霞等以罗非鱼加工下脚料鱼头、鱼排为原料，经酶解获得鱼骨粉和复合氨基酸液，再通过酸解鱼骨粉获得钙源，并与复合氨基酸液反应生成氨基酸螯合钙。试验以螯合率为指标，采用 Plackett-Burman 设计、最陡爬坡试验和中心组合设计优化出最适螯合工艺条件，并对其抗氧化性进行了研究。其制备工艺为：

鱼头、鱼排等原料→酶解→{复合氨基酸液；骨粉→酸解→钙液}→按一定比例混合→调节 pH→搅拌→螯合→离心分离→上清液→浓缩液

1. 酶解条件研究

(1) 酶解效果及骨粉钙含量的测定 罗非鱼鱼头鱼排的成分含量：水分含量60.66%，蛋白质含量10.31%，总氮含量1.65%。由试验得出罗非鱼下脚料酶解后的出骨率为9.30%，蛋白质水解度（DH）为25.45%。用电导滴定法测出的骨粉中钙含量为27.48%。

(2) 菌种配比及底物形式的筛选 从表9-55和图9-93可以看出，骨粉加酶解液的形式（第1组）下发酵的效果（R_{Ca}=13.5128，转化率45.74%）远比单用骨泥发酵（第2组）的效果（R_{Ca}=10.1596，转化率36.97%）要好；而在菌种配比上，两种菌种复配的效果要比单一菌种发酵好，复配比为嗜热乳酸链球菌：嗜酸乳杆菌 = 2：1（第6组）的效果（R_{Ca}=14.1116，转化率47.77%）最优。

因为鱼骨经磨成粉状后，与发酵液及菌种的接触面积大大增加，使其转化率有了显著的提高。另外，鱼排酶解液含有丰富全面的营养物质，蛋白质经酶解后降解成氨基酸或小分子蛋白质，对乳酸菌的生长更有利；以酶解液为原料发酵所得的钙制剂，钙磷比接近2：1，更有利于人体的吸收。

表9-55 菌种配比及底物形式的筛选

组别	1	2	3	4	5	6
Ca溶出量（R_{Ca}）（%）	10.159 6	13.512 8	10.119 6	12.714 4	13.113 6	14.111 6
Ca转化率（%）	0.369 7	0.457 4	0.342 6	0.430 4	0.443 9	0.477 7

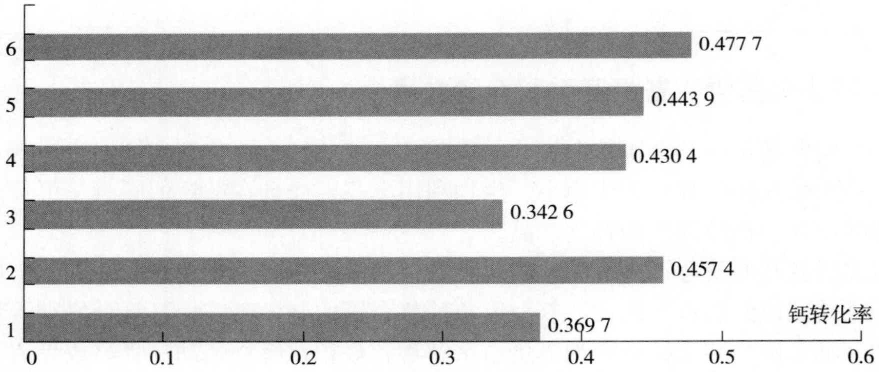

图9-93 发酵底物和菌种配比的筛选

(3) 正交试验选择最优发酵条件 乳酸菌接种量（A）、鱼骨粉浓度（B）、蔗糖添加量（C）、骨粉粒度（D）4因素及其相互作用的正交试验结果与极差分析见表9-56。由此可见，第13组 $A_2B_1C_3D_2$ 所得发酵液中活性钙的转化率最高，达到83.09%。根据极差分析，$A_2B_1C_3D_3$ 是最优的发酵条件组合。4个因素对钙转化的影响大小如下：B>D>A>C，而它们之前的相互作用对钙转化的影响相对较小，B及D为主要影响因素。由于蔗糖添加量对试验结果影响不大，考虑到生产成本问题，建议采用5%添加量较佳。

表 9-56　L_{18}（3^7）正交试验表

序号	因素							转化率
	A	B	A×B	C	A×C	B×C	D	
1	1	1	1	1	1	1	1	0.374 792
2	1	2	2	2	2	2	2	0.253 929
3	1	3	3	3	3	3	3	0.337 506
4	2	1	1	2	2	3	3	0.457 595
5	2	2	2	3	3	1	1	0.244 777
6	2	3	3	1	1	2	2	0.339 927
7	3	1	2	1	3	2	3	0.685 666
8	3	2	3	2	1	3	1	0.193 933
9	3	3	1	3	2	1	2	0.296 347
10	1	1	3	3	2	2	1	0.293 442
11	1	2	1	1	3	3	2	0.357 360
12	1	3	2	2	1	1	3	0.347 191
13	2	1	2	3	1	3	2	0.830 934
14	2	2	3	1	2	1	3	0.438 129
15	2	3	1	2	3	2	1	0.233 397
16	3	1	3	2	3	1	2	0.533 134
17	3	2	1	3	1	2	3	0.455 416
18	3	3	2	1	2	3	1	0.221 292
K_1	0.654 7	1.058 5	0.725 0	0.805 7	0.847 4	0.744 8	0.520 5	
K_2	0.848 2	0.647 8	0.861 3	0.673 0	0.653 6	0.753 9	0.870 5	
K_3	0.795 3	0.591 9	0.712 0	0.819 5	0.797 3	0.799 5	0.907 2	
R	0.193 5	0.466 6	0.149 2	0.146 4	0.193 8	0.054 8	0.386 6	

接种量的大小直接影响骨粉钙的转化率，接种量越大，菌种对骨钙的游离作用也越彻底，从而提高游离钙的溶出量。骨粉浓度高，所得发酵液中游离钙的浓度高，但相对的转化率偏低，所以，如果单从转化率上看，骨粉浓度越小，骨钙转化率越高。蔗糖可以为乳酸菌提供足够的碳源，保证乳酸菌的生长，从而达到提高骨钙转化率的效果。

(4) 发酵时间对钙转化的影响　不同的发酵条件，随着菌种的活性和发酵液中营养成分及生长环境的改变，乳酸菌对活性钙的转化速率也会发生改变。由表 9-57 和图 9-94 可以看出，随着发酵天数的增加，钙转化率也在增长。第 5 天时钙转化率已高达 85.71%，但当发酵到第 6 天时，钙转化率的增长曲线出现了一个拐点，增长放缓。因此，综合生产实际，考虑生产成本，发酵天数为 5d 最佳。

表 9-57 发酵时间对钙转化的影响

发酵天数	2	3	4	5	6
Ca 溶出量（R_{Ca}）（%）	15.967 9	18.363 1	21.955 8	23.552 6	23.752 2
Ca 转化率（%）	0.581 1	0.668 2	0.799 0	0.857 1	0.864 3

2. 螯合条件的优化

（1）不同 pH 对螯合反应的影响 由图 9-95 可知，在酸性比较强的条件下螯合率很低，在 pH6～8 范围内时螯合率较高，为 31.26%～36.24%，在碱性比较强的情况下螯合率也比较低。其原因可能是当反应液中存在大量的 H^+，H^+ 需要大量的供电基团以形成稳定的物质，与 Ca^{2+} 争夺供电基团，从而会减少 Ca^{2+} 的供电集团，减少螯合物的形成。在碱性比较强的情况下，OH^+ 与钙离子形成的氢氧化钙沉淀，其稳定系数大于螯合钙，从而大大减少了螯合钙的形成。

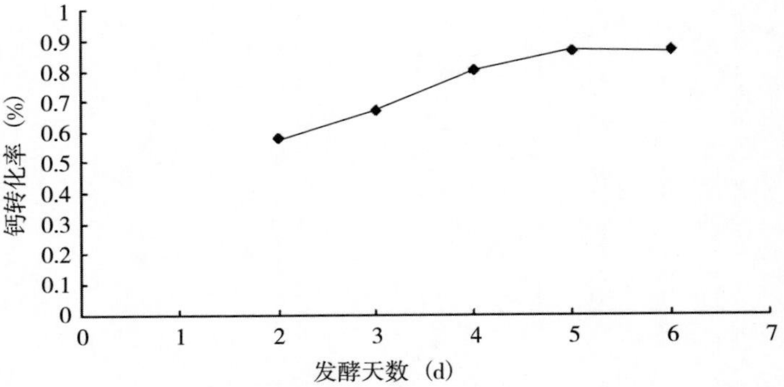

图 9-94 不同发酵时间对钙转化率的影响

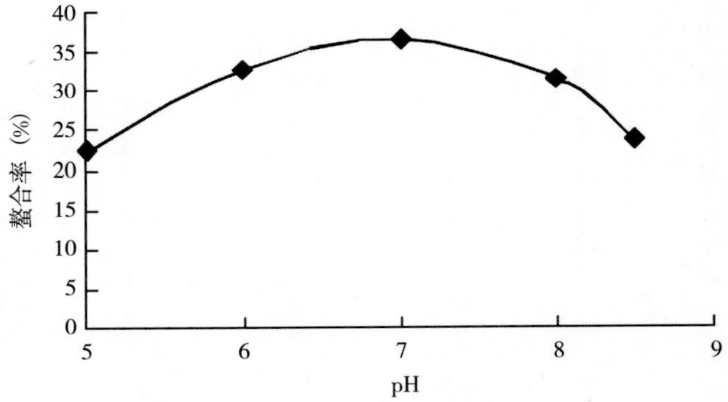

图 9-95 pH 对螯合率的影响

（2）不同螯合温度对螯合反应的影响 由图 9-96 可知，温度对螯合率的影响非常显著，在温度比较低的情况下，螯合率比较低，在温度到达 60 ℃时螯合率最高，为 54.74%。而高于 60 ℃时，螯合率开始下降。由此可见，在温度比较低的情况下，反应体系提供的能量不够，不能使反应充分进行，从而导致螯合率相应减少。在温度较高时，反应体系产生的螯合物在高温下会发生一定程度的分解，减少了螯合物的

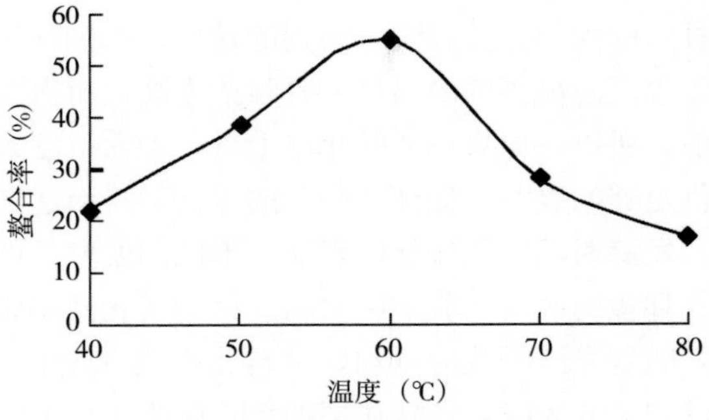

图 9-96 温度对螯合率的影响

形成，导致螯合率的下降。

(3) 不同反应时间对螯合反应的影响

由图 9-97 可知，随着时间的延长，螯合率在不断上升，当反应时间为 90 min，螯合率达到最大 55.62%。之后，随着时间的延长，螯合率开始下降，当反应时间为 120 min，反应基本上达到平衡。当反应时间延长至 150 min，螯合率没有太大的变化。在反应时间相对比较短的情况下，螯合反应没有充分完成，因而螯合率相对较小。在反应时间相对较长的情况下，螯合产物会有一定程度的分解，从而导致螯合率的下降。

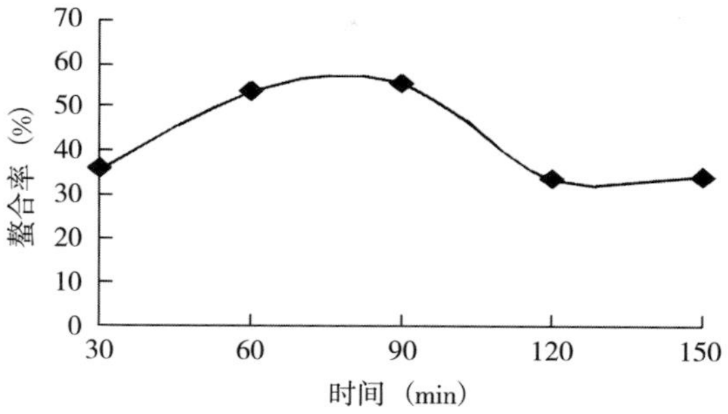

图 9-97　时间对螯合率的影响

(4) 氨基态氮浓度对螯合反应的影响

由图 9-98 可知，当氨基态氮浓度较低时，螯合率也较低，但随着氨基态氮浓度的上升，螯合率在不断上升，当氨基态氮的浓度为 1.6 g/L 时，螯合率达到最大，为 56.62%。当氨基态氮的浓度大于1.6 g/L 时，螯合率反而下降，其原因可能是氨基酸与钙的螯合反应存在一个最适比例，大于或小于这个最适比例都会影响螯合率的大小。

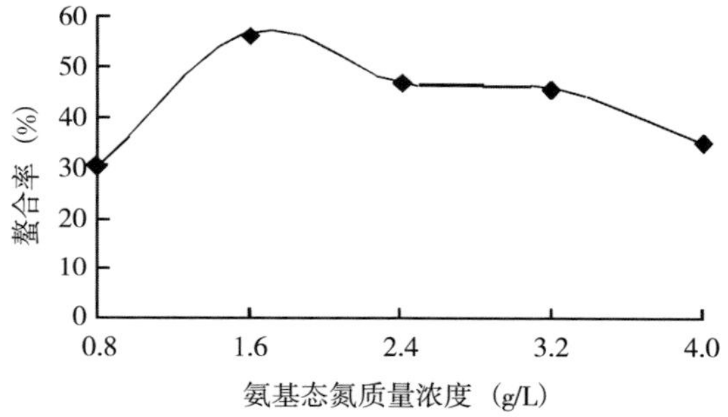

图 9-98　氨基态氮浓度对螯合率的影响

(5) 多元线性回归试验结果及分析　采用多元线性回归试验设计，试验结果见表 9-58。应用 SPSS 软件分析，得到螯合率与因素编码值之间的回归方程：$Y=53.09+1.22X_1+1.38X_2-0.29X_3+1.60X_4$。从表 9-59 可以看出，回归模型的 F 值为 4.9，$F<0.05$，说明所得的回归方程拟合的较好，回归效果显著，因此用此回归方程模型来模拟 pH、温度、时间、氨基态氮浓度这 4 个因素与指标值之间的关系是可行的。通过单因素试验和多元线性回归正交组合设计试验的综合对比，优化得到螯合率较高的最佳工艺为多元线性回归正交组合设计中的第 9 组，即 pH 为 7.0，温度为 60 ℃，时间为 90 min，氨基态氮浓度为 1.6 g/L。

表 9-58　螯合试验结果

试验号	X_0	X_1	X_2	X_3	X_4	螯合率（%）
1	1	1	1	1	1	57.00
2	1	1	1	−1	−1	54.38
3	1	1	−1	1	−1	51.04
4	1	1	−1	−1	1	54.82
5	1	−1	1	1	−1	51.36

（续）

试验号	X_0	X_1	X_2	X_3	X_4	螯合率（%）
6	1	−1	1	−1	1	55.14
7	1	−1	−1	1	1	51.80
8	1	−1	−1	−1	−1	49.18
9	1	0	0	0	0	57.22
10	1	0	0	0	0	54.04
11	1	0	0	0	0	53.71

表 9-59　回归方程方差分析

来源	平方和	自由度	均方和	F	Pr
模型	72.23	4	18.060 0	4.9	0.005
X_1	17.81	1	17.810 0	4.83	0.037 9
X_2	22.80	1	22.800 0	6.18	0.020 3
X_3	1.03	1	1.030 0	0.28	0.601 6
X_4	30.59	1	30.590 0	8.29	0.008 2
残差	88.53	24	3.690 0		
失拟	80.35	20	4.020 0	1.96	0.270 4
纯误差	8.18	4	2.050 0		
合计	160.76	28			

注：X_1为 pH，X_2为浓度，X_3为时间，X_4为氨基态氮浓度。

3. 氨基酸钙粉的生物利用研究

（1）氨基酸螯合钙浓缩液还原能力的测定结果　由图 9-99 可以看出，在 0.1～0.7 mL 的体积范围内，氨基酸螯合钙浓缩液的还原能力随着体积的增大呈缓慢上升趋势。当体积大于 0.7 mL 时，氨基酸螯合钙浓缩液的还原能力随着体积的增大呈快速上升趋势。这可能是反应存在累积效应，当积累到一定量程度时，反应会突破阈值，速度会加快。

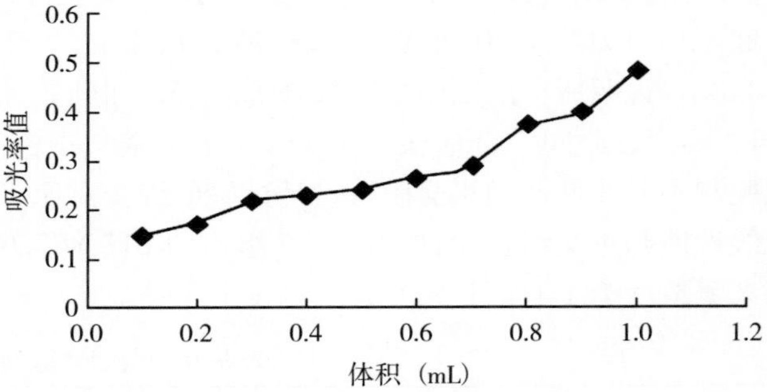

图 9-99　氨基酸螯合钙浓缩液还原能力测定

（2）氨基酸螯合钙浓缩液对羟自由基的清除率　当加入 0.5 mg/mL 的抗坏血酸 0.5 mL时，对羟基自由基的清除率为 6.62%，而氨基酸螯合钙浓缩液对羟基自由基的清除率为 6.60%，说明浓缩液清除自由基的效果和 0.5 mg/mL 的抗坏血酸效果相当（图 9-100）。

(3) 氨基酸螯合钙浓缩液对超氧阴离子的抑制作用 用动态方法测得反应的对照品的速率回归方程为：$V_{对照}=0.060X+0.057$ ($R^2=0.998$)，样品的速率回归方程：$V_{样品}=0.029X+0.081$ ($R^2=0.999$)。所以，当氨基酸螯合钙浓缩液的加入量为 0.1 mL 时，对超氧阴离子的抑制率为 51.67%。因此，氨基酸螯合钙浓缩液对超氧阴离子的抑制率效果比较好。

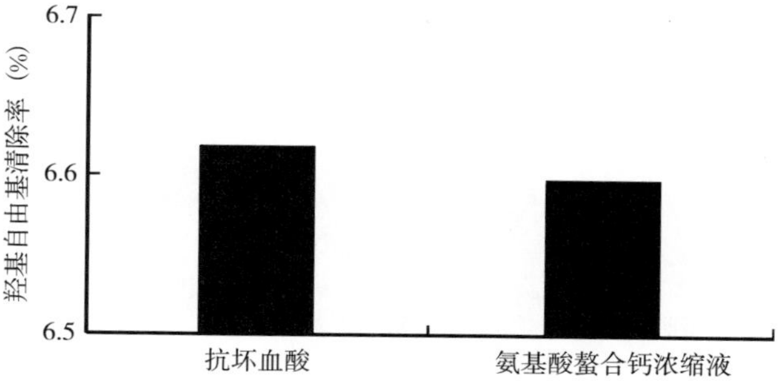

图 9-100 氨基酸螯合钙浓缩液对羟基自由基的清除率

第五节 罗非鱼内源酶提取技术

从生物体内提取，纯化酶是工业生产酶的一种重要手段。以廉价而丰富的罗非鱼内脏作为工业生产酶的原料来源对提高罗非鱼养殖收入，增加酶产出具有很强的可行性。但鱼内脏中的酶种类较为复杂，且各种酶的含量、活性也不相同。要更加合理的对罗非鱼内脏加以利用，酶的筛选、提取、纯化和酶学性质的研究工作就显得非常重要。

罗非鱼是一种在我国大量养殖及加工生产的经济鱼类，养殖产量已达 100 万 t 以上。我国的南方地区由于气候适宜，罗非鱼的养殖迅速发展，特别是广东省占全国罗非鱼总产量的 40%以上。集约规模的鱼类加工方式为罗非鱼内脏的收集与利用提供了有利的条件。为了对罗非鱼内脏中酶资源有更充分的了解，发现其中深层次的经济价值，对其进行酶资源的筛选工作必不可少。下面采用列举法对罗非鱼内脏中可能存在且经济价值较高的 8 种酶进行了逐一的活性筛选，并对它们的含量及活性进行评价，确定罗非鱼内脏中具有开发价值的酶类；对具有开发价值的几种酶类，分别介绍其提取纯化技术、酶学特性，为其进行工业化应用提供理论依据和提取技术。

一、罗非鱼内脏中酶的筛选体系

1. 罗非鱼内脏中各酶提取及测定结果分析

通过筛选罗非鱼内脏中的酶，共筛选到 8 种酶，分别是蛋白酶、脲酶、超氧化物歧化酶、胆碱酯酶、乙酰胆碱酯酶、碱性磷酸酶、凝乳蛋白酶、酸性磷酸酶，8 种酶的酶活性测定结果见表 9-60。

表 9-60 罗非鱼内脏各种酶的活性及分布

名称	提取部位	原料物重（g）	提取的总酶活性（U）	酶活性的提取量（U/g）
蛋白酶	鱼肠	10	7900	790
脲酶	鱼肠	10	0.19	0.019
超氧化物歧化酶	鱼肝脏	10	19 580	1 958

（续）

名称	提取部位	原料物重（g）	提取的总酶活性（U）	酶活性的提取量（U/g）
胆碱酯酶	鱼肠	10	—	—
	鱼头	10	2 310	231
	鱼肝脏	10	340	34
乙酰胆碱酯酶	鱼肠	10	26	2.6
	鱼头	10	—	—
	鱼肝脏	10	132	13.2
碱性磷酸酶	鱼肠	10	11 400	1 140
	鱼头	10	15 900	1 590
	鱼肝脏	10	18 000	1800
凝乳蛋白酶	鱼肠	10	—	—
	鱼肝胰脏	10	750	75
酸性磷酸酶	鱼肠	10	31.4	3.14
	鱼头	10	31.7	3.17
	鱼肝脏	10	70.2	7.02

(1) 蛋白酶 国内外对蛋白酶的研究比较多，主要是因为它的水解作用对工业、农业生产有着重要的应用价值，现在对蛋白酶的应用领域还应用到了医药生产。可见，今后对蛋白酶的应用领域将会越来越广泛。研究表明，每克罗非鱼肠可以提取的蛋白酶活性为 790 U，而从每克无花果果实和蛇鲻鱼肠提取到的蛋白酶活性分别为 130 U 和 490 U。从提取蛋白酶活的量上来看，罗非鱼肠道中含有的蛋白酶比较丰富。因此，罗非鱼肠具有比较大的提取蛋白酶的前景。

(2) 脲酶 鱼类可以对尿素进行利用，因此，在鱼类的肠道中可能存在有脲酶。将其提取后添加入动物的饲料中可以提高动物对尿素的利用，从而达到节约氮源节约能源的目的。将从罗非鱼肠道提取出的脲酶与鲤肠和团头鲂肠中的提取得到的脲酶比较。从每克罗非鱼肠中可以提取 0.019 U 脲酶酶活，而从鲤肠和团头鲂肠中可能得到 0.121 U 和 0.144 U。罗非鱼肠中脲酶的含量较少，与鲤肠和团头鲂肠中的酶活几乎相差一个数量级。

(3) 超氧化物歧化酶 超氧化物歧化酶（SOD）是生物体内一类重要的自由基清除剂，使自由基的形成和清除处于动态平衡，从而可抵御 $O_2^-\cdot$ 的毒害作用。近年来，国内外不断报道 SOD 可作为药用酶治疗人体的多种疾病，如炎症、肺水肿、自身免疫性疾病等，而且还具有抗肿瘤、防衰老等作用，因此，SOD 的研究和应用已受到广泛的重视。

将从罗非鱼肝脏中提到的 SOD 酶活性与鳗鱼肝和蜂王浆提到的 SOD 酶活性进行比较。每克罗非鱼肝可以提取 1 958 U 酶活性，在鳗鲡肝和蜂王浆提取的酶活性分别为 1 520 U和 44 U。从试验结果看到在罗非鱼肝中 SOD 的含量比较丰富，因此可提取利用的价值比较高。

(4) 胆碱酯酶 胆碱酯酶是神经系统中一种重要的水解酶。对有机磷化合物作用特异性强，灵敏度高，在军事分析化学、食品卫生、农业化学工业、环境检测等领域有着较为广泛的用途，日益受到人们的关注。

将从罗非鱼肝脏中提到的胆碱酯酶的酶活性与鳗鲡肝和鳗鲡头提到的胆碱酯酶的酶活性进行比较。每克罗非鱼肝可以提取的酶活性为 231 U，在鳗鲡肝和鳗鲡头提取的酶活性分别为 157 U 和 64 U。罗非鱼肝脏中胆碱酯酶的含量要高于鳗鲡肝和鳗鲡头，且胆碱酯酶又是一种非常稀缺的酶。所以从罗非鱼肝脏中有较高的提取胆碱酯酶的价值。

（5）乙酰胆碱酯酶　在农药被大量用于农作物时，需要一种快速而准确的检验药残的试剂满足人们的需要。乙酰胆碱酯酶可以与有机磷和氨基甲酸酯类农药的活性部位快速不可逆地结合，使酶失活。利用这一特点，人们常用乙酰胆碱酯酶来检测有机磷和氨基甲酸酯类农药污染的情况。

将从罗非鱼头中提到的乙酰胆碱酯酶酶活性与黄鱼脑和猪血块提到的酶活量进行比较。每克罗非鱼头可以提取 13.2 U 酶活性，黄鱼脑和猪血块提到的酶活分别为 252 U 和 9.1U。罗非鱼头中乙酰胆碱酯酶的酶活性不多。

（6）碱性磷酸酶　碱性磷酸酶是一种底物专一性较低的磷酸单酯酶，广泛存在于人体、动物、植物与微生物中，在生物体内直接参与了磷酸基团的转移和代谢过程。碱性磷酸酶可用于核酸研究、毒物学研究及医学研究。由于有益于皮肤细胞的再生和新陈代谢，该酶还可添加到药用化妆品中。为了满足生产实践上的需要，罗非鱼肝脏被用来提取碱性磷酸酶。

将从罗非鱼肝脏中提到的碱性磷酸酶的酶活性与鳗鲡肝提到的碱性磷酸酶的酶活性进行比较。每克罗非鱼肝可以提取 1 800 U 酶活性，在鳗鲡肝提取的酶活性为 2 050 U。碱性磷酸酶在罗非鱼肝脏中的含量虽然不如鳗鲡肝中的酶活性，但是仍表现出了比较高的活性故仍具的较高的提取价值。

（7）凝乳蛋白酶　凝乳酪在干酪加工和酸凝乳加工中作为凝乳剂被广泛使用。传统方法提取凝乳酶是从犊牛皱胃作为原料进行提取和加工的。近年来，犊牛价格上涨很快，犊牛皱胃来源受到影响。因此，从经济上考虑，我们在实验室中希望可以从罗非鱼的内脏中提取出凝乳蛋白酶作为犊牛皱胃的替代品。

将从罗非鱼内脏中提到的凝乳蛋白酶活量与小牛皱胃中提取到的酶活量进行比较。每克罗非鱼肝脏仅提取 75 U 的酶活性，而在小牛皱胃中酶活性为 5 359 U，与它相差了近 2 个数量级。因此，罗非鱼肝脏不具有提取凝乳酶的价值。

（8）酸性磷酸酶　酸性磷酸酶是一种有广泛使用价值的生化试剂，可专一性地水解磷酸单酯化合物而释放无机磷。主要用于核酸研究，分析、测定核苷酸顺序及其基因的重组、分离，也是酶标免疫测定技术的常用工具酶之一。

将从罗非鱼肝脏中提到的酸性磷酸酶活性与鳗鲡肝中提取到的酶活性进行比较。每克罗非鱼肝脏可提取的酶活性仅为 7.0 U，而在鳗鲡肝中提取的酶活性为 9.1 U。

2. 罗非鱼内脏中酶的筛选结果

罗非鱼内脏中酶的筛选结果：蛋白酶、超氧化物歧化酶、胆碱酯酶和碱性磷酸酶具有较高的活性，对其进行开发研究具有较大的意义。

3. 罗非鱼肠道中蛋白酶的分析

蛋白酶在罗非鱼肠道中的含量较为丰富，具有较高的提取利用价值，因此需要对肠道各部分蛋白酶的分布进行探讨。分别称取等量的罗非鱼胃、前肠、中肠和后肠，加入等体积的提取缓冲液，分别测定出肠道各部分蛋白酶的含量，酶活性用以 OD_{275nm} 的值表示，结果见表 9-61。蛋白酶主要存在于罗非鱼肠中的胃和前肠部分。食物中的蛋白质主要在罗非鱼的胃、前肠部分被消化分解，而中肠和后肠主要是起吸收营养的作用，故所含的酶量较少。

表 9-61 罗非鱼肠道各部分蛋白酶的测定

原料	酶体积（mL）	以 OD_{275nm} 值表示（A）	蛋白酶比活性（U/mg）
胃	10	1.104	31.0
前肠	10	1.112	35.6
中肠	10	0.555	18.1
后肠	10	0.075	8.7

4. 罗非鱼肝脏中超氧化物歧化酶与碱性磷酸酶的分析

超氧化物歧化酶与碱性磷酸酶在罗非鱼肝脏中的含量较为丰富，具有较高的提取利用价值。以罗非鱼肝脏为原料，分别提取超氧化物歧化酶与碱性磷酸酶进行分析，结果见表 9-62。

表 9-62 罗非鱼肝脏中超氧化物歧化酶与碱性磷酸酶的测定

酶	蛋白质浓度（mg/mL）	酶活性（U/mL）	比活性（U/mg）
超氧化物歧化酶	8.87	391	44.1
碱性磷酸酶	9.87	468	47.8

二、罗非鱼内脏蛋白酶超声波提取工艺技术

蛋白酶作为市场上需求量最大的 3 种酶之一，在食品、医药、化工等方面都有很广泛的应用。蛋白酶主要来源于动物、植物和微生物，其中，动物消化蛋白酶已经成为酶工业的重要来源之一。作为水产加工副产物的鱼类内脏产量大，所含蛋白酶在较宽的温度范围内都具有活性，是良好的蛋白酶来源。以廉价而丰富的鱼内脏作为工业生产酶的原料来源对降低工业成本增加酶产出具有较强的可行性。

超声波是频率大于 19.2 kHZ 的声波，具有波动与能量双重属性，是一种均匀的球面机械波，它以其独特作用形式——空化作用，在液体内部产生强的冲击波和微射流，出现局部的高温、高压，导致很多次级效应如击碎、乳化、扩散、强烈的机械振荡等，加速体系的传质、传热等过程。超声波对媒质主要产生独特的机械振动作用和空化作用，当超声波振动时能产生并传递强大的能量，引起媒质质点以极高的速度和加速度进入振动状态，使媒质结构发生变化，促使有效成分进入溶剂中，同时在振动处于稀疏状态时，液体会被撕裂成很多的小空穴，这些小空穴一瞬间即闭合，产生高达几千个大气压的瞬时压力，即空化现象。这种空化现象在液体内形成的空化泡，在瞬间迅速涨大并破裂，并把吸收的声场能量在极短的时间和极小的空间内释放出来，形成高温和高压的环境，同时伴随有强大

的冲击波和微声流，使细胞结构在瞬间破裂，细胞内的有效成分得以释放，然后进入溶剂并充分混合，从而提高提取效率。

从动物组织中提取酶的方法通常有盐溶法、酸碱法和有机溶剂法，根据鱼类内脏组织的特点，选用缓冲溶液作为提取剂，组织细胞的破碎方法很多，有物理研磨法、化学溶解法等，但其效果均不是十分理想，提取率低或成本高。因此，寻找合适的组织细胞破碎方法，使酶得到释放和激活，提高酶的提取率和效果非常有实际意义。下面介绍超声波法提取罗非鱼内脏蛋白酶的效果及其影响因素，确定最佳的提取工艺技术，为其合理开发应用提供理论依据。

1. 提取方式对蛋白酶活性的影响

在相同 pH 缓冲液匀浆破碎条件下，分别采用低温浸提法（4℃）和超声波法，提取罗非鱼胃蛋白酶和肠蛋白酶，在相同处理时间下，测定酶活性，结果如图 9-101、图 9-102 所示。不管是胃蛋白酶还是肠蛋白酶，采用超声波法进行得取效果明显优于低温浸提法。随着提取时间的延长，超声波法提取的蛋白酶活性有所下降，而低温浸提法是处理 90 min比 60 min 时酶活性有所提高，但到 120 min 之后酶活性趋于稳定。

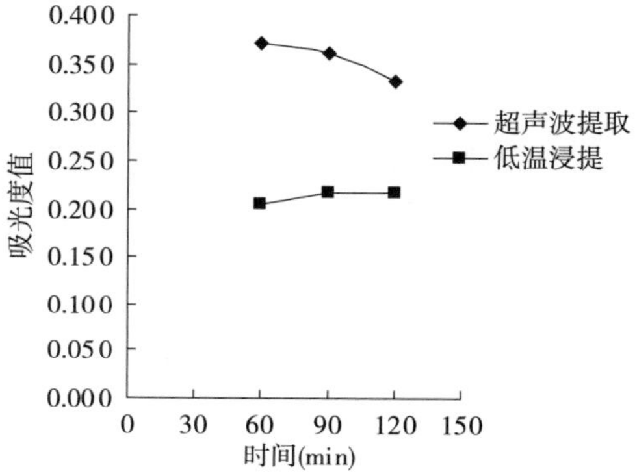

图 9-101　不同提取方式对胃蛋白酶的影响

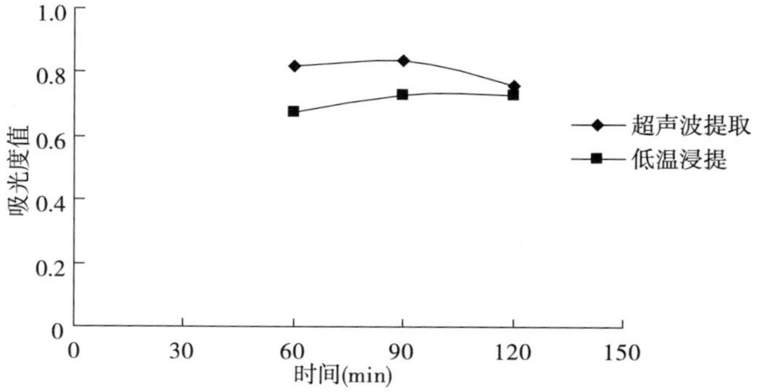

图 9-102　不同提取方式对肠蛋白酶活性的影响

2. 超声波法提取罗非鱼内脏蛋白酶工艺条件研究

影响超声波提取罗非鱼内脏蛋白酶的因素主要有：提取的温度、提取时间、缓冲液 pH、超声波强度。通过单因素试验比较提取过程不同因素对蛋白酶活性的影响。

（1）缓冲液 pH 的影响　从罗非鱼胃中提取的胃蛋白酶缓冲液 pH 要求是酸性的，由图 9-103 可以看出，在 pH 1～3 提取的胃蛋白酶的活性最高，随着 pH 的升高，提取的胃蛋白酶活性明显降低。而从罗非鱼肠中提取的蛋白酶所需缓冲液 pH 是弱碱性的，在 pH 7～8，蛋白酶活性最高，当 pH＜6 时，酶活性较低，当 pH＞9 时，酶活性下降明显。

（2）提取温度的影响　由图 9-104 可以看出，提出温度对蛋白酶活性有影响，其中从胃中提取的胃蛋白酶活性随着提取温度的升高呈缓慢下降趋势，在 20℃左右提取的蛋白

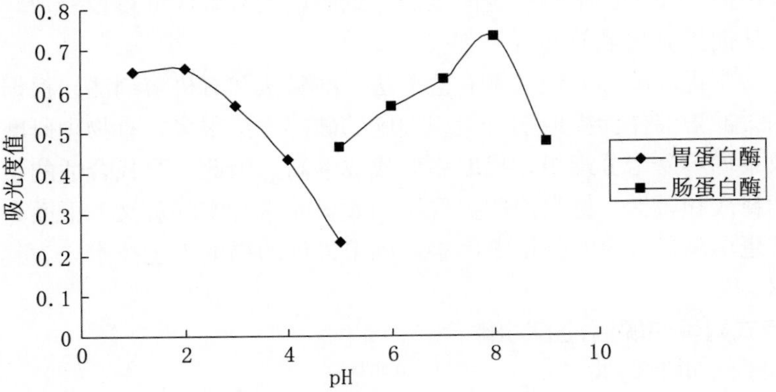

图 9-103　缓冲液 pH 对蛋白酶活性的影响

酶活性较高；从肠中提取的蛋白酶活性随温度的变化明显，在 25～35 ℃提取的蛋白酶活性较高。

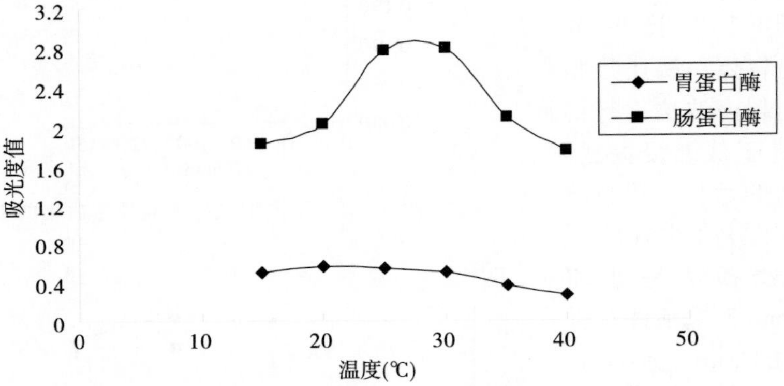

图 9-104　提取温度对蛋白酶活性的影响

(3) 提取时间的影响　从图 9-105 可以看出，提取时间对蛋白酶活性有明显的影响，胃蛋白酶的活性开始时随提取时间的增加不断上升，到了 55～70 min 酶活性最高，其后随时间的延长而下降。而从肠中提取的蛋白酶活性在 80～90 min 时最高。

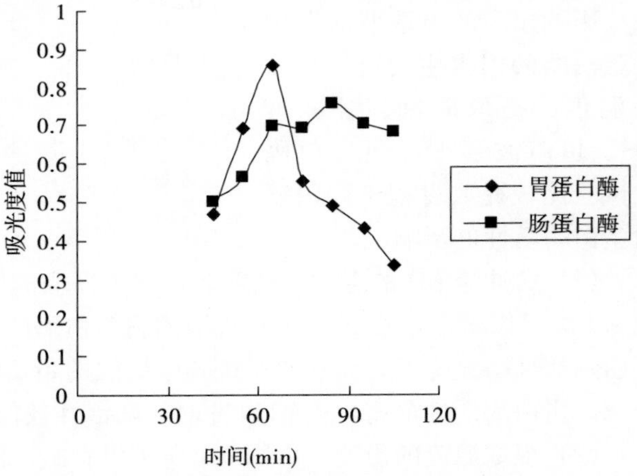

图 9-105　提取时间对蛋白酶活性的影响

(4) 超声波强度的影响　超声波强度对从肠中提取的蛋白酶活性有明显的影响（图 9-106），在超声波强度为 70 W 时，活性最高，随着超声波强度的增强，曲折下降。而从胃中提取的蛋白酶活性在超声波强度为 60～90 W 时，相对较高，当

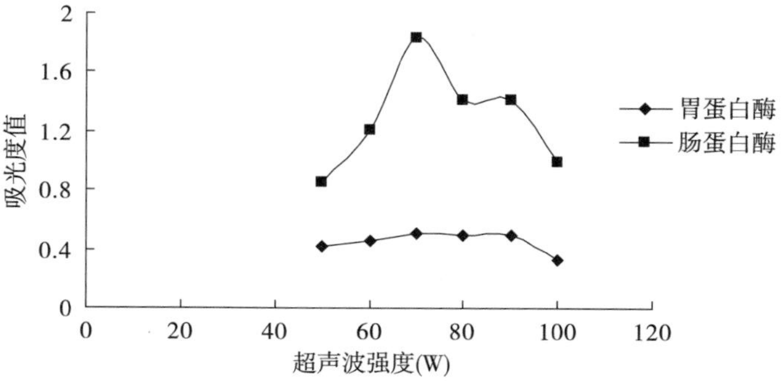

图 9-106　超声波强度对蛋白酶活性的影响

超声波强度高于 90 W 时，蛋白酶活性明显降低（图 9-106）。

（5）超声波法提取罗非鱼胃蛋白酶的工艺条件优化　通过单因素试验比较提取过程不同因素对蛋白酶活性的影响，由于各因素之间相互交叉影响，因此，为全面考察工艺的最佳参数条件，根据单因素试验的结果，确定以提取的温度（A）、超声波强度（B）、缓冲液 pH（C）、提取时间（D）4 个因素为试验因素，以提取的蛋白酶活性为试验指标，进行正交试验。

超声波法提取罗非鱼胃蛋白酶的因素水平见表 9-63，试验结果及极差分析见表 9-64、表 9-65。由分析可知，影响超声波提取罗非鱼胃蛋白酶的主要因素是 B、A，次要因素是 D、C。按最优组合是 $A_2B_1C_1D_2$，即缓冲液 pH 为 1，提取温度为 25 ℃，提取时间为 60 min,超声波强度为 70 W。

表 9-63　影响罗非鱼胃蛋白酶提取的因素水平表

因素	A 提取温度（℃）	B 超声波强度（W）	C 缓冲液 pH	D 提取时间（min）
1	20	70	1.0	50
2	25	80	2.0	60
3	30	90	3.0	70

表 9-64　罗非鱼胃蛋白酶超声波提取条件正交试验结果

试验次数	A	B	C	D	吸光度值
	温度（℃）	强度（W）	pH	时间（min）	A
1	1	1	1	1	0.604
2	1	2	2	2	0.558
3	1	3	3	3	0.559
4	2	1	2	3	0.647
5	2	2	3	1	0.563
6	2	3	1	2	0.670
7	3	1	3	2	0.658
8	3	2	1	3	0.605
9	3	3	2	1	0.615
K_1	1.721	1.909	1.879	1.781	5.479
K_2	1.880	1.726	1.820	1.886	
K_3	1.878	1.844	1.780	1.811	
R	0.159	0.183	0.099	0.105	

表 9-65 方差分析

方差来源	偏差平方和	自由度	均方	F值	显著性
A	0.340	2	0.17	27.642 3	*
B	0.341 2	2	0.170 6	27.739 8	*
C	0.337 1	2	0.168 5	27.398 3	*
D	0.336 2	2	0.168 1	27.333 3	*
误差 e	0.012 3	2			

注：* 表示具有显著性差异。

（6）超声波法提取罗非鱼肠蛋白酶的工艺条件优化 超声波法提取罗非鱼肠蛋白酶的因素水平表见表 9-66，试验结果及极差分析见表 9-67、表 9-68。由分析可知，影响超声波提取罗非鱼肠蛋白酶的主要因素是 A、B，次要因素是 C、D。按最优组合是 $A_3B_2C_1D_3$，即缓冲液 pH 为 7.5，提取温度为 35℃，提取时间为 85 min，超声波强度为 70 W。

表 9-66 影响罗非鱼肠蛋白酶提取的因素水平表

因素	A 提取温度（℃）	B 超声波强度（W）	C 缓冲液 pH	D 提取时间（min）
1	25	60	7.5	75
2	30	70	8.0	80
3	35	80	8.5	85

表 9-67 罗非鱼肠蛋白酶超声波提取条件正交试验结果

试验次数	A	B	C	D	吸光度值
	温度（℃）	强度（W）	pH	时间（min）	A
1	1	1	1	1	1.738
2	1	2	2	2	2.012
3	1	3	3	3	1.893
4	2	1	2	3	2.068
5	2	2	3	1	2.318
6	2	3	1	2	2.496
7	3	1	3	2	2.084
8	3	2	1	3	2.973
9	3	3	2	1	2.769
K_1	5.643	5.89	7.207	6.825	20.351
K_2	6.882	7.303	6.849	6.592	
K_3	7.826	7.158	6.295	6.934	
R	2.183	1.413	0.912	0.342	

表 9-68　方差分析

方差来源	偏差平方和	自由度	均方	F 值	显著性
A	0.817 2	2	0.408 6	15.022 1	*
B	0.421 0	2	0.210 5	7.739 0	(*)
C	0.158 7	2	0.079 4	2.919 1	
D	0.038 5	2	0.019 3	0.709 6	
误差 e	0.054 4	2			

三、罗非鱼肠蛋白酶的分离纯化与性质

1. 罗非鱼肠蛋白酶的硫酸铵分级盐析条件

采用硫酸铵分级盐析法初步纯化蛋白酶的结果见图 9-107，当 $(NH_4)_2SO_4$ 饱和度为 30%时，离心上清液中蛋白酶活性，用 OD_{275nm} 表示为 0.710。酶活性与初值相比，几乎保持不变。而蛋白质浓度，用 OD_{595nm} 表示为 0.119，即只有初始值的 14%。当 $(NH_4)_2SO_4$ 饱和度为 70%时，上清液中蛋白酶活性，用 OD_{275nm} 表示只有 0.011，说明上清液中酶活力基本失去。所以确定肠蛋白酶硫酸铵分级沉淀的硫酸铵饱和度为 30%～70%。

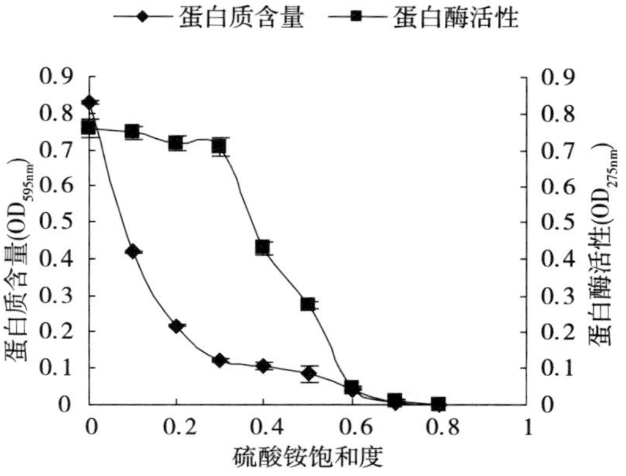

图 9-107　硫酸铵分级盐析分离蛋白酶

2. 离子交换层析纯化罗非鱼肠蛋白酶的条件

经硫酸铵分离后的酶溶液加入 Hitrap™ Q FF 阴离子交换柱中，用相同的缓冲溶液平衡柱体。收集流出的洗脱液并测定其中未被吸附的蛋白酶活性，蛋白酶活以 OD_{275nm} 表示，结果见表 9-69。在 0.01mol/L Tris-HCL 缓冲液中，当 pH≥7.13 时将蛋白酶加入 Hitrap™ Q FF 阴离子交换柱后，蛋白酶均不出现于流出液中。这表明罗非鱼肠蛋白酶的等电点应在 pH 7.13 以下，因而在上述缓冲液中带负电荷，可以被 Hitrap™ Q FF 吸附，所以 Tris-HCL 缓冲液 pH 可选择范围为 pH 7.2～8.5。

表 9-69　Hitrap™ Q FF 阴离子交换层析纯化蛋白酶初始缓冲液 pH 的确定

	pH					
	6.30	6.48	7.13	7.65	8.04	8.58
OD_{275nm}	0.061±0.001	0.022±0.001	0.000	0.000	0.000	0.000

以不同 Na^+ 离子强度的 pH 为 7.80 的 0.01mol/L Tris-HCl 为初始纯化条件，结果见表 9-70。在 NaCl 浓度为 0.2 mol/L 时即可导致罗非鱼肠蛋白酶的不完全吸附，吸附率为 82.6%。随着钠离子强度的提高，吸附率下降。所以确定初始 Na^+ 离子强度为 0.2 mol/L 。

表 9-70 Hitrap™ Q FF 阴离子交换层析初始离子强度的确定

Na^+离子强度（mol/L）	流出液中酶活性（OD_{275nm}）	吸附率（%）
0.0	0.000	100
0.2	0.109±0.005	82.6
0.4	0.383±0.005	39.2
0.6	0.582±0.001	11.3

将不同体积的 0.3mg/mL 的蛋白酶液加入 5 mL 的 Hitrap™ Q FF 离子交换柱中，用含 0.23 mol/L Na^+、0.01mol/L Tris-HCl、pH 为 7.80 的缓冲溶液洗脱，收集流出液并测定其蛋白酶的活性，计算酶在阴离子交换柱中的吸附率，结果见表 9-71。从表 9-71 中可以看出，随着样品量的增加，吸附量在上升，但吸附率却呈下降趋势。在上样量达到 2.5 mL 时回收率只有 63.0%。为保证蛋白酶的回收率，选择上样量为2.0 mL。

表 9-71 Hitrap™ Q FF 阴离子交换层样品上样量的确定

样品量（mL）	加入酶活性（U）	洗出液酶活性（U）	吸附率（%）	吸附酶活性（U）
0.5	324	0	100	324
1.0	649	24±20	96.4±0.5	625±20
1.5	973	86±36	91.1±0.6	887±36
2.0	1297	342±14	73.6±0.3	955±14
2.5	1622	599±23	63.0±0.55	1022±23

采用上述试验确定的条件在 HitrapTM Q FF 阴离子交换层析柱进行离子交换试验（图 9-108）。经 HitrapTM Q FF 阴离子交换层析可得 4 个蛋白峰，其中，峰Ⅱ有酶活性；峰Ⅰ有酶活性，但是杂蛋白质含量高。峰Ⅲ、峰Ⅳ有少量酶活性。峰Ⅱ在 0.3～0.4mol/L NaCl 处洗出。收集峰Ⅱ作为样品 C。将样品 C 浓缩、进一步纯化。

3. 罗非鱼肠蛋白酶的凝胶层析条件

从阴离子交换层析蛋白峰Ⅱ收集浓缩的样品 C，采用 Sephadex™ G-100 凝胶层析进行分子筛纯化，结果见图 9-109。Sephadex™ G-100 凝胶层析结果得到 1 个蛋白峰，具有酶活性，收集峰样品液，经 SDS-PAGE 电泳检测，该峰为单一蛋白质组分。收集活性峰洗脱液，在 4℃下经去离子水透析，冷冻干燥得到蛋白酶电泳纯样品。

4. 罗非鱼肠蛋白酶的分离纯化

罗非鱼肠分离、纯化蛋白酶各试验步骤结果列于表 9-72 中。数据统计看出，提取的罗非鱼肠道蛋白酶经过硫酸铵层析分离后达到了部分纯化的效果，蛋白酶比活性由原来粗提取液的（40.30±0.27）U/mg 纯化为（208.2±2.8）U/mg，纯化了 5 倍左右。经过离子交换层析和 Sephadex™ G-100 凝胶柱层析纯化后已达到了相当的纯度，酶的比活性提高到（335.90±0.52）U/mg。

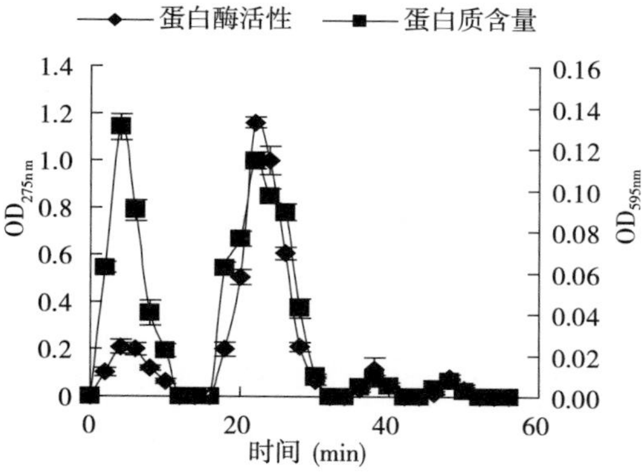

图 9-108　Hitrap™ Q FF 阴离子交换柱层析纯化罗非鱼肠蛋白酶（洗脱液流速为 2.5mL/min，2min 收集 1 管）

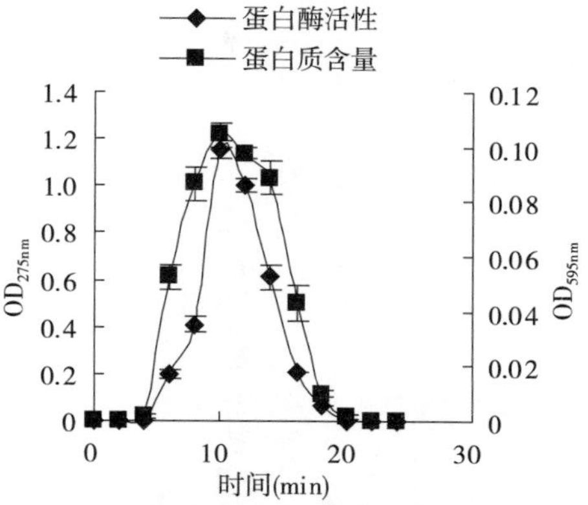

图 9-109　Sephadex G-100 凝胶纯化罗非鱼肠蛋白酶（洗脱液流速为 2.5mL/min，2min 收集 1 管）

表 9-72　罗非鱼肠蛋白酶提取、分离主要步骤和结果

操作程序	总蛋白质（mg）	总酶活性（U）	比活性（U/mg）	得率（%）	纯化倍数
提取液	3048±8	122754±48	40.3±0.27	100	1
0.3 饱和度盐析上清	455±12	108100±89	237.8±6.1	88.1	5.9
0.7 饱和度盐析沉淀	333±5	69375±125	208.2±2.8	56.5	5.2
Hitrap™ Q FF 阴离子交换层析	134.3±0.6	42717±61	318.1±1.3	34.8	7.9
Sephadex™ G-100 凝胶纯化	119.9±0.2	40263±32	335.9±0.52	32.8	8.3

5. 罗非鱼消化道蛋白酶的相对分子质量

图 9-110 为经纯化后罗非鱼肠蛋白酶电泳图，经染色后样品蛋白酶为 1 条电泳带。以标准蛋白 marker 的 SDS-PAGE 电泳结果做蛋白酶对数相对分子质量-相对迁移率曲线（图 9-111）。用直尺量得样品蛋白酶的相对迁移率为 Rf=0.89，根据图 9-111 中的函数计算得出该蛋白酶的对数相对分子质量为 28 000。

6. 罗非鱼肠蛋白酶的生化特性

（1）罗非鱼肠蛋白酶最适 pH 和最适温度　罗非鱼肠蛋白酶在 pH 8.0～8.5 时出现了活性的高峰（图 9-112），而在 pH 低于 8.0 和 pH 高于 8.5 时酶活性都有明显的下降，该蛋白酶的最适 pH 为 8.0～8.5。

罗非鱼肠蛋白酶在 37～42 ℃时出现了活性高峰（图 9-113），当温度小于 37 ℃或温度大于 42 ℃时酶活性都有明显的下降，该蛋白酶的最适温度为 37～42℃。

（2）酶的热稳定性和 pH 稳定性　由图 9-114 可见，罗非鱼肠蛋白酶在 4℃与 25℃中保存 60 min，其酶活性的残留率均在 95%以上；在 40 ℃或 50 ℃中 15 min，酶活性残留率在 80%以上，说明该酶热稳定性较好。通过该酶的酸碱稳定性试验（图 9-115），在 pH 7.0～9.0 的缓冲液中处理 30 min 后，样品蛋白酶活性仍有 80%以上，说明该酶在中性和弱碱性的条件中是稳定的。

（3）罗非鱼肠蛋白酶的酶促反应动力学参数　图 9-116 是以 Lineweaver-Burk 作图，

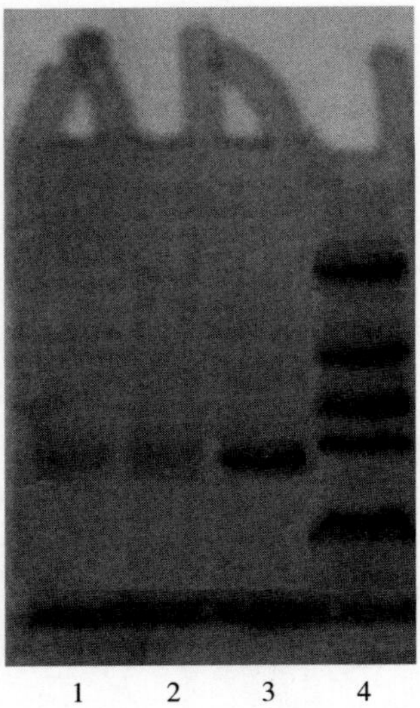

图 9-110　罗非鱼肠蛋白酶 SDS-PAGE 电泳

1～3. 样品　4. 标准蛋白；a～e. 标准蛋白相对分子质量　a. 兔磷酸化酶 B 97 400　b. 牛血清蛋白，66 200　c. 兔肌动蛋白，43 000　d. 牛碳酸酐酶，31 000　e. 胰蛋白酶抑制剂，20100

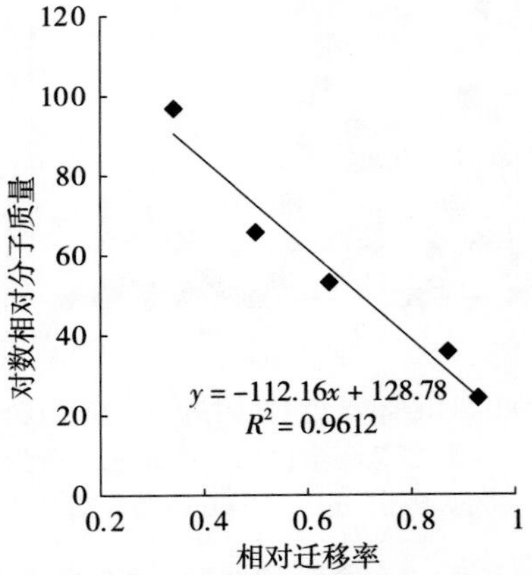

图 9-111　蛋白对数相对分子质量-相对迁移率曲线

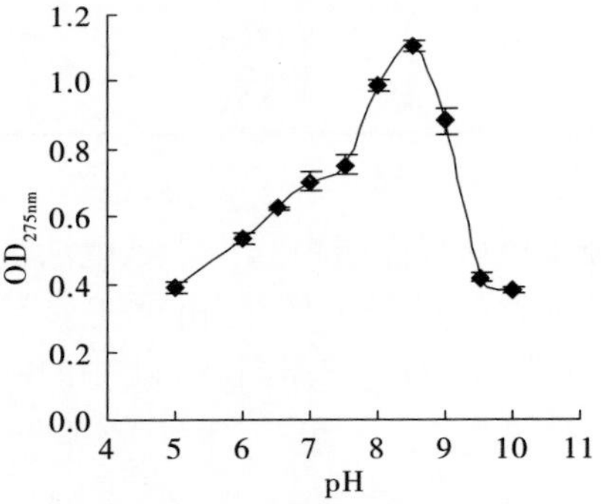

图 9-112　罗非鱼肠蛋白酶的最适 pH

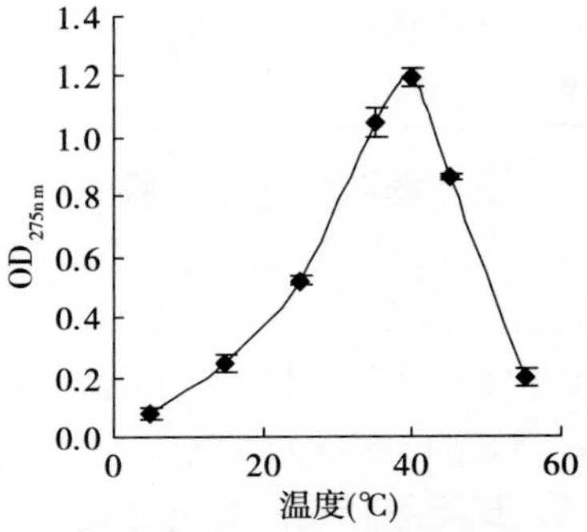

图 9-113　罗非鱼肠蛋白酶的最适温度

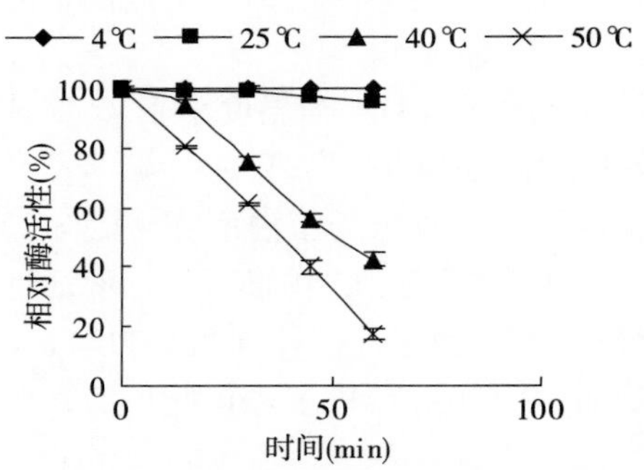

图 9-114　罗非鱼肠蛋白酶的热稳定性

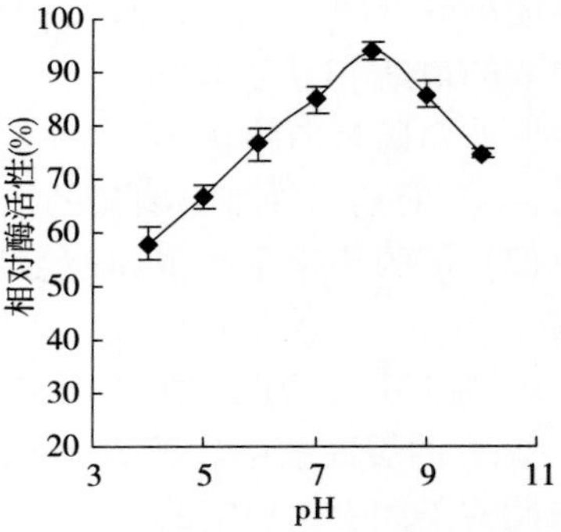

图 9-115　罗非鱼肠蛋白酶 pH 稳定性

经线性拟合得到方程 $y = 0.0643x + 0.1063$，计算可得罗非鱼肠蛋白酶的动力学参数：$K_m = 0.605$ g/L，$V_{max} = 9.407$ μg/min。

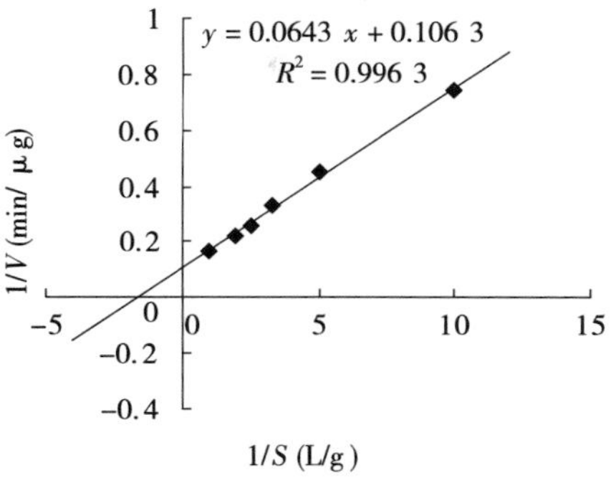

图 9-116　罗非鱼肠蛋白酶的 Lineweaver-Burk 图

(4) 金属离子对罗非鱼肠蛋白酶活性的影响　金属离子对罗非鱼肠蛋白酶的活性的影响见表 9-65，Na^{+}、K^{+} 对罗非鱼肠蛋白酶没有抑制作用，Ag^{+}、Pb^{2+} 对罗非鱼肠蛋白酶有显著的抑制作用，而 Mn^{2+}、Ca^{2+}、Cu^{2+}、Fe^{3+} 等离子均对肠酶有一定的抑制作用。

表 9-73　金属离子对蛋白酶活性的影响

金属离子（1×10^{-3} mol/L）	相对酶活性（%）
空白对照	100
Mn^{2+}	63.5
Ca^{2+}	50.6
Na^{+}	100
K^{+}	100
Mg^{2+}	72.2
Cu^{2+}	43.2
Ag^{+}	0.1
Pb^{2+}	3.1
Co^{2+}	81.8
Fe^{3+}	61.3

(5) 生化试剂对罗非鱼肠酶活力中心的化学修饰　生化试剂溶对罗非鱼肠蛋白酶活性的影响见表 9-74，PMSF 和 NBS 对该蛋白酶表现出的强烈抑制作用，TI 能够完全抑制该酶的活性，而 Pepestin A 、PCMB 对酶活没有影响。胃蛋白酶抑制剂可以部分抑制酶活；尿素对蛋白酶表现出了少量的抑制作用，表明尿素可以对该酶游离氨基酸与羧基形成的疏水键起破坏作用；DTT 对酶活有激活作用，其机理可能是还原分子中的二硫键；EDTA 对蛋白酶活力没有影响说明该酶的活性中心不含有金属离子，该蛋白酶不是金属蛋白酶。

表 9-74　生化试剂对酶活性中心的化学修饰

生化试剂（1×10^{-3} mol/L）	相对酶活性（%）
空白对照	100
DTT	110.2
PMSF	6.5
Pepstatin A	98.4

（续）

生化试剂（1×10^{-3}mol/L）	相对酶活性（%）
PCMB	99.8
Trypsin inhibitor	0.0
EDTA	99.7
尿素 urea	89.5
BrAc	82.0
TNBS	94.6
NBS	13.0

①丝氨酸残基的化学修饰：丝氨酸残基是蛋白酶活性中心出现频率较高的一种氨基酸残基，在酶的化学修饰当中，常常作为不可缺少的一个研究对象。苯甲酰磺酰氟（PMSF）是丝氨酸蛋白酶的专一性不可逆抑制剂。该试验用不同浓度的 PMSF 作用于酶液，然后检测酶的活性变化（图 9-117）。从图 9-117 中可以看出，随着 PMSF 浓度的提高，蛋白酶活性被完全抑制，这说明丝氨酸残基是酶活性中心的必需基团，与酶的活性有重要的关系，罗非鱼肠蛋白酶为丝氨酸蛋白酶。

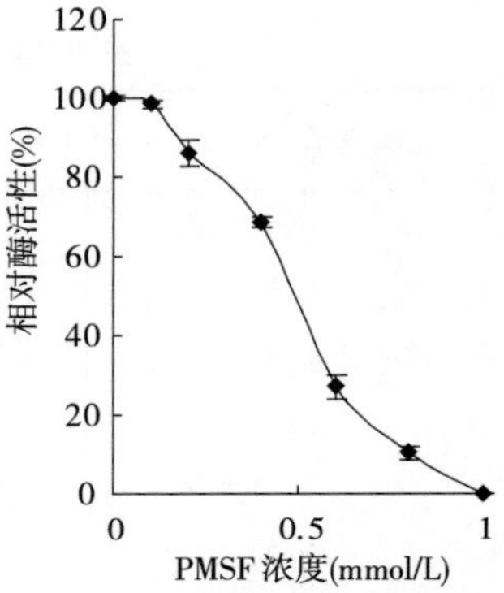

图 9-117　PMSF 对罗非鱼肠蛋白酶的影响

②半胱氨酸残基的化学修饰：对氯汞苯甲酸（PCMB）是一种特效的巯基修饰剂，能专一地与巯基起反应，是目前用于修饰蛋白质分子侧链巯基的常用试剂，常用于修饰半胱氨酸残基。该试验用不同浓度的 PCMB 作用于酶液，然后检测酶的活性变化（图 9-118）。从图 9-118 中可以看出，随着 PMSF 浓度的提高，蛋白酶活性没有什么变化，酶活性残留率为 99.8%，说明巯基修饰对酶活性影响不大，巯基不是酶活性中心的必需基团。

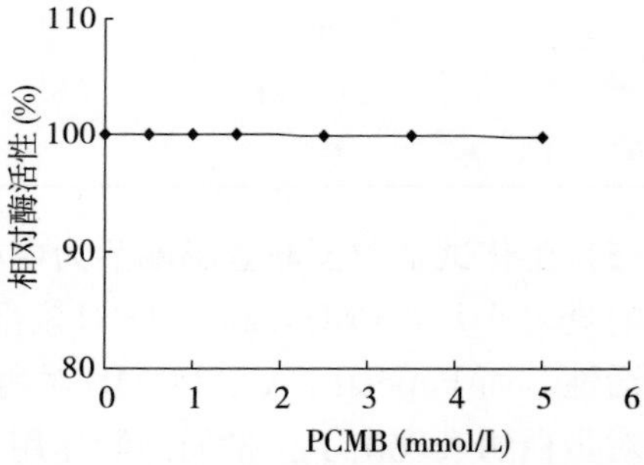

图 9-118　PCMB 对罗非鱼肠蛋白酶的影响

③赖氨酸残基的化学修饰：三硝基苯磺酸（TNBS）是一种作用于酶分子氨基的有效抑制剂，它能够与赖氨酸残基的 ε-氨基发生反应，使酶分子被修饰，从而抑制酶的催化活性。从结果中可以看出（图 9-119），随着 TNBS 浓度的增加，酶活性没有任何变化，说明赖氨酸残基不是酶活性中心的必需基团。

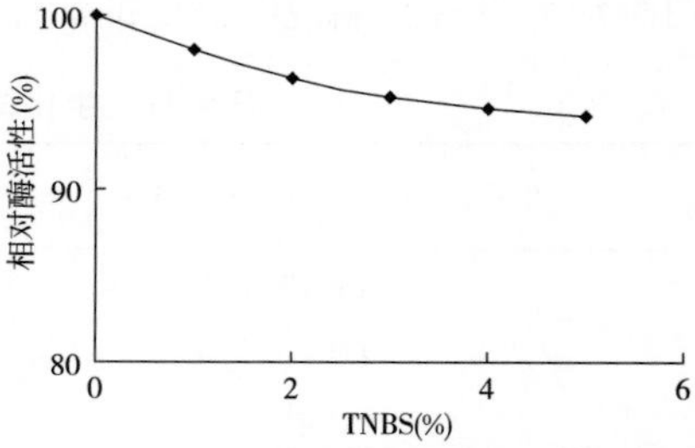

图 9-119　TNBS 对罗非鱼肠蛋白酶的影响

四、罗非鱼胃蛋白酶的分离纯化与性质

消化道蛋白酶是最早受到广泛研究的一类蛋白酶。几十年来，人们发现几乎所有种属的脊椎动物消化道中都含有相类似的蛋白酶。从20世纪30年代，人们就开始对鱼类消化蛋白酶的提取、性质进行研究，从大型鲸、鲨鱼等胃部的幽门垂中提取的胃蛋白酶，是工业酶制剂的来源之一。胃蛋白酶是现在市场上需求量最大的三种酶之一，在食品、医药、化工等行业有着广泛的应用。

目前国内对于胃蛋白酶的提取纯化研究主要集中在禽畜，鱼类消化道中含有丰富的蛋白酶，至今尚未引起足够的重视，主要是对鱼类消化道中蛋白酶的特性尚未了解。下面分析确定罗非鱼胃粗蛋白酶的分离纯化条件，并揭示其基本性质、抑制剂及金属离子对其酶活性的影响等，为将鱼类加工的巨量下脚料（主要是内脏）作为工业和医药用蛋白酶的来源之一奠定理论基础。

1. 罗非鱼胃蛋白酶的硫酸铵分级沉淀

采用硫酸铵分级盐析法初步纯化罗非鱼胃蛋白酶，取等体蛋白酶粗酶液置于烧杯中，加入 $(NH_4)_2SO_4$ 粉末，使其终饱和度分别为0、10%、25%、40%、55%、70%，4 ℃下静置过夜。离心取上清液，蒸馏水透析去除 SO_4^{2-}，分别测定上清液中蛋白酶的活性（以 OD_{275nm} 表示）和蛋白质含量（以 OD_{595nm} 表示），结果见图9-120。试验结果表明，当 $(NH_4)_2SO_4$ 饱和度为25%时，离心上清液中蛋白酶活性，用 OD_{275nm} 表示为7.881。酶活性与初值相比，几乎保持不变。而蛋白质浓度，用 OD_{595nm} 表示为2.276，即只有初始值的50%。当 $(NH_4)_2SO_4$ 饱和度为70%时，离心上清液中蛋白酶活力，用 OD_{275nm} 表示只有0.323，说明上清液中酶活力基本失去。由此可以确定，用饱和度为25%的 $(NH_4)_2SO_4$ 沉淀杂蛋白质，离心所得的上清液再调至40%的饱和度沉淀蛋白酶，离心回收，这样可以达到初步分离纯化蛋白酶的目的。

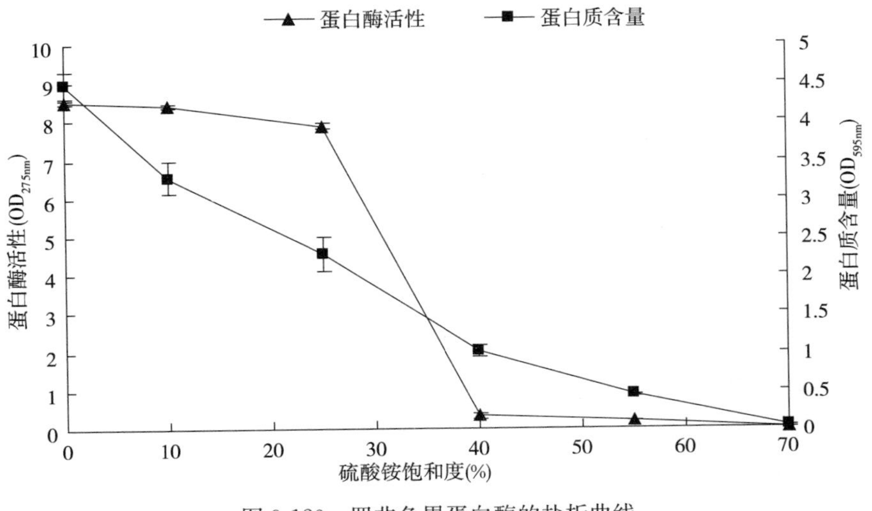

图9-120　罗非鱼胃蛋白酶的盐析曲线

2. 罗非鱼胃蛋白酶的阴离子交换层析条件

由图 9-121 可以看出，罗非鱼胃蛋白酶硫酸铵沉淀活性组分经 QFF 阴离子交换层析纯化，洗脱曲线出现了 3 个蛋白峰；进一步蛋白酶活性分析的结果显示，峰Ⅱ、峰Ⅲ具有蛋白酶活性，但是峰Ⅱ相对杂蛋白质含量较高，收集峰Ⅲ的各管洗脱液，经聚乙二醇 20000 吸水浓缩，将浓缩的样品进入下一步分子筛层析。

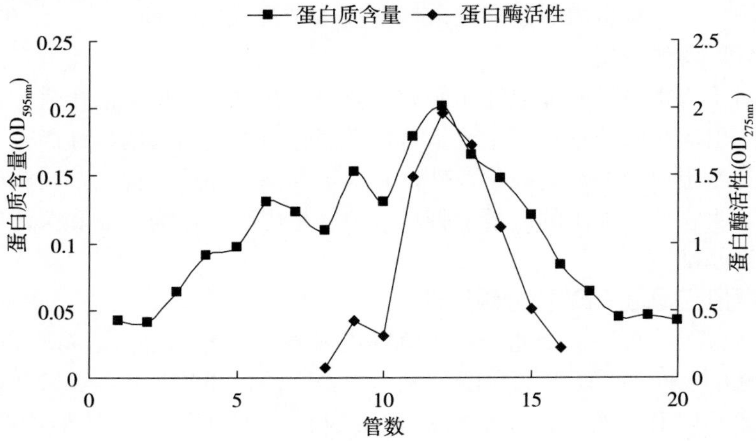

图 9-121　罗非鱼胃蛋白酶的 QFF 层析

3. 罗非鱼胃蛋白酶的凝胶层析条件

Sephadex G-100 分子筛层析的洗脱结果见图 9-122，得到 3 个蛋白峰，经过蛋白酶活性检测，峰Ⅱ具有蛋白酶活性，收集峰Ⅱ的各管洗脱液，经 SDS-PAGE 电泳显示为单一条带，说明罗非鱼胃蛋白酶已经达到电泳纯。

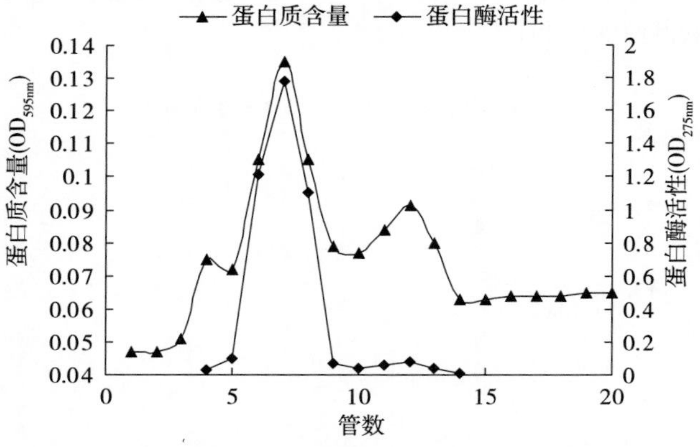

图 9-122　罗非鱼胃蛋白酶的 Sephadex G-100 层析

4. 罗非鱼胃蛋白酶的分离纯化步骤及结果

罗非鱼胃蛋白酶经硫酸铵分级沉淀、QFF 阴离子层析、Sephadex G-100 分子筛层析等纯化，结果见表 9-75。数据统计看出，提取的罗非鱼胃蛋白酶经过硫酸铵层析分离后达到了部分纯化的效果，蛋白酶比活性由原来粗提取液的（12.41±0.17）U/mg 增加（50.39±0.35）U/mg，纯化了 4 倍。经过离子交换层析和 SephadexTM G-100 凝胶柱层析纯化后已达到了相当的纯度，酶的比活力提高到（224.23±24.32）U/mg，纯化倍数达到 18.07，回收率为 27.09%。

表 9-75　罗非鱼胃蛋白酶的分离纯化结果

纯化步骤	总蛋白质（mg）	总酶活性（U）	比活性（U/mg）	回收率（%）	纯化倍数
粗酶液	236.86±5	2938.67±22	12.41±0.17	100	1
硫酸铵分级沉淀	35.74±1.0	1801.29±38	50.39±0.35	61.30	4.06
QFF 阴离子交换层析	7.61±0.3	1032.21±10	135.64±4.23	35.13	10.93
Sephadex G-100 凝胶层析	3.55±0.5	796.02±24	224.23±24.32	27.09	18.07

5. 罗非鱼胃蛋白酶的生化特性

（1）罗非鱼胃蛋白酶分子量的测定　上述纯化样品经过 SDS-PAGE 电泳（图 9-123）后显示为单一条带，即得到酶的电泳级纯品，以标准蛋白的相对迁移距离（*R* 值）和相对分子质量的对数绘标准曲线，通过计算，该蛋白酶的相对分子质量为 37 700。

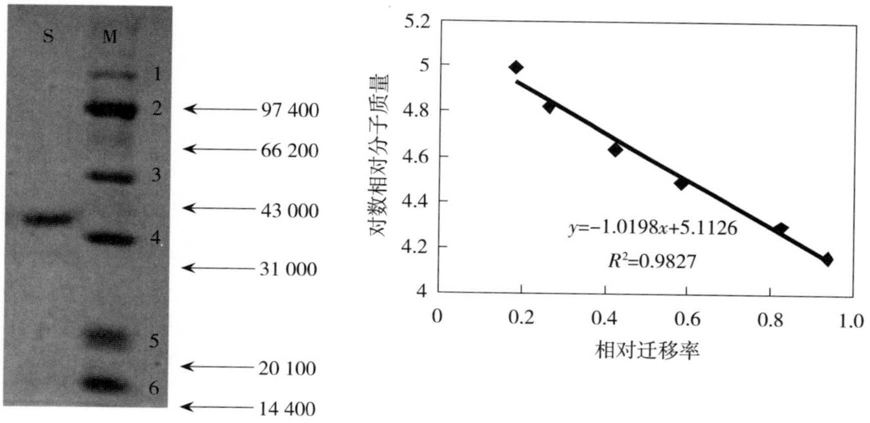

图 9-123　罗非鱼胃蛋白酶的 SDS-PAGE 电泳

M. 分子量标准　S. 蛋白酶样品

（2）罗非鱼胃蛋白酶的最适 pH 和酸碱稳定性　罗非鱼胃蛋白酶反应的最适 pH 和酸碱稳定性的测定结果见图 9-124 和图 9-125。从图 9-124 中可以看出，罗非鱼胃蛋白酶在酸性条件下活性很高，其最适 pH 为 2.2，这与大多数动物的胃蛋白酶的最适 pH 是一致的。其中，该酶在 pH 1.0 时仍保留了最高酶活力的 43%，随着 pH 的降低，酶活降低；在 pH 高于 3 时酶活也降低较快。

通过酶的酸碱稳定性试验，发现该酶在酸性和中性条件下有很好的稳定性（图 9-125），在 pH1～10 的缓冲溶液中处理 1h 后，酶活基本上没有变化，该酶在碱性条件下不稳定，随着 pH 的升高，酶活不断降低，在 pH 13 条件下处理 1h 后，完全测不到酶活性。

（3）罗非鱼胃蛋白酶的最适温度和温度稳定性　罗非鱼胃蛋白酶的最适反应温度测定结果见图 9-126。结果表明，罗非鱼胃蛋白酶的最适反应温度为 45 ℃，在 50℃时酶活性残留率为 61%，到 60 ℃时酶活性已经很低了。

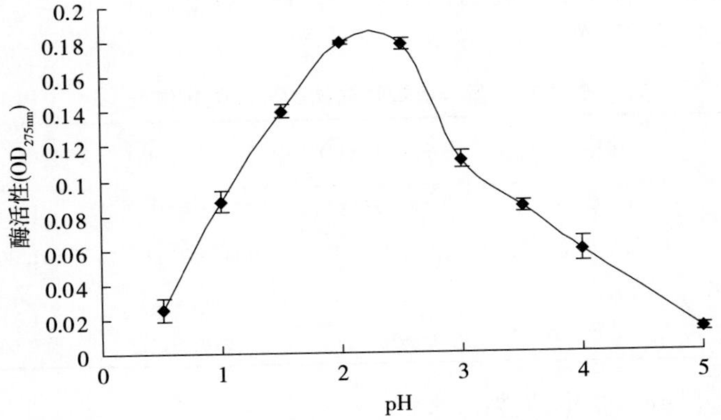

图 9-124　罗非鱼胃蛋白酶的最适 pH（37℃）

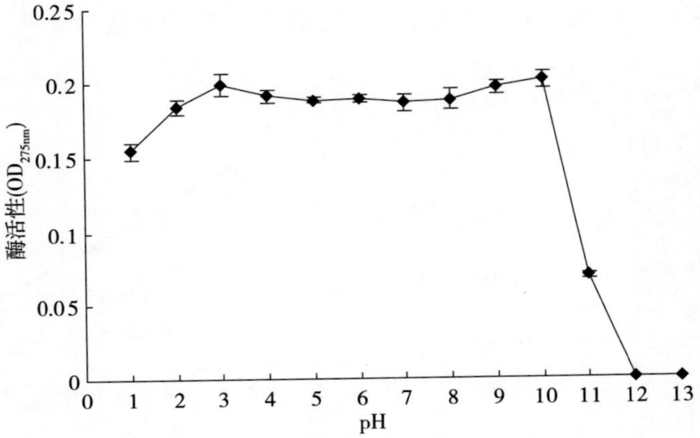

图 9-125　罗非鱼胃蛋白酶的酸碱稳定性

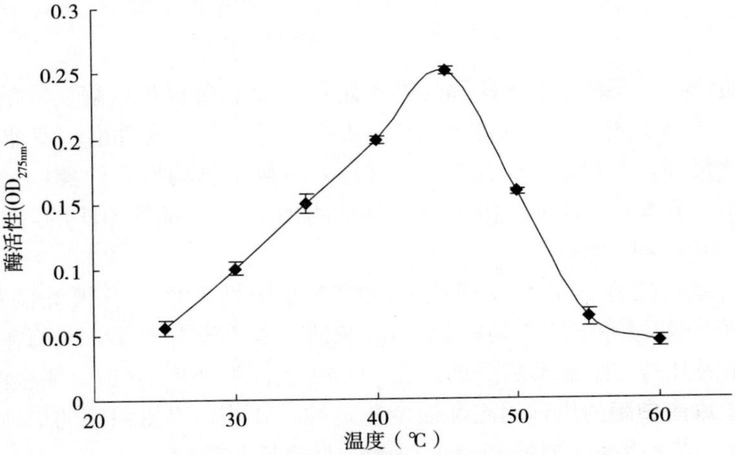

图 9-126　罗非鱼胃蛋白酶的最适温度（pH 2.0）

酶的热稳定性结果见图 9-127。结果表明，罗非鱼胃蛋白酶在 40 ℃及以下的温度具有较好的稳定性，在 30 ℃和 40 ℃保温 3 h 后，酶活性基本上没有任何变化；随着温度的升高，酶的稳定性开始降低，在 50 ℃保温 1 h 后，酶活性残留率为 45.5%，而在 60℃保温 30min 后，酶活性残留率仅为最初的 14%。

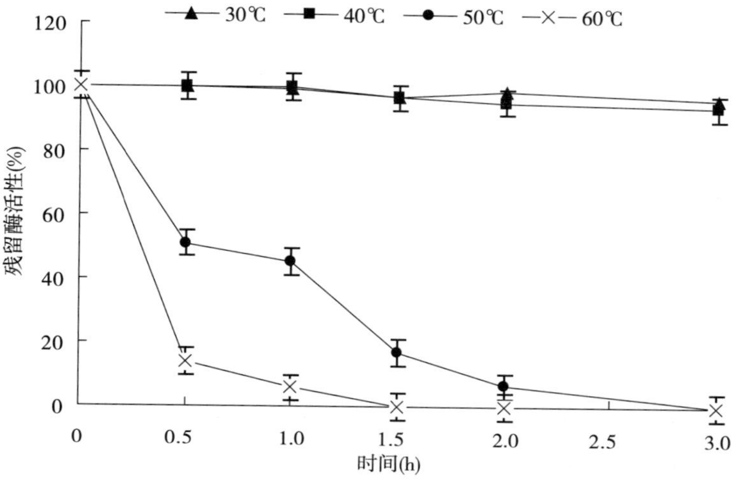

图 9-127　罗非鱼胃蛋白酶的热稳定性（pH 2.0）

（4）罗非鱼胃蛋白酶的酶促反应动力学参数　以双倒数作图法（Lineweaver-Burk 作图法）得到图 9-128，经线性拟和得到方程 $y = 0.2825x + 0.108$，计算可得罗非鱼胃蛋白酶的动力学参数：K_m=2.62g/L，V_{max}=9.259μg/min。

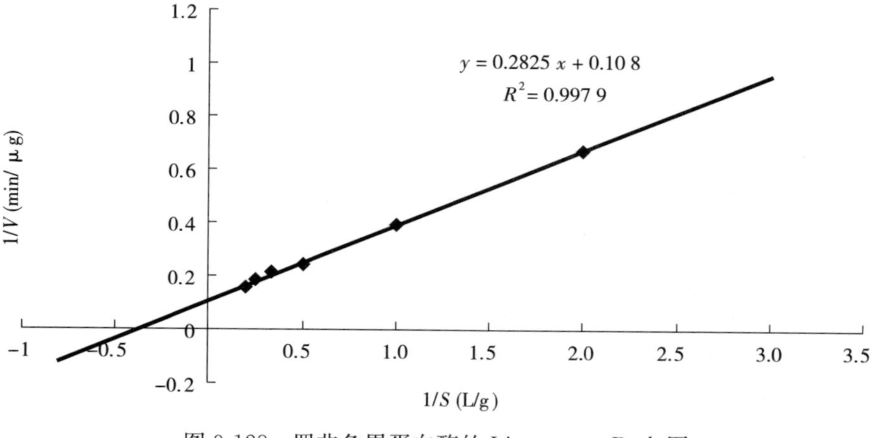

图 9-128　罗非鱼胃蛋白酶的 Lineweaver-Burk 图

（5）金属离子对罗非鱼胃蛋白酶活性的影响　从表 9-76 可以看出，Na^+、EDTA 对罗非鱼胃蛋白酶活性影响不大；K^+、Mg^{2+}、Ca^{2+}、Li^{2+} 对胃蛋白酶活性影响显著，有明显促进作用；Cu^{2+} 对胃蛋白酶有明显抑制作用；Mn^{2+}、Ba^{2+} 在 2×10^{-1} mol/L、2×10^{-2} mol/L 浓度时有明显抑制作用，但 Mn^{2+} 在 2×10^{-3} mol/L、2×10^{-4} mol/L 浓度时对酶活性影响不大，而 Ba^{2+} 则在 2×10^{-3} mol/L 浓度时对酶活性有促进作用。现已证实，金属离子能

以不同的方式与底物、酶的活性产物和酶本身产生极强的亲和力，从而导致酶活性的改变，有些能对酶活性产生抑制作用，有些则激发酶的催化功能。

表 9-76 金属离子对罗非鱼胃蛋白酶活性的影响

金属离子	金属离子浓度（mol/L）				
	0	2×10^{-1}	2×10^{-2}	2×10^{-3}	2×10^{-4}
Na^{+}	100	81±11	83.5±12	94.5±5	59.5±7
K^{+}	100	135±4	131±20	137±40	98±20
Mg^{2+}	100	172±5	114±1	103±2	116±2
Cu^{2+}	100	24±2	25±3	42±7	52±3
Ca^{2+}	100	97.5±4	149±15	138.5±5	90±9
Li^{2+}	100	177±14	146±10	117±7	138±5
Mn^{2+}	100	28.5±1	45±0	89.5±2	103±4
Ba^{2+}	100	26±12	75±1	134±3	103±3
EDTA	100	88.5±10	95±8	111±10	102±4

（6）罗非鱼胃蛋白酶活性中心的化学修饰

①Pepstatin A、TI 对罗非鱼胃蛋白酶活性的影响：从表 9-77 中可以看出，胃蛋白酶抑制剂、Pepstatin A 可以完全的抑制该酶的活性，而胰蛋白酶抑制剂 TI 对酶活没有影响，印证该酶为胃蛋白酶。

表 9-77 Pepstatin A、TI、EDTA 对罗非鱼胃蛋白酶活性的影响

抑制剂	浓度（mg/mL）	残留酶活性（%）
PepstatinA	0.25	0
TI	0.2	100

②丝氨酸残基的化学修饰：丝氨酸残基是蛋白酶活性中心出现频率较高的一种氨基酸残基，在酶的化修修饰当中，常常作为不可缺少的一个研究对象。苯甲酰磺酰氟（PMSF）是丝氨酸蛋白酶的专一性不可逆抑制剂。该试验用不同浓度的 PMSF 作用于酶液，然后检测酶的活性变化，以确定其对蛇鲻胃蛋白酶的催化抑制作用，结果见图 9-129。从图 9-129 中可以看出，随着 PMSF 浓度的提高，蛋白酶活性被完全抑制，这说明丝氨酸残基是酶活性中心的必需基团，与酶的活性有重要的关系，蛇鲻胃蛋白酶为丝氨酸蛋白酶。

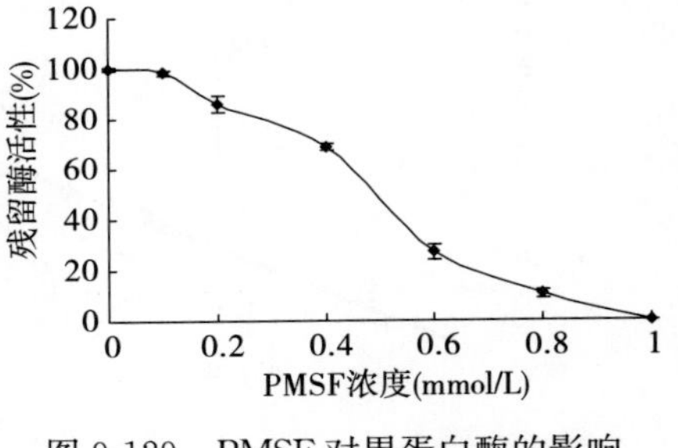

图 9-129 PMSF 对胃蛋白酶的影响

③半胱氨酸残基的化学修饰：对氯汞苯甲酸（PCMB）是一种特效的巯基修饰剂，在偏酸性条件下能专一地与巯基起反应，是目前用于修饰蛋白质侧链巯基的常用试剂。该试验以 PCMB 作为修饰剂在 pH 6.0 的条件下对胃蛋白酶进行化学修饰，用不同浓度的

PCMB 作用于胃蛋白酶，结果见图 9-130。从图 9-130 中可以看出，当 PCMB 浓度达到 3.5 mmol/L 时，酶活性残留率不到 40%，说明巯基也是酶活性中心的必需基团。

④二硫键的化学修饰：由于巯基乙醇（2-ME）能够使二硫键断裂，如果酶的活性中心有二硫键存在，在 2-ME 的作用下，活性将明显降低。该试验用不同浓度的 2-ME 作用于胃蛋白酶，从试验结果可以看出（图 9-131），随着 2-ME 浓度的增加，酶活性基本上没有任何变化，说明酶的活性中心不存在二硫键。

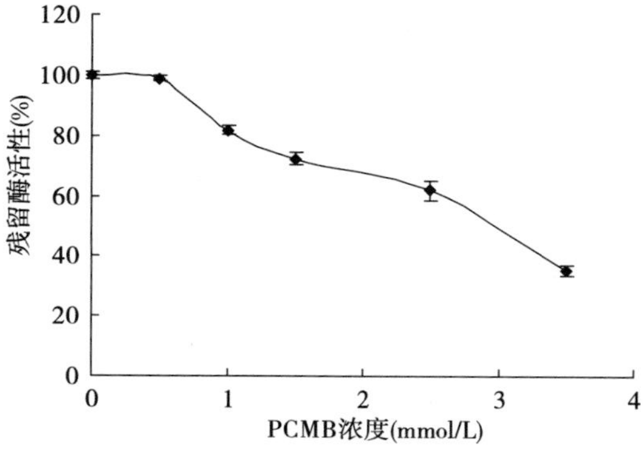

图 9-130　PCMB 对胃蛋白酶的影响

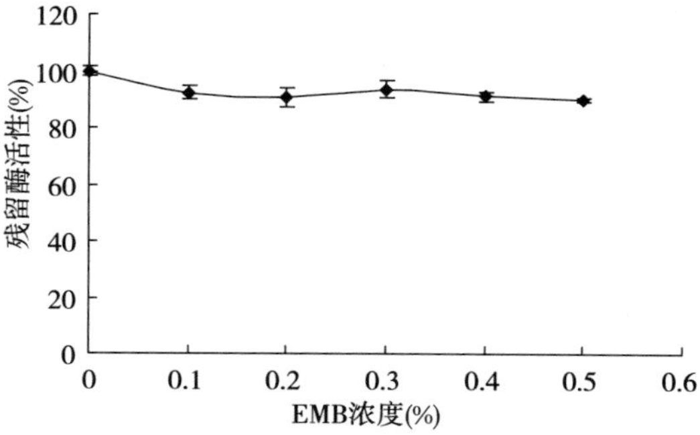

图 9-131　EMB 对胃蛋白酶的影响

⑤组氨酸残基的化学修饰：溴乙酸（BrAc）在偏酸性的条件下，能够专一地与组氨酸的咪唑基发生反应，进而对蛋白质分子进行修饰。用 BrAc 在 pH 6.0 的 NaAc-HAc 缓冲溶液中与酶反应 30min，检测酶的活性变化，结果见图 9-132。从图 9-132 中可以看出，随着 BrAc 浓度的增加，其对酶的活性影响很小，说明组氨酸残基不是酶活性中心的必需基团。

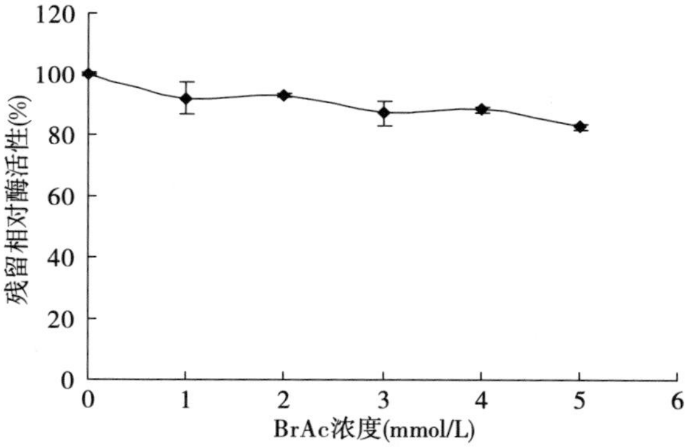

图 9-132　BrAc 对酶活性的影响

⑥赖氨酸残基的化学修饰：三硝基苯磺酸（TNBS）是一种作用于酶分子氨基的有效抑制剂，它能够与赖氨酸残基的 ε-氨基发生反应，使酶分子被修饰，从而抑制酶的催化活性。从结果中可以看出（图 9-133），随着 TNBS 浓度的增加，酶活性没有任何变化，说明赖氨酸残基不是酶活性中心的必需基团。

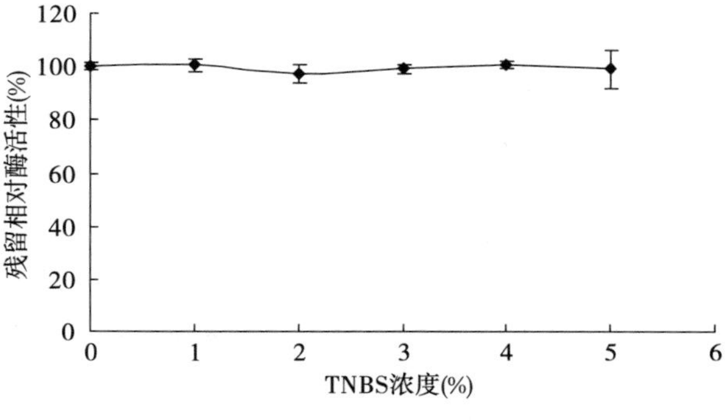

图 9-133　TNBS 对酶活性的影响

⑦精氨酸残基的化学修饰：

2，3-丁二酮在碱性条件下能够特异的与蛋白质分子中的精氨酸残基起反应，从而改变精氨酸残基的侧链基团性质，如果精氨酸残基与酶的活性有关，酶被修饰后活力下降。用不同浓度的 2，3-丁二酮在 pH 8.0、0.1mol/L 的 Tris-HCl 缓冲溶液中与酶作用 30min，测定酶活性的残留率，结果见图 9-134。从图 9-134 中可以看出，随着 2，3-丁二酮浓度的增加，胃蛋白酶活性受到明显的抑制，因此，精氨酸残基与酶的活性有着密切的关系，是酶活性中心的必需基团。

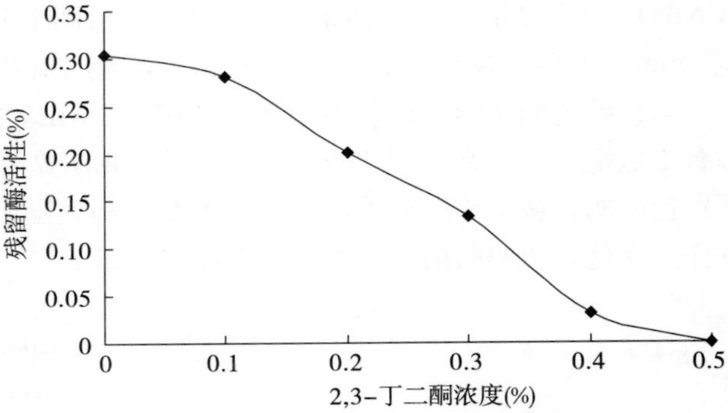

图 9-134　2，3-丁二酮对酶活性的影响

五、罗非鱼肝脏中超氧化物歧化酶的分离纯化与性质

1. 罗非鱼肝脏中 SOD 的提取方法

以 SOD 总酶活和酶比活作为评价指标，分析了 Weisiger 法、加热法、氯仿-乙醇法等不同方法提取罗非鱼肝脏中超氧化物歧化酶（SOD）的效果，由表 9-78 可以看到，总酶活性由高到低是：Weisiger 法＞加热法＞氯仿-乙醇法，但酶的比活性由高到低是：加热法＞ Weisiger 法＞氯仿-乙醇法。这主要是 Weisiger 法提取过程简单，SOD 失活少，所以总酶活性高，但杂蛋白质含量高，酶的比活性就低，该法将使进一步的纯化过程复杂化，不适合工业生产。加热法中对 SOD 提取液进行了二次加热处理，一次饱和（NH4）$_2$SO$_4$ 分级层析除去了大部分的杂蛋白质，故酶的比活性最高。氯仿-乙醇作为萃取剂从罗非鱼肝脏中萃取出 SOD，表 9-78 表明氯仿-乙醇法得到的 SOD 总酶活性与酶的比活性都不高，且在生产过程中需要考虑有机溶剂的回收，增加成本。综上所述，选用加热法从罗非鱼肝脏提取 SOD，该方法简单，成本低，而且通过工艺的改进，可以有效提高 SOD 的活性。

表 9-78　不同方法提取 SOD 结果比较

提取方法	总蛋白质（mg）	总酶活性（U）	酶比活性（U/mg）
Weisiger 法	16.6	51 000	3 072
加热法	5.79	29 170	5 038
氯仿-乙醇法	6.0	15 625	2 604

2. 罗非鱼肝脏中 Cu，Zn-SOD 提取的工艺条件

（1）Cu^{2+} 对 Cu，Zn-SOD 提取酶活的影响　当加入的 Cu^{2+} 浓度低于 10 mmol/L，提取的 Cu，Zn-SOD 酶活会随着加入 Cu^{2+} 浓度增加而增高。但是 Cu^{2+} 浓度高于 10 mmol/L 时，提取的 Cu，Zn-SOD 酶活会下降（图 9-135）。这可能是由于在提取、加热过程中部分

的 Cu^{2+} 离子从 Cu，Zn-SOD 中脱落，适当地补充 Cu^{2+} 离子有助于 Cu，Zn-SOD 活性的稳定。但由于 Cu^{2+} 是重金属离子，其本身也是一种蛋白质变性剂。所以高浓度时则会有一定的变性作用而导致 Cu，Zn-SOD 的提取率下降。因此，提取罗非鱼肝脏中的 Cu，Zn-SOD 时，在缓冲液中加入 10 mmol/L 的 $CuCl_2$，可以增强酶的稳定性及提高回收率。

（2）Zn^{2+} 对 Cu，Zn-SOD 提取酶活的影响　Zn^{2+} 对 Cu，Zn-SOD 提取酶活的影响不如 Cu^{2+} 明显（图 9-136），Zn^{2+} 浓度在 0～20 mmol/L，提取的 Cu，Zn-SOD 酶活变化不明显，这可能是因为 Cu，Zn-SOD 中的 Zn^{2+} 结合的比 Cu^{2+} 牢固不易从 Cu，Zn-SOD 脱落下来，故在提取液中不需加入 Zn^{2+}。

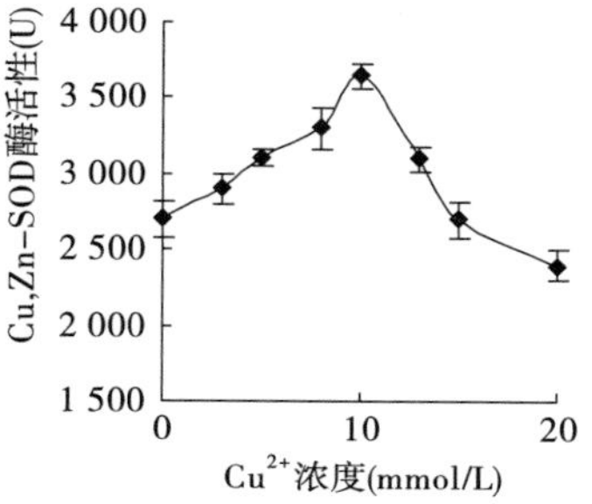

图 9-135　Cu^{2+} 对 Cu，Zn-SOD 提取的影响

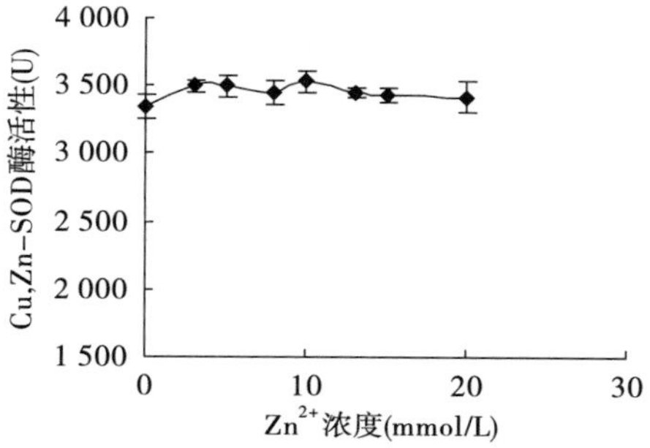

图 9-136　Zn^{2+} 对 Cu，Zn-SOD 提取的影响

（3）热处理温度的选择　SOD 在 0～35 ℃范围时酶活性随温度的升高而下降；在 35～50 ℃范围活性随温度的升高而上升；在 50～70 ℃范围活性趋于稳定；大于 70 ℃时酶活开始下降（图 9-137）。结果表明，0～35 ℃是 SOD 酶失活的敏感温度范围，其原因是粗 SOD 酶中含有较多的杂蛋白质，其中也有较多的蛋白酶。在 35 ℃左右蛋白酶活性较高，使 SOD 水解失去活性；50～70 ℃活性较高且稳定；70 ℃以后 SOD 因热变性而下降。因在 65 ℃时 SOD 保持有较高的活性，该温度下其他杂蛋白都变性沉淀了，故两次水浴加热处理除去杂蛋白均选择 65℃下进行。

（4）热处理 pH 的选择　在 pH4.5～7.5 条件下，65 ℃水浴后 SOD 酶活性仍较高。在 pH5.50～6.00，Cu，Zn-SOD 残留酶活性最高，稳定性较好（图 9-138）。因此，热处理前将 Cu，Zn-SOD 粗液的 pH 为调为 5.6 可以减少 Cu，Zn-SOD 损失。

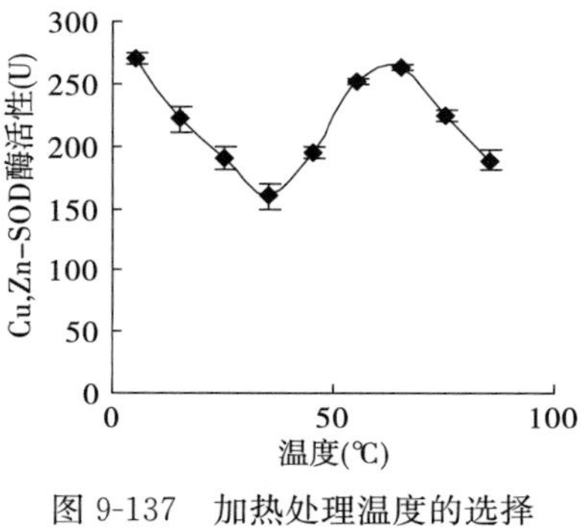

图 9-137　加热处理温度的选择

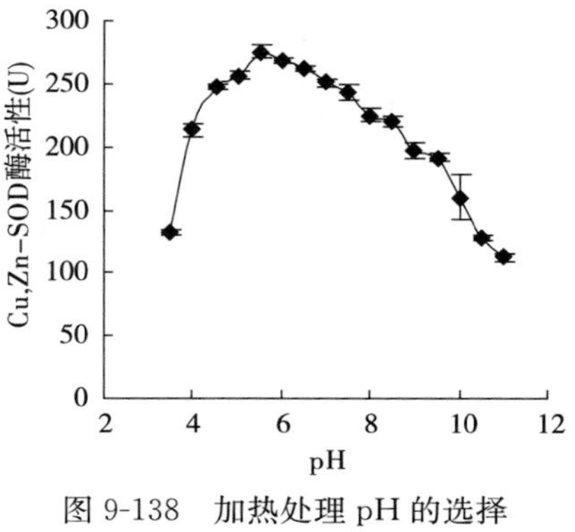

图 9-138　加热处理 pH 的选择

3. 罗非鱼肝脏中 Cu，Zn-SOD 的纯化

罗非鱼肝脏中 Cu，Zn-SOD 各分离、纯化步骤的结果如表 9-79，HitrapTM Q FF 阴离子交换柱洗脱曲线见图 9-139。图 9-139 中有 3 个蛋白峰，峰Ⅰ是未被吸附的组分，已测得它含有少量酶活性，可能为少量未被吸附的 SOD 和大量杂蛋白质等物质所组成；Cu，Zn-SOD 在峰Ⅱ中被大量洗脱出来收集该峰为样品峰，此时磷酸缓冲液的浓度为 0.15～0.20mol/L；峰Ⅲ为一个杂蛋白质峰无酶活性。所得 Cu，Zn-SOD 样品比未经纯化前粗酶液提纯了 110.9 倍。

表 9-79 罗非鱼肝脏 Cu，Zn-SOD 提取纯化结果

步骤	总体积（mL）	蛋白质浓度（mg/mL）	酶活性（U/mL）	比活性（U/mg）	得率（%）	纯化倍数
匀浆提取液	150	8.87±0.041	391±10	44±2	100.0	1
一次加热	145	0.46±0.002	353±10	765±1	87.2	17.3
硫酸铵层析	30	0.89±0.001	1369±50	1530±3	70.0	34.7
二次加热	30	0.43±0.001	1116±10	2580±6	57.0	58.3
丙酮沉淀	15	0.44±0.001	1600±70	3611±4	40.9	81.8
hitrapTM Q FF 纯化	25	0.15±0.002	769±100	4895±2	31.8	110.9

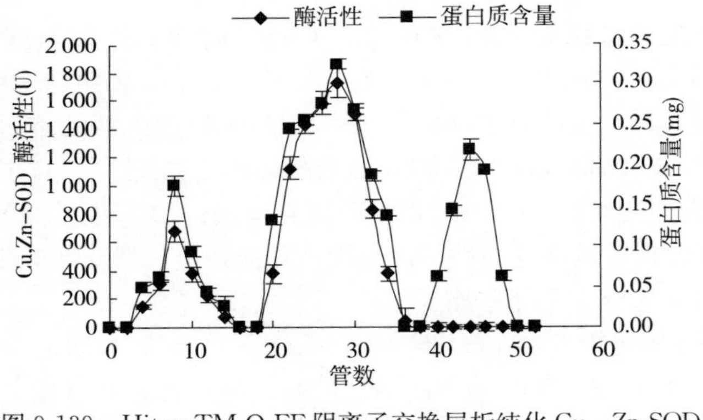

图 9-139 HitrapTM Q FF 阴离子交换层析纯化 Cu，Zn-SOD

4. Cu，Zn-SOD 的纯度鉴定及相对分子质量的测定

将上述纯化的样品经 SDS-PAGE 电泳、染色后为 1 条电泳带（图 9-140），说明纯化后的 SOD 酶为高度均一性蛋白质。根据标准蛋白 marker 的 SDS-PAGE 电泳结果作对数相对分子质量-相对迁移率曲线，见图 9-141。用直尺量得样品蛋白质的相对迁移率 $Rf=0.70$，根据前述的函数计算得该 Cu，Zn-SOD 酶的对数相对分子质量为 36 000。

5. 罗非鱼肝脏中 SOD 酶性质分析

（1）SOD 酶紫外光扫描分析 在波长 220～350 nm 对试验提取纯化的 SOD 样品进行紫外光全扫描，结果见图 9-142。图谱中 SOD 的最大吸收波长为 265 nm，而不是一般蛋白质的 280 nm，这表明该酶确实为 Cu，Zn-SOD，因为 Cu，Zn-SOD 的明显特征是最大紫外吸收波长在 250～270 nm 范围内，这与文献报道的茶叶、鸭血中的 Cu，Zn-SOD 最

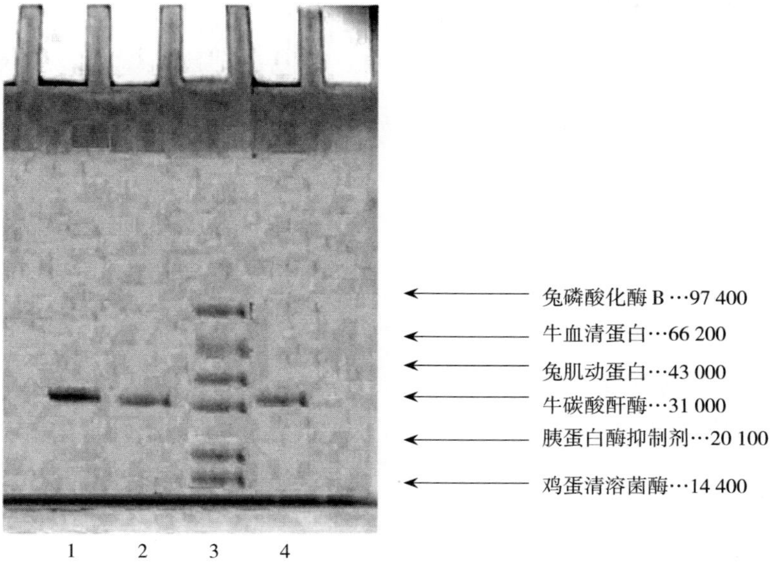

图 9-140　Cu，Zn-SOD 的 SDS-PAGE 电泳

1、2、4 样品为经 HitrapTM Q FF 阴离子交换柱纯化出来的 Cu，Zn-SOD 样品液；3 为低相对分子质量标准蛋白质 marker

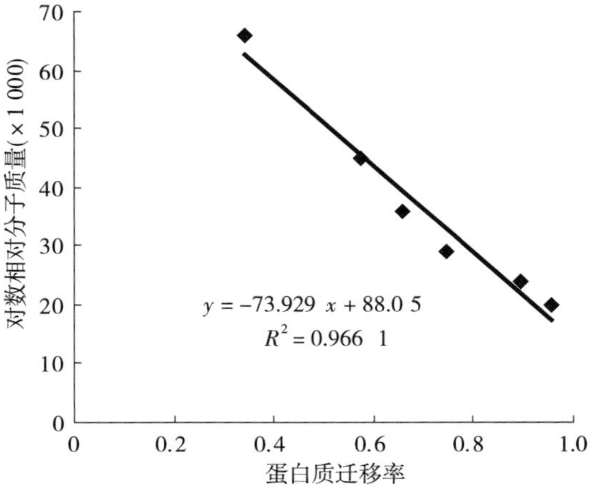

图 9-141　对数相对分子质量-相对迁移率曲线

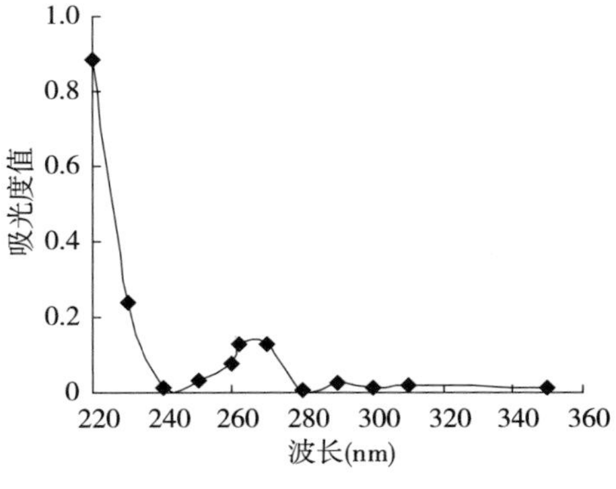

图 9-142　罗非鱼肝脏 SOD 紫外光吸收扫描图

大紫外吸收波长在 265.4 nm 和 258 nm 相符。

（2）Cu，Zn-SOD 热稳定性　取 8 支试管，内装有等量的样品 Cu，Zn-SOD 于 40～75 ℃，热处理 15 min，迅速冷却，离心，测上清液残留 SOD 酶活，结果见图 9-143。

从试验结果可见，75 ℃水浴中热处理 15 min 后其残留酶活性尚有 77%。说明 Cu，Zn-SOD 具有较好的耐热性质。

（3）pH 对 Cu，Zn-SOD 稳定性的影响　将样品 Cu，Zn-SOD 于不同 pH 的缓冲液中，于 20 ℃处理 15 min 后测定 Cu，Zn-SOD 残留酶活性，结果见图 9-144。

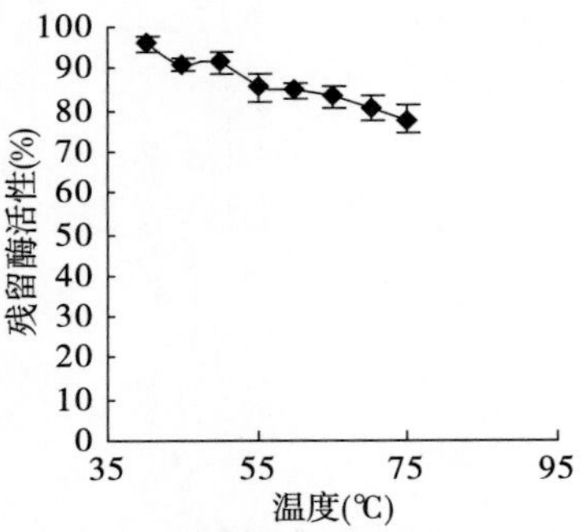

图 9-143 温度对 Cu，Zn-SOD 活性的影响

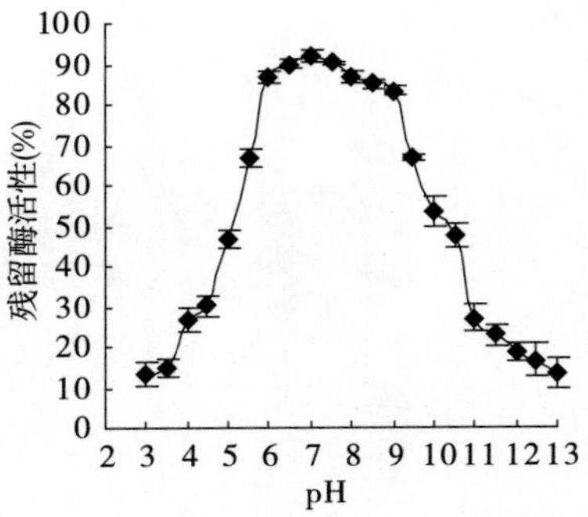

图 9-144 pH 对 Cu，Zn-SOD 活性的影响

该样品 Cu，Zn-SOD 在 pH6～9 范围内，其稳定性好，对 pH 不甚敏感。在 pH 低于 6 时 SOD 失活的原因可能是 SOD 中 Cu^{2+} 结合位置结合点发生了移动，pH 低于 3.6 时 SOD 中大多数的 Zn^{2+} 离子要脱落。pH 高于 11.0 酶失活的原因可能是酶构象发生了变化。

（4）抑制剂对 SOD 活性的影响 分别用不同的抑制剂对 SOD 进行处理，测定 SOD 的酶活，各生化试剂对 SOD 活性的影响见表 9-80。

表 9-80 抑制剂对 Cu，Zn-SOD 活性的影响

试剂	浓度	残留酶活率（%）
空白		100
KCN	0.5（mmol/L）	11
	1.0（mmol/L）	0
H_2O_2	3（%）	26.5
尿素	0.5（mol/L）	26.7
	1（mol/L）	3.7
β-巯基乙醇	0.5（%）	15.0
EDTA·2Na	1（mmol/L）	151.9
	3（mmol/L）	107.6
	10（mmol/L）	51.9
DTT	5（mmol/L）	265.8

从罗非鱼肝脏中提取的 Cu，Zn-SOD 对氰化物比较敏感，只有 0.5 mmol/L 时就可以让酶活性降低到原来的 11%，当浓度为 1 mmol/L 时就可以完全抑制 SOD 的活性。

H_2O_2 能使 Cu，Zn-SOD 酶活性显著降低。3% H_2O_2 可让 SOD 酶活性降低到原来的 26.5%。

尿素的加入使 Cu，Zn-SOD 酶活性显著降低。当尿素浓度为 1 mol/L 时，Cu，Zn-SOD 酶的活力几乎全丧失。原因是尿素可破坏蛋白内的氢键，Cu，Zn-SOD 失活严重。

β-巯基乙醇可以将二硫键还原成巯基，破坏二硫键，导致 Cu，Zn-SOD 酶活性结构被破坏，因此，0.5% β-巯基乙醇存在下，Cu，Zn-SOD 活性显著下降，只有原来的 15.0%。

EDTA 是金属螯合剂，当其浓度低于 3 mmol/L 时，它可以螯合溶液中的其他金属离子以减少它们对酶活性的干扰，从而使 Cu，Zn-SOD 活性明显增强。当浓度高于 3 mmol/L 时，EDTA 易于与 Cu，Zn-SOD 中的金属离子结合，使酶失活，所以，在提取过程中适量添加 Cu^{2+}，有助于增强 SOD 酶的稳定性。

DTT 的修饰使 Cu，Zn-SOD 活性显著增加，这与 DTT 具有强还原性质，可以将 Cu，Zn-SOD 的活性基团还原有关。

6. 结论

SOD 能够有效地催化超氧阴离子的歧化反应，对氧自由基引起的许多疾病都有较好的疗效，并可减慢机体衰老，所以将 SOD 开发应用为药物具有积极的意义。罗非鱼肝脏 SOD 含量较丰富，从罗非鱼肝脏提取 SOD 的最佳工艺条件是：采用改进加热法，在提取缓冲液中加入 10 mmol/L 的 $CuCl_2$，pH 调节为 5.6，热处理温度为 65 ℃。

经纯化后的罗非鱼肝脏 SOD 比活性为（4 895±2）U/mg，经 SDS-PAGE 电泳为单一蛋白酶带，其相对分子质量为 36 000，最大紫外吸收波长为 265 nm。该酶在 pH6.0～9.0 具有较好的稳定性，在 75 ℃以下稳定，具有较好的耐热性。王跃军等曾研究扇贝内脏团中 SOD，其在 pH5.0～11.0、70 ℃以下具有较好的稳定性，与该研究结果相近。而动物来源的如猪血中 SOD 的热稳定性则较差。这表明水生生物中的 SOD 具有更好的耐热稳定性，在应用范围上将更广。纯化后的 Cu，Zn-SOD 经 DDT 修饰作用，活性显著增加。而 EDTA 浓度在低于 3 mmol/L 时，对 Cu，Zn-SOD 活性有明显增强作用，EDTA 浓度大于 3 mmol/L 时，对 Cu，Zn-SOD 活性有抑制作用；氰化钾、尿素、β-巯基乙醇、H_2O_2 对 Cu，Zn-SOD 具有明显的抑制作用。这为下一步深入研究罗非鱼肝脏中 Cu，Zn-SOD 的其他性能及 Cu，Zn-SOD 在罗非鱼体内的代谢动力学及其工业应用奠定了基础。

六、罗非鱼肝脏中辅酶 Q_{10} 的提取技术

1. 罗非鱼肝脏中辅酶 Q_{10} 的提取条件

罗非鱼肝脏中也含有一定量的辅酶 Q_{10}，由于辅酶 Q_{10} 为细胞内物质，主要存在于细胞内线粒体内膜上，其提取效果的好坏直接影响到产品的纯度和得率。采用氢氧化钠与乙醇、石油醚相结合的方法进行罗非鱼肝脏中辅酶 Q_{10} 提取。试验表明在醇碱皂化提取辅酶 Q_{10} 的过程中，对辅酶 Q_{10} 提取效果有直接影响的是：皂化温度、皂化时间、萃取次数 3 因素。所以采用正交试验方法，在预试验的基础上，每因素各选 4 水平，采用正交试验 L_{16}（4^5），以吸光度值（A）作为考查指标，结果见表 9-81。

表 9-81　皂化提取辅酶 Q_{10} 正交试验

序号	皂化温度（℃）	皂化时间（min）	萃取次数（次）	吸光度值（A_{275nm}）
1	30	20	1	0.030
2	30	30	2	0.039

（续）

序号	皂化温度（℃）	皂化时间（min）	萃取次数（次）	吸光度值（A_{275nm}）
3	30	40	3	0.041
4	30	50	4	0.041
5	50	20	2	0.061
6	50	30	1	0.069
7	50	40	4	0.076
8	50	50	3	0.070
9	70	20	3	0.087
10	70	30	4	0.115
11	70	40	1	0.079
12	70	50	2	0.081
13	90	20	4	0.097
14	90	30	3	0.089
15	90	40	2	0.076
16	90	50	1	0.060
$K1$	0.038	0.069	0.059	
$K2$	0.069	0.078	0.064	
$K3$	0.091	0.068	0.072	
$K4$	0.081	0.063	0.082	
极差	0.053	0.015	0.023	

通过极差分析表明，影响辅酶 Q_{10} 提取效果的关键因素是温度，各因素影响作用的强度为：温度>萃取次数>时间。作因素、吸光度值（A）的关系图。由图 9-145 可知，随着皂化温度的上升，吸光度值（A）上升，辅酶 Q_{10} 含量也会上升；但当皂化温度到达 70℃后，吸光度值开始出现下降，这是因为温度过高，辅酶 Q_{10} 可能发生了氧化或者加成反应而被破坏。从图 9-146 可知，随着皂化时间的延长，吸光度值（A）也上升，但当到达 30min 后，上升趋势变成下降趋势。这是因为在高温下，辅酶 Q_{10} 可能发生了氧化或者加成反应而被破坏，因此，选择皂化时间为 30 min。图 9-147 表明随着萃取次数的增加，吸光度值（A）在上升，但从整个提取工艺和成本考虑，萃取次数不能太多，以萃取 4 次为宜。综合分析并进行重复试验，确定了辅酶 Q_{10} 最佳提取工艺：皂化温度为 70℃、皂化时间 30 min、萃取次数为 4 次。

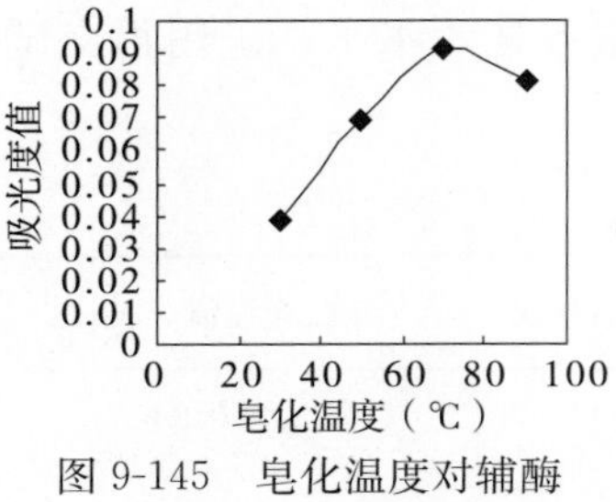

图 9-145 皂化温度对辅酶 Q_{10} 提取的影响

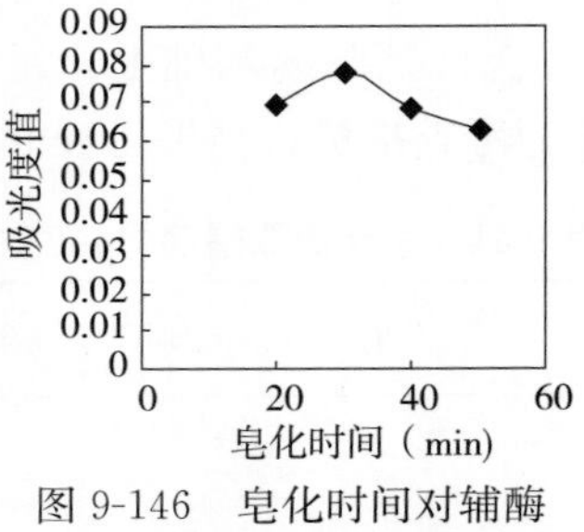

图 9-146 皂化时间对辅酶 Q_{10} 提取的影响

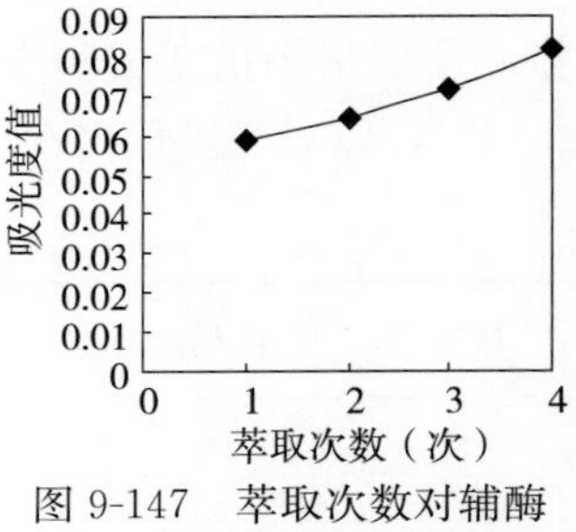

图 9-147 萃取次数对辅酶 Q_{10} 提取的影响

2. 辅酶 Q_{10} 的纯化条件

（1）硅胶柱法纯化辅酶 Q_{10}　根据多次试验确定硅胶柱样品上样量为 3 mL。以石油醚为流动相，速度控制在 10 mL/min，洗去被吸附的组分。再用 1∶9（体积比）乙醚-石油醚通过层析柱，分段收集流出液，合并含有辅酶 Q_{10} 的液体。将含有辅酶 Q_{10} 的液体用硅胶 G 薄层层析检验辅酶 Q_{10} 的纯度，结果见图 9-148。用硅胶柱纯化后的样品经薄层层析可以看到，在样品点中除了含有较多的辅酶 Q_{10} 外仍然还有部分杂质未经去除，样品需要再次纯化。

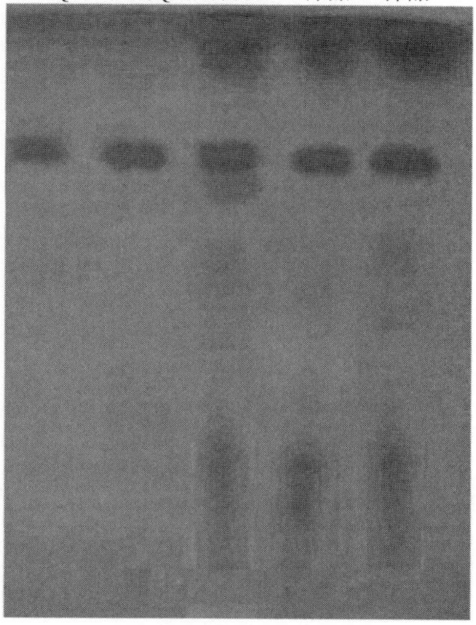

图 9-148　硅胶柱层析纯化辅酶 Q_{10}

（2）薄层色谱法纯化辅酶 Q_{10}　薄层色谱法纯化辅酶 Q_{10} 展开剂的选择：以石油醚与乙醚（体积比为 9∶1）或乙醚与石油醚（体积比为 8∶2）等为展开剂，以碘蒸气为显色剂显色，对辅酶 Q_{10} 样品进行薄层色谱分离，点样量 5μL，标样参考质量浓度为 100μg/mL，将显示的斑点与标准品迁移率 Rf 值对照结果见表 9-82。

表 9-82　薄层层析法展开剂的选择

展开剂	己烷/乙醚（体积比为 85∶15）	石油醚/乙醚（体积比为 9∶1）	石油醚/乙醚（体积比为 8∶2）	苯/丙酮（体积比为 93∶7）
Rf 值	0.41	0.73	0.95	—

从分离辅酶 Q_{10} 样品的效果来看，选用石油醚/乙醚（体积比为 9∶1）为展开剂的分离效果较好。其辅酶 Q_{10} 的 Rf 值为 0.73，样品辅酶 Q10 与其他的杂质分离较开，已经达到纯化的目的。

3. 辅酶 Q_{10} 样品的定性定量分析

（1）硅胶 G 薄层层析检验　将辅酶 Q_{10} 样品与标准品用毛细管上样于硅胶 G 层析板上，用石油醚/乙醚（体积比为 9∶1）为展开剂。展开完全后，用碘蒸气显色，结果见图 9-149。样品的 Rf 值与标准的 Rf 值相同，且无其他杂斑点，说明样品已经纯化。

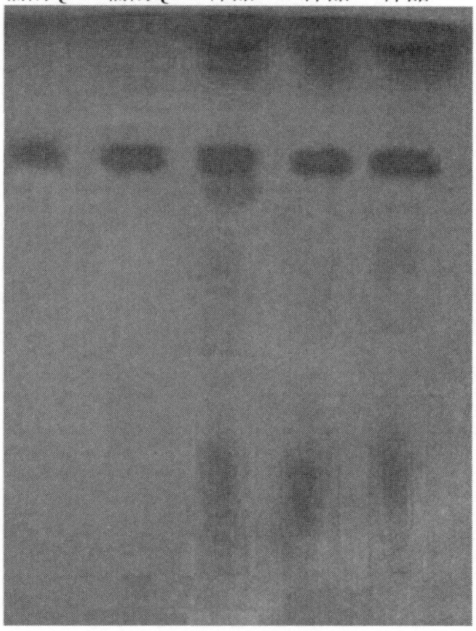

图 9-149　样品与标准品薄层层析

（2）辅酶 Q_{10} 紫外吸收曲线比较　经上述方法制备的辅酶 Q_{10}，对照标准品，在 220～320 nm 下紫外线扫描，并以无水乙醇作空白，详见图 9-150。从罗非鱼肝脏中制备的辅酶 Q_{10} 与辅酶 Q_{10} 标样扫描峰形基本一致。其氧化型辅酶 Q_{10} 的最大和最小吸收波长分别为（275±1 ）nm 和（236±1）nm（图 9-150）。

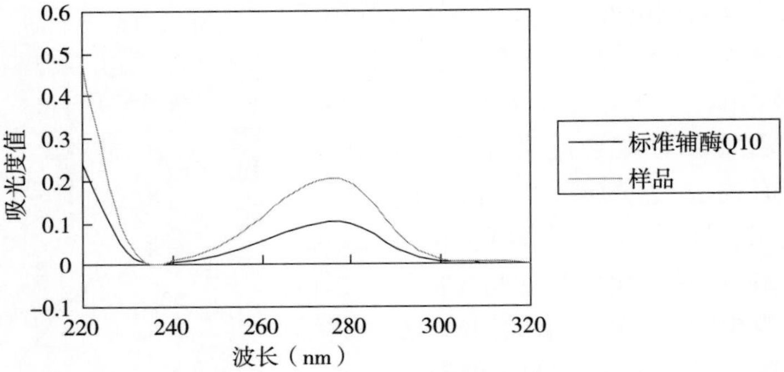

图 9-150　辅酶 Q_{10} 样品与标准品紫外吸收

在 220nm 处在强吸收，主要是由于 C=O、C=C 引起的，而在 275nm 处的吸收峰为辅酶 Q_{10} 的特征吸收峰，样品的紫外吸收峰型与标准品的吸收图谱一样。说明经制备硅胶板薄层层析纯化后的辅酶 Q_{10} 已达到了纯化的目的。

（3）紫外光分分光度计测定辅酶 Q_{10} 样品含量　取 5 μL 制备辅酶 Q_{10} 样品的乙醇溶解液，加入 4.995 mL 乙醇，定容至 5 mL，于紫外光分分光度计，在 275 nm 下测定其吸光度值（A）为 0.356，通过辅酶 Q_{10} 标准吸收曲线的回归方程 $y=55.645x-2.8602$，测得样品中辅酶 Q_{10} 的含量为 16.95 μg/mL，表明每 100 g 罗非鱼肝脏可以得到纯化的辅酶 Q_{10} 3.39 mg。

第六节　罗非鱼鱼血的利用

一、罗非鱼鱼血超氧化物歧化酶提纯工艺

超氧化物歧化酶（SOD）是一种广泛存在于生物体中的金属酶，因能使超氧阴离子（O^{2-}·）发生歧化反应而得名。作为生物体内最有效的氧自由基清除剂，SOD 能够维持生物体内超氧阴离子的动态平衡，在抗衰老、抗炎症、抗氧化、抗辐射和防治肿瘤等方面显示出了独特的功能。因此，SOD 的研究和应用已受到广泛关注。但是，有关水生生物特别是鱼类 SOD 的研究报道甚少。罗非鱼加工厂每年向环境中排放的罗非鱼鱼血达 1.2×10^4 t。罗非鱼鱼血中富含 SOD、血红蛋白等多种有效成分，却一直未被利用。因此，实现罗非鱼鱼血的综合利用不仅可以避免环境污染，而且能够显著地增加罗非鱼的附加值，优化企业的产业结构。以现有的 SOD 提纯技术为参考，以罗非鱼鱼血为原料，对其 SOD 提纯工艺条件进行研究和优化，以期建立一套合理、高效、经济的罗非鱼鱼血 SOD 提纯工艺，为其合理开发生产提供科学的理论依据。

1. 超声波辅助细胞破碎条件确定

（1）超声功率对细胞破碎的影响　取 5 支试管，各加入 20 mL 经 1 倍体积双蒸水稀释的洁净红细胞，分别在功率 100 W、200 W、300 W、400 W、500 W 条件下，超声波处理 15 min 后，5 000 g 离心 15 min，收集各管上层红细胞破碎液并检测其酶活性，以考查不同超声功率对罗非鱼红细胞破碎的影响，结果见图 9-151。

由图 9-151 可见，超声功率在小于 300 W 时，SOD 的活性随功率增大而明显增加；在大于 400 W 时 SOD 的活性无显著变化，说明超声功率 400 W 时可以使绝大部分罗非鱼血红细胞破碎。

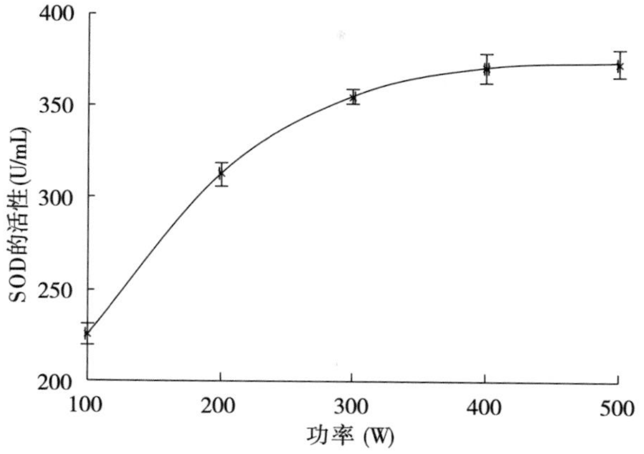

图 9-151　超声功率对罗非鱼红细胞破碎的影响

（2）超声时间对细胞破碎的影响　取 6 支试管，各加入 20 mL 经 1 倍体积双蒸水稀释的洁净红细胞，在超声功率 400 W 条件下，分别处理 5min、10min、15min、20min、25min、30min 后，5 000 g 离心 15 min，收集各管上层红细胞破碎液并检测其酶活性，以考查不同超声处理时间对罗非鱼红细胞破碎的影响，结果见图 9-152。

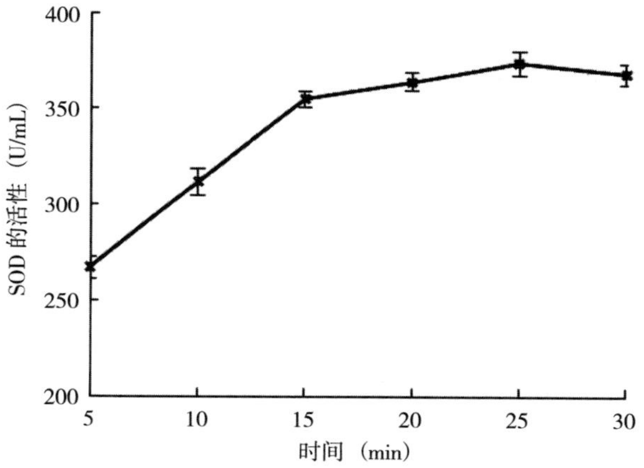

图 9-152　超声时间对罗非鱼红细胞破碎的影响

由图 9-152 可见，SOD 的活性在超声处理前 15 min 明显增加，在 15～25 min 时增长放缓，且在 25 min 时 SOD 的活性达到最高，说明此时罗非鱼血红细胞破碎最充分。

（3）细胞稀释倍数对细胞破碎的影响　取 5 支试管，各加入 10 mL 洁净红细胞，用双蒸水按红细胞：水（体积比）分别为 1：0、1：1、1：2、1：3、1：4 进行稀释后，即红细胞进行 1、2、3、4、5 倍稀释后，在超声功率 400W 条件下处理 25min，然后 5 000g 离心 15min，对收集到的各管上层红细胞破碎液进行酶活性测定，并计算总活性，以考查不同细胞稀释倍数对罗非鱼红细胞破碎的影响，结果见图 9-153。

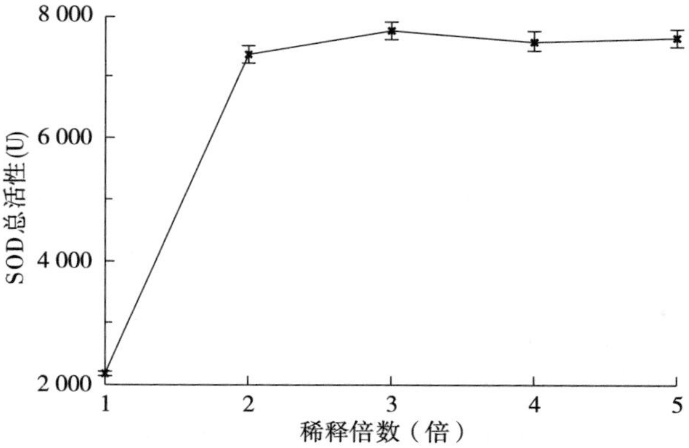

图 9-153　细胞稀释倍数对罗非鱼红细胞破碎的影响

由图 9-153 可见，红细胞稀释前后 SOD 总活性有明显变化，稀释后的 SOD 总活性随稀释倍数的增加变化相对较小，且在 3 倍稀释（即加入 2 倍体积双蒸水）时 SOD 总活性最大。说明对罗非鱼血红细胞进行适当稀释对超声辅助细胞破碎有重要作用，原因可能是恰当体积的双蒸水可以形成对超声处理有利的细胞渗透压。

(4) 超声波辅助细胞破碎正交试验分析 采用 L9（3^4）正交试验表设计试验，选取超声功率（A）200 W、300 W、400 W，超声时间（B）15 min、20min、25min，细胞稀释倍数（C）2、3、4 这 3 个因素的各 3 个水平。取 9 支试管，各加入 10 mL 洁净红细胞，以 3 管为 1 组，用双蒸水分别对各组进行 2、3 和 4 倍稀释，然后按照 L9（3^4）正交试验表设计开展试验，超声结束后，5 000g 离心 15min，对收集到的各管上层红细胞破碎液进行酶活性测定，并计算总活性，结果见表 9-83。

表 9-83 正交试验结果

试验号	超声功率（A）（W）	超声时间（B）（min）	细胞稀释倍数（C）（倍）	空列	SOD 总活性（U）
1	1（200）	1（15）	1（2）	1	6 648
2	1	2（20）	2（3）	2	7 178
3	1	3（25）	3（4）	3	7 052
4	2（300）	1	2	3	7 456
5	2	2	3	1	7 596
6	2	3	1	2	7 006
7	3（400）	1	3	2	7 488
8	3	2	1	3	7 144
9	3	3	2	1	7 830
K_1	6 959	7 197	6 933	因素主次顺序：C>A>B	
K_2	7 353	7 306	7 488		
K_3	7 487	7 296	7 379	最优方案：$A_3B_2C_2$	
R	528	109	555		

由表 9-83，根据极差分析可知，3 个因素对试验起作用的主次顺序依次为：细胞稀释倍数、超声功率、超声时间。各个因素的最优水平为：$A_3B_2C_2$，即超声仪功率 400 W，超声波作用时间 20min，细胞稀释倍数 3 倍时，SOD 总活性最高，说明此时罗非鱼血红细胞破碎率达到最高。超声波辅助细胞破碎法能够显著地提高细胞破碎效率，所得 SOD 总活性为8 452U，破碎时间仅需 20min。

2. 乙醇、氯仿沉淀正交试验分析

根据文献报道，乙醇、氯仿添加量（按红细胞液体积计）均为 20%～30%，搅拌时间为 15～25min。因此，采用 L9（3^4）正交试验表设计试验，选取乙醇添加量（A）为 20%、25%和 30%，氯仿添加量（B）为 20%、25%和 30%，搅拌时间（C）为 15min、20min 和 25min 这 3 个因素的各 3 个水平。取 9 个 100mL 的烧杯，分别加入 20mL 上述优化条件所得的红细胞破碎液，然后按照 L9（3^4）正交试验表设计开展试验，搅拌后，静置 30min 左右，然后10 000g 离心 15min，收集上清液，测定各组酶活性和蛋白质含量，并计算比活性，结果见表 9-84。

根据表 9-84 和极差分析可知，R 与 R' 结果一致，3 个因素对试验起作用的主次顺序依次为：乙醇添加量氯仿添加量、搅拌时间。A 因素的最优水平为 A_3，B 因素的最优水平为 B_3，而 C 因素各水平间无显著性差异，即乙醇添加量 30%、氯仿添加量 30%、搅拌 20 min 左右，可以得到最高的罗非鱼血 SOD 回收率和纯化倍数。因为乙醇能使 SOD 以外的大部分其他蛋白质变性，因此乙醇添加量受溶液中蛋白质浓度影响；氯仿则能起到去除脂类物质，促使溶液分层而澄清等的作用，但这种作用的发挥有赖于氯仿的过量，因此，氯仿的添加量受到乙醇添加量的制约。

表 9-84　正交试验结果

试验号	乙醇添加量（A）（%）	氯仿添加量（B）（%）	搅拌时间（C）（min）	空列	SOD 活性（U/mL）	SOD 比活性（U/mg）
1	1（20）	1（20）	1（15）	1	83	161
2	1	2（25）	2（20）	2	91	196
3	1	3（30）	3（25）	3	99	224
4	2（25）	1	2	3	104	312
5	2	2	3	1	115	339
6	2	3	1	2	123	364
7	3（30）	1	3	2	107	357
8	3	2	1	3	118	385
9	3	3	2	1	126	410
K_1	91	98	108	因素主次顺序：A>B>C		
K_2	114	108	107			
K_3	117	116	107	最优方案：$A_3B_3C_1$		
R	26	18	1			
K'_1	194	277	303	因素主次顺序：A>B>C		
K'_2	338	306	306			
K'_3	384	333	307	最优方案：$A_3B_3C_3$		
R'	190	56	4			

3. 热变性工艺条件确定

（1）最佳加热温度确定　取 6 支试管，各加入 20mL 经乙醇、氯仿沉淀提取的 SOD 粗酶液，然后分别置于 50℃、55℃、60℃、65℃、70℃和 75℃恒温水浴锅中保温 15min，然后迅速冷却后10 000g 离心 15min，收集上清液，测定其酶活性和蛋白质含量，以 25℃的酶活性为标准，计算相对酶活性和比活性，结果见图 9-154。

由图 9-154 可知，SOD 酶活性总体呈现随温度升高而减小的趋势，在温度小于 60 ℃的范围内，SOD 保持较高的酶活性；SOD 比活性呈现先有所升高而后下降的趋势，60 ℃时比活性达到最高。因此，SOD 最佳的加热温度为 60 ℃。

（2）最佳热处理时间确定　取 1 支试管，加入 20 mL 经乙醇、氯仿沉淀提取的 SOD 粗酶液，然后置于 60 ℃恒温水浴锅中保温，每隔 15 min 取样测定其酶活性和蛋白质含量。以 25 ℃、0 min 时的酶活性为标准，计算相对酶活性和比活性，结果见图 9-155。

由图 9-155 可见，相对酶活性曲线非常平缓，说明罗非鱼血 SOD 在 60 ℃条件下的热稳定性非常高；最高比活性出现在 30 min 时，但是 15 min 后比活性的波动范围比较小，15 min 时的比活性与 30 min 时的比活性仅相差 78 U/mg，差异并不明显，因此最佳热变时间为 15～30 min。

综上可知，罗非鱼鱼血 SOD 热变性的最佳温度为 60 ℃，最佳热变时间为 15～30 min。由于罗非鱼鱼血 SOD 在 60 ℃条件下的热稳定性非常高，所以没必要加入额外的金属离子进行保活，而且罗非鱼鱼血 SOD 在 pH 5～9 范围内稳定性较高，因此也不必再严格控制热变性处理时的 pH 条件，这将大大简化热变性操作工艺。

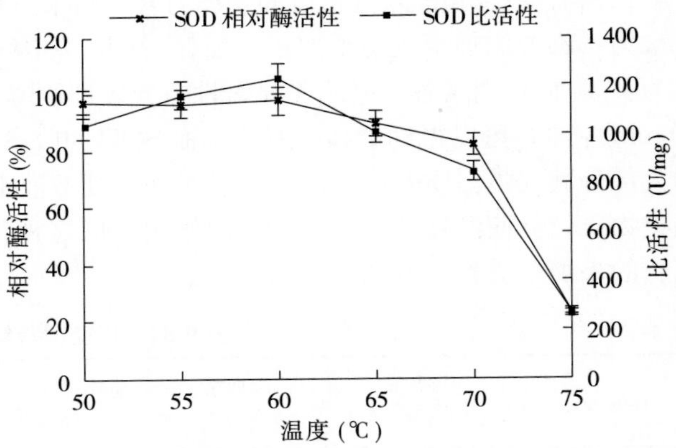

图 9-154　罗非鱼鱼血 SOD 的最佳热变温度

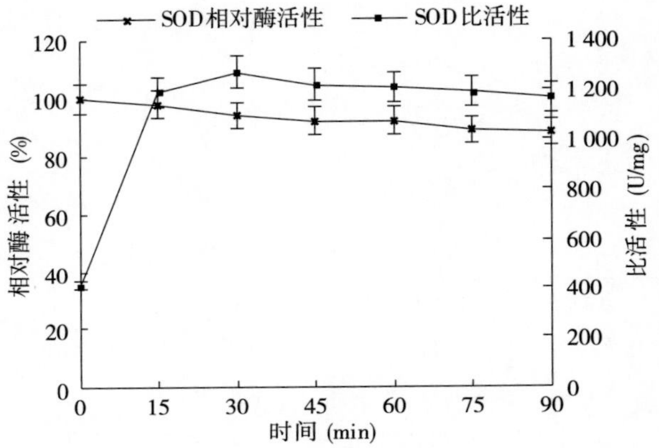

图 9-155　罗非鱼鱼血 SOD 最佳热变时间

4. 离子交换（IEX）条件

（1）最佳 pH 条件确定　采用 20 mmol/L 磷酸盐缓冲液（pH 5～7）和 20 mmol/L Tris-HCl 缓冲液（pH 7.5～9）。每隔 0.5 个 pH 为一个梯度，进行流动相缓冲液在不同 pH 条件下的 SOD 离子交换试验。样品分别经对应 pH 的流动相缓冲液透析、浓缩后，每次上样 1 mL，流速 30 cm/h，用 280 nm 进行紫外监测，以 2 mL/管进行峰收集，检测每管酶活性，合并活性峰，再次测定酶活性和蛋白质浓度，并计算 SOD 酶液回收总体积、总活性和比活性，结果见图 9-156。

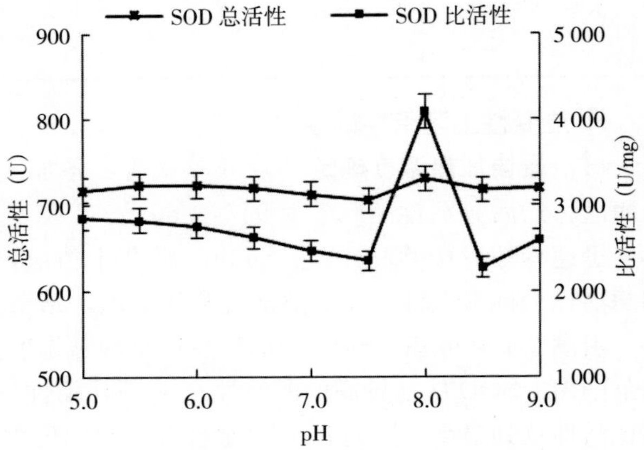

图 9-156　罗非鱼血 SOD 的离子交换的最佳 pH

由图 9-156 可见，各 pH 条件下 SOD 总活性变化小，说明 SOD 的回收率稳定，均达到 90%以上；比活性在 pH 8.0 时明显升高，原因是罗非鱼血 SOD 在 pH 8.0 时能较好地吸附到离子交换柱上，再通过梯度洗脱即可较好地去除杂蛋白质，在其余 pH 条件下 SOD 均未能或者少量与柱子结合，而随大量杂蛋白质一起最先从柱子上冲洗下来。因此，流动相应该使用 pH 为 8.0 的 20 mmol/L 的 Tris-HCl 缓冲液。

（2）最佳样品加载量分析　以 30 cm/h 流速，分别上样 1 mL、2 mL、3 mL、4 mL、5 mL，在上述确定的条件下进行 SOD 纯化，用 280 nm 进行紫外监测，对监测结果进行积分，记录各上样量的穿透峰（未结合蛋白峰）、洗脱峰（结合蛋白峰）和总峰（总蛋白峰）的峰面积（图 9-157）。以 2 mL/管进行峰收集，检测每管酶活性，合并活性峰，并考察穿透峰中是否含有酶活性。

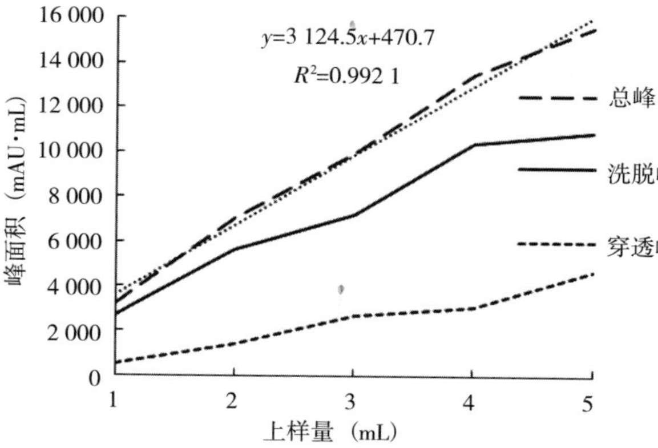

图 9-157　罗非鱼血 SOD 上样量与峰面积关系曲线

试验结果显示，上样量与总峰峰面积相关系数为 R^2＝0.992 1，表明峰面积与样品量的线性相关性良好。上样 4mL 时洗脱峰峰面积增长率明显增加，穿透峰峰面积增长率明显放缓，表明样品能够有效地与柱子结合；而高于此点时洗脱峰峰面积增长率明显放缓，穿透峰峰面积增长率明显增加，表明柱子对样品的结合率下降，此时样品量已趋近柱子有效动态结合能力的最大值；酶活性检测结果显示，上样量达到 5 mL 时均无酶活性检出，说明 SOD 能够有效地与柱子结合，但为了避免样品量达到柱子的最大结合能力，因此，最佳上样量不应超过 4 mL。

需要指出的是，离子交换中样品加载量与样品体积无关，而是由柱子在特定条件下的动态结合能力最终决定的，样品最大加载体积与加载蛋白质的浓度相关，但加载蛋白质浓度不应超过 50～70 mg/mL。

（3）最佳洗脱条件确定　样品经 A 液透析、浓缩处理后，先进行线性梯度洗脱条件优化，以不同线性梯度条件进行洗脱，考察洗脱峰的分辨率，选取分辨率较好的洗脱曲线，从洗脱曲线上找出各个峰出现时的盐浓度；然后根据出峰时的盐浓度进行分步洗脱条件试验，即在进行洗脱时直接将盐浓度升至各个特定的浓度，结果见图 9-158。以 2 mL/管进行峰收集，检测每管酶活性，合并活性峰，测定活性峰酶活性，并计算回收率，以确定获得较高回收率时各峰出现的准确盐浓度。

试验结果显示，洗脱峰主要出现在 30％B 液（即 0.03 mol/L NaCl）的盐浓度范围内，0～30％B 液、100 min 的线性梯度洗脱可以得到良好的分辨率，试验主要得到 3 个大峰，酶活性集中出现在峰Ⅱ，此时的盐浓度为 0.1 mol/L 左右；通过逐步增加盐浓度进行分步洗脱，分步洗脱也出现 3 个峰，酶活性集中出现在峰Ⅱ，此时的盐浓度为0.1 mol/L，结果与线性梯度洗脱结果相符。最后确定分步洗脱的条件为：0～20 min，0％ B 液；20～40 min，10％ B 液；40～55 min，30％ B 液；55～70 min，100％B 液。

在线性梯度洗脱条件得到明确的前提下进行分步洗脱分析是有必要的。在对活性峰的回收率和比活性影响不大的情况下进行分步洗脱，可以大大节约洗脱的时间和试剂，提高

上样量：4mL

起始缓冲液（A液）：20mmol/L Tris-HCl，pH 8.0

洗脱缓冲液（B液）：20mmol/L Tris-HCl+1mol/L NaCl，pH8.0

流速：30cm/h（1mL/min）

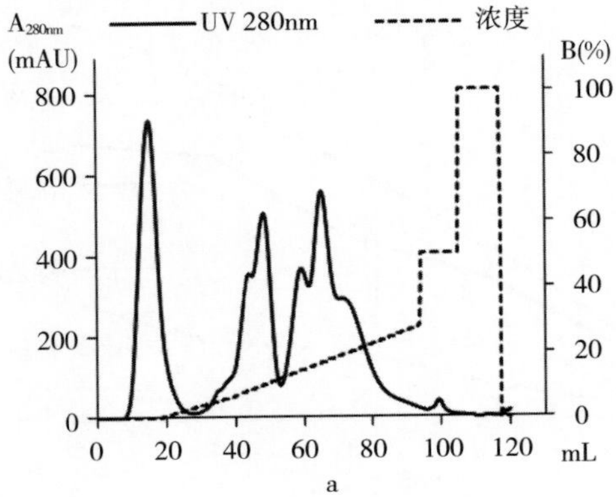

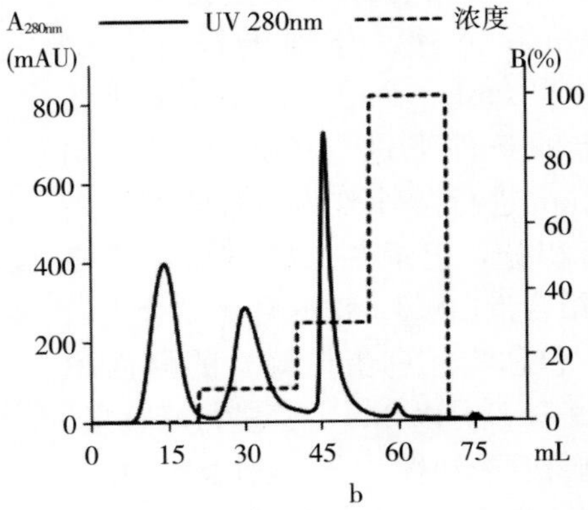

图 9-158　罗非鱼血 SOD 洗脱条件分析曲线

a. 线性梯交洗脱　b. 分步洗脱

纯化效率，还可以使样品加载量和流速最大化。

（4）最大流速分析　分别以 30 cm/h、60 cm/h、90 cm/h、120 cm/h、150 cm/h 流速在上述确定的条件下进行 SOD 纯化，上样量均为 4 mL，用 280 nm 进行紫外线监测，对监测结果进行积分，记录各上样量的穿透峰、洗脱峰和总峰的峰面积（表 9-85）。以 2 mL/管进行峰收集，检测每管酶活性，合并活性峰，并考察穿透峰中是否含有酶活性，洗脱峰是否有较好的分辨率。

表 9-85　流速对峰面积的影响

峰面积（mAU·mL）	流速（cm/h）				
	30	60	90	120	150
穿透峰	2 241	2 215	2 211	2 263	2 229
洗脱峰	3 548	3 550	3 492	3 606	3 435
总峰	5 789	5 765	5 703	5 869	5 664

试验结果表明，随着流速的增加，总峰、穿透峰和洗脱峰的峰面积均无显著性变化，说明峰面积与蛋白含量有较强的相关性，流速对柱子的动态结合能力影响较小；酶活性检测结果显示，流速升至 150 cm/h 时，在穿透峰中无酶活性检出，说明 SOD 能较充分的结合到柱子上，并未超过 SOD 与柱子结合的最高速率；分步洗脱峰分辨率均较好，说明流速对分步洗脱的分辨率影响较小，而流速对线性梯度洗脱的分辨率有一定影响，证实了分步洗脱允许使用更高的流速。由于操作压力的限制，在该试验中 150 cm/h 为实际所能达到的最高流速。因此，将 150 cm/h 确定为最大流速，在此流速范围内，对 SOD 吸附率和分辨率无显著性影响。

需要指出的是，试验研究的流速主要是指样品加载和洗脱时的流速，而在柱平衡时，流速要尽可能低，通常为 30 cm/h，这样可以为柱子的再生提供足够的时间，还能节约试剂。

综上所述，离子交换中由于上样量、流速、分辨率及回收率之间存在着一种此消彼长的平衡关系，因此，在纯化时要对其进行综合考虑。适当降低流速可以获得更大上样量的满意分辨率，但加载总蛋白质不应超过分离柱总结合能力的 20%～30%；需要更高的流速，则可以减少上样量或者适当降低分辨率要求，而且分辨率越高则回收率越低；当分步洗脱与线性梯度洗脱效果差异不显著时，采用分步洗脱能够得到更高的回收率、更大的上样量和更快的流速，还能节约时间和试剂。通过对离子交换条件进行优化后，所得酶样的酶活性回收率为 93%，比活性为 4 052 U/mg。

5. SOD 各提纯步骤结果

各步骤均采用条件优化所得的最佳工艺条件，罗非鱼鱼血 SOD 各提纯步骤结果总结见表 9-86。

表 9-86　罗非鱼鱼血 SOD 提纯结果

提纯步骤	总蛋白质（mg）[a]	总酶活性（U）[a]	比活性（U/mg）	纯化倍数（倍）	回收率（%）
红细胞破碎	3 486±8.6	14 930±30	4.3	1	100
乙醇、氯仿沉淀	25.3±1.3	10 382±25	410	95	69.5
热变性	7.8±0.4	9 973±21	1 279	297	66.8
离子交换色谱	2.2±0.1	8 913±18	4 052	942	59.7
凝胶过滤层析	1.0±0.05	8 136±15	8 136	1 892	54.5

注：a 表示试验结果为 3 次平行试验的平均值±标准偏差。

采用超声波辅助细胞破碎用时短，细胞破碎率在 90%以上；乙醇、氯仿沉淀作为提纯的第一步，能够有效地去除杂蛋白质，大大简化后续处理工艺，使纯度提高了 73 倍；热变性处理针对性强，回收率高，酶活性仅损失了 2.7%；在进行离子交换和凝胶过滤两步纯化中，有效地使用了多功能蛋白快速纯化液相色谱系统，能够高效、便捷地对纯化过程中的条件进行控制、优化，确定的优化条件更加可靠、精确，容易实现规模放大生产。经过 4 步提纯后，最终所得 SOD 样品比活性为 8 136 U/mg，纯度提高 1 892 倍，回收率为 54.5%。此工艺条件简便，高效，重现性好，特别是采用两次色谱纯化技术，有效地分离了传统工艺中难去除的蛋白，大大降低了 SOD 在应用中发生免疫反应的风险，终产品纯度高，在应用范围方面将会产生重大突破。

6. SOD 纯度分析

将上述纯化后的样品进行 PAGE、NBT 活性染色和蛋白质染色后，其凝胶成像图谱见图 9-159。图 9-159 中经蛋白质染色的泳道呈现 1 条谱带，活性染色的泳道也呈现 1 条亮带，且 2 条带处于同一水平位置，说明该样品为高度纯化的 SOD。

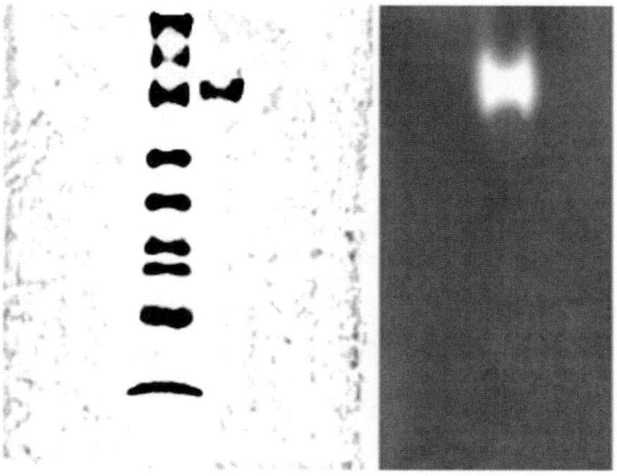

Ⅰ　Ⅱ　Ⅲ

图 9-159　罗非鱼鱼血 SOD 的 PAGE 图谱

Ⅰ. 标准蛋白　Ⅱ. 考马斯亮蓝 R-250 染色　Ⅲ. NBT 活性染色

二、罗非鱼鱼血超氧化物歧化酶的酶学性质

根据活性中心所含金属离子的不同，SOD 主要分为 Cu，Zn-SOD、Mn-SOD 和 Fe-SOD 3 种类型。据报道，Cu，Zn-SOD 主要存在于真核细胞的细胞质中，通过氨基酸序列结果研究表明，不同来源的 Cu，Zn-SOD 在氨基酸序列上有较高同源性，且理化性质相似。现有动物血研究中提纯得到的均为 Cu，Zn-SOD，所报道的理化性质也大致相同，但也有各自的特殊之处，如猪血 SOD 比牛血 SOD 耐受的最高温度低等，罗非鱼鱼血 SOD 性质相关的研究未见报道，为了明确罗非鱼 SOD 的种类及其他相关酶学特征，本文从敏感度试验、光谱学分析和亚基及相对分子质量测定等方面进行了研究。

1. SOD 敏感度试验分析

试验结果显示，添加 KCN 和 H_2O_2 的试验组均无酶活性检出，对照组测得酶活性为 115 U/mL，说明罗非鱼血 SOD 对 KCN 和 H_2O_2 均高度敏感。据报道，Cu，Zn-SOD 和 Fe-SOD 经 H_2O_2 处理后明显失活，而对 Mn-SOD 却无影响；KCN 对 Cu，Zn-SOD 有明显的抑制作用，而对 Mn-SOD 和 Fe-SOD 没有影响。因此，可以初步判断该酶样为 Cu，Zn-SOD。

2. SOD 光谱学分析

（1）紫外光谱扫描分析 将酶样进行紫外光谱扫描，其吸收光谱见图 9-160，所得特征吸收波长为 260 nm。由于 Cu，Zn-SOD 分子中色氨酸和酪氨酸含量低，导致特征吸收峰发生蓝移，几乎所有 Cu，Zn-SOD 的最大紫外吸收峰均在 250～270 nm 范围内，而 Mn-SOD 和 Fe-SOD 的最大紫外吸收波长为 280 nm。由此推知，罗非鱼血红细胞中的 SOD 类型为 Cu，Zn-SOD。另据文献报道，牛红细胞 SOD 的紫外特征吸收波长为 258 nm，玉米 SOD 为 260 nm，猪红细胞 SOD 为 262.5 nm，人红细胞 SOD 为 265 nm，表明不同来源 Cu，Zn-SOD 的紫外线光谱略有差异。

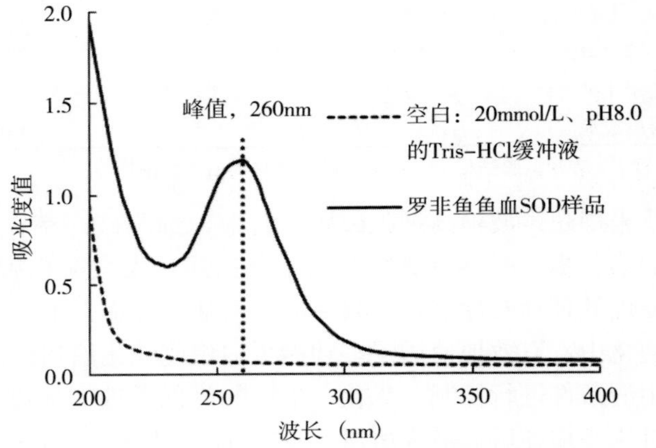

图 9-160 罗非鱼鱼血 SOD 紫外线吸收光谱

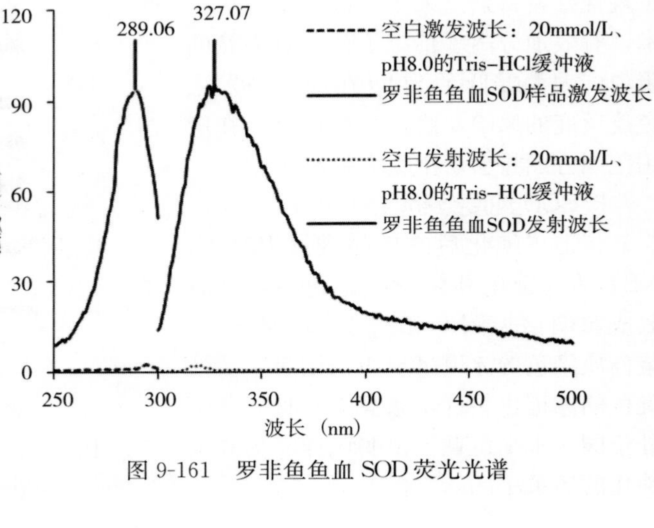

图 9-161 罗非鱼鱼血 SOD 荧光光谱

（2）荧光光谱扫描分析 将酶样进行荧光光谱扫描，其特征光谱见图 9-161。最大激发

波长 λ_{ex}为 289 nm 时，所得最大发射波长 λ_{em}为 327 nm，与文献报道的猪血中的 Cu，Zn-SOD λ_{ex}为 294 nm 时，λ_{em}为 336 nm 相符。光谱学分析表明罗非鱼鱼血 SOD 为 Cu，Zn-SOD。

（3）SOD 亚基及其相对分子质量鉴定 上述纯化后的样品进行 SDS-PAGE 和蛋白质染色后，其凝胶成像图谱见图 9-162。样品泳道呈现 1 条带，说明样品只含 1 种亚基；与 marker 条带比对后，推测出该样品亚基的相对分子质量约为 16 000，这与文献报道的猪血、大蒜中的 Cu，Zn-SOD 亚基相对分子质量为 15 900 和 15 500 一致，再次验证了该酶样为 Cu，Zn-SOD。

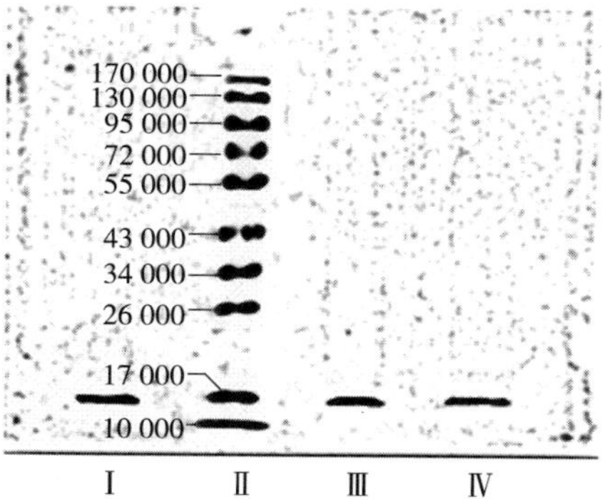

图 9-162 罗非鱼鱼血 SOD 的 SDS-PAGE 图谱

Ⅰ、Ⅲ、Ⅳ. 凝胶过滤层析后的 SOD 样品 Ⅱ. 标准蛋白

3. SOD 稳定性分析

（1）热稳定性分析 酶样在不同温度条件下，150 min 内的酶活性变化情况见图 9-163。当温度不高于 60 ℃时，相对酶活性保持在 95%左右，酶的热稳定性非常好，一方面与其是金属酶有关，另一方面与 Cu，Zn-SOD 含有大量 β-折叠，形成十分稳定的桶状结构有关；但当温度升高到 65 ℃时，相对酶活性在 45 min 内就迅速减少到 75%，而后相对酶活性却保持在 70%左右，酶的热稳定性仍然比较好，酶活性下降可能与酶受热使其活性中心构象发生改变，导致酶活性受到抑制有关；70℃时，相对酶活性大幅度下降，120 min 内减少到了 10%左右，酶的热稳定性很差，因此，70℃应该是该样品的变性温度，此时，酶的 Cu^{2+} 和 Zn^{2+} 辅基开始从活性中心脱落，酶的高级结构受到破坏发生了不可逆变性，使酶失活；75 ℃时，酶在 15 min 内还残留 24%的酶活性，此后酶几乎完全失活。

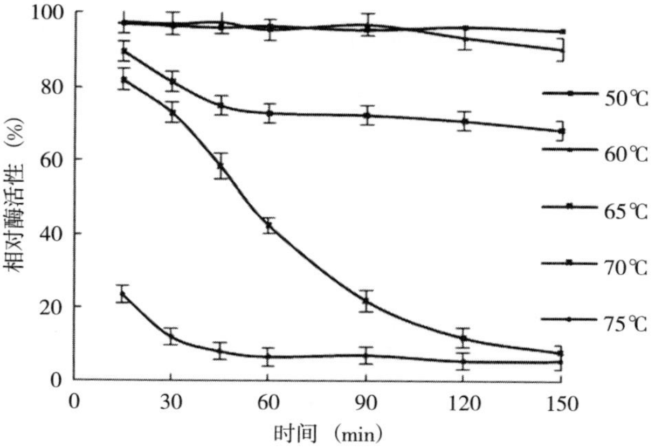

图 9-163 罗非鱼血 SOD 在不同温度下的热稳定性

（2）pH 稳定性分析 酶活性检测结果显示，pH 7 时酶活性最高，将其计为 100%，得到其他 pH 条件下的相对酶活性（图 9-164）。结果表明，在 pH 5～9 的范围内，相对酶活性保持在近 90%以上水平，酶的稳定性非常好；pH 为 10 时，相对酶活性为 72.5%，酶的稳定性比较好；当 pH 小于 5 或高于 10 时，酶活性明显下降，pH 为 2 时，相对酶活性仅为 13%，说明酶在此 pH 范围内的稳定性较差；pH 对酶活性的影响可能是因为活性中心金属离子的结合位点发生移动，导致酶分子构象改变。

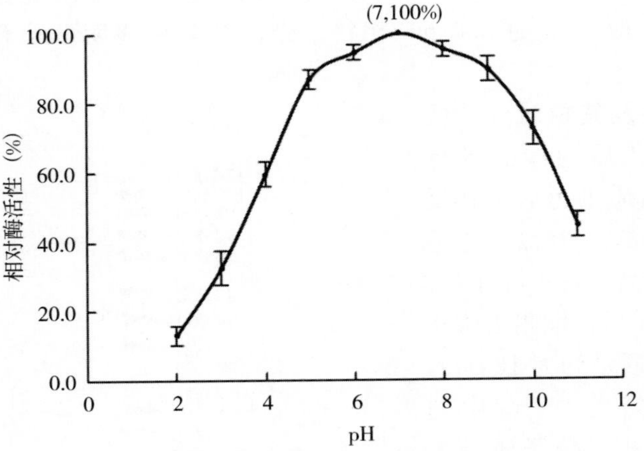

图 9-164　罗非鱼鱼血 SOD 的 pH 稳定性

4. SOD 动力学模型分析

将测得的不同底物浓度条件下酶催化反应的初速度按 $1/v_0$ 对 1/s 作图，并通过得到的曲线求出线性回归方程（图 9-165），最后计算得出罗非鱼鱼血 SOD 在该反应体系中的米氏常数 K_m 为 0.4 mmol/L，最大反应速度 V_{max} 为 400 μmol/min。

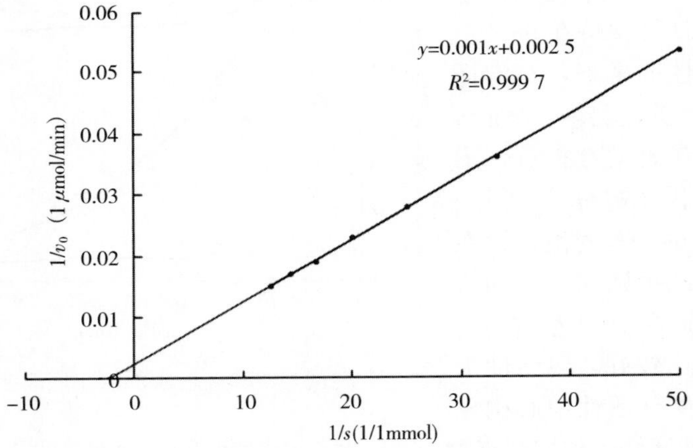

图 9-165　罗非鱼鱼血 SOD 的 Lineweaver-Burk 曲线

三、罗非鱼血红素的制备技术

血红蛋白是血液中含量最高的一类蛋白质（约占血液总蛋白质含量的 80%），所含的血红素不仅是一种天然色素，还是天然生物铁和卟啉类化合物的重要来源，具有重要的生理功能和实用价值，在医药、食品、化工和保健品等行业具有广阔的应用前景。血红素传统的制备方法主要采用有机溶剂提取，这些方法存在毒性大、成本高、污染环境等缺点。

采用酶解法处理血红蛋白具有反应条件温和可控、作用位点具有选择性、不使用有毒有害试剂、产品安全性高等优点，已成为改造蛋白质、开发蛋白质产物功能、拓展蛋白质及其系列产物的应用领域，提升蛋白质整体利用价值的有效途径，是蛋白质加工领域最有前途的发展方向之一。其原理是：血红蛋白经蛋白酶处理，去除不需要的肽链，同时保留维持血红素铁稳定的肽链。通过酶解生成多肽与血红素的结合物，可以在一定程度上克服单体血红素的不足，增强水解产物的功能特性。刘钧和李英娥等对酶化猪血血红素制品分别进行动物试验和人体验证试验研究，结果表明酶化猪血血红素制品对防治缺铁性贫血效果显著。另有研究表明，血红蛋白肽具有更容易吸收、调节胃肠运动、提高免疫力、促进氨基酸吸收、加速蛋白质合成、降低血脂和血压和抗氧化等生理功能。

血红蛋白经水解后，所得水解液中含有多种成分。包括血红素、血红素肽结合体和各种肽片段等。将血红素从水解液中分离可以尝试多种方法，如超滤、树脂分离、分级沉淀等。根据对血红素的性质研究发现，在酸性 pH 时它会发生沉淀，因此，采用调节水解液 pH 的方法来分离制取血红素。该工艺操作便捷，所需设备条件简单，生产流程易于放大，具有较好的工业生产前景。

1. 酶解工艺条件确定

（1）酶种类的选择　酶的选择是一个关键因素，它决定了水解肽键的作用位点和肽链的长度。不同的酶因作用基团的特异性水解蛋白质长肽链上不同的部位，生成不同的酶解产物，因此，酶的选择决定了产物的性质（包括产物的氨基酸组成、相对分子质量大小及亲、疏水性等）。

6 种酶酶解罗非鱼血的效果见图 9-166，其中水解度排前三位的由大到小依次为碱性-复合-中性，其余三类的水解效果不明显，而且碱性蛋白酶的水解能力与复合蛋白酶的水解能力无显著差异，原因是复合酶的主酶是碱性蛋白酶。程杰顺等曾报道以猪血为原料，对各种蛋白酶水解血红蛋白的能力进行了研究，结果表明，碱性蛋白酶的水解能力最强，与该试验结果一致。从酶解后提取得到的血红素含量来看，得率较高的依次为复合＞碱性＞中性，与水解度大小基本呈正相关，但复合蛋白酶的血红素提取率明显高于碱性蛋白酶，原因可能是复合酶中其他成分的协同作用促使水解更多血红蛋白，导致血红素的提取率提高。

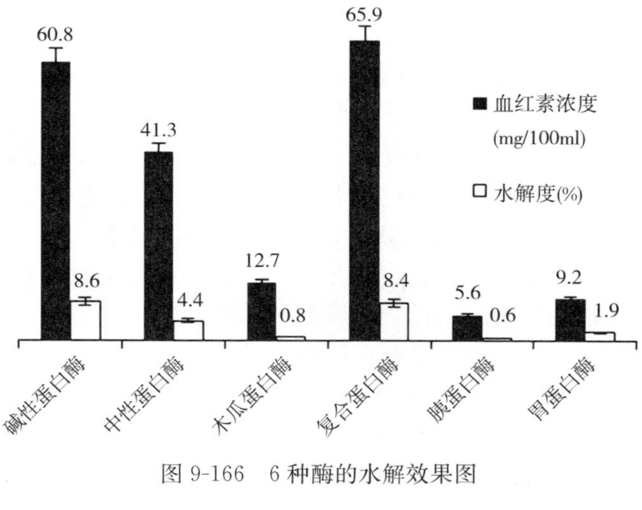

图 9-166　6 种酶的水解效果图

复合酶（protamex）是为水解蛋白质而研制的杆菌蛋白酶复合体，主酶是碱性蛋白酶，与许多其他内切酶不同，复合酶即使在低水解度的情况下也能产出没有苦味的蛋白水解液，适用于动物蛋白、动物血液的水解。因此，采用复合蛋白酶酶解制取血红素。

（2）不同底物浓度对酶反应的影响　水在酶解过程中可以起到反应介质和运输载体的

作用，使底物和蛋白酶均匀分布，以便两者充分接触；同时水的存在有利于酶解产物迅速分散，防止局部产物浓度过高、抑制酶解反应进行，所以在一定程度上底物浓度降低会促进酶解。但是底物浓度并不是越低越好，随着水分含量的增加，有效的酶浓度降低，反应速度减慢；另一方面，过低的底物浓度会造成酶解产物过稀，以致在后续处理中必须进行浓缩，增加了生产工艺的复杂性和能耗。因此，研究并确定酶解反应的最适底物浓度显得非常重要。

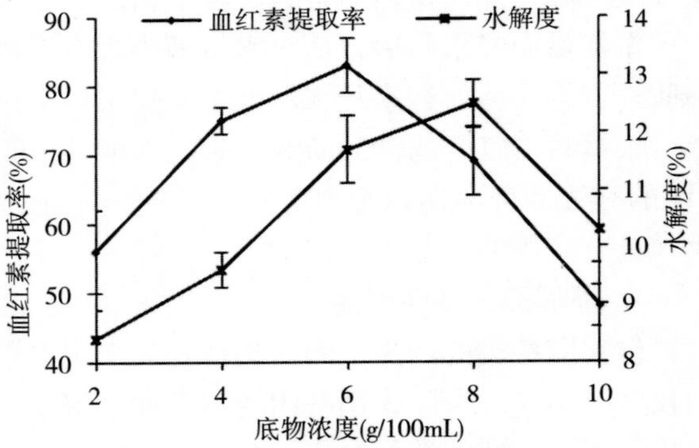

图 9-167　底物浓度对酶反应的影响

从图 9-167 可以看出，底物浓度对水解度和血红素提取率均有比较显著的影响，其中水解度曲线显示，底物浓度在 2%～4%的范围内水解度出现一定幅度的增加，4%～6%的范围内水解度增长幅度提高，6%～8%范围内增长幅度有所放缓，并且在 8%时达到最大，随后出现了较大幅度的下降；血红素提取率出现了先增加后减少的趋势，且在底物浓度 6%时达到最大，出现了血红素提取率比水解度提前达到峰值的现象。原因可能是：底物浓度在 2%～4%的范围内，浓度较低，与酶结合效率不够高；在 4%～6%的范围内，底物浓度适宜，与酶作用充分，使得血红蛋白得到充分有效的水解；在 6%～8%范围内，由于底物浓度偏高，酶的扩散速率降低，导致部分血红蛋白未得到有效水解，使得血红素的提取率开始下降，而由于酶量发生局部过大效应，产生了部分无效水解，即将部分已断裂的多肽进一步水解成了更小的肽链，因此，水解度继续出现了一定幅度的增加；在大于 8%的范围内，由于底物浓度过高，使酶的自由扩散受到严重限制，使局部产物浓度过高、抑制酶解反应进行，导致水解度和血红素含量均明显下降。从实际生产考虑又希望底物浓度较大，因此，在底物浓度为 6%左右水解效果最好。

(3) 不同加酶量对水解反应的影响　酶的用量直接影响着酶解过程的效率，酶量越大，与底物作用的酶分子就越多，酶解效率提高；但当酶分子将底物饱和之后，再增加酶量对反应起不到明显的促进作用，甚至会引起酶自溶增强；同时由于酶的用量直接影响着酶解的经济成本，因此，酶的用量存在一个适度值，即所谓的“经济浓度”。从图 9-168 中可以看出，水解度总体上随酶浓度的升高而增大，当升高到8 000 U/g时，水解度变化趋势放缓，此时底物趋于被饱和，血红素浓度达到峰值，

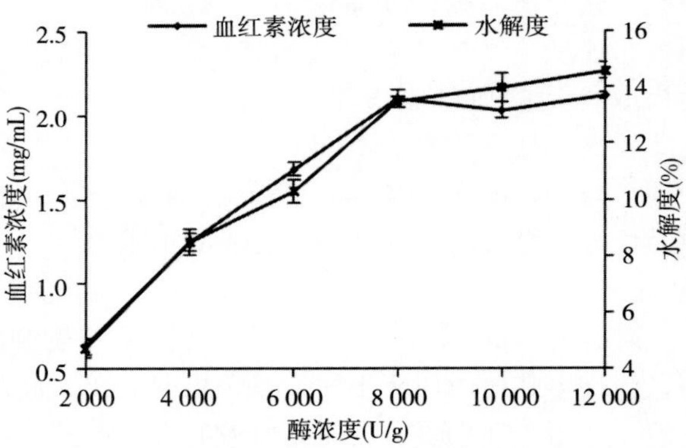

图 9-168　酶添加量对水解反应的影响

这与血红素浓度曲线变化规律一致。表明 8 000 U/g 是一个重要拐点，当酶浓度大于此值，对反应促进作用不明显，甚至产生负效应，因此 8 000 U/g 为经济浓度。

（4）水解时间的确定　酶解时间和水解度相关，一般地，延长酶解时间能提高产物的水解度。由于酶解产物的性质与水解度密切相关，所以可通过控制酶解时间来获得各种目标产物。通常酶解初期水解度增加迅速，达到一定时间后，底物浓度降低，产物不断积累，部分酶失活，导致水解度增长缓慢，此时继续延长酶解时间对水解度的提高没有太大意义，因此，常根据目标物的性质等来确定酶解时间。

通过对复合蛋白酶 12 h 内的酶解情况进行监测，得出图 9-169 所示的结果。从图 9-169 中可以看出，水解度随时间的延长在不断地增大，但增加的幅度在逐渐减小，尤其在 8 h 以后，水解度增加幅度较小，此时，底物中的有效作用部位得到较充分的断裂；血红素浓度变化不显著，说明复合蛋白酶在 2 h 左右就可以基本完成对血红蛋白的有效水解。

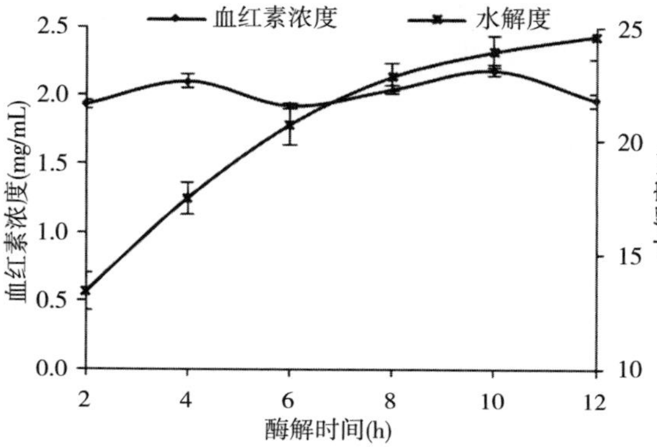

图 9-169　复合蛋白酶水解时间图

（5）正交试验　通过复合蛋白酶水解效果的单因素试验分析，采用 L9（3^4）正交试验表设计试验，选取底物浓度（A）4%、6%、8%，酶底比（B）4 000 U/g、6 000 U/g、8 000 U/g，酶解时间（C）2 h、4 h、6 h。在 pH 7.0，40℃条件下恒温水解，按上述方法测定各样品水解度和 385 nm 的吸光度值，并计算血红素提取率，结果见表 9-87。

表 9-87　正交试验结果

试验号	底物浓度（A）（%）	酶底比（B）（U/g）	酶解时间（C）（h）	空列	血红素提取率（%）	水解度（%）
1	1（4）	1（4 000）	1（2）	1	82.5	8.7
2	1	2（6 000）	2（4）	2	83.9	10.2
3	1	3（8 000）	3（6）	3	84.6	14.4
4	2（6）	1	2	3	84.2	14.3
5	2	2	3	1	85.3	15.5
6	2	3	1	2	86.4	12.8
7	3（8）	1	3	2	81.7	13.3
8	3	2	1	3	79.8	12.3
9	3	3	2	1	80.5	14.2
K_1	83.7	82.8	82.9	因素主次顺序：A>B>C		
K_2	85.3	83	82.9			
K_3	80.7	83.8	83.9	最优方案：$A_2B_3C_3$		
R	4.6	1.0	1.0			

（续）

试验号	底物浓度 (A)（%）	酶底比 (B)（U/g）	酶解时间 (C)（h）	空列	血红素提取率（%）	水解度（%）
K'_1	11.1	12.1	11.3	因素主次顺序：C>A>B		
K'_2	14.2	12.7	12.9			
K'_3	13.3	13.8	14.4	最优方案：$A_2B_3C_3$		
R'	3.1	1.7	3.1			

根据极差分析可知，影响血红素提取率的因素主次顺序为：A ＞ B ＞ C，底物浓度是最重要的影响因素，酶底比次之，酶解时间影响最小，最佳工艺条件为 $A_2B_3C_3$，即底物浓度 6%、酶底比 8 000 U/g，酶解时间 6 h；影响水解度的因素主次顺序为：C>A>B，酶解时间是最主要的影响因素，底物浓度次之，酶底比影响最小，最佳工艺条件也为 $A_2B_3C_3$，即底物浓度 6%、酶底比 8 000 U/g，酶解时间 6 h。但由于酶解时间对血红素提取率的影响不显著，因此，考虑到生产周期及生产成本等因素，试验提出的酶解工艺条件为底物浓度 6%、酶底比 8 000 U/g，酶解时间 2 h。

从复合酶酶解工艺条件研究结果来看，底物浓度对水解效果起着关键作用，6%最佳，与吴保承等研究报道的在中性蛋白酶作用下，从猪血中提取血红素的最佳底物浓度 5%相吻合。酶底比在4 000～8 000 U/g 范围内均有效，但以 8 000 U/g 最有效，这与邓佳等报道的最适酶浓度一致。血红素的产出和水解度对于酶解时间的依赖程度有着明显区别，原因是酶解过程中，酶能够迅速作用于底物的有效部位而得到血红素，继续水解则是对已经解断的肽链作进一步的水解，对血红素的得率没有显著性影响，可以称之为无效水解。

2. 血红素的分离纯化

（1）热处理 酶解反应结束后进行沸水浴处理，一方面可以使酶变性失活，终止酶解反应，另一方面可以使热不稳定性物质（如血红蛋白）变性沉淀；调节 pH 使溶液处于弱碱环境，可以使血红素充分溶解，同时一些碱不溶性物质（如珠蛋白）析出，这样热与碱的结合可以起到较好的除杂作用。

（2）酸沉淀 根据文献报道，血红素不溶于酸性溶液中，在酸性条件下会发生沉淀，另一方面，血红蛋白水解液中肽片段的等电点约为 4.7，调节 pH 5～6 可以使血红素单体和血红素多肽同时得到充分沉淀，因此可以有效地提高血红素的得率。

（3）血红素制备过程中的含量变化 将 300 mL 血红蛋白浓度为 6%的乙醇、氯仿沉淀液在最佳酶解条件下进行水解反应，然后按照前面的方法进行纯化，各步骤测得的血红素含量见表 9-88。

表 9-88 血红素制备各步骤的含量测定结果

评价指标	乙醇、氯仿沉淀液	酶解液热处理	酶解液酸沉淀
血红素含量（g）	0.675	0.569	0.546
干物质含量（g）	18.000	13.329	1.934
血红素提取率（%）	100	84.3	80.9
纯度（%）	3.8	4.3	28.2

由表 9-88 可知，乙醇、氯仿沉淀液经酶解、热处理、碱溶和酸沉淀后，血红素提取率为 80.9%，样品纯度为 28.2%。吴保承等报道的血红素提取率为 77.2%，张亚娟等报道的血红素提取率为 57.5%，纯度为 24.47%。与现有文献报道相比，该试验所得样品的血红素提取率、纯度均达到较高水平。乙醇、氯仿沉淀液干物质含量近似为血红蛋白含量，所得纯度值 3.8%与文献报道一致，说明所用检测方法可靠。

3. 结论

①根据各种蛋白酶水解血红蛋白的效果对比，经复合酶水解的血红素提取率最高，水解效果最佳，因此选择复合酶进行酶解反应。该酶的最适反应温度为 40 ℃，最适 pH 为 7.0。

②通过单因素试验和正交试验确定最佳的酶解条件为：底物浓度 6%、酶添加量 8 000 U/g、酶解时间 2 h。

③血红素分离纯化方法的确定：酶解结束后，将酶解液进行沸水浴处理 15 min，然后冷却至室温，用 2 mol/L 氢氧化钠溶液将酶解液调成 pH 9～10 的弱碱环境，充分搅拌后静置 20 min，离心（3 000 g，10 min），去除沉淀；用冰醋酸调节酶解液 pH 5～6，充分搅拌后静置 20 min，离心（3 000 g，10 min），收集沉淀，经真空冷冻干燥得终产品。

④产品含量测定：经热处理、碱溶和酸沉淀后，血红素提取率达到 80.9%，样品纯度为 28.2%。

该试验主要研究采用复合酶水解血红蛋白制取血红素的工艺，该工艺的研究可为酶解法制取血红素提供相关理论依据和基础数据；为有效利用罗非鱼血液资源，减少环境污染提供一条新途径。

四、复合酶制取血红素产品的性质

酶法制备的产品中血红素含量为 28.2%，其可能包含几种成分：①血红素肽结合体；②血红素单体；③难分离的多肽等。为了进一步明确产品结构和相关功能特性，通过超滤技术定性分析、紫外-可见光谱扫描图谱分析、高效液相色谱定性分析、Fe^{2+}-Fe^{3+} 组成分析以及外观分析等对产品性质做了相关研究，为探明产品的功能特性提供了一定的数据支持。

1. 超滤结果定性分析

超滤前的血红素含量为 45.12 mg/L，由表 9-89 可知，经过50 000和10 000的膜处理后，血红素含量变化不明显，只有很小的一部分被截留，表明绝大多数的血红蛋白被水解成了多肽链；经过 5 000 的膜处理后，血红素含量为超滤前的 75.3%。表明产品的相对分子质量主要集中分布在两个范围：一是5 000～10 000，这部分约占血红素总量的 25%，主要是血红素与多肽的结合物；二是小于5 000，这部分可能含有血红素单体或者血红素和小分子肽的结合物，由于测得产品中血红素纯度为 28.2%，而血红素相对分子质量为 616.487 3，则产品的平均相对分子质量约为 2 186；又因为产品中相对分子质量大于 5 000的成分含量占 25%，则可以推出产品中小于5 000的主要成分很可能为血红素单体。综上可知，所得产品中约含 25%的血红素多肽结合体，相对分子质量在5 000～10 000范围内，而大部分则可能以血红素单体的形式存在。

表 9-89 超滤中的血红素含量测定结果

膜孔径（相对分子质量）	50 000	10 000	5 000
血红素含量（mg/L）	44.53±0.1	43.37±0.1	33.98±0.1
血红素通过率（%）	98.7	96.1	75.3

已有研究证实，血红素肽同样具有优良的补铁功能，甚至比单体血红素的消化吸收率更高，所含铁的价态也更稳定。另外，相关研究还表明，血红素肽具有降血压、抗氧化、抗菌和增强免疫力等多种生物活性。因此，产品中所含有的血红素多肽对产品的性能将产生有益的作用，该产品可以应用到食品、医药等多个领域中。

2. 紫外-可见光谱扫描图谱分析

血红素标准溶液的光谱扫描分析发现，血红素的特征吸收波长为 385 nm，与文献报道一致。由图 9-170 可知，样品的光谱扫描图谱与血红素标准品的图谱特征十分相似，且其特征吸收波长也为 385 nm，表明样品中的特征性成分为血红素；样品峰面积稍大于标准品，而两者的浓度比为 5：1，可大致推断出样品中血红素含量大于且接近 20%，与测定值 28.2%相吻合，证实了上述结果的准确有效性。

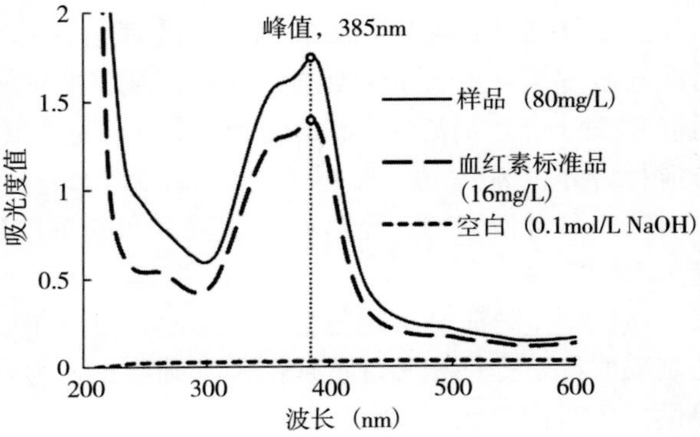

图 9-170 血红素样品与标准品的紫外-可见光谱

3. 高效液相色谱定性分析

反相液相色谱（reverse phase-high performance liquid chromatography，RP-HPLC）是目前液相色谱分离中使用最为广泛的一种模式，这是因为在流动相组成改变的情况下，有机强溶剂能够迅速在固定相表面达到平衡，因此特别适合梯度洗脱。

流动相的性质和组成是影响色谱柱效、分离选择性的重要因素。目前文献报道的 HPLC 法测定血红素时，流动相多采用乙腈、甲醇和水等。但由于样品处理、仪器、柱型和流速等分析条件的差异，其保留时间和分离效果都不尽相同。考虑到血红素与色谱柱产生较强作用导致拖尾，直接影响测定结果的准确性，因此，该试验采用 1%乙酸和四氢呋喃为流动相，可有效克服图谱的拖尾现象。

根据文献报道，用高效液相色谱法测定血红素，检测波长在 385 nm 处时色谱峰的分离不如 405 nm，因此将此法检测波长定为 405 nm。

由图 9-171 可知，通过对 a、b 图谱分析可知：a、b 峰形良好，且只有 1 个峰；血红素标准品（a）的保留时间为 7.074 min，峰面积为 1 030 mAU·mL；样品（b）的保留时间为 7.160 min，峰面积为 987 mAU·mL，由此可知，样品的保留时间和峰面积均与血红素标准品一致，表明样品中的特征性成分为血红素，且含量与紫外-可见光谱扫描图谱测定结果一致，为 28.2%。

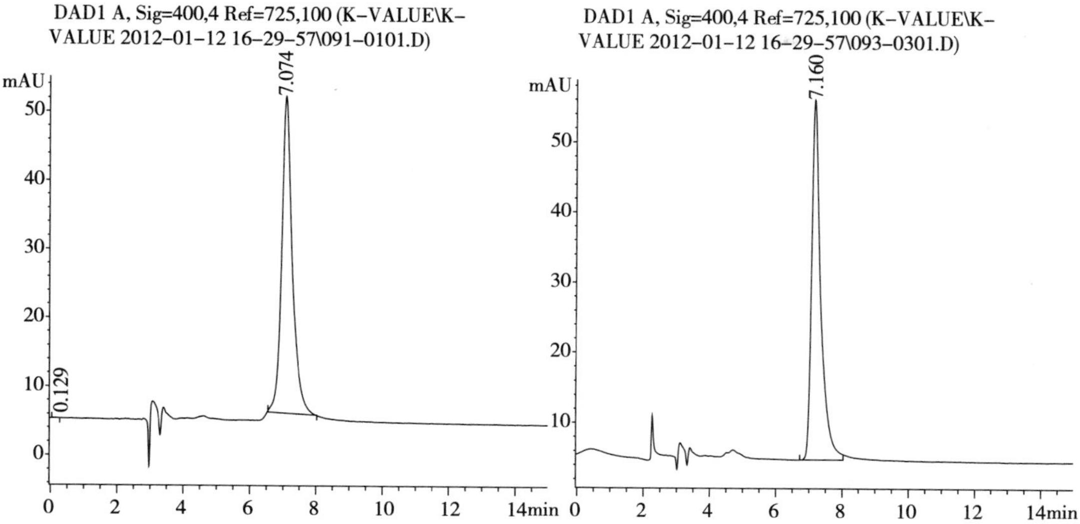

a　　b

图 9-171　血红素标准品和样品的 HPLC 图谱

a. 标准品　b. 样品

4. 样品中 Fe^{2+} 和 Fe^{3+} 含量分析

铁原子在血红蛋白中与血红素以 Fe^{2+} 的形式结合，酶解和分离纯化过程中，血红蛋白原有的稳定结构被破坏，使 Fe^{2+} 更容易与氧气接触而氧化成 Fe^{3+}。由表 9-90 可知，样品中 63%的铁被氧化成 Fe^{3+}，由于 Fe^{2+} 比 Fe^{3+} 对人体的作用更为关键，因此，在样品制备过程中应该加强对 Fe^{2+} 的保护。

表 9-90　样品中 Fe^{2+} 和 Fe^{3+} 含量

铁元素类型	总铁	Fe^{2+}	Fe^{3+}
浓度（mg/L）	0.392±0.01	0.147±0.005	0.245±0.005
比例（%）	100	37	63

第七节　罗非鱼鱼眼透明质酸的提取、降解及抗氧化特性

一、罗非鱼鱼眼透明质酸（HA）的提取纯化及特性分析

1. 罗非鱼鱼眼 HA 的提取工艺条件的优化

取未解冻的罗非鱼鱼眼若干，取出玻璃体，用丙酮脱脂，自然风干，称取 10 g 玻璃体，加入 0.2 mol/LNaCl 400 mL，捣碎，调节溶液 pH 至 7，加入 7 500 U/g 的复合酶（胰蛋白酶和复合蛋白酶按酶活性 1∶1 混合），超声波处理 15 min；然后放入 40 ℃水浴震荡锅中酶解提取 4 h；待酶解完毕后将其置于 95 ℃水浴中处理 10 min；在 6 000 r/min 离心 10 min，取上清液超滤浓缩，加入乙醇进行沉淀，将沉淀配制成溶液，加入浓度为 100 g/L CTAB 适量，于 30℃下络合 0.5 h，离心收集沉淀；将沉淀溶解于 1.2 mol/L 的

氯化钠中解离 4 h；向解离液中加入 3 倍体积的 95%乙醇于 4 ℃下沉淀 24 h；离心收集沉淀，将沉淀再次溶解，利用离子交换层析进一步纯化，经透析后冷冻干燥得成品。

选取酶种类、酶用量、酶水解时间、超声波处理时间和超声波功率进行单因素试验，分别考察这 5 种因素对 HA 提取的影响，酶种类有胰蛋白酶、复合蛋白酶、中性蛋白酶、木瓜蛋白酶、碱性蛋白酶及混合酶（胰蛋白酶和复合蛋白酶按酶活性 1∶1 混合制成的酶混合物）；酶用量依次为 2 500 U/g、5 000 U/g、7 500 U/g、10 000 U/g 和 12 500 U/g；酶解提取时间依次为 1 h、3 h、5 h、7 h 和 9 h；超声波处理时间依次为 5 min、15 min、20 min 和 25 min；超声波功率依次为 50 W、100 W、150 W 和 200 W。

（1）酶种类对 HA 提取的影响 从图 9-172 可看出，酶种类对 HA 的提取效果有较大影响，其中胰蛋白酶、中性蛋白酶、复合蛋白酶提取效果较好，胰蛋白酶和中性蛋白酶之间水解效果差异性不显著；对 HA 粗品的蛋白质含量分析可知：复合蛋白酶水解提取的 HA 粗品中蛋白质含量最低，中性蛋白酶 HA 粗品中蛋白质含量最高，且中性蛋白酶的溶解性较差，为充分利用胰蛋白酶和复合蛋白酶的水解特点，故选择该两种酶混合进行酶解提取 HA，即混合酶（胰蛋白酶和复合蛋白酶按酶活性 1∶1 混合）。由图 9-172 可知，混合酶的提取效果最好，和胰蛋白酶、复合蛋白酶水解效果差异性显著，可能原因是胰蛋白酶、复合蛋白酶分别对不同的蛋白质进行水解，从而提高水解效率，增大 HA 的提取量，综上所述，选择混合酶进行水解提取 HA。

（2）酶用量对 HA 提取的影响 由图 9-173 可知，增加酶的用量，HA 的得率也随之增加，酶用量达到 7 500 U/g 时，HA 的得率增加不明显，酶用量进一步增加时 HA 的得率反而开始下降。原因可能是随着酶用量的增加，其对蛋白质的水解作用加强，使得更多的 HA 与蛋白质之间的相互作用被破坏，从而使 HA 充分溶出，提高 HA 的得率；然而酶用量太大时可能会引起酶对 HA 的降解，使得 HA 在醇沉、络合等纯化的过程中损失增大，导致得率下降；因此，选择酶用量为 7 500 U/g。

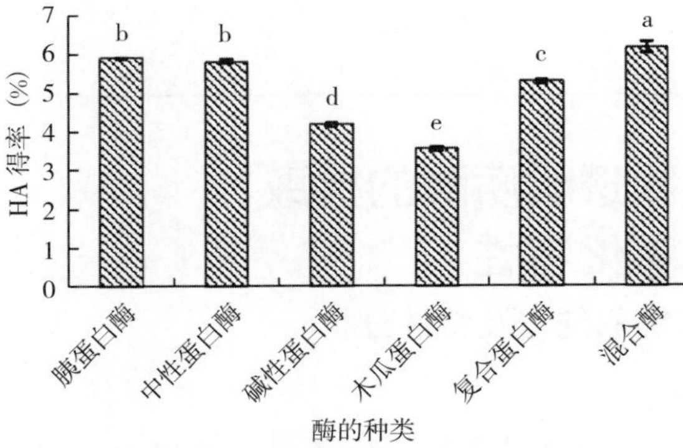

图 9-172 各种蛋白酶对 HA 得率的影响

a、b、c、d、e 表示差异显著性（$P \leqslant 0.05$）

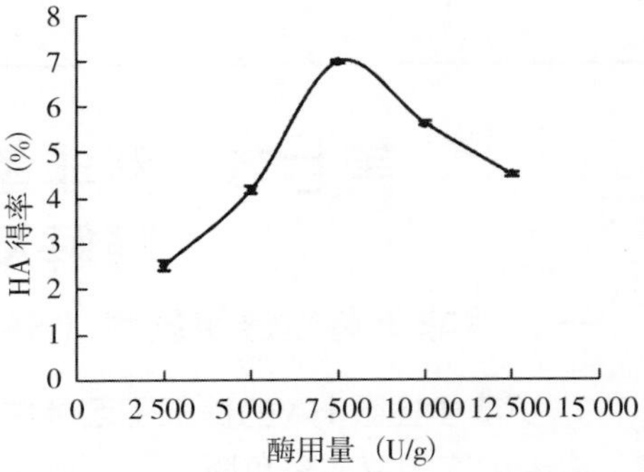

图 9-173 不同酶用量对 HA 得率的影响

（3）酶解时间对 HA 提取的影响 由图 9-174 可以看出，随着酶作用时间的增加，HA 的得率呈现先上升后下降的趋势，在 5 h 达到最大值，可能原因是随着酶作用时间的延长酶作用效果增加，从而使得 HA 的得率增加，但时间进一步的延长不仅增加了酶对

HA的作用同时会使提取过程有染菌的危险，使得HA在高温、酶、细菌的作用下的发生降解，造成HA得率下降，综合考虑，选择酶作用时间为3～5 h。

（4）超声波功率对HA得率的影响　由图9-175可以看出，试验时逐渐增加超声波的功率，HA的得率也随之增加，200 W时达到最大值，研究表明，超声波对HA有一定的降解作用，频率越大、功率越大、作用时间越长降解作用越强，为避免超声波对HA的降解造成产品提取率的降低和品质的变化故不再提高超声波的功率，因此选择200 W。

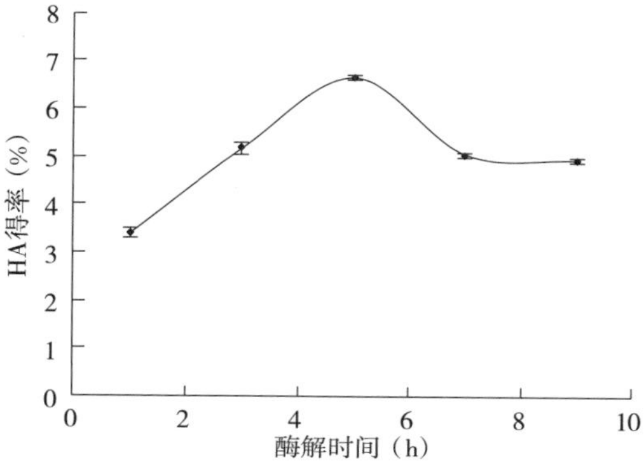

图9-174　不同酶作用时间对HA得率的影响

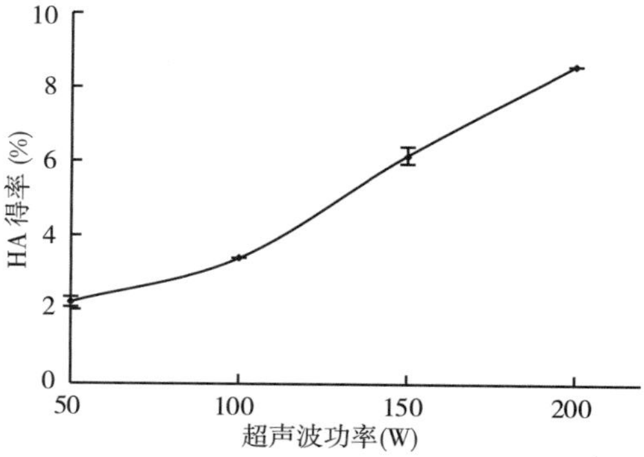

图9-175　超声波功率对HA得率的影响

（5）超声处理时间对HA得率的影响　由图9-176可知，随着超声时间的增加，HA得率先上升后下降，当处理时间小于15 min时，随着时间的延长HA的得率明显提高；但当超声波处理时间大于15 min时，HA的得率开始下降，长时间的超声处理会导致的HA的降解，降低酶的活性，因此时间过度延长反而使得HA的得率下降。美国专利报道，单独利用超声波处理HA 20 min左右对其降解较小，因此，综合考虑选择超声处理15 min。

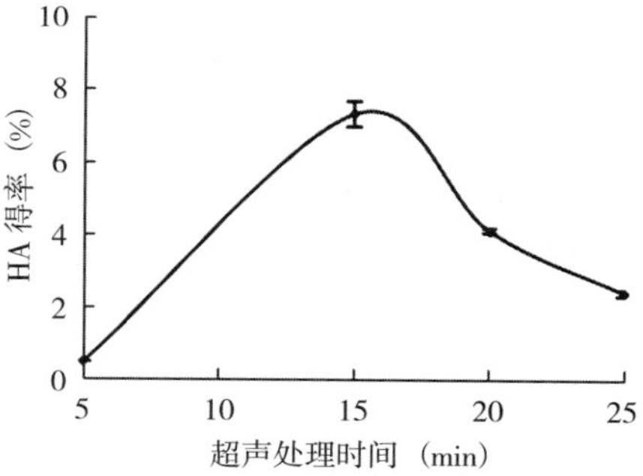

图9-176　超声处理时间对HA得率的影响

（6）超声协助酶解法提取HA的正交试验

为进一步考察酶解条件对HA提取效果的影响，根据单因素试验的结果在不改变超声波的功率及超声处理时间的前提下，以HA的得率为参考指标考察酶解温度、时间、pH、酶用量对HA提取的影响，因素与水平见表9-91。

表9-91　因素与水平表

水平	因素			
	A温度（℃）	B时间（h）	C pH	D酶用量（U/g）
1	40	1	7	8 000
2	45	3	8	6 000
3	50	5	9	4 000

表 9-92 正交试验方案和结果

试验序号	A	B	C	D	HA 得率（%）
1	1	1	1	1	7.100
2	1	2	2	2	10.25
3	1	3	3	3	7.200
4	2	1	2	3	8.250
5	2	2	3	1	10.150
6	2	3	1	2	5.450
7	3	1	3	2	8.750
8	3	2	1	3	4.250
9	3	3	2	1	1.200
K_1	8.183	8.033	5.600	6.150	
K_2	7.950	8.217	6.567	8.150	
K_3	4.733	4.617	8.700	6.567	
R	3.450	3.600	3.100	2.00	
主次因素	B>A>C>D				
最优组合	A1B2C3D2				

从表 9-92 的极差分析可看出，酶解时间对 HA 得率的影响最大，酶解温度次之，酶用量对 HA 的提取影响最小，这与张丽媛等研究差异较大，在其研究中酶用量对 HA 的提取影响最大，推测原因为该研究中超声波显著地增强酶的作用效率，使得酶用量不再是影响 HA 得率的主要因素。综上得出最优组合为：酶水解时间 3 h、酶解温度 40 ℃、pH 为 9、酶用量 6 000 U/g，通过验证性试验可知，利用最佳组合提取透明质酸的得率为 (11.44±0.21)%。

2. HA 的分离纯化

（1）超滤及透析 经加热灭酶后的罗非鱼鱼眼 HA 提取液为黄色，含有多肽、氯化钠、色素等小分子杂质，为去除这些杂质，该研究选择利用小型切向流超滤系统进行超滤去杂，所选超滤膜的截留相对分子质量大小为 50 000。超滤不仅去除了这些小分子杂质，也对 HA 提取液起到了一定的浓缩作用，使得醇沉时大大减少了乙醇的用量，降低了生产成本。

在提取纯化过程中（如季铵盐络合、离子交换层析）会引入的一些小分子杂质，如氯化钠、Tris-HCl 等，为进一步提高 HA 的纯度选取截留相对分子质量为 5 000 的透析袋对 HA 溶液进行透析，透析液为去离子水，透析 48 h。

（2）季铵盐络合 经超滤醇沉之后的粗品为淡黄色，纯度较低，需要进一步纯化。将粗品溶解，离心（6 000 r/min，10 min）收集上清液，加入浓度为 100 g/L 的 CTAB 适量，混匀，在 30 ℃水浴的条件下络合 0.5 h，离心收集沉淀；将沉淀溶解于 1.2 mol/L 的氯化钠中解离 4 h。

在不同浓度的盐溶液中，十六烷基三甲基溴化铵（CTAB）结合性能也不同，当离子浓度较低时，CTAB 能与酸性黏多糖、核酸发生络合反应生成不溶性的络合物而沉淀，当离子浓度较高时，其能与蛋白质及其他多聚糖络合形成络合物。据此，可以先在低离子强度的溶液中加入 CTAB，使得其与 HA 络合沉淀，然后将沉淀在高离子强度的溶液中进行解离，即可以去除在低离子强度下不能和 CTAB 结合的杂质，从而提高 HA 的纯度，利用该法纯化后的透明质酸呈淡黄色，紫外图谱在 280 nm 仍然具有一定的吸收峰（图 9-177），因此需要进一步纯化。

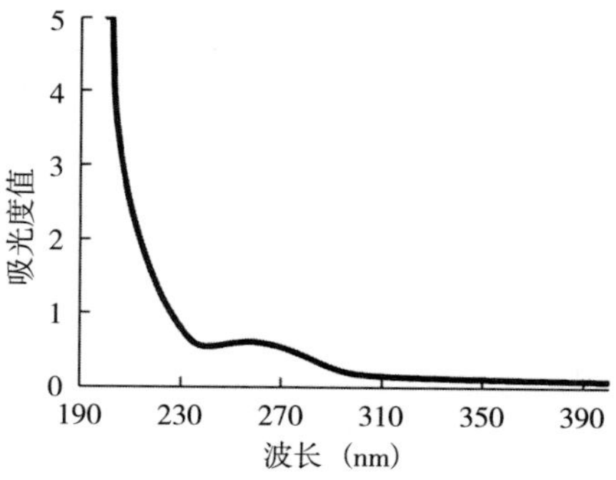

图 9-177　HA 紫外扫描图

（3）离子交换层析法

样品的处理：将 HA 粗品溶于 50 mmol/L 的 Tris-HCl（pH7）溶液中，利用 0.2μm 的膜进行过滤备用。

平衡：利用 pH 为 7 的 50 mmol/L Tris-HCl 溶液将 HiTrapTM DEAE FF 离子交换柱进行平衡。

上样：取 2 mL 处理好的样品溶液经进样环上样。

洗脱：首先用 50 mmol/LTris-HCl（pH 为 7，含 3 mol/L 的 NaCl）进行线性洗脱，以确定合适的洗脱液的浓度，然后分别用 0.24mol/L、0.45mol/L 和 1.5 mol/L 氯化钠进行分步梯度洗脱分离纯化 HA。

在线性洗脱的基础上选择浓度为 0.24mol/L、0.45mol/L、1.50 mol/L 氯化钠进行分步梯度洗脱，结果见图 9-178。

由图 9-178 可知，HA 得到很好的分离，经梯度洗脱后在 210 nm 处有 3 个对称的洗脱峰，依次命名为峰 a、峰 b、峰 c，其中峰 a 面积较大，远远大于峰 b、峰 c，结果同卢佳芳等的研究相似，其利用类似方法得到 2 种相对分子质量大小不同的 HA 组分；峰 a、峰 c 处无蛋白的吸收峰，峰 b 处的物质在 260nm、280 nm 仍有微量的紫外吸收，此部分物质可能是糖蛋白，因有化学键的作用使得其无法分开；综上所叙，离子交换层析法对 HA 的纯化效果较好，收集峰 a 可得到高纯度的 HA。

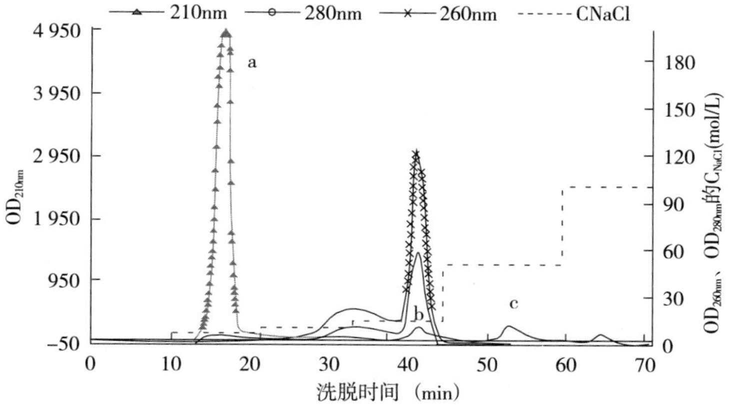

图 9-178　HA 离子交换层析洗脱曲线

(4) HA 的质量参考指标（表 9-93）

表 9-93 HA 的质量参考指标

指标	样品
溶解性	能溶于水，在乙醇、丙酮或乙醚等有机试剂中不溶
性状	类白色的纤维状物，易潮解
纯度	OD_{260}nm 为 0.286，符合《英国药典》(2013 版) 要求 (OD_{260}nm<0.5)
葡萄糖醛酸含量 (%)	40.40
氨基葡萄糖含量 (%)	42.38
溶液 pH	5.35，符合《英国药典》(2013 年版) 要求 (pH 5.0～8.5)

(5) HA 的紫外光谱 利用分光光度计对 HA 进行紫外扫描，得到紫外光谱，由图 9-179 可看出，样品在 280 nm、260 nm 没有明显的吸收峰，表明产品中无蛋白质及核酸等杂质；样品在 210 nm 处有最大光吸收，为 HA 的吸收峰。

(6) HA 的红外光谱 由图 9-180 可知，样品的红外吸收光谱在 3 194.67/ cm 处有较明显的吸收峰，此波数为羟基伸缩振动的特征吸收峰，说明样品具有多羟基结构；在波数 1 646.93/cm、1 556.29/cm 处有—C═O、—C—N的伸缩振动和N—H弯曲振动的特征吸收峰，说明样品中含有乙酰氨基结构；在波数 1 404.08/cm、1 303.13/cm 处有 O═C—O的伸缩振动以及羟基的弯曲震动的吸收峰，说明样品具有糖醛酸结构；在 2 920.38/cm 处有—CH_3的伸缩振动吸收峰，表明样品的结构中含有甲基。由图 9-180 可知，该研究提取的 HA 和 HA 标准品的红外吸收基本一致，在图谱的特征区和指纹区均具有类似的吸收波数和吸收强度。

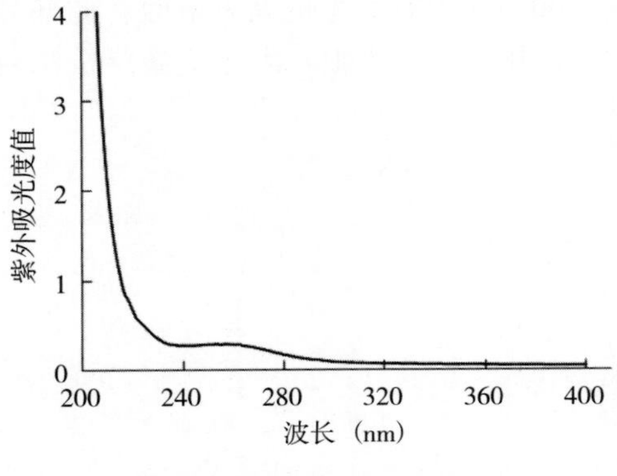

图 9-179 HA 紫外扫描图

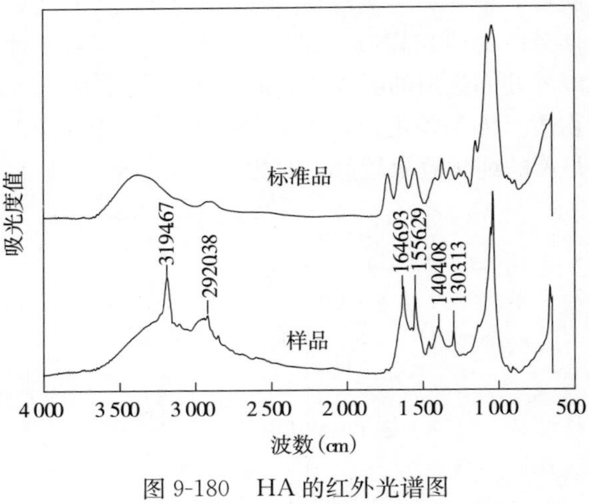

图 9-180 HA 的红外光谱图

(7) HA 相对分子质量的测定 用 0.1 mol/L NaCl 配制浓度分别为 0.5 g/L、1 g/L、2 g/L、3 g/L 的 HA 溶液，利用乌氏黏度计测量流出时间（测量 3 次求平均值），处理得到以下线性关系：

由图 9-181 可得出 HA 的特性黏度，根据式 $[\eta]=3.6\times10^{-4}$ Mr 0.78计算得 HA 相对分子质量约为 100 000，相对分子质量略大于孙智华等利用泥鳅黏液制备得到的 HA。

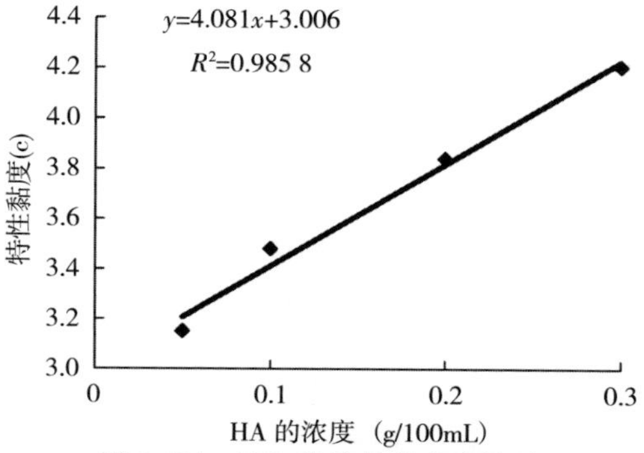

图 9-181　HA 的特性黏度和溶液浓度之间的关系

二、罗非鱼鱼眼 HA 的降解

多糖在生物体内广泛存在，具有多种生物活性，如调节机体免疫功能、抗癌、抗病毒、抗菌、降血糖等，因此是食品、化妆品、医药等行业制备产品的优良原材料。多糖的生物活性和其组成成分、黏度、溶解度、结构、相对分子质量等均有着较大的关系，其中相对分子质量大小和其生物活性之间的关系甚为密切，目前有不少关于多糖活性和相对分子质量之间关系的研究，郝杰等利用分级沉淀得到 4 种不同相对分子质量的多糖，这 4 种多糖在清除 O^{2-} ·、H_2O_2、·OH 以及还原力等方面均表现出较大的差异；钱方等研究表明，黄原胶降解后具有抑制植物病原菌生长、诱导植物产生防御反应及清除·OH 等活性，且黏度和还原糖的比例越低，这些活性越强。

HA 是一种黏多糖，其是生物体维持正常的生理活动必不可少的成分之一，当其在生物体内的含量失衡时就会引起各种疾病。HA 的相对分子质量大小对其生理功能有着较大的影响，不同相对分子质量大小的 HA 具有不同的生理功能，低分子量透明质酸（LMWHA）具有高相对分子质量 HA 所不具有的特殊生理活性，且 LMWHA 易被生物体吸收利用，因此为扩大 HA 在食品、医药、化妆品等行业的应用范围，有必要对 HA 的降解进行进一步的研究。

根据研究可知，罗非鱼鱼眼含有大量的 HA，可以作为提取 HA 的原料，目前暂未发现有关罗非鱼鱼眼 HA 降解的报道。该研究利用微波结合过氧化氢＋抗坏血酸法降解罗非鱼鱼眼 HA，优化了其降解工艺，并通过紫外光谱、红外光谱以及葡萄糖醛酸含量的变化来研究降解对 HA 结构的影响。

1. 罗非鱼鱼眼 HA 的降解方法

比较了微波降解法、H_2O_2结合 Vc 降解法、微波结合 H_2O_2＋Vc 降解法对 HA 降解的影响，主要参考指标为 LMWHA 相对分子质量以及葡萄糖醛酸含量的变化。

（1）相对分子质量比较分析　从表 9-94 可以看出，试验所选的几种降解方法对透明质酸均有一定的降解作用，但不同的方法之间降解效果差异性较大，可以看出单纯地利用微波法对 HA 进行短时间的处理，其降解效果不明显，将温度从 60 ℃升高到 100 ℃ HA 的相对分子质量变化不大，差异性不显著，且当降解温度为 100 ℃时溶液易发黄，影响产品的质量；付杰等研究表明，利用微波可以降解 HA，在高温、低 pH 的条件下长时间降解可将 HA 相对分子质量降至20 000，但继续降低相对分子质量较困难。H_2O_2结合 Vc 法、微波结合 H_2O_2＋Vc 法对 HA 的降解作用均非常明显，相对分子质量分别下降到 71 130、52 670，降解速度较快，溶液澄清。

表 9-94　不同降解方法降解 HA 相对分子质量的比较

降解方法	对照	微波法 1	微波法 2	H_2O_2＋Vc	微波＋ H_2O_2＋Vc
相对分子质量（×1 000）	95.49±0.32[a]	93.76±0.47[b]	93.08±0.16[b]	71.13±1.37[c]	52.67±0.96[d]

注：同行之间的相异字母表示差异性显著（$P<0.05$），下同。

（2）葡萄糖醛酸含量的变化　葡萄糖醛酸为 HA 的组成成分，其在 HA 内的含量基本是确定的，通过其含量的变化可以反应降解方法对 HA 糖环的破坏程度。

从表 9-95 可以看出，4 种降解方法均会使得葡萄糖醛酸含量降低，即造成糖环的破坏，其中微波法 1 破坏作用最小，微波法 2 最严重，说明降解温度越高对 HA 的结构破坏越严重，因此，不宜采用高温法对 HA 进行降解；H_2O_2结合 Vc 法、微波结合 H_2O_2＋Vc 法对 HA 的结构破坏较小，二者之间差异性不显著。

表 9-95　不同降解方法降解 HA 葡萄糖醛酸含量的变化

降解方法	对照	微波法 1	微波法 2	H_2O_2＋Vc	微波＋ H_2O_2＋Vc
葡萄糖醛酸含量（%）	40.40±0.19[a]	35.70±0.57[b]	32.12±0.36[c]	34.61±0.04[d]	34.018±0.28[d]

研究表明，有机反应在微波作用下其反应速度明显快于常规的加热方法，微波加热属于内加热，同传统的加热方式相比，其具有加热迅速、无温度梯度变化、无滞后效应等特点，且其加热的对象具有选择性，只对极性有机物进行加热，增强它们的反应活性，从而增强反应速率。Jong 等研究表明，同传统的加热降解、伽马射线降解相比，微波降解 LMWHA 清除 DPPH 的能力及还原力更强。

综上所述，选择微波结合 H_2O_2＋Vc 法作为该研究降解 HA 的方法，并对该法的重要影响因素条件进行优化。

2. 微波结合 Vc＋ H_2O_2法降解 HA 的工艺条件的优化

（1）温度对 HA 降解的影响　利用 0.1 mol/L 的氯化钠制备浓度为 0.1%的 HA 溶液，分别加入 H_2O_2及 Vc，使二者的比例为 1∶1，终浓度均为 1 mmol/L，调节溶液的 pH 至 3，利用微波加热并维持在 40℃、50℃、60℃、70℃、80 ℃降解 20 min，探讨温度对 HA 降解的影响，结果见图 9-182。

由图 9-182 可知，随着温度的升高，HA 的相对分子质量迅速降低，当温度升到60 ℃时下降趋势趋于迟缓，继续升高温度对 HA 的最终相对分子质量无多大影响。研究表明，HA 的黏度和溶液的温度有较大的相关性，温度升高会引起 HA 的黏度下降，利于 HA 的降解；但过高的温度会对 HA 的色泽造成一定的影响，同时会影响抗坏血酸及过氧化氢的稳定性，温度高于 70 ℃时 H_2O_2分解速率快速上升，影响降解效果。因此，综合考虑经济效益及降解的效率，选择 60 ℃进行后续的降解试验。

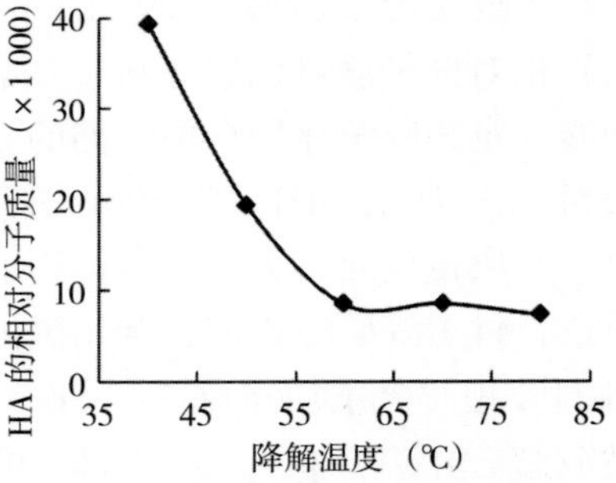

图 9-182　温度对罗非鱼鱼眼 HA 降解的影响

（2）H_2O_2和抗坏血酸的添加比例对 HA

降解的影响　利用 0.1 mol/L 的氯化钠制备浓度为 0.1%的 HA 溶液，加入不同浓度的 Vc，固定 H_2O_2的终浓度为 1 mmol/L，使二者的比例分别 1∶3、1∶2、1∶1、2∶1、3∶1，调节溶液的 pH 至 3，利用微波加热并维持在 60℃降解 20 min，探讨 H_2O_2及 Vc 的比例对 HA 降解的影响，结果见图 9-183。

H_2O_2和抗坏血酸是一种新型的氧化还原体系，二者之间的比例对自由基的形成有着较大的影响，自由基的数量直接影响 HA 的降解效果。

由图 9-183 可知，随着 H_2O_2和 Vc 的比例降低，HA 的相对分子质量逐渐下降，当二者之间的比例为 1∶1 时达到最小值，比例进一步地减小时，HA 的最终相对分子质量反而较 1∶1时大，说明当 H_2O_2的用量一定时，合理的增加 Vc 的用量有助于自由基的产生，从而促进 HA 的降解，但进一步地增加 Vc 用量却不利于 HA 的降解，这与赵婷婷等研究结果一致，H_2O_2和 Vc 的比例需在一定的范围内（0.8～1.7）才有利于 HA 的降解，比例太大或者太小均起不到良好的降解效果，比例太大，过氧化氢得不到充分的利用，造成资源的浪费；比例太小，Vc 对降解起到一定的抑制作用，不利于 LMWHA 的制备，因此综合考虑，选择 H_2O_2和 Vc 的比例为 1∶1 进行降解。

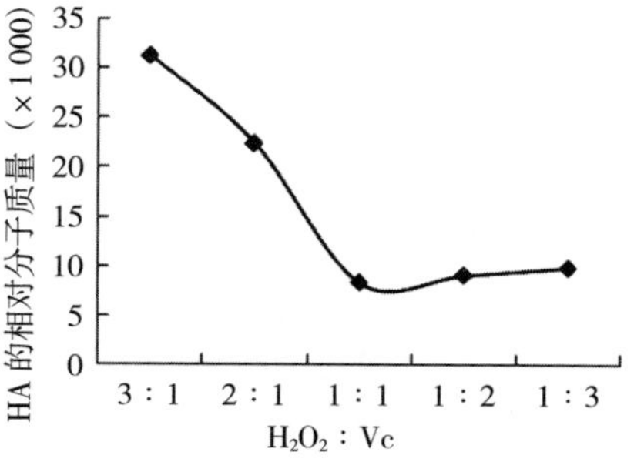

图 9-183　H_2O_2和抗坏血酸添加的比例对罗非鱼鱼眼 HA 降解的影响

（3）过氧化氢的添加量对 HA 降解的影响　自由基的浓度对 HA 降解有着较大的影响，降解体系中的自由基来源于过氧化氢和抗坏血酸之间的氧化还原反应，因此，该研究选择固定二者之间的比例，通过改变过氧化氢的浓度来改变自由基的浓度以探讨自由基的浓度对降解的影响。

利用 0.1 mol/L 的氯化钠制备浓度为 0.1%的 HA 溶液，固定 H_2O_2、Vc 二者的比例为 1∶1，加入一定量的 Vc 及 H_2O_2，使得 H_2O_2的终浓度分别为 0.2 mmol/L、0.5 mmol/L、0.8 mmol/L、1 mmol/L、2 mmol/L、3 mmol/L、4 mmol/L，调节溶液的 pH 至 3，利用微波加热并维持在 60 ℃降解 20 min，探讨 H_2O_2的添加量对 HA 降解的影响，结果见图 9-184。

由图 9-184 可知，随着 H_2O_2浓度的增加，HA 的降解效果越好，当浓度达到 3 mmol/L 时相对分子质量的变化趋势趋于平缓，继续增加 H_2O_2的浓度对相对分子质量的下降无明显促进作用，Soltes 等研究表明，单独使用过氧化氢时当其浓度达到 882 mmol/L 才具有明显的降解效果，浓度为 55 mmol/L 时几乎没有降解效果；赵婷婷等利用过氧化氢结合 Vc 法降解坛紫菜时发现，当过氧化氢的浓度为 3～5 mmol/L 时，溶液的黏度下降 89%。综上可知，添加 Vc 可以

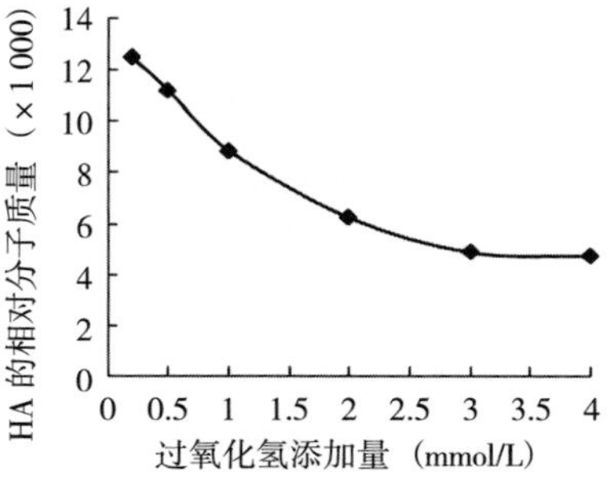

图 9-184　过氧化氢的添加量对罗非鱼鱼眼 HA 降解的影响

大大减小 H_2O_2 的用量，增加降解效果，根据试验结果选择过氧化氢的浓度为2～4 mmol/L进行降解试验。

(4) pH 对 HA 降解的影响 利用 0.1 mol/L 的氯化钠制备浓度为 0.1%的 HA 溶液，分别加入 H_2O_2 及 Vc，使二者的比例为 1∶1，终浓度均为 1 mmol/L，分别调节溶液的 pH 至 3、4、5、6、7，利用微波加热并维持在 60 ℃降解 20 min，探讨 pH 对 HA 降解的影响，结果见图 9-185。

由图 9-185 可知，当 pH 等于 4 时，HA 的降解效果最好，相对分子质量最低，pH 偏离 4 时，体系降解能力开始下降，pH 越大降解能力越差。研究表明，pH 影响过氧化氢的稳定性，随着 pH 的升高，过氧化氢的稳定性下降，其在碱性条件下迅速分解，生成自由基的能力下降，因此，pH 越大降解效果越差。覃彩凤等研究表明，HA 在酸性的条件下的降解效果明显优于碱性条件，在 pH 为 4 时效果最佳，降解体系自由基含量最高，这与该研究的结果相似。

(5) 降解时间对 HA 降解的影响 利用 0.1 mol/L 的氯化钠制备浓度为 0.1%的 HA 溶液，分别加入 H_2O_2 及 Vc，使二者的比例为 1∶1，终浓度均为 1 mmol/L，调节溶液的 pH 至 4，利用微波加热并维持在 60 ℃降解 5min、10 min、20 min、30 min、60 min、120 min，探讨 HA 降解的动力学过程，结果见图 9-186。

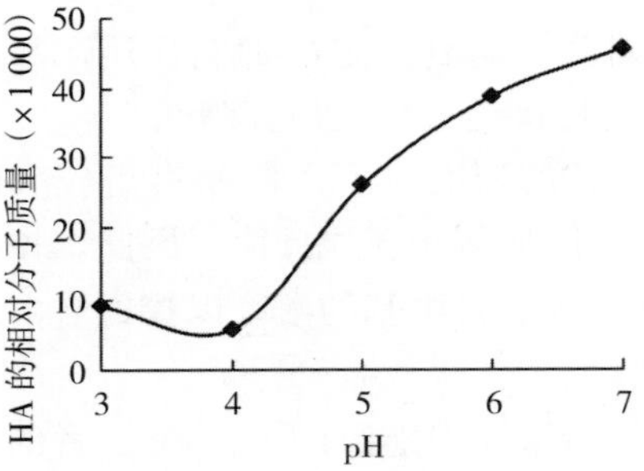

图 9-185　pH 对罗非鱼鱼眼 HA 降解的影响

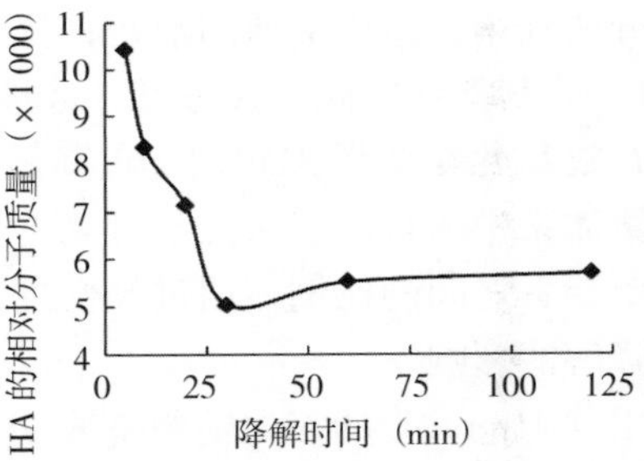

图 9-186　降解时间对罗非鱼鱼眼 HA 降解的影响

由图 9-186 可以看出，由于自由基反应迅速，存在时间短，因此在反应初期 HA 的相对分子质量下降迅速，30 min 后随着时间的延长降解逐渐趋于稳定，当降解时间超过60 min 时相对分子质量下降缓慢，几乎没有降解效应，因此，选择降解时间为 20～30 min。

(6) 葡萄糖醛酸含量的变化 由图 9-187 可知，试验组葡萄糖醛酸的含量为 34.96%，略低于对照组的 40.40%，说明降解过程中 HA 的糖环有少部分遭到破坏，为更精确地说明降解对 HA 结构的影响，对样品分别进行了紫外光谱和红外光谱扫描。

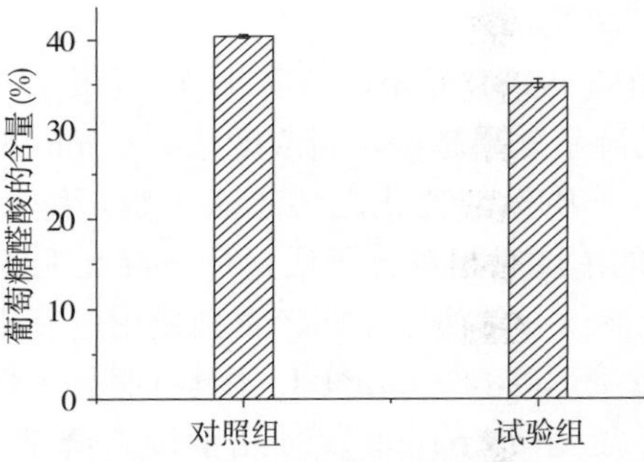

图 9-187　降解对葡萄糖醛酸含量的影响

对照组．未进行降解的 HA　试验组．LMWHA，降解条件为微波、温度 60 ℃、pH 4、H_2O_2∶Vc 为 1∶1、过氧化氢添加量 3 mmol/L、降解时间 30 min，下同

(7) LMWHA 红外光谱分析　由图 9-188 可知，LMWHA 和 HA 的红外吸收光谱一致，说明降解未对 HA 的基本结构造成较大影响。二者在 3 417.90 cm^{-1}处均有较强的吸收峰，此处为 O—H、N—H 的伸缩振动；在 2 935.66 cm^{-1}处有吸收，此处为 C—H 的伸缩振动，说明存在多甲基结构；1 648.46 cm^{-1}、1 412.54 cm^{-1}处分别为C═O、C—O 的伸缩振动的吸收峰，1 141.86 cm^{-1}、1 076.28 cm^{-1}、1 041.56 cm^{-1}分别代表 C—O—C（氧桥）、C—O（六元环）和 C—OH 结构；1 564.63 cm^{-1}处为 C—N 伸缩振动的吸收峰，1 317.37 cm^{-1}为 O—H、N—H 弯曲振动的吸收峰。

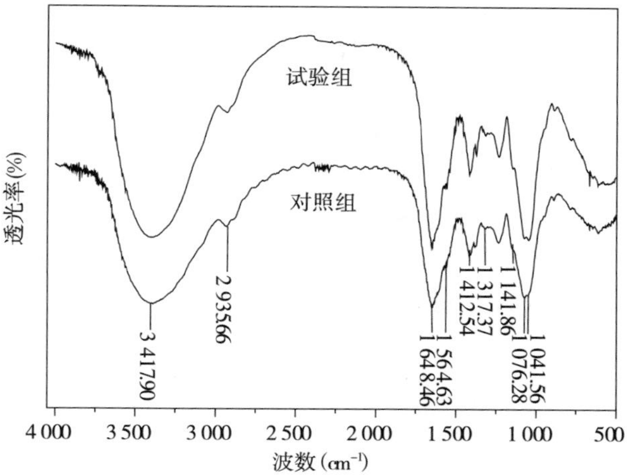

图 9-188　降解前后 HA 的红外光谱

(8) LMWHA 紫外光谱分析　由图 9-189 可知，试验组和对照组的紫外吸收光谱基本一致，说明降解过程对 HA 结构破坏较小，Wu Yue 等利用臭氧处理 HA，降解前后 HA 的紫外吸收光谱一致，与该研究结果相似；试验组在 260 nm 处出现微弱的吸收峰，这可能缘于降解时主链断裂或者脱氢反应产生的不饱和结构，Kim 等利用伽马射线降解 HA 时，降解产物在 265 nm 处出现吸收峰，随着射线剂量的加强吸收峰值越大，产生的不饱和键越多。

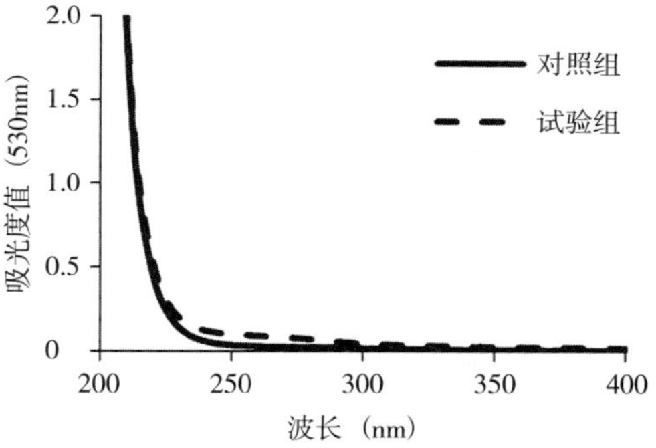

图 9-189　降解前后 HA 的紫外光谱

三、LMWHA 的制备及抗氧化特性

自由基在人体正常的新陈代谢过程中不断生成，适量的自由基是维持人体正常的生理活动必不可少的，如促进细胞的增殖分化、协助白细胞吞噬微生物、参与蛋白质的合成等，但当其量超出一定水平的时候，机体不能清除这些多余的自由基就会对人体造成较大的损害。自由基能攻击细胞膜上的糖蛋白、磷脂，导致细胞膜的损害，引起细胞的破坏和突变；自由基能使生物体的大分子物质发生氧化，从而加速人体的衰老，引起各种疾病，如心脏病、关节炎、白内障、癌症等。研究发现，自然界中的抗氧化物质种类繁多，包括酚类、糖类、蛋白类、肽类、黄酮类等化合物，这些抗氧化剂通过直接或者间接的方式清除生物体内的自由基，从而减少自由基对生物体的损害。天然抗氧化剂具有安全、高效等特点，使得其能在医药、食品、化妆品中得到广泛的利用。

HA具有一定的生理活性，其生物活性和相对分子质量大小具有一定的相关性，LMWHA具有大相对分子质量HA所不具有的特殊生理功能，例如，促进细胞增殖、调节机体的免疫功能、抗癌、创伤无痕修复等。该研究利用微波结合过氧化氢+抗坏血酸法降解罗非鱼鱼眼HA，制备相对分子质量不同的LMWHA，并通过研究其对·OH、DPPH的清除及还原力的大小考察LMWHA的抗氧化能力，利用紫外、红外光谱对其结构进行分析并初步探讨其抗氧化的机理。

1. LMWHA的制备

（1）HA相对分子质量分布 制得不同相对分子质量的LMWHA，见表9-96。

表9-96 LMWHA的相对分子质量

LMWHA	相对分子质量区间（×1 000）	相对分子质量（×1 000）
LMWHA1	<5	1.17
LMWHA2	5～10	7.40
LMWHA3	10～30	28.35
LMWHA4	30～60	42.61

（2）降解方法对HA紫外光谱的影响 由图9-190可知，降解前后HA的紫外光谱略有差异，且随着的相对分子质量的减小，差异性越大。LMWHA在260 nm处均出现不同程度的吸收，相对分子质量越小吸收越大，说明降解对HA的微结构造成了一定的影响。根据Kim等研究可知，260 nm处的吸收可能缘于降解时主链断裂或者脱氢反应产生的不饱和结构，该结构对LWMHA的抗氧化性能有一定的影响。Kim等利用伽马射线降解HA时发现，降解产物在265 nm处出现较强的吸收，且随着射线剂量的加强该波长处的吸收强度越大。

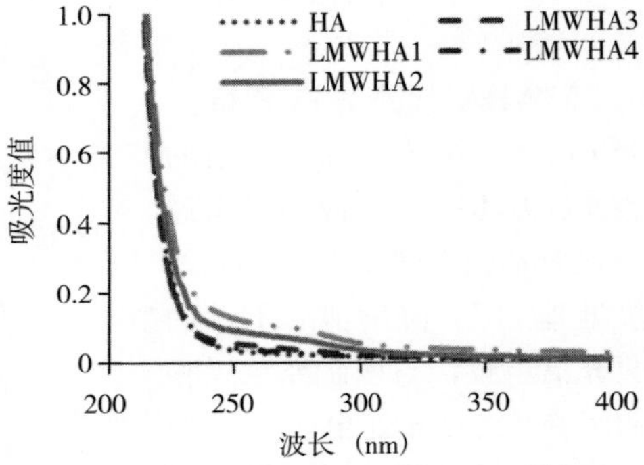

图9-190 不同相对分子质量LMWHA的紫外光谱

（3）降解方法对HA红外光谱的影响 由图9-191可知，LMWHA和HA的红外吸收光谱一致，说明降解反应未对HA的基本结构造成较大影响。二者在3 417.90/cm处均有较强的吸收峰，此处为O—H、N—H的伸缩振动，说明存在多羟基结构；在

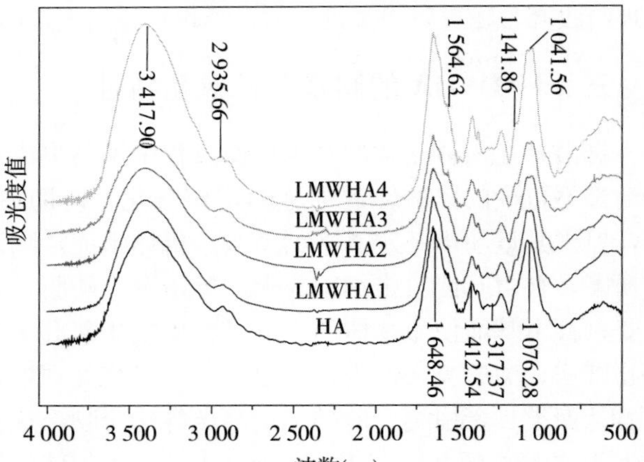

图9-191 不同相对分子质量LMWHA的红外光谱

2 935.66/cm处有吸收，此处为 C—H 的伸缩振动，说明存在多甲基结构；1 648.46/cm、1 412.54/cm处分别为C═O、C—O 的伸缩振动的吸收峰，1 141.86/cm、1 076.28/cm、1 041.56/cm分别代表C—O—C（氧桥）、C—O（六元环）和C—OH 结构；1 564.63/cm处为C—N 伸缩振动的吸收峰，1 317.37/cm 为O—H、N—H 弯曲振动的吸收峰。

2. 不同相对分子质量 LMWHA 抗氧化效果比较

（1）不同相对分子质量 LMWHA 对 DPPH·清除能力的比较　由图 9-192 可知，不同相对分子质量 LMWHA 清除 DPPH 的效果均与其浓度正相关，随着浓度的增大，清除率升高。LMWHA1 的清除效果最好，明显高于 LMWHA2、LMWHA3、LMWHA4，在各浓度条件下均差异性显著（$P<0.05$），而 LMWHA2 与 LMWHA3、LMWHA3 与 LMWHA4 差异性不显著（$P<0.05$），LMWHA2 与 LMWHA4 差异性显著（$P<0.05$）。当 LMWHA1 浓度为 5 mg/mL 时，清除率达到 89%，而此浓度下 LMWHA2、LMWHA3、LMWHA4 对 DPPH 的清除率分别为 49%、43%、38%，根据计算可知 4 种 LMWHA 的 IC_{50} 分别为 0.79mg/mL、4.83mg/mL、5.69mg/mL、6.51 mg/mL，其值随着相对分子质量的增大而增大，说明 LMWHA 清除 DPPH 的能力和其相对分子质量存在一定的相关性，相对分子质量越大，清除能力越差，这与邹朝晖等研究结果类似，随着辐照强度的增加，HA 的相对分子质量逐渐下降，其清除 DPPH 的能力也随之增强。LMWHA 清除 DPPH 的能力可能和其在 260 nm 处的吸收有关，吸收越强，其清除能力越强，而该波长的光吸收说明有双键的存在，微波结合过氧化氢+抗坏血酸降解法可能使得 HA 的吡喃羧酸环产生双键，且随着降解强度的增大双键数量越多，清除 DPPH 的能力越强，Jong-il Choi 等研究也得到了相似的结果，因此，推测降解形成的双键影响着 LMWHA 清除 DPPH 的能力。

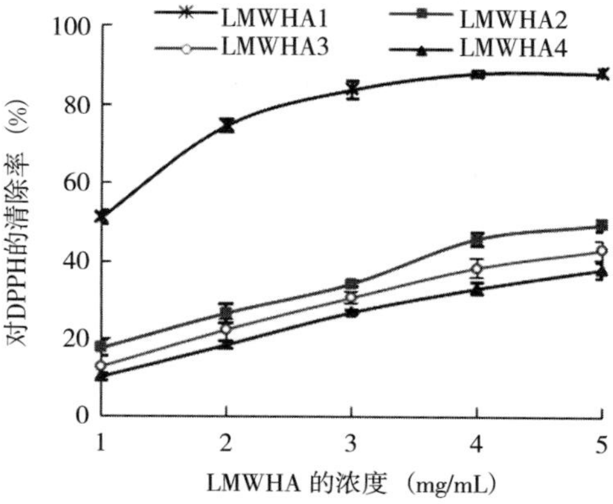

图 9-192　不同相对分子质量 LMWHA 对 DPPH 的清除作用

（2）不同相对分子质量 LMWHA 对·OH 清除效果的比较　由图 9-193 可知，不同相对分子质量大小的 LMWHA 均有较强的清除·OH 的能力，且清除能力差异性较小，只在浓度为 5 mg/mL 时 LMWHA1、LMWHA2 同 LMWHA3、LMWHA4 差异性显著（$P<0.05$），其他条件下 4 种 LMWHA 对·OH 的清除率差异性均不显著，LMWHA1、LMWHA2、LMWHA3、LMWHA4 的 IC_{50} 分别为 4.39 mg/mL、4.64 mg/mL、4.78 mg/mL、4.82 mg/mL，由 IC_{50} 可知，随着 LMWHA 相对分子质量的下降，其清除·OH 的能力也有小幅度的降低，说明相对分子质量的大小对 HA 清除·OH 的能力有一定影响，但不是很显著。邹朝晖等利用 ^{60}Co γ 射线降解 HA，随着辐照强度的增加，HA 的相对分子质量逐渐下降，其清除·OH 的能力也随之下降；杨文鸽等利用过氧化氢结合抗坏血酸法降解龙须菜多糖，降解后多糖清除·OH 的能力下降，且相对分子质量越低清除能力越差；代琼等研究发现相对分子质量为 10 000～80 000 之间的 LMWHA 清除·OH 的能力最强，

当相对分子质量小于 10 000 时，清除能力反而有所下降，但仍远大于降解前的 HA。目前认为，HA 清除・OH 的方式有两种：一种是直接清除・OH，HA 分子链上存在大量的氢原子，能与自由基结合生成水。通过对 HA 的结构进行分析可知，降解前后 HA 的基本结构未发生变化，因此可能并不影响 HA 链上的氢原子和・OH 的结合；另一种是螯合产生・OH 反应中所必需的过渡金属，如 Fe^{3+}、Cu^{2+}，使得自由基反应中断，研究表明，HA 螯合金属离子的能力和其相对分子质量大小没有直接的关系，因此相对分子质量的变化并不影响 HA 清除・OH 的能力。

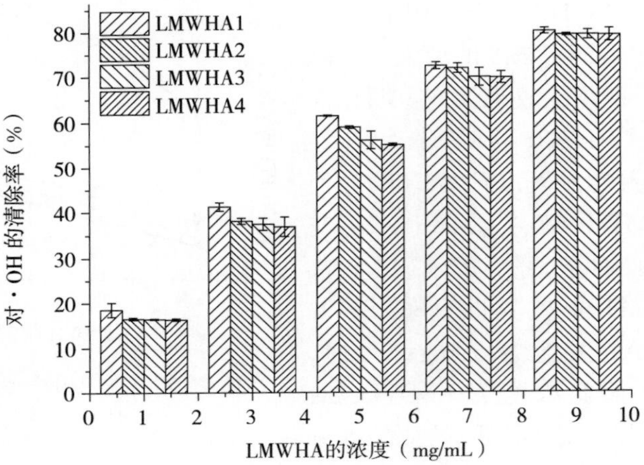

图 9-193　不同相对分子质量 LMWHA 对羟自由基的清除效果

（3）不同相对分子质量 LMWHA 还原力大小的比较　由图 9-194 可知，不同相对分子质量大小的 LMWHA 均具有一定的还原力，且均随着浓度的增大而增大，其中 LMWHA1 增大的速率较快，LMWHA2、LMWHA3、LMWHA4 增大相对较慢。LMWHA1 的还原力远大于 LMWHA2、LMWHA3、LMWHA4，在不同的浓度下均差异性显著（$P<0.05$），后三者在浓度小于 5 mg/mL 时差异性显著，随着浓度的升高差异性减小，当浓度为 12 mg/mL 时三者之间差异性不显著，当浓度为 12mg/mL 时，LMWHA1 的 A700 为 0.67，而后三者的 A700 分别为 0.2、0.17、0.16。柯春林等利用 Fe^{2+}-$S_2O_8^{2-}$ 氧化体系降解 HA，降解得到的 LMWHA 还原力高于 HA；杨文鸽等利用过氧化氢结合抗坏血酸法降解龙须菜多糖，降解后多糖的还原力升高，且相对分子质量越低还原力越高。同清除 DPPH 的机理类似，由于吡喃羧酸环双键的存在，LMWHA 能将 Fe^{3+} 还原为 Fe^{2+}，随着降解强度的加大、相对分子质量的降低，LMWHA 上形成的双键就会越多，还原力越大。

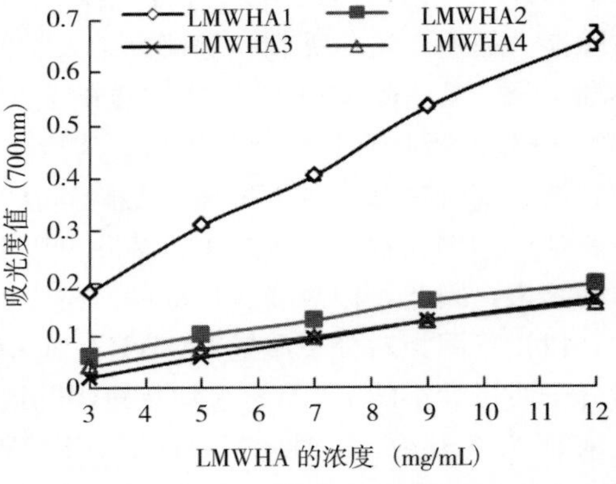

图 9-194　不同相对分子质量 LMWHA 还原力的大小

参　考　文　献

岑剑伟，李来好，杨贤庆．2007. 海鲜酱制备工艺技术的研究［J］．现代食品科技，23（10）：44-49.

岑剑伟，李来好，杨贤庆．2014. 酶解法提取罗非鱼血液中血红素的工艺条件研究［J］．食品科学，35（16）：29-33.

常平，梁振昌．1994. 罗非鱼的养殖概况及其发展前景［J］．水产科技，（4）：10-11.

陈胜军，陈辉，高瑞昌，等．2014. 超声波辅助酶解法提取罗非鱼鱼眼 HA 工艺条件［J］．核农学报，28（8）：1446-1452.

陈胜军，李来好，杨贤庆，等．2007. 我国罗非鱼产业现状分析及提高罗非鱼出口竞争力的措施［J］．南方水产，3（1）：75-80.

陈胜军，李来好，曾名勇，等．2005. 罗非鱼鱼皮胶原蛋白降血压酶解液的制备与活性研究．食品科学，26（8）：229-233.

陈星星，胡晓，李来好，等．2014. 罗非鱼鱼肉及组分蛋白酶解产物的抗氧化特性［J］．食品工业科技，http：//www. cnki. net/kcms/detail/11. 1759. TS. 20141024. 1426. 024. html.

丁新，徐波，黄海，等．2011. 罗非鱼鱼鳞胶原提取工艺研究［J］．食品工业（2）：17-19.

国家技术监督局．1997. 食品卫生检验方法（理化部分）［M］．北京：中国标准出版社．

郝志明，吴燕燕，李来好．2006. 罗非鱼内脏中酶的筛选［J］．南方水产，2（2）：38-42.

何雪莲．2007. 罗非鱼加工下脚料发酵生产鱼露的研究［D］．儋州市：华南热带农业大学．

胡晓，孙恢礼，李来好，等．2012. 我国酶解法制备水产功能性肽的研究进展［J］．食品工业科技，33（24）：410-413.

胡振珠，杨贤庆，马海霞．2010. 罗非鱼骨粉制备氨基酸螯合钙及其抗氧化性研究［J］．食品科学，31（20）：141-145.

黄晓敏，吴泽明，于新．2013. 罗非鱼皮和鱼鳞胶原蛋白的特性研究［J］．仲恺农业工程学院学报，26（3）：24-26.

黄志斌，李淡秋，蒋静娟．1989. 加工工艺条件对水产品脂肪酸的影响［J］．海洋渔业，11（6）：251-253.

霍健聪，邓尚贵，童国忠．2010. 鱼蛋白酶水解物亚铁螯合修饰物抑菌特性及机理研究［J］．中国食品学报，10（5）：83-90.

姜素英，过世东，刘海英．2012. 罗非鱼骨休闲食品生产工艺的探讨［J］，食品工业科技，33（1）：252-255.

柯春林，乔德亮，曾晓雄．2010. 低相对分子质量 HA 的制备及其抗氧化活性的研究［J］．食品工业科技，（1）：107-111.

李川，段振华，龙映均，等．2009. 罗非鱼头中硫酸软骨素提取的工艺优化［J］．食品科学，30（20）：234-237.

李来好，刘在军，岑剑伟．2013. 离子交换法纯化罗非鱼血超氧化物歧化酶的研究［J］．食品工业科技，34（1）：137-139

李来好，吴燕燕，李刘冬．2002. 特种水产品加工技术［M］．广州：广东科技出版社．

刘福岭，戴行钧．1987. 食品物理与化学分析方法［M］．北京：中国轻工业出版社：744-756.

刘慧清，周春霞，洪鹏志，等．2013. 罗非鱼头蛋白质的提取及性质研究［J］．食品与发酵工业（2）：241-246.

刘诗长，周春霞，洪鹏志，等．2011. 罗非鱼下脚料分离蛋白的制备及其性质研究［J］．食品研究与开发，32（6）：38-42.
刘在军，岑剑伟，李来好 . 2012. 罗非鱼血液综合利用的研究思路及展望［J］. 南方水产科学，8（2）：76-80.
马海霞，杨贤庆，胡振珠，等 . 2012. 复合氨基酸螯合钙的合成工艺优化［J］. 食品与机械，28（1）：214-218.
马海霞，杨贤庆，李来好，等 . 2013. 微生物发酵罗非鱼骨粉工艺条件的优化［J］. 食品科学，34（3）：193-197.
马赛蕊，胡晓，吴燕燕，等 . 2012. 罗非鱼肉蛋白酶解液的抗氧化活性［J］. 食品科学，33（19）：52-56.
祁云云，张凯，丁晓墅，等 . 2006. 国内活性钙研究现状［J］. 天津化工，20（2）：14-15.
乔庆林，李集成 . 1991. 鱼油研究进展［J］. 海洋渔业，13（3）：137-140.
邱松山，姜翠翠，海金萍 . 2010. 罗非鱼加工中废弃物的综合利用探讨［J］. 食品与发酵科技，46（3）：22-25.
邱志超 . 2010. 罗非鱼酥脆鱼骨及细滑骨肉酱的研制［D］. 广州：华南理工大学 .
任增超，周春霞，洪鹏志，等 . 2009. 罗非鱼下脚料蛋白合成类蛋白反应的工艺优化［J］. 食品与发酵工业（3）：75-80.
石红，郝淑贤，邓国艳，等 . 2008. 利用鱼类加工废弃鱼骨制备鱼骨粉的研究［J］. 食品科学，29（9）：295-298.
藤田孝夫 . 1981. 高度不饱和脂肪酸と健康・水产食品と营养餐［M］. 东京：恒星社厚生阁刊：12.
王玉华，万刚，甘正华 . 2011. 风味罗非鱼皮加工工艺的研究［J］. 肉类工业（8）：33-36.
王子怀，胡晓，李来好，等 . 2014. 肽-金属离子螯合物的研究进展［J］. 食品工业科技，35（8）：359-362.
位绍红，许永安，吴靖娜 . 2010. 罗非鱼鱼鳞提取明胶的工艺研究［J］. 渔业科学进展，31（3）66-76.
吴克刚，张文祥，柴向华，等 . 2013. 高压蒸煮软化罗非鱼鱼骨的研究［J］. 食品工业科技，15：210-212.
吴克刚，郑东方，柴向华 . 2006. 辛烯基琥珀酸淀粉微胶囊化浓缩鱼油的研究［J］. 食品研究与开发，27（3）：4-6.
吴燕燕，郝志明，李来好，等 . 2006. 罗非鱼肝脏中辅酶 Q10 的研究［J］. 中国食品学报，6（1）：195-199.
吴燕燕，李来好，岑剑伟，等 . 2006. 酶法由罗非鱼加工废弃物制取调味料的研究［J］. 南方水产，2（1）：49-53.
吴燕燕，李来好，韩君莉 . 2008. 吉富罗非鱼不同组织中 4 种同工酶研究［J］. 生物技术通报（S_1）：319-323.
吴燕燕，李来好，郝志明，等 . 2007. 罗非鱼肝脏中超氧化物歧化酶的提取、纯化与分析［J］. 水产学报，31（4）：518-524.
吴燕燕，李来好，郝志明，等 . 2010. 罗非鱼肠蛋白酶的分离纯化及性质［J］. 水产学报，34（3）：358-366.
吴燕燕，李来好，林洪，等 . 2005. 罗非鱼骨制备 CMC 活性钙的工艺及生物利用的研究［J］. 食品科学，26（2）：114-117.
吴燕燕，王剑河，李来好，等 . 2007. 罗非鱼内脏蛋白酶超声波提取工艺的研究［J］. 食品科学，28（7）：245-248.
吴燕燕 . 2009. 罗非鱼内脏酶的提取、纯化及特性研究［D］. 青岛：中国海洋大学 .
夏松养，谢超，霍建聪，等 . 2008. 鱼蛋白酶水解物的钙螯合修饰及其功能活性［J］. 水产学报，32

（3）：471-477.
熊俊娟，丁利君，叶少芳 . 2011. 罗非鱼蛋白酶解制取鱼露及其抗氧化研究［J］. 食品科技，36（10）：232-235.
薛佳，曾名湧，董士远，等 . 2011. 罗非鱼加工下脚料速酿低盐优质鱼露的研究［J］. 中国调味品，36（4）：41-47.
颜伟，吴燕燕，李来好 . 2006. 酶制剂在水产品保鲜中的应用［J］. 水产科学，25（12）：661-662.
杨建延，刘海英，过世东 . 2013. 双酶水解罗非鱼碎肉制备肉味香精前体物研究［J］. 食品工业科技，34（1）：175-179.
杨贤庆，杨燕，马海霞，等 . 2011. 酶解罗非鱼鱼骨粉制备可溶性钙的工艺研究［J］. 食品工业科技，32（12）：221-225.
杨贤庆，张帅，郝淑贤，等 . 2009. 罗非鱼皮胶原蛋白的提取条件优化及性质［J］. 食品科学（16）：106-110.
杨贤庆，张帅，郝淑贤，等 . 2009. 罗非鱼皮胶原蛋白的提取条件优化及性质［J］. 食品科学，30（16）：123-183.
杨燕 . 2012. 益生菌发酵鱼骨粉制备高钙营养产品的研究［D］. 上海：上海海洋大学 .
叶小燕，曾少葵，余文国，等 . 2008. 罗非鱼皮营养成分分析及鱼皮明胶提取工艺的探讨［J］. 南方水产，4（5）：55-60.
叶小燕，曾少葵，余文国，等 . 2008. 罗非鱼皮营养成分分析及鱼皮明胶提取工艺的探讨［J］. 南方水产科学，4（5）：55-60.
易美华 . 2012. 微细罗非鱼骨泥的研制与应用［D］. 无锡：江南大学 .
曾少葵，刘坤，吴艺堂，等 . 2013. 脱钙罗非鱼鱼鳞明胶提取工艺优化及其理化性质［J］. 南方水产科学，9（2）：38-44.
曾学熙，刘书成，欧广勇，等 . 2007. 从鱼糜下脚料中提取鱼油的研究［J］. 南方水产，3（2）：60-65.
张莲，王金鹏，孔子青，等 . 2010. 硫酸软骨素的降解及其降解产物抗氧化活性的测定［J］. 食品工业科技（12）：180-182.
张茜，曾凡骏，曾里 . 2006. 氨基酸螯合钙奶味咀嚼片的研制［J］. 食品工业科技，27（8）：132-134.
张祯 . 2012. 罗非鱼加工副产物制备水产品调味基料的研究［D］. 青岛：中国海洋大学 .
郑凤翥，王世平 . 2009. 牛血血红蛋白酶解液钙螯合物制备工艺研究［J］. 中国粮油学报，23（3）：127-132.
中国科学院数学研究所统计组 . 1979. 常用数理统计方法［M］. 北京：科学出版社 .
钟朝辉，李春美，梁晋鄂，等 . 2006. 鱼鳞胶原蛋白提取工艺的优化［J］. 食品科学，27（7）：162-166.
周婉君，王剑河，吴燕燕，等 . 2007. 水发鱼皮工艺研究［J］. 食品科学，28（8）：233-236.
周婉君，吴燕燕，李来好，等 . 2006. 即食型休闲食品“油炸鱼皮”工艺研究［J］. 南方水产，2（1）：62-65.
Abou-Gharbia H A，Shehata A A Y，Youssef M，et al. 1996. Oxidative stability of sesame paste［J］. Journal of Food Lipids（3）：129-137.
Alkrad J A，Mrestani Y，Stroehl D，et al. 2003. Characterization of enzymatically digested hyaluronic acid using NMR，Raman，IR，and UV－Vis spectroscopies［J］. Journal of pharmaceutical and biomedical analysis，31（3）：545-550.
Andersen S. 1995. Microencapsulation omega-3 fatty acids from marine sources［J］. Lipid Technology，（7）：61-85.
Bernard F G，Selim K，Inteaz A. 1999. Encapsulation in the food industry：A review［J］. International

Journal of Food Sciences and Nutrition，50（5）：213-217.

Bitter T，Muir H M. 1962. A modified uronic acid carbazole reaction [J]. Analytical biochemistry，4（4）：330-334.

Bligh E G，Dyer W J. 1959. A method of total lipid extraction and purification [J]. Can J Bioch phys（37）：911-917.

Bourgoin BP，et al. 1993. Lead content in 70 brands of dietary calcium supplements [J]. Am J Public Health，83：1155-1160.

Cacciuttolo M A，Trinh L，Lumpkin J A，et al. 1993. Hyperoxia induces DNA damage in mammalian cells [J]. Free Radic Biol Med，14（3）：267-276.

Chen S，et al. 2015. Degradation of hyaluronic acid derived from tilapia eyeballs by a combinatorial method of microwave，hydrogen peroxide，and ascorbic acid [J]. Polymer Degradation and Stability，112：117-121.

Cho S M，Gu Y S，Kim S B. 2005. Extracting optimization and physical properties of yellowfin tuna（*Thunnus albacares*）skin gelatin compared to mammalian gelatins [J]. Food Hydrocolloids（19）：221-229.

Deng S G，Huo J C，Xie C. 2008. Preparation by enzymolysis and bioactivity of iron complex of fish protein hydrolysate（Fe-FPH）from low value fish [J]. Chin J Oceanol Limnol，26（3）：300-306.

Fessler J H，Fessler L I. 1966. Electron microscopic visualization of the polysaccharide hyaluronic acid [J]. Proceedings of the National Academy of Sciences of the United States of America，56（1）：141.

Kanchana S，Arumugam M，Giji S，et al. 2013. Isolation，characterization and antioxidant activity of hyaluronic acid from marine bivalve mollusk [J]. Bioactive Carbohydrates and Dietary Fibre，2（1）：1-7.

Kim S，Je J，Kim，S. 2007. Purification and characterization of antioxidant peptide from hoki（*Johnius belengerii*）frame protein by gastrointestinal digestion [J]. J Nutr Biochem，18（1）：31-38.

Megías C，Pedroche J，Yust M M. 2007. Affinity purification of copper-chelating peptides from sunflower protein hydrolysates [J]. J Agric Food Chem，55（16）：6509-6514.

Miller J Z，et al. 1988. Calcium absorption from calcium carbonate and a new form of calcium（CCM）in healthy male and female adolescents [J]. Am J Clin Nutr，48：1291-1294.

Miquel E，Farre R. 2007. Effects and future trends of casein phosphopeptides on zinc bioavailability [J]. Trends Food Sci Technol，18（3）：139-143.

Murado M A，Montemayor M I，Cabo M L，et al. 2012. Optimization of extraction and purification process of hyaluronic acid from fish eyeball [J]. Food and Bioproducts Processing，90（3）：491-498.

Nicar MJ，Pak CYC. 1985. Calcium bioavailability from calcium carbonate andcalcium citrate [J]. J Clin Endocrinol Met，61：391-393.

Osawa T，Namiki M. 1985. Natural antioxidants isolated from eucalyptus leaf waxes [J]. Journal of Agriculture and Food Chemistry，33（3）：777-780.

Rajapakse N，Mendis E，Jung W K，et al. 2005. Purification of a radical scavenging peptide from fermented mussel sauce and its antioxidant properties [J]. Food Res Int，38：175-182.

Ren J Y，Zhao M M，Shi J，et al. 2008. Purification and identification of antioxidant peptides from grass carp muscle hydrolysates by consecutive chromatography and electrospray ionization-mass spectrometry [J]. Food Chem，108：727-736.

Saiga A，Tanabe S，Nishimura，T. 2003. Antioxidant activity of peptides obtained from porcine myofibrillar

protein by protease treatment [J] . J Agric Food Chem, 51: 3661-3667.
Stohs S J, Bagehi D. 1995. Oxidative mechanisms in the toxicity of metal ions [J] . Free Radic Biol Med, 18 (2): 321-336.
Suetsuna K, Ukeda H, Ochi H. 2000. Isolation and characterization of free radical scavenging activities peptides derived from casein [J] . J Nutr Biochem, 11: 128-131.
Torres-Fuentes C , Alaiz M, Vioque J, et al. 2012. Iron-chelating activity of chickpea protein hydrolysate peptides [J] . Food Chem, 134 (3): 1585-1588.
Udaya N Wanasundara, Fereidoon Shahidi. 1998. Antioxidant and pro-oxidant activity of green tea extracts in marine oils [J] . Food Chemistry, 63: 335-342.
Wang C, Li B, Ao J. 2012. Separation and identification of zinc-chelating peptides from sesame protein hydrolysate using IMAC-Zn2+ and LC-MS/MS [J] . Food Chem, 134: 1231-1238.
Wang X, Li M, Li M, et al. 2011. Preparation and characteristics of yak casein hydrolysate-iron complex [J] . Int J Food Sci Technol, 46: 1705-1710.
Zhou J, Wang X, Ai T, et al. 2012. Preparation and characterization of β-lactoglobulin hydrolysate-iron complexes [J] . Dairy Sci, 95: 4230-4236.

附　　录

附录一　GB/T 21290—2007 冻罗非鱼片

1　范围

本标准规定了冻罗非鱼片产品要求、试验方法、检验规则、标志、包装、贮存、运输。

本标准适用于以罗非鱼（*Tilapia mossambica* Peters）为原料，经剖片冷冻加工的非生食冻罗非鱼片。

2　规范性引用文件

下列文件中的条款通过本标准的引用而成为本标准的条款。凡是注日期的引用文件，其随后所有的修改单（不包括勘误的内容）或修订版均不适用于本标准，然而，鼓励根据本标准达成协议的各方研究是否可使用这些文件的最新版本。凡是不注日期的引用文件，其最新版本适用于本标准。

GB 2760　食品添加剂使用卫生标准

GB/T 4789.2　食品卫生微生物学检验　菌落总数测定

GB/T 4789.3　食品卫生微生物学检验　大肠菌群测定

GB/T 4789.4　食品卫生微生物学检验　沙门氏菌检验

GB/T 4789.10　食品卫生微生物学检验　金黄色葡萄球菌检验

GB/T 5009.11　食品中总砷及无机砷的测定

GB/T 5009.12　食品中铅的测定

GB/T 5009.15　食品中镉的测定

GB/T 5009.17　食品中总汞及有机汞的测定

GB/T 5009.8—2003　食品中磷的测定

GB 5749　生活饮用水卫生标准

GB 7718—2004　预包装食品标签通则

NY 5070—2002　无公害食品　水产品中渔药残留限量

SC/T 3009　水产品加工质量管理规范

SC/T 3015　水产品中土霉素、四环素、金霉素残留量的测定

SC/T 3016　水产品抽样方法

SC/T 3017　冷冻水产品净含量的测定

3　要求

3.1　原料及辅料

3.1.1　原料

所用原料应为健康、无污染的可供人类食用活体罗非鱼。加工前原料鱼应在洁净的淡水池中暂养 2h 以上。

3.1.2　辅料

所用食品添加剂的品种和用量应符合 GB 2760 的规定。

3.2　加工要求

3.2.1　生产人员、环境、车间及设施、生产设备及卫生控制程序应符合 SC/T 3009 的规定。

3.2.2　加工用水应符合 GB 5749 的要求。

3.2.3　产品应经镀冰衣（单冻）或包冰被（块冻）或真空包装。

3.3　感官要求

感官要求见表 1。

表 1　感官要求

项目		要求
冻品		冰衣或冰被均匀覆盖鱼片，无明显干耗和软化现象，单冻产品个体间应易于分离。真空包装产品包装袋无破损
解冻后	色泽	具有罗非鱼肉固有色泽、无干耗、变色现象
	形态	鱼片边缘整齐、允许在冻鱼块边缘的鱼片肉质有稍微的松散，允许个别鱼片的鱼肉部分剥离
	气味	气味正常、无异味
	肌肉组织	紧密有弹性
	杂质	允许略有少量的皮下膜、小血斑、小块的皮和长度小于 5 mm 的小鱼刺，无外来杂质
	寄生虫	1 kg 样品中，直径大于 3 mm 的囊状寄生虫或长度大于等于 10 mm，非囊状幼虫不应大于 2 个

3.4　理化指标

理化指标见表 2。

表 2　理化指标

项目	指标
冻品中心温度（℃）	≤−18
净含量负偏差（%）	≤±4（≤1 000 g） ≤±3（1 000 g～2 500 g） ≤±2（2 500g～5 000 g） ≤±1（>5 000 g）
磷酸盐（g/kg，以 P_2O_5 计）	≤10

3.5　安全指标

安全指标见表 3。

表3　安全指标

项目	指 标
土霉素（mg/kg）	≤0.1
无机砷（mg/kg）	≤0.1
甲基汞（mg/kg）	≤0.5
铅（mg/kg）	≤0.5
镉（mg/kg）	≤0.1
细菌总数（CFU/g）	$<5\times10^6$，且5个检样中至少有2个的检出值$<5\times10^5$
大肠菌群（MPN/g）	<500，且5个检样中至少有2个检出值<11
金黄色葡萄球菌（CFU/g）	<100
沙门氏菌	不得检出

4　试验方法

4.1　感官检验

在光线充足、无异味、清洁卫生的环境中，将试样置于白色搪瓷盘或不锈钢工作台上，按3.2条表1内容逐项检验。

4.1.1　冻品外观检验

将试样置于白色搪瓷盘或不锈钢工作台上，按本标准3.2条表1中冻品的要求逐项进行检验，寄生虫的检验应在日光灯虫检台上进行检验。

4.1.2　完全解冻

4.1.2.1　将样品打开包装，放入不渗透的薄膜袋内捆扎封口，置于解冻容器内，由容器的底部通入流动的自来水。

4.1.2.2　水温控制不应高于21℃，解冻后鱼体应控制在0℃～4℃。判断产品是否完全解冻可通过不时轻微挤压薄膜袋，挤压时不得破坏鱼的质地，当感觉没有硬心或冰晶时，即可认为产品已经完全解冻。

4.1.3　解冻后感官检验

将按4.1.2方法解冻后的试样置于白色搪瓷盘或不锈钢工作台上，按本标准3.2条表1中解冻后的色泽、形态、气味、肌肉组织、杂质要求逐项进行检验。

4.2　理化指标的检验

4.2.1　冻品中心温度的测定

用钻头钻至冻品的几何中心部位，取出钻头立即插入温度计，等温度计指示温度不再下降时，读数。

4.2.2　净含量偏差的测定

4.2.2.1　**测定方法**

按SC/T 3017的规定执行。

4.2.2.2　**净含量偏差的计算**

净含量偏差量按公式（1）计算：

$$A_2 = \frac{m_1 - m_0}{m_0} \times 100 \quad \cdots\cdots (1)$$

式中 A_1——净含量偏差，%；

m_0——样本标示净含量，单位为克（g）

m_1——样本实际净含量，单位为克（g）。

4.2.3　磷酸盐的测定

按 GB/T 5009.87 中的规定进行测定，检验结果以 P_2O_5 计。

4.3　安全指标的测定

4.3.1　土霉素的测定

按 SC/T 3015 的规定进行测定。

4.3.2　无机砷（以 As 计）的测定

将样品按 4.1.2 的方法解冻后，按 GB/T 5009.11 的规定进行测定。

4.3.3　甲基汞的测定

按 GB/T 5009.17 的规定进行测定。

4.3.4　铅的测定

按 GB/T 5009.12 的规定进行测定。

4.3.5　镉的测定

按 GB/T 5009.15 的规定进行测定。

4.3.6　菌落总数的测定

按 GB/T 4789.2 的规定进行检验。

4.3.7　大肠菌群的测定

按 GB/T 4789.3 的规定进行检验。

4.3.8　金黄色葡萄球菌检验

按 GB/T 4789.10 的规定进行检验

4.3.9　沙门氏菌检验

按 GB/T 4789.4 的规定进行检验。

5　检验规则

5.1　组批规则与抽样方法

5.1.1　组批规则

在原料及生产条件基本相同下同一天或同一班组生产的产品为一批，按批号抽样。

5.1.2　抽样方法

5.1.2.1　微生物指标检验抽样方法：每批产品随机抽取至少五个最小包装件用于微生物指标检验。

5.1.2.2　除微生物指标外的其他指标抽样方法按 SC/T 3016 的规定执行。

5.2　检验分类

产品分为出厂检验和型式检验。

5.2.1　出厂检验

每批产品应进行出厂检验。出厂检验由生产单位质量检验部门执行，检验项目为感官、净含量偏差、冻品中心温度和微生物，检验合格签发检验合格证，产品凭检验合格证入库或出厂。

5.2.2 型式检验

有下列情况之一时应进行型式检验。检验项目为本标准中规定的全部项目。

5.2.2.1 长期停产，恢复生产时；

5.2.2.2 原料、加工工艺或生产条件有较大变化，可能影响产品质量时；

5.2.2.3 国家质检监督机构提出进行型式检验要求时；

5.2.2.4 出厂检验与上次型式检验有大差异时；

5.2.2.5 正常生产时，每年至少一次的周期性检验。

5.3 判定规则

5.3.1 感官指标和冻品中心温度指标检验结果是否合格的判定按 SC/T 3016 的附录 A 或附录 B 规定执行。

5.3.2 检验净含量偏差时，全部被测样品（最小包装件）的平均净含量不应低于标示量，且单件定量包装商品超出计量负偏差件数应当符合 SC/T 3016 的附录 A 或附录 B 规定，否则判该批为不合格。

5.3.3 理化指标中磷酸盐的检验结果中有两项及两项以上指标不合格，则判该批产品不合格；检验结果中有一项指标不合格，加倍抽样将此项指标复检一次，按复检结果判定该批产品是否合格。

5.3.4 安全指标的检验结果中有一项指标不合格，则判该批产品不合格，不得复检。

6 标签、包装、运输、贮存

6.1 标签、标志

6.1.1 销售包装的标签

产品标签应符合 GB 7718 的规定。标签内容包括：产品名称、商标、原料、净含量、产品标准号、生产者或经销者的名称、地址、生产日期、贮藏条件、保质期等。应在标签上注明是去骨鱼片。

6.1.2 运输包装上的标志

包装上的标志应符合 GB 7718 规定。运输包装上应有牢固清晰的标志，注明商标、产品名称、厂名、厂址、生产日期、生产批号、保质期、运输要求、贮存条件等。

6.2 包装

6.2.1 包装材料

所用塑料袋、纸盒、瓦楞纸箱等包装材料应洁净、无毒、无异味、坚固，并符合食品卫生要求。

6.2.2 包装要求

一定数量的包装件装入运输包装的纸箱中，箱中产品应排列整齐，销售包装内或包装纸箱内须有产品合格证；纸箱底部用粘合剂黏牢，上下用封箱带粘牢或用打包带捆扎。

6.3 运输

用具有冷藏或保温性能的运输工具运输，并保持鱼片温度为－18℃±2℃内；运输工具应清洁卫生，无异味，运输中防止日晒、虫害、有害物质的污染。

6.4　贮存

产品应贮藏于清洁、卫生、无异味、有防鼠防虫设备的冷藏库内，防止虫害和有害物质的污染及其他损害。不同品种，不同规格，不同等级、批次的冻罗非鱼片应分别堆垛，并用木板垫起，堆放高度以纸箱受压不变形为宜。冷藏库温度应在－18℃以下，温度波动应在 3℃以内。

附录二　GB/T 27636—2011 冻罗非鱼片加工技术规范

1　范围

本标准规定了冻罗非鱼片加工的基本条件、原辅料要求、加工过程要求、冷藏和生产记录等技术要求。

本标准适用于冻罗非鱼片产品的加工生产。

2　规范性引用文件

下列文件中的条款通过本标准的引用而成为本标准的条款。凡是注日期的引用文件，其随后所有的修改单（不包括勘误的内容）或修订版均不适用于本标准，然而，鼓励根据本标准达成协议的各方研究是否可使用这些文件的最新版本。凡是不注日期的引用文件，其最新版本适用于本标准。

GB 191　包装储运图示标志

GB 2760　食品添加剂使用卫生标准

GB 5749　生活饮用水卫生标准

GB/T 6543　瓦楞纸箱

GB 7718　预包装食品标签通则

GB 9687　食品包装用聚乙烯成型品卫生标准

NY 5053　无公害食品 普通淡水鱼

SC/T 3009　水产品加工质量管理规范

SC/T 9001　人造冰

3　基本条件

人员、环境、车间及设施、生产设备及卫生控制程序应符合 SC/T 3009 的规定。

4　原辅料要求

4.1　原料接收

4.1.1　进厂的原料应为清洁、无污染的活体罗非鱼，其品质应符合 NY 5053 规定。

4.1.2　对每一批次的原料必须经质检人员进行抽检，不符合品质规定的原料应拒收。

4.1.3　捕获后的罗非鱼应保活、并尽快送到加工厂进行暂养。

4.2　辅料要求

4.2.1　暂养、加工生产和制冰用水的水质应符合 GB 5749 的规定。

4.2.2　加工过程使用的冰的卫生要求应符合 SC/T 9001 的规定。

4.2.3　加工时所用食品添加剂的品种和用量应符合 GB 2760 的规定。

5　加工过程要求

5.1　暂养

5.1.1　暂养前应先对暂养池进行清洁消毒，然后放进所需的水量。

5.1.2　将来自不同产区（或养殖场）的鱼货应分池暂养，不应混养；在标志牌上注明该批原料的产地（或养殖场）、规格、数量。

5.1.3　暂养的鱼量按鱼水重量比例 1∶3 以上投放，投鱼后应及时调节水位。

5.1.4　原料鱼在加工前应在暂养池中暂养 2 h 以上，在暂养过程应不断充氧和用循环水泵喷淋曝气，并及时清除喷淋曝气时产生泡沫。

5.1.5　暂养池的水温应控制在 22℃以下，温度过高时应采取降温措施。

5.2　分选

将经过暂养的鱼捞起，分检出不宜加工的小规格鱼和已经死亡的鱼另行处理，将符合规格的鱼送往放血工序。

5.3　放血

5.3.1　进行放血时，在操作台上用左手按紧鱼头，右手握尖刀在两边鱼鳃和鱼身之间的底腹部斜插切一刀至心脏位置，然后将鱼投入在有流动水的放血槽中，并不时搅动让鱼血尽量流净。

5.3.2　放血时间应控制在 20 min～40 min 内。

5.4　清洗消毒

5.4.1　放血后应用清水将鱼体冲洗干净。

5.4.2　用 5 倍量的臭氧水（臭氧浓度高于 0.5 mg/L）对鱼体进行消毒 5 min～10 min，水温应控制在 15℃以下。

5.4.3　消毒后再用清水冲洗干净再送往剖片工序。

5.5　剖片

5.5.1　手工剖片时，双手应戴经消毒的手套，下刀准确，避免切豁、切碎。

5.5.2　剖切下的鱼片应及时放在传输带上送往去皮工序。

5.6　去皮

5.6.1　用去皮机去皮时，用手拿住鱼片的尾部，将鱼片有皮的一面小心轻放在去皮机的刃口上，并注意鱼片的去皮方向。

5.6.2　用手工去皮操作时，应戴好手套，掌握好刀片刃口的锋利程度，刀片太快易割断鱼皮，刀片太钝则剥皮困难。

5.7　磨皮

5.7.1　将去皮鱼片的一面放在磨板上，并一边滴放少量的水，用手轻压鱼片在磨板上回旋磨光，磨去白色或黑色的鱼皮残痕。

5.7.2　将磨皮后的鱼片置于塑料网筐中，用低于 15℃流水将鱼片上血污冲洗干净。

5.7.3　冲洗干净的鱼片应及时放在盛有碎冰的容器中，上面覆盖少量的碎冰，然后送到整形工序。

5.8　整形

去除鱼皮、鱼鳍、内膜、血斑、残脏等影响外观的多余部分，整形时应注意产品的出成率。

5.9　去骨刺

用刀切去鱼片前端中线处带有骨刺的肉块。

5.10　挑刺修补

用手指轻摸鱼片切口处，挑出鱼片上残存的鱼刺，并对整形工序的遗漏部分进行修整。

5.11　灯检

在灯检台上进行逐片灯光检查，挑检出寄生虫，光照度应为 1 500 lx 以上。

5.12　分级

按鱼片重量的大小进行规格分级，此工序须由熟练的工人操作，在分级过程的同时，去除不合格的鱼片。

5.13　浸液漂洗

本工序可根据客户的要求，用添加食品添加剂溶液进行浸液漂洗，浸液漂洗的温度宜控制在 5℃左右，超过 5℃时需加冰降温。漂洗时间不宜超过 10 min。

5.14　臭氧消毒杀菌

用 5 倍量的臭氧水（臭氧浓度高于 0.5 mg/L）对鱼片进行消毒杀菌处理 5 min～10 min，水温应控制在 5℃以下。

5.15　速冻

5.15.1　应采用 IQF 冻结，冻结时，鱼片须均匀、整齐摆放在冻结输送带上，不宜过密或重叠。

5.15.2　应先将冻结隧道的温度降至－35℃以下，再放入鱼片，冻结过程冻结室内温度应低于－35℃。

5.15.3　冻结时间宜控制在 50 min 以内，冻结完成后，鱼片的中心温度应低于－18℃。

5.16　镀冰衣

5.16.1　将冻块放入冰水中或用冰水喷淋 3 s～5 s，使其表面包有适量而均匀透明的冰衣。

5.16.2　用于镀冰衣的水应预冷至 4℃以下。

5.17　称重

5.17.1　每一包装单位的重量根据销售对象而定，所称鱼片的总净重不应小于包装上注明的重量。

5.17.2　经镀冰衣的产品，其净含量不应包含冰衣的重量。

5.18　包装

5.18.1　内包装。

5.18.2　定重后的鱼片应快速装入食品级的聚乙烯薄膜袋内并封口包装，必要时可进行抽真空包装。

5.18.3　使用前包装材料应预冷到 0℃以下。

5.18.4　销售包装上的标签应符合 GB 7718 的规定，包装内应有产品合格证。

5.18.5　内包装采用的聚乙烯塑料袋应符合 GB 9687 的规定。

5.18.6　外包装。

5.18.6.1 每一箱的总重量宜控制在 20 kg 以下，箱中产品应排列整齐。

5.18.6.2 不同规格等级的产品不应混装在同一箱中。

5.18.6.3 纸箱底部用黏合剂粘牢，上下用封箱带粘牢或用打包带捆扎。

5.18.6.4 运输包装上的标志应符合 GB 191 的规定。

5.18.6.5 外包装采用单瓦楞纸箱，应符合 GB/T 6543 的规定。

5.19 金属探测

装箱后的冻品，应经过金属探测器进行金属成分探测，若探测到金属，应挑出另行处理。

6 冷藏

6.1 包装后的产品应贮藏在－18℃以下的冷库中；库房温度波动应控制在 3℃以内。

6.2 进出库搬运过程中，应注意小心轻放，不可碰坏包装箱，不同批次、规格的产品应分别堆垛，排列整齐，各品种、批次、规格应挂标识牌。

6.3 堆叠作业时，应将成品置于垫架上，堆放高度以纸箱受压不变形为宜，且应距离冷库顶板保持有 1 m 以上。垛与垛之间应有 1 m 以上的通道。

6.4 在进出货时，应做到先进先出。

7 生产记录

7.1 每批进厂的原料应有产地（或养殖场）、规格、数量和检验验收的记录。

7.2 加工过程中的质量、卫生关键控制点的监控记录、纠正活动记录和验证记录、监控仪器校正记录、成品及半成品的检验记录应保留有原始记录。

7.3 按批量出具合格证明，不合格产品不得出厂。

7.4 产品出厂应有销售记录。

7.5 应建立完整的质量管理档案，设有档案柜和档案管理人员，各种记录分类按月装订、归档，保留时间应 2 年以上。

附录三 GB/T 27638—2011 活鱼运输技术规范

1 范围

本标准规定了活鱼运输的术语和定义、基本要求和充氧水运输、保湿无水运输、活水舱运输和暂养管理技术的要求。

本标准适用于商品鱼的活体流通运输，亲鱼、鱼种和鱼苗的运输可参照执行。

2 规范性引用文件

下列文件中的条款通过本标准的引用而成为本标准的条款。凡是注日期的引用文件，其随后所有的修改单（不包括勘误的内容）或修订版均不适用于本标准，然而，鼓励根据本标准达成协议的各方研究是否可使用这些文件的最新版本。凡是不注日期的引用文件，其最新版本适用于本标准。

GB 2733 鲜、冻动物性水产品卫生标准

GB 11607 渔业水质标准

SC/T 9001 人造冰

中华人民共和国农业部公告第 193 号（2002 年 4 月）食品动物禁用的兽药及其他化合物清单

中华人民共和国农业部公告第 235 号（2002 年 12 月）动物性食品中兽药最高残留限量

3 术语和定义

下列标准术语和定义适用于本标准。

3.1 充氧水运输 transportation with charged oxygen water

是指活鱼运输过程中通过使用充气机、水泵喷淋、或直接充入氧气等方法，使敞开或封闭式的运鱼装载容器的水体中增加溶氧量进行活鱼运输。

3.2 保湿无水运输 transportation retaining moisture without water

是指对某些特定鱼类经采用保湿材料盖住鱼体，使鱼体表面保持潮湿，温度宜控制在接近鱼类生态冰温的环境条件下实行无水保活运输。

3.3 活水舱运输 transportation in cabin with circulating water

是指在运输船水线下设置装运鱼的水舱，并在水舱的上、中、下层均匀开有与外界水相通的孔道，在航行时从前方小孔进水，后面出水，使水舱内保持水质清新与稳定的条件下进行活鱼运输。

4 基本要求

4.1 在活鱼运输、暂养的流通过程中，严禁使用未经国家和有关部门批准取得生产许可证、批准文号和生产执行标准的任何内服、外用、注射的渔药和渔用消毒剂、杀菌剂及渔用麻醉剂产品。禁止使用《中华人民共和国农业部公告第 193 号》规定的禁用药和对人体具有直接或潜在危害的其他物质。

4.2 使用的渔用药物应以不危害人体健康和不破坏生态环境为基本原则，选用自然降解较快、高效低毒、低残留的渔药和渔用消毒剂。

4.3 待运活鱼应选择无污染、大小均匀、体质健壮、无病、无伤、活力好的鱼，其品质应符合 GB 2733 的要求，药物残留量应符合《中华人民共和国农业部公告第 235 号》的规定要求。

4.4 活鱼在装运前应经停喂暂养 1 d～2 d，可采用网箱、水池或池塘暂养，密度视不同的品种而定，一般为 20 kg/m^3～45 kg/m^3。暂养过程应注意水温、盐度、溶氧、pH 等水质变化、鱼的体质和暂养密度等情况，并剔除体质较弱和受伤较重的个体。

4.5 每批收购、发运的活鱼应由专职质量检验人员进行验收，记录品种、数量、养殖（捕捞）地点、日期、养殖（捕捞）者的姓名，并进行编号和签名。

4.6 运输和暂养过程用水水质应符合 GB 11607 的规定，用冰应符合 SC/T 9001 的规定。

5 充氧水运输

充氧水运输方式可分为封闭式充氧运输和敞开式充氧运输两大类型，适用于大、中、小各种规模的活鱼运输，可车运，也可船运。

5.1 运输工具

5.1.1 根据装运方式和鱼的种类、特性、运输季节、距离、数量、运输时间选择适合的运输工具。

5.1.2 装载容器常用木箱、塑料箱、帆布桶和薄膜袋等。重复使用的装载容器应能方便清洗和安装有良好的进排水装置。

5.1.3 长途运输时，应采用专用的活鱼运输车或其他配备有小型发电机、循环水泵、管道、过滤装置、控温系统和充氧装置的运输设备。

5.1.4 运输车（船）及装运工具应保持洁净、无污染、无异味，应备有防雨防尘设施。在装运过程中禁止带入有污染或潜在污染的化学物品。

5.2 运输管理

5.2.1 运输前应制定周密的运输计划，包括起运和到达目的地时间；途中补水、换水、洒水、换袋及补氧等管理措施。

5.2.2 装运容器在装运前应检查容器是否有破损并清洗干净，必要时进行灭菌消毒。装鱼前，装载容器应先加入新水，并将水温调控至与暂养池的温度相同。

5.2.3 装运海鱼时，应加入与养殖场海水盐度相同的海水，如采用加冰降温时则应按所加冰块重量加入相应的人工海水配制盐，使盐度保持稳定。

5.2.4 运输过程应根据鱼的种类调节适合的水温，冷水性鱼类水温宜控制在6℃～8℃，暖水性鱼类水温宜控制在10℃～12℃。起运前如水温过高，应采用加冰降温或制冷机缓慢降温，降温梯度每小时不应超过5℃。

5.2.5 采用敞开式或封闭式充气运输装置装运时，在运输过程中应保持连续充气增氧，使水中的溶氧量达到8 mg/L以上。

5.2.6 采用塑料薄膜袋加水充氧封闭式装运时，装鱼前应先检查塑料袋是否漏气，然后注入约1/3空间的新鲜水，再放入活鱼，接着充入纯氧，扎紧袋口，放进纸板箱或泡沫塑料箱中进行运输。用于航空运输时，充氧袋不应过分充气。

5.2.7 应根据不同的鱼类选择合适的运输时间，一般控制在40h内为佳。

6 保湿无水运输

保湿无水运输可分分箱式保湿无水运输与薄膜袋充氧保湿无水运输，适宜用于有体表特殊呼吸功能、且耐干露能力较长的鱼类进行中小规模运输量的车运、船运和航空运输。

6.1 装载容器

应选择干净卫生的容器，如食品周转箱、木箱、蟹苗箱、帆布袋、橡胶袋、PVC薄膜袋等。

6.2 保湿材料

应采用干净卫生、无污染并具有质量轻、吸水、保温性能好的材料，如纯棉质毛巾、吸水纸、木屑、谷壳、海绵等。

6.3 运输管理

6.3.1 装运前宜先将鱼进行缓慢降温至接近生态冰温点的休眠状态，降温梯度每小时不应超过5℃。保湿材料在装运前应预先加湿和冷却至相同的温度。

6.3.2 装箱时先在纸箱里垫上吸湿纸，再在箱底铺上经加湿及冷却的保湿材料，厚度为1.5 cm～2.0 cm，然后铺放一层至三层鱼，上面再铺盖保湿材料。

6.3.3 采用分箱保湿干运时应做好控温保湿和防日晒、风吹、雨淋、堆压的工作。

6.3.4 采用保温车运输，可调控温度至接近鱼的生态冰温点。若无控温设备，温度高时可用冰袋降温。

6.3.5 应根据不同的鱼类选择合适的运输时间，一般控制在 10 h 内为佳。

7 活水舱运输

活水舱运输适用在水质良好的水域环境进行大批量的长途船运。

7.1 活水舱

7.1.1 活鱼运输船应有抗风浪能力，活水舱内水深应保持在 1 m 以上，舱内壁应光滑和易于清洗。

7.1.2 对于集群性强的品种，可用网箱分隔放置，防止局部的鱼结集太密而缺氧。

7.2 运输管理

7.2.1 装载前应检查船上各种器具是否正常，检查进出水孔阀门是否能正常开闭，舱内防逃网箱有无破损，活水舱应进行彻底清洗。

7.2.2 装载密度应根据运输水域的水温、运输时间而定，一般不应高于 150 kg/m^3。

7.2.3 航行时若遇污染、盐度不适、混浊等不良水质或船在停泊较长时间无法进新鲜水时，应及时关闭进排水孔道并及时进行增氧。

7.2.4 航行期间应经常检查鱼活动情况，发现异常情况应及时处理。

7.2.5 应根据不同的鱼类选择合适的运输时间，一般控制在 48h 内为佳。

8 暂养

8.1 活鱼运达销售目的地后，应根据不同的品种，投放在适宜的水体中暂养。

8.2 暂养池的水温应预先控制在与运输时基本相同的水体温度，投放鱼时温度相差不应超过 5℃以上。

8.3 卸鱼时应使用抄网捞鱼，操作要轻快。

8.4 投鱼后如需调控水温时，降温梯度每小时不应超过 5℃。

在暂养期间，应保持开动水泵循环过滤水质和开动充气机增氧。

附录四　GB/T 24861—2010 水产品流通管理技术规范

1 范围

本标准规定了对水产品流通过程采购、运输、贮存、批发、销售环节和对相关从业人员的要求。

本标准适用于鲜、活和冷冻动物性水产品的流通。

2 规范性引用文件

下列文件中的条款通过本标准的引用而成为本标准的条款。凡是注日期的引用文件，其随后所有的修改单（不包括勘误的内容）或修订版均不适用于本标准，然而，鼓励根据本标准达成协议的各方研究是否可使用这些文件的最新版本。凡是不注日期的引用文件，其最新版本适用于本标准。

GB 2733　鲜、冻动物性水产品卫生标准

GB 5749　生活饮用水卫生标准

GB 7718　预包装食品标签通则

GB 11607　渔业水质标准

GB/T 19575　农产品批发市场管理技术规范

SC/T 9001　人造冰

3　采购

3.1　采购的水产品应选择无污染、无病害，其品质应符合 GB 2733 的规定。

3.2　采购方应要求供应方提供由有资质检测监督机构出具的有效产品检验合格证明方可流通。

3.3　所采购的水产品应附有有效进货凭证，并应进行检查验收，检查包括：检验合格证明、产品合格证、标签、标识等。

3.4　产品标签应标明品种、等级、数量、海区（或养殖地点）及生产（捕捞）日期等项目。

3.5　进货时，应对水产品的外观、色泽、肌肉组织、气味等进行感官检查。当感官检查不能确定质量时应进行理化检验。

3.6　对采购的水产品应做好验货记录，对每批水产品的发货单位、进货时间、品种、数量、质量、捕捞海区（或养殖地点）及生产（捕捞）日期和所附的原始资料等进行登记造册。

4　运输

4.1　活体水产品运输

4.1.1　应根据装运方式和产品的种类、特性、运输季节、距离、数量、运输时间选择适合的运输工具。

4.1.2　装载容器常用木箱、塑料箱、帆布桶和薄膜袋等。重复使用的装载容器应能方便清洗和安装有良好的进排水装置。

4.1.3　运输车（船）及装运工具应保持洁净、无污染、无异味，应备有防雨、防尘、防虫害设施。

4.1.4　长途运输时，应采用专用的活鱼运输车或其他配备有小型发电机、过滤装置、控温系统和充氧装置的运输设备。

4.1.5　运输前应制定可行的运输方案，包括起运和到达目的地时间、途中补水、换水、洒水、换袋及补氧等措施。

4.1.6　在装运过程中不应与有毒有害物品混装。

4.1.7　在装运前应检查装运容器确保无破损并清洗干净，进行灭菌消毒。

4.1.8　活体水产品在装运前应根据不同的种类停喂暂养 1 d ～2 d，并选择调节适合的温度和盐度。

4.1.9　装运淡水产品时，装载容器应先加入合适温度的水，水质应符合 GB 11607 的规定。

4.1.10　装运海产水产品的海水，应与其原来养殖水的温度和盐度适应，水质应符合 GB 11607 的规定。

4.1.11　采用加冰降温则可按所加冰块重量加入相应的人工海水配制盐使盐度保持稳定，用冰应符合 SC/T 9001 的规定。

4.1.12 采用塑料袋加水充氧装运时，装鱼前应检查塑料袋确保无漏气，然后注入约 1/3 空间的新鲜水，再放入活体产品，接着充入纯氧，扎紧袋口，放进纸板箱或泡沫塑料箱中进行运输。

4.1.13 在运输过程应保证水质稳定，并根据不同的产品选择适合的温度，温度变化梯度每小时应小于 5℃。

4.2　冰鲜水产品运输

4.2.1 应根据运输季节、距离、数量、运输时间选择适合的运输工具。长途运输冰鲜水产品时应采用制冷车或保温车。短途运输时，在确保质量的条件下也可使用密闭的防尘、防晒车辆。

4.2.2 装运冰鲜水产品的装载容器应采用泡沫塑料保温箱、木箱、塑料箱等坚固、洁净、无毒、无异味和便于冲洗的容器，对用于长途运输的装载容器应具有排水功能。

4.2.3 待运的水产品在捕获后应立即用冰保鲜，装箱时应在箱底铺一层碎冰，然后按层鱼层冰装放方式，放足量的碎冰，使产品温度在流通过程应始终维持在 0℃～4℃条件下。用冰应符合 SC/T 9001 的规定。

4.2.4 在装卸过程中应轻放，避免践踏和重压，不应与有毒有害物品混装，运输期间不应脱冰。

4.3　冷冻水产品运输

4.3.1 应根据运输温度、距离、数量、运输时间选择有制冷或保温功能的运输工具。

4.3.2 选用的运输工具应设置有能直接监控的温度显示记录仪，在运输流通过程中应经常检查车厢（船舱）内温度，并使温度控制在－18℃以下。

4.3.3 具有制冷功能的运输工具，产品在装载前应预先将车厢（船舱）内降温至接近产品温度才能进货。

4.3.4 产品装卸或进出冷藏库要迅速，产品运达目的地时应及时进冷库。

5　贮存

5.1　活体水产暂养

5.1.1 活体水产品应在洁净、无毒、无异味的水体中充氧暂养，暂养用水应符合 GB 5749 或 GB 11607 的规定。

5.1.2 活体水产品运送到达销售目的地后，应根据不同的品种，投放在相适宜的温度、盐度的水体中暂养。

5.1.3 暂养池的水温应预先控制在与运输时接近的水体温度，温度相差应小于 5℃。

5.1.4 投鱼后如需要降温时，可采用加冰降温或制冷机进行缓慢降温，降温梯度每小时不应超过 5℃。

5.1.5 在暂养期间，应对水体进行循环过滤和充气增氧。同时应经常检查水温、海水盐度、水的 pH 和氨氮含量等。

5.2　冰鲜水产品保鲜

5.2.1 冰鲜水产品应尽可能贮存在 0℃左右的条件下，应有防止虫害和有害物质的污染。

5.2.2 装载容器应能及时排掉冰融化的水，定期清洗消毒。

5.2.3 贮存期间产品应保持用冰覆盖，不应脱冰，用冰应符合 SC/T 9001 的规定。

5.3 冷冻水产品冷藏

5.3.1 入库前应查验产品合格证、标签等相关资料，并验收产品数量、品种、规格。

5.3.2 冷冻水产品应贮藏于清洁、卫生、无异味的冷藏库内。

5.3.3 冷藏库温度应控制在－18℃以下，温度波动控制在3℃以内。

5.3.4 转运的产品温度在低于－8℃时可直接入库，否则应复冻后才能入冷库。

5.3.5 不同品种，不同规格，不同等级、批次的产品应分别堆垛，堆放高度以包装受压不变形为宜。

5.3.6 库内应用铺地台板，产品的堆码不应阻碍空气循环，产品与库墙应有大于100 mm的间隔。

5.3.7 冷库应有防霉、防虫（鼠）害和防有害物质污染的措施，定期进行除霜和消毒。

5.3.8 冷库温度要定时核查、记录。宜采用自动记录温度仪。

5.3.9 冷库贮存的产品应进行分类管理并挂有明显标识，实行先进先出制度。

5.3.10 应定期检查贮存产品，发现问题或超过保质期的，应查明原因，并及时处理和做好记录。

6 批发

6.1 水产品批发市场的经营环境、经营设施设备和经营管理应符合GB/T 19575的规定。

6.2 凡进入市场交易的水产品所附的原始资料都应登记备案，记录应保存2年以上。

6.3 各类产品均应有明显注明品种、等级、数量、产地（海区或养殖地点）及生产（捕捞）日期等项目的标识牌。

6.4 从事鲜活水产品批发经营的应配备有满足交易需要的暂养池，并应配备有循环过滤、控温和充氧装置。

6.5 从事冰鲜水产品批发经营的应配备满足交易需要的保鲜贮藏设施，温度应控制在0℃～4℃之间。

6.6 从事冷冻产品交易的批发经营的应具备满足交易需要的冷冻贮藏设施，产品温度应保持控制在－18℃以下。

7 销售

7.1 从事水产品经营应有固定的经营场地（摊档）。

7.2 场地内部设施应符合易清洗、易消毒、防鼠、防尘等要求，并有污水、污物（包括废弃物）收集及消毒设施。

7.3 销售鲜活水产品的应具有暂养池或暂养容器，并应配置过滤净化和充氧装置。

7.4 销售冰鲜产品的应配备有冷藏设备或冰及保温装置，产品应保持在0℃～4℃的冰藏状态。

7.5 销售冷冻产品的应配备有－18℃以下的冰柜、冷库等冷藏设备。

7.6 销售水产品时应向顾客明示冰鲜、冷冻等商品名称。

7.7 所销售的水产品应经检验合格，并具有产品合格证，标签应符合GB 7718的规定。

7.8 在销售过程产生的包装物、废弃物应按规定进行无害化处理。

7.9 每天开始营业和营业结束后应对销售设施进行彻底清洗、消毒。

7.10 做好商品进货、销售台账的记录，包括品名、规格、进货数量、销售数量、生产厂家、批发单位，和检验证明等。

8　资料记录与保存

水产品在流通过程，从采购、运输、贮存、批发、销售等每个环节应做好验货记录，对每批水产品所附的原始记录资料应进行登记造册，记录应保存 2 年以上。

9　从业人员

9.1　从事水产品流通的人员应具有水产品的保鲜、质量控制和食品卫生等有关常识。

9.2　从事水产品流通过程的操作人员应不能有感染或开放性创伤，不能是传染病患者或带菌者。

9.3　应建立员工健康档案，每年至少进行一次健康检查，必要时作临时健康检查，新进人员应进行体检，合格后方可上岗。

9.4　操作人员应要注意个人卫生，不要用脚践踏货物，不应将衣服及其他物品放在货物上。装卸过程中，禁止吸烟，吐痰和吃喝食品和饮料。

9.5　在装卸和零售过程应做到勤洗手，至少每次工作之前要洗手，必要时应戴防水手套。

附录五　SC/T 3032—2007 水产品中挥发性盐基氮的测定

1　范围

本标准规定了水产品中挥发性盐基氮的测定方法。

本标准适用于水产品中挥发性盐基氮含量的测定。

2　规范性引用文件

下列文件中的条款通过本标准的引用而成为本标准的条款。凡是注日期的引用文件，其随后所有的修改单（不包括勘误的内容）或修订版均不适用于本标准，然而，鼓励根据本标准达成协议的各方研究是否可使用这些文件的最新版本。凡是不注日期的引用文件，其最新版本适用于本标准。

GB/T 5009.1—2003 食品卫生检验方法　理化部分总则

GB/T 6682 分析实验室用水规格和试验方法

3　原理

挥发性盐基氮是指水产品在腐败过程中，由于酶和细菌的作用使蛋白质分解而产生氨以及胺类等碱性含氮物质。此类物质具有挥发性，使用高氯酸溶液浸提，在碱性溶液中蒸出后，用硼酸吸收液吸收，再以标准盐酸溶液滴定计算含量。

4　试剂

本标准所用试剂为分析纯，试验用水符合 GB/T 6682 的规定。

4.1　高氯酸溶液（0.6 mol/L）：取 50 mL 高氯酸加水定容至 1 000 mL。

4.2　氢氧化钠溶液（30 g/L）：称取 30 g 氢氧化钠加水溶解后，放冷，并稀释到 1 000 mL。

4.3　盐酸标准溶液（0.01 mol/L）：吸取浓盐酸 0.85 mL 定容至 1 000 mL，摇匀。并按 GB/T 5009.1—2003 附录 B 的方法进行标定。

4.4　硼酸吸收液（30 g/L）：称取硼酸 30 g，溶于 1 000 mL 水中。

4.5 硅油消泡剂

4.6 酚酞指示剂（10 g/L）：称取 1 g 酚酞指示剂溶解于 100 mL 的 95%乙醇中。

4.7 混合指示剂：将一份 2 g/L 甲基红乙醇溶液与一份 1 g/L 次甲基蓝乙醇溶液临用时混合。

5 仪器

5.1 均质机

5.2 离心机

5.3 半微量定氮器

5.4 微量酸式滴定管：最小分度值为 0.01 mL。

6 测定步骤

6.1 样品处理

鱼，去鳞、去皮沿背脊取肌肉；虾，去头、去壳取可食肌肉部分；蟹、甲鱼等（其他水产品）取可食部分；将样品切碎备用。

6.2 样品制备

称取 6.1 的试样 10 g（精确到 0.01 g）于均质杯中，再加入 90 mL 高氯酸溶液（4.1），均质 2 min，用滤纸过滤或离心分离，滤液于 2℃～6℃的环境条件下贮存，可保存 2 d。

6.3 蒸馏

吸取 10 mL 硼酸吸收液（4.4）注入锥形瓶内，再加 2 滴～3 滴混合指示剂，并将锥形瓶置于半微量定氮器蒸馏冷凝管下端，使其下端插入硼酸吸收液的液面下。

准确吸取 5.0 mL 样品滤液注入半微量定氮器反应室内，再分别加入 1 滴～2 滴酚酞示剂、1 滴～2 滴硅油防泡剂、5 mL 氢氧化钠溶液（4.2），然后迅速盖塞，并加水以防漏气。

通入蒸汽，蒸馏 5 min 后将冷凝管末端移离锥形瓶中吸收液的液面，再蒸馏 1 min，用少量水冲洗冷凝管末端，洗入锥形瓶中。

6.4 滴定

锥形瓶中吸收液用盐酸标准溶液（0.01 mol/L）滴定至溶液显蓝紫色为终点。

同时用 5.0 mL 高氯酸溶液（0.6 mol/L）代替样品滤液进行空白试验。

6.5 计算

$$X=\frac{(V_1-V_2)\times C\times 14}{m\times 5/100}\times 100 \quad \cdots\cdots (1)$$

式中 X——样品中挥发性盐基氮的含量，单位为毫克每百克（mg/100g）；

V_1——测定用样液消耗盐酸标准溶液体积，单位为毫升（mL）；

V_2——试剂空白消耗盐酸标准溶液体积，单位为毫升（mL）；

C——盐酸标准溶液的实际浓度，单位为摩尔每升（mol/L）；

14 ——与 1.00 mL 盐酸标准滴定溶液［C（HCl）＝1.00 mol/L］相当的氮的质量，单位为毫克（mg）；

m ——样品质量，单位为克（g）。

计算结果保留三位有效数字。

7　精密度

在重复性条件下获得的两次独立测定结果的绝对差值不得超过算术平均值的10%。

附录六　DB44/T 1015—2012 冻罗非鱼加工技术规范

1　范围

本标准规定了冻罗非鱼加工企业的基本条件、原辅料、加工技术要点、产品质量、生产记录。

本标准适用于整条罗非鱼冷冻加工产品的生产。

2　规范性引用文件

下列文件对于本文件的应用是必不可少的。凡是注日期的引用文件，仅所注日期的版本适用于本文件。凡是不注日期的引用文件，其最新版本（包括所有的修改单）适用于本文件。

GB 191　包装储运图示标志

GB 2733　鲜、冻动物性水产品卫生标准

GB 2760　食品安全国家标准 食品添加剂使用标准

GB 4602　水产品冻结盘

GB 5749　生活饮用水卫生标准

GB 7718　食品安全国家标准 预包装食品标签通则

GB/T 20941—2007　水产食品加工企业良好操作规范

GB/Z 21702　出口水产品质量安全控制规范

JJF 1070　定量包装商品净含量计量检验规则

广东省水产品标识管理实施细则（粤海渔函［2011］734号）

3　加工企业基本条件

人员、环境、车间及设施、生产设备、生产过程卫生质量管理与产品质量安全控制应符合GB/T 20941的规定，生产出口产品的质量安全控制应符合GB/Z 21702的规定。

4　原辅料

4.1　原料接收

4.1.1　进厂的原料应为活体罗非鱼，其品质应符合GB 2733的规定。

4.1.2　每一批次的原料应经质检人员进行抽检，不符合品质规定的原料应拒收。

4.1.3　捕获后的罗非鱼应保活并尽快送到加工厂进行暂养。

4.2　辅料要求

4.2.1　暂养、加工生产和制冰用水的水质应符合GB 5749的规定。

4.2.2　加工时所用食品添加剂的品种和用量应符合GB 2760的规定。

5　加工技术要点

5.1　暂养

5.1.1　暂养前应先对暂养池进行清洁消毒，然后放进所需的水量。

5.1.2 不同产区（或养殖场）的鱼货应分池暂养；在标志牌上注明该批原料的产地（或养殖场）、规格、数量。

5.1.3 暂养的鱼量按鱼水重量比例 1∶3 以上投放，投鱼后应及时调节水位。

5.1.4 原料鱼在加工前应在暂养池中暂养 2 h 以上，在暂养过程应不断充氧和用循环水泵喷淋曝气，并及时清除喷淋曝气时产生的泡沫。

5.2　分选

暂养后的鱼应进行分选，不宜加工的小规格鱼、破损的鱼和死亡的鱼应挑出另行处理。

5.3　放血

5.3.1 在操作台上用刀在两边鱼鳃和鱼身之间的底腹部斜插切至心脏位置，然后将鱼投入在有流动水的放血槽中让鱼血尽量流净。

5.3.2 放血时间宜控制在 20 min～40 min。

5.4　清洗

放血后用清水将鱼体冲洗干净。

5.5　去鳞、去鳃、去内脏

5.5.1　去鳞

采用手工刮鳞器或自动脱鳞机刮除鱼鳞，鱼鳞应去除干净。

5.5.2　开腹

去鳞后的鱼可采用人工或自动剖腹机剖腹，从近肛门到鱼鳃处把鱼腹剖开。

5.5.3　去鳃

可根据客户要求进行去鳃和不去鳃处理。

5.5.4　去内脏

用刀将鱼内脏取下，并将腹腔内的脂肪及黑膜刮除干净，再用水将鱼体冲洗干净。

5.6　分级

按鱼体重量的大小进行规格分级。

5.7　消毒

将清洗后的鱼体放入流动的臭氧水（臭氧浓度≥0.5 mg/L）水槽中浸泡处理 5 min～10 min，臭氧水与鱼重量比例为 5∶1 以上，水温应控制在 5℃以下。臭氧水应现制现用。

5.8　装盘

5.8.1 使用的冻结盘规格应符合 GB 4602 的规定，使用前应将鱼盘清洗干净。

5.8.2 装盘时，要求盘面平整，使头靠盘的两端，腹部向下，排列整齐，相互挤紧，鳍尾理顺，盘两端鱼头、鱼尾不应露出盘外或高于盘面。

5.9　冻结

5.9.1 采用平板冻结机冻结时，将装盘后的鱼送入平板机内冻结，冻结机最终温度应降至－35℃以下，冻结时间宜在 3 h～4 h，冻结完成后，鱼体的中心温度应低于－18℃。

5.9.2 采用冻结库搁架式吹风冻结时，将装盘后的鱼送入冻结库冻结，库内冻结最终温度应降至－28℃以下，冻结时间宜在 6 h～8 h，冻结完成后，鱼体的中心温度应低于－18℃。

5.9.3　采用隧道单体冻结时，应先将冻结隧道的温度降至－35℃以下，按不同规格分先后将鱼均匀、整齐摆放在冻结输送带上，不宜过密或重叠，冻结过程冻结室内温度应低于－35℃。冻结时间宜控制在60 min以内，冻结完成后，鱼体的中心温度应低于－18℃。

5.10　脱盘

装盘冻结的产品出库后，将冻盘立即放入水温不超过20℃的水中1 s～3 s，取出鱼盘反转轻叩脱盘，操作过程中应注意保持鱼块的完整。

5.11　镀冰衣

冻结后产品立即镀冰衣，用水温度宜在3℃左右，浸水时间第一次8 s左右，若要镀两次冰衣，第二次浸水时间为5 s左右。所镀冰衣要均匀，完全覆盖鱼体。

5.12　称重

5.12.1　每一包装单位的重量根据销售对象而定，总净重不应小于包装上注明的重量。对于装盘冻结产品，应在装盘前进行称量。

5.12.2　经镀冰衣的产品，其净含量不应包含冰衣的重量。净含量偏差应符合JJF 1070的规定。

5.12.3　使用的衡器，应定期检定，并应符合有关计量管理规定。

5.12.4　衡器在使用前应由专职的校磅员，用标准砝码进行校验，每一批次加工校验一次至二次，不合格的衡器不准使用。

5.13　包装

5.13.1　包装材料应符合相关的卫生标准规定。

5.13.2　包装物料应有足够的强度，保证在运输和搬运过程中不破损。

5.13.3　内、外包装物料应分别专库存放，包装物料库应干燥、防虫、防鼠，保持清洁卫生。

5.13.4　包装车间的温度应控制在10℃以下。

5.13.5　称重后的产品应快速封口包装或抽真空包装。

5.13.6　成品应按规格、品种进行包装，不同规格等级的产品不应混装在同一箱中，包装内应有合格证，包装过程应保证产品不受到二次污染。

5.13.7　产品包装标识应符合《广东省水产品标识管理实施细则》的规定，销售包装上的标签应符合GB 7718的规定。储运图示标志应符合GB 191的规定。出口产品的外包装标识应符合进口国和地区相关要求。

5.13.8　每一箱的总重量宜控制在20 kg以下，箱中产品应排列整齐。

5.13.9　纸箱底部用黏合剂粘牢，上下用封箱带粘牢或用打包带捆扎。

5.14　金属探测

装箱后的冻品，应经过金属探测器进行金属成分探测，若探测到金属，应挑出另行处理。

5.15　冷藏

5.15.1　包装后的产品应贮藏在－18℃以下的冷库中；库房温度波动应控制在3℃以内。

5.15.2　进出库搬运过程中，应注意小心轻放，不可碰坏包装箱，不同批次、规格的产品应分别堆垛，排列整齐，各品种、批次、规格应挂标识牌。

5.15.3 堆叠作业时，应将产品置于垫架上，与墙壁距离不少于 30 cm，与地面距离不少于 10 cm，堆放高度以纸箱受压不变形为宜，且应距离冷库顶板有 1 m 以上。垛与垛之间应有 1 m 以上的通道。

5.15.4 在进出货时，应做到先进先出。

6 产品质量

每批次出厂产品应进行出厂检验，质量应符合 GB 2733 的规定，检验合格签发检验合格证，产品凭检验合格证入库或出厂。

7 生产记录

按 GB/T 20941—2007 第 12 章的规定执行。

附录七 DB44/T 950—2011 冻面包屑罗非鱼片加工技术规范

1 范围

本标准规定了冻面包屑罗非鱼片加工企业的基本条件、原辅料、加工技术要点、生产记录。

本标准适用于裹面包屑或挂浆的冻结罗非鱼片产品的加工生产。

2 规范性引用文件

下列文件对于本文件的应用是必不可少的。凡是注日期的引用文件，仅所注日期的版本适用于本文件。凡是不注日期的引用文件，其最新版本（包括所有的修改单）适用于本文件。

GB/T 191 包装储运图示标志

GB 2716 食用植物油卫生标准

GB 2733 鲜、冻动物性水产品卫生标准

GB 2760 食品安全国家标准 食品添加剂使用标准

GB 5461 食用盐

GB 7099 糕点、面包卫生标准

GB 7718 食品安全国家标准 预包装食品标签通则

GB 10146 食用动物油脂卫生标准

GB/T 21290 冻罗非鱼片

GB/T 27304 食品安全管理体系 水产品加工企业要求

JJF 1070 定量包装商品净含量计量检验规则

NY 5053 无公害食品 普通淡水鱼

NY 5301 无公害食品 麦类及面粉

SC/T 3037 冻罗非鱼片加工技术规范

3 加工企业基本条件

人员、环境、车间和设施设备、生产过程质量管理与产品质量安全控制应符合 GB/T 27304 的规定。

4 原辅料

4.1　原辅料接收

每一批次的原辅料应经质检人员进行抽检，经检验合格的原辅料方可收购。

4.2　原辅料要求

4.2.1　鱼

活体罗非鱼应健康、无污染，质量应符合 GB 2733 或 NY 5053 的规定。冻罗非鱼片质量应符合 GB/T 21290 的规定。

4.2.2　面包屑

应符合 GB 7099 的规定。

4.2.3　面粉

应符合 NY 5301 的规定。

4.2.4　食用盐

应符合 GB 5461 的规定。

4.2.5　油炸用油

应符合 GB 2716 或 GB 10146 的规定。

4.2.6　食品添加剂

加工生产过程中所使用的食品添加剂的品种及用量应符合 GB 2760 的规定。

4.2.7　其他辅料

其他辅料应为食品级，并符合相应标准的规定。

4.3　原辅料存放

购入的冷冻原料应尽快移入冻藏库，冻藏温度应保持在－18℃以下。辅料应贮藏在清洁、干燥、通风良好、无鼠害、毒害和虫害的贮藏库中，不应与有毒、有害、腐败变质、有不良气味或潮湿的物品同库存放。贮藏的原辅料应在保质期内使用，做到“先进先出”的原则。

5　加工技术要点

5.1　原料预处理

5.1.1　鲜罗非鱼片

原料为活体罗非鱼时，在运送到加工厂后应立即进行暂养。暂养结束后立即进行分选、放血、清洗消毒、剖片、去皮、磨皮、整形、去骨刺、挑刺修补、灯检等加工工序，各道工序的操作应按 SC/T 3037 的规定执行。

5.1.2　冻罗非鱼片

若原料为冻罗非鱼片，应先进行解冻，解冻工序必须在卫生条件下进行。在静止空气中解冻时空气温度不应高于 18℃，在流动空气中解冻时空气温度不应高于 21℃，流水解冻时水温不应高于 21℃。冻罗非鱼片解冻至 0℃～4℃为宜，解冻后的鱼片温度不应高于 10℃。

5.1.3　鱼块处理

本工序可根据客户要求，将鲜罗非鱼片切成不同规格的条块，可用调味食品添加剂配制的溶液进行浸渍，浸渍温度宜控制在 5℃左右，时间不宜超过 10 min，然后沥干鱼块表面水分。

5.2　裹面糊、裹面包屑

5.2.1　按产品风味要求配置好面糊，面糊在制备和使用过程中温度宜控制在10℃以下。

5.2.2　可采用机器或人工方法，将鱼块均匀地裹上面糊和面包屑，裹衣量符合产品标签规定。面糊宜现配现用。

5.2.3　面包屑或面粉开包后当天取剩下的余料应防止污染，并置于0℃～4℃的温度下储存。

5.3　预炸

5.3.1　油炸时应轻轻翻动，炸至外表皮呈金黄色即可。应定期去除炸槽底部聚积的残渣。

5.3.2　经油炸的产品应冷却至室温后进入下一道工序，无需预炸的产品直接进入下一道工序。

5.4　速冻

5.4.1　产品冻结时应均匀、整齐地摆放在冻结输送带上，不宜过密或重叠，同时挑出裹面包屑不均匀的产品。

5.4.2　冻结前应先将冻结隧道的温度降至－35℃以下，冻结过程中冻结室内温度应低于－35℃。冻结时间宜控制在50 min以内。单冻产品的中心温度应低于－18℃。

5.5　称重

5.5.1　使用的衡器应经过计量检定，衡器的最大称重值不得超过被称样品质量的五倍。

5.5.2　衡器在使用前、使用中应经常定期校验。

5.5.3　每一包装单位的重量根据销售对象而定，净含量与产品标签一致，净含量偏差应符合JJF 1070的要求。

5.6　包装

5.6.1　包装车间的温度宜控制在18℃以下。

5.6.2　包装材料应符合相关的卫生标准规定。

5.6.3　销售包装上的标签应符合GB 7718的规定。储运图示标志应符合GB/T 191的规定。

5.6.4　成品应按规格、品种进行包装。

5.6.5　产品包装内应有合格证，包装过程应保证产品不受到二次污染。

5.7　金属探测

5.7.1　金属探测器应定期进行校准以确保其能正常操作。

5.7.2　装箱后，对包装好的产品进行金属检测，若探测到金属，应挑出另行处理。

5.8　贮存

5.8.1　包装后的产品应迅速送到－18℃以下的冷库贮藏，库房温度波动控制在3℃以内，产品不得与有毒、有害、有异味的物品混合存放。

5.8.2　进出库搬运过程中，应注意小心轻放，不可碰坏包装箱，不同品种、规格、批次的产品应分别堆垛，排列整齐，各品种、规格、批次应挂标识牌。在进出货时，应做到先进先出。

6　生产记录

按GB/T 27304中的规定执行。

附录八　DB44/T 1261—2013 鱼丸加工技术规范

1　范围

本标准规定了鱼丸加工生产企业的基本要求、加工技术要求及生产记录。

本标准适用于以冷冻鱼糜和鲜、活及冷冻鱼为原料加工鱼丸的生产。

2　规范性引用文件

下列文件对于本文件的应用是必不可少的。凡是注日期的引用文件，仅所注日期的版本适用于本文件。凡是不注日期的引用文件，其最新版本（包括所有的修改单）适用于本文件。

GB 2733　鲜、冻动物性水产品卫生标准

GB 2760　食品安全国家标准　食品添加剂使用标准

GB 5461　食用盐

GB 5749　生活饮用水卫生标准

GB 9687　食品包装用聚乙烯成型品卫生标准

GB/T 27304　食品安全管理体系　水产品加工企业要求

SC/T 3702　冷冻鱼糜

3　基本要求

3.1　人员、环境、车间及设施、生产设备应符合 GB/T 27304 的规定。

3.2　加工用水的水质和制冰用水的水质应符合 GB 5749 的规定。

3.3　加工时所用食品添加剂的品种和用量应符合 GB 2760 的规定。

3.4　加工用盐应符合 GB 5461 的规定。

3.5　允许使用经国家及有关部门批准取得生产许可证、批准文号和生产执行标准的辅料。

4　加工技术要求

4.1　冷冻鱼糜原料

4.1.1　原料接收

所接收的原料的品质应符合 SC/T 3702 的规定，每一批次的原料必须经质检人员进行抽检，经检验合格的原料方可接收。

4.1.2　原料处理

先将冷冻鱼糜作半解冻处理，或采用冷冻鱼糜切削机，将冷冻鱼糜切块成 2 mm～3 mm 厚的薄片。在解冻和处理过程注意卫生并防止异物混入。后续工序按 4.3 进行。

4.2　鲜、活及冷冻鱼原料

4.2.1　原料接收

所接收的原料鱼的品质应符合 GB 2733 的规定，要求鱼体完整，色泽正常，每一批次的原料必须经质检人员进行抽检，经检验合格的原料方可接收。

4.2.2　原料鱼加工与保存

鲜、活原料鱼进厂后应在 24 h 内加工完毕，加工前原料鱼应在 0℃～4℃的条件下保鲜。冷冻鱼原料需解冻后进行加工，进厂后的原料不立即加工时，应存放在－18℃以下的

冻藏库中。

4.2.3 前处理

先将原料鱼清洗干净，然后去鳞、去头、去内脏。再用水冲洗腹腔内的残余内脏、污物和黑膜。清洗过程中水温应控制在 10℃以下。

4.2.4 采肉

采用采肉机采肉，采肉机网眼孔径一般在 3 mm～5 mm 之间。

4.2.5 漂洗

4.2.5.1 采用冰水进行漂洗，水温宜控制在 10℃以下，漂洗次数和用水量根据原料鱼种类、鲜度和产品要求而定。

4.2.5.2 对于白色肉鱼类和介于白色肉与红色肉之间的鱼类，宜采用清水漂洗。漂洗次数根据产品要求而定，宜为 2 次～3 次。鱼肉与水比例为 1∶5～1∶10。

4.2.5.3 对于多脂红色肉鱼类，采用稀盐碱水漂洗，一般鱼肉与稀盐碱水的比例为1∶4～1∶6，漂洗 2 次～3 次。稀盐碱水由食盐水溶液和碳酸氢钠溶液混合而成，其中食盐浓度为 0.1%～0.15%（W/V），碳酸氢钠浓度为 0.2%～0.5%（W/V）。

4.2.6 精滤

用精滤机将鱼肉中的细碎鱼皮、碎骨头等杂质除去。红色肉鱼类所用过滤网孔直径一般为 1.0 mm～1.5 mm，白色肉鱼类网孔直径一般为 0.5 mm～0.8 mm。在精滤分级过程中应经常向冰槽中加冰，使鱼肉温度保持在 10℃以下。

4.2.7 脱水

脱水一般有两种方法：一种是用螺旋压榨机除去水分，另一种是用离心机离心脱水。脱水过程结束后，含水量一般控制在 80%以下，温度应控制在 10℃以下。

4.3 擂溃

4.3.1 空擂

将鱼肉放入擂溃机内或斩拌机中进行擂溃，时间一般控制在 5 min～20 min。

4.3.2 盐擂

在空擂后的鱼肉中加入鱼肉量 1%～3%的食盐继续擂溃，时间一般控制在 15 min～20 min。

4.3.3 调味擂溃

在盐擂后，根据产品风味再加入相应的调味辅料与鱼肉充分混匀擂溃。

4.4 成型

用鱼丸成型机或手工成型。将成型后的鱼丸立即放入一定温度的水中浸泡。具体浸泡时间和温度根据不同鱼种而定。一般在 35℃～50℃的温水中浸泡 40 min～60 min。

4.5 煮制

成型后的鱼丸一般在 80℃～90℃的热水中煮 15 min～20 min 进行熟化，使鱼丸的中心温度达到 75℃以上。

4.6 冷却

煮制后的鱼丸立即放于 0℃～4℃的冰水中冷却至中心温度 8℃以下。

4.7 装袋

4.7.1　冷却后的鱼丸进行包装。所用食品包装袋应符合 GB 9687 规定。

4.7.2　产品包装应在清洁和有防止外来污染的环境下进行。

4.8　速冻

鱼丸应尽可能在最短时间内冻结。通常使用平板冻结机，冻结时间宜控制在 4 h 以内，冻结后鱼丸的中心温度应低于－18℃。

4.9　金属探测

产品必须经过金属探测器进行金属成分探测，若探测到金属，则应挑出另行处理。

4.10　外包装

将装袋后的鱼丸装入纸箱，封口、打包，按要求贴上有关产品的标识。

4.11　贮藏

4.11.1　产品应存放在温度为－18℃以下的冷库中，并定期监测和记录温度。

4.11.2　不同批次、规格的产品应分别堆垛，排列整齐，各品种、批次、规格应有标识牌。

4.11.3　在进出货时，应做到先进先出。

4.12　运输

运输工具应具备低温保藏功能，运输过程要求保持产品温度在－18℃以下。

5　生产记录

5.1　每批进厂的原料应有产地来源、供应单位、规格、数量和检验验收的记录。

5.2　加工过程中的质量、卫生关键控制点的监控记录、纠正活动记录和验证记录、监控仪器校正记录、成品及半成品的检验记录应保留有原始记录。

5.3　按批量出具合格证明，不合格产品不得出厂，产品出厂应有销售记录。

应建立完整的质量管理档案，设有档案柜和档案管理人员，各种记录分类按月装订、归档，保留时间应 2 年以上。

附录九　DB44/T 645—2009 多聚磷酸盐在水产品加工过程中的使用技术规范

1　范围

本标准规定了多聚磷酸盐在水产品加工过程中的作用与用途、基本原则、方法、使用量及注意事项。

本标准适用于水产品加工过程多聚磷酸盐的使用。

2　规范性引用文件

下列文件中的条款通过本标准的引用而成为本标准的条款。凡是注日期的引用文件，其随后所有的修改单（不包括勘误的内容）或修订版均不适用于本标准，然而，鼓励根据本标准达成协议的各方研究是否可使用这些文件的最新版本。凡是不注日期的引用文件，其最新版本适用于本标准。

GB 2760　食品添加剂使用卫生标准

GB 5749　生活饮用水卫生标准

3 作用与用途

3.1 在冷冻水产品中具有保水作用，减少解冻、烧煮时的汁液流失，提高水产品质和成品率。

3.2 保持水产品的天然色泽和风味。

3.3 抑制脂肪氧化，有效延长水产品的货架期。

4 基本原则与要求

4.1 基本原则

4.1.1 多聚磷酸盐的使用应严格遵循国家和相关部门的规定，严禁使用未取得生产许可证、批准文号与没有生产执行标准的多聚磷酸盐。

4.1.2 多聚磷酸盐的使用不应掩盖水产品本身或加工过程中的质量缺陷。

4.1.3 多聚磷酸盐的使用不应降低水产品本身的营养价值。

4.1.4 多聚磷酸盐使用的种类、应用范围应符合 GB 2760 的规定。

4.2 基本要求

4.2.1 加工、制冰用水应符合 GB 5749 的规定。

4.2.2 加工器具宜使用不锈钢或塑料制品。

4.2.3 多聚磷酸盐进货入厂时，必须具有检验合格证明，且应符合相应的产品标准，并对其来源、数量、品质记录存档。

4.2.4 多聚磷酸盐使用过程中，应由专人负责配制、使用，并做好使用记录，使用过程中要严格控制使用量。

5 使用方法

多聚磷酸盐的使用方法通常有直接混合法和浸泡法两种，可根据生产需要选择其中一种方法。

5.1 直接混合法

5.1.1 一般在鱼糜加工过程中采用直接混合法使用多聚磷酸盐。鱼糜加工过程中，在斩拌时多聚磷酸盐随食盐或其他辅料一并加入，加入量一般为鱼糜质量的 0.1%～0.3%。

5.2 浸泡法

5.2.1 浸泡液的配制

根据需要可将浸泡液配成质量百分比浓度为 1%～3%的溶液。配制时，先将适量的冰与水混合成冰水液，然后在搅拌条件下将多聚磷酸盐缓慢加入冰水中。若需同时加入食盐浸泡，宜在多聚磷酸盐溶解后，再溶解食盐，配成多聚磷酸盐-食盐混合溶液。

5.2.2 浸泡

将预处理后的水产品先按大小规格分级，再将分级的水产品与多聚磷酸盐溶液以质量比为 1∶1 的比例投入浸泡。浸泡过程中应使温度不超过 10℃，并间隔一定时间加以搅拌。多聚磷酸盐溶液的具体浓度、浸泡时间应根据水产品的种类、大小而定。

5.2.3 浸泡后处理

经 5.2.2 浸泡后，捞起水产品用水迅速清洗、沥干，再进入下步工序。

6 注意事项

6.1 一般情况下，在达到预期效果的前提下尽量选用低浓度、短时间浸泡处理，以降低使用量。

6.2　加工后产品中的多聚磷酸盐含量应符合相关标准。

附录十　DB44/T 737—2010 罗非鱼产品可追溯规范

1　范围

本标准规定了罗非鱼产品的术语和定义、可追溯原则、识别标志、信息追溯流程、信息记录要求、产品召回要求。

本标准适用于养殖鲜罗非鱼、冻罗非鱼及罗非鱼加工制品的质量追溯。

2　术语和定义

下列标准术语和定义适用于本标准。

2.1　罗非鱼产品可追溯性　trace tilapia

罗非鱼产品在生产的各个环节，即从育苗、养殖、加工、运输、贮藏和销售的所有阶段，都能够通过识别标志追溯和追踪到相关的信息记录。

2.2　罗非鱼产品可追溯体系　traceability of tilapia

利用现代化信息管理技术给每件罗非鱼产品标上号码、保持有相关的管理记录，从生产到销售各个阶段的信息流的连续性的保障系统。

3　罗非鱼产品的可追溯原则

罗非鱼产品的可追溯性应通过记录并传递发生在罗非鱼产品的生产流通链中各个环节的信息来实现。生产流通链中的每一个参与者都应该建立与产品有关的相关信息，同时保持并传递这些信息，以便能够沿流通链进行追溯。

4　罗非鱼产品的识别标志

以同一天在同一池塘内出池的同一品种作为一个标识个体，并根据企业的具体情况（可参考国际上通用的 EAN/UCC 编码规范），利用生产批号追溯到产品的原料来源、生产日期等相关必要信息，建立罗非鱼产品识别标志。

4.1　原料批识别标志

在原料收购记录上必须确定原料批识别代码，并记录识别代码、品种、数量、收购来源，养殖产品应注明养殖场（塘）及备案号。

4.2　加工过程识别标志

在每一批次加工过程中的生产线始末以及各工序的适当位置用标识牌标识批次代码，标识代码必须清晰，不易丢失，防止不同批号的产品相混。

4.3　贮藏过程识别标志

不同批次的原料或产品应分垛堆放，在每一垛上有代码标识，当不同批次原料或产品需同垛堆放的，须有明显的标志分隔，同时必须确保防止交叉污染。

4.4　检验批识别标志

检验批产品包装标记要求：同一批次的产品检验后应有代码标识，标识代码必须清晰，不易丢失，防止不同批号的产品相混标识代码。

报检批产品包装标记要求：内包装和外包装必须具有可追溯性批号，作为产品召回时的重要信息依据。产品批号必须包含生产日期和原料批号全部信息。

加工企业确定报检批识别标志后，报各检验机构批准备案，向检验检疫机构报检时必须提供报检批组成情况清单，清单内容包括报检批代码、组成该报检批的各生产批的代码及相应的数量。

5 养殖罗非鱼产品的信息追溯流程

养殖罗非鱼产品的信息追溯流程参见附录 G 图 G.1。

6 罗非鱼产品信息记录要求

罗非鱼从育苗、养殖、加工、贮藏、流通各环节需要有详细的信息记录。

6.1 养殖场信息记录要求

养殖场信息记录应包括养殖场的地址、备案号/注册号、养殖场池塘编号、养殖场获得的相关认证、养殖环境（水质、土壤）安全检测结果、养殖产品、饲料、渔药等信息。具体信息记录见附录 A 表 A.1。

6.2 育苗过程信息记录要求

育苗过程的信息记录应包括：企业注册号、GMP 或相关认证；亲鱼种属、亲鱼重量、繁殖时间、遗传特征；幼苗状况、幼苗疾病、温度、养殖密度、疫苗、化学药品、渔药；购买鱼苗养殖者的相关信息等。具体信息记录见附录 B 表 B.2。

6.3 养殖过程信息记录要求

养殖过程信息记录应包括：养殖场名称、地址；苗种来源、品种、规格、鱼苗的质量检验；放养鱼塘编号、养殖密度、养殖水质、饲料、疾病；药物、疫苗、化学药品等；成鱼起捕规格、重量、数量；活鱼运输者或加工厂相关信息。具体信息记录见附录 C 表 C.3。

6.4 鲜活罗非鱼运输过程信息记录要求

鲜活罗非鱼运输流通过程信息记录应包括：运输商的名称、注册号；运输车车牌号、运输人员名称及身份证；车辆消毒方式及消毒剂使用情况、日期；运输罗非鱼所属养殖场、养殖批次、接运日期、鱼货质量；运输过程水质检测；运输过程水温、溶氧量、鱼密度；运送到加工企业或销售商的名称、地址、到达验货日期等。具体信息记录见附录 D 表 D.4。

6.5 罗非鱼加工过程信息记录要求

罗非鱼加工过程信息记录应包括：罗非鱼原料来源、供货合同、供货证书和备案号；到货日期、车号；罗非鱼规格、数量，罗非鱼原料的品质抽检结果；生产批次、产品类型、加工过程消毒方式和消毒剂使用情况、加工助剂的使用、半成品抽检结果；产品规格和净重、冻结方式、成品抽检结果、入冷库时间和库温；保质期、发货时间和批次、运输商及运输车辆、接受产品者相关信息等。具体信息记录见附录 E 表 E.5。

6.6 罗非鱼流通过程的信息记录要求

流通过程的信息记录应包括：贸易、批发、零售商的名称、注册号及其获得相关认证；罗非鱼产品出厂的可追溯编号（ID 号）；运输的车号及承运商的名称、电话；产品发货批次；运输过程的温度、产品的特征描述、保存条件、重量；产品的贸易、批发、零售编号和接受者的相关信息。具体信息记录见附录 F 表 F.6。

7　罗非鱼产品召回要求

7.1　建立信息反馈制度

企业收到客户对其食品质量、安全问题的投诉后，应及时处理并记录。当确定需要实施产品召回时，要明确需要召回产品的种类、规格、批次及流向区域。根据市场及客户反映的质量安全问题的危害程度，对产品召回级别分类。在召回实施过程中，要对召回产品品种、批次、出现问题的类型及严重程度如实记录，便于企业快速对产品进行追溯。

7.2　召回方式

应及时在销售地发出召回产品的通告，提供产品的品牌、品种、批次、数量等信息，告知销售商停止销售，消费者停止食用，做好召回记录。

表 A.1　养殖场信息记录表

序号	记录要素	记录内容	记录要求分类		
			基本信息	与食品安全法规有关的信息	商业信息
1	罗非鱼苗种场名称	名称和地址或食品贸易商育种建立的编码	√		
2	苗种场地址	名称，地址以及注册号或者育种机构的编码	√		
3	苗种场注册号				√
4	是否具有 GMP 或相关认证及证书编号			√	
5	是否进行 CIQ 备案及备案编号			√	
6	养殖场内部编号（塘号）			√	
7	养殖水质检测（即 pH，NO_2^-，溶氧量，NH_4^+ 是否超标）				√
8	是否出现鱼病，及鱼病名称	疾病名称和病程记录或采用电子表格记录，若不能达到该标准则采用纸质记录		√	
9	使用渔药名称				√
10	使用渔药用量				√
11	使用饲料名称				√
12	使用饲料用量				√
13	饲料安全检测			√	
14	购买鱼苗的养殖场名称及企业注册号		√		
15	购买鱼苗的养殖场地址		√		
16	发货批次		√		
17	发货日期和时间		√		

表 B.1　罗非鱼育苗过程信息记录表

序号	记录要素	记录内容	记录要求分类		
			基本信息	与食品安全法规有关的信息	商业信息
1	罗非鱼育苗场名称		√		
2	地址		√		
3	注册号		√		
4	是否具有 GMP 或相关认证及证书编号			√	
5	是否进行 CIQ 备案及备案编号				√
6	亲鱼遗传特征		√		
7	产卵日期				√
8	孵化的日期		√		
9	饥饿期				√
10	养殖水质检测（即 pH，NO_2^-，溶氧量，NH_4^+ 是否超标）			√	
11	鱼密度记录	养殖池塘中的鱼密度记录，即用电子表格记录，或者用纸质替代			√
12	是否出现鱼病及鱼病名称	疾病名称和病程记录或采用电子表格记录，若不能达到该标准则采用纸质记录			√
13	使用渔药名称				√
14	使用渔药用量				√
15	使用饲料名称				√
16	使用饲料用量				√
17	饲料安全检测			√	
18	购买鱼苗的养殖场名称及企业注册号		√		
19	购买鱼苗的养殖场地址		√		
20	发货鱼苗规格		√		
21	发货批次		√		
22	发货日期和时间		√		
23	运输车车型、车牌、				√
24	运输人名字、身份证				√

表 C.1　罗非鱼养殖过程信息记录表

序号	记录要素	记录内容	记录要求分类		
			基本信息	与食品安全法规有关的信息	商业信息
1	罗非鱼养殖场名称	名称和地址或食品贸易商育种建立的编码	√		
2	养殖场地址	名称，地址以及注册号或者育种机构的编码	√		
3	养殖场注册号		√		
4	是否具有 GMP 或相关认证及证书编号	被认证的鱼繁育机构的质量或食品安全 GMP 计划名称		√	
5	是否进行 CIQ 备案及备案编号				√
6	苗种场的名称	上一个运营养殖场或运输者的食品商的名称，地址及国际编码	√		
7	苗种场地址及企业注册号		√		
8	发货批次				√
9	发货日期和时间				√
10	养殖场塘号/苗种规格/种属		√		
11	温度检查（接收温度）	接受鱼苗的温度如摄氏度		√	
12	质量控制检查情况	多种检查，测量结果或指标，在电子表格中记录，若没有则采用纸质记录			√
13	鱼苗规格				√
14	罗非鱼饥饿期	从养殖环节到运输没有喂养的天数			√
15	养殖水质检测（即 pH，NO_2^-，溶氧量，NH_4^+ 是否超标）			√	
16	含氧量记录	养殖池塘中的含氧量记录，即用电子表格记录，或者用纸质替代	√		
17	鱼密度记录	养殖池塘中的鱼密度记录，即用电子表格记录，或者用纸质替代	√		
18	是否出现鱼病及鱼病名称	疾病名称和病程记录或采用电子表格记录，若不能达到该标准则采用纸质记录	√		
19	使用渔药名称		√		
20	使用渔药用量				√

（续）

序号	记录要素	记录内容	记录要求分类		
			基本信息	与食品安全法规有关的信息	商业信息
21	使用饲料名称				√
22	使用饲料用量				√
23	饲料安全检测			√	
24	成鱼捕捞时间		√		
25	成鱼捕捞规格/重量		√		
26	活鱼运输企业名称及地址		√		
27	活鱼运输企业注册号		√		
28	成鱼发货批次		√		
29	成鱼发货日期和时间		√		

表 D.1 罗非鱼活鱼运输信息记录表

序号	记录要素	记录内容	记录要求分类		
			基本信息	与食品安全法规有关的信息	商业信息
1	罗非鱼运输商名称		√		
2	运输商注册号		√		
3	是否具有 GMP 或相关认证及证书编号			√	
4	运输车辆车牌号			√	
5	运输司机名称及身份证				√
6	养殖企业名称		√		
7	企业地址及注册号		√		
8	养殖生产批次		√		
9	接货日期		√		
10	运输车消毒方式和消毒剂使用情况				√
11	运输车消毒日期	上一次消毒日期及船和卡车的数据，并用电子表格进行记录，若没有则用纸质记录替代			√
12	运输水质检测	在运输过程水箱水中参数记录（名称和有效值），并用电子表格进行记录，若没有可以用纸质记录替代		√	
13	温度控制方式				√
14	运输温度		√		

（续）

序号	记录要素	记录内容	记录要求分类		
			基本信息	与食品安全法规有关的信息	商业信息
15	质量控制抽检证明	多种检查，测量结果或指标，在电子表格中记录，若没有则采用纸质记录		√	
16	鱼密度记录	运输车辆中的鱼密度记录，即用电子表格记录，或者用纸质替代	√		
17	溶氧量		√		
18	加工企业/销售商名称		√		
19	加工企业/销售商地址及注册号		√		
20	接货批次				√
21	接货日期和时间				√

表 E.1　罗非鱼加工环节信息记录表

序号	记录要素	记录内容	记录要求分类		
			基本信息	与食品安全法规有关的信息	商业信息
1	罗非鱼加工厂名称		√		
2	加工厂地址		√		
3	加工厂注册号				
4	是否具有 GMP 或相关认证及证书编号				√
5	供货商名称		√		
6	车号		√		
7	供货合同		√		
8	供货证书和备案号		√		
9	接货日期和时间		√		
10	罗非鱼规格		√		
11	罗非鱼数量		√		
12	品质抽检记录	包括抽检数量、色泽、气味、肉质、眼睛、鱼鳃、腹部、饲料和制成率等的总体评价	√		
13	生产批次/ 时间		√		
14	产品名称/类型	如鱼片、条冻等	√		
15	加工过程消毒方式和消毒剂使用情况			√	

（续）

序号	记录要素	记录内容	记录要求分类		
			基本信息	与食品安全法规有关的信息	商业信息
16	加工助剂的使用	包括发色、保水剂等的使用方式、用量、作用时间等		√	
17	半成品抽检			√	
18	产品规格	对产品规格更多细节的记录（质量和尺寸分级等），并录入在电子表格中，若没有可以用纸质记录替代	√		
19	产品净重	产生单元的净重（kg）		√	
20	冻结方式			√	
21	金属探测			√	
22	成品抽检	包括产品包冰率、净重率、产品品温、形态、肉质、风味、色泽、包装方式的描述	√		
23	保质期		√		
24	入冷库时间		√		
25	库内温度		√		
26	产品运输企业名称	分配单元对象的名称，地址及食品贸易编码	√		
27	运输企业地址及注册号			√	
28	发货批次		√		
29	运输车辆编号		√		
30	司机姓名和身份证号			√	
31	可追溯代码编号		√		
32	发货日期和时间	传递到下一个食品贸易环节的日期和时间		√	
33	预输往国家和地区			√	

表 F.1 罗非鱼贸易、批发或零售商信息记录表

序号	记录要素	记录内容	记录要求分类		
			基本信息	与食品安全法规有关的信息	商业信息
1	贸易、批发或零售商名称	名称和地址或食品贸易商育种建立的编码	√		
2	贸易、批发或零售商注册号	名称，地址以及注册号或者育种机构的编码	√		
3	是否具有 GMP 或相关认证及证书编号	被认证的鱼繁育机构的质量或食品安全 GMP 计划名称		√	

（续）

序号	记录要素	记录内容	记录要求分类		
			基本信息	与食品安全法规有关的信息	商业信息
4	罗非鱼产品运输情况	运输罗非鱼产品车号、承运者名称和电话	√		
5	罗非鱼产品出加工厂的可追溯代码编号（ID号）	加工厂在加工、运送罗非鱼产品时给每个产品批次的编号	√		
6	产品运输发货批次				
7	产品接受的日期和时间	从运输商或加工厂获得产品的时间	√		
8	温度记录	接受单元中的温度如摄氏度			√
9	产品的贮藏条件	常温、冷藏或冷冻			√
10	产品的描述	产品的名称及特征描述			√
11	产品的重量记录				√
12	产品的贸易、批发或零售编号		√		
13	下一个产品接受对象	名称、地址、电话等	√		

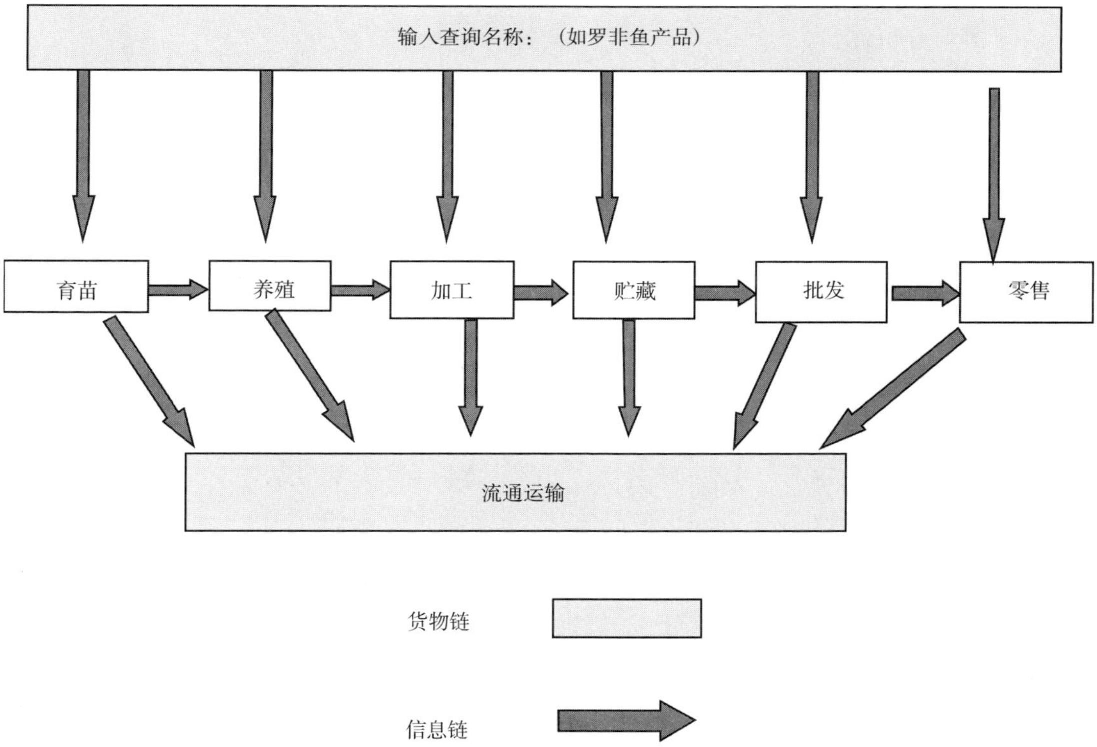

图 G.1　罗非鱼产品的信息追溯流程图

附录十一　DB44/T 479－2008 鱼肉中一氧化碳的测定

1　范围

本标准规定了鱼肉中一氧化碳（CO）含量的气相色谱测定方法。

本标准适用于鱼肉中CO残留量的检测。

2　规范性引用文件

下列文件中的条款通过本标准的引用而成为本标准的条款。凡是注日期的引用文件，其随后所有的修改单（不包括勘误的内容）或修订版均不适用于本标准，然而，鼓励根据本标准达成协议的各方研究是否可使用这些文件的最新版本。凡是不注日期的引用文件，其最新版本适用于本标准。

GB/T 6682 分析实验室用水规格和试验方法

3　原理

鱼肉中的CO在硫酸溶液中释放出来，当释放的CO在顶空瓶中扩散分布达到平衡时，取释放的气体通过气相色谱分离，然后通过甲烷发生器使之转化成甲烷，用FID检测器测定CH4的含量，计算出样品中的CO含量。

4　试剂

4.1　一氧化碳气体：纯度大于99.999%。

4.2　1-辛醇：分析纯。

4.3　20% 硫酸（V/V）：取20 mL浓硫酸用80 mL的去离子水稀释。

4.4　空气：纯度为99.9%。

5　仪器

5.1　气相色谱仪：配甲烷发生器及FID检测器。

5.2　**均质机。**

5.3　电子天平：感量0.1 g。

5.4　离心机：0～5 000 r/min。

5.5　顶空瓶：100 mL。

6　色谱条件

6.1　色谱柱：30 m×0.53 mm聚苯二乙烯－二乙烯基苯键合相毛细管色谱柱。

6.2　进样口温度：100℃。

6.3　色谱柱温：40℃。

6.4　甲烷发生器温度：375℃。

6.5　FID检测器温度：300℃。

6.6　载气：高纯氮，纯度99.999 %，10 mL/min。

6.7　进样方式及进样量：顶空进样，0.1 mL。

7　测定步骤

7.1　标准曲线制备

7.1.1　将纯度99.999%的CO气体在常压下充入100 mL顶空瓶中，密封。

7.1.2 取8个空的顶空瓶，密封，分别用进样器注入CO气体10 μL，50 μL，100 μL，150 μL，200 μL，300 μL，400 μL，500 μL，其中CO浓度分别为0.1μL/mL，0.5 μL/mL，1.0 μL/mL，1.5 μL/mL，2.0 μL/mL，3.0 μL/mL，4.0 μL/mL，5.0 μL/mL。

7.1.3 另取8个100 mL的顶空瓶，先后加入蒸馏水55 mL、1－辛醇0.25 mL、20%硫酸20 mL，封盖。打入7.1.2中CO气体1 mL，剧烈振摇混合1 min后，静置1 h。此时，则气体浓度梯度为0.004μL/mL，0.02μL/mL，0.04μL/mL，0.061μL/mL，0.081μL/mL，0.121 μL/mL，0.162 μL/mL，0.202 μL/mL。

7.1.4 标准气中CO气体含量按式（1）计算。

$$\rho = \frac{V \times M \times P}{R \times T \times 1\,000} \quad \cdots\cdots (1)$$

式中 ρ——CO气体密度，单位为微克每毫升（μg/mL）；

V——CO气体体积，单位为微升（μL）；

M——CO气体摩尔质量，单位为克每摩尔（g/mol）；

P——压强，单位为帕斯卡（Pa）；

R——常数，单位为8.314帕·米^3/（摩尔·K）（8.314 Pa. m^3/mol. K）；

T——绝对温度，单位为开氏温度（K）。

7.2　色谱测定

7.2.1 用进样器抽取上述瓶中的气体0.1 mL，注入气相色谱仪进行测定。

7.2.2 以色谱峰面积为纵坐标，CO气体体积为横坐标，绘制标准曲线。

7.3　样品测定

称取鱼肉100 g，切成不大于0.5 cm×0.5 cm×0.5 cm的小块。加入200 mL蒸馏水，在冰浴下均质1 min，于10℃ 3 000 r/min下离心10 min，取上清液50 mL（按50 g样品量计），放入100 mL顶空瓶中，加入1-辛醇0.25 mL，5 mL蒸馏水，20%硫酸20 mL，剧烈振摇2 min，静置60 min内取瓶中气体进行分析。

8　计算

样品中CO含量按式（2）计算

$$X = A \times (M_1 + M_2) \times \frac{V}{M_1 \times M_3} \times 1\,000 \quad \cdots\cdots (2)$$

式中 X——样品中CO残留量，单位为微克每千克（μg/kg）；

A——标准曲线上对应的CO含量，单位为微克每毫升（μg/mL）；

V——顶空瓶中气体体积，单位为毫升（mL）；

M_1——样品质量，单位为克（g）；

M_2——水质量，单位为克（g）；

M_3——反应清液重量，单位为克（g）。

9　方法回收率

标准添加量为100 μg/kg～525 μg/kg时，回收率≥88.17%。

10　方法检测限

本方法检测限为10 μg/kg。

11 精密度

六次平行测定结果 $RSD \leqslant 9.28\%$。

附录十二 DB44/T 1277—2013 冻面包屑罗非鱼片检验技术规范

1 范围

本标准规定了冻面包屑罗非鱼片产品的抽样、感官检验、理化指标检验、安全指标检验、检验结果判定及检验有效期。

本标准适用于裹面包屑罗非鱼片冻结产品或预炸品的检验。

2 规范性引用文件

下列文件对于本文件的应用是必不可少的。凡是注日期的引用文件，仅所注日期的版本适用于本文件。凡是不注日期的引用文件，其最新版本（包括所有的修改单）适用于本文件。

GB 4789.2 食品安全国家标准 食品卫生微生物学检验 菌落总数测定

GB 4789.3 食品安全国家标准 食品卫生微生物学检验 大肠菌群测定

GB 4789.4 食品安全国家标准 食品卫生微生物学检验 沙门氏菌检验

GB 4789.7 食品卫生微生物学检验 副溶血性弧菌检验

GB/T 4789.10 食品安全国家标准 食品卫生微生物学检验 金黄色葡萄球菌检验

GB 5009.3 食品安全国家标准 食品中水分的测定

GB/T 5009.11 食品中总砷及无机砷的测定

GB 5009.12 食品安全国家标准 食品中铅的测定

GB/T 5009.15 食品中镉的测定

GB/T 5009.17 食品中总汞及有机汞的测定

GB 7718 食品安全国家标准 预包装食品标签通则

GB/T 22180—2008 冻裹面包屑鱼

GB/T 22210 肉与肉制品感官评定规范

SC/T 3015 水产品中土霉素、四环素、金霉素残留量的测定

SC/T 3016—2004 水产品抽样方法

3 抽样

3.1 检验批

在原料及生产条件基本相同下同一天或同一班组生产的产品为一批。按批号抽样。

3.2 抽样方法

产品批次检验用样品的抽样方法应按 SC/T 3016 的规定执行。样品单位是初级包装。对需检测净重的样品批次的抽样，抽样计划应按 SC/T 3016—2004 中附录 A 的规定执行。将抽取的样品分成 2 份，每份不少于 1 kg，分别用于感官、理化、安全指标和留样。

4 样品制备及保存

4.1 非破坏性检验样品制备

4.1.1 冷冻状态样品的制备

采用自然解冻方式将冷冻状态的样品进行解冻，使样品中心温度达到 2℃～3℃。

4.1.2 需加热样品的制备

根据产品包装上的烹制说明进行加热处理。如果没有说明，按 GB/T 22210 的规定进行加热，使产品内部温度达到 65℃～70℃。

4.2 破坏性检验样品制备

将样品装入不透水的袋子浸入水浴解冻，水温≤20℃。分离裹衣与鱼肉，并将鱼肉绞碎混合均匀后备检验用。

4.3 样品的保存

样品应附有标签，注明品名及规格、检验批号、报检号、抽样人和抽样日期，并封存备查。样品保存期为 6 个月。

5 感官检验

5.1 按 GB/T 22180 中的规定逐项进行感官检验。

5.2 按 4.1.1 的规定制备样品，检验产品色泽、形态、杂质，按 4.1.2 的规定制备样品，检验产品滋味与气味、组织。

5.3 在光线充足，无异味的环境中，将试样倒在白色搪瓷盘或不锈钢工作台上。

6 理化指标检验

6.1 净含量偏差的测定

每批样品单位的净含量（不包括包装材料）应在冷冻状态下测定，净含量偏差按式（1）计算：

$$A = \frac{m_1 - m_0}{m_0} \times 100 \quad (1)$$

式中 A——净含量偏差（%）；

m_0——样本标示净含量，单位为克（g）；

m_1——样本实际净含量，单位为克（g）。

6.2 冻品中心温度

取冷冻状态下的样品进行检查，用略大于温度计探头直径的钻头钻至样品几何中心位置，取出钻头，随即插入温度计，待温度指示稳定后读数。

6.3 裹衣与鱼肉的比例

按 GB/T 22180—2008 中附录 D 规定进行检测。

6.4 鱼肉中水分的测定

取按 4.2 制备的鱼肉样品，按 GB 5009.3 中的规定执行。

6.5 磷酸盐的测定

取按 4.2 制备的鱼肉及裹衣样品，按 GB/T 22180—2008 附录 E 的规定执行，检验结果以 P205 计。

7 安全指标检测

7.1 土霉素的测定

取按 4.2 制备的试样，按 SC/T 3015 的规定进行测定。

7.2　无机砷的测定

取按 4.2 制备的试样，按 GB/T 5009.11 的规定进行测定。

7.3　甲基汞的测定

取按 4.2 制备的鱼肉样品，按 GB/T 5009.17 的规定进行测定。

7.4　铅的测定

取按 4.2 制备的鱼肉样品，按 GB 5009.12 的规定进行测定。

7.5　镉的测定

取按 4.2 制备的鱼肉样品，按 GB/T 5009.15 的规定进行测定。

7.6　细菌总数的测定

按 GB 4789.2 中的规定执行。

7.7　大肠菌群的测定

按 GB 4789.3 中的规定进行检验。

7.8　金黄色葡萄球菌的测定

按 GB 4789.10 中的规定进行检验。

7.9　沙门氏菌检验

按 GB 4789.4 中的规定进行检验。

8　包装与标志检验

8.1　包装

检查内外包装是否清洁卫生、完整牢固、适合长途运输。检查外包装有无污染、破损、潮湿、发霉现象，封口应牢固。

8.2　标志

检查包装上品名、规格、数量、重量是否与内容物相符，标志是否清晰，批次号、厂代号和生产日期是否清楚，并符合 GB 7718 中的规定。

9　判定规则

9.1　感官检验所检项目全部符合 GB/T 22180 中规定的感官要求，合格样本数符合 SC/T 3016—2004 中表 A1 的规定，则判为批合格。

9.2　所有样品单位平均净含量不少于标示量，且包装重量无异常。

9.3　微生物检验结果不得复验。

9.4　其他指标全部符合 GB/T 22180 中规定的要求，检验结果中有一项指标不合格，允许加倍抽样将此项指标复验一次，按复验结果判定本批产品是否合格；检验结果中有两项及两项以上指标不合格，则判本批产品不合格。

10　检验有效期

检验有效期为 6 个月，并不得超过产品的保质期。

附录十三　DB44/T 1013—2012 水产品鲜度指标 K 值的测定

1　范围

本标准规定水产品鲜度指标 K 值的检测方法。

本标准适用于鱼类、虾类 K 值的测定。

2　规范性引用文件

下列文件对于本文件的应用是必不可少的。凡是注日期的引用文件，仅所注日期的版本适用于本文件。凡是不注日期的引用文件，其最新版本（包括所有的修改单）适用于本文件。

GB/T 6682 分析实验室用水规格和试验方法

3　原理

用高氯酸提取试样中的三磷酸腺苷及其分解关联物，用氢氧化钾溶液调节 pH，使高氯酸提取物沉淀，除去杂质后，用 C18 色谱柱分离，紫外检测器检测，外标法定量。根据测得的三磷酸腺苷及其分解关联物的含量，计算样品的 K 值。

4　试剂

除另有规定外，所有试剂均为分析纯，试验用水应符合 GB/T 6682 一级水的标准。

4.1　甲醇：色谱纯。

4.2　标准物质：三磷酸腺苷、二磷酸腺苷、单磷酸腺苷、肌苷酸、次黄嘌呤核苷、次黄嘌呤，纯度≥99%。

4.3　10%高氯酸溶液（m/v）：量取高氯酸 34 mL，用水稀释至 400 mL。

4.4　5%高氯酸溶液（m/v）：量取高氯酸 17 mL，用水稀释至 400 mL。

4.5　5 mol/L 氢氧化钾溶液：准确称取氢氧化钾 280 g，用水稀释至 1 000 mL。

4.6　20 mmol/L 柠檬酸—40 mmol/L 三乙胺—0.1%冰乙酸（pH4.8）：称取 3.84 g 无水柠檬酸、5.6 mL 三乙胺、1.0 mL 冰乙酸加水溶解定容至 1 L，0.22 μm 滤膜过滤。

4.7　标准储备溶液（20 mmol/L）：准确称取三磷酸腺苷标准品 0.110 2 g、二磷酸腺苷标准品 0.085 4 g、单磷酸腺苷标准品 0.073 5 g、肌苷酸标准品 0.069 6 g、次黄嘌呤核苷标准品 0.053 6 g、次黄嘌呤标准品 0.027 2 g，加水溶解后定容到 10 mL，−18℃保存。

4.8　标准工作溶液：吸取一定量的标准储备溶液（4.7），加水配制成 0.005 mmol/L～1.000 mmol/L 标准工作液，4℃保存。现用现配。

5　仪器

5.1　高效液相色谱仪：配有紫外检测器。

5.2　分析天平：感量 0.000 1 g。

5.3　天平：感量 0.01 g。

5.4　组织捣碎机。

5.5　均质机。

5.6　冷冻离心机：转速 10 000 r/min。

5.7　酸度计。

6　色谱条件

6.1　色谱柱：C18 柱，250 mm×4.6 mm（i. d.），粒度 5 μm；或与之相当的色谱柱。

6.2　色谱柱温：40℃。

6.3　流速：1.0 mL/min。

6.4 检测波长：260 nm。

6.5 进样量：10 μL。

6.6 流动相：A液：20 mmol/L 柠檬酸－40 mmol/L 三乙胺－0.1%冰乙酸（pH4.8）；B液：甲醇，梯度洗脱（表1）。

表1 梯度洗脱程序

时间，min	A液，%	B液，%
0.00	100	0
12.00	94	6
13.00	100	0
18.00	100	0

7 操作方法

7.1 样品制备

鱼类，取背部肌肉；虾类，去头去壳，取肉。将所取样品用组织捣碎机捣碎。

7.2 提取

准确称取 4.0 g 均匀碎鱼肉（或虾肉），加入 20 mL 预冷的 10%高氯酸溶液，均质后以 10 000 r/min 4℃冷冻离心 15 min，取上清液。沉淀用 5%高氯酸溶液 20 mL 洗涤，离心取上清液，重复操作一次，合并上清液，用 5 mol/L 氢氧化钾溶液调节 pH 为 6.8，静置 30 min。离心，将上清液转移到 100 mL 容量瓶中，用水定容。0.22 μm 滤膜过滤，溶液供上机测定。

7.3 色谱分析

将标准工作液和样品提取液置于液相色谱仪进样器中，按上述色谱条件进行色谱分析，记录峰面积，响应值均应在仪器检测的线性范围之内，根据标准品的保留时间定性，外标法定量。标准色谱图参见附录 A 中图 A.1。

8 计算

样品中三磷酸腺苷、二磷酸腺苷、单磷酸腺苷、肌苷酸、次黄嘌呤核苷、次黄嘌呤含量均采用式（1）、式（2）计算：

$$X_n = \frac{A \times C \times V}{A_s \times m} \quad \cdots\cdots (1)$$

式中 X_n——样品中三磷酸腺苷、或二磷酸腺苷、或单磷酸腺苷、或肌苷酸、或次黄嘌呤核苷、或次黄嘌呤的含量，单位为微摩尔每克（μmol/g）；

A——样品中三磷酸腺苷、或二磷酸腺苷、或单磷酸腺苷、或肌苷酸、或次黄嘌呤核苷、或次黄嘌呤的峰面积；

C——标准工作溶液中三磷酸腺苷、或二磷酸腺苷、或单磷酸腺苷、或肌苷酸、或次黄嘌呤核苷、或次黄嘌呤的浓度，单位为微摩尔每毫升（μmol/mL）；

V——定容体积，单位为毫升（mL）；

A_s——标准工作液中三磷酸腺苷、或二磷酸腺苷、或单磷酸腺苷、或肌苷酸、或次黄嘌呤核苷、或次黄嘌呤的峰面积；

m——样品质量，单位为克（g）。

$$K=\frac{X_{HxR}+X_{Hx}}{X_{ATP}+X_{ADP}+X_{AMP}+X_{IMP}+X_{HxR}+X_{Hx}}\times 100 \quad \cdots\cdots\cdots\cdots\cdots (2)$$

式中　K——样品中计算得到的K值，单位为百分率（%）；

X_{HxR}——样品中次黄嘌呤核苷的含量，单位为微摩尔每克（μmol/g）；

X_{Hx}——样品中次黄嘌呤的含量，单位为微摩尔每克（μmol/g）；

X_{ATP}——样品中三磷酸腺苷的含量，单位为微摩尔每克（μmol/g）；

X_{ADP}——样品中二磷酸腺苷的含量，单位为微摩尔每克（μmol/g）；

X_{AMP}——样品中单磷酸腺苷的含量，单位为微摩尔每克（μmol/g）；

X_{IMP}——样品中肌苷酸的含量，单位为微摩尔每克（μmol/g）。

9　线性范围

三磷酸腺苷、二磷酸腺苷、单磷酸腺苷、肌苷酸、次黄嘌呤核苷、次黄嘌呤各组分标准溶液的线性范围：0.005 mmol/L～1.000 mmol/L。

10　检测限、精密度和回收率

10.1　检测限

本方法的检测限为：三磷酸腺苷 28 mg/kg，二磷酸腺苷 22 mg/kg，单磷酸腺苷 19 mg/kg，肌苷酸 18 mg/kg，次黄嘌呤核苷 14 mg/kg，次黄嘌呤 7 mg/kg。

10.2　精密度

本标准的相对标准偏差≤10%。

10.3　回收率

本方法的回收率为≥75%。

附录十四　DB44/T 1016—2012 水产品加工厂生产人员消毒操作规范

1　范围

本标准规定了水产品加工厂生产人员消毒操作的基本原则、消毒剂配制、消毒方法及消毒操作注意事项。

本标准适用于水产品加工厂与水产品直接接触的生产人员的消毒。

2　规范性引用文件

下列文件对于本文件的应用是必不可少的。凡是注日期的引用文件，仅所注日期的版本适用于本文件。凡是不注日期的引用文件，其最新版本（包括所有的修改单）适用于本文件。

GB 5749 生活饮用水卫生标准

GB 19106 次氯酸钠溶液

3　基本原则

3.1　从事水产品生产加工和管理的人员应经体检和卫生培训合格后方可上岗。应每年进行一次健康检查，必要时做临时健康检查。凡患有如活动性肺结核、传染性肝炎、伤寒病、肠道传染病及带菌者、化脓性或渗出性皮肤病、疥疮、手有外伤以及其他有碍食品卫生的疾病者，应调离水产品生产岗位。

3.2 从事水产品生产加工和管理的人员应保持个人清洁。

3.3 工厂应设立专用洗衣房，工作服应集中管理、清洗、消毒和发放。

3.4 应设立消毒剂存放间和消毒剂配制专用房。

3.5 所用次氯酸钠溶液质量应符合 GB 19106 中 A 级品的要求。

3.6 消毒剂配制用水、清洗用水水质应符合 GB 5749 要求。

3.7 其他消毒剂应符合相应国家标准的规定或有关法律、法规要求。

4 消毒剂配制

4.1 消毒液的配制与管理应由经过培训的专职人员负责。

4.2 配制消毒液时应根据消毒的用途，严格按消毒剂产品说明书要求准确配制消毒液的浓度，并定期检查消毒液浓度。

4.3 用于人手消毒时，有效氯浓度宜为 0.05%～0.10%，酒精浓度为 75%；用于鞋靴消毒时，有效氯浓度一般为 0.2%～0.3%。

5 消毒方法

5.1 更衣

5.1.1 不同清洁程度区域的操作人员应在各自的更衣室更衣。

5.1.2 不同工序人员需穿戴相应工序的工作服，不得串岗。

5.1.3 生产人员进入车间前应除去不牢靠的、可能掉入水产品、设备或容器中的首饰和其他物品，修剪指甲，穿戴好工作服、帽、口罩、手套、胶鞋等，并对照穿衣镜自检。

5.2 洗手、消毒

5.2.1 工作人员进入生产车间之前，应及时洗手消毒。

5.2.2 洗手用水龙头应采用非接触式水龙头。

5.2.3 流水洗手后，用洗手液反复搓洗双手，再用流水冲去手上的泡沫，双手浸于有效氯浓度为 0.05%～0.10%的溶液中消毒 20 s～30 s，流水冲洗后用暖风吹干。

5.2.4 若需戴一次性手套操作时，应戴上手套后用 75%的酒精喷抹双手。

5.3 鞋靴消毒

5.3.1 生产人员进入加工车间时，应经消毒池对鞋靴进行消毒。

5.3.2 消毒池中有效氯浓度应处于 0.2%～0.3%之间，消毒池水面应浸没鞋面，消毒时间 5 s 以上。

5.4 生产过程中人手消毒

5.4.1 生产过程应每隔 1 h～2 h 洗手消毒一次。

5.4.2 消毒前应先将手清洗干净，再用 75%的酒精喷抹双手。

5.5 工作服消毒

5.5.1 下班后更换的工作服应集中由专人负责清洗、消毒，粗加工车间员工与精加工车间员工的衣物应分别集中洗涤。

5.5.2 衣物清洗干净后，在晾衣房内烘干，然后用紫外灯消毒，消毒时间一般为 30 min～60 min。

5.6　如厕

员工如厕前必须换下工作服、帽，如厕后按 5.1～5.3 中的规定进行洗手消毒后才能进入车间。

6　消毒操作注意事项

6.1　生产人员在消毒处理前应穿戴好工作服、帽、口罩、手套、胶鞋等。

6.2　生产人员在消毒时不准吸烟、饮水、吃食物。

附录十五　DB44/T 951—2011 水产品加工过程臭氧及过氧化氢使用准则

1　范围

本标准规定了臭氧、过氧化氢在水产品加工中的作用与用途、使用原则、用法与用量、注意事项。

本标准适用于水产品加工过程的杀菌、消毒。

2　规范性引用文件

下列文件对于本文件的应用是必不可少的。凡是注日期的引用文件，仅所注日期的版本适用于本文件。凡是不注日期的引用文件，其最新版本（包括所有的修改单）适用于本文件。

GB 5749 生活饮用水卫生标准

GB 22216 食品添加剂　过氧化氢

3　作用与用途

臭氧和过氧化氢具有杀菌谱广、杀菌能力强、杀菌速度快等特点，适宜用于水产品加工过程微生物控制。

4　使用原则

4.1　过氧化氢应符合 GB 22216 的规定。

4.2　制备臭氧水或配制过氧化氢溶液的用水应符合 GB 5749 的规定。

5　用法与用量

5.1　臭氧

5.1.1　加工车间空气消毒

臭氧消毒浓度一般控制在 20 mg/m^3～30 mg/m^3，时间一般宜为 30 min。

5.1.2　加工水产品杀菌

5.1.2.1　臭氧水应现制现用，杀菌浓度一般控制在 0.5 mg/L～5 mg/L 之间，杀菌时间约 5 min～30 min。

5.1.2.2　杀菌过程尽可能维持臭氧浓度不变。

5.2　过氧化氢

过氧化氢使用时宜现配现用。

5.2.1　包装材料或加工器具的灭菌消毒

杀菌方式采用浸泡或喷淋，喷淋时消毒液或循环使用。一般过氧化氢浓度宜为

0.5%～3%，时间宜为 20 min～30 min。

5.2.2 水产品杀菌

过氧化氢浓度一般宜控制在 0.01%～0.3%，杀菌时间为 1 min～6 min，水体量为样品的二倍。

6 注意事项

6.1 臭氧水、过氧化氢杀菌温度宜控制在 10℃以下。

6.2 臭氧作业现场应设有通风装置，空气中臭氧浓度不得超过 0.2 mg/m^3。

6.3 进入臭氧浓度较大的环境时应配戴防毒面具。

6.4 配置和使用过氧化氢时溶液时，要戴胶皮手套等防护用品。

6.5 当过氧化氢沾染人体或溅入眼内时应用大量清水冲洗。

附录十六 DB44/T 656—2009 水产品加工厂消毒方法操作规范

1 范围

本标准规定了水产品加工厂消毒剂的术语和定义、基本原则、消毒方法及注意事项。

本标准适用于水产品冷冻加工厂的消毒。其他水产品加工厂可参照执行。

2 规范性引用文件

下列文件中的条款通过本标准的引用而成为本标准的条款。凡是注日期的引用文件，其随后所有的修改单（不包括勘误的内容）或修订版均不适用于本标准，然而，鼓励根据本标准达成协议的各方研究是否可使用这些文件的最新版本。凡是不注日期的引用文件，其最新版本适用于本标准。

GB 5749 生活饮用水卫生标准

GB 14930.2 食品工具、设备用洗涤消毒剂卫生标准

3 术语和定义

下列术语和定义适用于本标准。

3.1 消毒 disinfection

指用物理的（包括清扫和清洗）、化学的和生物的方法，杀灭或清除传播媒介上微生物，使其达到无害化的处理。

3.2 消毒剂 disinfectant

指用于消毒或灭菌的制剂。

3.3 浸泡法 soak method

将器具浸没于装有消毒剂溶液的容器或消毒池中，浸泡作用一定时间，捞出用水洗净。

3.4 擦拭法 wipe method

用消毒剂溶液擦抹待消毒物品表面，再用水洗净。

3.5 紫外线辐照法 ultraviolet radiation irradiate method

通过紫外线照射进行消毒。

3.6 臭氧消毒法 ozone method

利用臭氧对加工环境进行消毒。

4 基本原则

4.1 所用消毒剂的品种和用量应符合 GB 14930.2 的规定。

4.2 消毒剂配制用水、清洗用水水质应符合 GB 5749 要求。

4.3 消毒方式可根据消毒对象不同选择浸泡、擦拭、紫外线辐照、臭氧消毒等方法。

4.4 严格按消毒剂产品说明书配制准确的浓度和剂量。

5 消毒方法

5.1 人员手消毒

5.1.1 工作人员进入生产车间之前或手部受污染时，应及时洗手消毒；操作过程中应每隔 2 h 洗手消毒一次。

5.1.2 用流水洗手后，在手上擦洗手液，再用流水冲去手上的泡沫，双手浸于 50 mg/L 的次氯酸钠溶液中消毒 30 s，流水冲洗后用暖风吹干。

5.1.3 若需戴一次性手套操作时，戴上手套后应用 75%的食用酒精涂抹。

5.2 水靴消毒

5.2.1 人员进入加工车间时，应经消毒池对水靴进行消毒。

5.2.2 消毒池中次氯酸钙的浓度应大于 200 mg/L。

5.3 加工场所消毒

5.3.1 加工车间地面和墙裙每天开工后需进行清洁，车间的顶面、门窗、通风排气孔道上的网罩等应定期进行清洁。

5.3.2 加工车间地面和墙裙表面的垃圾、污垢用流水冲洗后，用洗洁精拖洗，经清水冲洗后，再用大于 100 mg/L 的次氯酸钠冲洗，最后再用清水冲洗。

5.4 加工设备、操作台、工器具消毒

5.4.1 每天生产结束后，需对加工设备、操作台、工器具等进行彻底消毒；连续生产时，所用加工设备、操作台、工器具等应间隔约 4 h 清洗消毒一次。

5.4.2 每天加工结束后，加工设备、操作台先用清水冲洗，再用洗洁精擦洗，流水冲洗后用 100 mg/L 的次氯酸钠冲洗消毒，最后用清水冲洗。

5.4.3 每天加工结束后，工器具先用清水冲洗，再用洗洁精擦洗，流水冲洗后用 100 mg/L 次氯酸钠浸泡消毒 20 min～30 min，最后用清水冲洗，干后放置于工具箱中。

5.4.4 在连续生产过程中，加工设备、操作台、工器具消毒不需洗洁精擦洗。

5.5 加工车间空气消毒

5.5.1 每天生产前后都应对加工车间的空气进行消毒，消毒方式可根据实际情况采用紫外线消毒、臭氧消毒。

5.5.2 紫外线照射强度应大于 1 W/m^3，时间为 30 min～60 min。

5.5.3 臭氧消毒强度应大于 20 mg/m^3，时间大于 30 min。

5.6 衣物消毒

5.6.1 粗加工车间员工衣物与精加工车间员工衣物应分别集中洗涤。

5.6.2 衣物用洗衣粉清洗后，清水冲洗并在凉衣房内烘干，然后用紫外灯进行消毒

30 min～60 min。

6 消毒操作注意事项

6.1 消毒人员在进行消毒处理前（除人手消毒）应穿戴好工作服、帽、口罩、手套、胶鞋等，做好安全防护措施。

6.2 消毒人员在进行消毒时不准吸烟、饮水、吃食物。

6.3 消毒器材在消毒后应清洗干净并晾干备用。采用浸泡法消毒时，盛放消毒剂的容器或浸泡池在消毒后应冲刷清洗干净并晾干。

6.4 使用含氯消毒剂后需用清水冲洗去除残留氯。

图书在版编目（CIP）数据

罗非鱼综合加工技术/李来好，杨贤庆，吴燕燕主编．—北京：中国农业出版社，2015.9

ISBN 978-7-109-20924-4

Ⅰ．①罗…　Ⅱ．①李…②杨…③吴…　Ⅲ．①罗非鱼—食品加工　Ⅳ．①TS254.4

中国版本图书馆 CIP 数据核字（2015）第 221450 号

中国农业出版社出版

（北京市朝阳区麦子店街 18 号楼）

（邮政编码 100125）

责任编辑　郑　珂

中国农业出版社印刷厂印刷　　新华书店北京发行所发行

2015 年 11 月第 1 版　　2015 年 11 月北京第 1 次印刷

开本：787mm×1092mm 1/16　　印张：31.75

字数：732 千字

定价：160.00 元